Rechnungswesen für Industriekaufleute

Finanzbuchhaltung
Kosten- und Leistungsrechnung
Betriebswirtschaftliche Auswertungen
Wirtschaftsrechnen

Grund- und Fachstufe

von

Dipl.-Kfm. Dipl.-Hdl.
Manfred Deitermann

Dipl.-Hdl.
Wolf-Dieter Rückwart

winklers

64581

Vorwort

Dieses Buch ist auf die Inhalte des **KMK-Rahmenlehrplans vom 14. Juni 2002** für den Ausbildungsberuf Industriekaufmann/Industriekauffrau ausgerichtet. Die Inhalte der folgenden Lernfelder werden umfassend dargestellt:

- **Lernfeld 3:** Werteströme erfassen und dokumentieren
- **Lernfeld 4:** Wertschöpfungsprozesse planen, steuern und kontrollieren
- **Lernfeld 8:** Jahresabschluss analysieren und bewerten

Zu den Inhalten des Lernfeldes 2: „Marktorientierte Geschäftsprozesse eines Industriebetriebes erfassen" und des Lernfeldes 11: „Investitions- und Finanzierungsprozesse planen" gibt das Buch situationsgebundene Grundlagen.

Das Buch zeichnet sich dadurch aus, dass

- am Beispiel eines Industrieunternehmens grundlegende Fragen der Finanzbuchhaltung – einschließlich der Abläufe in den bedeutenden Funktionsbereichen –, der Kosten- und Leistungsrechnung – einschließlich der Grundlagen des Controllings und der Finanzierung –, des Jahresabschlusses und der betriebswirtschaftlichen Auswertungen praxisnah und anschaulich behandelt werden,
- einführende Situationsschilderungen, ausführliche Erläuterungen und viele Belege Zusammenhänge deutlich machen und eigenständiges Lernen ermöglichen,
- Zusammenfassungen am Ende eines jeden Kapitels und zahlreiche Aufgaben unterschiedlicher Art und Schwierigkeit zur Sicherung des Lernerfolges beitragen.

Zwei Beleggeschäftsgänge, die sowohl **konventionell** als auch unter Verwendung einer entsprechenden **FIBU-Software** bearbeitet werden können, vermitteln Einblick in die buchhalterische Praxis und erfüllen die Forderung nach praktischem **Einsatz der EDV im Unterricht.**

Die Vermittlung **beruflicher Handlungsfähigkeit** erfüllen die Autoren durch

- **komplexe, praxisgerechte Aufgabenstellungen,**
- **Bearbeitung realistischer Belege im Beispielunternehmen,**
- **Darstellung der Inhalte anhand durchgehender Situationen,**
- **umsatzsteuer- und EDV-gerechte Buchungen** (Umsatzsteuerverprobung).

Im Kapitel **„E Wirtschaftsrechnen und Statistik"** werden die für den Ausbildungsberuf benötigten Rechengebiete **zusammenfassend** behandelt. Zur Bewältigung komplexer Situationen werden die Rechentechniken jeweils den Bereichen des Rechnungswesens zugeordnet, in denen sie sinnvolle Anwendung finden. Zusätzlich enthalten die Kapitel der Finanzbuchhaltung und der Kosten- und Leistungsrechnung jeweils Hinweise auf die entsprechenden Rechenoperationen im Kapitel E.

Das Lehrbuch enthält im **Kapitel F** wichtige **allgemeine Rechnungslegungsvorschriften nach HGB,** die als sinnvolle Ergänzung und Vertiefung im Unterricht eingesetzt werden können.

Das **Arbeitsheft** (ISBN 3-8045-**6460**-7) erleichtert die Arbeit des Lernenden.

Zu diesem Lehrbuch sind **Zusatzmaterialien** und **Software** erhältlich. Nähere Informationen sendet Ihnen der Verlag gern auf Anfrage.

Die **7. Auflage** berücksichtigt die **ab 1. Januar 2008** geltenden Vorschriften der **Unternehmenssteuerreform,** soweit sie dieses Lehrbuch betreffen, insbesondere die **steuerliche Abschreibung** beweglicher Wirtschaftsgüter, Wegfall der **Gewerbesteuer als Betriebsausgabe,** die Vorschriften der **Gesundheitsreform ab 2009** bei der Lohn- und Gehaltsberechnung, u. a.

Die Verfasser

7., durchgesehene Auflage, 2009
Druck 1, Herstellungsjahr 2009

Westermann Schroedel Diesterweg
Schöningh Winklers GmbH
Postfach 33 20, 38023 Braunschweig
Telefon: 01805 996696* Telefax: 0531 708-664
service@winklers.de www.winklers.de
Lektorat: Erika Grimm
Redaktion: Norbert Knur, Braunschweig
Druck: westermann druck GmbH, Braunschweig
ISBN 978-3-8045-**6458**-9

* 14 ct/min aus dem deutschen Festnetz, abweichende Preise aus den Mobilfunknetzen

A Funktionen und Bereiche des industriellen Rechnungswesens im Überblick

1 Funktionen des Rechnungswesens 9
2 Bereiche des Rechnungswesens 9
2.1 Buchführung 9
2.2 Kosten- und Leistungsrechnung 10
2.3 Statistik 10
2.4 Planungsrechnung 11
2.5 Controlling im Bereich des Rechnungswesens 11

B Die Finanzbuchhaltung als Mittel zur Erfassung und Dokumentation von Wertbeständen und Wertströmen (Lernfeld 3)

LF 3

1 Einführung in das System der Finanzbuchhaltung 12
1.1 Die Finanzbuchhaltung als Grundlage des Rechnungswesens der Industriebetriebe 12
1.1.1 Das Metallwerk Thomas Berg e. K. als Beispielunternehmen 12
1.1.2 Die Finanzbuchhaltung als System zur planmäßigen Aufzeichnung der Geschäftsfälle 14
1.2 Die Ermittlung der Vermögenswerte und Schulden durch Inventur 17
1.2.1 Woraus setzen sich Vermögen und Schulden zusammen? 17
1.2.2 Wie wird die Inventur durchgeführt? 19
1.2.3 Möglichkeiten der Vereinfachung der Inventur des Vorratsvermögens 21
1.2.4 Wie wird das Inventar aufgestellt? 22
1.3 Die Ermittlung des Unternehmungserfolgs durch Eigenkapitalvergleich 28
1.4 Die Bilanz als Kurzfassung des Inventars 30
1.5 Geschäftsfälle verändern die Werte in der Bilanz 34
1.6 Die Buchung der Geschäftsfälle auf Aktiv- und Passivkonten 38
1.7 Der Buchungssatz (Kontenanruf) 43
1.7.1 Der einfache Buchungssatz 43
1.7.2 Der zusammengesetzte Buchungssatz 47
1.8 Eröffnungsbilanzkonto (EBK) und Schlussbilanzkonto (SBK) 49
1.9 Die Buchung der Aufwendungen und Erträge auf Erfolgskonten (Ergebniskonten) 53
1.10 Die Umsatzsteuer 63
1.10.1 Welche Umsätze unterliegen der Umsatzsteuer? 63
1.10.2 Wie werden Vorsteuer und Umsatzsteuer gebucht? 63
1.10.3 Wie werden Zahllast und Vorsteuerüberhang zum Jahresschluss gebucht? 65
1.10.4 Inwiefern ist die Umsatzsteuer eine Mehrwertsteuer? 66
1.11 Lineare Abschreibung der Sachanlagen 72
1.11.1 Ermittlung der Anschaffungskosten 72
1.11.2 Notwendigkeit der Sachanlagenabschreibung 72
1.11.3 Berechnung und Buchung der jährlichen Abschreibung 73
1.11.4 Die Bedeutung der Abschreibung 75
1.12 Das Privatkonto 78
1.12.1 Buchung von Privatentnahmen und Privateinlagen 78
1.12.2 Exkurs: Zahlung der Umsatzsteuer bei Entnahmen 82
2 Organisation der Finanzbuchhaltung 85
2.1 Welche Aufgaben hat die Finanzbuchhaltung? 85
2.2 Handels- und steuerrechtliche Vorschriften der Finanzbuchhaltung 85
2.3 Welche Grundsätze ordnungsmäßiger Buchführung sind zu beachten? 87
2.4 Der Kontenrahmen – ein unentbehrliches Organisationsmittel der Finanzbuchhaltung 89
2.4.1 Aufgaben und Aufbau des Industrie-Kontenrahmens (IKR) 89
2.4.2 Der Kontenplan – eine Übersicht der betriebsindividuellen Konten 92
2.5 Die Belegorganisation 96
2.5.1 Bedeutung und Arten der Belege 96

2.5.2 Bearbeitung der Belege ... 96
2.6 Die Bücher der Finanzbuchhaltung ... 98
2.6.1 Das Grundbuch ... 98
2.6.2 Das Hauptbuch ... 99
2.6.3 Die Nebenbücher im Überblick ... 100
2.6.4 Die Kontokorrentbuchhaltung erfasst den Geschäftsverkehr mit Kunden und Lieferern ... 100
2.7 Buchen mit Finanzbuchhaltungsprogrammen ... 105
2.7.1 Finanzbuchhaltung in der betrieblichen Praxis ... 105
2.7.1.1 Merkmale kommerzieller Finanzbuchhaltungssoftware ... 105
2.7.1.2 Buchen der laufenden Geschäftsfälle ... 106
2.7.2 Offene-Posten-Buchhaltung ... 107
2.7.2.1 Einsatz der Finanzbuchhaltungssoftware „Lexware financial office" 108
2.7.2.2 Einsatz der Finanzbuchhaltungssoftware „Sage KHK Classic Line" .. 109
2.7.3 Stammdatenpflege im Rahmen der Finanzbuchhaltung ... 111
2.8 Beleggeschäftsgang 1 ... 114

3 Berechnungen und Buchungen in wichtigen Funktionsbereichen des Industriebetriebes ... 127
3.1 Werkstoffbereich/Produktionsbereich ... 127
3.1.1 Kalkulation des Bezugspreises ... 127
3.1.2 Bestandsorientierte Buchung der Beschaffung und des Verbrauchs der Werkstoffe ... 132
3.1.2.1 Kontrolle und Buchung der Eingangsrechnung ... 132
3.1.2.2 Werkstoffrücksendung an Lieferer ... 136
3.1.2.3 Nachträgliche Preisnachlässe von Lieferern ... 138
3.1.2.4 Erfassung und Buchung des Werkstoffverbrauchs ... 140
3.1.2.4.1 Laufende Erfassung des Werkstoffverbrauchs mithilfe von Materialentnahmescheinen ... 140
3.1.2.4.2 Erfassung des Werkstoffverbrauchs durch Inventur ... 141
3.1.3 Aufwandsorientierte Buchung der Beschaffung und des Verbrauchs von Werkstoffen ... 145
3.2 Absatzbereich ... 151
3.2.1 Verkauf von eigenen Erzeugnissen und Handelswaren ... 151
3.2.1.1 Erfassung der Umsatzerlöse für eigene Erzeugnisse ... 151
3.2.1.1.1 Gutschriften an Kunden aufgrund von Rücksendungen ... 154
3.2.1.1.2 Nachträgliche Preisnachlässe an Kunden ... 156
3.2.1.2 Erfassung der Umsatzerlöse für Handelswaren ... 160
3.2.1.2.1 Ein- und Verkauf von Handelswaren ... 160
3.2.1.2.1.1 Buchungen bei bestandsorientierter Beschaffung ... 160
3.2.1.2.1.2 Buchungen bei aufwandsorientierter Beschaffung ... 162
3.2.1.2.2 Kalkulation des Verkaufspreises bei Handelswaren ... 163
3.3 Bestandsveränderungen bei unfertigen und fertigen Erzeugnissen 166
3.3.1 Bestandsmehrung ... 166
3.3.2 Bestandsminderung ... 167
3.3.3 Buchung der Bestandsveränderungen im Überblick ... 169
3.4 Zahlungsbereich ... 173
3.4.1 Effektiver Zinssatz bei Liefererskonto ... 173
3.4.2 Ausgleich von Liefererrechnungen mit Skontoabzug ... 175
3.4.3 Ausgleich von Kundenrechnungen mit Skontoabzug ... 177
3.4.4 Zusammenfassende Aufgaben zum Beschaffungs-, Absatz- und Zahlungsbereich ... 179
3.5 Personalbereich ... 183
3.5.1 Grundlagen der Lohn- und Gehaltsabrechnung ... 183
3.5.1.1 Tarifvertrag ... 183
3.5.1.2 Die Ermittlung der Abzüge vom Bruttoverdienst ... 184
3.5.1.2.1 Die Ermittlung der Steuerabzüge ... 184
3.5.1.2.2 Die Ermittlung der Sozialversicherungsabzüge ... 187
3.5.2 Der Einsatz von Lohnberechnungsprogrammen ... 190
3.5.3 Die Buchung der Löhne und Gehäler ... 191

3.5.4 Die Buchung von Vorschusszahlungen an Mitarbeiter 192
3.5.5 Die Verrechnung von Sachwerten 192

C Die Kosten- und Leistungsrechnung (KLR) als Mittel zur Analyse und Bewertung der Wertschöpfungsprozesse (Lernfeld 4) **LF 4**

1 Einordnung der Kosten- und Leistungsrechnung 197
2 Grundlagen der Kosten- und Leistungsrechnung 198
2.1 Zielsetzung und Zahlenmaterial der KLR 198
2.2 Grundbegriffe der Kosten- und Leistungsrechnung 200
2.2.1 Einnahmen und Ausgaben 200
2.2.2 Erträge und Aufwendungen 200
2.2.3 Aufwendungen – Kosten 201
2.2.4 Erträge – Leistungen 202
3 Abgrenzungsrechnung 206
3.1 Ergebnistabelle als Hilfsmittel der Abgrenzungsrechnung 206
3.2 Abgrenzung der neutralen Aufwendung und Erträge von den Kosten und Leistungen (Unternehmensbezogene Abgrenzung) ... 207
3.3 Erläuterungen zur Ergebnistabelle 208
3.4 Berücksichtigung kalkulatorischer Kosten in der Betriebsergebnisrechnung (Kostenrechnerische Korrekturen) 213
3.4.1 Kalkulatorische Abschreibungen 215
3.4.2 Kalkulatorische Zinsen 218
3.4.3 Kalkulatorischer Unternehmerlohn 220
3.5 Kostenrechnerische Korrekturen durch Verrechnungspreise 222
3.6 Zusammenfassung der kalkulatorischen Kosten 223
3.6.1 Erstellung der endgültigen Ergebnistabelle 224
3.6.2 Auswertung der Ergebnistabelle 225
4 Kostenartenrechnung (KAR) 229
4.1 Aufgaben der Kostenartenrechnung 229
4.2 Zurechnung der Kosten auf die Kostenträger 230
4.3 Abhängigkeit der Kosten von der Beschäftigung 231
4.3.1 Abhängigkeit der variablen Kosten von der Beschäftigung 232
4.3.2 Abhängigkeit der fixen Kosten von der Beschäftigung 233
4.3.3 Abhängigkeit der Mischkosten von der Beschäftigung 234
4.3.4 Kostenplanung in Abhängigkeit von der Beschäftigung 235
5 Vollkostenrechnung im Mehrproduktunternehmen 239
5.1 Kostenstellenrechnung in Betrieben mit Serienfertigung 240
5.1.1 Gliederung des Betriebes in Kostenstellen 241
5.1.2 Betriebsabrechnungsbogen (BAB) als Hilfsmittel der Kostenstellenrechnung 243
5.1.2.1 Aufbau des Betriebsabrechnungsbogens 243
5.1.2.2 Verteilung der Gemeinkosten auf die Kostenstellen im Betriebsabrechnungsbogen 244
5.1.2.3 Berechnung der Zuschlagssätze (Istzuschläge) im Betriebsabrechnungsbogen 246
5.1.3 Erweiterter und mehrstufiger Betriebsabrechnungsbogen 252
5.1.4 Maschinenplatz als Kostenstelle im Betriebsabrechnungsbogen ... 258
5.1.4.1 Maschinenabhängige Fertigungsgemeinkosten 259
5.1.4.2 Restgemeinkosten 260
5.1.4.3 Fertigungskosten der Maschinenplatzes 260
5.1.4.4 Erweiterter Betriebsabrechnungsbogen mit Maschinenplatz als Fertigungshauptstelle 261
5.2 Kostenträgerzeitrechnung bei Serienfertigung 266
5.2.1 Kostenträgerblatt (BAB II) mit Istkosten als Hilfsmittel der Kostenträgerzeitrechnung 266
5.2.2 Kostenstellen- und Kostenträgerzeitrechnung auf Normalkostenbasis 268

5.2.3 Kostenüberdeckung und Kostenunterdeckung im BAB 270
5.2.4 Kostenträgerblatt (BAB II) auf Normalkostenbasis 271
5.3 Kostenträgerstückrechnung in Betrieben mit Serienfertigung 277
5.3.1 Zuschlagskalkulation 277
5.3.2 Zuschlagskalkulation als Angebotskalkulation 278
5.3.3 Zuschlagskalkulation als Nachkalkulation 282
5.4 Vollkostenrechnung in Betrieben mit Sortenfertigung (Äquivalenzziffernkalkulation) 285
5.5 Vollkostenrechnung in Betrieben mit Massenfertigung (Divisionskalkulation) 287

6 Deckungsbeitragsrechnung als Teilkostenrechnung 289
6.1 Vergleich zwischen Vollkosten- und Teilkostenrechnung 289
6.2 Grundzüge der Deckungsbeitragsrechnung 290
6.2.1 Deckungsbeitragsrechnung als Stückrechnung 290
6.2.2 Deckungsbeitragsrechnung als Periodenrechnung im Einproduktunternehmen 292
6.2.3 Deckungsbeitragsrechnung als Periodenrechnung im Mehrproduktunternehmen 296
6.3 Bestimmung der Preisuntergrenze 300
6.4 Annahme von Zusatzaufträgen 302
6.5 Optimales Produktionsprogramm 304
6.6 Eigenfertigung oder Fremdbezug 308

7 Mit Controllinginstrumenten den Industriebetrieb führen 311
7.1 Controlling ist etwas anderes als „Kontrolle" 311
7.2 Controlling in die Aufbauorganisation des Unternehmens einpassen 312
7.3 Mit Plankosten die Produktion steuern und kontrollieren 313
7.3.1 Die Einzel- und Gemeinkosten planen 314
7.3.1.1 Die Planbeschäftigung festlegen 315
7.3.1.2 Die Planeinzelkosten aufgrund fester Verrechnungspreise bestimmen 315
7.3.1.3 Die variablen und fixen Plangemeinkosten festlegen 316
7.3.2 Mit Plankostenverrechnungssätzen kalkulieren 317
7.3.3 Mit Sollkosten rechnen 318
7.3.4 Sollkosten mit Istkosten vergleichen 320
7.3.5 Kostenabweichungen im Betriebsabrechnungsbogen feststellen .. 324
7.4 Mit der Finanzplanung den Erfolg sichern 326
7.4.1 Den Kapitalbedarfsplan aufstellen 326
7.4.2 Investitionen anhand statischer Investitionsrechnungen vergleichen . 328
7.4.3 Das Kapital aufbringen und den Kredit sichern 331
7.4.3.1 Die Bedienung des Kredits anhand einer Cashflow-Planung absichern 331
7.4.4 Die Liquidität über einen Liquiditätsplan sichern 332

8 Grundlagen der Prozesskostenrechnung 334
8.1 Um welches Problem geht es? 334
8.2 Lösungsansatz – Eine Prozesskostenrechnung aufbauen 335
8.2.1 Teilprozesse über eine Tätigkeitsanalyse ermitteln 335
8.2.2 Gemeinkosten für jeden Teilprozess bestimmen 337
8.2.3 Maßgrößen (= Kostentreiber) für Teilprozesse festlegen 338
8.2.4 Prozesskostensätze errechnen 339
8.3 Hauptprozesskostensätze sind die Grundlage der Prozesskostenkalkulation 340
8.3.1 Eine Prozesskostenkalkulation aufstellen 341

LF 8 D Der Jahresabschluss – Erstellung, Analyse und Auswertung (Lernfeld 8)

1 Erstellung des Jahresabschlusses 344
1.1 Abgleich zwischen Soll- und Istbeständen (Inventurdifferenzen) .. 344
1.2 Zeitliche Abgrenzung der Aufwendungen und Erträge 346
1.2.1 Sonstige Forderungen 346
1.2.2 Sonstige Verbindlichkeiten 347
1.2.3 Aktive Rechnungsabgrenzung 349

1.2.4 Passive Rechnungsabgrenzung ... 350
1.2.5 Rückstellungen ... 356
1.3 Ermittlung der Wertansätze in der Jahresbilanz ... 361
1.3.1 Zweck der handels- und steuerrechtlichen Bewertung ... 361
1.3.2 Allgemeine Bewertungsgrundsätze ... 362
1.3.3 Besondere Bewertungsgrundsätze ... 363
1.3.3.1 Das Anschaffungswertprinzip ... 363
1.3.3.2 Das Niederstwertprinzip ... 363
1.3.3.3 Das Höchstwertprinzip ... 364
1.3.4 Die Bewertung des Anlagevermögens ... 365
1.3.4.1 Exkurs: Methoden der planmäßigen Abschreibung ... 366
1.3.4.1.1 Lineare und degressive Abschreibung ... 366
1.3.4.1.2 Der Wechsel von der degressiven zur linearen Abschreibung ... 368
1.3.4.1.3 Die Abschreibung nach der Leistung des Anlagegutes ... 368
1.3.4.2 Exkurs: Die Abschreibung Geringwertiger Wirtschaftsgüter ... 369
1.3.5 Die Bewertung des Umlaufvermögens ... 375
1.3.5.1 Die Bewertung der Vorratsbestände ... 375
1.3.5.1.1 Durchschnittsbewertung ... 375
1.3.5.1.2 Verbrauchsfolgebewertung ... 376
1.3.5.2 Die Bewertung der Forderungen a. LL ... 377
1.3.5.2.1 Einführung ... 377
1.3.5.2.2 Einzelbewertung von Forderungen ... 378
1.3.5.2.2.1 Direkte Abschreibung von uneinbringlichen Forderungen ... 378
1.3.5.2.2.2 Einzelwertberichtigung (EWB) zweifelhafter Forderungen ... 379
1.3.5.2.3 Pauschalwertberichtigung (PWB) der Forderungen ... 382
1.3.5.2.4 Bewertung der Forderungen in ausländischer Währung (Valutaforderungen) ... 385
1.3.6 Die Bewertung der Schulden ... 386
1.3.7 Diverse Übungen zur Bewertung in der Jahresbilanz ... 388
1.4 Jahresabschluss der Kapitalgesellschaften ... 393
1.4.1 Publizitäts- und Prüfungspflicht ... 393
1.4.2 Gliederung der Bilanz nach § 266 HGB ... 394
1.4.3 Ausweis des Eigenkapitals in der Bilanz ... 396
1.4.4 Gliederung der Gewinn- und Verlustrechnung nach § 275 HGB ... 398
1.4.5 Der Anlagenspiegel (Anlagengitter) als Bestandteil des Jahresabschlusses der Kapitalgesellschaften ... 402

2 Analyse und Auswertung des Jahresabschlusses ... 404
2.1 Die Auswertung der Bilanz ... 404
2.1.1 Die Aufbereitung der Bilanz (Bilanzanalyse) ... 404
2.1.2 Die Beurteilung der Bilanz (Bilanzkritik) ... 405
2.1.2.1 Beurteilung der Kapitalausstattung (Finanzierung) ... 406
2.1.2.2 Beurteilung der Anlagendeckung (Investierung) ... 407
2.1.2.3 Beurteilung der Zahlungsfähigkeit (Liquidität) ... 408
2.1.2.4 Beurteilung der Vermögensstruktur (Konstitution) ... 409
2.2 Die Auswertung der Gewinn- und Verlustrechnung ... 412
2.2.1 Beurteilung der Rentabilität ... 412
2.2.1.1 Eigenkapitalrentabilität (Unternehmerrentabilität) ... 412
2.2.1.2 Gesamtkapitalrentabilität (Unternehmungsrentabilität) ... 413
2.2.1.3 Umsatzrentabilität (Umsatzverdienstrate) ... 413
2.2.2 Cashflow-Analyse ... 415
2.2.3 Beurteilung der Umschlagskennzahlen ... 416
2.2.3.1 Lagerumschlag der Werkstoffbestände ... 416
2.2.3.2 Umschlag der Forderungen a. LL ... 417
2.2.3.3 Umschlag des Eigen- und Gesamtkapitals ... 417
2.2.4 Return on Investment (ROI) ... 419
2.3 Zusammenfassende Aufgaben zur betriebswirtschaftlichen Auswertung des Jahresabschlusses ... 420

3 Beleggeschäftsgang 2 ... 423

Inhaltsverzeichnis

E Wirtschaftsrechnen und Statistik

1 Grundlagen des Wirtschaftsrechnens ... 437
1.1 Dreisatzrechnung ... 437
1.1.1 Einfacher Dreisatz ... 437
1.1.1.1 Einfacher Dreisatz mit direkten Verhältnissen ... 438
1.1.1.2 Einfacher Dreisatz mit umgekehrten Verhältnisssen ... 440
1.1.2 Zusammengesetzter Dreisatz ... 443
1.2 Währungsrechnung ... 445
1.2.1 Grundlagen der Währungsrechnung ... 445
1.2.2 An- und Verkauf ausländischen Geldes ... 448
1.2.2.1 Der Handel mit Sorten ... 448
1.2.2.2 Der Handel mit Devisen ... 450
1.3 Prozentrechnung ... 451
1.3.1 Grundlagen der Prozentrechnung ... 451
1.3.2 Berechnung des Prozentsatzes ... 453
1.3.3 Berechnung des Prozentwertes ... 455
1.3.3.1 Berechnung des Prozentwertes vom Grundwert ... 455
1.3.3.2 Berechnung des Prozentwertes vom vermehrten Grundwert ... 457
1.3.3.3 Berechnung des Prozentwertes vom verminderten Grundwert ... 458
1.3.4 Berechnung des Grundwertes ... 460
1.4 Zinsrechnung ... 462
1.4.1 Grundlagen der Zinsrechnung ... 462
1.4.2 Berechnung der Zinsen ... 463
1.4.2.1 Festlegung der Zeit in der Zinsrechnung ... 463
1.4.2.2 Berechnung der Zinsen in Abhängigkeit von der Zeit ... 464
1.4.2.2.1 Berechnung der Zinsen für mehrere Jahre ... 464
1.4.2.2.2 Berechnung der Tageszinsen ... 464
1.4.3 Summarische Zinsrechnung ... 467
1.4.4 Berechnung des Zinssatzes ... 470
1.4.5 Berechnung der Zinszeit ... 471
1.4.6 Berechnung des Kapitals ... 471

2 Statistik im Industriebetrieb ... 473
2.1 Grundlagen der Statistik ... 473
2.2 Statistische Tabellen ... 475
2.3 Statistische Zahlen ... 477
2.3.1 Mittelwerte ... 477
2.3.1.1 Arithmetisches Mittel (Einfacher Durchschnitt) ... 477
2.3.1.2 Gewogenes arithmetisches Mittel (Gewogener Durchschnitt) ... 478
2.3.2 Verhältniszahlen ... 480
2.3.2.1 Gliederungszahlen ... 480
2.3.2.2 Beziehungszahlen ... 482
2.3.2.3 Indexzahlen ... 483
2.4 Darstellungsformen für statistische Zahlen ... 484
2.4.1 Kurvendiagramm ... 484
2.4.2 Balkendiagramm (Histogramm) ... 486
2.4.3 Kreisdiagramm ... 487

F Rechnungslegungsvorschriften nach HGB

1 Erster Abschnitt: Vorschriften für alle Kaufleute ... 489
2 Zweiter Abschnitt: Ergänzende Vorschriften für Kapitalgesellschaften ... 492

Sachregister ... 494

Anhang: Industrie-Kontenrahmen (IKR)
Gliederung der Jahresbilanz (§ 266 HGB)
Gliederung der Gewinn- und Verlustrechnung (§ 275 HGB)
Anmerkungen zum Jahresabschluss von Kapitalgesellschaften
Buchhalterische Behandlung der Steuern (Überblick)

Funktionen und Bereiche des industriellen Rechnungswesens im Überblick | A

Funktionen des Rechnungswesens | 1

Das industrielle Rechnungswesen soll das **gesamte Unternehmensgeschehen,** vor allem

- die **Beschaffung** der Betriebsmittel (z. B. Maschinen) und Werkstoffe,
- die **Fertigung** (Produktion) der Erzeugnisse und deren
- **Absatz** (Verkauf),

zahlenmäßig erfassen, kontrollieren und **auswerten.**

Die Hauptaufgaben des Rechnungswesens sind somit:

1. **Dokumentation** (Aufzeichnung) **aller Geschäftsfälle,** die Vermögen und Schulden sowie das Ergebnis (Gewinn und Verlust) des Unternehmens verändern.
2. **Information** der Unternehmenseigner, Finanzbehörden sowie ggf. der Kreditgeber (Gläubiger) **über die Vermögens-, Finanz- und Erfolgslage** des Unternehmens. Zu dieser **Rechenschaftslegung** sind die Unternehmen nach **§ 238 f. HGB** auch gesetzlich verpflichtet.
3. **Kontrolle** aller wichtigen Daten des Unternehmens, wie z. B. die Verzinsung **(Rentabilität)** des eingesetzten Kapitals, die **Wirtschaftlichkeit** auf der Grundlage der Umsatzerlöse und Selbstkosten, die Zahlungsfähigkeit **(Liquidität)** durch Vergleich der flüssigen (liquiden) Geldmittel mit den fälligen Verbindlichkeiten u. a.
4. **Planung** der zu erwartenden **Einnahmen und Ausgaben,** der **Investitionen** im Anlagenbereich (z. B. Anschaffung von maschinellen Anlagen, Fahrzeugen, Büroausstattung u. a.), der **Änderungen im Produktionsprogramm,** der **Einstellung von Arbeitskräften** u. v. m. aufgrund der vom Rechnungswesen erstellten Daten.

Bereiche des Rechnungswesens | 2

Die Verschiedenheit der Aufgaben erfordert eine **Aufteilung des Rechnungswesens** in **vier Bereiche,** deren Ist- und Sollwerte durch das Controlling überwacht werden:

Buchführung	Kosten- und Leistungsrechnung	Statistik	Planungsrechnung
↓	↓	↓	↓
Controlling (Soll-Ist-Vergleich)			

Buchführung | 2.1

Die Buchführung zeichnet alle **Geschäftsfälle zeitlich und sachlich geordnet** aufgrund von **Belegen** auf. Am Ende einer Rechnungsperiode (Monat, Quartal oder Jahr) ermittelt sie die Höhe des Vermögens und des Eigen- und Fremdkapitals sowie das Ergebnis. Die Buchführung, die in der Regel auch als **Finanz- oder Geschäftsbuchhaltung** bezeichnet wird, ist also eine **Zeitrechnung,** die in erster Linie der **Dokumentation** dient.

Im gesetzlich vorgeschriebenen **Jahresabschluss** (Bilanz und Gewinn- und Verlustrechnung) muss die Buchführung **Rechenschaft ablegen über Höhe und Zusammensetzung des Vermögens und des Kapitals** sowie **das Ergebnis des Unternehmens** im Geschäftsjahr.

2.2 Kosten- und Leistungsrechnung

Im Gegensatz zur Buchführung, die mehr unternehmensbezogen ist, indem sie die Vorgänge des gesamten Unternehmens zahlenmäßig erfasst, befasst sich die **Kosten- und Leistungsrechnung (KLR)** mit dem eigentlichen **Betriebszweck** des Industrieunternehmens, nämlich

- der **Fertigung** (Produktion) und
- dem **Absatz** (Vertrieb) der Erzeugnisse.

Der dabei entstandene **Werteverzehr,** die sog. **Kosten** (z. B. Verbrauch an Werkstoffen, Werbung, Löhne und Gehälter, Lager- und Vertriebskosten u. a.), und der **Wertezuwachs,** die sog. **Leistungen** (z. B. die Erlöse der verkauften Erzeugnisse), sind die wichtigsten **Grundlagen** der Kosten- und Leistungsrechnung. Um den Angebotspreis für ein bestimmtes Erzeugnis berechnen zu können, benötigt man dessen Kosten. Diese **Preiskalkulation** hat ein bestimmtes Schema und umfasst alle Kosten, die das Erzeugnis verursacht, zuzüglich eines angemessenen Gewinns.

Eine weitere wichtige Aufgabe der Kosten- und Leistungsrechnung besteht darin, die **für jede Erzeugnisgruppe** (z. B. Druckpapier in einer Papierfabrik) entstandenen Kosten zu ermitteln und von den Umsatzerlösen dieser Erzeugnisgruppe zu subtrahieren. So kann festgestellt werden, wie hoch der **Gewinn (oder Verlust)** bei jeder Erzeugnisgruppe oder auch insgesamt in einer Rechnungsperiode (z. B. Monat) gewesen ist: **Ermittlung des Betriebsergebnisses.**

	Erlöse der im Januar verkauften Erzeugnisgruppe „Druckpapier“ ...	650.000,00 €
–	**Kosten** der im Januar verkauften Erzeugnisgruppe „Druckpapier“ ..	580.000,00 €
	Gewinn der Erzeugnisgruppe „Druckpapier“ im Januar	**70.000,00 €**

2.3 Statistik

Die Statistik befasst sich mit der **Aufbereitung und Auswertung der Ergebnisse der Buchführung und Kosten- und Leistungsrechnung.** Beschaffungs-, Lager-, Erzeugnisgruppenumsatz- und Erfolgsstatistiken sowie Kosten- und Personalstatistiken werden erstellt und in **Tabellen** und **Diagrammen** anschaulich dargestellt. Sie dienen der **Planung, Steuerung und Überwachung** des Unternehmens.

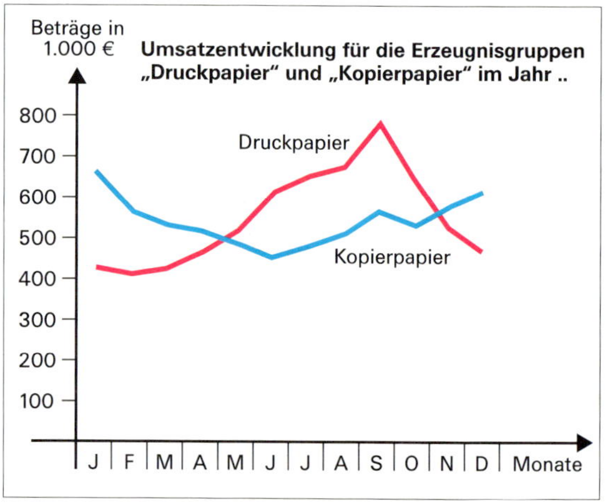

Die Statistik wird eine sehr aussagefähige **Vergleichsrechnung,** wenn man die statistischen Daten verschiedener Rechnungsperioden miteinander vergleicht **(Zeitvergleich).** Wertvolle Erkenntnisse lassen sich auch aus einem Vergleich der betriebseigenen Zahlen mit den entsprechenden Zahlen branchengleicher Unternehmen erzielen **(Betriebsvergleich).**

Planungsrechnung 2.4

Die Planungsrechnung ist eine **Vorschaurechnung,** die auf den Zahlen der übrigen drei Bereiche des Rechnungswesens beruht und die **künftige Entwicklung** von **Investitionen, Personalbedarf, Beschaffung, Umsatz** und **Finanzen** in Form von **Sollzahlen** berechnet und entsprechende Pläne erstellt.

Von besonderer Bedeutung ist der **Finanzplan,** der alle Einnahmen und Ausgaben ausweist, die das Unternehmen in den nächsten Monaten oder Jahren erwartet. Er kann nur aufgrund der genannten Teilpläne erstellt werden.

Controlling im Bereich des Rechnungswesens 2.5

Das Controlling übernimmt aus den vier Bereichen des Rechnungswesens, insbesondere aus der Kosten- und Leistungsrechnung sowie der Planungsrechnung, bestimmte **Ist- und Sollwerte,** vergleicht diese am Ende der betreffenden Rechnungsperiode miteinander und analysiert die **Abweichungen,** um deren **Ursachen** aufdecken und beheben zu können.

Soll-Ist-Vergleich

Gegenstand des Soll-Ist-Vergleichs sind beispielsweise die **Umsatzerlöse** der einzelnen Erzeugnisgruppen in verschiedenen Absatzgebieten, die **Höhe der Kosten** in den Abteilungen (Kostenstellen) des Unternehmens, die **Einnahmen und Ausgaben** der Finanzplanung, die **Lagerumschlagsdauer** der Erzeugnisgruppen, die **Gewinnerwartungen** u. v. m. Aufgrund der **Ergebnisse der Soll-Ist-Analyse** hat das Controlling auch die entsprechenden **Lösungsvorschläge** zu erarbeiten.

Zusammenfassung

▶ **Die Grundfunktionen des Rechnungswesens** sind:

Dokumentation	Information	Planung	Kontrolle

▶ **Das Rechnungswesen gliedert sich in vier Bereiche:**

- **Buchführung** → Zeitrechnung
- **Kosten- und Leistungsrechnung** → Stück- und Zeitrechnung
- **Statistik** → Vergleichsrechnung
- **Planungsrechnung** → Vorschaurechnung

▶ Das **Controlling** ist das **Kontroll- und Steuerungsinstrument** der Unternehmensleitung, das bestimmte **Soll- und Istwerte** aus den vier Bereichen des Rechnungswesens durch Vergleich **überwacht,** um **Abweichungsursachen** erkennen und gegebenenfalls beheben zu können:

Istwert > Sollwert **Istwert < Sollwert**

AUFGABE 1

1. *Nennen Sie jeweils die Hauptaufgabe der vier Bereiche des Rechnungswesens.*
2. In der Finanz- oder Geschäftsbuchhaltung werden die Geschäftsfälle aufgrund von ••• aufgezeichnet, und zwar in ••• und ••• Ordnung.
3. Geschäftsfälle verändern ••• und ••• eines Unternehmens.
4. *Wie lässt sich der Gewinn bzw. Verlust z. B. der Erzeugnisgruppe „Kopierpapier" für den Monat Februar ermitteln?* ■

B Die Finanzbuchhaltung als Mittel zur Erfassung und Dokumentation von Wertbeständen und Wertströmen (Lernfeld 3)

1 Einführung in das System der Finanzbuchhaltung

1.1 Die Finanzbuchhaltung als Grundlage des Rechnungswesens der Industriebetriebe

Vorbemerkung

Das industrielle Rechnungswesen wird in den einzelnen Themenbereichen dieses Lehrbuches weitgehend am Beispiel eines Unternehmens der **Metallindustrie** behandelt. Dieser Industriebetrieb, der die Lernenden bei der Erarbeitung der Stoffgebiete begleitet, soll zum besseren Verständnis der Lernsituationen zunächst kurz vorgestellt werden. Im Anschluss daran werden an typischen Situationen und Beispielen wichtige Aufgaben der Finanzbuchhaltung verdeutlicht.

1.1.1 Das Metallwerk Thomas Berg e. K.[1] als Beispielunternehmen

Unternehmenszweck

Das Metallwerk Thomas Berg ist ein mittelständisches Unternehmen, das sich auf die **Herstellung von Stahlblechgehäusen** für elektronische Geräte (Computer, PC-Drucker, Unterhaltungselektronik) spezialisiert hat. Es wird in der Rechtsform eines Einzelunternehmens geführt. **Inhaber** des Unternehmens ist Dipl.-Ing. Thomas Berg.

Sitz des Unternehmens

Die Anschrift des Unternehmens lautet: „Thomas Berg e. K., Metallwerk, Industriestraße 22–28, 70565 Stuttgart." Telefon 0711 245671-0, Telefax 0711 245671-62; Internet: www.berg-metall-wvd.de, E-Mail: service@berg-metall-wvd.de.

Bankverbindung

Das Unternehmen hat ein **Geschäftskonto** bei der Landesgirokasse Stuttgart, Kontonummer 723 544 32, Bankleitzahl 600 501 01.

Produktionsprogramm

Das **Produktionsprogramm** umfasst die Herstellung von Stahlblechgehäusen in unterschiedlichen Abmessungen und Formgebungen.

Das Metallwerk Thomas Berg gliedert sich in folgende **Abteilungen:**

Verwaltung	Produktion	Vertrieb
– Geschäftsleitung	– Arbeitsvorbereitung	– Verkauf
– Einkauf	– Werkstofflager	– Fertigwarenlager
– Rechnungswesen	– Stanzen/Schneiden	– Versand
– Fuhrpark	– Pressen/Biegen	
– Personalwesen	– Bohren/Entgraten	
	– Lackieren/Montieren	

Werkstoffe

Das **Werkstofflager** enthält Roh-, Hilfs- und Betriebsstoffe:

- **Rohstoffe** bilden jeweils den **Hauptbestandteil** eines Fertigprodukts. Für die Herstellung der Stahlblechgehäuse werden warm- und kaltgewalzte Breitstahlbänder unterschiedlicher Breite und Stärke benötigt.
- **Hilfsstoffe** sind **Nebenbestandteile** eines Erzeugnisses. Das sind bei der Produktion der Stahlblechgehäuse vor allem Schrauben, Nieten, Klebstoffe, Farben und Lacke.
- **Betriebsstoffe** werden nur mittelbar für die Herstellung der Erzeugnisse benötigt und stellen somit **keine Bestandteile** des Erzeugnisses dar. Im Metallwerk Thomas Berg sind das vor allem Trenn- und Polierscheiben, Schweißmaterial, Verbrauchswerkzeuge (z. B. Sägeblätter), Schmierstoffe, Treibstoffe und Heizöl.

1 Aus Gründen des besseren Leseflusses wurde im laufenden Text hin und wieder auf den lt. Handelsrecht vorgeschriebenen Firmenzusatz verzichtet.

Das Metallwerk Thomas Berg e. K. als Beispielunternehmen

Personal

Das Metallwerk Thomas Berg beschäftigt 29 Arbeitnehmer, davon sind 7 Angestellte in den kaufmännischen Abteilungen und 22 Arbeiter/Kraftfahrer in der Produktion und im Vertrieb.

Kunden

Zu den **Kunden** des Metallwerks Thomas Berg rechnen folgende Großabnehmer:

- Computer GmbH, Flensburger Straße 2–10, 18109 Rostock,
- Elektronische Geräte Synon AG, Speyerer Straße 31–35, 76199 Karlsruhe,
- Unterhaltungselektronik Weinert GmbH, Bebelstraße 50–58, 74076 Heilbronn.

Lieferanten

Von folgenden **Lieferanten** erhält das Metallwerk Thomas Berg die Roh-, Hilfs- und Betriebsstoffe:

- Die Walzwerke Sauerland AG, Gewerbestraße 40–52, 58730 Fröndenberg, und der
- Stahlhandel Brückner GmbH, Saarstraße 83–87, 66953 Pirmasens, liefern die warm- und kaltgewalzten Breitstahlbänder.
- Der Industriebedarf Glöckner GmbH, Geislinger Straße 62–64, 73033 Göppingen, liefert die benötigten Hilfs- und Betriebsstoffe.

Am Ende des letzten Geschäftsjahres (31. Dezember 1. Jahr) hatte das Metallwerk Thomas Berg folgende **Vermögenswerte** und **Schulden:**

Vermögenswerte	€	Schulden	€
– Grundstücke und Bauten	4.025.000,00	– Langfristige Bankverbindlichkeiten	2.787.500,00
– Technische Anlagen und Maschinen	2.130.000,00	– Verbindlichkeiten aus Lieferungen und Leistungen (a. LL)	1.552.500,00
– Betriebs- und Geschäftsausstattung	665.000,00		
– Vorräte an Roh-, Hilfs- und Betriebsstoffen	650.000,00		
– Vorräte an unfertigen Erzeugnissen	585.864,00		
– Vorräte an fertigen Erzeugnissen	979.136,00		
– Forderungen aus Lieferungen und Leistungen (a. LL)	1.380.000,00		
– Kassenbestand	29.000,00		
– Bankguthaben	1.956.000,00		

Umsatzerlöse

Die **Umsatzerlöse** aus dem Verkauf der Stahlblechgehäuse betrugen im vergangenen Geschäftsjahr 10.320.000,00 €. Die Stahlblechgehäuse für Computer hatten einen Anteil von 50 %, für PC-Drucker von 30 % und für Hi-Fi-Geräte von 20 %.

AUFGABE 2

Bearbeiten Sie die folgenden Aufgaben aufgrund der vorstehenden Angaben:

1. *Beschreiben Sie die wesentlichen Aufgaben eines Industriebetriebes.*
2. *Nennen Sie die Abteilungen, in die das Unternehmen Berg aufgeteilt ist.*
3. *Überlegen Sie, welche Tätigkeiten in den einzelnen Abteilungen anfallen.*
4. *Berechnen Sie das Gesamtvermögen, über das das Metallwerk Berg am Ende des letzten Geschäftsjahres verfügt hat, sowie die Gesamtschulden, die auf dem Unternehmen lasten.*
5. *Berechnen Sie, wie viel € Umsatz im vorhergehenden Geschäftsjahr auf jede der drei Erzeugnisgruppen entfielen.*
6. Nach einer Statistik entfällt in der Metallindustrie auf jeden Mitarbeiter durchschnittlich ein Umsatz von 660.000,00 €. *Wie viel € je Mitarbeiter sind es im Metallwerk Berg? Was schließen Sie daraus?*
7. *Was versteht man unter a) Rohstoffen, b) Hilfsstoffen und c) Betriebsstoffen? Nennen Sie dazu jeweils Beispiele aus einer Möbelfabrik.* ■

1.1.2 Die Finanzbuchhaltung als System zur planmäßigen Aufzeichnung der Geschäftsfälle

Situation 1 Die Einkaufsabteilung des Metallwerks Berg hat bei der Stahlhandel Brückner GmbH, Pirmasens, 100 Tonnen Breitstahlband TX 2500 im Gesamtwert von 120.000,00 € bestellt. Nach 10 Tagen erhält das Metallwerk Berg die Rohstoffe und zugleich die Rechnung über 120.000,00 €.

Wie wirken sich diese Vorgänge in der Finanzbuchhaltung Berg aus?

BRÜCKNER GmbH • Stahlhandel • Saarstr. 83–87 • 66953 Pirmasens

Stahlhandel BRÜCKNER GmbH

Telefon 06331 72214-0
Telefax 06331 72214-39
www.stahlhandel-wvd.de

Steuer-Nr. 065 272 12340
USt-IdNr. DE 456 987 321

Thomas Berg e. K.
Metallwerk
Industriestraße 22 - 28
70565 Stuttgart

Ihr Zeichen, Ihre Nachricht vom	Unser Zeichen, unsere Nachricht vom	Telefon, Name 06331 72214-	Datum
		12	..-11-07

Rechnung 34 579

Ihre Bestellung vom 24. Okt. ..

Eingegangen ..-11-08

Wir lieferten Ihnen am 6. Nov. .. durch unseren LKW, frachtfrei

100 Tonnen Breitstahlband TX 2500 — 120.000,00 €[1]

Zahlungsbedingungen: Der Rechnungsbetrag ist nach spätestens 40 Tagen ohne Abzug zu zahlen.

Deutsche Bank, Pirmasens
Konto 234 977 54
BLZ 542 700 96

Durch die **Bestellung** hat sich das Unternehmen **verpflichtet,** die Rohstoffe anzunehmen und zu bezahlen. Dies hat **kein Aufzeichnen** in der Finanzbuchhaltung zur Folge.

Erst durch die **Rechnung des Lieferers** (= **Eingangsrechnung**) wird belegt, dass das Unternehmen Rohstoffe (Breitstahlbänder) im Wert von 120.000,00 € erhalten hat. Die **Vorräte an Rohstoffen** haben also um 120.000,00 € **zugenommen.** Dies muss in der Buchhaltung aufgezeichnet werden.

Zugleich hat das Unternehmen Berg den Gegenwert (vgl. Rechnungsbetrag) für die erhaltenen Rohstoffe noch zu bezahlen. Solange es nicht bezahlt hat, hat es **Schulden (= Verbindlichkeiten aus Lieferungen und Leistungen [= a. LL])** gegenüber der Stahlhandel Brückner GmbH. Auch dies muss in der Buchhaltung verzeichnet werden.

Kontoauszug — Landesgirokasse Stuttgart

Konto-Nr.	Datum	Ausz.-Nr.	Blatt	Buchungstag	PN-Nr.	Wert	Umsatz
723 544 32	..-12-06	337	1				
ÜBERWEISUNG STAHLHANDEL BRÜCKNER, PIRMASENS RE 34 579 VOM ..-11-07				12-05	8744	12-05	120.000,00 S

THOMAS BERG E. K.
METALLWERK
INDUSTRIESTRASSE 22 - 28
70565 STUTTGART

Alter Saldo: H 362.290,20 EUR
Neuer Saldo: H 242.290,20 EUR

Die Rechnung der Stahlhandel Brückner GmbH wird kurz vor Ablauf der Zahlungsfrist **durch Banküberweisung beglichen.** Der **Kontoauszug** und evtl. die **Durchschrift** des Überweisungsvordrucks bilden in der Buchhaltung des Metallwerks Berg die **Belege** für die termingerechte Bezahlung der Liefererrechnung. Es muss aufgezeichnet werden, dass sich die Liefererschulden und das Bankguthaben um 120.000,00 € vermindert haben.

1 Die Umsatzsteuer wird in den Belegen aus methodischen Gründen erst nach Behandlung des Abschnitts 1.10 (siehe S. 63 ff.) ausgewiesen.

Die Finanzbuchhaltung als System zur planmäßigen Aufzeichnung der Geschäftsfälle

Situation 2

Die Verkaufsabteilung des Metallwerks Thomas Berg erhält von der Computer GmbH, Rostock, eine Bestellung über 5000 Stahlblechgehäuse PC 24 je 42,50 € im Gesamtwert von 212.500,00 €. Der zuständige Sachbearbeiter beauftragt die Versandabteilung mit der Auslieferung der Gehäuse mit eigenem LKW und schickt dem Kunden eine Rechnung über 212.500,00 €.

Durch die **Rechnung an den Kunden (= Ausgangsrechnung)** wird belegt, dass ein Verkauf von fertigen Erzeugnissen stattgefunden hat, d. h., es ist ein Umsatz getätigt worden, der zu **Umsatzerlösen** führt. Dies muss in der Buchhaltung vermerkt werden.

Zugleich hat das Metallwerk Berg den Gegenwert (= Rechnungsbetrag) für die an den Kunden gelieferten Erzeugnisse noch nicht erhalten. Solange es das Geld nicht bekommen hat, hat es **Forderungen a. LL** an die Computer GmbH, Rostock. Auch dies muss in der Buchführung vermerkt werden.

Zahlt der Kunde den Rechnungsbetrag z. B. nach 30 Tagen durch Überweisung auf das Konto des Metallwerks Berg bei der Landesgirokasse, so müssen der **Zahlungseingang** auf dem Bankkonto und das dadurch bedingte **Erlöschen der Forderung** wiederum in der Buchhaltung aufgezeichnet werden.

METALL WERK Thomas BERG e. K.

Metallwerk Thomas Berg e. K. • Industriestr. 22 – 28 • 70565 Stuttgart

Computer GmbH
Flensburger Str. 2 - 10
18109 Rostock

Telefon 0711 245671-0
Telefax 0711 245671-62
Internet www.berg-metall-wvd.de
E-Mail service@berg-metall-wvd.de

Ihr Zeichen, Ihre Nachricht vom	Unser Zeichen, unsere Nachricht vom	Telefon, Name 0711 245671-	Datum
		27	..-11-11

Rechnung 4711

Ihre Bestellung vom 7. Nov. ..

Wir lieferten Ihnen am 9. Nov. .. durch unseren LKW frei Haus:

5 000 PC-Gehäuse PC 24 212.500,00 €

Der Rechnungsbetrag ist innerhalb von 10 Tagen mit 2 % Skonto oder nach 30 Tagen ohne Abzug zu zahlen.

Landesgirokasse Stuttgart
Konto 723 544 32
BLZ 600 501 01

Steuer-Nr. 065 158 43218
USt-IdNr. DE 222 856 039

Situation 3

Zum Ende des Monats November sind **Lohn- und Gehaltszahlungen** an die 29 Mitarbeiter auf deren Bankkonten zu überweisen. Hierzu erstellt die Sachbearbeiterin im Lohnbüro eine **Sammel-Überweisung** im Gesamtbetrag von z. B. 72.500,00 € mit anhängenden Einzelüberweisungen für jeden Mitarbeiter. Sie leitet diese Überweisungen an die Landesgirokasse Stuttgart weiter.

Sobald die Landesgirokasse die Überweisungen ausgeführt hat, erhält das Metallwerk Berg einen **Kontoauszug,** aus dem hervorgeht, dass 72.500,00 € abgebucht wurden. Diese **Verringerung des Guthabens** bei der Landesgirokasse muss in der Buchhaltung aufgezeichnet werden.

Zusätzlich sind die **Gründe dieser Verringerung (= Löhne und Gehälter)** aufzuzeichnen: Das Metallwerk Thomas Berg hat die Leistungen seiner Mitarbeiter in Anspruch genommen, um Umsatz zu erzielen; dafür erhalten die Mitarbeiter eine Vergütung in Form von Löhnen und Gehältern.

Kontoauszug Landesgirokasse Stuttgart

Konto-Nr.	Datum	Ausz.-Nr.	Blatt	Buchungstag	PN-Nr.	Wert	Umsatz
723 544 32	..-11-28	321	1				
SAMMELÜBERWEISUNG				11-25	8744	11-25	72.500,00 S

THOMAS BERG E. K.
METALLWERK
INDUSTRIESTRASSE 22 - 28
70565 STUTTGART

Alter Saldo: H 296.500,00 EUR
Neuer Saldo: H 224.000,00 EUR

Die Finanzbuchhaltung als System zur planmäßigen Aufzeichnung der Geschäftsfälle

Zusammenfassung

- **Geschäftsfälle.** Aus den vorhergehenden Beispielen wird deutlich, dass in der Finanzbuchhaltung alle Vorgänge **aufgezeichnet** bzw. **gebucht** werden, die **das Vermögen und/oder die Schulden einer Unternehmung verändern.** Diese Vorgänge heißen **Geschäftsfälle.**
- **Belege.** Das **Aufzeichnen** bzw. **Buchen der Geschäftsfälle** geschieht **immer** aufgrund von Unterlagen, die im Unternehmen selbst erstellt werden (z. B. Rechnung an einen Kunden) oder von Geschäftspartnern zugeschickt werden (z. B. Kontoauszug der Bank, Rechnung eines Lieferers). Solche Unterlagen heißen in der Finanzbuchhaltung **Belege.**
- **Ordnung der Buchungen.** Das Buchen der Geschäftsfälle geschieht nicht willkürlich und zufällig, sondern zum einen in der **zeitlichen Reihenfolge,** in der die Belege eintreffen oder erstellt werden, und zum anderen in **sachlicher Ordnung,** d. h., gleiche Vorgänge gehören zusammen (z. B. Forderungen zu Forderungen/Verbindlichkeiten zu Verbindlichkeiten usw.).
- **Zweck der Buchungen.** Durch das geordnete Aufzeichnen bzw. Buchen aller Vermögens- und Schuldenänderungen verschafft sich der Unternehmer eine **Übersicht über seine Vermögens- und Schuldenlage** und kann kritische Entwicklungen (z. B. Zahlungsunfähigkeit, nachlassende Wirtschaftlichkeit und Rentabilität) rechtzeitig erkennen.
- Das geordnete Buchen ermöglicht es dem Unternehmer, den **Monats- oder Jahreserfolg** seines Unternehmens **(= Gewinn oder Verlust)** schnell und richtig zu ermitteln. Hierzu ist es erforderlich, dass die Finanzbuchhaltung jeweils nach einer bestimmten Zeitperiode (z. B. Monat oder Jahr) **abgeschlossen** wird.
- Durch das geordnete Buchen der Geschäftsfälle erfüllt der Unternehmer auch die **gesetzlichen Vorschriften** zur Buchhaltung, wie sie z. B. im **Handelsgesetzbuch (HGB)** und in der **Abgabenordnung (AO)** verankert sind. Die Buchhaltung ist damit auch die **Grundlage zur Berechnung der Steuern.**

AUFGABE

3

1. *Erläutern Sie, wie in den drei Situationen aus Kapitel 1.1.2 das Vermögen und/oder die Schulden verändert werden und aufgrund welcher Belege aufgezeichnet bzw. gebucht wird.*
2. In der obigen Zusammenfassung wird auf die gesetzlichen Grundlagen verwiesen. *Lesen Sie hierzu die §§ 238, 239 HGB sowie § 145 AO. (Die entsprechenden Gesetze sind in Ihrer Schule vorhanden. Siehe auch Kapitel F.)*
3. *Denken Sie sich weitere Situationen oder Vorgänge im Unternehmen Berg aus, durch die das Vermögen oder die Schulden verändert werden und die deswegen in der Finanzbuchhaltung aufgezeichnet bzw. gebucht werden müssen.*
4. *Welche Posten des Vermögens und der Schulden eines Industriebetriebes werden durch folgende Geschäftsfälle wie verändert?*
   a) Rohstoffe werden für 1.500,00 € gegen Bankscheck eingekauft.
   b) An den Kunden Schneider werden Erzeugnisse im Wert von 5.600,00 € mit einem Zahlungsziel von 30 Tagen verkauft.
   c) Der Kunde Schneider (Fall b) begleicht die Rechnung termingerecht durch Banküberweisung.

Die Ermittlung der Vermögenswerte und Schulden durch Inventur | 1.2

§ 240 HGB

Jeder Kaufmann muss zu Beginn seines Handelsgewerbes sowie jeweils für den Schluss des Geschäftsjahres seine Grundstücke, seine Forderungen und Schulden, den Betrag seines baren Geldes sowie seine sonstigen Vermögensgegenstände genau verzeichnen und dabei den Wert der einzelnen Vermögensgegenstände und Schulden angeben.

Wesen der Inventur

Jedes Unternehmen verfügt über **Vermögen** und **Schulden.**

Handelsgesetzbuch (§ 240 HGB) und **Abgabenordnung** (§ 140 und § 141 AO) verpflichten den Kaufmann, zu bestimmten Anlässen die Höhe seines Vermögens und seiner Schulden zu ermitteln. Die hierzu erforderliche **Tätigkeit der Bestandsaufnahme** nennt man **Inventur** (lat. invenire = vorfinden).

Die Inventur, also die **Bestandsaufnahme aller Vermögensteile und Schulden,** ist

- bei **Gründung** oder **Übernahme** (Kauf) eines Unternehmens,
- regelmäßig zum **Schluss des Geschäftsjahres** (meist zum 31. Dezember) und
- letztlich bei **Auflösung** oder **Verkauf** des Unternehmens erforderlich.

Woraus setzen sich Vermögen und Schulden zusammen? | 1.2.1

Das Vermögen besteht aus Anlagevermögen und Umlaufvermögen. Die **Schulden** bilden das Kapital, das dem Unternehmen von „Fremden", also in der Regel von den Banken und Sparkassen sowie den Lieferern, zur Verfügung gestellt wird. Die **Schulden** bezeichnet man deshalb auch als **Fremdkapital.**

Anlagevermögen

Zum Anlagevermögen des Metallwerks Berg rechnen alle Güter, die dem Unternehmen **dauernd oder für längere Zeit** zur Verfügung stehen und somit die **Grundlage der Geschäftstätigkeit** bilden. Grundstücke dienen dem Unternehmen ständig, sie nutzen sich jedoch nicht ab. Die Geschäftsgebäude unterliegen dagegen der Abnutzung und haben deshalb für das Unternehmen auch nur eine begrenzte Nutzungsdauer von 25 bis 33 Jahren. Gegenstände der Betriebs- und Geschäftsausstattung, wie z. B. Büro- und Lagereinrichtungen, dienen dem Unternehmen 4 bis 10 Jahre. Bei Geschäftsfahrzeugen geht man meist von einer Nutzungsdauer von 6 bis 9 Jahren aus. Allgemein ist somit zu sagen: Vermögensteile, die **langfristig** im Unternehmen „angelegt" sind, gehören stets zum **Anlagevermögen.**

Zum Anlagevermögen des Metallwerks Thomas Berg e. K. rechnen lt. Inventur vom 31. Dezember (1. Jahr):

1. Grundstücke und Bauten lt. Anlagenliste AL 1		
– Bebaute Grundstücke, Industriestraße 22–28 . .	380.000,00 €	
– Betriebsgebäude	2.400.000,00 €	
– Verwaltungsgebäude	1.245.000,00 €	4.025.000,00 €
2. Technische Anlagen und Maschinen lt. AL 2		2.130.000,00 €
3. Betriebs- und Geschäftsausstattung		
– Werkstätteneinrichtung lt. AL 3	155.000,00 €	
– Lagereinrichtung lt. AL 4	110.000,00 €	
– Fuhrpark lt. AL 5	245.000,00 €	
– Büro- und EDV-Ausstattung lt. AL 6	155.000,00 €	665.000,00 €

Woraus setzen sich Vermögen und Schulden zusammen?

Umlaufvermögen

Zum Umlaufvermögen zählen alle Vermögensteile des Metallwerks Berg, die sich in ihrer Höhe **kurzfristig** verändern, wie die Vorräte an Roh-, Hilfs- und Betriebsstoffen sowie an fertigen Erzeugnissen, die Kasse (= Bargeld) und das Bankguthaben. Auch die Forderungen an seine Kunden, die Erzeugnisse „auf Kredit" bzw. „auf Ziel", also mit einem Zahlungsziel von beispielsweise 30 Tagen, geliefert bekommen haben, gehören zum Umlaufvermögen des Unternehmens. Die Vermögensposten des Umlaufvermögens werden somit **ständig umgesetzt.** Sie befinden sich „im Umlauf": Roh-, Hilfs- und Betriebsstoffe werden bei der Herstellung der Erzeugnisse verbraucht. Die fertigen Erzeugnisse werden in der Regel auf Kredit (auf Ziel) an die Kunden verkauft, wodurch sich deren Vorräte vermindern und sich gleichzeitig der Vermögensposten „Forderungen aus Lieferungen und Leistungen" **(= Forderungen a. LL)** erhöht. Wenn die Kunden zum Ende der Zahlungsfrist den Rechnungsbetrag auf das Bankkonto des Metallwerks Berg überweisen, erhöht sich das Bankguthaben. Mit diesem Geld können dann wiederum Roh-, Hilfs- und Betriebsstoffe eingekauft werden.

Die Posten des Umlaufvermögens befinden sich „im Umlauf":

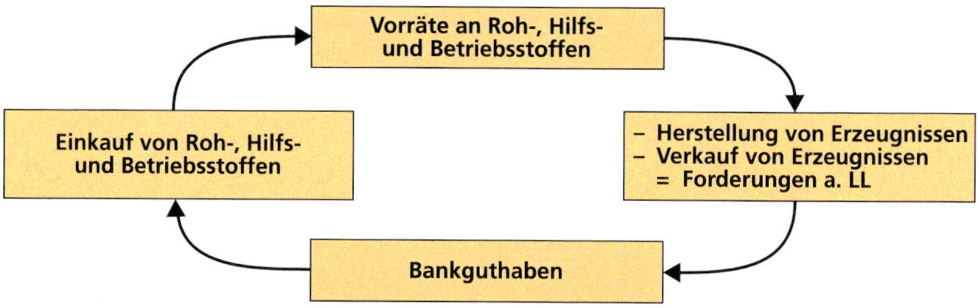

Zum Umlaufvermögen des Metallwerks Thomas Berg e. K. rechnen lt. Inventur:

1. **Roh-, Hilfs- und Betriebsstoffe** lt. AL 7		650.000,00 €
2. **Unfertige Erzeugnisse** lt. AL 8		585.864,00 €
3. **Fertige Erzeugnisse**		
– 14 768 Stück PC-Druckergehäuse DC 44 je 32,50 € Herstellwert	479.960,00 €	
– 5 384 Stück PC-Gehäuse PC 24 je 39,00 €	209.976,00 €	
– 4 820 Stück Hi-Fi-Gehäuse HF 12 je 60,00 €	289.200,00 €	979.136,00 €
4. **Forderungen a. LL** lt. Kundenkartei		
– Computer GmbH, Roststock	713.000,00 €	
– Elektronische Geräte Synon AG, Karlsruhe......	322.000,00 €	
– Unterhaltungselektronik Weinert GmbH, Heilbronn	345.000,00 €	1.380.000,00 €
5. **Kassenbestand** lt. Kassenbericht		29.000,00 €
6. **Bankguthaben** bei der Landesgirokasse Stuttgart lt. Kontoauszug vom 31. Dezember		1.956.000,00 €

Fremdkapital

Die Schulden, also die Verbindlichkeiten oder das **Fremdkapital** eines Unternehmens, können kurzfristig oder langfristig sein.

Langfristige Verbindlichkeiten bestehen meist gegenüber Kreditinstituten, also Banken bzw. Sparkassen. Sie haben eine **Kreditdauer von mindestens einem Jahr.** So muss das Metallwerk Berg beispielsweise zur Bezahlung (= Finanzierung) eines neuen Lagergebäudes bei den Banken **Hypotheken** aufnehmen, die erst im Laufe von 5, 10 oder 20 Jahren getilgt werden. Zur Sicherung des Gläubigers wird die Hypothek im **Grundbuch** eingetragen, das bei dem für das Grundstück zuständigen Amtsgericht geführt wird. Darüber hinaus können bei den Kreditinstituten auch **Darlehen** aufgenommen werden, die in der Regel nach 1, 3 oder 5 Jahren zurückgezahlt werden müssen.

Woraus setzen sich Vermögen und Schulden zusammen?

Kurzfristige Verbindlichkeiten haben lediglich eine **Kreditdauer von höchstens einem Jahr.** Sie entstehen meist gegenüber den Lieferanten des Metallwerks Berg, wenn es bei ihnen Roh-, Hilfs- und Betriebsstoffe auf Ziel, also mit einem Zahlungsziel von 30, 60 oder gar 90 Tagen, einkauft. Durch diesen **Zieleinkauf** erhöhen sich seine Vorräte an Roh-, Hilfs- und Betriebsstoffen und zugleich auch seine „Verbindlichkeiten aus Lieferungen und Leistungen" **(= Verbindlichkeiten a. LL),** wie man die Schulden bei den Lieferern bezeichnet. Kurzfristig sind natürlich alle Kredite, die Kreditinstitute für wenige Monate, also in der Regel bis zu einem Jahr, einräumen. Sie entstehen auch oft, wenn die Unternehmen kurzfristig ihre Bankkonten im vorher vereinbarten Rahmen „überziehen".

Zu den Schulden des Metallwerks Th. Berg e. K. rechnen zum 31. Dezember (1. Jahr):

1. Langfristige Bankverbindlichkeiten		
Hypothek der Landesgirokasse Stuttgart		2.787.500,00 €
2. Verbindlichkeiten a. LL lt. Liefererkartei		
– Walzwerke Sauerland AG, Fröndenberg........	483.000,00 €	
– Stahlhandel Brückner GmbH, Pirmasens........	667.000,00 €	
– Industriebedarf Glöckner GmbH, Göppingen ...	402.500,00 €	1.552.500,00 €

Wie wird die Inventur durchgeführt? 1.2.2

Geschäftsjahr

Das Geschäftsjahr eines Unternehmens deckt sich in der Regel mit dem Kalenderjahr. Es ist nun Aufgabe der Inventur, regelmäßig zum Schluss eines Geschäftsjahres, also zum 31. Dezember, die Höhe des Vermögens und der Schulden des Unternehmens zu ermitteln.

Körperliche Inventur

Bei einer Reihe von „körperlichen" Vermögensposten, also Rohstoffen, Bargeld u. a., muss man zunächst einmal die **Menge feststellen,** bevor man den Wert des jeweiligen Postens errechnen kann. Diese **„körperliche Inventur" geschieht** je nach Art des Vermögensgegenstandes **durch Zählen, Messen oder Wiegen.**

Anlagenkartei

Die körperliche Bestandsaufnahme kann bei allen **beweglichen** Anlagegütern (z. B. Maschinen, Fahrzeuge, Computer, Schreibtische u. a.) entfallen, wenn man für jeden Anlagegegenstand in einer Anlagenkartei eine besondere **Anlagenkarte** führt, die den Anschaffungswert, den Zeitpunkt der Anschaffung, die voraussichtliche Nutzungsdauer in Jahren sowie die jährliche Wertminderung, also die Abschreibung[1], und damit den „Buchwert" des Anlagegutes zum 31. Dezember des jeweiligen Geschäftsjahres ausweist. Der Wert des Anlagegutes wird somit buchmäßig korrekt nachgewiesen.

Inventar-Nr. 0860/567	**Bezeichnung der Anlage** EDV- Anlage 486 S	**Standort (Kostenstelle)** Finanzbuchhaltung	
Anschaffungszeitpunkt 15. Jan. (1. Jahr)	**Anschaffungskosten** 30.000,00 €	**Instandhaltungen** –	
Nutzungsjahre: 6		**Jährlicher Abschreibungsbetrag:** 5.000,00 €	
Datum	**Zugang**	**Abschreibung**	**Buchwert (Restwert)**
15. Jan. (1. Jahr)	30.000,00 €	–	–
31. Dez. (1. Jahr)	–	5.000,00 €	25.000,00 €
31. Dez. (2. Jahr)	–	5.000,00 €	20.000,00 €
usw.			

1 siehe S. 72 f. und S. 366 f.

Wie wird die Inventur durchgeführt?

Bewertung der Menge

Im Rahmen der körperlichen Inventur wird der **Bestand** an Roh-, Hilfs- und Betriebsstoffen sowie an unfertigen und fertigen Erzeugnissen zunächst **mengenmäßig erfasst.** Im Anschluss daran ist die **jeweilige Menge** zu **bewerten,** d. h. in Euro (€) auszudrücken. Dabei ist zu beachten, dass man **von zwei zur Verfügung stehenden Werten,** nämlich den ursprünglichen **Anschaffungs- bzw. Herstellungskosten** und dem **Tageswert** am 31. Dezember, **den niedrigsten Wert einsetzt.** Das Handelsgesetzbuch (§ 252 HGB) verlangt von allen Unternehmern eine **niedrige und damit vorsichtige Bewertung der Vermögensteile** (= Niederstwertprinzip).

Beispiel

Das Metallwerk Berg hat zum 31. Dezember des Geschäftsjahres noch 434 Tonnen Breitstahlband TX 2500 auf Lager. Die Anschaffungskosten betrugen je Tonne 1.100,00 €. Am 31. Dezember ist der Anschaffungswert auf 1.160,00 € gestiegen. Nach dem **Niederstwertprinzip** ist das Stahlband mit 1.100,00 € je Tonne zu bewerten. **Der Wertansatz beträgt somit:**

434 Tonnen Breitstahlband · 1.100,00 € = 477.400,00 €

Buchinventur

Die Werte aller **nicht körperlichen** Vermögensposten und der Schulden ergeben sich zum 31. Dezember aus den entsprechenden **Belegen oder buchhalterischen Aufzeichnungen.** So ergibt sich der Wert des Bankguthabens zum 31. Dezember aus dem vorliegenden **Kontoauszug der Bank.** Die Höhe der Forderungen an unsere Kunden sowie die Höhe der Verbindlichkeiten gegenüber unseren Lieferern wird anhand der **Kunden- bzw. Liefererkartei** ermittelt, in der für jeden einzelnen Kunden und Lieferer die Geschäftsbeziehungen kartei- bzw. kontomäßig festgehalten werden. Der Stand der langfristigen und kurzfristigen Bankschulden ergibt sich aus den entsprechenden Kontoauszügen. Der Arbeitsaufwand der buchmäßigen Inventur ist daher im Vergleich zur körperlichen Inventur, wie z. B. bei den Rohstoffen, gering.

Kundenkonto-Nr.: 10001 **Computer GmbH,** Flensburger Straße 2–10, 18109 Rostock
Zahlungsbedingungen: 10 Tage: 2 % Skonto oder 30 Tage: netto Kasse

Datum	Beleg	Buchungstext	Zugang (€)	Abgang (€)	Stand (Saldo)
1. Jan. 02[1]	Inventar v. 31. Dez. 01[1]	Anfangsbestand	–	–	713.000,00 €
5. Jan. 02	Kontoauszug 2	Überweisung der Ausgangsrechnung 456	–	598.000,00	115.000,00 €
10. Jan. 02	Ausgangsrechnung 68	Verkauf v. Stahlblechgehäusen G III	230.000,00	–	345.000,00 €

Hypothekendarlehen-Kontoauszug Landesgirokasse Stuttgart

Konto-Nr.	Datum	Ausz.-Nr.	Blatt	Buchungstag	PN-Nr.	Wert	Umsatz
723 544 32	01-12-31						

Darlehensstand als Nachweis für das Finanzamt

THOMAS BERG E. K.
METALLWERK
INDUSTRIESTRASSE 22 - 28
70565 STUTTGART

Alter Kontostand	
00[1]-12-31	2.985.500,00 EUR
Neuer Kontostand	
01[1]-12-31	2.787.500,00 EUR

1 In diesem Lehrbuch bedeuten die Ziffern „00" = Vorjahr, „01" = 1. Jahr, „02" = 2. Jahr usw.

Möglichkeiten der Vereinfachung der Inventur des Vorratsvermögens 1.2.3

Organisation der Inventurarbeiten

Das Vorratsvermögen eines Industriebetriebes besteht in der Regel aus Beständen an unterschiedlichen Roh-, Hilfs- und Betriebsstoffen sowie an unfertigen und fertigen Erzeugnissen. Die mengenmäßige (körperliche) **Bestandsaufnahme** ist dann meist mit einem erheblichen Arbeitsaufwand verbunden und bedarf deshalb auch einer **sorgfältigen Vorbereitung des organisatorischen Ablaufs.** In der Regel wird zunächst ein **Inventurleiter** ernannt, der für die praktische Durchführung der Inventurarbeiten einen genauen **Aufnahmeplan** erstellt. Dieser Plan legt zunächst die einzelnen **Inventurbereiche** (z. B. nach Erzeugnis- und Werkstoffgruppen) fest, benennt die **Personen** der Aufnahmegruppen und die zu verwendenden **Aufnahmeformulare** und **Hilfsmittel** (z. B. Diktiergeräte) sowie den jeweiligen **Zeitpunkt** für die Durchführung der Inventur. Wichtig ist, dass auch Aufsichtspersonen benannt werden, die durch Stichproben die **Bestandsaufnahmen überprüfen.**

Inventurverfahren

Zur Vereinfachung der Inventur des Vorratsvermögens sind nach § 241 HGB und Abschnitt 30 EStR (Einkommensteuerrichtlinien) **folgende Verfahren erlaubt:**

Stichtagsinventur = zeitnahe körperliche Bestandsaufnahme

Die körperliche Bestandsaufnahme muss nun nicht gerade am Abschluss-Stichtag (z. B. 31. Dezember) erfolgen, sondern kann **zeitnah** durchgeführt werden, und zwar innerhalb einer Frist von

10 Tagen vor oder nach dem Abschluss-Stichtag.

Dieses Verfahren setzt aber voraus, dass **alle Zu- und Abgänge** zwischen dem Tag der Inventur, also z. B. 21. Dezember bzw. 10. Januar, und dem 31. Dezember als Abschluss-Stichtag anhand von Belegen (Rechnungen) **mengen- und wertmäßig** auf den 31. Dezember **fortgeschrieben oder zurückgerechnet** werden. Auch wenn die Abschluss-Stichtagsinventur zeitnah in einer **10-Tage-Frist** vorgenommen werden darf, sind bei großen Unternehmen **Betriebsschließungen** notwendig.

Verlegte Inventur = vor- oder nachverlegte körperliche Bestandsaufnahme

In diesem Fall darf die Inventur an beliebigen Tagen innerhalb der letzten

drei Monate vor oder der ersten beiden Monate nach dem 31. Dezember

erfolgen. Ein großer Vorteil besteht nun darin, dass der am Inventurtag ermittelte Bestand nur noch **wertmäßig,** also nicht mengenmäßig, auf den 31. Dezember fortgeschrieben oder zurückgerechnet werden muss.

Vorverlegte Inventur am 15. Nov. (1. Jahr)	
Wert der Rohstoffe am 15. Nov.	125.000,00
+ Wert der Zugänge 15. Nov. – 31. Dez.	45.000,00
– Wert der Abgänge 15. Nov. – 31. Dez.	60.000.00
Rohstoffwert am 31. Dez. (1. Jahr)	**110.000,00**
Wertfortschreibung	

Nachverlegte Inventur am 8. Jan. (2. Jahr)	
Wert der Rohstoffe am 8. Jan.	200.000,00
– Wert der Zugänge 1. Jan. – 8. Jan.	80.000,00
+ Wert der Abgänge 1. Jan. – 8. Jan.	50.000,00
Rohstoffwert am 31. Dez. (1. Jahr)	**170.000,00**
Wertrückrechnung	

Permanente Inventur = laufende Buchinventur anhand der Lagerkartei

Der **mengenmäßige Bestand** eines Postens des Vorratsvermögens kann **jederzeit buchmäßig,** also ohne körperliche Inventur, nachgewiesen werden, wenn man die Menge des jeweiligen Zugangs und Abgangs anhand der Lieferscheine oder Rechnungen auf einer Lagerkarte oder EDV-mäßig erfasst. So ist man in der Lage,

Möglichkeiten der Vereinfachung der Inventur des Vorratsvermögens

aufgrund der Aufzeichnungen täglich den Mengenbestand „buchmäßig" zu erfahren. Allerdings muss der

Buchbestand wenigstens einmal im Geschäftsjahr überprüft

und gegebenenfalls korrigiert werden. Die hierzu erforderliche körperliche Bestandsaufnahme kann **an jedem beliebigen Tag des Jahres** durchgeführt werden. Über die Durchführung dieser Inventur ist ein **Protokoll** (= Beleg!) anzufertigen.

Lagerkartei

Lagerkarte des Metallwerks Thomas Berg e. K.					
Rohstoff: Breitstahl T 400 **Nr.:** 2281	**Lieferer:** Stahlhandel Brückner GmbH		**Mindestbestand:** 120 Tonnen **Höchstbestand:** 600 Tonnen		
Datum	**Beleg**	**Preis je Tonne**	**Zugang**	**Abgang**	**Bestand**
1. Jan. ..	Anfangsbestand	1.150,00 €	–	–	**150**
6. Jan. ..	Eingangsrechnung ER 12	1.150,00 €	80	–	**230**
7. Jan. ..	Materialentnahmeschein ME 1	–	–	40	**190**
8. Jan. ..	Eingangsrechnung ER 18	1.200,00 €	100	–	**290**
9. Jan. ..	Materialentnahmeschein ME 2	–	–	60	**230**
usw.					

1.2.4 Wie wird das Inventar aufgestellt?

Ergebnisse der Inventur

Die Ergebnisse der Inventur als Bestands**aufnahme** werden in einem besonderen Bestands**verzeichnis**, dem **„Inventar"**, zusammengestellt und übersichtlich gegliedert. **Das Inventar besteht aus drei Teilen:**

A. Vermögen
- I. Anlagevermögen
- II. Umlaufvermögen

B. Schulden
- I. Langfristige Schulden
- II. Kurzfristige Schulden

C. Eigenkapital (= Reinvermögen)

Die Posten des Anlage- und Umlaufvermögens werden nach ihrer **Geldnähe oder Flüssigkeit** geordnet, also nach dem Grad, wie schnell sie in Geld umgesetzt werden können. So sind die weniger „flüssigen" (liquiden) Vermögensposten, wie z. B. Grundstücke und Gebäude, im Inventar zuerst und die bereits **liquiden** Mittel, wie Kassenbestand und Bankguthaben, zuletzt aufzuführen.

Die Schulden, also das im Unternehmen arbeitende Fremdkapital, werden nach ihrer **Fälligkeit** in langfristige und kurzfristige Verbindlichkeiten gegliedert.

Das Eigenkapital, das auch als „Reinvermögen" bezeichnet wird, ergibt sich, wenn man die Schulden, also das Fremdkapital, vom Vermögen abzieht. Das Eigenkapital gibt den Betrag an, in dessen Höhe der Unternehmer Vermögensgegenstände in das Unternehmen eingebracht hat.

A. Vermögen – B. Schulden = C. Eigenkapital

Aufbewahrung

Inventare sind **10 Jahre** aufzubewahren. Die Aufbewahrung kann auch auf einem **Bildträger** (Mikrofilm) oder auf einem anderen **Datenträger** (Diskette, CD-ROM, DVD) erfolgen. Die Daten müssen **jedoch jederzeit** lesbar gemacht werden können (§ 257 HGB).

INVENTAR

des Metallwerks Thomas Berg e. K., Stuttgart, zum 31. Dezember (1. Jahr)

	€	€
A. Vermögen		
I. Anlagevermögen		
1. Grundstücke und Bauten lt. Anlagenliste AL 1		
Bebaute Grundstücke, Industriestraße 22–28	380.000,00	
Betriebsgebäude	2.400.000,00	
Verwaltungsgebäude	1.245.000,00	4.025.000,00
2. Technische Anlagen und Maschinen lt. AL 2		2.130.000,00
3. Betriebs- und Geschäftsausstattung		
Werkstätteneinrichtung lt. AL 3	155.000,00	
Lagereinrichtung lt. AL 4	110.000,00	
Fuhrpark lt. AL 5	245.000,00	
Büro- und EDV-Ausstattung lt. AL 6	155.000,00	665.000,00
II. Umlaufvermögen		
1. Roh-, Hilfs- und Betriebsstoffe lt. AL 7		650.000,00
2. Unfertige Erzeugnisse lt. AL 8		585.864,00
3. Fertige Erzeugnisse		
14 768 Stück PC-Druckergehäuse DC 44 je 32,50 € Herstellwert	479.960,00	
5 384 Stück PC-Gehäuse PC 24 je 39,00 €	209.976,00	
4 820 Stück Hi-Fi-Gehäuse HF 12 je 60,00 €	289.200,00	979.136,00
4. Forderungen a. LL lt. Kundenkartei		
Computer GmbH, Rostock	713.000,00	
Elektronische Geräte Synon AG, Karlsruhe	322.000,00	
Unterhaltungselektronik Weinert GmbH, Heilbronn	345.000,00	1.380.000,00
5. Kassenbestand lt. Kassenbericht		29.000,00
6. Bankguthaben bei der Landesgirokasse Stuttgart lt. Kontoauszug vom 31. Dezember		1.956.000,00
Summe des Vermögens		12.400.000,00
B. Schulden		
I. Langfristige Bankverbindlichkeiten		
Hypothek der Landesgirokasse Stuttgart		2.787.500,00
II. Verbindlichkeiten a. LL lt. Liefererkartei		
1. Walzwerke Sauerland AG, Fröndenberg	483.000,00	
2. Stahlhandel Brückner GmbH, Pirmasens	667.000,00	
3. Industriebedarf Glöckner GmbH, Göppingen	402.500,00	1.552.500,00
Summe der Schulden		**4.340.000,00**
C. Ermittlung des Eigenkapitals		
Summe des Vermögens		12.400.000,00
– Summe der Schulden		4.340.000,00
Eigenkapital (Reinvermögen)		**8.060.000,00**

Wie wird das Inventar aufgestellt?

Zusammenfassung

- **Inventur** ist die **Bestandsaufnahme aller Vermögensteile und Schulden** eines Unternehmens, und zwar **nach Art, Menge und Wert.** Sie ist gesetzlich vorgeschrieben regelmäßig zum Ende des Geschäftsjahres, bei Gründung, Verkauf und Auflösung eines Unternehmens.[1]
- **Das Vermögen** eines Unternehmens gliedert sich in **Anlage- und Umlaufvermögen.** Das **Anlagevermögen** bildet die Grundlage der Geschäftstätigkeit und enthält Vermögensteile mit **langjähriger Nutzungsdauer.** Zum **Umlaufvermögen** gehören alle Vermögensposten, die sich **kurzfristig verändern.** Die Vermögensteile werden nach dem Grad ihrer **Flüssigkeit** geordnet.
- **Die Schulden (Fremdkapital)** werden nach der Fälligkeit in **lang- und kurzfristige** Verbindlichkeiten gegliedert.
- **Die körperliche Inventur** ermittelt den Bestand der körperlichen Vermögensposten **nach Art, Menge und Wert.**
- **Die Buchinventur** erfasst den Bestand aller **nicht körperlichen Vermögensteile und Schulden** anhand der buchmäßigen Aufzeichnungen **nach Art und Wert.**
- **Niederstwertprinzip.** Im Rahmen der Inventur müssen die Vermögensposten nach dem Niederstwertprinzip bewertet werden: **Von zwei Werten,** nämlich Anschaffungswert und Tageswert am Abschlusstag, **ist der niedrigste anzusetzen.** Das entspricht dem wichtigen **Grundsatz kaufmännischer Vorsicht.**
- **Verfahren der Inventurerleichterung.** Die Stichtagsinventur, die verlegte Inventur und die permanente Inventur sind gesetzlich erlaubte Verfahren, die die zeitraubende Bestandsaufnahme des Vorratsvermögens vereinfachen.
- **Die Stichtagsinventur** darf **zeitnah,** d. h. innerhalb von **10 Tagen vor oder nach dem Abschluss-Stichtag** (z. B. 31. Dezember ..), durchgeführt werden.
- **Die verlegte Inventur** darf innerhalb der letzten **drei Monate vor oder der ersten beiden Monate nach** dem Abschluss-Stichtag erfolgen.
- **Die permanente Inventur** weist durch Erfassung aller Zu- und Abgänge eines Postens des Vorratsvermögens jederzeit den Lagerbestand **buchmäßig (Lagerkarte)** nach. Zur Kontrolle muss **einmal im Jahr eine körperliche Inventur** erfolgen.
- **Anlagenkarte.** Die körperliche Inventur der **beweglichen** Anlagegüter kann entfallen, wenn das Unternehmen für jeden Anlagegegenstand in einer Anlagenkartei eine Anlagenkarte führt.
- **Kunden- und Liefererkartei.** Der Bestand der Forderungen und Verbindlichkeiten aus Lieferungen und Leistungen (a. LL) wird buchmäßig anhand der Kun-den- und Liefererkartei ermittelt.
- **Kontoauszüge** bilden den Beleg für alle kurz- und langfristigen Kreditverbindlichkeiten und Bankguthaben.
- **Gliederung des Inventars.** Das **Inventar oder Bestandsverzeichnis** ist der schriftliche Niederschlag der Inventur als Bestandsaufnahme. Es **besteht aus drei Teilen:** A. Vermögen, B. Schulden und C. Eigenkapital (Reinvermögen).
- **Das Eigenkapital** ergibt sich als Überschuss des Vermögens über die Schulden. Es stellt das Kapital dar, das der Unternehmer als „eigene Mittel" in das Unternehmen eingebracht hat.
- **Aufbewahrung des Inventars.** Das Inventar ist **10 Jahre** schriftlich oder auf Datenträgern und Mikrofilm aufzubewahren. Es wird nicht unterschrieben.

1 Buchhalterische Erfassung von Inventurdifferenzen siehe S. 344 f.

Zum Geschäftsvermögen der Möbelfabrik Peter Lenz e. K., Frankfurt, gehören zum 31. Dezember eines Geschäftsjahres lt. Inventur folgende Posten: 4

200.000,00 € Bankguthaben bei der Sparkasse Frankfurt,
1.600.000,00 € Grundstücke und Bauten lt. Anlagenliste 1,
15.000,00 € Kassenbestand,
172.500,00 € Forderungen a. LL lt. Kundenkartei,
186.000,00 € Technische Anlagen und Maschinen lt. Anlagenliste 2,
226.500,00 € Betriebs- und Geschäftsausstattung lt. Anlagenliste 3 und
1.100.000,00 € Roh-, Hilfs- und Betriebsstoffe lt. Liste 1.

Ordnen Sie die Vermögensposten nach steigender Flüssigkeit dem Anlage- und Umlaufvermögen zu und ermitteln Sie die Höhe des Geschäftsvermögens der Möbelfabrik Peter Lenz e. K. ■

Zu den Schulden der Möbelfabrik Peter Lenz e. K. (Aufgabe 4) rechnen am 31. Dezember lt. Inventur: 5

800.000,00 € Hypothekendarlehen der Sparkasse Frankfurt,
130.000,00 € Steuerverbindlichkeiten beim Finanzamt,
600.000,00 € Verbindlichkeiten a. LL lt. Liefererkartei und
395.000,00 € Darlehen der Deutschen Bank, Frankfurt.

Ordnen Sie die Schuldposten nach ihrer Fälligkeit jeweils den lang- und kurzfristigen Verbindlichkeiten zu. Ermitteln Sie die Höhe der Schulden zum 31. Dez. ■

1. *Ermitteln Sie aus den Angaben der Aufgaben 4 und 5 das Eigenkapital der Möbelfabrik Peter Lenz e. K.* 6
2. *Erstellen Sie nunmehr für das Unternehmen Lenz, Frankfurt, zum 31. Dez. .. ein Inventar. Beachten Sie dabei Form und Gliederung des Musterinventars im Lehrbuch auf S. 23.* ■

Das Vermögen der Möbelfabrik Peter Lenz e. K. beträgt lt. Inventar vom 31. Dezember ••• €. Dieses Vermögen hat Peter Lenz mit eigenen Mitteln in Höhe von ••• € finanziert („bezahlt"). Die fremden Mittel in Höhe von ••• € haben ebenfalls einen sehr großen Teil seines Vermögens finanziert. 7

1. *Ermitteln Sie jeweils den Anteil des Eigen- und Fremdkapitals in % am Gesamtvermögen.*
2. *Inwiefern ist es günstiger, wenn das Vermögen eines Unternehmens überwiegend mit eigenen Mitteln finanziert ist? Begründen Sie.*
3. *Ermitteln Sie für das Unternehmen Thomas Berg e. K. (siehe Musterinventar) jeweils den Anteil des Eigen- und Fremdkapitals am Gesamtvermögen.*
4. *Vergleichen Sie die Ergebnisse der beiden Unternehmen.* ■

Eine Möbelfabrik hat am Abschluss-Stichtag lt. Inventur noch 900 Quadratmeter Eichenfurnier auf Lager. Die Anschaffungskosten betrugen 20,00 € je m^2. Der Tageswert am 31. Dez. beträgt 1. 17,50 € und 2. 21,00 € je m^2. 8

Bewerten Sie die Inventurmenge und ermitteln Sie jeweils den Wertansatz für das Inventar. Begründen Sie Ihre Bewertungsentscheidung. ■

Ergänzen Sie die folgenden Aussagen: 9

1. Zum Anlagevermögen rechnen Güter, die dem Unternehmen ••• dienen. Das Umlaufvermögen besteht dagegen aus Gütern, die sich ••• verändern.

AUFGABEN

2. Anlagegüter können einerseits beweglich oder ••• und andererseits abnutzbar oder ••• sein. Abnutzbare Anlagegüter haben nur eine bestimmte Nutzungs•••. Die jährliche Wertminderung eines Anlagegutes wird zum 31. Dezember abgeschrieben, indem man die Anschaffungskosten auf die Nutzungs••• verteilt.[1]
3. Die verlegte Inventur kann innerhalb von ••• Monaten ••• oder ••• Monaten ••• dem Abschluss-Stichtag durchgeführt werden. In diesem Fall wird nicht die Menge des jeweiligen Postens des Vorratsvermögens, sondern nur der ••• anhand der Rechnungen fortgeschrieben oder •••.
4. Die Stichtagsinventur kann zeit••• innerhalb von ••• Tagen ••• oder ••• dem Abschlusstag erfolgen.
5. Die permanente Inventur kann ••• den mengenmäßigen Buchbestand eines Postens des Vorratsvermögens nachweisen. Das geschieht mithilfe der Lager••• durch ••• aller Zu- und ••• des Postens des Vorratsvermögens. Mindestens ••• im Jahr muss aber eine tatsächliche ••• Bestandsaufnahme durchgeführt werden, über die ein ••• anzufertigen ist.
6. Inventur ist die Bestands•••, Inventar ist das Bestands•••.

10

1. Das Vermögen eines Unternehmens beträgt 600.000,00 €. Das Eigenkapital beläuft sich auf 450.000,00 €. *Wie hoch ist das im Unternehmen arbeitende Fremdkapital?*
2. Ein Unternehmen hat ein Eigenkapital von 700.000,00 € und Schulden in Höhe von 500.000,00 €. *Wie hoch ist das Vermögen des Unternehmens?*
3. Das Anlagevermögen eines Unternehmens beträgt 300.000,00 € und das Vermögen 900.000,00 €. *Wie hoch ist das Umlaufvermögen?*
4. Das Vermögen eines Unternehmens beträgt 1.500.000,00 € und das Fremdkapital 700.000,00 €. *Wie hoch ist das Eigenkapital?*
5. Ergänzen Sie:

a) Vermögen	= ••• und •••	c) Fremdkapital	= ••• – •••
b) Eigenkapital	= ••• – •••	d) Anlagevermögen	= ••• – •••

11 *Ermitteln Sie für das Betonwerk Schneider KG jeweils im Rahmen der vorverlegten und nachverlegten Inventur den Vorratsbestand an Zement 4403 zum 31. Dezember:*

a) Die körperliche Inventur wurde am 1. Oktober des 1. Jahres durchgeführt und ergab einen Bestand an Zement in Höhe von 32.800,00 €. Zwischen dem 1. Oktober und dem 31. Dezember wurde lt. Eingangsrechnungen Zement im Wert von 58.300,00 € eingekauft. Aufgrund der Materialentnahmescheine wurde im gleichen Zeitraum Zement 4403 für 76.300,00 € verbraucht.

b) Die körperliche Inventur erfolgt am 20. Februar des Folgejahres und ergibt einen Bestand an Zement von 43.600,00 €. In der Zeit vom 1. Januar bis 20. Februar des 2. Jahres betrugen der Zementverbrauch insgesamt 22.800,00 € und die Einkäufe 15.200,00 €.

12 Im Metallwerk Thomas Berg e. K. beträgt der Inventurbestand an Kleber 24 Gebinde zu je 10 kg. Da nicht mehr feststellbar ist, aus welchen Lieferungen der aufgrund der körperlichen Inventur ermittelte Bestand besteht, müssen zunächst die durchschnittlichen Anschaffungskosten je Gebinde aus allen Lieferungen ermittelt werden:

1 siehe auch S. 17, 19, 72 f. und 366 f.

Datum	Menge	Einzelpreis
1. Jan.	14 Gebinde	22,50 €
5. März	40 Gebinde	22,60 €
12. Juni	50 Gebinde	22,80 €

Datum	Menge	Einzelpreis
21. Aug.	30 Gebinde	22,90 €
9. Okt.	40 Gebinde	23,00 €
10. Dez.	20 Gebinde	23,10 €

1. *Ermitteln Sie den Inventurwert des Klebers aufgrund der durchschnittlichen Anschaffungskosten.*
2. Der Tagespreis zum 31. Dezember beträgt für den Kleber a) 22,00 € und b) 23,50 €. *Ermitteln Sie den Wertansatz für das Inventar und begründen Sie die Bewertung.* ■

Die Inventur in der Textilfabrik Werner Gruppe e. K., Essen, ergab zum 31. Dezember (1. Jahr) und zum 31. Dezember (2. Jahr) folgende Werte: 13

	31. Dez. (1. Jahr)	31. Dez. (2. Jahr)
Grundstücke und Bauten lt. Anlagenliste 1		
Bebaute Grundstücke	100.000,00	100.000,00
Gebäude: Betriebsgebäude	420.000,00	411.600,00
Verwaltungsgebäude	135.000,00	132.300,00
Bankguthaben bei der		
Commerzbank Essen	126.700,00	131.000,00
Sparkasse Essen	18.900,00	29.400,00
Roh-, Hilfs- und Betriebsstoffe lt. Liste	355.100,00	397.000,00
Kassenbestand	2.800,00	2.600,00
Technische Anlagen und Maschinen		
lt. Anlagenliste 2	170.000,00	236.400,00
Unfertige Erzeugnisse lt. Liste	42.000,00	51.600,00
Fertige Erzeugnisse lt. Liste	86.200,00	92.800,00
Forderungen a. LL lt. Kundenkartei		
Busch GmbH, Bochum	52.800,00	72.800,00
Jutta Kolberg e. Kffr., Duisburg	33.500,00	61.500,00
Hypothekenschulden bei der		
Sparkasse Essen	290.000,00	260.000,00
Darlehensschulden bei der		
Commerzbank Essen	281.000,00	210.750,00
Verbindlichkeiten a. LL lt. Liefererkartei	89.500,00	146.800,00
Betriebs- und Geschäftsausstattung		
lt. Anlagenliste 3		
Lagereinrichtung	44.500,00	48.700,00
Fuhrpark	45.000,00	38.000,00
Geschäftsausstattung	47.100,00	28.200,00

1. *Erstellen Sie die Inventare der beiden aufeinander folgenden Geschäftsjahre.*
2. *Vergleichen Sie die beiden Inventare und erklären Sie die Veränderungen im Anlage- und Umlaufvermögen, in den Schulden und im Eigenkapital.* ■

---

1. *Unterscheiden Sie zwischen Buchinventur und körperlicher Inventur.* 14
2. *Nennen Sie die Nachteile der Stichtagsinventur und die Vorteile der permanenten Inventur.*
3. *Erläutern Sie die vor- und nachverlegte Inventur.*
4. *Die körperliche Bestandsaufnahme erfolgt durch Zählen, Messen, Wiegen und gegebenenfalls Schätzen. Nennen Sie jeweils ein Beispiel.*
5. *Was beinhaltet das Niederstwertprinzip für die Inventur?* ■

1.3 Die Ermittlung des Unternehmungserfolgs durch Eigenkapitalvergleich[1]

Situation

Im Inventar des Metallwerks Thomas Berg (siehe S. 23) wurde zum 31. Dezember des 1. Jahres ein Eigenkapital von 8.060.000,00 € ermittelt. Im darauf folgenden Geschäftsjahr, also zum 31. Dezember des 2. Jahres, weist das Inventar ein Eigenkapital von 9.269.000,00 € aus.

Erfolgsermittlung

Eine wichtige Aufgabe der Buchführung ist es, den Erfolg des Geschäftsjahres, also den **Gewinn oder Verlust,** festzustellen. Schließlich will der Unternehmer wissen, ob sich seine Arbeit und der Einsatz seines Kapitals gelohnt haben. Das lässt sich einfach ermitteln, indem man das Eigenkapital aus den Inventaren von zwei aufeinander folgenden Geschäftsjahren miteinander vergleicht. Hat sich das Eigenkapital erhöht, ist das positiv zu sehen und lässt grundsätzlich auf Gewinn schließen. Eine Verminderung des Eigenkapitals deutet dagegen grundsätzlich auf Verlust hin.

	Eigenkapital zum 31. Dezember (2. Jahr)	9.269.000,00 €
–	Eigenkapital zum 31. Dezember (1. Jahr)	8.060.000,00 €
	Mehrung des Eigenkapitals = Gewinn	**1.209.000,00 €**

Privatentnahmen

Die Mehrung des Eigenkapitals kann aber nur dann als Gewinn bezeichnet werden, wenn der Unternehmer Berg während des Geschäftsjahres weder Geld noch Erzeugnisse oder andere Vermögensgegenstände dem Geschäftsvermögen für seine privaten Zwecke entzogen hat. Hat Herr Berg im **Vorgriff auf den erwarteten Gewinn** für seinen Lebensunterhalt monatlich 8.000,00 € der Geschäftskasse – jeweils gegen Quittung (= Beleg) – entnommen, so fehlen am Ende des Jahres 96.000,00 € in der Kasse. Zum 31. Dezember des 2. Jahres wird somit auch im Inventar die Summe des Vermögens und damit des Eigenkapitals um diesen Betrag geringer ausgewiesen. Will man den Gewinn des Unternehmens korrekt ermitteln, müssen diese Privatentnahmen wieder hinzugerechnet werden. Der Gewinn erhöht sich deshalb um diesen Betrag:

	Eigenkapital zum 31. Dezember (2. Jahr)	9.269.000,00 €
–	Eigenkapital zum 31. Dezember (1. Jahr)	8.060.000,00 €
	Mehrung des Eigenkapitals	1.209.000,00 €
+	**Privatentnahmen**	**96.000,00 €**
	Gewinn zum 31. Dezember (2. Jahr)	**1.305.000,00 €**

Privateinlagen

Hat der Unternehmer während des Geschäftsjahres Geld- oder Sachwerte aus seinem Privatvermögen in das Unternehmen eingebracht, so sind diese Werte bei der Ermittlung des Gewinns durch Eigenkapitalvergleich abzusetzen, da sie **nicht vom Unternehmen erwirtschaftet** worden sind. Deshalb muss Herr Berg, der ein geerbtes Grundstück im Wert von 146.000,00 € auf sein Unternehmen übertragen hat, diesen Betrag wieder abziehen:

	Eigenkapital zum 31. Dezember (2. Jahr)	9.269.000,00 €
–	Eigenkapital zum 31. Dezember (1. Jahr)	8.060.000,00 €
	Mehrung des Eigenkapitals	1.209.000,00 €
+	Privatentnahmen	96.000,00 €
		1.305.000,00 €
–	**Privateinlagen**	**146.000,00 €**
	Gewinn zum 31. Dezember (2. Jahr)	**1.159.000,00 €**

Hat sich der Kapitaleinsatz gelohnt?

Diese Frage stellt sich natürlich Herr Berg nach der Ermittlung des Gewinns zum Schluss des Geschäftsjahres. Deshalb vergleicht er den erzielten Gewinn in Höhe von 1.159.000,00 € mit dem zu Beginn des Geschäftsjahres eingesetzten Eigenkapital

1 Lt. § 4 Abs. 1 Einkommensteuergesetz auch „Betriebsvermögensvergleich" genannt.

Die Ermittlung des Unternehmungserfolgs durch Eigenkapitalvergleich

von 8.060.000,00 € und errechnet daraus **die Verzinsung (= Rentabilität) seines Eigenkapitals.** Schließlich will er doch wissen, ob eine langfristige Kapitalanlage bei der Bank oder in Form von Wertpapieren nicht günstiger ist, bei der er zwischen 4 und 6 % bekommt.

8.060.000,00 € Eigenkapital = 100 %
1.159.000,00 € Gewinn = x %

$$x\,\% = \frac{1.159.000\,€ \cdot 100\,\%}{8.060.000\,€} = \mathbf{14{,}38\,\%}$$

$$\textbf{Rentabilität des Eigenkapitals} = \frac{\textbf{Gewinn} \cdot \textbf{100 \%}}{\textbf{Eigenkapital}}$$

siehe „Prozentrechnung" ➤ Kap. E, 1.3 und „Zinsrechnung" ➤ Kap. E, 1.4

Zusammenfassung

- Der **Erfolg eines Geschäftsjahres** kann positiv oder negativ sein. Im ersten Fall sprechen wir von **Gewinn,** im zweiten von **Verlust.**
- **Gewinn und Verlust ergeben sich durch Vergleich des Eigenkapitals** vom Ende mit dem vom Anfang des Geschäftsjahres bzw. Ende des vorhergehenden Geschäftsjahres.
- Grundsätzlich bedeuten: **Eigenkapitalmehrung** ⟶ **Gewinn**; **Eigenkapitalminderung** ⟶ **Verlust**
- **Privatentnahmen** in Form von Geld- oder Sachwerten stellen einen **Vorgriff auf den erwarteten Gewinn** dar. Sie sind dem Eigenkapital hinzuzurechnen.
- **Privateinlagen** sind kein Gewinn. Sie sind daher vom Eigenkapital abzusetzen.
- **Erfolgsermittlung:**

	Eigenkapital am Ende des Geschäftsjahres
–	Eigenkapital am Anfang des Geschäftsjahres
+	Private Entnahmen
–	Private Einlagen
=	**Gewinn** oder **Verlust**

AUFGABEN

15 Der Maschinenbau Tim Kurz e. K. weist im Inventar zum 31. Dezember des 2. Jahres ein Eigenkapital von 580.000,00 € aus. Am 31. Dezember des 1. Jahres betrug das Eigenkapital 530.000,00 €. Im 2. Geschäftsjahr hatte Tim Kurz vom Bankkonto des Unternehmens 72.000,00 € für private Zwecke abgehoben.

1. *Wie hoch ist der Gewinn des Unternehmens zum 31. Dezember?*
2. *Mit wie viel Prozent hat sich das Eigenkapital verzinst?* ■

16 Die Möbelfabrik Lutz Klein e. Kfm. verfügt lt. Inventar vom 31. Dez. des 2. Jahres über ein Eigenkapital von 600.000,00 €. Zu Beginn des Geschäftsjahres, also am 1. Jan. des 2. Jahres, hatte das Unternehmen noch ein Eigenkapital von 690.000,00 €. Für seinen Lebensunterhalt hatte L. Klein während des Geschäftsjahres 5.000,00 € monatlich der Geschäftskasse gegen Quittung entnommen. Außerdem hat er einen Schrank im Wert von 2.000,00 € für sich und seine Familie gegen Beleg dem Lager entnommen. Aus einer Erbschaft hat er 15.000,00 € auf das Bankkonto seines Unternehmens eingezahlt.

Ermitteln Sie den Erfolg des Unternehmens zum 31. Dezember des 2. Jahres. ■

17 Die Privatentnahmen betragen in der Textilfabrik Werner Gruppe e. K. im 2. Geschäftsjahr 60.000,00 €. Im gleichen Zeitraum belaufen sich die privaten Einlagen auf 30.000,00 €. *Ermitteln Sie auf der Grundlage der beiden Inventare der Aufgabe 13 den Unternehmenserfolg zum 31. Dezember des 2. Jahres.* ■

1.4 Die Bilanz als Kurzfassung des Inventars

Situation

Das Inventar ist eine ausführliche Darstellung der einzelnen Vermögens- und Schuldenwerte nach Art, Menge, Einzel- und Gesamtwert, das – je nach Größe des Vorratsvermögens – ganze Bände umfassen kann und dadurch **unübersichtlich** wird. **§ 242 HGB** verlangt deshalb, dass aus dem Inventar (siehe S. 23) noch eine **kurz gefasste Übersicht** über Vermögen und Kapital erstellt wird.

Bilanz

Die Bilanz ist eine Kurzfassung des Inventars, die es erlaubt, mit einem Blick das **Verhältnis zwischen Vermögen und Schulden** eines Unternehmens zu überschauen. In **Form und Umfang** unterscheidet sie sich deutlich vom Inventar. Während im Inventar Vermögen, Schulden und Eigenkapital in **Staffelform,** also untereinander, stehen, werden in der Bilanz **Vermögen und Kapital** (Eigen- und Fremdkapital) in **T-Kontenform** (s. u.) **gegenübergestellt.** Die Bilanz enthält **keine Mengenangaben und Namen** der Banken, Kunden und Lieferer. Außerdem fasst sie **gleichartige** Vermögensteile und Schuldenteile zu einzelnen Bilanzpositionen zusammen, wobei nur deren **Gesamtwert** ausgewiesen wird. So erscheint beispielsweise bei den Werkstoffvorräten und der Betriebs- und Geschäftsausstattung lediglich der jeweilige Gesamtwert.

Aktivseite

Die linke oder Aktivseite der Bilanz enthält alle Vermögensteile **(= Aktiva)** des Anlage- und Umlaufvermögens eines Unternehmens. Die **Vermögensposten** werden wie im Inventar **nach steigender Flüssigkeit geordnet.**

Passivseite

Die rechte oder Passivseite der Bilanz enthält das Kapital **(= Passiva)** des Unternehmens, das in Eigenkapital und Fremdkapital unterteilt wird. Die **Schulden** werden wie im Inventar **nach lang- und kurzfristiger Fälligkeit gegliedert.**

Unterschreiben der Bilanz

Die Richtigkeit (Wahrheit) der Bilanz muss durch Datum und persönliche Unterschrift der Inhaber des Unternehmens bestätigt werden.

BILANZ
des Metallwerks Thomas Berg e. K. zum 31. Dezember (1. Jahr)

Aktiva		Passiva	
I. Anlagevermögen		**I. Eigenkapital**	8.060.000,00
1. Grundstücke und Bauten	4.025.000,00	**II. Fremdkapital**	
2. Technische Anlagen und Maschinen	2.130.000,00	1. Langfristige Bankverbindlichkeiten	2.787.500,00
3. Betriebs- und Geschäftsausstattung	665.000,00	2. Verbindlichkeiten a. LL	1.552.500,00
II. Umlaufvermögen			
1. Roh-, Hilfs- und Betriebsstoffe	650.000,00		
2. Unfertige Erzeugnisse	585.864,00		
3. Fertige Erzeugnisse	979.136,00		
4. Forderungen a. LL	1.380.000,00		
5. Kassenbestand	29.000,00		
6. Bankguthaben	1.956.000,00		
	12.400.000,00		**12.400.000,00**
Stuttgart, 20. Januar (2. Jahr)			Thomas Berg

Bilanzwaage

Die Aktivseite der Bilanz weist die Summe des Vermögens aus, die Passivseite die Summe des Kapitals. **Aktiva und Passiva** sind also **summenmäßig gleich hoch. Die**

645830

Bilanzseiten halten sich die Waage (ital. bilancia = Waage). Diese rechnerische **Gleichheit beider Bilanzseiten,** also von Vermögen (Aktiva) und Kapital (Passiva), kommt mathematisch in der **Bilanzgleichung** zum Ausdruck.

Bilanzgleichung			
Vermögen (Aktiva)	= Kapital (Passiva)		
Vermögen	= Eigenkapital	+	Fremdkapital
Eigenkapital	= Vermögen	–	Fremdkapital
Fremdkapital	= Vermögen	–	Eigenkapital

Worüber gibt die Bilanz Auskunft?

Die Bilanz des Metallwerks Berg lässt auf einen Blick erkennen, woher das im Unternehmen arbeitende Kapital stammt und wo es im Einzelnen angelegt (investiert) ist:

- **Die Passivseite** der Bilanz zeigt die Herkunft des im Unternehmen arbeitenden Kapitals, nämlich das Eigen- und Fremdkapital als Finanzierungsquellen. Man sagt: Die Passivseite gibt Auskunft über die **Mittelherkunft oder Finanzierung.**
- **Die Aktivseite** zeigt dagegen die Verwendung oder Anlage des Eigen- und Fremdkapitals im Anlage- und Umlaufvermögen des Unternehmens. Die Aktivseite gibt also Auskunft über die **Mittelverwendung oder Investition** der finanziellen Mittel in Vermögenswerte.

Aktiva	BILANZ		Passiva
Wo ist das Kapital angelegt?		**Woher** stammt das Kapital?	
Anlagevermögen	6.820.000,00	Eigenkapital	8.060.000,00
Umlaufvermögen	5.580.000,00	Fremdkapital	4.340.000,00
VERMÖGEN	12.400.000,00	KAPITAL	12.400.000,00
MITTELVERWENDUNG		MITTELHERKUNFT	

Bilanzstruktur

Der Aufbau (die Struktur) der Bilanz wird noch deutlicher und damit aussagefähiger, wenn man jeweils den Prozentanteil des Anlage- und Umlaufvermögens am Gesamtvermögen sowie des Eigen- und Fremdkapitals am Gesamtkapital errechnet, wobei die **Bilanzsumme** den Grundwert **(= 100 %)** bildet:

siehe „Prozentrechnung“
➤ Kap. E, 1.3

Aktiva	BILANZSTRUKTUR				Passiva
VERMÖGENSSTRUKTUR		%	KAPITALSTRUKTUR		%
Anlagevermögen	6.820.000,00	55 %	Eigenkapital	8.060.000,00	65 %
Umlaufvermögen	5.580.000,00	45 %	Fremdkapital	4.340.000,00	35 %
Gesamtvermögen	12.400.000,00	100 %	Gesamtkapital	12.400.000,00	100 %

Beurteilung

Die **Kapitalstruktur** des Metallwerks Berg macht deutlich, dass das Unternehmen **überwiegend mit eigenen Mitteln (65 %)** arbeitet. Das Fremdkapital beträgt nur 35 % des Gesamtkapitals. Der Unternehmer Berg bewahrt damit seine **Unabhängigkeit gegenüber seinen Gläubigern.** Außerdem ist seine Zinsbelastung dann nicht so hoch. Die solide Ausstattung des Unternehmens mit Kapital, also die Finanzierung, zeigt sich auch insbesondere darin, dass nicht nur das Anlagevermögen (55 %), sondern auch noch ein großer Teil des Umlaufvermögens (10 %) durch Eigenkapital (65 %) gedeckt bzw. finanziert sind. Aufgrund des **hohen** Eigenkapitals kann das Unternehmen **Krisenzeiten besser überstehen.**

Die Bilanz als Kurzfassung des Inventars

Zusammenfassung

- **Die Bilanz ist eine Kurzfassung des Inventars in Kontenform.** Grundlage der Bilanzerstellung sind Inventur und Inventar:

  Inventur → Inventar → Bilanz

- **Inventar und Bilanz unterscheiden sich in Form und Umfang** der Darstellung des Vermögens und des Kapitals:

Inventar	Bilanz
– **Ausführliche** Darstellung der einzelnen Vermögens- und Schuldenwerte.	– **Kurz gefasste** überschaubare Darstellung des Vermögens und des Kapitals.
– Angabe der **Mengen, Einzelwerte und Gesamtwerte.**	– **Nur** Angabe der **Gesamtwerte** der einzelnen Bilanzposten.
– Darstellung des Vermögens und des Kapitals **untereinander:** **Staffelform**	– Darstellung des Vermögens und des Kapitals **nebeneinander:** **Kontenform**

- **Bilanzgleichung.** Die Bilanz muss auf der Aktiv- und Passivseite jeweils die gleiche Summe ausweisen. Die Bilanzgleichung lautet stets:

  Aktiva = Passiva oder Vermögen = Kapital.

- **Inhalt der Bilanzseiten.** Die Bilanz zeigt auf ihrer Passivseite die Herkunft des Kapitals (Eigen- und Fremdkapital) und auf der Aktivseite die Verwendung oder Investition dieses Kapitals (Anlage- und Umlaufvermögen).
- **Die Bilanzstruktur** ergibt sich, wenn man Eigen- und Fremdkapital sowie Anlage- und Umlaufvermögen auf die Bilanzsumme (= 100 %) bezieht und die Gewichtung der Posten ermittelt. Dann wird besonders deutlich, ob das Unternehmen vorwiegend mit eigenen oder fremden Mitteln arbeitet und ob das Anlagevermögen überwiegend mit Eigen- oder Fremdkapital finanziert worden ist.
- **Unterzeichnung und Aufbewahrung der Bilanz.** Die Bilanz bildet mit der Gewinn- und Verlustrechnung den **Jahresabschluss** des Unternehmens, der persönlich zu unterzeichnen und 10 Jahre aufzubewahren ist. Es unterschreiben bei der:
  - Einzelunternehmung (e. K. usw.) → Inhaber persönlich
  - Offenen Handelsgesellschaft (OHG) → alle Gesellschafter
  - Kommanditgesellschaft (KG) → alle persönlich haftenden Gesellschafter
  - Aktiengesellschaft (AG) → alle Mitglieder des Vorstandes
  - Gesellschaft mit beschränkter Haftung (GmbH) → alle Geschäftsführer

AUFGABEN

18 Die Bilanz der Tuchfabrik Rainer Stolz e. K. weist zum 31. Dezember .. folgende Gesamtwerte aus:

Anlagevermögen	620.000,00 €	Fremdkapital	500.000,00 €
Umlaufvermögen	1.320.000,00 €	Eigenkapital	? €

1. *Erstellen Sie die Bilanz zum 31. Dezember ..*
2. *Wie viel Prozent der Bilanzsumme (= 100 %) beträgt*
   a) das Anlagevermögen, *c) das Eigenkapital und*
   b) das Umlaufvermögen, *d) das Fremdkapital?*
3. *Wie beurteilen Sie die Kapitalausstattung des Unternehmens?*
4. *Reicht das Eigenkapital zur Deckung (Finanzierung) des Anlagevermögens aus?*

19 Das Inventar der Furnierfabrik Karin Fest e. Kffr. weist zum 31. Dezember .. folgende Gesamtwerte aus:

Grundstücke und Bauten	340.000,00	Forderungen a. LL	35.000,00
Betriebs- und Geschäftsausstattung (BGA)	45.000,00	Kasse	3.000,00
		Bankguthaben	32.000,00
Roh-, Hilfs- und Betriebsstoffe	485.000,00	Darlehensschulden	290.000,00
		Verbindlichkeiten a. LL.	50.000,00

1. *Erstellen Sie nach dem Muster auf Seite 30 die Bilanz.*
2. *Mit welchem Gesamt-, Eigen- und Fremdkapital arbeitet das Unternehmen?*
3. *Stellen Sie die Bilanzstruktur in % dar.*
4. *Wie beurteilen Sie das Verhältnis zwischen Eigen- und Fremdkapital?*
5. *Reichten die eigenen Mittel zur Beschaffung des Anlagevermögens aus?* ■

20 Die Werkzeugfabrik Ralf Vogel e. K. weist in ihrem Inventar zum 31. Dezember .. folgende Gesamtwerte aus:

Roh-, Hilfs- u. Betriebsst.	320.000,00	Darlehensschulden	150.000,00
Verbindlichkeiten a. LL	90.000,00	Bankguthaben	96.000,00
Kassenbestand	4.000,00	Hypothekenschulden	210.000,00
Forderungen a. LL	70.000,00	Betriebs- und Geschäftsausstattung	170.000,00
Grundstücke u. Bauten	400.000,00		

1. *Erstellen Sie eine ordnungsmäßig gegliederte Bilanz zum 31. Dezember ..*
2. *Wie beurteilen Sie die Kapitalausstattung bzw. Finanzierung des Unternehmens?*
3. *Stellen Sie die Bilanzstruktur in % dar.*
4. *Wie viel Eigenkapital verbleibt nach Deckung des Anlagevermögens noch für das Umlaufvermögen?*
5. *Welche Vorteile hat es, wenn das Anlagevermögen voll mit eigenen Mitteln finanziert worden ist?* ■

21

1. *Stellen Sie aufgrund der Inventare der Unternehmen P. Lenz (Aufgabe 6) und W. Gruppe (Aufgabe 13) jeweils die Bilanz zum Jahresschluss auf.*
2. *Erstellen Sie jeweils die Bilanzstruktur.*
3. *Beurteilen Sie die Mittelherkunft und Mittelverwendung.* ■

22 *Untersuchen Sie folgende Aussagen, ob sie falsch oder richtig sind. Verbessern Sie gegebenenfalls:*

1. Bilanz und Inventar unterscheiden sich nur in der Form.
2. Inventar und Bilanz sind vom Inhaber des Unternehmens persönlich zu unterschreiben.
3. Anlagevermögen + Umlaufvermögen = Eigenkapital – Fremdkapital
4. Die Bilanz ist eine Gegenüberstellung von Vermögen und Kapital.
5. Die Passivseite der Bilanz zeigt die Mittelverwendung, die Aktivseite die Mittelherkunft.
6. Je höher das Eigenkapital im Verhältnis zum Fremdkapital ist, umso abhängiger ist das Unternehmen gegenüber seinen Gläubigern.
7. Fremdkapital = Vermögen – Eigenkapital
8. Die Vermögensteile des Umlaufvermögens sind langfristig angelegt.
9. Es ist für die Sicherheit des Unternehmens wichtig, wenn das Eigenkapital nicht nur das Anlagevermögen, sondern auch einen Teil des Umlaufvermögens (z. B. Teile des Vorratsvermögens) deckt.
10. Inventar und Bilanz haben nichts gemeinsam. ■

1.5 Geschäftsfälle verändern die Werte in der Bilanz

Situation

Im Metallwerk Thomas Berg fallen täglich zahlreiche Geschäftsfälle an. Roh-, Hilfs- und Betriebsstoffe sowie Werkzeuge werden bei den verschiedenen Lieferern auf Ziel eingekauft. Die Rechnungen der Lieferer und Kunden werden durch Banküberweisungen beglichen. Für die Geschäftskasse wird Bargeld vom Bankkonto abgehoben oder es erfolgen Bareinzahlungen auf das Bankkonto usw.

Allen o. g. **Geschäftsfällen** ist gemeinsam, dass sie **mindestens zwei Posten der Bilanz verändern**. Je nachdem, welche Bilanzseite dabei verändert wird, unterscheidet man vier Möglichkeiten der Wertveränderung in der Bilanz:

1. **Aktivtausch**
2. **Passivtausch**
3. **Aktiv-Passivmehrung**
4. **Aktiv-Passivminderung**

Bilanzidentität

Die **Schlussbilanz** eines Geschäftsjahres (31. Dezember des 1. Jahres) ist **zugleich** die **Anfangs- bzw. Eröffnungsbilanz** des folgenden Geschäftsjahres (1. Januar des 2. Jahres). Beide Bilanzen müssen **inhaltlich identisch (gleich)** sein. Man spricht deshalb auch vom Grundsatz der Bilanzidentität:

Schlussbilanz eines Geschäftsjahres
= Eröffnungsbilanz des nächsten Geschäftsjahres

Aktiva	Eröffnungsbilanz zum 1. Januar des 2. Jahres		Passiva
Anlagevermögen		**Eigenkapital**	3.000.000,00
1. Grundstücke und Bauten	1.255.500,00	**Fremdkapital**	
2. Betriebs- u. Geschäftsausstg.	494.500,00	1. Hypothekenschulden	975.000,00
Umlaufvermögen		2. Darlehensschulden	499.000,00
1. Rohstoffe	2.550.000,00	3. Verbindlichkeiten a. LL.	526.000,00
2. Forderungen a. LL	366.250,00		
3. Kasse	16.950,00		
4. Bank	316.800,00		
	5.000.000,00		**5.000.000,00**

Aktivtausch

Geschäftsfall		Wertveränderungen in der Bilanz	
Kauf einer EDV-Anlage gegen Bankscheck	15.500,00€	BGA	+ 15.500,00 €
		Bank	– 15.500,00 €

Der Geschäftsfall löst nur Wertveränderungen auf der Aktivseite aus: Es wird lediglich **zwischen zwei Aktivposten getauscht**: Der Aktivposten „Betriebs- und Geschäftsausstattung (BGA)" nimmt zu, der Aktivposten „Bank" nimmt um den gleichen Betrag ab. **Dadurch verändert sich die Bilanzsumme nicht**:

Aktiva	Bilanz		Passiva
Anlagevermögen		**Eigenkapital**	3.000.000,00
1. Grundstücke und Bauten	1.255.500,00	**Fremdkapital**	
2. Betriebs- u. Geschäftsausstg.	510.000,00	1. Hypothekenschulden	975.000,00
Umlaufvermögen		2. Darlehensschulden	499.000,00
1. Rohstoffe	2.550.000,00	3. Verbindlichkeiten a. LL	526.000,00
2. Forderungen a. LL	366.250,00		
3. Kasse	16.950,00		
4. Bank	301.300,00		
	5.000.000,00		**5.000.000,00**

Passivtausch

Geschäftsfall	Wertveränderungen in der Bilanz
Verbindlichkeiten a. LL beim Rohstofflieferer Seibel KG werden in langfristige Darlehensschulden umgewandelt .... 33.000,00€	Darlehensschulden .... + 33.000,00 € Verbindlichkeiten a. LL .... – 33.000,00 €

Dieser Geschäftsfall bewirkt einen reinen **Tauschvorgang auf der Passivseite** der Bilanz: Der Passivposten „Verbindlichkeiten a. LL" nimmt ab, der Passivposten „Darlehensschulden" nimmt um den gleichen Betrag zu. Deshalb bleibt auch hier die **Bilanzsumme unverändert**:

Aktiva	Bilanz		Passiva
Anlagevermögen		**Eigenkapital**	3.000.000,00
1. Grundstücke und Bauten	1.255.500,00	**Fremdkapital**	
2. Betriebs- u. Geschäftsausstg. . .	510.000,00	1. Hypothekenschulden	975.000,00
Umlaufvermögen		2. Darlehensschulden	532.000,00
1. Rohstoffe	2.550.000,00	3. Verbindlichkeiten a. LL	493.000,00
2. Forderungen a. LL	366.250,00		
3. Kasse	16.950,00		
4. Bank	301.300,00		
	5.000.000,00		**5.000.000,00**

Aktiv-Passivmehrung

Geschäftsfall	Wertveränderungen in der Bilanz
Kauf von Rohstoffen auf Ziel. Die Rechnung (ER 268) des Lieferers Helmer GmbH lautet über........................... 64.400,00€	Rohstoffe .... + 64.400,00 € Verbindlichkeiten a. LL .... + 64.400,00 €

Dieser Geschäftsfall berührt **beide Seiten der Bilanz**. Der Aktivposten „Rohstoffe" und der Passivposten „Verbindlichkeiten a. LL" erhöhen sich um den gleichen Betrag. Deshalb muss auch die **Bilanzsumme** um diesen Betrag **zunehmen**:

Aktiva	Bilanz		Passiva
Anlagevermögen		**Eigenkapital**	3.000.000,00
1. Grundstücke und Bauten	1.255.500,00	**Fremdkapital**	
2. Betriebs- u. Geschäftsausstg. . .	510.000,00	1. Hypothekenschulden	975.000,00
Umlaufvermögen		2. Darlehensschulden	532.000,00
1. Rohstoffe	2.614.400,00	3. Verbindlichkeiten a. LL	557.400,00
2. Forderungen a. LL	366.250,00		
3. Kasse	16.950,00		
4. Bank	301.300,00		
	5.064.400,00		**5.064.400,00**

Aktiv-Passivminderung

Geschäftsfall	Wertveränderungen in der Bilanz
Begleichung der Liefererrechnung ER 234 der Herz OHG durch Banküberweisung .... 46.000,00€	Verbindlichkeiten a. LL .... – 46.000,00 € Bank........................ – 46.000,00 €

Der **Geschäftsfall betrifft beide Bilanzseiten**: Der Aktivposten „Bank" und der Passivposten „Verbindlichkeiten a. LL" nehmen um den gleichen Betrag ab. Deshalb vermindert sich auch die Bilanzsumme um diesen Betrag:

Aktiva	Bilanz		Passiva
Anlagevermögen		**Eigenkapital**	3.000.000,00
1. Grundstücke und Bauten	1.255.500,00	**Fremdkapital**	
2. Betriebs- u. Geschäftsausstg. . .	510.000,00	1. Hypothekenschulden	975.000,00
Umlaufvermögen		2. Darlehensschulden	532.000,00
1. Rohstoffe	2.614.400,00	3. Verbindlichkeiten a. LL	511.400,00
2. Forderungen a. LL	366.250,00		
3. Kasse	16.950,00		
4. Bank	255.300,00		
	5.018.400,00		5.018.400,00

Zusammenfassung

- **Jeder Geschäftsfall verändert wertmäßig mindestens zwei Bilanzposten.** Das Gleichgewicht der Bilanz **(Aktiva = Passiva)** bleibt erhalten.
- **Man unterscheidet vier Möglichkeiten der Wertveränderung in der Bilanz:**

Aktivtausch	Tauschvorgang auf der Aktivseite: **Aktivposten +** **Aktivposten –**
Passivtausch	Tauschvorgang auf der Passivseite: **Passivposten +** **Passivposten –**
Aktiv-Passivmehrung	Mehrung auf beiden Bilanzseiten: **Aktivposten +** **Passivposten +**
Aktiv-Passivminderung	Minderung auf beiden Bilanzseiten: **Aktivposten –** **Passivposten –**

- **Bei jedem Geschäftsfall sollte man sich vorab folgende Fragen stellen:**
  1. *Welche Posten der Bilanz werden durch den Geschäftsfall berührt?*
  2. *Handelt es sich dabei um Aktiv- oder/und Passivposten der Bilanz?*
  3. *Erhöht oder vermindert der Geschäftsfall die einzelnen Bilanzposten?*
  4. *Um welche Art der vier möglichen Bilanzänderungen handelt es sich?*

AUFGABEN

23 *Beantworten Sie zu den folgenden Geschäftsfällen die oben gestellten Fragen:*

1. Wir heben von unserem Bankkonto 800,00 € ab.
2. Wir verkaufen einen nicht mehr benötigten Computer bar für 200,00 €.
3. Wir wandeln ein Darlehen in Höhe von 50.000,00 € in eine Hypothek um.
4. Wir kaufen Rohstoffe auf Ziel. Die Eingangsrechnung (ER 345) lautet über 57.500,00 €.
5. 5.000,00 € unseres Darlehens tilgen wir durch Banküberweisung.

6. Wir zahlen auf unser Postbankkonto 1.500,00 € bar ein.
7. Ein Kunde begleicht die Rechnung (AR 567) in Höhe von 15.000,00 € durch Postbanküberweisung.
8. Kauf eines Schreibtischs für 1.200,00 € gegen Bankscheck.
9. Ein Kunde überweist den fälligen Rechnungsbetrag von 12.000,00 € auf unser Bankkonto.
10. Wir überweisen den fälligen Rechnungsbetrag von 2.500,00 € an einen Lieferer durch die Bank.
11. Zum Ausgleich von ER 345 (Fall 4) überweisen wir 57.500,00 €.
12. Umwandlung einer Liefererschuld in eine Darlehensschuld: 23.000,00 €. ■

Wie wirken sich die 12 Geschäftsfälle der Aufgabe 23 auf die Bilanzsumme aus? ■ **24**

Erstellen Sie nach den folgenden Angaben die Bilanz: **25**

Aktiva: Technische Anlagen (TA) u. Maschinen 80.000,00 €, Betriebs- u. Geschäftsausstattung (BGA) 40.000,00 €, Rohstoffe 250.000,00 €, Forderungen a. LL 57.000,00 €, Kasse 12.000,00 €, Bank 85.000,00 €.

Passiva: Eigenkapital ? €, Darlehensschulden 210.500,00 €, Verbindlichkeiten a. LL 80.500,00 €.

Beantworten Sie zu den folgenden Geschäftsfällen zuerst die oben genannten Fragen 1 bis 4, machen Sie sich so die Auswirkungen der Geschäftsfälle auf die Bilanzpositionen deutlich. Wie sieht die Bilanz danach aus?

1. Zielkauf von Rohstoffen lt. ER 678 .... 46.000,00 €
2. Umwandlung einer Verbindlichkeit a. LL in eine Darlehensschuld 23.000,00 €
3. Kauf einer EDV-Anlage gegen Bankscheck .... 12.000,00 €
4. Wir begleichen die ER 678 (Fall 1) lt. Bankauszug .... 46.000,00 €

Erstellen Sie nach den folgenden Angaben die Bilanz: **26**

Grundstücke und Bauten 840.000,00 €, BGA 520.000,00 €, Rohstoffe 350.000,00 €, Forderungen a. LL 120.000,00 €, Kasse 22.000,00 €, Bank 148.000,00 €, Eigenkapital ? €, Hypothekenschulden 410.000,00 €, Darlehensschulden 150.000,00 €, Verbindlichkeiten a. LL 240.000,00 €.

Nennen Sie zu jedem folgenden Geschäftsfall die Art der Wertveränderung. Wie sieht die Bilanz danach aus?

1. Ein Darlehen wird in eine Hypothek umgewandelt .... 70.000,00 €
2. Wir nehmen bei unserer Bank ein neues Darlehen auf .... 150.000,00 €
3. Wir begleichen Liefererrechnung ER 789. Bankauszug .... 57.500,00 €
4. Wir zahlen die Tilgungsrate für die Hypothek. Bankauszug ..... 8.000,00 €
5. Rohstoffeinkauf auf Ziel lt. ER 792 .... 46.000,00 €
6. Verkauf eines nicht mehr benötigten LKWs auf Ziel .... 39.000,00 €

27

1. *Warum ist die Art der Erfassung von Geschäftsfällen in den Aufgaben 25/26 sehr aufwändig?*
2. *Vergleichen Sie in Aufgabe 26 die Endbilanz mit der Ausgangsbilanz. Welche wesentlichen Veränderungen stellen Sie auf der Aktiv- und Passivseite fest?* ■

28

1. *Vervollständigen Sie:*
   Geschäftsfälle verändern zwar die ••• der Bilanzposten, jedoch nicht die Gleichheit von ••• und •••. Das Bilanz••• bleibt also stets gewahrt.
2. *Nennen Sie je zwei Beispiele zu den vier Arten der Bilanzänderung.* ■

1.6 Die Buchung der Geschäftsfälle auf Aktiv- und Passivkonten

Situation

Thomas Berg macht sich die Veränderungen im Vermögen und in den Schulden nicht unmittelbar an den Bilanzpositionen klar, sondern verwendet dafür Vermögens- und Schuldenkonten. Jeder Bilanzposten wird somit einzeln in seinen Veränderungen erfasst und abgerechnet.

Für jeden aktiven und passiven Bilanzposten wird ein eigenes Konto (ital. conto = Rechnung) eingerichtet, auf dem der Geschäftsfall zu erfassen, d. h. zu buchen ist. Nach den Bilanzseiten unterscheidet man **Aktivkonten (Vermögenskonten)** und **Passivkonten (Schulden- oder Kapitalkonten)**.

Übernahme der Anfangsbestände (AB)

Zu Beginn des Geschäftsjahres wird die Eröffnungsbilanz in die einzelnen Aktiv- und Passivkonten aufgelöst. Da Aktivkonten in der Bilanz auf der linken Seite stehen, übernimmt auch jedes Aktivkonto den Anfangsbestand (AB) auf seiner linken Kontoseite, die **Sollseite (S)** genannt wird. Passivkonten stehen in der Bilanz rechts. Deshalb trägt man den Anfangsbestand bei jedem Passivkonto auch auf der rechten Kontoseite – **Habenseite (H)** genannt – ein.

Soll	**Aktivkonto** Haben
Anfangsbestand	

Soll	**Passivkonto** Haben
	Anfangsbestand

Buchung der Mehrungen und Minderungen

Wird der Anfangsbestand durch einen Geschäftsfall erhöht, so bucht man den Betrag stets auf der Seite, wo auch der Anfangsbestand steht. **Bestandsmehrungen** erfasst man deshalb bei **Aktivkonten** auf der **Sollseite** und bei **Passivkonten** auf der **Habenseite. Bestandsminderungen** stehen dann zwangsläufig jeweils auf der anderen Kontoseite, also bei **Aktivkonten** im **Haben** und bei **Passivkonten** im **Soll.**

Soll	**Aktivkonto** Haben
Anfangsbestand	Minderungen
Mehrungen	

Soll	**Passivkonto** Haben
Minderungen	Anfangsbestand
	Mehrungen

Ermittlung der Schlussbestände (SB)

Zum Jahresschluss werden die Aktiv- und Passivkonten abgeschlossen. Dazu muss man zunächst den Schlussbestand (SB) eines jeden Kontos errechnen und mit dem Inventurbestand abstimmen:

Anfangsbestand + Mehrungen – Minderungen = Schlussbestand (SB)

Der **Schlussbestand** bildet den **Saldo**, den man zum **Ausgleich** der beiden Kontenseiten auf die wertmäßig **kleinere** Kontoseite einträgt:

Soll	**Aktivkonto** Haben
Anfangsbestand (AB)	– Minderungen
+ Mehrungen	= Schlussbestand (SB)

Soll	**Passivkonto** Haben
– Minderungen	Anfangsbestand (AB)
= Schlussbestand (SB)	+ Mehrungen

Der Schlussbestand im Konto (= Buchbestand) muss der Inventur (= Istbestand) entsprechen. Er wird auf die Aktiv- bzw. Passivseite der Schlussbilanz übertragen.

Buchung der Geschäftsfälle

Die Buchung der vier Geschäftsfälle, die wir auf den Seiten 34 bis 36 in der Bilanz vorgenommen haben, erfolgt nun auf ihren entsprechenden Aktiv- und Passivkonten. Vorab ist die **Eröffnungsbilanz** in die einzelnen Aktiv- und Passivkonten **aufzulösen**. Dabei sind die **Anfangsbestände vorzutragen**. Bei der Buchung der Geschäftsfälle in den Konten wird jeweils das **Gegenkonto angegeben**, damit man die Buchungen besser nachvollziehen kann. **Jeder Buchungsbetrag** ist stets **zuerst im Soll und dann im Haben** zu buchen. Schließlich schreiben wir ja auch sonst von links nach rechts.

Von der Eröffnungsbilanz zur Schlussbilanz[1]

Buchung der folgenden vier Geschäftsfälle auf Konten:

❶ Kauf einer EDV-Anlage gegen Bankscheck	15.500,00 €
❷ Umwandlung einer Verbindlichkeit a. LL in eine Darlehensschuld	33.000,00 €
❸ Rohstoffeinkauf auf Ziel lt. ER 268	64.400,00 €
❹ Begleichung der Liefererrechnung ER 234 durch Banküberweisung	46.000,00 €

Aktiva	Eröffnungsbilanz		Passiva
Anlagevermögen		**Eigenkapital**	3.000.000,00
1. Grundstücke und Bauten	1.255.500,00	**Fremdkapital**	
2. Betriebs- u. Geschäftsausstg.	494.500,00	1. Hypothekenschulden	975.000,00
Umlaufvermögen		2. Darlehensschulden	499.000,00
1. Rohstoffe	2.550.000,00	3. Verbindlichkeiten a. LL	526.000,00
2. Forderungen a. LL	366.250,00		
3. Kasse	16.950,00		
4. Bank	316.800,00		
	5.000.000,00		**5.000.000,00**

S	Grundstücke und Bauten		H
AB	1.255.500,00	SB	1.255.500,00

S	Betriebs- u. Geschäftsausstattg.		H
AB	494.500,00	SB	510.000,00
❶ Bank	15.500,00		
	510.000,00		510.000,00

S	Rohstoffe		H
AB	2.550.000,00	SB	2.614.400,00
❸ Verb.a.LL	64.400,00		
	2.614.400,00		2.614.400,00

S	Forderungen a. LL		H
AB	366.250,00	SB	366.250,00

S	Kasse		H
AB	16.950,00	SB	16.950,00

S	Bank		H
AB	316.800,00	❶ BGA	15.500,00
		❹ Verb.a.LL	46.000,00
		SB	255.300,00
	316.800,00		316.800,00

S	Eigenkapital		H
SB	3.000.000,00	AB	3.000.000,00

S	Hypothekenschulden		H
SB	975.000,00	AB	975.000,00

S	Darlehensschulden		H
SB	532.000,00	AB	499.000,00
		❷ Verb.a.LL	33.000,00
	532.000,00		532.000,00

S	Verbindlichkeiten a. LL		H
❷ Darl.	33.000,00	AB	526.000,00
❹ Bank	46.000,00	❸ Rohst.	64.400,00
SB	511.400,00		
	590.400,00		590.400,00

Aktiva	Schlussbilanz		Passiva
Anlagevermögen		**Eigenkapital**	3.000.000,00
1. Grundstücke und Bauten	1.255.500,00	**Fremdkapital**	
2. Betriebs- u. Geschäftsausstg.	510.000,00	1. Hypothekenschulden	975.000,00
Umlaufvermögen		2. Darlehensschulden	532.000,00
1. Rohstoffe	2.614.400,00	3. Verbindlichkeiten a. LL	511.400,00
2. Forderungen a. LL	366.250,00		
3. Kasse	16.950,00		
4. Bank	255.300,00		
	5.018.400,00		**5.018.400,00**

1 Siehe auch Darstellung auf S. 50.

Die Buchung der Geschäftsfälle auf Aktiv- und Passivkonten

Zusammenfassung

- **Die Auflösung der Bilanz** in Aktiv- und Passivkonten erfolgt zu Beginn des Geschäftsjahres.
- **Bestandskonten.** Aktiv- und Passivkonten enthalten Bestände. Man bezeichnet sie deshalb auch als Bestandskonten.
- **Die Anfangsbestände** werden bei **Aktivkonten im Soll** und bei **Passivkonten im Haben** vorgetragen. Das entspricht den Seiten in der Eröffnungsbilanz.
- **Mehrungen** bucht man in den Konten auf der Seite, **wo auch der Anfangsbestand steht. Minderungen** stehen auf der **Gegenseite des Anfangsbestandes** und der Mehrungen.
- **Der Schlussbestand** ergibt sich als **Saldo** auf der schwächeren Seite eines Kontos. Er muss **mit dem Inventurbestand abgestimmt werden** und steht bei **Aktivkonten im Haben** und bei **Passivkonten im Soll.**
- **Die Schlussbilanz** übernimmt auf ihrer linken Seite die Schlussbestände der Aktivkonten und auf der rechten Seite der Bilanz die der Passivkonten.
- **Grundsatz der Bilanzidentität.** Die **Schlussbilanz** eines Geschäftsjahres **ist zugleich die Eröffnungsbilanz des neuen Geschäftsjahres.** Sie müssen identisch (gleich) sein.

Aktiva	**Eröffnungsbilanz** Passiva
Anfangsbestände der Aktivkonten	Anfangsbestände der Passivkonten

Soll **Aktivkonto**	Haben
Anfangsbestand	– Minderungen
+ Mehrungen	= **Schlussbestand**

Soll **Passivkonto**	Haben
– Minderungen	Anfangsbestand
= **Schlussbestand**	+ Mehrungen

Aktiva	**Schlussbilanz** Passiva
Schlussbestände der Aktivkonten	Schlussbestände der Passivkonten

- **Der Abschluss eines Kontos** vollzieht sich in folgenden Schritten:
  ❶ Addition der wertmäßig größeren Seite.
  ❷ Übertragen der Summe auf die andere Kontenseite in gleicher Höhe.
  ❸ Ermitteln des Schlussbestandes (SB) durch Abstimmung mit dem Inventurbestand mit Gegenbuchung im Schlussbilanzkonto (vgl. S. 49 f.).
  ❹ Leere Stelle im Konto durch „Buchhalternase" bzw. Schrägstrich entwerten. Abschlussstriche in gleicher Höhe ziehen.

Soll	**Bank**		Haben
AB	42.000,00	Verbindlichkeiten a. LL	33.000,00
Darlehensschulden	80.000,00	SB ❸	149.000,00
Forderungen a. LL	57.000,00	❹	
Kasse	3.000,00		
❶ ❹	182.000,00	❷	182.000,00

Wichtiger Grundsatz: **Zuerst im Soll und dann im Haben buchen!**

Reihenfolge der Buchungsarbeiten

1. *Eröffnungsbilanz aufstellen*
2. *Anfangsbestände auf Aktiv- und Passivkonten vortragen*
3. *Geschäftsfälle buchen. Dazu vorab folgende Überlegungen anstellen:*
   3.1 *Welche Konten werden durch den Geschäftsfall berührt?*
   3.2 *Sind es Aktiv- und/oder Passivkonten?*
   3.3 *Liegt eine Mehrung (+) oder eine Minderung (–) auf dem jeweiligen Konto vor?*
   3.4 *Sind etwa auf beiden Konten Mehrungen oder Minderungen zu buchen?*
   3.5 *Auf welcher Kontoseite (S oder H) ist demnach jeweils zu buchen?*
4. *Schlussbestände ermitteln und mit den Inventurwerten abstimmen*
5. *Konten abschließen und Schlussbilanz aufstellen*

29

Anfangsbestände

	€		€
TA und Maschinen	125.000,00	Bankguthaben	109.500,00
BGA	55.000,00	Eigenkapital	350.000,00
Rohstoffe	340.000,00	Darlehensschulden	143.500,00
Forderungen a. LL	57.500,00	Verbindlichkeiten a. LL	207.000,00
Kasse	13.500,00		

Geschäftsfälle

	€
1. Rohstoffeinkauf auf Ziel lt. ER 483	69.000,00
2. Banküberweisung an den Lieferer Baier KG für ER 482	46.000,00
3. Umwandlung unserer Liefererschuld bei der Sänger OHG in eine Darlehensschuld	86.250,00
4. Unser Kunde Bern begleicht AR 459 durch Banküberweisung. Bankauszug	23.000,00
5. Kauf eines EDV-Druckers gegen Bankscheck. Bankauszug	550,00

Abschlussangabe

Die Schlussbestände auf den Aktiv- und Passivkonten stimmen mit der Inventur überein. ■

30

Anfangsbestände

	€		€
TA und Maschinen	285.000,00	Bankguthaben	46.000,00
BGA	145.000,00	Eigenkapital	?
Rohstoffe	132.250,00	Darlehensschulden	200.000,00
Forderungen a. LL	28.750,00	Verbindlichkeiten a. LL	69.000,00
Kasse	4.500,00		

Geschäftsfälle

	€
1. Kauf einer EDV-Anlage gegen Bankscheck	6.500,00
2. Zieleinkauf von Rohstoffen aufgrund von ER 678	82.800,00
3. Tilgung der Darlehensschuld durch Bankabbuchung. Bankauszug	7.500,00
4. Banküberweisung unseres Kunden Barth GmbH für AR 456	17.250,00
5. Begleichung der ER 678 durch Banküberweisung. Bankauszug	11.500,00
6. Verkauf eines gebrauchten Gabelstaplers zum Buchwert gegen Bankscheck. Bankauszug	2.700,00
7. Barabhebung von der Bank. Bankauszug	2.500,00

Abschlussangabe

Die Schlussbestände auf den Konten entsprechen der Inventur. ■

AUFGABEN

31 *Welche Geschäftsfälle liegen den Buchungen im folgenden Konto zugrunde?*

Soll	Bank		Haben
AB	68.600,00	5. Verbindlichkeiten a. LL	33.000,00
1. Darlehensschulden	150.000,00	6. Hypothekenschulden	12.000,00
2. Forderungen a. LL	23.000,00	7. BGA	45.000,00
3. Kasse	4.600,00	SB	157.000,00
4. BGA	800,00		
	247.000,00		247.000,00

32 *Welche Geschäftsfälle liegen den Buchungen im folgenden Konto zugrunde?*

Soll	Verbindlichkeiten a. LL		Haben
3. Bank	57.000,00	AB	230.000,00
4. Darlehensschulden	150.000,00	1. Rohstoffe	115.000,00
SB	161.000,00	2. BGA	23.000,00
	368.000,00		368.000,00

33
1. *Warum bezeichnet man Aktiv- und Passivkonten als Bestandskonten?*
2. *Was versteht man unter einem Saldo?*
3. *Warum müssen die Salden der Aktiv- und Passivkonten mit den Inventurwerten abgestimmt werden?*
4. *Erläutern Sie den Zusammenhang zwischen Inventur, Inventar und Schlussbilanz.*
5. *Bei welchem Konto handelt es sich um ein Aktiv- oder Passivkonto? Vervollständigen Sie:*

a)

Soll	? Haben
?	?
?	Mehrungen

b)

Soll	? Haben
?	Minderungen
?	?

34 **Anfangsbestände**

	€		€
Grundstücke und Bauten	245.000,00	Postbankguthaben	3.500,00
TA und Maschinen	88.000,00	Bankguthaben	49.000,00
BGA	53.000,00	Eigenkapital	400.000,00
Rohstoffe	162.000,00	Darlehensschulden	194.600,00
Forderungen a. LL	46.000,00	Verbindlichkeiten a. LL	57.500,00
Kasse	5.600,00		

Geschäftsfälle

		€
1.	Begleichung der Liefererrechnung ER 402 durch Banküberweisung	6.900,00
2.	Rohstoffeinkauf auf Ziel lt. ER 478	23.000,00
3.	Überweisung vom Bankkonto auf das Postbankkonto	12.000,00
4.	Rechnungsausgleich (AR 501) des Kunden Heine. Bankauszug	11.500,00
5.	Tilgungsrate für das Darlehen. Bankauszug	5.000,00
6.	Verkauf einer gebrauchten Frankiermaschine gegen Bankscheck. Bankauszug	250,00
7.	Verkauf eines nicht mehr benötigten Geschäfts-LKWs auf Ziel	28.750,00
8.	Unsere Bareinzahlung auf das Bankkonto. Bankauszug	2.500,00
9.	Umwandlung unserer Verbindlichkeit a. LL beim Lieferer Werner Theuer e. Kfm. in eine Darlehensschuld	33.000,00
10.	Verkauf eines Grundstücks gegen Bankscheck. Bankauszug	60.000,00

Abschlussangabe

Die Schlussbestände der Aktiv- und Passivkonten entsprechen der Inventur.

Der einfache Buchungssatz 1.7.1

Sachliche und zeitliche Ordnung der Buchungen

In einer ordnungsmäßigen Buchführung müssen die Buchungen sowohl sachlich als auch zeitlich geordnet werden. Die sachliche Ordnung der Buchungen erfolgt auf **„Sachkonten"**. So werden beispielsweise alle Bargeschäfte dem Sachkonto „Kasse" zugeordnet. Die Geschäftsbeziehungen mit den Kunden werden auf dem Sachkonto „Forderungen a. LL" gebucht, die mit den Lieferern auf dem Sachkonto „Verbindlichkeiten a. LL" usw. Die **Sachkonten bilden** das wichtigste „Buch" der Buchführung: das **„Hauptbuch".**

Aufzeichnung der Buchungen

Bevor die **Buchungen** auf den Sachkonten erfolgen, müssen sie **in zeitlicher (chronologischer) Reihenfolge** als „Buchungssätze" **fortlaufend** aufgezeichnet werden. Das geschieht in einem „Buch", das die Grundlage aller Buchungen im Hauptbuch bildet, dem **„Grundbuch"**, auch „Tagebuch" oder „Journal" (frz. jour = Tag) genannt.

Buchungssatz

Der Buchungssatz gibt die Konten an, auf denen zu buchen ist. Er nennt **zuerst** das Konto, in dem im **Soll** gebucht wird, und **dann** das Konto, in dem die Buchung im **Haben** erfolgt. Beide Konten verbindet man durch das Wort **„an".** Außer dem Buchungssatz werden noch Buchungsdatum, Bezeichnung und Nummer des Belegs in das Grundbuch eingetragen.

Beispiel

Rohstoffeinkauf aufgrund der folgenden Eingangsrechnung:

BRÜCKNER GmbH • Stahlhandel • Saarstr. 83–87 • 66953 Pirmasens

Stahlhandel BRÜCKNER GmbH
Telefon 06331 72214-0
Telefax 06331 72214-39
www.stahlhandel-wvd.de
Steuer-Nr. 065 272 12340
USt-IdNr. DE 456 987 321

Thomas Berg e. K.
Metallwerk
Industriestraße 22 – 28
70565 Stuttgart

EINGEGANGEN ..-12-17
ER 407

..-12-15

Rechnung 45 688 – Ihre Bestellung vom 30. Nov. ..

Wir lieferten Ihnen am 12. Dez. .. frachtfrei:

30 Tonnen Breitstahlband TX 1800 38.640,00 €

Zahlungsbedingungen:
Der Rechnungsbetrag ist ohne Abzug in 30 Tagen zu zahlen.

Deutsche Bank, Pirmasens, Konto 234 977 54, BLZ 542 700 96

Grundbuch

Datum	Beleg	Buchungssatz	Soll	Haben
..-12-17	ER 407	**Rohstoffe**	38.640,00	
		an **Verbindlichkeiten a. LL**		38.640,00

Hauptbuch

Im Hauptbuch erfolgt nun die Eintragung der Buchung auf den **Sachkonten:**

Soll	**Rohstoffe**	Haben
Verb. a. LL 38.640,00		

Soll	**Verbindlichkeiten a. LL**	Haben
		Rohstoffe 38.640,00

Der einfache Buchungssatz

Zusammenfassung

- **Der Buchungssatz** nennt die Konten, auf denen der Geschäftsfall zu buchen ist. Zuerst wird das Konto mit der Sollbuchung genannt, dann – nach dem Wörtchen „an" – das Konto mit der Habenbuchung. **Keine Buchung ohne Gegenbuchung:**

  Soll an Haben

- Zur Bildung des Buchungssatzes stellt man sich **vier Fragen** (s. S. 36).
- Die Buchungssätze werden zunächst im **Grundbuch** erfasst und danach auf die entsprechenden **Sachkonten des Hauptbuches** übertragen.
- Das **Grundbuch** erfasst die Buchungen **in zeitlicher Reihenfolge.** Das **Hauptbuch** übernimmt die **sachliche Ordnung** der Buchungen auf den **Sachkonten.**

AUFGABEN

35 Im Metallwerk Thomas Berg e. K. liegen folgende Geschäftsfälle vor:

1. *Nennen Sie jeweils den Beleg und den entsprechenden Buchungssatz.*
2. *Tragen Sie die Buchungssätze in das Grundbuch ein und addieren Sie zur Kontrolle die Soll- und Habenspalte.*

	€
1. Einkauf von diversen Hilfsstoffen auf Ziel bei der Glöckner GmbH, Göppingen	80.500,00
2. Barabhebung vom Bankkonto	12.500,00
3. Kauf von 15 Tonnen Stahl auf Ziel bei der Walzwerke AG	18.400,00
4. Anschaffung eines Lastwagens. Zahlungsziel: 30 Tage	120.000,00
5. Überweisung vom Bankkonto auf das Postbankkonto	25.000,00
6. Aufnahme einer Hypothek bei der Bank	150.000,00
7. Stahlhandel Brückner GmbH stundet als Lieferer den Rechnungsbetrag für zwei Jahre	115.000,00
8. Verkauf eines nicht mehr benötigten Gabelstaplers zum Buchwert gegen Bankscheck	5.200,00
9. Kauf eines Baugrundstücks gegen Bankscheck	120.000,00
10. Lastschrift der Bank für Tilgungsrate des Darlehens	7.000,00
11. Begleichung der Rechnung der Walzwerke (Fall 3). Bankauszug	18.400,00
12. Metallwerk Berg begleicht Rechnung (Fall 1). Bankauszug	80.500,00

36 *Welche Geschäftsfälle liegen den folgenden Buchungssätzen zugrunde?*

	€
1. Darlehensschulden an Bank	8.500,00
2. Bank an Forderungen a. LL	5.750,00
3. Betriebs- und Geschäftsausstattung an Postbank	23.000,00
4. Hilfsstoffe an Verbindlichkeiten a. LL	34.500,00
5. Bank an Postbank	15.000,00
6. Bank an Hypothekenschulden	200.000,00
7. Kasse an Bank	5.000,00
8. Kasse an Betriebs- und Geschäftsausstattung	6.700,00
9. Verbindlichkeiten a. LL an Darlehensschulden	57.500,00
10. Bank an Kasse	6.500,00

37 *Nennen Sie jeweils den Geschäftsfall zu den Buchungen im folgenden Konto:*

Soll	Bank		Haben
AB	120.000,00	2. Hypothekenschulden	5.800,00
1. BGA	4.500,00	3. Kasse	4.500,00
4. Forderungen a. LL	5.750,00	5. Verbindlichkeiten a. LL	11.500,00
6. Darlehensschulden	55.000,00	SB	163.450,00
	185.250,00		185.250,00

Als Buchhalter/-in des Metallwerks Thomas Berg e. K. liegen Ihnen die folgenden Belege zur Buchung vor. **38**

1. *Erläutern Sie, welcher Geschäftsfall dem jeweiligen Beleg zugrunde liegt.*
2. *Nennen Sie die Buchungssätze und tragen Sie diese in das Grundbuch ein:*

Buchungsdatum	Beleg Nr.	Buchungstext	Soll	Haben

Beleg 1 (Buchung am 15. Juli ..)

Metallwerk Thomas Berg e. K. • Industriestr. 22–28 • 70565 Stuttgart

METALL WERK Thomas BERG e. K.

Telefon 0711 245671-0
Telefax 0711 245671-62
Internet www.berg-metall-wvd.de
E-Mail service@berg-metall-wvd.de

Baustoffe GmbH
Aachener Str. 4 - 10
70565 Stuttgart

..-07-15

Rechnung 2 345

Wir verkauften Ihnen laut Kaufvertrag vom 5. Juli .. einen gebrauchten LKW für 30.600,00 €

Der Rechnungsbetrag ist innerhalb von 10 Tagen ohne Abzug zu zahlen.

Landesgirokasse Stuttgart
Konto 723 544 32
BLZ 600 501 01

Steuer-Nr. 065 158 43218
USt-IdNr. DE 222 856 039

Beleg 2 (Buchung am 17. Juli ..)

Walzwerke Sauerland AG • Gewerbestr. 40–52 • 58730 Fröndenberg

Walzwerke Sauerland AG
www.walzwerke-wvd.com

Telefon 02373 286929-0
Telefax 02373 286929-31
E-Mail service@walzwerke-wvd.com

Thomas Berg e. K.
Metallwerk
Industriestraße 22 - 28
70565 Stuttgart

..-07-14

EINGEGANGEN ..-07-16

Rechnung 56 078

Ihre Bestellung vom 30. Juni ..

Wir lieferten Ihnen am 12. Juli .. auf Ihre Rechnung und Gefahr

45 Tonnen Breitstahlband, kaltgewalzt 48.300,00 €

Zahlungsbedingungen: 30 Tage netto Kasse
Dresdner Bank, Fröndenberg, Konto 345 678 90, BLZ 445 800 70

Steuer-Nr. 065 278 44543 USt-IdNr. DE 356 357 991

Beleg 3 (Buchung am 31. Juli ..)

Kontoauszug — Landesgirokasse Stuttgart

Konto-Nr.	Datum	Ausz.-Nr.	Blatt	Buchungstag	PN-Nr.	Wert	Umsatz
723 544 32	..-07-28	235	1				
GUTSCHRIFT BAUSTOFFE GMBH, STUTTGART RE 2 345 VOM 15. JULI ..				07-28	8744	07-28	30.600,00 H

THOMAS BERG E. K.
METALLWERK
INDUSTRIESTRASSE 22 - 28
70565 STUTTGART

Alter Saldo: H 320.000,00 EUR
Neuer Saldo: H 350.600,00 EUR

Beleg 4 (Buchung am 31. Juli ..)

Durchschrift für Kontoinhaber 600 501 01
Landesgirokasse Stuttgart

Begünstigter: Walzwerke Sauerland AG, 58730 Fröndenberg
Konto-Nr. des Begünstigten: 345 678 90 — Bankleitzahl: 445 800 70
bei (Kreditinstitut): Dresdner Bank, 58730 Fröndenberg
EUR — Betrag: Euro, Cent: 48.300,00----------
Kunden-Referenznummer - noch Verwendungszweck, ggf. Name und Anschrift des Auftraggebers (nur für Empfänger):
Rechnung vom 14. Juli ..
Rechnung Nr. 56 078
Kontoinhaber: Thomas Berg e. K., Metallwerk, 70565 Stuttgart
Konto-Nr. des Kontoinhabers: 723 544 32

..-07-28 *Thomas Berg*
Datum, Unterschrift

Kontoauszug zu Beleg 4

Kontoauszug — Landesgirokasse Stuttgart

Konto-Nr.	Datum	Ausz.-Nr.	Blatt	Buchungstag	PN-Nr.	Wert	Umsatz
723 544 32	..-07-29	236	1				
ÜBERWEISUNG WALZWERKE SAUERLAND AG, FRÖNDENBERG RE 56 078 VOM 14. JULI ..				07-29	0678	07-29	48.300,00 S

THOMAS BERG E. K.
METALLWERK
INDUSTRIESTRASSE 22 - 28
70565 STUTTGART

Alter Saldo: H 350.600,00 EUR
Neuer Saldo: H 302.300,00 EUR

645846

Der zusammengesetzte Buchungssatz 1.7.2

Einfache Buchungssätze liegen vor, wenn die Geschäftsfälle lediglich zwei Konten berühren. Werden durch einen Geschäftsfall **mehr als zwei Konten** angesprochen, entstehen **zusammengesetzte Buchungssätze.** Hierbei ist besonders darauf zu achten, dass die Summe der Sollbuchungen immer der Summe der Habenbuchungen entsprechen muss.

Beispiel 1

Wir begleichen die Rechnung unseres Lieferers (ER 66) über 3.000,00 € durch Banküberweisung 2.600,00 € (BA 44) und Postbanküberweisung 400,00 € (PA 28).

Buchung: **Soll:** Verbindlichkeiten a. LL **Haben:** Bank, Postbank

Grundbuch				
Datum	**Beleg**	**Buchungssatz**	**Soll**	**Haben**
..-06-20	ER 66	**Verbindlichkeiten a. LL**	3.000,00	
	BA 44	an **Bank**		2.600,00
	PA 28	an **Postbank**		400,00

Buchung auf den Konten des Hauptbuches:

Soll	**Verbindlichkeiten a. LL**		Haben
Bank/ Postbank	3.000,00	AB	12.000,00

Soll	**Bank**		Haben
AB	14.000,00	Verb. a. LL	2.600,00

Soll	**Postbank**		Haben
AB	800,00	Verb. a. LL	400,00

Beispiel 2

Ein Kunde begleicht eine Rechnung (AR 1401) über 1.000,00 €, und zwar mit Bankscheck (BA 45) über 700,00 € und bar 300,00 € (KB 86).

Buchung: **Soll:** Bank, Kasse **Haben:** Forderungen a. LL

Grundbuch				
Datum	**Beleg**	**Buchungssatz**	**Soll**	**Haben**
..-06-24	BA 45	**Bank**	700,00	
	KB 86	**Kasse**	300,00	
	AR 1401	an **Forderungen a. LL**		1.000,00

Übertragen Sie die Buchung auf die Konten des Hauptbuches.

Zusammenfassung

▶ **Bei einfachen und zusammengesetzten Buchungssätzen gilt stets:**
Summe der **Sollbuchung(en)** <=> Summe der **Habenbuchung(en)**

AUFGABEN

39

Wie lauten die Buchungssätze für folgende Geschäftsfälle? Tragen Sie die Buchungssätze in das Grundbuch ein.

		€	€
1. Kauf von Hilfsstoffen	gegen bar	500,00	
	auf Ziel	11.500,00	12.000,00
2. Kauf eines Baugrundstücks	gegen Bankscheck	168.000,00	
	gegen bar	2.000,00	170.000,00

AUFGABEN

3. Verkauf eines gebrauchten LKWs	gegen bar	2.000,00	
	gegen Bankscheck	14.000,00	16.000,00
4. Kunde begleicht Rechnung	durch Banküberweisung	12.000,00	
	bar	500,00	12.500,00
5. Kauf von Büromöbeln	gegen bar	1.500,00	
	gegen Bankscheck	4.000,00	5.500,00
6. Tilgung einer Hypothek	durch Banküberweisung	17.000,00	
	durch Postbanküberwsg.	2.000,00	
	bar	1.000,00	20.000,00
7. Wir begleichen Rechnungen unseres Lieferers	durch Banküberweisung	8.000,00	
	durch Postbanküberwsg.	1.000,00	
	bar	500,00	9.500,00
8. Tilgung einer Darlehensschuld	durch Banküberweisung	15.000,00	
	durch Postbanküberwsg.	1.000,00	16.000,00
9. Kauf einer EDV-Anlage	gegen Postbanküberwsg.	3.000,00	
	gegen Banküberweisung	17.000,00	
	gegen bar	1.000,00	21.000,00

40 *Welche Geschäftsfälle liegen folgenden Buchungssätzen zugrunde?*

	Soll	Haben
1. Kasse	1.000,00	
Bank	12.000,00	
an Betriebs- und Geschäftsausstattung		13.000,00
2. Betriebsstoffe	8.000,00	
an Kasse		1.000,00
an Bank		7.000,00
3. Betriebs- und Geschäftsausstattung	4.000,00	
an Bank		3.000,00
an Postbank		1.000,00
4. Darlehensschulden	7.000,00	
an Kasse		1.000,00
an Bank		6.000,00
5. Bank	7.000,00	
Postbank	1.000,00	
Kasse	1.000,00	
an Forderungen a. LL		9.000,00
6. Technische Anlagen und Maschinen	14.000,00	
an Kasse		2.000,00
an Bank		12.000,00
7. Verbindlichkeiten a. LL	22.000,00	
an Bank		19.000,00
an Postbank		2.000,00
an Kasse		1.000,00

Eröffnungsbilanzkonto (EBK) und Schlussbilanzkonto (SBK) | 1.8

Situation

In der **doppelten** Buchführung steht einer Sollbuchung immer eine Habenbuchung in gleicher Höhe gegenüber. Dieses **Prinzip der Doppik** muss auch bei der **Eröffnung der Aktiv- und Passivkonten** berücksichtigt werden.

Buchung der Anfangsbestände

Die Anfangsbestände sind mit einer „doppelten" Buchung auf die Aktiv- und Passivkonten zu übernehmen. Dazu muss im Hauptbuch ein **Hilfskonto** eingerichtet werden, und zwar das

„Eröffnungsbilanzkonto (EBK)",

das die jeweilige Gegenbuchung aufnimmt.

Der Buchungssatz zur Eröffnung der Aktiv- und Passivkonten lautet jeweils:

- **Aktivkonto** an **Eröffnungsbilanzkonto (EBK)**
- **Eröffnungsbilanzkonto (EBK)** an **Passivkonto**

Aktiva	**Eröffnungsbilanz**	Passiva
AB der Aktivposten		AB der Passivposten

Soll	**Eröffnungsbilanzkonto (EBK)**	Haben
AB der Passivposten		AB der Aktivposten

Soll	**Aktivkonto**	Haben
Anfangsbestand		

Soll	**Passivkonto**	Haben
		Anfangsbestand

Das **Eröffnungsbilanzkonto (EBK)** ist das **Spiegelbild der Eröffnungsbilanz.**

Abschluss der Aktiv- und Passivkonten

Zum Abschluss des Geschäftsjahres werden die Aktiv- und Passivkonten des Hauptbuches abgeschlossen über das

„Schlussbilanzkonto (SBK)".

Soll	**Schlussbilanzkonto (SBK)**	Haben
SB der Aktivposten		SB der Passivposten

Der Buchungssatz zum Abschluss des jeweiligen Aktiv- und Passivkontos lautet:

- **Schlussbilanzkonto (SBK)** an **Aktivkonto**
- **Passivkonto** an **Schlussbilanzkonto (SBK)**

Abstimmung mit der Schlussbilanz

Das **Schlussbilanzkonto (SBK)** als Abschlusskonto aller Aktiv- und Passivkonten des Hauptbuches **muss** vorab **mit der** aus dem Inventar erstellten **Schlussbilanz abgestimmt werden.** Schließlich will man doch wissen, ob z. B. der im Kassenkonto ausgewiesene Schlussbestand auch tatsächlich vorhanden ist.

Eröffnungsbilanzkonto (EBK) und Schlussbilanzkonto (SBK)

Inventur zum 31. Dezember (1. Jahr)

↓

Inventar zum 31. Dezember (1. Jahr)

↓

Schlussbilanz zum 31. Dezember (1. Jahr) ist zugleich die

↓

Aktiva	**Eröffnungsbilanz** zum 1. Januar (2. Jahr)		Passiva
Rohstoffe	28.000,00	Eigenkapital	50.000,00
Bank	47.000,00	Verbindlichkeiten a. LL	25.000,00
	75.000,00		75.000,00
Ort, Datum			Unterschrift

Inventar- und Bilanzbuch

Hauptbuch

Soll	**Eröffnungsbilanzkonto (EBK)**		Haben
Eigenkapital	50.000,00	Rohstoffe	28.000,00
Verbindlichkeiten a. LL	25.000,00	Bank	47.000,00
	75.000,00		75.000,00

Soll	**Rohstoffe**		Haben
EBK	28.000,00	SBK	48.000,00
❶	20.000,00		
	48.000,00		48.000,00

Soll	**Eigenkapital**		Haben
SBK	50.000,00	EBK	50.000,00

Soll	**Bank**		Haben
EBK	47.000,00	❷	10.000,00
		SBK	37.000,00
	47.000,00		47.000,00

Soll	**Verbindlichkeiten a. LL**		Haben
❷	10.000,00	EBK	25.000,00
SBK	35.000,00	❶	20.000,00
	45.000,00		45.000,00

Soll	**Schlussbilanzkonto (SBK)**		Haben
Rohstoffe	48.000,00	Eigenkapital	50.000,00
Bank	37.000,00	Verbindlichkeiten a. LL	35.000,00
	85.000,00		85.000,00

Inventur zum 31. Dezember (2. Jahr)

↓

Inventar zum 31. Dezember (2. Jahr)

↓

Aktiva	**Schlussbilanz** zum 31. Dezember (2. Jahr)		Passiva
Rohstoffe	48.000,00	Eigenkapital	50.000,00
Bank	37.000,00	Verbindlichkeiten a. LL	35.000,00
	85.000,00		85.000,00
Ort, Datum			Unterschrift

Inventar- und Bilanzbuch

Nennen Sie die Geschäftsfälle, die den Buchungen ❶ und ❷ auf den Konten des Hauptbuches zugrunde liegen.

Eröffnungsbilanzkonto (EBK) und Schlussbilanzkonto (SBK)

Zusammenfassung

- Die Schlussbilanz wird auf der Grundlage des Inventars erstellt. Sie ist zugleich die **Eröffnungsbilanz** des neuen Geschäftsjahres **(Bilanzidentität).**
- Die Seiten der Schluss- und Eröffnungsbilanz heißen „Aktiva" und „Passiva".
- Das Eröffnungsbilanzkonto mit den Seiten „Soll" und „Haben" ist ein **Hilfskonto** zur buchhalterischen Eröffnung der Bestandskonten im Hauptbuch. **Es ermöglicht die doppelte Buchung (Soll und Haben) der Anfangsbestände** auf den Aktiv- und Passivkonten.
- Das Eröffnungsbilanzkonto ist das **Spiegelbild** der Eröffnungsbilanz.
- Das Schlussbilanzkonto mit den Seiten „Soll" und „Haben" ist das **Abschlusskonto** aller Bestandskonten **des Hauptbuches.**
- Das **Schlussbilanzkonto** muss mit der **Schlussbilanz,** die aufgrund des Inventars erstellt wird, übereinstimmen.

AUFGABEN

1. *Erstellen Sie zunächst die Eröffnungsbilanz (= Schlussbilanz des Vorjahres).*
2. *Eröffnen Sie die Bestandskonten mithilfe des Eröffnungsbilanzkontos (EBK).*
3. *Buchen Sie die Geschäftsfälle auf den jeweiligen Bestandskonten.*
4. *Schließen Sie die Bestandskonten über das Schlussbilanzkonto (SBK) ab.*
5. *Erstellen Sie für das Bilanzbuch eine ordnungsgemäß gegliederte Schlussbilanz.*

41

Anfangsbestände	€		€
Grundstücke und Bauten	270.000,00	Forderungen a. LL	35.000,00
TA und Maschinen	92.000,00	Kasse	6.000,00
BGA	48.000,00	Bankguthaben	32.000,00
Rohstoffe	135.000,00	Verbindlichkeiten a. LL	88.000,00
Hilfsstoffe	25.000,00	Eigenkapital	555.000,00

Geschäftsfälle	€
1. ER 410: Kauf von Rohstoffen auf Ziel	12.200,00
2. KB 189: Barkauf einer Büroschrankwand	1.600,00
3. Kunde begleicht eine gebuchte Rechnung (AR 512) mit Bankscheck	1.800,00
4. ER 411: Zielkauf von Schreibtischen	2.100,00
5. Unsere Bareinzahlung auf Bankkonto	1.300,00
6. Wir begleichen die Rechnung eines Lieferers (ER 399) durch Banküberweisung	1.700,00
7. ER 412: Kauf von Hilfsstoffen	4.000,00
8. Kunde begleicht Rechnung (AR 508) durch Banküberweisung	2.400,00

Abschlussangabe

Die Schlussbestände auf den Konten entsprechen den Inventurwerten.

42

Anfangsbestände	€		€
Grundstücke und Bauten	570.000,00	Kasse	6.000,00
TA und Maschinen	168.000,00	Postbankguthaben	13.400,00
BGA	62.000,00	Bankguthaben	39.000,00
Rohstoffe	140.000,00	Darlehensschulden	240.000,00
Hilfsstoffe	44.000,00	Verbindlichkeiten a. LL	55.000,00
Forderungen a. LL	34.000,00	Eigenkapital	781.400,00

AUFGABEN

Geschäftsfälle	€
1. Aufnahme eines Darlehens bei der Bank	42.600,00
2. Kauf von Rohstoffen lt. ER 510	4.000,00
3. Zielverkauf einer gebrauchten EDV-Anlage	2.100,00
4. Zielkauf von Hilfsstoffen lt. ER 511	2.950,00
5. Banküberweisung an Lieferer zum Ausgleich von ER 499	8.150,00
6. Barkauf eines Aktenschranks lt. KB 76	900,00
7. Unsere Bareinzahlung auf Bankkonto	1.200,00
8. Barkauf von Hilfsstoffen lt. KB 77	1.200,00
9. Überweisung vom Postbankkonto auf Bankkonto	1.400,00
10. Unsere Darlehensrückzahlung durch Bankscheck	14.000,00
11. Kunde begleicht Rechnung (AR 919) durch Banküberweisung	4.400,00

Abschlussangabe

Die Schlussbestände auf den Konten entsprechen den Inventurwerten. ■

43

1. *Begründen Sie, weshalb Aktiv- und Passivkonten Bestandskonten darstellen.*
2. *Unterscheiden Sie zwischen a) Grundbuch, b) Hauptbuch, c) Inventar- und Bilanzbuch.*
3. *Erklären Sie den Unterschied zwischen der Schlussbilanz des Vorjahres und dem Eröffnungsbilanzkonto.*
4. *Worin unterscheiden sich a) Eröffnungsbilanz und Eröffnungsbilanzkonto und b) Schlussbilanz und Schlussbilanzkonto?* ■

44 *Welche der folgenden Aussagen treffen a) nur auf Aktivkonten, b) nur auf Passivkonten und c) auf Aktiv- und Passivkonten zu?*

1. Sie geben Auskunft über die Vermögensstruktur des Unternehmens.
2. Der Anfangsbestand steht auf der Habenseite.
3. Das Gleichgewicht der Bilanz muss gewahrt sein.
4. Die Mehrungen stehen auf der Sollseite.
5. Die Minderungen stehen auf der Sollseite.
6. Die Zunahme steht auf der Habenseite.
7. Der Schlussbestand im Konto muss der Inventur entsprechen.
8. Das Eröffnungsbilanzkonto ist ein Eröffnungshilfskonto und steht im Hauptbuch.
9. Das Schlussbilanzkonto ist ein Abschlusskonto im Hauptbuch.
10. Bei einer Barabhebung vom Bankkonto verändert sich die Kasse. ■

45 *Ergänzen Sie:*

1. Die Schlussbilanz eines Geschäftsjahres ist zugleich die ••• des folgenden Geschäftsjahres. Beide sind inhaltlich •••.
2. Das Prinzip der ••• besagt, dass einer •••buchung immer eine ••• in gleicher Höhe gegenüberstehen muss.
3. Das Eröffnungsbilanzkonto ist das ••• der Eröffnungsbilanz.
4. Die Seiten der Eröffnungs- und Schlussbilanz heißen ••• und •••. Die Seiten des Eröffnungs- und Schlussbilanzkontos heißen ••• und •••.
5. Eröffnungsbilanzkonto und Schlussbilanzkonto sind Konten des •••buches.
6. Die Schlussbilanz ist die Kurzfassung des ••• in anderer Form.
7. Buchungssätze stehen im •••buch, Aktiv- und Passivkonten im •••.
8. Anfangsbestände stehen bei Aktivkonten im ••• und bei Passivkonten im •••. ■

1.9 Die Buchung der Aufwendungen und Erträge auf Erfolgskonten (Ergebniskonten)

Situation

Die bisherigen Geschäftsfälle veränderten lediglich Vermögens- und Schuldposten der Bilanz; das Eigenkapital blieb also unberührt. Nun ist es aber Aufgabe des Metallwerks Thomas Berg, durch **Einsatz von Werkstoffen, Arbeitskräften, Maschinen und Kapital** Stahlblechgehäuse herzustellen und zu verkaufen. Dabei entstehen dann Geschäftsfälle, die **als Aufwand das Eigenkapital mindern oder es als Ertrag mehren.**

Zahlt das Metallwerk Berg beispielsweise Löhne durch Banküberweisung, vermindert sich durch diesen Aufwand das Bankguthaben und zugleich das Eigenkapital. Schreibt die Bank dagegen Zinsen gut, erhöht sich durch diesen Ertrag das Bankguthaben und damit auch das Eigenkapital.

Aufwendungen mindern das Eigenkapital

Zu den **Aufwendungen** gehören beispielsweise Aufwendungen für Roh-, Hilfs- und Betriebsstoffe, Löhne und Gehälter, Mietaufwendungen für Betriebsgebäude, Zinsaufwendungen, Büromaterial, die Abnutzung der Anlagegüter, Instandsetzungen (Reparaturen) u. a.

Erträge mehren das Eigenkapital

Zu den **Erträgen** gehören insbesondere die Erlöse der verkauften eigenen Erzeugnisse, also die Umsatzerlöse, ferner Zinserträge, Mieteinnahmen aus vermieteten Betriebsräumen, Einnahmen aus Provisionen u. a.

Aus Gründen der Übersichtlichkeit und Klarheit in der Buchführung **bucht man** aber die **Aufwendungen und Erträge** nicht unmittelbar auf dem Eigenkapitalkonto, sondern erfasst sie **auf gesonderten Unterkonten des Eigenkapitalkontos,** den

Aufwandskonten und **Ertragskonten.**

Erfolgskonten

Aktiv- und Passivkonten sind „Bestandskonten", Aufwands- und Ertragskonten sind „Erfolgskonten". **Auf den Erfolgskonten wird wie auf dem Passivkonto „Eigenkapital" gebucht: Minderungen** des Eigenkapitals werden deshalb **auf der Sollseite der Aufwandskonten** und **Mehrungen** des Eigenkapitals **im Haben der Ertragskonten** gebucht.

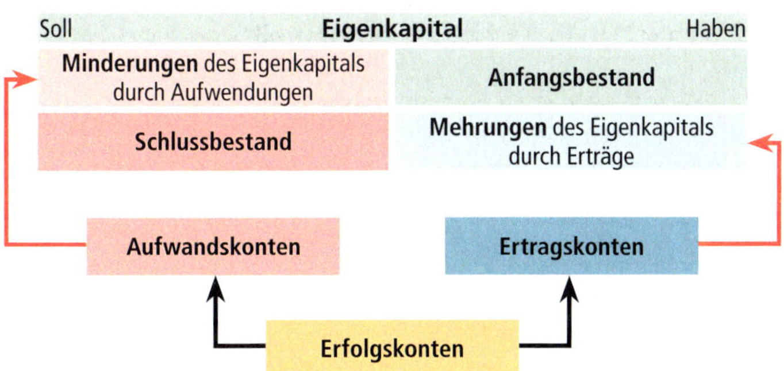

S	Aufwendungen für Rohstoffe	H
Aufwand	...	

S	Umsatzerlöse für eigene Erzeugnisse	H
	Ertrag	...

S	Löhne	H
Aufwand	...	

S	Zinserträge	H
	Ertrag	...

Die Buchung der Aufwendungen und Erträge auf Erfolgskonten (Ergebniskonten)

Beispiel Im Metallwerk Berg sind folgende Aufwendungen und Erträge zu buchen:

1. Lt. Materialentnahmeschein ME 01 wird Breitstahlband in die Fertigung gegeben .... 272.000,00 €

Buchungssatz	Soll	Haben
Aufwendungen für Rohstoffe	272.000,00	
an **Rohstoffe**		272.000,00

S	Aufwendungen für Rohstoffe		H
Rohst.	272.000,00		

S	Rohstoffe		H
AB	450.000,00	AfR	272.000,00

2. Gehälter werden durch Banküberweisung gezahlt .... 78.000,00 €

Buchungssatz	Soll	Haben
Gehälter	78.000,00	
an **Bank**		78.000,00

S	Gehälter		H
Bank	78.000,00		

S	Bank		H
AB	320.000,00	Gehälter	78.000,00

3. Banküberweisung für Gebäudereparaturrechnung .... 16.000,00 €

Buchungssatz	Soll	Haben
Fremdinstandhaltung	16.000,00	
an **Bank**		16.000,00

S	Fremdinstandhaltung		H
Bank	16.000,00		

S	Bank		H
AB	320.000,00	Gehälter	78.000,00
		Fremdinst.	16.000,00

4. Verkauf v. Blechgehäusen lt. AR 0001 an Computer GmbH ...... 765.400,00 €

Buchungssatz	Soll	Haben
Forderungen a. LL	765.400,00	
an **Umsatzerlöse f. eig. Erzeugnisse**		765.400,00

S	Forderungen a. LL		H
UE	765.400,00		

S	Umsatzerlöse f. eig. Erzeugnisse		H
		Ford. a. LL	65.400,00

5. Der Bankauszug weist eine Zinsgutschrift aus .... 8.600,00 €

Buchungssatz	Soll	Haben
Bank	8.600,00	
an **Zinserträge**		8.600,00

S	Bank		H
AB	320.000,00	Gehälter	78.000,00
Zinsertr.	8.600,00	Fremdinst.	16.000,00

S	Zinserträge		H
		Bank	8.600,00

6. Für die Vermietung einer Lagerhalle gehen auf dem Bankkonto ein .... 12.000,00 €

Buchungssatz	Soll	Haben
Bank	12.000,00	
an **Mieterträge**		12.000,00

S	Bank		H
AB	320.000,00	Gehälter	78.000,00
Zinsertr.	8.600,00	Fremdinst.	16.000,00
Mietertr.	12.000,00		

S	Mieterträge		H
		Bank	12.000,00

Die Buchung der Aufwendungen und Erträge auf Erfolgskonten (Ergebniskonten)

Abschluss der Erfolgskonten

Am Ende des Geschäftsjahres werden die Aufwands- und Ertragskonten nicht etwa direkt über das Eigenkapitalkonto, sondern zunächst über ein **Sammelkonto,** das

Gewinn- und Verlustkonto (GuV-Konto),

abgeschlossen. **Die Abschlussbuchungssätze für die Erfolgskonten lauten dann:**

- **GuV-Konto** an **alle Aufwandskonten**
- **Alle Ertragskonten** an **GuV-Konto**

Aus der Gegenüberstellung der Aufwendungen und Erträge im GuV-Konto ergibt sich dann als **Saldo** entweder der Gewinn oder Verlust des Geschäftsjahres.

- **Erträge** > **Aufwendungen** ⟶ **Gewinn**
- **Erträge** < **Aufwendungen** ⟶ **Verlust**

Gewinn oder Verlust?

Der **Gewinn bzw. Verlust** wird auf das Konto **Eigenkapital** übertragen. Ein Gewinn erhöht das Eigenkapital, ein Verlust vermindert es. Das **GuV-Konto** ist somit das unmittelbare **Unterkonto des Eigenkapitalkontos.**

Die Abschlussbuchungen des GuV-Kontos lauten

bei Gewinn: **GuV-Konto** an **Eigenkapital**

bei Verlust: **Eigenkapital** an **GuV-Konto**

Aufwandskonten

S	Aufwendungen für Rohstoffe		H
Rohst.	272.000,00	GuV	272.000,00

S	Gehälter		H
Bank	78.000,00	GuV	78.000,00

S	Fremdinstandhaltung		H
Bank	16.000,00	GuV	16.000,00

Ertragskonten

S	Umsatzerlöse für eigene Erzeugnisse		H
GuV	765.400,00	Forderg.	765.400,00

S	Zinserträge		H
GuV	8.600,00	Bank	8.600,00

S	Mieterträge		H
GuV	12.000,00	Bank	12.000,00

Soll	Gewinn- und Verlustkonto		Haben
Aufw. f. Rohstoffe	272.000,00	Umsatzerlöse f. eig. Erz.	765.400,00
Gehälter	78.000,00	Zinserträge	8.600,00
Fremdinstandhaltung	16.000,00	Mieterträge	12.000,00
Gewinn (EK)	420.000,00		
	786.000,00		786.000,00

Soll	Eigenkapital		Haben
SBK	3.420.000,00	EBK	3.000.000,00
		Gewinn (GuV)	420.000,00
	3.420.000,00		3.420.000,00

Wie lautet im obigen Beispiel der Buchungssatz zum Abschluss des GuV-Kontos?

Die Buchung der Aufwendungen und Erträge auf Erfolgskonten (Ergebniskonten)

Geschäftsgang mit Bestands- und Erfolgskonten

Aktivkonten — Bestandskonten — Passivkonten

Aufwandskonten — Erfolgskonten — Ertragskonten

S	BGA		H
EBK	380.000	SBK	380.000

S	Rohstoffe		H
EBK	120.000	AfR	265.000
V.a.LL	240.000	SBK	95.000
	360.000		360.000

S	Forderungen a. LL		H
EBK	57.000	Bank	11.500
UE	454.000	SBK	499.500
	511.000		511.000

S	Bankguthaben		H
EBK	143.000	Gehälter	120.000
Zinsertr.	2.700	Mietaufw.	15.000
F. a.LL	11.500	SBK	45.500
Prov.-E.	23.300		
	180.500		180.500

S	Eigenkapital		H
SBK	480.000	EBK	400.000
		GuV	80.000
	480.000		480.000

S	Darlehensschulden		H
SBK	231.000	EBK	231.000

S	Verbindlichkeiten a. LL		H
SBK	309.000	EBK	69.000
		Rohst.	240.000
	309.000		309.000

S	Aufwend. f. Rohstoffe		H
Rohst.	265.000	GuV	265.000

S	Gehälter		H
Bank	120.000	GuV	120.000

S	Mietaufwendungen		H
Bank	15.000	GuV	15.000

S	Umsatzerlöse f. eig. Erzeugn.		H
GuV	454.000	Ford.a.LL	454.000

S	Zinserträge		H
GuV	2.700	Bank	2.700

S	Provisionserträge		H
GuV	23.300	Bank	23.300

Soll	Schlussbilanzkonto		Haben
BGA	380.000	Eigenkapital	480.000
Rohstoffe	95.000	Darlehensschulden	231.000
Forderungen a.LL	499.500	Verbindlichk. a. LL	309.000
Bankguthaben	45.500		
	1.020.000		1.020.000

Soll	Gewinn- und Verlustkonto		Haben
Aufwend. f. Rohst.	265.000	Umsatzerlöse	454.000
Gehälter	120.000	Zinserträge	2.700
Mietaufwend.	15.000	Provisionserträge	23.300
Eigenkapital	80.000		
	480.000		480.000

Die Buchung der Aufwendungen und Erträge auf Erfolgskonten (Ergebniskonten)

Reihenfolge der buchungstechnischen Arbeiten

Ausgangspunkt: Schlussbilanz des Vorjahres = Eröffnungsbilanz des Folgejahres:

Aktiva	Schlussbilanz zum 31. Dezember des Vorjahres		Passiva
BGA	380.000,00	Eigenkapital	400.000,00
Rohstoffe	120.000,00	Darlehensschulden	231.000,00
Forderungen a. LL	57.000,00	Verbindlichkeiten a. LL	69.000,00
Bankguthaben	143.000,00		
	700.000,00		700.000,00

I. Eröffnung der Bestandskonten über Eröffnungsbilanzkonto (EBK)

1. Eröffnung der Aktivkonten:	BGA	an	EBK	380.000,00
	Rohstoffe	an	EBK	120.000,00
	Ford. a. LL	an	EBK	57.000,00
	Bankguthaben	an	EBK	143.000,00
2. Eröffnung der Passivkonten:	EBK	an	Eigenkapital	400.000,00
	EBK	an	Darlehensschulden	231.000,00
	EBK	an	Verbindlichk. a. LL	69.000,00

Soll	Eröffnungsbilanzkonto		Haben
Eigenkapital	400.000,00	BGA	380.000,00
Darlehensschulden	231.000,00	Rohstoffe	120.000,00
Verbindlichkeiten a. LL	69.000,00	Forderungen a. LL	57.000,00
		Bankguthaben	143.000,00
	700.000,00		700.000,00

II. Buchung der Geschäftsfälle in der Finanzbuchhaltung

	€
1. Zieleinkauf von Breitstahlband lt. ER 01–05: 240.000,00 €	
Buchung: Rohstoffe an Verbindlichkeiten a. LL	240.000,00
2. Lt. ME 01–10 wurde Breitstahlband i. d. Fertigung gegeben: 265.000,00 €	
Buchung: Aufwendungen für Rohstoffe an Rohstoffe	265.000,00
3. Zahlung der Gehälter lt. Bankauszug BA 01: 120.000,00 €	
Buchung: Gehälter an Bank	120.000,00
4. Zielverkauf von fertigen Stahlblechgehäusen an die Computer GmbH, Rostock, lt. AR 01: 454.000,00 €	
Buchung: Forderungen a. LL an Umsatzerlöse für eig. Erzeugnisse	454.000,00
5. Zahlung der Miete für die Betriebsräume lt. BA 02: 15.000,00 €	
Buchung: Mietaufwendungen an Bank	15.000,00
6. Gutschrift der Bank für Zinsen lt. BA 03: 2.700,00 €	
Buchung: Bank an Zinserträge	2.700,00
7. Lt. BA 04 Eingang einer Vermittlungsprovision: 23.300,00 €	
Buchung: Bank an Provisionserträge	23.300,00
8. Die Weinert GmbH begleicht die AR 456 d. Vorj. lt. BA 05: 11.500,00 €	
Buchung: Bank an Forderungen a. LL	11.500,00

III. Abschluss der Erfolgskonten

1. Abschluss der **Aufwandskonten:**	GuV an Aufwendungen für Rohstoffe	265.000,00
	GuV an Gehälter	120.000.00
	GuV an Mietaufwendungen	15.000,00
2. Abschluss der **Ertragskonten:**	Umsatzerlöse für eig. Erzeugn. an GuV	454.000,00
	Zinserträge an GuV	2.700,00
	Provisionserträge an GuV	23.300,00
3. Abschluss des **GuV-Kontos:**	bei Gewinn: GuV an Eigenkapital	80.000,00

IV. Abschluss der Bestandskonten nach Abstimmung mit den Inventurergebnissen

1. Abschluss der **Aktivkonten:**	SBK an 4 Aktivkonten
2. Abschluss der **Passivkonten:**	3 Passivkonten an SBK

Die Buchung der Aufwendungen und Erträge auf Erfolgskonten (Ergebniskonten)

Zusammenfassung

- **Aktiv- und Passivkonten** zählen zu den **Bestandskonten, Aufwands- und Ertragskonten** zu den **Erfolgskonten.**
- **Aufwands- und Ertragskonten sind Unterkonten des Eigenkapitalkontos,** weil Aufwendungen das Eigenkapital mindern und Erträge es mehren.

  Deshalb wird auf den **Aufwandskonten im Soll** und auf den **Ertragskonten im Haben** gebucht.
- **Die Erfolgskonten werden über das Gewinn- und Verlustkonto abgeschlossen.** Dort ergibt sich aus der Gegenüberstellung aller Aufwendungen und Erträge als **Saldo** entweder ein **Gewinn oder Verlust,** je nachdem, ob die Erträge oder die Aufwendungen überwiegen.
- **Das Gewinn- und Verlustkonto zeigt die Quellen des Unternehmungserfolgs,** und zwar jeden einzelnen Ertrags- und Aufwandsposten.
- **Der Gewinn erhöht das Eigenkapital, der Verlust vermindert es.** Deshalb muss das GuV-Konto über das Eigenkapitalkonto abgeschlossen werden:

Soll	**Gewinn- und Verlustkonto** Haben
Aufwendungen	Erträge
Gewinn	

Buchung: GuV an EK

Soll	**Eigenkapital** Haben
SBK: Endkapital	EBK: Anfangskapital
	Gewinn

Soll	**Gewinn- und Verlustkonto** Haben
Aufwendungen	Erträge
	Verlust

Buchung: EK an GuV

Soll	**Eigenkapital** Haben
Verlust	EBK: Anfangskapital
SBK: Endkapital	

Zwei Kontenkreise

Die **Bestands- und Erfolgskonten** bilden in der Buchhaltung jeweils einen **eigenen Kontenkreis.** Das Konto **„Eigenkapital"** ist das **Bindeglied** beider Kontenkreise.

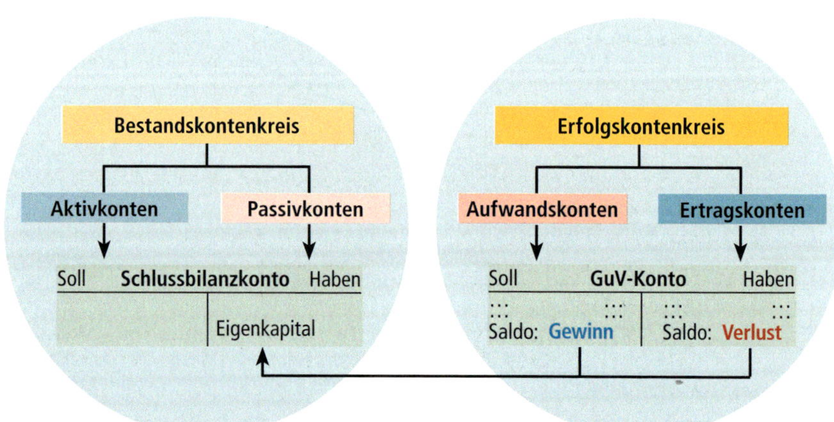

Schlussbilanz und Gewinn- und Verlustrechnung bilden den Jahresabschluss.

Das Metallwerk Thomas Berg e. K. erstellt Stahlblechgehäuse für elektronische Geräte und verarbeitet Breitstahlbänder als Rohstoff und Schrauben, Kleber und Lacke als Hilfsstoffe. **46**

Richten Sie die Konten mit ihren Soll-/Habensummen ein:

	Soll	Haben
Rohstoffe	350.000,00	220.000,00
Hilfsstoffe	60.000,00	45.000,00
Betriebsstoffe	42.000,00	31.000,00
Forderungen a. LL	799.000,00	610.000,00
Bankguthaben	850.000,00	595.000,00
Eigenkapital	–	850.000,00
Verbindlichkeiten a. LL	218.000,00	297.000,00
Aufwendungen für Rohstoffe	220.000,00	–
Aufwendungen für Hilfsstoffe	45.000,00	–
Aufwendungen für Betriebsstoffe	31.000,00	–
Löhne	285.000,00	–
Gehälter	198.000,00	–
Aufwendungen für Miete	160.000,00	–
Umsatzerlöse für eigene Erzeugnisse	–	610.000,00

Buchen Sie auf den Bestands- und Erfolgskonten die folgenden Geschäftsfälle:

1. Eingangsrechnungen (ER) für	Breitstahlbänder	72.000,00
	Kleber	2.000,00
2. Materialentnahmescheine (ME) für	Breitstahlbänder	80.000,00
	Schrauben	4.000,00
	Treibstoffe	2.000,00
3. Lastschriften der Bank für	Lohnzahlungen	16.000,00
	Gehälter	8.000,00
	Miete	12.000,00
4. Ausgangsrechnungen (AR): Zielverkäufe v. Stahlblechgehäusen		590.000,00

Schließen Sie die Erfolgskonten über das GuV-Konto ab, ermitteln und buchen Sie den Gewinn. Schließen Sie danach die Bestandskonten über das Schlussbilanzkonto ab.

Haben sich Produktion und Absatz der Stahlblechgehäuse „gelohnt"? Vergleichen Sie den Gewinn mit dem Eigenkapital (AB), ermitteln und beurteilen Sie die Verzinsung (Rentabilität). ■

47

1. *Ermitteln Sie in der vorhergehenden Aufgabe auch den Unternehmungserfolg durch Eigenkapitalvergleich:*

	Schlussbestand des Eigenkapitals	••• €
–	Anfangsbestand des Eigenkapitals	••• €
=	**Gewinn bzw. Verlust**	••• €

2. In der doppelten Buchführung kann der Gewinn also ••• ermittelt werden, einmal durch Gegenüberstellung der Aufwendungen und Erträge im •••-Konto, zum anderen durch •••.
3. *Welche Methode der Gewinn- bzw. Verlustermittlung ist aussagefähiger? Begründen Sie.* ■

48 *Richten Sie zunächst folgende Konten ein:*

Bestandskonten: Rohstoffe 75.000,00 €, Hilfsstoffe 25.000,00 €, Forderungen a. LL 23.000,00 €, Bankguthaben 54.000,00 €, Verbindlichkeiten a. LL 57.500,00 €, Eigenkapital 119.500,00 €.

Erfolgskonten: Aufwendungen für Rohstoffe, Aufwendungen für Hilfsstoffe, Löhne, Mietaufwendungen, Büromaterial, Fremdinstandhaltung, Zinserträge, Umsatzerlöse für eigene Erzeugnisse.

Abschlusskonten: Schlussbilanzkonto, Gewinn- und Verlustkonto.

Nennen Sie zu den folgenden Geschäftsfällen den Buchungssatz und buchen Sie auf Konten:

	€
1. Zieleinkauf von Rohstoffen lt. Eingangsrechnung (ER)	25.000,00
2. Verbrauch von Hilfsstoffen lt. Materialentnahmeschein (ME)	12.000,00
3. Bankauszug (BA): Lastschrift der Bank für Löhne	18.000,00
4. Ausgangsrechnung (AR): Zielverkauf von eigenen Erzeugnissen	84.000,00
5. Lt. ME Verbrauch von Rohstoffen in der Fertigung	38.000,00
6. Lt. ER Kauf von Büromaterial gegen Bankscheck	450,00
7. Lastschriften der Bank lt. BA für Miete des Lagergebäudes	4.500,00
für Maschinenreparatur	850,00
8. Lt. BA Gutschrift der Bank für Zinsen	600,00

Schließen Sie zunächst die Aufwands- und Ertragskonten über das Gewinn- und Verlustkonto ab, ermitteln Sie danach den Gewinn im GuV-Konto und übertragen Sie ihn auf das Eigenkapitalkonto. Zum Schluss schließen Sie die Bestandskonten zum Schlussbilanzkonto ab. ■

49 In einem Industriebetrieb weisen die Erfolgskonten und das Eigenkapitalkonto folgende Zahlen aus:

	€	€
Umsatzerlöse für eigene Erzeugnisse	–	562.000,00
Mieterträge	–	24.000,00
Provisionserträge	–	2.380,00
Zinserträge	–	5.450,00
Aufwendungen für Rohstoffe	240.000,00	–
Aufwendungen für Hilfsstoffe	26.000,00	–
Aufwendungen für Betriebsstoffe	12.400,00	–
Fremdinstandhaltung	8.600,00	–
Löhne	189.000,00	–
Gehälter	87.000,00	–
Büromaterial	1.250,00	–
Portokosten	1.780,00	–
Kosten der Telekommunikation	3.200,00	–
Kraftfahrzeugsteuer	2.870,00	–
Zinsaufwendungen	2.340,00	–
Eigenkapital	–	200.000,00

1. *Übertragen Sie die Summen auf die entsprechenden Konten.*
2. *Schließen Sie die Erfolgskonten ab, ermitteln Sie den Erfolg der Rechnungsperiode und schließen Sie das GuV-Konto ab.*
3. *Weisen Sie den Erfolg der Rechnungsperiode auch durch Eigenkapitalvergleich nach.* ■

Im Metallwerk Thomas Berg e. K. fallen u. a. folgende Belege an. *Nennen Sie jeweils den Buchungssatz.* **50**

Beleg 1

Material-Entnahmeschein Nr.: 11 350

Metallwerk Thomas Berg e. K.

Rohstoffe [X] Hilfsstoffe [ ]

Datum: ..-01-15 Kostenstelle: Stanze 1

Konto | Soll | Haben | Gebucht:

Artikel-Nr.	Menge	Einheit	Bezeichnung	€/Einheit	Summe
486	40	t	Breitstahlband	1.050,00	42.000,00
487	30	t	Breitstahlband	980,00	29.400,00
				Buchhaltung:	71.400,00

ausgestellt: Zimmer ausgegeben: Koch

Beleg 2

Netto € — ct —
+ — % USt € — ct —
Gesamt € 670 ct 00

Quittung
Nr. KB 98

Gesamtbetrag € in Worten
sechshundertsiebzig — Cent wie oben
(Im Gesamtbetrag sind — % Umsatzsteuer enthalten)
von Metallwerk Thomas Berg e. K.
für Reparatur der Telefonanlage
richtig erhalten zu haben, bestätigt
Ort Stuttgart Datum 21. Febr. ..
Buchungsvermerke
Stempel/Unterschrift des Empfängers
Elektronik GmbH
Kaisersbacher Str. 12
70374 Stuttgart
Steuer-Nr. 065 321 99953

Beleg 3

Durchschrift für Kontoinhaber 600 501 01
Landesgirokasse Stuttgart

Begünstigter: Meinerz OHG, Stuttgart
Konto-Nr. des Begünstigten: 323 567 51 Bankleitzahl: 600 501 01
bei (Kreditinstitut): Landesgirokasse Stuttgart
EUR Betrag: Euro, Cent: 6.500,00 ---------------
Kunden-Referenznummer – noch Verwendungszweck, ggf. Name und Anschrift des Auftraggebers – (nur für Empfänger): Lagermiete für März ..
Kontoinhaber: Thomas Berg e. K., Metallwerk, 70565 Stuttgart
Konto-Nr. des Kontoinhabers: 723 544 32
..-02-23 Thomas Berg
Datum, Unterschrift

Bilden Sie die Buchungssätze für den Abschluss **51**

		€
1. *der Aufwandskonten:*	Löhne	36.000,00
Zinsaufwendungen		1.500,00
2. *der Ertragskonten:*	Umsatzerlöse für eigene Erzeugnisse	87.900,00
	Mieterträge	6.700,00
3. *des Gewinn- und Verlustkontos bei Gewinn*		250.000,00
4. *des Gewinn- und Verlustkontos bei Verlust*		12.000,00
5. *der aktiven Bestandskonten:*	BGA	167.000,00
	Rohstoffe	55.000,00
6. *der passiven Bestandskonten:*	Darlehensschulden	250.000,00
	Verbindlichkeiten a. LL	57.500,00

Ergänzen Sie die fehlenden Beträge und Bezeichnungen: **52**

1.	200.000,00 €	Ertr.,	150.000,00 €	Aufwend. =	••• €	•••
2.	450.000,00 €	Ertr.,	500.000,00 €	Aufwend. =	••• €	•••
3.	••• €	Ertr.,	650.000,00 €	Aufwend. =	50.000,00 €	Gewinn
4.	850.000,00 €	Aktiva,	550.000,00 €	Schulden =	••• €	•••
5.	760.000,00 €	Aktiva,	••• €	Schulden =	300.000,00 €	Eigenkapital

AUFGABEN

Reihenfolge der Buchungsarbeiten

1. *Richten Sie die Bestands- und Erfolgskonten ein.*
2. *Eröffnen Sie die Bestandskonten über das Eröffnungsbilanzkonto (EBK).*
3. *Bilden Sie zu den Geschäftsfällen die Buchungssätze (Grundbuch).*
4. *Übertragen Sie die Buchungen auf die Bestands- und Erfolgskonten (Hauptbuch).*
5. *Schließen Sie die Erfolgskonten über das GuV-Konto ab und übertragen Sie den Gewinn oder Verlust auf das Eigenkapitalkonto.*
6. *Erst zum Schluss werden alle Bestandskonten zum Schlussbilanzkonto (SBK) abgeschlossen, sofern die Inventur keine Abweichungen zwischen Buch- und Istbeständen ergibt.*

53 **Anfangsbestände**

	€		€
Techn. Anlagen u. Masch.	150.000,00	Kasse	3.000,00
Rohstoffe	60.000,00	Bankguthaben	25.000,00
Hilfsstoffe	30.000,00	Eigenkapital	200.000,00
Betriebsstoffe	15.000,00	Darlehensschulden	60.000,00
Forderungen a. LL	10.000,00	Verbindlichkeiten a. LL	33.000,00

Bestandskonten: TA und Maschinen, Rohstoffe, Hilfsstoffe, Betriebsstoffe, Forderungen a. LL, Kasse, Bank, Darlehensschulden, Verbindlichkeiten a. LL, Eigenkapital: Schlussbilanzkonto;

Erfolgskonten: Aufwendungen für Rohstoffe, Aufwendungen für Hilfsstoffe, Aufwendungen für Betriebsstoffe, Löhne, Gehälter, Büromaterial, Werbeaufwendungen, Mietaufwendungen, Fremdinstandhaltung, Kosten der Telekommunikation, Umsatzerlöse für eig. Erzeugnisse, Zinserträge: GuV-Konto.

Geschäftsfälle

	€
1. Zieleinkauf von Rohstoffen lt. ER	4.500,00
von Hilfsstoffen lt. ER	1.500,00
von Betriebsstoffen lt. ER	1.200,00
2. Barkauf von Büromaterial lt. KB	250,00
3. Banküberweisung für Maschinenreparatur lt. BA	400,00
4. Verkauf von eigenen Erzeugnissen lt. AR auf Ziel	19.500,00
gegen Barzahlung	700,00
5. Lt. BA Banküberweisung für Löhne	8.700,00
für Gehälter	4.300,00
6. Lt. BA Banküberweisung von Kunden	9.500,00
7. Bankauszug:	
Unsere Banküberweisung für Miete	1.800,00
für Telekommunikationskosten	350,00
für Werbeanzeigen	780,00
für Ausgleich einer Liefererrechnung	4.520,00
8. Verkauf aller eigenen Erzeugnisse auf Ziel lt. AR	38.000,00
9. Bank schreibt uns lt. BA Zinsen gut	600,00
10. Materialentnahmescheine für Rohstoffe	36.500,00
für Hilfsstoffe	8.800,00
für Betriebsstoffe	4.600,00

Abschlussangabe: Die Buchwerte der Bestandskonten entsprechen der Inventur.

Auswertung

1. *Worauf könnte der Verlust des Unternehmens zurückzuführen sein?*
2. *Was würden Sie zur Verbesserung des Unternehmenserfolgs vorschlagen?* ■

645862

Die Umsatzsteuer 1.10

Welche Umsätze unterliegen der Umsatzsteuer? 1.10.1

§ 1 Umsatzsteuergesetz

Der Umsatzsteuer unterliegen nach § 1 UStG:

1. **alle Lieferungen und Leistungen, die im Rahmen eines Unternehmens im Inland gegen Entgelt** ausgeführt werden, wie z. B. der Verkauf von eigenen Erzeugnissen und Handelswaren, Malerarbeiten, Instandhaltungen und Reparaturen, Werbung u. a.,
2. **die unentgeltlichen Entnahmen von Sachgütern und sonstigen Leistungen des Unternehmens durch den Unternehmer zu unternehmensfremden Zwecken** (z. B. für Privatzwecke) (siehe Seite 82),
3. **die Einfuhr von Gegenständen aus Nicht-EU-Staaten,** wie z. B. aus den USA, und
4. **der gewerbliche Erwerb von Gütern aus EU-Staaten gegen Entgelt,** der so genannte „innergemeinschaftliche Erwerb". Beispiel: Ein deutsches Unternehmen bezieht Waren aus Belgien und unterliegt damit der deutschen Umsatzsteuer.

Steuerfrei sind Ausfuhrlieferungen (Exporte), Vermietungen und Verpachtungen, der Kredit- und Zahlungsverkehr der Banken u. a.

Steuersatz

Die Umsatzsteuer beträgt im **Regelfall 19 %** der berechneten Lieferung oder Leistung. Für bestimmte Umsätze, wie z. B. Lebensmittel, Bücher u. a., gilt der **ermäßigte Steuersatz von 7 %.**

Wer trägt die Umsatzsteuer?

Die Umsatzsteuer ist wie die Kaffee- oder Tabaksteuer ausschließlich **vom Endverbraucher zu tragen,** also in der Regel von einer Privatperson. Sie belastet den Unternehmer nicht, verursacht ihm also keine Kosten. Nach dem Umsatzsteuergesetz hat er die **Umsatzsteuer** beim Verkauf von eigenen Erzeugnissen und Handelswaren **in Rechnung** zu **stellen,** von seinen Kunden zu **vereinnahmen** und **an das Finanzamt abzuführen.** Für das Unternehmen ist die Umsatzsteuer somit nur ein **durchlaufender Posten.**

Wie werden Vorsteuer und Umsatzsteuer gebucht? 1.10.2

Ausweis der Umsatzsteuer

Die Umsatzsteuer muss auf Rechnungen gesondert ausgewiesen werden, wenn diese auf Unternehmen oder Selbstständige ausgestellt sind. Der Rechnungsbetrag setzt sich aus dem Warenwert bzw. dem Wert der erbrachten Leistung und der entsprechenden Umsatzsteuer zusammen. **Bei Kleinbetragsrechnungen bis zu 150,00 €** einschließlich Umsatzsteuer (z. B. Tankstellenquittung) genügt die Angabe des Steuersatzes für die im Rechnungsbetrag enthaltene Umsatzsteuer.

siehe „Prozentrechnung" ➤ Kap. E, 1.3

Beispiel

Die Brückner GmbH, Stahlhandel, verkauft an das Metallwerk Thomas Berg Breitstahlbänder aufgrund der folgenden Rechnung:

Ausgangsrechnung der Brückner GmbH

	Breitstahlbänder, netto	20.000,00 €
+	19 % Umsatzsteuer	3.800,00 €
	Rechnungsbetrag	23.800,00 €

Die Brückner GmbH, Stahlhandel, bucht die Ausgangsrechnung

Umsatzsteuer in der Ausgangsrechnung

Die Lieferung der Rohstoffe unterliegt nach § 1 UStG der Umsatzsteuer. Die Brückner GmbH schuldet deshalb dem Finanzamt 19 % Umsatzsteuer vom reinen Warenwert 20.000,00 € = 3.800,00 €, die sie auf dem

Passivkonto „Umsatzsteuer"

ausweisen muss. Da sie die Umsatzsteuer von ihrem Kunden zurückhaben will, muss sie diese dem Metallwerk Thomas Berg „offen" in Rechnung stellen. Das Metallwerk Berg hat also neben dem Warenwert auch die darauf entfallende Umsatzsteuer zu zahlen. In der Brückner GmbH ist deshalb auf dem Konto „Forderungen a. LL" der volle Rechnungsbetrag von 23.800,00 € zu buchen.

Buchungssatz	Soll	Haben
Forderungen a. LL	23.800,00	
an **Umsatzerlöse für eigene Erzeugnisse**		20.000,00
an **Umsatzsteuer**		3.800,00

S	Forderungen a. LL		H
UE, USt	23.800,00		

S	Umsatzerlöse für eigene Erzeugnisse		H
		Ford. a. LL	20.000,00

S	Umsatzsteuer		H
		Ford. a. LL	3.800,00

Das Metallwerk Thomas Berg e. K. bucht die Eingangsrechnung

Vorsteuer in der Eingangsrechnung

Die oben genannte **Ausgangsrechnung** der Brückner GmbH ist **zugleich** die **Eingangsrechnung** des Metallwerks Berg. Das Metallwerk Berg hat nicht nur den Warenwert von 20.000,00 € zu zahlen, sondern auch zusätzlich die Umsatzsteuer in Höhe von 3.800,00 €. Damit schuldet es der Brückner GmbH 23.800,00 €.

Die in der **Eingangsrechnung** ausgewiesene Umsatzsteuer wird **„Vorsteuer"** genannt, weil das Metallwerk Berg sie „vorab", also vor dem Verkauf der eigenen Erzeugnisse, an seinen Lieferer Brückner GmbH zahlt. Thomas Berg kann sie **vom Finanzamt zurückfordern,** da er nicht Endverbraucher, sondern Unternehmer ist, der umsatzsteuerpflichtige Lieferungen und Leistungen ausführt. Seine Umsatzsteuerschuld gegenüber dem Finanzamt entsteht erst, wenn er die aus den eingekauften Breitstahlbändern hergestellten Stahlblechgehäuse an seine Kunden verkauft. Die **Vorsteuer** stellt deshalb für das Metallwerk Thomas Berg eine **Forderung an das Finanzamt** dar, die auf dem

Aktivkonto „Vorsteuer"

gebucht wird. Der Warenwert wird auf dem Bestandskonto „Rohstoffe" erfasst, der Rechnungsbetrag wird im Haben des Kontos „Verbindlichkeiten a. LL" gebucht.

Buchungssatz	Soll	Haben
Rohstoffe	20.000,00	
Vorsteuer	3.800,00	
an **Verbindlichkeiten a. LL**		23.800,00

S	Rohstoffe		H
Verb. a. LL	20.000,00		

S	Verbindlichkeiten a. LL		H
		Rohst./VSt	23.800,00

S	Vorsteuer		H
Verb. a. LL	3.800,00		

Das Metallwerk Thomas Berg e. K. bucht die Ausgangsrechnung

Beispiel

Das Metallwerk Berg verkauft 600 Stahlblechgehäuse zum Warenwert (Nettowert) an die Computer GmbH, Rostock, und stellt folgende Rechnung aus:

Ausgangsrechnung des Metallwerks Berg	
Stahlblechgehäuse, netto	30.000,00 €
+ 19 % Umsatzsteuer	5.700,00 €
Rechnungsbetrag	35.700,00 €

Wie werden Vorsteuer und Umsatzsteuer gebucht?

Buchungssatz	Soll	Haben
Forderungen a. LL	35.700,00	
an **Umsatzerlöse für eigene Erzeugnisse**		30.000,00
an **Umsatzsteuer**		5.700,00

S	Forderungen a. LL		H
UE, USt	35.700,00		

S	Umsatzerlöse für eigene Erzeugnisse		H
		Ford. a. LL	30.000,00

S	Umsatzsteuer		H
		Ford. a. LL	5.700,00

Das Metallwerk Thomas Berg e. K. ermittelt die Umsatzsteuer-Zahllast

Aus dem Verkauf der Stahlblechgehäuse **schuldet** das Metallwerk Berg dem Finanzamt zunächst **5.700,00 € Umsatzsteuer.** Da es aber bereits beim Einkauf der Breitstahlbänder an seinen Lieferanten **3.800,00 €** „Vorsteuer" zahlen musste, hat es auch ein entsprechendes **Guthaben beim Finanzamt. Umsatzsteuerschuld und Vorsteuerguthaben** werden am Ende des **USt-Voranmeldungszeitraums** (Kalendervierteljahr bzw. Monat)[1] **verrechnet,** um die **USt-Zahllast** zu ermitteln. Für diesen Zeitraum muss dem Finanzamt **online** eine USt-Voranmeldung eingereicht werden (§ 18 Abs. 2 UStG), die verkürzt Folgendes ausweist:

Umsatzsteuer-voranmeldung

	Umsatzsteuerschuld aufgrund der Ausgangsrechnung	5.700,00 €
–	**Vorsteuerguthaben** aufgrund der Eingangsrechnung	3.800,00 €
	USt-Zahllast	**1.900,00 €**

Die USt-Zahllast ist bis zum 10. des folgenden Monats zu überweisen.

Zur buchhalterischen Ermittlung der USt-Zahllast wird das Aktivkonto „Vorsteuer" über das Passivkonto „Umsatzsteuer" abgeschlossen. Der **Saldo** im Konto „Umsatzsteuer" zeigt dann die **USt-Zahllast.**

Ermittlung der USt-Zahllast

Buchungssatz	Soll	Haben
Umsatzsteuer	3.800,00	
an **Vorsteuer**		3.800,00

S	Vorsteuer		H
Verb. a. LL	3.800,00	USt	3.800,00

→

S	Umsatzsteuer		H
VSt	3.800,00	Ford. a. LL	5.700,00
USt-Zahllast	1.900,00		

Bei Überweisung der USt-Zahllast an das Finanzamt wird wie folgt gebucht:

Überweisung der USt-Zahllast

Buchungssatz	Soll	Haben
Umsatzsteuer	1.900,00	
an **Bank**		1.900,00

S	Bank		H
AB	...	USt	1.900,00

←

S	Umsatzsteuer		H
VSt	3.800,00	Ford. a. LL	5.700,00
Bank	1.900,00		

1.10.3 Wie werden Zahllast und Vorsteuerüberhang zum Jahresschluss gebucht?

Passivierung der USt-Zahllast

Die **Umsatzsteuer-Zahllast** des Monats **Dezember** wird erst im Januar des nächsten Jahres (bis zum 10. Januar) überwiesen. Sie muss deshalb **im Schlussbilanzkonto** auf der Haben- bzw. Passivseite **als Umsatzsteuerverbindlichkeit** ausgewiesen werden. Man sagt in der Praxis auch: Die Umsatzsteuer ist zu **passivieren.**

1 **USt-Voranmeldungszeitraum** ist in der Regel das Kalendervierteljahr und bei einer Vorjahres-USt von mehr als 7.500,00 € der Monat. Das Lehrbuch berücksichtigt die monatliche USt-Voranmeldung.

Wie werden Zahllast und Vorsteuerüberhang zum Jahresschluss gebucht?

S	Vorsteuer		H
...	120.000,00	USt	120.000,00

S	Umsatzsteuer		H
VSt	120.000,00	...	140.000,00
SBK	20.000,00		
	140.000,00		140.000,00

S	Schlussbilanzkonto		H
		USt	20.000,00

Buchungen zum 31. Dezember

❶ **Umsatzsteuer** an **Vorsteuer**	120.000,00
❷ **Umsatzsteuer** an **Schlussbilanzkonto**	20.000,00

Aktivierung des Vorsteuerüberhangs

Sollte im **Dezember** die Vorsteuer höher sein als die Umsatzsteuer, ist dieser Vorsteuerüberhang auf der Soll- bzw. Aktivseite des Schlussbilanzkontos als **Forderungsposten** einzusetzen. Man sagt: Der Vorsteuerüberhang ist zu **aktivieren.**

S	Vorsteuer		H
...	80.000,00	USt	50.000,00
		SBK	30.000,00
	80.000,00		80.000,00

S	Umsatzsteuer		H
VSt	50.000,00	...	50.000,00

S	Schlussbilanzkonto		H
VSt	30.000,00		

Buchungen zum 31. Dezember

❶ **Umsatzsteuer** an **Vorsteuer**	50.000,00
❷ **Schlussbilanzkonto** an **Vorsteuer**	30.000,00

1.10.4 Inwiefern ist die Umsatzsteuer eine Mehrwertsteuer?

Ermittlung des Mehrwertes

Viele zum Verkauf angebotene Güter legen einen langen Weg zurück: Vom Betrieb der Urerzeugung über die Betriebe der Herstellung und Weiterverarbeitung, des Groß- und Einzelhandels bis zum Endverbraucher. Auf jeder Stufe des Warenwegs schaffen Menschen und das eingesetzte Kapital „mehr Wert“. Dieser **Wertzuwachs** oder **„Mehrwert“** kommt im **Unterschied zwischen Einkaufspreis und Verkaufspreis** der Ware zum Ausdruck. Im Beispiel des Metallwerks Thomas Berg ergibt sich auf dieser Stufe des Warenwegs folgender Mehrwert:

	Verkaufspreis der Stahlblechgehäuse	30.000,00 €
–	**Einkaufspreis** der Breitstahlbänder	20.000,00 €
	Mehrwert	**10.000,00 €**

Der Staat besteuert den Mehrwert auf jeder Stufe mit 19 % Umsatzsteuer:

19 % von 10.000,00 € Mehrwert = 1.900,00 € USt

Das ist genau die Zahllast, die das Metallwerk Berg an das Finanzamt abführen musste (siehe oben). **Durch den Vorsteuerabzug erzielt man das gleiche Ergebnis, dass praktisch auf jeder Stufe des Warenwegs nur der Mehrwert dieser Stufe besteuert wird:**

	Umsatzsteuer 19 % vom Verkaufspreis 30.000,00 €	5.700,00 €
–	**Vorsteuer** 19 % vom Einkaufspreis 20.000,00 €	3.800,00 €
	USt-Zahllast	**1.900,00 €**

Das Mehrwertsteuersystem besteuert den Mehrwert jeder Stufe. Die Umsatzsteuer wird deshalb auch oft „Mehrwertsteuer“ genannt.

Inwiefern ist die Umsatzsteuer eine Mehrwertsteuer?

Zusammenfassung

- Die **Umsatzsteuer ist** ausschließlich **vom Endverbraucher zu tragen. Unternehmer** und **Selbstständige** müssen die Umsatzsteuer im Namen des Finanzamtes in Rechnung stellen, vereinnahmen und an das Finanzamt abführen. Da sie **vorsteuerabzugsberechtigt** sind, belastet sie die Umsatzsteuer nicht. Die Umsatzsteuer ist ihrer Wirkung nach eine Endverbrauchersteuer.
- **Der Umsatzsteuer unterliegen vor allem alle Lieferungen und Leistungen,** die im Rahmen eines **Unternehmens** im **Inland** gegen **Entgelt**[1] ausgeführt werden (§ 1 UStG).
- Die **Umsatzsteuer auf allen Ausgangsrechnungen** (= Verkäufe) stellt eine **Schuld** gegenüber dem Finanzamt dar, die auf dem **Passivkonto „Umsatzsteuer"** zu buchen ist.
- Die **Umsatzsteuer auf allen Eingangsrechnungen** (= Einkäufe) ist die **Vorsteuer.** Sie stellt eine **Forderung** an das Finanzamt dar und wird deshalb auf dem **Aktivkonto „Vorsteuer"** gebucht.
- **Nur ein Unternehmer oder Selbstständiger ist zum Vorsteuerabzug berechtigt.**
- Die **USt-Voranmeldung** wird **online** in der Regel monatlich eingereicht:

	Umsatzsteuer des Monats Januar	12.000,00 €
–	**Vorsteuer** des Monats Januar	8.000,00 €
=	**Umsatzsteuerzahllast** für Januar	**4.000,00 €**

  Am Ende des Jahres ist eine **Jahresumsatzsteuererklärung** abzugeben.
- **Ermittlung der USt-Zahllast.** Der Saldo des Kontos Vorsteuer ist auf das Umsatzsteuerkonto zu übertragen, sofern die geschuldete Umsatzsteuer höher ist. Der Saldo im Umsatzsteuerkonto ergibt dann die Umsatzsteuerzahllast.

S Vorsteuer	H
Vorsteuer aus Eingangsrechnungen	Saldo

→

S Umsatzsteuer	H
Vorsteuerguthaben	Umsatzsteuer aus Ausgangsrechnungen
USt-Zahllast	

S Bank	H
	USt-Zahllast

S Schlussbilanzkonto	H
	USt-Zahllast

Die **USt-Zahllast** ist bis zum 10. des Folgemonats an das Finanzamt **zu überweisen.** Zum **Jahresabschluss** ist sie im SBK **zu passivieren.**

- **Ist die Vorsteuer höher** als die Umsatzsteuerverbindlichkeit, **wird der Saldo des Umsatzsteuerkontos auf das Vorsteuerkonto übertragen.** Der **Saldo des Vorsteuerkontos** weist dann den **Vorsteuerüberhang** aus.

S Vorsteuer	H
Vorsteuer aus Eingangsrechnungen	Umsatzsteuer
	Vorsteuerüberhang

←

S Umsatzsteuer	H
Saldo	Umsatzsteuer aus Ausgangsrechnungen

S Bank	H
Vorsteuerüberhang	

S Schlussbilanzkonto	H
Vorsteuerüberhang	

Der **Vorsteuerüberhang** wird auf An-trag vom Finanzamt **überwiesen oder verrechnet** und zum 31. Dezember im SBK **aktiviert.**

- Der Umsatzsteuer liegt das **Mehrwertsteuersystem** zugrunde. Durch den **Vorsteuerabzug** erreicht man, dass lediglich der **Mehrwert auf jeder Stufe** des Warenwegs **besteuert** wird.

1 Nach **§ 10 UStG** ist **Entgelt** alles, was der Leistungsempfänger aufwendet, um die Leistung zu erhalten, jedoch abzüglich der Umsatzsteuer.

AUFGABEN

54 1. *Bilden Sie zu folgenden Geschäftsfällen die Buchungssätze und buchen Sie auf den Konten:*

Rohstoffe, Vorsteuer, Verbindlichkeiten a. LL, Forderungen a. LL, Umsatzerlöse für eigene Erzeugnisse, Umsatzsteuer, Bankguthaben (AB 160.000,00 €).

a) ER 407:		Rohstoffe, netto	40.000,00 €
	+	Umsatzsteuer	7.600,00 €
	=	Rechnungsbetrag	47.600,00 €
b) AR 354:		Eigene Erzeugnisse, netto	60.000,00 €
	+	Umsatzsteuer	11.400,00 €
	=	Rechnungsbetrag	71.400,00 €

2. *Ermitteln Sie buchhalterisch die Zahllast und nennen Sie den Buchungssatz.*
3. *Nennen Sie den Buchungssatz für die Überweisung der Zahllast zum 10. des Folgemonats.*
4. *Buchen Sie auf den entsprechenden Konten.* ■

55 *Bilden Sie zu den Geschäftsfällen des Metallwerks Berg die Buchungssätze:*

1.	Einkauf von Stahlblech lt. ER 234, netto	25.000,00 €	
	+ Umsatzsteuer	4.750,00 €	29.750,00 €
2.	ER 235: Inspektion des LKW, netto	1.600,00 €	
	+ Umsatzsteuer	304,00 €	1.904,00 €
3.	Verkauf von Blechgehäusen lt. AR 345, netto	45.000,00 €	
	+ Umsatzsteuer	8.550,00 €	53.550,00 €
4.	AR 346: Verkauf von Stahlblechgehäusen gegen Bankscheck, netto	8.500,00 €	
	+ Umsatzsteuer	1.615,00 €	10.115,00 €
5.	ER 236: Kauf eines PC-Farbdruckers, netto	600,00 €	
	+ Umsatzsteuer	114,00 €	714,00 €
6.	ER 237: Dachreparatur am Betriebsgebäude, netto	15.600,00 €	
	+ Umsatzsteuer	2.964,00 €	18.564,00 €
7.	ER 238: Kauf eines Geschäftswagens, netto	36.500,00 €	
	+ Umsatzsteuer	6.935,00 €	43.435,00 €
8.	ER 239: Kauf von Gehäuse-Lack, netto	450,00 €	
	+ Umsatzsteuer	85,50 €	535,50 €

56 Das Metallwerk Thomas Berg e. K. hat lt. KB 123 Büromaterial für brutto 178,50 €, also einschließlich 19 % Umsatzsteuer, gegen Barzahlung erworben.

siehe „Prozentrechnung" ➤ Kap. E, 1.3

Ermitteln Sie aus dem Bruttopreis (= 119 %)
1. die darin enthaltene Umsatzsteuer (= 19 %) und
2. den Nettopreis (= 100 %). ■

57 Das Metallwerk Thomas Berg e. K. hat in der Buchhandlung Badicke das Fachbuch „Die Umsatzbesteuerung im innergemeinschaftlichen Warenverkehr" für brutto 64,20 € gegen Barzahlung erworben. Der Beleg enthält den Hinweis: „Im Betrag sind 7 % Umsatzsteuer enthalten."

Ermitteln Sie aus dem Bruttobetrag 1. den Nettowert und
2. die Umsatzsteuer. ■

Buchen Sie den folgenden Beleg **58**

1. als Ausgangsrechnung und 2. als Eingangsrechnung:

Walzwerke Sauerland AG • Gewerbestr. 40–52 • 58730 Fröndenberg

Walzwerke Sauerland AG
www.walzwerke-wvd.com

Thomas Berg e. K.
Metallwerk
Industriestraße 22 – 28
70565 Stuttgart

Telefon 02373 286929-0
Telefax 02373 286929-31
E-Mail service@walzwerke-wvd.com

EINGEGANGEN ..-05-15

..-05-10

Rechnung 39 456

Ihre Bestellung vom 30. April ..

Wir lieferten Ihnen am 8. Mai .. auf Ihre Rechnung und Gefahr
30 Tonnen Breitstahlbänder TX 12

je 1.400,00 € netto	42.000,00 €
+ 19 % Umsatzsteuer	7.980,00 €
	49.980,00 €

Zahlungsbedingungen: 30 Tage netto Kasse
Dresdner Bank, Fröndenberg, Konto 345 678 90, BLZ 445 800 70

Steuer-Nr. 065 278 44543 USt-IdNr. DE 356 357 991

Im Metallwerk Thomas Berg e. K. liegen folgende Belege zur Buchung vor: **59**

Beleg 1

	€	ct
Netto	370	00
+ 19 % USt	70	30
Gesamt	440	30

Quittung Nr. KB 258

Gesamtbetrag € in Worten ~~vierhundertvierzig~~ Cent wie oben
(Im Gesamtbetrag sind 19 % Umsatzsteuer enthalten)

von *Metallwerk Thomas Berg e. K.*
für *Reparaturarbeiten an der Heizungsanlage*
richtig erhalten zu haben, bestätigt

Konto | Soll | Haben | Gebucht:

Ort *Stuttgart* Datum *..-12-30*

Buchungsvermerke

Stempel/Unterschrift des Empfängers
Hartmut Götz e. Kfm.
Sanitär und Heizung
Sonnenhof 15
70378 Stuttgart
Steuer-Nr. 065 123 05228
Götz

Beleg 2

TANK - RAST
S. Gunkel GmbH
Sollingstrasse 84
70469 STUTTGART
Steuer-Nr.
065 163 23546

* SÄULEN-NR. 10
* Diesel
* Liter 85,81 x 1,119 EUR

TOTAL 96,02 EUR

Im Gesamtbetrag sind
19 % Umsatzsteuer
enthalten.

VIELEN DANK
GUTE FAHRT!

Nennen Sie zu den Belegen 1 und 2 jeweils den Buchungssatz.

AUFGABEN

60 Zum 31. Dezember weisen die Konten „Vorsteuer" und „Umsatzsteuer" folgende Beträge aus:

S	Vorsteuer		H
…	230.000,00	…	200.000,00

S	Umsatzsteuer		H
…	520.000,00	…	600.000,00

1. *Schließen Sie die obigen Konten ab. Richten Sie dazu das Schlussbilanzkonto ein.*
2. *Nennen Sie die Buchungssätze.*
3. *Was sagt Ihnen der Saldo zum 31. Dezember?*

61 Die nachstehenden Konten weisen zum 31. Dezember folgende Summen aus:

S	Vorsteuer		H
…	450.000,00	…	360.000,00

S	Umsatzsteuer		H
…	730.000,00	…	770.000,00

1. *Schließen Sie die obigen Konten ab. Richten Sie dazu das Schlussbilanzkonto ein.*
2. *Nennen Sie die Buchungssätze.*
3. *Was sagt Ihnen der Saldo zum 31. Dezember?*

62 *Ergänzen Sie folgende Aussagen:*

1. Die Umsatzsteuer ist nur vom ••• zu tragen. Sie belastet das ••• nicht.
2. Nur Unternehmen und Personen, die umsatzsteuerpflichtige Lieferungen und Leistungen im ••• gegen ••• im Rahmen des Unternehmens erbringen, sind zum Abzug der ••• berechtigt.
3. Die Vorsteuer stellt eine ••• gegenüber dem Finanzamt dar. Die Umsatzsteuer ist dagegen eine ••• gegenüber dem Finanzamt.
4. Die Zahllast wird in der Regel ••• ermittelt und bis zum ••• des ••• an das Finanzamt überwiesen.
5. Die Zahllast des Monats Dezember ist in der Schlussbilanz zu •••. Ein Vorsteuerüberhang ist zum 31. Dezember zu •••.
6. Mehrwert ist der ••• zwischen dem Nettoverkaufs- und Nettoeinkaufspreis. Durch den Vorsteuerabzug wird erreicht, dass auf jeder Stufe des Warenwegs nur der ••• dieser Stufe besteuert wird.
7. In Rechnungen an ••• ist die Umsatzsteuer ••• auszuweisen. Die Rechnungen enthalten den •••, die ••• und den •••.
8. In Kleinbetragsrechnungen bis ••• € (einschließlich Umsatzsteuer) genügt die Angabe des im Rechnungsbetrag enthaltenen •••.

63 *Ordnen Sie die Begriffe Zahllast, Vorsteuerüberhang, Aktivierung und Passivierung entsprechend zu.*

1. Umsatzsteuer des Monats Dezember > Vorsteuer des Monats Dezember
2. Umsatzsteuer des Monats Dezember < Vorsteuer des Monats Dezember

64 Im Dezember hatte das Metallwerk Thomas Berg e. K. folgende Umsätze: Verkäufe von eigenen Erzeugnissen netto 600.000,00 €, Einkäufe von Roh-, Hilfs-und Betriebsstoffen u. a. netto 800.000,00 €, allgemeiner Steuersatz.

1. *Richten Sie die erforderlichen Konten ein.*
2. *Buchen Sie die Vorgänge summarisch und nennen Sie die entsprechenden Buchungssätze.*
3. *Warum ergibt sich zum 31. Dezember keine Zahllast?*
4. *Wohin gelangt der Vorsteuerüberhang beim Jahresabschluss? Buchen Sie.*
5. *Inwiefern stellt die Vorsteuer eine Forderung an das Finanzamt dar? Begründen Sie.*

65

Anfangsbestände	€		€
TA und Maschinen	136.000,00	Kasse	6.000,00
BGA	64.000,00	Bankguthaben	35.000,00
Rohstoffe	128.000,00	Verbindlichkeiten a. LL	43.000,00
Hilfsstoffe	20.000,00	Eigenkapital	380.000,00
Forderungen a. LL	34.000,00		

Kontenplan

Bestandskonten: TA und Maschinen, BGA, Rohstoffe, Hilfsstoffe, Forderungen a. LL, Vorsteuer, Kasse, Bank, Verbindlichkeiten a. LL, Umsatzsteuer, Eigenkapital: SBK.

Erfolgskonten: Aufwendungen für Rohstoffe, Aufwendungen für Hilfsstoffe, Löhne, Büromaterial, Umsatzerlöse für eigene Erzeugnisse: GuV-Konto.

Geschäftsfälle	€
1. ER 11–14: Zieleinkauf von Rohstoffen, Nettopreis	11.000,00
+ Umsatzsteuer	2.090,00
Rechnungsbeträge	13.090,00
2. ER 15: Kauf einer EDV-Anlage, Nettopreis	40.000,00
+ Umsatzsteuer	7.600,00
Rechnungsbetrag	47.600,00
3. BA 1: Banküberweisung an Lieferer, Rechnungsbeträge	8.925,00
4. BA 2: Überweisung von Löhnen	14.400,00
5. ER 16: Kauf von Hilfsstoffen, Nettopreis	2.500,00
+ Umsatzsteuer	475,00
Rechnungsbetrag	2.975,00
6. AR 10–12: Verkauf von eigenen Erzeugnissen, Nettopreis	23.000,00
+ Umsatzsteuer	4.370,00
Rechnungsbeträge	27.370,00
7. BA 3: Banküberweisung von Kunden, Rechnungsbeträge	5.950,00
8. AR 13–18: Verkauf von eigenen Erzeugnissen, Nettopreis	60.400,00
+ Umsatzsteuer	11.476,00
Rechnungsbeträge	71.876,00
9. BA 4: Banküberweisung für ER 15, vgl. Geschäftsfall 2	47.600,00
10. KB 9: Barkauf von Büromaterial	800,00
+ Umsatzsteuer	152,00
Rechnungsbetrag	952,00
11. ME 1: Verbrauch von Rohstoffen	60.000,00
ME 2: Verbrauch von Hilfsstoffen	12.000,00

Abschlussangabe: Die Zahllast für die Umsatzsteuer ist zu ermitteln und auf die Habenseite des Schlussbilanzkontos einzustellen, d. h. zu passivieren. ■

66

1. *Wie errechnet man die USt-Zahllast? Für welchen Zeitraum wird sie in der Regel ermittelt? Bis zu welchem Termin ist die USt-Zahllast abzuführen?*
2. *Im Monat Dezember beträgt die Vorsteuer 156.000,00 €, die Umsatzsteuer 104.000,00 €. Buchen Sie zum 31. Dezember den Abschluss.*
3. *Erläutern Sie, inwiefern die Umsatzsteuer für das Unternehmen grundsätzlich ein „durchlaufender" Posten ist.* ■

1.11 Lineare Abschreibung der Sachanlagen[1]

1.11.1 Ermittlung der Anschaffungskosten

Situation

Das Metallwerk Berg erwirbt am 5. Januar einen LKW aufgrund nebenstehender **Rechnung:**

Wie hoch sind die Anschaffungskosten des LKWs?

LKW HS 404, netto		**140.600,00**
+ Sonderzubehör	8.100,00	
+ Überführungskosten	850,00	
+ Zulassungskosten	450,00	**9.400,00**
		150.000,00
+ Umsatzsteuer		**28.500,00**
Rechnungsbetrag		**178.500,00**

Was sind Sachanlagen?

Zu den **Sachanlagen** eines Unternehmens zählen vor allem Grundstücke, Gebäude, Technische Anlagen und Maschinen, Betriebs- und Geschäftsausstattung, Fuhrpark u. a. Wie alle anderen Vermögensgegenstände (z. B. Rohstoffe) sind auch die **Sachanlagen zum Zeitpunkt ihrer Anschaffung** zu ihren **Anschaffungskosten** zu **aktivieren,** d. h. auf der Sollseite des entsprechenden Aktivkontos zu buchen.

Anschaffungskosten

Zu den Anschaffungskosten eines Anlagegutes **rechnen nach § 255 HGB** außer dem **Kaufpreis** (netto) auch alle **Nebenkosten** (netto), die anfallen, um den Vermögensgegenstand zu erwerben **und** in Betrieb zu nehmen, wie z. B. Bezugs- und Montagekosten, Zulassungsgebühren, Notarkosten und Grunderwerbsteuer (3,5 %) beim Erwerb eines Grundstücks u. a. m. Die Umsatzsteuer zählt nicht zu den Anschaffungskosten, da sie als Vorsteuer voll abzugsfähig ist. **Nachträgliche Preisnachlässe,** z. B. aufgrund von Mängelrügen und Skonto, **mindern die Anschaffungskosten.**

	Anschaffungspreis (netto)	140.600,00 €
+	Anschaffungsnebenkosten (netto)	9.400,00 €
	Anschaffungskosten	**150.000,00 €**

Buchungssatz	Soll	Haben
Fuhrpark	150.000,00	
Vorsteuer	28.500,00	
an **Verbindlichkeiten a. LL**		178.500,00

S	Fuhrpark		H
Verb. a. LL	150.000,00		

S	Verbindlichkeiten a. LL		H
		Fuhrp./VSt	178.500,00

S	Vorsteuer		H
Verb. a. LL	28.500,00		

1.11.2 Notwendigkeit der Sachanlagenabschreibung

Sachanlagen sind dazu bestimmt, dem Unternehmen **langfristig** zu dienen. Im Gegensatz zu den **nicht abnutzbaren** Sachanlagen (z. B. Grundstücke) verringert sich der Anschaffungswert der **abnutzbaren** Sachanlagen (z. B. o. g. LKW) ständig.

Wertminderung der Sachanlagen

Die **Wertminderung der Sachanlagen** ist technisch oder wirtschaftlich bedingt. Die **technische Entwertung** tritt während des Gebrauchs durch **Abnutzung** oder durch **Natureinflüsse** (Verrosten) ein. Die **wirtschaftliche Wertminderung** ergibt sich beispielsweise durch **technischen Fortschritt** (das Anlagegut ist technisch überholt), **Preissenkung** am Markt oder durch **höhere Gewalt** (Brandschaden).

Abnutzbare Sachanlagen sind in ihrer **Nutzung zeitlich begrenzt.** Für jedes Anlagegut muss daher die **betriebsgewöhnliche Nutzungsdauer** bestimmt werden. Man versteht darunter die **Zeitspanne,** in der es **wirtschaftlich sinnvoll** ist, das

1 Siehe auch Kapitel D, 1.3.4 Die Bewertung des Anlagevermögens.

Anlagegut im Betrieb zu nutzen. Davon ist die Lebensdauer des Anlagegutes zu unterscheiden. **Steuerliche Abschreibungstabellen** weisen die Nutzungsdauer der Anlagegüter aus:

Branchenneutrale Anlagegüter (Auszug)	Nutzungsdauer in Jahren	Lineare Abschreibung
Betriebsgebäude	25 – 33	4 – 3 %
Krananlagen	14–21	7,14–4,76 %
Bearbeitungsmaschinen	5–15	20–6,66 %
PKW	6[1]	16,66 %
LKW	9[1]	11,11 %
Büromöbel	13	7,69 %
Großrechner	7	14,28 %
Personalcomputer	3	33,33 %
Drucker, Scanner u. a.	3	33,33 %

Berechnung und Buchung der jährlichen Abschreibung 1.11.3

Situation

Der oben genannte LKW hat eine betriebsgewöhnliche Nutzungsdauer von acht Jahren. Er soll in jährlich gleichen (linearen) Beträgen abgeschrieben werden. *Wie berechnet man den jährlichen (linearen) Abschreibungsbetrag, den Abschreibungssatz in Prozent sowie den Buch- bzw. Restwert des LKWs?*

$$\textbf{Abschreibungsbetrag} = \frac{\textbf{Anschaffungskosten}}{\textbf{Nutzungsjahre}} = \frac{150.000{,}00\ €}{8\ \text{Jahre}} = \textbf{18.750,00 €/Jahr}$$

$$\textbf{Abschreibungssatz in \%} = \frac{100\ \%}{\textbf{Nutzungsjahre}} = \frac{100\ \%}{8\ \text{Jahre}} = \textbf{12,5 \%/Jahr}$$

Ermittlung des Buchwertes bei linearer Abschreibung	12,5 % Abschreibung von den Anschaffungskosten
Anschaffungskosten	150.000,00 €
– Abschreibung zum 31. Dez. (1. Jahr)	**18.750,00 €**
Buchwert zum 31. Dez. (1. Jahr)	131.250,00 €
– Abschreibung zum 31. Dez. (2. Jahr)	**18.750,00 €**
Buchwert zum 31. Dez. (2. Jahr)	112.500,00 €
– Abschreibung zum 31. Dez. (3. Jahr)	**18.750,00 €**
Buchwert zum 31. Dez. (3. Jahr)	93.750,00 €
– Abschreibung zum 31. Dez. (4. Jahr)	**18.750,00 €**
Buchwert zum 31. Dez. (4. Jahr)	75.000,00 €
– Abschreibung zum 31. Dez. (5. Jahr)	**18.750,00 €**
Buchwert zum 31. Dez. (5. Jahr)	56.250,00 €
– Abschreibung zum 31. Dez. (6. Jahr)	**18.750,00 €**
Buchwert zum 31. Dez. (6. Jahr)	37.500,00 €
– Abschreibung zum 31. Dez. (7. Jahr)	**18.750,00 €**
Buchwert zum 31. Dez. (7. Jahr)	18.750,00 €
– Abschreibung zum 31. Dez. (8. Jahr)	**18.750,00 €**
Buchwert zum 31. Dez. (8. Jahr)	**0,00 €**

Lineare Abschreibung

Die Tabelle zeigt, dass die **Abschreibung** in jedem Nutzungsjahr **gleich (linear)** ist. Deshalb wird am Ende der Nutzungsdauer der **Nullwert** erreicht. Wird der LKW weiterhin genutzt, werden im letzten Jahr nur 18.749,00 € abgeschrieben, sodass der LKW dann noch mit einem **Erinnerungswert** von 1,00 € ausgewiesen wird. Die **Abschreibung** abnutzbarer Anlagegüter wird als Aufwand auf dem Konto

Abschreibungen auf Sachanlagen (SA)

erfasst. Das **Steuerrecht** spricht von **A**bsetzung **f**ür **A**bnutzung, kurz **AfA**. **Durch lineare Abschreibung** werden die **Anschaffungskosten** eines Anlagegutes **plan-**

1 Bei besonders starker Belastung verkürzt sich die Nutzungsdauer um 1 Jahr.

Berechnung und Buchung der jährlichen Abschreibung

mäßig als Aufwand **auf seine Nutzungsjahre verteilt** (§ 253 Abs. 2 HGB). Deshalb wird jedes Nutzungsjahr mit dem **gleichen** Abschreibungsbetrag in der **GuV-Rechnung** belastet.

Buchung der Abschreibung zum 31. Dezember des ersten Nutzungsjahres:

Buchungssatz	Soll	Haben
❶ **Abschreibungen auf SA**	18.750,00	
an **Fuhrpark**		18.750,00

Abschlussbuchungen	Soll	Haben
❷ **Gewinn- und Verlustkonto**	18.750,00	
an **Abschreibungen auf SA**		18.750,00
❸ **Schlussbilanzkonto**	131.250,00	
an **Fuhrpark**		131.250,00

Nach Buchung der AfA weist das Konto „Fuhrpark" den **LKW-Restwert** aus:

S	Fuhrpark		H
Verb. a. LL	150.000,00	❶ Abschr.	18.750,00
		❸ SBK	131.250,00

S	Abschreibungen auf SA		H
❶ Fuhrpark	18.750,00	❷ GuV	18.750,00

S	Schlussbilanzkonto		H
❸ Fuhrp.	131.250,00		

S	Gewinn- und Verlustkonto		H
...	300.000,00	...	400.000,00
❷ Abschr.	18.750,00		
Gewinn	?		

Der **Abschreibungsaufwand mindert den Gewinn und** damit **die Steuerlast** des Unternehmers (z. B. die Einkommensteuer). *Wie hoch ist im vorstehenden Beispiel der Gewinn mit und ohne Berücksichtigung der Abschreibung?*

Anlagenkarte

Für die buchhalterische Verwaltung des vielfältigen Sachanlagevermögens muss eine **Anlagenbuchhaltung als Nebenbuchhaltung** eingerichtet werden. Das geschieht in Form einer **Anlagenkartei,** in der für jeden Sachanlagegegenstand eine besondere **Anlagenkarte mit folgenden Angaben** zu führen ist (siehe auch S. 19):

Inventarnummer, Kontonummer in der Hauptbuchhaltung, Bezeichnung der Sachanlage, Anschaffungszeitpunkt, Anschaffungskosten, betriebsgewöhnliche Nutzungsdauer, Abschreibungsbetrag, Buchwert. Auf der Rückseite der Anlagenkarte werden zusätzlich vermerkt: Lieferer der Sachanlage, Garantie, Instandsetzungen, Versicherungswert u. a. m.

Konto-/Inventar-Nr.		Bezeichnung der Anlage	Standort (Kostenstelle)
0840/41		LKW HS 404	Versandlager
Anschaffungszeitpunkt		**Anschaffungskosten**	**Instandhaltungen**
. .-01-05		150.000,00 €	–
Nutzungsjahre: 8		**Jährlicher Abschreibungsbetrag: 18.750,00 €**	
Datum	**Zugang**	**Abschreibung linear**	**Buchwert (Restwert)**
. .-01-05 . .-12-31 usw.	150.000,00 € –	– 18.750,00 €	– 131.250,00 €

Die Anlagenkarten werden in der Anlagenkartei **nach Sachanlagekonten geordnet.** Zum Jahresschluss wird die **Summe der Abschreibungen jeder Anlagengruppe** (Gebäude, TA und Maschinen, BGA, Fuhrpark u. a.) aus den entsprechenden Anlagenkarten sowie die **Gesamtabschreibung aller Sachanlagen** ermittelt.

Die **Buchung** der Abschreibung kann dann **in einem zusammengesetzten Buchungssatz** vorgenommen werden:

Abschreibungen auf SA an **Gebäude, TA und Maschinen, BGA** u. a.

Eine ordnungsmäßige **Anlagenkartei ersetzt die körperliche Inventur** der Sachanlagen. Die Buchwerte der Sachanlagegruppen können **direkt in das Inventar und das Schlussbilanzkonto übertragen** werden.

In der **Gewinn- und Verlustrechnung** sind **Abschreibungen Aufwand,** der den Gewinn und damit die Gewinnsteuern (z. B. Einkommensteuer) mindert. In der **Kalkulation der Verkaufspreise** der Erzeugnisse werden Abschreibungen als **Kosten** eingesetzt. **Über die Umsatzerlöse fließen die einkalkulierten Abschreibungen in Form von liquiden Mitteln zurück,** sofern die Verkaufspreise die Selbstkosten decken. **Abschreibungsrückflüsse** stehen somit zur **Finanzierung der Ersatzbeschaffungen** zur Verfügung.

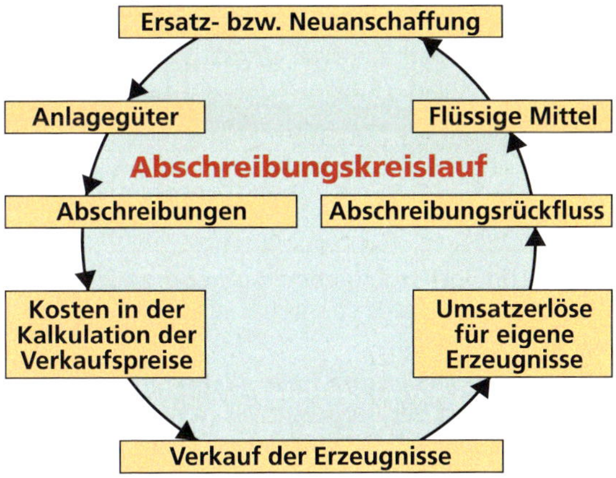

Zusammenfassung

- **Vermögensgegenstände** sind zum Zeitpunkt ihres Erwerbs mit ihren tatsächlichen **Anschaffungskosten** zu erfassen **(zu aktivieren).** Dazu zählen nach § 255 HGB:

	Anschaffungspreis (netto):	Einkaufspreis ohne Umsatzsteuer
–	**Preisminderungen** (netto):	z. B. Skonti, nachträgliche Preisnachlässe
+	**Nebenkosten** (netto):	z. B. Bezugs-, Montage-, Notariatskosten, Gebühren, 3,5 % Grunderwerbsteuer, Umbaukosten u. a.
	Anschaffungskosten (aktivierungspflichtig)	

- **Wertminderungen** der Sachanlagen können **technische** (z. B. Abnutzung) oder **wirtschaftliche** (z. B. Preisverfall durch technischen Fortschritt) **Ursachen** haben. Sie werden zum Jahresschluss durch **Abschreibungen** erfasst.
- **Abnutzbare Sachanlagen** sind in ihrer **Nutzung zeitlich begrenzt.** Sie werden deshalb **planmäßig, d. h. nach ihrer Nutzungsdauer,** abgeschrieben. Bei **linearer** Abschreibung sind die jährlichen **Abschreibungsbeträge gleich hoch. Außergewöhnliche Wertminderungen** (z. B. Brandschaden) bedingen eine **außerplanmäßige Abschreibung.**
- Bei **linearer** Abschreibung werden die **Anschaffungskosten** einer Sachanlage in **gleichen** Beträgen **auf** die einzelnen **Nutzungsjahre** als Aufwand **verteilt. Vorteil:** Die **Gewinn- und Verlustrechnungen** der Nutzungsjahre werden **gleichmäßig belastet.**
- **Abschreibungen sind ein bedeutendes Mittel der Finanzierung.** Als Aufwand **mindern** sie den Gewinn und somit die **gewinnabhängigen Steuern** (z. B. Einkommensteuer, Gewerbesteuer[1]) **und die Gewinnausschüttung. Über die Umsatzerlöse fließen** die als Kosten in die Verkaufspreise **einkalkulierten Abschreibungen** in Form **liquider Mittel** in das Unternehmen zurück.
- **Die Anlagenkartei ergänzt und erläutert als Nebenbuchhaltung die Sachanlagekonten.** Sie ist Voraussetzung für eine rationelle **Sammelabschreibung** und **befreit von der körperlichen Bestandsaufnahme** der Sachanlagen.

1 Siehe Fußnote auf S. 77.

AUFGABEN

67 Das Metallwerk Thomas Berg e. K. hat einen LKW zum Preis von 125.000,00 € netto + Umsatzsteuer angeschafft. Der LKW wurde mit einer Werbeaufschrift für das Unternehmen versehen, die 8.070,00 € + Umsatzsteuer ausmachte. Die beiden Rechnungen sind noch nicht beglichen. Die Zulassungsgebühren werden mit 80,00 € und die Nummernschilder mit 50,00 € + Umsatzsteuer bar bezahlt.

1. *Ermitteln Sie die Anschaffungskosten des LKWs.*
2. *Warum zählen die Zulassungskosten zu den Anschaffungsnebenkosten, nicht aber die Kraftfahrzeugsteuer und Kraftfahrzeugversicherung?*
3. *Buchen Sie die Anschaffungskosten des LKWs.* Konten: Fuhrpark, Vorsteuer, Kasse, Verbindlichkeiten a. LL.
4. *Wie hoch wären die Anschaffungskosten, wenn uns der Lieferer 2 % Skonto gewährt hätte?*

68 Der in der vorhergehenden Aufgabe genannte LKW hat eine betriebsgewöhnliche Nutzungsdauer von neun Jahren und soll in gleichen Jahresbeträgen abgeschrieben werden.

1. *Ermitteln Sie den jährlichen Abschreibungsbetrag.*
2. *Wie hoch ist der Buchwert des LKWs am Ende des ersten Nutzungsjahres?*
3. *Nennen Sie den Buchungssatz für die Abschreibung.*
4. *Wie lauten die Abschlussbuchungssätze?*
5. *Buchen Sie auf den Konten Fuhrpark, Abschreibungen auf SA, GuV, SBK.*

69 Anschaffung einer Hebebühne im Metallwerk Thomas Berg e. K. Die Rechnung lautet über 160.000,00 € + Umsatzsteuer. Die Transportkosten werden vom Spediteur mit 5.000,00 € + Umsatzsteuer in Rechnung gestellt. Für Installationsarbeiten werden 25.000,00 € + Umsatzsteuer berechnet. Die TÜV-Gebühr wird mit Bankscheck beglichen: 500,00 € + Umsatzsteuer.

1. *Ermitteln Sie die Anschaffungskosten der Hebebühne.*
2. *Nennen Sie die Buchungssätze und buchen Sie auf den Konten Technische Anlagen und Maschinen, Vorsteuer, Bank, Verbindlichkeiten a. LL.*

70 Die Hebebühne in Aufgabe 69 hat eine Nutzungsdauer von 20 Jahren.

1. *Berechnen Sie die jährliche AfA bei gleichen Abschreibungsbeträgen.*
2. *Nennen Sie den Buchungssatz für die Abschreibung am Ende des ersten Nutzungsjahres.*
3. *Buchen Sie die Abschreibung auf Konten und schließen Sie diese ab.*
4. *Wie hoch ist der Buchwert der Hebebühne nach fünf Nutzungsjahren?*

71 Die Anschaffungskosten einer Verpackungsanlage betragen 400.000,00 €, die Nutzungsdauer wird auf 10 Jahre geschätzt.

1. *Ermitteln Sie bei linearer Abschreibung jeweils den Abschreibungsbetrag und Abschreibungssatz.*
2. *Erstellen Sie die Abschreibungstabelle.*
3. *Buchen Sie für das erste Jahr die Abschreibung. Richten Sie dazu folgende Konten ein:* Technische Anlagen und Maschinen, Abschreibungen auf Sachanlagen, Schlussbilanzkonto, GuV-Konto.

72 *Folgende Konten sind einzurichten:* Techn. Anlagen und Maschinen 220.000,00 €, Betriebs- und Geschäftsausstattung 90.000,00 €, Fuhrpark 140.000,00 €, Abschreibungen auf Sachanlagen, GuV-Konto, Schlussbilanzkonto.

Buchen Sie die Abschreibungen, wenn lt. Inventur folgende Schlussbestände vorhanden sind: Techn. Anlagen und Maschinen 196.000,00 €, Betriebs- und Geschäftsausstattung 81.000,00 €, Fuhrpark 113.000,00 €.

Führen Sie den Abschluss der Konten durch.

Anfangsbestände: TA und Maschinen 120.000,00 €, Betriebs- und Geschäftsausstattung 35.000,00 €, Fuhrpark 30.000,00 €, Rohstoffe 44.000,00 €, Forderungen a. LL 9.000,00 €, Kasse 8.000,00 €, Bank 48.000,00 €, Verbindlichkeiten a. LL 24.000,00 €, Darlehensschulden 30.000,00 €, Eigenkapital 240.000,00 €. 73

Bestandskonten: TA und Maschinen, Betriebs- und Geschäftsausstattung, Fuhrpark, Rohstoffe, Forderungen a. LL, Kasse, Bank, Verbindlichkeiten a. LL, Darlehensschulden, Eigenkapital, Umsatzsteuer, Vorsteuer: Schlussbilanzkonto.

Erfolgskonten: Aufwendungen für Rohstoffe, Löhne, Betriebliche Steuern, Abschreibungen auf Sachanlagen, Umsatzerlöse für eigene Erzeugnisse: Gewinn- und Verlustkonto.

Geschäftsfälle	€
1. Kauf von Rohstoffen auf Ziel lt. ER 410, netto	3.800,00
+ Umsatzsteuer	722,00
2. Banküberweisung eines Kunden zum Ausgleich von AR 313	3.200,00
3. Banküberweisung an einen Lieferer zum Ausgleich von ER 409	3.300,00
4. Banküberweisung für Gewerbesteuer[1] lt. Bankauszug BA 42	950,00
5. Lohnzahlung durch Banküberweisung lt. BA 43	4.100,00
6. BA 44: Teilrückzahlung eines Darlehens durch Banküberweisung	3.500,00
7. AR 316: Verkauf von eigenen Erzeugnissen auf Ziel, netto	68.200,00
+ Umsatzsteuer	12.958,00
8. Verbrauch von Rohstoffen lt. ME 25	32.350,00

Abschlussangabe: Abschreibungen: TA und Maschinen 12.000,00 €, BGA 2.500,00 €, Fuhrpark 3.000,00 €.

Ergänzen Sie die folgenden Aussagen in Ihrem Arbeitsheft: 74

1. In der Erfolgsrechnung eines Unternehmens stellen Abschreibungen auf Sachanlagen ••• dar, die den ••• vermindern oder den ••• erhöhen.
2. Durch ••• Abschreibungen werden die Ausgaben für die Anschaffungskosten auf die ••• als ••• verteilt, wodurch die Erfolgsrechnungen der einzelnen ••• ••• belastet werden.
3. Planmäßige Abschreibung bedeutet Abschreibung nach der ••• der Sachanlage.
4. Abschreibungen auf Sachanlagen haben ••• und/oder ••• Ursachen.
5. Außergewöhnliche Wertminderungen bedürfen einer ••• Abschreibung.
6. AfA bedeutet: ••• für •••.
7. Die Anlagenkartei ist eine •••buchhaltung, die die •••konten der Hauptbuchhaltung erläutert. Sie ••• die ••• Inventur der Sachanlagen.
8. Abschreibungen vermindern den Bestand in den Sachanlagekonten und im Konto •••. Diese Art der Wertveränderung heißt Aktiv-/Passiv •••.

1. *Wie wirken sich Abschreibungen auf die Sachanlagekonten und das Eigenkapital aus?* 75
2. Abschreibungen sind ein bedeutendes Mittel der Finanzierung. *Begründen Sie.*

1 **Beachten Sie:** Die **Gewerbesteuer** muss **handelsrechtlich** als **Aufwand** gebucht werden (§ 242 Abs. 2 HGB) und **mindert** damit den **Gewinn der Handelsbilanz.** Zur Ermittlung des **steuerpflichtigen Gewinns** muss aber die **Gewerbesteuer,** die **seit 2008 keine Betriebsausgabe** mehr ist (§ 4 Abs. 5 EStG), **außerhalb** der Buchführung dem **handelsrechtlichen** Gewinn **wieder hinzugerechnet** werden.

1.12 Das Privatkonto

1.12.1 Buchung von Privatentnahmen und Privateinlagen

Situation Für seinen Lebensunterhalt entnimmt Herr Berg Geldbeträge der Geschäftskasse und begleicht private Zahlungen über das betriebliche Bankkonto.

Privatentnahmen Der Unternehmer Thomas Berg setzt Kapital und seine Arbeitskraft ein, um in seinem Unternehmen Gewinn zu erzielen. Der Gewinn ist sein Einkommen, aus dem er seinen Lebensunterhalt bestreiten muss. Im **Vorgriff auf diesen Gewinn** entnimmt Herr Berg monatlich Haushaltsgeld aus seiner Geschäftskasse. Außerdem begleicht er private Zahlungen über das betriebliche Bankkonto, wie z. B. Arztrechnungen, Einkommen- und Kirchensteuern, Spenden u. a. Diese Privatentnahmen sind keine Aufwendungen seines Metallwerkes. Sie **mindern** jedoch sein **Eigenkapital.**

Privateinlagen Sie liegen vor, wenn Herr Berg aus seinem Privatvermögen Geld- oder Sachwerte (z. B. Grundstücke, Privat-PKW u. a.) in das Vermögen seines Unternehmens einbringt. Diese Privateinlagen **erhöhen** dann sein **Eigenkapital.**

Privatentnahmen und Privateinlagen verändern das Eigenkapital und wären deshalb auch direkt über das Eigenkapitalkonto zu buchen. Da eine Vielzahl dieser Buchungen das Eigenkapitalkonto jedoch unübersichtlich machen würde, wird ein

Privatkonto

als **Unterkonto des Eigenkapitalkontos** eingerichtet.

Buchungen auf dem Privatkonto **Auf dem Privatkonto ist wie auf dem Eigenkapitalkonto zu buchen.** Privatentnahmen werden auf der Sollseite als Kapitalminderung und im Haben die Einlagen als Mehrung des Eigenkapitals gebucht.

Das Privatkonto wird zum Abschluss des Geschäftsjahres **über das Eigenkapitalkonto abgeschlossen.**

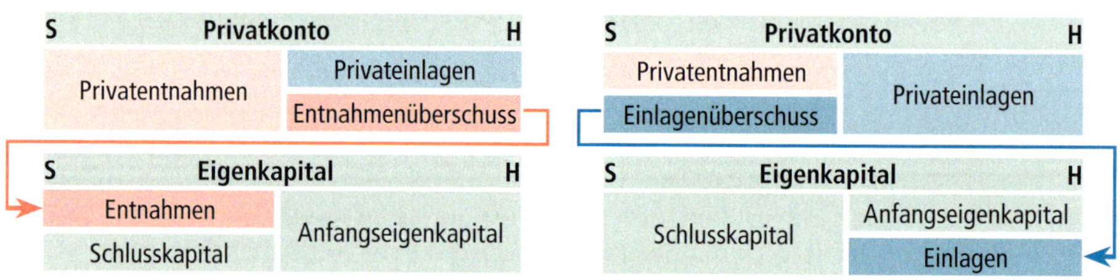

Das Privatkonto gibt es nur für den Einzelunternehmer und für den unbeschränkt haftenden Gesellschafter einer Personengesellschaft: Offene Handelsgesellschaft (OHG), Kommanditgesellschaft (KG).

Beispiel

❶ Herr Berg hebt von seinem betrieblichen Bankkonto 12.000,00 € für private Ausgaben bar ab.

❷ Herr Berg überweist seine Einkommen- und Kirchensteuer in Höhe von 63.000,00 € an das Finanzamt.

❸ Aus einer Erbschaft werden Herrn Berg 30.000,00 € auf sein betriebliches Bankkonto überwiesen.

Buchung von Privatentnahmen und Privateinlagen

Buchungssätze	Soll	Haben
❶ **Privatkonto**	12.000,00	
an **Bank**		12.000,00
❷ **Privatkonto**	63.000,00	
an **Bank**		63.000,00
❸ **Bank**	30.000,00	
an **Privatkonto**		30.000,00
❹ **Eigenkapital**	45.000,00	
an **Privatkonto**		45.000,00

S Privatkonto H

S			H
❶ Bank	12.000,00	❸ Bank	30.000,00
❷ Bank	63.000,00	❹ EK	45.000,00
	75.000,00		75.000,00

S Eigenkapital H

S			H
❹ Privat	45.000,00	AB	3.000.000,00
SBK	2.955.000,00		
	3.000.000,00		3.000.000,00

S Bank H

S			H
AB	165.000,00	❶ Privat	12.000,00
❸ Privat	30.000,00	❷ Privat	63.000,00

Zusammenfassung

- **Privatentnahmen** in Form von Geld- und Sachwerten erfolgen in der Regel im Vorgriff auf den erwarteten Jahresgewinn. Sie **mindern das Eigenkapital.**
- **Privateinlagen** in Form von Geld- und Sachwerten **erhöhen das Eigenkapital.**
- Private Entnahmen und Einlagen werden aus Gründen der Klarheit auf dem **Privatkonto** gebucht, das ein **Unterkonto des Eigenkapitalkontos** ist.

AUFGABEN

76

Bilden Sie die Buchungssätze zu den folgenden Geschäftsfällen der Elektrowerke Leon Hein e. K. und erläutern Sie deren Auswirkung:

1. Der Unternehmer Leon Hein überweist über das betriebliche Bankkonto 2.600,00 € für seine Urlaubsreise.
2. Herr Hein entnimmt der Geschäftskasse 2.000,00 € Haushaltsgeld.
3. Das Elektrounternehmen Hein überweist eine Spende an das Rote Kreuz in Höhe von 1.200,00 € vom Geschäftsbankkonto.
4. Der Unternehmer Hein zahlt aus seinem privaten Sparguthaben 4.000,00 € auf das betriebliche Bankkonto ein.
5. Leon Hein überweist die Miete für seine Wohnung vom Geschäftsbankkonto: 1.100,00 €.
6. Leon Hein überweist vom Geschäftsbankkonto den Kaufpreis für den Privatwagen: 38.000,00 €.

77

1. *Richten Sie für die Elektrowerke Leon Hein e. K. folgende Konten ein:* Privatkonto, Bank (AB 90.000,00 €), Kasse (AB 4.600,00 €), Eigenkapital (AB 200.000,00 € + 30.000,00 € Gewinn lt. GuV-Konto).
2. *Übertragen Sie die Buchungen der Aufgabe 76 auf die entsprechenden Konten.*
3. *Schließen Sie das Privatkonto ab. Nennen Sie den Buchungssatz.*
4. *Wie hoch ist das Eigenkapital beim Abschluss? Erläutern Sie die Eigenkapitaländerungen.*

AUFGABEN

78 *Richten Sie die Konten Eigenkapital, Gewinn und Verlust und Privat ein und übertragen Sie die folgenden Buchungsbeträge:*

	a) €	b) €
Anfangsbestand des Eigenkapitalkontos	500.000,00	400.000,00
Gesamtaufwendungen	650.000,00	580.000,00
Gesamterträge	790.000,00	540.000,00
Privatentnahmen	120.000,00	60.000,00
Privateinlagen	40.000,00	50.000,00

1. *Schließen Sie das Gewinn- und Verlustkonto und das Privatkonto ab.*
2. *Ermitteln Sie im Eigenkapitalkonto den Schlussbestand.*
3. *Erläutern Sie die Auswirkungen der privaten Vorgänge und des Gewinn- und Verlustkontos auf den Anfangsbestand des Eigenkapitals.*

79 *Erläutern Sie jeweils die Auswirkung auf das Anfangseigenkapital:*

1. Gewinn > Entnahmen
2. Gewinn < Entnahmen
3. Verlust < Einlagen
4. Verlust > Einlagen

80 *Buchen Sie für die Textilfabrik Ulrike Brandt e. Kffr. auf den Konten Bank (AB 187.000,00 €), Unbebaute Grundstücke (AB 0,00 €), Eigenkapitalkonto (AB 300.000,00 € + 60.000,00 € Gewinn lt. GuV-Konto) und Privatkonto folgende Geschäftsfälle:*

1. Die Unternehmerin U. Brandt hat ein Grundstück im Wert von 120.000,00 € geerbt, das sie in das Betriebsvermögen eingebracht hat.
2. Für die Anmietung eines Ferienhauses hat Frau Brandt 2.800,00 € vom Geschäftsbankkonto überwiesen.
3. Für private Ausgaben entnimmt U. Brandt 6.000,00 € dem Geschäftsbankkonto.
4. Die Arztrechnung für ihren Sohn überweist U. Brandt mit 450,00 € vom Geschäftsbankkonto.

1. *Schließen Sie das Privatkonto unter Nennung des Buchungssatzes ab und ermitteln Sie den Schlussbestand im Eigenkapitalkonto.*
2. *Erläutern Sie die Auswirkungen des GuV-Kontos und des Privatkontos auf das Anfangseigenkapital.*

81 *Nennen Sie als Buchhalter/-in des Metallwerks Thomas Berg e. K. die Buchungssätze zu folgenden drei Belegen:*

Beleg 1

METALL WERK Thomas BERG e.K.

Quittung

Barentnahme für den Haushalt
2.000,00 €.

Stuttgart, ..-12-12

Thomas Berg

Beleg 2

Beleg / Quittung für den Auftraggeber

Konto-Nr. des Auftraggebers
723 544 32

Empfänger
Hermann-Gmeiner-Fonds Deutschland e. V.
Menzinger Straße 23, 80638 München

Konto-Nr. des Empfängers
1 111 111 Deutsche Bank, München

Spende zur Förderung der SOS-Kinderdörfer in aller Welt

EUR
650,00

Auftraggeber/Einzahler (genaue Anschrift)

Thomas Berg e. K.
Metallwerk
Industriestraße 22 - 28
70565 Stuttgart

Beleg 3

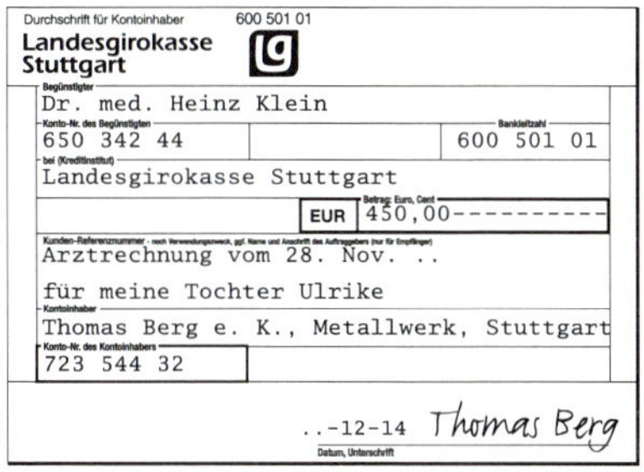

Durchschrift für Kontoinhaber 600 501 01
Landesgirokasse Stuttgart
Begünstigter: Dr. med. Heinz Klein
Konto-Nr. des Begünstigten: 650 342 44
Bankleitzahl: 600 501 01
bei (Kreditinstitut): Landesgirokasse Stuttgart
EUR Betrag: Euro, Cent: 450,00----------
Kunden-Referenznummer - noch Verwendungszweck, ggf. Name und Anschrift des Auftraggebers (nur für Empfänger): Arztrechnung vom 28. Nov. ..
für meine Tochter Ulrike
Kontoinhaber: Thomas Berg e. K., Metallwerk, Stuttgart
Konto-Nr. des Kontoinhabers: 723 544 32
..-12-14 Thomas Berg
Datum, Unterschrift

Anfangsbestände 82

	€		€
TA und Maschinen	300.000,00	Bankguthaben	82.000,00
BGA	120.000,00	Eigenkapital	400.000,00
Rohstoffe	230.000,00	Darlehensschulden	286.500,00
Forderungen a. LL	115.000,00	Verbindlichkeiten a. LL ..	172.500,00
Kasse	12.000,00		

Konten: EBK, TA und Maschinen, BGA, Rohstoffe, Forderungen a. LL, Vorsteuer, Kasse, Bank, Eigenkapital, Privat, Darlehensschulden, Verbindlichkeiten a. LL, Umsatzsteuer, Umsatzerlöse für eigene Erzeugnisse, Zinserträge, Aufwendungen für Rohstoffe, Löhne, Fremdinstandhaltung, Büromaterial, Abschreibungen auf SA, GuV-Konto, SBK.

Geschäftsfälle	€	€
1. Begleichung der Liefererrechnung ER 456 durch Banküberweisung		23.800,00
2. Verkauf v. eigenen Erzeugnissen lt. AR 552, netto ...	60.000,00	
+ Umsatzsteuer	11.400,00	71.400,00
3. Geschäftsinhaber entnimmt der Kasse (KB 113) f. Urlaubsreise ...		2.500,00
4. Einkauf von Rohstoffen lt. ER 482, netto	12.000,00	
+ Umsatzsteuer	2.280,00	14.280,00
5. BA 1: Banküberweisung für eine Spende an UNICEF..		600,00
6. Bareinkauf von Büromaterial lt. KB 114, netto.......	700,00	
+ Umsatzsteuer	133,00	833,00
7. BA 2: Lastschrift der Bank für Lohnüberweisungen		15.000,00
8. BA 3: Wohnungsmiete des Geschäftsinhabers wird vom Geschäftsbankkonto überwiesen		1.200,00
9. BA 4: Zinsgutschrift der Bank		1.500,00
10. Reparatur des Geschäftswagens wird bar bezahlt lt. KB 115, netto	680,00	
+ Umsatzsteuer	129,20	809,20
11. Verkauf v. eigenen Erzeugnissen lt. AR 553, netto ...	88.000,00	
+ Umsatzsteuer	16.720,00	104.720,00
12. BA 5: Überweisung für Reparatur am Privathaus................		595,00
13. Verbrauch von Rohstoffen lt. ME 1		97.000,00

Abschlussangabe: Abschreib. auf TA u. Maschinen: 8.000,00; auf BGA: 4.000,00 ■

1. Das Eigenkapital des Betonwerks Patrick Schnell e. K. betrug zu Beginn des Geschäftsjahres 500.000,00 € und bei Jahresschluss 580.000,00 €. Die Privatentnahmen betrugen 60.000,00 € und die Privateinlagen 40.000,00 €. *Wie hoch war der Jahreserfolg?* 83
2. Der Jahresgewinn der Werkzeugfabrik Timm KG betrug 140.000,00 € bei Privatentnahmen von 160.000,00 €. *Wie beurteilen Sie das?* ■

1.12.2 Exkurs: Zahlung der Umsatzsteuer bei Entnahmen

Umsatzsteuerpflichtige Entnahmen

Der Umsatzsteuer unterliegen nicht nur Lieferungen und Leistungen eines Unternehmens gegen Entgelt, sondern auch **unentgeltliche Entnahmen von Sachgütern und sonstigen Leistungen** des Unternehmens durch den Unternehmer **zu unternehmensfremden (z. B. privaten) Zwecken.** Dieser Besteuerungstatbestand wurde bis zum 31. März 1999 als **Eigenverbrauch** bezeichnet. Durch das **Steuerentlastungsgesetz 1999/2000/2002** wurde **ab 1. April 1999** der Begriff des Eigenverbrauchs abgeschafft. An seine Stelle trat in der Neufassung des Umsatzsteuergesetzes (§ 3 Abs. 1 b und 9 a UStG) und in der **Kontobenennung** die Bezeichnung:

„Entnahme von Gegenständen und sonstigen Leistungen" (kurz: ... v. G. u. s. L.)

Für jede Entnahme ist ein **Eigenbeleg** zu erstellen, der den Nettoentnahmewert sowie die Umsatzsteuer ausweist. Der Nettoentnahmewert wird im Haben des Ertragskontos **„Entnahme v. G. u. s. L."** erfasst, was eine schnelle **Umsatzsteuerverprobung** ermöglicht (§ 22 UStG).

Beispiel 1

Herr Berg entnimmt für seinen Sohn, der in Köln studiert, 5000 Blatt Kopierpapier aus dem Büromaterialvorrat seines Unternehmens zum Anschaffungswert (= Einkaufspreis + Bezugskosten) von 60,00 € zuzüglich 11,40 € Umsatzsteuer.

Buchungen	Soll	Haben
❶ **Privatkonto**	71,40	
an **Entnahme v. G. u. s. L.**		60,00
an **Umsatzsteuer**		11,40
❷ **Entnahme v. G. u. s. L.**	60,00	
an **GuV-Konto**		60,00

METALL WERK Thomas BERG e. K.

Entnahme von Büromaterial

5 000 Blatt Kopierpapier, netto.. 60,00 €
\+ Umsatzsteuer............................. 11,40 €
Entnahme, brutto........................... 71,40 €

Stuttgart, ..-07-12 Thomas Berg

S	Privatkonto	H
❶ Entn./USt	71,40	

S	Entnahme v. G. u. s. L.		H
❷ GuV	60,00	❶ Privat	60,00

S	Umsatzsteuer		H
		❶ Privat	11,40

S	GuV-Konto		H
		❷ Entnahme v. G. u. s. L.	60,00

Beispiel 2

Herr Berg lässt seine Privatwohnung durch seinen Betrieb (Hausmeister) renovieren. Der Buchungsbeleg muss diese Dienstleistung des Betriebes (2.300,00 €) als Entnahme und die darauf entfallende Umsatzsteuer (437,00 €) gesondert ausweisen.

Buchungen	Soll	Haben
❶ **Privatkonto**	2.737,00	
an **Entnahme v. G. u. s. L.**		2.300,00
an **Umsatzsteuer**		437,00
❷ **Entnahme v. G. u. s. L.**	2.300,00	
an **GuV-Konto**		2.300,00

Exkurs: Zahlung der Umsatzsteuer bei Entnahmen

Buchungsanweisung — METALL WERK Thomas BERG e. K.

Betreff: Instandsetzung des Privathauses

Material und Arbeitskosten	2.300,00 €
+ Umsatzsteuer	437,00 €
Entnahme, brutto	2.737,00 €

Stuttgart, ..-12-31 — Thomas Berg

S	Privatkonto		H
❶ Entn./USt	2.737,00		

S	Entnahme v. G. u. s. L.		H
❷ GuV	2.300,00	❶ Privat	2.300,00

S	Umsatzsteuer		H
		❶ Privat	437,00

S	GuV-Konto		H
		❷ Entnahme v. G. u. s. L.	2.300,00

Private PKW-Nutzung

Bei privater Nutzung des Geschäftswagens muss der **private Nutzungsanteil** durch Führung eines **Fahrtenbuches** nachgewiesen und ermittelt werden. Dieser unterliegt nach dem **Steueränderungsgesetz 2003** der **Umsatzsteuer,** wenn das Fahrzeug **nach** dem 31. Dezember 2002 erworben worden ist. Bei Anschaffung des Fahrzeuges kann der **volle Vorsteuerabzug** geltend gemacht werden. **Buchung:** Fuhrpark und Vorsteuer an Verbindlichkeiten a. LL.

Bei der Ermittlung der jährlichen Fahrzeugkosten bleiben die **vorsteuerfreien** Kosten (z. B. Kraftfahrzeugsteuer/-versicherung) außer Ansatz.

Ermittlung des privaten Nutzungsanteils

Der private Nutzungsanteil an den Geschäftswagenkosten kann **ermittelt werden:**

1. durch **Einzelnachweis:** Die zurückgelegten Kilometer sind jeweils für Dienst- und Privatfahrten getrennt in einem **Fahrtenbuch** ordnungsgemäß nachzuweisen.
2. alternativ mithilfe der **1-%-Bruttolistenpreisregelung:** Die private Nutzung muss **für jeden Kalendermonat mit 1 % des inländischen Listenpreises des Fahrzeugs zum Zeitpunkt der Erstzulassung zuzüglich Sonderausstattung und einschließlich Umsatzsteuer** angesetzt werden.[1]

Beispiel 3

Die Gesamtkosten des Geschäftswagens (z. B. AfA, Wartungskosten, Treibstoffkosten u. a.) betragen nach Abzug der vorsteuerfreien Kosten 10.000,00 €. Herr Berg nutzt das Fahrzeug lt. Fahrtenbuch zu 25 % privat. Der Entnahmebeleg weist im Einzelnen aus:

Nutzungsentnahme netto	2.500,00 €
+ 19 % Umsatzsteuer	475,00 €
Nutzungsentnahme brutto	2.975,00 €

Buchungssatz	Soll	Haben
Privatkonto	2.975,00	
an **Entnahme v. G. u. s. L.**		2.500,00
an **Umsatzsteuer**		475,00

Zusammenfassung

- Die private Entnahme und Nutzung von Gegenständen des Unternehmens (z. B. Erzeugnisse u. a.) sowie die private Inanspruchnahme von betrieblichen Leistungen (z. B. Unternehmer lässt Reparaturen in seinem Wohnhaus durch seinen Betrieb durchführen) **sind Privatentnahmen,** die der Umsatzsteuer unterliegen.
- Die Entnahme ist buchhalterisch **gesondert** auf dem Konto **„Entnahme von Gegenständen und sonstigen Leistungen"** zu **erfassen.**

Zusatzinformation

- Die private Nutzung des Geschäftstelefons stellt nach einem BFH-Urteil **keine umsatzsteuerpflichtige Leistungsentnahme** dar. Deshalb sind die monatlich in Rechnung gestellten **Gebühren** (Miete für die Telefonanlage, Grund- und Gesprächsgebühren) **und die Vorsteuer** um den privaten Anteil zu korrigieren. **Buchung:** Privat an Konto „Kosten der Telekommunikation" und Vorsteuer.

1 Diese 1-%-Pauschalmethode kann **ab Januar 2006** nur angewandt werden, wenn die **betriebliche Nutzung** des Firmenwagens **mehr als 50 %** beträgt.

AUFGABEN

84 *Bilden Sie die Buchungssätze zu folgenden Geschäftsfällen des Textilwerks Danielle Herz e. Kffr.:*

	€
1. Banküberweisung für die Lebensversicherung der Geschäftsinhaberin	1.200,00
2. Die Unternehmerin entnimmt Erzeugnisse für den privaten Verbrauch, netto	600,00
+ Umsatzsteuer	114,00
3. Die Telekommunikationsrechnung für Januar wird mit 952,00 € (800,00 € + 152,00 € USt) durch Bankabbuchung beglichen. Der private Nutzungsanteil beträgt 200,00 € + USt.	
4. Die Heizungsreparatur im Einfamilienhaus der Unternehmerin Herz wird durch den eigenen Betrieb durchgeführt. Kosten	350,00
+ Umsatzsteuer	66,50

85 *Als Mitarbeiter/-in des Elektrowerks H. Pesch KG bilden Sie zu folgenden Geschäftsfällen die Buchungssätze und führen dazu die Konten Fuhrpark, Verbindlichkeiten a. LL, Privat, Entnahme v. G. u. s. L., Vorsteuer, Umsatzsteuer, Gewinn und Verlust, Eigenkapital (AB 300.000,00 €).*

1. Privatentnahme eines Kühlschranks, Herstellwert	300,00 €
+ Umsatzsteuer	57,00 €
2. Banküberweisung für eine Urlaubsreise	2.450,00 €
3. a) Anschaffung eines Geschäfts-PKWs, der vom Unternehmer auch privat genutzt wird, gegen Rechnung: 62.000,00 € + 11.780,00 € USt	
b) lt. Fahrtenbuch 25 % private Nutzung, 12.000,00 € Gesamtkosten	
4. Die Elektroinstallation im Einfamilienhaus des Firmeninhabers erfolgt durch den Betriebselektriker. 120 Arbeitsstunden je 40,00 €	4.800,00 €
+ Umsatzsteuer	912,00 €
5. Banküberweisung für die Einkommen- und Kirchensteuer	23.000,00 €
6. Abschluss der Konten Privat und Entnahme v. G. u. s. L.	••• €

86 Das Eigenkapital eines Industrieunternehmens betrug zum Beginn des Geschäftsjahres 600.000,00 € und zum Jahresschluss 670.000,00 €. Während des Geschäftsjahres tätigte der Unternehmer 70.000,00 € Privatentnahmen und Einlagen von 30.000,00 €.

Wie hoch war der Jahreserfolg des Unternehmens? ■

87 Die Finanzbuchhaltung des Elektronikwerks Hans Albrecht e. K. weist zum 31. Dezember . . folgende Daten aus:

Anlagevermögen	980.000,00 €
Umlaufvermögen	520.000,00 €
Fremdkapital	500.000,00 €
Privatentnahmen	120.000,00 €
Privateinlagen	40.000,00 €
Gewinn lt. GuV-Konto	180.000,00 €

Ermitteln Sie das Eigenkapital a) zum 31. Dez. und b) zum 1. Jan. des Geschäftsjahres.

88
1. *Was rechnet im Einzelnen zu den Entnahmen v. G. u. s. L.?*
2. *Begründen Sie, weshalb die Entnahme v. G. u. s. L. umsatzsteuerpflichtig ist.*
3. *Private Entnahmen von Handelswaren dürfen nur zum Bezugspreis (= Anschaffungskosten) und nicht zum höheren Verkaufspreis erfolgen. Warum?*
4. *Sehen Sie einen Zusammenhang zwischen Privatentnahmen und Gewinn?* ■

Welche Aufgaben hat die Finanzbuchhaltung? 2.1

Aufgaben der Buchführung

Die Buchführung oder Finanzbuchhaltung muss **alle Geschäftsfälle aufgrund von Belegen** laufend, lückenlos, **zeitlich und sachlich geordnet erfassen** und aufzeichnen, also buchen. Die **zeitliche Ordnung** der Geschäftsfälle erfolgt **im Grundbuch,** die **sachliche** auf den **Sachkonten des Hauptbuches.** Ohne diese **ordnungsmäßige Aufzeichnung der Geschäftsfälle** würde Herr Berg in kürzester Zeit den Überblick über Vermögen, Schulden und Erfolg seines Unternehmens verlieren. Außerdem fehlten ihm dann die Zahlen für seine Vorhaben und Entscheidungen.

Die wichtigsten Aufgaben der Buchführung:

- Sie stellt den
  Stand des Vermögens und der Schulden fest.
- Sie zeichnet
  alle Veränderungen der Vermögens- und Schuldenwerte aufgrund von Geschäftsfällen lückenlos und planmäßig auf.
- Sie gibt beispielsweise einen
  Überblick über folgende Daten:
  - Umsatzerlöse für eigene Erzeugnisse
  - Werkstoffaufwendungen
  - Personalaufwendungen
  - Privatentnahmen, u. a.
- Sie ermittelt den
  Erfolg des Unternehmens, also den **Gewinn** oder den **Verlust**, indem sie alle Aufwendungen (Werteverzehr) und Erträge (Wertezuwachs) im Einzelnen erfasst.
- Sie liefert die Zahlen für die
  Preisberechnung (Kalkulation) der Erzeugnisse und Handelswaren.
- Sie stellt Zahlen für
  innerbetriebliche Kontrollen zur Verfügung, die der Steigerung der Wirtschaftlichkeit dienen.
- Sie ist die Grundlage zur
  Berechnung der Steuern.
- Sie ist wichtiges
  Beweismittel bei Rechtsstreitigkeiten mit Kunden, Lieferern, Banken, Behörden (Finanzamt, Gerichte) u. a.

Handels- und steuerrechtliche Vorschriften der Finanzbuchhaltung 2.2

Buchführungspflicht

Die obige Übersicht zeigt, dass die Buchführung nicht nur für das Unternehmen selbst von großer Bedeutung ist, sondern auch für bestimmte **Institutionen des Staates** (Finanzamt, Gerichte u. a.) und zum **Schutz der Gläubiger** bei Kreditbewilligungen. Deshalb verpflichtet das **Handelsgesetzbuch** im § 238 alle **in das Handelsregister eingetragenen Kaufleute** mit dem Firmenzusatz **e. K., e. Kffr.** oder **e. Kfm.** und **OHG, KG, GmbH** oder **AG** zur Buchführung:

„Jeder Kaufmann ist verpflichtet Bücher zu führen und in diesen seine Handelsgeschäfte und die Lage seines Vermögens nach den Grundsätzen ordnungsmäßiger Buchführung ersichtlich zu machen." **(§ 238 Abs. 1 HGB)**

Handels- und steuerrechtliche Vorschriften der Finanzbuchhaltung

Rechtliche Grundlagen

Steuerrechtlich zur Buchführung verpflichtet ist nach der **Abgabenordnung (§ 141 AO)** jeder andere gewerbliche Unternehmer, **auch der Nichtkaufmann**, z. B. **Handwerker** u. a., wenn er **eine** der folgenden Voraussetzungen erfüllt:

- Der **Umsatz** beträgt jährlich mehr als **500.000,00 €**.
- Der **Jahresgewinn** ist höher als **50.000,00 €**.

Handelsrechtliche Rechnungslegungsvorschriften

der Buchführung und des Jahresabschlusses

enthält vor allem das **Handelsgesetzbuch** in seinem **„Dritten Buch: Handelsbücher"**.

Das 3. Buch „Handelsbücher" im HGB gliedert sich in drei Abschnitte:

Der **1. Abschnitt (§§ 238–263 HGB)** enthält Vorschriften, die auf **alle Kaufleute** anzuwenden sind. Zu diesen **grundlegenden Vorschriften** zählen die Buchführungspflicht, die Führung von Handelsbüchern, das Inventar, die Pflicht zur Aufstellung des Jahresabschlusses (Bilanz und Gewinn- und Verlustrechnung), die Bewertung der Vermögensteile und Schulden sowie die Aufbewahrung von Buchführungsunterlagen u. a. m.

Der **2. Abschnitt (§§ 264–335 HGB)** enthält – **ergänzend zum 1. Abschnitt – spezielle** Vorschriften für

alle Kapitalgesellschaften, insbesondere über die **Gliederung, Prüfung und Veröffentlichung des Jahresabschlusses** der Aktiengesellschaft, Kommanditgesellschaft auf Aktien und Gesellschaft mit beschränkter Haftung. Die Vorschriften dieses Abschnitts entsprechen zugleich den Rechnungslegungsvorschriften aller **EU-Mitgliedstaaten** aufgrund des Bilanzrichtlinien-Gesetzes.

Der **3. Abschnitt (§§ 336–339 HGB)** enthält für **eingetragene Genossenschaften** über den 1. und 2. Abschnitt hinausgehende Regelungen.

Besondere Rechnungslegungsvorschriften für Aktiengesellschaften, Gesellschaften mit beschränkter Haftung und Genossenschaften sind enthalten im

- Aktiengesetz (AktG),
- GmbH-Gesetz (GmbHG),
- Genossenschaftsgesetz (GenG).

Steuerrechtliche Vorschriften

Die Buchführung ist zugleich **Grundlage für die Besteuerung** des Unternehmens und der Unternehmensinhaber. Besondere steuerrechtliche Buchführungsvorschriften sind in folgenden **Gesetzen** enthalten:

- Abgabenordnung (AO),
- Einkommensteuergesetz (EStG),
- Körperschaftsteuergesetz (KStG),
- Gewerbesteuergesetz (GewStG),
- Umsatzsteuergesetz (UStG).

Zu den Steuergesetzen gibt es noch entsprechende **Durchführungsverordnungen** (EStDV, KStDV, UStDV u. a.) und **Richtlinien** (EStR, KStR, UStR u. a.).

Zusammenfassung

- **Das HGB unterscheidet** zwischen dem **Kaufmann (= im Handelsregister eingetragen) und dem Nichtkaufmann.**
- **Das 3. Buch HGB enthält** in drei Abschnitten eine **geschlossene Darstellung** der **handelsrechtlichen Rechnungslegungsvorschriften** (siehe auch Kapitel F).

Welche Grundsätze ordnungsmäßiger Buchführung sind zu beachten? 2.3

Ordnungsmäßige Buchführung

Die Buchführung gilt als ordnungsmäßig, wenn sie „so beschaffen ist, dass sie einem **sachverständigen Dritten** (z. B. Steuerberater/Betriebsprüfer) innerhalb angemessener Zeit einen

Überblick über die Geschäftsfälle und die Lage des Unternehmens

vermitteln kann" (§ 238 [1] HGB). Dazu bedarf es allgemein anerkannter sachgerechter Normen, die als

Grundsätze ordnungsmäßiger Buchführung (GoB)

Eingang in die gesetzlichen Vorschriften **des Handelsgesetzbuches** gefunden haben.

Die wichtigsten Grundsätze ordnungsmäßiger Buchführung (GoB):

- **Die Buchführung muss klar und übersichtlich sein.**
  - Sachgerechte und überschaubare Organisation der Buchführung
  - Übersichtliche Gliederung des Jahresabschlusses (§§ 243 [2], 266, 275 HGB)
  - Keine Verrechnung zwischen Vermögenswerten und Schulden sowie zwischen Aufwendungen und Erträgen (§ 246 [2] HGB)
  - Buchungen dürfen nicht unleserlich gemacht werden (§ 239 [3] HGB).
- **Ordnungsmäßige Erfassung aller Geschäftsfälle.**
  Die Geschäftsfälle sind **fortlaufend** und **vollständig, richtig** und **zeitgerecht** sowie **sachlich geordnet** zu buchen, damit sie leicht überprüfbar sind (§§ 238 [1], 239 [2] HGB). **Kasseneinnahmen und -ausgaben** sind **täglich** aufzuzeichnen (§ 146 [1] AO).
- **Keine Buchung ohne Beleg!**
  Sämtliche Buchungen müssen anhand der Belege **jederzeit nachprüfbar** sein. Die Belege müssen **fortlaufend nummeriert** und **geordnet aufbewahrt** werden (§ 257 [1] HGB).
- **Ordnungsmäßige Aufbewahrung der Buchführungsunterlagen.**
  Alle Buchungsbelege, Buchungsprogramme, Konten, Bücher, Inventare, Eröffnungsbilanzen sowie Jahresabschlüsse einschließlich Anhang und Lagebericht sind **zehn Jahre** geordnet aufzubewahren (§ 257 [4] HGB, § 147 [3] AO).
  Mit Ausnahme der Eröffnungsbilanz und des Jahresabschlusses können alle Buchführungsunterlagen auf einem **Bildträger** (Mikrofilm) oder auf einem anderen **Datenträger** (Diskette, CD-ROM, DVD u. a.) aufbewahrt werden. **„Grundsatz ordnungsmäßiger DV-gestützter Buchführungssysteme"** (GoBS): Die **gespeicherten Daten** müssen **jederzeit** durch Bildschirm oder Ausdruck **lesbar** gemacht werden können (§§ 239 [4], 257 [3] HGB, § 147 [2] AO).

Verstöße gegen die GoB

Verstöße gegen die Grundsätze ordnungsmäßiger Buchführung können eine **Schätzung der Besteuerungsgrundlagen** (Umsatz, Gewinn) durch die Finanzbehörden zur Folge haben (§ 162 AO). Mit **Freiheitsstrafe** oder mit **Geldstrafe** wird bestraft, wer Jahresabschlüsse unrichtig wiedergibt oder verschleiert (§ 331 HGB, § 370 f. AO). Im Insolvenzfall können Verstöße gegen die GoB Strafverfolgung (Freiheitsstrafe) nach sich ziehen (§ 283 Strafgesetzbuch).

AUFGABEN

89 1. *Nennen Sie vier wichtige Aufgaben der Finanzbuchhaltung.*
2. *Welche Aufgaben der Buchführung sind für Sie die wichtigsten?*
3. *Warum wird jeder Unternehmer bereits aus eigenem Interesse Bücher führen?*
4. *Was bedeutet zeitgerechte Ordnung in der Buchführung?*
5. *Nennen Sie Beispiele für die sachliche Ordnung der Geschäftsfälle.* ■

90 1. *Nach welchen Gesetzen ist man zur Buchführung verpflichtet?*
2. *In welchem Gesetz sind die handelsrechtlichen Vorschriften über die Buchführung und den Jahresabschluss geregelt?*
3. *Bestimmte Rechtsformen der Unternehmung, wie z. B.die Aktiengesellschaft, haben rechtsformspezifische Gesetze für ihre Rechnungslegung. Nennen Sie solche Gesetze.*
4. *In welchen Steuergesetzen sind Vorschriften zur Buchführung enthalten?*
5. *Begründen Sie die Bedeutung der Buchführung für den Staat.*
6. *Welchen Zweck haben die Buchführungsvorschriften für den Gläubiger des Unternehmens?* ■

91 *Begründen Sie, ob bei den Unternehmen A, B, C und D eine steuerrechtliche Pflicht zur Führung von Büchern besteht:*

Kriterien nach § 141 AO	A	B	C	D
Umsatzerlöse	450.000,00 €	512.000,00 €	498.000,00 €	500.000,00 €
Gewinn	38.000,00 €	53.000,00 €	51.000,00 €	50.000,00 €

92 *Untersuchen Sie die folgenden Aussagen auf ihre Richtigkeit:*

1. Nach dem HGB ist jeder Unternehmer zur Buchführung verpflichtet.
2. Buchführungsvorschriften enthält lediglich das Handelsgesetzbuch.
3. Die handelsrechtlichen Vorschriften zur Buchführung sind im Dritten Buch des Handelsgesetzbuches „Handelsbücher" enthalten.
4. Das HGB verpflichtet nur den im Handelsregister eingetragenen Kaufmann zur Führung von Büchern.
5. Das Grundgesetz enthält die Grundsätze ordnungsmäßiger Buchführung.
6. Kasseneinnahmen und Kassenausgaben sind wöchentlich zu erfassen.
7. Vermögenswerte und Schulden sowie Aufwendungen und Erträge dürfen verrechnet werden.
8. Alle Bilanzen und alle Buchungsunterlagen dürfen auf Bild- oder Datenträgern aufbewahrt werden.
9. Verstöße gegen die Grundsätze ordnungsmäßiger Buchführung führen beim Finanzamt zu einer Schätzung der Besteuerungsgrundlagen, wie z. B.Umsatzerlöse, Gewinn u. a.
10. Bei einer EDV-Buchführung müssen die gespeicherten Daten jederzeit durch Bildschirm oder Ausdruck lesbar gemacht werden können.
11. Konten können nach sechs Jahren vernichtet werden.
12. Der Jahresabschluss, also Bilanz und Gewinn- und Verlustrechnung, dürfen von Prokuristen unterschrieben werden.
13. Inventare sind vom Geschäftsinhaber zu unterschreiben und acht Jahre lang aufzubewahren.
14. Buchungsbelege sind zehn Jahre aufzubewahren.
15. Die sachliche Ordnung der Buchungen erfolgt im Grundbuch. ■

2.4 Der Kontenrahmen – ein unentbehrliches Organisationsmittel der Finanzbuchhaltung

2.4.1 Aufgaben und Aufbau des Industrie-Kontenrahmens (IKR)

Kontenrahmen als Kontenordnungssystem

Die geordnete Aufzeichnung der Zahlen in der Buchführung ist Voraussetzung für eine vernünftige Planung der Unternehmensleitung. Sie ermöglicht den innerbetrieblichen **Vergleich wichtiger Bilanz-, Aufwands- und Ertragsposten** in mehreren Rechnungsperioden (Monate, Quartale, Jahre). Um die Lage des eigenen Unternehmens noch besser beurteilen zu können, ist jedoch außer diesem **Zeitvergleich** auch ein Vergleich mit **branchengleichen Betrieben** von großer Bedeutung **(Betriebsvergleich).** Dazu ist Folgendes erforderlich:

- Die **Konten** sind nach einem **einheitlichen System** zu gliedern.
- Die **Konten** müssen **inhaltlich und namentlich gleich** sein.

Der Kontenrahmen ist ein solches Kontenordnungssystem. Jeder Wirtschaftszweig (Industrie, Großhandel, Einzelhandel, Banken u. a.) hat seinen **branchenspezifischen Kontenrahmen.**

In den Bundesländern Baden-Württemberg und Nordrhein-Westfalen gibt es für Ausbildungszwecke auch einen **„Schulkontenrahmen"**, der grundlegend dem „Industrie-Kontenrahmen" (IKR) entspricht.

Diesem Lehrbuch liegt im Wesentlichen der vom **Bundesverband der Deutschen Industrie** herausgegebene **„Industrie-Kontenrahmen (IKR) für Aus- und Fortbildung"** zugrunde.

Aufbau des Kontenrahmens

Nach dem dekadischen System (Zehnersystem) ist jeder Kontenrahmen aufgebaut. Die Konten werden zunächst eingeteilt in

10 Klassen von 0 bis 9,

wobei im **Industrie- und Schulkontenrahmen** die **Kontenklassen 0 bis 8** der **Finanzbuchhaltung** zugeordnet werden. Die **Kontenklasse 9** kann für eine buchhalterische Verankerung **der Kosten- und Leistungsrechnung** genutzt werden. Beide Zweige des Rechnungswesens haben also im genannten Kontenrahmen ihren eigenen Kontenkreis **(= Zweikreissystem).**

	Kontenklasse		Inhalt der Kontenklasse
Finanzbuchhaltung	**Bestandskonten**	0	Immaterielle Vermögensgegenstände und Sachanlagen
		1	Finanzanlagen
		2	Umlaufvermögen und aktive Rechnungsabgrenzung
		3	Eigenkapital, Wertberichtigungen, Rückstellungen
		4	Verbindlichkeiten und passive Rechnungsabgrenzung
	Erfolgskonten	5	Erträge
		6	Betriebliche Aufwendungen
		7	Weitere Aufwendungen
		8	Ergebnisrechnung (Abschlusskonten)
KLR		9	Buchhalterische Abwicklung der Kosten- und Leistungsrechnung (KLR)

Aufgaben und Aufbau des Industrie-Kontenrahmens (IKR)

Gliederung der Konten nach dem Jahresabschluss

Bilanz und Gewinn- und Verlustrechnung bilden den Jahresabschluss der Finanzbuchhaltung. Um die Abschlussarbeiten zu vereinfachen, wurden die Konten im Kontenrahmen auf den Jahresabschluss ausgerichtet. **In Reihenfolge und Bezeichnung der Posten entsprechen die Konten der**

- **Gliederung der Bilanz** im § 266 HGB und der
- **Gliederung der Gewinn- und Verlustrechnung** im § 275 HGB[1].

Bilanz und Gewinn- und Verlustrechnung lassen sich somit **direkt aus** den Salden der **Bestands- und Erfolgskonten** der Finanzbuchhaltung erstellen:

Soll	**8010 Schlussbilanzkonto**		Haben
Kontenklasse	**Aktiva**	**Passiva**	**Kontenklasse**
0	Immaterielle Vermögensgegenstände und Sachanlagen	Eigenkapital, Wertberichtigungen und Rückstellungen	3
1	Finanzanlagen	Verbindlichkeiten und passive Rechnungsabgrenzung	4
2	Umlaufvermögen und aktive Rechnungsabgrenzung		

Soll	**8020 Gewinn- und Verlustkonto**		Haben
Kontenklasse	**Aufwendungen**	**Erträge**	**Kontenklasse**
6	Betriebliche Aufwendungen	Erträge	5
7	Weitere Aufwendungen		

Die Abschlussbuchungssätze lauten somit für die

Bestandskonten:	**8010 Schlussbilanzkonto** an alle **Aktivkonten** der Klassen 0, 1 und 2
	Alle **Passivkonten** der Klassen 3 und 4 an **8010 Schlussbilanzkonto**
Erfolgskonten:	Alle **Ertragskonten** der Klasse 5 an **8020 Gewinn- und Verlustkonto**
	8020 Gewinn- und Verlustkonto an alle **Aufwandskonten** der Klassen 6 und 7

Der abschlussorientierte Industrie-Kontenrahmen, also die Ausrichtung der Konten auf die Bilanz und Gewinn- und Verlustrechnung, führt zu einer wesentlichen **Vereinfachung der Abschlussarbeiten** und damit zu einer **rationellen Erstellung des Jahresabschlusses.**

1 Vgl. §§ 266, 275 HGB auf der Rückseite des Industrie-Kontenrahmens (IKR) im Anhang des Lehrbuches.

Aufgaben und Aufbau des Industrie-Kontenrahmens (IKR)

Erläuterung der Kontenklassen 0 bis 8

Immaterielle Vermögensgegenstände und Sachanlagen — Klasse 0

Die Kontenklasse 0 bildet die Grundlage der Betriebsbereitschaft. Sie enthält vor allem die notwendigen **Sachanlagen** (Kontengruppen 05 bis 09) eines Unternehmens, wie Grundstücke, Gebäude, technische Anlagen und Maschinen, Betriebs- und Geschäftsausstattung u. a.
Die Kontengruppen 02 und 03 erfassen **immaterielle Anlagewerte** (Lizenzen, Konzessionen, Geschäfts- oder Firmenwert), die im Verhältnis zu den **Sachanlagen** meist von untergeordneter Bedeutung sind.
Die Kontengruppe **„00 Ausstehende Einlagen auf das Gezeichnete Kapital"** ist zu führen, sofern das Haftungskapital der GmbH (Stammkapital) oder AG (Grundkapital), das in der Bilanz stets zum Nennwert als **„Gezeichnetes Kapital"** auszuweisen ist, noch nicht voll eingezahlt worden ist.

Finanzanlagen — Klasse 1

Hier werden die **langfristigen Finanzanlagen** eines Unternehmens erfasst, wie z. B.**Kapitalbeteiligungen** an anderen Unternehmen, **langfristige Ausleihungen** sowie **Wertpapiere,** die als **langfristige Kapitalanlage** angeschafft wurden.

Umlaufvermögen und aktive Rechnungsabgrenzung — Klasse 2

Diese Klasse enthält die Bestandskonten für **Roh-, Hilfs- und Betriebsstoffe, unfertige und fertige Erzeugnisse sowie Handelswaren,** die **Forderungen aus Lieferungen und Leistungen,** die **Vorsteuer, sonstige Forderungen**, als **kurzfristige Anlage** erworbene **Wertpapiere** sowie die **flüssigen Mittel** (Bank, Postbank, Kasse). Die **aktive Rechnungsabgrenzung** dient der **periodengerechten** Abgrenzung des Jahreserfolges.

Eigenkapital und Rückstellungen — Klasse 3

Die Klasse 3 enthält die **Eigenkapitalkonten** der Einzelunternehmen (e. K.) und Personengesellschaften (OHG, KG) sowie der Kapitalgesellschaften (GmbH, AG, KGaA). Das **Privatkonto** wird als Unterkonto den Eigenkapitalkonten der Personenunternehmen entsprechend zugeordnet.
Rücklagen werden in Form der **Kapital- und Gewinnrücklagen** in der Klasse 3 erfasst und **offen** in der Bilanz der **Kapitalgesellschaft** – getrennt vom „Gezeichneten Kapital" – ausgewiesen. Gewinnrücklagen entstehen durch Einbehaltung von Teilen des Gewinns, Kapitalrücklagen durch Zuzahlung der Gesellschafter der Kapitalgesellschaft.
Verbindlichkeiten, deren Höhe oder Fälligkeit zum Bilanzstichtag noch nicht feststehen, werden in der Klasse 3 als **Rückstellungen** geführt: Pensions-, Steuer- und sonstige Rückstellungen.

Verbindlichkeiten und passive Rechnungsabgrenzung — Klasse 4

In der Kontenklasse 4 werden **alle kurz- und langfristigen Verbindlichkeiten** gegenüber Banken, Lieferern, Finanzamt und sonstigen Gläubigern erfasst. Die **passive Rechnungsabgrenzung** dient der periodengerechten Ermittlung des Jahresergebnisses.

Erträge — Klasse 5

Die **Kontengruppen 50, 51 und 54** enthalten die **eigentlichen betrieblichen Erträge** der Unternehmen: Die **Umsatzerlöse für eigene Erzeugnisse und Handelswaren** werden einschließlich der **Unterkonten** in der Klasse 5 erfasst. Die Kontengruppe 54 enthält die Konten der **„sonstigen" betrieblichen Erträge,** wie Mieterträge, Provisionserträge, Entnahme v. G. u. s. L. u. a. In den übrigen Kontengruppen werden sowohl Erträge aus Beteiligungen als auch **Zinserträge** und **außerordentliche** (ungewöhnliche, seltene) Erträge u. a. berücksichtigt.

Betriebliche Aufwendungen — Klasse 6

Die Kontengruppen erfassen die **Aufwendungen für Roh-, Hilfs- und Betriebsstoffe und Handelswaren** sowie den **Personalaufwand, Abschreibungen auf das Anlagevermögen und diverse „Sonstige betriebliche Aufwendungen".**

Weitere Aufwendungen — Klasse 7

Die Klasse 7 enthält insbesondere **alle Steuern, Zinsen** und ähnliche Aufwendungen sowie die **außerordentlichen** (ungewöhnliche, seltene) Aufwendungen.

Eröffnung/Abschluss — Klasse 8

Die Klasse 8 dient vor allem der Eröffnung und dem Abschluss der Konten:
- ▶ **8000 Eröffnungsbilanzkonto**
- ▶ **8010 Schlussbilanzkonto**
- ▶ **8020 GuV-Konto**

2.4.2 Der Kontenplan – eine Übersicht der betriebsindividuellen Konten

Im Kontenrahmen werden alle Konten in
- **10** Konten**klassen** (= einstellige Ziffer) eingeteilt, von denen jede in
  - **10** Konten**gruppen** (= zweistellige Ziffer) unterteilt wird und diese wiederum in je
    - **10** Konten**arten** (= dreistellige Ziffer). Jede Kontenart kann untergliedert werden in
      - **10** Konten**unterarten** (= vierstellige Ziffer).

Beispiel

Aus der Kontennummer **2801** erkennt man die

▶ Konten**klasse:**	**2** Umlaufvermögen und ARA	**Kontenrahmen**
▶ Konten**gruppe:**	**28** Flüssige Mittel	**Kontenrahmen**
▶ Konten**art:**	**280** Guthaben bei Kreditinstituten	**Kontenplan**
▶ Konten**unterarten:**	**2800** Kreissparkasse **2801** Deutsche Bank	**Kontenplan**

Kontenplan

Der Kontenrahmen bildet die **einheitliche Grundordnung** für die Aufstellung **betriebsindividueller Kontenpläne** der Unternehmen eines Wirtschaftszweiges. **Aus dem Kontenrahmen** entwickelt jedes Unternehmen seinen **eigenen Kontenplan,** der auf seine **besonderen Belange** (Branche, Struktur, Größe, Rechtsform) ausgerichtet ist. So lässt sich im Kontenplan eine weitere Untergliederung der Kontenarten in Kontenunterarten entsprechend den Bedürfnissen des Unternehmens vornehmen. Der Kontenplan enthält somit nur die im Unternehmen geführten Konten.

Vereinfachung der Buchungsarbeit

Der Kontenplan vereinfacht die Buchungen in den Konten, da die Kontenbezeichnungen durch Kontennummern ersetzt werden.

Beispiel

Geschäftsfall: Herr Berg entnimmt der Geschäftskasse für Privatzwecke 1.800,00 €.

Buchungssatz	**statt:**	**Privat** an **Kasse**	**1.800,00**
	nunmehr kurz: 3001	**an 2880**	**1.800,00**

S	3001 Privat		H
2880	1.800,00		

S	2880 Kasse		H
AB	7.500,00	3001	1.800,00

EDV-Kontenrahmen

Soll der Kontenrahmen zugleich auch als EDV-Kontenrahmen verwendet werden (wie für dieses Lehrbuch vorgesehen), ist jedes **Sachkonto des Hauptbuches** mit einer **vierstelligen** Kontenziffer zu versehen. **Personenkonten** (Kunden- und Liefererkonten) haben in der Regel **fünfstellige** Kontenziffern.

Der Kontenplan – eine Übersicht der betriebsindividuellen Konten

Zusammenfassung

- **Der Industrie-Kontenrahmen (IKR)**
  - bildet einen **einheitlichen** Rahmen für alle wichtigen Konten der Unternehmen eines **Wirtschaftszweiges,**
  - **ordnet** die Konten systemgerecht und rationell **entsprechend der Gliederung der Bilanz und Gewinn- und Verlustrechnung (Abschlussgliederungsprinzip),**
  - **trennt** Finanzbuchhaltung (Kontenklassen 0–8) und Kosten- und Leistungsrechnung (Kontenklasse 9) in zwei Rechnungskreise **(= Zweikreissystem),**
  - ermöglicht eine **EDV-gerechte Organisation** des Rechnungswesens und
  - schafft die Voraussetzung für **Zeit- und Betriebsvergleiche** zur Überwachung der **Wirtschaftlichkeit.**
- **Der Kontenplan** enthält nur die **vom Unternehmen** geführten Konten.

AUFGABEN

93

1. *In welcher Kontenklasse stehen die nachfolgenden Konten?*
2. *Ordnen Sie den Konten die entsprechende Kontennummer zu.*

Bankguthaben,	Verbindlichkeiten a. LL,	Forderungen a. LL,
Vorsteuer,	Eigenkapital,	Gehälter,
Rohstoffe,	Umsatzerlöse für eig. Erzeugn.,	Umsatzsteuer,
Entnahme v. G. u. s. L.,	Aufwendungen für Rohstoffe,	Büromaterial,
Fuhrpark,	Geschäftsausstattung,	Kosten der
Zinsaufwendungen,	Zinserträge,	Telekommunikation,
EBK,	GuV-Konto,	Privatkonto,
Löhne,	Abschreib. auf Sachanlagen,	SBK.

94

Welche Geschäftsfälle liegen den folgenden Buchungssätzen zugrunde?

	Soll	Betrag		Haben	Betrag
1.	2800		an	2400	11.900,00
2.	2880		an	2800	5.800,00
3.	2000	8.500,00			
	2600	1.615,00	an	4400	10.115,00
4.	2400	23.800,00	an	5000	20.000,00
			an	4800	3.800,00
5.	6300		an	2800	68.000,00
6.	6800	550,00			
	2600	104,50	an	2880	654,50
7.	3001	714,00	an	5420	600,00
			an	4800	114,00

95

Nennen Sie jeweils den Buchungssatz in Form der Kontennummer zur Eröffnung folgender Konten zum 1. Januar:

1. Geschäftsausstattung .... 240.000,00 €
2. Eigenkapital .... 300.000,00 €
3. Waren .... 80.000,00 €
4. Verbindlichkeiten a. LL .... 45.000,00 €
5. Bankguthaben .... 55.000,00 €
6. Umsatzsteuerverbindlichkeit .... 30.000,00 €

AUFGABEN

96 *Nennen Sie jeweils den Abschlussbuchungssatz mit den entsprechenden Kontennummern für die Salden folgender Bestands- und Erfolgskonten zum 31. Dezember:*

1. Rohstoffe	540.000,00 €
2. Verbindlichkeiten a. LL	230.000,00 €
3. Umsatzerlöse für eigene Erzeugnisse	450.000,00 €
4. Aufwendungen für Rohstoffe	340.000,00 €
5. Portokosten	2.500,00 €
6. Bankguthaben	234.000,00 €
7. Zinsaufwendungen	23.000,00 €
8. Entnahme v. G. u. s. L.	1.200,00 €

97 *Nennen Sie mit den entsprechenden Kontennummern jeweils den Abschlussbuchungssatz folgender Konten:*

1. Privatkonto bei Überschuss der Entnahmen
2. Gewinn- und Verlustkonto bei Gewinn
3. Eigenkapital

98 *Wie lauten die Kontenbezeichnungen und die zugrunde liegenden Geschäftsfälle?*

1. 0840 und 2600 an 2800
2. 2000 und 2600 an 4400
3. 2400 an 5000 und 4800
4. 6300 an 2800
5. 2800 an 0840 und 4800
6. 6870 und 2600 an 2850
7. 4400 an 2800
8. 3001 an 5420 und 4800
9. 2850 an 2400
10. 7510 an 2800

99 *Nennen Sie jeweils den Geschäftsfall der folgenden Buchungen auf dem Bankkonto:*

Soll	2800 Bank		Haben
1. 8000	86.000,00	5. 4400	18.400,00
2. 2880	5.000,00	6. 4800	12.300,00
3. 4250	25.000,00	7. 6300	24.300,00
4. 2400	12.000,00	8. 8010	73.000,00
	128.000,00		128.000,00

100 *Bilden Sie unter Angabe der Kontennummern die Buchungssätze:*

	€
1. Umwandlung einer Liefererschuld in eine Darlehensschuld	11.900,00
2. Lastschrift der Bank für Geschäftsmiete	7.500,00
3. Banküberweisung zum Ausgleich der Liefererrechnung ER 4567	17.850,00
4. Entnahme von Erzeugnissen für private Verwendung: netto 2.000,00 € + 380,00 € Umsatzsteuer	2.380,00
5. Kunde begleicht Rechnung (AR 1234) durch Postbanküberweisung	9.520,00
6. ER 4589 für Hilfsstoffe: 22.000,00 € netto + 4.180,00 € Umsatzsteuer	26.180,00
7. AR 1278 für eigene Erzeugnisse: 35.000,00 € netto + 6.650,00 € Umsatzsteuer	41.650,00
8. Gutschrift der Bank für Zinsen	1.800,00
9. Reparaturen im Wohnhaus des Unternehmers durch den eigenen Betrieb: 2.500,00 € netto + 475,00 € Umsatzsteuer	2.975,00
10. ER 4590: Kauf von Büromaterial: 600,00 € netto + 114,00 € Umsatzsteuer	714,00

101

Anfangsbestände	€
0700 TA und Maschinen	242.000,00
0800 Andere Anlagen/BGA	88.000,00
2000 Rohstoffe	160.000,00
2020 Hilfsstoffe	20.000,00
2400 Forderungen a. LL	98.000,00
2800 Bankguthaben	142.000,00
2880 Kasse	5.800,00
3000 Eigenkapital	479.800,00
4250 Darlehensschulden	150.000,00
4400 Verbindlichkeiten a. LL	112.600,00
4800 Umsatzsteuer	13.400,00

Kontenplan

0700, 0800, 2000, 2020, 2400, 2600, 2800, 2880, 3000, 3001, 4250, 4400, 4800, 5000, 5420, 5710, 6000, 6020, 6160, 6200, 6300, 6520, 6700, 6820, 6870, 7510, 8000, 8010, 8020.

Geschäftsfälle	€
1. Banküberweisung der Umsatzsteuer-Zahllast	13.400,00
2. Banklastschrift für Darlehenstilgung	22.000,00
3. Unsere Banküberweisung für Miete: Produktionshalle	16.500,00
Privatwohnung	1.200,00
4. Rohstoffeinkäufe lt. ER 79–83, brutto	29.155,00
5. Barzahlung der Heizungsreparatur, brutto	595,00
6. Verkäufe von eigenen Erzeugnissen lt. AR 97–103, brutto	173.264,00
7. Banküberweisung der Löhne	7.300,00
der Gehälter	4.100,00
8. Barentnahme des Unternehmers für den Haushalt	800,00
9. Bezahlung von Werbeanzeigen durch Bankscheck, brutto	2.082,50
10. Barzahlung der Wertmarken für Frankiermaschine	1.200,00
11. Banküberweisung von Kunden zum Ausgleich von AR 95–96	14.280,00
12. Lastschrift der Bank für Darlehenszinsen	2.400,00
13. Entnahme von Erzeugnissen für Privatzwecke, Warenwert	2.500,00
14. Zinsgutschrift der Bank	2.300,00
15. Betrieb belastet Unternehmer f. private LKW-Nutzung mit netto	1.500,00
16. Privateinlage des Unternehmers durch Bankeinzahlung	20.000,00
17. ME 201 für Rohstoffe	72.300,00
ME 202 für Hilfsstoffe	12.200,00

Abschlussangabe: Abschreib. auf 0700: 6.000,00 €; auf 0800: 2.000,00 €. ■

102

1. *Worin unterscheiden sich Kontenrahmen und Kontenplan?*
2. *Unterscheiden Sie im Kontenrahmen und Kontenplan zwischen Kontenklasse, Kontengruppe, Kontenart, Kontenunterart.*
3. *Begründen Sie die Notwendigkeit eines Kontenrahmens.*
4. *Welches Prinzip liegt dem Aufbau des Industrie-Kontenrahmens (IKR) zugrunde?*
5. *Vergleichen Sie die Kontenklassen und Kontengruppen des Industrie-Kontenrahmens (IKR) mit den Positionen der Bilanz (§ 266 HGB) und der GuV-Rechnung (§ 275 HGB) (s. Anhang).*
6. *Welche Kontenklassen werden im Kontenrahmen a) der Finanzbuchhaltung und b) der Kosten- und Leistungsrechnung zugeordnet?*
7. *Begründen Sie das „Zweikreissystem" im Kontenrahmen.* ■

2.5 Die Belegorganisation

2.5.1 Bedeutung und Arten der Belege

Die Richtigkeit der Buchungen kann nur anhand der Belege überprüft werden. Deshalb muss jeder Buchung ein entsprechender Beleg zugrunde liegen. Der wichtigste **Grundsatz ordnungsmäßiger Buchführung** (§ 238 [2] HGB) lautet deshalb:

Keine Buchung ohne Beleg!

Herkunft der Belege

Nach der Herkunft der Belege unterscheidet man zwischen **externen** Belegen (= Fremdbelege) und **internen** Belegen (= Eigenbelege).

Belegarten

Externe Belege fallen im Geschäftsverkehr mit Außenstehenden an.	**Interne Belege** entstehen aus innerbetrieblichen Geschäftsfällen.
Beispiele – Eingangsrechnungen – Quittungen – Gutschriftsanzeige des Lieferers für Werkstoffrücksendung und nachträglichen Preisnachlass – Begleitbriefe zu erhaltenen Schecks und Wechseln – Erhaltene sonstige Geschäftsbriefe über z. B. nachträgliche Belastungen – Bankbelege (z. B. Kontoauszüge u. a.) – Postbelege (z. B. Quittungen über Einzahlungen, Versand, Kontoauszüge der Postbank u. a.)	**Beispiele** – Kopien von Ausgangsrechnungen – Quittungsdurchschriften – Durchschrift der Gutschriftsanzeige an Kunden für Rücksendung von Erzeugnissen und nachträglichen Preisnachlass – Durchschriften von Begleitbriefen zu weitergegebenen Schecks und Wechseln – Durchschriften von abgesandten sonstigen Geschäftsbriefen – Lohn- und Gehaltslisten – Belege über Privatentnahmen (Entnahme v. G. u. s. L.) – Belege über Storno- und Umbuchungen sowie Abschlussbuchungen

Ersatzbelege

Sie sind auszustellen, wenn ein **Originalbeleg abhanden gekommen** ist oder ein Fremdbeleg nicht zu erhalten war. Bei verloren gegangenen Fremdbelegen wird man in der Regel eine Abschrift erbitten. Fehlen z. B. über eine Taxifahrt oder von auswärts geführte Ferngespräche die erforderlichen Belege, so ist ein Ersatzbeleg zu erstellen, der **Zeitpunkt, Grund und Höhe der Ausgabe** enthält.

2.5.2 Bearbeitung der Belege

Folgende Arbeitsstufen umfasst die Bearbeitung der Belege in der Buchhaltung:

- **Vorbereitung** der Belege zur Buchung
- **Buchung** der Belege im Grund- und Hauptbuch
- **Ablage** und Aufbewahrung der Belege

Vorbereitung der Belege

Die sorgfältige Vorbereitung der Belege ist unerlässliche Voraussetzung ordnungsmäßiger Buchführung. Dazu gehören:

- **Überprüfung der Belege** auf ihre **sachliche und rechnerische Richtigkeit.**
- **Bestimmung des Buchungsbeleges.** Gehören zu einem Geschäftsfall mehrere Belege (z. B. bei Banküberweisungen: Überweisungsvordruck und Kontoauszug), muss vorab bestimmt werden, welcher Beleg als Buchungsunterlage verwendet werden soll, um mehrfache Buchungen zu vermeiden.
- **Ordnen der Belege nach Belegarten (Belegsortierung)** als **Voraussetzung für Sammelbuchungen** und eine ordnungsmäßige Ablage und **Aufbewahrung** der Belege:

– Ausgangsrechnungen	– Bankbelege
– Gutschriften an Kunden	– Postbankbelege
– Eingangsrechnungen	– Kassenbelege
– Gutschriften von Lieferern	– Privatentnahmen/-einlagen
– Lohn- und Gehaltslisten	– Sonstige Belege

- **Fortlaufende Nummerierung** der Belege innerhalb jeder Belegart.
- **Vorkontierung der Belege,** indem man mithilfe eines Kontierungsstempels die Buchungssätze bereits auf den Belegen angibt.

Beleg- und Buchungsvermerke

Jede Buchung im Grund- und Hauptbuch muss zugleich die jeweilige Belegart und die Belegnummer enthalten. Dieser **Belegvermerk** (z. B. PE 48) stellt sicher, dass zu jeder Buchung der zugehörige Beleg sofort auffindbar ist. Umgekehrt muss nach jeder Buchung der **Buchungsvermerk auf dem Beleg** eingetragen werden, der die Journalseite, das Buchungsdatum sowie das Zeichen des Buchhalters angibt. Durch diese **wechselseitigen Hinweise** wird der Beleg zum **Bindeglied** zwischen Geschäftsfall und Buchung.

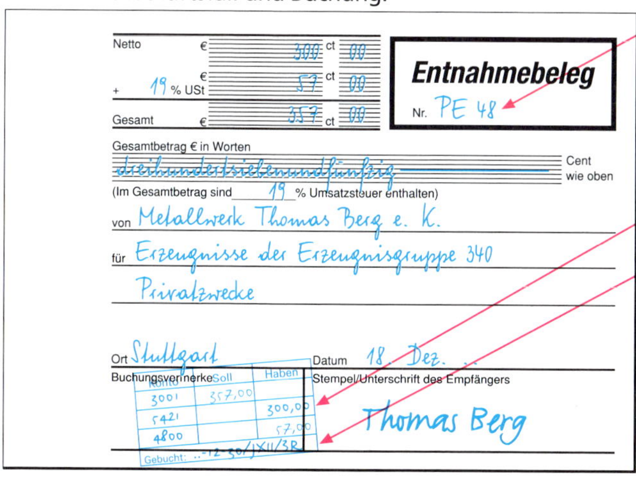

Belegvermerk:

PE = Belegart „Privatentnahme"
48 = Belegnummer

Vorkontierung

Buchungsvermerk

J XII/3 = Eintragung im Grundbuch (Journal = J) für Dezember (= XII) auf Seite 3

R = Kurzzeichen des Buchhalters

Belegaufbewahrung

Nach der Buchung müssen die Belege sorgfältig abgelegt und **10 Jahre** aufbewahrt werden, gerechnet vom **Schluss des Kalenderjahres,** in dem der Beleg entstanden ist (§ 257 [4] HGB, § 147 [3] AO). **Für jede Belegart** wird in der Regel **ein Ordner** angelegt, in dem die Belege nach fortlaufender Nummer abgeheftet sind. Bei einer **Mikrofilmablage** oder der **Ablage auf sonstigen Datenträgern** muss die jederzeitige Wiedergabe der mikroverfilmten Belege bzw. der gespeicherten Daten sichergestellt sein (vgl. S. 87).

2.6 Die Bücher der Finanzbuchhaltung

Ordnung der Buchungen

Die Buchungen müssen **jederzeit nachprüfbar** sein. Sie sind deshalb jeweils

- in **zeitlicher Reihenfolge** zu erfassen,
- nach **sachlichen Gesichtspunkten** zu ordnen und
- gegebenenfalls **durch Nebenaufzeichnungen zu erläutern.**

Diese Ordnung der Buchungen erfolgt in bestimmten **„Büchern"** der Buchführung.

2.6.1 Das Grundbuch

Im Grundbuch (Journal) werden die Buchungen in zeitlicher **(chronologischer) Reihenfolge** erfasst. Im Einzelnen nimmt das Grundbuch folgende Buchungen auf:

1. **Eröffnungsbuchungen über EBK**
2. **Laufende Buchungen** aufgrund der vorkontierten Belege
3. **Vorbereitende Abschlussbuchungen,** die, auch **Umbuchungen** genannt werden:
   - Buchung der Abschreibungen (s. S. 72 f.)
   - Abschluss der Unterkonten (z. B. Privat)
   - Verrechnung der Vor- und Umsatzsteuer
4. **Abschlussbuchungen**
   - Abschluss der **Erfolgskonten** über das GuV-Konto
   - Abschluss des **GuV-Kontos** über das Eigenkapitalkonto
   - Abschluss der **Bestandskonten** über das Schlussbilanzkonto

Wichtige Daten sind im Grundbuch bzw. Journal auszuweisen: Belegdatum, Belegvermerk, Buchungstext, Kontierung und der Buchungsbetrag:

Journal		Monat November ..				Seite ...
Datum	Beleg	Buchungstext	Kontierung		Betrag in €	
			Soll	Haben	Soll	Haben
12. Nov. ..		Übertrag von Seite ...			...	...
12. Nov. ..	BA 158	Überweisung an Vits KG	4400	2800	4.760,00	4.760,00
13. Nov. ..	AR 896	Verkauf an Holzen OHG	2400	5000	7.140,00	6.000,00
				4800		1.140,00
14. Nov. ..	BA 159	Überweisung von Decker AG	2800	2400	2.856,00	2.856,00
.	.	...				
.	.	...				

Bedeutung des Grundbuches

Die chronologischen Aufzeichnungen im Journal ermöglichen es, jeden einzelnen Geschäftsfall während der Aufbewahrungsfristen schnell bis zum Beleg zurückzuverfolgen und damit nachzuweisen.

Buchungsverfahren

Jede Grundbuchung muss auf dem entsprechenden Sachkonto des Hauptbuches und gegebenenfalls auf dem Konto bzw. der Karteikarte eines Nebenbuches (Lagerkartei, Kunden- und Liefererkonto u. a.) erfasst werden. Ob die Grundbuchungen **vor** der Übertragung auf die Konten **(= Übertragungsbuchführung)** oder im Durchschreibeverfahren **(= Durchschreibebuchführung)** oder **automatisch** mit der Buchung auf den Konten **(= EDV-Buchführung)** erfolgen, ist eine Frage des jeweils angewandten **Buchungsverfahrens.** Die o. g. Buchungsverfahren sind grundsätzlich nur noch von **historischer** Bedeutung.

Sachliche Ordnung

Aus dem Grundbuch lässt sich **nicht** jederzeit der Stand der einzelnen Vermögensteile und Schulden erkennen. Deshalb müssen die Geschäftsfälle noch in **sachlicher** Ordnung auf entsprechenden **Sachkonten** gebucht werden, z. B. alle Gehaltszahlungen auf einem Konto „Gehälter", alle Bargeschäfte auf einem Kassenkonto u. a. Die Sachkonten stellen wegen ihrer Bedeutung für die Buchführung das **Hauptbuch** dar. Sie werden in der Regel auf losen Formblättern oder EDV-mäßig geführt.

Was sind Sachkonten?

Die Sachkonten sind die im **Kontenplan** des Betriebes verzeichneten **Bestands- und Ergebniskonten.** Ihr Abschluss führt zum Gewinn- und Verlustkonto und zum Schlussbilanzkonto. Bei jeder Buchung auf einem Sachkonto des Hauptbuches müssen ähnlich wie im Grundbuch vermerkt werden: Datum, Belegvermerk, Buchungstext, Gegenkonto, Betrag im Soll und im Haben:

Konto: 2800 Bank

Beleg-datum	Beleg-vermerk	Buchungstext	Gegenkonto	Betrag in €	
				Soll	Haben
12. Nov. ..	BA 158	Überweisung an Vits KG	4400	–	4.760,00
14. Nov. ..	BA 159	Überweisung von Decker AG	2400	2.856,00	–
.	.	…			
.	.	…			

Zusammenhang zwischen Belegen, Grund- und Hauptbuch

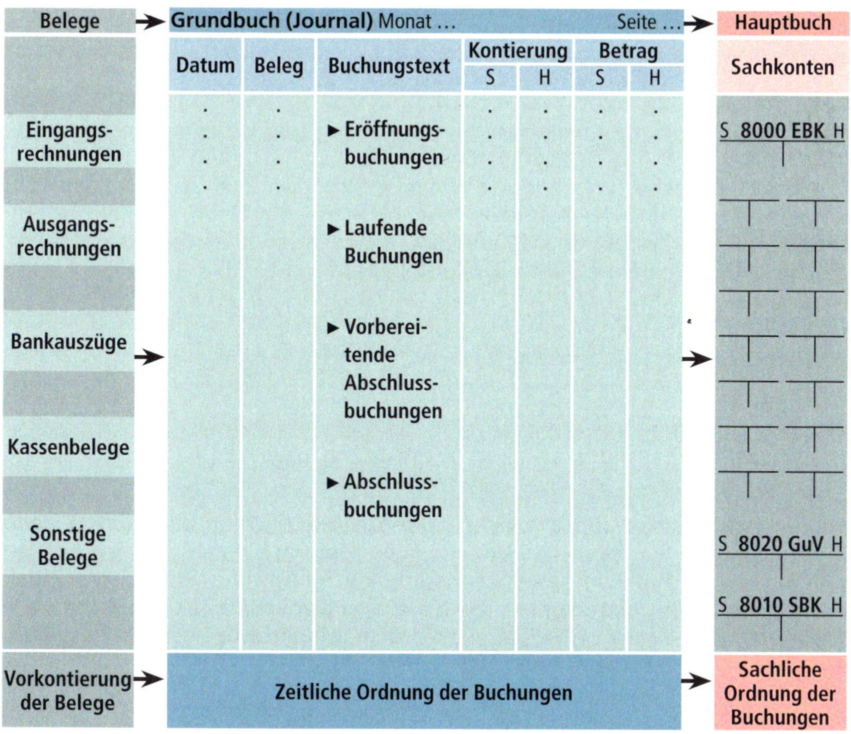

2.6.3 Die Nebenbücher im Überblick

Bestimmte Sachkonten müssen **näher erläutert** werden, um **wichtige Einzelheiten** zu erfahren. Das geschieht in entsprechenden **Nebenbüchern.**

Sachkonten		Nebenbücher
Forderungen a. LL, Verbindlichkeiten a. LL	⟷	**Kontokorrentbuch** erfasst den unbaren Geschäftsverkehr mit jedem einzelnen Kunden und Lieferer.
Bestandskonten für Roh-, Hilfs- und Betriebsstoffe, unfertige und fertige Erzeugnisse sowie Handelswaren	⟷	**Lagerkartei** erfasst für jede einzelne Werkstoff- und Warenart Zugänge und Abgänge und ermittelt jederzeit (permanent) den Buchbestand → Seite 22.
Löhne und Gehälter	⟷	**Lohn-/Gehaltsbuchhaltung** Für jeden Arbeitnehmer wird ein Lohn- bzw. Gehaltskonto geführt → Seite 183 f.
Anlagekonten	⟷	**Anlagenkartei** Für jeden Anlagegegenstand gibt es eine Anlagenkarte, die Anschaffungskosten, Nutzungsdauer, Abschreibung und Buchwert zum 31. Dezember ausweist → Seite 19.
Besitz- und Schuldwechsel	⟷	**Wechselbuch** Die Fälligkeiten u. a. der Wechsel müssen überwacht werden.

2.6.4 Die Kontokorrentbuchhaltung erfasst den Geschäftsverkehr mit Kunden und Lieferern

Was sind Personenkonten?

Die Einrichtung von Personenkonten für Kunden und Lieferer ist erforderlich, weil aus den Sachkonten „2400 Forderungen a. LL“ und „4400 Verbindlichkeiten 0“ nicht zu ersehen ist, wie hoch die Forderungen gegenüber den einzelnen Kunden **(Debitoren)** und die Schulden gegenüber den einzelnen Lieferern **(Kreditoren)** sind. Die Kunden- und Liefererkonten dienen vor allem der **Überwachung der Zahlungstermine.** Sie bilden das Kontokorrentbuch[1].

Kundenkonto: Computer GmbH, Rostock						**Kontonummer:** 10001
Datum	**Beleg**	**Buchungstext**	**Journalseite**	**Soll**	**Haben**	**Saldo**
2. Jan. ..	–	Saldovortrag	J 1	4.760,00	–	4.760,00
4. Jan. ..	BA 1	Banküberweisung	J 1	–	3.570,00	1.190,00
12. Jan. ..	AR 38	Verkauf Artikel-Nr. 567	J 3	2.856,00	–	4.046,00
		…				

Bei konventioneller Buchhaltung (Übertragungsbuchführung) **muss jede Buchung auf den Sachkonten 2400 und 4400 zugleich auf dem entsprechenden Kunden- und Liefererkonto vermerkt werden.** Beim Abschluss werden die Salden der Kunden- und Liefererkonten jeweils in eine **Saldenliste für Debitoren bzw. Kreditoren** übertragen, deren Summe mit dem Saldo des Kontos 2400 bzw. 4400 übereinstimmen muss.

1 ital.: conto corrente = laufende Rechnung

Die Kontokorrentbuchhaltung erfasst den Geschäftsverkehr mit Kunden und Lieferern

In der EDV-Buchführung wird **nur** auf den **Personenkonten** gebucht. Die hier erfassten Beträge werden **automatisch** auf den **Sachkonten** „2400 Forderungen a. LL" bzw. „4400 Verbindlichkeiten a. LL" **ausgewiesen.** Sachkonten sind in der Regel vierstellig, **Personenkonten fünfstellig:**

Debitoren: 10000-59999 → z. B. 10000 Kunde A, 10001 Kunde B, usw.
Kreditoren: 60000-99999 → z. B. 60000 Lieferer A, 60001 Lieferer B, usw.

Kundenkonten erhalten z. B. an der **fünften** Stelle (die EDV-Anlage liest die Kennziffern von rechts nach links) die **Kennziffern** 1 bis 5, Liefererkonten die Ziffern 6 bis 9.

Beispiel

Im Metallwerk Berg weisen die Saldenlisten der Kunden- und Liefererkonten sowie die Sachkonten 2400 und 4400 zum 31. Dezember folgende Zahlen aus:

Konto-Nr.	Kunden	Salden
10001	Computer GmbH	115.000
10002	Synon AG	86.250
10003	Weinert GmbH	165.000
	Saldensumme	**366.250**

Konto-Nr.	Lieferer	Salden
60001	Sauerland AG	135.000
60002	Brückner GmbH	247.250
60003	Glöckner GmbH	143.750
	Saldensumme	**526.000**

2400 Forderungen a. LL				
Datum	**Beleg**	**Text**	**Soll**	**Haben**
31. Dez.	–	...	2.875.000	2.508.750
		Saldo	–	**366.250**
			2.875.000	2.875.000

4400 Verbindlichkeiten a. LL				
Datum	**Beleg**	**Text**	**Soll**	**Haben**
31. Dez.	–	...	1.889.000	2.415.000
		Saldo	**526.000**	–
			2.415.000	2.415.000

Zusammenfassung

- Eine **ordnungsmäßige Buchführung** benötigt eine gute **Belegorganisation.**
- Man unterscheidet zwischen **externen** und **internen** Belegen.
-

Bearbeitungsstufen der Belege in der Buchführung		
Aufbereiten der Belege – Prüfen der Belege – Ordnen der Belege – Vorkontieren der Belege	**Buchung der Belege im** – Grundbuch – Hauptbuch – Nebenbuch	**Aufbewahrung der Belege 10 Jahre** – Ablage in Ordnern – Mikrofilmablage

-

Die Bücher der Finanzbuchhaltung			
Inventar- und Bilanzbuch enthält das Inventar sowie die Schlussbilanz einschließlich Gewinn- und Verlustrechnung.	**Grundbuch (Journal)** erfasst die Geschäftsfälle anhand vorkontierter Belege in zeitlicher Folge.	**Hauptbuch** erfasst die Geschäftsfälle nach sachlichen Gesichtspunkten auf Sachkonten.	**Nebenbücher** ergänzen und erläutern bestimmte Sachkonten.
10 Jahre Aufbewahrung			

AUFGABEN

103 In der Finanzbuchhaltung des Metallwerks Thomas Berg e. K. weisen die **Kundenkonten** Computer GmbH und Synon AG folgende **offene Posten,** also noch nicht bezahlte Rechnungen, aus:

S	10001 Computer GmbH		H
AR 407	23.800,00		
AR 409	11.900,00		

S	10002 Synon AG		H
AR 408	35.700,00		
AR 410	5.950,00		

Richten Sie außer den Kundenkonten noch folgende Sachkonten ein: 2400 Forderungen a. LL (AB 77.350,00 €), 2800 Bank (AB 109.500,00 €), 4800 Umsatzsteuer, 5000 Umsatzerlöse für eigene Erzeugnisse.

Buchen Sie die folgenden Geschäftsfälle auf den Sachkonten und nehmen Sie zugleich die entsprechenden Eintragungen auf den Kundenkonten vor:

1. Kunde Computer GmbH begleicht AR 407 lt. BA 12 .... 23.800,00 €
2. Verkauf von Stahlblechgehäusen G III lt. AR 411 an die Synon AG, netto .... 50.000,00 €
   + Umsatzsteuer .... 9.500,00 € 59.500,00 €
3. Kunde Synon AG begleicht lt. BA 13 die fällige AR 408 .... 35.700,00 €
4. Verkauf von Blechgehäusen G I an die Computer GmbH lt. AR 412, netto .... 15.000,00 €
   + Umsatzsteuer .... 2.850,00 € 17.850,00 €

1. *Ermitteln Sie die Salden der Kundenkonten und stellen Sie diese in einer Saldenliste „Debitoren" zusammen.*
2. *Ermitteln Sie den Saldo im Sachkonto 2400 Forderungen a. LL und stimmen Sie diesen mit der Summe der Salden der Debitoren-Saldenliste ab.* ■

104 Die **Liefererkonten** Walzwerke Sauerland AG und Stahlhandel Brückner GmbH des o. g. Metallwerks Berg weisen folgende **offene Posten** aus:

S	60001 Walzwerke Sauerland AG		H
		ER 580	29.750,00
		ER 582	14.280,00

S	60002 Stahlhandel Brückner GmbH		H
		ER 581	47.600,00
		ER 583	20.230,00

Richten Sie noch folgende Sachkonten ein: 2000 Rohstoffe, 2600 Vorsteuer, 2800 Bank (AB 167.000,00 €), 4400 Verbindlichkeiten a. LL (AB 111.860,00 €).

Buchen Sie die folgenden Geschäftsfälle auf den erforderlichen Sachkonten und ergänzen Sie entsprechend die beiden Liefererkonten:

1. ER 580 wird bei Fälligkeit beglichen. BA 45 .... 29.750,00 €
2. Einkauf von Breitstahlband TK 200 lt. ER 584 bei Stahlhandel Brückner GmbH, netto .... 44.000,00 €
   + Umsatzsteuer .... 8.360,00 € 52.360,00 €
3. Ausgleich von ER 581 lt. BA 46 .... 47.600,00 €
4. Einkauf von Stahlprofilen P 202 bei den Walzwerken Sauerland AG lt. ER 585, netto .... 8.500,00 €
   + Umsatzsteuer .... 1.615,00 € 10.115,00 €

1. *Ermitteln Sie die Salden der Liefererkonten und des Kontos 4400 Verbindlichkeiten a. LL.*
2. *Erstellen Sie die Kreditoren-Saldenliste und nehmen Sie die Abstimmung mit dem Sachkonto 4400 vor.* ■

Setzen Sie Folgendes entsprechend ein: 10, zeitlicher, sachlicher, erläutern, geordnet. 105

1. Das Grundbuch erfasst die Geschäftsfälle in ••• Ordnung.
2. Im Hauptbuch werden die Geschäftsfälle in ••• Ordnung gebucht.
3. Belege und Bücher sind ••• Jahre ••• aufzubewahren.
4. Das Kontokorrentbuch soll die Sachkonten 2400 und 4400 näher •••. ■

Die Elektroteile GmbH beliefert fünf Großkunden. Die Umsätze mit diesen Kunden betragen in zwei aufeinander folgenden Geschäftsjahren nach Angaben der Debitorenbuchhaltung: 106

Konto-Nr.	Kunde	Umsatz in €	
		1. Jahr	2. Jahr
10000	Elektroexport GmbH, Köln	260.000,00	299.000,00
10001	Hausgeräte GmbH, Düsseldorf	350.000,00	392.000,00
10002	Kaufpark Elektra GmbH, Essen	120.000,00	150.000,00
10003	Elektronik Schütz KG, Duisburg	220.000,00	193.600,00
10004	Baumarkt Hans Heiler e. K., Köln	125.000,00	131.250,00

1. *Wie hoch ist jeweils der Gesamtumsatz in den beiden Geschäftsjahren?*
2. *Ermitteln Sie für die beiden Geschäftsjahre in % den Anteil des jeweiligen Kunden am Gesamtumsatz.*
3. *Stellen Sie die Veränderungen gegenüber dem Vorjahr in % dar und deuten Sie diese.* ■

siehe „Prozentrechnung"
➤ Kap. E, 1.3

107

1. *Erläutern Sie Aufgaben und Bedeutung der Bücher der Buchführung: a) Grundbuch, b) Hauptbuch, c) Nebenbücher, d) Inventar- und Bilanzbuch.*
2. *Inwiefern ist der Beleg Bindeglied zwischen Geschäftsfall und Buchung?*
3. *Belege lassen sich nach ihrer Entstehung in a) Fremd- bzw. externe Belege und b) Eigen- bzw. interne Belege unterscheiden. Nennen Sie jeweils mindestens drei Beispiele.*
4. *Nennen Sie die Aufbewahrungsfrist für Geschäftsbelege, die Bücher der Buchführung, das Inventar und die Bilanz.*
5. *Von welchem Zeitpunkt an beginnt die Aufbewahrungsfrist?*
6. *Welche Möglichkeiten der Belegaufbewahrung bestehen?* ■

Geschäftsgang mit Grund-, Haupt-, Kontokorrent- und Bilanzbuch 108

1. *Führen Sie die genannten Bücher der Buchführung.*
2. *Richten Sie die Sachkonten ein und tragen Sie die Beträge der Summenbilanz vor.*
3. *Richten Sie die Personenkonten ein und tragen Sie die Soll- und Habenbeträge vor.*
4. *Buchen Sie die Geschäftsfälle für Dezember auf den Sach- und Personenkonten.*
5. *Erstellen Sie zum 31. Dezember die Saldenlisten der Personenkonten und stimmen Sie diese mit den Sachkonten „2400 Forderungen a. LL" und „4400 Verbindlichkeiten a. LL" ab.*
6. *Führen Sie den kontenmäßigen Jahresabschluss im Hauptbuch durch.*
7. *Erstellen Sie einen ordnungsmäßig gegliederten **Jahresabschluss** (Bilanz und Gewinn- und Verlustrechnung) der Textilfabrik E. Tuch e. K., Köln, für das Bilanzbuch.*

Belegabkürzungen: AR (Ausgangsrechnung), ER (Eingangsrechnung), BA (Bankauszug), PA (Postbankauszug), KB (Kassenbeleg), ME (Materialentnahmeschein), PE (Privatentnahmebeleg), SB (Sonstige Belege).

AUFGABEN

Kundenkonten der Textilfabrik Edgar Tuch e. K.	Soll	Haben
10000 F. Walter e. Kffr., Leverkusen	344.500,00	322.400,00
10001 Kühn KG, Köln	241.250,00	221.400,00
10002 R. Schulze e. Kfm., Bergheim	225.000,00	175.580,00
Summe	810.750,00	719.380,00

Liefererkonten der Textilfabrik Edgar Tuch e. K.	Soll	Haben
60000 M. Blau e. K., Rheine	189.400,00	224.600,00
60001 S. Schneider e. K., Emsdetten	180.200,00	215.800,00
60002 Weber GmbH, Soest	155.400,00	184.480,00
Summe	525.000,00	624.880,00

Sachkonten der Textilfabrik Edgar Tuch e. K.	Soll	Haben
0700 TA und Maschinen	165.000,00	8.000,00
0800 Andere Anlagen/BGA	53.000,00	5.000,00
2000 Rohstoffe	189.000,00	–
2400 Forderungen a. LL	810.750,00	719.380,00
2600 Vorsteuer	99.586,50	63.640,00
2800 Bank	782.220,00	646.070,00
2850 Postbankguthaben	69.343,00	14.000,00
2880 Kasse	28.940,00	21.150,00
3000 Eigenkapital	–	429.000,00
3001 Privat	40.000,00	–
4400 Verbindlichkeiten a. LL	525.000,00	624.880,00
4800 Umsatzsteuer	71.048,00	150.907,50
5000 Umsatzerlöse für eigene Erzeugnisse	–	780.150,00
5420 Entnahme v. G. u. s. L.	–	14.100,00
6000 Aufwendungen für Rohstoffe	460.000,00	–
62-64 Personalkosten	102.000,00	–
6520 Abschreibungen auf Sachanlagen	–	–
6700 Mieten	45.070,00	–
6800 Aufwendungen für Kommunikation	35.320,00	–
8010 Schlussbilanzkonto	–	–
8020 Gewinn- und Verlustkonto	–	–
Summen zum 17. Dezember	3.476.277,50	3.476.277,50

Geschäftsfälle ab 18. Dezember bis 31. Dezember ..

Datum	Beleg	Buchungstext	€
18. Dez.	AR 949	Verkauf v. Erzeugn. an F. Walter e. Kffr., brutto	10.472,00
19. Dez.	ER 468	Rohstoffeinkauf bei M. Blau e. K., brutto	14.637,00
20. Dez.	BA 91	Überweisung von Kühn KG	13.685,00
		Überweisung an S. Schneider e. K.	23.205,00
21. Dez.	KB 248	Barkauf von Postwertzeichen	650,00
	PE 35	Private Erzeugnisentnahme, netto	750,00
23. Dez.	ER 469	Rohstoffeinkauf bei Weber GmbH, brutto	14.042,00
27. Dez.	KB 249	Privatentnahme, bar	800,00
28. Dez.	AR 950	Verkauf v. Erzeugn. an R. Schulze e. Kfm., brutto	18.564,00
29. Dez.	PA 93	Überweisung von R. Schulze e. Kfm.	28.560,00
		Überweisung d. Telekomm.-Gebühren einschl. USt	1.428,00
30. Dez.	KB 250	Barkauf von Büromaterial, brutto	535,50
31. Dez.	KB 251	Barverkäufe von Erzeugnissen, brutto	6.664,00
31. Dez.	ME 310	Verbrauch von Rohstoffen	45.100,00
31. Dez.	Anlagenkartei:	Abschreibungen auf 0700	8.000,00
		Abschreibungen auf 0800	4.000,00

Abschlussangabe: Buchbestände am 31. Dez. = Inventurbestände lt. Inventar

6458104

Buchen mit Finanzbuchhaltungsprogrammen 2.7

Finanzbuchhaltung in der betrieblichen Praxis 2.7.1

Vorteile einer EDV-Buchführung

Die Zahl der täglichen Geschäftsfälle ist selbst in kleineren Unternehmen so groß, dass **nur eine EDV-gestützte Buchführung es ermöglicht,**

- **eine Vielzahl von Buchungsdaten in kürzester Zeit zu erfassen,**
- **automatisch zu verarbeiten,**
- **auszuwerten und zu speichern sowie**
- **die Ergebnisse jederzeit abzurufen.**

Drei Schritte kennzeichnen die **Arbeitsweise der EDV** in der Buchführung:

Eingabe →	Verarbeitung →	Ausgabe
der Daten über: – **Bildschirm mit Eingabetastatur** – **CD-/DVD-Laufwerk** – **Magnetbandgerät** – **Belegleser**	der Daten in der: **Zentraleinheit** ↓ – **Hauptspeicher** – **Steuerwerk und** – **Rechenwerk**	der Daten über: – **Bildschirm** – **Schnelldrucker**

Merkmale kommerzieller Finanzbuchhaltungssoftware 2.7.1.1

Anforderungen an eine Fibu-Software

Zur Steuerung und Verwaltung der betrieblichen Prozesse wird in der Praxis i. d. R. betriebswirtschaftliche **Standard- oder Individualsoftware** eingesetzt.[1] Diese **Programme** beinhalten neben den prozesssteuernden Modulen (Warenwirtschaftssystem, Produktions- und Planungssystem, Maschinensteuerung) auch kaufmännische Module wie die Finanzbuchhaltung, die Kostenrechnung oder das Personalwesen. Im Folgenden werden die Merkmale der betrieblichen Finanzbuchhaltungssoftware kurz dargestellt:

1. Die Programme haben eine **komfortable Benutzerführung.** Die Menüstruktur ist schnell erkennbar, die Eingabemasken sind übersichtlich gestaltet. Eingabefehler werden teilweise durch Plausibilitätskontrollen abgefangen.
2. Die für den Betrieb einzurichtenden **Stammdaten** können **flexibel** gestaltet werden. Konten, Bilanzstruktur, GuV-Aufbau usw. lassen sich veränderten betrieblichen Bedingungen oder neuen gesetzlichen Bestimmungen schnell anpassen.
3. Das **Buchen von Eingangs- und Ausgangsrechnungen** erfolgt im Rahmen einer **Offene-Posten-Buchhaltung.** Es wird also nicht auf einem Konto „Forderungen" oder „Verbindlichkeiten" gebucht, sondern auf **einzelnen Debitoren- und Kreditorenkonten,** deren Salden in ihrer Summe den Forderungen bzw. Verbindlichkeiten entsprechen.
4. **Bestimmte Buchungen** werden **automatisch** durchgeführt. Die **Umsatzsteuer bzw. Vorsteuer,** aber auch die **Steuerberichtigungen** bei Skontozahlungen oder Gutschriften werden in der Regel automatisch aufgrund der Einstellungen in den Stammdaten gebucht.

1 Anbieter für branchenneutrale betriebswirtschaftliche Software sind u. a. SAP, Sage KHK und Lexware.

5. Buchungen lassen sich als **Dialog-** oder als **Stapelbuchungen** erfassen. Bei einer **Dialogbuchung** wird jede Buchung **sofort** nach ihrer Eingabe **auf** die entsprechenden **Konten übertragen.** Die Erfassung als **Stapelbuchung** hat den Vorteil, dass die **erfassten Daten** zunächst nur als Text gespeichert werden und damit **ohne Stornierung korrigiert** werden können.
6. Die Programme bieten umfangreiche **Auswertungen.** Neben der Bilanz und der GuV-Rechnung werden **Saldenlisten, OP-Listen, Mahnlisten, Fälligkeitslisten** usw. gedruckt. Die **Umsatzsteuer-Voranmeldung** (Voraussetzung für die Überweisung der Zahllast an das Finanzamt) und so genannte **betriebswirtschaftliche Auswertungen** wie Bilanzkennziffern können jederzeit erstellt werden.
7. Die **Benutzeroberfläche des Moduls Finanzbuchhaltung** entspricht den Oberflächen der anderen betriebswirtschaftlichen Anwendungen (Kostenrechnung, Bestellwesen, Fakturierung, Gehaltsabrechnung u. a.). Welcher Benutzer (Mitarbeiter, User) welches Modul mit welchen Rechten nutzen darf, wird über **Passwörter** geregelt.
8. Die **Daten sämtlicher betriebswirtschaftlicher Anwendungen** werden in einer **zentralen Datenbank** gehalten, sodass von vielen Arbeitsplätzen und unterschiedlichen Anwendungen auf aktuelle Daten zugegriffen werden kann. Zum Beispiel werden die Daten der mithilfe des Programmmoduls Fakturierung in der Verkaufsabteilung erstellten Ausgangsrechnungen an das Programmmodul Finanzbuchhaltung übergeben und dort automatisch gebucht.
9. Zu beachten sind bei der Arbeit mit Finanzbuchhaltungsprogrammen neben den **„Grundsätzen ordnungsmäßiger Buchführung"** (GoB, siehe Seite 87) die seit 1995 geltenden **„Grundsätze ordnungsmäßiger DV-gestützter Buchführungssysteme"** (GoBS).[1]

2.7.1.2 Buchen der laufenden Geschäftsfälle

Wie läuft die Buchung der Geschäftsfälle ab?

Der typische Arbeitsablauf für die Buchung der laufenden Geschäftsfälle **beinhaltet:**

- **Sortieren der Belege.** Belege gleicher Art bilden „Stapel". Ein Beispiel für einen sinnvollen Stapel sind die Eingangsrechnungen der beiden letzten Tage, die den Einkauf von Rohstoffen betreffen.
- **Vorkontierung der Belege.** Auf dem Beleg werden die Konten, i. d. R. auch die Kostenstellen, manuell vermerkt.
- **Ermitteln einer Buchungskontrollsumme.** Die Endbeträge der zu buchenden Belege des Stapels werden summenmäßig erfasst.
- **Erfassen der Kontierungsdaten am Bildschirmarbeitsplatz über „Stapelbuchen".** Das Modul Finanzbuchhaltung der betriebswirtschaftlichen Software wird aufgerufen und das **Menü „Buchungserfassung"** gewählt. Die Kontierungsdaten jedes einzelnen Beleges werden mithilfe der **Erfassungsmaske** eingegeben.
- **Abstimmen der Kontrollsumme.** Bei Abweichung ist eine Fehlersuche notwendig. Das heißt konkret: Eine Mitarbeiterin bzw. ein Mitarbeiter liest die Daten der gebuchten Belege vor, eine andere (ein anderer) hakt die Buchungen im Journal ab.
- **Übernahme der Buchungen und Drucken des Journals.** Sofern keine offensichtlichen Fehler vorliegen, wird der Stapel „ausgebucht", das heißt, die Buchungen werden in das Finanzbuchhaltungssystem übernommen. Anschließend kann das Journal (Grundbuch) gedruckt und abgeheftet werden.

1 **Zu den Grundsätzen zählen vor allem: Zuverlässigkeit** des eingesetzten Programms, **Nachprüfbarkeit** der Daten, Gewährleistung der **Datensicherheit,** Sicherstellung der jederzeitigen **Datenwiedergabe.**

Erstellen von Auswertungen

Das Erstellen von **Auswertungen** (Offene-Posten-Listen, Zahlungsvorschlagslisten, USt-Voranmeldung, vorläufige Bilanz, GuV-Rechnung u. a.) wird von den dafür jeweils zuständigen Mitarbeitern angefordert. Die Auswertungen können mithilfe der Finanzbuchhaltungssoftware jederzeit zur Verfügung gestellt werden.

Zusammenfassung

- ▶ **In der betrieblichen Praxis** wird die Finanzbuchhaltung **mithilfe kommerzieller Finanzbuchhaltungssoftware** durchgeführt.
- ▶ Das Modul **Finanzbuchhaltung** ist Bestandteil **integrierter kaufmännischer Software.**
- ▶ **Konten, Bilanzstruktur und GuV-Aufbau können** über die Stammdatenpflege jederzeit **verändert werden.**
- ▶ **Wesentlicher Bestandteil** des Finanzbuchhaltungssystems ist die **Offene-Posten-Buchhaltung.**
- ▶ Buchungen werden in eine **Buchungserfassungsmaske** eingetragen. Die Auswirkungen der Buchungen werden von der Finanzbuchhaltungssoftware als **Auswertungen** erstellt.
- ▶ Für das **Erstellen von Auswertungen,** wie z. B. **Bilanz und GuV-Rechnung,** werden **keine Konten abgeschlossen.** Die Salden bleiben erhalten.

2.7.2 Offene-Posten-Buchhaltung

Offene Posten

Bei Buchung einer Eingangs- bzw. Ausgangsrechnung wird jeweils ein **offener Posten** angelegt. Bei der Buchung des Zahlungsausgangs bzw. Zahlungseingangs wird die **Belegnummer** des entsprechenden offenen Postens angegeben und der offene Posten wird ausgeglichen. Die Sachkonten **2400 Forderungen a. LL** und **4400 Verbindlichkeiten a. LL** können **nicht manuell** angebucht werden, da sie als **Sammelkonten** die Buchungen auf den Personenkonten **automatisch,** also softwarebedingt, aufnehmen.

Beispiel

Das Metallwerk Thomas Berg e. K. (siehe Aufgabe 111) erhält am 15. Januar .. von dem Lieferanten Glöckner Industriebedarf GmbH die folgende **Rechnung,** die die **Belegnummer 101** erhält:

Menge	Bezeichnung	Einzelpreis in €	Gesamtpreis in €
100 Gebinde	Lack S 600	35,00	3.500,00
		Rechnungspreis netto	3.500,00
		+ 19 % Umsatzsteuer	665,00
		Rechnungspreis brutto	4.165,00

Das Metallwerk Berg bezahlt die Rechnung am 20. Januar per **Banküberweisung.** Die **Belegnummer des Kontoauszuges ist 102.**

Die Buchungen lauten:

Beleg	Buchung	Soll	Haben
101	**2020 Hilfsstoffe**	3.500,00	
	2600 .... **Vorsteuer**	665,00	
	an **60003 Glöckner GmbH (Kreditorenkonto)** ..		4.165,00
Beleg	**Buchung**	**Soll**	**Haben**
102	**60003 Glöckner GmbH (Kreditorenkonto)**.......	4.165,00	
	an **2800 Bank**		4.165,00

Sollen beide Buchungen **sofort** nacheinander erfasst werden, ist es sinnvoll, die Methode **„Dialogbuchen"** zu wählen.

Bevor die Buchungen mithilfe eines Finanzbuchhaltungsprogramms erfasst werden, sollten die Eingabedaten in einen **Kontierungsbogen** eingetragen werden. Der Kontierungsbogen ist wie die Buchungsmaske der eingesetzten Software aufgebaut.

2.7.2.1 Einsatz der Finanzbuchhaltungssoftware „Lexware financial office"

Kontierungsbogen

Der Kontierungsbogen weist nach Eintragung der o. g. Buchungen Folgendes aus:

Datum	Beleg-Nr.	Buchungstext	Betrag in €	Soll-konto	Haben-konto	USt-Text	OP-Nr.
15. Jan.	101	Eingangsrechnung	4.165,00	2020	60003	VoSt19	
20. Jan.	102	Zahlungsausgang	4.165,00	60003	2800		101

Buchungserfassungsmaske

Die Buchungserfassungsmaske weist die erfassten **Daten der Eingangsrechnung** aus:

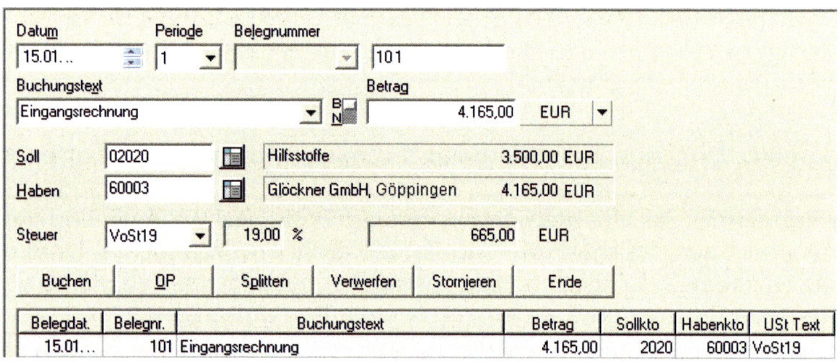

Der Schalter vor dem Betragsfeld ermöglicht die Eingabe des Brutto- oder Nettobetrages **(Voreinstellung „brutto").** Mit der Eintragung der Kontonummern erscheinen die Kontobezeichnung und der Saldo einschl. der aktuell erfassten Buchung. In den Stammdaten des Kontos 2020 Hilfsstoffe ist der **Steuertext VoSt19** (19 % Vorsteuer) eingetragen, deshalb erscheint dieser Text **automatisch** im Feld Steuer. Anhand des Steuertextes ermittelt die Software den Steuerbetrag. Steuersatz und Steuerbetrag werden angezeigt. Mit Betätigen der **Schaltfläche „Buchen"** wird die Buchung in das **Journal** übertragen und im unteren Teil angezeigt. Das unten stehende Bild zeigt die **Buchung des Zahlungsausgangs** vor Betätigen der OP-Schaltfläche:

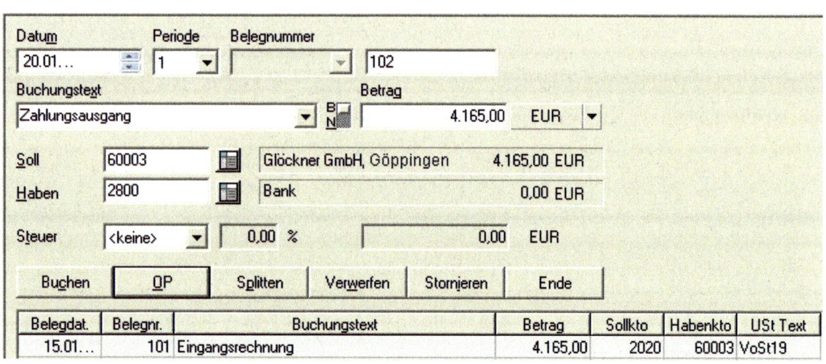

Einsatz der Finanzbuchhaltungssoftware „Lexware financial office"

Nach Klicken auf die OP-Schaltfläche erscheinen in einem weiteren Fenster die **offenen Posten** des in der Buchung angegebenen **Personenkontos:**

Im obigen Beispiel liegt nur **ein** offener Posten vor. Erfasster Zahlungsbetrag und offener Posten sind identisch. Der offene Posten wird markiert und nach Klicken auf die Schaltfläche „Buchen" ist der Zahlungsausgang gebucht.

Sollte der Buchungsbetrag nicht mit dem Betrag des gewählten offenen Postens identisch sein, bietet das Programm in einem weiteren Fenster die Auswahl „Weiterführen" oder „Ausbuchen" an. **Weiterführen** wird gewählt, wenn der Restbetrag als offener Posten weiterhin bestehen soll. Es handelt sich um eine Teilzahlung. **Ausbuchen** wird gewählt, wenn der offene Posten ausgeglichen ist, zum Beispiel bei Skontoabzug.

2.7.2.2 Einsatz der Finanzbuchhaltungssoftware „Sage KHK Classic Line"

Kontierungsbogen

Die Eintragung in den Kontierungsbogen sollte folgendermaßen erfolgen:

Soll-konto	Beleg-Nr.	Beleg-datum	Haben-konto	Betrag	SA	SC	Buchungstext	OP-Nr.
S2020	101	15. Jan.	K60003	4.165,00	V	1	Eingangsrechnung	101
K60003	102	20. Jan.	S2800	4.165,00			Zahlungsausgang	101

Die unten stehende Darstellung zeigt die erfassten Daten der Eingangsrechnung in der **Buchungserfassungsmaske:**

Buchungserfassungsmaske

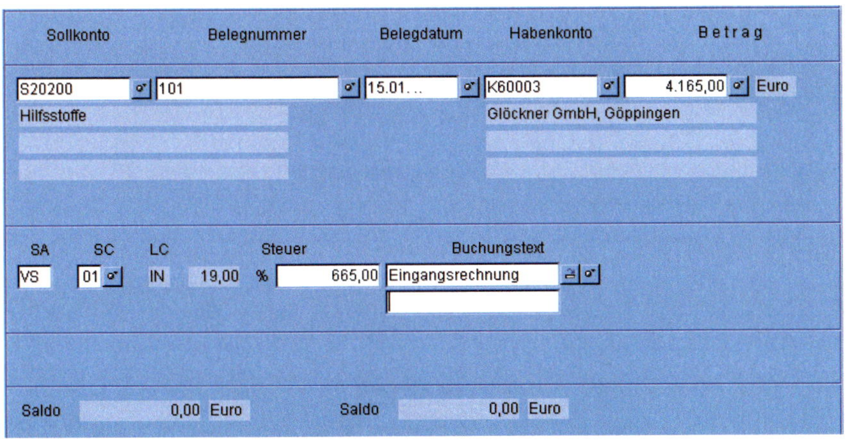

Nach Aufrufen der Buchungserfassungsmaske (*Finanzbuchhaltung → Buchen → Buchungserfassung → Buchungserfassung*) ist ein **Buchungskreis** (in der Regel 01) **und** die **Buchungsperiode** (aktueller Monat) einzutragen. Anschließend steht die Erfassungsmaske zur Verfügung.

Einsatz der Finanzbuchhaltungssoftware „Sage KHK Classic Line"

Jede Eingabe in ein Datenfeld wird mit der Eingabetaste bestätigt. Nach **Eingabe der Kontonummer** wird die Bezeichnung des Kontos eingeblendet. Gleichzeitig wird am unteren Bildschirmrand der **aktuelle Saldo des Kontos** angezeigt.

Bei Kontonummern brauchen nachfolgende Nullen nicht eingegeben zu werden. Die Kontonummern können vollständig über den numerischen Block der Tastatur eingegeben werden. Das **„D"** für **Debitoren** wird mit einer **„1"**, das **„K"** für **Kreditoren** wird mit einer **„2"** und das **„S"** für Sachkonten wird mit einer **„3"** eingegeben.

Bei der **Anzeige der aktuellen Salden** werden Sollsalden ohne Vorzeichen und Habensalden mit einem Minuszeichen hinter dem Betrag dargestellt.

In den **Datenfeldern SA (Steuerart)** und **SC (Steuercode)** werden die **Voreinstellungen** (VS: Vorsteuer Soll) und 01 (Steuersatz: 19 %) aus den Stammdaten des Kontos Hilfsstoffe angezeigt. Wird, wie in diesem Beispiel, bei der Buchung ein offener Posten angelegt, erscheint nach Eingabe des Buchungstextes ein weiteres Fenster für die **Daten des offenen Postens:**

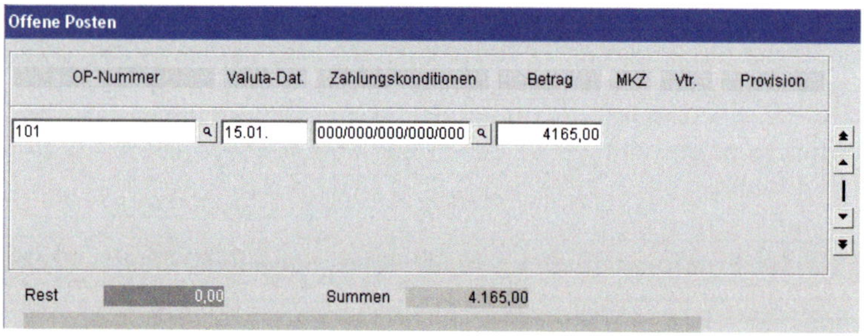

Als OP-Nummer wird die vorher eingegebene **Belegnummer** vorgeschlagen. In der Regel wird sie übernommen.

Es kann eine **Zahlungsbedingung** erfasst werden (Tage Skonto, Skontosatz, Tage Ziel). In den Feldern Betrag und Valuta-Datum werden die Voreinstellungen normalerweise übernommen. Bei der Buchung auf Personenkonten erscheint anschließend in einem weiteren Fenster die Frage: **„Buchung abschließen und speichern?"**. Nach Klicken auf „Ja" ist die Buchung erfolgt. Der unten stehende Bildschirmausdruck zeigt die Buchung des Zahlungsausgangs:

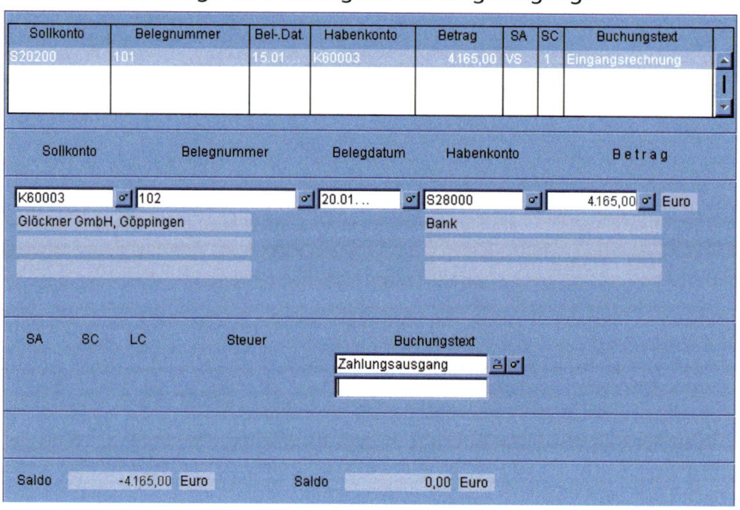

Einsatz der Finanzbuchhaltungssoftware „Sage KHK Classic Line"

Die zuletzt erfassten Buchungen werden im oberen Teil des Erfassungsbildschirmes angezeigt. Nach Eingabe des Buchungstextes werden in einem gesonderten Fenster die **offenen Posten des Kreditorenkontos,** auf dem im Soll gebucht wird, angezeigt.

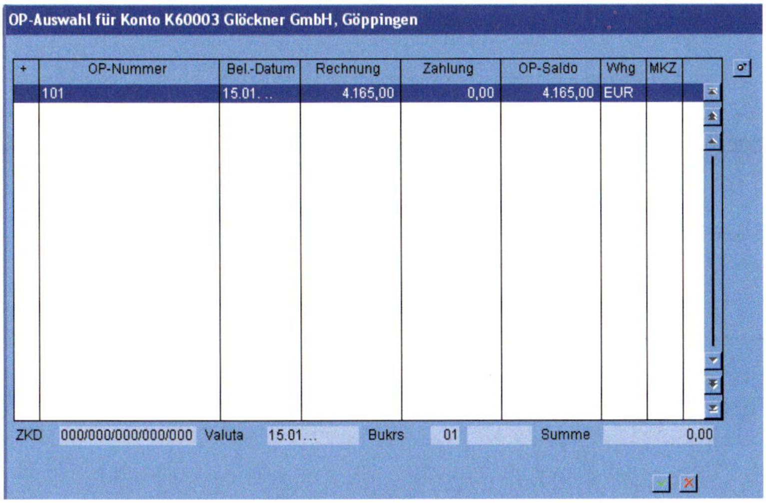

Die durch die Zahlung auszugleichende **Rechnung wird markiert.** Nach Bestätigen mit der Eingabetaste werden die **OP-Daten in die Buchungserfassungsmaske** übernommen. Mit Übernahme dieser Daten wird die **Buchung gespeichert.**

Falls Buchungsbetrag und Betrag des offenen Postens nicht übereinstimmen, wird der **Restbetrag** angezeigt. Soll dieser Restbetrag „ausgebucht" werden (OP ist ausgeglichen, Zahlung ist vollständig erfolgt), wird der **Restbetrag als Skonto** eingetragen. Wird in das Skontofeld nichts eingetragen, bleibt der **Restbetrag als Verbindlichkeit** (bei Kunden als Forderung) bestehen. Die Voreinstellung des Datenfeldes Skonto hängt von der erfassten Zahlungskondition bei Buchung der zu zahlenden Rechnung ab.

Zusammenfassung

- Bei der **Buchung von Eingangs- und Ausgangsrechnungen** werden **offene Posten** angelegt.
- **Zahlungen an Lieferanten** und **Zahlungen von Kunden** werden jeweils **einem** vorher gebuchten **offenen Posten zugeordnet.**
- Die Offene-Posten-Buchhaltung der **Kreditoren (Lieferer)** unterstützt die **Entscheidungen bei eigenen Zahlungen** (Zeitpunkt, Nutzen von Skonto, ...).
- Die Offene-Posten-Buchhaltung der **Debitoren (Kunden)** unterstützt das **Mahnwesen.**
- **Alle Debitoren** werden dem **Sammelkonto „Forderungen a. LL", alle Kreditoren** dem **Sammelkonto „Verbindlichkeiten a. LL"** zugewiesen.

2.7.3 Stammdatenpflege im Rahmen der Finanzbuchhaltung

Kommerzielle Finanzbuchhaltungsprogramme zeichnen sich dadurch aus, dass der **Kontenplan** des Unternehmens völlig **frei gestaltet** werden kann. Das heißt, **Sachkonten, Debitoren und Kreditoren** können jederzeit **neu eingerichtet** bzw. **verändert** werden.

Stammdatenpflege im Rahmen der Finanzbuchhaltung

Das unten stehende Fenster zeigt **Daten des Kunden Computer GmbH des Metallwerks Thomas Berg e. K.,** erstellt mit der **„Lexware"-Finanzbuchhaltung.** Am linken Rand ist die Auswahl der Bearbeitungsmasken für die Kundenstammdaten aufgeführt.

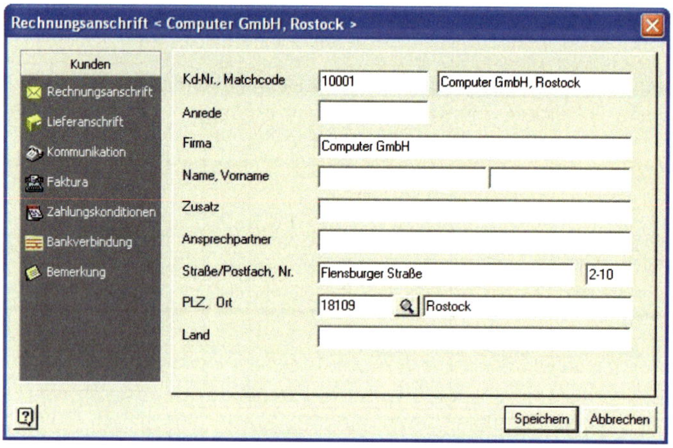

Das unten stehende Beispiel, erstellt mit der **„Sage-KHK-Classic-Line"-Finanzbuchhaltung,** zeigt die **Stammdaten des Sachkontos Rohstoffe.** Über das Auswertungskennzeichen BA032 wird gesteuert, dass der Saldo des Kontos in der Bilanz unter der Position „1. Roh-, Hilfs- und Betriebsstoffe" erscheint.

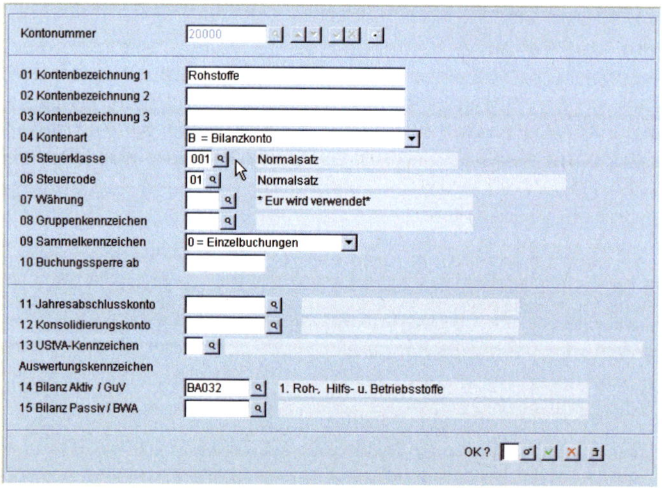

Zusammenfassung

- **Die Konten (Debitoren, Kreditoren, Sachkonten)** werden in der Finanzbuchhaltung als **Stammdaten** geführt.
- Bei der **Erfassung eines neuen Kunden** werden neben dem Debitorenkonto auch **Daten für andere Module** (Kundenadresse für die Fakturierung) erfasst.
- Alle **Sachkonten** müssen genau **einer Position in der Bilanz** (Bestandskonten) oder **einer Position in der GuV-Rechnung** (Erfolgskonten) **zugeordnet** werden.
- Weitere **wichtige Stammdaten** sind Steuerschlüssel, Zahlungsbedingungen und vorformulierte Buchungssätze.

Sie sind Mitarbeiter/-in in der Finanzbuchhaltung des Metallwerks Thomas Berg e. K. Der folgende Geschäftsgang ist im November des aktuellen Geschäftsjahres zu buchen. Den Kontenplan des Metallwerks Berg können Sie der Aufgabe 111 entnehmen. 109

Geschäftsfälle (Hinweis: Der Umsatzsteuersatz beträgt in allen Fällen 19 %.)

Nr.	Datum	Text	€
101	10. Nov.	Ausgangsrechnung an die Computer GmbH für die Lieferung von eigenen Erzeugnissen, brutto	13.090,00
102	10. Nov.	Eingangsrechnung für Rohstoffe von der Stahlhandel Brückner GmbH, brutto	4.760,00
103	15. Nov.	Privateinlage des Inhabers bar	2.000,00
104	15. Nov.	Die Computer GmbH bezahlt AR 101 durch Banküberweisung	13.090,00
105	15. Nov.	Zahlung einer Reparatur bar, brutto	59,50
106	15. Nov.	Verbrauch von Rohstoffen laut ME	3.500,00
107	15. Nov.	Banküberweisung an die Stahlhandel Brückner GmbH. Ausgleich der ER 102	4.760,00
108	15. Nov.	Eingangsrechnung für Hilfsstoffe von der Stahlhandel Brückner GmbH, brutto	1.785,00
109	17. Nov.	Eingangsrechnung für Rohstoffe von der Stahlhandel Brückner GmbH, brutto	3.927,00
110	20. Nov.	Banküberweisung der Löhne	1.120,00
111	20. Nov.	Privatentnahme des Inhabers bar	500,00
112	20. Nov.	Abbuchung der Bank für Zinsen	250,00

Arbeitsanweisungen

1. *Buchen Sie die Geschäftsfälle im Grundbuch.*
2. *Führen Sie die Konten „Umsatzsteuer" und „Vorsteuer". Ermitteln Sie die Zahllast.*
3. *Tragen Sie die Buchungen in einen Kontierungsbogen ein. Die Struktur des Kontierungsbogens ist abhängig von der Software, die Ihnen zur Verfügung steht.*
4. *Erfassen Sie die Buchungen mithilfe eines kommerziellen Finanzbuchhaltungsprogramms (z. B. Lexware oder KHK).*
5. *Erstellen Sie folgende Auswertungen:*
   a) Journal des Monats November,
   b) Saldenliste Sachkonten zum 30. November,
   c) Saldenliste Kreditoren zum 30. November,
   d) Offene-Posten-Liste Kreditoren zum 30. November,
   e) Umsatzsteuer-Voranmeldung für November.

110

1. *Sie richten für ein kommerzielles Finanzbuchhaltungsprogramm das Konto 6800 Büromaterial neu ein. Warum ist es sinnvoll, einen Steuertext bzw. Steuercode zu erfassen?*
2. *Kommerzielle Finanzbuchhaltungsprogramme kennen das Konto SBK nicht. Dafür lässt sich jederzeit eine Saldenliste erstellen. Worin unterscheidet sich die Auswertung „Saldenliste Sachkonten" von dem Konto SBK?*
3. *Welche Informationen enthält die Offene-Posten-Liste Kreditoren im Vergleich zur Saldenliste Kreditoren?*
4. *Die Sachkonten 2400 Forderungen a. LL und 4400 Verbindlichkeiten a. LL sind eingerichtet. Sie haben auf diesen Konten jedoch nicht gebucht. Trotzdem weisen diese Konten in der Saldenliste Buchungen auf. Welche sind das?*
5. *Die Umsatzsteuer-Voranmeldung weist die Zahllast bzw. den Vorsteuer-Überhang aus. Welche anderen wesentlichen Daten werden ausgedruckt?*

2.8 Beleggeschäftsgang 1

Im **Metallwerk Thomas Berg e. K.** entspricht das Geschäftsjahr dem Kalenderjahr. Der Geschäftsinhaber möchte jedoch monatlich über die Lage des Unternehmens informiert werden. Deshalb werden in der Finanzbuchhaltung regelmäßig **Monatsabschlüsse** gemacht. In dem folgenden Beleggeschäftsgang soll der **Abschluss zum 31. Januar** erfolgen. Die **Sach- und Personenkonten** weisen die **Salden zum 27. Januar ..** aus. Für die Zeit vom 28. Januar bis 31. Januar sind noch die **Belege 1–21** zu buchen.

Eröffnung der Sach- und Personenkonten

Die Beträge der Sach-, Kunden- und Liefererkonten werden bei **konventioneller Buchführung** einfach auf die genannten Konten, also ohne Gegenbuchung, übertragen. Im **Arbeitsheft** sind die Konten entsprechend vorbereitet.

EDV-Buchführung

Der Beleggeschäftsgang kann natürlich auch mit einem EDV-Finanzbuchhaltungsprogramm (z. B. Sage KHK, Lexware u. a.) gebucht werden. In diesem Fall erfolgen jedoch die Eröffnungsbuchungen nach dem System der Doppik über das Gegenkonto **„8050 Saldenvorträge"**. Da alle Geschäftsfälle, die Kunden und Lieferer betreffen, **direkt** auf den entsprechenden Personenkonten gebucht werden, sind auch nur die **Personenkonten** mit ihren Daten zu **eröffnen,** nicht dagegen die zugehörigen Sachkonten 2400 und 4400. Die auf den Personenkonten erfassten Beträge werden **automatisch** auf den Sachkonten 2400 und 4400 ausgewiesen.

AUFGABE

111

	Kontenplan und Salden der Sachkonten des Metallwerks Thomas Berg e. K. zum 27. Januar ..	Soll	Haben
0500	Grundstücke und Bauten	4.025.000,00	–
0700	Technische Anlagen und Maschinen	2.870.000,00	–
0800	Andere Anlagen/BGA	665.000,00	–
2000	Rohstoffe	840.000,00	–
2020	Hilfsstoffe	230.000,00	–
2030	Betriebsstoffe	48.000,00	–
2200	Fertige Erzeugnisse	745.000,00	–
2400	Forderungen a. LL	719.950,00	–
2600	Vorsteuer	131.871,00	–
2800	Bankguthaben	331.826,00	–
2880	Kasse	44.012,00	–
3000	Eigenkapital	–	8.060.000,00
3001	Privat	65.300,00	–
4250	Hypothekenschulden	–	1.752.796,00
4400	Verbindlichkeiten a. LL	–	487.305,00
4800	Umsatzsteuer	–	159.828,00
5000	Umsatzerlöse für eigene Erzeugnisse	–	840.000,00
5420	Entnahme v. G. u. s. L.	–	1.200,00
5710	Zinserträge	–	3.500,00
6000	Aufwendungen für Rohstoffe	380.000,00	–
6020	Aufwendungen für Hilfsstoffe	46.700,00	–
6030	Aufwendungen für Betriebsstoffe	13.800,00	–
6160	Fremdinstandhaltung	10.000,00	–
6200	Löhne	56.000,00	–
6300	Gehälter	48.000,00	–
6520	Abschreibungen auf Sachanlagen	–	–
6820	Portokosten	2.200,00	–
6830	Kosten der Telekommunikation	4.700,00	–
6850	Reisekosten	1.470,00	–
7510	Zinsaufwendungen	25.800,00	–
Abschlusskonten: 8010 und 8020		11.304.629,00	11.304.629,00

Offene-Posten-Listen

Die Personenkonten weisen zum 27. Januar .. im Einzelnen die unten stehenden **offenen Posten** (= unbezahlte Rechnungen) und **Salden** aus:

Offene-Posten-Liste Kunden					
Konto-Nr.	**Kunde**	**Datum**	**Rechnungs-Nr.**	**Betrag**	**Saldo**
10 001	Computer GmbH Flensburger Straße 2–10 18109 Rostock	..-01-06 ..-01-19	201 204	238.000,00 53.550,00	**291.550,00**
10 002	Elektronische Geräte Synon AG Speyerer Straße 31–35 76199 Karlsruhe	..-01-18 ..-01-21	203 205	47.600,00 238.000,00	**285.600,00**
10 003	Unterhaltungselektronik Weinert GmbH Bebelstraße 50–58 74076 Heilbronn	..-01-07 ..-01-23	202 206	66.640,00 76.160,00	**142.800,00**
Saldensumme der Kundenkonten: Abstimmung mit Konto 2400					**719.950,00**

Offene-Posten-Liste Lieferer					
Konto-Nr.	**Lieferer**	**Datum**	**Rechnungs-Nr.**	**Betrag**	**Saldo**
60 001	Walzwerke Sauerland AG Gewerbestraße 40–52 58730 Fröndenberg	..-01-04 ..-01-10	25 190 25 340	85.680,00 107.100,00	**192.780,00**
60 002	Stahlhandel Brückner GmbH Saarstraße 83–87 66953 Pirmasens	..-01-21	4 403	245.140,00	**245.140,00**
60 003	Industriebedarf Glöckner GmbH Geislinger Straße 62–64 73033 Göppingen	..-01-19 ..-01-22	45 115 45 317	29.750,00 19.635,00	**49.385,00**
60 004	Verschiedene Lieferer	–	–	–	–
Saldensumme der Liefererkonten: Abstimmung mit Konto 4400					**487.305,00**

Aufgaben

1. *Eröffnung der Sach- und Personenkonten mit den Salden zum 27. Januar ..*
2. *Vorkontierung der Belege im Grundbuch:*

Datum	Beleg	Text	Kontierung	Soll	Haben

3. *Beleg 20: Umbuchung der Privatentnahmen und der Vorsteuer*
4. *Beleg 21: Abschreibungen auf Sachanlagen*
5. *Erstellung der Saldenlisten für die Debitoren und Kreditoren und Abstimmung mit den Sachkonten 2400 und 4400.*
6. *Der Monatsabschluss ist für das Metallwerk Thomas Berg e. K. in Form der Bilanz und Gewinn- und Verlustrechnung konventionell oder EDV-gestützt zu erstellen.*

Beleggeschäftsgang 1

Beleg 1

METALL WERK Thomas BERG e. K.

Metallwerk Thomas Berg e. K. • Industriestr. 22 – 28 • 70565 Stuttgart

Telefon
0711 245671-0
Telefax
0711 245671-62
Internet
www.berg-metall-wvd.de
E-Mail
service@berg-metall-wvd.de

Computer GmbH
Flensburger Str. 2 - 10
18109 Rostock

Ihr Zeichen, Ihre Nachricht vom	Liefertag	Telefon, Name 0711 245671-	Datum
	..-01-26	27	..-01-28

Bitte bei Zahlung angeben:
Rechnungs-Nr.: 207
Kunden-Nr.: 10 001

Rechnung

Auftrags-Nr.: 192/..
Lieferschein: 146 826

Wir danken für Ihren Auftrag und berechnen Ihnen wie folgt:

Menge	Bezeichnung	Einzelpreis in €	Betrag in €
1 280	Stahlblechgehäuse G I	80,00	102.400,00
2 440	Stahlblechgehäuse G III	35,00	85.400,00

Konto	Soll	Haben

Gebucht:

Warenwert	187.800,00
Umsatzsteuer 19 %	35.682,00
Endsumme	223.482,00

Zahlungsbedingung:
30 Tage netto

Landesgirokasse Stuttgart
Konto 723 544 32
BLZ 600 501 01

Gerichtsstand: Stuttgart
Eigentumsvorbehalt
gem. § 455 BGB

Steuer-Nr.
065 158 43218
USt-IdNr.
DE 222 856 039

Beleg 2

Walzwerke Sauerland AG
www.walzwerke-wvd.com

Walzwerke Sauerland AG • Gewerbestr. 40–52 • 58730 Fröndenberg

Telefon 02373 286929-0
Telefax 02373 286929-31
E-Mail service@walzwerke-wvd.com

Metallwerk
Thomas Berg e. K.
Industriestraße 22 – 28
70565 Stuttgart

EINGEGANGEN
..-01-28

Ihre Bestellung vom/Tag/Zeich.	Unsere Auftrags-Nr./Zeich.	Zeit der Leistung/Liefertag	Datum
..-01-23	RS 4 500 y	..-01-26	..-01-27

Rechnung 25 612

Wir sandten für Ihre Rechnung und auf Ihre Gefahr:

Zeichen und Nr.	Gegenstand	Tonnen	Preis je Einheit €	Betrag €	Für Empfänger-vermerke
KW 91	Breitstahlband kaltgewalzt, 3 mm	70	1.000,00	70.000,00	
WW 02	Breitstahlband warmgewalzt, 2 mm	30	1.300,00	39.000,00	
	Warenwert			109.000,00	
	+ 19 % Umsatzsteuer			20.710,00	
				129.710,00	

Konto	Soll	Haben

Gebucht:

Zahlungsbedingung: 30 Tage rein netto

Steuer-Nr. 065 278 44543
USt-IdNr. DE 356 357 991

Geschäftszeit
08:30–17:00 Uhr

Dresdner Bank Fröndenberg
Konto 345 678 90
BLZ 445 800 70

Beleggeschäftsgang 1

Beleg 3

Landesgirokasse Stuttgart

Empfangsbescheinigung

über Bar-Einzahlung auf eigenes Konto

Kontonummer	Kontoinhaber
723 544 32	Thomas Berg e. K., Metallwerk

Betrag: Euro, Cent
3.500,00------

..-01-27 3.500,00
Landesgirokasse
Stuttgart *Lange*

Für den Einzahlungstag und den Betrag ist der Maschinendruck maßgebend.

Kontoauszug zu Beleg 3

Kontoauszug

Landesgirokasse Stuttgart

Konto-Nr.	Datum	Ausz.-Nr.	Blatt	Buchungstag	PN-Nr.	Wert	Umsatz
723 544 32	..-01-27	8	1				
EINZAHLUNG				01-27	8736	01-27	3.500,00 H

Konto | Soll | Haben
Gebucht:

THOMAS BERG E. K.
METALLWERK
INDUSTRIESTRASSE 22 - 28
70565 STUTTGART

Alter Saldo
H 331.826,00 EUR

Neuer Saldo
H 335.326,00 EUR

Beleg 4

Netto € — ct —
+ — % USt € — ct —
Gesamt € 600 ct 00

Quittung

Nr. KB 38

Gesamtbetrag € in Worten *sechshundert* Cent wie oben

(Im Gesamtbetrag sind — % Umsatzsteuer enthalten)

von *Geschäftskasse*

für *private Zwecke*

richtig erhalten zu haben, bestätigt

Ort *Stuttgart* Datum *..-01-29*

Buchungsvermerke

Konto | Soll | Haben
Gebucht:

Stempel/Unterschrift des Empfängers
Thomas Berg

Beleg 5

Stahlhandel BRÜCKNER GmbH

Telefon 06331 72214-0
Telefax 06331 72214-39
www.stahlhandel-wvd.de

Steuer-Nr. 065 272 12340
USt-IdNr. DE 456 987 321

BRÜCKNER GmbH • Stahlhandel • Saarstr. 83–87 • 66953 Pirmasens

Metallwerk
Thomas Berg e. K.
Industriestraße 22 – 28
70565 Stuttgart

EINGEGANGEN ..-01-29

Ihr Auftrag vom	Kunden-Nr.	Unsere Lieferung vom	Telefon, Name 06331 72214-	Datum
..-01-16	70 016	..-01-25	12	..-01-28

Rechnung 4 573

Menge	Artikel	Einzelpreis	Betrag in €
15 t	Stahlprofil 20 x 30 mm, SP 01	3.100,00 €	46.500,00
10 t	Stahlprofil 30 x 40 mm, SP 02	3.250,00 €	32.500,00
			79.000,00
		+ 19 % Umsatzsteuer	15.010,00
			94.010,00

Konto	Soll	Haben

Gebucht:

Deutsche Bank Pirmasens
Konto 234 977 54
BLZ 542 700 96

Beleg 6

Material-Entnahmeschein Nr.: 11 351

Metallwerk Thomas Berg e. K.

Rohstoffe [X] Hilfsstoffe [ ] Betriebsstoffe [ ]

Konto	Soll	Haben

Gebucht:

Datum: ..-01-29 Kostenstelle: Stanzerei/Schneiden

Artikel-Nr.	Menge	Einheit	Bezeichnung	€/Einheit	Summe
KW 91	180	t	Breitstahlband, kaltgewalzt	1.000,00	180.000,00
SP 01	20	t	Stahlprofil, 20 x 30 mm	3.100,00	62.000,00

ausgestellt: Zimmer ausgegeben: Koch Buchhaltung: 242.000,00

Beleg 7

Material-Entnahmeschein Nr.: 11 352

Metallwerk Thomas Berg e. K.

Rohstoffe [ ] Hilfsstoffe [X] Betriebsstoffe [ ]

Konto | Soll | Haben
Gebucht:

Datum: ..-01-30 Kostenstelle: Lackieren/Montieren

Artikel-Nr.	Menge	Einheit	Bezeichnung	€/Einheit	Summe
P 1200	30	Gebinde	Kleber	200,00	6.000,00
F 800	40	Gebinde	Lack	40,00	1.600,00
				Buchhaltung:	7.600,00

ausgestellt: Leyer ausgegeben: Kirsten

Beleg 8

Netto	€ 440	ct 00	
+ 19 % USt	€ 83	ct 60	
Gesamt	€ 523	ct 60	

Quittung
Nr. KB 39

Gesamtbetrag € in Worten fünfhundertdreiundzwanzig Cent wie oben

(Im Gesamtbetrag sind 19 % Umsatzsteuer enthalten)

Konto | Soll | Haben
Gebucht:

von Thomas Berg e. K., Metallwerk

für Reparaturarbeiten an der Heizungsanlage

richtig erhalten zu haben, bestätigt

Ort Stuttgart Datum ..-01-30

Buchungsvermerke

Stempel/Unterschrift des Empfängers

Kundendienst Turbo GmbH
70563 Stuttgart
Steuer-Nr. 065 338 42760

Zeiler

Belege 9 und 10

Kontoauszug — Landesgirokasse Stuttgart

Konto-Nr.	Datum	Ausz.-Nr.	Blatt	Buchungstag	PN-Nr.	Wert	Umsatz
723 544 32	..-01-29	9	1				

ÜBERWEISUNG **(Beleg 9)** 01-28 8744 01-28 85.680,00 S
WALZWERKE SAUERLAND AG,
FRÖNDENBERG, RE 25 190 VOM 4. JAN. ..
(KONTO 60 001)

GUTSCHRIFT **(Beleg 10)** 01-28 8744 01-28 66.640,00 H
UNTERHALTUNGSELEKTRONIK
WEINERT GMBH, HEILBRONN
RE 202 VOM 7. JAN. ..
(KONTO 10 003)

Konto | Soll | Haben
Gebucht:

Konto | Soll | Haben
Gebucht:

Alter Saldo
H 335.326,00 EUR

THOMAS BERG E. K.
METALLWERK
INDUSTRIESTRASSE 22 - 28
70565 STUTTGART

Neuer Saldo
H 316.286,00 EUR

Beleg 11

T

Deutsche Telekom AG
53171 Bonn

DV 01 0,55

Thomas Berg e. K.
Metallwerk
Industriestraße 22 - 28
70565 Stuttgart

Datum ..-01-22
Seite 1 von 4

Kundennummer 908 100 0726
Rechnungsnummer 913 685 3071
Buchungskonto 476 020 3885

Haben Sie noch Fragen zu Ihrer Rechnung? www.telekom.de/rechnungshilfe

Telefon 0800 33 01000

Ihre Rechnung für Januar 20..

Die Leistungen im Überblick (Summen)		**Beträge (Euro)**
Monatliche Beträge		33,36
Nutzungsabhängige Beträge		717,40
Beträge anderer Anbieter		4,24
Summe der oben angeführten Beträge		755,00
Umsatzsteuer 19 % auf ...	755,00 Euro	143,45
Rechnungsbetrag		898,45

Der Rechnungsbetrag wird nicht vor dem 7. Tag nach Zugang der Rechnung von Ihrem Konto 0072354432, BLZ 60050101 abgebucht.

Auf einen Blick alles Wichtige -
mehr Details sehen Sie auf der Rückseite dieser Rechnung.

Beleggeschäftsgang 1

Kontoauszug zu Beleg 11 und Beleg 12

Kontoauszug — Landesgirokasse Stuttgart

Konto-Nr.	Datum	Ausz.-Nr.	Blatt	Buchungstag	PN-Nr.	Wert	Umsatz
723 544 32	..-01-30	10	1				
ABBUCHUNG TELEKOM JANUAR ..				01-29	8744	01-29	898,45 S
GUTSCHRIFT **(Beleg 12)** ELEKTRONISCHE GERÄTE SYNON AG, KARLSRUHE RE 203 VOM 18. JAN. .. (KONTO 10 002)				01-30	8738	01-30	47.600,00 H

Konto	Soll	Haben

Gebucht:

Konto	Soll	Haben

Gebucht:

THOMAS BERG E. K.
METALLWERK
INDUSTRIESTRASSE 22 - 28
70565 STUTTGART

Alter Saldo: H 316.286,00 EUR
Neuer Saldo: H 362.987,55 EUR

Beleg 13

Durchschrift für Kontoinhaber 600 501 01

Landesgirokasse Stuttgart

Begünstigter: Dr. med. M. Heiler, 70565 Stuttgart

Konto-Nr. des Begünstigten: 121 245 416 — Bankleitzahl: 600 400 71

bei (Kreditinstitut): Commerzbank Stuttgart

EUR — Betrag: Euro, Cent: 450,00--------------

Kunden-Referenznummer - noch Verwendungszweck, ggf. Name und Anschrift des Auftraggebers (nur für Empfänger):
Behandlung meiner Tochter Ulrike
Rechnung vom 18. Jan. ..

Kontoinhaber: Thomas Berg e. K., 70565 Stuttgart

Konto-Nr. des Kontoinhabers: 723 544 32

..-01-29 Thomas Berg
Datum, Unterschrift

Kontoauszug zu Beleg 13

Kontoauszug — Landesgirokasse Stuttgart

Konto-Nr.	Datum	Ausz.-Nr.	Blatt	Buchungstag	PN-Nr.	Wert	Umsatz
723 544 32	..-01-30	11	1				
ÜBERWEISUNG DR. MED. M. HEILER, STUTTGART RE VOM 18. JAN. ..				01-30	8744	01-30	450,00 S

Konto	Soll	Haben

Gebucht:

THOMAS BERG E. K.
METALLWERK
INDUSTRIESTRASSE 22 - 28
70565 STUTTGART

Alter Saldo: H 362.987,55 EUR
Neuer Saldo: H 362.537,55 EUR

6458122

Beleg 14

GLÖCKNER
Industriebedarf
GmbH

E-Mail vertrieb@gloeckner-wvd.com
Internet www.gloeckner-wvd.com

Glöckner GmbH • Industriebedarf • Geislinger Str. 62–64 • 73033 Göppingen

Thomas Berg e. K.
Metallwerk
Industriestraße 22 - 28
70565 Stuttgart

EINGEGANGEN
..-01-31

Ihr Zeichen, Ihre Bestellung vom	Unser Zeichen, unsere Lieferung vom	Telefon, Name 07161 8511-	Datum
..-01-21	Z 812, ..-01-27	12	..-01-30

Rechnung 45 867

Wir sandten für Ihre Rechnung und auf Ihre Gefahr:

Artikel Nr.	Gegenstand	Gebinde	Stückpreis €	Gesamtpreis €
P 1200	Kleber	176	200,00	35.200,00
F 800	Lack	690	40,00	27.600,00
				62.800,00
			- 5 % Mengenrabatt	3.140,00
			netto	59.660,00
			+ 19 % Umsatzsteuer	11.335,40
				70.995,40

Konto	Soll	Haben

Gebucht:

Telefon
07161 8511-0
Telefax
07161 8511-36

Steuer-Nr. 065 111 65678
USt-IdNr. DE 444 326 911

Deutsche Bank Göppingen
Konto 186 312 99
BLZ 610 700 78

Postbank Stuttgart
Konto 4386 62-705
BLZ 600 100 70

Beleggeschäftsgang 1

Beleg 15

W. SCHREIBER E. K.
BÜRO EINRICHTUNGEN

Walter Schreiber e. K. · Büroeinrichtungen · Kantstraße 12 · 70193 Stuttgart

Thomas Berg e. K.
Metallwerk
Industriestraße 22 – 28
70565 Stuttgart

EINGEGANGEN ..-01-30

Steuer-Nr. 065 326 18189
USt-IdNr. DE 876 765 654

Ihr Zeichen/Ihre Bestellung vom	Unser Auftrag Nr./Zeichen	Zeit der Leistung	Datum
..-12-21	US 8 012	..-01-30	..-01-30

Rechnung Nr. 679

Wir sandten für Ihre Rechnung und auf Ihre Gefahr:

Zeichen/Nr.	Gegenstand	Menge/Einheit	Preis je Einheit €	Betrag €
ST 43	Schreibtisch, Eiche 156/76 mit 6 Schubfächern	2	805,00	1.610,00
	+ 19 % Umsatzsteuer			305,90
				1.915,90

Telefon
0711 34625-0
Telefax
0711 32158

E-Mail
vertrieb@schreiber-wvd.de
Internet
www.schreiber-wvd.de

Geschäftszeit
08:30–18:30 Uhr

Postbank Stuttgart
Konto 4012 52-705
BLZ 600 100 70

Kontoauszug zu Beleg 15

Kontoauszug — Landesgirokasse Stuttgart

Konto-Nr.	Datum	Ausz.-Nr.	Blatt	Buchungstag	PN-Nr.	Wert	Umsatz
723 544 32	..-01-31	12	1				
EC-SCHECK 0000003989932 AN W. SCHREIBER E. K., BÜRO-EINRICHTUNGEN, STUTTGART RE 679 VOM 30. JAN. ..				01-31	8744	01-31	1.915,90 S

Konto | Soll | Haben | Gebucht:

Alter Saldo: H 362.537,55 EUR

Neuer Saldo: H 360.621,65 EUR

THOMAS BERG E. K.
METALLWERK
INDUSTRIESTRASSE 22 – 28
70565 STUTTGART

Beleg 16

METALL WERK
Thomas BERG e. K.

Metallwerk Thomas Berg e. K. • Industriestr. 22 – 28 • 70565 Stuttgart

Telefon 0711 245671-0
Telefax 0711 245671-62
Internet www.berg-metall-wvd.de
E-Mail service@berg-metall-wvd.de

Unterhaltungselektronik
Weinert GmbH
Bebelstraße 50 - 58
74076 Heilbronn

Ihr Zeichen, Ihre Nachricht vom	Liefertag	Telefon, Name 0711 245671-	Datum
	..-01-28	27	..-01-31

Bitte bei Zahlung angeben:
Rechnungs-Nr.: 208 — Kunden-Nr.: 10 003

Rechnung

Auftrags-Nr.: 193/..
Lieferschein: 146 827

Wir danken für Ihren Auftrag und berechnen Ihnen wie folgt:

Menge	Bezeichnung	Einzelpreis in €	Betrag in €
592	Stahlblechgehäuse G II	50,00	29.600,00
600	Stahlblechgehäuse G IV	33,00	19.800,00

Konto | Soll | Haben
Gebucht:

Warenwert	49.400,00
Umsatzsteuer 19 %	9.386,00
Endsumme	58.786,00

Zahlungsbedingung:
30 Tage netto

Landesgirokasse Stuttgart
Konto 723 544 32
BLZ 600 501 01

Gerichtsstand: Stuttgart
Eigentumsvorbehalt
gem. § 455 BGB

Steuer-Nr. 065 158 43218
USt-IdNr. DE 222 856 039

Beleg 17

Material-Entnahmeschein Nr.: 11 353

Metallwerk Thomas Berg e. K.

Rohstoffe [ ] Hilfsstoffe [ ] Betriebsstoffe [X]

Datum: ..-01-31 Kostenstelle: Bohren/Entgraten

Artikel-Nr.	Menge	Einheit	Bezeichnung	€/Einheit	Summe
S 402	10	Gebinde	Schmierstoff	15,00	150,00
P 203	200	Stück	Polierscheiben	3,00	600,00
				Buchhaltung:	750,00

ausgestellt: Zimmer ausgegeben: Koch

Beleg 18

KB 40

Deutsche Post AG
70565 Stuttgart
82062580 ..-01-31

7204
Postwertzeichen ohne Zuschlag
*650,00 EUR A

Bruttoumsatz ***650,00 EUR**
mehrwertsteuerbefreit A
Nettoumsatz A *650,00 EUR

Steuernummer der Deutschen Post AG:
5205/5777/1510

Vielen Dank für Ihren Besuch.
Ihre Deutsche Post AG

Beleg 19

Entnahmebeleg

Zur privaten Verwendung wurden heute dem Lager entnommen:

2 Gebinde Lack F 800 zum Bezugspreis von netto.. 80,00 €
+ 19 % Umsatzsteuer .... 15,20 €
95,20 €

Stuttgart, ..-01-31

Thomas Berg

Beleg 20

Buchungsanweisung Datum: ..-01-31 Beleg-Nr.:

Betreff: Umbuchungen/ Vorbereitende Abschlussbuchungen

Gebucht:
Datum:

Buchungstext	Soll Konto	Soll Betrag	Haben Konto	Haben Betrag
Privatentnahmen .... Vorsteuer.....................				

Beleg 21

Buchungsanweisung Datum: ..-01-31 Beleg-Nr.:

Betreff: Abschreibungen auf Sachanlagen lt. Anlagenkartei

Gebucht:
Datum:

Buchungstext	Soll Konto	Soll Betrag	Haben Konto	Haben Betrag
Abschreibungen für Januar: - Bauten .... 15.000,00 - TA und Maschinen . 35.000,00 - And. Anlagen/BGA . 8.000,00				

6458126

Berechnungen und Buchungen in wichtigen Funktionsbereichen des Industriebetriebes | 3

Werkstoffbereich/Produktionsbereich | 3.1

Kalkulation des Bezugspreises | 3.1.1

Situation

Die Fertigung des Metallwerks Thomas Berg benötigt für einen Sonderauftrag 50 Tonnen kaltgewalztes Stahlblech in einer Stärke von 1 mm. Die Walzwerke Sauerland AG bieten das Stahlblech zu 970,00 € je Tonne an. Von der Stahlhandel Brückner GmbH wird ein Vergleichsangebot angefordert.

Welches Angebot ist günstiger?

BRÜCKNER GmbH • Stahlhandel • Saarstr. 83–87 • 66953 Pirmasens

Stahlhandel
BRÜCKNER
GmbH

Thomas Berg e. K.
Metallwerk
Industriestraße 22 - 28
70565 Stuttgart

Telefon 06331 72214-0
Telefax 06331 72214-39
www.stahlhandel-wvd.de

Steuer-Nr. 065 272 12340
USt-IdNr. DE 456 987 321

Ihre Anfrage vom	Unser Zeichen, unsere Nachricht vom	Telefon, Name 06331 72214-	Datum
..-02-03	vk-gr	12 H.Groß	..-02-05

Angebot

Aufgrund Ihrer Anfrage bieten wir an:

Stahlblech SB 1000, 1 mm, zum Listenpreis von 1.100,00 € je Tonne. Bei Abnahme von 50 Tonnen gewähren wir einen Rabatt von 20 %.

Unsere Zahlungsbedingungen lauten: 2 % Skonto in 10 Tagen, ohne Abzug in 40 Tagen.

Lieferungsbedingung: ab Werk. Für Verpackung berechnen wir 600,00 €, für die Fracht mit eigenem LKW 1.400,00 €.

Die Lieferung kann innerhalb von 10 Tagen nach Auftragseingang erfolgen.

Mit freundlichen Grüßen

Stahlhandel Brückner GmbH

Ermittlung des Bezugs- bzw. Einstandspreises

Aus den Angaben des Angebots der Brückner GmbH lässt sich der **Bezugs- bzw. Einstandspreis** für eine Tonne Stahlblech nach folgendem Schema **berechnen:**

Bezugskalkulation		
Listeneinkaufspreis für 50 Tonnen Stahlblech je 1.100,00 €/t		**55.000,00 €**
– 20 % Liefererrabatt		11.000,00 €
Zieleinkaufspreis		**44.000,00 €**
– 2 % Liefererskonto		880,00 €
Bareinkaufspreis		**43.120,00 €**
+ Bezugskosten: Verpackung		600,00 €
LKW-Fracht	1.400,00 €	2.000,00 €
Bezugspreis (= Anschaffungskosten) für 50 Tonnen		**45.120,00 €**
Bezugspreis (= Anschaffungskosten) **für 1 Tonne:** 45.120,00 € : 50 t =		**902,40 €**

Kalkulation des Bezugspreises

Der Bezugspreis in Höhe von **902,40 €** gibt an, wie viel Euro das Metallwerk Berg für eine Tonne Stahlblech nach **Abzug aller Nachlässe** und **Einrechnung aller Bezugskosten** zahlen muss.

Nachlässe

Typische Nachlässe auf den im Angebot genannten Listenpreis sind

- **Rabatte**, wie Mengen-, Treue-, Wiederverkäufer- oder Sonderrbatt, und
- **Skonto** als Abzug vom Rechnungspreis für fristgerechte Zahlung.

Bezugskosten

Typische Bezugskosten, die beim Einkauf von Werkstoffen und Handelswaren anfallen und die den Einkaufspreis erhöhen, sind

- **Frachten** (LKW- und Bahnfracht),
- **Hausfracht** für die Zustellung der Ware ab Empfangsbahnhof,
- **Porto** der Post- und Paketdienste,
- **Verlade-, Umlade- und Lagerkosten,**
- **Verpackungskosten,**
- **Versicherungskosten** und
- **Vermittlungskosten** der Handelsvertreter und Handelsmakler.

Gewichts- und Wertspesen

Aufteilung der Bezugskosten auf verschiedene Werkstoffsorten. Enthält eine Eingangsrechnung mehrere Werkstoffsorten, so sind die anfallenden Bezugskosten verursachungsgerecht **nach Gewicht und Wert** der Werkstoffsorten aufzuteilen. Man unterscheidet zwischen Gewichts- und Wertspesen.

Gewichtsspesen	Wertspesen
– Porto – LKW- und Bahnfracht – Hausfracht – Verlade-, Umlade- und Lagerkosten	– Verpackungskosten – Versicherungskosten – Provisionen der Handelsvertreter – Maklergebühren (Courtage)

Beispiel

Das Metallwerk Berg bezieht von der Stahlhandel Brückner GmbH in einer Lieferung
5 t Walzblech zum Einkaufspreis von .... 4.500,00 €
7 t Feinblech zum Einkaufspreis von .... 6.000,00 €
9 t Weißblech zum Einkaufspreis von .... 3.600,00 €

1. **Die Frachtkosten** in Höhe von 714,00 € sollen den einzelnen Blechsorten **nach ihrem Gewicht** zugeordnet werden.
2. **Die in Rechnung gestellten Versicherungskosten** in Höhe von 987,00 € sind **nach dem Wert der Blechsorten** (Einkaufspreise) zu verteilen.

Zu 1. Aufteilung der Gewichtsspesen in folgenden Schritten:

1. Eintragung der in der Aufgabe enthaltenen Größen in das unten stehende Lösungsschema.
2. Ermittlung des **Gesamtgewichts** der drei Blechsorten (21 Tonnen). Zwischen dieser Größe und **den gesamten Frachtkosten** (714,00 €) besteht ein **direktes Verhältnis.**
3. Berechnung der **Gewichtsspesen je Einheit** (Tonne):
   714,00 € : 21 t = **34,00 €/t.**
4. Multiplikation der Gewichtsspesen je Tonne mit den Einzelgewichten der Blechsorten: **5 t, 7 t und 9 t.**

Blechsorten	Gewicht	Gewichtsspesen je t	Frachtkosten
Walzblech	5 t	34,00 €	170,00 €
Feinblech	7 t	34,00 €	238,00 €
Weißblech	9 t	34,00 €	306,00 €
	21 t		**714,00 €**

Zu 2. Aufteilung der Wertspesen in folgenden Schritten:

1. Eintragung der Blechsorten mit ihrem jeweiligen Einkaufspreis in das **Lösungsschema.**
2. Ermittlung des **Gesamteinkaufspreises** durch Addition der Einkaufspreise je Sorte.
3. Berechnung der **Wertspesen je 1,00 €** durch Division der Wertspesen durch den Gesamteinkaufspreis: 987,00 € : 14.100,00 € = **0,07 €**. Zwischen den **Einkaufspreisen der Sorten** und den **Wertspesen** bestehen **direkte Verhältnisse.**
4. Berechnung der Wertspesen je Sorte durch Multiplikation des Einkaufspreises je Sorte mit 0,07 €.

Blechsorten	Einkaufspreise	Wertspesen je 1,00 €	Versicherungskosten
Walzblech	4.500,00 €	0,07 €	315,00 €
Feinblech	6.000,00 €	0,07 €	420,00 €
Weißblech	3.600,00 €	0,07 €	252,00 €
	14.100,00 €		**987,00 €**

Berechnung der Bezugspreise der Werkstoffsorten

Bezugskalkulation	Walzblech	Feinblech	Weißblech
Einkaufspreis	4.500,00 €	6.000,00 €	3.600,00 €
+ Frachtkosten	170,00 €	238,00 €	306,00 €
+ Versicherungskosten	315,00 €	420,00 €	252,00 €
Bezugspreis	**4.985,00 €**	**6.658,00 €**	**4.158,00 €**

Zusammenfassung

▶ **Die Bezugskalkulation** ermöglicht die **Ermittlung des günstigsten Angebotes.** Sie geht vom **Listenpreis** aus und schließt nach Berücksichtigung aller **Nachlässe** und aller **Bezugskosten** mit dem **Bezugspreis** (= Einstandspreis) ab.

Kalkulationsschema zur Berechnung des Bezugspreises	
Listeneinkaufspreis im Angebot	.... €
– **Liefererrabatt** ... %	.... €
= **Zieleinkaufspreis** (= Rechnungspreis)	.... €
– **Liefererskonto** ... %	.... €
= **Bareinkaufspreis**	.... €
+ **Bezugskosten:** z. B. LKW-/Bahnfracht, z. B. Verpackungskosten, z. B. Versicherungsprämien	.... €
= **Bezugspreis** (= Einstandspreis)	.... €

▶ Der Bezugspreis ist der vom Käufer zu zahlende Preis bis zum Eintreffen der Werkstoffe in seinem Lager. Er entspricht den **Anschaffungskosten** nach § 255 HGB.

▶ **Berechnung der Anschaffungskosten:**

Anschaffungspreis der Werkstoffe	(= Einkaufspreis)
– Anschaffungspreisminderungen	(= Nachlässe, Skonti, vgl. S. 138 ff.)
+ Anschaffungsnebenkosten	(= Bezugskosten)
Anschaffungskosten	**(= Bezugspreis)**

AUFGABEN

112 Das Metallwerk Thomas Berg e. K. hat zwei Angebote über Platinen vorliegen, die in die Stahlblechgehäuse eingebaut werden:

1. Lieferer Schneider GmbH, Berlin, bietet an: 4 000 Platinen, Listenpreis 12,60 € je Platine. Der Lieferer gewährt 12,5 % Mengenrabatt und bei Zahlung innerhalb von 20 Tagen 1,5 % Liefererskonto. An Frachtkosten werden 26,00 € je 100 Platinen berechnet.
2. Lieferer Sauermann KG, Leipzig, bietet an: 4 000 Platinen zum Listenpreis von je 14,20 €. Der Lieferer gewährt 15 % Mengenrabatt und bei Zahlung innerhalb von 20 Tagen 2 % Liefererskonto. Die Frachtkosten betragen 27,00 € je 100 Platinen.

Berechnen Sie den Bezugspreis für eine Platine und entscheiden Sie sich für einen Lieferer. ■

113 Die Fertigbeton GmbH bezieht von der Baustoffgroßhandlung Harry Dirksen e. K. 4 000 Sack Zement zu je 8,25 €/Sack. Sie erhält 25 % Rabatt und bei Zahlung innerhalb von 10 Tagen 2 % Skonto. Die LKW-Fracht wird mit 350,00 € berechnet.

Berechnen Sie den Bezugspreis für einen Sack Zement. ■

114 Die Möbelfabrik Dreiling OHG bezieht von der Furnierwerk GmbH 500 Eiche-Furnierplatten zu je 80,00 € und 300 Nussbaum-Furnierplatten zu je 60,00 € mit einem Rabatt von 10 %.

Die Lieferfirma berechnet für Verpackung 600,00 € und für die Transportversicherung 450,00 €. Die LKW-Fracht wird mit 1.200,00 € in Rechnung gestellt.

Die Rechnung kann mit 2 % Skonto beglichen werden.

Berechnen Sie den Bezugspreis für eine Eiche- und eine Nussbaum-Furnierplatte.

115 Das Karosseriewerk S. Schneider e. K. bezieht folgende Lacke in einer Sendung:

100 Gebinde XS 400 zu je 78,00 €

200 Gebinde XS 200 zu je 82,00 €

Der Lieferer gewährt 10 % Mengenrabatt und 2 % Skonto.

Für die Lieferung werden 860,00 € Fracht und 480,00 € Transportversicherung berechnet.

Wie hoch ist der Bezugspreis je Gebinde XS 400 und XS 200? ■

116
1. *Wie wird der Bezugspreis häufig auch genannt?*
2. *Welche Wertabzüge sind in der Bezugskalkulation zu berücksichtigen?*
3. *Welche Nebenkosten können beim Bezug von Wirtschaftsgütern anfallen?*
4. *Wann sind Bezugskosten nach ihrem Gewicht und wann nach dem Wert zu verteilen?*
5. *Nennen Sie Beispiele für*
   a) Gewichtsspesen und
   b) Wertspesen. ■

1. *Was ist an dem folgenden Rechenschema zu beanstanden?* 117
2. *Hat die Anwendung des „falschen" Rechenschemas Auswirkung auf den Bezugspreis? (Begründung!)*

	Listenpreis für eine Tonne Edelstahl 2001	940,00 €
–	2,5 % Liefererskonto	23,50 €
	Zieleinkaufspreis	916,50 €
–	10 % Mengenrabatt	91,65 €
	Bareinkaufspreis	824,85 €
+	Bezugskosten (Fracht, Verpackung)	16,15 €
	Bezugspreis für eine Tonne Edelstahl 2001	841,00 €

Die Baustoffgroßhandlung Erich Wette OHG liefert an die Bauunternehmung A. Breidenbach KG Zement und Kalk. Die Rechnung lautet: 118

Erich **WETTE** OHG
BAUSTOFFE Bielefeld

Erich Wette OHG, Baustoffe, Industriestraße 4, 33689 Bielefeld

Bauunternehmung
A. Breidenbach KG
Tannenweg 32
33334 Gütersloh

Ihre Bestellung vom	Liefertag	Datum
..-06-18	..-06-22	..-06-23

Rechnung 3357-4/..

Wir lieferten Ihnen durch unseren LKW – unfrei – an Ihre obige Anschrift:

Menge	Artikel	Einzelpreis	Rabatt	Gesamtpreis
400 Sack	Portland-Zement	8,25 €/Sack	25 %	2.475,00 €
200 Sack	Putzkalk	8,00 €/Sack	25 %	1.200,00 €
	Transportkosten			450,00 €
				4.125,00 €
	Umsatzsteuer 19 %			783,75 €
				4.908,75 €

Die Rechnung ist innerhalb von 10 Tagen mit 1,5 % Skonto oder nach spätestens 30 Tagen ohne Abzug zu begleichen.

Bankverbindung: Commerzbank Bielefeld, Konto 445 632 002, BLZ 480 400 35 Steuer-Nr. 065 676 33181

Berechnen Sie für die A. Breidenbach KG den Bezugspreis für je einen Sack Zement und Kalk. ■

Die Bauunternehmung Meyrich GmbH, Aachen, bezieht 200 Pakete Wandfliesen der Größe 16,5 x 16,5 cm von dem Fliesenhersteller Deutsche Keramik GmbH, Neuwied. In jedem Paket befinden sich 35 Fliesen. Der Hersteller gewährt 2 % Mengenabzug für Bruch und berechnet die Restmenge zu einem Preis von 31,50 € je Paket. Außerdem zieht der Hersteller 5 % Mengenrabatt ab. Bei Zahlung innerhalb von 10 Tagen erhält der Kunde 1 % Skonto. Die LKW-Fracht berechnet der Hersteller mit insgesamt 820,00 €, die Transportversicherung mit 64,50 €. 119

Berechnen Sie den Bezugspreis für ein Paket Fliesen. ■

3.1.2 Bestandsorientierte Buchung der Beschaffung und des Verbrauchs der Werkstoffe

3.1.2.1 Kontrolle und Buchung der Eingangsrechnung

Situation

Das Metallwerk Thomas Berg hat aufgrund des günstigen Angebotes der Brückner GmbH (siehe Seite 127) 50 Tonnen Stahlblech SB 1000 bestellt. Mit der Rohstofflieferung erhält das Metallwerk folgende Rechnung (= Eingangsrechnung).

Wie kontrolliert und bucht man diese Eingangsrechnung?

Stahlhandel
BRÜCKNER
GmbH

BRÜCKNER GmbH • Stahlhandel • Saarstr. 83–87 • 66953 Pirmasens

Telefon 06331 72214-0
Telefax 06331 72214-39
www.stahlhandel-wvd.de

Thomas Berg e. K.
Metallwerk
Industriestraße 22 - 28
70565 Stuttgart

Steuer-Nr. 065 272 12340
USt-IdNr. DE 456 987 321

Unser Angebot vom	Ihre Bestellung vom	Liefertag	Telefon, Name 06331 72214-	Datum
..-02-05	..-02-14	..-02-20	12	..-02-22

Rechnung 45 456/RS

Pos.	Menge	Artikel	Einzelpreis	Gesamtpreis
1	50 t	Stahlblech SB 1000	1.100,00 €	55.000,00 €
			- 20 % Rabatt	11.000,00 €
				44.000,00 €
			+ Verpackung	600,00 €
			+ LKW-Fracht	1.400,00 €
				46.000,00 €
			+ 19 % Umsatzsteuer	8.740,00 €
				54.740,00 €

Zahlungsbedingungen: Der Rechnungsbetrag ist innerhalb von 10 Tagen mit 2 % Skonto oder nach spätestens 40 Tagen ohne Abzug zu begleichen.

Deutsche Bank Pirmasens
Konto 234 977 54
BLZ 542 700 96

Werkstoffkontrolle

Unmittelbar nach Eingang der Werkstoffe **kontrolliert** der Lagerverwalter deren **Menge** und stellt fest, ob die Werkstoffe **Mängel** aufweisen. Er vergleicht die kontrollierte Menge mit den Angaben auf der **Bestellungskopie** und dem **Lieferschein.** Wenn bestellte und gelieferte Menge übereinstimmen, schreibt er eine **Materialeingangsmeldung** aus, die er an die Einkaufsabteilung weiterleitet.

Rechnungskontrolle

In der Einkaufsabteilung **vergleicht** der Sachbearbeiter die inzwischen vorliegende **Rechnung mit der Bestellung** und prüft, ob die Rechnung rechnerisch richtig ist. Mit seinem **Prüfvermerk** versehen leitet er die Rechnung weiter an die **Buchhaltung,** wo die Rechnung gebucht und die Zahlung des Rechnungsbetrags (in der Regel unter Skontoausnutzung) veranlasst werden.

Buchung der Werkstoffeinkäufe auf Bestandskonten

Werden die in einem Industriebetrieb eingekauften Werkstoffe nicht sofort in der Fertigung benötigt, erfasst man sie mit ihrem **Nettopreis** zunächst als **Lagerzugang** auf dem entsprechenden **Bestandskonto**[1] **der Klasse 2.** Rabatte, die bereits bei Rechnungserteilung vom Lieferer gewährt werden, dürfen als so genannte **„Sofortrabatte"** nicht gesondert gebucht werden. Aufgrund der nebenstehenden Eingangsrechnung sind die 50 Tonnen Stahlblech somit auf dem Bestandskonto

2000 Rohstoffe

mit 44.000,00 € zu erfassen.

Buchung der Bezugskosten

Bezugskosten könnten mit dem Werkstoffwert unmittelbar auf dem Konto „2000 Rohstoffe" gebucht werden. Für die Kalkulation ist es jedoch zweckmäßiger, sie zunächst **gesondert** auf ein Unterkonto des Kontos „2000 Rohstoffe" zu erfassen, und zwar auf dem Konto

2001 Bezugskosten.

Die bestandsorientierte Buchung der Eingangsrechnung lautet:

❶ Buchung der Eingangsrechnung	Soll	Haben
2000 Rohstoffe	44.000,00	
2001 Bezugskosten	2.000,00	
2600 Vorsteuer	8.740,00	
an **4400 Verbindlichkeiten a. LL**		54.740,00

Umbuchung der Bezugskosten

Die Bezugskosten werden monatlich oder vierteljährlich auf das entsprechende Werkstoffbestandskonto umgebucht. Dadurch wird erreicht, dass auf dem Werkstoffbestandskonto – entsprechend der Bestimmung des § 255 HGB – die **Anschaffungskosten** (= Bezugspreise) ausgewiesen werden.

❷ Umbuchung der Bezugskosten	Soll	Haben
2000 Rohstoffe	2.000,00	
an **2001 Bezugskosten**		2.000,00

S	2000 Rohstoffe		H
❶	44.000,00		
❷	2.000,00		

S	2001 Bezugskosten		H
❶	2.000,00	❷	2.000,00

S	2600 Vorsteuer		H
❶	8.740,00		

S	4400 Verbindlichkeiten a. LL		H
		❶	54.740,00

Anschaffungspreis	44.000,00 €
+ Anschaffungsnebenkosten ...	2.000,00 €
Anschaffungskosten	**46.000,00 €**

Die Werkstoffbestandskonten im Überblick

2000 Rohstoffe	2010 Vorprodukte/ Fremdbauteile	2020 Hilfsstoffe	2030 Betriebsstoffe
2001 Bezugskosten	2011 Bezugskosten	2021 Bezugskosten	2031 Bezugskosten

1 Siehe S. 145: Buchung der **Werkstoffeinkäufe auf Aufwandskonten** der Klasse 6.

AUFGABEN

120 1. *Richten Sie die Konten 2000 Rohstoffe und 2001 Bezugskosten/Rohstoffe ein und buchen Sie bei der Fertigbeton GmbH die Eingangsrechnung über die Zementlieferung (siehe Aufgabe 113, Seite 130).*

2. *Buchen Sie die Bezugskosten entsprechend um.*

Nennen Sie zu 1. und 2. jeweils auch den Buchungssatz. ■

121 1. *Buchen Sie in der Bauunternehmung A. Breidenbach KG die Eingangsrechnung auf den entsprechenden Konten (siehe Aufgabe 118, Seite 131).*

2. *Buchen Sie die Bezugskosten um.*

Nennen Sie zu 1. und 2. jeweils auch den Buchungssatz. ■

122 Die Eingangsrechnung ER 1234 über 4.400,00 € Rohstoffwert, 100,00 € Fracht und 855,00 € Umsatzsteuer wurde wie folgt gebucht:

2000 Rohstoffe	4.400,00 €	
2001 Bezugskosten	100,00 €	
4800 Umsatzsteuer	855,00 €	
an 4400 Verbindlichkeiten a. LL		5.355,00 €

Erstellen Sie einen Beleg für die Berichtigung der Falschbuchung und nennen Sie die Korrekturbuchung (Stornobuchung). ■

123 Das Metallwerk Thomas Berg e. K. erhält für die Anschaffung von zwei PCs die folgende Rechnung:

PC-ONLINE GMBH • Pestalozzistraße 44 • 70563 Stuttgart

PC ONLINE GMBH Stuttgart

Thomas Berg e. K.
Metallwerk
Industriestraße 22 – 28
70565 Stuttgart

Ihr Auftrag vom ..-10-23 — Datum ..-11-12

Rechnung 21 544/..

Wir lieferten Ihnen am 10. Nov. .. durch unseren LKW, unfrei:

2 Personalcomputer ONLINE-Pentium, komplett mit Bildschirm und Drucker, wie angeboten, zum Nettopreis von je 1.500,00 €	3.000,00 €
+ anteilige Frachtkosten	150,00 €
	3.150,00 €
+ 19 % Umsatzsteuer	598,50 €
	3.748,50 €

Die Rechnung ist innerhalb von 20 Tagen mit 1 % Skonto oder nach 40 Tagen ohne Abzug zu bezahlen.

Bankverbindung: Postbank Stuttgart, Konto 1136 42-701, BLZ 600 100 70 Steuer-Nr. 065 456 78901

1. *Buchen Sie die Eingangsrechnung für das Metallwerk Berg.*
2. *Warum erübrigt sich im vorliegenden Fall die Einrichtung eines Bezugskostenkontos?*
3. *Wie hoch sind die Anschaffungskosten der PCs?* ■

124

Stahlhandel BRÜCKNER GmbH

BRÜCKNER GmbH • Stahlhandel • Saarstr. 83-87 • 66953 Pirmasens

Thomas Berg e. K.
Metallwerk
Industriestraße 22 - 28
70565 Stuttgart

Telefon 06331 72214-0
Telefax 06331 72214-39
www.stahlhandel-wvd.de

Steuer-Nr. 065 272 12340
USt-IdNr. DE 456 987 321

Unser Angebot vom	Ihre Bestellung vom	Liefertag	Telefon, Name 06331 72214-	Datum
–	..-03-22	..-03-27	12	..-03-28

Rechnung 45 516/RS

Pos.	Menge	Artikel	Einzelpreis	Gesamtpreis
1	10 t	Stahlblech SB 3000	1.000,00 €	10.000,00 €
2	5 t	Nieten NT 600	400,00 €	2.000,00 €
				12.000,00 €
+ Versicherung				600,00 €
+ LKW-Fracht				1.200,00 €
				13.800,00 €
+ 19 % Umsatzsteuer				2.622,00 €
				16.422,00 €

Zahlungsbedingungen: Der Rechnungsbetrag ist innerhalb von 10 Tagen mit 2 % Skonto oder nach spätestens 40 Tagen ohne Abzug zu begleichen.

Deutsche Bank Pirmasens
Konto 234 977 54
BLZ 542 700 96

1. *Ermitteln Sie jeweils die Summe aus Gewichts- und Wertspesen für die beiden Werkstoffe.*
2. *Buchen Sie die vorstehende Eingangsrechnung auf den Konten 2000 Rohstoffe, 2001 Bezugskosten/Rohstoffe, 2020 Hilfsstoffe und 2021 Bezugskosten/Hilfsstoffe.*
3. *Die Konten 2001 und 2021 sind entsprechend abzuschließen.*
4. *Nennen Sie die Buchungssätze zu 2. und 3.*

125

In einer Möbelfabrik sind folgende Geschäftsfälle zu buchen:	€
1. Zieleinkauf lt. ER 345: Eichenholzplatten, netto	58.000,00
+ Verpackungskosten	400,00
+ LKW-Fracht	800,00
+ Umsatzsteuer	?
2. ER 346: Sägeblätter und Polierscheiben, netto	1.200,00
+ Fracht	80,00
+ Umsatzsteuer	?
3. ER 347: 200 Schrankschlösser je 14,00 €	?
– 20 % Rabatt	?
+ Verpackung	140,00
+ Transportversicherung	110,00
+ Umsatzsteuer	?
4. ER 348: Schmieröl, netto	1.300,00
+ Frachtkostenanteil	120,00
+ Umsatzsteuer	?

3.1.2.2 Werkstoffrücksendungen an Lieferer

Situation

Der Verwalter des Werkstofflagers des Metallwerks Berg hat das Stahlblechband geprüft und keine sichtbaren Mängel festgestellt. Erst nach 14 Tagen werden in der Stanzerei nach Aufrollen der Stahlblechbänder Risse in einem 10-Tonnen-Stahlblechband entdeckt. Thomas Berg vereinbart mit der Stahlhandel Brückner GmbH die Rücksendung des fehlerhaften Werkstoffs. Die Brückner GmbH erteilt folgende Gutschrift für das zurückgenommene Stahlblech.

Welche Auswirkung hat die Gutschrift in der Finanzbuchhaltung des Metallwerks Berg?

Stahlhandel BRÜCKNER GmbH

BRÜCKNER GmbH • Stahlhandel • Saarstr. 83–87 • 66953 Pirmasens

Thomas Berg e. K.
Metallwerk
Industriestraße 22 - 28
70565 Stuttgart

Telefon 06331 72214-0
Telefax 06331 72214-39
www.stahlhandel-wvd.de

Steuer-Nr. 065 272 12340
USt-IdNr. DE 456 987 321

Ihre Mängelrüge vom ..-03-14

Datum ..-03-30

Gutschrift

Sehr geehrter Herr Berg,

wir haben ein 10-Tonnen-Stahlblechband SB 1000 wegen fehlerhafter Auswalzung zurückgenommen und schreiben Ihnen den Werkstoffwert gut:

10 t Stahlblech SB 1000	1.100,00 €	11.000,00 €
	– 20 % Rabatt	2.200,00 €
		8.800,00 €
	+ 19 % Umsatzsteuer	1.672,00 €
		10.472,00 €

Mit freundlichen Grüßen

Stahlhandel Brückner GmbH

ppa. Lansen

Deutsche Bank Pirmasens
Konto 234 977 54
BLZ 542 700 96

Auswirkung einer erhaltenen Gutschrift

Die Gutschrift führt in der Buchhaltung Berg zu folgenden **Berichtigungen:** Der auf dem Konto **„2000 Rohstoffe"** im Soll gebuchte **Werkstoffwert** von 44.000,00 € (siehe Seite 133) muss auf der Habenseite **um** die Gutschrift von **8.800,00** I netto **berichtigt** werden. Durch diese Buchung wird der ursprüngliche Werkstoffwert nachträglich verringert. Um den anteiligen Betrag (= 19 % von 8.800,00 € = 1.672,00 €) muss dann auch die bereits gebuchte **Vorsteuer berichtigt** werden, indem der Betrag von 1.672,00 € im Haben des Kontos **„2600 Vorsteuer"** gebucht wird. Letztlich vermindern sich somit auch die Verbindlichkeiten aus der Werkstofflieferung im Soll des Kontos **„4400 Verbindlichkeiten a. LL"** um den Gesamtbetrag von 10.472,00 €.

Aus Gründen der Übersicht werden **alle Buchungen im Zusammenhang** dargestellt:

❶ **Buchung der Eingangsrechnung** (vgl. Seite 133)	Soll	Haben
2000 Rohstoffe	44.000,00	
2001 Bezugskosten	2.000,00	
2600 Vorsteuer	8.740,00	
an **4400 Verbindlichkeiten a. LL**		54.740,00

❷ **Umbuchung der Bezugskosten** (vgl. Seite 133)	**Soll**	**Haben**
2000 Rohstoffe	2.000,00	
an **2001 Bezugskosten**		2.000,00

❸ **Buchung der Rücksendung** aufgrund der Gutschrift des Lieferers	**Soll**	**Haben**
4400 Verbindlichkeiten a. LL	10.472,00	
an **2000 Rohstoffe**		8.800,00
an **2600 Vorsteuer**		1.672,00

S	2000 Rohstoffe		H
❶	44.000,00	❸	8.800,00
❷	2.000,00		

S	2001 Bezugskosten		H
❶	2.000,00	❷	2.000,00

S	2600 Vorsteuer		H
❶	8.740,00	❸	1.672,00

S	4400 Verbindlichkeiten a. LL		H
❸	10.472,00	❶	54.740,00

AUFGABEN

126

Das Metallwerk Thomas Berg e. K. hat am 10. April von den Walzwerken Sauerland AG vier Tonnen Stahlprofil S 2003 zum Listenpreis von 1.500,00 €/t unter Abzug von 10 % Mengenrabatt bezogen.

1. *Erstellen Sie die Rechnung bei 19 % Umsatzsteuer.*
2. *Nennen Sie den Buchungssatz und buchen Sie im Metallwerk Berg.* ■

127

In der Fertigung des Metallwerks Berg wurde festgestellt, dass eine Tonne des Stahlprofils (siehe Aufgabe 126) einen versteckten Mangel aufweist. Die Lieferfirma Sauerland AG erteilt nach Mängelrüge eine Gutschrift über die Rücksendung des beanstandeten Werkstoffs.

1. *Erstellen Sie die Gutschriftsanzeige rechnerisch.*
2. *Nennen Sie den Buchungssatz und buchen Sie im Metallwerk Berg.* ■

128

Buchen Sie folgende Geschäftsfälle:	€
1. ER 405: Kauf von Hilfsstoffen, netto 2.600,00 € + Umsatzsteuer	?
2. Beschädigte Hilfsstoffe (siehe Fall 1) werden an den Lieferer zurückgeschickt, und zwar im Nettowert von	750,00
3. Rücksendung mangelhafter Fremdbauteile an den Lieferer. Listenpreis 8.600,00 € – 10 % Rabatt + Umsatzsteuer	?
4. ER 406: Kauf von Rohstoffen, Listenpreis	15.800,00
– 20 % Rabatt	?
+ LKW-Fracht	350,00
+ Umsatzsteuer	?

129

Bei Überprüfung der Rohstofflieferung (siehe Fall 4 der Aufgabe 128) wurde festgestellt, dass Rohstoffe zum Listenpreis von 2.500,00 € beschädigt sind. Nach Rücksendung der fehlerhaften Werkstoffe erhält der Kunde die Gutschriftsanzeige des Lieferers.

1. *Erstellen Sie die Gutschriftsanzeige.* 2. *Wie bucht der Kunde?* ■

3.1.2.3 Nachträgliche Preisnachlässe von Lieferern

Situation

Das Metallwerk Thomas Berg hat von der Industriebedarf Glöckner GmbH schnell trocknenden Lack bezogen. Die Eingangsrechnung ER 456 wurde bereits gebucht:

	100 Gebinde Lack LS 200, schwarz, je 60,00 €	6.000,00 €
+	19 % Umsatzsteuer	1.140,00 €
	Rechnungsbetrag	**7.140,00 €**

In der Lackiererei wird festgestellt, dass der Lack nicht in der zugesicherten Zeit (2 Stunden) trocknet. Das Metallwerk Thomas Berg rügt diesen Mangel unverzüglich und verlangt von der Glöckner GmbH nachträglich einen entsprechenden Preisnachlass.

Wie wirkt sich ein nachträglich gewährter Preisnachlass des Lieferers aus?

GLÖCKNER
Industriebedarf
GmbH

Glöckner GmbH • Industriebedarf • Geislinger Str. 62–64 • 73033 Göppingen

E-Mail vertrieb@gloeckner-wvd.com
Internet www.gloeckner-wvd.com

Thomas Berg e. K.
Metallwerk
Industriestraße 22 - 28
70565 Stuttgart

Ihre Mängelrüge vom ..-05-16

Datum
..-05-20

Gutschrift

Sehr geehrter Herr Berg,

wir bedauern sehr, dass der Lack LS 200 mit der Seriennummer 3456 nicht über die zugesicherte Eigenschaft verfügt. Wir haben uns direkt an den Hersteller gewandt und diesen Mangel gerügt. Auf die gelieferte Ware gewähren wir Ihnen einen Preisnachlass von:

25 % von 6.000,00 € netto	1.500,00 €
+ 19 % Umsatzsteuer	285,00 €
	1.785,00 €

Wir bitten um entsprechende Buchung.

Mit freundlichen Grüßen

Glöckner GmbH

i. V. Lehnert

Telefon 07161 8511-0
Telefax 07161 8511-36
Steuer-Nr. 065 111 65678
USt-IdNr. DE 444 326 911
Deutsche Bank Göppingen
Konto 186 312 99
BLZ 610 700 78
Postbank Stuttgart
Konto 4386 62-705
BLZ 600 100 70

Auswirkung eines nachträglich erhaltenen Preisnachlasses

Preisnachlässe, die einem Kunden vom Lieferer aufgrund einer Mängelrüge gewährt werden, **mindern nachträglich die Anschaffungskosten** der eingekauften Werkstoffe. Aus Gründen der besseren Übersicht werden diese Nachlässe nicht direkt auf der Habenseite des Werkstoffbestandskontos gebucht, sondern zunächst auf einem entsprechenden **Unterkonto „Nachlässe"**:

2000 Rohstoffe	2010 Vorprodukte/ Fremdbauteile	2020 Hilfsstoffe	2030 Betriebsstoffe
2002 Nachlässe	2012 Nachlässe	2022 Nachlässe	2032 Nachlässe

Umbuchung

Zum Jahresschluss werden die Unterkonten „Nachlässe" über die entsprechenden Werkstoffbestandskonten abgeschlossen. **Auf den Werkstoffbestandskonten** stehen dann die **berichtigten Anschaffungskosten** (= Bezugspreise).

Nachträgliche Preisnachlässe von Lieferern

Berichtigung der Vorsteuer

Die nachträgliche Minderung des Werkstoffwertes durch den Preisnachlass hat eine nachträgliche Verringerung der (bereits gebuchten) Vorsteuer zur Folge. Daher ist auf der Gutschrift des Lieferers nicht nur der Preisnachlass, sondern auch **die darauf entfallende Vorsteuer** ausgewiesen (vgl. Seite 138).

❶ **Buchung der Eingangsrechnung** (vgl. Seite 138)	**Soll**	**Haben**
2020 Hilfsstoffe	6.000,00	
2600 Vorsteuer	1.140,00	
an **4400 Verbindlichkeiten a. LL**		7.140,00

❷ **Buchung des Preisnachlasses** aufgrund der Gutschrift des Lieferers	**Soll**	**Haben**
4400 Verbindlichkeiten a. LL	1.785,00	
an **2022 Nachlässe**		1.500,00
an **2600 Vorsteuer**		285,00

❸ **Umbuchung der Nachlässe** am Ende der Rechnungsperiode	**Soll**	**Haben**
2022 Nachlässe	1.500,00	
an **2020 Hilfsstoffe**		1.500,00

Steuerberichtigung bei Datenverarbeitungsprogrammen

Wird die Buchhaltung über ein **Finanzbuchhaltungsprogramm** geführt, nimmt das Programm die Steuerberichtigung (vgl. Buchung ❷) **automatisch** vor. Es wird auf dem Konto „2022 Nachlässe" nur der Gesamtbetrag von 1.785,00 € eingegeben. Das FIBU-Programm rechnet die zu berichtigende Vorsteuer aus und bucht sie automatisch im Haben des Kontos „2600 Vorsteuer".

S	2020 Hilfsstoffe		H
❶	6.000,00	❸	1.500,00

S	2600 Vorsteuer		H
❶	1.140,00	❷	285,00

S	4400 Verbindlichkeiten a. LL		H
❷	1.785,00	❶	7.140,00

S	2022 Nachlässe		H
❸	1.500,00	❷	1.500,00

Das Konto „2020 Hilfsstoffe" zeigt nach der Umbuchung des Nachlasses den berichtigten Materialwert (= Anschaffungskosten nach HGB) für diese Bestellung:

	Anschaffungspreis (= Materialwert)	6.000,00 €
–	Anschaffungspreisminderungen (= Nachlässe)	1.500,00 €
	Anschaffungskosten (= Bezugspreis)	**4.500,00 €**

Bonus

Lieferer gewähren oft auch nachträglich einen **Treue- oder Umsatzrabatt** (= Bonus), der ebenfalls auf dem entsprechenden **Unterkonto „Nachlässe"** gebucht wird. Diese Boni werden meist **am Ende einer Rechnungsperiode** (Quartal oder Jahr) in einem Prozentsatz **vom erzielten Umsatz berechnet.**

AUFGABE 130

Nennen Sie die Buchungssätze zu folgenden Geschäftsfällen:

1. Zieleinkauf von Rohstoffen 20.000,00 € netto + Umsatzsteuer.
2. Der Rohstofflieferer (siehe Fall 1) gewährt 10 % Preisnachlass wegen Mängelrüge.
3. Ein Hilfsstofflieferer gewährt am Ende des Quartals einen Bonus von 1.428,00 € brutto. ■

3.1.2.4 Erfassung und Buchung des Werkstoffverbrauchs

3.1.2.4.1 Laufende Erfassung des Werkstoffverbrauchs mithilfe von Materialentnahmescheinen

Situation Der Leiter des Rechnungswesens des Metallwerks Thomas Berg möchte jederzeit über den mengen- und wertmäßigen Bestand und Verbrauch der verschiedenen Roh-, Hilfs- und Betriebsstoffe informiert werden. Er benötigt diese Zahlen insbesondere für die **Überwachung der Lagerbestände** und die **Erfassung des Werkstoffverbrauchs** für die Buchhaltung und Kostenrechnung (Kalkulation). Deshalb beauftragt er den Lagerverwalter mit der Einrichtung einer Lagerbuchführung.

Lagerbuchführung **Die Lagerbuchführung** (Lagerbuch) ist eine **Nebenbuchführung** der Finanzbuchhaltung. Ihre **Aufgabe** besteht darin, alle **Zu- und Abgänge der Werkstoffe nach Art, Menge und Wert zu erfassen.** Zugänge der verschiedenen Roh-, Hilfs- und Betriebsstoffe werden aufgrund von **Lieferscheinen** erfasst, die Abgänge, also der Werkstoffverbrauch, mithilfe von **Materialentnahmescheinen,** die bei jedem Lagerabgang unter Angabe der empfangenden Kostenstelle und der Auftragsnummer ausgestellt werden. Der art-, mengen- und wertmäßige Nachweis des Werkstoffverbrauchs ist **Voraussetzung für die Richtigkeit der Buchführung und der Kalkulation** der Werkstoffkosten.

Material-Entnahmeschein Nr.: 11 342 — **Metallwerk Thomas Berg** e. K.

Rohstoffe [ ] Hilfsstoffe [X] Betriebsstoffe [ ]

Stempel: Konto | Soll | Haben — Gebucht:

Datum: ..-01-09 Kostenstelle: Lackiererei Auftrag: G 142

Artikel-Nr.	Menge	Einheit	Bezeichnung	€/Einheit	Summe
LS 101	40	Gebinde	Lack LS 200	60,00	2.400,00
				Buchhaltung:	2.400,00

ausgestellt: *Winkert* ausgegeben: *Bender*

Fortschreibung des Lagerbestands **Die laufende Fortschreibung** (Skontration) der Lagerzu- und -abgänge kann für die einzelne Werkstoffart mithilfe der **Lagerkarte manuell oder EDV-mäßig** durchgeführt werden.[1] So kann der **Lagerbestand** eines Artikels **buchmäßig** „permanent" nachgewiesen werden. Dieser Sollbestand muss **einmal jährlich** durch eine **körperliche Inventur** überprüft werden (siehe Seite 22). Durch Vergleich des Soll-Bestandes mit dem Ist-Bestand zeigt sich dann der Lagerverlust durch Schwund und Diebstahl. Somit bildet die Lagerbuchführung nicht nur die Grundlage für die Erfassung des Werkstoffverbrauchs, sondern auch für den Nachweis des Inventurbestandes der Werkstoffbestände in Inventar und Bilanz.

Lagerkarte des Metallwerks Thomas Berg e. K. — **Bereich:** Hilfsstoffe L
Artikel: Lack LS 200 — **Lieferer:** Glöckner GmbH — **Mindestbestand:** 220 Gebinde
Artikel-Nr.: **LS 101** — **Höchstbestand:** 500 Gebinde

Datum	Beleg	Preis je Gebinde	Zugang	Abgang	Bestand
..-01-01	Anfangsbestand	60,00 €	–	–	240
..-01-06	Lieferschein L 01	60,00 €	120	–	360
..-01-07	Materialentnahmeschein 340	–	–	80	280
..-01-08	Lieferschein L 02	60,00 €	200	–	480
..-01-09	Materialentnahmeschein 342	–	–	40	440
usw.					

1 In modernen Lagersystemen ist die Lagerbuchführung mit der automatischen Lagersteuerung synchronisiert.

Laufende Erfassung des Werkstoffverbrauchs mithilfe von Materialentnahmescheinen

Erfassung des Werkstoffverbrauchs mit Materialentnahmescheinen

Der Werkstoffverbrauch wird bei bestandsorientierter Buchung der Werkstoffeinkäufe in der Regel aufgrund von **Materialentnahmescheinen** erfasst und entsprechend als Aufwand in der Kontenklasse 6 gebucht. Im vorstehenden Beispiel lauten die Buchungen:

6020 Aufwendungen für Hilfsstoffe an **2020 Hilfsstoffe**

S	2020 Hilfsstoffe		H
EBK	14.400,00	6020	4.800,00
4400	7.200,00	6020	2.400,00
4400	12.000,00		

S	6020 Aufwendungen für Hilfsstoffe		H
2020	4.800,00	GuV	7.200,00
2020	2.400,00		

Ermitteln Sie anhand der Lagerkarte auf Seite 140 den wertmäßigen Lagerbestand und stimmen Sie diesen mit dem Saldo im Bestandskonto „2020 Hilfsstoffe" ab.

Erfassung des Werkstoffverbrauchs durch Inventur 3.1.2.4.2

Situation

Im Metallwerk Thomas Berg wurde der Verbrauch an Betriebsstoffen leider nicht aufgrund von Materialentnahmescheinen erfasst.

Wie kann der Werkstoffverbrauch noch nachträglich ermittelt werden?

Nachträgliche Ermittlung des Werkstoffverbrauchs durch Inventur

Der Werkstoffverbrauch kann auch jeweils am Ende einer Rechnungsperiode (Monat, Quartal oder Geschäftsjahr) **durch** eine **körperliche Inventur ermittelt** und **in einer Summe** auf die entsprechenden Werkstoffaufwandskonten der Kontenklasse 6 **umgebucht** werden. Diese Methode hat den **Nachteil,** dass der Werkstoffverbrauch nicht genau den verursachenden Kostenstellen oder Kostenträgern (Produkte) zugerechnet werden kann.

Beispiel

Ermittlung des Betriebsstoffverbrauchs mithilfe der körperlichen Inventur:

	Anfangsbestand an Betriebsstoffen zum 1. Jan.	56.000,00 €	
+	Betriebsstoffeinkäufe vom 2. Jan. bis 31. Dez.	82.500,00 €	138.500,00 €
–	Schlussbestand lt. Inventur zum 31. Dez.		22.600,00 €
	Verbrauch an Betriebsstoffen		**115.900,00 €**

❶ Buchung des Inventurbestands	Soll	Haben
8010 Schlussbilanzkonto	22.600,00	
an **2030 Betriebsstoffe**		22.600,00
❷ Umbuchung des Betriebsstoffverbrauchs	**Soll**	**Haben**
6030 Aufwendungen für Betriebsstoffe	115.900,00	
an **2030 Betriebsstoffe**		115.900,00

S	2030 Betriebsstoffe		H
EBK	56.000,00	SBK	22.600,00
4400	82.500,00	6030	115.900,00
	138.500,00		138.500,00

S	8010 Schlussbilanzkonto		H
2030	22.600,00		

S	6030 Aufwendungen f. Betriebsstoffe		H
2030	115.900,00		

AUFGABE 131

Auszug aus der Summenbilanz zum 31. Dez.	Soll	Haben
2000 Rohstoffe	450.600,00	15.700,00
2020 Hilfsstoffe	124.800,00	4.700,00

Inventurbestände: 76.500,00 € Rohstoffe, 32.900,00 € Hilfsstoffe.

Buchen Sie auf den Konten 2000, 2020, 6000, 6020, 8010 und 8020. ■

Erfassung des Werkstoffverbrauchs durch Inventur

Zusammenfassung

- **Bei bestandsorientierter Buchung** werden die **Werkstoffeinkäufe als Lagerzugang** auf den entsprechenden **Bestandskonten der Klasse 2** gebucht.
- **Der Werkstoffverbrauch** wird bei bestandsorientierter Buchung der Lagerzugänge in der Regel mithilfe von **Materialentnahmescheinen** und – seltener – durch **körperliche Bestandsaufnahme** (Inventur) erfasst.
- **Eingangsrechnungen** sind zunächst auf **sachliche und rechnerische Richtigkeit** zu **prüfen,** bevor sie in der Finanzbuchhaltung gebucht werden.
- Die in der Eingangsrechnung aufgeführten **Bezugskosten** (z. B. Fracht, Verpackung, Versicherung, Zoll) werden zunächst gesondert auf einem **Unterkonto** des betreffenden Werkstoffbestandskontos gebucht. Nur so kann für die **Kalkulation** ermittelt werden, wie hoch der **Anteil** der Bezugskosten am Wert der z. B. in einem Monat bezogenen Rohstoffe **durchschnittlich** ist.

Beispiel

Im Januar hat das Metallwerk Berg für 400.000,00 € Stahlblech gekauft und hierauf insgesamt 8.000,00 € Bezugskosten gezahlt. Das sind durchschnittlich 2 %. Somit kann in der Bezugskalkulation mit einem Zuschlag für Bezugskosten von 2 % kalkuliert werden.

- **Die Umbuchung der Bezugskosten** auf das entsprechende Werkstoffbestandskonto erfolgt in der Regel monatlich. Nach der Umbuchung wird der Werkstoffbestand zu **Anschaffungskosten** (= Bezugspreis) ausgewiesen.
- Werden **Werkstoffe** (Roh-, Hilfs- oder Betriebsstoffe) **an den Lieferer zurückgeschickt,** weil diese falsch oder mit Mängeln behaftet geliefert wurden, so **vermindert sich der Bestand im Haben** des jeweiligen Werkstoffbestandskontos um die Gutschrift des Lieferers. Diese nachträgliche Verringerung des Werkstoffwertes bedingt auch eine **anteilige Berichtigung der Vorsteuer.**
- **Nachträgliche Preisnachlässe des Lieferers** werden aufgrund einer **Mängelrüge** des Kunden oder als **Bonus** (Treue- oder Umsatzrabatt) gewährt.
- **Nachlässe mindern den Wert** der bereits eingekauften Roh-, Hilfs- und Betriebsstoffe **und** damit auch die auf sie entfallende **Vorsteuer.** In der Gutschriftsanzeige des Lieferers werden in der Regel die Minderungen des Werkstoffwertes und der Vorsteuer gesondert ausgewiesen (siehe Seite 138).
- Sollte in einer Gutschrift bis 100,00 € netto der Betrag, um den die Vorsteuer zu berichtigen ist, nicht extra ausgewiesen sein, muss der Kunde sie berechnen:

Beispiel

siehe Prozentrechnung ➤ Kap. E, 1.3

Es soll angenommen werden, dass in einer Gutschrift nur der Bruttobetrag von 107,10 € und der Steuersatz von 19 % genannt worden sind. Dann muss der Betrag, um den die Vorsteuer zu berichtigen ist, wie folgt berechnet werden:

$$\begin{aligned} 119\,\% &= 107{,}10\,€ \\ 19\,\% &= x\ € \end{aligned} \qquad x = \frac{107{,}10\,€ \cdot 19\,\%}{119\,\%} = 17{,}10\,€$$

- **Nachlässe** werden gesondert auf einem **Unterkonto** des betreffenden Werkstoffbestandskontos gebucht und in der Regel monatlich umgebucht.
- **Bestandsorientierte Buchung des Werkstoffeinkaufs und -verbrauchs:**

S 2000 Rohstoffe	H
Anfangsbestand	Verbrauch von Rohstoffen
Einkauf von Rohstoffen	Rücksendungen
	Nachlässe
Bezugskosten	Schlussbestand

→

S 6000 Aufwendungen für Rohstoffe	H
Aufwendungen für Rohstoffe	GuV-Konto

132

Eingangsrechnung			
	4 Stahlträger (Listenpreis je 3.000,00 €)	12.000,00 €	
–	10 % Rabatt	1.200,00 €	10.800,00 €
+	Verlade- und Entladekosten	550,00 €	
+	Frachtkosten	1.200,00 €	
+	Versicherung	195,00 €	1.945,00 €
	Nettobetrag		12.745,00 €
+	Umsatzsteuer		2.421,55 €
	Rechnungsbetrag		**15.166,55 €**

1. *Weisen Sie für die Maschinenbau GmbH buchhalterisch die Anschaffungskosten der Stahlträger nach und nennen Sie die Buchungssätze.*
2. *Wie viel % betragen die Bezugskosten vom Anschaffungspreis?* ■

133

Bei der Montage der Stahlträger (siehe Aufgabe 132) wird festgestellt, dass ein Träger nicht den bestellten Abmessungen entspricht und deshalb an den Lieferer zurückgeschickt werden muss. Der Lieferer schickt folgende

Gutschriftsanzeige		
	Rücknahme eines Stahlträgers	2.700,00 €
+	Umsatzsteuer	513,00 €
	Gutschrift	**3.213,00 €**

Nennen Sie den Buchungssatz und buchen Sie auf Konten. ■

134

Nennen Sie die Buchungssätze zu folgenden Geschäftsfällen:	€	€
1. Zieleinkauf von Rohstoffen lt. ER 409, Rechnungsbetrag		59.500,00
2. Lieferer (ER 409) gewährt nachträglich Preisnachlass wegen Mängelrüge, netto		850,00
3. Zielverkauf von eigenen Erzeugnissen lt. AR 789, netto	45.000,00	
+ Umsatzsteuer	8.550,00	53.550,00
4. Verbrauch von Hilfsstoffen lt. Materialentnahmeschein 321		15.600,00
5. Rohstofflieferer gewährt uns einen Bonus, brutto		2.915,50
6. Rücksendung beschädigter Hilfsstoffe an den Lieferer, netto		1.200,00

135

Auszug aus der Summenbilanz der Bau GmbH	Soll	Haben
2000 Rohstoffe	456.000,00	25.000,00
2001 Bezugskosten	23.800,00	–
2002 Nachlässe	–	5.000,00
2020 Hilfsstoffe	67.800,00	800,00
2021 Bezugskosten	2.200,00	–
2022 Nachlässe	–	580,00
6000 Aufwendungen für Rohstoffe	–	–
6020 Aufwendungen für Hilfsstoffe	–	–
8010 Schlussbilanzkonto	–	–
8020 Gewinn- und Verlustkonto	–	–

1. *Richten Sie die obigen Konten ein.*
2. *Führen Sie die Umbuchungen durch und nennen Sie die Buchungssätze.*
3. *Buchen Sie die Schlussbestände lt. Inventur: 78.800,00 € Rohstoffe, 22.600,00 € Hilfsstoffe. Ermitteln Sie jeweils den Werkstoffverbrauch.*
4. *Buchen Sie den Werkstoffverbrauch und nennen Sie die Buchungssätze.*
5. *Schließen Sie die Bestands- und Erfolgskonten entsprechend ab.* ■

AUFGABEN

136 *Buchen Sie die Geschäftsfälle auf den Konten 2020, 2021, 2022, 2600 und 4400:*

1. Zieleinkauf von Hilfsstoffen lt. ER 456. Der Listeneinkaufspreis beträgt 18.000,00 €. Der Lieferer gewährt einen Mengenrabatt von 8 %. Für Transport und Verpackung berechnet er 300,00 €. Umsatzsteuer: 19 %. *Erstellen Sie die Rechnung und buchen Sie.*
2. Beschädigte Hilfsstoffe (Fall 1) werden zurückgeschickt: Listeneinkaufspreis 2.500,00 €. *Erstellen Sie die Gutschrift und buchen Sie aus der Sicht des Kunden.*
3. Auf den Restbetrag gewährt der Lieferer aus Kulanz noch nachträglich einen Preisnachlass von 10 %. *Erstellen Sie eine neue Gutschriftsanzeige und buchen Sie. Wie hoch ist der Überweisungsbetrag an den Lieferer?*

137 **Anfangsbestände**

	€		€
0700 TA u. Maschinen	450.000,00	2800 Bankguthaben	129.900,00
0800 And. Anl./BGA	221.000,00	2880 Kasse	12.800,00
2000 Rohstoffe	234.000,00	3000 Eigenkapital	600.000,00
2020 Hilfsstoffe	67.800,00	4250 Darlehensschulden	383.250,00
2400 Forderungen a. LL	40.250,00	4400 Verbindlichk. a. LL	172.500,00

Kontenplan: 0700, 0800, 2000, 2001, 2002, 2020, 2021, 2400, 2600, 2800, 2880, 3000, 3001, 4250, 4400, 4800, 5000, 5420, 6000, 6020, 6160, 6200, 6300, 6520, 6800, 7510, 8000, 8010, 8020.

Geschäftsfälle

		€	€
1.	ER 201: Zielkauf von Rohstoffen, Listenpr. ab Werk	55.600,00	
	– 5 % Mengenrabatt	2.780,00	
	+ Frachtkosten	880,00	
	+ Umsatzsteuer	10.203,00	63.903,00
2.	ER 202: Maschinenreparatur, netto	1.800,00	
	+ Umsatzsteuer	342,00	2.142,00
3.	KB 89: Barkauf von Büromaterial, netto	450,00	
	+ Umsatzsteuer	85,50	535,50
4.	KB 90: Barentnahme für Privatzwecke		1.500,00
5.	AR 209: Zielverkauf von Erzeugnissen, netto	125.000,00	
	+ Umsatzsteuer	23.750,00	148.750,00
6.	Lieferer (Fall 1: ER 201) gewährt Preisnachlass wegen Mängelrüge, brutto		6.545,00
7.	ER 203: Zielkauf von Hilfsstoffen	6.200,00	
	+ Transportkosten	300,00	
	+ Umsatzsteuer	1.235,00	7.735,00
8.	BA 123: Banküberweisung von Kunden		89.250,00
9.	Liefergutschrift auf ER 203: Rücksendung beschädigter Hilfsstoffe (Fall 7), brutto		1.785,00
10.	ME 200: Entnahme von Rohstoffen für die Fertigung		28.000,00
11.	PE 02: Entnahme eines Fertigerzeugnisses für Privatzwecke, netto		1.800,00
12.	BA 124: Lastschrift für Gehaltsüberweisungen	12.800,00	
	Lohnüberweisungen	15.200,00	
	Darlehenszinsen	6.000,00	
	Darlehenstilgung	5.000,00	39.000,00
13.	ER 204: Kauf einer EDV-Anlage, netto	8.500,00	
	+ Umsatzsteuer	1.615,00	10.115,00

Abschlussangaben: Inventurbestand an Hilfsstoffen 52.000,00
AfA: 0700: 12.000,00 €; 0800: 4.000,00 €.

Aufwandsorientierte Buchung der Beschaffung und des Verbrauchs von Werkstoffen 3.1.3

Situation

Das Controlling des Metallwerks Thomas Berg will die Lagerkosten, die durch eine zu lange Lagerdauer der Werkstoffe entstehen, dadurch senken, dass die Werkstoffe jeweils nur zum Zeitpunkt ihrer Verarbeitung in der Fertigung angeliefert werden. Diese **„Just-in-time-Fertigung"** erspart Zinsen für das bisher im Lager investierte Kapital und zugleich auch Lagerverwaltungskosten.

Welche Auswirkung hat das Just-in-time-Verfahren auf die Erfassung der Werkstoffeinkäufe in der Finanzbuchhaltung?

Werden Werkstoffe erst dann angeliefert, wenn sie in der Fertigung benötigt werden, kann die **Beschaffung der Roh-, Hilfs- und Betriebsstoffe** auch **direkt als Aufwand** auf den entsprechenden Werkstoffaufwandskonten der Klasse 6 **gebucht** werden.

Beispiel

Im Metallwerk Thomas Berg wurden im Geschäftsjahr .. Rohstoffe im Wert von netto 200.000,00 € eingekauft und jeweils zugleich in der Fertigung verarbeitet. Die Eingangsrechnungen lauteten insgesamt:

	Rohstoffe, netto	200.000,00 €
+	Umsatzsteuer	38.000,00 €
	Rechnungsbetrag	**238.000,00 €**

Bei aufwandsorientierter Buchung der Werkstoffeinkäufe lauten die Buchungen:

❶ Buchung des Rohstoffeinkaufs	Soll	Haben
6000 Aufwendungen für Rohstoffe	200.000,00	
2600 Vorsteuer	38.000,00	
an **4400 Verbindlichkeiten a. LL**		238.000,00

S	6000 Aufwendungen für Rohstoffe	H
❶ 4400	200.000,00	

S	4400 Verbindlichkeiten a. LL	H
	❶ 6000/2600	238.000,00

S	2600 Vorsteuer	H
❶ 4400	38.000,00	

Die Werkstoffbestandskonten der Klasse 2 weisen bei **aufwandsorientierter Buchung** der Werkstoffeinkäufe nur noch den **Anfangs- und Schlussbestand** der Roh-, Hilfs- und Betriebsstoffe sowie in der Regel auch noch einen **Saldo** aus, der auf eine **Veränderung** des Anfangsbestandes hinweist, also auf eine **Mehrung oder Minderung des Lageranfangsbestandes.**

S 2000 Rohstoffe	H
Anfangsbestand	Schlussbestand
Bestandsmehrung	

S 2000 Rohstoffe	H
Anfangsbestand	Schlussbestand
	Bestandsminderung

Im Falle einer **Bestandsmehrung** wurden mehr Werkstoffe eingekauft als verbraucht. Bei einer **Bestandsminderung mussten dagegen zusätzlich Werkstoffe aus dem Lagerbestand des Vorjahres in die Fertigung gegeben werden.**

Beispiel

Im obigen Beispiel wird unterstellt, dass der Anfangsbestand an Rohstoffen zum 1. Januar .. 100.000,00 € und der Schlussbestand lt. Inventur zum 31. Dezember .. 120.000,00 € betragen.

Aufwandsorientierte Buchung der Beschaffung und des Verbrauchs von Werkstoffen

Die Buchungen des Lagerbestandes zu Beginn und zum Schluss des Geschäftsjahres lauten:

❷ Buchung des Rohstoffanfangsbestands	Soll	Haben
2000 Rohstoffe	100.000,00	
an 8000 Eröffnungsbilanzkonto		100.000,00

❸ Buchung des Rohstoffschlussbestands	Soll	Haben
8010 Schlussbilanzkonto	120.000,00	
an 2000 Rohstoffe		120.000,00

Die Buchungen ❷ und ❸ führen auf dem Rohstoffkonto zu einem **Mehrbestand an Rohstoffen in Höhe von 20.000,00 €.** Das bedeutet, dass im Geschäftsjahr **mehr Rohstoffe eingekauft als verbraucht** wurden. Die bisher auf dem Konto „6000 Aufwendungen für Rohstoffe" gebuchten Werkstoffeinkäufe müssen daher um den Lagermehrbestand an Rohstoffen gekürzt werden. Das geschieht buchhalterisch dadurch, dass der **Mehrbestand** auf dem Konto „2000 Rohstoffe" auf das Konto „6000 Aufwendungen für Rohstoffe" **umgebucht** wird.

❹ Umbuchung der Bestandsmehrung	Soll	Haben
2000 Rohstoffe	20.000,00	
an 6000 Aufwendungen für Rohstoffe..........		20.000,00

Nach der Umbuchung weist der **Saldo des Kontos „6000 Aufwendungen für Rohstoffe"** den **tatsächlichen Rohstoffverbrauch** im Geschäftsjahr aus, der auf das **GuV-Konto** übertragen wird.

	Rohstoffeinkäufe während des Geschäftsjahres	200.000,00 €
–	Lagermehrbestand an Rohstoffen zum 31. Dezember	20.000,00 €
	Tatsächlicher Rohstoffverbrauch (Aufwand)	**180.000,00 €**

❺ Abschluss des Kontos „6000 Aufwend. für Rohstoffe"	Soll	Haben
8020 Gewinn- und Verlustkonto	180.000,00	
an 6000 Aufwendungen für Rohstoffe..........		180.000,00

S	6000 Aufwendungen für Rohstoffe		H
❶ 4400	200.000,00	❹ 2000	20.000,00
		❺ GuV	180.000,00
	200.000,00		200.000,00

S	2000 Rohstoffe		H
❷ EBK	100.000,00	❸ SBK	120.000,00
❹ 6000	20.000,00		
	120.000,00		120.000,00

S	8020 Gewinn- und Verlustkonto		H
❺ 6000	180.000,00		

S	8010 Schlussbilanzkonto		H
❸ 2000	120.000,00		

Beispiel Die Angaben des vorstehenden Beispiels werden insofern geändert, als der Schlussbestand an Rohstoffen lt. Inventur nunmehr nur 60.000,00 € beträgt.

Ist der **Schlussbestand** an Rohstoffen **kleiner als** der **Anfangsbestand,** wurden nicht nur die eingekauften Rohstoffe verbraucht, sondern auch ein Teil aus dem Lagerbestand des Vorjahres. Will man den tatsächlichen Rohstoffverbrauch ermitteln, müssen die bereits als Aufwand gebuchten Rohstoffeinkäufe um die **Lagerbestandsminderung** erhöht werden.

	Rohstoffeinkäufe während des Geschäftsjahres	200.000,00 €
+	Lagerminderbestand an Rohstoffen zum 31. Dezember.............	40.000,00 €
	Tatsächlicher Rohstoffverbrauch (Aufwand)	**240.000,00 €**

Aufwandsorientierte Buchung der Beschaffung und des Verbrauchs von Werkstoffen

❹ Umbuchung der Bestandsminderung	Soll	Haben
6000 Aufwendungen für Rohstoffe	40.000,00	
an 2000 Rohstoffe		40.000,00

S 6000 Aufwendungen für Rohstoffe H

S		H	
❶ 4400	200.000,00	❺ GuV	240.000,00
❹ 2000	40.000,00		
	240.000,00		240.000,00

S 2000 Rohstoffe H

S		H	
❷ EBK	100.000,00	❸ SBK	60.000,00
		❹ 6000	40.000,00
	100.000,00		100.000,00

S 8020 Gewinn- und Verlustkonto H

S		H	
❺ 6000	240.000,00		

S 8010 Schlussbilanzkonto H

S		H	
❸ 2000	60.000,00		

Rücksendungen

Rücksendungen beanstandeter Werkstoffe an den Lieferer werden bei aufwandsorientierter Buchung der Werkstoffeinkäufe jeweils auf der **Habenseite der** betreffenden **Werkstoffaufwandskonten** der Klasse 6 gebucht.

Beispiel

Beschädigte Hilfsstoffe wurden an den Lieferer zurückgeschickt. Die Gutschriftsanzeige des Lieferers lautet:

	Zurückgesandte Hilfsstoffe im Nettowert von	2.500,00 €
+	Umsatzsteuer	475,00 €
	Gutschrift	**2.975,00 €**

Buchung der Hilfsstoffrücksendung an den Lieferer	Soll	Haben
4400 Verbindlichkeiten a. LL.	2.975,00	
an 6020 Aufwendungen für Hilfsstoffe		2.500,00
an 2600 Vorsteuer		475,00

Bezugskosten/Preisnachlässe

Bezugskosten und Preisnachlässe aufgrund von Mängelrügen oder als Boni werden nach der Just-in-time-Buchungsmethode der Werkstoffeinkäufe auf **Unterkonten** der jeweiligen **Werkstoffaufwandskonten** erfasst:

6000 Aufwendungen für Rohstoffe	6010 Aufwendungen für Fremdbauteile
6001 Bezugskosten für Rohstoffe	6011 Bezugskosten für Fremdbauteile
6002 Nachlässe für Rohstoffe	6012 Nachlässe für Fremdbauteile
6020 Aufwendungen für Hilfsstoffe	**6030 Aufwendungen für Betriebsstoffe**
6021 Bezugskosten für Hilfsstoffe	6031 Bezugskosten für Betriebsstoffe
6022 Nachlässe für Hilfsstoffe	6032 Nachlässe für Betriebsstoffe

Zusammenfassung

- Bei Just-in-time-Fertigung werden die Werkstoffe erst dann angeliefert, wenn sie in der Fertigung benötigt werden. Die **Werkstoffeinkäufe** können somit **direkt auf** den entsprechenden **Aufwandskonten** der Klasse 6 erfasst werden.
- Bei aufwandsorientierter Buchung der Werkstoffeinkäufe weisen die Werkstoffbestandskonten der Klasse 2 in der Regel nur **drei Posten** aus, und zwar 1. den Anfangsbestand, 2. den Schlussbestand lt. Inventur und 3. die Bestandsveränderung.

Aufwandsorientierte Buchung der Beschaffung und des Verbrauchs von Werkstoffen

Zusammenfassung

- Die **Bestandsveränderungen** der Werkstoffbestandskonten der Klasse 2 müssen auf die entsprechenden **Aufwandskonten** der Klasse 6 **umgebucht werden**, um jeweils den **tatsächlichen Werkstoffverbrauch** zu ermitteln:

Umbuchung der Bestandsmehrung

S	2000 Rohstoffe H
Anfangsbestand	Schlussbestand
Bestandsmehrung	

S	6000 Aufwendungen für Rohstoffe H
Einkauf von Rohstoffen	Bestandsmehrung
	Saldo = **Verbrauch** von Rohstoffen ⟶ GuV

Umbuchung der Bestandsminderung

S	2000 Rohstoffe H
Anfangsbestand	Schlussbestand
	Bestandsminderung

S	6000 Aufwendungen für Rohstoffe H
Einkauf von Rohstoffen	**Saldo** = **Verbrauch** von Rohstoffen ⟶ GuV
Bestandsminderung	

- Bei aufwandsorientierter Buchung der Werkstoffeinkäufe werden **Werkstoffrücksendungen** an die Lieferer im Haben der **Werkstoffaufwandskonten** gebucht.
- Für **Bezugskosten und Nachlässe** werden entsprechende **Unterkonten der Werkstoffaufwandskonten** eingerichtet.

AUFGABEN

138 In der Maschinenbau GmbH betrug zu Beginn des Geschäftsjahres der Bestand an Rohstoffen 70.000,00 €, an Hilfsstoffen 30.000,00 €. Zum Jahresabschluss ergab die Inventur bei Rohstoffen einen Bestand von 120.000,00 € und bei Hilfsstoffen von 10.000,00 €. Während des Geschäftsjahres wurden Rohstoffe für insgesamt 450.000,00 € netto + USt und Hilfsstoffe für 50.000,00 € netto + USt auf Ziel eingekauft.

1. *Konten einrichten: 2000, 2020, 2600, 4400, 6000, 6020, 8000, 8010, 8020.*
2. *Buchen Sie auf Konten und nennen Sie den Buchungssatz für die Buchung*
   a) *des Anfangs- und Schlussbestandes der Roh- und Hilfsstoffe,*
   b) *der Werkstoffeinkäufe direkt als Aufwand,*
   c) *der Bestandsveränderungen bei Rohstoffen und Hilfsstoffen sowie*
   d) *zum Abschluss der Konten 6000 und 6020.*

139 *Buchen Sie auf den Konten 2600, 4400, 6000, 6001, 6002, 8000, 8010 und 8020 folgende Geschäftsfälle nach der aufwandsorientierten Buchungsmethode:*

1. Anfangsbestand an Rohstoffen		15.000,00
2. Zieleinkauf von Rohstoffen lt. ER 189, netto	50.000,00	
+ Umsatzsteuer	9.500,00	59.500,00
3. Eingang der Speditionsrechnung zu 2. lt. ER 190, netto	2.000,00	
+ Umsatzsteuer	380,00	2.380,00
4. Gutschrift des Lieferers für Rohstoffrücksendung, brutto		3.570,00
5. Gutschriftsanzeige des Rohstofflieferers über Bonus, brutto		4.760,00
6. Schlussbestand an Rohstoffen lt. Inventur		25.000,00

1. *Nennen Sie jeweils den Buchungssatz und buchen Sie auf Konten.*
2. *Schließen Sie die Unterkonten unter Nennung des Buchungssatzes ab.*
3. *Ermitteln Sie den Rohstoffverbrauch. Schließen Sie das Konto 6000 ab.*
4. *Was bedeuten a) eine Erhöhung und b) eine Verminderung des Rohstoff-Schlussbestandes?*

Die Metall GmbH erfasst die Werkstoffeinkäufe aufwandsorientiert. *Buchen Sie die folgenden Geschäftsfälle, bilden Sie die Buchungssätze und schließen Sie die Konten 2000, 6000, 6001 und 6002 ab. Wie hoch ist der Rohstoffverbrauch?* 140

Auszug aus der Saldenbilanz der Metall GmbH	Soll	Haben
2000 Rohstoffe	150.000,00	–
2600 Vorsteuer	10.000,00	–
4400 Verbindlichkeiten a. LL	–	160.000,00
6000 Aufwendungen für Rohstoffe	280.000,00	–
6001 Bezugskosten für Rohstoffe	7.000,00	–
6002 Nachlässe für Rohstoffe	–	12.000,00

Geschäftsfälle

1. Zieleinkauf von Rohstoffen lt. ER 34: 60.000,00 € netto
   + 11.400,00 € USt 71.400,00
2. Bezugskosten hierauf lt. ER 35: 3.000,00 € netto
   + 570,00 € USt 3.570,00
3. Preisnachlass des Rohstofflieferers wegen Mängelrüge, brutto ... 5.950,00
4. Rücksendung beschädigter Rohstoffe an den Lieferer, netto 1.500,00
5. Schlussbestand an Rohstoffen lt. Inventur 180.000,00

141

Auszug aus der Saldenbilanz der Fertigbau GmbH	Soll	Haben
2000 Rohstoffe	450.000,00	–
2010 Fremdbauteile	80.000,00	–
2600 Vorsteuer	25.000,00	–
4400 Verbindlichkeiten a. LL	–	120.000,00
6000 Aufwendungen für Rohstoffe	320.000,00	–
6001 Bezugskosten für Rohstoffe	15.000,00	–
6002 Nachlässe für Rohstoffe	–	12.000,00
6010 Aufwendungen für Fremdbauteile	95.000,00	–
6011 Bezugskosten für Fremdbauteile	4.000,00	–
6012 Nachlässe für Fremdbauteile	–	5.000,00
Abschlusskonten: 8010 und 8020		

Schlussbestände lt. Inventur

Rohstoffe 150.000,00 €; Fremdbauteile 100.000,00 €

1. *Buchen Sie noch folgende Geschäftsfälle:*
   a) Einkauf von Fremdbauteilen lt. ER 456: 25.000,00 € + USt
   b) Nachträglicher Preisnachlass des Lieferers auf ER 456: 10 %
   c) Rücksendungen beanstandeter Rohstoffe an den Lieferer: 5.000,00 € netto
2. *Welche betriebswirtschaftlichen Vorteile hat die aufwandsorientierte Anlieferung der Werkstoffe („just in time")?*
3. a) Werkstoffverbrauch = Werkstoffeinkauf ? Mehrbestand an Werkstoffen
   b) Werkstoffverbrauch = Werkstoffeinkauf ? Minderbestand an Werkstoffen ■

In einem Geschäftsjahr beträgt der Rohstoffverbrauch 600.000,00 €. 142
Ermitteln Sie den Rohstoffeinkauf, wenn zum 31. Dezember 1. ein Mehrbestand an Rohstoffen in Höhe von 150.000,00 € und 2. ein Minderbestand an Rohstoffen über 100.000,00 € vorliegen. ■

Nennen Sie jeweils die Auswirkung auf den Rohstofflagerschlussbestand: 143

1. Einkaufsmenge = Verbrauchsmenge
2. Einkaufsmenge > Verbrauchsmenge
3. Einkaufsmenge < Verbrauchsmenge ■

AUFGABEN

144 Für die **Erfassung der Werkstoffeinkäufe** gibt es **zwei Methoden:**

1. **Bestandskontenmethode:** Buchung auf Bestandskonten der Klasse 2
2. **Aufwandskontenmethode:** Buchung auf Aufwandskonten der Klasse 6

Kontenplan für die **Bestandsmethode:** 2000, 2001, 2002, 2010, 2011, 2012.
Kontenplan für die **Aufwandsmethode:** 6000, 6001, 6002, 6010, 6011, 6012.

Nennen Sie jeweils den Buchungssatz nach beiden Methoden.

	€	€
1. ER 465 über Rohstoffe	20.000,00	
+ Umsatzsteuer	3.800,00	23.800,00
2. Barzahlung der Fracht für Fall 1	800,00	
+ Umsatzsteuer	152,00	952,00
3. Rücksendung von Rohstoffen	700,00	
+ Umsatzsteuer	133,00	833,00
4. Lieferer gewährt uns Preisnachlass für Rohstoffe	600,00	
+ Umsatzsteuer	114,00	714,00
5. ER 467 für Fremdbauteile	60.000,00	
+ Umsatzsteuer	11.400,00	71.400,00
6. Barzahlung von Hausfracht für ER 467	200,00	
+ Umsatzsteuer	38,00	238,00
7. Rücksendung von Fremdbauteilen	1.500,00	
+ Umsatzsteuer	285,00	1.785,00
8. Lieferer gewährt uns Nachlass für Fremdbauteile	300,00	
+ Umsatzsteuer	57,00	357,00

145 *Buchen Sie die Geschäftsfälle nach der a) Bestands- und b) Aufwandsmethode.*

Anfangsbestände

	€		€
2000 Rohstoffe	200.000,00	2800 Bankguthaben	45.000,00
2010 Fremdbauteile	130.000,00	3000 Eigenkapital	360.000,00
2400 Forderungen a. LL	25.000,00	4400 Verbindlichk. a. LL	40.000,00

Kontenplan

2000, 2010, 2400, 2600, 2800, 3000, 4400, 4800, 5000, 6000, 6010, 8000, 8010, 8020.

Zusatzkonten für **Bestands**methode: 2001, 2002, 2012.
für **Aufwands**methode: 6001, 6002, 6012.

Geschäftsfälle	€	€
1. ER 720 über Rohstoffe	20.000,00	
+ Umsatzsteuer	3.800,00	23.800,00
2. Banküberweisung für Eingangsfracht (Fall 1)	500,00	
+ Umsatzsteuer	95,00	595,00
3. Lieferer gewährt uns aufgrund unserer Mängelrüge		
Preisnachlass für Rohstoffe	600,00	
für Fremdbauteile	700,00	
+ Umsatzsteuer	247,00	1.547,00
4. ER 721 über Fremdbauteile	15.000,00	
+ Umsatzsteuer	2.850,00	17.850,00
5. Rücksendung von Fremdbauteilen	800,00	
+ Umsatzsteuer	152,00	952,00
6. AR 508 für eigene Erzeugnisse	65.000,00	
+ Umsatzsteuer	12.350,00	77.350,00

Inventurbestände: Rohstoffe 180.000,00 €; Fremdbauteile 140.000,00 €.

6458150

Verkauf von eigenen Erzeugnissen und Handelswaren 3.2.1

Erfassung der Umsatzerlöse für eigene Erzeugnisse 3.2.1.1

Situation

Das Metallwerk Thomas Berg hat am 4. Januar einem Kunden, der Computer GmbH in Rostock, ein Angebot über die Lieferung von 1 000 Stahlblechgehäusen G II zum Stückpreis von 50,00 € bei 10 % Mengenrabatt **ab Werk** gemacht.

Am 12. Januar erhält das Metallwerk eine dem Angebot entsprechende Bestellung und beauftragt sogleich die Spedition R. Schnell mit dem Transport der Erzeugnisse. Die **Speditionsrechnung** über

800,00 € netto + 152,00 € Umsatzsteuer = 952,00 €

wird mit Bankscheck bezahlt. Der Computer GmbH schickt das Metallwerk die folgende **Ausgangsrechnung,** in der die verauslagten Transportkosten weiterbelastet werden. *Wie lauten die Buchungen?*

Metallwerk Thomas Berg e. K. • Industriestr. 22 – 28 • 70565 Stuttgart

METALL WERK Thomas BERG e. K.

Computer GmbH
Flensburger Str. 2 - 10
18109 Rostock

Telefon 0711 245671-0
Telefax 0711 245671-62
Internet www.berg-metall-wvd.de
E-Mail service@berg-metall-wvd.de

Ihre Bestellung vom ..-01-10 | Liefertag ..-01-14 | Datum ..-01-18

Rechnung 5678/TB

Pos.	Menge	Bezeichnung	Einzelpreis	Rabatt	Betrag in €
1	1 000 Stück	Stahlblechgehäuse G II	50,00	10 %	45.000,00 €
		+ verauslagte Transportkosten			800,00 €
					45.800,00 €
		+ 19 % Umsatzsteuer			8.702,00 €
					54.502,00 €

Zahlungsbedingungen: Zahlbar in 10 Tagen mit 2 % Skonto oder in 30 Tagen netto.

Landesgirokasse Stuttgart
Konto 723 544 32
BLZ 600 501 01

Gerichtsstand: Stuttgart
Eigentumsvorbehalt
gem. § 455 BGB

Steuer-Nr.
065 158 43218
USt-IdNr.
DE 222 856 039

Ausgangsfrachten

Ausgangsfrachten, die dem **Kunden in Rechnung** gestellt werden, **gehören zu den Umsatzerlösen** und unterliegen in der Ausgangsrechnung der Umsatzsteuer.

❶ Buchung der mit Bankscheck bezahlten Speditionsrechnung	Soll	Haben
6140 Frachten und Fremdlager	800,00	
2600 Vorsteuer	152,00	
an 2800 Bank		952,00

❷ Buchung der Ausgangsrechnung	Soll	Haben
2400 Forderungen a. LL	54.502,00	
an 5000 Umsatzerlöse für eigene Erzeugnisse		45.800,00
an 4800 Umsatzsteuer		8.702,00

S	6140 Frachten und Fremdlager	H
❶ 800,00		

S	2400 Forderungen a. LL	H
❷ 54.502,00		

S	2600 Vorsteuer	H
❶ 152,00		

S	5000 Umsatzerlöse für eig. Erzeugnisse	H
		❷ 45.800,00

S	2800 Bank	H
		❶ 952,00

S	4800 Umsatzsteuer	H
		❷ 8.702,00

Erfassung der Umsatzerlöse für eigene Erzeugnisse

Vertriebsnebenkosten

Beim Vertrieb der eigenen Erzeugnisse und Handelswaren fallen in einem Industriebetrieb in der Regel noch Nebenkosten an, die als **Aufwand** in der Kontenklasse 6 gebucht werden:

- 6040 Verpackungsmaterial,
- 6140 Frachten und Fremdlager,
- 6150 Vertriebsprovisionen.

Verpackungsmaterial

Solches Material (z. B. Kartons, Wellpappe, Verpackungsfolien) ist bei vielen Erzeugnissen und Waren zunächst einmal erforderlich, um diese in einen **verkaufsreifen** Zustand zu versetzen. Diese Art von Verpackung geht über das **Konto „6040 Verpackungsmaterial" als Kosten in die Kalkulation** der Verkaufspreise ein. Das für den **Transport der Güter** benötigte Verpackungsmaterial wird ebenfalls auf dem vorgenannten Konto erfasst und in der Regel an den **Kunden weiterbelastet.** Dazu gehören auch Spezialverpackungen, die z. B. see- und tropenfest sind. **In Rechnung gestellte Verpackungskosten** werden buchhalterisch als **Umsatzerlöse** ausgewiesen.

Fracht- und Fremdlagerkosten

Fracht- und Lagerkosten in einem Fremdlager entstehen, wenn die Lieferung der eigenen Erzeugnisse und Handelswaren vereinbarungsgemäß „ab Werk" erfolgt. Übernehmen Speditionsunternehmen den Transport und die Lagerung der Güter, sind die Kosten auf dem Konto **„6140 Frachten und Fremdlager"** zu erfassen. Die Fracht- und Fremdlagerkosten fallen für jede Sendung in genau bestimmbarer Höhe an, auch bei Zustellung mit eigenen Fahrzeugen des Lieferers. Sie werden in der Ausgangsrechnung gesondert ausgewiesen und buchhalterisch als **Umsatzerlöse** erfasst. Auf dem Konto „6140 Frachten und Fremdlager" wird auch die Transportversicherung gebucht.

Vertriebsprovisionen

Sie fallen in Industriebetrieben an, wenn Aufträge durch Handelsvertreter vermittelt worden sind. Sie werden auf dem Konto **„6150 Vertriebsprovisionen"** erfasst und gehen als **Kosten** in die **Preiskalkulation** ein.

Die Gliederung der Umsatzerlöse nach Erzeugnisgruppen vermittelt eine anschauliche Übersicht über den Anteil der einzelnen Erzeugnisgruppen am monatlichen oder jährlichen Gesamtumsatz. Unter Berücksichtigung der Selbstkosten der einzelnen Erzeugnisgruppen lässt sich schnell der Gewinn/Verlust je Erzeugnisgruppe ersehen:

Beispiel

Im Metallwerk Thomas Berg werden die Stahlblechgehäuse je nach Abmessung und Verwendung in drei Erzeugnisgruppen produziert und verkauft. Das Rechnungswesen stellt für Januar folgende Zahlen zur Verfügung:

	5010 Umsatzerlöse für Gehäuse G I	5020 Umsatzerlöse für Gehäuse G II	5030 Umsatzerlöse für Gehäuse G III	Gesamtrechnung
Umsatzerlöse	84.000,00	92.000,00	64.000,00	240.000,00
– Selbstkosten	73.920,00	78.200,00	69.400,00	221.520,00
Gewinn/Verlust	**10.080,00**	**13.800,00**	**– 5.400,00**	**18.480,00**

siehe Prozentrechnung ➤ Kap. E, 1.3

1. *Ermitteln Sie den Prozentanteil der Erzeugnisgruppen a) am Gesamtumsatz, b) an den gesamten Selbstkosten und c) am Gesamtgewinn.*
2. *Erläutern Sie die Ergebnisse und machen Sie Verbesserungsvorschläge.*

Zusammenfassung

- Die **Umsatzerlöskonten** können nach **Erzeugnisgruppen** gegliedert werden.
- **Vertriebskosten** (z. B. Verpackungsmaterial, Ausgangsfrachten, Vertriebsprovisionen) stellen **betriebliche Aufwendungen** dar. Sie werden zunächst in der Kontenklasse 6 erfasst und in der Regel dem Kunden in Rechnung gestellt. In diesem Fall sind sie buchhalterisch als **Umsatzerlöse** zu behandeln.

146

Nennen Sie die Buchungssätze zu folgenden Geschäftsfällen:

	€	€
1. Ausgangsrechnung 4567: Nettowert	14.500,00	
+ Transportversicherung	500,00	
+ Umsatzsteuer	2.850,00	17.850,00
2. ER 2345: Verpackungsmaterialkauf für den Versand	7.500,00	
+ Umsatzsteuer	1.425,00	8.925,00
3. ER 2347: Unser Handelsvertreter stellt uns an Verkaufsprovisionen in Rechnung, netto	4.500,00	
+ Umsatzsteuer	855,00	5.355,00
4. ER 2348: Spediteur berechnet für Lieferung an Kunden (siehe Fall 1), netto	650,00	
+ Umsatzsteuer	123,50	773,50

147

a) Barzahlung der Ausgangsfracht für AR 607: netto 350,00 € + 66,50 € Umsatzsteuer.

b)

AR 607 der Stahlwerke AG

7 t Stahl TX, Nettowert		7.650,00
Verpackungskosten	200,00	
Verladekosten	150,00	
Fracht	350,00	700,00
		8.350,00
+ Umsatzsteuer		1.586,50
Rechnungsbetrag		9.936,50

1. *Buchen Sie aus der Sicht des Lieferers.*
2. *Wie hoch sind die Umsatzerlöse?* ■

148

a) Die Aufgabe 147 b) ist als Rohstoffrechnung beim Kunden zu buchen.
b) Der Kunde zahlt die Hausfracht bar: 250,00 € netto + 47,50 € Umsatzsteuer.

1. *Wie lauten die Buchungssätze für die Fälle a) und b)?*
2. *Ermitteln Sie die Anschaffungskosten der Rohstoffe.* ■

149

AR 608 der Chemiewerke GmbH

10 Behälter Chlor zu je 250,00 €	2.500,00	
abzüglich 20 % Rabatt	500,00	2.000,00
Transportversicherung	80,00	
Fracht	220,00	300,00
		2.300,00
+ Umsatzsteuer		437,00
Rechnungsbetrag		2.737,00

1. *Buchen Sie den Vorgang für den Verkäufer und erläutern Sie die Höhe und Zusammensetzung der Umsatzerlöse.*
2. *Buchen Sie die Aufgabe als ER für Hilfsstoffe beim Kunden.* ■

150

Erläutern Sie den Grundsatz „Warenschulden sind Holschulden" aus der Sicht des Verkäufers und schildern Sie die buchhalterischen Auswirkungen, wenn der Verkäufer Vertriebskosten in der Ausgangsrechnung geltend macht. ■

3.2.1.1.1 Gutschriften an Kunden aufgrund von Rücksendungen

Situation

Das Metallwerk Thomas Berg hat der Computer GmbH in Rostock lt. AR 5678/TB vom 18. Januar d. J. 1 000 Stahlblechgehäuse G II (siehe Seite 151) geliefert.

Nach Erhalt der Sendung teilt die Computer GmbH mit, dass bei einer ersten Überprüfung Beschädigungen an 52 Stahlblechgehäusen aufgrund unsachgemäßer Verpackung festgestellt wurden. Das Metallwerk Berg bittet telefonisch um **Rücksendung** der beanstandeten Gehäuse und erteilt schriftlich folgende **Gutschrift.**

Wie werden Gutschriften aufgrund von Rücksendungen gebucht?

METALL WERK Thomas BERG e. K.

Metallwerk Thomas Berg e. K. • Industriestr. 22 – 28 • 70565 Stuttgart

Computer GmbH
Flensburger Str. 2 - 10
18109 Rostock

Telefon
0711 245671-0
Telefax
0711 245671-62
Internet
www.berg-metall-wvd.de
E-Mail
service@berg-metall-wvd.de

Ihre Nachricht vom
..-01-20

Datum
..-01-22

Gutschrift 5678/TB

Sehr geehrter Herr Schneider,

aufgrund unserer telefonischen Vereinbarung haben Sie 52 durch Transport beschädigte Stahlblechgehäuse G II zurückgegeben.

Hierfür schreiben wir Ihnen gut:

Pos.	Menge	Bezeichnung	Einzelpreis	Rabatt	Betrag in €
1	52 Stück	Stahlblechgehäuse G II	50,00	10 %	2.340,00 €
		+ 19 % Umsatzsteuer			444,60 €
					2.784,60 €

Mit freundlichen Grüßen

Thomas Berg e. K.
Metallwerk
Thomas Berg

Landesgirokasse Stuttgart
Konto 723 544 32
BLZ 600 501 01

Gerichtsstand: Stuttgart
Eigentumsvorbehalt
gem. § 455 BGB

Steuer-Nr.
065 158 43218
USt-IdNr.
DE 222 856 039

Auswirkung einer erteilten Gutschrift

Die vorstehende Gutschrift aufgrund einer Rücksendung bewirkt, dass die **Umsatzerlöse** in Höhe von 45.800,00 € (siehe Seite 151) um den Betrag der Gutschriftsanzeige (= 2.340,00 €) berichtigt werden müssen. Deshalb muss auch die bereits gebuchte **Umsatzsteuer** um den anteiligen Betrag (= 19 % von 2.340,00 € = 444,60 €) gemindert werden. Die **Forderung** aus der Erzeugnislieferung verringert sich somit um insgesamt 2.784,60 €.

❶ **Buchung der Ausgangsrechnung**	**Soll**	**Haben**
2400 Forderungen a. LL	54.502,00	
an **5000 Umsatzerlöse für eigene Erzeugnisse**		45.800,00
an **4800 Umsatzsteuer**........................		8.702,00

❷ **Buchung der Rücksendung** aufgrund der Gutschrift an den Kunden	**Soll**	**Haben**
5000 Umsatzerlöse für eigene Erzeugnisse	2.340,00	
4800 Umsatzsteuer	444,60	
an **2400 Forderungen a. LL**....................		2.784,60

Gutschriften an Kunden aufgrund von Rücksendungen

S	2400 Forderungen a. LL		H
❶	54.502,00	❷	2.784,60

S	5000 Umsatzerlöse für eig. Erzeugnisse		H
❷	2.340,00	❶	45.800,00

S	4800 Umsatzsteuer		H
❷	444,60	❶	8.702,00

Zusammenfassung

- **Mangelhaft gelieferte Erzeugnisse,** die der Kunde nicht verwenden kann, werden – nach vorheriger Vereinbarung mit dem Lieferer – an den Lieferer zurückgeschickt.
- Der Lieferer erteilt dem Kunden eine **Gutschrift** über den Wert der zurückgenommenen Erzeugnisse und die anteilige Umsatzsteuer.
- Auf der Grundlage dieser Gutschrift nimmt der Lieferer eine **Rückbuchung** vor, durch die die Umsatzerlöse der jeweiligen Erzeugnisgruppe, die Umsatzsteuer und die Forderungen a. LL berichtigt werden.

AUFGABE 151

Kontenplanauszug
2400, 2600, 4400, 4800, 5000, 6000, 6020, 6021.

Ermitteln Sie für die folgenden Geschäftsfälle jeweils den Rechnungs- bzw. Gutschriftsbetrag, nennen Sie den Buchungssatz und buchen Sie auf den entsprechenden Konten.

1. ER 2356 für Rohstoffe: Listenpreis	20.000,00 €
Gewährter Mengenrabatt	15 %
+ Umsatzsteuer	?
2. Rücksendung beschädigter Rohstoffe (ER 2356), Nettowert	5.000,00 €
+ Umsatzsteuer	?
3. AR 3456: Verkauf von eigenen Erzeugnissen, Listenpreis	40.000,00 €
Gewährter Wiederverkäuferrabatt	25 %
+ Umsatzsteuer	?
4. Kunde (AR 3456) sendet beschädigte Erzeugnisse zurück, Nettowert	4.000,00 €
5. ER 2358: 12 Fässer Schmieröl (Hilfsstoffe) zum Stückpreis von 125,00 €, netto	1.500,00 €
Verpackung	300,00 €
+ Umsatzsteuer	?
6. AR 3457: Verkauf von eigenen Erzeugnissen, Nettowert	2.500,00 €
+ Umsatzsteuer	?
7. Kunde (AR 3457) erhält Gutschrift wegen Falschlieferung, netto	1.300,00 €

1. *Wie lautet der Abschlussbuchungssatz für das Konto 6021?*
2. *Begründen Sie, warum in Gutschriftsanzeigen die Umsatzsteuer gesondert auszuweisen ist.*
3. *Warum rechnen Verpackungskosten zu den Bezugskosten?*
4. *Welche Rechte können im Falle einer rechtzeitigen Mängelrüge geltend gemacht werden?*

3.2.1.1.2 Nachträgliche Preisnachlässe an Kunden

Situation

Am 26. Januar erhält das Metallwerk Berg telefonisch vom Leiter der Einkaufsabteilung der Computer GmbH, Herrn Schneider, die Mitteilung, dass in der Lieferung vom 18. Januar (siehe Seite 151) auch noch an 32 Stahlblechgehäusen G II Lackschäden festgestellt wurden.

Herr Schneider sieht sich in der Lage, diese Gehäuse noch zu verwenden, sofern nachträglich ein **Preisnachlass von 10,00 €** je Gehäuse gewährt wird. Das Metallwerk Berg erteilt daraufhin der Computer GmbH folgende **Gutschrift.**

Wie werden Preisnachlässe aufgrund von Mängelrügen der Kunden gebucht?

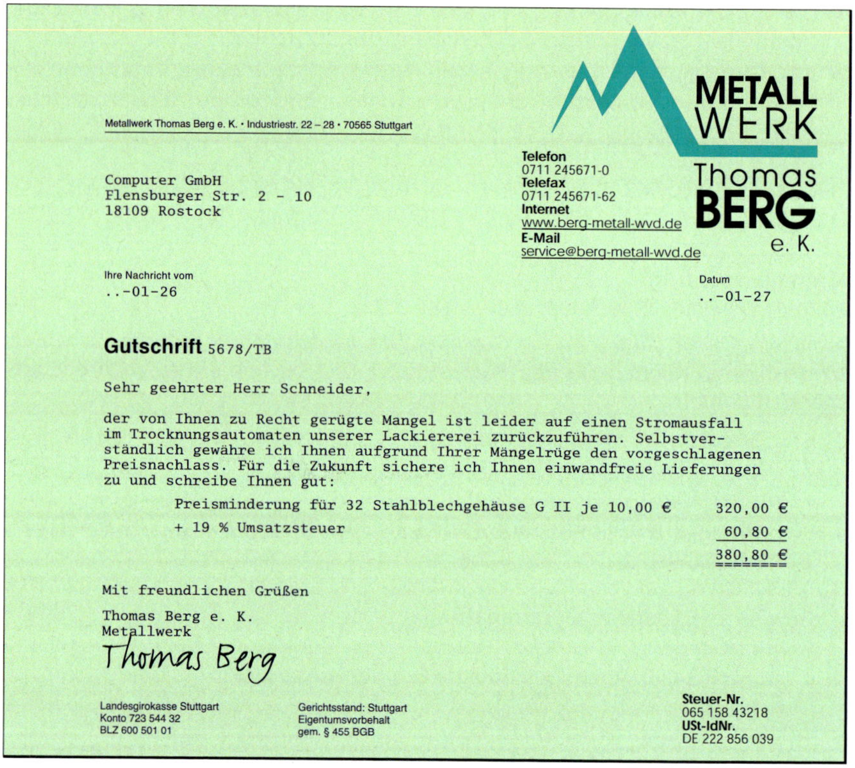

Metallwerk Thomas Berg e. K. • Industriestr. 22 – 28 • 70565 Stuttgart

METALL WERK Thomas BERG e. K.

Telefon
0711 245671-0
Telefax
0711 245671-62
Internet
www.berg-metall-wvd.de
E-Mail
service@berg-metall-wvd.de

Computer GmbH
Flensburger Str. 2 - 10
18109 Rostock

Ihre Nachricht vom
..-01-26

Datum
..-01-27

Gutschrift 5678/TB

Sehr geehrter Herr Schneider,

der von Ihnen zu Recht gerügte Mangel ist leider auf einen Stromausfall im Trocknungsautomaten unserer Lackiererei zurückzuführen. Selbstverständlich gewähre ich Ihnen aufgrund Ihrer Mängelrüge den vorgeschlagenen Preisnachlass. Für die Zukunft sichere ich Ihnen einwandfreie Lieferungen zu und schreibe Ihnen gut:

Preisminderung für 32 Stahlblechgehäuse G II je 10,00 €	320,00 €
+ 19 % Umsatzsteuer	60,80 €
	380,80 €

Mit freundlichen Grüßen

Thomas Berg e. K.
Metallwerk
Thomas Berg

Landesgirokasse Stuttgart
Konto 723 544 32
BLZ 600 501 01

Gerichtsstand: Stuttgart
Eigentumsvorbehalt
gem. § 455 BGB

Steuer-Nr.
065 158 43218
USt-IdNr.
DE 222 856 039

Auswirkung eines nachträglich gewährten Preisnachlasses

Preisnachlässe, die der Lieferer einem Kunden aufgrund einer **Mängelrüge** gewährt, **mindern** nachträglich die **Umsatzerlöse** (siehe Seite 151). Aus Gründen einer besseren **Übersicht** und **Kontrolle** werden sie mit ihrem **Nettobetrag** zunächst auf dem Konto

5001 Erlösberichtigungen

gesondert gebucht, das ein **Unterkonto** des Umsatzerlöskontos ist. Am Ende der Rechnungsperiode erfolgt die **Umbuchung** der Erlösberichtigungen auf das Hauptkonto „5000 Umsatzerlöse für eigene Erzeugnisse".

Berichtigung der Umsatzsteuer

Die nachträgliche Verminderung der bereits gebuchten Umsatzerlöse hat natürlich auch eine nachträgliche Minderung der Umsatzsteuer zur Folge.

❶ **Buchung der Ausgangsrechnung** (siehe S. 151)	**Soll**	**Haben**
2400 Forderungen a. LL	54.502,00	
an **5000 Umsatzerlöse für eigene Erzeugnisse**		45.800,00
an **4800 Umsatzsteuer**		8.702,00

❷ **Buchung des Preisnachlasses** aufgrund der Gutschrift	**Soll**	**Haben**
5001 Erlösberichtigungen	320,00	
4800 Umsatzsteuer	60,80	
an **2400 Forderungen a. LL**		380,80

❸ **Umbuchung der Preisnachlässe** am Ende der Rechnungsperiode	**Soll**	**Haben**
5000 Umsatzerlöse für eigene Erzeugnisse	320,00	
an **5001 Erlösberichtigungen**		320,00

S	2400 Forderungen a. LL		H
❶	54.502,00	❷	380,80

S	5001 Erlösberichtigungen		H
❷	320,00	❸	320,00

S	4800 Umsatzsteuer		H
❷	60,80	❶	8.702,00

S	5000 Umsatzerlöse für eig. Erzeugnisse		H
❸	320,00	❶	45.800,00

EDV-Buchführung

In der EDV-Buchführung wird die **Steuerberichtigung** durch das Programm **automatisch** durchgeführt (siehe Buchung ❷). Auf dem Konto „5001 Erlösberichtigungen“ wird lediglich der Bruttobetrag von 380,80 € eingegeben. Das Fibu-Programm errechnet die zu berichtigende Umsatzsteuer und bucht sie automatisch im Soll des Kontos „4800 Umsatzsteuer“.

Erlösberichtigungen bei Erzeugnisgruppenkonten

Im Metallwerk Berg weisen die Umsatzerlöse der Erzeugnisgruppen folgende **Unterkonten** aus:

5010 Umsatzerlöse für Stahlblechgehäuse G I	5020 Umsatzerlöse für Stahlblechgehäuse G II	5030 Umsatzerlöse für Stahlblechgehäuse G III
5011 Erlösberichtigungen	5021 Erlösberichtigungen	5031 Erlösberichtigungen

Zusammenfassung

- ▶ **Nachträgliche Preisnachlässe** gewährt der Lieferer in der Regel aufgrund einer **Mängelrüge des Kunden.**
- ▶ Nachlässe werden zunächst auf einem **Unterkonto „Erlösberichtigungen“** des entsprechenden Umsatzerlöskontos gebucht und meist monatlich oder spätestens am Jahresende auf das jeweilige Umsatzerlöskonto **umgebucht.**
- ▶ **Nachlässe mindern den Erlös** der verkauften Erzeugnisse **und** damit auch die auf sie entfallende **Umsatzsteuer** sowie die **Forderungen a. LL.** Die Umsatzsteuer ist um den in der Gutschrift genannten Betrag zu berichtigen.
- ▶ Der Lieferer kann auch **nachträglich** einen **Mengen-, Treue- oder Umsatzrabatt** gewähren. Dieser **Bonus** wird am Ende einer Rechnungsperiode vom insgesamt erreichten Umsatz berechnet und ebenfalls auf dem **Konto „Erlösberichtigungen“** gebucht.

AUFGABEN

152 *Buchen Sie die folgenden Geschäftsfälle auf den Konten 2400, 2600, 4400, 4800, 5000, 5001, 6000, 6002 und ermitteln Sie jeweils die erforderlichen Steuerberichtigungen.*

1. Zieleinkauf von Rohstoffen, Nettowert lt. ER 567: 5.800,00 €.
2. Rücksendung beschädigter Rohstoffe an Lieferer (ER 567): Nettowert 1.800,00 €.
3. Auf die übrigen Rohstoffe (ER 567) gewährt uns der Lieferer noch 20 % Nachlass.
4. Zielverkauf von eigenen Erzeugnissen, Nettowert lt. AR 859: 6.000,00 €.
5. Kunde sendet beschädigte Erzeugnisse (AR 859) zurück: 2.000,00 € netto.
6. Kunde (AR 859) erhält im Übrigen noch einen Preisnachlass von brutto 238,00 €.

153 *In der Finanzbuchhaltung der Möbelfabrik Jörg Breuer e. K. haben Sie den nebenstehenden Beleg zu buchen:*

Möbelfabrik Jörg Breuer e. K. • Karlstraße 44 • 51379 Leverkusen

Jörg **BREUER** Möbelfabrik

Möbelfachgeschäft
Werner Theuer e. Kfm.
Am Gierlichshof 15
51381 Leverkusen

Konto | Soll | Haben | Gebucht:

Ihr Zeichen, Ihre Nachricht vom ..-12-20 — Datum ..-12-28

Rechnung Nr. 1 315

Sehr geehrte Damen und Herren,

aufgrund Ihrer Beanstandung schreiben wir Ihnen gut:

10 % von 10.000,00 € Warenwert lt. o. g. Rechnung	1.000,00 €
+ 19 % Umsatzsteuer	190,00 €
	1.190,00 €

Mit freundlichen Grüßen

Möbelfabrik Jörg Breuer e. K.

i. A. Schreiner

Steuer-Nr. 065 262 44119

154 *Buchen Sie den nebenstehenden Beleg in der Finanzbuchhaltung der Möbelfabrik Jörg Breuer e. K.*

Max **KAISER** KG

Herstellung von Spanplatten

Möbelfabrik
Jörg Breuer e. K.
Karlstraße 44
51379 Leverkusen

Konto | Soll | Haben | Gebucht:

Ihr Zeichen, Ihre Nachricht ..-12-16 — Datum ..-12-30

Rechnung Nr. 8 765

Sehr geehrter Herr Breuer, — Eingang: ..-12-31

auf die von Ihnen zu Recht beanstandete Spanplattenlieferung vom 15. Dez. .. erhalten Sie nachträglich einen

Preisnachlass von netto	600,00 €
+ 19 % Umsatzsteuer	114,00 €
	714,00 €

Wir bitten um gleich lautende Buchung.

Mit freundlichen Grüßen

Max Kaiser KG

ppa. W. Herrhausen

Steuer-Nr. 065 362 87653

155 *Buchen Sie die Belege der Aufgaben 153 und 154 in den Buchhaltungen von Werner Theuer und Max Kaiser.*

156

Buchen Sie im Grund- und Hauptbuch. Erstellen Sie den Jahresabschluss.

Kontenplan und vorläufige Summenbilanz zum 27. Dezember ..	Soll	Haben
0700 TA und Maschinen	198.000,00	–
0800 Andere Anlagen/BGA	68.110,00	–
2000 Rohstoffe	150.000,00	–
2400 Forderungen a. LL	108.214,00	–
2600 Vorsteuer	171.432,00	–
2800 Bank	140.000,00	–
2880 Kasse	19.200,00	–
3000 Eigenkapital	–	450.000,00
3001 Privat	72.000,00	–
4400 Verbindlichkeiten a. LL	–	130.490,00
4800 Umsatzsteuer	–	249.166,00
5000 Umsatzerlöse für eigene Erzeugnisse	–	1.357.500,00
5001 Erlösberichtigungen	58.400,00	–
5420 Entnahme v. G. u. s. L.	–	12.300,00
6000 Aufwendungen für Rohstoffe	808.400,00	–
6001 Bezugskosten	25.400,00	–
6002 Nachlässe	–	10.000,00
6040 Verpackungsmaterial	30.000,00	–
6050 Aufwendungen für Energie	99.500,00	–
6140 Frachten und Fremdlager	28.500,00	–
6200 Löhne	120.000,00	–
6300 Gehälter	50.300,00	–
6520 Abschreibungen auf Sachanlagen	–	–
6700 Mieten	62.000,00	–
Abschlusskonten: 8010 und 8020	2.209.456,00	2.209.456,00

Geschäftsfälle vom 27. Dez. bis 31. Dez. ..	€	€
1. Zieleinkäufe von Rohstoffen, ab Werk, ER 460–466		
Nettowert	18.900,00	
+ Verpackung	200,00	
+ Umsatzsteuer	3.629,00	22.729,00
2. Eingangsfrachten hierauf bar, Nettofrachtbetrag	850,00	
+ Umsatzsteuer	161,50	1.011,50
3. Rücksendung mangelhafter Rohstoffe (ER 462)		
Nettowert	900,00	
+ Umsatzsteuer	171,00	1.071,00
4. Zielverkäufe von Erzeugnissen, frei dort, AR 962–968		
Nettowert	52.400,00	
+ Verpackungskosten	800,00	
+ Umsatzsteuer	10.108,00	63.308,00
5. Ausgangsfrachten hierauf bar, brutto		1.666,00
6. Lastschrift der Bank für Mietüberweisung		6.500,00
Darin enthalten ist die Miete für die Wohnung des Inhabers		900,00
7. Gutschriftsanzeige (Mängelrüge) an Kunden (AR 963), brutto		714,00
8. Kunde erhält von uns einen Bonus, netto		1.500,00
9. Gutschrift (Mängelrüge) eines Lieferers (ER 465), brutto		416,50
10. Kunde sendet mangelhafte Erzeugnisse zurück, brutto		952,00
11. Rohstofflieferer gewährt uns einen Bonus von netto		2.000,00
Schlussbestände lt. Inventur: Rohstoffe		200.000,00
TA und Maschinen		180.000,00
Andere Anlagen/BGA		60.110,00

3.2.1.2 Erfassung der Umsatzerlöse für Handelswaren

Situation

Die Büromöbelfabrik Hartmann KG bezieht von der Leyhausen OHG Schreibtischsets, die sie ihren Kunden, die Schreibtische bestellen, zusätzlich anbietet. Zum 1. Januar .. waren noch 200 Sets zu je 10,40 € = 2.080,00 € am Lager. Im laufenden Geschäftsjahr wurden bei der Leyhausen OHG lt. ER 1023 auf Ziel eingekauft:

ER:		1 000 Sets je 12,50 €	12.500,00 €
	–	20 % Mengenrabatt	2.500,00 €
			10.000,00 €
	+	Verpackung	100,00 €
	+	LKW-Fracht	300,00 €
			10.400,00 €
	+	19 % Umsatzsteuer	1.976,00 €
		Rechnungsbetrag	**12.376,00 €**

Im laufenden Geschäftsjahr wurden 900 Sets jeweils auf Ziel verkauft:

AR:		900 Sets je 16,21 € (vgl. S. 163)	14.589,00 €
	–	10 % Mengenrabatt	1.458,90 €
			13.130,10 €
	+	19 % Umsatzsteuer	2.494,72 €
		Rechnungsbetrag	**15.624,82 €**

Zum 31. Dezember .. beträgt der Schlussbestand lt. Inventur 300 Sets je 10,40 € = 3.120,00 €.

Wie wird diese Art von Artikeln bezeichnet, kalkuliert und gebucht?

Was sind Handelswaren?

Industriebetriebe beziehen zuweilen auch Artikel, die zur sinnvollen **Abrundung des Verkaufsprogramms** unverändert, also **ohne Be- oder Verarbeitung,** weiterverkauft werden. Man bezeichnet diese Güter auch als **Handelswaren.** Dabei handelt es sich oft um Zubehör zu den eigenen Erzeugnissen, wie z. B. die o. g. Schreibtischsets.

3.2.1.2.1 Ein- und Verkauf von Handelswaren

3.2.1.2.1.1 Buchungen bei bestandsorientierter Beschaffung

Bei **bestandsorientierter** Beschaffung der Handelswaren werden die **Einkäufe** auf dem Konto

2280 Waren (Handelswaren)

gebucht. Dieses **Bestandskonto** erfasst im Soll den Anfangsbestand und die Wareneinkäufe. Nach Eintragung des Schlussbestandes lt. Inventur ergibt sich im Haben als Saldo der **Warenaufwand (Wareneinsatz)**, der auf das Konto

6080 Aufwendungen für Waren

umgebucht wird. Der **Warenaufwand** wird also **durch Inventur ermittelt.**

Anfangsbestand an Waren + Wareneinkäufe – Schlussbestand lt. Inventur = Warenaufwand

Warenrücksendungen werden direkt im Haben des Warenbestandskontos gebucht.

Für **Nachlässe und Bezugskosten** gibt es entsprechende **Unterkonten** des Hauptkontos „2280 Waren“:

2281 Bezugskosten und **2282 Nachlässe.**

Die Erlöse aus Handelswaren werden – getrennt von den Umsatzerlösen aus eigenen Erzeugnissen – erfasst auf dem Konto

5100 Umsatzerlöse für Waren.

Die Buchungen aufgrund der o. g. Situation lauten:

❶ Buchung des Warenanfangsbestandes	Soll	Haben
2280 Waren	2.080,00	
an 8000 Eröffnungsbilanzkonto		2.080,00

❷ Buchung des Wareneinkaufs	Soll	Haben
2280 Waren	10.000,00	
2281 Bezugskosten	400,00	
2600 Vorsteuer	1.976,00	
an 4400 Verbindlichkeiten a. LL		12.376,00

❸ Umbuchung des Bezugskostenkontos	Soll	Haben
2280 Waren	400,00	
an 2281 Bezugskosten		400,00

❹ Buchung des Warenverkaufs	Soll	Haben
2400 Forderungen a. LL	15.624,82	
an 5100 Umsatzerlöse für Waren		13.130,10
an 4800 Umsatzsteuer		2.494,72

❺ Buchung des Warenschlussbestandes	Soll	Haben
8010 Schlussbilanzkonto	3.120,00	
an 2280 Waren		3.120,00

❻ Buchung des Warenaufwandes	Soll	Haben
6080 Aufwendungen für Waren	9.360,00	
an 2280 Waren		9.360,00

❼ Abschluss des Warenaufwandskontos	Soll	Haben
8020 Gewinn- und Verlustkonto	9.360,00	
an 6080 Aufwendungen für Waren		9.360,00

❽ Abschluss des Warenumsatzerlöskontos	Soll	Haben
5100 Umsatzerlöse für Waren	13.130,10	
an 8020 Gewinn- und Verlustkonto		13.130,10

S 2280 Waren H

S		H	
❶ EBK	2.080,00	❺ SBK	3.120,00
❷ 4400	10.000,00	❻ 6080	9.360,00
❸ 2281	400,00		
	12.480,00		12.480,00

S 6080 Aufwendungen für Waren H

S		H	
❻ 2280	9.360,00	❼ GuV	9.360,00

S 5100 Umsatzerlöse für Waren H

S		H	
❽ GuV	13.130,10	❹ 2400	13.130,10

S 2281 Bezugskosten H

S		H	
❷ 4400	400,00	❸ 2280	400,00

S 8020 Gewinn- und Verlustkonto H

S		H	
❼ 6080	9.360,00	❽ 5100	13.130,10

S 8000 Eröffnungsbilanzkonto H

S		H	
		❶ 2280	2.080,00

S 8010 Schlussbilanzkonto H

S		H	
❺ 2280	3.120,00		

3.2.1.2.1.2 Buchungen bei aufwandsorientierter Beschaffung

Bei **aufwandsorientierter** Beschaffung werden die **Einkäufe** von Handelswaren direkt auf dem Aufwandskonto erfasst:

6080 Aufwendungen für Waren.

Das **Bestandskonto „2280 Waren"** weist dann in der Regel nur drei Posten aus, und zwar den Anfangsbestand an Waren, den Schlussbestand lt. Inventur und die **Bestandsveränderung** als Saldo. Die Bestandsveränderung wird am Ende der Rechnungsperiode **auf** das **Konto „6080 Aufwendungen für Waren" umgebucht,** um den tatsächlichen Warenaufwand (Wareneinsatz) zu ermitteln (siehe auch Seite 145 f.).

❶ Buchung des Warenanfangsbestandes	Soll	Haben
2280 Waren	2.080,00	
an 8000 Eröffnungsbilanzkonto		2.080,00

❷ Buchung des Wareneinkaufs	Soll	Haben
6080 Aufwendungen für Waren	10.000,00	
6081 Bezugskosten	400,00	
2600 Vorsteuer	1.976,00	
an 4400 Verbindlichkeiten a. LL		12.376,00

❸ Umbuchung des Bezugskostenkontos	Soll	Haben
6080 Aufwendungen für Waren	400,00	
an 6081 Bezugskosten		400,00

❹ Buchung des Warenverkaufs	Soll	Haben
2400 Forderungen a. LL	15.624,82	
an 5100 Umsatzerlöse für Waren		13.130,10
an 4800 Umsatzsteuer		2.494,72

❺ Buchung des Warenschlussbestandes	Soll	Haben
8010 Schlussbilanzkonto	3.120,00	
an 2280 Waren		3.120,00

❻ Umbuchung der Bestandsveränderung	Soll	Haben
2280 Waren	1.040,00	
an 6080 Aufwendungen für Waren		1.040,00

❼ Abschluss des Warenaufwandskontos	Soll	Haben
8020 Gewinn- und Verlustkonto	9.360,00	
an 6080 Aufwendungen für Waren		9.360,00

❽ Abschluss des Warenumsatzerlöskontos	Soll	Haben
5100 Umsatzerlöse für Waren	13.130,10	
an 8020 Gewinn- und Verlustkonto		13.130,10

S	6080 Aufwendungen für Waren		H
❷ 4400	10.000,00	❻ 2280	1.040,00
❸ 6081	400,00	❼ GuV	9.360,00
	10.400,00		10.400,00

S	2280 Waren		H
❶ EBK	2.080,00	❺ SBK	3.120,00
❻ 6080	1.040,00		
	3.120,00		3.120,00

S	6081 Bezugskosten		H
❷ 4400	400,00	❸ 6080	400,00

S	5100 Umsatzerlöse für Waren		H
❽ GuV	13.130,10	❹ 2400	13.130,10

S	8020 Gewinn- und Verlustkonto		H
❼ 6080	9.360,00	❽ 5100	13.130,10

S	8010 Schlussbilanzkonto		H
❺ 2280	3.120,00		

Kalkulation des Verkaufspreises bei Handelswaren | 3.2.1.2.2

Situation

In der Eingangsrechnung auf Seite 160 beträgt der Warenwert einschließlich der Bezugskosten für 1 000 Sets netto 10.400,00 €. Der **Bezugspreis für 1 Set** beträgt demnach **10,40 €** (10.400,00 € : 1 000). Für die Büromöbelfabrik ist der Verkauf von Schreibtischsets ein Zusatzgeschäft. Der Leiter der Verkaufsabteilung beauftragt eine Sachbearbeiterin den Verkaufspreis der Sets zu kalkulieren. Im Unternehmen wird mit einem **Handlungskostenzuschlag von 25 %** und einem **Gewinnzuschlag von 10 %** gerechnet.

Mit dem Handlungskostenzuschlag werden alle Kosten (z. B. Personalkosten, Miete, Werbung, Reisekosten u. a.) anteilig der jeweiligen Ware zugerechnet. Bei Zahlung innerhalb von 10 Tagen werden **2 % Skonto** gewährt. **10 % Mengenrabatt** erhalten Kunden bei Abnahme von mindestens 100 Sets.

Wie hoch ist der Angebotspreis für ein Set?

Aus den vorstehenden Angaben ergibt sich folgende **Verkaufskalkulation:**

	Bezugspreis für 1 Schreibtischset	10,40 €
+	25 % Handlungskosten	2,60 €
	Selbstkostenpreis	13,00 €
+	10 % Gewinn	1,30 €
	Barverkaufspreis	14,30 €
+	2 % Kundenskonto	0,29 €
	Zielverkaufspreis	14,59 €
+	10 % Kundenrabatt	1,62 €
	Angebots- bzw. Verkaufspreis	**16,21 €**

siehe Prozentrechnung ➤ Kap. E, 1.3

Der **Verkaufspreis von 16,21 €** je Set wurde in der **Ausgangsrechnung auf Seite 160** berücksichtigt.

Erläuterungen zur obigen Kalkulation:

Handlungskosten

Die Handlungskosten werden vom Bezugspreis errechnet und zum Bezugspreis addiert. Als Summe ergibt sich der **Selbstkostenpreis.**

Gewinn

Der anteilige Gewinn wird vom **Selbstkostenpreis** berechnet und zu diesem Preis addiert. Das Ergebnis ist der **Barverkaufspreis,** der unbedingt erzielt werden muss.

Kundenskonto

Der Barverkaufspreis wird um die beim Verkauf gewährten „Vergünstigungen" erhöht. In den Barverkaufspreis wird deshalb zunächst der Zuschlag für **Kundenskonto** eingerechnet, der dem Kunden bei Zahlung innerhalb von 10 Tagen gewährt wird. Nimmt der Kunde mehr als 10 Tage Zahlungsziel in Anspruch, muss er den um Skonto höheren Betrag **(= Zielverkaufspreis oder Rechnungspreis)** zahlen. Skonto ist ein **Zinszuschlag,** den der Verkäufer dafür verlangt, dass er dem Kunden ein längeres Zahlungsziel einräumt. Für den Kunden entspricht also beim Skontoabzug der **Rechnungspreis 100 %** und der **Barverkaufspreis** ist der um 2 % verminderte Betrag **(= 98 %).** Der Barverkaufspreis muss demnach mit 98 % angesetzt werden:

98 % Barverkaufspreis	~	14,30 €
2 % Skonto	~	x €

$$x\,€ = \frac{14{,}30\,€ \cdot 2\,\%}{98\,\%} = \mathbf{0{,}29\,€}$$

Kundenrabatt

Der Kundenrabatt (Mengenrabatt) wird **vom Angebotspreis (= 100 %)** berechnet. Deshalb ist der **Zielverkaufspreis** entsprechend **90 %:**

90 % Zielverkaufspreis	~	14,59 €
10 % Rabatt	~	x €

$$x\,€ = \frac{14{,}59\,€ \cdot 10\,\%}{90\,\%} = \mathbf{1{,}62\,€}$$

Kalkulation des Verkaufspreises bei Handelswaren

Zusammenfassung

- **Handelswaren** werden in Industriebetrieben zur Ergänzung des Verkaufsprogramms eingekauft und **ohne Be- oder Verarbeitung verkauft.**
- Bei **bestandsorientierter** Beschaffung wird der **Wareneinkauf** auf dem Bestandskonto **„2280 Waren"** erfasst. Der **Warenaufwand** wird **durch Inventur** ermittelt und auf das Konto „6080 Aufwendungen für Waren" umgebucht:

S 2280 Waren	H
Anfangsbestand an Waren	Schlussbestand lt. Inventur
Wareneinkäufe	Saldo = Warenaufwand

↔

S 8010 Schlussbilanzkonto	H
Waren	

→

S 6080 Aufwendungen für Waren	H
Einkaufswert der verkauften Waren	

- Bei **aufwandsorientierter** Beschaffung werden die **Einkäufe** der Handelswaren **direkt** auf dem Aufwandskonto **„6080 Aufwendungen für Waren"** erfasst. Um den tatsächlichen Warenaufwand zu ermitteln, wird die **Bestandsveränderung** des Kontos „2280" auf das Konto „6080" **umgebucht:**

S 2280 Waren	H
Anfangsbestand	Schlussbestand
Saldo = Bestandserhöhung	

S 2280 Waren	H
Anfangsbestand	Schlussbestand
	Saldo = Bestandsminderung

S 6080 Aufwendungen für Waren	H
Einkäufe von Waren	Bestandserhöhung
	Saldo = Tatsächlicher Warenaufwand

S 6080 Aufwendungen für Waren	H
Einkäufe von Waren	Saldo = Tatsächlicher Warenaufwand
Bestandsminderung	

- **Warenrücksendungen an Lieferer** werden **direkt im Haben** der Konten „2280" bzw. „6080" gebucht. **Für Bezugskosten und Nachlässe** werden **Unterkonten** eingerichtet: **2281, 2282** bzw. **6081, 6082.**
- **Warenrücksendungen der Kunden** werden **direkt im Soll** des Kontos **„5100 Umsatzerlöse für Waren"** gebucht. **Für Nachlässe** an Kunden wird das Unterkonto **„5101 Erlösberichtigungen"** eingerichtet.
- Kalkulationsschema zur **Berechnung des Warenverkaufspreises:**

	Bezugspreis	€
+	% Handlungskosten	€
	Selbstkostenpreis	€
+	% Gewinn	€
	Barverkaufspreis	€
+	% Kundenskonto	€
	Zielverkaufspreis	€
+	% Kundenrabatt	€
	Angebotspreis (= Listenverkaufspreis)	€

AUFGABEN

157 *Buchen Sie die folgenden Geschäftsfälle 1. bestandsorientiert und 2. aufwandsorientiert auf den entsprechenden Konten unter Angabe der Buchungssätze.*

1. Anfangsbestand an Handelswaren .... 25.000,00 €
2. Zieleinkauf von Handelswaren, brutto .... 38.675,00 €
3. Zielverkauf von Handelswaren, brutto .... 49.742,00 €
4. Schlussbestand an Handelswaren lt. Inventur .... 37.300,00 €

158

Bilden Sie die Buchungssätze 1. bestandsorientiert und 2. aufwandsorientiert: €

1. Zieleinkauf von Handelswaren, netto 40.000,00
2. Unser Handelswaren-Lieferer gewährt uns einen Bonus, brutto ... 2.380,00
3. Zielverkauf von Handelswaren, netto 25.000,00
4. Wir schicken unserem Kunden Gutschrift über mangelhafte Waren, netto 4.500,00
5. Wir erhalten vom Handelswaren-Lieferer Gutschrift über Warenrücksendung, netto 1.500,00
6. Wir schicken unserem Kunden Gutschrift über Warenrücksendung, netto 700,00

159

Buchen Sie auf den Konten 2280, 2281, 2282, 2400, 2600, 4400, 4800, 5100, 5101, 6080, 8000 unter Angabe der Buchungssätze die folgenden Geschäftsfälle und schließen Sie die Konten über 8010 SBK und 8020 GuV ab:

			€
1.	Anfangsbestand an Handelswaren		46.000,00
2.	Zieleinkauf von Handelswaren lt. ER 234, Warenwert		25.000,00
3.	Eingang der Speditionsrechnung 245 für ER 234, netto		450,00
4.	Zielverkauf von Handelswaren lt. AR 456, Warenwert	48.500,00	
	+ Verpackungskosten	500,00	
	+ Umsatzsteuer	9.310,00	58.310,00
5.	Gutschrift unseres Lieferers für Warenrücksendung, brutto		1.011,50
6.	Unser Lieferer gewährt Bonus auf Warenumsatz, brutto		952,00
7.	Gutschriftsanzeige an Kunden f. Warenrücksendung, netto		1.500,00
8.	Gutschriftsanzeige an Kunden wg. Mängelrüge, netto		750,00
9.	Schlussbestand an Handelswaren		27.800,00

160

1. *Buchen Sie die Geschäftsfälle der vorstehenden Aufgabe aufwandsorientiert auf den Konten 2280, 2400, 2600, 4400, 4800, 5100, 5101, 6080, 6081, 6082, 8000 und nennen Sie jeweils den Buchungssatz.*
2. *Führen Sie unter Angabe der Buchungssätze die Umbuchungen durch und schließen Sie die Konten über 8010 und 8020 ab.* ■

161

Die Kartonagenfabrik Pütz GmbH ergänzt ihr Verkaufsprogramm durch Verpackungsfolie, die sie zum Bezugspreis von 230,00 € je 100 m einkauft. Sie kalkuliert die Ware mit 30 % Handlungskosten, 2 % Gewinn, 3 % Kundenskonto und – bei Abnahme von 10 000 m – mit einem Mengenrabatt von 15 %.

Berechnen Sie den Angebotspreis für 100 m Folie. ■

162

Die Kartonagenfabrik Pütz GmbH verkauft 10 000 m Folie (siehe Aufgabe 161) mit der Lieferungsbedingung „ab Lager“ an die Hansen KG. Sie bezahlt die Speditionsrechnung mit 400,00 € + 76,00 € Umsatzsteuer bar und belastet den Kunden Hansen KG mit 400,00 € Frachtkosten sowie 200,00 € Verpackungskosten.

1. *Erstellen Sie die Ausgangsrechnung für die Kartonagenfabrik Pütz GmbH.*
2. *Buchen Sie die Speditionsrechnung und die Ausgangsrechnung.* ■

163

Berechnen Sie den Angebots- bzw. Listenverkaufspreis einer Ware:
Listeneinkaufspreis netto 120,00 €, Liefererrabatt 20 %, Liefererskonto 2 %, Frachtkosten 12,00 €, Handlungskostenzuschlag 25 %, Gewinn 15 %, Kundenskonto 3 % und Kundenrabatt 20 %. ■

3.3 Bestandsveränderungen bei unfertigen und fertigen Erzeugnissen

3.3.1 Bestandsmehrung

Situation 1

Das Metallwerk Thomas Berg hat im ersten Geschäftsjahr **10000** Stahlblechgehäuse G II zu je 42,00 € Herstellungsaufwand (= Material, Löhne u. a.) **produziert,** davon jedoch **nur 9000** Stück zu je 50,00 € **verkauft.** Zum Schluss des ersten Geschäftsjahres befanden sich somit **noch 1000** Stahlblechgehäuse unverkauft **im Lager,** was auch durch körperliche Inventur bestätigt wurde. Das Gewinn- und Verlustkonto weist zum Jahresschluss – zusammengefasst – Folgendes aus:

S	8020 Gewinn- und Verlustkonto		H
Herstellungsaufwendungen für **10 000 Stück** je 42,00 €	420.000,00	Umsatzerlöse für **9 000 Stück** je 50,00 €	450.000,00

Wie kann die Lagerbestandszunahme von 1000 Stahlblechgehäusen bei der Jahreserfolgsrechnung des Metallwerks Berg berücksichtigt werden?

Wie entsteht eine Bestandsmehrung?

Eine **Bestandsmehrung** entsteht, wenn in einem Geschäftsjahr **mehr Erzeugnisse hergestellt** (10 000 Stück) **als verkauft** (9 000 Stück) wurden, sodass die nicht verkauften Erzeugnisse (1 000 Stück) auf Lager genommen werden müssen. Für das Metallwerk Berg errechnet sie sich für den Schluss des ersten Geschäftsjahres wie folgt:

	Schlussbestand lt. Inventur: 1 000 Stück je 42,00 €	42.000,00 €
–	Anfangsbestand: 0 Stück	0,00 €
	Bestandsmehrung (= Lagerbestandszunahme)	**42.000,00 €**

Das **Bestandskonto „2200 Fertige Erzeugnisse"** weist den Mehrbestand an fertigen Stahlblechgehäusen aus:

S	2200 Fertige Erzeugnisse		H
Anfangsbestand	0,00	Schlussbestand lt. Inventur.........	42.000,00
Bestandsmehrung	**42.000,00**		

Die **Lagerbestandszunahme** von 1000 Stahlblechgehäusen stellt für das Metallwerk Berg einen **Ertrag** dar, der dadurch gebildet wurde, dass Erzeugnisse im Herstellwert von 42.000,00 € als Lagervorrat produziert wurden. Dieser **Ertrag** ist auf der Habenseite des GuV-Kontos **dem** auf ihn entfallenden **Herstellungsaufwand gegenüberzustellen,** der auf der Sollseite des GuV-Kontos ausgewiesen wird:

S	8020 Gewinn- und Verlustkonto		H
Aufwand der im Geschäftsjahr hergestellten 10 000 Stück je 42,00 €	**420.000,00**	**Umsatzerlöse der im Geschäftsjahr verkauften 9 000 Stück je 50,00 €**	**450.000,00**
		+	
Gewinn....................	72.000,00	**im Geschäftsjahr auf Lager produzierter Mehrbestand von 1 000 Stück je 42,00 €**	**42.000,00**
	492.000,00		492.000,00

Zum Schluss des **ersten** Geschäftsjahres sind im Metallwerk Berg **folgende Buchungen** vorzunehmen:

❶ **Buchung des Schlussbestandes an fertigen Erzeugnissen**	**Soll**	**Haben**
8010 Schlussbilanzkonto.........................	42.000,00	
an **2200 Fertige Erzeugnisse**....................		42.000,00

Nach dieser Buchung ergibt sich im Konto „2200 Fertige Erzeugnisse“ als Saldo eine Bestandsmehrung von 42.000,00 €, die aber nicht direkt auf die Habenseite des GuV-Kontos, sondern zunächst auf das **Sammelkonto „5200 Bestandsveränderungen[1]“** übertragen wird. Dieses Konto, das auch die Bestandsveränderungen des Kontos **„2100 Unfertige Erzeugnisse“** übernimmt, wird dann zum GuV-Konto abgeschlossen.

❷ Umbuchung der Bestandsmehrung an fertigen Erzeugnissen	Soll	Haben
2200 Fertige Erzeugnisse	42.000,00	
an **5200 Bestandsveränderungen**		42.000,00

❸ Abschluss des Kontos „Bestandsveränderungen“ bei Bestandsmehrung	Soll	Haben
5200 Bestandsveränderungen	42.000,00	
an **8020 Gewinn- und Verlustkonto**..............		42.000,00

S 2200 Fertige Erzeugnisse H

S		H	
EBK	0,00	❶ SBK	42.000,00
❷ 5200	42.000,00		
	42.000,00		42.000,00

S 8010 Schlussbilanzkonto H

S		H	
❶ 2200	42.000,00		

S 5200 Bestandsveränderungen H

S		H	
❸ GuV	42.000,00	❷ 2200	42.000,00

S 8020 Gewinn- und Verlustkonto H

S		H	
Aufwendungen	420.000,00	Umsatzerlöse f. eig. Erz.	450.000,00
Gewinn	**72.000,00**	❸ Bestandsmehrung FE	42.000,00
	492.000,00		492.000,00

Bestandsminderung | 3.3.2

Situation 2

Im zweiten Geschäftsjahr hat das Metallwerk Berg **12 000** Stahlblechgehäuse G II zu je 42,00 € **hergestellt.** Im gleichen Zeitraum wurden jedoch **12 800** Stahlblechgehäuse zu je 50,00 € **verkauft.** Folglich mussten **800 Stück** aus dem **Vorjahresbestand** (1 000 Stück je 42,00 € = 42.000,00 €) verkauft werden. Zum Schluss des zweiten Geschäftsjahres ergab die Inventur noch einen Lagerbestand von 200 fertigen Stahlblechgehäusen zu je 42,00 € (Herstellwert = 8.400,00 €). Das GuV-Konto weist zum Jahresschluss folgende Zahlen – zusammengefasst – aus:

S 8020 Gewinn- und Verlustkonto H

S		H	
Herstellungsaufwendungen für **12 000 Stück** fertige Erzeugnisse	504.000,00	Umsatzerlöse für **12 800 Stück** eigene Erzeugnisse	640.000,00

Wie kann die Lagerbestandsminderung von 800 Stahlblechgehäusen bei der Jahreserfolgsrechnung des Metallwerks Berg berücksichtigt werden?

Wie entsteht eine Bestandsminderung?

Eine **Bestandsminderung** liegt vor, wenn in einem Geschäftsjahr **mehr Erzeugnisse verkauft** (12 800 Stück) **als hergestellt** (12 000 Stück) wurden. Somit mussten

1 Nach dem Industriekontenrahmen (IKR) können die Bestandsveränderungen auch auf getrennten Konten gebucht werden: „5201 Bestandsveränderungen an unfertigen Erzeugnissen“ und „5202 Bestandsveränderungen an fertigen Erzeugnissen“.

zusätzlich Erzeugnisse **aus dem Lagerbestand des Vorjahres verkauft** werden (800 Stück), was zu einer Bestandsminderung an fertigen Erzeugnissen führte.

	Anfangsbestand: 1 000 Stück je 42,00 €	42.000,00 €
–	Schlussbestand lt. Inventur: 200 Stück je 42,00 €	8.400,00 €
	Bestandsminderung (= Lagerbestandsminderung)	**33.600,00 €**

S	2200 Fertige Erzeugnisse		H
Anfangsbestand	42.000,00	Schlussbestand lt. Inventur	8.400,00
		Bestandsminderung	**33.600,00**

Im Gewinn- und Verlustkonto des Metallwerks Berg stehen den Erlösen für die verkauften 12 800 Stahlblechgehäuse bisher nur die Aufwendungen der im zweiten Geschäftsjahr hergestellten 12 000 Stahlblechgehäuse gegenüber, nicht aber auch die im Vorjahr angefallenen Aufwendungen für die vom Lager verkauften 800 Stück. Um den Erfolg aus dem Verkauf der Stahlblechgehäuse richtig zu ermitteln, muss **den Umsatzerlösen** auch die **Lagerbestandsminderung als Aufwand gegenübergestellt werden.**

S	8020 Gewinn- und Verlustkonto		H
Aufwand der im Geschäftsjahr hergestellten 12 000 Stück je 42,00 €	504.000,00	Umsatzerlöse der im Geschäftsjahr verkauften 12 800 Stück je 50,00 €	640.000,00
+			
Aufwand der im Vorjahr hergestellten 800 St. (= Minderbest.) je 42,00 €	33.600,00		
Gewinn	102.400,00		
	640.000,00		640.000,00

Zum Schluss des **zweiten** Geschäftsjahres sind **folgende Buchungen** durchzuführen:

	Soll	Haben
❶ Buchung des Schlussbestandes an fertigen Erzeugnissen	**Soll**	**Haben**
8010 Schlussbilanzkonto	8.400,00	
an **2200 Fertige Erzeugnisse**		8.400,00
❷ Umbuchung der Bestandsminderung an fertigen Erzeugnissen	**Soll**	**Haben**
5200 Bestandsveränderungen	33.600,00	
an **2200 Fertige Erzeugnisse**		33.600,00
❸ Abschluss des Kontos „Bestandsveränderungen" bei Bestandsminderung	**Soll**	**Haben**
8020 Gewinn- und Verlustkonto	33.600,00	
an **5200 Bestandsveränderungen**		33.600,00

S	2200 Fertige Erzeugnisse		H
EBK	42.000,00	❶ SBK	8.400,00
		❷ 5200	33.600,00
	42.000,00		42.000,00

S	8010 Schlussbilanzkonto		H
❶ 2200	8.400,00		

S	5200 Bestandsveränderungen		H
❷ 2200	33.600,00	❸ GuV	33.600,00

S	8020 Gewinn- und Verlustkonto		H
Aufwendungen	504.000,00	Umsatzerlöse f. eig. Erz.	640.000,00
❸ Bestandsminderung FE	33.600,00		
Gewinn	**102.400,00**		
	640.000,00		640.000,00

Buchung der Bestandsveränderungen im Überblick 3.3.3

Situation 3

Im dritten Geschäftsjahr wurden im Metallwerk Berg 14 000 Stahlblechgehäuse G II hergestellt, jedoch 14 150 verkauft. Während der Anfangsbestand an fertigen Stahlblechgehäusen 8.400,00 € betrug, beläuft sich der Schlussbestand lt. Inventur nur noch auf 2.100,00 €. Im Rahmen der Inventur wurde festgestellt, dass sich noch 400 Stahlblechgehäuse in der Lackiererei befinden. Der Herstellungsaufwand dieser unfertigen Erzeugnisse wird zum 31. Dezember mit 12.000,00 € angesetzt. Das Gewinn- und Verlustkonto des Metallwerks Berg weist zum Schluss des dritten Geschäftsjahres folgende zusammengefasste Werte aus:

S	8020 Gewinn- und Verlustkonto		H
Herstellungsaufwand für fertige Erzeugnisse	**600.000,00**	**Umsatzerlöse für eigene Erzeugnisse**	**707.500,00**

Wie hoch ist zum Schluss des dritten Geschäftsjahres der Erfolg des Metallwerks Berg aus der Herstellung und dem Verkauf von Stahlblechgehäusen?

Nach Buchung der Schlussbestände an unfertigen und fertigen Erzeugnissen (8010 an 2100 ... 12.000,00 € und 8010 an 2200 ... 2.100,00 €) **ergibt sich folgender Abschluss der Konten.**

Nennen Sie jeweils den Buchungssatz zu ❶, ❷ und ❸.

S	2200 Fertige Erzeugnisse		H
EBK	8.400,00	SBK	2.100,00
		❶ 5200	6.300,00
	8.400,00		8.400,00

S	2100 Unfertige Erzeugnisse		H
EBK	0,00	SBK	12.000,00
❷ 5200	12.000,00		
	12.000,00		12.000,00

S	5200 Bestandsveränderungen		H
❶ 2200	6.300,00	❷ 2100	12.000,00
❸ 8020 GuV	5.700,00		
	12.000,00		12.000,00

S	8020 Gewinn- und Verlustkonto		H
Aufwendungen	600.000,00	Umsatzerlöse f. eig. Erz.	707.500,00
Gewinn	**113.200,00**	❸ 5200 BV	5.700,00
	713.200,00		713.200,00

Zusammenfassung

▶ **Bestandsveränderungen** entstehen, wenn in einer Rechnungsperiode **Produktions- und Absatzmenge** der Erzeugnisse **nicht übereinstimmen,** was eine **Mehrung oder Minderung des Lageranfangsbestandes** zur Folge hat.

S	2200 Fertige Erzeugnisse	H
Anfangsbestand	Schlussbestand lt. Inventur
Bestandsmehrung	

S	2200 Fertige Erzeugnisse	H
Anfangsbestand	**Schlussbestand lt. Inventur**
	Bestandsminderung

▶ Eine **Bestandsmehrung** liegt vor, wenn in einer Rechnungsperiode **mehr** Erzeugnisse **hergestellt** als verkauft wurden. Die Erhöhung des Lagerbestandes ist dann im Gewinn- und Verlustkonto als **Ertrag** dem auf ihn entfallenden Herstellungsaufwand des Geschäftsjahres gegenüberzustellen.

Buchung der Bestandsveränderungen im Überblick

Zusammenfassung

- Eine **Bestandsminderung** liegt vor, wenn in einer Abrechnungsperiode **mehr** Erzeugnisse **verkauft** als hergestellt wurden. Die Minderung des Lagerbestandes muss im Gewinn- und Verlustkonto als **Aufwand** den Erlösen der aus dem Vorjahresbestand verkauften Erzeugnisse gegenübergestellt werden.
- Bestandsveränderungen der unfertigen und fertigen Erzeugnisse werden auf das Konto **„5200 Bestandsveränderungen"** umgebucht. Der Saldo des Bestandsveränderungskontos wird dann auf das Gewinn- und Verlustkonto übertragen, um den wirklichen Erfolg aus der Herstellung und dem Verkauf der Erzeugnisse zu ermitteln.

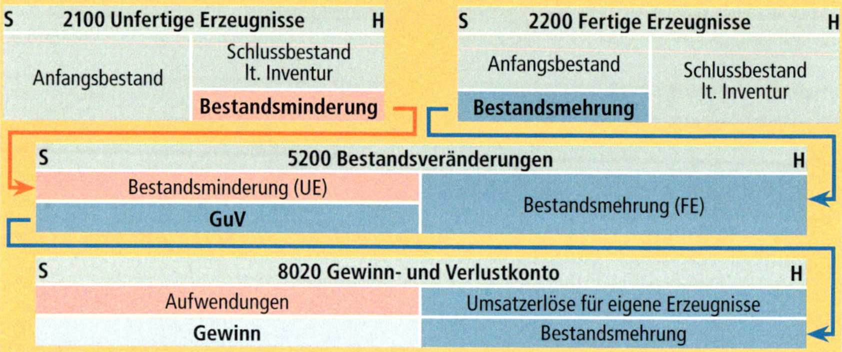

AUFGABEN

164

1. *Richten Sie die Konten 2100, 2200, 5200, 8010, 8020 ein und übernehmen Sie folgende Zahlen:*

Aufwendungen des Geschäftsjahres	980.000,00 €
Umsatzerlöse für eigene Erzeugnisse	1.120.000,00 €
Anfangsbestand der unfertigen Erzeugnisse	60.000,00 €
Anfangsbestand der fertigen Erzeugnisse	150.000,00 €

2. *Buchen Sie die Schlussbestände lt. Inventur:*

Unfertige Erzeugnisse	40.000,00 €
Fertige Erzeugnisse	220.000,00 €

3. *Ermitteln und buchen Sie die Bestandsveränderungen.*
4. *Ermitteln Sie den Erfolg des Geschäftsjahres.*
5. *Erläutern Sie die Auswirkung der Bestandsveränderung auf den Unternehmenserfolg.* ■

165

1. *Richten Sie die Konten 2100, 2200, 3000, 5200, 8010, 8020 ein und übernehmen Sie folgende Zahlen:*

Aufwendungen des Geschäftsjahres	820.000,00 €
Umsatzerlöse für eigene Erzeugnisse	1.030.000,00 €
Anfangsbestand der unfertigen Erzeugnisse	40.000,00 €
Anfangsbestand der fertigen Erzeugnisse	120.000,00 €
Anfangsbestand des Eigenkapitals	500.000,00 €

2. *Buchen Sie die Schlussbestände lt. Inventur:*

Unfertige Erz.	70.000,00 €
Fertige Erz.	50.000,00 €

3. *Ermitteln und buchen Sie die Bestandsveränderungen.*
4. *Ermitteln Sie den Erfolg des Geschäftsjahres.*
5. *Erläutern Sie die Auswirkung der Bestandsveränderung auf den Erfolg.* ■

1. *Erläutern und begründen Sie folgende Vorgänge:* 166
   a) Produktionsmenge der fertigen Erzeugnisse > Verkaufsmenge = ?
   b) Produktionsmenge der fertigen Erzeugnisse < Verkaufsmenge = ?
2. *Warum ist die Zunahme des Lagerbestandes an fertigen Erzeugnissen auf der Habenseite des Gewinn- und Verlustkontos auszuweisen?*
3. *Warum muss die Lagerbestandsabnahme der fertigen Erzeugnisse auf der Sollseite des Gewinn- und Verlustkontos ausgewiesen werden?*
4. *Erläutern und begründen Sie:*
   a) Umsatzerlöse für eigene Erzeugnisse + Bestandsmehrung > Aufwendungen = ?
   b) Umsatzerlöse für eigene Erzeugnisse < Aufwendungen + Bestandsminderung = ? ■

167

Salden der Sachkonten des Industriebetriebes Hörster KG	Soll	Haben
0700 TA und Maschinen	160.000,00	–
0800 Andere Anlagen/BGA	85.000,00	–
2000 Rohstoffe (Anfangsbestand)	87.500,00	–
2020 Hilfsstoffe (Anfangsbestand)	24.800,00	–
2100 Unfertige Erzeugnisse (Anfangsbestand)	45.900,00	–
2200 Fertige Erzeugnisse (Anfangsbestand)	70.600,00	–
2400 Forderungen a. LL	230.000,00	–
2800 Bankguthaben	243.000,00	–
3000 Eigenkapital	–	800.000,00
4400 Verbindlichkeiten a. LL	–	221.200,00
5000 Umsatzerlöse für eigene Erzeugnisse	–	997.000,00
5001 Erlösberichtigungen	12.800,00	–
5200 Bestandsveränderungen	–	–
6000 Aufwendungen für Rohstoffe	667.000,00	–
6001 Bezugskosten	15.500,00	–
6002 Nachlässe	–	10.700,00
6020 Aufwendungen für Hilfsstoffe	84.800,00	–
6200 Löhne	216.000,00	–
6520 Abschreibungen auf Sachanlagen	–	–
6700 Miete	86.000,00	–
8010 Schlussbilanzkonto	–	–
8020 Gewinn- und Verlustkonto	–	–
	2.028.900,00	2.028.900,00

Schlussbestände lt. Inventur

TA und Maschinen	150.000,00 €
Andere Anlagen/BGA	80.000,00 €
Rohstoffe	65.000,00 €
Hilfsstoffe	42.000,00 €
Unfertige Erzeugnisse	28.200,00 €
Fertige Erzeugnisse	109.000,00 €

Aufgaben

1. *Richten Sie die obigen Sachkonten mit ihren Salden ein.*
2. *Buchen Sie die Schlussbestände lt. Inventur und nehmen Sie die Umbuchungen vor.*
3. *Führen Sie den Abschluss der Konten durch und ermitteln Sie den Erfolg.*
4. *Ermitteln Sie die Herstellungsaufwendungen für die verkauften Erzeugnisse.* ■

AUFGABEN

168

Salden der Sachkonten des Textilwerks E. Tuch e. K.	Soll	Haben
0700 TA und Maschinen	200.000,00	–
0800 Andere Anlagen/BGA	110.000,00	–
2000 Rohstoffe (Anfangsbestand)	97.500,00	–
2100 Unfertige Erzeugnisse (Anfangsbestand)	35.900,00	–
2200 Fertige Erzeugnisse (Anfangsbestand)	90.600,00	–
2280 Handelswaren (Anfangsbestand)	34.800,00	–
2400 Forderungen a. LL	229.161,00	–
2600 Vorsteuer	130.338,00	–
2800 Bankguthaben	283.000,00	–
3000 Eigenkapital	–	700.000,00
4400 Verbindlichkeiten a. LL	–	200.340,00
4800 Umsatzsteuer	–	202.559,00
5000 Umsatzerlöse für eigene Erzeugnisse	–	997.000,00
5001 Erlösberichtigungen	15.900,00	–
5100 Umsatzerlöse für Handelswaren	–	85.000,00
6000 Aufwendungen für Rohstoffe	578.000,00	–
6001 Bezugskosten	16.600,00	–
6002 Nachlässe	–	12.900,00
6080 Aufwendungen für Handelswaren	74.000,00	–
6200 Löhne	206.000,00	–
6700 Miete	96.000,00	–
Weitere Konten: 5200, 6520, 8010, 8020	2.197.799,00	2.197.799,00

Geschäftsfälle (aufwandsorientierte Erfassung der Rohstoffe/Handelswaren)

1. Zieleinkauf von Rohstoffen lt. ER 345, netto	40.000,00	
+ Fracht und Verpackung	2.000,00	
+ Umsatzsteuer	7.980,00	49.980,00
2. Zieleinkauf von Handelswaren lt. ER 346, netto	15.000,00	
+ Umsatzsteuer	2.850,00	17.850,00
3. Lastschriften der Bank lt. BA 56 für Geschäftsmiete	18.000,00	
für Lohnzahlungen	12.000,00	30.000,00
4. Zielverkauf von eig. Erzeugnissen lt. AR 406, netto	38.000,00	
+ Fracht und Verpackung	2.000,00	
+ Umsatzsteuer	7.600,00	47.600,00
5. Gutschrift des Lieferers für Warenrücksendung	800,00	
+ Umsatzsteuer	152,00	952,00
6. Zielverkauf von Handelswaren lt. AR 407, netto	25.000,00	
+ Verpackung	500,00	
+ Umsatzsteuer	4.845,00	30.345,00
7. Gutschrift an Kunden für mangelhafte Erzeugnisse	750,00	
+ Umsatzsteuer	142,50	892,50
8. BA 57: Überweisung zum Ausgleich von ER 342 an Lieferer		23.800,00
9. Gutschriftsanzeige des Rohstofflieferers für Bonus	2.500,00	
+ Umsatzsteuer	475,00	2.975,00

Schlussbestände lt. Inventur

Rohstoffe	75.000,00 €	Handelswaren	44.800,00 €
Unfertige Erzeugnisse	30.000,00 €	Fertige Erzeugnisse	110.000,00 €

Abschreibungen: TA u. Maschinen: 15.000,00 €; And. Anl./BGA: 7.000,00 €.

Aufgaben:
1. *Richten Sie die obigen Konten mit ihren Salden ein.*
2. *Führen Sie den Abschluss der Konten durch.*
3. *Ermitteln Sie die Rentabilität des Eigenkapitals.*

6458172

Effektiver Zinssatz bei Liefererskonto 3.4.1

Situation 1

Das Metallwerk Thomas Berg hat von der Stahlhandel Brückner GmbH in Pirmasens Breitstahlband bezogen. Die **Eingangsrechnung ER 455** lautet:

20 t Breitstahlband TS 02 je 1.000,00 €	20.000,00 €
+ 19 % Umsatzsteuer	3.800,00 €
Rechnungsbetrag	**23.800,00 €**

Zahlungsbedingungen: Zahlbar innerhalb von 10 Tagen abzüglich 2 % Skonto oder innerhalb von 30 Tagen ohne Abzug.

Lohnt sich die vorzeitige Zahlung der Rechnung unter Abzug von 476,00 € Skonto (= 2 % von 23.800,00 €)?

Skonto = Zinszuschlag für Kreditgewährung

Bei Zahlungsbedingungen mit Skontoabzug **belastet der Lieferer den Kunden mit einem Zinszuschlag für** die Zeit, die er den **Lieferantenkredit** in Anspruch nimmt:

1. Im Beispiel gelten die ersten 10 Tage als **Barzahlungszeitraum,** in dem der Kunde den **in den Rohstoffwert eingerechneten Zinszuschlag (= Skonto) nicht bezahlen muss.**
2. Zahlt der Kunde erst nach Ablauf von 10 Tagen und bis spätestens 30 Tage nach Rechnungserhalt, hat er den **vollen Rechnungsbetrag** (einschließlich Zinszuschlag) zu zahlen.
3. Der Lieferer räumt also ein **Zahlungsziel von 20 Tagen** ein (30 Tage – 10 Tage) und berechnet **für diese Zeit einen Skontozuschlag von 2 %.**

0. Tag — 10 Tage — **10. Tag** — 20 Tage — **30. Tag**

← Zahlung **mit** Skontoabzug → | ← Zahlung des vollen Rechnungsbetrags **ohne** Skontoabzug = **Kreditgewährung** des Lieferers →

Zur Beantwortung der oben gestellten Frage muss der **Skontosatz in einen effektiven Zinssatz umgerechnet** werden, und zwar alternativ als Überschlagslösung mithilfe des Dreisatzes oder genau mithilfe der Zinsformel.

Errechnung des effektiven Zinssatzes

Bei der Überschlagslösung werden der tatsächliche Zahlungsbetrag und der Skontoabzug in Euro nicht berücksichtigt, sondern nur der **Skontosatz und** die **Kreditzeit:**

20 Tage ~ 2 % Skonto
360 Tage ~ p % Skonto

$$p\,\% = \frac{2\,\% \cdot 360 \text{ Tage}}{20 \text{ Tage}} = 36\,\%$$

Der auf **1 Jahr** umgerechnete Skontosatz beträgt **36 %.**

Die genaue Lösung mithilfe der Zinsformel berücksichtigt den Skontoabzug in Euro (476,00 €) und die tatsächliche Zahlung von 23.324,00 € (23.800,00 € – 476,00 €):

$$p\,\% = \frac{Z \cdot 360}{K \cdot t} = \frac{476{,}00\text{ €} \cdot 360 \text{ Tage}}{23.324{,}00\text{ €} \cdot 20 \text{ Tage}} = \mathbf{0{,}3673} = \mathbf{36{,}73\,\%}$$

Situation 2

Das Unternehmen Berg hat eine Rohstoffrechnung über 28.560,00 € zu begleichen: „Zahlbar innerhalb von 10 Tagen mit 1,5 % Skonto oder spätestens nach 50 Tagen ohne Abzug." Da das Unternehmen zur Begleichung der Rechnung zurzeit über kein ausreichendes Bankguthaben verfügt, wird überlegt,

- ob sich die Inanspruchnahme eines Kontokorrentkredits zur Begleichung der Rechnung unter Skontoabzug lohnt oder
- ob es günstiger wäre, den vollen Rechnungsbetrag nach Ablauf der Zahlungsfrist zu begleichen, um die Zinsen des Kredits **(12,5 %/Jahr)** einzusparen.

Effektiver Zinssatz bei Liefererskonto

Lösung **Berechnung des effektiven Zinssatzes bei Skonto**

❶ 28.560,00 € – 428,40 € Skonto = 28.131,60 € tatsächliche Zahlung

❷ Zeitraum des Lieferantenkredits = 50 Tage – 10 Tage = 40 Tage

❸ $p\,\% = \frac{428{,}40\text{ €} \cdot 360\text{ Tage}}{28.131{,}60\text{ €} \cdot 40\text{ Tage}}$ = **13,7 % effektiver Zinssatz**

Das Ergebnis besagt, dass das Unternehmen Berg **bei Skontoausnutzung einen Zinsvorteil von 13,7 %** hat, während die Bank nur einen Zins von 12,5 % verlangt. In diesem Fall ist es günstiger, den Kontokorrentkredit in Anspruch zu nehmen und die Rechnung unter Ausnutzung von Skonto innerhalb von 10 Tagen zu begleichen.

❹ **Berechnung des Finanzierungsvorteils:**

	Skontoabzug (1,5 % von 28.560,00 €) =	428,40 €
–	Kreditzinsen ($\frac{28.131{,}60\text{ €} \cdot 40\text{ Tg.} \cdot 12{,}5\,\%}{100\,\% \cdot 360\text{ Tg.}}$) =	390,72 €
	Finanzierungsvorteil durch Skontoausnutzung	**37,68 €**

Zusammenfassung

- Der **effektive Zinssatz bei Skonto** kann **überschlagsmäßig** bestimmt werden, indem man den für die Laufzeit des Lieferantenkredits geltenden Skontosatz (= Zeitprozentsatz) auf den Jahreszinssatz umrechnet.
- Für die **genaue Bestimmung** des effektiven Skontosatzes sind Skontobetrag und tatsächliche Zahlung zu berücksichtigen.
- Die Ausnutzung von Skonto lohnt sich auch dann, wenn der Rechnungsausgleich durch einen kurzfristigen Kredit finanziert werden muss, sofern **der effektive Skontosatz höher als der Kreditzinssatz ist.**

AUFGABEN

169 Die Zahlungsbedingungen auf einer Rechnung lauten: „Zahlbar innerhalb von 15 Tagen mit 2,5 % Skonto oder nach spätestens 40 Tagen ohne Abzug."

1. *Bestimmen Sie – nach vereinfachter Rechnung – den effektiven Skontosatz.*
2. Die Rechnung lautet über brutto 18.564,00 €. *Wie hoch ist der effektive Skontosatz?*
3. Für die Begleichung der Rechnung soll ein Kontokorrentkredit zu 13 %/Jahr aufgenommen werden. *Weisen Sie nach, dass sich die Kreditaufnahme zur Skontoausnutzung lohnt, und berechnen Sie den Finanzierungsvorteil.* ■

170 Das Unternehmen Müller GmbH schuldet aus einer Rohstofflieferung 19.278,00 €. Die Rechnung ist innerhalb von 10 Tagen mit 1 % Skonto oder nach 60 Tagen ohne Abzug zu begleichen.

Die Müller GmbH überlegt, ob zur Skontoausnutzung ein Kontokorrentkredit zu 11,5 %/Jahr aufgenommen werden soll oder ob es günstiger ist, auf den Skontoabzug zu verzichten und die Rechnung erst nach 60 Tagen zu begleichen.

Zeigen Sie, welche Zahlungsmöglichkeit günstiger ist. ■

Ausgleich von Liefererrechnungen mit Skontoabzug | 3.4.2

Situation

Das Metallwerk Berg begleicht die **Eingangsrechnung ER 455** der Brückner GmbH (siehe Seite 173) **innerhalb der Skontofrist** von 10 Tagen durch einen **Überweisungsauftrag** an die Landesgirokasse Stuttgart. Auf der Rechnung wird Folgendes für die Finanzbuchhaltung vermerkt:

Gesamtbetrag der Rechnung	23.800,00 €
– 2 % Skonto (23.800,00 € · 0,02 =)	476,00 €
Überweisungsbetrag an die Brückner GmbH	**23.324,00 €**

Liefererskonto

Wie der Preisnachlass aufgrund einer Mängelrüge führt auch der vom Lieferer gewährte Skonto **nachträglich zu einer Verringerung** des **Warenwertes** auf den betreffenden Aufwands- bzw. Bestandskonten für Rohstoffe, Hilfsstoffe, Betriebsstoffe, Vorprodukte/Fremdbauteile und Waren sowie der **Vorsteuer.** Liefererskonti werden bei **aufwandsorientierter** Beschaffung auf dem entsprechenden **Unterkonto „Nachlässe"** der **Klasse 6** gebucht, bei **bestandsorientierter** Beschaffung auf dem **Unterkonto „Nachlässe"** der **Klasse 2.**

Vorsteuerberichtigung

Der Skontoabzug mindert nachträglich den Warenwert und damit auch die darauf entfallende Vorsteuer. Im obigen Beispiel **enthält der Skontoabzug von 476,00 € die anteilige Vorsteuer,** da er vom Gesamtbetrag der Rechnung berechnet wurde. Die zu berichtigende Vorsteuer muss deshalb noch aus dem Skontoabzug herausgerechnet werden:

119 % Skontoabzug	~	476,00 €
19 % Vorsteuer	~	x €

$$x\ € = \frac{476{,}00\ € \cdot 19\ \%}{119\ \%} = \mathbf{76{,}00\ €}$$

Buchungen bei Liefererskonto

Die Buchungen im Zeitablauf lauten:

❶ Buchung der Eingangsrechnung	Soll	Haben
6000 Aufwendungen für Rohstoffe	20.000,00	
2600 Vorsteuer	3.800,00	
an **4400 Verbindlichkeiten a. LL**		23.800,00

❷ Umbuchung des Rechnungsausgleichs bei Nettobuchung des Liefererskontos	Soll	Haben
4400 Verbindlichkeiten a. LL	23.800,00	
an **2800 Bank**		23.324,00
an **6002 Nachlässe**		400,00
an **2600 Vorsteuer**		76,00

❸ Umbuchung des Liefererskontos	Soll	Haben
6002 Nachlässe	400,00	
an **6000 Aufwendungen für Rohstoffe**		400,00

S	6000 Aufwendungen für Rohstoffe		H
❶	20.000,00	❸	400,00

S	2600 Vorsteuer		H
❶	3.800,00	❷	76,00

S	4400 Verbindlichkeiten a. LL		H
❷	23.800,00	❶	23.800,00

S	6002 Nachlässe		H
❸	400,00	❷	400,00

S	2800 Bank		H
		❷	23.324,00

Nettoverfahren

Auf dem obigen Konto „6002 Nachlässe" ist **der Skontobetrag ohne Vorsteueranteil,** also sofort netto, gebucht worden. Man spricht deshalb auch vom **Nettoverfahren.**

Ausgleich von Liefererrechnungen mit Skontoabzug

Brutto-verfahren

Hierbei wird der **Skonto** brutto, also **einschließlich Steueranteil,** auf dem betreffenden Konto „Nachlässe" gebucht. Spätestens **beim monatlichen Abschluss** (Ende des Umsatzsteuervoranmeldungszeitraumes) wird der Steuerbetrag aus der Kontensumme herausgerechnet und als **Sammelberichtigung** gebucht.

Bei der Anwendung des **Bruttoverfahrens** lautet die o. g. Buchung ❷ wie folgt:

❷ Buchung des Rechnungsausgleichs bei Bruttobuchung des Liefererskontos	Soll	Haben
4400 Verbindlichkeiten a. LL	23.800,00	
an 6002 Nachlässe		476,00
an 2800 Bank		23.324,00

Die Buchung der **Steuerberichtigung** zum Monatsende lautet dann:

❸ Buchung der Vorsteuerberichtigung am Monatsende	Soll	Haben
6002 Nachlässe	76,00	
an 2600 Vorsteuer		76,00

S	4400 Verbindlichkeiten a. LL		H
❷	23.800,00	❶	23.800,00

S	2800 Bank		H
		❷	23.324,00

S	6002 Nachlässe		H
❸	76,00	❷	476,00

S	2600 Vorsteuer		H
❶	3.800,00	❸	76,00

EDV-Buch-führung

Bei der Verwendung eines Fibu-Programms wird die **Steuerberichtigung automatisch errechnet und gebucht.** Auf dem Konto „6002 Nachlässe" wird lediglich der Bruttoskontobetrag von 476,00 € eingegeben. Das Programm rechnet die Steuerberichtigung (76,00 €) heraus und bucht diese direkt im Haben des Kontos „2600 Vorsteuer".

Zusammen-fassung

- **Liefererskonto** wird als Prozentabzug **vom Rechnungsbetrag** berechnet und bei **aufwandsorientierter** Beschaffung auf dem entsprechenden **Unterkonto „Nachlässe"** gebucht:

6000 Aufwendungen für Rohstoffe	6010 Aufwendungen für Vorprodukte/ Fremdbauteile	6020 Aufwendungen für Hilfsstoffe	6030 Aufwendungen für Betriebsstoffe	6080 Aufwendungen für Waren
6001 Bezugskosten	6011 Bezugskosten	6021 Bezugskosten	6031 Bezugskosten	6081 Bezugskosten
6002 Nachlässe	6012 Nachlässe	6022 Nachlässe	6032 Nachlässe	6082 Nachlässe

- Bei **Liefererskonto** ist die **Vorsteuer** nach folgender Rechnung zu berichtigen:

$$\textbf{Steuerberichtigungsbetrag} = \frac{\text{Skontoabzug} \cdot 19\ \%}{119\ \%}$$

- Nach der **Umbuchung** des Nettoskontobetrages weist das **Konto „6000 Aufwendungen für Rohstoffe"** die Anschaffungskosten aus (siehe Seite 175):

	Anschaffungspreis	20.000,00 €
–	Liefererskonto	400,00 €
	Anschaffungskosten	**19.600,00 €**

- Bei Verwendung eines **EDV-Buchführungsprogramms** wird die **Steuerberichtigung mit Eingabe des Bruttoskontobetrages automatisch** errechnet und entsprechend gebucht.

Ausgleich von Kundenrechnungen mit Skontoabzug 3.4.3

Situation

Die Computer GmbH begleicht die Ausgangsrechnung Nr. 5678 TB (siehe Seite 151) durch Überweisung auf das Konto des Metallwerks Berg bei der Landesgirokasse Stuttgart. Die Gutschrift enthält folgenden Vermerk:

Ausgleich der Rechnung Nr. 5678 TB	54.502,00 €
– 2 % Skonto (54.502,00 € · 0,02 =)	1.090,04 €
Überweisungsbetrag	**53.411,96 €**

Kundenskonto

Wie beim Preisnachlass aufgrund einer Mängelrüge führt der **Kundenskonto** nachträglich zu einer **Verringerung der Umsatzerlöse und** damit auch zu einer **anteiligen** Verringerung der (bereits gebuchten) **Umsatzsteuer.**

Umsatzsteuerberichtigung

Im obigen Beispiel enthält der Skontoabzug von 1.090,04 € die anteilige Umsatzsteuer, da er vom Rechnungsbetrag berechnet wurde. Die zu berichtigende Umsatzsteuer ist deshalb aus dem Bruttoskontobetrag herauszurechnen:

119 % Skontoabzug	~ 1.090,04 €
19 % Umsatzsteuer	~ x €

$$x\ € = \frac{1.090,04\ € \cdot 19\ \%}{119\ \%} = \mathbf{174,04\ €}$$

Der **reine Skontoabzug** beträgt also (1.090,04 € – 174,04 € =) **916,00 €**; das sind genau **2 % des Umsatzerlöses von 45.800,00 €.**

Buchungen bei Kundenskonto (Nettoverfahren)

Der Kundenskonto wird auf dem Konto **„5001 Erlösberichtigungen"** in der Regel **netto** gebucht. Im Zeitablauf ergeben sich folgende Buchungen:

❶ Buchung der Ausgangsrechnung	Soll	Haben
2400 Forderungen a. LL	54.502,00	
an **5000 Umsatzerlöse f. eig. Erzeugnisse**		45.800,00
an **4800 Umsatzsteuer**		8.702,00

❷ Buchung des Zahlungseingangs	Soll	Haben
2800 Bank	53.411,96	
5001 Erlösberichtigungen	916,00	
4800 Umsatzsteuer	174,04	
an **2400 Forderungen a. LL**		54.502,00

❸ Umbuchung des Kundenskontos	Soll	Haben
5000 Umsatzerlöse f. eig. Erzeugnisse	916,00	
an **5001 Erlösberichtigungen**		916,00

S	2400 Forderungen a. LL		H
❶	54.502,00	❷	54.502,00

S	2800 Bank		H
❷	53.411,96		

S	5001 Erlösberichtigungen		H
❷	916,00	❸	916,00

S	5000 Umsatzerlöse f. eig. Erzeugnisse		H
❸	916,00	❶	45.800,00

S	4800 Umsatzsteuer		H
❷	174,04	❶	8.702,00

Ausgleich von Kundenrechnungen mit Skontoabzug

Brutto-verfahren

Bei **Bruttobuchung** des Kundenskontos wird die Steuerberichtigung erst am Ende des Umsatzsteuervoranmeldungszeitraumes vorgenommen:

❷ Buchung des Zahlungseingangs	Soll	Haben
2800 Bank	53.411,96	
5001 Erlösberichtigungen	1.090,04	
an 2400 Forderungen a. LL		54.502,00

❸ Buchung der Umsatzsteuerberichtigung am Monatsende	Soll	Haben
4800 Umsatzsteuer	174,04	
an 5001 Erlösberichtigungen		174,04

S 2800 Bank H

S		H	
❷	53.411,96		

S 2400 Forderungen a. LL H

S		H	
❶	54.502,00	❷	54.502,00

S 5001 Erlösberichtigungen H

S		H	
❷	1.090,04	❸	174,04

←

S 4800 Umsatzsteuer H

S		H	
❸	174,04	❶	8.702,00

Zusammen-fassung

- **Kundenskonto** wird als Prozentsatz **vom Rechnungsbetrag** berechnet und auf dem entsprechenden **Unterkonto „Erlösberichtigungen"** gebucht:

5000 Umsatzerlöse für eigene Erzeugnisse	5100 Umsatzerlöse für Waren
5001 Erlösberichtigungen	5101 Erlösberichtigungen

- Bei **Kundenskonto** ist die **Umsatzsteuer** zu berichtigen:

$$\textbf{Steuerberichtigungsbetrag} = \frac{\text{Skontoabzug} \cdot 19\,\%}{119\,\%}$$

- Nach der Umbuchung des Nettoskontobetrages weist das Konto „Umsatzerlöse" die **berichtigten Umsatzerlöse** aus.
- Bei **Verwendung eines EDV-Buchführungsprogramms** wird die **Umsatzsteuerberichtigung** nach Eingabe des Bruttoskontobetrages automatisch herausgerechnet und gebucht.
- Bei **Nettobuchung des Kundenskontos** wird die **Berichtigung der Umsatzsteuer sofort** im Soll des Kontos „4800 Umsatzsteuer" gebucht.
- Die **Umsatzsteuer-Zahllast** kann am Monatsende erst nach Vornahme der anteiligen Berichtigungen auf den Steuerkonten ermittelt werden:

S 2600 Vorsteuer H

S	H
Vorsteuerbeträge aufgrund von Eingangsrechnungen	**Berichtigungen:** – Rücksendungen an Lieferer, – Preisnachlässe von Lieferern, – Liefererboni, – Liefererskonti

S 4800 Umsatzsteuer H

S	H
Berichtigungen: – Rücksendungen von Kunden, – Preisnachlässe an Kunden, – Kundenboni, – Kundenskonti	**Umsatzsteuerbeträge** aufgrund von Ausgangsrechnungen

Zusammenfassende AUFGABEN zum Beschaffungs-, Absatz- und Zahlungsbereich

171

Die Eingangsrechnung 8857 über 2.975,00 € (Rohstoffwert 2.500,00 € + 475,00 € Umsatzsteuer) wird unter Abzug von 2 % Skonto durch Banküberweisung an den Lieferer beglichen.
Konten: 2600, 2800 (AB 85.000,00 €), 4400, 6000, 6002.

1. *Buchen Sie den Eingang der Rohstoffe aufgrund der ER 8857.*
2. *Buchen Sie beim Rechnungsausgleich den Skonto*
   a) netto und b) brutto.
3. *Ermitteln und buchen Sie die Steuerberichtigung beim Bruttoverfahren.*
4. *Wie lauten die entsprechenden Buchungen beim Lieferer?* ■

172

Der Kunde begleicht unsere Ausgangsrechnung 4459 über 17.850,00 € (Erzeugniswert 15.000,00 € + 2.850,00 € Umsatzsteuer) abzüglich 2 % Skonto durch Postbanküberweisung.
Konten: 2400, 2850, 4800, 5000, 5001.

1. *Buchen Sie den Verkauf der eigenen Erzeugnisse aufgrund der AR 4459.*
2. *Buchen Sie den Skonto beim Zahlungseingang*
   a) netto und b) brutto.
3. *Buchen Sie die Steuerberichtigung beim Bruttoverfahren.*
4. *Nennen Sie die entsprechenden Buchungen zu 1. und 2. auch beim Kunden.* ■

173

Auszug aus der vorläufigen Summenbilanz	Soll	Haben
2600 Vorsteuer	52.500,00	48.350,00
4800 Umsatzsteuer	72.150,00	83.450,00
5001 Erlösberichtigungen (einschl. Umsatzsteuer)	2.975,00	?
6002 Nachlässe (einschl. Umsatzsteuer)	?	3.808,00

1. *Ermitteln Sie am Monatsende die Steuerberichtigungen und buchen Sie.*
2. *Ermitteln Sie nach den Berichtigungsbuchungen die Umsatzsteuer-Zahllast.* ■

174

Auszug aus der vorläufigen Summenbilanz	Soll	Haben
2600 Vorsteuer	28.640,00	14.450,00
4800 Umsatzsteuer	43.560,00	66.350,00
5001 Erlösberichtigungen (einschl. Umsatzsteuer)	6.307,00	?
6002 Nachlässe (einschl. Umsatzsteuer)	?	5.474,00

Ermitteln und buchen Sie die Steuerberichtigungen. Wie hoch ist die Zahllast? ■

175

Buchen Sie die Skonti in der folgenden Aufgabe netto.

Bestände: Forderungen a. LL 29.000,00, Bankguthaben 225.600,00, Vorsteuer 2.400,00, Verbindlichkeiten a. LL 27.840,00, Umsatzsteuer 5.800,00.

Konten: 2400, 2600, 2800, 4400, 4800, 5001, 6002.

Geschäftsfälle

	€
1. Kunde begleicht AR 256 durch Banküberweisung abzüglich 2 % Skonto, Rechnungsbetrag	5.950,00
2. Banküberweisung an den Lieferer zum Ausgleich von ER 456 abzüglich 2 % Skonto, Rechnungsbetrag	26.775,00
3. Banküberweisung der Umsatzsteuer-Zahllast an das Finanzamt	?

Zusammenfassende AUFGABEN zum Beschaffungs-, Absatz- und Zahlungsbereich

176

Kontenplan und vorläufige Saldenbilanz	Soll	Haben
0700 TA und Maschinen	123.000,00	–
0800 Andere Anlagen/BGA	65.000,00	–
2000 Rohstoffe	80.000,00	–
2200 Fertige Erzeugnisse	20.000,00	–
2400 Forderungen a. LL	155.426,00	–
2600 Vorsteuer	179.898,00	–
2800 Bank	158.380,00	–
3000 Eigenkapital	–	300.000,00
3001 Privat	76.000,00	–
4400 Verbindlichkeiten a. LL	–	104.410,00
4800 Umsatzsteuer	–	277.894,00
5000 Umsatzerlöse für eigene Erzeugnisse	–	1.535.000,00
5001 Erlösberichtigungen	72.400,00	–
5200 Bestandsveränderungen	–	–
6000 Aufwendungen für Rohstoffe	919.200,00	–
6001 Bezugskosten	18.800,00	–
6002 Nachlässe	–	31.200,00
7800 Diverse Aufwendungen	380.400,00	–
Weitere Konten: 6520, 8010 und 8020	2.248.504,00	2.248.504,00

Geschäftsfälle (aufwandsorientierte Werkstoffbeschaffung)

	€	€
1. Banküberweisungen von Kunden:		
Rechnungsbeträge	33.320,00	
– Skonti (2 %)	666,40	32.653,60
2. Gutschriftsanzeige an Kunden für Bonus:		
2,5 % von 480.000,00 € Jahres-Nettoumsatz	12.000,00	
+ Umsatzsteuer	2.280,00	14.280,00
3. Die Eingangsrechnung ER 1406, Rohstoffwert	22.500,00	
+ Umsatzsteuer	4.275,00	26.775,00
wurde versehentlich als Ausgangsrechnung gebucht. Stornieren Sie die Falschbuchung.		
4. Buchen Sie die Eingangsrechnung 1406.		
5. AR 1450–1460 für eigene Erzeugnisse, netto	78.600,00	
+ Transportkosten	3.400,00	
+ Umsatzsteuer	15.580,00	97.580,00
6. Banküberweisungen an Lieferer: Rechnungsbeträge	29.750,00	
– Skonti (2 %)	595,00	29.155,00
7. Kunde erhält Preisnachlass wegen Mängelrüge, brutto		595,00
8. Rohstofflieferer schreibt uns Bonus gut:		
3 % auf den Umsatz von 680.000,00 €	20.400,00	
+ Umsatzsteuer	3.876,00	24.276,00
9. Rücksend. beschädigter Rohstoffe an Lieferer, netto	3.500,00	
+ Umsatzsteuer	665,00	4.165,00

Abschlussangaben: 1. Schlussbestand an Rohstoffen lt. Inventur 60.000,00
Schlussbestand an fertigen Erzeugnissen 35.000,00
2. Abschreibungen auf 0700: 14.000,00 €; auf 0800: 6.000,00 €.

Auswertung

1. *Ermitteln und beurteilen Sie die Rentabilität (Verzinsung) des Eigenkapitals in %, indem Sie den Reingewinn nach Abzug eines jährlichen Unternehmerlohnes in Höhe von 100.000,00 € zum eingesetzten Eigenkapital (300.000,00 €) in Beziehung setzen.*
2. *Wie beurteilen Sie das Verhältnis zwischen Eigenkapital und Fremdkapital?*
3. *Welche Vermögensteile sind durch eigene Mittel (Eigenkapital) gedeckt?* ■

Zusammenfassende AUFGABEN zum Beschaffungs-, Absatz- und Zahlungsbereich

177 Gutschrift über eine Umsatzvergütung von 3 % auf den Handelswarenumsatz des 2. Halbjahres in Höhe von 350.000,00 € netto.

1. *Erstellen Sie die Gutschriftsanzeige.*
2. *Wie bucht a) der Lieferer und b) der Kunde?*
3. *Erläutern Sie die Auswirkung der Boni im Ein- und Verkaufsbereich.* ■

178

a) Ein Rohstofflieferer gewährt uns wegen Mängelrüge einen Preisnachlass von 10 % des Rechnungsbetrages. Der Rechnungsbetrag (ER 488) lautete über 11.900,00 €.

b) Wir gewähren einem Kunden aufgrund seiner Mängelrüge nachträglich einen Preisnachlass von 20 % des Rechnungsbetrages für gelieferte eigene Erzeugnisse. Die Ausgangsrechnung (AR 811) weist einen Rechnungsbetrag von 17.850,00 € aus.

1. *Ermitteln Sie jeweils die Gutschrift und die Steuerberichtigung.*
2. *Erstellen Sie die entsprechende Gutschriftsanzeige.*
3. *Nennen Sie den Buchungssatz aufgrund der Gutschriftsanzeige der Fälle a) und b).* ■

179 *Buchen Sie den folgenden Beleg in der Finanzbuchhaltung der Textilfabrik Ulrike Brandt e. K.*

Ulrike Brandt e. K.
HERSTELLUNG VON TEXTILIEN
www.textilbrandt-wvd.de

Ulrike Brandt e. K. · Statthalterhofweg 27 · 50858 Köln

Textilgroßhandlung
Evi Martin e. Kffr.
Am Rosengarten 45
50858 Köln

Ihr Zeichen, Ihre Nachricht vom	Unser Zeichen	Telefon, Name	Datum
EM/..-10-20	B/ks	0221 56358-42	..-10-28

Rechnung 4 167

Sehr geehrte Damen und Herren,

aufgrund Ihrer Beanstandung schreiben wir Ihnen gut:

10 % von 10.000,00 € Warenwert	
lt. o. g. Rechnung	1.000,00 €
+ 19 % Umsatzsteuer	190,00 €
	1.190,00 €

Mit freundlichen Grüßen

ULRIKE BRANDT E. K.
TEXTILFABRIK

U. Brandt

Telefon 0221 56358-0
Telefax 0221 56739

Steuer-Nr. 065 126 33785
USt-IdNr. DE 119 586 327

Sparkasse KölnBonn
Konto 532 611 78
BLZ 370 501 98

Postbank Köln
Konto 9987 96-500
BLZ 370 100 50

Zusammenfassende AUFGABEN zum Beschaffungs-, Absatz- und Zahlungsbereich

180 **Anfangsbestände**

	€		€
0700 TA u. Maschinen	400.000,00	2400 Forderungen a. LL	29.000,00
0800 And. Anlagen/BGA	60.000,00	2800 Bankguthaben	68.000,00
2000 Rohstoffe	50.000,00	2880 Kasse	3.000,00
2020 Hilfsstoffe	20.000,00	3000 Eigenkapital	470.000,00
2100 Unfertige Erzeugnisse	10.000,00	4250 Darlehensschulden	145.000,00
2200 Fertige Erzeugnisse	30.000,00	4400 Verbindlichk. a. LL	55.000,00

Kontenplan: 0700, 0800, 2000, 2020, 2100, 2200, 2400, 2600, 2800, 2880, 3000, 3001, 4250, 4400, 4800, 5000, 5001, 5200, 5420, 5710, 6000, 6001, 6002, 6020, 6021, 6022, 6200, 6520, 6700, 8000, 8010, 8020.

Geschäftsfälle (aufwandsorientierte Werkstoffbeschaffung)

	€	€
1. ER 621–624 über Rohstoffe	30.000,00	
ER 625–626 über Hilfsstoffe	10.000,00	
+ Umsatzsteuer	7.600,00	47.600,00
2. Barzahlung der Bezugskosten für Rohstoffe	1.200,00	
für Hilfsstoffe	800,00	
+ Umsatzsteuer	380,00	2.380,00
3. Banküberweisung von Kunden, Rechnungsbetrag	5.950,00	
– 2 % Skonto (brutto)	119,00	5.831,00
4. Gutschrift für Rücksendung beschädigter Rohstoffe, brutto		952,00
5. Banküberweisung an Rohstofflieferer, Rechnungsbetrag	11.900,00	
– 2 % Skonto (brutto)	238,00	11.662,00
6. Gutschrift des Hilfsstofflieferers wg. Mängelrüge, brutto		1.785,00
7. Privatentnahme von Erzeugnissen, Nettowert		700,00
8. Zinsgutschrift der Bank		600,00
9. Banküberweisung der Löhne		6.300,00
10. AR 728–736 über unsere Erzeugnisse	65.000,00	
+ Umsatzsteuer	12.350,00	77.350,00
11. Bonusgutschrift des Rohstofflieferanten, brutto		1.190,00
12. Unsere Banküberweisung für Miete der Betriebsstätte		8.000,00
13. Banklastschrift für Darlehenstilgung		4.000,00

Schlussbestände lt. Inventur: TA und Maschinen 390.000,00 €, Andere Anlagen/BGA 55.000,00 €, Rohstoffe 60.000,00 €, Hilfsstoffe 8.000,00 €, Unfertige Erzeugnisse 15.000,00 €, Fertige Erzeugnisse 22.000,00 €. ■

181 Die Papierfabrik Korb OHG erhält die Anfrage eines Kunden, ob sie 40 Paletten Umschlagkarton liefern könne. Sie kann diesen Karton von einer Papiermühle zu folgenden Bedingungen erhalten: Listeneinkaufspreis je Palette 1.300,00 €, Mengenrabatt 5 %, Liefererskonto 1 %, Bezugskosten 12,50 € je Palette. Betriebsintern kalkuliert das Unternehmen Korb OHG mit 25 % Handlungskosten, 2,5 % Gewinnzuschlag, 2 % Kundenskonto und 10 % Kundenrabatt. Die Papierfabrik Korb OHG erhält den Auftrag von ihrem Kunden. Sie bestellt die Ware daraufhin bei der Papiermühle.

1. *Kalkulieren Sie den Angebotspreis/Palette.*
2. *Erstellen Sie die Eingangs- und Ausgangsrechnungen und buchen Sie den gesamten Vorgang bei Zahlungsausgleich unter Skontoabzug.* ■

Grundlagen der Lohn- und Gehaltsabrechnung 3.5.1

Was sind Personalkosten?

Die Personalkosten eines Unternehmens setzen sich wie folgt zusammen:

1. **Löhne und Gehälter** einschließlich Urlaubs- und Weihnachtsgeld, Überstundenvergütung, Sachbezüge u. a.
2. **Gesetzliche soziale Aufwendungen,** wie der Arbeitgeberanteil (50 %)[1] zur gesetzlichen Kranken-, Pflege-, Renten- und Arbeitslosenversicherung und der Beitrag zur gesetzlichen Unfallversicherung (Berufsgenossenschaft).
3. **Freiwillige soziale Aufwendungen,** wie z. B. Essen- und Fahrtkostenzuschüsse u. a.

Tarifvertrag 3.5.1.1

Löhne und Gehälter als Entgelt der Arbeitsleistung

Als Entgelt der Arbeitsleistung bezieht der Arbeiter Lohn und der Angestellte Gehalt. **Löhne und Gehälter** sind für die Arbeitnehmer **Einkommen** und für die Arbeitgeber **Aufwendungen,** die als Kosten in die Preiskalkulation der Erzeugnisse eingehen.

Alle Fragen zur Entlohnung werden **rechtlich geregelt** entweder in

- einem **Einzelarbeitsvertrag** zwischen Arbeitgeber und Arbeitnehmer oder
- im Rahmen einer **Betriebsvereinbarung** zwischen Arbeitgeber und Betriebsrat oder
- in Form eines **Tarifvertrages** zwischen Arbeitgeberverband und Gewerkschaft.

Arten der Tarifverträge

Beim Tarifvertrag unterscheidet man **folgende Arten:**

- **Der Manteltarifvertrag,** auch Rahmentarifvertrag genannt, **enthält** die allgemeinen **Arbeitsbedingungen,** die für längere Zeit gleich bleiben, wie z. B.
  - Arbeitszeit,
  - Zuschläge für Mehrarbeit,
  - Sonn- und Feiertagsarbeit,
  - Urlaub,
  - Kündigungsfristen,
  - Schiedsverfahren u. a.
- **Der Lohn- und Gehaltstarifvertrag** teilt die Arbeitnehmer jeweils **nach** ihren **Fachkenntnissen oder nach dem Schwierigkeitsgrad ihrer Tätigkeit** in **unterschiedliche Lohn- und Gehaltsgruppen** ein und nennt die **Vergütung für die einzelnen Gruppen** in einer besonderen **Lohn- und Gehaltstafel.**

Lohngruppenkatalog der bayerischen Metallindustrie (Auswahl aus 10 Lohngruppen)	
Lohngruppe 1	Ungelernte Arbeitnehmer, die Arbeiten der Lohngruppe 4 in Belastungsstufe 1 (= körperlich leichte Arbeit) verrichten.
Lohngruppe 4	Ungelernte Arbeitnehmer sind Arbeitnehmer, die weder die Beschäftigung eines ausgebildeten noch eines angelernten Arbeitnehmers ausüben.
Lohngruppe 7	Facharbeiter und Facharbeiterinnen, die eine ihrem Fach entsprechende abgeschlossene Berufsausbildung nachweisen können und die in diesem Fach beschäftigt werden.
Lohngruppe 8	Facharbeiter und Facharbeiterinnen, deren Tätigkeit überdurchschnittliche Fachkenntnisse und Fähigkeiten erfordert.
Lohngruppe 9	Facharbeiter und Facharbeiterinnen, deren Tätigkeit hervorragende Fachkenntnisse und Fähigkeiten sowie Spezialerfahrungen voraussetzt und die mit besonders schwierigen Arbeiten beschäftigt werden.

1 Siehe S. 187 f.

3.5.1.2 Die Ermittlung der Abzüge vom Bruttoverdienst

Abzüge vom Bruttoverdienst

Der Arbeitgeber ist gesetzlich verpflichtet vom Bruttoverdienst der Arbeitnehmer
- die **Lohnsteuer,** den **Solidaritätszuschlag** und die **Kirchensteuer** sowie
- den **Anteil der Arbeitnehmer** an der gesetzlichen **Kranken-, Pflege-, Renten-** und **Arbeitslosenversicherung (= 50 % + Zuschläge)**[1]

einzubehalten. Nach Abzug der o. g. Posten ergibt sich der **Nettoverdienst des Arbeitnehmers.**

Bruttogehalt/-lohn	
– Steuern	– Lohnsteuer (LSt) – Solidaritätszuschlag (5,5 % der LSt)[2] – Kirchensteuer (8 bzw. 9 % der LSt)
– Arbeitnehmeranteil zur gesetzlichen Sozialversicherung (+ Zuschläge[1])	– Krankenversicherung – Pflegeversicherung – Rentenversicherung – Arbeitslosenversicherung
Nettogehalt/-lohn (Auszahlung)	

Die Sozialversicherungsbeiträge (Arbeitnehmer- **und** Arbeitgeberanteil) sind **ab Januar 2006** spätestens **am drittletzten Bankarbeitstag** des laufenden Monats **fällig.** Bis zu diesem Zeitpunkt muss die zuständige Krankenkasse die **Sozialbeiträge durch Bankeinzug** (Lastschriftverfahren) vereinnahmt haben. Deshalb sind die Arbeitgeber gesetzlich verpflichtet, den betreffenden Kassen die **fälligen Sozialbeiträge** rechtzeitig und papierlos, also durch **Datenübertragung** mittels spezieller Software[3], zu **melden.** Die abgebuchte SV-Vorauszahlung wird auf dem Konto **„2640 SV-Vorauszahlung"** erfasst und bei der Buchung der Löhne und Gehälter und des SV-Arbeitgeberanteils **verrechnet.**[4]

Die einbehaltenen Steuerabzüge werden auf dem Konto **„4830 FB-Verbindlichkeiten"** gebucht und **bis zum 10. des Folgemonats** an das Finanzamt **überwiesen.**[4]

3.5.1.2.1 Die Ermittlung der Steuerabzüge

Lohnsteuer

Der Lohnsteuer unterliegen alle Einkünfte aus **nicht selbstständiger** Arbeit. Sie richtet sich nach **Lohnhöhe, Steuerklasse** und möglichen **Freibeträgen** (z. B. für Behinderte). Das Existenzminimum **(Grundfreibetrag)** ist **lohnsteuerfrei:** 7.834,00 €[2] für Ledige und 15.668,00 €[2] für Verheiratete.[5] Es gibt **sechs Lohnsteuerklassen:**

Steuerklasse	Zuordnung der Arbeitnehmer
I	Nicht verheiratete, verwitwete oder geschiedene Arbeitnehmer sowie Verheiratete, die ständig getrennt leben.
II	Arbeitnehmer der Steuerklasse I, sofern sie mindestens ein Kind haben.
III	Verheiratete, jedoch nicht ständig getrennt lebende Arbeitnehmer, deren Ehegatte keinen Arbeitslohn bezieht oder die Steuerklasse V hat.
IV	Verheiratete, nicht ständig getrennt lebende Arbeitnehmer, wenn beide Arbeitslohn beziehen.
V	Verheiratete, nicht ständig getrennt lebende Ehegatten, die beide Arbeitslohn beziehen, wobei ein Ehegatte auf gemeinsamen Antrag in Steuerklasse III ist.
VI	Bezieht ein Arbeitnehmer Arbeitslohn von mehreren Arbeitgebern, wird auf jeder weiteren Lohnsteuerkarte die Steuerklasse VI eingetragen.

1 siehe S. 188
2 Stand 2009
3 Lexware, LODAS (Datev)
4 siehe S. 191
5 Ab 2010 ist eine Anhebung des Grundfreibetrages auf 8.004,00 €/16.008,00 € geplant.

Die Ermittlung der Steuerabzüge

Steuerpflichtiges Arbeitsentgelt

Grundsätzlich sind alle Einnahmen, die ein Arbeitnehmer aus einem Arbeitsverhältnis erzielt, lohnsteuerpflichtig.

Lohnsteuerpflichtiger Arbeitslohn	
– Löhne und Gehälter	– Urlaubsgeld
– Zulagen (z. B. Schmutzzulage)	– Weihnachtsgratifikationen
– Zuschläge (z. B. für Überstunden)[1]	– Beihilfen jeder Art

Solidaritätszuschlag

Zur Finanzierung der deutschen Einheit wird seit 1. Januar 1995 ein **Solidaritätszuschlag** in Höhe von zurzeit **5,5 %**[2] der Lohnsteuer erhoben.

Kirchensteuer

Die Kirchensteuer ist nicht in allen Bundesländern einheitlich hoch. Sie beträgt

- in Baden-Württemberg und Bayern **8 %** und
- in den übrigen Bundesländern **9 %** der Lohnsteuer.

Kinderfreibetrag

Im Gegensatz zur Lohnsteuer wird **bei der Bemessung der Kirchensteuer und des Solidaritätszuschlages** die **Anzahl der Kinder berücksichtigt.** Jedes Kind wird auf der Lohnsteuerkarte mit dem Zähler 0,5 (= 251,00 € monatlicher Kinderfreibetrag einschließlich Bedarfsfreibetrag) eingetragen. Der Zähler erhöht sich auf 1,0 (= 502,00 €) bei verheirateten und nicht dauernd getrennt lebenden Arbeitnehmern.[2]

Kindergeld

Das Kindergeld wird **von der Familienkasse** der Agentur für Arbeit **ausgezahlt.** Es beträgt für das erste und zweite Kind je 164,00 €, für das dritte Kind 170,00 € und für jedes weitere Kind je 195,00 €.

Lohnsteuerkarte

§ 39 EStG bestimmt, dass die **Gemeinden** den steuerpflichtigen Arbeitnehmern eine nach amtlichem Muster vorgeschriebene Lohnsteuerkarte auszustellen haben, die **alle für die Lohnsteuerberechnung wichtigen Angaben** über den Steuerpflichtigen enthält. Die Lohnsteuerkarte legt der Arbeitnehmer zu Beginn eines jeden Jahres seinem Arbeitgeber vor. **Ab 2005** müssen Arbeitgeber jeweils zum Jahresschluss die mit der Steuerberechnung versehene **Lohnsteuerkarte direkt an das Finanzamt** schicken. Der Arbeitnehmer erhält lediglich eine **Bescheinigung über die abgeführten Steuern** mit einer **PIN** (= personal identification number), die er bei der nachfolgenden Einkommensteuererklärung oder Antragsveranlagung angeben muss.

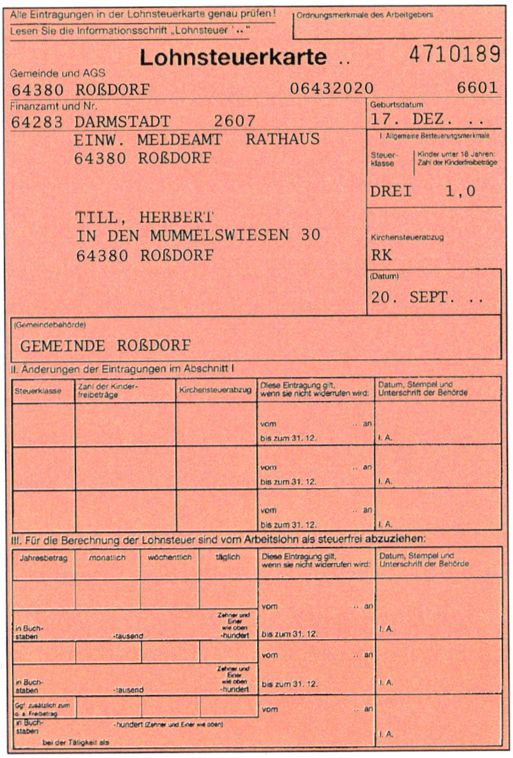
Alle Eintragungen in der Lohnsteuerkarte genau prüfen!
Lesen Sie die Informationsschrift „Lohnsteuer ' .. "
Ordnungsmerkmale des Arbeitgebers
Lohnsteuerkarte .. 4710189
Gemeinde und AGS
64380 ROßDORF 06432020 6601
Finanzamt und Nr.
64283 DARMSTADT 2607
Geburtsdatum
17. DEZ. ..
EINW. MELDEAMT RATHAUS
64380 ROßDORF
I. Allgemeine Besteuerungsmerkmale
Steuerklasse | Kinder unter 18 Jahren: Zahl der Kinderfreibeträge
DREI 1,0
TILL, HERBERT
IN DEN MUMMELSWIESEN 30
64380 ROßDORF
Kirchensteuerabzug
RK
(Datum)
20. SEPT. ..
(Gemeindebehörde)
GEMEINDE ROßDORF

II. Änderungen der Eintragungen im Abschnitt I

Steuerklasse	Zahl der Kinderfreibeträge	Kirchensteuerabzug	Diese Eintragung gilt, wenn sie nicht widerrufen wird:	Datum, Stempel und Unterschrift der Behörde
			vom .. an bis zum 31. 12.	I. A.
			vom .. an bis zum 31. 12.	I. A.
			vom .. an bis zum 31. 12.	I. A.

III. Für die Berechnung der Lohnsteuer sind vom Arbeitslohn als steuerfrei **abzuziehen:**

Jahresbetrag	monatlich	wöchentlich	täglich	Diese Eintragung gilt, wenn sie nicht widerrufen wird:	Datum, Stempel und Unterschrift der Behörde
				vom .. an	
in Buchstaben	-tausend		Zehner und Einer wie oben -hundert	bis zum 31. 12.	I. A.
				vom .. an	
in Buchstaben	-tausend		Zehner und Einer wie oben -hundert	bis zum 31. 12.	I. A.
Ggf. zusätzlich zum o. a. Freibetrag				vom .. an	
in Buchstaben bei der Tätigkeit als	-hundert (Zehner und Einer wie oben)				I. A.

1 außer Zuschläge für Sonn- und Feiertagsarbeit bei einem Stundenlohn bis 25,00 €.

2 Stand 2009

Die Ermittlung der Steuerabzüge

Lohnsteuertabellen

Bei der Berechnung der Einkommensteuer löste ab 2004 der sog. **Formeltarif** den bisherigen **Stufentarif** ab, d. h., die Einkommensteuer wird aufgrund der vom Bundesministerium der Finanzen (BMF) entwickelten Berechnungsformel für jedes Einkommen berechnet. Diese Änderung wirkt sich auch auf die Berechnung der Lohnsteuer sowie der Sozialversicherungsabzüge aus: Diese Abzüge werden grundsätzlich nicht mehr aus offiziellen gestuften Lohnsteuer-/Sozialversicherungsabzugstabellen abgelesen, sondern mithilfe von PC-Programmen individuell für jeden Lohn/jedes Gehalt berechnet.[1] In diese Programme sind pauschalierte Abzüge bereits eingearbeitet, z. B. Arbeitnehmer-Pauschbetrag (920,00 €)[2], Sonderausgaben-Pauschbetrag (36,00/72,00 €)[2] und das steuerfreie Existenzminimum. Für 2009 hat das BMF (noch) eine Lohnsteuertabelle zugelassen, die bei Monatslöhnen in Stufen von jeweils 3,00 € aufgebaut ist und die Abzüge für die jeweiligen Stufenobergrenzen angibt. In den folgenden Beispielen verwenden wir Auszüge aus dieser Tabelle (s. S. 187).

Beispiel

Der Angestellte Herbert Till (siehe Lohnsteuerkarte auf S. 185) ist verheiratet und hat ein Kind. Seine Frau bezieht keinen Arbeitslohn. Beide Ehepartner gehören der katholischen Kirche an. Lohn- und Kirchensteuer sowie der Solidaritätszuschlag (SolZ) können aus der nachstehenden Tabelle abgelesen werden.

Tarifgehalt nach der Gehaltstafel	2.985,00 €
Steuerklasse	III
Kinderfreibetragszahl	1,0
Lohnsteuer	266,66 €
Solidaritätszuschlag	0,00 €
Kirchensteuer	12,98 €
Steuerabzüge insgesamt	**279,64 €**

Lohnkonto

In der Lohn- und Gehaltsbuchhaltung wird **für jeden Arbeitnehmer** ein besonderes **Lohnkonto** geführt, das monatlich **folgende Daten** erfasst:

Tarifgehalt, Tariflohn, Zulagen, Zuschläge, Bruttoverdienst; Abzüge: Lohnsteuer, Solidaritätszuschlag, Kirchensteuer, Krankenversicherung, Pflegeversicherung, Rentenversicherung, Arbeitslosenversicherung; Vorschuss, Nettoauszahlung.

Lohn-/Gehaltsliste

Lohnabrechnungen werden in **Lohnlisten,** Gehaltsabrechnungen in **Gehaltslisten** zusammengestellt. Lohn- und Gehaltslisten bilden dann die **Sammelbelege für die Buchung der Löhne und Gehälter** (siehe Beispiel auf Seite 193).

AUFGABE

182 Im Metallwerk Thomas Berg e. K. sind sieben Angestellte beschäftigt. Die folgende Tabelle weist für den Monat Januar das jeweilige Bruttogehalt und die persönlichen Daten der Angestellten aus:

Nr.	Name	Tarifgehalt	Familienstand	Sonstige Hinweise
1	W. Beyer	2.990,00 €	verheiratet, 1,0 Kinder-Freibetrag	St.-Klasse V für Ehefrau
2	A. Fellner	2.970,00 €	ledig	–
3	B. Hübner	2.985,00 €	geschieden, 0,5 Kinder-Freibetrag	–
4	G. Lamper	3.000,00 €	verheiratet, keine Kinder	St.-Klasse IV für Ehefrau
5	R. Schmidt	2.975,00 €	ledig	–
6	J. Steiner	2.995,00 €	verheiratet, keine Kinder	–
7	H. Winter	2.980,00 €	verwitwet, keine Kinder	–

1. *Bestimmen Sie für jeden Angestellten die Lohnsteuerklasse.*
2. *Ermitteln Sie anhand der nachstehenden Lohnsteuertabelle für jeden Angestellten a) die Lohnsteuer, b) den Solidaritätszuschlag und c) die Kirchensteuer.*

1 z. B. „Lexware Lohnauskunft" u. a.

2 Stand 2009

Ermittlung der Steuerabzüge

Auszug aus der Lohnsteuertabelle für monatliche Lohn- und Gehaltszahlung[1]

Lohn/Gehalt bis €*	Abzüge an Lohnsteuer, Solidaritätszuschlag (SolZ) und Kirchensteuer (8%, 9%) in den Steuerklassen: I – VI					I, II, III, IV		mit Zahl der Kinderfreibeträge . . . 0,5			1			1,5			2			2,5			3**		
		LSt	ohne Kinderfreibeträge SolZ	8%	9%		LSt	SolZ	8%	9%	SolZ	8%	9%	SolZ	8%	9%	SolZ	8%	9%	SolZ	8%	9%	SolZ	8%	9%
2 972,99	I,IV	536,25	29,49	42,90	48,26	I	536,25	25,06	36,46	41,01	20,82	30,29	34,07	16,78	24,41	27,46	12,92	18,80	21,15	9,26	13,47	15,15	4,83	8,41	9,46
	II	500,83	27,54	40,06	45,07	II	500,83	23,20	33,74	37,96	19,04	27,70	31,16	15,08	21,94	24,68	11,31	16,45	18,50	7,72	11,24	12,64	—	6,30	7,09
	III	262,33	14,42	20,98	23,60	III	262,33	7,66	16,02	18,02	—	11,22	12,62	—	6,90	7,76	—	3,12	3,51	—	—	—	—	—	—
	V	957,16	52,64	76,57	86,14	IV	536,25	27,25	39,64	44,60	25,06	36,46	41,01	22,92	33,34	37,50	20,82	30,29	34,07	18,78	27,32	30,73	16,78	24,41	27,46
	VI	989,33	54,41	79,14	89,03																				
2 975,99	I,IV	537,16	29,54	42,97	48,34	I	537,16	25,11	36,52	41,09	20,87	30,36	34,16	16,82	24,47	27,53	12,97	18,86	21,22	9,29	13,52	15,21	4,98	8,47	9,53
	II	501,75	27,59	40,14	45,15	II	501,75	23,25	33,82	38,04	19,09	27,77	31,24	15,12	22,—	24,75	11,35	16,51	18,57	7,76	11,30	12,71	—	6,36	7,15
	III	263,16	14,47	21,05	23,68	III	263,16	7,83	16,09	18,10	—	11,29	12,70	—	6,96	7,83	—	3,16	3,55	—	—	—	—	—	—
	V	958,41	52,71	76,67	86,25	IV	537,16	27,30	39,71	44,67	25,11	36,52	41,09	22,97	33,41	37,58	20,87	30,36	34,16	18,82	27,38	30,80	16,82	24,47	27,53
	VI	990,58	54,48	79,24	89,15																				
2 978,99	I,IV	538,08	29,59	43,04	48,42	I	538,08	25,16	36,60	41,17	20,92	30,43	34,23	16,87	24,54	27,60	13,01	18,92	21,29	9,34	13,58	15,28	5,11	8,52	9,59
	II	502,66	27,64	40,21	45,23	II	502,66	23,30	33,89	38,12	19,14	27,84	31,32	15,17	22,07	24,83	11,39	16,57	18,64	7,81	11,36	12,78	—	6,41	7,21
	III	264,—	14,52	21,12	23,76	III	264,—	8,—	16,16	18,18	—	11,36	12,78	—	7,01	7,88	—	3,21	3,61	—	—	—	—	—	—
	V	959,66	52,78	76,77	86,36	IV	538,08	27,35	39,79	44,76	25,16	36,60	41,17	23,02	33,48	37,67	20,92	30,43	34,23	18,87	27,45	30,88	16,87	24,54	27,60
	VI	991,83	54,55	79,34	89,26																				
2 981,99	I,IV	539,08	29,64	43,12	48,51	I	539,08	25,21	36,67	41,25	20,97	30,50	34,31	16,91	24,60	27,68	13,05	18,99	21,36	9,38	13,65	15,35	5,26	8,58	9,65
	II	503,66	27,70	40,29	45,32	II	503,66	23,34	33,96	38,20	19,19	27,91	31,40	15,21	22,13	24,89	11,44	16,64	18,72	7,84	11,41	12,83	—	6,47	7,28
	III	264,83	14,56	21,18	23,83	III	264,83	8,16	16,22	18,25	—	11,41	12,83	—	7,06	7,94	—	3,26	3,67	—	—	—	—	—	—
	V	960,91	52,85	76,87	86,48	IV	539,08	27,40	39,86	44,84	25,21	36,67	41,25	23,06	33,55	37,74	20,97	30,50	34,31	18,92	27,52	30,96	16,91	24,60	27,68
	VI	993,08	54,61	79,44	89,37																				
2 984,99	I,IV	540,—	29,70	43,20	48,60	I	540,—	25,26	36,74	41,33	21,01	30,57	34,39	16,96	24,67	27,75	13,09	19,05	21,43	9,42	13,70	15,41	5,40	8,64	9,72
	II	504,58	27,75	40,36	45,41	II	504,58	23,39	34,03	38,28	19,23	27,98	31,47	15,26	22,20	24,97	11,48	16,70	18,78	7,88	11,47	12,90	0,11	6,52	7,34
	III	265,83	14,62	21,26	23,92	III	265,83	8,33	16,29	18,32	—	11,48	12,91	—	7,13	8,02	—	3,30	3,71	—	0,02	0,02	—	—	—
	V	962,16	52,91	76,97	86,59	IV	540,—	27,45	39,94	44,93	25,26	36,74	41,33	23,11	33,62	37,82	21,01	30,57	34,39	18,96	27,58	31,03	16,96	24,67	27,75
	VI	994,33	54,68	79,54	89,48																				
2 987,99	I,IV	540,91	29,75	43,27	48,68	I	540,91	25,31	36,82	41,42	21,06	30,64	34,47	17,—	24,74	27,83	13,14	19,12	21,51	9,46	13,76	15,48	5,55	8,70	9,78
	II	505,50	27,80	40,44	45,49	II	505,50	23,44	34,10	38,36	19,28	28,04	31,55	15,30	22,26	25,04	11,52	16,76	18,85	7,92	11,53	12,97	0,25	6,58	7,40
	III	266,66	14,66	21,33	23,99	III	266,66	8,50	16,36	18,40	—	11,54	12,98	—	7,18	8,08	—	3,36	3,78	—	0,06	0,07	—	—	—
	V	963,41	52,98	77,07	86,70	IV	540,91	27,50	40,01	45,01	25,31	36,82	41,42	23,16	33,70	37,91	21,06	30,64	34,47	19,01	27,66	31,11	17,—	24,74	27,83
	VI	995,66	54,76	79,65	89,60																				
2 990,99	I,IV	541,91	29,80	43,35	48,77	I	541,91	25,36	36,89	41,50	21,11	30,71	34,55	17,05	24,80	27,90	13,18	19,18	21,57	9,50	13,82	15,55	5,68	8,75	9,84
	II	506,41	27,85	40,51	45,57	II	506,41	23,49	34,17	38,44	19,32	28,11	31,62	15,35	22,33	25,12	11,56	16,82	18,92	7,97	11,59	13,04	0,40	6,64	7,47
	III	267,50	14,71	21,40	24,07	III	267,50	8,66	16,42	18,47	—	11,61	13,06	—	7,24	8,14	—	3,41	3,83	—	0,10	0,11	—	—	—
	V	964,66	53,05	77,17	86,81	IV	541,91	27,55	40,08	45,09	25,36	36,89	41,50	23,21	33,76	37,98	21,11	30,71	34,55	19,06	27,72	31,19	17,05	24,80	27,90
	VI	996,91	54,83	79,75	89,72																				
2 993,99	I,IV	542,83	29,85	43,42	48,85	I	542,83	25,41	36,96	41,58	21,16	30,78	34,63	17,10	24,87	27,98	13,23	19,24	21,65	9,55	13,89	15,62	5,83	8,81	9,91
	II	507,33	27,90	40,58	45,65	II	507,33	23,54	34,24	38,52	19,37	28,18	31,70	15,39	22,39	25,19	11,60	16,88	18,99	8,01	11,65	13,10	0,53	6,69	7,52
	III	268,50	14,76	21,48	24,16	III	268,50	8,83	16,49	18,55	—	11,68	13,14	—	7,30	8,21	—	3,45	3,88	—	0,14	0,16	—	—	—
	V	965,91	53,12	77,27	86,93	IV	542,83	27,61	40,16	45,18	25,41	36,96	41,58	23,26	33,84	38,07	21,16	30,78	34,63	19,10	27,79	31,26	17,10	24,87	27,98
	VI	998,16	54,89	79,85	89,83																				
2 996,99	I,IV	543,83	29,91	43,50	48,94	I	543,83	25,46	37,04	41,67	21,21	30,85	34,70	17,14	24,94	28,05	13,27	19,30	21,71	9,58	13,94	15,68	5,96	8,86	9,97
	II	508,25	27,95	40,66	45,74	II	508,25	23,59	34,32	38,61	19,42	28,25	31,78	15,44	22,46	25,26	11,65	16,94	19,06	8,04	11,70	13,16	0,66	6,74	7,58
	III	269,33	14,81	21,54	24,23	III	269,33	9,—	16,56	18,63	—	11,74	13,21	—	7,36	8,28	—	3,50	3,94	—	0,20	0,22	—	—	—
	V	967,25	53,19	77,38	87,05	IV	543,83	27,66	40,24	45,27	25,46	37,04	41,67	23,31	33,91	38,15	21,21	30,85	34,70	19,15	27,86	31,34	17,14	24,94	28,05
	VI	999,41	54,96	79,95	89,94																				
2 999,99	I,IV	544,75	29,96	43,58	49,02	I	544,75	25,51	37,11	41,75	21,25	30,92	34,78	17,19	25,—	28,13	13,31	19,37	21,79	9,63	14,01	15,76	6,11	8,92	10,04
	II	509,25	28,—	40,74	45,83	II	509,25	23,64	34,39	38,69	19,47	28,32	31,86	15,48	22,52	25,34	11,69	17,—	19,13	8,08	11,76	13,23	0,81	6,80	7,65
	III	270,16	14,85	21,61	24,31	III	270,16	9,16	16,62	18,70	—	11,80	13,27	—	7,41	8,33	—	3,56	4,—	—	0,24	0,27	—	—	—
	V	968,50	53,26	77,48	87,16	IV	544,75	27,71	40,31	45,35	25,51	37,11	41,75	23,36	33,98	38,22	21,25	30,92	34,78	19,20	27,93	31,42	17,19	25,—	28,13
	VI	1 000,66	55,03	80,05	90,05																				
3 002,99	I,IV	545,75	30,01	43,66	49,11	I	545,75	25,56	37,18	41,83	21,30	30,99	34,86	17,23	25,07	28,20	13,36	19,43	21,86	9,67	14,07	15,83	6,17	8,98	10,10
	II	510,16	28,05	40,81	45,91	II	510,16	23,69	34,46	38,76	19,51	28,38	31,93	15,53	22,59	25,41	11,73	17,07	19,20	8,13	11,82	13,30	0,95	6,86	7,71
	III	271,—	14,90	21,68	24,39	III	271,—	9,33	16,69	18,77	—	11,86	13,34	—	7,46	8,39	—	3,61	4,06	—	0,28	0,31	—	—	—
	V	969,75	53,33	77,58	87,27	IV	545,75	27,76	40,38	45,43	25,56	37,18	41,83	23,41	34,05	38,30	21,30	30,99	34,86	19,25	28,—	31,50	17,23	25,07	28,20
	VI	1 001,91	55,10	80,15	90,17																				
3 005,99	I,IV	546,66	30,06	43,73	49,19	I	546,66	25,61	37,26	41,91	21,35	31,06	34,94	17,28	25,14	28,28	13,40	19,50	21,93	9,71	14,12	15,89	6,21	9,04	10,17
	II	511,08	28,10	40,88	45,99	II	511,08	23,74	34,53	38,84	19,56	28,45	32,—	15,57	22,65	25,48	11,77	17,13	19,27	8,17	11,88	13,37	1,08	6,91	7,77
	III	271,83	14,95	21,74	24,46	III	271,83	9,53	16,77	18,86	—	11,93	13,42	—	7,53	8,47	—	3,65	4,10	—	0,32	0,36	—	—	—
	V	971,—	53,40	77,68	87,39	IV	546,66	27,81	40,46	45,51	25,61	37,26	41,91	23,46	34,12	38,39	21,35	31,06	34,94	19,29	28,06	31,57	17,28	25,14	28,28
	VI	1 003,16	55,17	80,25	90,28																				

Quelle: Stollfuß Monats-Lohnsteuer-Tabelle 2009

Die Ermittlung der Sozialversicherungsabzüge 3.5.1.2.2

Zweige der Sozialversicherung

Die gesetzliche Sozialversicherung besteht aus der Krankenversicherung, der Pflegeversicherung, der Rentenversicherung und der Arbeitslosenversicherung. Der **Sozialversicherungsbeitrag** für den einzelnen Arbeiter und Angestellten wird **je zur Hälfte** vom Arbeitnehmer (siehe dazu S. 188) und Arbeitgeber getragen. Der **Arbeitnehmeranteil** wird vom Bruttoverdienst **einbehalten.** Der **Arbeitgeberanteil** zum Sozialversicherungsbeitrag **ist zusätzlicher Personalaufwand,** ebenso die Beiträge zur **gesetzlichen Unfallversicherung** der Arbeitnehmer bei der Berufsgenossenschaft.

1 Für das Bearbeiten der Aufgaben ist es nicht von Bedeutung, aus welchem Jahr die im Buch enthaltene Abzugstabelle stammt. **Zusatzaufgabe:** *Beschaffen Sie sich aktuelle PC-Tabellen in der Personalabteilung Ihres Ausbildungsbetriebes oder sehen Sie sich entsprechende Programme im Internet an und lösen Sie die folgenden Aufgaben auch mithilfe dieser Tabellen bzw. Programme.*

Die Ermittlung der Sozialversicherungsabzüge

Für die Berechnung der Beiträge werden in der Regel von Jahr zu Jahr bestimmte **Beitragsprozentsätze** und **Beitragsbemessungsgrenzen** (= Höchstgrenzen) festgelegt:

Versicherungszweig	Beitragssatz in %[1]	Beitragsbemessungsgrenze[1]
– Krankenversicherung (KV)	15,5 %[2]	3.675,00 € monatlich
– Pflegeversicherung (PV)	1,95 %	3.675,00 € monatlich
– Rentenversicherung (RV)	19,9 %	5.400,00 € monatlich
– Arbeitslosenversicherung (AV)	2,8 %	5.400,00 € monatlich

Die Beiträge zu den o. g. Sozialversicherungen werden unter Beachtung der Beitragsbemessungsgrenzen vom **Bruttoarbeitsentgelt** berechnet und vom Arbeitnehmer und Arbeitgeber mit Ausnahme der Zuschläge für Kranken- und Pflegeversicherung zu **gleichen** Teilen getragen. Jede **Lohnberechnungssoftware** (s. Hinweise auf den Seiten 186 und 190) enthält entsprechende **Tabellen.**

Einheitlicher KV-Beitragssatz

Für gesetzlich versicherte Arbeitnehmer beträgt der **Krankenkassenbeitragssatz** ab 1. Januar 2009 **einheitlich 15,5 %.**[2] Davon haben der **Arbeitgeber 7,3 %** und der **Arbeitnehmer 8,2 %** (einschließlich **0,9 % Zuschläge,** siehe unten) zu tragen.

Zuschläge für KV und PV

Zuschlag für Kranken- und Pflegeversicherung. Ab 1. Juli 2005 müssen gesetzlich versicherte Arbeitnehmer **zusätzlich** zum **Krankenkassenbeitrag** einen Zuschlag für **Zahnersatz** (0,4 %) und für **Krankengeld** (0,5 %) zahlen, also einen vom **Bruttoarbeitsentgelt** berechneten Beitragssatz von insgesamt **0,9 %,** an dem sich der Arbeitgeber nicht beteiligt. Außerdem müssen **kinderlose** Arbeitnehmer zwischen 23 und 64 Jahren ab 1. Januar 2005 einen um **0,25 %** erhöhten Beitrag zur **Pflegeversicherung** leisten. Der **Arbeitnehmeranteil** steigt somit von 0,85 % auf **1,1 %.**

Beispiel

Der Angestellte H. Till (siehe S. 186) bezieht ein steuerpflichtiges Bruttogehalt von 2.985,00 €. Sein Krankenkassenbeitrag beläuft sich auf 244,77 € (=8,2 % vom Bruttogehalt), der des Arbeitsgebers auf 217,91 € (= 7,3 %).

Bruttoarbeitsentgelt	KV	PV	RV	AV	Arbeitnehmeranteil zur Sozialversicherung
2.985,00	244,77	29,10	297,01	41,79	612,67

siehe „Prozentrechnung" ➤ Kap. E, 1.3

Der Arbeitgeberanteil zur Sozialversicherung beträgt dann nur **585,81 €.** Gesamter Beitrag zur Sozialversicherung des Arbeitnehmers Till: 1.198,48 €.

Errechnung des Nettogehaltes

Das **Nettogehalt errechnet sich nun wie folgt:**

Bruttogehalt		**2.985,00 €**
– Abzüge für		
Lohn- und Kirchensteuer (kein Solidaritätszuschlag) (s. S. 186)	279,64 €	
Arbeitnehmeranteil zur Sozialversicherung (s. o.)	612,67 €	**892,31 €**
Nettogehalt (Auszahlungsbetrag)		**2.092,69 €**

1 Stand 2009. In den neuen Bundesländern beträgt die Bemessungsgrenze für die Renten- und Arbeitslosenversicherung zz. 4.550,00 €.

2 Ab 1. Juli 2009 ist eine Senkung des einheitlichen Krankenkassenbeitragssatzes auf 14,9 % geplant.

Berechnen Sie für die in Aufgabe 182, Seite 186, genannten Angestellten W. Beyer und A. Fellner die Sozialversicherungsbeiträge unter Berücksichtigung möglicher Zuschläge. **183**

1. *Wie viel € Nettogehalt werden beiden Angestellten überwiesen?*
2. *Wie viel Prozent betragen jeweils die Gesamtabzüge vom Bruttogehalt?* ■

Der Angestellte Dirk Schneider bezieht ein Bruttogehalt von 2.995,00 €. Er ist verheiratet und hat zwei Kinder. Seine Ehefrau ist nicht berufstätig, da sie den gemeinsamen Haushalt führt. Beide Ehegatten sind evangelisch. **184**

1. *In welche Lohnsteuerklasse ist Dirk Schneider einzuordnen?*
2. *Ermitteln Sie anhand der Lohnsteuertabelle auf Seite 187 die Steuerabzüge: a) Lohnsteuer, b) Solidaritätszuschlag, c) Kirchensteuer, d) Steuerabzüge insgesamt.*
3. *Berechnen Sie – unter Berücksichtigung möglicher Zuschläge – die Beiträge für a) die Krankenversicherung, b) die Pflegeversicherung, c) die Rentenversicherung, d) die Arbeitslosenversicherung und e) den Arbeitnehmeranteil zur Sozialversicherung insgesamt.*
4. *Nennen Sie die Höhe des Arbeitgeberanteils zur Sozialversicherung.*
5. *Wie hoch ist bei Dirk Schneider a) der Sozialversicherungsbeitrag insgesamt und b) das Nettogehalt?* ■

Der kaufmännische Angestellte R. Hemmerle ist in der Textilfabrik Seiler KG in verantwortlicher Position tätig (Gehaltsgruppe V). Sein Tarifgehalt beträgt 2.975,00 €. Er ist verheiratet und hat ein Kind. Seine Ehefrau ist nicht erwerbstätig. Für seine mehr als 10-jährige Betriebszugehörigkeit erhält Herr Hemmerle eine monatliche Treueprämie von 30,00 €. **185**

1. *Ermitteln Sie aus der Lohnabzugstabelle die von Herrn Hemmerle zu zahlende Lohn- und Kirchensteuer sowie den Solidaritätszuschlag.*
2. *Bestimmen Sie die Sozialversicherungsbeiträge für Herrn Hemmerle.*
3. *Berechnen Sie den Prozentsatz der Gesamtabzüge vom Bruttogehalt.*
4. *Stellen Sie in einer Gehaltsabrechnung das Nettogehalt fest.* ■

Das Unternehmen Schätzke GmbH beschäftigt den Angestellten A. Wagner im Außendienst. Herr Wagner ist 36 Jahre alt, ledig. Sein Tarifgehalt beträgt 2.735,00 €. Zusätzlich zum Tarifgehalt erhält er einen steuerpflichtigen Zuschuss für Kleidung von monatlich 50,00 €. Als lohnsteuerpflichtiger Sachbezug sind monatlich 195,00 € für die kostenlose Unterkunft in einer Werkswohnung anzusetzen. **186**

Für die Berechnung der Sozialversicherungsbeiträge wird das steuerpflichtige Bruttogehalt zugrunde gelegt.

1. *Berechnen Sie das steuerpflichtige Bruttogehalt.*
2. *Ermitteln Sie das Nettogehalt und den Auszahlungsbetrag.* ■

AUFGABEN

187
1. *Welche vertraglichen Grundlagen hat die Gehaltsberechnung?*
2. *Was zählt im Einzelnen zum steuerpflichtigen Arbeitseinkommen?*
3. *Nennen Sie Beispiele für „Zulagen" und „Zuschläge".*
4. *Nennen Sie die in die Lohnsteuertabelle eingearbeiteten Freibeträge.*
5. *Welche Merkmale liegen vor, wenn ein Arbeitnehmer nach Steuerklasse III besteuert wird?*
6. *Erläutern Sie den Begriff „Beitragsbemessungsgrenze".* ■

3.5.2 Der Einsatz von Lohnberechnungsprogrammen

Vereinfachte Lohn- und Gehaltsberechnung mithilfe von PC-Programmen

Die Lohnberechnung am PC mithilfe eines geeigneten Programms ist in Personalabteilungen der Unternehmen sowie in Steuerberaterpraxen unverzichtbar. Sie ermöglicht nicht nur eine schnelle und übersichtliche Lohn- und Gehaltsabrechnung der Mitarbeiter bzw. Klientel, sondern liefert auch aussagefähige Zahlen für die Belastung des Arbeitgebers. Alle erforderlichen **Abzugstabellen für Steuern und Sozialabgaben** (Grund-, Splitting- und Gesamtabzugstabellen) sind in das Programm **integriert** und gewähren z. B. durch Vergleich der Steuerklassen oder bei geplanten Tariferhöhungen rationelle Fallentscheidungen. Die Zahlen der Lohnbuchhaltung werden gespeichert und stehen damit dem betrieblichen Rechnungswesen für unternehmerische Entscheidungen zur Verfügung.

Die vielfältigen Lohnberechnungsprogramme unterscheiden sich weniger in der Systematik ihres Aufbaues als in der Praktikabilität ihrer Einsatzmöglichkeiten. Sie sind grundsätzlich nach dem gleichen Schema aufgebaut, wobei der **Bildschirm in zwei Bereiche** aufgeteilt ist. Im **linken** Bereich befindet sich das Fenster, in dem die persönlichen **Daten zur Lohnberechnung** des Mitarbeiters eingegeben werden, während im **rechten** Fenster nach jeder Dateneingabe sofort das jeweilige **Ergebnis der Lohnberechnung,** z. B. die errechnete Lohnsteuer, ausgewiesen wird. Die Lohnberechnung führt somit in wenigen Minuten vom Ausweis des Bruttolohnes und der einzelnen Steuer- und Sozialabgaben bis zum **Nettolohnausweis.** Mit der Speicherung wird die Lohn- bzw. Gehaltsabrechnung des Mitarbeiters ausgedruckt. Mit einem Klick auf ein bestimmtes Symbol erscheint sofort die **Gesamtbelastung des Arbeitgebers.**

Bildschirm

Dateneingabe zur Lohnberechnung	Ausgabe der Berechnungsergebnisse
– Name des Mitarbeiters	– Bruttogehalt
– Monat, Jahr	– Einmalzahlungen
– Bundesland (8 %/9 % KiSt)	– Dienstwagen
– Bruttogehalt	– Gesamt-Brutto
– weitere Zulagen, Abzüge	– LSt, SolZ, KiSt
– Steuerklasse, Kinder	– KV, PV, RV, AV
– LSt, SolZ, KiSt	– Zusatzbeiträge zu KV/PV
– KV, PV, RV, AV	– sonstige Zusatzbeiträge
– Zusatzbeiträge zu KV/PV	– Summe der Abzüge
	– **Nettoauszahlung**

Der Bruttobetrag der Löhne und Gehälter wird monatlich als **Aufwand** gebucht:

6200 Löhne und **6300 Gehälter.**

Überweisung der Steuerabzüge

Die einbehaltenen Steuerabzüge (Lohn- und Kirchensteuer, Solidaritätszuschlag) werden als „Sonstige Verbindlichkeiten gegenüber Finanzbehörden" auf dem Konto **„4830 FB-Verbindlichkeiten"** erfasst und zum **10. des Folgemonats** überwiesen.

Bankeinzug der Sozialabgaben

Der einzubehaltende Arbeitnehmeranteil zur SV wird **mit** dem **Arbeitgeberanteil** der Krankenkasse **vorzeitig gemeldet** und von dieser spätestens bis zum **drittletzten** Bankarbeitstag des laufenden Monats durch **Bankeinzug** vereinnahmt (siehe auch S. 184). Diese Vorauszahlung wird auf dem Konto **„2640 SV-Vorauszahlung"** erfasst und bei der Buchung der Gehälter bzw. Löhne und des Arbeitgeberanteils jeweils **verrechnet.**

Arbeitgeberanteil

Der Arbeitgeberanteil zur SV wird als zusätzlicher Aufwand gesondert auf dem Konto **„6400 Arbeitgeberanteil zur SV"** gebucht und auf dem Verrechnungskonto **„2640 SV-Vorauszahlung"** gegengebucht.

Beispiel

Auszug aus der Gehaltsliste Monat Februar: Gehaltsabrechnung Herbert Till (S. 188)

Name	Steuerklasse	Bruttogehalt	Abzüge					Gesamtabzüge	Nettogehalt (Ausz.)
			LSt	SolZ	KiSt	Steuerabzüge	SV		
Till, H.	III/1,0	2.985,00	266,66	0,00	12,98	279,64	612,67	892,31	2.092,69

SV-Meldung an die Krankenkasse: 612,67 € AN-Anteil + 585,81 € AG-Anteil[1]
SV-Bankeinzug der Krankenkasse: 1.198,48 €

❶ Buchung des Bankeinzugs der SV-Beiträge	Soll	Haben
2640 SV-Vorauszahlung	1.198,48	
an 2800 Bank		1.198,48

❷ Buchung bei Gehaltszahlung	Soll	Haben
6300 Gehälter	2.985,00	
an 4830 FB-Verbindlichkeiten		279,64
an 2640 SV-Vorauszahlung		612,67
an 2800 Bank		2.092,69

❸ Buchung des Arbeitgeberanteils	Soll	Haben
6400 Arbeitgeberanteil zur SV	585,81[1]	
an 2640 SV-Vorauszahlung		585,81[1]

❹ Überweisung der einbehaltenen und noch abzuführenden Steuerabzüge	Soll	Haben
4830 FB-Verbindlichkeiten	279,64	
an 2800 Bank		279,64

S 6300 Gehälter H

S		H	
❷	2.985,00		

S 6400 Arbeitgeberanteil zur SV H

S		H	
❸	585,81		

Bruttogehalt	2.985,00
+ Arbeitgeberanteil SV	585,81
Personalkosten	**3.570,81**

S 4830 FB-Verbindlichkeiten H

S		H	
❹	279,64	❷	279,64

S 2640 SV-Vorauszahlung H

S		H	
❶	1.198,48	❷	612,67
		❸	585,81

S 2800 Bank H

S		H	
		❶	1.198,48
		❷	2.092,69
		❹	279,64

1 siehe S. 188

3.5.4 Die Buchung von Vorschusszahlungen an Mitarbeiter

Verrechnung von Vorschüssen

Vorschüsse sind Darlehen, die Arbeitnehmern kurzfristig gewährt und bei späteren Lohn- und Gehaltszahlungen verrechnet werden. Sie werden gebucht auf dem Konto

2650 Forderungen an Mitarbeiter.

Beispiel

Der Angestellte Herbert Till erhält einen Vorschuss von 1.500,00 € bar, der bei den nächsten Gehaltszahlungen mit 300,00 € einbehalten wird.

Buchungssatz	Soll	Haben
2650 Forderungen an Mitarbeiter	1.500,00	
an **2880 Kasse**		1.500,00

Monatliche Verrechnung des Vorschusses (300,00 €):

Bruttogehalt	2.985,00 €
– Lohn- und Kirchensteuer (kein Solidaritätszuschlag)	279,64 €
– Arbeitnehmeranteil zur Sozialversicherung	612,67 €
Nettogehalt	2.092,69 €
– Vorschuss	300,00 €
Auszahlung (Bank)	**1.792,69 €**[1]

Buchungssatz	Soll	Haben
6300 Gehälter	2.985,00	
an **4830 FB-Verbindlichkeiten**		279,64
an **2640 SV-Vorauszahlung**		612,67
an **2650 Forderungen an Mitarbeiter**		300,00
an **2800 Bank**		1.792,69

3.5.5 Die Verrechnung von Sachwerten

Sachwerte

Erwerben Angestellte oder Arbeiter Erzeugnisse des eigenen Industriebetriebes zum Vorzugspreis, die mit ihrem Gehalt oder Lohn verrechnet werden, so sind sie umsatzsteuerlich Käufern gleichzustellen. Der Nettowert der Erzeugnisse ist als Umsatzerlös auszuweisen. Die Umsatzsteuer ist entsprechend zu buchen.

Beispiel

Herbert Till ist Angestellter der Küchengeräte GmbH. Er erhält von seinem Arbeitgeber einen Kühlschrank zum Vorzugspreis von 250,00 € netto zuzüglich 47,50 € Umsatzsteuer, der mit seinem Gehalt verrechnet wird:

Bruttogehalt	2.985,00 €
– Lohn- und Kirchensteuer (kein Solidaritätszuschlag)	279,64 €
– Arbeitnehmeranteil zur Sozialversicherung	612,67 €
Nettogehalt	2.092,69 €
– Erzeugniswert	250,00 €
– Umsatzsteuer	47,50 €
Auszahlung (Bank)	**1.795,19 €**[1]

Buchungssatz	Soll	Haben
6300 Gehälter	2.985,00	
an **4830 FB-Verbindlichkeiten**		279,64
an **2640 SV-Vorauszahlung**		612,67
an **5000 Umsatzerlöse für eig. Erzeugnisse**		250,00
an **4800 Umsatzsteuer**		47,50
an **2800 Bank**		1.795,19

Lohn- und Gehaltspfändungen

Die aufgrund von Lohn- und Gehaltspfändungen einbehaltenen Beträge werden auf der Habenseite des Kontos **4890 Sonstige Verbindlichkeiten** gebucht.

1 SV-Bankeinzug und Verrechnung eines Arbeitgeberanteils werden vorausgesetzt.

Zusammenfassung

- **Arbeitnehmer** sind mit ihrem Lohn oder Gehalt **lohnsteuer- und sozialversicherungspflichtig.**
- Die **Höhe der Lohnsteuer** ist abhängig von der Höhe des Bruttoverdienstes und der jeweiligen Lohnsteuerklasse.
- **Zur Sozialversicherung zählen** die – Krankenversicherung, – Pflegeversicherung, – Rentenversicherung, – Arbeitslosenversicherung.
- **Mit Ausnahme der Zuschläge zur Kranken- und Pflegeversicherung** (siehe S. 188) tragen Arbeitnehmer und Arbeitgeber die **Beiträge zur Sozialversicherung je zur Hälfte.**
- Der **Arbeitnehmeranteil** zur Sozialversicherung wird vom Lohn bzw. Gehalt **einbehalten.**
- Der **Arbeitgeberanteil** zur Sozialversicherung ist für den Arbeitgeber zusätzlicher **Aufwand.**
- Die **einzubehaltenden Sozialabgaben** sowie der Arbeitgeberanteil zur Sozialversicherung müssen in voraussichtlicher Höhe spätestens bis zum drittletzten Bankarbeitstag des Monats, in dem die Beschäftigung ausgeübt wird, von der jeweiligen Krankenkasse im Lastschriftverfahren vereinnahmt werden. Vorab sind die Daten vom Arbeitgeber mittels Software an die Kasse zu übertragen (siehe S. 184).
- Die **einbehaltenen Steuern** sind **bis zum 10. des Folgemonats** an das **Finanzamt** abzuführen.
- Zu den **Personalkosten des Unternehmens** zählen: Bruttoarbeitsentgelt der Arbeitnehmer, Arbeitgeberanteil zur Sozialversicherung, Gesetzliche Unfallversicherung der Arbeitnehmer (= Beiträge zur Berufsgenossenschaft), Freiwillige soziale Aufwendungen des Unternehmens (= betriebliche Altersversorgung, Unterstützung u. a.).

AUFGABEN

188

Gehaltsliste Monat Januar

Name	Steuer-klasse	Brutto-gehalt	Abzüge					Auszahlung
			Lohn-steuer	SolZ	Kirchen-steuer	Steuer-abzüge	Sozial-versich.	
1. Tierjung, V.	III/2,0	3.540,00	407,50	0,00	13,88	421,38	726,59	2.392,03
2. Steinbring, W.	I	2.770,00	473,75	26,05	42,63	542,43	575,47	1.652,10
3. Walter, F.	II/0,5	3.296,00	603,91	28,63	46,85	679,39	676,50	1.940,11
		9.606,00	1.485,16	54,68	103,36	**1.643,20**	**1.978,56**	**5.984,24**

AG-Anteil zur Sozialversicherung: 1.885,19 €, SV-Bankeinzug: 3.863,75 €.
Buchen Sie auf den Konten 2640, 2800 (AB 35.000,00 €), 4830, 6300 und 6400

1. den SV-Bankeinzug,
2. die Gehaltsabrechnung lt. Gehaltsliste zum 31. Januar (Banküberweisung),
3. den Arbeitgeberanteil zur Sozialversicherung,
4. die Überweisung der einbehaltenen Steuerabzüge im Februar.

Wie hoch sind die Personalkosten des Betriebes? ■

189

Zum 31. Dezember weisen die nachstehenden Konten folgende Salden aus:

2650 Forderungen an Mitarbeiter .... 16.000,00 €
4830 FB-Verbindlichkeiten .... 12.600,00 €

Bilden Sie die Abschlussbuchungssätze. ■

AUFGABEN

190 *Buchen Sie auf den Konten 2640, 2650, 2800 (AB 32.000,00 €), 4830, 6200 und 6400*

1. Zahlung eines Lohnvorschusses durch Banküberweisung: 4.000,00 €,
2. SV-Bankeinzug 2.190,00 €,
3. Lohnabrechnung mit Verrechnung des Vorschusses in Höhe von mtl. 250,00 €:

Bruttolöhne	LSt/SolZ/KiSt	Sozialvers.	Verrechneter Vorschuss	Auszahlung (Bank)	Arbeitgeber-anteile
7.800,00	860,00	1.120,00	250,00	5.570,00	1.070,00

4. Banküberweisung der einbehaltenen Steuerabzüge im Folgemonat. ■

191 Zahlung der Gehälter durch Banküberweisung zum 31. Dezember. *Buchen Sie auf den Konten 2640, 2650 (AB 8.000,00 €), 2800 (AB 160.000,00 €), 4830, 6300, 6400, 8000, 8010 und 8020:*

1. SV-Bankeinzug .... ?
2. Gehälter lt. Gehaltsliste für den Monat Dezember:
   Bruttobeträge .... 55.800,00 €
   Lohn- und Kirchensteuer sowie Solidaritätszuschlag .... 10.050,00 €
   Sozialversicherungsbeiträge der Arbeitnehmer .... 11.765,00 €
3. Verrechnung von Vorschüssen .... 2.500,00 €
4. Arbeitgeberanteil .... 11.645,00 €
5. Die einbehaltenen Steuerabzüge werden erst Anfang Januar an das Finanzamt überwiesen.

1. *Nennen Sie die Buchungen bis zum Jahresabschluss.*
2. *Wie lauten a) die Eröffnungsbuchung zum 1. Januar n. J. und*
   b) die Überweisungsbuchung?
3. *Wie hoch sind die gesamten Personalkosten des Betriebes für Dezember?* ■

192 Der Angestellte Stefan Stein der Textilwerke GmbH bezieht ein Bruttogehalt von 2.780,00 €. Seine Abzüge für Steuern betragen 215,44 € und für Sozialabgaben 570,60 € (Arbeitgeberanteil: 545,58 €). Bei der Gehaltsabrechnung ist ein Anzug mit 150,00 € netto zuzüglich 28,50 € Umsatzsteuer zu verrechnen, den Stefan Stein im Abrechnungszeitraum von seinem Betrieb erworben hat. Die Gehaltszahlung erfolgt als Banküberweisung.

1. *Erstellen Sie die Gehaltsabrechnung. Wie hoch ist der SV-Bankeinzug?*
2. *Buchen Sie auf den entsprechenden Konten.*
3. *Wie lautet die Buchung für den Arbeitgeberanteil zur Sozialversicherung?*
4. *Wie hoch sind die Personalkosten für den Angestellten Stefan Stein?* ■

193 Die Miete der Arbeitnehmer für Werkswohnungen wird mit den Gehältern verrechnet. Die Nettogehälter werden durch Banküberweisung ausgezahlt:

Bruttogehälter lt. Gehaltsliste .... 66.300,00 €
Lohn- und Kirchensteuer sowie Solidaritätszuschlag .... 11.300,00 €
Sozialversicherungsbeiträge der Arbeitnehmer .... 12.600,00 €
des Arbeitgebers .... 12.450,00 €
Einbehaltene Mieten für Werkswohnungen .... 3.600,00 €

Ermitteln Sie den SV-Bankeinzug sowie die Nettoauszahlung und buchen Sie auf den entsprechenden Konten die Gehaltsabrechnung, den Arbeitgeberanteil zur Sozialversicherung und die Überweisung der Steuerabzüge.

Konten: 2640, 2800 (50.000,00 € Bestand), 4830, 5400, 6300 und 6400. ■

6458194

Bilden Sie die Buchungssätze: **194**

1. Banküberweisung der Beiträge zur Berufsgenossenschaft: 1.200,00 €.
2. Ein Angestellter erhält Vorschuss durch Banküberweisung: 2.000,00 €.
3. *Beurteilen Sie:* Eine Angestellte erhält als Geburtsbeihilfe 300,00 € (Banküberweisung).
4. *Beurteilen Sie:* Einem Arbeiter wird eine Heiratsbeihilfe überwiesen: 200,00 €. ■

Buchen Sie für das Metallwerk Thomas Berg e. K. folgende Belege: **195**

Beleg 1

Durchschrift für Kontoinhaber 600 501 01
Landesgirokasse Stuttgart

Begünstigter: Finanzamt Stuttgart
Konto-Nr. des Begünstigten: 644 520 80 — Bankleitzahl: 600 501 01
bei (Kreditinstitut): Landesgirokasse Stuttgart
EUR — Betrag: Euro, Cent: 29.337,00--------
Kunden-Referenznummer - noch Verwendungszweck, ggf. Name und Anschrift des Auftraggebers (nur für Begünstigten): Steuernummer: 065 158 43218
Lohnsteuer Juni ..
Kontoinhaber: Thomas Berg e. K., Metallwerk, 70565 Stuttgart
Konto-Nr. des Kontoinhabers: 723 544 32

..-07-09 Thomas Berg
Datum, Unterschrift

Beleg 2

Durchschrift für Kontoinhaber 600 501 01
Landesgirokasse Stuttgart

Begünstigter: Allgemeine Versicherung AG, Stuttgart
Konto-Nr. des Begünstigten: 243 765 67 — Bankleitzahl: 600 501 01
bei (Kreditinstitut): Landesgirokasse Stuttgart
EUR — Betrag: Euro, Cent: 9.600,00--------
Kunden-Referenznummer - noch Verwendungszweck, ggf. Name und Anschrift des Auftraggebers (nur für Begünstigten): Beiträge z. Haftpflichtversicherung für ..
Nr.: HPV 1234
Kontoinhaber: Thomas Berg e. K., Metallwerk, 70565 Stuttgart
Konto-Nr. des Kontoinhabers: 723 544 32

..-07-09 Thomas Berg
Datum, Unterschrift

Lohnsteueranmeldung zu Beleg 1 (Auszug)

Lohnsteuer-Anmeldung — ..06 Juni X | ..12 Dez. | .. Kalenderjahr

Metallwerk Thomas Berg e. K.
Industriestraße 22 - 28
70565 Stuttgart
Steuernummer: 065 158 43218

Berichtigte Anmeldung (falls ja, bitte eine „1" eintragen) ... 10
Zahl der beschäftigten Arbeitnehmer ... 86: 29

1) Negative Beträge sind rot einzutragen oder deutlich mit einem Minuszeichen zu versehen.
2) Nach Abzug der im Lohnsteuerjahresausgleich erstatteten Beträge. 3) Kann auf 10 ct zu Ihren Gunsten gerundet werden.

	Kz	€	ct
Lohnsteuer 1) 2) 3)	42	25.400	00
abzüglich an Arbeitnehmer ausgezahlte Bergmannsprämien	46	–	–
Verbleiben 1)	48	25.400	00
Solidaritätszuschlag 1) 2)	49	1.905	00
Evangelische Kirchensteuer 1) 2)	61	576	00
Römisch-katholische Kirchensteuer 1) 2)	62	1.456	00
Israelitische Kultussteuer Land 1) 2) (il)	74		
Altkatholische Kirchensteuer 1) 2) (ak)	63		
Gesamtbetrag 1)	83	29.337	00

196 **Anfangsbestände**

	€		€
0510 Beb. Grundstücke ..	180.000,00	2650 Ford. a. Mitarbeiter .	12.000,00
0530 Betriebsgebäude ...	420.000,00	2800 Bankguthaben	95.000,00
0700 TA u. Maschinen ...	160.000,00	3000 Eigenkapital	721.000,00
0800 Andere Anl./BGA ..	87.000,00	4250 Darlehensschulden .	380.000,00
2000 Rohstoffe	200.000,00	4400 Verbindlichk. a. LL ..	131.080,00
2200 Fertige Erzeugnisse .	10.000,00	4800 Umsatzsteuer	12.000,00
2400 Forderungen a. LL ..	87.000,00	4830 FB-Verbindlichk.	6.920,00

Kontenplan: 0510, 0530, 0700, 0800, 2000, 2200, 2400, 2600, 2640, 2650, 2800, 3000, 3001, 4250, 4400, 4800, 4830, 5000, 5200, 5420, 5710, 6000, 6200, 6300, 6400, 6420, 6520, 7510, 8000, 8010, 8020.

Geschäftsfälle €

1. Angestellter erhält Gehaltsvorschuss (Banküberweisung) 2.000,00
2. Banküberweisung des Beitrags an die Berufsgenossenschaft 850,00
3. Banküberweisung der Lohn- und Kirchensteuer
   sowie des Solidaritätszuschlags 6.920,00
   Umsatzsteuer-Zahllast 12.000,00 18.920,00
4. Privatentnahmen von eigenen Erzeugnissen, netto 800,00
5. SV-Bankeinzug durch gesetzliche Krankenkasse 5.350,00
6. Lohnzahlung durch Banküberweisung lt. Lohnliste:

Bruttolöhne	LSt/SolZ/KiSt	Sozialvers.	Auszahlung	Arbeitgeberanteil
5.400,00	735,00	1.125,00	3.540,00	1.095,00

7. Rohstoffeinkäufe auf Ziel lt. ER 01–09 .... 45.000,00
   + Umsatzsteuer 8.550,00
8. Zinsgutschrift der Bank 1.200,00
9. Kunde wird mit Verzugszinsen belastet 80,00
10. Banküberweisung der Gehälter lt. Gehaltsliste:

Brutto-gehälter	LSt/SolZ/KiSt	Sozial-versicherung	Verrechneter Vorschuss	Netto-auszahlung	Arbeitgeber-anteil
7.800,00	1.070,00	1.580,00	500,00	4.650,00	1.550,00

11. Zielverkäufe von eigenen Erzeugnissen lt. AR 01–12 .... 88.000,00
    + Umsatzsteuer 16.720,00
12. Lastschrift der Bank für Darlehenszinsen 7.200,00
13. Geschäftsinhaber überweist seine Lebensversicherungsprämie
    durch Banküberweisung 1.500,00
14. Ein Lieferer belastet uns mit Verzugszinsen 40,00

Abschlussangaben €

Schlussbestände lt. Inventur: Rohstoffe 225.000,00
Fertige Erzeugnisse 15.000,00

Abschreibungen: 0530: 3.000,00 €; 0700: 14.000,00 €; 0800: 7.000,00 €. ■

197

1. *Welche Bedeutung haben die Steuerklassen für den Arbeitnehmer?*
2. *Welche Zweige der Sozialversicherung unterscheidet man?*
3. *Warum werden Sondervergütungen in der Praxis direkt auf dem Lohn- bzw. Gehaltskonto des betreffenden Arbeitnehmers gebucht?*
4. *Nennen Sie den Zeitpunkt der Überweisung der einbehaltenen Steuerabzüge.*
5. *Woraus setzen sich die gesamten Personalkosten des Betriebes zusammen?* ■

6458196

Die Kosten- und Leistungsrechnung (KLR) als Mittel zur Analyse und Bewertung der Wertschöpfungsprozesse (Lernfeld 4) | C

Einordnung der Kosten- und Leistungsrechnung | 1

Ausgangslage

Herr Berg organisiert sein Rechnungswesen in zwei Bereichen,
- der **Finanzbuchhaltung (FB)** und
- der **Kosten- und Leistungsrechnung (KLR).**

Die Finanzbuchhaltung zur Dokumentation aller vermögens- und erfolgswirksamen Geschäftsfälle führt er in den Kontenklassen 0 bis 8 des Kontenrahmens und zeichnet dort außer den Vermögens- und Schuldenposten sowie dem Eigenkapital (Klassen 0 bis 4) auch **alle Arten von Erträgen** (Klasse 5) **und Aufwendungen** (Klassen 6 und 7) – jeweils auf eine Rechnungsperiode bezogen – auf. Im Gewinn- und Verlustkonto (Klasse 8) ermittelt er schließlich aus allen Aufwendungen und Erträgen das **Gesamtergebnis** einer Rechnungsperiode, das ihm eine Aussage über den **Unternehmensgewinn** oder **Unternehmensverlust** liefert.

Die Kosten- und Leistungsrechnung zur Dokumentation und zur Analyse der Erfolgssituation aus der betrieblichen Wertschöpfung könnte Herr Berg auch auf Konten (in der Klasse 9) organisieren. In der Praxis haben sich jedoch **tabellarische Formen der KLR** außerhalb des Kontenrahmens – und damit außerhalb der FB – bewährt. Diesen Formen schließt sich Herr Berg im Folgenden an, um so in übersichtlicher Weise diejenigen Aufwendungen und Erträge zu erfassen, die im Zusammenhang mit der betrieblichen Wertschöpfung seines Industriebetriebes, also

der **Beschaffung von Werkstoffen** und **Betriebsmitteln** sowie der **Produktion und dem Absatz von fertigen Erzeugnissen**

entstanden sind. **Diese betrieblichen Aufwendungen** – z. B. Stoffaufwendungen, Personalaufwendungen, Mieten, Steuern, Beiträge, Werbe- und Reisekosten, Sonstige betriebliche Aufwendungen, Abschreibungen u. a. – **bilden die Grundlage der Kostenrechnung** und werden in der KLR als **„Kosten", die betrieblichen Erträge** – z. B. Umsatzerlöse, Provisionserträge, unentgeltliche Entnahme von Erzeugnissen u. a. – als **„Leistungen"** bezeichnet. Aus der Gegenüberstellung der Kosten und Leistungen ergibt sich in der KLR das Ergebnis aus der betrieblichen Wertschöpfung, nämlich das

Betriebsergebnis.

Zusammenfassung

- Die **Finanzbuchhaltung** ist auf das gesamte Unternehmen bezogen. Sie schließt die Erfolgsrechnung (GuV-Konto) mit dem **Gesamtergebnis** ab.
- Die **Kosten- und Leistungsrechnung** ist auf die betriebliche Wertschöpfung bezogen. Sie erfasst alle **Kosten und Leistungen** einer Rechnungsperiode und ermittelt daraus das **Betriebsergebnis.**
- Die Erfassung aller Kosten und Leistungen ist die Grundlage für weiter reichende Aufgaben der KLR, so z. B. die **Errechnung der Selbstkosten** für eine Abrechnungsperiode oder für eine Erzeugniseinheit, die Bewertung der fertigen und unfertigen Erzeugnisse sowie die **Kontrolle der Rentabilität und Wirtschaftlichkeit** der betrieblichen Prozesse.

2 Grundlagen der Kosten- und Leistungsrechnung

2.1 Zielsetzung und Zahlenmaterial der KLR

Ausgangssituation

Herr Berg richtet seine Kosten- und Leistungsrechnung auf drei ihm bedeutende Ziele aus. Zum einen will er die KLR so **gestalten,** dass sie ihm einen schnellen und zutreffenden **Einblick in die betrieblichen Wertschöpfungsprozesse** gibt. Die so gewonnenen Zahlen will er im Hinblick auf wichtige betriebliche Aspekte – z. B. **Erfolgswirksamkeit, Wirtschaftlichkeit, Rentabilität** – **analysieren;** und schließlich ist ihm daran gelegen, das betriebliche Geschehen im Abgleich mit **Planzahlen** oder **überbetrieblichen Vergleichszahlen** zu **bewerten.** Sein erster Schritt in diese Arbeit besteht darin, alle notwendigen Zahlen aus der Produktion und der Finanzbuchhaltung dafür zusammenzustellen.

Aus der **Produktion** stehen ihm folgende Angaben aus dem abgelaufenen Geschäftsjahr 1 zur Verfügung:

Das Metallwerk Thomas Berg e. K. hat sich auf die Herstellung von Stahlblechgehäusen für elektronische Geräte (Computer, Drucker, Geräte der Unterhaltungselektronik) spezialisiert. Die Fertigung ist nach dem Werkstättenprinzip angeordnet. Dies ermöglicht es Herrn Berg, ein breites Produktionsprogramm anzubieten und flexibel auf Kundenwünsche zu reagieren.

Im abgelaufenen Geschäftsjahr betrug die Produktion 160 000 Gehäuse, von denen 154 500 Gehäuse abgesetzt werden konnten. Der Mehrbestand von 5 500 Gehäusen wurde zu 50,00 €/Stück Einzelkosten (einschließlich anteiliger Fertigungsgemeinkosten) bewertet, was zu einem wertmäßigen Mehrbestand von 275.000,00 € führte.

Aus der **Finanzbuchhaltung** steht ihm zunächst das **Gewinn- und Verlustkonto** (GuV-Konto) zur Verfügung. Das zeigt ihm den **Unternehmensgewinn** oder **-verlust** aus der Gegenüberstellung **aller** Aufwendungen und Erträge des abgelaufenen Geschäftsjahres; im vorliegenden Fall weist es einen **Jahresüberschuss** von 1.250.000,00 € aus:

Soll		Gewinn- und Verlustkonto		Haben
6000 Aufwend. f. Rohstoffe	1.980.000,00		5000 Umsatzerlöse	10.320.000,00
6020 Aufwend. f. Hilfsstoffe	720.000,00		5202 Mehrbest. an Erzeugn.	275.000,00
6030 Aufwend. f. Betriebsstoffe	85.000,00		5400 Mieterträge	40.000,00
6200 Löhne	3.200.000,00		5410 Erlöse aus Anlagenabgängen	130.000,00
6300 Gehälter	600.000,00		5710 Zinserträge	50.000,00
6400 Soziale Abgaben	800.000,00			
6520 Abschr. auf Sachanlagen	650.000,00			
6800 Büromaterial	150.000,00			
6870 Werbung	205.000,00			
6979 Anlagenabgänge	200.000,00			
70/77 Betriebliche Steuern	190.000,00			
7510 Zinsaufwendungen	540.000,00			
7600 Außerordentl. Aufwend.	245.000,00			
Jahresüberschuss	**1.250.000,00**			
	10.815.000,00			10.815.000,00

6458198

Zielsetzung und Zahlenmaterial der KLR

Situation

Um die Existenz seines Unternehmens dauerhaft zu sichern und um abschätzen zu können, ob sein Unternehmen erfolgreich gearbeitet hat, genügt nicht die Kenntnis der Aufwendungen und Erträge. Vielmehr muss Herr Berg die angefallenen **Kosten aus der betrieblichen Wertschöpfung** kennen. Im Wesentlichen sind dies die Kosten, die im Zusammenhang mit der Werkstoffbeschaffung sowie der Produktion und dem Absatz seiner Erzeugnisse entstehen.

Erfolgreich ist seine Arbeit und die Arbeit seiner Mitarbeiterinnen und Mitarbeiter dann gewesen, wenn die in einem Zeitraum aus dem Verkauf von Erzeugnissen erzielten Erlöse, die auch **Leistungen** seines Unternehmens genannt werden, höher gewesen sind als die angefallenen Kosten. Dann hat sein Unternehmen einen **Betriebsgewinn** erwirtschaftet.

Beides – Kosten und Leistungen – sind in den Aufwendungen und Erträgen des GuV-Kontos enthalten. Herrn Bergs vordringliche Aufgabe wird es also sein, das GuV-Konto so umzugestalten, dass er die gewünschten Aussagen zum Betriebsgewinn erhält (vgl. S. 206 f.).

Zusätzlich zum GuV-Konto entnimmt er der Finanzbuchhaltung auch die **Bilanz** zum 31. Dezember des abgelaufenen Geschäftsjahres. Sie liefert ihm zusätzliche Zahlen, die er für die Beurteilung der Rentabilität des Eigenkapitals oder der Lagerhaltung benötigt.

Aktiva	Bilanz Thomas Berg e. K. zum 31. Dezember . .		Passiva
A. Anlagevermögen		**A. Eigenkapital**	6.630.000,00
I. Sachanlagen		**Jahresüberschuss**	**1.250.000,00**
1. Grundst./Bauten	4.025.000,00		
2. TA u. Maschinen	2.130.000,00	**B. Rückstellungen**	180.000,00
3. BGA	665.000,00	**C. Verbindlichkeiten**	
B. Umlaufvermögen		1. gg. Kreditinstituten	2.787.500,00
I. Vorräte		2. aus Lieferungen	1.552.500,00
1. Roh-, Hilfs-, Betriebsst.	650.000,00		
2. Erzeugnisse	1.565.000,00		
II. Forderungen a. LL	1.380.000,00		
III. Kassenbestand	29.000,00		
IV. Bankguthaben	1.956.000,00		
	12.400.000,00		12.400.000,00

Stuttgart, 20. Januar . . Thomas Berg

So gerüstet kann ein **wesentliches Ziel** der Kosten- und Leistungsrechnung erreicht werden:

Mithilfe der Kosten- und Leistungsrechnung werden die in einer Rechnungsperiode (z. B. monatlich oder jährlich) angefallenen Kosten und Leistungen vollständig und nach Kosten- und Leistungsarten gegliedert errechnet, um daraus das Betriebsergebnis bestimmen zu können:

- **Leistungen > Kosten = Betriebsgewinn**
- **Leistungen < Kosten = Betriebsverlust**

Zusammenfassung

- Unverzichtbare **Grundlage der Kosten- und Leistungsrechnung sind die vollständigen und geordneten Aufzeichnungen der Finanzbuchhaltung,** so wie sie in der Gewinn- und Verlustrechnung und der Bilanz vorliegen.

2.2 Grundbegriffe der Kosten- und Leistungsrechnung

2.2.1 Einnahmen und Ausgaben

Geldvermögen

In einem Industriebetrieb stellt die Summe des jederzeit verfügbaren Geldes, d. h. die Summe aus Kassenbestand, Guthaben bei Kreditinstituten und Postbankguthaben, den **Zahlungsmittelbestand** dar. Der Zahlungsmittelbestand ist **Teil des Geldvermögens.** Das Geldvermögen wird darüber hinaus durch kurzfristige **Forderungen** und **Verbindlichkeiten** beeinflusst.

Beispiel

Aufgrund der Bilanz von Seite 199 verfügt das Unternehmen Berg zum 31. Dezember . . über folgendes Geldvermögen:

Zahlungsmittelbestand	1.985.000,00 €
+ kurzfristige Forderungen	1.380.000,00 €
– kurzfristige Verbindlichkeiten	1.552.500,00 €
= Geldvermögen	**1.812.500,00 €**

Wird dieses Geldvermögen durch **Geschäftsfälle** verändert, so sprechen wir von **Einnahmen und Ausgaben.**

Einnahmen

Alle Geschäftsfälle, die das **Geldvermögen erhöhen,** führen zu **Einnahmen.** So gehören z. B. **Bar- und Zielverkäufe von Erzeugnissen** zu einnahmewirksamen Vorgängen. Eine Kreditaufnahme bei einer Bank dagegen führt zwar zu einer Erhöhung des Zahlungsmittelbestandes, gleichzeitig erhöhen sich aber auch die Verbindlichkeiten; das Geldvermögen bleibt also gleich.

Ausgaben

Alle Geschäftsfälle, die das **Geldvermögen vermindern,** führen zu **Ausgaben.** Typische Ausgaben sind **Bar- und Zielkäufe von Roh-, Hilfs- und Betriebsstoffen,** nicht dagegen die Banküberweisung an einen Lieferer.

2.2.2 Erträge und Aufwendungen

Eigenkapital

Das Eigenkapital oder Reinvermögen eines Industriebetriebes ergibt sich vereinfacht nach folgender Rechnung:

Anlagevermögen
+ Vorräte
+ **Geldvermögen**
– langfristige Schulden
= **Eigenkapital** (Reinvermögen)

Geschäftsfälle, die das **Eigenkapital ändern,** führen zu **Aufwendungen** oder **Erträgen.**

Aufwendungen

Sie vermindern das Eigenkapital. Folgende Geschäftsfälle führen u. a. zu Aufwendungen:

- Unternehmer Berg zahlt für einen aufgenommenen Kredit Zinsen. Die **Zinszahlung** verringert das Geldvermögen und damit zugleich das Eigenkapital.
- Auf einen betrieblich genutzten PKW wird eine Abschreibung vorgenommen. Die **Abschreibung** vermindert das Anlagevermögen und damit zugleich das Eigenkapital.

Erträge

Sie erhöhen das Eigenkapital. Folgende Geschäftsfälle führen u. a. zu Erträgen:

- Ein Bankguthaben wird verzinst. Die **Zinsgutschrift der Bank** erhöht das Geldvermögen und damit zugleich das Eigenkapital.
- Ein Grundstück ist im Vorjahr aufgrund fehlender Verkehrsanbindung außerplanmäßig abgeschrieben worden. Nach einer Änderung des Flächennut-

zungsplanes steigt der Wert des Grundstücks im folgenden Jahr. Dies führt zu einer **Zuschreibung,** die das Anlagevermögen und damit zugleich das Eigenkapital erhöht.

Aufwendungen

Zur vorläufigen Klärung der Begriffe „Aufwendungen" und „Kosten" ziehen wir das Gewinn- und Verlustkonto von Seite 198 heran. Das GuV-Konto zeigt auf der linken Seite (Soll-Seite) die gesamten Aufwendungen des Abrechnungsjahres. Im Einzelnen ist abzulesen, wie hoch die Aufwendungen durch den Einsatz von Roh-, Hilfs- und Betriebsstoffen, durch die Beanspruchung von Diensten anderer Unternehmungen und von Mitarbeitern des eigenen Unternehmens, durch die Wertminderung der Anlagen, durch gesetzlich vorgeschriebene Abgaben und durch sonstige Vorkommnisse waren. Dabei spielt es keine Rolle, ob diese Aufwendungen für betriebliche oder nicht betriebliche Zwecke entstanden sind.

Aufwendungen bezeichnen den gesamten Eigenkapital mindernden Werteverzehr im Unternehmen an Gütern, Diensten und Abgaben während einer Abrechnungsperiode.

Beispiel

Im Gewinn- und Verlustkonto des Metallwerks Thomas Berg (vgl. S. 198) sind auf der Sollseite (ohne den Jahresüberschuss) Aufwendungen in Höhe von **9.565.000,00 €** verzeichnet.

Für die Zwecke der Kostenrechnung werden die Aufwendungen unterschieden nach

- **betrieblichen** (kalkulierbaren) **Aufwendungen** = **Kosten** und
- **neutralen Aufwendungen** = **Nichtkosten.**

Betriebliche Aufwendungen (= Kosten)

Diese Aufwendungen stehen in unmittelbarem Zusammenhang mit der betrieblichen Wertschöpfung. Sie erfassen den Wert an Gütern, Diensten und Abgaben, der im Rahmen der **geplanten betrieblichen Leistungserstellung** (= Produktion) und **Leistungsverwertung** (= Absatz) anfällt. Solche Aufwendungen werden in der Regel als **Kosten** in die Kosten- und Leistungsrechnung übernommen.

Kosten entstehen,

- wenn ein **mengenmäßiger Verbrauch** (z. B. kg, t, m, h) oder eine **gesetzliche Abgabe** vorliegen,
- die zur **Leistungserstellung und -verwertung** getätigt werden und
- die in **Geldbeträgen** bewertet sind.

Beispiel

Von den Aufwendungen des GuV-Kontos der Unternehmung Thomas Berg (vgl. S. 198) können die folgenden als **Kosten** in die Kosten- und Leistungsrechnung eingehen:

Aufwendungen für Roh-, Hilfs- und Betriebsstoffe	2.785.000,00 €
Löhne/Gehälter	3.800.000,00 €
Soziale Abgaben	800.000,00 €
Abschreibungen auf Sachanlagen	650.000,00 €
Büromaterial	150.000,00 €
Werbung	205.000,00 €
Betriebliche Steuern	190.000,00 €
Zinsaufwendungen	540.000,00 €
Gesamtkosten des Betriebes	**9.120.000,00 €**

Aufwendungen – Kosten

Neutrale Aufwendungen

Außer den Kosten gibt es im Industriebetrieb in der Regel auch Aufwendungen, die in **keinem Zusammenhang mit der Beschaffung, der Produktion und dem Absatz** stehen oder dabei **unregelmäßig oder in außergewöhnlicher Höhe** anfallen. Sie werden als **neutrale Aufwendungen** bezeichnet und nicht oder nicht in der angefallenen Höhe in die Kosten- und Leistungsrechnung übernommen, da sie bei der Ermittlung des Betriebsergebnisses und der Selbstkosten der Erzeugnisse nicht berücksichtigt werden dürfen. **Neutrale Aufwendungen entstehen**

- bei der **Verfolgung betriebsfremder Ziele** (z. B. Verluste aus Wertpapierverkäufen),
- durch **Verluste aus dem Abgang von Vermögensgegenständen** und durch **Verluste aus Schadensfällen,**
- aus **betrieblichen periodenfremden Vorgängen** (z. B. Nachzahlung von Löhnen und betrieblichen Steuern),
- als **außerordentliche Aufwendungen aufgrund ungewöhnlicher und selten vorkommender Geschäftsfälle** (z. B. Verluste aus Enteignung oder aus dem Verkauf von Betriebsteilen).

Beispiel

Neutrale Aufwendungen dürfen nicht zu den Kosten gerechnet werden. Unter den Aufwendungen des GuV-Kontos des Metallwerks Thomas Berg gelten die folgenden als **neutrale Aufwendungen:**

Anlagenabgänge	200.000,00 €
Außerordentliche Aufwendungen	245.000,00 €
Gesamte neutrale Aufwendungen	**445.000,00 €**

Erläuterung

Anlagenabgänge lassen sich nicht vermeiden und werden auch im Zusammenhang mit betrieblichen Vorgängen verursacht. Ihnen fehlt aber die für Leistungsprozesse typische **Planmäßigkeit** und **Zweckgerichtetheit,** sodass sie nicht als Kosten in die Kostenrechnung eingebracht werden dürfen. Die außerordentlichen Aufwendungen (z. B. aus dem Verkauf eines Teilbetriebes oder aus nicht versicherten Brandschäden) gelten grundsätzlich **als nicht kalkulierbar** und werden daher von der KLR ferngehalten.

2.2.4 Erträge – Leistungen

Das GuV-Konto der Unternehmung Thomas Berg (vgl. S. 198) zeigt auf der rechten Seite (= Habenseite) die **gesamten Erträge** des Abrechnungsjahres. Im Einzelnen ist abzulesen, wie hoch die Erträge aus dem Verkauf fertiger Erzeugnisse (= Umsatzerlöse), aus der Zunahme des Lagerbestandes (= Mehrbestand) sowie aus Miet- und Zinserträgen waren. Dabei spielt es keine Rolle, ob es sich um betriebliche oder neutrale Erträge handelt.

Erträge bezeichnen den gesamten erfolgswirksamen (Eigenkapital erhöhenden) Wertezufluss in ein Unternehmen innerhalb einer Abrechnungsperiode.

Beispiel

Im Gewinn- und Verlustkonto des Metallwerks Thomas Berg sind auf der Habenseite Erträge in Höhe von insgesamt **10.815.000,00 €** verzeichnet.

Für die Zwecke der Kostenrechnung werden die Erträge unterschieden nach

- **betrieblichen Erträgen = Leistungen** und
- **neutralen Erträgen.**

Erträge – Leistungen

Leistungen

Als betriebliche Erträge sind sie das **Ergebnis der geplanten betrieblichen Leistungserstellung und -verwertung.** Zu den Leistungen eines Industriebetriebes zählen:

- **Absatzleistungen (= Umsatzerlöse)** aus dem Verkauf von eigenen Erzeugnissen und von Waren;
- **Lagerleistungen =** in der Abrechnungsperiode hergestellte **Mehrbestände** an Erzeugnissen, die also noch nicht abgesetzt worden sind;
- **Aktivierte Eigenleistungen = selbst erstellte Anlagen,** die im eigenen Betrieb Verwendung finden;
- **Unentgeltliche Entnahme** von Erzeugnissen für private Zwecke.

Beispiel

Unter den Erträgen des Gewinn- und Verlustkontos der Unternehmung Thomas Berg sind folgende Erträge **Leistungen:**

Umsatzerlöse	10.320.000,00 €
Mehrbestand an Erzeugnissen	275.000,00 €
Gesamtleistung des Betriebes	**10.595.000,00 €**

Neutrale Erträge

Außer den Leistungen gibt es im Industriebetrieb auch Erträge, die in **keinem Zusammenhang mit der Beschaffung, der Produktion und dem Absatz** stehen oder dabei **unregelmäßig oder in außergewöhnlicher Höhe** anfallen. Sie werden als **neutrale Erträge** bezeichnet und **von den Leistungen abgegrenzt.** Neutrale Erträge sind in den Kontengruppen „54 Sonstige betriebliche Erträge", „55/56 Erträge aus Beteiligungen und Wertpapieren", „57 Sonstige Zinsen" und „58 Außerordentliche Erträge" enthalten. **Sie entstehen also**

- bei der **Verfolgung betriebsfremder Ziele** (z. B. Mieterträge, Zinserträge, Erträge aus Wertpapierverkäufen),
- durch **Erträge aus dem Abgang von Vermögensgegenständen** und durch Wertkorrekturen (z. B. Erlöse aus Anlagenabgängen),
- aus zwar **betrieblichen, aber periodenfremden Erträgen** (z. B. Steuerrückerstattung für vergangene Geschäftsjahre),
- als **außerordentliche Erträge aufgrund ungewöhnlicher und selten vorkommender Geschäftsvorgänge** (z. B. Steuererlass, Erträge aus Gläubigerverzicht).

Beispiel

Unter den Erträgen des Gewinn- und Verlustkontos des Metallwerks Thomas Berg zählen die folgenden zu den **neutralen Erträgen:**

Mieterträge	40.000,00 €
Erlöse aus Anlagenabgängen	130.000,00 €
Zinserträge	50.000,00 €
Gesamte neutrale Erträge	**220.000,00 €**

Erläuterung

Mieterträge und Zinserträge haben im Industriebetrieb **betriebsfremden Charakter;** sie gehören somit grundsätzlich nicht zu den Leistungen. Mieterträge entstehen im Industriebetrieb aus der entgeltlichen Überlassung von Wohn-, Lager- und/oder Produktionsräumen an Dritte. Das hat nichts mit der geplanten betrieblichen Tätigkeit zu tun. Ebenso verhält es sich mit Zinserträgen, die sich bei sehr guter Liquidität aus der vorübergehenden Geldanlage ergeben können. Erlöse aus Anlagenabgängen entstehen immer dann, wenn ganz oder teilweise abgeschriebene Anlagegegenstände gegen Entgelt veräußert werden. Liegt hierbei der Erlös über dem Buchwert, entsteht ein Ertrag, im anderen Fall ein Verlust aus Anlagenabgängen. Solche Erlöse sind zwar betriebsbedingt, ihnen fehlt aber die für Leistungsprozesse typische Planmäßigkeit und Zweckgerichtetheit, sodass sie nicht zu den Leistungen des Betriebes gehören.

Zusammenfassung

- Unter Aufwendungen wird der gesamte Werteverzehr im Unternehmen an Gütern, Diensten und Abgaben während einer Abrechnungsperiode verstanden. Aufwendungen lassen sich in **betriebliche** und **neutrale Aufwendungen** einteilen.
- Unter Erträgen versteht man den gesamten erfolgswirksamen Wertezufluss im Unternehmen innerhalb einer Abrechnungsperiode. Erträge lassen sich in **betriebliche** und **neutrale Erträge** einteilen.
- **Betriebliche Aufwendungen** werden als Kosten, **betriebliche Erträge** als Leistungen bezeichnet. Unter Kosten versteht man den Teil der Aufwendungen und unter Leistungen den Teil der Erträge, der im Rahmen der geplanten betrieblichen Beschaffungs-, Produktions- und Absatzprozesse anfällt.
- **Neutrale Aufwendungen** bzw. **Erträge** fallen im Unternehmen als **betriebsfremde, periodenfremde** und **außerordentliche** Aufwendungen bzw. Erträge an. Sie werden nicht in die Kosten- und Leistungsrechnung übernommen.

AUFGABEN

198 Im Rechnungswesen unterscheidet man zwischen Ausgaben, Aufwendungen und Kosten.

Geben Sie je ein Beispiel an für
a) *Aufwendungen, die zugleich Kosten sind,*
b) *Ausgaben, die keine Aufwendungen sind,*
c) *Ausgaben, die zugleich Aufwendungen und Kosten sind.*

199 Im Rechnungswesen unterscheidet man zwischen Einnahmen, Erträgen und Leistungen.

Geben Sie je ein Beispiel an für
a) *Einnahmen, die zugleich Erträge sind,*
b) *Erträge, die nicht zugleich Leistungen sind,*
c) *Einnahmen, die zugleich Erträge und Leistungen sind.*

200 *Entscheiden Sie, ob folgende Fälle Einnahmen oder Ausgaben darstellen:*
1. Zieleinkauf von Rohstoffen
2. Zielverkauf von fertigen Erzeugnissen
3. Bank belastet uns mit Zinsen
4. Mieter überweist die Miete für ein von uns vermietetes Gebäude
5. Lohnzahlung durch Banküberweisung

201
1. *Nennen Sie die wichtigsten Aufgaben*
   a) *der Finanzbuchhaltung,*
   b) *der Kosten- und Leistungsrechnung.*
2. Die Aufwendungen und Erträge der FB können betrieblich oder neutral sein.
   a) *Nennen Sie die Unterschiede und die Auswirkungen auf die KLR.*
   b) *Geben Sie typische Beispiele mit den zugehörigen Konten für neutrale Aufwendungen und Erträge sowie für Kosten und Leistungen an.*
3. Wie wird
   a) *das Gesamtergebnis der Unternehmung,*
   b) *das eigentliche Betriebsergebnis errechnet?*

202

1. Die Gesamtleistung des Industriebetriebes besteht aus
   a) Absatzleistungen,
   b) Lagerleistungen,
   c) Aktivierten Eigenleistungen,
   d) Unentgeltlichen Entnahmen.

   Nennen Sie Beispiele zu a) bis d).
2. In der FB spricht man von Aufwendungen und Erträgen, in der KLR dagegen von Kosten und Leistungen.

   Welcher Zusammenhang besteht zwischen
   a) Aufwendungen und Kosten, b) Erträgen und Leistungen?
3. *Welche Geschäftsvorgänge führen zu neutralen Aufwendungen?*
4. *Warum gehört die Kreditaufnahme bei einem Kreditinstitut nicht zu den einnahmewirksamen Vorgängen im Industriebetrieb?*
5. Der Industriekontenrahmen trennt in den Kontenklassen die beiden Hauptbereiche des Rechnungswesens in den RK I (= FB) und in den RK II (= KLR).
   Welche Gründe sprechen für die Trennung der beiden Rechnungskreise? ■

203

Prüfen Sie, ob folgende Aussagen richtig oder falsch sind:

1. Aufwendungen und Erträge sind Begriffe der Erfolgsrechnung der FB.
2. Aufwendungen sind zugleich auch immer Ausgaben des Unternehmens.
3. Einnahmen sind zugleich auch immer Erträge des Unternehmens.
4. Neutrale Aufwendungen entstehen bei der Verfolgung betriebsfremder Ziele.
5. Unter Aufwendungen versteht man den Werteverzehr im Unternehmen für betriebliche Zwecke.
6. Die Banküberweisung an einen Lieferer stellt eine Ausgabe dar.
7. Das Betriebsergebnis wird aus der Gegenüberstellung der neutralen Aufwendungen und der Leistungen ermittelt.
8. Das Gesamtergebnis der Unternehmung im RK I enthält sowohl das Betriebsergebnis als auch das Neutrale Ergebnis (vgl. S. 206 f.).
9. Ein Betriebsgewinn wird erwirtschaftet, wenn die Leistungen höher sind als die Kosten. ■

204

Ordnen Sie folgende Aufwands- und Ertragsarten den

1. *neutralen Aufwendungen,*
2. *neutralen Erträgen,*
3. *betrieblichen Aufwendungen,*
4. *betrieblichen Erträgen zu.*

a) Lohnzahlung
b) Verlust aus Wertpapierverkauf
c) Aufwendungen für Rohstoffe
d) Abschreibung auf ein nicht betriebsnotwendiges Mietshaus
e) Brandschaden im Hilfsstofflager
f) Abschreibungen auf Sachanlagen
g) Instandhaltungsaufwendungen für Maschinen
h) Hoher Forderungsausfall durch Insolvenz eines Kunden
i) Mietzahlung für gemietetes Lagergebäude
j) Zinsaufwendungen
k) Soziale Abgaben
l) Mieterträge
m) Umsatzerlöse für Erzeugnisse
n) Mehrbestand an unfertigen Erzeugnissen
o) Rückerstattung zu viel entrichteter Betriebssteuern für vergangene Geschäftsjahre durch das Finanzamt
p) Unentgeltliche Entnahme von Erzeugnissen
q) Erlöse aus dem Abgang eines Vermögensgegenstandes
r) Selbst erstellte Maschine für die Verwendung im eigenen Betrieb
s) Erträge aus Beteiligungen ■

3 Abgrenzungsrechnung

Situation

Unternehmer Berg ist sehr daran interessiert, das Ergebnis aus der betrieblichen Wertschöpfung (= Betriebsgewinn oder Betriebsverlust) zu erfahren. Aus dem Gewinn- und Verlustkonto (vgl. S. 198) kennt er bisher lediglich seinen Jahresüberschuss von 1.250.000,00 €. Diese Zahl sagt noch nichts darüber aus, wie hoch das **Betriebsergebnis** gewesen ist. Dazu muss ihm die Höhe der Kosten und Leistungen bekannt sein. Um diese Aussage zu erhalten, filtert er aus allen Aufwendungen und Erträgen des GuV-Kontos die neutralen Aufwendungen und Erträge heraus und führt sie in einer besonderen Rechnung, der **Abgrenzungsrechnung,** zusammen. So bleiben die Kosten und Leistungen übrig, die er zur **Betriebsergebnisrechnung** zusammenfasst. Als Instrument für diese Rechnungen verwendet er die **Ergebnistabelle.**

3.1 Ergebnistabelle als Hilfsmittel der Abgrenzungsrechnung

Ziel der Abgrenzungsrechnung

Die Ergebnistabelle dient dazu, die neutralen Aufwendungen und Erträge von den Kosten und Leistungen abzugrenzen. Damit erfüllt sie ein wesentliches **Ziel der Abgrenzungsrechnung:** Kosten und Leistungen einer Abrechnungsperiode vollständig und nach Kosten- und Leistungsarten gegliedert zu erfassen sowie das Betriebsergebnis auszuweisen.

Die Ergebnistabelle ist folgendermaßen aufgebaut:

❶ Sie spiegelt das **Zweikreissystem** des Kontenrahmens (vgl. S. 209) wider: In ihrem **linken Teil** mit der Überschrift **„Finanzbuchhaltung (= Rechnungskreis I)"** nimmt sie **alle Aufwands- und Ertragskonten mit ihren jeweiligen Salden** aus den Kontenklassen 5, 6 und 7 der Finanzbuchhaltung auf. Damit wird in diesem Teil der Inhalt des GuV-Kontos aus dem Rechnungskreis I (= RK I) wiedergegeben und das **Gesamtergebnis der Unternehmung ausgewiesen.**

❷ Der **rechte Teil** der Tabelle ist der **Kosten- und Leistungsrechnung (= Rechnungskreis II)** vorbehalten. Er wird unterteilt in die **Abgrenzungsrechnung** und die **Betriebsergebnisrechnung.**

❸ Die **Abgrenzungsrechnung** übernimmt aus dem linken Teil der Tabelle, dem RK I, die **neutralen Aufwendungen und Erträge.** Sie schließt mit dem **Neutralen Ergebnis** (Neutraler Gewinn oder Neutraler Verlust) ab.

❹ Die **Betriebsergebnisrechnung** übernimmt aus dem linken Teil der Tabelle **alle Kosten und Leistungen** und ermittelt daraus das **Betriebsergebnis.**

❺ Durch dieses Verfahren lassen sich in einer Tabelle das Gesamtergebnis der FB sowie das Neutrale Ergebnis und das Betriebsergebnis der KLR übersichtlich darstellen. Ebenso ist es möglich, die Ergebnisse der beiden Rechnungskreise auf ihre Richtigkeit hin abzustimmen.

Ergebnistabelle						
❶ Finanzbuchhaltung (= Rechnungskreis I)			❷ Kosten- und Leistungsrechnung (= Rechnungskreis II)			
Gesamtergebnisrechnung der FB			❸ Abgrenzungsrechnung		❹ Betriebsergebnisrechnung	
Kontenklassen 5, 6, 7	Aufwendungen (Klassen 6, 7)	Erträge (Klasse 5)	neutrale Aufwendungen	neutrale Erträge	Kosten	Leistungen
❺ Abstimmung:	Gesamtergebnis		= Neutrales Ergebnis (Abgrenzungsergebnis)		+ Betriebsergebnis	

Abgrenzung der neutralen Aufwendungen und Erträge von den Kosten und Leistungen (Unternehmensbezogene Abgrenzung)

Beispiel

Unternehmer Berg erstellt aus seinem Gewinn- und Verlustkonto (vgl. Seite 198) für das abgelaufene Geschäftsjahr eine Ergebnistabelle, um das Neutrale Ergebnis und das Betriebsergebnis errechnen zu können. Hierbei untersucht er jede Position des GuV-Kontos daraufhin, ob sie dem Betriebszweck diente und somit als Leistung oder Kosten in die Betriebsergebnisrechnung hineingehört oder ob sie „neutral" ist und somit in die Abgrenzungsrechnung gehört. Bei der Aufstellung der Ergebnistabelle berücksichtigt Herr Berg folgende Vorgänge:

1. Die Mieterträge sind für ein vermietetes Lagergebäude erzielt worden.
2. Dieses Gebäude ist im Geschäftsjahr mit 40.000,00 € abgeschrieben worden. Dieser Betrag ist in den Abschreibungen auf Sachanlagen enthalten.
3. Die GuV-Position „Betriebliche Steuern" enthält auch gezahlte Grundsteuern, von denen 10.000,00 € auf das vermietete Gebäude entfallen.

Ergebnistabelle						
Finanzbuchhaltung (= Rechnungskreis I)			Kosten- und Leistungsrechnung (= Rechnungskreis II)			
Gesamtergebnisrechnung der FB			Abgrenzungsrechnung		Betriebsergebnisrechnung	
Konto	Aufwendungen	Erträge	neutrale Aufwendungen	neutrale Erträge	Kosten	Leistungen
5000		10.320.000				10.320.000
5202		275.000				275.000
5400		40.000		40.000		
5410		130.000		130.000		
5710		50.000		50.000		
6000	1.980.000				1.980.000	
6020	720.000				720.000	
6030	85.000				85.000	
6200	3.200.000				3.200.000	
6300	600.000				600.000	
6400	800.000				800.000	
6520	650.000		40.000		610.000	
6800	150.000				150.000	
6870	205.000				205.000	
6979	200.000		200.000			
70/77	190.000		10.000		180.000	
7510	540.000				540.000	
7600	245.000		245.000			
	9.565.000	10.815.000	495.000	220.000	9.070.000	10.595.000
	1.250.000			**275.000**	**1.525.000**	
	10.815.000	10.815.000	495.000	495.000	10.595.000	10.595.000
	Gesamtergebnis		Neutrales Ergebnis		Betriebsergebnis	

Abstimmung der Ergebnisse

1. Gesamtergebnis im Rechnungskreis I		1.250.000,00 €
2. Neutraler Verlust	(–) 275.000,00 €	
3. Betriebsgewinn	(+) 1.525.000,00 €	
4. Gesamtergebnis im Rechnungskreis II		1.250.000,00 €

3.3 Erläuterungen zur Ergebnistabelle

Übertragung der Salden

Nachdem die **Salden aller Erfolgskonten** – in der Reihenfolge ihrer Kontennummern – in die linken Spalten der Ergebnistabelle (Aufwendungen und Erträge der FB = RK I) übernommen und zum **Gesamtergebnis** zusammengefasst worden sind, erfolgt die **Übertragung** dieser Salden in die Betriebsergebnisrechnung oder in die Abgrenzungsrechnung nach folgenden Überlegungen:

1. **In die Betriebsergebnisrechnung** werden die Salden aus dem RK I dann übertragen,
   - wenn es sich um **Erträge** handelt, die in voller Höhe **Leistungen** darstellen, oder
   - wenn es sich um **Aufwendungen** handelt, die in voller Höhe **Kosten** darstellen.

   So werden z. B. die Umsatzerlöse (Konto 5000) aus der Ertragsspalte im RK I in die Spalte „Leistungen" der Betriebsergebnisrechnung des RK II übertragen, ebenso der Mehrbestand an fertigen Erzeugnissen (Konto 5202). Die Salden der Konten 6000 bis 6400, 6800, 6870, 7510 werden aus der Aufwandsspalte im RK I in die Spalte „Kosten" der Betriebsergebnisrechnung übernommen.

2. **In die Abgrenzungsrechnung** werden die Salden aus dem RK I dann übertragen,
   - wenn sie in voller Höhe **neutrale Erträge oder neutrale Aufwendungen** sind.

   So gehen die Salden der Konten 5400, 5410 und 5710 in die Ertragsspalte der Abgrenzungsrechnung über und werden somit **von der Kosten- und Leistungsrechnung ferngehalten.** Entsprechend ist bei den Aufwendungen zu verfahren: Die Konten 6979 und 7600 enthalten nicht kalkulierbare (= unternehmensbezogene) Aufwendungen, die in die Aufwandsspalte der Abgrenzungsrechnung übertragen werden.

3. **Besondere Beachtung** verdienen das Konto **„6520 Abschreibungen auf Sachanlagen"** und die Kontengruppe **„70/77 Betriebliche Steuern":** Von den bilanzmäßigen Abschreibungen in Höhe von 650.000,00 € sind zunächst 40.000,00 € als neutraler Aufwand in die Abgrenzungsrechnung einzustellen. Dieser Betrag hat mit den Abschreibungen auf das **betrieblich genutzte** Anlagevermögen nichts zu tun; er wird über den **Filter „Unternehmensbezogene Abgrenzungen"** von der Kosten- und Leistungsrechnung ferngehalten. In die Spalte „Kosten" der Betriebsergebnisrechnung ist nur der Restbetrag von 610.000,00 € einzusetzen. Entsprechend ist bei der Kontengruppe 70/77 zu verfahren: Hier werden 10.000,00 € Grundsteuer auf das vermietete Lagergebäude als neutraler Aufwand abgegrenzt; der Restbetrag von 180.000,00 € gilt als Kosten.

4. **Ergebnisspaltung im Rechnungskreis II.** Während das **GuV-Konto** auf Seite 198 nur das **Gesamtergebnis** der Unternehmung (= Jahresüberschuss) in Höhe von **1.250.000,00 €** ausweist, lassen sich aus der **Ergebnistabelle** auf Seite 207 zusätzlich die **Teilergebnisse**
   - **Neutrales Ergebnis (Neutraler Verlust)** .... **– 275.000,00 €**
   - **Betriebsergebnis (Betriebsgewinn)** .... **+ 1.525.000,00 €**

   ablesen. Die Ergebnistabelle macht damit in der Spalte „Betriebsergebnisrechnung" eine für die Unternehmensleitung wichtige Aussage über das Ergebnis aus der betrieblichen Wertschöpfung. Im obigen Beispiel stammt der **gesamte unternehmerische Erfolg aus der betrieblichen Wertschöpfung.** Die sonstigen Vorgänge, die **nichts mit planvollen betrieblichen Geschäftsfällen** zu tun haben, führen zu einem **neutralen Verlust** von 275.000,00 €.

5. **Kosten und Leistungen.** Die Ergebnistabelle verdeutlicht, dass das Produktionsergebnis der Abrechnungsperiode (= Jahr) aus **Absatzleistungen** (= 10.320.000,00 €) und **Lagerleistungen** (= 275.000,00 €) besteht. Es wurde durch den Einsatz von insgesamt 9.070.000,00 € Kosten erzielt.

6. **Wirtschaftlichkeit.** Für Herrn Berg ist die Wirtschaftlichkeit, d. h. der sparsame Einsatz der Betriebsmittel und Werkstoffe, eine wichtige Kennzahl zur Beurteilung seines

betrieblichen Handelns. Er berechnet diese Zahl, indem er die **Leistungen durch die Kosten dividiert:**

$$\text{Wirtschaftlichkeit} = \frac{\text{Leistungen}}{\text{Kosten}} = \frac{10.595.000{,}00\ €}{9.070.000{,}00\ €} = 1{,}17$$

Diese Zahl besagt, dass für je 1,00 € eingesetzte Kosten 1,17 € Umsatzerlöse ins Unternehmen zurückgeflossen sind.

Zusammenfassung

- Der Industrie-Kontenrahmen ist nach dem **Zweikreissystem** aufgebaut. Finanzbuchhaltung sowie Kosten- und Leistungsrechnung bilden je einen eigenen und in sich abgeschlossenen Rechnungskreis. Der Datenaustausch erfolgt über die **Abgrenzungsrechnung.**
- Die **Finanzbuchhaltung (FB)** bildet in den Kontenklassen 0 bis 8 den **Rechnungskreis I (RK I).**
- Die Finanzbuchhaltung ist auf das gesamte Unternehmen bezogen und schließt die Ergebnisrechnung durch Gegenüberstellung aller Aufwendungen und Erträge im Gewinn- und Verlustkonto mit dem **Gesamtergebnis der Unternehmung** ab.
- Die **Kosten- und Leistungsrechnung (KLR)** bildet den **Rechnungskreis II (RK II).** Sie wird außerhalb des Kontenrahmens in tabellarischer Form durchgeführt.
- Die Kosten- und Leistungsrechnung ist auf die betriebliche Wertschöpfung bezogen, erfasst alle Kosten und Leistungen einer Rechnungsperiode und ermittelt daraus das **Betriebsergebnis.**
- Die Erfassung aller Kosten und Leistungen ist die Grundlage für weiter reichende Aufgaben der KLR, so z. B. die **Kontrolle der Rentabilität** und der **Wirtschaftlichkeit** der betrieblichen Prozesse.
- Die **Abgrenzungsrechnung** stellt das Bindeglied zwischen Finanzbuchhaltung (FB) und Kosten- und Leistungsrechnung (KLR) dar. Sie wird in der Form der **Ergebnistabelle** geführt.
- In der Abgrenzungsrechnung werden die neutralen Aufwendungen und Erträge aus den gesamten Aufwendungen und Erträgen der FB **herausgefiltert** und somit von der KLR ferngehalten.
- Die Ergebnistabelle zeigt im RK II die Teilergebnisse **„Neutrales Ergebnis“** und **„Betriebsergebnis“.** Sie macht darüber hinaus eine Aussage über die **Höhe der Kosten und Leistungen** und ermöglicht so die **Berechnung der Wirtschaftlichkeit.**

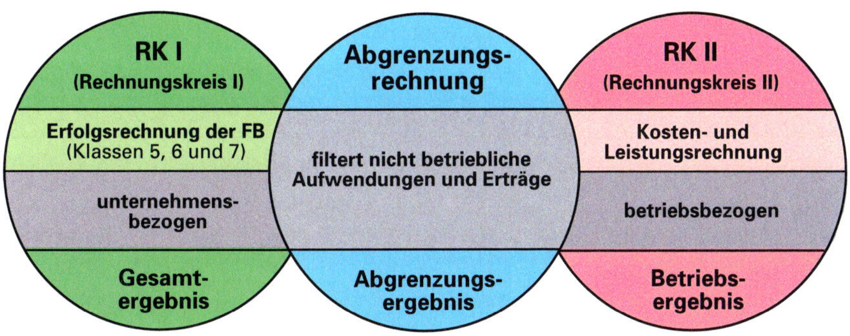

AUFGABEN

205
1. *Wozu dient die Abgrenzungsrechnung?*
2. *Erläutern Sie den Aufbau der Ergebnistabelle.*
3. *Welche Ergebnisse lassen sich aus der Ergebnistabelle ablesen?*
4. *Nennen Sie Beispiele für unternehmensbezogene Abgrenzungen.*
5. *Welche Schlüsse hinsichtlich der Eigenkapitalrentabilität (siehe S. 225) ziehen Sie aus der Ergebnistabelle des Metallwerkes Thomas Berg e. K.?* ■

206 Der Finanzbuchhaltung der Möbelfabrik Schneider OHG, die sich auf Regalfertigung spezialisiert hat, entnehmen wir für den Monat Juni . . folgende Aufwendungen und Erträge:

		€
5000	Umsatzerlöse für eigene Erzeugnisse	1.280.000,00
5202	Mehrbestand an fertigen Erzeugnissen	120.000,00
5400	Mieterträge	14.000,00
5410	Erlöse aus Anlagenabgängen	56.000,00
5500	Erträge aus Wertpapieren	30.000,00
5710	Zinserträge	4.000,00
60 . .	Aufwendungen für Roh- und Hilfsstoffe	330.000,00
6160	Fremdinstandhaltung	3.000,00
6200	Löhne	520.000,00
6300	Gehälter	130.000,00
6400	Soziale Abgaben	140.000,00
6520	Abschreibungen auf Sachanlagen	60.000,00
6979	Anlagenabgänge	47.000,00
7030	Kraftfahrzeugsteuer (für Betriebsfahrzeuge)	10.000,00
7460	Verluste aus Wertpapierverkäufen	16.000,00

Aufgaben für die Erstellung der Ergebnistabelle

1. *Übernehmen Sie die Aufwendungen und Erträge der Finanzbuchhaltung in die Gesamtergebnisrechnung des Rechnungskreises I der Ergebnistabelle.*
2. *Führen Sie im Rechnungskreis II die Abgrenzungsrechnung durch, indem Sie die neutralen Aufwendungen und Erträge aus der Gesamtergebnisrechnung in die Abgrenzungsrechnung übertragen.*
3. *Die betrieblichen Aufwendungen und Erträge sind entsprechend als Kosten und Leistungen in die Betriebsergebnisrechnung einzubringen. Hierbei ist zu beachten, dass von den Abschreibungen auf Sachanlagen 5.000,00 € auf vermietete Gebäude entfallen.*
4. *Errechnen Sie* a) das Neutrale Ergebnis,
   b) das Betriebsergebnis,
   c) das Gesamtergebnis der Unternehmung.
5. *Stimmen Sie das Gesamtergebnis des Rechnungskreises I mit dem Gesamtergebnis des Rechnungskreises II anhand des Schemas auf S. 207 ab.* ■

207 In der Buchhaltung eines Industriebetriebes schließen die Erfolgskonten mit folgenden Salden ab:

		€
5000	Umsatzerlöse für eigene Erzeugnisse	800.000,00
5400	Mieterträge	45.000,00
5410	Erlöse aus Anlagenabgängen	10.000,00
5710	Zinserträge	20.000,00

6000	Aufwendungen für Rohstoffe	270.000,00
6020	Aufwendungen für Hilfsstoffe	50.000,00
6200	Löhne	350.000,00
6300	Gehälter	90.000,00
6400	Soziale Abgaben	40.000,00
6800	Aufwendungen für Büromaterial	3.000,00
6979	Anlagenabgänge	9.000,00
7510	Zinsaufwendungen	10.000,00
7700	Gewerbesteuer[1]	25.000,00

Aufgaben für die Erstellung der Ergebnistabelle

1. *Übernehmen Sie die Aufwendungen und Erträge der Finanzbuchhaltung in die Gesamtergebnisrechnung des Rechnungskreises I der Ergebnistabelle.*
2. *Führen Sie im Rechnungskreis II die Abgrenzungsrechnung durch, indem Sie die neutralen Aufwendungen und Erträge aus der Gesamtergebnisrechnung in die Abgrenzungsrechnung übertragen.*
3. *Die betrieblichen Aufwendungen und Erträge sind entsprechend als Kosten und Leistungen in die Betriebsergebnisrechnung einzubringen.* ■

In der Buchhaltung eines Industriebetriebes schließen die Erfolgskonten mit folgenden Salden ab: **208**

		€
5000	Umsatzerlöse für eigene Erzeugnisse	1.450.000,00
5202	Erhöhung des Bestandes an fertigen Erzeugnissen	40.000,00
5400	Mieterträge	8.000,00
5710	Zinserträge	3.000,00
60 . .	Aufwendungen für Roh-, Hilfs- und Betriebsstoffe	510.000,00
6200	Löhne	620.000,00
6300	Gehälter	175.000,00
6400	Soziale Abgaben	95.000,00
6700	Aufwendungen für Miete	15.000,00
6930	Verluste aus Schadensfällen	7.000,00
70/77	Betriebliche Steuern	34.000,00
7510	Zinsaufwendungen	12.000,00

Erstellen Sie die Ergebnistabelle nach den Angaben in Aufgabe 207. ■

Auszug aus der Ergebnistabelle der Meyer GmbH für den Monat September .. : **209**

		€
5000	Umsatzerlöse für eigene Erzeugnisse	3.245.000,00
5400	Mieterträge	25.000,00
60 . .	Aufwendungen für Roh-, Hilfs- und Betriebsstoffe	1.220.000,00
62–64	Personalaufwendungen	1.550.000,00
6520	Abschreibungen auf Sachanlagevermögen	215.000,00

Stellen Sie folgenden Vorgang in der Ergebnistabelle dar:

Herr Meyer hat ein zum Betriebsvermögen gehörendes Gebäude vermietet. Dieses Gebäude schreibt er monatlich mit 4.500,00 € ab; dieser Betrag ist in den Abschreibungen auf Sachanlagevermögen enthalten. Mit eigenen Arbeitskräften und Material aus dem Lager hat er das Gebäude renovieren lassen: Lohnkosten 24.000,00 €, Materialkosten 6.200,00 €. ■

---

1 Siehe Fußnote auf S. 77.

AUFGABEN

210 In der FB der Wilhelm KG, Kleiderfabrikation, sind für das 1. Quartal .. folgende Aufwendungen und Erträge erfasst worden:

		€
5000	Umsatzerlöse für eigene Erzeugnisse	1.870.500,00
5100	Umsatzerlöse für Waren	200.000,00
5201	Mehrbestand an unfertigen Erzeugnissen	42.000,00
5300	Andere aktivierte Eigenleistungen	31.500,00
5400	Mieterträge	5.200,00
5410	Erlöse aus Anlagenabgängen	1.900,00
5600	Erträge aus Finanzanlagen	8.200,00
5700	Zins- und Dividendenerträge	4.100,00
6000	Aufwendungen für Rohstoffe	300.000,00
6080	Aufwendungen für Waren	150.000,00
6200	Löhne	798.000,00
6300	Gehälter	401.000,00
6400	Soziale Abgaben	185.100,00
6510	Abschreibungen auf Wertpapiere des Anlagevermögens	31.200,00
6520	Abschreibungen auf Maschinen	92.500,00
6700	Aufwendungen für Mieten und Pachten	4.900,00
6870	Aufwendungen für Werbung	12.200,00
6979	Anlagenabgänge	55.600,00
7700	Gewerbesteuer[1]	22.400,00

Erstellen Sie die Ergebnistabelle entsprechend der Aufgabenstellung in der Aufgabe 207 und beurteilen Sie die Erfolgslage des Unternehmens. ■

211 Die FB der Fabrik für Bauelemente Heinz Schnell e. K. weist für das 1. Quartal .. folgende Aufwendungen und Erträge aus:

		€
5000	Umsatzerlöse für eigene Erzeugnisse	1.381.500,00
5202	Minderbestand an fertigen Erzeugnissen	14.200,00
5300	Andere aktivierte Eigenleistungen	13.700,00
5400	Mieterträge	16.300,00
5410	Erlöse aus Anlagenabgängen	24.800,00
5600	Erträge aus Finanzanlagen	22.500,00
5710	Zinserträge	7.800,00
5780	Erträge aus Wertpapieren des Umlaufvermögens	8.200,00
6000	Aufwendungen für Rohstoffe	225.000,00
6150	Provisionen für Handelsvertreter	28.500,00
6160	Instandhaltungsaufwendungen	39.600,00
6200	Fertigungs- und Hilfslöhne	375.000,00
6300	Gehälter	410.000,00
6400	Soziale Abgaben (gesetzliche)	165.000,00
6420	Beiträge zur Berufsgenossenschaft	13.200,00
6440	Aufwendungen für Altersversorgung	28.400,00
6520	Abschreibungen auf Maschinen	42.800,00
6700	Aufwendungen für Mieten und Pachten	21.200,00
6870	Aufwendungen für Werbung	36.100,00
6979	Anlagenabgänge	2.200,00
70/77	Betriebliche Steuern	8.400,00
7400	Abschreibungen auf Finanzanlagen	5.200,00
7510	Zinsaufwendungen	33.900,00

Erstellen Sie die Ergebnistabelle und beurteilen Sie die Erfolgssituation. ■

1 Siehe Fußnote auf S. 77.

Berücksichtigung kalkulatorischer Kosten in der Betriebsergebnisrechnung (Kostenrechnerische Korrekturen) 3.4

Situation 1

Bei der Aufstellung der Ergebnistabelle von Seite 207 ist Herrn Berg bewusst gewesen, dass er einige der dort in der Betriebsergebnisrechnung ausgewiesenen Kosten so noch nicht in die Kostenstellen- und Kostenträgerrechnung übernehmen kann, weil sie den Anforderungen der Kostenrechnung (z. B. an eine verursachungsgerechte Ermittlung) nicht entsprechen. Auch hat er das Ziel einer vollständigen Kostenerfassung noch nicht erreicht; es fehlen noch jene Kosten, die überhaupt nicht als Aufwendungen in der FB erscheinen:

❶ So hat Herr Berg die Abschreibungen in der FB mit einem Wert berechnet und gebucht, der **für die Kostenrechnung ungeeignet** ist: Bei der Berechnung der bilanzmäßigen Abschreibungen hat er sich an die handels- und steuerrechtlichen Vorschriften gehalten, also z. B. ausgehend von den **Anschaffungskosten** abgeschrieben. In der KLR möchte er aus Gründen des Kostenvergleichs gleichmäßig – also linear – und von den zukünftigen (höheren) **Wiederbeschaffungskosten** abschreiben, damit er demnächst in der Lage ist, aus den über die Umsatzerlöse verdienten Abschreibungen die teureren Ersatzanlagen zu beschaffen. Anstelle der bilanzmäßigen Abschreibungen will er also in der Betriebsergebnisrechnung **kalkulatorische Abschreibungen** als Kosten ansetzen.

❷ Die Zinsaufwendungen hat Herr Berg mit 540.000,00 € als Kosten übernommen. In diesen Aufwendungen ist aber nur die Verzinsung des tatsächlichen langfristigen Fremdkapitals enthalten. Die Verzinsung des eingesetzten Eigenkapitals fehlt unter den Kosten. Ihm steht eine Verzinsung des Eigenkapitals – vergleichbar der Verzinsung einer langfristigen Geldanlage – zu. Anstelle der tatsächlichen Fremdkapitalzinsen will er also **kalkulatorische Zinsen vom gesamten betriebsnotwendigen Kapital** als Kosten ansetzen.

❸ Herr Berg hat bisher nicht berücksichtigt, dass er für seine Mitarbeit im eigenen Unternehmen eine „Entlohnung" zu beanspruchen hat, die aber nicht als Lohn oder Gehalt in der FB gebucht werden kann. (Es besteht ja kein Arbeitsvertrag zwischen ihm und seinem Unternehmen.) Seine Arbeitskraft hat einen „Wert" – vergleichbar dem Gehalt eines leitenden Angestellten –, den er als **Kosten in der Betriebsergebnisrechnung** ansetzt. Dieser „Lohn" für die unternehmerische Tätigkeit heißt **Unternehmerlohn.** Herr Berg kalkuliert ihn in die Verkaufspreise ein und lässt sich so diesen Lohn über die Umsatzerlöse von seinen Kunden vergüten.

❹ Um die Kalkulation der Verkaufspreise auf eine feste Grundlage zu stellen und um die Verkaufspreise über längere Zeit konstant halten zu können, will Herr Berg den Rohstoffaufwand nicht wie bisher zu aktuellen Bezugspreisen, sondern zu **festen Verrechnungspreisen** bewerten.

Mit dem Ansatz **kalkulatorischer Kosten** in der Betriebsergebnisrechnung – anstelle der tatsächlich entstandenen Aufwendungen aus der FB – folgt Herr Berg einem **wesentlichen Grundsatz der Kostenrechnung:**

In der Betriebsergebnisrechnung werden alle Kosten verursachungs- und periodengerecht in der für die Kostenrechnung geeigneten Höhe erfasst.

Berücksichtigung kalkulatorischer Kosten in der Betriebsergebnisrechnung (Kostenrechnerische Korrekturen)

Situation 2

Für Herrn Berg stellt sich die Frage, **wie** er die kalkulatorischen Kosten in der Betriebsergebnisrechnung erfassen kann, ohne das Gesamtergebnis zu verändern. Hierzu übernimmt er einen Vorschlag der IHK zur Organisation der Ergebnistabelle und fügt in der Abgrenzungsrechnung zwei zusätzliche Spalten mit der Überschrift **„Kostenrechnerische Korrekturen"** ein; die linke Spalte trägt die Bezeichnung „Betriebliche Aufwendungen", die rechte Spalte die Bezeichnung „Verrechnete Kosten". Mit diesem Vorgehen erreicht Herr Berg, dass die kostenrechnerischen Korrekturen nicht mit den zuvor abgegrenzten neutralen Aufwendungen und Erträgen (= Unternehmensbezogene Abgrenzungen) vermischt werden.

Die so gestaltete Ergebnistabelle weist in der Abgrenzungsrechnung **zwei Teilergebnisse** aus:

- **Ergebnis aus unternehmensbezogenen Abgrenzungen und**
- **Ergebnis aus kostenrechnerischen Korrekturen.**

Beide Teilergebnisse fasst er zusammen zum

- **Neutralen Ergebnis.**

Die Ergebnistabelle des Metallwerks Thomas Berg hat nunmehr folgendes Aussehen:

Ergebnistabelle								
Finanzbuchhaltung (= RK I)			Kosten- und Leistungsrechnung (= RK II)					
Gesamtergebnisrechnung der FB			Abgrenzungsrechnung				Betriebsergebnisrechnung	
			Unternehmensbezogene Abgrenzungen		Kostenrechnerische Korrekturen			
Konto	Aufwendungen	Erträge	neutrale Aufwendungen	neutrale Erträge	betriebl. Aufwendungen	verrechnete Kosten	Kosten	Leistungen
			Ergebnis aus untern.-bezogenen Abgrenzungen		Ergebnis aus kostenrechn. Korrekturen			
Gesamtergebnis		=	Neutrales Ergebnis			+	Betriebsergebnis	

Zusammenfassung

- Die Abgrenzungsrechnung wird außerhalb der Finanzbuchhaltung tabellarisch in zwei Bereichen durchgeführt:

  In einem ersten Bereich – auch **unternehmensbezogene Abgrenzung** genannt – werden aus den gesamten Aufwendungen und Erträgen der FB die neutralen Aufwendungen und Erträge herausgefiltert und zum **Ergebnis aus unternehmensbezogenen Abgrenzungen** zusammengeführt.

  In einem zweiten Bereich – den **kostenrechnerischen Korrekturen** – werden die korrekturbedürftigen betrieblichen Aufwendungen der FB (z. B. bilanzmäßige Abschreibungen, Zinsaufwendungen) von der Kostenrechnung ferngehalten. Ihnen sind kalkulatorische Kosten aus der Kostenrechnung gegenüberzustellen. Aus den korrekturbedürftigen betrieblichen Aufwendungen und den verrechneten Kosten wird das **„Ergebnis aus kostenrechnerischen Korrekturen"** errechnet.
- Die beiden Teilergebnisse der Abgrenzungsrechnung werden zum **„Neutralen Ergebnis"** zusammengefasst.

Bilanzmäßige Abschreibungen

In der Ergebnistabelle auf Seite 207 wurden die bilanzmäßigen Abschreibungen in Höhe von 610.000,00 € als Kosten angesetzt. Das ist grundsätzlich korrekt, da dieser Aufwand **betriebsbedingt** ist. Es ist allerdings zu fragen, ob dieser Aufwand dem **tatsächlichen Werteverzehr der Anlagen** entspricht und damit **verursachungsgerechte Kosten** wiedergibt. Da bilanzmäßige Abschreibungen in der Regel **nach steuerlichen Grundsätzen oder gewinnpolitischen Zweckmäßigkeiten** vorgenommen werden, eignen sie sich **nicht** für die Kostenrechnung, in der u. a. die **gleichmäßige Belastung** jeder Abrechnungsperiode mit Kosten angestrebt wird; dies wäre nur über die **lineare Abschreibung** möglich.

Kalkulatorische Abschreibungen als Anderskosten

In der Regel sind also die bilanzmäßigen Abschreibungen für die Kostenrechnung **ungeeignet** und werden dort mit einem **anderen Betrag** eingesetzt. Folgende **Gründe** sprechen für den unterschiedlichen Wertansatz von bilanzmäßigen und kalkulatorischen Abschreibungen:

- **Bilanzmäßig** abgeschrieben werden **alle** Wirtschaftsgüter des Anlagevermögens, unabhängig davon, ob sie dem eigentlichen Betriebszweck dienen oder nicht.

  Kalkulatorisch abgeschrieben werden dagegen **nur** solche **Anlagegüter, die betriebsnotwendig sind.** Als betriebsnotwendig gelten alle Anlagen, die **laufend** dem Betriebszweck und der Leistungserstellung und -verwertung dienen.
- **Bilanzabschreibungen** werden auf der Grundlage der **Anschaffungs- oder Herstellungskosten** des Anlagegutes vorgenommen.

  Kalkulatorische Abschreibungen werden dagegen von den **gestiegenen Wiederbeschaffungskosten** des Anlagegutes berechnet, um in der Zukunft so viele Abschreibungsbeträge über die zufließenden Umsatzerlöse ansammeln zu können, dass Ersatzinvestitionen möglich sind.
- **Bilanzmäßig** kann ein Anlagegut in der Finanzbuchhaltung nur bis zum Erinnerungswert von 1,00 € abgeschrieben werden.

  Kalkulatorische Abschreibungen werden dagegen so lange fortgesetzt, wie das betreffende Anlagegut noch im Betrieb verwendet wird, also unabhängig davon, ob es bilanziell bereits abgeschrieben ist oder nicht.
- Unterschiede zwischen der bilanzmäßigen und der kalkulatorischen Abschreibung bestehen auch in der Anwendung der **Abschreibungsmethoden:**

  In der Finanzbuchhaltung ist der Kaufmann gehalten entweder nach handelsrechtlichen Vorschriften abzuschreiben (z. B. degressiv in der Handelsbilanz) oder nach steuerrechtlichen Vorschriften (zz. linear → Steuerbilanz).[1]

  In der Kosten- und Leistungsrechnung dagegen soll möglichst die tatsächliche Wertminderung der Anlagegüter durch die kalkulatorische Abschreibung berücksichtigt werden. Kalkulatorisch wird daher in der Regel linear abgeschrieben.

Beispiel

In der Unternehmung Thomas Berg werden die kalkulatorischen Abschreibungen linear aufgrund folgender Zahlen berechnet:

Sachanlagen	Wiederbesch.-Kosten	Abschreibg.-Satz	Abschr.-Betrag
Gebäude	2.500.000,00 €	4 %	100.000,00 €
Maschinen	4.000.000,00 €	10 %	400.000,00 €
Andere Anlagen	800.000,00 €	20 %	160.000,00 €
			660.000,00 €

1 Vgl. dazu Kapitel D, 1.3.4, Seite 365 f.

Kalkulatorische Abschreibungen

Erfassung der kalkulatorischen und bilanzmäßigen Abschreibung

Die kalkulatorische Abschreibung wird mit **660.000,00 €** in die Spalte **„Kosten"** der Betriebsergebnisrechnung eingesetzt und durch die Buchung

„Kosten" an „Verrechnete Kosten"

in der Spalte **„Verrechnete Kosten"** des Abgrenzungsbereichs „Kostenrechnerische Korrekturen" **erfolgswirksam „gegengebucht".** Aus der Aufwandsspalte des Rechnungskreises I wird die bilanzmäßige Abschreibung (650.000,00 €) – nach Abfilterung der unternehmensbezogenen Abschreibung von 40.000,00 € für das vermietete Gebäude – mit **610.000,00 €** in die Spalte „betriebliche Aufwendungen" des Abgrenzungsbereichs „Kostenrechnerische Korrekturen" übertragen. Hier stehen sich nun bilanzmäßige und kalkulatorische Abschreibung gegenüber. Beide Zahlen können zum Ergebnis aus kostenrechnerischen Korrekturen verrechnet werden. In diesem Fall ergibt sich ein **Ertrag aus kostenrechnerischen Korrekturen in Höhe von 50.000,00 €.**

Ergebnistabelle								
Finanzbuchhaltung (= RK I)			Kosten- und Leistungsrechnung (= RK II)					
Gesamtergebnisrechnung der FB			Abgrenzungsrechnung				Betriebsergebnisrechnung	
			Unternehmensbezogene Abgrenzungen		Kostenrechnerische Korrekturen			
Konto	Aufwendungen	Erträge	neutrale Aufwendungen	neutrale Erträge	betriebliche Aufwendungen	verrechnete Kosten	Kosten	Leistungen
5000		660.000[1]						660.000[1]
6520	650.000 →		40.000 →		**610.000**	**660.000** ←	660.000	
	650.000	660.000	40.000	0	610.000	660.000	660.000	660.000
	10.000			**40.000**	**50.000**			**0**
	660.000	660.000	40.000	40.000	660.000	660.000	660.000	660.000

Auf das Gesamtergebnis im RK I wirken sich die über die Umsatzerlöse „verdienten" kalkulatorischen Abschreibungen mit einem **Gewinn von 10.000,00 €** aus.

Die Abgrenzungsrechnung im RK II weist einen **Gewinn von 10.000,00 €** aus, der sich aus **40.000,00 € Verlust aus „Unternehmensbezogenen Abgrenzungen"** und **50.000,00 € Gewinn aus „Kostenrechnerischen Korrekturen"** zusammensetzt.

Das Betriebsergebnis wird durch die kalkulatorischen Abschreibungen **nicht beeinflusst,** sofern diese Abschreibungen über die Umsatzerlöse **voll** erstattet werden. Es stehen sich hier also Kosten und Leistungen in gleicher Höhe gegenüber.

Zusammenfassung

- Kalkulatorische Abschreibungen stellen Kosten dar, die die tatsächliche Wertminderung der Anlagen erfassen und in der Selbstkosten- und Betriebsergebnisrechnung verrechnet werden. Sofern sie **höher** als die bilanzmäßigen Abschreibungen sind und **über die Marktpreise abgegolten** werden, beeinflussen sie das Gesamtergebnis **positiv.**
- Bilanzmäßige Abschreibungen stellen Aufwand in der Gesamtergebnisrechnung der FB dar und werden meist nach steuerlichen Gesichtspunkten bemessen. Sie beeinflussen die Wertansätze des Anlagevermögens in der Bilanz.

1 über die Umsatzerlöse zurückgeflossene kalkulatorische Abschreibungen

6458216

Kalkulatorische Abschreibungen

Abschreibungskreislauf[1]

Ein wesentliches Unternehmensziel muss die **Erhaltung der Vermögenssubstanz** sein; insbesondere geht es hierbei um die Erhaltung der im Anlagevermögen ruhenden Leistungsfähigkeit. Dies wird durch die **Ersatzbeschaffung** (= Reinvestition) **verbrauchter Anlagen** erreicht. Die **Finanzierung** solcher Anlagen hat grundsätzlich aus „verdienten" Kosten **ohne Zuführung von Eigenkapital** zu erfolgen. Um dies zu erreichen, bedarf es des **Ansatzes von Abschreibungen**

- in der **Finanzbuchhaltung** als **Aufwand,** um zu verhindern, dass in der Gewinn- und Verlustrechnung **ein zu hoher Gewinn ausgewiesen** und möglicherweise **ausgeschüttet** wird (= Gefahr der Substanzausschüttung),
- in der **Kosten- und Leistungsrechnung** als **Kosten,** um den Werteverzehr der Anlagen zu erfassen und in die **Preisberechnung** einzubeziehen. In der Regel müssen dem Unternehmen im Preis für die Erzeugnisse **alle Kosten** zurückerstattet werden. In den Umsatzerlösen fließen also auch die Abschreibungsbeträge (= **Abschreibungsgegenwerte**) zurück und stehen in Form **flüssiger Mittel** für die Erneuerung von Anlagen zur Verfügung.

So ergibt sich – unter der Voraussetzung, dass die kalkulatorischen Abschreibungen vom Markt vergütet werden – folgender

Abschreibungskreislauf:

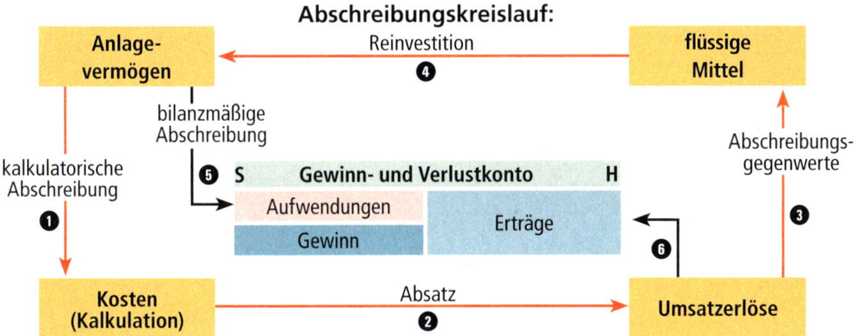

Aufgabe: *Erläutern Sie den Abschreibungskreislauf ❶ bis ❻ anhand eines Zahlenbeispiels.*

Finanzierung aus Abschreibungsgegenwerten

Die obige Darstellung macht deutlich, dass kein Unternehmen auf Abschreibungen als wesentliches Mittel der Finanzierung (= **Innenfinanzierung**) verzichten kann.

Bei der Finanzierungswirkung der Abschreibung lassen sich drei Fälle unterscheiden:

- **Bilanzmäßige Abschreibungen und kalkulatorische Abschreibungen stimmen überein.** In diesem Fall findet eine **Vermögensumschichtung** vom Anlagevermögen zum Umlaufvermögen statt. Auf Dauer wird die Substanz nur **nominell** erhalten.
- **Bilanzmäßige Abschreibungen sind höher als kalkulatorische Abschreibungen.** In diesem Fall führt der gebuchte Mehraufwand zu einer **verdeckten Finanzierung aus dem Gewinn.** Auf Dauer wird die Substanz aufgezehrt.
- **Bilanzmäßige Abschreibungen sind niedriger als kalkulatorische Abschreibungen.** In diesem Fall führt der erzielte Mehrerlös zu einer **offenen Finanzierung aus dem Gewinn.** Dem Unternehmen stehen zusätzliche Mittel zur Finanzierung zur Verfügung.

1 vgl. auch S. 75

3.4.2 Kalkulatorische Zinsen

Zinsen vom betriebsnotwendigen Kapital

In der Ergebnistabelle auf Seite 207 hat Thomas Berg die in der Finanzbuchhaltung gebuchten Fremdkapitalzinsen in Höhe von 540.000,00 € als Kosten in die Kosten- und Leistungsrechnung übernommen. Das ist grundsätzlich richtig, da die Fremdkapitalzinsen einen **betrieblichen Aufwand** darstellen. Es stellt sich aber die Frage nach der Zweckmäßigkeit dieses Kostenansatzes. Herr Berg wird danach streben, dass ihm in den Umsatzerlösen auch eine angemessene **Verzinsung des eingesetzten Eigenkapitals** zufließt. Um das zu erreichen, werden in der Kostenrechnung Zinsen für das **gesamte bei der Leistungserstellung und -verwertung erforderliche Kapital** angesetzt. Dadurch werden alle Industriebetriebe in der Selbstkosten- und Betriebsergebnisrechnung gleichgestellt, unabhängig davon, in welchem Verhältnis sie mit Eigen- und Fremdkapital ausgestattet sind. Außerdem wird die Kostenrechnung von zufälligen Schwankungen befreit, die durch die Änderungen der Zinssätze für aufgenommene Kredite entstehen.

Betriebsnotwendiges Kapital

In der Kosten- und Leistungsrechnung werden somit anstelle der tatsächlich gezahlten Zinsen **kalkulatorische Zinsen** angesetzt und verrechnet. Sie werden auf der Grundlage des **betriebsnotwendigen Kapitals** ermittelt. Der kalkulatorische Zinssatz richtet sich meist nach dem im betreffenden Zeitraum üblichen Zinssatz für langfristige Darlehen.

Beispiel

Unternehmer Berg ermittelt auf der Grundlage seiner Bilanz (vgl. S. 199) das folgende **betriebsnotwendige Kapital,** das er mit 9 %/Jahr kalkulatorisch verzinsen will:

	Anlagevermögen (nach kalkulatorischen Restwerten, ohne vermietete Gebäude)	6.200.000,00 €
+	Umlaufvermögen (nach kalkulatorischen Mittelwerten, ohne Wertpapiere)	4.200.000,00 €
	Betriebsnotwendiges Vermögen	10.400.000,00 €
–	Abzugskapital (Lieferantenkredite ohne Skontierung, Rückstellungen)	400.000,00 €
=	**Betriebsnotwendiges Kapital**	**10.000.000,00 €**
	Die **kalkulatorischen Zinsen** für das Jahr betragen dann:	
	10.000.000,00 € · 0,09 =	**900.000,00 €**

siehe Prozentrechnung ➤ Kap. E, 1.3

Betriebsnotwendiges Anlagevermögen

Dazu zählen nur solche Anlagegüter, die **dauernd** dem eigentlichen **Betriebszweck** dienen. Sie dürfen nicht mit den Bilanz- oder Buchwerten, sondern nur mit den **kalkulatorischen Restwerten** (= Anschaffungskosten – kalkulatorische Abschreibungen) angesetzt werden. **Nicht betriebsnotwendige Anlagen,** wie z. B. vermietete Gebäude, stillgelegte Anlagen u. a., bleiben **außer Ansatz.** Reserveanlagen (z. B. Reservemaschinen) gehören stets zum betriebsnotwendigen Anlagevermögen, da sie für die Aufrechterhaltung der Betriebsbereitschaft erforderlich sind.

Betriebsnotwendiges Umlaufvermögen

Es ist nach Ausgliederung der nicht betriebsbedingten Posten (z. B. Wertpapierbestände) mit den Beträgen anzusetzen, die während des Abrechnungszeitraumes **durchschnittlich** im Umlaufvermögen gebunden sind (sog. kalkulatorische Mittelwerte).

Abzugskapital

Dieses besteht aus Kapitalposten, die dem Unternehmen **zinslos** zur Verfügung stehen, wie z. B. Anzahlungen von Kunden, sonstige Verbindlichkeiten, Rückstellungen, Lieferantenkredite, sofern keine Skontierungsmöglichkeit hierfür besteht.

Erfassung der kalkulatorischen Zinsen in der KLR

Die kalkulatorischen Zinsen werden mit 900.000,00 € (vgl. Beispiel S. 218) in die Spalte **„Kosten"** der Betriebsergebnisrechnung eingesetzt und in der Spalte **„Verrechnete Kosten"** der „Kostenrechnerischen Korrekturen" **gegengebucht.** Aus dem RK I werden die dort als Aufwand gebuchten Fremdkapitalzinsen (vgl. S. 207) mit 540.000,00 € in die Spalte „betriebliche Aufwendungen lt. FB" der „Kostenrechnerischen Korrekturen" übertragen. Hier stehen sich Fremdkapitalzinsen und kalkulatorische Zinsen gegenüber und können zum **„Ergebnis aus kostenrechnerischen Korrekturen"** verrechnet werden. In diesem Fall ergibt sich ein neutraler Gewinn von 360.000,00 €. Er stimmt mit dem in der FB ausgewiesenen Gewinn bei **vollem Kostenersatz durch die Umsatzerlöse** überein.

Ergebnistabelle

Finanzbuchhaltung (= RK I)			Kosten- und Leistungsrechnung (= RK II)					
Gesamtergebnisrechnung der FB			Abgrenzungsrechnung				Betriebsergebnisrechnung	
			Unternehmensbezogene Abgrenzungen		Kostenrechnerische Korrekturen			
Konto	Aufwendungen	Erträge	neutrale Aufwendungen	neutrale Erträge	betriebliche Aufwendungen	verrechnete Kosten	Kosten	Leistungen
5000		900.000[1]						900.000[1]
7510	540.000 →				→ 540.000	900.000 ←	900.000	
	540.000	900.000			540.000	900.000	900.000	900.000
	360.000				**360.000**			**0**
	900.000	900.000			900.000	900.000	900.000	900.000

Zusammenfassung

- Kalkulatorische Zinsen stellen Kosten für die Nutzung des **betriebsnotwendigen Kapitals** dar. Ihre Verrechnung ermöglicht eine gleichmäßige Belastung der Abrechnungsperioden mit Zinskosten. In den Umsatzerlösen werden die Zinsen dem Unternehmen i. d. R. vergütet.
- Die gezahlten Fremdkapitalzinsen stellen Aufwand in der Finanzbuchhaltung dar. In der Abgrenzungsrechnung werden sie den verrechneten kalkulatorischen Zinsen gegenübergestellt.

AUFGABE 212

Ein Industriebetrieb verfügt über folgende betriebsnotwendige Vermögenswerte:

Anlagevermögen:	Gebäude	750.000,00 €
	Maschinelle Anlagen	220.000,00 €
	Betriebs- und Geschäftsausstattung	170.000,00 €
	Fuhrpark	260.000,00 €
Umlaufvermögen:	Vorräte	530.000,00 €
	Kundenforderungen	280.000,00 €
	Zahlungsmittel	190.000,00 €

Das Abzugskapital besteht aus Lieferantenkrediten in Höhe von 200.000,00 €. Der kalkulatorische Zinssatz wird mit 9 % angesetzt. Die tatsächlich gezahlten Fremdkapitalzinsen betragen im Geschäftsjahr 135.000,00 €.

1. *Ermitteln Sie das betriebsnotwendige Kapital sowie die jährlichen und monatlichen kalkulatorischen Zinsen.*
2. *Erstellen Sie die Ergebnistabelle.* ■

1 über die Umsatzerlöse erstattete kalkulatorische Zinsen

3.4.3 Kalkulatorischer Unternehmerlohn

Kalkulatorischer Unternehmerlohn als Kostenbestandteil

In **Kapitalgesellschaften** beziehen die Vorstandsmitglieder (AG) und die Geschäftsführer (GmbH) **Gehälter,** die als **Aufwand in der FB** gebucht werden und als **Kosten in die KLR** dieser Unternehmungsformen eingehen. In **Einzelunternehmungen** (e. K. usw.) **und Personengesellschaften** (OHG, KG) dagegen erhalten die mitarbeitenden Inhaber oder Gesellschafter keine Gehälter. Ihre Arbeitsleistung wird durch den Unternehmungsgewinn abgegolten. Ein angemessener Gewinn kann aber nur dann erzielt werden, wenn zuvor **für die Arbeitskraft des Unternehmers ein entsprechender Betrag als Kosten (= Unternehmerlohn) angesetzt** und **in die Preise für die Erzeugnisse einkalkuliert** wird. Nur dann können in den Umsatzerlösen die entsprechenden Finanzmittel in das Unternehmen zurückfließen.

Kostenvergleich

Durch die Einrechnung des Unternehmerlohnes in die Kosten wird erreicht, dass Kapitalgesellschaften sowie Personengesellschaften/Einzelunternehmungen in der Selbstkosten- und Betriebsergebnisrechnung **gleichgestellt** sind.

Die Höhe des kalkulatorischen Unternehmerlohns richtet sich nach dem Gehalt eines leitenden Angestellten in **vergleichbarer** Position.

Zusatzkosten

Der kalkulatorische Unternehmerlohn wird als Kostenbestandteil in die Kosten- und Leistungsrechnung eingebracht; er darf aber nicht – wie z. B. die Gehälter leitender Angestellter – in der Finanzbuchhaltung gebucht werden, da er nicht zu Aufwendungen und Ausgaben führt. Kosten mit dieser Eigenschaft heißen Zusatzkosten (vgl. S. 223).

Beispiel

In der Unternehmung Thomas Berg wird die Mitarbeit des Eigentümers mit einem Betrag von jährlich 150.000,00 € als Kosten in der KLR angesetzt.

Nachfolgend wird gezeigt, wie dieser Betrag in die Ergebnistabelle einzubringen ist. Zur Vereinfachung der Darstellung sind nur Unternehmerlohn (150.000,00 €) und Umsatzerlöse (10.320.000,00 €) berücksichtigt.

Ergebnistabelle								
Finanzbuchhaltung (= RK I)			**Kosten- und Leistungsrechnung (= RK II)**					
Gesamtergebnisrechnung der FB			**Abgrenzungsrechnung**				**Betriebsergebnisrechnung**	
			Unternehmensbezogene Abgrenzungen		**Kostenrechnerische Korrekturen**			
Konto	Aufwendungen	Erträge	neutrale Aufwendungen	neutrale Erträge	betriebliche Aufwendungen	verrechnete Kosten	Kosten	Leistungen
5000		10.320.000	→	→	→	→	→	10.320.000
U.-Lohn	–					150.000 ←	150.000	
		10.320.000			**0**	**150.000**	150.000 **10.170.000**	10.320.000
							10.320.000	10.320.000

Kalkulatorischer Unternehmerlohn in der Ergebnistabelle

Der kalkulatorische Unternehmerlohn (150.000,00 €) wird zunächst in die Spalte **„Kosten" der Betriebsergebnisrechnung** eingesetzt. Er bildet (zusammen mit den übrigen Kosten) die Grundlage der Preiskalkulation. Im Normalfall wird er also in den Umsatzerlösen enthalten sein und in den Finanzmitteln dem Unternehmen zufließen.

Anschließend ist der Unternehmerlohn als **Ertrag** in die Spalte **„Verrechnete Kosten"** des Abgrenzungsbereichs „Kostenrechnerische Korrekturen" einzusetzen.

6458220

Diese Verrechnung des kalkulatorischen Unternehmerlohns in der Ergebnistabelle entspricht damit praktisch der Buchung

„Kosten" an „Verrechnete Kosten".

Durch dieses Vorgehen ist eine **Abstimmung der Teilergebnisse im RK II mit dem Gesamtergebnis im RK I** möglich.

Ergebnisauswirkungen

Der Unternehmer entscheidet, ob und in welcher Höhe er den kalkulatorischen Unternehmerlohn als Zusatzkosten ausweist und in die Kalkulation einbringt. Tut er das und der Markt erstattet ihm in den Umsatzerlösen diese Zusatzkosten, so wirken sie sich in der Betriebsergebnisrechnung nicht auf das Betriebsergebnis aus.

Im **Ergebnis aus kostenrechnerischen Korrekturen** bewirkt der Unternehmerlohn dagegen durch seine Buchung in der Spalte „Verrechnete Kosten" eine **Ertragserhöhung.**

Auf das **Gesamtergebnis** im RK I wirkt der in den Erlösen enthaltene Unternehmerlohn **Gewinn erhöhend,** da ihm hier kein entsprechender Aufwand gegenübersteht.

Zusammenfassung

- Bei **Einzelunternehmungen** und **Personengesellschaften** wird für die mitarbeitenden Inhaber ein angemessener **Unternehmerlohn** in die Selbstkosten- und Betriebsergebnisrechnung einbezogen.
- Hinsichtlich der Personalkosten sind diese Unternehmungsformen damit den Kapitalgesellschaften gleichgestellt.
- Der kalkulatorische Unternehmerlohn stellt einen echten **Kostenbestandteil in der KLR** dar, dem **kein Aufwand** und keine Ausgabe in der FB gegenüberstehen.
- Er wird in die Spalte „Kosten" der Betriebsergebnisrechnung der Ergebnistabelle eingesetzt und in der Spalte „Verrechnete Kosten" als kostenrechnerische Korrektur (= Ertrag) „gegengebucht".
- Bei vollem Kostenersatz über die Umsatzerlöse hat der kalkulatorische Unternehmerlohn keinen Einfluss auf die Höhe des Betriebsergebnisses.
- Gesamtergebnis und Abgrenzungsergebnis werden durch ihn Gewinn erhöhend beeinflusst.

AUFGABEN

213

In der Ergebnistabelle der Unternehmung Thomas Berg e. K. auf Seite 207 ist der Unternehmerlohn nicht berücksichtigt worden.

Wie würden sich die Teilergebnisse ändern, wenn ein Unternehmerlohn von 150.000,00 € eingesetzt wird und sich die Umsatzerlöse nicht verändern sollen? ■

214

Die Unternehmung Thomas Berg e. K. rechnet damit, dass der angesetzte Unternehmerlohn (150.000,00 €) nur zu 70 % über die Umsatzerlöse in das Unternehmen zurückfließen wird.

Welche Auswirkungen ergeben sich hieraus auf das Betriebsergebnis, das Ergebnis aus kostenrechnerischen Korrekturen und das Gesamtergebnis? ■

215

Welche Auswirkungen auf das Gesamtergebnis, das Ergebnis aus kostenrechnerischen Korrekturen und das Betriebsergebnis hätte es, wenn der Unternehmerlohn zwar als Kosten angesetzt, aber vom Markt überhaupt nicht vergütet würde? ■

3.5 Kostenrechnerische Korrekturen durch Verrechnungspreise

Werkstoffkosten Der Verbrauch an Roh-, Hilfs- und Betriebsstoffen muss in der KLR zunächst mengenmäßig festgestellt und anschließend bewertet werden. Die Werkstoffkosten sind somit das Produkt aus Verbrauchsmenge und Wert je Mengeneinheit.

Bewertung der Verbrauchsmenge Der mengenmäßige Verbrauch an Werkstoffen wird entweder aufgrund von **Materialentnahmescheinen** oder durch **Inventur** ermittelt. Die Bewertung der so festgestellten Verbrauchsmengen kann in der KLR entweder zu **Anschaffungskosten oder zu Verrechnungspreisen** erfolgen.

Bewertung zu Anschaffungskosten Die Bewertung zu Anschaffungskosten hat den Vorteil, dass die **tatsächlichen Werkstoffkosten** in die Kostenrechnung eingehen. Nachteilig ist aber, dass die Anschaffungspreise der Rohstoffe im Zeitablauf starken Schwankungen am Markt unterliegen können. Dadurch werden die Werkstoffkosten für gleiche Verbrauchsmengen in den einzelnen Abrechnungsperioden unterschiedlich hoch angesetzt, sodass Kostenvergleiche nicht ohne weiteres durchführbar sind.

Bewertung zu Verrechnungspreisen In der Kostenrechnung wird der Werkstoffverbrauch meist mit **gleich bleibenden Verrechnungspreisen** bewertet. Verrechnungspreise sind in der Regel **Durchschnittspreise,** die aus den Anschaffungskosten der vergangenen Rechnungsperioden ermittelt werden. Sie müssen in gewissen Zeitabständen überprüft und gegebenenfalls der neuen Marktlage angepasst werden.

Kostenrechnerische Korrektur Die Verrechnung des Werkstoffverbrauchs in der KLR zu konstanten Verrechnungspreisen gleicht der Verrechnung kalkulatorischer Kosten. Im Rahmen der Abgrenzungsrechnung „Kostenrechnerische Korrekturen" werden den in der FB gebuchten Werkstoffaufwendungen (bewertet zu Anschaffungskosten) die in der KLR angesetzten Werkstoffkosten zum Verrechnungspreis gegenübergestellt. Aus dem Unterschied beider Beträge ergibt sich entweder ein Aufwand (–) oder Ertrag (+) aus kostenrechnerischen Korrekturen.

Beispiel In der KLR bewertet Thomas Berg den Werkstoffeinsatz (Bleche) zum Verrechnungspreis von durchschnittlich 170,00 € je 100 kg.

Im Jahr 1 betrug der Verbrauch 1 200 t. Die Anschaffungskosten machten durchschnittlich 165,00 € je 100 kg aus.

Bewertung zu Anschaffungskosten in der FB ..... 165,00 € · 12 000 = 1.980.000,00 €
Bewertung zum Verrechnungspreis in der KLR.... 170,00 € · 12 000 = 2.040.000,00 €[1]

Ergebnistabelle

Finanzbuchhaltung (= RK I)			Kosten- und Leistungsrechnung (= RK II)					
Gesamtergebnisrechnung der FB			Abgrenzungsrechnung				Betriebsergebnisrechnung	
			Unternehmensbezogene Abgrenzungen		Kostenrechnerische Korrekturen			
Konto	Aufwendungen	Erträge	neutrale Aufwendungen	neutrale Erträge	betriebliche Aufwendungen	verrechnete Kosten	Kosten	Leistungen
5000		2.040.000[2] →						2.040.000[2]
6000	**1.980.000** →				1.980.000	2.040.000 ←	**2.040.000**	
	1.980.000 **60.000**	**2.040.000**			**1.980.000** **60.000**	**2.040.000**	**2.040.000**	**2.040.000**
	2.040.000	2.040.000			2.040.000	2.040.000		

1 Diese Kosten werden im Folgenden zur Ausschaltung von Preisschwankungen in der KLR verwendet.
2 über die Umsatzerlöse zurückgeflossene Werkstoffkosten

Zusammenfassung

- **Aufgabe der kalkulatorischen Kosten.** Die kalkulatorischen Kosten sorgen dafür, dass nur der Werteverzehr in die Kosten- und Leistungsrechnung eingebracht wird, der durch die Umsatzprozesse **tatsächlich** entstanden ist, auch wenn er in der Ergebnisrechnung der Finanzbuchhaltung **nicht oder in anderer Höhe angefallen ist.** Dadurch wird die Kosten- und Leistungsrechnung **genauer, von Schwankungen** einzelner Aufwendungen (z. B. degressive Abschreibung in der Handelsbilanz) **befreit** und ein **Kostenvergleich** mit einzelnen Perioden oder branchengleichen Betrieben **ist möglich.**
- **Arten der kalkulatorischen Kosten.** Die meisten Aufwendungen der Finanzbuchhaltung können unverändert als Kosten übernommen werden. In diesen Fällen spricht man von **aufwandsgleichen Kosten** oder **Grundkosten.**

  Anderskosten. Einige Aufwendungen der Finanzbuchhaltung stellen zwar betrieblichen Aufwand dar, **eignen sich aber in ihrer Höhe nicht für die Kostenrechnung.** Sie werden deshalb mit **einem anderen Wert in der KLR** angesetzt, als sie in der FB gebucht wurden. Kosten dieser Art heißen **Anderskosten;** sie sind **aufwandsungleiche Kosten.** Dazu rechnen z. B. **kalkulatorische Abschreibungen, kalkulatorische Zinsen auf das Fremdkapital** und **kalkulatorische Wagnisse.**

  Zusatzkosten. Einigen Kosten der KLR liegt gar **kein Aufwand in der FB** zugrunde. Es handelt sich um **aufwandslose Kosten (= Zusatzkosten).** Sie dürfen in der FB nicht erfasst werden, da mit ihnen **keine Geldausgaben** verbunden sind. Zusatzkosten stellen jedoch **echten betriebsbedingten Werteverzehr** dar und müssen deshalb in der KLR **zusätzlich** berücksichtigt werden. Zu ihnen zählen der **kalkulatorische Unternehmerlohn** bei Einzelunternehmungen und Personengesellschaften und die **kalkulatorischen Zinsen auf das** betriebsnotwendige **Eigenkapital.**
- Durch das Einbringen der kalkulatorischen Kosten in die Betriebsergebnisrechnung bezweckt der Unternehmer die **vollständige Erfassung der Kosten,** um das Betriebsergebnis berechnen zu können, das ihm den „wahren" Erfolg seiner betrieblichen Tätigkeit mitteilt.
- Die mit den **Umsatzerlösen** in das Unternehmen **zurückfließenden kalkulatorischen Kosten** stehen als **flüssige Finanzierungsmittel zur Verfügung.** Sie werden durch die in der FB gebuchten Aufwendungen vor der Ausschüttung bewahrt.

Das folgende **Schaubild** verdeutlicht den **Zusammenhang zwischen** den **Aufwendungen** der Finanzbuchhaltung **und** den **Kosten** der Kosten- und Leistungsrechnung.

Aufwendungen der Finanzbuchhaltung			
Neutrale Aufwendungen	Betriebliche Aufwendungen	Betriebliche Aufwendungen	
	=	≠	
	Grundkosten	Anderskosten	Zusatzkosten
	Kosten der Kosten- und Leistungsrechnung		

3.6.1 Erstellung der endgültigen Ergebnistabelle

Beispiel Um die Kosten und Leistungen vollständig und periodengerecht zu erfassen, erstellt Thomas Berg auf der Basis des Gewinn- und Verlustkontos von Seite 198 unter Einbeziehung der kalkulatorischen Kosten und des Verrechnungspreises für Rohstoffe (vgl. S. 213 bis 222) folgende Ergebnistabelle.

Ergebnistabelle								
Finanzbuchhaltung (= RK I)			**Kosten- und Leistungsrechnung (= RK II)**					
Gesamtergebnisrechnung der FB			**Abgrenzungsrechnung**				**Betriebsergebnis-rechnung**	
			Unternehmensbezogene Abgrenzungen		**Kostenrechnerische Korrekturen**			
Konto	Aufwen-dungen	Erträge	neutrale Aufwen-dungen	neutrale Erträge	betriebliche Aufwen-dungen	verrechnete Kosten	Kosten	Leistungen
5000		10.320.000						10.320.000
5202		275.000						275.000
5400		40.000		40.000				
5410		130.000		130.000				
5710		50.000		50.000				
6000	1.980.000				1.980.000	2.040.000	2.040.000	
6020	720.000						720.000	
6030	85.000						85.000	
6200	3.200.000						3.200.000	
6300	600.000						600.000	
6400	800.000						800.000	
6520	650.000		40.000		610.000	660.000	660.000	
6800	150.000						150.000	
6870	205.000						205.000	
6979	200.000		200.000					
70/77	190.000		10.000				180.000	
7510	540.000				540.000	900.000	900.000	
7600	245.000		245.000					
U.-Lohn						150.000	150.000	
	9.565.000	10.815.000	495.000	220.000	3.130.000	3.750.000	9.690.000	10.595.000
	1.250.000			**275.000**	**620.000**		**905.000**	
	10.815.000	10.815.000	495.000	495.000	3.750.000	3.750.000	10.595.000	10.595.000
			Ergebnis aus unternehmensbezogenen Abgrenzungen		Ergebnis aus kostenrechnerischen Korrekturen			
Gesamtergebnis			**=** **Neutrales Ergebnis**			**+**	**Betriebsergebnis**	

Abstimmung der Ergebnisse

1. Gesamtergebnis im Rechnungskreis I		**1.250.000,00 €**
2. Verlust aus unternehmensbezogenen Abgrenzungen	(–) 275.000,00 €	
3. Gewinn aus kostenrechnerischen Korrekturen	(+) 620.000,00 €	
4. Betriebsgewinn	(+) 905.000,00 €	
5. Gesamtergebnis im Rechnungskreis II		**1.250.000,00 €**

Die **Teilergebnisse im RK II** (= Neutrales Ergebnis, Betriebsergebnis) zeigen die **Zusammensetzung des im RK I ausgewiesenen Gesamtergebnisses** in Höhe von 1.250.000,00 €: Dem **Verlust** aus unternehmensbezogenen Abgrenzungen (275.000,00 €) steht ein **Gewinn** aus kostenrechnerischen Korrekturen (620.000,00 €) gegenüber. Der **Neutrale Gewinn** beträgt somit 345.000,00 € und hat einen Anteil von 28 % am Gesamtgewinn. Der überwiegende Teil des Gesamtgewinnes (905.000,00 € **Betriebsgewinn**) ist aus der geplanten betrieblichen Tätigkeit erzielt worden.

Gesamtergebnis, Neutrales Ergebnis, Betriebsergebnis

Dieses Ergebnis besagt, dass der Unternehmer Berg **hohe kalkulatorische Wertansätze** zugrunde gelegt hat, die sich im Ergebnis aus kostenrechnerischen Korrekturen als **Ertrag** niederschlagen und hier zu einem entsprechend **hohen Überschuss über die Aufwendungen** der FB führen. Dieser Überschuss wird auch – so zeigt es das Gesamtergebnis – **voll als Gewinn verwirklicht.**

Ergebnis aus kostenrechnerischen Korrekturen

Das Betriebsergebnis erreicht eine **angemessene Höhe.** Das Unternehmen Thomas Berg hat es geschafft, über die Umsatzerlöse **alle Kosten** – einschließlich der **gesamten kalkulatorischen Kosten** – zu „verdienen" und noch einen Überschuss von 905.000,00 € zu erwirtschaften. Da der Unternehmerlohn und die Verzinsung des Eigenkapitals in den Kosten bereits berücksichtigt wurden, kann dieser Überschuss zur **Abdeckung des allgemeinen Unternehmerrisikos** und zur **Finanzierung zukünftiger Investitionen** verwendet werden. Zudem zeigt dieser „Restgewinn", dass es dem Unternehmen bei seiner Kostensituation gelungen ist, **erfolgreich auf dem Markt** zu bestehen.

Betriebsergebnis

Der ausgewiesene **Gesamtgewinn** kann zur Bestimmung der Rentabilität (vgl. S. 412 f.), d. h. zur Bestimmung der **Ertragskraft des Unternehmens,** und zur Berechnung der Wirtschaftlichkeit (vgl. S. 209) herangezogen werden.

Rentabilität und Wirtschaftlichkeit

Beispiel

Für die Mitarbeit im Unternehmen setzt Thomas Berg einen Unternehmerlohn von jährlich 150.000,00 € an. Das durchschnittlich über das Jahr im Unternehmen gebundene **Eigenkapital** soll **7.500.000,00 €** betragen.

Wie hoch ist die Verzinsung des eingesetzten Eigenkapitals?

Gesamtgewinn	1.250.000,00 €
– Unternehmerlohn	150.000,00 €
Restgewinn (zur Verzinsung des Eigenkapitals)	**1.100.000,00 €**

$$\textbf{Eigenkapitalrentabilität} = \frac{\textbf{Restgewinn} \cdot \textbf{100 \%}}{\textbf{Eigenkapital}} = \frac{1.100.000 \cdot 100\ \%}{7.500.000} = \textbf{14,7 \%}$$

siehe Prozentrechnung ➤ Kap. E, 1.3

Im Vergleich zu einer langfristigen Geldanlage (ca. 4 % – 6 %) ist die errechnete Verzinsung des Eigenkapitals sehr gut.

Beispiel

Anhand der Kennzahl der Wirtschaftlichkeit soll festgestellt werden, ob das Metallwerk Thomas Berg **mit den eingesetzten Mitteln sparsam umgegangen** ist, ob also der **Ertrag** (= Leistungen) **in einem günstigen Verhältnis zum Aufwand** (= Kosten) steht.

$$\textbf{Wirtschaftlichkeit} = \frac{\textbf{Leistungen}}{\textbf{Kosten}} = \frac{10.595.000{,}00\ €}{9.690.000{,}00\ €} = \textbf{1,09}$$

Die Wirtschaftlichkeitszahl 1,09 besagt, dass das Unternehmen für je 1,00 € Kosten Leistungen von 1,09 € geschaffen hat. Ob dies ein angemessenes Verhältnis ist, kann nur im Vergleich mehrerer Jahre oder im Vergleich mit ähnlich produzierenden Unternehmen mit entsprechender Kostenstruktur festgestellt werden.

AUFGABEN

216 Ein LKW wird mit 20 % bilanzmäßig linear abgeschrieben (AK 120.000,00 €). Die kalkulatorische Abschreibung beträgt 15 % von den Wiederbeschaffungskosten in Höhe von 140.000,00 €. Sie wird über die Umsatzerlöse voll erstattet.

Stellen Sie den Vorgang in einer Ergebnistabelle dar. ■

217 Die in der FB für das Jahr .. erfassten Fremdkapitalzinsen betragen 72.000,00 €. Die kalkulatorischen Zinsen werden in der Kosten- und Leistungsrechnung mit 90.000,00 € verrechnet und über die Umsatzerlöse voll erstattet.

1. *Um wie viel € übersteigen die monatlichen Zusatzkosten, die durch die Verrechnung der kalkulatorischen Zinsen entstehen, die monatlichen Fremdkapitalzinsen?*
2. *Welche Zinsen beeinflussen in welcher Höhe a) das Gesamtergebnis der Unternehmung, b) das Betriebsergebnis, c) das Neutrale Ergebnis?* ■

218 Ein Unternehmen hat aufgrund der angespannten Wirtschaftslage im abgelaufenen Jahr seine Erzeugnisse unter Selbstkosten verkauft. Folgende Angaben aus der Finanzbuchhaltung und der Kosten- und Leistungsrechnung liegen vor:

Umsatzerlöse	949.800,00 €
Kosten (ohne Abschreibungen und Zinsen)	864.700,00 €
Bilanzmäßige Abschreibungen	27.600,00 €
Gezahlte Fremdkapitalzinsen	32.700,00 €
Kalkulatorische Abschreibungen	75.000,00 €
Kalkulatorische Zinsen	46.800,00 €

1. *Erstellen Sie die Ergebnistabelle.*
2. *Begründen Sie, warum trotz eines Betriebsverlustes ein Unternehmungsgewinn entsteht.* ■

219 *Die Ergebnistabelle zu Aufgabe 206, S. 210, ist um folgende kostenrechnerische Korrekturen zu ergänzen. Erläutern Sie die Auswirkungen auf Betriebsergebnis und Neutrales Ergebnis.*

Kalkulatorische Abschreibungen auf das Sachanlagevermögen	45.000,00 €
Kalkulatorischer Unternehmerlohn	8.000,00 €

220 *Ergänzen Sie die Ergebnistabelle von Aufgabe 210, S. 212, um folgende kostenrechnerische Korrekturen und erläutern Sie die Auswirkungen auf Betriebsergebnis und Neutrales Ergebnis.*

Rohstoffverbrauch zu Verrechnungspreisen	312.000,00 €
Kalkulatorische Abschreibungen auf Maschinen	96.000,00 €
Kalkulatorischer Unternehmerlohn	18.000,00 €

221 *Ergänzen Sie die Ergebnistabelle von Aufgabe 211, S. 212, um folgende kostenrechnerische Korrekturen und erläutern Sie die Auswirkungen auf Betriebsergebnis und Neutrales Ergebnis.*

Rohstoffverbrauch zu Verrechnungspreisen	212.000,00 €
Kalkulatorische Abschreibungen auf Maschinen	36.000,00 €
Kalkulatorische Zinsen vom betriebsnotwendigen Kapital	44.000,00 €
Kalkulatorischer Unternehmerlohn	15.000,00 €

6458226

222 Die Finanzbuchhaltung der Walter KG, Leverkusen, schließt die Abrechnungsperiode mit folgenden Aufwendungen und Erträgen ab:

		€
5000	Umsatzerlöse für eigene Erzeugnisse	3.100.000,00
5100	Umsatzerlöse für Waren	450.000,00
5202	Minderbestand an fertigen Erzeugnissen	20.000,00
5400	Mieterträge	65.000,00
5710	Zinserträge	30.000,00
6000	Aufwendungen für Rohstoffe	750.000,00
6080	Aufwendungen für Waren	300.000,00
6200	Löhne	900.000,00
6300	Gehälter	520.000,00
6400	Soziale Abgaben	250.000,00
6520	Abschreibungen auf Sachanlagen	210.000,00
6700	Mieten/Pachten	45.000,00
6900	Versicherungen	60.000,00
7000	Betriebliche Steuern	80.000,00
7510	Zinsaufwendungen	45.000,00

Aus der Kosten- und Leistungsrechnung liegen folgende Angaben vor:

Kalkulatorische Abschreibungen auf Sachanlagen	180.000,00
Kalkulatorische Zinsen	120.000,00
Kalkulatorischer Unternehmerlohn	20.000,00

Erstellen Sie die Ergebnistabelle, ermitteln Sie die Ergebnisse und werten Sie sie aus: durchschnittlich gebundenes Eigenkapital 5.500.000,00 €. ■

223 Die Gewinn- und Verlustrechnung eines Industrieunternehmens enthält für den Abrechnungsmonat Oktober folgende Aufwendungen und Erträge:

		€
5000	Umsatzerlöse für eigene Erzeugnisse	670.000,00
5202	Mehrbestand an fertigen Erzeugnissen	32.000,00
5300	Aktivierte Eigenleistungen (zu Herstellkosten)	35.000,00
5410	Erlöse aus Anlagenabgängen	29.600,00
5420	Unentgeltliche Entnahme von Erzeugnissen	2.200,00
5710	Zinserträge	3.100,00
60 . .	Aufwendungen für Roh-, Hilfs- und Betriebsstoffe	185.500,00
6160	Fremdinstandhaltung	1.850,00
6200	Löhne	138.600,00
6300	Gehälter	159.800,00
6400	Soziale Abgaben	27.400,00
6520	Abschreibungen auf Sachanlagen	61.000,00
6700	Miet- und Pachtaufwendungen	10.500,00
6800	Büromaterial	5.600,00
6930	Verluste aus Schadensfällen	45.000,00
6979	Anlagenabgänge	16.200,00
70/77	Betriebliche Steuern	21.400,00
7510	Zinsaufwendungen	2.300,00

Die Ergebnistabelle ist unter Beachtung folgender Vorgänge aufzustellen:

Kalkulatorische Abschreibungen auf Sachanlagen	45.000,00
Kalkulatorischer Unternehmerlohn	24.500,00
Kalkulatorische Zinsen	31.500,00

Erstellen Sie die Ergebnistabelle, erläutern Sie die Teilergebnisse und werten Sie die Ergebnistabelle aus: durchschnittlich gebundenes Eigenkapital 11.500.000,00 €. ■

AUFGABEN

224 Die Möbelfabrik Schneider OHG stellt in einem Zweigbetrieb ausschließlich Schreibtische für ein Versandhaus her. Für diesen Zweigbetrieb wird die Betriebsabrechnung getrennt durchgeführt. Zum Ende des Geschäftsjahres .. liegen folgende Aufwendungen und Erträge vor:

		€
5000	Umsatzerlöse für eigene Erzeugnisse	1.280.000,00
5202	Mehrbestand an fertigen Erzeugnissen	120.000,00
5400	Mieterträge	24.000,00
5410	Erlöse aus Anlagenabgängen	15.000,00
5490	Periodenfremde Erträge	30.000,00
6000	Aufwendungen für Rohstoffe	280.000,00
6020	Aufwendungen für Hilfsstoffe	30.000,00
6030	Aufwendungen für Betriebsstoffe	10.000,00
6160	Fremdinstandhaltung	17.000,00
6200	Löhne	380.000,00
6300	Gehälter	260.000,00
6400	Arbeitgeberanteil zur Sozialversicherung	140.000,00
6520	Abschreibungen auf Sachanlagen	60.000,00
66 ..	Sonstige Personalaufwendungen	10.000,00
6850	Reisekosten	12.000,00
6979	Anlagenabgänge	20.000,00
70/77	Betriebliche Steuern	45.000,00
7510	Zinsaufwendungen	10.000,00

Angaben für die Aufstellung der Ergebnistabelle:

1. Unter der Position „Gebäude" in der Bilanz befindet sich ein vermietetes (zum Betriebsvermögen gehörendes) Wohnhaus. Die Aufwendungen und Erträge hierfür wurden über die FB abgewickelt und sind daher in der GuV-Rechnung enthalten. Im Einzelnen handelt es sich um folgende Posten:

Abschreibungen	10.000,00
Grundsteuer	5.000,00
Hausmeisterlohn	35.000,00
Arbeitgeberanteil zur Sozialversicherung	8.000,00
Malerarbeiten (vgl. Fremdinstandhaltung)	5.000,00

2. In der Position „Sonstige Personalaufwendungen" sind Nachzahlungen für das vergangene Geschäftsjahr enthalten 4.000,00
3. Die kalkulatorischen Zinsen sind aufgrund folgender Angaben zu berechnen:

Anlagevermögen (n. kalkulatorischen Restwerten) insgesamt	630.000,00
Kalkulatorischer Restwert des vermieteten Wohnhauses	100.000,00
Umlaufvermögen (zu Mittelwerten)	310.000,00
In den Verbindlichkeiten a. LL sind zinslose Kredite enthalten	40.000,00

   Der Zinssatz für das betriebsnotwendige Kapital beträgt 7,5 %.
4. Den kalkulatorischen Abschreibungen sind folgende Angaben zugrunde zu legen:
   Nutzungsdauer: Gebäude 25 Jahre, übriges Anlagevermögen 10 Jahre,

Wiederbeschaffungskosten:	Gebäude	500.000,00
	Maschinen	350.000,00
	Andere Sachanlagen	50.000,00

5. Der kalkulatorische Unternehmerlohn wird angesetzt mit 90.000,00

a) *Erstellen Sie die Ergebnistabelle und erläutern Sie die Teilergebnisse.*
b) *Werten Sie die Ergebnistabelle aus. Legen Sie hierfür folgende Angabe zugrunde: durchschnittlich gebundenes Eigenkapital 520.000,00 €.*

6458228

Kostenartenrechnung (KAR) 4

Aufgaben der Kostenartenrechnung 4.1

Situation

Im Unternehmen Thomas Berg sind Kosten und Leistungen für das Geschäftsjahr 1 in der Ergebnistabelle ermittelt worden (vgl. S. 224). Für Herrn Berg stellt sich nun das Problem, die Kosten und Leistungen passend auf die jeweils in der KLR angestrebten Ziele hin zu gliedern und zusammenzufassen. Folgende Ziele der Kostenartenrechnung und Möglichkeiten der Kostengliederung kommen hierbei in Betracht:

Ziele der KAR	Kriterium der Kostengliederung	Unterteilung der Kosten	Beispiele
Verbrauch an Produktionsfaktoren kontrollieren	**Gliederung nach der Verbrauchsart**	**Kosten der Werkstoffe und der Betriebsmittel**	Verbrauch von Roh-, Hilfs- und Betriebsstoffen, an Fremdbauteilen und Handelswaren, Wertminderungen an Betriebsmitteln
		Personalkosten	Löhne, Gehälter, Lohnnebenkosten
		Dienstleistungskosten	Versicherungsprämien, Frachtkosten, Fremdinstandhaltung, Vertriebsprovisionen, Rechts- und Beratungskosten
		Zwangsabgaben	Steuern, Gebühren, Zölle
		Umweltkosten	Kosten der Abwasserreinigung und Abfallentsorgung
Kalkulationen erstellen	**Zurechnung der Kosten zu Kostenträgern** (Auftrag, Serie, Leistungseinheit, vgl. S. 230)	**Einzelkosten** (= direkte Zurechenbarkeit auf Kostenträger)	Rohstoffverbrauch, zeitunabhängige Fertigungslöhne, Verpackungs- und Frachtkosten
		Sondereinzelkosten der Fertigung	Modellkosten, Spezialwerkzeuge, Lizenzgebühren
		Sondereinzelkosten des Vertriebs	Spezialverpackung, Vertriebsprovisionen
		Gemeinkosten (= keine direkte Zurechenbarkeit auf Kostenträger)	Zeitlöhne, Gehälter, Soziale Abgaben, Abschreibungen, Mieten, Betriebliche Steuern u. a.
Marktorientierte Entscheidungen treffen	**Verhalten der Kosten bei Beschäftigungsänderungen**	**Variable Kosten** (= reagieren auf Beschäftigungsänderungen)	Rohstoffverbrauch, Akkordlöhne
		Fixe Kosten (= reagieren nicht auf Beschäftigungsänderungen)	Gehälter, zeitabhängige Löhne, Abschreibungen, Versicherungsprämien, Mieten
		Mischkosten (= enthalten zugleich variable und fixe Kostenbestandteile)	Telefonkosten, Kosten der Geräte- und Maschinenwartung

4.2 Zurechnung der Kosten auf die Kostenträger

Ermittlung der Selbstkosten

Nach der Erfassung aller Kosten in der Ergebnistabelle (vgl. S. 224) besteht eine **wesentliche Aufgabe der Vollkostenrechnung** darin, **alle Kosten verursachungsgerecht auf die Leistungseinheiten zu verteilen;** auf diese Weise werden die **Selbstkosten der Leistungseinheit** ermittelt.

Kostenträger

Die Leistungseinheiten im Industriebetrieb sind in der Regel die **fertigen und unfertigen Erzeugnisse,** aber auch ein **einzelner Auftrag** oder eine **Serie** kann Leistungseinheit sein. In der KLR heißen diese Leistungseinheiten **„Kostenträger":** Ihnen werden alle Kosten „aufgebürdet", die sie verursacht haben, sodass

- für die Kostenträger **kostendeckende Preise kalkuliert** werden (Selbstkosten) und
- durch den Verkauf der Kostenträger **alle Kosten** in Form von Umsatzerlösen wieder **in das Unternehmen zurückfließen.**

Die Kostenträger werden in Abhängigkeit vom Fertigungsverfahren festgelegt:

Fertigungsverfahren	Kostenträger	Beispiele
Einzelfertigung (= Fertigung **eines** Erzeugnisses in **einer** Einheit)	ein einzelnes Erzeugnis	Großmaschinen, Brücken, Gebäude, Schiffe
Serienfertigung (= Fertigung **unterschiedlicher** Erzeugnisse in **mehreren** Einheiten)	begrenzte Menge der Serie	Elektrogeräte, Möbel, Fahrzeuge, Gehäuse
Sortenfertigung (= Fertigung **sehr ähnlicher** Erzeugnisse in **mehreren** Einheiten)	begrenzte Menge der Sorte	Bleche, Ziegel, Bier, Bekleidung, Werkzeuge
Massenfertigung (= Fertigung **eines** Erzeugnisses **in hoher Stückzahl)**	Menge des im Zeitabschnitt hergestellten Produktes	Elektrizität, Papier, Stahl

Zurechnung der Kosten

Die Zurechnung der Kosten zu den Kostenträgern erfolgt in Abhängigkeit von den Fertigungsverfahren nach entsprechenden **Kalkulationsmethoden:**

- **Bei Einzelfertigung** stellt die Zurechnung kein Problem dar: Alle Kosten – mit Ausnahme der Verwaltungskosten – lassen sich eindeutig einem Erzeugnis (= Projekt) zuordnen.
- **Bei der Serienfertigung** werden auf den gleichen Produktionsanlagen – teils parallel – unterschiedliche Produkte hergestellt, die jeweils **unterschiedliche Kosten** verursachen und die Produktionsstufen in **unterschiedlichem Umfang** beanspruchen. Nur ein Teil der Kosten (= **Einzelkosten**) lässt sich **direkt einem bestimmten Kostenträger zuordnen,** während bei den sog. **Gemeinkosten** nur die **indirekte Zuordnung über die Kostenstellen** möglich ist. Hierfür ist die **Zuschlagskalkulation** das geeignete Kalkulationsverfahren (vgl. S. 277 f.).
- **Bei der Sortenfertigung** werden Produkte aus dem gleichen Ausgangsmaterial, aber in unterschiedlicher Form und Größe hergestellt. Das hierbei vorherrschende Verfahren zur Ermittlung der Selbstkosten ist die **Äquivalenzziffernkalkulation** (vgl. S. 285).
- **Bei der Massenfertigung** wird die **Summe der Kosten einer Abrechnungsperiode durch die Stückzahl der hergestellten Erzeugnisse dieses Zeitabschnitts dividiert,** um die Selbstkosten der Leistungseinheit zu erhalten **(Divisionskalkulation,** vgl. S. 287).

Abhängigkeit der Kosten von der Beschäftigung | 4.3

Beschäftigung

Unter Beschäftigung verstehen wir das **Leistungsvermögen** – ausgedrückt in den Produktionszahlen – **je Zeiteinheit** (z. B. Monat oder Jahr), das ein jedes Unternehmen aufgrund seines **Betriebsmittelbestandes** hat (= **Kapazität**). Jede Produktionsanlage besitzt eine **technische Kapazität,** auf die sie **konstruktionsmäßig** ausgelegt ist, und eine **wirtschaftliche Kapazität,** die die **kostengünstigste Auslastung** angibt. In der Regel wird das Unternehmen die wirtschaftliche Kapazität anstreben und nicht die technische Kapazität.

Beschäftigungsgrad

Als Beschäftigungsgrad (= Kapazitätsausnutzungsgrad) wird das Verhältnis aus **tatsächlicher Ausnutzung** der Kapazität und der **technischen Kapazität** bezeichnet:

$$\textbf{Beschäftigungsgrad} = \frac{\textbf{tatsächliche Produktion}}{\textbf{technische Maximalproduktion}}$$

Situation

Das Metallwerk Thomas Berg rechnet aufgrund der guten Auftragslage im nächsten Jahr mit einer Zunahme der Absatzmenge. Im abgelaufenen Geschäftsjahr wurden insgesamt **160 000 Gehäuse** unterschiedlicher Größe und Form hergestellt. 154 500 Gehäuse wurden abgesetzt. Hierbei konnten die Arbeitskräfte und die technischen Anlagen zu **80** % ausgelastet werden. Eine größere Produktionsmenge ist also ohne zusätzliche Investitionen und Neueinstellung von Arbeitskräften produzierbar.

Thomas Berg plant die Produktion im nächsten Jahr auf insgesamt **170 000 Gehäuse** zu erhöhen.

Ist diese Produktion im Rahmen der bestehenden technischen Anlagen zu realisieren? Wie hoch werden die Kosten dieser Produktion sein?

Die technische Maximalkapazität beträgt im obigen Beispiel bei einer **tatsächlichen Produktion von 160 000 Gehäusen** und einem **Beschäftigungsgrad von 80 %:**

160 000 Gehäuse : 0,8 = **200 000 Gehäuse maximale Produktion/Jahr**

Die geplante Produktion von 170 000 Gehäusen lässt sich also mit den vorhandenen Arbeitskräften und technischen Anlagen durchführen; diese Produktion würde den Beschäftigungsgrad wie folgt erhöhen:

$$\textbf{Beschäftigungsgrad für 170 000 Gehäuse} = \frac{170\,000 \text{ Gehäuse}}{200\,000 \text{ Gehäuse}} = \textbf{85 \%}$$

Kostenplanung auf der Grundlage von Durchschnittskosten

Die Frage nach den Kosten der erhöhten Produktion im nächsten Geschäftsjahr lässt sich **vereinfacht auf der Grundlage der Durchschnittskosten** beantworten:

1. Die Produktion von 160 000 Gehäusen verursachte Kosten von insgesamt 9.690.000,00 € (vgl. Ergebnistabelle S. 224); das sind pro Gehäuse:

$$\textbf{Stückkosten} = \frac{9.690.000{,}00 \text{ €}}{160\,000 \text{ Gehäuse}} = \textbf{64,00 €.}$$

2. Die Kosten der geplanten Produktion von 170000 Gehäusen betragen ca.:
Kosten für 170000 Gehäuse = 60,56 €/Stück · 170000 = **10.295.200,00 €.**

Verhalten der Kosten bei Beschäftigungsänderung

Die obige Rechnung führt zu einem bewusst **fehlerhaften Ergebnis:** Zwar werden die Kosten im kommenden Jahr wegen der steigenden Beschäftigung höher ausfallen müssen als im abgelaufenen Jahr; es ist aber zu prüfen, **ob sich alle Kosten bei dieser Beschäftigungsänderung proportional** – also im gleichen Verhältnis wie die Beschäftigung – **verändern,** wie es in der obigen Rechnung unterstellt worden ist.

4.3.1 Abhängigkeit der variablen Kosten von der Beschäftigung

Veränderungen der Marktlage

Auf Veränderungen der Marktlage muss ein Unternehmen – auch über die Preisfestsetzung – **flexibel reagieren** können. Das ist nur möglich, wenn darüber Kenntnis besteht, **welche Kosten** sich der veränderten Beschäftigung **anpassen** lassen und welche Kosten **konstant** bleiben.

Variable Kosten als linear abhängige Kosten

Beispiel

Für die Herstellung eines Gehäuses wird u. a. eine Platine im Wert von 10,00 € verwendet. Bei unterschiedlichen Produktionsmengen ergeben sich folgende **Materialkosten:**

Produktionsmenge in Stück	Variable Kosten in €	
	insgesamt	je Stück
0	0	0
1 000	10.000,00	10,00
2 000	20.000,00	10,00
3 000	30.000,00	10,00
4 000	40.000,00	10,00
5 000	50.000,00	10,00
6 000	60.000,00	10,00
.	.	.
.	.	.
.	.	.

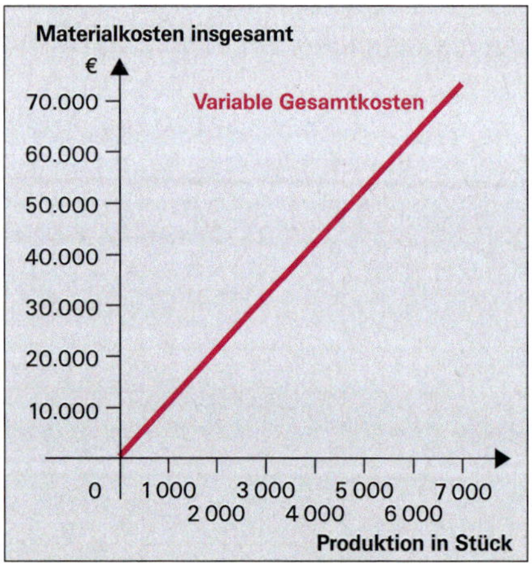

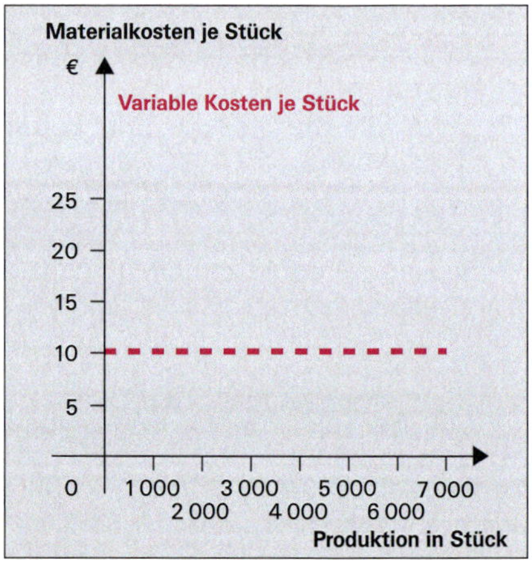

Neben dem Fertigungsmaterial stehen auch die **Hilfsstoffe** und z. T. die **Fertigungslöhne** in einer proportionalen Abhängigkeit zur Produktionsmenge. Kosten mit dieser Eigenschaft gehören zu den variablen Kosten.

Zusammenfassung

- Die gesamten Materialkosten nehmen mit **steigender** Produktionsmenge **proportional,** also z. B. im gleichen Verhältnis, **zu.** Sie verringern sich im gleichen Verhältnis, wie die Produktion zurückgeht. Kosten, die so reagieren, zählen zu den variablen Kosten.
- Die auf ein Stück umgerechneten Materialkosten bleiben bei schwankender Beschäftigung **konstant.**
- **Einzelkosten** sind variable Kosten.

6458232

Kosten der Betriebsbereitschaft

Alle Kosten, die von Abrechnungsperiode zu Abrechnungsperiode in annähernd gleicher Höhe **unabhängig von der Produktionsmenge** anfallen, heißen **fixe Kosten** oder **Kosten der Betriebsbereitschaft.**

Beispiel

Das Blech für ein Gehäuse wird auf einer Stanze ausgestanzt. Die monatlichen Abschreibungen dieser Maschine betragen 3.000,00 €. Dieser Betrag soll gleichmäßig auf die in einem Monat hergestellte Stückzahl verteilt werden.

Produktionsmenge in Stück	Fixe Kosten in €	
	insgesamt	je Stück
0	0	0
1 000	3.000,00	3,00
2 000	3.000,00	1,50
3 000	3.000,00	1,00
4 000	3.000,00	0,75
5 000	3.000,00	0,60
6 000	3.000,00	0,50
.	.	.
.	.	.
.	.	.

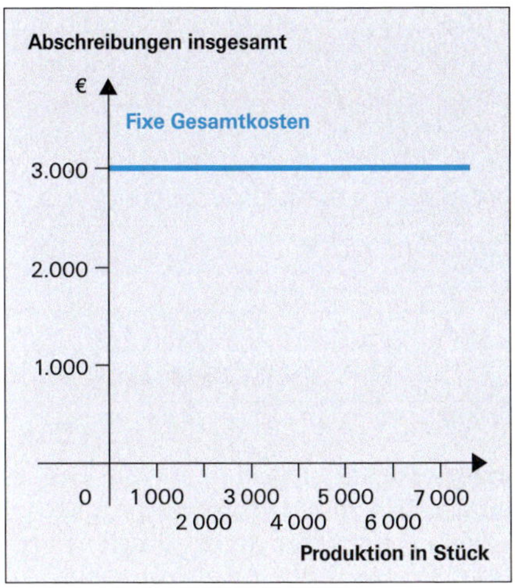

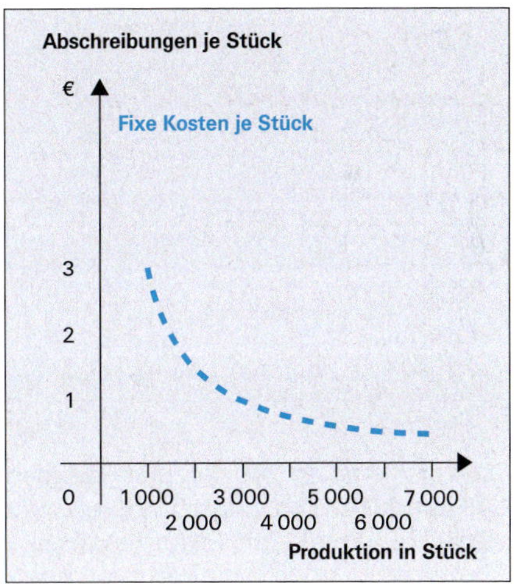

Außer Abschreibungen gelten z. B. Gehälter, Steuern, Beiträge, Miete als fixe Kosten.

Zusammenfassung

- Die Abschreibungen **verändern sich** mit steigender oder sinkender Produktion nicht. Sie treten in jeder Abrechnungsperiode unverändert auf.
- Die auf **ein Stück** umgerechneten Abschreibungen verringern sich mit steigender Produktion und erhöhen sich bei rückläufiger Produktion.

4.3.3 Abhängigkeit der Mischkosten von der Beschäftigung

Beispiel Die für die Bearbeitung des Rohmaterials eingesetzte Stanze hat eine Maschinenleistung von 24 kW. Der Strompreis beträgt 0,15 € je kWh zuzüglich einer monatlichen Grundgebühr von 150,00 €. Bei unterschiedlichen Laufzeiten (= Beschäftigung) je Monat ergeben sich folgende Kosten:

Laufstunden je Monat	Fixe Kosten in €		Variable Kosten in €		Mischkosten in €	
	gesamt	je Stunde	gesamt	je Stunde	gesamt	je Stunde
100	150,00	1,50	360,00	3,60	510,00	5,10
110	150,00	1,36	396,00	3,60	546,00	4,96
120	150,00	1,25	432,00	3,60	582,00	4,85
130	150,00	1,15	468,00	3,60	618,00	4,75
140	150,00	1,07	504,00	3,60	654,00	4,67
150	150,00	1,00	540,00	3,60	690,00	4,60
160	150,00	0,94	576,00	3,60	726,00	4,54
170	150,00	0,88	612,00	3,60	762,00	4,48
.	.	.	.	.	.	.
.	.	.	.	.	.	.
.	.	.	.	.	.	.

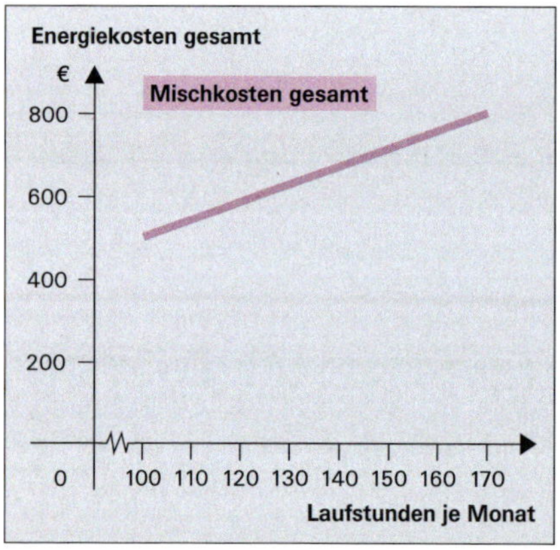

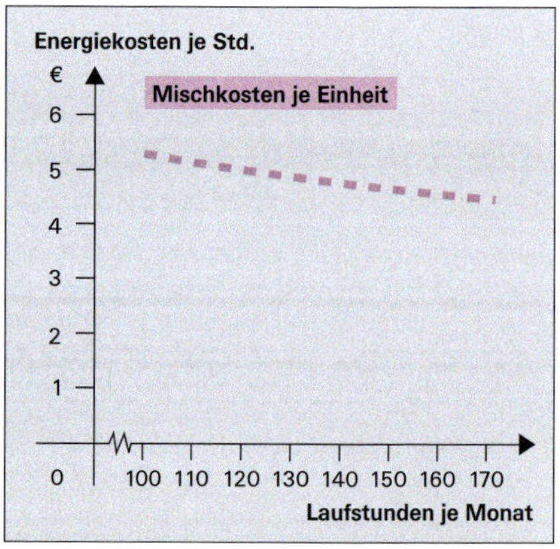

Die für die Maschine aufzuwendenden **Energiekosten** enthalten sowohl **fixe** als auch **variable** Kostenanteile: Die Grundgebühr fällt in jedem Monat in gleicher Höhe an; sie stellt den Fixkostenanteil dar. Der Stromverbrauch der Maschine variiert mit der Laufzeit; die verbrauchsbedingten Stromkosten sind also variabel.

Zusammenfassung

- Die Energiekosten nehmen mit steigender Produktion insgesamt **proportional zu.** Sie zeigen ein Verhalten wie die variablen Gesamtkosten (vgl. S. 232).
- Die auf **eine Einheit** (Stunde) umgerechneten Energiekosten verringern sich mit steigender Produktion (Stromverbrauch). Sie zeigen ein Verhalten wie die fixen Kosten je Stück.
- Ein Teil der Kostenarten enthält zugleich fixe **und** variable Kostenanteile.

Beispiel

Zur Beantwortung der Frage nach den geplanten Kosten für die erhöhte Produktionsmenge (vgl. Situation S. 231) erstellt Thomas Berg aus den Zahlen der Ergebnistabelle von Seite 224 folgende Übersicht über die variablen und fixen Kosten. Die Aufteilung der Mischkosten erfolgt aufgrund von Schätzungen. Alle variablen Kosten sollen **proportionale (linear abhängige) Kosten** sein. Die fixen Kosten verändern sich bis zur Erreichung der Maximalkapazität nicht.

Kostenart	Kostenbetrag	Mischkosten variabel/fix	Variable Kosten	Fixe Kosten
Rohstoffaufwendungen	2.040.000,00		2.040.000,00	
Hilfsstoffaufwendungen	720.000,00		720.000,00	
Betr.-Stoffaufwendungen	85.000,00		85.000,00	
Löhne	3.200.000,00	60 % / 40 %	1.920.000,00	1.280.000,00
Gehälter	600.000,00			600.000,00
Soziale Abgaben	800.000,00	33 % / 67 %	265.000,00	535.000,00
Abschreibungen	660.000,00			660.000,00
Büromaterial	150.000,00	40 % / 60 %	60.000,00	90.000,00
Werbung	205.000,00	40 % / 60 %	82.000,00	123.000,00
Betr. Steuern	180.000,00	60 % / 40 %	108.000,00	72.000,00
Kalk. Zinsen	900.000,00			900.000,00
Unternehmerlohn	150.000,00			150.000,00
insgesamt	9.690.000,00	–	5.280.000,00	4.410.000,00

Variable Stückkosten

Bei einer Produktion von 160000 Gehäusen entstehen 5.280.000,00 € variable Kosten. Auf 1 Stück umgerechnet sind das

$$\frac{5.280.000{,}00\ €}{160000\ \text{Stück}} = \mathbf{33{,}00\ €}\ \text{variable Kosten je Gehäuse}$$

Gesamtkosten

Die Gesamtkosten für die geplante Produktion von 170000 Stück belaufen sich dann auf:

	Variable Kosten **(K_v)** 170000 Stück · 33,00 €/Stück	5.610.000,00 €
+	Fixe Kosten **(K_f)**	4.410.000,00 €
=	**Gesamtkosten (K_g)** der geplanten Produktion	**10.020.000,00 €**

Die Durchschnittskosten betragen 10.020.000,00 € : 170000 Stück = **58,94 €.**

Gegenüber der Kostenprognose von Seite 231 (= 10.295.200,00 €) ergibt sich ein um **275.200,00 € deutlich geringerer Kostenbetrag,** der auf den **beschäftigungsunabhängigen** Kostenanteil (= fixe Kosten) zurückzuführen ist.

Zusammenfassung

- In der **Kostenartenrechnung** werden alle Kosten eines Zeitabschnitts in zweckmäßiger Gliederung erfasst. Ausgangsmaterial sind die in der Ergebnistabelle einer Abrechnungsperiode vollständig enthaltenen Kosten.
- Für die Kostenrechnung ist die **Gliederung der Kosten** nach der Verbrauchsart, nach Kostenträgern oder nach der Beschäftigung zweckmäßig.
- Eine genaue Kostenplanung in Abhängigkeit von der Beschäftigung setzt die Aufteilung der einzelnen Kostenarten in ihre **variablen und fixen Kostenanteile** voraus.
- Diese Aufteilung ermöglicht die schnelle Berechnung von geplanten Gesamtkosten für alternative Produktionsmengen.

AUFGABEN

225 1. *Unterscheiden Sie Einzel- und Gemeinkosten voneinander.*

2. *Erläutern Sie die Aussage: „Einzelkosten sind variable Kosten, Gemeinkosten sind überwiegend fixe Kosten."*
3. *Warum ist es richtig, das Gehalt eines Meisters im Produktionsbetrieb als fixe Kosten zu betrachten?*
4. *Ordnen Sie folgende Kostenarten den variablen und/oder fixen Kosten zu: Kalkulatorische Abschreibungen, Gewerbesteuer, freiwillige Sozialkosten, Energiekosten, Entwicklungskosten, Transportkosten, Werbekosten, Sondereinzelkosten des Vertriebs.*
5. *Begründen Sie, warum Lohnkosten nicht eindeutig zu den variablen Kosten zu rechnen sind.*
6. *Unterscheiden Sie Lohnarten, die zu den Einzelkosten gehören, von solchen, die zu den Gemeinkosten zählen.*
7. *Unter den eingesetzten Werkstoffen gibt es Einzelkostenmaterial und Gemeinkostenmaterial. Nennen Sie je ein Beispiel.* ■

226 Das Fertigungsmaterial soll in der Kostenrechnung zum festen Verrechnungspreis angesetzt werden. *Der Verrechnungspreis ist als gewogener Durchschnittspreis aus folgenden Lieferungen des vergangenen Quartals zu bestimmen:*

Lieferdatum	Liefermenge in kg	Bezugspreis je kg
..-01-15	12 500	80,00 €
..-01-23	8 500	76,00 €
..-02-18	10 000	82,00 €
..-03-05	7 000	85,00 €

227 In einem Möbelwerk werden Tischplatten hergestellt. Zur Fertigung einer Tischplatte benötigt man 1 m^2 Spanplatten zum Bezugspreis von 75,00 €. In drei aufeinander folgenden Monaten werden unterschiedlich viele Platten hergestellt:

Monat	Beschäftigung in Stück
März	4 000
April	5 200
Mai	4 800

Bestimmen Sie die Kosten des eingesetzten Fertigungsmaterials und stellen Sie die Abhängigkeit der Materialkosten von der Stückzahl grafisch dar. ■

228 Ein Bürogerätehersteller rechnet bei der Produktion des Telefaxgerätes Typ „Starfax" mit fixen Kosten in Höhe von 120.000,00 € je Abrechnungsperiode.
Die variablen Kosten belaufen sich auf 220,00 € je Gerät.

1. *Errechnen Sie die Gesamt- und Stückkosten für die Produktionsmengen 5 000, 8 000, 10 000, 12 000 und 15 000.*
2. *Stellen Sie die Ergebnisse tabellarisch nach folgendem Muster dar.*
3. *Stellen Sie die Ergebnisse grafisch dar.*

Produktionsmenge	Fixe Kosten in €		Variable Kosten in €		Gesamtkosten	Stückkosten
	gesamt	je Stück	gesamt	je Stück		

6458236

Die Abschreibungen betragen in einem Industriebetrieb monatlich 36.000,00 €. Die Verteilung auf die Kostenträger soll so vorgenommen werden, dass auf jedes produzierte Stück der gleiche Kostenanteil entfällt: **229**

Monat	Beschäftigung in Stück
August	32000
September	30000
Oktober	38000

Bestimmen Sie den auf ein Stück entfallenden Abschreibungsbetrag und stellen Sie die Abhängigkeit der Abschreibung von der Beschäftigung grafisch dar. ■

In einem Industriebetrieb mit Serienproduktion wird für eine bestimmte Serie mit fixen Kosten in Höhe von 42.000,00 € und mit variablen Kosten nach folgender Tabelle gerechnet: **230**

Beschäftigung in St.	10000	12000	14000	16000	18000	20000
Variable Kosten in €	55.000,00	62.400,00	70.000,00	80.000,00	95.400,00	116.000,00

1. *Errechnen Sie die Gesamt- und Stückkosten für die einzelnen Produktionsmengen.*
2. *Stellen Sie die Gesamt- und Stückkosten jeweils in einem grafischen Bild dar und schildern Sie in einer kurzen Niederschrift den Verlauf beider Kurven.* ■

In der Kostenrechnungsabteilung einer Unternehmung werden die im Monat November angefallenen Produktionszahlen für elektronische Bohrmaschinen zusammengestellt: **231**

Fertigungsmaterial (Rohstoffaufwendungen)	120.000,00 €
Fertigungslöhne	280.000,00 €
Gehälter für Meister und Vorarbeiter	90.000,00 €
Soziale Abgaben	112.000,00 €
Energiekosten	25.000,00 €
Wartungskosten	8.000,00 €
Kalkulatorische Zinsen	12.000,00 €
Kalkulatorische Abschreibungen	55.000,00 €

1. *Entscheiden Sie, welche Kosten eindeutig variabel oder fix sind und bei welchen Kosten keine eindeutige Zuordnung getroffen werden kann.*
2. Für die Kosten, die Sie nicht eindeutig zuordnen können, soll gelten, dass sie zu 40 % fix und zu 60 % variabel sind.

   Stellen Sie unter dieser Bedingung fest, wie hoch die gesamten variablen und fixen Kosten der Produktion sind.
3. Die Monatsproduktion betrug 4060 Stück, das entsprach einem Beschäftigungsgrad von 75 %.

   Wie hoch sind die Durchschnittskosten?
4. Für den kommenden Monat rechnet das Unternehmen mit einem Rückgang der Beschäftigung auf 60 %.

   Wie hoch sind dann die Durchschnittskosten?

   Welche Schlussfolgerungen ziehen Sie aus dieser Situation hinsichtlich der Preisgestaltung? ■

AUFGABEN

232 Aufgrund einer Kostenanalyse hat ein Unternehmer für die Produktion eines Erzeugnisses folgende Kostensituation ermittelt:
Die fixen Kosten betragen je Abrechnungsperiode 10.000,00 €.
Die variablen Kosten entwickeln sich bei Beschäftigungsänderungen wie folgt:

Beschäftigung in St.	500	600	700	800	900	1000
Variable Kosten in €	15.000,00	16.200,00	17.500,00	22.400,00	30.600,00	41.000,00

1. *Erläutern Sie die Kostenentwicklung in Abhängigkeit von der Beschäftigung.*
2. Der Unternehmer kann das Erzeugnis zu einem Preis von 40,00 € je Stück absetzen. *Welche Produktionsmenge muss er wählen, um Gewinn zu erzielen?*

233 In einem Zweigwerk produziert die Möbelbau AG Küchentische in Massenproduktion. Bei der Entscheidung über eine Reinvestition verbrauchter Anlagen stehen zwei neue Anlagen zur Wahl:

	Anlage A	Anlage B
fixe Kosten/Monat	24.000,00 €	82.000,00 €
variable Kosten je Stück	185,00 €	160,00 €

1. *Bestimmen Sie die Produktionsbereiche, in denen die Maschinenanlage A bzw. die Anlage B kostengünstiger arbeitet.*
2. Die Geschäftsleitung rechnet für das Jahr der Ersatzinvestition mit einem Absatz von 2200 Stück und in den darauf folgenden Jahren mit Absatzsteigerungen um jeweils 10 %. *Für welche der Maschinenanlagen sollte sich die Geschäftsleitung entscheiden?* ■

234 Das mittelständische Industrieunternehmen Bergmeister GmbH produziert in einem angemieteten Gebäude elektronische Steuerungen für Industrieanlagen. Im vergangenen Monat wurden an einen Kunden 120 Steuerungen ausgeliefert. Die Abteilung war damit zu 70 % ausgelastet. Die Kostenrechnungsabteilung stellt die dabei angefallenen Kosten zusammen:

Rohstoffaufwendungen	130.000,00 €
Hilfsstoffaufwendungen	26.500,00 €
Betriebsstoffaufwendungen	4.500,00 €
Zeitlöhne	84.000,00 €
Gehälter für Angestellte und Meister	56.000,00 €
Soziale Abgaben	38.000,00 €
Mieten	25.000,00 €
Energiekosten	6.300,00 €
Aufwendungen für Kommunikation	2.700,00 €
Kalkulatorische Abschreibungen	12.400,00 €
Kalkulatorische Zinsen	6.700,00 €

1. *Entscheiden Sie, welche Kosten eindeutig variabel oder fix sind und bei welchen Kosten keine eindeutige Zuordnung getroffen werden kann.*
2. Für die Kosten, die Sie nicht eindeutig zuordnen können, soll gelten, dass sie zu 60 % fix und zu 40 % variabel sind. *Stellen Sie unter dieser Bedingung fest, wie hoch die gesamten variablen und fixen Kosten der Produktion sind.*
3. *Berechnen Sie die Durchschnittskosten.*
4. Für den kommenden Monat rechnet das Unternehmen mit einer Zunahme der Beschäftigung auf 85 %. *Wie hoch sind dann die Durchschnittskosten?* *Welche Schlussfolgerung ziehen Sie aus dieser Situation – im Vergleich zu 3. – hinsichtlich der Preisgestaltung?* ■

Situation

Unternehmer Berg hat die Kosten des vergangenen Geschäftsjahres vollständig erfasst und nach unterschiedlichen Gesichtspunkten gegliedert (vgl. S. 229 f.). Die Einteilung nach **Einzel- und Gemeinkosten** wird ihm bei der Klärung folgender Fragen hilfreich sein:

❶ **In welchen Abteilungen seines Unternehmens** (vgl. S. 240 f.) **sind Kosten entstanden? Und wie hoch sind diese Kosten?**

Kennt er die Kostenhöhe jeder Abteilung im Zeitablauf, so ist es ihm möglich, den **Kostenverbrauch** in den Abteilungen zu kontrollieren sowie **Zuschlagsgrundlagen für seine Kalkulation** zu erhalten.

Dieses Problem löst er über die **Kostenstellenrechnung,** die sich des **Betriebsabrechnungsbogens** als Hilfsmittel bedient (vgl. Kapitel 5.1).

❷ Im vergangenen Geschäftsjahr wurden im Unternehmen Berg **drei Gehäusetypen** G I, G II und G III gefertigt, die sich in ihren Abmessungen und in ihren vormontierten Ausstattungen (Platinensockel, Schalter, Stecker) unterscheiden. Die Einzelkosten „Fertigungsmaterial" und „Fertigungslöhne" sowie die Umsatzerlöse für jeden dieser drei Gehäusetypen kann Herr Berg aus den Aufzeichnungen der Finanzbuchhaltung (Konto „6000 Fertigungsmaterial", Konto „6200 Löhne" und Konto „5000 Umsatzerlöse für eigene Erzeugnisse") entnehmen. Er weiß aber noch nicht:

Wie hoch sind die auf jeden Gehäusetyp entfallenden anteiligen Gemeinkosten?

Mit der Klärung dieser Frage ist es ihm möglich, die **Selbstkosten** und den **Betriebserfolg** für jeden Gehäusetyp zu errechnen.

Dieses Problem löst er über die **Kostenträgerrechnung,** die sich des **Kostenträgerblattes** (BAB II) als Hilfsmittel bedient (vgl. Kapitel 5.2).

Übersicht über den Zusammenhang zwischen Kostenarten, Kostenstellen und Kostenträgern

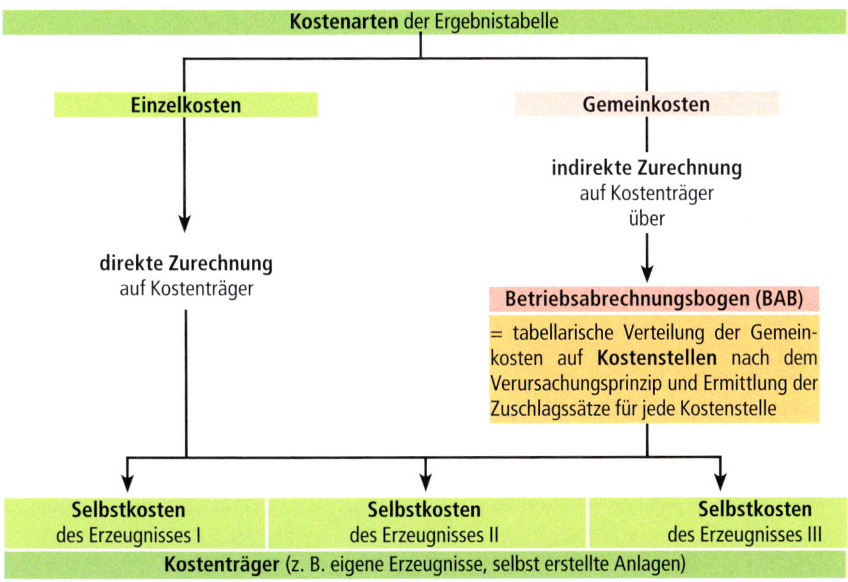

5.1 Kostenstellenrechnung in Betrieben mit Serienfertigung

Die Kostenstellenrechnung bildet nach der Kostenartenrechnung **die zweite Stufe** der KLR im Mehrproduktunternehmen mit Serienfertigung. Sie ist erforderlich, um die Gemeinkosten nach einem in der Praxis gebräuchlichen Verfahren anteilig den Kostenträgern zurechnen zu können. Dies geschieht auf dem Umweg über die Kostenstellen (vgl. S. 241 f.) auf der Grundlage von Einzel- und Gemeinkosten.

Aufgaben der Kostenstellenrechnung

Die Kostenstellenrechnung ist im Einzelnen auf folgende **Aufgaben** ausgerichtet:

- **Verteilung der Gemeinkosten auf die Kostenstellen des Betriebes.** Alle Kostenarten werden aus der Ergebnistabelle in die Kostenstellenrechnung übernommen. Die **Gemeinkosten** werden nach Belegen oder Verteilungsschlüsseln anteilig und verursachungsgerecht den Abteilungen im Unternehmen zugewiesen, in denen sie entstanden sind (= Kostenstellen). Dies geschieht tabellarisch im **Betriebsabrechnungsbogen (BAB,** vgl. S. 243 f.).
- **Errechnung von Zuschlagsprozentsätzen** für jede Hauptkostenstelle (vgl. S. 246 f.). Aus den in den Kostenstellen ermittelten Gemeinkosten und aus geeigneten Zuschlagsgrundlagen (z. B. Einzelkosten) werden für jede Hauptkostenstelle Zuschlagsprozentsätze berechnet, die für die **anteilige Zuweisung der Gemeinkosten auf die Kostenträger** erforderlich sind.
- **Kontrolle der Kosten in den Kostenstellen.** Die Kostenstellenrechnung ermöglicht im **Zeitvergleich** oder im **Vergleich mit „normierten" Kosten** (vgl. S. 268 f.) eine Kontrolle des Kostenverbrauchs in den Kostenstellen.

Beispiel

Im Unternehmen Thomas Berg gilt folgende Aufteilung der Kostenarten in **Einzel- und Gemeinkosten:**

Zurechnung auf Kostenträger	Kostenarten	Zurechnungsgrundlagen (Belege)
Einzelkosten	Fertigungsmaterial (Werkstoffe)	direkte Zurechnung aufgrund der Aufzeichnungen in der FB, aufgrund von Materialentnahmescheinen, Stücklisten und Konstruktionsunterlagen
	Fertigungslöhne	direkte Zurechnung aufgrund von Auftragszetteln, Laufzetteln, Lohnlisten
	Sondereinzelkosten	direkte Zurechnung aufgrund von Rechnungen und Auftragszetteln
Gemeinkosten	Hilfs- und Betriebsstoffe	indirekte Zurechnung aufgrund von Materialentnahmescheinen
	Gehälter, Hilfslöhne	indirekte Zurechnung aufgrund von Lohn- und Gehaltslisten
	Soziale Abgaben	indirekte Zurechnung aufgrund von Lohn- und Gehaltslisten
	Abschreibungen	indirekte Zurechnung aufgrund der Anlagenkartei
	Büromaterial	indirekte Zurechnung aufgrund von Rechnungen und Verteilungsschlüsseln
	Werbung	indirekte Zurechnung aufgrund von Rechnungen und Verteilungsschlüsseln
	Betriebliche Steuern	indirekte Zurechnung aufgrund von Verteilungsschlüsseln
	Kalkulatorische Kosten	indirekte Verteilung aufgrund von Anlagewerten, Beschäftigtenzahlen

Gliederung des Betriebes in Kostenstellen 5.1.1

Kostenbereiche nach Funktionen

Die Gliederung des Gesamtbetriebes in **vier Kostenbereiche,** die sich aus den **Funktionen des Betriebes** ableiten, ist die Grundlage für die Einrichtung von Kostenstellen.

Kostenbereiche nach Funktionen:

I. Materialbereich	**III. Verwaltungsbereich**
II. Fertigungsbereich	**IV. Vertriebsbereich**

Kostenstellen nach Tätigkeiten

Für kleine Industriebetriebe genügt die Bildung **einer Kostenstelle für jeden Kostenbereich.** Im Allgemeinen wird jeder Kostenbereich in mehrere Kostenstellen (z. B. Abteilungen) aufgeteilt, die ihrerseits das Merkmal **einheitlicher Tätigkeit** aufweisen. Die Zahl der zu bildenden Kostenstellen je Kostenbereich hängt von der Art und Größe des Betriebes und dem angestrebten Genauigkeitsgrad der Kostenrechnung ab.

Kostenbereiche nach Funktionen	Kostenstellen nach Tätigkeiten
I. **Material**bereich:	Werkstoffeinkauf, -prüfung, -verwaltung
II. **Fertigungs**bereich:	z. B. Gießerei, Schmiede, Montage, technische Betriebsleitung usw.
III. **Verwaltungs**bereich:	Kfm. Leitung, Finanzabteilung, Buchhaltung usw.
IV. **Vertriebs**bereich:	Werbung, Verkauf, Fertiglager, Versand usw.

Kostenstellen nach Verantwortung

Damit die Kostenstellenrechnung ihrer Kontrollaufgabe gerecht werden kann, ist es erforderlich, dass sich die nach einheitlichen Tätigkeitsmerkmalen gebildeten Kostenstellen **mit den Verantwortungsbereichen decken.** Praxisgerecht ist die Zusammenfassung mehrerer Kostenstellen zu einem **Verantwortungsbereich:** Der Meister ist verantwortlich für den Kostenverbrauch in seiner Fertigungsabteilung; der Betriebsleiter ist verantwortlich für den Kostenverbrauch des Fertigungsbetriebs, der mehrere Abteilungen umfasst.

Kostenstellen

Alle **Tätigkeits- und Verantwortungsbereiche** in einem Industriebetrieb, die eine **organisatorische Einheit** bilden und die in den Prozess der Leistungserstellung oder Leistungsverwertung eingegliedert sind, eignen sich als Kostenstellen. Je nach der Genauigkeit, mit der die Kostenstruktur eines Unternehmens aufgedeckt werden soll, sind die Tätigkeitsbereiche mehr oder weniger weit aufzugliedern. Die feinste Gliederung liegt dann vor, wenn die Arbeits- oder Maschinenplätze selbst die Kostenstellen bilden. In der Regel wird ein Industrieunternehmen mit der **Gliederung nach Abteilungen** auskommen.

Erweiterung der Kostenbereiche

Die **verfeinerte** Kostenstellenrechnung unterteilt den **Fertigungsbereich** in

- **Fertigungshauptstellen,** in denen **unmittelbar am Erzeugnis** gearbeitet wird (z. B. Stanzen/Schneiden, Pressen/Biegen, Bohren/Entgraten, Lackieren/Montieren), und
- **Fertigungshilfsstellen,** die **nicht direkt** an der Herstellung beteiligt sind, sondern der Aufrechterhaltung der Produktion dienen (z. B. technische Betriebsleitung, Arbeitsvorbereitung, Konstruktionsbüro, Reparaturabteilung).

Ein **Allgemeiner Bereich** kann den Kostenbereichen **vorgeschaltet** werden. In diesem Bereich werden die Kosten gesammelt, die sich keiner der vier genannten

Funktionen (Material, Fertigung, Verwaltung, Vertrieb) ausschließlich zuordnen lassen (z. B. **Energieversorgung, Sozialeinrichtungen, Fuhrpark, Werkschutz, -feuerwehr).**

Kostenbereiche					
Allgemeiner Bereich	**Materialbereich**	**Fertigungsbereich**		**Verwaltungsbereich**	**Vertriebsbereich**
Allgemeine Kostenstellen	Materialstellen	Fertigungs-hilfsstellen	Fertigungs-hauptstellen	Verwaltungsstellen	Vertriebsstellen

Nach der Zugehörigkeit der Gemeinkosten zu den einzelnen Kostenbereichen unterscheidet man:

- **Materialgemeinkosten (MGK).** Das sind Gemeinkosten, die im Zusammenhang mit der Annahme, Lagerung, Ausgabe und Versicherung der Werkstoffe entstehen.
- **Fertigungsgemeinkosten (FGK).** Dazu zählen alle Gemeinkosten, die im Produktionsprozess anfallen, wie Hilfslöhne, Gehälter für Meister und technische Angestellte, Verbrauch von Strom, Gas, Wasser in der Herstellung, Hilfs- und Betriebsstoffverbrauch, soweit er die Fertigung betrifft, Abschreibungen auf Maschinen und maschinelle Anlagen usw.
- **Verwaltungsgemeinkosten (VwGK).** Hierzu rechnen die Kosten für die Leitung und Verwaltung des Unternehmens, z. B. Gehälter für die Geschäftsleitung und die Angestellten der Verwaltungsabteilungen, Büromaterial, Abschreibungen auf die Geschäftsausstattung.
- **Vertriebsgemeinkosten (VtGK).** Darunter fallen alle Gemeinkosten, die mit dem Absatz der Erzeugnisse zusammenhängen, z. B. die Kosten für die Lagerung der fertigen Erzeugnisse, für das Verkaufsbüro, die Werbung, die Verpackung und den Versand, soweit letztere nicht für das verkaufte Erzeugnis einzeln feststellbar sind (Sondereinzelkosten des Vertriebs!).

Zusammenfassung

- Für jeden **Kostenbereich** ist mindestens eine Kostenstelle zu bilden.
- **Kostenstellen** schaffen klare Verantwortungsbereiche zur Kontrolle der Wirtschaftlichkeit.
- Kostenstellen sind die Stellen im Unternehmen, an denen die Gemeinkosten entstehen. **Betriebsabteilungen** bilden in der Regel Kostenstellen.

AUFGABE

235

1. *Was sind Kostenstellen?*
2. *Welche Aufgaben hat die Kostenstellenrechnung?*
3. *Unterscheiden Sie zwischen Kostenbereichen und Kostenstellen.*
4. *Weshalb ist die Einrichtung einer Allgemeinen Kostenstelle erforderlich?*
5. *Warum ist die Einrichtung von Fertigungshaupt- und Fertigungshilfsstellen zweckmäßig?*
6. *Nennen Sie Beispiele für Allgemeine Kostenstellen.*
7. *Begründen Sie, dass Industriebetriebe mit Serienfertigung auf die Einrichtung von Kostenbereichen und Kostenstellen nicht verzichten können.*

Betriebsabrechnungsbogen (BAB) als Hilfsmittel der Kostenstellenrechnung 5.1.2

Aufbau des Betriebsabrechnungsbogens 5.1.2.1

Beispiel

Im Unternehmen Thomas Berg wird zur Verteilung der Gemeinkosten auf die Kostenstellen der folgende vereinfachte Betriebsabrechnungsbogen verwendet:

Betriebsabrechnungsbogen des Metallwerks Thomas Berg e. K., Stuttgart						
Gemein-kosten-arten	**Zahlen der Betriebs-ergebnis-rechnung**	**Verteilungs-grundlagen**	**Kostenbereiche**			
			I Material	**II Fertigung**	**III Verwaltung**	**IV Vertrieb**
Summe der Gemein-kosten						

Erläuterungen zum Betriebsabrechnungsbogen:

Der Betriebsabrechnungsbogen ist als **Tabelle** aufgebaut.

In die ersten beiden Spalten werden alle Kostenarten mit ihren **Bezeichnungen** und ihren **Geldbeträgen** aus der Betriebsergebnisrechnung (vgl. S. 224) übernommen.

In der dritten Spalte wird vermerkt, wie die **Verteilung der Gemeinkosten** auf die nachfolgend aufgeführten Kostenstellen vorzunehmen ist. Diese Verteilung kann

- auf der Grundlage von **Belegen** erfolgen (z. B. Verteilung von Zeitlöhnen nach Lohnlisten). In diesem Fall kann die Kostenstelle direkt mit den von ihr verursachten Gemeinkosten belastet werden. Wir sprechen dann auch von den **Kostenstellen-Einzelkosten.**
- auf der Grundlage von **Bezugsgrößen** vorgenommen werden (z. B. Verteilung der Mietkosten nach den Raumgrößen der einzelnen Abteilungen in m^2). In diesem Fall ist eine direkte Verteilung nicht möglich, weil mehrere Kostenstellen von der Kostenart gleichzeitig betroffen sind. Wir sprechen dann von **Kostenstellen-Gemeinkosten.**
- auf der Grundlage von **Erfahrungswerten** erfolgen (z. B. Verteilung des kalkulatorischen Unternehmerlohns nach einem Verteilungsschlüssel).

In den nachfolgenden Spalten sind die Kostenstellen aufgeführt, die das Unternehmen eingerichtet hat. Im folgenden Beispiel sind zunächst nur die vier Kostenbereiche genannt. In den sich anschließenden Kapiteln werden wir den BAB schrittweise erweitern.

In der letzten **Zeile** des Betriebsabrechnungsbogens wird die Summe der Gemeinkosten für jede Kostenstelle gebildet. Diese Zahlen geben an, wie viel Euro Gemeinkosten jede Kostenstelle verursacht hat. Sie bilden im Vergleich mehrerer Monate oder Jahre die Grundlage einer Kostenkontrolle.

5.1.2.2 Verteilung der Gemeinkosten auf die Kostenstellen im Betriebsabrechnungsbogen

Beispiel Das Metallwerk Thomas Berg, Stuttgart, stellt serienmäßig Blechgehäuse in unterschiedlichen Größen, Formen und Ausstattungen her. Im abgelaufenen Geschäftsjahr wurden insgesamt 160 000 Gehäuse in drei Typen (G I, G II, G III) gefertigt. Die Produktionsanlagen werden von den Gehäusetypen unterschiedlich stark beansprucht; ebenso sind Material- und Lohnaufwand für die einzelnen Typen unterschiedlich hoch. Diese Unterschiede müssen in den Selbstkosten berücksichtigt werden. Um dies zu erreichen, stellt Herr Berg zunächst den unten stehenden Betriebsabrechnungsbogen auf, in dem die Gemeinkosten auf vier Kostenbereiche verteilt sind, und ermittelt die Gemeinkostenzuschlagssätze für die nachfolgende Selbstkostenkalkulation.

Betriebsabrechnungsbogen
des Metallwerks Thomas Berg e. K., Stuttgart

Gemeinkostenarten	Zahlen der Betriebsergebnisrechnung	Verteilungsgrundlagen	Kostenbereiche			
			I Material	II Fertigung	III Verwaltung	IV Vertrieb
Hilfsstoffaufw.	720.000,00	Entnahmesch.	–	680.000,00	–	40.000,00
Betr.-Stoffaufw.	85.000,00	Entnahmesch.	–	70.000,00	13.000,00	2.000,00
Gehälter	600.000,00	Gehaltsliste	60.000,00	150.000,00	340.000,00	50.000,00
Soziale Abg.	800.000,00	Lo.-/Geh.-Liste	10.000,00	600.000,00	180.000,00	10.000,00
Kalk. Abschr.	660.000,00	Anlagenwerte	40.000,00	500.000,00	80.000,00	40.000,00
Bürokosten	150.000,00	1 : 2 : 5 : 2	15.000,00	30.000,00	75.000,00	30.000,00
Werbung	205.000,00	Rechnungen	–	30.000,00	122.000,00	53.000,00
Betr. Steuern	180.000,00	Mitarbeiter	18.000,00	108.000,00	30.000,00	24.000,00
Kalk. Zinsen	900.000,00	betr.-notw. Kap.	120.000,00	562.000,00	112.000,00	106.000,00
Kalk. U.-Lohn	150.000,00	Schätzung	–	50.000,00	100.000,00	–
Summe der Gemeinkosten	**4.450.000,00**		**263.000,00**	**2.780.000,00**	**1.052.000,00**	**355.000,00**

Verteilung der Gemeinkosten

Die Verteilung der Gemeinkosten auf die Kostenstellen (hier gleich Kostenbereiche) erfolgt nach den vorgegebenen Verteilungsgrundlagen. **Hilfsstoffaufwendungen, Betriebsstoffaufwendungen, Gehälter, Soziale Abgaben** und **Werbungskosten** können aufgrund der vorliegenden Belege **direkt** den verursachenden Kostenstellen zugerechnet werden. Die übrigen Gemeinkosten werden indirekt verteilt. Wir zeigen im Folgenden beispielhaft diese Verteilung.

Die kalkulatorischen Abschreibungen werden nach den **Wiederbeschaffungskosten (WK)** der in den Kostenstellen investierten Anlagen verteilt. Die Wiederbeschaffungskosten betragen insgesamt 7.300.000,00 € (vgl. S. 215 f.). Hiervon entfallen auf die einzelnen Kostenstellen:

Materialstelle	Fertigungsstelle	Verwaltg.-Stelle	Vertriebsstelle	WK gesamt
442.500,00 €	5.530.000,00 €	885.000,00 €	442.500,00 €	7.300.000,00 €

Insgesamt sind 660.000,00 € kalkulatorische Abschreibungen auf insgesamt 7.300.000,00 € WK zu verteilen. Auf die Kostenstelle „Material" mit 442.500,00 € WK entfallen dann

7.300.000,00 € ~ 660.000,00 €
442.500,00 € ~ x €

$$x\,€ = \frac{660.000{,}00\,€ \cdot 442.500{,}00\,€}{7.300.000{,}00\,€} \approx \mathbf{40.000{,}00\,€}$$

Die Kostenstelle „Material" hat also 40.000,00 € kalkulatorische Abschreibungen zu übernehmen. Nach der gleichen Rechnung lassen sich die Anteile der übrigen Kostenstellen an den kalkulatorischen Abschreibungen berechnen.

6458244

Verteilung der Gemeinkosten auf die Kostenstellen im Betriebsabrechnungsbogen

Für die Verteilung der **Bürokosten** hat Herr Berg einen internen Verteilungsschlüssel (= Verhältniszahlen) von 1 : 2 : 5 : 2 festgelegt. Die Bürokosten von insgesamt 150.000,00 € sind also auf insgesamt 10 „Anteile" zu verteilen. Die Kostenstelle „Material" hat hiervon 1 „Anteil" zu übernehmen, also

150.000,00 € : 10 = 15.000,00 € anteilige Bürokosten in der Kostenstelle „Material".

Entsprechend hoch sind die Anteile der übrigen Kostenstellen:

Fertigung 2 · 15.000,00 € = 30.000,00 €,
Verwaltung 5 · 15.000,00 € = 75.000,00 €,
Vertrieb 2 · 15.000,00 € = 30.000,00 €.

Die Verteilung der **Betrieblichen Steuern** nimmt Herr Berg nach der Anzahl der in den einzelnen Kostenstellen beschäftigten Mitarbeiter vor. Insgesamt sind im Unternehmen 30 Mitarbeiter tätig; sie verteilen sich wie folgt auf die Kostenstellen:

Materialstelle	Fertigungsstelle	Verwaltg.-Stelle	Vertriebsstelle	Mitarb. gesamt
3 Mitarbeiter	18 Mitarbeiter	5 Mitarbeiter	4 Mitarbeiter	30 Mitarbeiter

Die Betrieblichen Steuern von insgesamt 180.000,00 € verteilen sich auf insgesamt 30 Mitarbeiter. Die Kostenstelle „Fertigung" hat hiervon anteilige Steuern für 18 Mitarbeiter zu übernehmen:

30 Mitarbeiter ~ 180.000,00 €
18 Mitarbeiter ~ x €

$$x\ € = \frac{180.000,00\ € \cdot 18}{30} \approx 108.000,00\ €$$

siehe Dreisatzrechnung ➤ Kap. E, 1.1

Nach dieser Rechnung lassen sich die Anteile der übrigen Kostenstellen berechnen.

Die **kalkulatorischen Zinsen** werden nach dem betriebsnotwendigen Kapital (vgl. S. 218 f.) auf die Kostenstellen verteilt. Herr Berg hat für die einzelnen Kostenstellen das folgende betriebsnotwendige Kapital ermittelt:

Materialstelle	Fertigungsstelle	Verwaltg.-Stelle	Vertriebsstelle	Kapital insgesamt
1.333.000,00 €	6.245.000,00 €	1.245.000,00 €	1.177.000,00 €	10.000.000,00 €

Die kalkulatorischen Zinsen von insgesamt 900.000,00 € sind auf insgesamt 10.000.000,00 € betriebsnotwendiges Kapital zu verteilen. Auf die Kostenstelle „Material" entfallen hiervon:

10.000.000,00 € ~ 900.000,00 €
1.333.000,00 € ~ x €

$$x\ € = \frac{900.000,00\ € \cdot 1.333.000,00\ €}{10.000.000,00\ €} \approx 120.000,00\ €$$

Die Anteile der übrigen Kostenstellen lassen sich entsprechend berechnen.

Den **kalkulatorischen Unternehmerlohn** verteilt Herr Berg nach Schätzung im Verhältnis 1 : 2 auf die beiden Kostenstellen „Fertigung" und „Verwaltung".

Kostenstellen-Gemeinkosten

In der letzten Zeile des Betriebsabrechnungsbogens werden die durch die Kostenstellen insgesamt verursachten Gemeinkosten ausgewiesen. In der Kostenstelle „Material" sind dies z. B. 263.000,00 €. Unterstellen wir annähernd gleiche Beschäftigung und unveränderte Verteilungsgrundlagen, so kann über diese Summen im Zeitvergleich der Kostenverbrauch in jeder Kostenstelle kontrolliert werden. Bei Abweichungen ist nach den Ursachen zu forschen (vgl. nähere Ausführungen auf Seite 268 f.).

5.1.2.3 Berechnung der Zuschlagssätze (Istzuschläge) im Betriebsabrechnungsbogen

Situation

Mit den im BAB ermittelten Kostenstellen-Gemeinkosten verfolgt Herr Berg nicht nur die Absicht, den Kostenverbrauch in den Kostenstellen zu kontrollieren. Letztlich will er erreichen, diese Gemeinkosten den verschiedenen Erzeugnissen, die die Kostenstellen beansprucht haben, anteilig zuzurechnen. Um dieses Ziel zu erreichen, wählt er folgendes Vorgehen:

❶ Er legt für die Gemeinkosten in jeder Kostenstelle eine geeignete **Zuschlagsgrundlage** fest, wobei er darauf achtet, dass zwischen der Zuschlagsgrundlage und den zu verrechnenden Stellen-Gemeinkosten eine **Abhängigkeit** besteht. Folgende Zuschlagsgrundlagen sind in der Praxis üblich:

❷

Kostenstellen-Gemeinkosten	Zuschlagsgrundlage
Materialgemeinkosten (MGK)	Fertigungsmaterial
Fertigungsgemeinkosten (FGK)	Fertigungslöhne
Verwaltungsgemeinkosten (VwGK)	Herstellkosten des Umsatzes
Vertriebsgemeinkosten (VtGK)	Herstellkosten des Umsatzes

Aus den Kostenstellen-Gemeinkosten und der Zuschlagsgrundlage berechnet Herr Berg den Kostenstellen-Zuschlagssatz.

❸ Zuschlagsgrundlagen und Zuschlagssätze trägt Herr Berg in den BAB ein.

Betriebsabrechnungsbogen
des Metallwerks Thomas Berg e. K., Stuttgart

Gemeinkostenarten	Zahlen der Betriebsergebnisrechnung	Verteilungsgrundlagen	Hauptkostenstellen I Material	II Fertigung	III Verwaltung	IV Vertrieb
Hilfsstoffaufw.	720.000,00	Entnahmesch.	–	680.000,00	–	40.000,00
Betr.-Stoffaufw.	85.000,00	Entnahmesch.	–	70.000,00	13.000,00	2.000,00
Gehälter	600.000,00	Gehaltsliste	60.000,00	150.000,00	340.000,00	50.000,00
Soziale Abg.	800.000,00	Lo.-/Geh.-Liste	10.000,00	600.000,00	180.000,00	10.000,00
Kalk. Abschr.	660.000,00	Anlagenwerte	40.000,00	500.000,00	80.000,00	40.000,00
Bürokosten	150.000,00	1 : 2 : 5 : 2	15.000,00	30.000,00	75.000,00	30.000,00
Werbung	205.000,00	Rechnungen	–	30.000,00	122.000,00	53.000,00
Betr. Steuern	180.000,00	Mitarbeiter	18.000,00	108.000,00	30.000,00	24.000,00
Kalk. Zinsen	900.000,00	betr.-notw. Kap.	120.000,00	562.000,00	112.000,00	106.000,00
Kalk. U.-Lohn	150.000,00	Schätzung	–	50.000,00	100.000,00	–
Summe der Gemeinkosten	**4.450.000,00**		**MGK 263.000,00**	**FGK 2.780.000,00**	**VwGK 1.052.000,00**	**VtGK 355.000,00**
		Zuschlagsgrundlagen	**Fertigungsmaterial (FM) 2.040.000,00**	**Fertigungslöhne (FL) 3.200.000,00**	**Herstellkosten des Umsatzes (HKdU) 8.008.000,00[1]**	
		Zuschl.-Sätze	**12,9 %**	**86,87 %**	**13,13 %**	**4,4 %**

Kostenstelle „Material"

Für die Gemeinkosten der Materialstelle bieten sich die **Einzelkosten** „Aufwendungen für Rohstoffe" (= **Fertigungsmaterial,** Konto 6000) als geeignete Zuschlagsgrundlage an, wobei unterstellt wird, dass die Höhe der Materialgemeinkosten von den in der Abrechnungsperiode verbrauchten Rohstoffen abhängig ist.

1 Berechnung siehe Seite 248

Berechnung der Zuschlagssätze (Istzuschläge) im Betriebsabrechnungsbogen

Berechnung des MGK-Zuschlagssatzes

$$\text{MGK-Zuschlagssatz} = \frac{\text{Materialgemeinkosten}}{\text{Fertigungsmaterial}} = \frac{263.000{,}00\ €}{2.040.000{,}00\ €} = \mathbf{12{,}89\ \%} \approx \mathbf{12{,}9\ \%}$$

siehe Prozentrechnung ➤ Kap. E, 1.3

Dieser Zuschlagssatz sagt aus, dass auf den gesamten Materialeinsatz ein **anteiliger Zuschlag für Materialgemeinkosten** von 12,9 % eingerechnet werden muss, um die gesamten Materialkosten zu erhalten:

Fertigungsmaterial (vgl. S. 224)	2.040.000,00 €
+ 12,9 % Materialgemeinkosten	263.000,00 €[1]
Materialkosten der Periode	**2.303.000,00 €**

Kostenstelle „Fertigung"

Für die Gemeinkosten der Fertigungsstelle bieten sich die **Einzelkosten Fertigungslöhne** (Konto 6200) als geeignete Zuschlagsgrundlage an, wobei unterstellt wird, dass die Höhe der Fertigungsgemeinkosten von den in der Abrechnungsperiode gezahlten Fertigungslöhnen abhängig ist.

Berechnung des FGK-Zuschlagssatzes

$$\text{FGK-Zuschlagssatz} = \frac{\text{Fertigungsgemeinkosten}}{\text{Fertigungslöhne}} = \frac{2.780.000{,}00\ €}{3.200.000{,}00\ €} = \mathbf{86{,}875\ \%} \approx \mathbf{86{,}87\ \%}$$

Dieser Zuschlagssatz sagt aus, dass auf die gesamten Fertigungslöhne ein **anteiliger Zuschlag für Fertigungsgemeinkosten** von 86,87 % eingerechnet werden muss, um die gesamten Fertigungskosten zu erhalten:

Fertigungslöhne (vgl. S. 224)	3.200.000,00 €
+ 86,87 % Fertigungsgemeinkosten	2.780.000,00 €[1]
Fertigungskosten der Periode	**5.980.000,00 €**

Kostenstellen „Verwaltung" und „Vertrieb"

Verwaltungs- und Vertriebsgemeinkosten sind in ihrer Höhe weder vom Fertigungsmaterial noch von den Fertigungslöhnen abhängig. Man kann aber davon ausgehen, dass die in einer Abrechnungsperiode angefallenen **Herstellkosten** eine geeignete Zuschlagsgrundlage ergeben, auf die sich die Verwaltungs- und Vertriebsgemeinkosten beziehen lassen. Bei dieser Überlegung lässt man sich weniger von der sachlichen Logik als vielmehr von der zugrunde liegenden Zuschlagskalkulation leiten, die in ihrem Aufbau der Gliederung des Betriebsabrechnungsbogens entspricht (s. S. 248).

Berechnung der Herstellkosten

Die Materialkosten und die Fertigungskosten sind im Rahmen der eigentlichen Herstellung der Erzeugnisse angefallen. Fasst man sie zusammen, erhält man die im Abrechnungszeitraum entstandenen **Herstellkosten der produzierten Erzeugnisse,** die auch als

Herstellkosten der Erzeugung

bezeichnet werden. Die Vertriebsgemeinkosten werden nicht durch die Herstellung der Erzeugnisse, sondern durch deren Absatz verursacht. Sie stehen daher auch nicht in Abhängigkeit zu den Herstellkosten der Erzeugung, sondern in Abhängigkeit zu den auf die abgesetzte Menge umgerechneten Herstellkosten der Erzeugung, den sog.

Herstellkosten des Umsatzes.

Die Herstellkosten des Umsatzes unterscheiden sich durch die **Bestandsveränderungen** an fertigen und unfertigen Erzeugnissen von den Herstellkosten der Erzeugung.

1 gerundet

Berechnung der Zuschlagssätze (Istzuschläge) im Betriebsabrechnungsbogen

Bei der Berechnung der Herstellkosten des Umsatzes sind drei Fälle zu unterscheiden:

- **Die Endbestände an unfertigen und fertigen Erzeugnissen stimmen mit den Anfangsbeständen überein.** Es wurden **alle im Abrechnungszeitraum hergestellten Erzeugnisse verkauft.** Die Herstellkosten der Erzeugung entsprechen daher denen des Umsatzes.
- **Die Endbestände an unfertigen und fertigen Erzeugnissen sind größer als die Anfangsbestände.** Es wurden also im Abrechnungszeitraum **mehr Erzeugnisse hergestellt als verkauft.** Die Herstellkosten des Umsatzes sind somit niedriger als die der Erzeugung. Der **Mehrbestand** muss daher von den Herstellkosten der Erzeugung **abgezogen** werden, um die Herstellkosten des Umsatzes zu erhalten.
- **Die Endbestände an unfertigen und fertigen Erzeugnissen sind kleiner als die Anfangsbestände.** Im Abrechnungszeitraum wurden **mehr Erzeugnisse verkauft als hergestellt.** Die Herstellkosten des Umsatzes sind höher als die der Erzeugung. Der **Minderbestand** muss den Herstellkosten der Erzeugung **zugerechnet** werden, um die Herstellkosten des Umsatzes zu ermitteln.

Berechnung der Herstellkosten (vgl. BAB S. 246):

Fertigungsmaterial	2.040.000,00 €	
+ Materialgemeinkosten	263.000,00 €	
= Materialkosten		**2.303.000,00 €**
Fertigungslöhne	3.200.000,00 €	
+ Fertigungsgemeinkosten	2.780.000,00 €	
= Fertigungskosten		**5.980.000,00 €**
Herstellkosten der Erzeugung		**8.283.000,00 €**
– **Mehrbestand** an FE		**275.000,00 €**
= Herstellkosten des Umsatzes		**8.008.000,00 €**

Verwaltungs- und Vertriebsgemeinkosten

Die Herstellkosten des Umsatzes in Höhe von 8.008.000,00 € werden als gemeinsame Zuschlagsgrundlage für die Verwaltungs- und Vertriebsgemeinkosten verwendet und in den BAB übernommen:

$$\textbf{VwGK-Zuschlagssatz} = \frac{\text{Verwaltungsgemeinkosten}}{\text{Herstellkosten d. Umsatzes}} = \frac{1.052.000{,}00\ €}{8.008.000{,}00\ €} \approx \mathbf{13{,}13\ \%}$$

$$\textbf{VtGK-Zuschlagssatz} = \frac{\text{Vertriebsgemeinkosten}}{\text{Herstellkosten d. Umsatzes}} = \frac{355.000{,}00\ €}{8.008.000{,}00\ €} = \mathbf{4{,}43\ \%} \approx \mathbf{4{,}4\ \%}$$

Einheitlicher Zuschlagssatz

Da die Verwaltungs- und die Vertriebsgemeinkosten von derselben Zuschlagsgrundlage berechnet werden, ist es zur Rechenvereinfachung möglich, beide Einzelzuschläge zu einem einheitlichen Zuschlagssatz zusammenzufassen. Im obigen Beispiel beträgt der einheitliche Zuschlagssatz **17,56 %**.

Istzuschlagssätze

Die zuvor errechneten Zuschlagssätze ergeben sich aus den tatsächlich angefallenen Einzelkosten und den im BAB errechneten Kostenstellen-Gemeinkosten. Es sind sog. **Istzuschlagssätze.** Sie können erst nach Ablauf einer Abrechnungsperiode aufgrund der in der KLR ausgewiesenen Einzel- und Gemeinkosten ermittelt werden. Istzuschlagssätze werden daher in der Regel nur für **Nachkalkulationen,** d. h. für Selbstkostenberechnungen nach Herstellung der Erzeugnisse, verwendet.

Die Anwendung der Zuschlagssätze zur Berechnung der **Selbstkosten der Kostenträger** – ausgehend von deren Einzelkosten – zeigen wir im Kapitel „5.2 Kostenträgerzeitrechnung".

Berechnung der Zuschlagssätze (Istzuschläge) im Betriebsabrechnungsbogen

Selbstkosten des Umsatzes

Aus den Zahlen des Betriebsabrechnungsbogens von Seite 246 lassen sich mithilfe des Kalkulationsschemas die **gesamten Selbstkosten der verkauften Erzeugnisse,** die auch Selbstkosten des Umsatzes genannt werden, für das abgelaufene Geschäftsjahr berechnen (= Gesamtkostenrechnung).

Pos.	Kalkulationsschema		
1.	Fertigungsmaterial (FM)	2.040.000,00 €	
2.	+ Materialgemeinkosten lt. BAB	263.000,00 €	
3.	= **Materialkosten**		**2.303.000,00 €**
4.	Fertigungslöhne (FL)	3.200.000,00 €	
5.	+ Fertigungsgemeinkosten lt. BAB	2.780.000,00 €	
6.	= **Fertigungskosten**		**5.980.000,00 €**
7.	Herstellkosten der Erzeugung (3. + 6.)		**8.283.000,00 €**
8.	– Mehrbestand an fertigen Erzeugnissen		275.000,00 €
9.	= **Herstellkosten des Umsatzes**		**8.008.000,00 €**
10.	+ Verwaltungsgemeinkosten lt. BAB		1.052.000,00 €
11.	+ Vertriebsgemeinkosten lt. BAB		355.000,00 €
12.	= **Selbstkosten des Umsatzes**		**9.415.000,00 €**

Selbstkosten der Erzeugung

Die Selbstkosten der Erzeugung, also die bei der Produktion insgesamt angefallenen Selbstkosten, betragen 9.690.000,00 € (vgl. Ergebnistabelle Seite 224) und sind damit um 275.000,00 € Mehrbestand höher als die um diesen Mehrbestand bereinigten Selbstkosten des Umsatzes (= 9.415.000,00 €).

Zusammenfassung

- Die tabellarische Kostenstellenrechnung heißt **Betriebsabrechnungsbogen (BAB).** Der BAB wird monatlich oder jährlich aufgestellt. Er ist senkrecht nach Gemeinkostenarten und waagerecht nach Kostenstellen gegliedert.
- Der **einfache BAB** ist nach den Kostenbereichen „Material", „Fertigung", „Verwaltung" und „Vertrieb" gegliedert.
- Die Summe der Gemeinkosten aus der Betriebsergebnisrechnung der Ergebnistabelle muss mit der Summe der im BAB ermittelten **Material-, Fertigungs-, Verwaltungs- und Vertriebsgemeinkosten** übereinstimmen.
- Der BAB hat folgende **Aufgaben:**
  - **Übernahme der Gemeinkostenarten** aus der Betriebsergebnisrechnung der Ergebnistabelle,
  - **Verteilung dieser Gemeinkosten** aufgrund von Belegen oder nach Schlüsseln auf die Kostenstellen, in denen sie entstanden sind,
  - **Errechnung von Zuschlagssätzen** für die Kostenträgerstück- und Kostenträgerzeitrechnung. Hierbei erhält jede Kostenstelle ihre besondere Zuschlagsgrundlage, auf die die Gemeinkosten dieser Stelle bezogen werden.
  - **Überwachung der Gemeinkosten** an den Stellen ihrer Entstehung (Kostenkontrolle und Kontrolle der Wirtschaftlichkeit).
- Die **Herstellkosten der Erzeugung** und die **Herstellkosten des Umsatzes** unterscheiden sich durch den **Mehr- oder Minderbestand** an fertigen und unfertigen Erzeugnissen voneinander:

  Herstellkosten der Erzeugung
  + Bestandsminderungen an fertigen und unfertigen Erzeugnissen
  – Bestandsmehrungen an fertigen und unfertigen Erzeugnissen
  = Herstellkosten des Umsatzes

236 **Betriebsabrechnungsbogen**

Kostenarten	Kosten insgesamt	I Material	II Fertigung	III Verwaltung	IV Vertrieb
insgesamt	276.000,00	24.500,00	168.000,00	51.000,00	32.500,00

Einzelkosten

Fertigungsmaterial .... 440.000,00 €
Fertigungslöhne .... 123.000,00 €

Bestandsveränderungen

Mehrbestand an unfertigen Erzeugnissen .... 40.000,00 €
Minderbestand an fertigen Erzeugnissen .... 15.000,00 €

1. *Ermitteln Sie die Herstellkosten des Umsatzes.*
2. *Berechnen Sie die Istzuschlagssätze.*
3. *Führen Sie eine Gesamtkalkulation durch.*

237 Die Betriebsergebnisrechnung eines Industriebetriebes weist für den Monat April folgende Kosten aus:

	€		€
Fertigungsmaterial	49.600,00	Gehälter	32.800,00
Hilfsstoffe	11.500,00	Soziale Abgaben	19.500,00
Betriebsstoffe	2.600,00	Abschreibungen	8.600,00
Fertigungslöhne	61.000,00	Betriebssteuern	4.400,00
Hilfslöhne	18.000,00	Sonstige betr. Aufwend.	10.700,00

Stellen Sie den Betriebsabrechnungsbogen nach folgendem Verteilungsschlüssel auf:

Kostenart	I Material	II Fertigung	III Verwaltung	IV Vertrieb
Hilfsstoffe	200,00	10.700,00	–	600,00
Betriebsstoffe	240,00	1.820,00	360,00	180,00
Hilfslöhne	1.390,00	15.730,00	280,00	600,00
Gehälter	1.600,00	5.400,00	15.300,00	10.500,00
Soz. Abgaben	650,00	10.550,00	5.940,00	2.360,00
Abschreibungen **nach Anlagewerten zu verteilen**	**4.000.000,00**	**6.000.000,00**	**2.000.000,00**	**1.000.000,00**
Betriebssteuern	–	3 :	1	–
Sonst. Aufwendungen	1.260,00	2.240,00	5.300,00	1.900,00

1. *Berechnen Sie die Herstellkosten des Umsatzes (Minderbestand an unfertigen Erzeugnissen 4.500,00 €, Mehrbestand an fertigen Erzeugnissen 6.200,00 €).*
2. *Berechnen Sie mithilfe des BAB die vier Gemeinkostenzuschlagssätze.*
3. *Ermitteln Sie die Selbstkosten des Umsatzes für den Abrechnungszeitraum.*
4. *Wie hoch ist das Betriebsergebnis für den Abrechnungszeitraum, wenn die Umsatzerlöse 250.000,00 € betragen?*
5. *Ermitteln Sie die Selbstkosten für je einen Kostenträger A und B. Die Einzelkosten betragen für Kostenträger A: Fertigungsmaterial 100,00 €, Fertigungslöhne 50,00 €; für Kostenträger B: Fertigungsmaterial 300,00 €, Fertigungslöhne 120,00 €.*

In die Kostenstellenrechnung eines Industriebetriebes gehen für den Monat Dezember folgende Zahlen aus der Betriebsergebnisrechnung (BER) ein: 238

Kostenarten	Zahlen der BER	I Material	II Fertigung	III Verwaltung	IV Vertrieb
Hilfsstoffaufw.	162.500,00	3.500,00	145.200,00	4.500,00	9.300,00
Betr.-Stoffaufw.	17.650,00	2.800,00	9.000,00	4.200,00	1.650,00
Hilfslöhne	152.800,00	13.400,00	121.400,00	8.200,00	9.800,00
Gehälter	199.400,00	18.500,00	33.400,00	108.900,00	38.600,00
Soz. Abgaben	153.500,00	9.800,00	89.700,00	32.600,00	21.400,00
Kalk. Abschr.			(vgl. unten!)		
Kalk. Zinsen			(vgl. unten!)		
Betriebssteuern	90.500,00	–	71.600,00	18.900,00	–
Miete	120.000,00		(vgl. unten!)		
Büro/Werbung	70.800,00	6.800,00	23.400,00	31.500,00	9.100,00
Versicherungen	31.200,00		(vgl. unten!)		
Kalk. Abschr.	Verteilung nach Verhältniszahlen	1	6	2	1
Kalk. Zinsen	Verteilung nach Verhältniszahlen	1,5	5	2	1,5
Miete	Verteilung **nach Fläche**	200 m²	600 m²	120 m²	80 m²
Versicherungen	Verteilung **nach Anlagewert** je Kostenbereich	**200.000,00**	**1.200.000,00**	**400.000,00**	**200.000,00**

		€
Kalkulatorische Abschreibungen **je Jahr:**		
auf 0530	1,5 % von Anschaffungskosten	2.400.000,00
auf 0700	15,0 % von Wiederbeschaffungskosten	1.000.000,00
auf 0800	10,0 % von Wiederbeschaffungskosten	540.000,00
Kalkulatorische Zinsen **je Jahr:**		
6 % vom betriebsnotwendigen Kapital		4.500.000,00
Minderbestand an unfertigen Erzeugnissen		25.660,00
Mehrbestand an fertigen Erzeugnissen		31.405,00
Fertigungsmaterial		513.500,00
Fertigungslöhne		413.380,00

1. *Vervollständigen Sie den Betriebsabrechnungsbogen.*
2. *Berechnen Sie die Herstellkosten des Umsatzes und die Selbstkosten des Abrechnungszeitraumes.*
3. *Ermitteln Sie die vier Gemeinkostenzuschlagssätze.* ■

239

1. *Welche Aufgaben erfüllt der Betriebsabrechnungsbogen?*
2. *Wozu dient die Errechnung von Ist-Zuschlagssätzen?*
3. *Nach welchem Gesichtspunkt werden die Zuschlagsgrundlagen für die Stellengemeinkosten ausgewählt?*
4. *Wodurch unterscheiden sich die Herstellkosten der Erzeugung von den Herstellkosten des Umsatzes?*
5. *Begründen Sie, dass eine Bestandsmehrung von den Herstellkosten der Erzeugung abzuziehen, eine Bestandsminderung zu den Herstellkosten hinzuzuzählen ist.*
6. *Welche Aufgabe erfüllt die Gesamtkostenrechnung, die für eine zurückliegende Abrechnungsperiode aufgestellt wird?* ■

5.1.3 Erweiterter und mehrstufiger Betriebsabrechnungsbogen

Situation

Unternehmer Berg ist mit der Aussagefähigkeit des Betriebsabrechnungsbogens in der einfachen Form nicht zufrieden (vgl. S. 246). Zum einen weist der BAB nur einen Kostenbereich „Fertigung" aus, sodass der Gemeinkostenverbrauch einzelner Fertigungsabteilungen nicht erkennbar ist und gezielte Kostenkontrollen nicht möglich sind. Herr Berg will daher die in seinem Unternehmen bestehenden Fertigungsabteilungen als **Fertigungshauptstellen (FHS,** vgl. S. 241) in den BAB einführen:

FHS I: Stanzen/Schneiden	**FHS III: Bohren/Entgraten**
FHS II: Pressen/Biegen	**FHS IV: Lackieren/Montieren**

Zum anderen will Herr Berg die Abteilung **„Arbeitsvorbereitung"** als gesonderte **Fertigungshilfsstelle** (vgl. S. 241) im BAB führen, da diese Abteilung die Fertigungsplanung und Fertigungssteuerung für alle Fertigungshauptstellen leistet.

Zusätzlich plant er den **„Fuhrpark"** zu einer selbstständigen Kostenstelle im BAB zu machen. Da diese Abteilung für alle anderen Abteilungen im Unternehmen Dienste erbringt, wird sie im BAB als **Allgemeine Kostenstelle** (vgl. S. 241) geführt.

Der so von Herrn Berg gestaltete (erweiterte und mehrstufige) BAB hat das nachfolgende Aussehen. In diesem BAB wurden alle Gemeinkosten nach den vorliegenden Belegen und Schlüsseln bereits auf die Kostenstellen verteilt.

Erweiterter und mehrstufiger Betriebsabrechnungsbogen mit Istgemeinkosten und Istzuschlägen

Gemeinkostenarten	Zahlen der Betriebsergebnisrechnung	❸ AKS: Fuhrpark	Materialstelle	❷ HiKS: Arbeitsvorbereitung	❶ Fertigungshauptstellen I Stanzen/Schneid.	II Pressen/Biegen	III Bohren/Entgrat.	IV Lackier./Montier.	Verwaltungsstelle	Vertriebsstelle
Hilfsstoffaufw.	720.000	10.000	–	20.000	220.000	150.000	160.000	130.000	–	30.000
Betr.-Stoffaufw.	85.000	45.000	–	–	15.000	10.000	5.000	5.000	5.000	–
Gehälter	600.000	50.000	40.000	10.000	30.000	30.000	30.000	30.000	340.000	40.000
Soziale Abg.	800.000	50.000	20.000	30.000	170.000	110.000	125.000	100.000	180.000	15.000
Kalk. Abschr.	660.000	50.000	35.000	20.000	150.000	100.000	110.000	95.000	65.000	35.000
Bürokosten	150.000	5.000	10.000	10.000	5.000	5.000	5.000	5.000	75.000	30.000
Werbung	205.000	15.000	–	10.000	5.000	5.000	5.000	5.000	120.000	40.000
Betr. Steuern	180.000	10.000	18.000	–	25.000	25.000	25.000	25.000	30.000	22.000
Kalk. Zinsen	900.000	35.000	110.000	15.000	170.000	120.000	140.000	110.000	107.000	93.000
Kalk. U.-Lohn	150.000	–	–	10.000	10.000	12.500	12.500	5.000	100.000	–
Summe der Gemeinkosten	**4.450.000**	**270.000**	**233.000**	**125.000**	**800.000**	**567.500**	**617.500**	**510.000**	**1.022.000**	**305.000**
❹ Umlage AKS Fuhrpark		→	30.000	10.000	30.000	30.000	30.000	20.000	70.000	50.000
Zwischensumme			263.000	**135.000**	830.000	597.500	647.500	530.000	1.092.000	355.000
❺ Umlage HiKS Arb.-Vorb.			–	→	45.000	30.000	30.000	30.000	–	–
Stellengemeinkosten			**263.000**	**–**	**875.000**	**627.500**	**677.500**	**560.000**	**1.092.000**	**355.000**
Zuschlagsgrundlagen			**FM 2.040.000**	**–**	**FL 776.000**	**FL 740.000**	**FL 862.500**	**FL 821.500**	**HK des Umsatzes 7.968.000**	
Istzuschlagssätze			**12,9 %**		**112,76 %**	**84,8 %**	**78,55 %**	**68,17 %**	**13,71 %**	**4,46 %**

Erläuterungen zum obigen Betriebsabrechnungsbogen:

❶ **Fertigungshauptstellen.** Im obigen BAB ist der Fertigungsbereich gegenüber dem BAB von Seite 246 nach den typischen Arbeitsvorgängen im Unternehmen Berg in vier eigenständige Fertigungshauptstellen unterteilt worden. Dadurch hat Herr Berg eine ausreichend tiefe Gliederung des Fertigungsprozesses erreicht, sodass aussagefähige Kostenkontrollen im Zeitvergleich möglich werden.

Erweiterter und mehrstufiger Betriebsabrechnungsbogen

In Betrieben mit einem nach Abteilungen gegliederten Fertigungsprozess wird zweckmäßigerweise für jede Fertigungsabteilung eine besondere Kostenstelle im BAB eingerichtet, die sog. Fertigungshauptstelle. Jede Fertigungshauptstelle gilt als **selbstständige Kostenstelle mit eigener Zuschlagsgrundlage und eigenem Gemeinkostenzuschlagssatz (= erweiterter BAB).**

❷ **Fertigungshilfsstelle.** Im nebenstehenden BAB ist die Arbeitsvorbereitung als Fertigungshilfsstelle eingerichtet. Das ist zweckmäßig, weil diese Stelle Aufgaben für alle Fertigungsabteilungen übernimmt. Die in ihr gesammelten Gemeinkosten lassen sich also nicht direkt einer der Fertigungshauptstellen zuweisen.

Fertigungshilfsstellen sind den Fertigungshauptstellen vorgeordnet. Zu den Abteilungen, die Hilfsdienste für die Fertigung leisten, gehören z. B. die technische Betriebsleitung, die Arbeitsvorbereitung, das Konstruktionsbüro, die Reparaturwerkstatt, die Lehrwerkstatt. Die Fertigungshilfsstellen geben die bei ihnen erfassten Gemeinkosten nach einem intern ermittelten Verteilungsschlüssel an die Fertigungshauptstellen ab.

❸ **Allgemeine Kostenstelle (= AKS).** Im nebenstehenden BAB ist die Abteilung Fuhrpark als Allgemeine Kostenstelle eingerichtet. Dadurch kann Herr Berg die durch diese Abteilung verursachten Kosten korrekt erfassen und entlastet zunächst die anderen Kostenstellen von abteilungsfremden Kosten.

Allgemeine Kostenstellen sind vorgeordnete Kostenstellen. Sie erfassen die Gemeinkosten, die das **Unternehmen insgesamt** betreffen, d. h., diese Kostenstellen leisten für alle nachgeordneten Abteilungen des Unternehmens Dienste. Die in ihnen erfassten Gemeinkosten sind also nach einem intern zu ermittelnden Verteilungsschlüssel auf alle Kostenstellen umzulegen, für die die Allgemeinen Kostenstellen Dienste erbracht haben (= betriebsinterne Kostenverrechnung). Für folgende Betriebsabteilungen können Allgemeine Kostenstellen im BAB eingerichtet werden: Sozialeinrichtungen, Werkschutz, Fuhrpark, Energieversorgung u. a.

Betriebsinterne Kostenverrechnung

Mit der Erfassung von Gemeinkosten in den Allgemeinen Kostenstellen und den Hilfskostenstellen erreicht Herr Berg vorrangig eine Kontrolle der Kosten. **Für Kalkulationszwecke legen diese Kostenstellen ihre Gemeinkosten auf die nachgeordneten Kostenstellen um,** die von den Allgemeinen Kostenstellen und den Hilfskostenstellen Dienste empfangen haben **(= mehrstufiger BAB).** Diese Umlage geschieht nach dem Umfang der beanspruchten Dienste; sie wird im BAB nach einem verursachungsgerechten Schlüssel vorgenommen und geschieht in der **Reihenfolge:**

❹ **Zunächst legen die Allgemeinen Kostenstellen ihre Gemeinkosten auf die nachgeordneten Kostenstellen um.**

❺ **Danach legen die Fertigungshilfsstellen ihre Gemeinkosten auf die Fertigungshauptstellen um.**

Beispiel

Im nebenstehenden BAB wurden die Gemeinkosten der Allgemeinen Kostenstelle „Fuhrpark" nach dem Verteilungsschlüssel **3 : 1 : 3 : 3 : 3 : 2 : 7 : 5** auf alle nachgeordneten Kostenstellen verteilt. **Danach** erfolgte die Verteilung der Gemeinkosten der Hilfskostenstelle „Arbeitsvorbereitung" auf die vier nachgeordneten Fertigungshauptstellen nach dem Schlüssel **3 : 2 : 2 : 2.**

Kontrollieren Sie die Verteilung im BAB (vgl. S. 252).

Istzuschlagssätze im erweiterten BAB

Nachdem die interne Kostenverrechnung abgeschlossen ist, zeigt der BAB die **Stellengemeinkosten** für die Materialstelle, die vier Fertigungshauptstellen sowie für die Verwaltungsstelle und die Vertriebsstelle. Zur Berechnung der Istzuschlagssätze stehen diesen Stellengemeinkosten folgende **Einzelkosten** als Zuschlagsgrundlagen gegenüber:

Erweiterter und mehrstufiger Betriebsabrechnungsbogen

Materialstelle:	**Fertigungsmaterial gemäß Betriebsergebnisrechnung**
FHS „Stanzen/Schneiden“:	**Fertigungslöhne gemäß Lohnzettel**
FHS „Pressen/Biegen“:	**Fertigungslöhne gemäß Lohnzettel**
FHS „Bohren/Entgraten“:	**Fertigungslöhne gemäß Lohnzettel**
FHS „Lackieren/Montieren“:	**Fertigungslöhne gemäß Lohnzettel**
Verwaltungsstelle:	**Herstellkosten des Umsatzes gemäß Kalkulation**
Vertriebsstelle:	**Herstellkosten des Umsatzes gemäß Kalkulation**

Berechnung der Herstellkosten des Umsatzes – als Zuschlagsgrundlage für die Verwaltungs- und Vertriebsgemeinkosten – und der **Selbstkosten des Umsatzes** aus den Zahlen des erweiterten BAB (vgl. S. 252):

Kalkulationsschema		
Fertigungsmaterial	2.040.000,00 €	
+ Materialgemeinkosten	263.000,00 €	
= **Materialkosten**		**2.303.000,00 €**
Fertigungslöhne FHS I	776.000,00 €	
+ Fertigungsgemeinkosten FHS I	875.000,00 €	
= **Fertigungskosten FHS I**		**1.651.000,00 €**
Fertigungslöhne FHS II	740.000,00 €	
+ Fertigungsgemeinkosten FHS II	627.500,00 €	
= **Fertigungskosten FHS II**		**1.367.500,00 €**
Fertigungslöhne FHS III	862.500,00 €	
+ Fertigungsgemeinkosten FHS III	677.500,00 €	
= **Fertigungskosten FHS III**		**1.540.000,00 €**
Fertigungslöhne FHS IV	821.500,00 €	
+ Fertigungsgemeinkosten FHS IV	560.000,00 €	
= **Fertigungskosten FHS IV**		**1.381.500,00 €**
Herstellkosten der Erzeugung		**8.243.000,00 €**
– **Mehrbestand** an FE		**275.000,00 €**
= **Herstellkosten des Umsatzes**		**7.968.000,00 €**
+ Verwaltungsgemeinkosten		1.092.000,00 €
+ Vertriebsgemeinkosten		355.000,00 €
= **Selbstkosten des Umsatzes**		**9.415.000,00 €**

Auswertung: Im Vergleich zum BAB von Seite 246 zeigen die Istzuschlagssätze im obigen BAB zum Teil erhebliche Abweichungen. Materialstelle und Vertriebsstelle haben mit 12,9 % bzw. 4,46 % den gleichen Zuschlagssatz, die Verwaltungsstelle hat mit 13,71 % gegenüber 13,1 % einen geringfügig abweichenden Zuschlagssatz. Hier haben die Umlagen der Gemeinkosten aus der Allgemeinen Kostenstelle und der Fertigungshilfsstelle zu erhöhten Stellengemeinkosten geführt. Besonders auffällig sind die Abweichungen im Fertigungsbereich: Gegenüber einem Gesamtzuschlagssatz von 86,87 % zeigen die Fertigungshauptstellen Zuschlagssätze zwischen rund 68 % und 113 %. Hier zeigt sich die sehr **unterschiedliche Kostenstruktur** zwischen Einzelkosten (= Fertigungslöhnen) und Stellengemeinkosten in den Fertigungshauptstellen. Beispielsweise lässt sich der Zuschlagssatz von 68,17 % in der FHS „Lackieren/Montieren“ so interpretieren, dass in dieser Abteilung der Anteil der Fertigungslöhne im Verhältnis zu den Gemeinkosten sehr hoch ist; d. h., diese Abteilung ist wesentlich **lohnintensiver** als die FHS „Stanzen/Schneiden“ mit einem Zuschlagssatz von 112,76 %. Diese Unterschiede werden in den nachfolgenden Kalkulationen berücksichtigt (vgl. Kapitel „5.3 Kostenträgerstückrechnung“, S. 277 f.).

6458254

Die Kostenstellenrechnung eines Industriebetriebes enthält nach der Verteilung der Gemeinkosten folgende Zahlen: **240**

Gemein-kosten-arten	Material-stelle	Fertigungshauptstellen			Montage	Ver-waltungs-stelle	Vertriebs-stelle
		Dreherei	Bohrerei	Fräserei			
insgesamt	5.200,00	57.600,00	27.500,00	22.500,00	31.500,00	79.200,00	25.200,00
Zuschlags-grundlagen	65.000,00	48.000,00	25.000,00	18.000,00	35.000,00	**Herstellkosten des Umsatzes**	

1. *Errechnen Sie die Zuschlagssätze für jede Kostenstelle.*
2. *Ermitteln Sie die Selbstkosten des Abrechnungsmonats, wenn ein Minderbestand in Höhe von 24.700,00 € zu berücksichtigen ist.* ■

Vervollständigen Sie den BAB unter Anwendung der vorgegebenen Schlüsselzahlen: **241**

Gemeinkosten-arten	Zahlen der BER	Material-stelle	Fertigungshauptstellen		Ver-waltungs-stelle	Vertriebs-stelle
			I	II		
Hilfsstoffe	12.150,00	750,00	5.000,00	6.000,00	150,00	250,00
Hilfslöhne	70.400,00	1.500,00	32.900,00	34.500,00	1.000,00	500,00
Gehälter	180.700,00	4.700,00	38.000,00	25.000,00	92.000,00	21.000,00
Soziale Abgaben, zu verteilen **nach Löhnen, Gehältern**	80.000,00	**18.094,50**	**126.661,50**	**108.567,00**	**162.850,50**	**36.189,00**
Abschreibungen	78.000,00	2.000,00	33.500,00	28.000,00	8.000,00	6.500,00
Steuern	110.000,00	2 :	3 :	2 :	3 :	1
Übrige Kosten	24.000,00	1 :	2 :	2 :	3 :	2
Fertigungsmaterial: **Fertigungslöhne:**		290.800,00	114.825,00	86.437,50	**Herstellkosten des Umsatzes**	

1. *Errechnen Sie die Istzuschlagssätze.*
2. *Bestimmen Sie die Selbstkosten des Abrechnungsmonats (Mehrbestand: 30.912,50 €).* ■

242

1. *Aus welchem Grund ist die Aufteilung des Fertigungsbereichs in Fertigungshauptstellen zweckmäßig?*
2. *Gegen welche Grundsätze darf bei der Einrichtung der Fertigungshauptstellen nicht verstoßen werden?*
3. *Berechnen Sie die Selbstkosten des Abrechnungsmonats.*

Fertigungsmaterial	124.000,00 €
Fertigungslöhne I	86.500,00 €
Fertigungslöhne II	67.300,00 €
Fertigungslöhne III	78.400,00 €
Materialgemeinkostenzuschlag	12 %
Fertigungsgemeinkostenzuschlag I	110 %
Fertigungsgemeinkostenzuschlag II	140 %
Fertigungsgemeinkostenzuschlag III	90 %
Minderbestand an unfertigen Erzeugnissen	48.000,00 €
Mehrbestand an fertigen Erzeugnissen	83.500,00 €
Verwaltungsgemeinkostenzuschlag	24 %
Vertriebsgemeinkostenzuschlag	8 %

AUFGABEN

243 Zur Aufstellung eines BAB werden folgende Zahlen der Betriebsergebnisrechnung der Ergebnistabelle entnommen:

Gemeinkostenarten	€	Verteilungsgrundlagen
1. Hilfsstoffaufwand	32.000,00	Rechnungen (direkt)
2. Hilfslöhne	157.000,00	Lohnlisten (direkt)
3. Soziale Abgaben	130.000,00	Lohn- und Gehaltslisten (direkt)
4. Instandhaltung	88.000,00	Kostenstellen (Schlüsselzahlen)
5. Reisekosten	45.000,00	Schätzung (Schlüsselzahlen)
6. Büromaterial	110.000,00	Rechnungen (direkt)
7. Gehälter	561.000,00	Gehaltslisten (direkt)
8. Betriebssteuern	36.000,00	Beschäftigtenzahl (s. u.)
9. Abschreibungen	151.500,00	Anlagenkartei **(Aufteilung nach Anlagewerten, s. u.)**

Der Betrieb hat nachstehende Kostenstellen eingerichtet:

Allgemeine Kostenstellen:	I	Wasserversorgung
	II	Kraftzentrale
Hauptkostenstelle:	III	Materialstelle
Hilfskostenstelle:	IV	Fertigungshilfsstelle
Hauptkostenstellen:	V	Fertigungshauptstelle A
	VI	Fertigungshauptstelle B
	VII	Fertigungshauptstelle C
	VIII	Verwaltungsstelle
	IX	Vertriebsstelle

1. *Stellen Sie einen BAB für die neun Kostenstellen nach folgenden Angaben auf:*

Gem.-kosten-art	Kostenstellen								
	I	II	III	IV	V	VI	VII	VIII	IX
1.	4.000	5.000	4.000	2.000	5.000	6.000	3.000	1.000	2.000
2.	18.500	16.600	5.800	6.400	38.100	30.600	33.000	–	8.000
3.	7.300	5.200	11.200	7.500	10.900	18.200	21.400	23.700	24.600
4.	1 :	2 :	1 :	5 :	2 :	3 :	4 :	1 :	1
5.	3 :	2 :	1 :	2 :	1 :	2 :	2 :	1 :	1
6.	2.400	2.200	15.900	2.100	3.100	3.200	4.100	43.600	33.400
7.	34.100	24.900	54.800	34.800	52.200	76.100	89.900	93.200	101.000
8.	5 :	5 :	10 :	20 :	20 :	20 :	35 :	25 :	10
9.	**238.500**	**58.500**	**46.500**	**33.000**	**511.500**	**654.000**	**499.500**	**198.000**	**33.000**

2. *Legen Sie die Gemeinkosten der Allgemeinen Kostenstelle „Wasserversorgung" auf die anderen Kostenstellen in folgendem Verhältnis um:*
   3 : 2 : 3 : 4 : 2 : 2 : 2 : 2
   Anschließend verteilen Sie die Gemeinkosten der Allgemeinen Kostenstelle „Kraftzentrale" auf die restlichen Kostenstellen im Verhältnis:
   1 : 2 : 3 : 3 : 3 : 2 : 1
3. *Die Gemeinkosten der Fertigungshilfsstelle sind auf die drei Fertigungshauptstellen im Verhältnis* 1 : 1 : 2 *zu verteilen.*
4. *Errechnen Sie die Zuschlagssätze für die Gemeinkosten.*

Fertigungsmaterial	300.000,00 €
Fertigungslöhne A	150.000,00 €
Fertigungslöhne B	180.000,00 €
Fertigungslöhne C	200.000,00 €

   Bestandsveränderungen sind nicht zu berücksichtigen. ■

244

Die Kostenartenrechnung für den Monat Juli weist folgende Kosten aus:

	Kostenarten	€
variable Kosten	1. Fertigungsmaterial	630.000,00
	2. Fertigungslöhne	480.000,00
teilfixe Kosten	3. Gemeinkostenmaterial	70.000,00
	4. Hilfslöhne	120.000,00
	5. Sozialkosten	175.000,00
	6. Strom, Gas, Wasser	30.000,00
	7. Reparaturen	80.000,00
	8. Bürokosten	60.000,00
	9. Werbung	40.000,00
fixe Kosten	10. Gehälter	180.000,00
	11. Gewerbesteuer	10.000,00
	12. Versicherungen	5.000,00
	13. Kalkulatorische Abschreibungen	95.000,00
	14. Kalkulatorische Zinsen	45.000,00
	15. Kalkulatorischer Unternehmerlohn	15.000,00

Im BAB werden folgende Kostenstellen geführt:

Allg. Kostenstellen: I Grundstücke/Gebäude
II Fuhrpark
Hauptkostenstelle: III Materialstelle
Hilfskostenstellen: IV Arbeitsvorbereitung
V Entwicklung

Hauptkostenstellen:
VI Schweißerei
VII Dreherei
VIII Montage
IX Verwaltungsstelle
X Vertriebsstelle

1. *Erstellen Sie den BAB und ermitteln Sie die Zuschlagssätze:*

Kosten-art	Kostenstellen									
	I	II	III	IV	V	VI	VII	VIII	IX	X
1.			630.000							
2.						220.000	160.000	100.000		
3.	–	5.000	–	–	5.000	25.000	25.000	10.000	–	–
4.	–	20.000	10.000	5.000	5.000	35.000	20.000	15.000	–	10.000
5.	5.000	15.000	10.000	10.000	20.000	40.000	20.000	10.000	40.000	5.000
6.	5.000	2.000	1.000	1.000	2.000	10.000	5.000	2.000	1.000	1.000
7.	10.000	8.000	–	–	–	32.000	25.000	3.000	–	2.000
8.	–	–	4.000	9.000	3.000	–	–	–	44.000	–
9.	–	–	–	–	–	–	–	–	–	40.000
10.	–	5.000	15.000	25.000	15.000	13.000	15.000	10.000	60.000	22.000
11.	–	–	–	–	–	–	–	–	10.000	–
12.	3 :	–	1 :	–	–	1 :	–	–	–	–
13.	3 :	1 :	1 :	–	–	5 :	4 :	2 :	2 :	1
14.	2	–	1 :	–	1 :	2 :	1 :	1 :	1 :	–
15.	–	–	–	–	–	–	–	–	4	1

Umlage Grundstücke/Gebäude: 1 : 1 : 0 : 0 : 2 : 1 : 1 : 1 : 1; Umlage Fuhrpark: 2 : 0 : 0 : 0 : 0 : 0 : 4 : 5; Umlage Arbeitsvorbereitung: 0 : 2 : 2 : 1 : 0 : 0; Umlage Entwicklung: 4 : 4 : 3 : 0 : 0. Bestandsveränderungen sind nicht zu berücksichtigen.

2. *Bei einer Monatsproduktion von 18 000 Stück konnte das Produkt zu einem Preis von 120,00 € je Stück verkauft werden.*
   Prüfen Sie, ob Gewinn erzielt wurde und wie hoch ggf. der Gewinn war.
3. *Auf wie viel € je Stück könnte der Unternehmer zur Absatzstabilisierung vorübergehend den Preis senken, wenn er*
   a) *auf den Gewinn verzichtet (volle Kostendeckung),*
   b) *auf den Ersatz von 40 % der fixen Kosten verzichtet?*

5.1.4 Maschinenplatz als Kostenstelle im Betriebsabrechnungsbogen

Situation

Unternehmer Berg plant für das kommende Geschäftsjahr die veraltete Lackier- und Trockeneinrichtung durch eine automatische Lackier- und Trockenanlage zu ersetzen. Diese kapitalintensive Anlage soll als eigenständige Fertigungshauptstelle, als sog. **Maschinenplatz,** im BAB eingerichtet werden, um die hier anfallenden Fertigungsgemeinkosten genau erfassen zu können. Da nicht alle Fertigungsgemeinkosten durch den Maschineneinsatz verursacht werden – z. B. ist die Montage in diese Hauptkostenstelle integriert –, ist es zweckmäßig, die Fertigungsgemeinkosten wie folgt aufzuteilen:

Fertigungsgemeinkosten des Maschinenplatzes „Lackierautomat"		
maschinenabhängige Fertigungsgemeinkosten (vgl. S. 259)		**Restgemeinkosten** (vgl. S. 260)
variable Gemeinkosten	**fixe** Gemeinkosten	
Zuschlagsgrundlage: Maschinenlaufzeit in Stunden		**Zuschlagsgrundlage: Fertigungslöhne**

Mit dieser Aufteilung kann Herr Berg zum einen aus den **maschinenabhängigen Fertigungsgemeinkosten** und der **Maschinenlaufzeit** den sog. **Maschinenstundensatz** berechnen (vgl. S. 259), den er in der Kalkulation verwenden will. Zum anderen kann er die **Restgemeinkosten** wie bisher in Beziehung zu den **Fertigungslöhnen** bringen und einen **Kostenstellen-Zuschlagssatz** berechnen (vgl. S. 260).

Gründe für die Einrichtung des Maschinenplatzes als Kostenstelle

Die Fertigungsgemeinkosten weisen in der Regel nur eine geringe oder gar keine Abhängigkeit von den Fertigungslöhnen auf. Sie werden vielmehr durch den **Einsatz von Maschinen** verursacht (z. B. Platzkosten, Abschreibungen, kalkulatorische Zinsen, Reparaturen, Wartung) und von der **Maschinenlaufzeit** beeinflusst (z. B. Betriebsstoff- und Energiekosten). Allgemein gilt, dass

- mit fortschreitender Mechanisierung und Automatisierung der Fertigungsprozesse die **Fertigungsgemeinkosten zunehmen,**
- der **Anteil der Fertigungslöhne** an den Fertigungskosten **ständig zurückgeht.** So ist es zu erklären, dass Industriebetriebe teilweise mit 300 % oder 400 % Zuschlag für die Fertigungsgemeinkosten auf die Fertigungslöhne rechnen müssen.
- die **Fertigungsgemeinkosten mehr und mehr in Abhängigkeit zum Maschineneinsatz** geraten.

So ist es verständlich, dass nicht mehr die Fertigungslöhne als alleinige Zuschlagsgrundlage für die Fertigungsgemeinkosten verwendet werden, sondern z. B. auch Maschinenstunden. Das ist aber nur möglich, wenn es gelingt, die von der Maschinenanlage verursachten Fertigungsgemeinkosten möglichst genau und vollständig zu erfassen.

Abhängigkeit des Maschinenstundensatzes von der Maschinenlaufzeit

Der Maschineneinsatz wird im Industriebetrieb so geplant, dass die maschinen-, auftrags- und personalbedingten Ausfallzeiten möglichst gering sind (= Normalbeschäftigung). Weichen die tatsächlichen Maschinenlaufstunden in einem Monat von den geplanten ab, so hat das wegen der in den Fertigungsgemeinkosten enthaltenen **fixen Kostenanteile** Auswirkungen auf die Höhe des Maschinenstundensatzes: Fixe Maschinenkosten würden bei **Unterschreitung** der geplanten Maschinenlaufstunden den Maschinenstundensatz **erhöhen.**

6458258

Beispiel

Im Unternehmen Berg wird ein Teil der **jährlichen maschinenabhängigen Fertigungsgemeinkosten** für die FHS „Lackierautomat/Montage" nach folgenden Angaben ermittelt. Die weiteren Gemeinkosten werden im Beispiel vorgegeben.

❶ **Betriebsstoffe:** Maschinenleistung 40 kW, Arbeitspreis 0,12 €/kWh, Grundgebühr 80,00 €/Monat. Sonstige Betriebsstoffkosten je Monat 750,00 €. Davon sind 250,00 € fix.

❷ **Abschreibung:** Anschaffungskosten (AK) 800.000,00 €; Wiederbeschaffungskosten 850.000,00 €; Nutzungsdauer 10 Jahre; lineare Abschreibung.

❸ **Platzkosten:** Standfläche der Anlage 80 m²; kalkulatorische Gebäudeabschreibung 75,00 €/m² monatlich; Reparatur- und Wartungskosten jährlich 15.000,00 €; Werkzeugkosten jährlich 5.400,00 €.

❹ **Zinsen:** 12 % jährliche kalkulatorische Verzinsung der AK. Um zu jährlich gleich hohen Zinskosten zu gelangen, werden die **halben AK** zugrunde gelegt.

❺ **Maschinenlaufstunden:** In einer 40-stündigen Arbeitswoche läuft die Anlage durchschnittlich 37,5 Stunden; 2,5 Stunden sind erforderlich, um die Anlage umzurüsten und zu reinigen. 48 Wochen im Jahr wird die Anlage genutzt: 37,5 Std./Woche · 48 Wochen = **1800 Laufstunden** pro Jahr.

Erfassung der maschinenabhängigen Fertigungsgemeinkosten, soweit sie direkt in der Kostenstelle „Lackierautomat/Montage" anfallen **(ohne Kostenumlage,** vgl. BAB S. 261):

maschinenabhängige Fertigungsgemeinkosten		Gemeinkosten insgesamt	variable[1] Gemeinkosten	fixe[1] Gemeinkosten
Hilfsstoffe		90.000,00 €	90.000,00 €	–
Betriebsstoffe/Energie		18.600,00 €	14.640,00 €	3.960,00 €
Hilfslöhne		62.000,00 €	30.000,00 €	32.000,00 €
Soziale Abgaben		26.000,00 €	12.360,00 €	13.640,00 €
Kalk. Abschreibungen:	Lackierautomat	85.000,00 €	–	85.000,00 €
Platzkosten:	Gebäudeabschreibung	72.000,00 €	–	72.000,00 €
	Reparaturen/Wartung	15.000,00 €	–	15.000,00 €
	Werkzeuge	5.400,00 €	–	5.400,00 €
Bürokosten		3.000,00 €	2.000,00 €	1.000,00 €
Werbung		2.000,00 €	1.000,00 €	1.000,00 €
Betriebliche Steuern		18.000,00 €	12.000,00 €	6.000,00 €
Kalkulatorische Zinsen:	Lackierautomat	48.000,00 €	–	48.000,00 €
	sonstiges Kapital	40.000,00 €	–	40.000,00 €
Unternehmerlohn		2.500,00 €	–	2.500,00 €
Fertigungsgemeinkosten insgesamt		**487.500,00 €**	**162.000,00 €**	**325.500,00 €**

Maschinenstundensatz

Bei der geplanten Beschäftigung von 1800 Stunden im Jahr beträgt der Maschinenstundensatz:

$$\frac{487.500,00\ €}{1\,800\ \text{Stunden}} = \textbf{270,83 € Maschinenstundensatz}$$

Aufgabe: *Berechnen Sie den Maschinenstundensatz bei einer tatsächlichen Beschäftigung von 1440 Stunden im Jahr.*

Zusammenfassung

▶ Die am Maschinenplatz anfallenden **Fertigungsgemeinkosten** werden so genau und vollständig wie möglich erfasst. Die Unterteilung in **fixe und variable Fertigungsgemeinkosten** ist zweckmäßig, um den Maschinenstundensatz an veränderte Beschäftigungsgrade anpassen zu können.

1 Vgl. hierzu auch Seite 231 f.

5.1.4.2 Restgemeinkosten

Beispiel In der Fertigungshauptstelle „Lackierautomat/Montage" werden **zusätzlich** zu den maschinenabhängigen Fertigungsgemeinkosten folgende **lohnabhängige Fertigungsgemeinkosten** (= Restgemeinkosten) ermittelt:

Hilfsstoffe	10.000,00 €
Gehälter	30.000,00 €
Soziale Abgaben	49.000,00 €
Kalkulatorische Abschreibungen	15.000,00 €
Bürokosten	2.000,00 €
Werbung	3.000,00 €
Betriebliche Steuern	7.000,00 €
Kalkulatorische Zinsen	20.000,00 €
Unternehmerlohn (anteilig)	2.500,00 €
Restgemeinkosten insgesamt	**138.500,00 €**

Die **Fertigungslöhne** der Kostenstelle „Lackierautomat/Montage" betragen **560.000,00 €;** sie bilden die **Zuschlagsgrundlage für den Restgemeinkostenzuschlagssatz.**

Zuschlagssatz für Restgemeinkosten =

$$\frac{\textbf{Restgemeinkosten + Umlage}^{1}}{\textbf{Kostenstellenlöhne}} = \frac{138.500,00\,€ + 50.000,00\,€}{560.000,00\,€} = \textbf{33,7 \%}$$

5.1.4.3 Fertigungskosten des Maschinenplatzes

Beispiel Der **nebenstehende BAB** zeigt, wie der **Maschinenplatz** „Lackierautomat/Montage" in die **Betriebsabrechnung** einbezogen wird und welche **Veränderungen sich in der Kostenstruktur** ergeben.

Der Maschinenplatz wird als **Fertigungshauptstelle** im BAB, unterteilt in „Maschinenabhängige Fertigungsgemeinkosten" sowie „Restgemeinkosten", geführt. **Er ersetzt die bisherige Fertigungshauptstelle „IV Lackieren/Montieren"** (vgl. BAB S. 252).

Die Fertigungskosten des Maschinenplatzes setzen sich aus maschinenabhängigen FGK und lohnabhängigen Fertigungskosten zusammen:

	Maschinenabhängige FGK, **variabel** (vgl. S. 259)	162.000,00 €	
+	Maschinenabhängige FGK, **fix** (vgl. S. 259)	325.500,00 €	**487.500,00 €**
	Fertigungslöhne (FL) d. Masch.-Pl. (vgl. obiges Beispiel)	560.000,00 €	
+	Restgemeinkosten + Umlage (siehe BAB S. 261)	188.500,00 €	**748.500,00 €**
	Fertigungskosten des Maschinenplatzes		**1.236.000,00 €**

Bei einer Beschäftigung von **1800 Maschinenstunden im Jahr** fallen maschinenabhängige Fertigungsgemeinkosten in Höhe von 487.500,00 € an. Hieran haben die fixen Fertigungsgemeinkosten einen hohen Anteil von 325.500,00 €.

Lohnabhängige Fertigungskosten

Zusätzlich zu den maschinenabhängigen FGK sind in der Kalkulation die **lohnabhängigen Fertigungskosten** zu berücksichtigen, die sich aus einem hohen Anteil an Fertigungslöhnen und einem nur geringen Anteil an Gemeinkosten zusammensetzen.

1 vgl. BAB auf Seite 261

Erweiterter Betriebsabrechnungsbogen mit Maschinenplatz als Fertigungshauptstelle | 5.1.4.4

Im nachfolgenden Betriebsabrechnungsbogen ist dargestellt, wie der Maschinenplatz „Lackierautomat/Montage" in die Betriebsabrechnung einbezogen werden kann.

Erweiterter Betriebsabrechnungsbogen mit Maschinenplatz als Kostenstelle

Gemeinkostenarten	Zahlen der Betriebsergebnisrechnung	AKS: Fuhrpark	Materialstelle	HiKS: Arbeitsvorbereitung	Fertigungshauptstellen						Verwaltungsstelle	Vertriebsstelle
								Lackierautomat/Montage				
					I Stanzen/Schneid.	II Pressen/Biegen	III Bohren/Entgrat.	masch.-abh. FGK variabel	masch.-abh. FGK fix	Restgemeinkosten		
Hilfsstoffe	690.000	10.000	–	20.000	220.000	150.000	160.000	90.000	–	10.000	–	30.000
Betr.-Stoffe	98.600	45.000	–	–	15.000	10.000	5.000	14.640	3.960	–	5.000	–
Gehälter	600.000	50.000	40.000	10.000	30.000	30.000	30.000	–	–	30.000	340.000	40.000
Hilfslöhne	62.000	–	–	–	–	–	–	30.000	32.000	–	–	–
Soziale Abg.	775.000	50.000	20.000	30.000	170.000	110.000	125.000	12.360	13.640	49.000	180.000	15.000
Abschreib.	665.000	50.000	35.000	20.000	150.000	100.000	110.000	–	85.000	15.000	65.000	35.000
Platzkosten	92.400	–	–	–	–	–	–	–	92.400	–	–	–
Bürokosten	150.000	5.000	10.000	10.000	5.000	5.000	5.000	2.000	1.000	2.000	75.000	30.000
Werbung	205.000	15.000	–	10.000	5.000	5.000	5.000	1.000	1.000	3.000	120.000	40.000
Steuern	180.000	10.000	18.000	–	25.000	25.000	25.000	12.000	6.000	7.000	30.000	22.000
Kalk. Zins.	898.000	35.000	110.000	15.000	170.000	120.000	140.000	–	88.000	20.000	107.000	93.000
U.-Lohn	150.000	–	–	10.000	10.000	12.500	12.500	–	2.500	2.500	100.000	–
Summe der Gemeinkosten	**4.566.000**	**270.000**	**233.000**	**125.000**	**800.000**	**567.500**	**617.500**	**162.000**	**325.500**	**138.500**	**1.022.000**	**305.000**
❶ **Umlage AKS Fuhrpark** →			30.000	10.000	30.000	30.000	30.000	–	–	20.000	**70.000**	**50.000**
Zwischensumme			263.000	135.000	830.000	597.500	647.500	162.000	325.500	158.500	1.092.000	355.000
❷ **Umlage HiKS Arb.-Vorbereitung** →					45.000	30.000	30.000	–	–	30.000	–	–
Stellengemeinkosten			**263.000**	**–**	**875.000**	**627.500**	**677.500**	**162.000**	**325.500**	**188.500**	1.092.000	355.000
Zuschlagsgrundlagen			**FM 2.040.000**		**FL 776.000**	**FL 740.000**	**FL 862.500**	**Masch.-Stunden 1 800 Stunden**		**FL 560.000**	**HK des Umsatzes 7.822.500**	
Zuschlagssätze			**12,9 %**		**112,76 %**	**84,8 %**	**78,55 %**	**270,83 €/Std.**		**33,7 %**	**13,96 %**	**4,5 %**

Auswertung des BAB

Die Investition „Lackierautomat" bedingt einen **höheren Einsatz** an Betriebsstoffen, Abschreibungen und Zinsen; sie verursacht **geringere** Hilfsstoffaufwendungen und soziale Abgaben. Bei den **Einzelkosten** fällt die deutliche **Verminderung der Fertigungslöhne** von 821.500,00 € auf 560.000,00 € auf. Dies ist auf die Reduzierung der Arbeitsplätze zurückzuführen. Insgesamt haben sich die Fertigungskosten **um 145.500,00 € verringert.**

Berechnung der Herstellkosten des Umsatzes als Zuschlagsgrundlage für die Verwaltungs- und Vertriebsgemeinkosten:

Kalkulationsschema		
Fertigungsmaterial	2.040.000,00 €	
+ Materialgemeinkosten	263.000,00 €	
= Materialkosten		**2.303.000,00 €**
Fertigungslöhne FHS I	776.000,00 €	
+ Fertigungsgemeinkosten FHS I	875.000,00 €	
= Fertigungskosten FHS I		**1.651.000,00 €**
Fertigungslöhne FHS II	740.000,00 €	
+ Fertigungsgemeinkosten FHS II	627.500,00 €	
= Fertigungskosten FHS II		**1.367.500,00 €**
Fertigungslöhne FHS III	862.500,00 €	
+ Fertigungsgemeinkosten FHS III	677.500,00 €	
= Fertigungskosten FHS III		**1.540.000,00 €**
Maschinenabhängige FGK	487.500,00 €	
+ Fertigungslöhne d. Masch.-Platzes	560.000,00 €	
+ Restgemeinkosten (inkl. Umlage)	188.500,00 €	
= Fertigungskosten d. Masch.-Platzes		**1.236.000,00 €**
Herstellkosten der Erzeugung		**8.097.500,00 €**
– Mehrbestand an fertigen Erzeugnissen		275.000,00 €
= Herstellkosten des Umsatzes		**7.822.500,00 €**

AUFGABEN

245 Die Fertigungshauptstelle „Drehautomat" wird neu eingerichtet: Anschaffungskosten der Maschine 320.000,00 €, Wiederbeschaffungskosten 344.000,00 €; betriebsgewöhnliche Nutzungsdauer 12 Jahre. Kalkulatorische Zinsen 8 % von den halben Anschaffungskosten. Für Instandhaltung und Wartung werden bei einer Beschäftigung von 150 Std./Monat jährlich 12.000,00 € veranschlagt. Die Platzkosten betragen 120,00 € je m² und Monat bei einer beanspruchten Fläche von 15 m². Energiekosten: 50,00 € Grundgebühr je Monat; Maschinenleistung 50 kW zu je 0,16 €/kWh; Werkzeugkosten monatlich 600,00 €. Die Kosten für Instandhaltung und Wartung sind bei einer Beschäftigung von 150 Std./Monat zu 30 % variabel; als variabel gelten auch die Kosten für den Stromverbrauch. Alle anderen Kosten sind fix.

1. *Berechnen Sie die monatlichen fixen und variablen Maschinenkosten.*
2. *Berechnen Sie den Maschinenstundensatz bei einer Beschäftigung von 150 Stunden/Monat.*
3. Die wirtschaftliche Rezession zwingt zu einer Verkürzung der Beschäftigung um 30 %. *Mit welchem Maschinenstundensatz muss nun bei vollem Ersatz der fixen Kosten kalkuliert werden?*
4. Gerade in der Rezessionsphase soll mit dem geplanten Maschinenstundensatz kalkuliert werden. *Wie viel € fixe Kosten können dann nicht mehr ersetzt werden?*
5. *Wie hoch wäre der Maschinenstundensatz beim Zweischichtbetrieb mit 280 Stunden/Monat?* ■

246 In einem Industriebetrieb werden die Fertigungshauptstellen neu organisiert: Es soll zusätzlich eine Kostenstelle für eine automatische Bandschneidemaschine eingerichtet werden. Die monatlichen Maschinenplatzkosten sind aus folgenden Angaben zu berechnen: Anschaffungskosten der Maschinenanlage 520.000,00 €; Wiederbeschaffungskosten 710.000,00 €; betriebsgewöhnliche Nutzungsdauer 10 Jahre. Die jährliche Nutzungszeit wird mit 1 920 Maschinenstunden angesetzt. Die kalkulatorische Abschreibung ist linear von den Wiederbeschaffungskosten zu bestimmen. Für die kalkulatorischen Zinsen sind 9 % zugrunde zu legen. Für Instandhaltung und Reparatur sind lt. Belegen 62.400,00 € im Jahr zu veranschlagen. Der Platzbedarf der Maschine beträgt 30 m², der Raumkostensatz 102,00 € je m² im Jahr. Die Leistung der Maschine macht 40 kW bei einem Strompreis von 0,125 € je kWh aus, die Grundgebühr beträgt monatlich 80,00 €.

Lohnabhängige Gemeinkosten der Kostenstelle im Abrechnungsmonat:

Hilfslöhne	18.000,00 €
Sozialkosten	8.000,00 €
Allgemeine Betriebskosten	14.000,00 €

Die Fertigungslöhne der Kostenstelle werden mit 30.000,00 € ermittelt.

1. *Berechnen Sie die monatlichen Maschinenplatzkosten und den Maschinenstundensatz.*
2. Die Kosten für Instandhaltung und Reparatur gelten zu 40 % als variabel; die Kosten des Stromverbrauchs sind in voller Höhe variabel. Alle anderen Platzkosten sind fix. Um in Zeiten wirtschaftlicher Rezession durch Zusatzaufträge die geplante Maschinenlaufzeit halten zu können, soll der Maschinenstundensatz unter Verzicht auf 40 % der fixen Kosten gesenkt werden.
Berechnen Sie den Maschinenstundensatz. ■

Der BAB eines anlageintensiven Industriebetriebes weist nach der Verteilung der Gemeinkosten auf die Kostenstellen folgende Stellengemeinkosten aus: **247**

Betriebsabrechnungsbogen					
Material-stelle	Fertigungshauptstellen			Verwalt.-Stelle	Vertriebs-stelle
	Maschine I	Maschine II	Übrige Fertig.-Stellen		
320.000,00	120.000,00	145.000,00	96.000,00	265.000,00	110.000,00

1. *Berechnen Sie die Gemeinkostenzuschlagssätze und die Maschinenstundensätze nach folgenden Angaben:*
   Materialstelle hat als Zuschlagsgrundlage: 800.000,00 € Fertigungsmaterial,
   FHS Maschine I hat als Zuschlagsgrundlage: 1 500 Maschinenstunden,
   FHS Maschine II hat als Zuschlagsgrundlage: 1 650 Maschinenstunden,
   übrige Fertigungsstellen haben als Zuschlagsgrundlage: 120.000,00 € Fertigungslöhne.
   Die Verwaltungs- und Vertriebsgemeinkosten werden auf die Herstellkosten des Umsatzes bezogen. Hierbei ist ein Mehrbestand von 24.000,00 € zu berücksichtigen.
2. *Berechnen Sie die Selbstkosten der Abrechnungsperiode.*
3. Der Beschäftigungsrückgang zwingt zu einer Verkürzung der Maschinenlaufzeit auf 1 200 Std. (Maschine I) und 1 500 Std. (Maschine II). *Erläutern Sie die Auswirkungen auf die Maschinenstundensätze.* ■

Vervollständigen Sie den Betriebsabrechnungsbogen. **248**

Kostenart	Zahlen der BER	Material-stelle	Abrichtanlage			Übrige Fertig.-Stellen	Verw.-Stelle	Vertr.-Stelle
			Maschinen-abhängige Fertigungsgemein-kosten		Rest-gemein-kosten			
			fix	variabel				
Allg. Betriebskosten	8.000,00	1 :			3 :	4		
Energie	3.000,00	300,00	80,00	600,00		1.400,00	500,00	120,00
Betr.-Stoffkosten	6.000,00			1.000,00		5.000,00		
Gehälter	20.000,00	2.000,00	2.500,00			4.500,00	11.000,00	
Hilfslöhne	35.000,00	3.000,00			7.000,00	21.500,00		3.500,00
Soz. Abgaben	19.000,00	1.200,00			3.000,00	9.400,00	4.000,00	1.400,00
Kalk. Zinsen	5.000,00	500,00	800,00			2.600,00	600,00	500,00
Abschr. auf Anlagen	9.000,00	200,00	2.500,00			5.500,00	500,00	300,00
Abschr. auf Gebäude	18.000,00	1.800,00	3.500,00			9.000,00	2.200,00	1.500,00
Reparaturkosten	6.500,00		770,00	1.200,00		4.200,00		330,00
Sonstige Kosten	7.000,00	2 :				8 :	3 :	1
Fertigungslöhne					10.400,00	47.400,00		
Fertigungsmaterial		88.000,00						
Maschinenlaufstunden			250					

1. *Berechnen Sie die Zuschlagssätze und den Maschinenstundensatz.*
2. *Ermitteln Sie die Selbstkosten der Abrechnungsperiode.*
3. *Mit welchem Maschinenstundensatz muss bei vollem Kostenersatz in Zukunft kalkuliert werden, wenn mit einem Beschäftigungsrückgang um 20 % gerechnet wird?*
4. *Wie viel € fixe Kosten könnten nicht ersetzt werden, wenn trotz Beschäftigungsrückgang mit dem ursprünglichen Maschinenstundensatz kalkuliert wird?* ■

AUFGABEN

249 In einem Industriebetrieb bilden drei Stanzen eine Fertigungshauptstelle. Für jede Stanze wird der Maschinenstundensatz nach folgenden Angaben gesondert berechnet:

	Stanze I	Stanze II	Stanze III
Anschaffungskosten	84.000,00 €	150.000,00 €	240.000,00 €
Betriebsübliche Nutzungsdauer	15 Jahre	14 Jahre	14 Jahre
Lineare Abschreibung von den Wiederbeschaffungskosten	105.000,00 €	175.000,00 €	280.000,00 €
Kalk. Zinsen auf halbe Anschaffungskosten	9 %	9 %	9 %
Maschinenleistung	15 kW	30 kW	60 kW
Strompreis je kWh	0,12 €	0,12 €	0,12 €
Grundgebühr monatlich	60,00 €	80,00 €	100,00 €
Kosten für Instandhaltung und Wartung pro Jahr	4.000,00 €	8.000,00 €	10.000,00 €
Stand- und Arbeitsfläche	20 m²	25 m²	30 m²
Platzkosten je m²	40,00 €	40,00 €	40,00 €
durchschnittl. Werkzeugkosten je Monat	150,00 €	200,00 €	400,00 €
Betriebsstoffkosten je Monat	40,00 €	50,00 €	70,00 €

Die maschinenunabhängigen Fertigungskosten werden für den Monat Oktober für die gesamte Kostenstelle in folgender Höhe ermittelt:

Fertigungslöhne	7.500,00 €
Hilfslöhne	8.000,00 €
Soziale Abgaben	3.500,00 €
Allgemeine Betriebskosten	2.000,00 €

1. *Berechnen Sie die Maschinenstundensätze für jede Stanze bei geplanten Beschäftigungen je Monat von:*

	Stanze I	Stanze II	Stanze III
Laufstunden	150 Stunden	120 Stunden	100 Stunden

2. *Ermitteln Sie den Restgemeinkostenzuschlagssatz.*

250 In einem Industriebetrieb bildet die Reparaturwerkstatt mit 1 Bohrmaschine, 1 Drehmaschine und 1 Fräsmaschine eine besondere Kostenstelle. Für jede Maschine wurde ein eigener Maschinenstundensatz errechnet, und zwar für

Bohrmaschine	45,00 €
Drehmaschine	68,00 €
Fräsmaschine	52,00 €

Zusätzlich fallen in dieser Kostenstelle maschinenunabhängige Fertigungsgemeinkosten für Reinigung, Montage und Kontrolle an:

Hilfslöhne	4.000,00 €
Gehälter	5.400,00 €
Soziale Abgaben	3.000,00 €
Allgemeine Betriebskosten	2.000,00 €

Die Fertigungslöhne betragen in der Abrechnungsperiode 12.000,00 €.

Berechnen Sie den Restgemeinkostenzuschlagssatz und die Periodenkosten für 150 Stunden.

251

In einer Weberei werden für den Monat September folgende Kosten ermittelt:

		Kostenarten	€
variable Kosten	1.	Fertigungsmaterial	400.000,00
	2.	Fertigungslöhne	200.000,00
teilfixe Kosten	3.	Hilfsstoffaufwand	40.000,00
	4.	Hilfslöhne	100.000,00
	5.	Soziale Abgaben	120.000,00
	6.	Energieaufwand	50.000,00
	7.	Reparaturen	30.000,00
fixe Kosten	8.	Gehälter	160.000,00
	9.	Gewerbesteuer	20.000,00
	10.	Kalkulatorische Abschreibungen	100.000,00
	11.	Kalkulatorische Zinsen	60.000,00

Im BAB werden folgende **Kostenstellen** geführt:

I. Materiallager
II. Fertigungshauptstelle Webautomat
III. Fertigungshauptstelle Färberei
IV. Fertigungshauptstelle Veredlung
V. Verwaltung
VI. Vertrieb

Der Betriebsabrechnungsbogen ist nach folgenden Angaben zu erstellen:

Kosten-art	Kostenstellen							
	Material	Webautomat			Färberei	Ver-edlung	Ver-waltung	Vertrieb
		Maschinen-Gemeinkosten		Restgemein-kosten				
		fix	variabel					
1.	400.000							
2.				60.000	100.000	40.000		
3.	–	–	–	20.000	15.000	5.000	–	–
4.	15.000	–	–	25.000	40.000	20.000	–	–
5.	5.000	–	–	30.000	20.000	10.000	40.000	15.000
6.	–	5.000	25.000	–	10.000	5.000	5.000	–
7.	–	5.000	15.000	–	5.000	5.000	–	–
8.	10.000	10.000	–	–	–	–	100.000	40.000
9.	–	–	–	–	–	–	20.000	–
10.	2 :	6 :	–	–	4 :	3 :	3 :	2
11.	–	3 :	–	–	1 :	1 :	1	–

Zuschlagsgrundlagen:

1. Für Materialstelle → Fertigungsmaterial
2. Für Hauptstelle Webautomat: Maschinengemeinkosten → 480 Masch.-Stunden (3-Schicht-Betrieb)
3. Restgemeinkosten → Fertigungslöhne der Kostenstelle II
4. Für Hauptstelle Färberei → Fertigungslöhne der Kostenstelle III
5. Für Hauptstelle Veredlung → Fertigungslöhne der Kostenstelle IV
6. Für Verw.- und Vertriebsstelle → Herstellkosten des Umsatzes.

Bei der Berechnung der Herstellkosten des Umsatzes ist ein Mehrbestand von 25.000,00 € zu berücksichtigen. *Berechnen Sie die Zuschlagssätze und die Herstellkosten des Umsatzes.* ■

252

In der Fertigungshauptstelle „Drehautomat" (vgl. Aufgabe 245) werden zusätzlich folgende lohnabhängige Gemeinkosten ermittelt: Hilfslöhne 4.500,00 €, Lohnnebenkosten 6.300,00 €, Allgemeine Betriebskosten 3.450,00 €. Die Fertigungslöhne betragen im Abrechnungsmonat 12.800,00 €.

1. *Bestimmen Sie den Restgemeinkostenzuschlagssatz.*
2. *Ermitteln Sie die gesamten Fertigungskosten der Kostenstelle.*
3. *Für einen Auftrag werden 3 ½ Maschinenstunden (vgl. Aufgabe 245, 2.) und 195,00 € Fertigungslöhne kalkuliert. Berechnen Sie die Maschinenkosten.* ■

5.2 Kostenträgerzeitrechnung bei Serienfertigung

5.2.1 Kostenträgerblatt (BAB II) mit Istkosten als Hilfsmittel der Kostenträgerzeitrechnung

Situation

Aus den bisher aufgestellten Betriebsabrechnungsbögen hat Herr Berg eine detaillierte Kostenkontrolle ableiten und kostenstellenbezogene Istzuschlagssätze berechnen können. Diese Istzuschlagssätze

- verwendet er in der **Nachkalkulation** (vgl. Kapitel 5.3.3),
- benutzt er für eine nach Kostenträgern unterteilte **Selbstkosten- und Ergebnisrechnung,** die sog. **Kostenträgerzeitrechnung.** Auf der Basis der Vollkosten zeigt ihm diese Rechnung, wie viel Euro Kosten die Kostenträger verursacht und mit wie viel Euro sie zum Betriebserfolg beigetragen haben.

Für die Durchführung der Rechnung benötigt Herr Berg folgende produktbezogene Angaben, die ihm aus der Finanzbuchhaltung sowie aus dem Produktions- und Vertriebsbereich vorliegen. Grundlage für die nachstehende Kostenträgerzeitrechnung ist der **erweiterte Betriebsabrechnungsbogen von Seite 252.**

	gesamt	Gehäuse G I	Gehäuse G II	Gehäuse G III
Fertigungsmaterial	2.040.000,00	1.280.000,00	600.000,00	160.000,00
Fertigungslöhne FHS I	776.000,00	415.000,00	280.000,00	81.000,00
Fertigungslöhne FHS II	740.000,00	395.000,00	270.000,00	75.000,00
Fertigungslöhne FHS III	862.500,00	460.000,00	312.500,00	90.000,00
Fertigungslöhne FHS IV	821.500,00	436.000,00	300.000,00	85.500,00
Mehrbestand an FE	275.000,00	275.000,00	–	–
Umsatzerlöse	10.320.000,00	5.648.900,00	3.743.300,00	927.800,00
Produktionsmenge	160 000 Stück	80 000 Stück	60 000 Stück	20 000 Stück
Absatzmenge	154 500 Stück	74 500 Stück	60 000 Stück	20 000 Stück

Kostenträgerblatt (BAB II) auf Istkostenbasis				
Kalkulationsschema	**Istkosten insgesamt**	**Kostenträger**		
		Gehäuse G I	**Gehäuse G II**	**Gehäuse G III**
Fertigungsmaterial	2.040.000,00	1.280.000,00	600.000,00	160.000,00
+ 12,9 % Materialgemeinkosten	263.000,00	165.000,00	77.400,00	20.600,00
Materialkosten	**2.303.000,00**	**1.445.000,00**	**677.400,00**	**180.600,00**
Fertigungslöhne FHS I	776.000,00	415.000,00	280.000,00	81.000,00
+ 112,76 % Fertigungsgemeinkosten	875.000,00	467.950,00	315.720,00	91.330,00
Fertigungskosten FHS I	**1.651.000,00**	**882.950,00**	**595.720,00**	**172.330,00**
Fertigungslöhne FHS II	740.000,00	395.000,00	270.000,00	75.000,00
+ 84,8 % Fertigungsgemeinkosten	627.500,00	334.950,00	228.950,00	63.600,00
Fertigungskosten FHS II	**1.367.500,00**	**729.950,00**	**498.950,00**	**138.600,00**
Fertigungslöhne FHS III	862.500,00	460.000,00	312.500,00	90.000,00
+ 78,55 % Fertigungsgemeinkosten	677.500,00	361.330,00	245.470,00	70.700,00
Fertigungskosten FHS III	**1.540.000,00**	**821.500,00**	**557.970,00**	**160.700.00**
Fertigungslöhne FHS IV	821.500,00	436.000,00	300.000,00	85.500,00
+ 68,17 % Fertigungsgemeinkosten	560.000,00	297.220,00	204.500,00	58.280,00
Fertigungskosten FHS IV	**1.381.500,00**	**733.220,00**	**504.500,00**	**143.780,00**
Herstellkosten der Erzeugung	**8.243.000,00**	**4.612.450,00**	**2.834.540,00**	**796.010,00**
– Mehrbestand an FE	275.000,00	275.000,00	–	–
Herstellkosten des Umsatzes	**7.968.000,00**	**4.337.450,00**	**2.834.540,00**	**796.010,00**
+ 13,71 % VwGK	1.092.000,00	594.440,00	388.470,00	109.090,00
+ 4,46 % VtGK	355.000,00	193.250,00	126.250,00	35.500,00
Selbstkosten des Umsatzes	**9.415.000,00**	**5.125.140,00**	**3.349.260,00**	**940.600,00**
Umsatzerlöse	**10.320.000,00**	**5.648.900,00**	**3.743.300,00**	**927.800,00**
Betriebsergebnis	**905.000,00**	**+ 523.760,00**	**+ 394.040,00**	**– 12.800,00**

Beachten Sie: Die Gemeinkosten sind gerundete Zahlen.

Kostenträgerblatt (BAB II) mit Istkosten als Hilfsmittel der Kostenträgerzeitrechnung

Erläuterungen zum Kostenträgerblatt:

Kostenträgerzeitrechnung

Die obige nach Kostenträgern durchgeführte Selbstkosten- und Ergebnisrechnung ist für das Unternehmen wichtig, um die **Ertragskraft** der Erzeugnisse – gemessen am Betriebserfolg und an der Wirtschaftlichkeit – beurteilen zu können. Sie heißt Kostenträger**zeit**rechnung, da sie sich auf einen bestimmten Zeitraum (z. B. Monat oder Jahr) bezieht.

Kostenträgerblatt

Hilfsmittel der Kostenträgerzeitrechnung ist das Kostenträgerblatt, das senkrecht nach dem Schema der **Zuschlagskalkulation** (vgl. S. 277) aufgebaut und waagerecht nach den Kostenträgern gegliedert ist.

Erfassung der Einzelkosten je Kostenträger

Die Einzelkosten Fertigungsmaterial und Fertigungslöhne lassen sich anhand von Belegen für jeden Gehäusetyp genau erfassen. So wird der Verbrauch an Roh- und Hilfsstoffen aufgrund von Materialentnahmescheinen ermittelt und mit einem für die Kostenrechnung geeigneten Verrechnungspreis bewertet (vgl. S. 222). Die Fertigungslöhne lassen sich aufgrund von Auftrags- und Laufzetteln für jeden Gehäusetyp und jede Fertigungshauptstelle genau berechnen.

Anteilige Zurechnung der Gemeinkosten

Mithilfe der im BAB ausgewiesenen Istzuschlagssätze und der nach Gehäusetypen ermittelten Einzelkosten lassen sich die Stellengemeinkosten anteilig auf die Gehäusetypen verteilen. Auf diese Weise ist es möglich, für jeden Kostenträger die Selbstkosten des Umsatzes zu berechnen.

Selbstkosten

Im Ergebnis zeigt die Kostenträgerzeitrechnung, wie hoch die Selbstkosten – bezogen auf die verkauften Mengen – für jeden Gehäusetyp sind. Im Beispiel ist der Mehrbestand an fertigen Erzeugnissen ausschließlich beim Gehäusetyp G I angefallen. Dieser Gehäusetyp ist mit 74 500 verkauften Einheiten Hauptträger der Produktion und des Absatzes.

Ergebnisrechnung

Das Kostenträgerblatt lässt sich durch die Aufnahme der Nettoumsatzerlöse aus der FB zu einer Ergebnisrechnung ausbauen. In der FB werden die Nettoumsatzerlöse für jeden Kostenträger ausgewiesen; sie können in das Kostenträgerblatt übernommen werden. Bildet man die Differenz zwischen den Selbstkosten des Umsatzes und den Nettoumsatzerlösen, erhält man das Betriebsergebnis insgesamt und für jeden Kostenträger. Damit ist das Kostenträgerblatt auch ein **Instrument zur kurzfristigen Erfolgsrechnung.** Im Beispiel zeigen sich deutliche Unterschiede im Erfolg. Gehäuse G I und G II erzielen hohe Gewinne, bei Gehäuse G III ist ein Verlust von 12.800,00 € eingetreten.

Die Ertragskraft der Gehäusetypen ergibt folgendes Bild:

	Gehäuse G I	Gehäuse G II	Gehäuse G III
Betriebserfolg in %	$\frac{523.760{,}00}{5.125.140{,}00}$ = **10,2 % Gewinn**	$\frac{394.040{,}00}{3.349.260{,}00}$ = **11,8 % Gewinn**	$\frac{12.800{,}00}{940.600{,}00}$ = **1,4 % Verlust**
Wirtschaftlichkeit	$\frac{5.648.900{,}00}{5.125.140{,}00}$ = **1,102**	$\frac{3.743.300{,}00}{3.349.260{,}00}$ = **1,118**	$\frac{927.800{,}00}{940.600{,}00}$ = **0,986**

Wie sich Unternehmer Berg angesichts der Verlustsituation bei Gehäuse G III entscheidet, hängt zum einen von der genauen Kostenanalyse ab (vgl. Deckungsbeitragsrechnung, S. 289 f.). Zum anderen wird die Entscheidung vom Unternehmensziel beeinflusst. Sofern es sich bei Gehäuse G III um ein neu aufgenommenes Produkt handelt, das in der Anlaufphase erhöhte Kosten verursacht hat und von dem sich Herr Berg in der Zukunft höhere Absatzzahlen verspricht, wird er den derzeitigen Verlust hinnehmen.

5.2.2 Kostenstellen- und Kostenträgerzeitrechnung auf Normalkostenbasis

Situation

Bisher hat Herr Berg die Kostenstellenrechnung und die Kostenträgerzeitrechnung auf der Basis der **Istkosten** (= nachträglich feststellbare tatsächliche Kosten) durchgeführt. Dieses Vorgehen ist zur Ermittlung der tatsächlich angefallenen Kosten je Kostenstelle unbedingt erforderlich. Andererseits haben die Istkosten – und damit die von ihnen abhängigen Istkostenzuschlagssätze – die Eigenschaft, dass sie von Monat zu Monat schwanken. Diese **Schwankungen** sind zurückzuführen auf:

- **Preisabweichungen.** So führen z. B. Preiserhöhungen bei Hilfs- und Betriebsstoffen oder Gehaltserhöhungen zu einer höheren Belastung der Kostenstellen mit Gemeinkosten und damit zu höheren Zuschlagssätzen. Ebenso wäre es denkbar, dass preisgünstigere Werkstoffe ein Sinken der Stellengemeinkosten und der Zuschlagssätze bewirken.
- **Beschäftigungsabweichungen.** So kann z. B. eine Produktionserhöhung zu **überhöhten** Stellengemeinkosten im Fertigungsbereich (Reparaturaufwand, Lohnzuschläge für Sonderschichten) und damit zu höheren Zuschlagssätzen beitragen. Ein Rückgang der Beschäftigung ist dagegen nicht unbedingt mit einem Sinken der Zuschlagssätze verbunden, da in diesem Fall zwar die variablen Einzelkosten (Material, Akkordlöhne) sinken werden, nicht aber die fixen Gemeinkosten.
- **Verbrauchsabweichungen.** Es kann auch vorkommen, dass die geplanten Fertigungszeiten und Materialvorgaben über- oder unterschritten werden. Das führt zu steigenden oder fallenden Kosten und damit ebenfalls zu schwankenden Zuschlagssätzen. Während die Betriebsleiter Preis- und Beschäftigungsschwankungen nicht zu verantworten haben, sind sie bei Verbrauchsabweichungen gehalten nach den Ursachen zu forschen.

Dadurch, dass Istkosten erst nach Abschluss des Produktionsprozesses vorliegen und dass sie Schwankungen unterworfen sind, eignen sie sich für eine **planvolle, vorausschauende Kostenrechnung** nicht. So kann Herr Berg auf der Basis der Istkostenrechnung

- **keine Kostenkontrollen** durchführen, da eine **feste Grundlage** für Vergleiche fehlt,
- **keine verbindlich festzulegenden Angebotspreise** kalkulieren, da keine für die Zukunft **konstant bleibenden Zuschlagssätze** zur Verfügung stehen.

Um also eine **zukunfts- und kontrollorientierte,** über einen längeren Zeitraum **konstante Kalkulation** aufstellen zu können, bildet Herr Berg aus den Istzuschlagssätzen vergangener Betriebsabrechnungsbögen – unter Berücksichtigung der Kostenentwicklung – Durchschnitts-Prozentsätze (arithmetische Mittelwerte, vgl. Kapitel E, 2.3.1.1), die sog. **Normalzuschlagssätze.**

Beispiel

Im BAB auf Seite 246 wurde der Istzuschlagssatz für die Materialgemeinkosten mit 12,9 % errechnet. In den zurückliegenden Monaten sollen die Gemeinkostenzuschläge in der Materialstelle 12,2 %, 12,3 %, 12,5 %, 12,5 % und 12,4 % betragen haben. Herr Berg legt aufgrund dieser Zahlen für die Materialstelle folgenden **Normalzuschlagssatz** fest:

$$\frac{12{,}2\,\% + 12{,}3\,\% + 12{,}5\,\% + 12{,}5\,\% + 12{,}4\,\% + 12{,}9\,\%}{6} = \frac{74{,}8\,\%}{6} = 12{,}47\,\% \approx \mathbf{12{,}5\,\%}$$

Situation

Entsprechend verfährt Herr Berg in den übrigen Kostenstellen und ermittelt aufgrund der Istzuschlagssätze aus den Betriebsabrechnungsbögen der Vergangenheit folgende **Normalzuschlagssätze:**

Materialgemeinkosten	12,5 %
Fertigungsgemeinkosten FHS I	115,0 %
Fertigungsgemeinkosten FHS II	83,0 %
Fertigungsgemeinkosten FHS III	80,0 %
Fertigungsgemeinkosten FHS IV	70,0 %
Verwaltungsgemeinkosten	15,0 %
Vertriebsgemeinkosten	5,0 %

Mithilfe dieser **Normalzuschlagssätze** kann Herr Berg

- schon im Voraus – noch bevor alle tatsächlichen Zahlen einer abgeschlossenen Rechnungsperiode vorliegen – eine **Kostenträgerzeitrechnung** aufstellen, um den Betriebserfolg abzuschätzen,
- einen Abgleich mit den „Normal"zahlen vornehmen, sobald ihm die Istzahlen aus dem BAB vorliegen. Hierdurch kann er **Abweichungen** aufspüren und ggf. die Normalzuschlagssätze für die Zukunft korrigieren. Diesen Abgleich führt er im BAB in Form von **Kostenüberdeckungen** und **Kostenunterdeckungen** durch (vgl. S. 270).

Auch bei den **Einzelkostenarten** „Fertigungsmaterial" und „Fertigungslöhne" wird Herr Berg auftretende Schwankungen ausschalten, indem er

- das **Material zu festen Verrechnungspreisen** bewertet (vgl. S. 222),
- die **Löhne mit festen Lohnsätzen** kalkuliert.

Beispiel

Der Rohstoffverbrauch (= Stahlblech) wird in der Kostenrechnung zum festen Verrechnungspreis von 170,00 € je 100 kg angesetzt (vgl. S. 222). Dieser Verrechnungspreis wurde aus den Anschaffungskosten mehrerer Lieferungen als gewogener Durchschnitt (vgl. Kapitel E, 2.3.1.2) berechnet:

	1. Lieferg.	2. Lieferg.	3. Lieferg.	4. Lieferg.	5. Lieferg.
AK/100 kg	173,00 €	171,50 €	167,50 €	172,50 €	167,50 €
Menge in t	40	50	60	50	60

$$\frac{173 \cdot 400 + 171{,}5 \cdot 500 + 167{,}5 \cdot 600 + 172{,}5 \cdot 500 + 167{,}5 \cdot 600}{2\,600} = \mathbf{170{,}08\ €}$$

Herr Berg setzt den Verrechnungspreis auf **170,00 €/100 kg** fest.

Zusammenfassung

- Die Istkostenrechnung ist die Grundlage für **Nachkalkulationen** zum Abgleich mit den in der Vorkalkulation verwendeten Normalkosten.
- Die Istkostenrechnung eignet sich nicht für Kostenkontrollen und Angebotskalkulationen, weil sie mit Vergangenheitswerten und mit schwankenden Zuschlagssätzen arbeitet.
- Zur Kostenkontrolle und zur Angebotskalkulation wird die Kostenrechnung auf **Normalkosten** umgestellt. Normalkosten sind **Durchschnittskosten,** die aus den Istkosten oder den Istkostenzuschlagssätzen der Vergangenheit als **arithmetische Mittelwerte** berechnet werden.
- Die Normalkostenrechnung erlaubt die **Ausschaltung von Preis- und Lohnschwankungen.** Sie deckt **Verbrauchsabweichungen** auf, die von den Betriebsleitern zu verantworten sind.

5.2.3 Kostenüberdeckung und Kostenunterdeckung im BAB

Situation Für den Unternehmer Berg ist es wichtig festzustellen, ob die durch die Produktion tatsächlich entstandenen Kosten den in die Preise eingerechneten (vorkalkulierten) Normalkosten entsprechen. Insgesamt dürfen die Iststellengemeinkosten im BAB **nicht höher** ausfallen als die aus den **Zuschlagsgrundlagen** und den **Normalzuschlagssätzen** errechneten Normalgemeinkosten, weil dann die über die Umsatzerlöse erstatteten Normalgemeinkosten nicht mehr die tatsächlichen Kosten decken, was zu Gewinneinbußen oder sogar zu Verlusten führt. Um dies zu prüfen, ergänzt Herr Berg den BAB (vgl. S. 252) um die Normalgemeinkosten und errechnet die Kostenüberdeckung oder Kostenunterdeckung.

Erweiterter und mehrstufiger Betriebsabrechnungsbogen mit Istgemeinkosten und Istzuschlägen

Gemein-kosten-arten	Zahlen der Betriebs-ergebnis-rechnung	AKS: Fuhrpark	Material-stelle	HiKS: Arbeitsvor-bereitung	Fertigungshauptstellen I Stanzen/ Schneid.	II Pressen/ Biegen	III Bohren/ Entgrat.	IV Lackier./ Montier.	Verwal-tungs-stelle	Ver-triebs-stelle
Hilfsstoffe	720.000	10.000	–	20.000	220.000	150.000	160.000	130.000	–	30.000
Betr.-Stoffe	85.000	45.000	–	–	15.000	10.000	5.000	5.000	5.000	–
Gehälter	600.000	50.000	40.000	10.000	30.000	30.000	30.000	30.000	340.000	40.000
Soziale Abgab.	800.000	50.000	20.000	30.000	170.000	110.000	125.000	100.000	180.000	15.000
Abschreib.	660.000	50.000	35.000	20.000	150.000	100.000	110.000	95.000	65.000	35.000
Bürokosten	150.000	5.000	10.000	10.000	5.000	5.000	5.000	5.000	75.000	30.000
Werbung	205.000	15.000	–	10.000	5.000	5.000	5.000	5.000	120.000	40.000
Steuern	180.000	10.000	18.000	–	25.000	25.000	25.000	25.000	30.000	22.000
Kalk. Zinsen	900.000	35.000	110.000	15.000	170.000	120.000	140.000	110.000	107.000	93.000
U.-Lohn	150.000	–	–	10.000	10.000	12.500	12.500	5.000	100.000	–
Summe der Gemein-kosten	**4.450.000**	**270.000**	**233.000**	**125.000**	**800.000**	**567.500**	**617.500**	**510.000**	**1.022.000**	**305.000**
❶ Umlage AKS Fuhrpark		⟶	30.000	10.000	30.000	30.000	30.000	20.000	70.000	50.000
Zwischensumme			263.000	135.000	830.000	597.500	647.500	530.000	1.092.000	355.000
❷ Umlage HiKS Arb.-Vorbereitung			–	⟶	45.000	30.000	30.000	30.000	–	–
Stellengemeinkosten			**263.000**	**–**	**875.000**	**627.500**	**677.500**	**560.000**	**1.092.000**	**355.000**
Zuschlagsgrundlagen			**FM 2.040.000**	**–**	**FL 776.000**	**FL 740.000**	**FL 862.500**	**FL 821.500**	**HK des Umsatzes 7.968.000**	
Istzuschlagssätze			12,9 %		112,76 %	84,8 %	78,55 %	68,17 %	13,71 %	4,46 %
Normalzuschlagssätze (S. 269)			**12,5 %**		**115 %**	**83 %**	**80 %**	**70 %**	**15 %**	**5 %**
Zuschlagsgrundlagen			**FM 2.040.000**	**–**	**FL 776.000**	**FL 740.000**	**FL 862.500**	**FL 821.500**	**HK des Umsatzes (Normal) 7.991.650**	
Normalgemeinkosten			**255.000**	**–**	**892.400**	**614.200**	**690.000**	**575.050**	**1.198.748**	**399.582**
Kostenüberdeckung (+)			**–**		**17.400**		**12.500**	**15.050**	**106.748**	**44.582**
Kostenunterdeckung (–)			**8.000**			**13.300**				
Kostenüberdeckung insgesamt										**174.980**

Aufgabe: *Kontrollieren Sie die Berechnung der Normalherstellkosten des Umsatzes.*

Bei einer Kostenüberdeckung liegen die verrechneten Normalgemeinkosten über den Istgemeinkosten. Im obigen BAB ist das in den Kostenstellen FHS I, FHS III, FHS IV, Verwaltungs- und Vertriebsstelle der Fall. Auffallend ist die hohe Überdeckung im Verwaltungs- und Vertriebsbereich. Hier könnten evtl. die Normalzuschlagssätze gesenkt werden.

Bei einer Kostenunterdeckung werden die tatsächlich angefallenen Istkosten nicht durch die vorkalkulierten Normalgemeinkosten gedeckt. Im obigen BAB ist das in den Kostenstellen Material und FHS II der Fall. Entscheidend ist, dass **insgesamt** eine Kostenüberdeckung erreicht wird.

- **Kostenüberdeckung = Normalstellengemeinkosten > Iststellengemeinkosten**
- **Kostenunterdeckung = Normalstellengemeinkosten < Iststellengemeinkosten**

Kostenträgerblatt (BAB II) auf Normalkostenbasis

Situation

Bisher hat Herr Berg die **Selbstkosten** und das **Betriebsergebnis für jeden Kostenträger** auf der Grundlage der Istkosten ermittelt (vgl. Kostenträgerzeitrechnung, S. 266). Diese Rechnung konnte er erst vornehmen, nachdem ihm alle Zahlen aus dem BAB vorlagen. Mithilfe der festgelegten Normalzuschlagssätze (vgl. S. 269) und der angefallenen Einzelkosten für die abgelaufene Rechnungsperiode (Fertigungsmaterial, Fertigungslöhne) ist er nunmehr in der Lage, die Selbstkosten auf Normalkostenbasis sehr viel schneller zu ermitteln. Außerdem kann er die Selbstkostenrechnung durch Übernahme der Umsatzerlöse aus der FB und der Kostenüberdeckung/Kostenunterdeckung aus dem BAB zu einer **Ergebnisrechnung** ausbauen.

Kostenträgerblatt (BAB II) auf Normalkostenbasis

Kalkulationsschema	Normalkosten insgesamt	Kostenträger		
		Gehäuse G I	Gehäuse G II	Gehäuse G III
Fertigungsmaterial	2.040.000,00	1.280.000,00	600.000,00	160.000,00
+ 12,5 % Materialgemeinkosten	255.000,00	160.000,00	75.000,00	20.000,00
Materialkosten	**2.295.000,00**	**1.440.000,00**	**675.000,00**	**180.000,00**
Fertigungslöhne FHS I	776.000,00	415.000,00	280.000,00	81.000,00
+ 115 % Fertigungsgemeinkosten	892.400,00	477.250,00	322.000,00	93.150,00
Fertigungskosten FHS I	**1.668.400,00**	**892.250,00**	**602.000,00**	**174.150,00**
Fertigungslöhne FHS II	740.000,00	395.000,00	270.000,00	75.000,00
+ 83 % Fertigungsgemeinkosten	614.200,00	327.850,00	224.100,00	62.250,00
Fertigungskosten FHS II	**1.354.200,00**	**722.850,00**	**494.100,00**	**137.250,00**
Fertigungslöhne FHS III	862.500,00	460.000,00	312.500,00	90.000,00
+ 80 % Fertigungsgemeinkosten	690.000,00	368.000,00	250.000,00	72.000,00
Fertigungskosten FHS III	**1.552.500,00**	**828.000,00**	**562.500,00**	**162.000,00**
Fertigungslöhne FHS IV	821.500,00	436.000,00	300.000,00	85.500,00
+ 70 % Fertigungsgemeinkosten	575.050,00	305.200,00	210.000,00	59.850,00
Fertigungskosten FHS IV	**1.396.550,00**	**741.200,00**	**510.000,00**	**145.350,00**
Herstellkosten der Erzeugung	**8.266.650,00**	**4.624.300,00**	**2.843.600,00**	**798.750,00**
– Mehrbestand an FE	275.000,00	275.000,00	–	–
Herstellkosten des Umsatzes	**7.991.650,00**	**4.349.300,00**	**2.843.600,00**	**798.750,00**
+ 15 % VwGK	1.198.748,00	652.395,00	426.540,00	119.813,00
+ 5 % VtGK	399.582,00	217.465,00	142.180,00	39.937,00
Selbstkosten des Umsatzes	**9.589.980,00**	**5.219.160,00**	**3.412.320,00**	**958.500,00**
Nettoumsatzerlöse	**10.320.000,00**	**5.648.900,00**	**3.743.300,00**	**927.800,00**
Umsatzergebnis	**730.020,00**	**429.740,00**	**330.980,00**	**– 30.700,00**
+ Kostenüberdeckung (lt. BAB, S. 270)	**174.980,00**			
Betriebsergebnis	**905.000,00**			

siehe Prozentrechnung ➤ Kap. E, 1.3

Auswertung des Kostenträgerblattes:

Selbstkosten

Gegenüber dem Kostenträgerblatt auf Istkostenbasis (vgl. S. 266) sind die Selbstkosten auf Normalkostenbasis durchgehend bei allen Kostenträgern höher. Das weist darauf hin, dass in den Normalzuschlagssätzen insgesamt Reserven enthalten sind. Verglichen mit dem aktuellen BAB sind sie so hoch angesetzt, dass die Gefahr der Kostenunterdeckung nicht gegeben ist; ggf. ist die Herabsetzung der Normalkosten empfehlenswert.

Umsatzergebnis

Als Umsatzergebnis bezeichnet man die Differenz aus **Nettoumsatzerlösen** (kalkuliert zu Normalkosten) **minus Normalselbstkosten.** Es besagt, wie hoch die Überschüsse oder Fehlbeträge auf der Grundlage geplanter Normalkosten sind, die die einzelnen Kostenträger erwirtschaftet haben. Damit ist das Kostenträgerblatt ein geeignetes **Instrument zur kurzfristigen und vorläufigen Erfolgsrechnung.**

Umsatzergebnisraten

Die Umsatzergebnisse zeigen im obigen Beispiel deutliche Unterschiede innerhalb der Gehäusetypen. Gehäusetyp G I weist einen Überschuss von 429.740,00 €, Gehäusetyp G II einen Überschuss von 330.980,00 € aus, während bei Gehäusetyp G III ein Fehlbetrag von 30.700,00 € eingetreten ist. In **Umsatzergebnisraten** ausgedrückt ergibt sich folgendes Bild:

Umsatzergebnisrate	Gehäuse G I	Gehäuse G II	Gehäuse G III
$= \frac{\text{Umsatzergebnis}}{\text{Umsatzerlöse}}$	Umsatzgewinnrate (+) 7,61 %	Umsatzgewinnrate (+) 8,84 %	Umsatzverlustrate (–) 3,31 %

Betriebsergebnis

Im Kostenträgerblatt lässt sich das Betriebsergebnis dadurch errechnen, dass man das Umsatzergebnis um die Kostenüberdeckung oder Kostenunterdeckung aus dem BAB berichtigt; dabei ist eine Kostenüberdeckung dem Umsatzergebnis hinzuzurechnen, eine Kostenunterdeckung zu subtrahieren:

- **Umsatzergebnis + Kostenüberdeckung lt. BAB = Betriebsergebnis,**
- **Umsatzergebnis – Kostenunterdeckung lt. BAB = Betriebsergebnis.**

Im Beispiel führt die Kostenüberdeckung von 174.980,00 € zu einer Erhöhung des Betriebsergebnisses auf **905.000,00 €.** Das Betriebsergebnis im Kostenträgerblatt stimmt mit dem Betriebsergebnis aus der Ergebnistabelle von Seite 224 überein.

Bestandsveränderungen im Kostenträgerblatt

Im obigen Beispiel haben wir einen Mehrbestand an fertigen Erzeugnissen bei Gehäusetyp G I in Höhe von 275.000,00 € unterstellt. Dieser Betrag kommt durch eine Bewertung der nicht verkauften zusätzlichen Produktion (5 500 Stück) zum Stückpreis von 50,00 € zustande. In diesem Wertansatz sind die Einzelkosten „Fertigungsmaterial" und „Fertigungslöhne" sowie anteilige Gemeinkosten – ohne kalkulatorische Kosten – enthalten.

Wir haben in diesem Beispiel keine Bestandsveränderungen bei unfertigen Erzeugnissen berücksichtigt, obwohl solche Bestandsveränderungen in der Praxis regelmäßig vorkommen: Entweder wird zum Bewertungsstichtag (Monats- oder Jahresende) nicht die Gesamtheit der in die Produktion eingegangenen Werkstoffe, Löhne und Gemeinkosten auch als fertige Erzeugnisse an das Endlager ausgeliefert, dann steckt ein „Rest" noch in der Produktion (Mehrbestand), oder es werden Gehäuse mit höheren Selbstkosten ausgeliefert als in die Produktion eingegangen sind, dann ist der Produktionsbestand abgebaut worden (= Minderbestand). Diese Bestandsveränderungen lassen sich mithilfe der Normalzuschlagssätze im Kostenträgerblatt errechnen.

Zusammenfassung

- Mithilfe des Kostenträgerblattes können ermittelt werden:
  - der **Anteil** der verschiedenen Kostenträger **an den gesamten Normalkosten** der Abrechnungsperiode (= Kostenträger-Selbstkosten),
  - der **Anteil** jedes einzelnen Kostenträgers **am Umsatzergebnis,**
  - die **Umsatzergebnisraten** der Kostenträger und
  - (unter Berücksichtigung der Kostenüberdeckung oder Kostenunterdeckung) das **monatliche Betriebsergebnis** (= kurzfristige Erfolgsrechnung).

Ein Industriebetrieb führt in seinem BAB für den Monat Januar folgende Gemeinkostenarten: 253

Kostenart	Zahlen der BER
Gemeinkostenmaterial	30.000,00 €
Aufwand für Energie	38.700,00 €
Gehälter	96.800,00 €
Soziale Abgaben	18.900,00 €
Steuern, Gebühren, Beiträge, Versicherungen	56.000,00 €
Verschiedene Kosten	98.000,00 €
Kalkulatorische Abschreibungen	(vgl. unten)
Kalkulatorische Zinsen	(vgl. unten)

Die **Einzelkosten** betragen: 6000 Fertigungsmaterial .... 290.000,00 €
6200 Fertigungslöhne .... 219.400,00 €

Im BAB werden die **Kostenstellen** I Material, II Fertigung, III Verwaltung und IV Vertrieb geführt.
Der BAB ist nach folgenden Angaben aufzustellen:

1. Aufteilung des Gemeinkostenmaterials lt. Entnahmescheine auf Kostenstelle I 300,00 €, II 27.000,00 €, III 2.000,00 €, IV 700,00 €.
2. Für die Kostenstellen wurde folgender Stromverbrauch festgestellt: I 10 000 kWh, II 47 400 kWh, III 15 000 kWh, IV 5 000 kWh.
3. Aufteilung der Gehälter: I 14.800,00 €, II 28.500,00 €, III 31.900,00 €, IV 21.600,00 €.
4. Die Sozialen Abgaben verteilen sich im Verhältnis 2 : 9 : 3 : 1.
5. Steuern, Gebühren, Beiträge, Versicherungen sind wie folgt zu verteilen: 1 : 15 : 6 : 3.
6. Die verschiedenen Kosten sind im Verhältnis 5 : 25 : 12 : 8 aufzuteilen.
7. Kalkulatorische Abschreibungen (jährlich):
   auf 0500: 25.000,00 €, auf 0840: 40.000,00 €,
   auf 0700: 60.000,00 €, auf 0870: 25.000,00 €.
   Die kalkulatorischen Abschreibungen sind im Verhältnis 2 : 10 : 2 : 1 aufzuteilen.
8. Kalkulatorische Zinsen (jährlich):
   7 % vom betriebsnotwendigen Kapital 3.000.000,00 €.
   Die kalkulatorischen Zinsen sind im Verhältnis 2 : 8 : 3 : 1 den Kostenstellen zuzurechnen.

Der Betrieb hat in den vorhergehenden Abrechnungsperioden mit folgenden Normalzuschlagssätzen kalkuliert: I 9 %, II 110 %, III 15 %, IV 10 %.

1. *Stellen Sie den BAB für den Monat Januar auf.*
2. *Ermitteln Sie die Istzuschlagssätze.*
3. *Führen Sie die Kostenrechnung mit Normalzuschlagssätzen durch.*
4. *Tragen Sie die verrechneten Normalgemeinkosten in den BAB ein und errechnen Sie die Kostenüber- oder -unterdeckungen in den einzelnen Kostenbereichen und insgesamt.*

Erstellen Sie auf der Grundlage der Aufgabe 244, S. 257, das Kostenträgerblatt mit Normalkosten. Folgende Normalzuschlagssätze sind zu berücksichtigen: 254

Kostenstellen III 10 %, VI 110 %, VII 115 %, VIII 95 %, IX 11 %, X 6 %.

Errechnen Sie die Kostenüber-/-unterdeckung und beurteilen Sie die Situation. ■

AUFGABEN

255 Die Ergebnistabelle eines Industriebetriebes weist Ende Juli folgende Zahlen aus:

Kosten und Leistungen		€
Fertigungsmaterial		400.000,00
Fertigungslöhne		280.000,00
Verschiedene Gemeinkosten		720.000,00
Unfertige Erzeugnisse:	Anfangsbestand	80.000,00
	Endbestand	90.000,00
Fertige Erzeugnisse:	Anfangsbestand	65.000,00
	Endbestand	45.000,00
Nettoumsatzerlöse		1.540.000,00

Der BAB zeigt folgende Gemeinkostenverteilung:

	Material	Fertigung	Verwaltung	Vertrieb
Gemeinkosten	42.000,00	448.000,00	161.000,00	69.000,00
Normalzuschlagssätze	10 %	150 %	20 %	5 %

1. *Stellen Sie das Kostenträgerblatt auf. (Eine Aufteilung der Kosten auf mehrere Kostenträger ist nicht erforderlich.)*
2. *Berechnen Sie die Kostenüber- oder -unterdeckung und das Betriebsergebnis des Monats.* ■

256 Aus der Ergebnistabelle erhalten wir folgende Zahlen und Angaben:

Kosten und Leistungen	insgesamt	Anteile der Erzeugnisse A	Anteile der Erzeugnisse B
Fertigungsmaterial	85.000,00	52.000,00	33.000,00
Fertigungslöhne	46.000,00	34.000,00	12.000,00
Verschiedene Gemeinkosten	127.910,00	–	–
Unfertige Erzeugnisse:			
Anfangsbestand	10.000,00	6.000,00	4.000,00
Endbestand	14.000,00	9.000,00	5.000,00
Fertige Erzeugnisse:			
Anfangsbestand	16.000,00	10.000,00	6.000,00
Endbestand	22.000,00	15.000,00	7.000,00
Nettoumsatzerlöse	289.600,00	188.400,00	101.200,00

Nach dem BAB entfallen auf die Kostenbereiche folgende Istgemeinkosten:

I Material	II Fertigung	III Verwaltung	IV Vertrieb
9.640,00 €	88.450,00 €	21.340,00 €	8.480,00 €

Im vergangenen Abrechnungszeitraum wurde mit folgenden Normalsätzen kalkuliert:

Materialgemeinkosten	11 %	Verwaltungsgemeinkosten	10 %
Fertigungsgemeinkosten	200 %	Vertriebsgemeinkosten	6 %

1. *Erstellen Sie das Kostenträgerblatt nach dem Muster auf Seite 271.*
2. *Stellen Sie fest, in welcher Höhe die Kostenträger A und B am Umsatzergebnis beteiligt sind.*
3. *Errechnen Sie die Kostenüber- bzw. -unterdeckungen.*
4. *Ermitteln Sie die Umsatzergebnisse und die Umsatzergebnisraten für die Erzeugnisse A und B.*
5. *Ermitteln Sie das Betriebsergebnis und nehmen Sie Stellung zum Ausmaß der Abweichung zwischen Umsatzergebnis und Betriebsergebnis.* ■

Die Ergebnistabelle eines Betriebes liefert folgende Zahlen und Angaben: 257

Bezeichnung	insgesamt	Anteile der Erzeugnisse		
		A	B	C
Fertigungsmaterial	146.000,00	58.000,00	37.000,00	51.000,00
Fertigungslöhne	88.000,00	34.000,00	18.000,00	36.000,00
Versch. Gemeinkosten	221.060,00	–	–	–
Unfertige Erzeugnisse:				
Anfangsbestand	12.000,00	5.000,00	4.000,00	3.000,00
Endbestand	5.000,00	2.000,00	1.000,00	2.000,00
Fertige Erzeugnisse:				
Anfangsbestand	18.000,00	9.000,00	2.000,00	7.000,00
Endbestand	25.000,00	11.000,00	6.000,00	8.000,00
Nettoumsatzerlöse	434.800,00	198.600,00	144.500,00	91.700,00

Die Istgemeinkosten je Kostenbereich betragen lt. BAB:

Materialgemeinkosten	15.200,00	Verwaltungsgemeinkosten	52.890,00
Fertigungsgemeinkosten	128.500,00	Vertriebsgemeinkosten	24.470,00

Der Betrieb hat mit folgenden Normalzuschlägen gerechnet:

Materialgemeinkosten	10 %	Verwaltungsgemeinkosten	15 %
Fertigungsgemeinkosten	150 %	Vertriebsgemeinkosten	5 %

1. *Stellen Sie das Kostenträgerblatt auf und erläutern Sie das Umsatzergebnis.*
2. *Berechnen Sie das Betriebsergebnis.* ■

Abgrenzungsrechnung mit BAB und Kostenträgerblatt 258

Die Ergebnistabelle der Körner KG weist folgende Aufwendungen u. Erträge aus:

5000	Umsatzerlöse für eigene Erzeugnisse	880.000,00
5202	Erhöhung des Bestandes an fertigen Erzeugnissen	40.000,00
5400	Mieterträge	5.000,00
5410	Erlöse aus Anlagenabgängen	20.000,00
5480	Erträge aus der Herabsetzung von Rückstellungen	50.000,00
5500	Erträge aus Beteiligungen	20.000,00
5710	Zinserträge	15.000,00
6000	Aufwendungen für Rohstoffe	120.000,00
6020	Aufwendungen für Hilfsstoffe	25.000,00
6200	Löhne	220.000,00
6300	Gehälter	115.000,00
6400	Soziale Abgaben	52.000,00
6520	Abschreibungen auf Sachanlagen	80.000,00
6700	Mieten/Pachten	20.000,00
68..	Aufwendungen für Kommunikation	22.000,00
6900	Versicherungsbeiträge	3.000,00
6930	Verluste aus Schadensfällen	8.000,00
6979	Anlagenabgänge	10.000,00
70/77	Betriebliche Steuern	25.000,00
7510	Zinsaufwendungen	2.000,00
Der Rohstoffverbrauch wird zu Verrechnungspreisen angesetzt		130.000,00

Der kalkulatorische Unternehmerlohn beträgt 12.000,00 €. Die kalkulatorischen Zinsen für das betriebsnotwendige Kapital machen 20.000,00 € aus. Für Garantieverpflichtungen werden als kalkulatorische Wagnisse 15.000,00 € in Ansatz gebracht. Die kalkulatorischen Abschreibungen auf Sachanlagen betragen 75.000,00 €. Unter den Abschreibungen befinden sich 5.000,00 € Abschreibungen auf ein vermietetes Lagergebäude.

Erstellen Sie die Ergebnistabelle.

AUFGABEN

Grundlagen zur Aufstellung des BAB:

Kostenart	I Material	II FHS A	III FHS B	IV Verwaltung	V Vertrieb
Fertigungsmaterial	130.000,00	–	–	–	–
Fertigungslöhne	–	120.000,00	100.000,00	–	–
Hilfsstoffe	3.000,00	11.000,00	9.000,00	–	2.000,00
Gehälter	5.000,00	8.000,00	7.000,00	85.000,00	10.000,00
Soziale Abgaben	2.000,00	14.000,00	11.000,00	22.000,00	3.000,00
Abschreibungen	5.000,00	30.000,00	25.000,00	10.000,00	5.000,00
Mieten/Pachten:					
Raumgröße	100 m^2	350 m^2	250 m^2	200 m^2	100 m^2
Kommunikationsaufw.	1.000,00	3.000,00	2.000,00	12.000,00	4.000,00
Versicherungen:					
Vers.-Werte	**1.000.000,00**	**1.750.000,00**	**1.250.000,00**	**2.000.000,00**	–
Kalkulat. Wagnisse	2 :	2 :	2 :	1 :	3
Betriebssteuern	2 :	7 :	5 :	8 :	3
Kalkulat. Zinsen	2.000,00	7.000,00	8.000,00	2.000,00	1.000,00
Unternehmerlohn	1 :	1 :	1 :	2 :	1

1. *Erstellen Sie nach obigen Angaben den BAB.*
2. *Errechnen Sie die Istzuschlagssätze.*

Der Betrieb hat im gleichen Monat mit folgenden Normalzuschlagssätzen kalkuliert:

Materialgemeinkosten .... 15 %
Fertigungsgemeinkosten FHS A .... 80 %
Fertigungsgemeinkosten FHS B .... 75 %
Verwaltungsgemeinkosten .... 25 %
Vertriebsgemeinkosten .... 6 %

1. *Führen Sie die Kostenrechnung mit Normalzuschlägen durch.*
2. *Tragen Sie die verrechneten Normalgemeinkosten in den BAB ein und ermitteln Sie die Kostenüber- bzw. -unterdeckungen in den einzelnen Kostenbereichen und insgesamt.*

Aufstellung des Kostenträgerblattes nach folgenden Angaben:

Bezeichnung	insgesamt	Anteile der Erzeugnisse	
		X	Y
Fertigungsmaterial	130.000,00	80.000,00	50.000,00
Fertigungslöhne FHS A	120.000,00	70.000,00	50.000,00
Fertigungslöhne FHS B	100.000,00	60.000,00	40.000,00
Gemeinkosten	lt. BAB		
Unfertige Erzeugnisse:			
Anfangsbestand	120.000,00	80.000,00	40.000,00
Endbestand	150.000,00	100.000,00	50.000,00
Fertige Erzeugnisse:			
Anfangsbestand	160.000,00	100.000,00	60.000,00
Endbestand	170.000,00	120.000,00	50.000,00
Umsatzerlöse	880.000,00	550.000,00	330.000,00

1. *Stellen Sie fest, in welcher Höhe die Erzeugnisgruppen X und Y am Umsatzergebnis beteiligt und wie hoch die Umsatzergebnisraten sind.*
2. *Ermitteln Sie im Kostenträgerblatt das Betriebsergebnis und stimmen Sie es mit dem in der Ergebnistabelle ausgewiesenen Betriebsergebnis ab.*
3. *Ermitteln Sie den Prozentanteil der Kostenträger X und Y am Umsatzergebnis.*
4. *Bestimmen Sie die Wirtschaftlichkeitskoeffizienten der einzelnen Kostenträger nach der Formel von Seite 267.*
5. *Bewerten Sie die Ergebnisse dieser Kostenrechnung.* ■

Kostenträgerstückrechnung in Betrieben mit Serienfertigung 5.3

Aufgaben der Kostenträgerstückrechnung

Mithilfe der Kostenträgerstückrechnung, auch **Kalkulation** genannt, werden vor allem die Selbstkosten für einzelne Kostenträger (Erzeugnis, Serie oder Auftrag) berechnet. Im Einzelnen bedient sich der Kaufmann dieser Rechnung, um

- Angebotspreise für seine Erzeugnisse zu **berechnen.** In diesem Fall spricht man von **Vorkalkulation.**
- die Kostenhöhe der Stellengemeinkosten oder einzelner Kostenarten **kontrollieren** zu können. In diesem Fall spricht man von **Nachkalkulation.**
- die Annahme von Aufträgen zu vorgegebenen Marktpreisen **entscheiden** zu können. In der Regel wird ein Auftrag nur angenommen, wenn der Preis wenigstens die variablen Kosten deckt (vgl. Kapitel **„Deckungsbeitragsrechnung").**
- die liquiditätsorientierte Preisuntergrenze bestimmen zu können. Bei angespannter Absatzlage ist für den Unternehmer die Kenntnis der Liquiditätspreisuntergrenze wichtig. Hierbei werden die Kosten im Hinblick auf ihre **Ausgabenwirksamkeit** in **stark und schwach ersatzbedürftig** unterteilt. Stark ersatzbedürftige Kosten (z. B. Gehälter, Löhne, Mieten, Steuern) führen kurzfristig zu Geldausgaben und müssen über die Umsatzerlöse „verdient" werden.

Arten

Produktionsprogramm und Fertigungsverfahren bestimmen das zweckmäßigste Kalkulationsverfahren. In der Praxis gebräuchlich sind **Zuschlagskalkulation, Divisionskalkulation** (vgl. S. 287) **und Äquivalenzziffernkalkulation** (vgl. S. 285).

Zuschlagskalkulation 5.3.1

Die Zuschlagskalkulation stellt in Betrieben mit **Serienfertigung** das geeignete Kalkulationsverfahren dar. Sie geht von den **Einzelkosten** des Kostenträgers (= **Fertigungsmaterial** und **Fertigungslöhne**) aus und führt durch **schrittweise Einrechnung** der anteiligen Gemeinkosten über **Gemeinkostenzuschlagssätze** (z. B. Normalzuschlagssätze, Istzuschlagssätze) zu den **Selbstkosten.** In stark mechanisierten Betrieben wird sie durch die Maschinenstundensatzrechnung ergänzt.

Schema der Zuschlagskalkulation

Die Selbstkostenkalkulation für den einzelnen Kostenträger entspricht in ihrem Aufbau dem aus der **Kostenträgerzeitrechnung bekannten Schema:**

	Kalkulationsschema
1.	Fertigungsmaterial lt. Stückliste
2.	+ ... % Materialgemeinkosten
3.	**= Materialkosten (1. + 2.)**
4.	Fertigungslöhne FHS I lt. Arbeitsplan
5.	+ ... % Fertigungsgemeinkosten
6.	**= Fertigungskosten FHS I (4. + 5.)**
7.	Fertigungslöhne FHS II lt. Arbeitsplan
8.	+ ... % Fertigungsgemeinkosten
9.	**= Fertigungskosten FHS II (7. + 8.)**
10.	**= Herstellkosten (3. + 6. + 9.)**
11.	+ ... % Verwaltungsgemeinkosten
12.	+ ... % Vertriebsgemeinkosten
13.	**= Selbstkosten des Kostenträgers (10. + 11. + 12.)**

Zusammenfassung

- Die Zuschlagskalkulation passt sich in ihrem Aufbau der **Hauptkostenstellengliederung** des Betriebsabrechnungsbogens an.

5.3.2 Zuschlagskalkulation als Angebotskalkulation

Selbstkostenkalkulation

Die **Angebots- oder Vorkalkulation** soll bereits bei Abschluss eines Kaufvertrages eine **verbindliche Aussage über den Verkaufspreis** machen. Sie liegt also **zeitlich vor dem Produktionsprozess** und basiert auf **Normalkosten.** In einem ersten Schritt ermittelt sie die **Selbstkosten für den einzelnen Kostenträger.**

Situation

In der Unternehmung Berg wird der Selbstkostenpreis für ein Blechgehäuse des Typs G I nach folgenden Angaben kalkuliert (vgl. auch die Angaben auf den Seiten 266 und 271, angenommene Herstellungsmenge 80 000 Gehäuse):

Fertigungsmaterial lt. Stückliste	12,75 €
Fertigungslöhne der Fertigungshauptstelle I (lt. Arbeitsplan)	5,60 €
Fertigungslöhne der Fertigungshauptstelle II (lt. Arbeitsplan)	4,50 €
Fertigungslöhne der Fertigungshauptstelle III (lt. Arbeitsplan)	6,80 €
Fertigungslöhne der Fertigungshauptstelle IV (lt. Arbeitsplan)	6,45 €

Die **Normalzuschlagssätze** sind im Kalkulationsschema eingetragen.

	Kalkulation Gehäuse G I		
	Fertigungsmaterial	12,75 €	
+	12,5 % Materialgemeinkosten	1,59 €	
=	**Materialkosten**		**14,34 €**
	Fertigungslöhne FHS I	5,60 €	
+	115 % Fertigungsgemeinkosten	6,44 €	
=	**Fertigungskosten FHS I**		**12,04 €**
	Fertigungslöhne FHS II	4,50 €	
+	83 % Fertigungsgemeinkosten	3,74 €	
=	**Fertigungskosten FHS II**		**8,24 €**
	Fertigungslöhne FHS III	6,80 €	
+	80 % Fertigungsgemeinkosten	5,44 €	
=	**Fertigungskosten FHS III**		**12,24 €**
	Fertigungslöhne FHS IV	6,45 €	
+	70 % Fertigungsgemeinkosten	4,51 €	
=	**Fertigungskosten FHS IV**		**10,96 €**
=	**Herstellkosten**		**57,82 €**
+	15 % Verwaltungsgemeinkosten		8,67 €
+	5 % Vertriebsgemeinkosten		2,89 €
=	**Selbstkosten für 1 Gehäuse, Typ G I**		**69,38 €**
	aufgerundet		**69,40 €**

siehe Prozentrechnung ➤ Kap. E, 1.3

Herr Berg setzt den Selbstkostenpreis für ein Gehäuse G I auf 69,40 € fest.

Angebotskalkulation

Die Selbstkostenkalkulation wird durch **Einrechnung des Gewinns** sowie von **Skonto** (ggf. Provision) **und Rabatt** zur **Angebotskalkulation** erweitert.

Gewinn

Der **Betriebsgewinn** muss so hoch ausfallen, dass er — nach Erstattung **aller Kosten** über die Umsatzerlöse — das **allgemeine Unternehmerrisiko abdeckt** und **Finanzmittel für zukünftige Neuinvestitionen** (vgl. S. 225) bereitstellt.

Gewinnzuschlagssatz

Einen angemessenen Gewinn erzielt man in der Kalkulation dadurch, dass man **den Selbstkosten einen Zuschlag** (in %) **für den Gewinn zurechnet.**

6458278

Beispiel

Aus dem **Kostenträgerblatt** der Unternehmung Berg (vgl. S. 271) lassen sich folgende Zahlen für die **Berechnung des durchschnittlichen Gewinnzuschlagssatzes für das Gehäuse G I** entnehmen:

Umsatzergebnis (zu Normalkosten)	429.740,00 €,
Selbstkosten des Umsatzes (zu Normalkosten)	5.219.160,00 €.

$$\textbf{Gewinnzuschlagssatz} = \frac{\textbf{Umsatzergebnis}}{\textbf{Selbstkost. d. Ums.}} = \frac{429.740{,}00\ €}{5.219.160{,}00\ €} = \mathbf{8{,}23\ \%} \sim \mathbf{8\ \%}$$

Angebotspreis

Nach Einrechnung der Zuschläge für Skonto (evtl. Provision) und Rabatt in den Barverkaufspreis ergibt sich der Angebotspreis des Kostenträgers.

Sondereinzelkosten des Vertriebs

Sofern beim Verkauf Nebenkosten entstehen, die sich **unmittelbar dem Kostenträger** zurechnen lassen (z. B. Transport- und Verpackungskosten, Vertriebsprovision), werden diese Nebenkosten in den Barverkaufspreis eingerechnet. In manchen Fällen sind die Nebenkosten zunächst aufgrund bestimmter Prozentsätze zu berechnen (z. B. Transportversicherung, Vertriebsprovision). Hierbei ist zu beachten, dass die Zuschlagsgrundlage (= 100 %) für diese Nebenkosten der **Zielverkaufspreis** ist, nicht der Barverkaufspreis.

Kundenskonto/ Kundenrabatt

Kundenskonto und Kundenrabatt sind im Angebotspreis enthalten. Sie kommen dem Kunden entweder für Zahlung innerhalb bestimmter Fristen (Kundenskonto) oder für die Abnahme bestimmter Mengen (Mengenrabatt) zugute. Kundenskonto wird in den Barverkaufspreis, Kundenrabatt in den Zielverkaufspreis eingerechnet. Hierbei ist zu beachten, dass die Zuschlagsgrundlage (= 100 %) für Kundenskonto der Zielverkaufspreis, für Kundenrabatt der Angebotspreis ist. Kundenrabatte werden bereits bei der Rechnungserstellung in Abzug gebracht.

Beispiel

Herr Berg kalkuliert den Angebotspreis für ein Blechgehäuse G I – ausgehend von den Selbstkosten – aufgrund folgender Angaben:

Gewinnzuschlag	8 %,	Vertriebsprovision	3 %,
Kundenskonto	2 %,	Kundenrabatt	7 %.

Selbstkosten für 1 Gehäuse G I (vgl. S. 278)	**69,40 €**		
+ 8 % Gewinn	5,55 €		
Barverkaufspreis	**74,95 €**	≙ 95 %	
+ 2 % Kundenskonto	1,58 €	≙ 2 %	
+ 3 % Vertriebsprovision	2,37 €	≙ 3 %	
Zielverkaufspreis (= Rechnungspreis)	**78,90 €**	≙ 100 %	≙ 93 %
+ 7 % Kundenrabatt	5,94 €		≙ 7 %
Angebotspreis (= Listenpreis)	**84,84 €**		≙ 100 %

Herr Berg setzt den Angebotspreis auf 84,90 € fest.

Berechnung der Verkaufszuschläge:

$$\textbf{Kundenskonto} = \frac{74{,}95\ € \cdot 2\ \%}{95\ \%} = \mathbf{1{,}58\ €}$$

$$\textbf{Vertriebsprovision} = \frac{74{,}95\ € \cdot 3\ \%}{95\ \%} = \mathbf{2{,}37\ €}$$

$$\textbf{Kundenrabatt} = \frac{78{,}90\ € \cdot 7\ \%}{93\ \%} = \mathbf{5{,}94\ €}$$

siehe Prozentrechnung ➤ Kap. E, 1.3

Zuschlagskalkulation als Angebotskalkulation

Zusammenfassung

- Im **kalkulatorischen Gewinn** werden das allgemeine Unternehmerrisiko abgedeckt und Finanzmittel für zukünftige Neuinvestitionen bereitgestellt.
- **Zuschlagsgrundlage für den Gewinn** sind die Selbstkosten.
- Die Summe aus Selbstkosten und Gewinn ergibt den **Barverkaufspreis.**
- Der Barverkaufspreis wird um Zuschläge für **Skonto, Provision** und **Rabatt** (i. H.) erhöht, um den Angebotspreis zu erhalten.

AUFGABEN

259 Der BAB einer Möbelfabrik enthält für den Monat Mai folgende Angaben:

Materialgemeinkosten	36.850,00 €
Fertigungsgemeinkosten	716.880,00 €
Verwaltungsgemeinkosten	281.573,00 €
Vertriebsgemeinkosten	140.786,50 €
An Einzelkosten fallen an: Fertigungsmaterial	670.000,00 €
Fertigungslöhne	477.920,00 €

1. *Berechnen Sie die Istzuschlagssätze (ohne Bestandsveränderungen).*
2. Das Unternehmen kalkuliert mit folgenden Normalzuschlagssätzen:
   Material 6 %, Fertigung 160 %, Verwaltung 15 %, Vertrieb 6 %.
   Errechnen Sie die Selbstkosten eines Auftrags, für den folgende Einzelkosten veranschlagt werden:

Fertigungsmaterial	650,00 €
Fertigungslöhne 42 Stunden zu je	21,00 €

260 Eine Schlösserfabrik will 100 000 Vorhängeschlösser eines bestimmten Typs in Fertigung geben. Es werden folgende Kosten geplant:

Fertigungsmaterial	32.000,00 €
Fertigungslöhne in Fertigungshauptstelle I	8.000,00 €
Fertigungslöhne in Fertigungshauptstelle II	5.800,00 €
Fertigungslöhne in Fertigungshauptstelle III	4.400,00 €

Die Normalzuschlagssätze betragen:
Material 5 %, Fertigung I 180 %, Fertigung II 200 %, Fertigung III 160 %, Verwaltung 15 %, Vertrieb 8 %, Gewinnzuschlag 18 %.

Berechnen Sie die geplanten Selbstkosten insgesamt und je Stück sowie den Barverkaufspreis für ein Schloss. ■

261 Eine Werkzeugfabrik kalkuliert mit folgenden Normalzuschlagssätzen:
Material 12 %, Fertigung I 160 %, Fertigung II 200 %, Verwaltung 10 %, Vertrieb 8 %.

Für einen Auftrag über 1 000 Feilen wird mit einem Materialverbrauch von 750,00 € und einem Lohnaufwand von
7 Stunden zu je 32,50 € in Fertigungshauptstelle I und
9 Stunden zu je 30,50 € in Fertigungshauptstelle II
gerechnet.

Gewinnzuschlag 15 %, Skonto 3 %, Vertriebsprovision 4 %.

Erstellen Sie die Vorkalkulation für eine Feile. ■

6458280

Für eine Werkzeugmaschine sind die Selbstkosten nach folgenden Angaben zu kalkulieren: 262

Fertigungsmaterial	12.500,00 €
Fertigungslöhne Dreherei	2.950,00 €
Fertigungslöhne Fräserei	1.410,00 €

Normalzuschlagssätze:

Material	15 %
Fertigungshauptstelle Dreherei	115 %
Fertigungshauptstelle Fräserei	120 %
Verwaltung	15 %
Vertrieb	5 %

Das Erzeugnis wird unter Einrechnung von 3 % Kundenskonto und 8 % Kundenrabatt zum Preis von 38.660,00 € angeboten.

Wie hoch ist der erzielbare Gewinn in € und Prozent? ■

Die Kostenrechnungsabteilung eines Industriebetriebes kalkuliert den Listenpreis für ein Gerät, das neu in das Produktionsprogramm aufgenommen werden soll, aufgrund folgender Unterlagen: 263

Fertigungsmaterial lt. Stückliste:

Gehäuse	je Stück	4,00 €
Armatur	je Stück	12,00 €

Fertigungslöhne lt. Zeitvorgabe:

I.	Schneiden	je 100 Stück	450 Minuten
II.	Schweißen	je Stück	3 Minuten
III.	Lackieren	je 100 Stück	270 Minuten
IV.	Montieren	je Stück	2 Minuten

Die Arbeitsstunde wird einheitlich mit 34,00 € verrechnet.

Die Normalzuschlagssätze betragen:
Material 5 %, Fertigung I 100 %, Fertigung II 140 %, Fertigung III 90 %, Fertigung IV 110 %, Verwaltung 20 %, Vertrieb 6 %.

Folgende Verkaufszuschläge sind zu berücksichtigen:
Gewinn 15 %, Skonto (i. H.) 2 %, Rabatt (i. H.) 10 %.

1. *Wie viel € beträgt der Listenpreis je Gerät?*
2. Das entsprechende Gerät wird von Konkurrenzunternehmen zum Barverkaufspreis von 49,00 € auf dem Markt angeboten. *Lohnt sich die Produktion? Wie hoch wäre der tatsächliche Stückgewinn?* ■

Erstellen Sie die Vorkalkulation für einen Reparaturauftrag unter Berücksichtigung folgender Angaben: 264

Reparaturmaterial: 45,00 €,
Materialgemeinkostenzuschlag: 8 %,
Fertigungslöhne: 1,5 Stunden zu je 35,00 €,
Maschineneinsatz: Bohren 0,25 Std.,
Drehen 0,75 Std.,
Fräsen 0,50 Std.

Der Maschineneinsatz wird mit 45,40 € je Stunde kalkuliert.
Verwaltungs- und Vertriebsgemeinkostenzuschlag: 20 %.
Gewinnzuschlag: 15 %. ■

5.3.3 Zuschlagskalkulation als Nachkalkulation

Aufgabe der Nachkalkulation

Die Nachkalkulation zeigt, ob der zu **Normalkosten kalkulierte** und angenommene Auftrag im Rahmen dieser Kosten verwirklicht werden konnte. Sie wird **nach Beendigung der Produktion** als Zuschlagskalkulation aufgrund der **tatsächlich entstandenen Einzelkosten** und der **Istzuschläge aus dem BAB** durchgeführt. Aus der Gegenüberstellung mit der Vorkalkulation werden Abweichungen ersichtlich.

Beispiel

Auf der Grundlage der Istzuschlagssätze (BAB, S. 252) und der Ist-Einzelkosten für Material und Löhne (vgl. S. 278) entsteht die folgende Nachkalkulation für ein Gehäuse G I.

Fertigungsmaterial (Ist = Normal)	12,75 €	Fertigungslöhne, FHS III	6,85 €
Fertigungslöhne, FHS I	5,70 €	Fertigungslöhne, FHS IV	6,40 €
Fertigungslöhne, FHS II	4,25 €		

Kalkulationsschema	Vorkalkulation		Nachkalkulation	
Fertigungsmaterial + Materialgemeinkosten	 12,5 %	12,75 € 1,59 €	 12,90 %	12,75 € 1,64 €
Materialkosten		14,34 €		14,39 €
Fertigungslöhne FHS I + Fertigungsgemeinkosten	 115,0 %	5,60 € 6,44 €	 112,76 %	5,70 € 6,43 €
Fertigungskosten FHS I		12,04 €		12,13 €
Fertigungslöhne FHS II + Fertigungsgemeinkosten	 83,0 %	4,50 € 3,74 €	 84,80 %	4,25 € 3,60 €
Fertigungskosten FHS II		8,24 €		7,85 €
Fertigungslöhne FHS III + Fertigungsgemeinkosten	 80,0 %	6,80 € 5,44 €	 78,55 %	6,85 € 5,38 €
Fertigungskosten FHS III		12,24 €		12,23 €
Fertigungslöhne FHS IV + Fertigungsgemeinkosten	 70,0 %	6,45 € 4,51 €	 68,17 %	6,40 € 4,36 €
Fertigungskosten FHS IV		10,96 €		10,76 €
Herstellkosten + Verwaltungsgemeinkosten + Vertriebsgemeinkosten	 15,0 % 5,0 %	57,82 € 8,67 € 2,89 €	 13,71 % 4,46 %	57,36 € 7,86 € 2,56 €
Selbstkosten für 1 Gehäuse **Selbstkosten,** aufgerundet + Gewinn	 8,0 %	69,38 € 69,40 € 5,55 €	 **10,67 %**	67,78 € **7,23 €**
Barverkaufspreis + Kundenskonto + Vertriebsprovision	 2,0 % 3,0 %	**74,95 €** 1,58 € 2,37 €		**75,01 €** 1,58 € 2,37 €
Zielverkaufspreis + Kundenrabatt	 7,0 %	78,90 € 5,94 €		78,96 € 5,94 €
Angebotspreis		84,84 €		
Angebotspreis, aufgerundet		**84,90 €** →		**84,90 €**

Auswertung der Nachkalkulation

Im obigen Beispiel **fallen** die tatsächlichen Selbstkosten um 1,60 € je Gehäuse niedriger aus als die vorkalkulierten Normalselbstkosten. Da der Angebotspreis verbindlich vorgegeben war, führt diese **Kostenüberdeckung** zu einem entsprechend höheren **Gewinn** um 1,68 € je Gehäuse. Eine genaue Analyse zeigt, dass die **Istgemeinkostenzuschläge** in der Materialstelle und der Fertigungshauptstelle II **über den Normalzuschlagssätzen** liegen und hier somit Kostenunterdeckungen anzeigen. In den übrigen Fertigungshauptstellen, in der Verwaltungsstelle und der Vertriebsstelle liegen die **Istgemeinkostenzuschläge unter den Normalzuschlägen;** sie zeigen hier **Kostenüberdeckungen** an.

Die eigentliche Abweichung (= Kostenüberdeckung) entsteht im **Verwaltungs- und Vertriebsbereich.** Hierbei handelt es sich offenbar um eine **Beschäftigungsabweichung.** Es ist zu erwarten, dass bei einer **Beschäftigungserhöhung** die **Ist-Zuschlagssätze** in diesen Bereichen weiter **zurückgehen** werden, weil die Verwaltungs- und Vertriebsgemeinkosten **überwiegend fixe Kosten** sind, die sich bei der Beschäftigungserhöhung nicht verändern und zu sinkenden Zuschlagssätzen führen. Eine umgekehrte Entwicklung wäre bei einem Beschäftigungsrückgang zu erwarten.

Beschäftigungsabweichung (vgl. S. 268)

Gehen wir davon aus, dass keine Preisabweichungen vorliegen, da verstärkt mit kalkulatorischen Kosten und Verrechnungspreisen gearbeitet wird, dann sind **Verbrauchsabweichungen bei den Einzelkosten** mit die Ursache für die Kostenüberdeckung in der Nachkalkulation. Im Einzelnen ist festzustellen:

Preis- und Verbrauchsabweichungen (vgl. S. 268)

- Beim **Fertigungsmaterial** ergibt sich **keine Abweichung** zwischen Vor- und Nachkalkulation.
- Bei den **Fertigungslöhnen** sind sowohl **Über- als auch Unterdeckungen** in den einzelnen Fertigungshauptstellen feststellbar. Hier muss der Betriebsleiter nach den Ursachen forschen.

Zusammenfassung

- Die Nachkalkulation ist eine **Kontrollrechnung,** die den Normalkosten der Vorkalkulation die tatsächlichen Kosten (Istkosten) gegenüberstellt.
- Die Nachkalkulation misst im Vergleich mit den Normalkosten der Vorkalkulation den **tatsächlichen Erfolg** eines Kostenträgers.
- Die Abweichungen zwischen Ist- und Normalkosten bedürfen einer Analyse:
  - Beschäftigungs- und Preisabweichungen lassen sich leicht ausschalten.
  - Verbrauchsabweichungen hat der Betriebsleiter zu verantworten.

AUFGABEN

265

Zur Aufgabe 261, S. 280, ist eine Nachkalkulation aufzustellen.

Nach Durchführung der Produktion steht fest, dass der Materialverbrauch eingehalten wurde, der Lohnaufwand betrug jedoch

in Fertigungshauptstelle I: 7,5 Stunden zu je 33,50 €,
in Fertigungshauptstelle II: 10 Stunden zu je 28,40 €.

Der BAB des Abrechnungsmonats weist folgende Ist-Zuschlagssätze aus:

Material 10 %; Fertigung I 150 %; Fertigung II 180 %; Verwaltung 12,5 %; Vertrieb 10 %.

1. *Welche Kostenarten und -stellen sind zu überprüfen?*
2. *Wie erklären Sie den erheblichen Unterschied zwischen normierter und verbrauchter Arbeitszeit in der Fertigungshauptstelle II?* ■

266

1. *Worin unterscheiden sich Vor- und Nachkalkulation?*
2. *Wie werden Normalzuschlagssätze errechnet?*
3. Die Zuschlagssätze für die Fertigungsgemeinkosten liegen in zwei aufeinander folgenden Betriebsabrechnungsbögen über dem Normalzuschlagssatz. *Worauf kann das zurückzuführen sein? Was müsste ggf. veranlasst werden?* ■

267 *Erstellen Sie die Vor- und Nachkalkulationen für folgenden Auftrag:*

	Vorkalkulation	Nachkalkulation
Fertigungsmaterial	520,00 €	
Materialgemeinkostenzuschlag	5 %	535,00 €
Maschinenkosten: Laufzeit	20 Stunden	5,5 %
Stundensatz	24,75 €	19,5 Stunden
Fertigungslöhne: Fertigungsstunden	22 Stunden	25,20 €
Stundensatz	23,00 €	22 Stunden
Verwaltungsgemeinkostenzuschlag	12,5 %	22,60 €
Vertriebsgemeinkostenzuschlag	8,0 %	12,7 %
Gewinnzuschlag	12,0 %	7,6 %
Kundenskonto	3,0 %	
Kundenrabatt	6,0 %	

1. *Errechnen Sie den tatsächlichen Gewinn.*
2. *Begründen Sie die Abweichungen.*

268 *Kalkulieren Sie auf der Grundlage der Aufgabe 249, S. 264, die Herstellkosten (gesamt und je Stück) für folgende Aufträge:*

Auftrag A: Stanzen von 5 000 Behälterböden auf Stanze II.
Stahlblech: 1.100,00 €,
Materialgemeinkostenzuschlag: 4 %,
Fertigungslöhne: 98 Stunden zu je 17,50 €,
Maschinenstunden: 70 Stunden,
Sondereinzelkosten der Fertigung: 500,00 €.

Auftrag B: Stanzen von 8 000 Ventildeckeln auf Stanze I.
Stahlblech: 800,00 €,
Materialgemeinkostenzuschlag: 4 %,
Fertigungslöhne: 56 Stunden zu je 17,50 €,
Maschinenstunden: 40 Stunden,
Sondereinzelkosten der Fertigung: 200,00 €.

Auftrag C: Stanzen von 4 000 Mantelblechen auf Stanze III.
Stahlblech: 3.200,00 €,
Materialgemeinkostenzuschlag: 4 %,
Fertigungslöhne: 140 Stunden zu je 17,50 €,
Maschinenstunden: 100 Stunden,
Sondereinzelkosten der Fertigung: 400,00 €.

Nach Abschluss der Produktion zeigen sich folgende Abweichungen:

Auftrag A: Stahlblech: 10%ige Erhöhung der Anschaffungskosten.
Fertigungslöhne: 102 Stunden zu je 17,50 €,
Maschinenstundensatz: 5%ige Verringerung gegenüber der Norm.

Auftrag B: Stahlblech: 70,00 € Mehrverbrauch,
Fertigungslöhne: 56 Stunden zu je 17,95 €,
Maschinenstundensatz: 3%ige Erhöhung gegenüber der Norm.

Auftrag C: Materialgemeinkostenzuschlag: 4,3 %,
Sondereinzelkosten der Fertigung: 10%ige Verringerung gegenüber der Norm.

Stellen Sie die Nachkalkulationen auf.

Vollkostenrechnung in Betrieben mit Sortenfertigung (Äquivalenzziffernkalkulation) 5.4

Situation 1

Das Unternehmen Berg möchte einen **schnellen Überblick** (ohne BAB und Kostenträgerblatt) über die **Selbstkosten jedes Gehäusetyps** mithilfe der **Äquivalenzziffernkalkulation** gewinnen.

Voraussetzungen für die Anwendung der Äquivalenzziffernrechnung:

- Die **Erzeugnisse** müssen **artgleich** sein (= Sorten), z. B. Ziegel, Biersorten, Bausteine, Zigaretten usw.
- Die **Erzeugnisse** müssen **in einem festen Kostenverhältnis** zueinander stehen.

Es kann unterstellt werden, dass diese Bedingungen für die im Unternehmen Berg produzierten Gehäusetypen im Wesentlichen erfüllt sind.

Äquivalenzziffern

Unterschiede in den Selbstkosten je Erzeugniseinheit können nur dadurch verursacht werden, dass die einzelnen Erzeugnisgruppen die Produktionsstätten verschieden stark beanspruchen. Das **Kostenverhältnis**, das die unterschiedlich starke Beanspruchung angibt, wird durch Beobachtung und Messung festgestellt. Hierbei setzt man das **Haupterzeugnis gleich 1** und bringt die anderen Erzeugnisgruppen durch einen die Kostenverursachung ausdrückenden Zuschlag oder Abschlag in Beziehung zu 1. Die sich ergebenden Zahlen heißen **Äquivalenzziffern.**

Situation 2

Aufgrund der Arbeitspläne verschafft man sich im Unternehmen Berg einen Überblick darüber, in welchem Ausmaß die verschiedenen Gehäusetypen die Betriebsabteilungen belasten: Gehäusetyp G I wird in durchschnittlich 26,7 Minuten gefertigt, Gehäusetyp G II in 24 Minuten, Gehäusetyp G III in 35 Minuten. Zusätzlich wird das Verhältnis, in dem Material- und Lohneinsatz je Stück zueinander stehen (vgl. S. 266), berücksichtigt, wobei aufgrund der **größten Produktionsmenge** das Gehäuse **Typ G I als Hauptsorte mit der Ziffer 1** festgesetzt wird. Hieraus ermittelt man die **Äquivalenzziffern** der Gehäusetypen G I, G II, G III mit **1 : 0,8 : 0,7.**
Aus dem Kostenträgerblatt von Seite 271 lassen sich die Selbstkosten des Umsatzes mit 9.589.980,00 € ablesen. Die Absatzmengen (vgl. S. 266) betrugen für Typ G I 74 500 Stück, für Typ G II 60 000 Stück und für Typ G III 20 000 Stück.

Typ	Absatzmengen		Äquivalenzziffern		Umrechnungszahlen	Selbstkosten je Gehäuse		Selbstkosten je Typ (gerundet)
G I	74 500	·	1,0	=	74 500	70,26 €		5.234.090,00 €
G II	60 000	·	0,8	=	48 000	56,21 €		3.372.300,00 €
G III	20 000	·	0,7	=	14 000	49,18 €		983.590,00 €
					136 500			9.589.980,00 €
Berechnung der Selbstkosten je Gehäuse:			9.589.980 € :		136 500 =	70,2563 €	≈	70,26 €
			0,8	·	70,2563 € =	56,2050 €	≈	56,21 €
			0,7	·	70,2563 € =	49,1794 €	≈	49,18 €
Berechnung der Selbstkosten je Typ:			74 500 Stück	·		70,2563	≈	5.234.090,00 €
			60 000 Stück	·		56,2050	≈	3.372.300,00 €
			20 000 Stück	·		49,1794	≈	983.590,00 €

Aufgabe: *Vergleichen Sie diese Ergebnisse mit denen im Kostenträgerblatt von Seite 271.*

Zusammenfassung

- Die Äquivalenzziffernkalkulation ist bei **Sortenfertigung** anwendbar. Sie vereinfacht die verursachungsgerechte Zuordnung der Kosten zu den Kostenträgern.

AUFGABEN

269 Die Novalux GmbH kalkuliert die Selbstkosten ihrer Glühbirnen nach folgenden Angaben: Die Einzelkosten (Fertigungsmaterial, Fertigungslöhne) werden für jede Sorte getrennt erfasst, die Gemeinkosten in einer Summe.

Sorte	Produktionsmenge	Fertigungsmaterial	Fertigungslöhne	Äquivalenzziffern	Gemeinkosten
40 W	6 000 000	900.000,00 €	750.000,00 €	0,8	5.148.000,00 €
60 W	8 000 000	1.100.000,00 €	1.300.000,00 €	1,0	
100 W	2 000 000	350.000,00 €	400.000,00 €	1,4	

1. *Berechnen Sie die Stückkosten jeder Sorte.*
2. *Berechnen Sie die Selbstkosten jeder Sorte.*

270 Eine Ziegelei stellt vier Sorten Ziegel her.

Sorte	Äquivalenzziffern	Produktionsmenge	Gesamtkosten
I	0,75	400 000 Stück	669.600,00 €
II	1,00	800 000 Stück	
III	1,20	300 000 Stück	
IV	1,60	250 000 Stück	

1. *Berechnen Sie die Stückkosten jeder Sorte.*
2. *Berechnen Sie die Selbstkosten jeder Sorte.*

271 Die Merkheimer OHG hat sich auf die Herstellung von hochwertigen Aktentaschen aus Leder spezialisiert. Sie stellt zurzeit drei Typen (A, B, C) von Aktentaschen her, die sich vor allem in der Größe und in der Innenausstattung voneinander unterscheiden. Eine durchgeführte Kostenanalyse hat ergeben, dass die Tasche Typ A als Hauptsorte einzustufen ist und dass zwischen den Sorten A, B und C ein Kostenverhältnis von 1 : 0,9 : 1,25 besteht.

Für den abgelaufenen Monat liegen folgende Zahlen vor:

Sorte	Produktionsmenge	gesamte Selbstkosten
A	4 000 Stück	1.976.250,00 €
B	2 500 Stück	
C	1 200 Stück	

1. *Berechnen Sie aufgrund der Angaben die Selbstkosten je Stück und je Sorte.*
2. *Zu welchem Fehler könnte dieses Kalkulationsverfahren im Laufe der Zeit führen?*

272 Die Pons GmbH stellt in einem Zweigwerk auf einer abgesonderten Fertigungsanlage Türbeschläge her. Für den Monat September liegen folgende Zahlen vor:

Typ	Produktionsmenge	Äquivalenzziffern	ges. Selbstkosten	Umsatzerlöse
I	15 000 Stück	0,9	1.581.600,00 €	270.000,00 €
II	20 000 Stück	1,0		400.000,00 €
III	12 500 Stück	0,8		312.500,00 €
IV	8 500 Stück	1,4		340.000,00 €
V	10 000 Stück	1,2		300.000,00 €

1. *Bestimmen Sie die Selbstkosten je Stück und je Sorte.*
2. *Berechnen Sie den Gewinn je Stück, je Sorte und insgesamt.*
3. *Welche Schlussfolgerungen könnten aus der Gewinnsituation gezogen werden?*

5.5 Vollkostenrechnung in Betrieben mit Massenfertigung (Divisionskalkulation)

Massenfertigung

Die Divisionskalkulation findet Anwendung in Unternehmungen, die ein **einheitliches** Produkt herstellen (Massenfertigung, vgl. S. 230). In diesen Unternehmungen gibt es kein verzweigtes Produktionsprogramm mit unterschiedlicher Belastung der Kostenstellen durch die Kostenträger. Somit entfällt bei Anwendung der Divisionskalkulation die Aufteilung der Kosten in Einzel- und Gemeinkosten und die umständliche Aufschlüsselung der Gemeinkosten auf die Kostenstellen.

Einfache Divisionskalkulation

Die einfache Divisionskalkulation ist anwendbar, wenn ein Unternehmen nur eine Erzeugnisart herstellt (z. B. Elektrizitätswerk, Ziegelei, Brauerei usw.). Die Selbstkosten für den einzelnen Kostenträger ergeben sich aus der Division der Gesamtkosten einer Abrechnungsperiode durch die Produktionsmenge der gleichen Periode.

$$\textbf{Selbstkosten des Kostenträgers} = \frac{\textbf{Gesamtkosten der Periode}}{\textbf{Produktionsmenge der Periode}}$$

Situation

Es soll angenommen werden, dass das Metallwerk Thomas Berg **nur einen Gehäusetyp fertigt.** Im abgelaufenen Geschäftsjahr wurden 160 000 Gehäuse produziert (s. S. 198), dabei entstanden Kosten in Höhe von 9.690.000,00 € (s. Ergebnistabelle S. 224). Das Unternehmen kalkuliert mit einem Gewinnzuschlag von 8 % (s. S. 279).

Selbstkosten je Gehäuse	$= \frac{9.690.000,00\ €}{160\ 000\ \text{Stück}} =$	**60,56 €**
+ **8 % Gewinn**		**4,85 €**
Barverkaufspreis		**65,41 €**

Für die Angebotskalkulation werden bei diesem Verfahren **normierte Selbstkosten** verwendet, die man als **arithmetisches Mittel** aus den Stückselbstkosten vergangener Abrechnungsperioden berechnet.

Mehrfache Divisionskalkulation

Nicht immer wird ein Unternehmen alle in einer Abrechnungsperiode hergestellten Erzeugnisse auch in der gleichen Periode absetzen können. Am Ende der Abrechnungsperiode befindet sich ein Teil der Produktion vorübergehend im Lager. Unter dieser Bedingung führt die einfache Divisionskalkulation zu **nicht verursachungsgerechten Selbstkosten,** da sie auch die noch nicht verkauften Erzeugnisse mit anteiligen Vertriebskosten belastet. Um zu genauen Ergebnissen zu gelangen, teilt man zunächst die Gesamtkosten in **Herstellkosten und Vertriebskosten** auf. Die Herstellkosten werden dann auf die hergestellte Menge umgelegt, die Vertriebskosten nur auf die abgesetzte Menge. Die Selbstkosten je Kostenträger ergeben sich aus der Summe von Herstellkosten je Kostenträger und Vertriebskosten je Kostenträger.

$$\textbf{Selbstkosten je Kostenträger} = \frac{\textbf{Herstellkosten}}{\textbf{Produktionsmenge}} + \frac{\textbf{Vertriebskosten}}{\textbf{Absatzmenge}}$$

Zuordnung der Verwaltungsgemeinkosten

Verwaltungsgemeinkosten können in der mehrfachen Divisionskalkulation entweder den **Herstellkosten,** den **Vertriebskosten oder anteilig beiden Kostenbereichen** zugeordnet werden. Je nachdem, für welche Lösung man sich entscheidet, werden die Selbstkosten **unterschiedlich hoch** ausfallen.

AUFGABEN

273 1. *Unter welchen Produktionsbedingungen ist die einfache Divisionskalkulation anwendbar?*
2. *Worin unterscheidet sich die einfache Divisionskalkulation von der mehrfachen Divisionskalkulation?*
3. *Wie werden die Verwaltungskosten in der mehrfachen Divisionskalkulation behandelt?*

274 In einem Betrieb mit Massenfertigung entstanden im Monat März folgende Kosten:

Rohstoffverbrauch	380.000,00 €
Hilfsstoffverbrauch	165.000,00 €
Fertigungslöhne	357.000,00 €
Fertigungsgemeinkosten	734.000,00 €
Verwaltungskosten	422.000,00 €
Vertriebskosten	186.000,00 €

1. *Wie hoch sind die Selbstkosten für eine Produktionseinheit bei einer Produktion von 336 000 Stück?*
2. *Errechnen Sie die Selbstkosten unter der Bedingung, dass ein Lagerbestand von 36 000 Stück verbleibt und die Verwaltungskosten im Verhältnis 3 : 1 den Herstell- und Vertriebskosten zugewiesen werden.*
3. *Wie hoch wären die Selbstkosten für den Fall, dass sich ein Minderbestand von 24 000 Stück ergibt und die Verwaltungskosten im Verhältnis 3 : 1 den Herstell- und Vertriebskosten zugewiesen werden?*
4. *Wie hoch sind die Selbstkosten, wenn man dazu übergeht, die Verwaltungskosten in voller Höhe dem Vertriebsbereich zuzuordnen?*
   a) Es soll ein Mehrbestand von 36 000 Stück vorliegen.
   b) Es soll sich ein Minderbestand von 24 000 Stück ergeben.

275 Eine Kiesgrube arbeitet monatlich mit folgenden Kosten:

Betriebsstoffkosten	8.420,00 €	Abschreibungen	12.600,00 €
Energiekosten	4.300,00 €	Verwaltungskosten	10.400,00 €
Lohnkosten	48.500,00 €	Vertriebskosten	9.800,00 €

Es wird eine Menge von 200 t Kies ständig im Vorratsbehälter gelagert, sodass die Fördermenge nicht der Absatzmenge entspricht. Die Förderung betrug 3 800 t, die Absatzmenge 3 600 t.

Wie hoch sind die Selbstkosten für 1 t, wenn die Verwaltungskosten
a) *voll den Herstellkosten zugerechnet werden,*
b) *je zur Hälfte den Herstell- und Vertriebskosten zugerechnet werden?*

276 Ein Kunststeinwerk ermittelt die monatlichen Kosten mit:

Material	55.500,00 €
Löhne	96.800,00 €
Fertigungsgemeinkosten	140.200,00 €
Verwaltungskosten	81.600,00 €
Vertriebskosten	36.000,00 €

1. *Errechnen Sie die Selbstkosten und den Nettoverkaufspreis für 1 000 Steine (Herstellmenge 800 000 Stück, Gewinnzuschlag 15 % auf die Selbstkosten).*
2. *Wie hoch sind die Selbstkosten und der Nettoverkaufspreis für 1 000 Steine, wenn 20 % der Produktion nicht im gleichen Monat abgesetzt werden konnten? Die Verwaltungskosten gelten in voller Höhe als Vertriebskosten.*

6458288

Deckungsbeitragsrechnung als Teilkostenrechnung | 6

Vergleich zwischen Vollkosten- und Teilkostenrechnung | 6.1

Die Vollkostenrechnung erfasst **alle** Kostenarten **periodengerecht** und **weist sie den einzelnen Kostenträgern** zu. Ihre Aufgabe erfüllt sie gut, wenn auf dem Markt die mithilfe der Zuschlagskalkulation errechneten Preise akzeptiert werden.

Nachteile der Vollkostenrechnung

Die Vollkostenrechnung kann **nicht** angewandt werden, wenn unternehmerische Entscheidungen **zur Verbesserung der Beschäftigung oder des Betriebserfolgs** zu treffen sind. Im Einzelnen weist sie folgende **Nachteile** auf:

- **Die Abhängigkeit der Gemeinkosten von der Beschäftigung** wird nicht untersucht: Zum Teil verhalten sich die Gemeinkosten bei Beschäftigungsänderungen fix, zum Teil variabel. Die Verteilung der fixen Kosten auf die Kostenstellen führt bei Beschäftigungsänderungen zu **nicht verursachungsgerechten** Kostenbelastungen (= Proportionalisierung der fixen Kosten über Gemeinkostenzuschlagssätze).
- **Bei der Berechnung von Zuschlagssätzen** für die Material-, Fertigungs-, Verwaltungs- und Vertriebsgemeinkosten wird unterstellt, dass zwischen den Gemeinkosten und der gewählten Zuschlagsgrundlage **eine Abhängigkeit besteht.** Das trifft aber nur bedingt zu, so hängt z. B. die Höhe der Fertigungsgemeinkosten nicht von der Höhe der Fertigungslöhne ab.

Teilkostenrechnung

Hier setzen nun die zur **Teilkostenrechnung** führenden Überlegungen an. Den Verantwortlichen in einer Unternehmung geht es doch letztlich darum, sich den Bedingungen des Marktes hinsichtlich **Preis, Absatzmenge, Sortiment** anzupassen. Dabei ist zugleich auf die Erhaltung der Arbeitsplätze und die Erzielung von Gewinn zu achten. So hat die Unternehmensleitung in Zeiten des konjunkturellen Rückganges mit fallenden Marktpreisen zu entscheiden, ob auch noch zu einem nicht mehr kostendeckenden Preis produziert werden soll. Eine solche Entscheidung lässt sich zuverlässig nur treffen, wenn man in der Kostenrechnung umdenkt:

Nicht entscheidend:	Entscheidend:
Die Kosten sind Grundlage der Kalkulation und **bestimmen den Preis** des Erzeugnisses.	**Der Marktpreis** des Erzeugnisses ist Grundlage der Kalkulation und **legt den Gewinn nach Abzug der Kosten offen.**

Das unterschiedliche Verhalten der Kosten bei Produktionsschwankungen wird in der Teilkostenrechnung dadurch berücksichtigt, dass von den Umsatzerlösen der einzelnen Erzeugnisgruppen zunächst **nur die auf sie entfallenden variablen Kosten** (vgl. S. 232) abgezogen werden. Die den Erzeugnisgruppen nicht genau zurechenbaren Gemeinkosten (= **fixe Kosten,** vgl. S. 233) erfasst man gesondert in einem Block.

Zusammenfassung

- Für **kurzfristig** zu treffende marktorientierte Entscheidungen liefert die **Vollkostenrechnung** keine geeigneten Unterlagen.
- **Langfristig** ist die Vollkostenrechnung die erforderliche Grundlage für die **Kostenkontrolle** und **Betriebsergebnisrechnung.**
- Der Einsatz der **Teilkostenrechnung** im Rechnungswesen eines Industriebetriebes setzt voraus, dass alle Kostenarten auf ihre Abhängigkeit von der Produktion untersucht und danach in **variable** oder **fixe Kosten** aufgeteilt werden.

6.2 Grundzüge der Deckungsbeitragsrechnung

Maßgeblichkeit der variablen Kosten für den Betriebserfolg

Der Betriebserfolg wird entscheidend von den variablen Kosten (vgl. Kap. 4.3) beeinflusst, da sie sich mit der Beschäftigung verändern. Die **fixen Kosten** sind in der Regel unvermeidbar. Sie fallen auch dann an, wenn die Beschäftigung Schwankungen unterworfen ist oder der Betrieb gar nicht mehr produziert.

Deckungsbeitrag

Um festzustellen, in welchem Umfang ein Kostenträger am Betriebserfolg beteiligt ist, werden von den Umsatzerlösen dieses Kostenträgers dessen variable Kosten subtrahiert. Die Differenz stellt den **Bruttoerfolg (= Deckungsbeitrag)** dar.

Umsatzerlöse
– variable Kosten
Bruttoerfolg = Deckungsbeitrag (DB)

6.2.1 Deckungsbeitragsrechnung als Stückrechnung

Situation

Im Metallwerk Thomas Berg wird das Ergebnis des Geschäftsjahres auf der Grundlage der Deckungsbeitragsrechnung analysiert. Hierfür verwendet Herr Berg die Zahlen der Ergebnistabelle von Seite 224. Zusätzlich liegt ihm die Aufteilung der Produktionskosten in variable und fixe Kosten vor (vgl. S. 235). Um die variablen und fixen Kosten der verkauften Erzeugnisse zu erhalten, zieht Herr Berg von den Produktionskosten die Kosten des Mehrbestandes (275.000,00 €) ab. Folgende Kostenaufstellung fertigt er an:

	gesamt	variable Kosten	fixe Kosten
FM (160 000 Stück)	2.040.000,00 €	2.040.000,00 €	–
FL (160 000 Stück)	3.200.000,00 €	1.920.000,00 €	1.280.000,00 €
Gemeinkosten	4.450.000,00 €	1.320.000,00 €	3.130.000,00 €
Zwischensumme	9.690.000,00 €	5.280.000,00 €	4.410.000,00 €
– Kosten des Mehrbestandes (5 500 St.)	275.000,00 €	181.500,00 €	93.500,00 €
Kosten der verkauften Erzeugnisse (154 500 Gehäuse)	**9.415.000,00 €**	**5.098.500,00 €**	**4.316.500,00 €**

❶ Deckungsbeitrag je Stück (= db)

Umsatzerlös je Stück (= Preis, **p**)	10.320.000,00	:	154-500	=	66,80 €
– Variable Stückkosten (= $\mathbf{k_v}$)	5.098.500,00	:	154-500	=	33,00 €
Stückdeckungsbeitrag (= db)	5.221.500,00	:	154-500	=	**33,80 €**

Der Deckungsbeitrag je Stück (= db) in Höhe von 33,80 € trägt zur Deckung der ohnehin anfallenden fixen Kosten bei oder führt zu Betriebsgewinnen, sobald die fixen Kosten gedeckt sind. Allgemein gilt: **Ein positiver Stückdeckungsbeitrag verbessert die Erfolgssituation.**

❷ Bestimmung der Gewinnschwellenmenge (Break-even-Point)

Die Gewinnschwellenmenge kennzeichnet die Produktionsmenge, bei der die **Summe der Stückdeckungsbeiträge (= DB)** gerade zur Deckung der fixen Kosten **(= K_f)** ausreicht, d. h., der **Betriebsgewinn** beträgt bei dieser Menge **0 €.** Übersteigt die Produktionsmenge diese **kritische Menge,** so ergibt sich ein Gewinn, sonst ein Verlust; allgemein gilt also die funktionale Beziehung (vgl. Grafik S. 291):

Betriebsgewinn	**=**	**Stückdeckungsbeitrag**	**·**	**Menge**	**–**	**fixe Kosten**
G(x)	**=**	**db**	**·**	**x**	**–**	$\mathbf{K_f}$

Beispiel

Die Gewinnschwellenmenge ist bei einem Stückdeckungsbeitrag von 33,80 € und fixen Kosten von 4.316.500,00 € zu bestimmen. Für G = 0 folgt

$$db \cdot x = K_f$$

$$x = \frac{K_f}{db}$$

$$33{,}80\,€ \cdot x = 4.316.500{,}00\,€$$

$$x = \frac{4.316.500{,}00}{33{,}80} = \textbf{127 707 Stück}$$

Allgemein gilt: **Gewinnschwellenmenge = K_f : db**

Grafisch liegt die **Gewinnschwellenmenge** im **Schnittpunkt** der Gewinnfunktion G(x) = 33,8 · x – 4.316.500 mit der X-Achse.

❸ Auswirkung von Preisänderungen

Preiserhöhungen bewirken bei unveränderter Kostenlage eine **Erhöhung des Stückdeckungsbeitrags.** Dadurch wird die Deckung der fixen Kosten bereits bei einer **geringeren Ausbringungsmenge** erreicht.

Der Verkaufspreis der Geräte wird von 66,80 € auf 68,30 € erhöht. Der Stückdeckungsbeitrag beträgt nunmehr 35,30 €. Die Gewinnschwellenmenge wird erreicht bei

$$\frac{\textbf{fixe Kosten}}{\textbf{db}} = \frac{\textbf{4.316.500,00 €}}{\textbf{35,30 €}} = \textbf{122 280 Stück Gewinnschwellenmenge}$$

In der grafischen Darstellung würde sich die Preiserhöhung durch einen stärkeren Anstieg der Gewinnfunktion bemerkbar machen. Das bewirkt bei unverändertem Kostenverlauf eine Verringerung der Gewinnschwellenmenge.

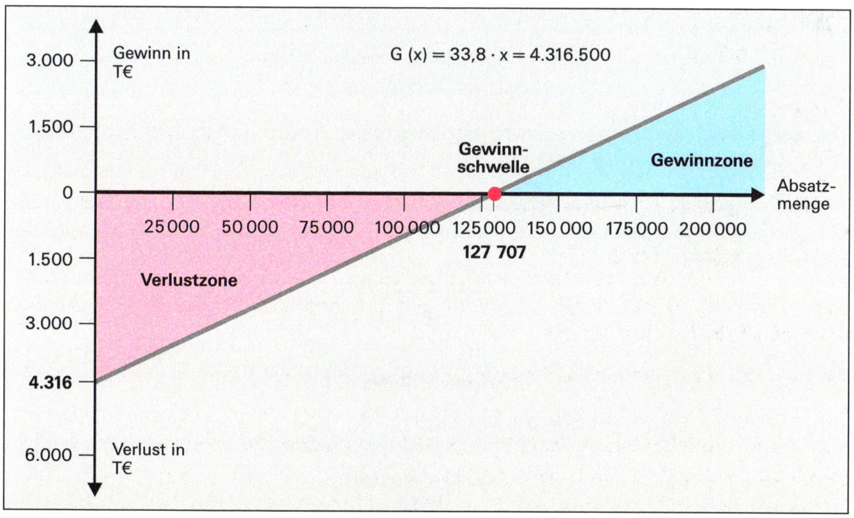

► Durch eine **Preiserhöhung** (-senkung) wird die Gewinnschwellenmenge bei unveränderten Kosten **verringert** (erhöht).

Zusammenfassung

6.2.2 Deckungsbeitragsrechnung als Periodenrechnung im Einproduktunternehmen

Um den Betriebserfolg im Einproduktunternehmen zu ermitteln, werden die fixen Kosten einer Periode **in einer Summe** vom gesamten Deckungsbeitrag subtrahiert.

Situation

Das Metallwerk Thomas Berg ermittelt das Betriebsergebnis des Geschäftsjahres mithilfe der Deckungsbeitragsrechnung auf der Grundlage der Zahlen der Ergebnistabelle von Seite 224 sowie der Angaben aus der Situation von Seite 290. Die nachfolgende Rechnung bezieht sich auf die Absatzmenge von 154 500 Gehäusen.

❶ Deckungsbeitrag und Betriebsergebnis der Abrechnungsperiode

Umsatzerlöse der Periode (= E)	10.320.000,00 €
– variable Kosten der Periode (= K_V)	5.098.500,00 €
= Deckungsbeitrag der Periode (= DB)	5.221.500,00 €
– fixe Kosten der Periode (= K_f)	4.316.500,00 €
= Betriebsgewinn der Periode	905.000,00 €

❷ Bestimmung der Gewinnschwellenmenge (Break-even-Point), vgl. S. 290

Als Gewinnschwellenmenge wird auch die Produktionsmenge bezeichnet, bei der die Umsatzerlöse der Periode (= **E**) gleich den Kosten dieser Periode (= **K**) sind. Das Unternehmen erzielt in dieser Situation keinen Betriebsgewinn.

Beispiel

Aus der obigen Berechnung des Betriebsgewinnes ergibt sich jeweils die **Erlös- und Kostenfunktion in Abhängigkeit von der Absatzmenge „x“:**

Für die **Erlösfunktion** gilt: $\mathbf{E(x)} = \frac{10.320.000{,}00\ €}{154\,500\ \text{Stück}} \cdot x = \mathbf{66{,}8 \cdot x}$

Für die variablen Kosten gilt: $K_v = 33 \cdot x$,
die fixen Kosten sind mit 4.316.500,00 € anzusetzen. Also lautet die
Gesamtkostenfunktion: $\mathbf{K_g(x) = 33 \cdot x + 4.316.500}$

Unter der Bedingung, dass **Umsatzerlöse und Kosten gleich** sein sollen, folgt

$$66{,}8 \cdot x = 33 \cdot x + 4.316.500$$
$$33{,}8 \cdot x = 4.316.500$$
$$x \approx \mathbf{127\,707}$$

Die **Gewinnschwellenmenge** wird also bei einer Produktionsmenge von 127 707 Gehäusen erreicht (vgl. S. 291).

Grafisch liegt die **Gewinnschwellenmenge** im **Schnittpunkt** von Erlös- und Gesamtkostengerade. Bei dieser Menge sind **Erlöse und Gesamtkosten gleich hoch** (vgl. S. 293):

Erlöse = Kosten.

Gewinnzone

Produziert das Unternehmen mehr als 127 707 Gehäuse, so arbeitet es mit Gewinn:

Erlöse > Kosten.

Verlustzone

Produziert das Unternehmen weniger als 127 707 Gehäuse, so gerät es in die Verlustzone:

Erlöse < Kosten.

Aus der grafischen Darstellung (vgl. S. 293) geht anschaulich hervor, dass bei dem derzeitigen Absatz von 154 500 Gehäusen die Gewinnschwelle überschritten wurde. Eine Ausweitung der Produktion und des Absatzes vergrößert den Gewinn.

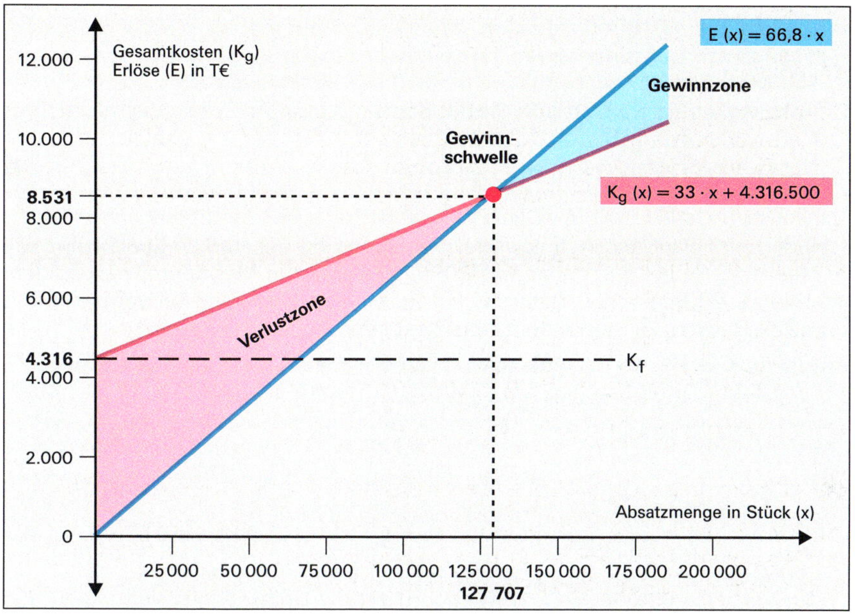

Erläuterung zur Grafik

Die variablen Kosten der Abrechnungsperiode (K_v) werden durch Multiplikation der variablen Stückkosten (k_v) mit der Produktionsmenge (x) errechnet. Da für jedes zusätzlich hergestellte Gehäuse der Kostenzuwachs im Beispiel 33,00 € beträgt, ergibt sich die Abhängigkeit der variablen Gesamtkosten von der Produktionsmenge nach der Funktionsgleichung:

$$K_v = k_v \cdot x = 33\,x$$

Die Gesamtkosten der Abrechnungsperiode (K_g) ergeben sich aus der Summe von variablen Kosten und fixen Kosten.

Gesamtkosten	=	variable Kosten	+	fixe Kosten
K_g	=	K_v	+	K_f

Unabhängig von der Produktionsmenge werden im Beispiel die variablen Kosten um jeweils 4.316.500,00 € fixe Kosten erhöht. In der Grafik verlaufen die fixen Kosten im Abstand 4.316.500 vom Ursprung parallel zur X-Achse. Die Gesamtkosten setzen im Abstand 4.316.500 an und steigen mit dem Ausmaß der variablen Stückkosten (= 33) linear an.

$$K_g(x) = 33\,x + 4.316.500$$

Die Erlösgerade (E) verdeutlicht die bei einer bestimmten Produktionsmenge erzielbaren Nettoumsatzerlöse. Sie sagt aus, dass für jedes produzierte Stück 66,80 € Erlöse entstehen. Bei einem Absatz von 10 000 Stück sind das 668.000,00 €, bei einem Absatz von 20 000 Stück entsprechend 1.336.000,00 € Erlöse usw., also

$$E = 66{,}8\,x$$

Der Graph dieser Funktion verläuft linear – vom Ursprung des Koordinatennetzes ausgehend – mit dem Anstieg m = 66,8.

AUFGABEN

277 *Beurteilen Sie die Erfolgssituation eines Industriebetriebes, dessen Teilkostenrechnung für ein bestimmtes Produkt folgende Ergebnisse ausweist:*

1. Stückdeckungsbeitrag (= db) = 0,
2. Nettoverkaufspreis < variable Stückkosten,
3. Nettoverkaufspreis > variable Stückkosten,
4. Nettoverkaufspreis = variable Stückkosten. ■

278 Die Baustoff-GmbH stellt in einem Zweigwerk exklusive Wandfliesen in vier unterschiedlichen Qualitäten A, B, C und D her. Aufgrund der starken Konkurrenz will die Baustoff-GmbH durch eine aktive Preispolitik ihren Marktanteil verteidigen. Die hierzu erforderlichen Daten sollen mithilfe der Deckungsbeitragsrechnung ermittelt werden. Für den Monat April lagen folgende Angaben vor:

	Fliese A	Fliese B	Fliese C	Fliese D	insgesamt
Verkaufspreis je Stück	2,20 €	2,45 €	3,10 €	3,80 €	
variable Stückkosten	1,50 €	1,90 €	2,65 €	3,20 €	
fixe Kosten insgesamt					286.000,00 €
Absatzmengen in Stück	80 000	110 000	145 000	65 000	

1. *Berechnen Sie das Betriebsergebnis des Monats April.*
2. *Bestimmen Sie die Stückdeckungsbeiträge und geben Sie eine Rangfolge der „erfolgreichen" und der „weniger erfolgreichen" Fliesensorten an.*
3. Zur Verbesserung der Erfolgssituation plant die Unternehmensleitung zusätzlich eine Bodenfliese mit monatlich 40 000 Stück zu produzieren. Diese Fliese würde zusätzlich 26.000,00 € fixe Kosten und 2,05 € variable Stückkosten verursachen. Sie ließe sich zu einem Preis von 2,65 € je Stück absetzen. *Lohnt sich die Erweiterung der Produktion?* ■

279 In einem Zweigwerk der ELMO-AG werden elektrische Heizlüfter in vier unterschiedlichen Ausführungen (HL I, HL II, HL III, HL IV) gefertigt. Für den zurückliegenden Monat wurden folgende Daten ermittelt:

	HL I	HL II	HL III	HL IV	insgesamt
Verkaufspreis	45,00 €	36,00 €	54,00 €	62,00 €	
variable Stückkosten	24,75 €	21,00 €	30,50 €	35,10 €	
fixe Kosten insgesamt					82.500,00 €
Absatzmengen in Stück	3 200	850	1 450	1 200	

1. *Berechnen Sie den Betriebserfolg für den betreffenden Monat.*
2. *Bestimmen Sie die Stückdeckungsbeiträge je Kostenträger.*
3. Zur Verbesserung der schlechten Absatzsituation bei dem Kostenträger HL II plant die Unternehmensleitung eine Preissenkung um 35 %.
   a) *Trägt dieser Kostenträger noch zur Deckung der fixen Kosten bei?*
   b) Durch diese Maßnahme steigt der Absatz im kommenden Monat um 40 % (die Absatzsituation bei den anderen Kostenträgern bleibt konstant). *Wie wirkt sich diese Steigerung auf den Betriebserfolg aus?* ■

280 Die Bauelemente-AG stellt in einem Zweigwerk genormte Fenster aus Aluminium mit Doppelverglasung her. Der Wettbewerb zwingt zur Festsetzung des Verkaufspreises auf 750,00 € je Fenster. Die technische Kapazität beträgt 300 Fenster je Monat, sie ist zurzeit zu 70 % ausgelastet. Das Unternehmen ermittelt die variablen Stückkosten mit 400,00 € je Fenster und die fixen Kosten mit 80.000,00 € je Monat. *Werten Sie diese Situation hinsichtlich des Stückdeckungsbeitrags und des Betriebserfolgs aus.* ■

Eine Möbelfabrik stellt in einem Zweigwerk Bürotische her. Im zurückliegenden Geschäftsjahr wurden 6500 Tische produziert und zum Stückpreis von 450,00 € verkauft. Die fixen Kosten beliefen sich auf 550.000,00 €, der Betriebsgewinn auf 425.000,00 € in der Periode. **281**

1. *Berechnen Sie die variablen Kosten insgesamt und je Tisch.*
2. *Bei welcher Menge wird die Gewinnschwelle erreicht?*
3. Um sich gegen Konkurrenzprodukte behaupten zu können, soll der Verkaufspreis um 10 % gesenkt werden. Das Unternehmen rechnet aufgrund dieser Maßnahme mit einer Zunahme der Absatzmenge auf 7 000 Tische. *Welche Auswirkungen ergeben sich hieraus auf den Betriebsgewinn?* ■

Das Unternehmen „Wohnideal“ stellt in einer Niederlassung Holzregale her. Die Kapazität beträgt 1 200 Regale je Monat. Die fixen Kosten belaufen sich auf monatlich 64.000,00 €, die variablen Kosten wurden mit 110,00 € je Stück ermittelt. Zurzeit wird für jedes Regal ein Nettoverkaufspreis von 180,00 € erzielt. **282**

1. *Bei welcher Monatsproduktion erreicht das Unternehmen die Gewinnschwelle?*
2. *Welchem Beschäftigungsgrad entspricht die Gewinnschwellenmenge?*
3. Das Unternehmen arbeitet zurzeit mit einem Beschäftigungsgrad von 85 %. *Wie hoch ist das Betriebsergebnis bei dieser Produktionsmenge?* ■

Für das abgelaufene Geschäftsjahr hat ein Kunststoffverarbeitungsbetrieb für sein Produkt „Abfallsortierer“ folgende Zahlen ermittelt: **283**

Produktions-(= Absatz-)Menge	120 000 Stück
Variable Gesamtkosten (K_v)	900.000,00 €
Fixe Gesamtkosten (K_f)	340.000,00 €
Nettoverkaufspreis	11,80 €

1. Langfristig rechnet der Unternehmer mit einem Absatzrückgang um 25 %. Die Produktion soll unter dieser Bedingung nur aufrechterhalten werden, wenn der Stückgewinn mindestens 0,70 € beträgt.
   Untersuchen Sie die Situation daraufhin, ob die Bedingung eingehalten werden kann.
2. *Bis zu welcher Menge ließen sich Produktion und Absatz zurückführen, um gerade noch volle Kostendeckung zu erreichen?*
3. Aufgrund einer Marktuntersuchung erwägt der Unternehmer die Produktion rationeller zu gestalten, um die Monatsproduktion erhöhen und zugleich den Verkaufspreis senken zu können. Bei einem Preis von 9,50 € je Abfallsortierer könnte er den Absatz auf 160 000 Stück steigern. Die hierzu erforderliche Umstellung der Produktion würde die variablen Stückkosten auf 7,20 € verändern und die fixen Kosten um 25.000,00 €/Monat erhöhen.
   Würden Sie dem Unternehmer zu einer entsprechenden Produktionsänderung raten? ■

Begründen Sie, warum ein Industriebetrieb mit überwiegend variablen Kosten bei der kurzfristigen Preisgestaltung wenig Spielraum hat. ■ **284**

Wie beurteilen Sie die Situation eines Betriebes, dessen Kostenrechnung folgende Ergebnisse ausweist: **285**

1. Deckungsbeitrag > Fixe Kosten
2. 0 < Deckungsbeitrag < Fixe Kosten
3. Deckungsbeitrag < 0? ■

6.2.3 Deckungsbeitragsrechnung als Periodenrechnung im Mehrproduktunternehmen

Situation

Aus den Zahlen von Seite 266 soll im Unternehmen Berg entschieden werden, ob der Gehäusetyp G III wegen des Verlustes von **12.800,00 €** im Produktionsprogramm bleibt oder (zur Gewinnsteigerung) herauszunehmen ist.

Kostenträgerblatt (BAB II) auf Istkostenbasis

Kalkulationsschema	Istkosten insgesamt	Kostenträger		
		Gehäuse G I	Gehäuse G II	Gehäuse G III
Fertigungsmaterial	2.040.000,00	1.280.000,00	600.000,00	160.000,00
+ 12,9 % Materialgemeinkosten	263.000,00	165.000,00	77.400,00	20.600,00
Materialkosten	**2.303.000,00**	**1.445.000,00**	**677.400,00**	**180.600,00**
Fertigungslöhne FHS I	776.000,00	415.000,00	280.000,00	81.000,00
+ 112,76 % Fertigungsgemeinkosten	875.000,00	467.950,00	315.720,00	91.330,00
Fertigungskosten FHS I	**1.651.000,00**	**882.950,00**	**595.720,00**	**172.330,00**
Fertigungslöhne FHS II	740.000,00	395.000,00	270.000,00	75.000,00
+ 84,8 % Fertigungsgemeinkosten	627.500,00	334.950,00	228.950,00	63.600,00
Fertigungskosten FHS II	**1.367.500,00**	**729.950,00**	**498.950,00**	**138.600,00**
Fertigungslöhne FHS III	862.500,00	460.000,00	312.500,00	90.000,00
+ 78,55 % Fertigungsgemeinkosten	677.500,00	361.330,00	245.470,00	70.700,00
Fertigungskosten FHS III	**1.540.000,00**	**821.330,00**	**557.970,00**	**160.700,00**
Fertigungslöhne FHS IV	821.500,00	436.000,00	300.000,00	85.500,00
+ 68,17 % Fertigungsgemeinkosten	560.000,00	297.220,00	204.500,00	58.280,00
Fertigungskosten FHS IV	**1.381.500,00**	**733.220,00**	**504.500,00**	**143.780,00**
Herstellkosten der Erzeugung	**8.243.000,00**	**4.612.450,00**	**2.834.540,00**	**796.010,00**
– Mehrbestand an FE	275.000,00	275.000,00	–	–
Herstellkosten des Umsatzes	**7.968.000,00**	**4.337.450,00**	**2.834.540,00**	**796.010,00**
+ 13,71 % VwGK	1.092.000,00	594.440,00	388.470,00	109.090,00
+ 4,46 % VtGK	355.000,00	193.250,00	126.250,00	35.500,00
Selbstkosten des Umsatzes	**9.415.000,00**	**5.125.140,00**	**3.349.260,00**	**940.600,00**
Umsatzerlöse	**10.320.000,00**	**5.648.900,00**	**3.743.300,00**	**927.800,00**
Betriebsergebnis	**905.000,00**	**+ 523.760,00**	**+ 394.040,00**	**– 12.800,00**

❶ Produktionsentscheidung auf der Basis der Vollkostenrechnung

Die Produktion des Gehäuses Typ G III wird eingestellt. Hierdurch würden sich die Kosten um 940.600,00 €, die Umsatzerlöse nur um 927.800,00 € verringern, sodass sich der Betriebsgewinn um 12.800,00 € erhöhen würde.

Die aufgrund der **Vollkostenrechnung** getroffene Maßnahme wäre **nur dann richtig, wenn alle Kosten variabel sind.** Die Einstellung der Produktion verringert dann tatsächlich die Selbstkosten um 940.600,00 €. Da die Vollkostenrechnung aber **keine Aussage über das Verhalten der Kosten bei Beschäftigungsänderungen** macht (vgl. Abschnitt 4.3, S. 231), **lässt sie eine Entscheidung im obigen Sinn gar nicht zu.**

❷ Produktionsentscheidung auf der Basis der Deckungsbeitragsrechnung

Die Deckungsbeitragsrechnung unterteilt die Kosten **sorgfältig in variable und fixe Kosten.** Erst auf dieser Grundlage ist eine Produktionsentscheidung möglich.

Situation

Variable und fixe Kosten sollen sich für **alle** Gehäusetypen so zueinander verhalten, wie es in der Rechnung auf Seite 290 dargestellt ist. Danach fallen für den Absatz von insgesamt 154 500 Gehäusen 5.098.500,00 € variable Kosten und 4.316.500,00 € fixe Kosten an; **54,153 % der Gesamtkosten sind also variabel, 45,847 % sind fix.**

Deckungsbeitragsrechnung als Periodenrechnung im Mehrproduktunternehmen

Die **Selbstkosten des Gehäuses G III** wären danach **aufzuteilen** in
variable Selbstkosten = 54,153 % von 940.600,00 € ≈ **509.360,00 €** und
fixe Selbstkosten = 45,847 % von 940.600,00 € ≈ **431.240,00 €.**

Durch Produktionseinstellung könnten also **nur die variablen Kosten abgebaut** werden, die **fixen Kosten bleiben** in voller Höhe **bestehen.**

Situation

Mithilfe der einstufigen Deckungsbeitragsrechnung berechnet Herr Berg den Betriebserfolg für die beiden Fälle **„a) Das Gehäuse G III scheidet aus der Produktion aus"** und **„b) Das Gehäuse G III scheidet nicht aus der Produktion aus".** Es soll gelten, dass sich die Selbstkosten des Umsatzes von 9.415.000,00 € in 5.098.500,00 € (= 54,153 %) **variable Kosten** und 4.316.500,00 € (= 45,847 %) **fixe Kosten** aufteilen lassen.

a) Das Gehäuse G III scheidet aus der Produktion aus:

Ergebnisrechnung	Kostenträger insg.	Geh. Typ G I	Geh. Typ G II	Geh. Typ G III
Umsatzerlöse	9.392.200,00	5.648.900,00	3.743.300,00	–
– variable Kosten	4.589.140,00	2.775.420,00	1.813.720,00	–
= Deckungsbeitrag	4.803.060,00	2.873.480,00	1.929.580,00	–
– fixe Kosten	4.316.500,00	–	–	–
= Betriebsgewinn	+ **486.560,00**			

Die Selbstkosten der Abrechnungsperiode können nur um die variablen Kosten des Gehäuses G III (= 509.360,00 €) verringert werden. Die fixen Kosten bleiben beim Ausscheiden des Gehäuses G III **in voller Höhe** bestehen und müssen nunmehr allein von den Deckungsbeiträgen der Gehäuse G I und G II getragen werden. Die verbliebenen Deckungsbeiträge reichen noch zur Erzielung eines Betriebsgewinnes aus, der jedoch deutlich niedriger ausfällt als in der ursprünglichen Situation (vgl. S. 296). Durch die Herausnahme des Gehäuses G III verschlechtert sich also die betriebliche Erfolgslage.

b) Das Gehäuse G III scheidet nicht aus der Produktion aus:

Ergebnisrechnung	Kostenträger insg.	Geh. Typ G I	Geh. Typ G II	Geh. Typ G III
Umsatzerlöse	10.320.000,00	5.648.900,00	3.743.300,00	927.800,00
– variable Kosten	5.098.500,00	2.775.420,00	1.813.720,00	509.360,00
= Deckungsbeitrag	5.221.500,00	2.873.480,00	1.929.580,00	418.440,00
– fixe Kosten	4.316.500,00	–	–	–
= Betriebsgewinn	+ **905.000,00**			

Die Umsatzerlöse von Gehäuse G III liegen um 418.440,00 € **über dessen variablen Kosten.** Dieser **Mehrbetrag** kann für die **Deckung der fixen Gesamtkosten** mit herangezogen werden. Es entsteht dadurch ein **Betriebsgewinn** in der ausgewiesenen Höhe von 905.000,00 €.

❸ Produktionsentscheidung bei mehrstufiger Deckungsbeitragsrechnung

Deckungsbeitrag I (= DB I)

Das Beispiel verdeutlicht, dass die Produktionsentscheidung im Mehrproduktunternehmen von den Deckungsbeiträgen der einzelnen Kostenträger abhängt. Diese Deckungsbeiträge ergeben sich als **Differenz aus den Umsatzerlösen minus den variablen Kosten,** sie heißen **Deckungsbeitrag I.**

Erzeugnisfixe Kosten

Die fixen Kosten wurden im Beispiel keiner näheren Betrachtung unterzogen, sondern **als Block von der Summe der Deckungsbeiträge subtrahiert.** In der Praxis wird jedoch **ein Teil der fixen Kosten den einzelnen Kostenträgern direkt zurechenbar** sein; es handelt sich hierbei um die sog. **erzeugnisfixen Kosten. Beispiele:** Kosten der Produktionsanlagen, die nur für bestimmte Erzeugnisse genutzt werden, Patente, Forschungs- und Entwicklungskosten, Werkzeugkosten.

Deckungsbeitragsrechnung als Periodenrechnung im Mehrproduktunternehmen

Deckungsbeitrag II (= DB II)

Subtrahiert man von den Deckungsbeiträgen I der einzelnen Kostenträger deren erzeugnisfixe Kosten, erhält man den **Deckungsbeitrag II.** Er zeigt den Beitrag der Kostenträger zur Deckung der Restfixkosten an, die **nicht kostenträgerbezogen** sind.

Erzeugnisgruppenfixe Kosten

Sofern fixe Kosten **nicht einem bestimmten Kostenträger,** sondern nur **mehreren Kostenträgern gemeinsam** zugerechnet werden können (z. B. Erzeugnisgruppe), spricht man von **erzeugnisgruppenfixen Kosten.**

Deckungsbeitrag III (= DB III)

Subtrahiert man von den **gruppenweise** zusammengefassten DB II die erzeugnisgruppenfixen Kosten, so erhält man den DB III. Er gibt die Fixkostendeckung durch die Erzeugnisgruppen an.

Unternehmensfixe Kosten

Sie bilden den restlichen Fixkostenblock, **der für das Unternehmen insgesamt** angefallen ist und nicht mehr verursachungsgerecht einem Kostenträger oder einer Kostenträgergruppe zugerechnet werden kann. **Beispiele:** Kosten der kaufmännischen und betrieblichen Verwaltung und der Unternehmensleitung. Unternehmensfixe Kosten werden von der Summe der Deckungsbeiträge III subtrahiert; die Differenz stellt das **Betriebsergebnis der Rechnungsperiode** dar.

Beispiel

Die fixen Kosten in Höhe von 4.316.500,00 € sollen wie folgt aufteilbar sein:

	Geh. Typ G I	Geh. Typ G II	Geh. Typ G III
Erzeugnisfixe Kosten	980.000,00	650.000,00	224.500,00
Erzeugnisgruppenfixe Kosten	327.000,00		–
Unternehmensfixe Kosten	2.135.000,00		

Deckungsbeitragsrechnung mit stufenweiser Fixkostendeckung

Ergebnisrechnung	Gehäuse Typ G I	Gehäuse Typ G II	Gehäuse Typ G III	Kostenträger insgesamt
Umsatzerlöse	5.648.900,00	3.743.300,00	927.800,00	10.320.000,00
– variable Kosten	2.775.420,00	1.813.720,00	509.360,00	5.098.500,00
= Deckungsbeitrag I	2.873.480,00	1.929.580,00	418.440,00	5.221.500,00
– erzeugnisfixe Kosten	980.000,00	650.000,00	224.500,00	1.854.500,00
= Deckungsbeitrag II	1.893.480,00	1.279.580,00	193.940,00	3.367.000,00
– erzeugnisgruppenfixe K.	327.000,00		–	327.000,00
= Deckungsbeitrag III	2.846.060,00		193.940,00	3.040.000,00
– unternehmensfixe Kosten				2.135.000,00
= Betriebsgewinn				**905.000,00**

Auswertung

Es stellt sich die Frage, **ob das Gehäuse Typ G III zugunsten einer höheren Produktion der Gehäuse Typ G I und Typ G II aus der Produktion ausscheiden soll. Dafür spricht der geringe DB II.** Zudem wären **erzeugnisfixe Kosten** von 224.500,00 € **abbaufähig.** Der DB II sagt aber nichts darüber aus, **wie viel Deckungsbeitrag das einzelne Gehäuse** erbringt. Diese Aussage ist für die Entscheidung maßgeblich:

DB je Stück	Gehäuse Typ G I	Gehäuse Typ G II	Gehäuse Typ G III
$\frac{\text{DB II}}{\text{Absatzmenge}} = \text{db}$	$\frac{1.893.480{,}00}{74\,500\text{ Stück}} = \mathbf{25{,}42\ €}$	$\frac{1.279.580{,}00}{60\,000\text{ Stück}} = \mathbf{21{,}33\ €}$	$\frac{193.940{,}00}{20\,000\text{ Stück}} = \mathbf{9{,}70\ €}$

Nach dieser Rechnung hat das **Gehäuse G I Vorrang** vor den Gehäusen G II und G III. Gehäuse G III wird nur noch zur **Abrundung des Produktionsprogramms** weiterproduziert oder es befindet sich gerade in einer Anlauf- und Aufbauphase und verbleibt aus diesem Grund im Sortiment.

Deckungsbeitragsrechnung als Periodenrechnung im Mehrproduktunternehmen

Zusammenfassung

- Solange ein Kostenträger einen **positiven Deckungsbeitrag** erzielt, ist es unwirtschaftlich, diesen Kostenträger aus der Produktion herauszunehmen.
- Die Deckungsbeiträge II und III sind für Produktionsentscheidungen von großer Bedeutung, da sie Einblick in die **abbaufähigen fixen Kosten** geben.

AUFGABEN

286

Die Kostenrechnung liefert für den Monat November folgende Zahlen:

	Erzeugnis A	Erzeugnis B
Produktions- und Absatzmenge	600 Stück	1 000 Stück
Preis je Stück	520,00 €	390,00 €
Variable Kosten je Stück	240,00 €	160,00 €
Erzeugnisfixe Kosten	80.000,00 €	120.000,00 €
Unternehmensfixe Kosten	130.000,00 €	

Bestimmen Sie die Deckungsbeiträge I und II sowie das Betriebsergebnis.

287

Aus dem Vormonat stehen folgende Zahlen zur Verfügung:

	Erzeugnis A	Erzeugnis B	Erzeugnis C
Produktions- und Absatzmenge	4 000 Stück	2 400 Stück	8 000 Stück
Preis je Stück	105,00 €	80,00 €	45,00 €
Variable Kosten je Stück	53,00 €	61,00 €	24,00 €
Erzeugnisfixe Kosten	54.000,00 €	48.000,00 €	80.000,00 €
Erzeugnisgruppenfixe Kosten	41.000,00 € (A und B)		
Unternehmensfixe Kosten	115.500,00 €		

1. *Bestimmen Sie die Deckungsbeiträge I, II und III sowie das Betriebsergebnis.*
2. *Machen Sie Vorschläge zur Verbesserung des Betriebsergebnisses.*

288

In einem Industriebetrieb werden vier Erzeugnisse A, B, C, D in zwei Produktionsstufen I und II hergestellt. Die Erzeugnisarten A und B durchlaufen beide Produktionsstufen, die Erzeugnisarten C und D durchlaufen nur die erste Produktionsstufe.

Die fixen Kosten betragen insgesamt 1.000.000,00 € je Rechnungsperiode und lassen sich wie folgt aufteilen:

	Erzeugnisarten			
	A	B	C	D
Erzeugnisfixe Kosten der Stufe I	125.000,00 €	140.000,00 €	80.000,00 €	105.000,00 €
Erzeugnisgruppenfixe Kosten der Stufe I	160.000,00 € (A und B)		40.000,00 € (C und D)	

Die fixen Kosten der Produktionsstufe II belaufen sich auf 130.000,00 € und gelten als erzeugnisgruppenfixe Kosten.
Die unternehmensfixen Kosten betragen 220.000,00 €.

Für die Betriebsergebnisrechnung liegen die folgenden Angaben vor:

	A	B	C	D
Verkaufspreis je Stück	150,00 €	220,00 €	180,00 €	200,00 €
Produktions- und Absatzmenge in Stück	4 000	3 500	3 200	3 000
Variable Kosten je Stück	80,00 €	140,00 €	110,00 €	120,00 €

1. *Berechnen Sie die Deckungsbeiträge I, II und III sowie den Betriebserfolg.*
2. *Welche Maßnahmen verbessern das Betriebsergebnis?*

6.3 Bestimmung der Preisuntergrenze

Die Preisuntergrenze gibt den Verkaufspreis an, den das Unternehmen für sein Erzeugnis fordern muss, um **kurzfristig** oder **langfristig** zu bestehen.

In wirtschaftlich schlechten Zeiten, die durch Absatzeinbußen gekennzeichnet sind, wird die Unternehmensleitung gezwungen sein die Verkaufspreise zu senken, um den Absatzrückgang aufzuhalten. Man muss dann aber wissen, **in welchem Ausmaß** die Preissenkung vorgenommen werden kann, **ohne Verluste** zu erleiden.

Langfristige Preisuntergrenze

Die langfristige Preisuntergrenze legt den Preis fest, der zu **kostendeckenden Erlösen** führt. Die Produktion kann in dieser Situation über längere Zeit fortgesetzt werden, da Ersatzinvestitionen durchführbar sind. Zur Erhaltung der Arbeitsplätze und zur Stabilisierung des Absatzes wird die Unternehmensleitung diese Preisuntergrenze anstreben.

Situation

Es soll angenommen werden, dass der Absatz des Gehäuses Typ G III, von dem in der abgelaufenen Periode 20 000 Stück verkauft wurden, rückläufig ist. Bei den Gehäusen G I und G II sind keine Absatzeinbußen zu verzeichnen.
Um den Absatz bei Gehäuse Typ G III auf dem bisherigen Stand zu halten, soll **der Preis so weit gesenkt werden, dass der DB II dieses Gehäuses auf 0,00 € fällt;** die Umsatzerlöse sollen also die variablen Kosten und die erzeugnisfixen Kosten gerade noch decken.

Der DB II kann demnach **um 193.940,00 € niedriger** ausfallen (vgl. S. 298). Dies wird durch **Verminderung der Umsatzerlöse um den Betrag von 193.940,00 €** erreicht:

Früherer Nettoverkaufspreis von Gehäuse G III	=	(927.800,00 € : 20 000 St.)	=	**46,39 €**
– **Preissenkung** bei Gehäuse G III	=	(193.940,00 € : 20 000 St.)	=	**9,70 €**
= **Neuer Nettoverkaufspreis** von Gehäuse G III	=		=	**36,69 €**

Ergebnisrechnung	Gehäuse Typ G I	Gehäuse Typ G II	Gehäuse Typ G III	Kostenträger insgesamt
Umsatzerlöse	5.648.900,00	3.743.300,00	733.800,00	10.126.000,00
– variable Kosten	2.775.420,00	1.813.720,00	509.360,00	5.098.500,00
= Deckungsbeitrag I	2.873.480,00	1.929.580,00	224.440,00	5.027.500,00
– erzeugnisfixe Kosten	980.000,00	650.000,00	224.500,00	1.854.500,00
= Deckungsbeitrag II	1.893.480,00	1.279.580,00	– 60,00	3.173.000,00
– erzeugnisgruppenfixe K.	327.000,00		–	327.000,00
= Deckungsbeitrag III	2.846.060,00		– 60,00	2.846.000,00
– unternehmensfixe Kosten				2.135.000,00
= Betriebsgewinn				**711.000,00**

Im obigen Beispiel wurde der Preis für das Gehäuse Typ G III auf die langfristige Preisuntergrenze festgesetzt. Über die Umsatzerlöse fließen dem Unternehmen genau so viele Finanzmittel zu, dass die **variablen Kosten und die direkt zurechenbaren fixen Kosten** gedeckt werden. Der Kostenträger ist nicht mehr an der Deckung der erzeugnisgruppenfixen und der unternehmensfixen Kosten beteiligt. Die Deckung dieser Kosten wird von den übrigen Kostenträgern voll übernommen.

Kurzfristige Preisuntergrenze

Die kurzfristige Preisuntergrenze (= absolute Preisuntergrenze) legt den Preis fest, der genau **die variablen Kosten** des Kostenträgers **deckt.** Der Verkaufspreis ist in diesem Fall also **gleich den variablen Stückkosten.** In Höhe der **gesamten fixen Kosten** (= Kosten der Betriebsbereitschaft) ergibt sich dann ein **Betriebsverlust.**

6458300

Beispiel

Die kurzfristigen Preisuntergrenzen für die Kostenträger lauten:

Kurzfristige Preisuntergrenze	Geh. Typ G I	Geh. Typ G II	Geh. Typ G III
Variable Kosten / **Absatz** (Stück)	2.775.420,00 / 74 500 Stück = **37,25 €**	1.813.720,00 / 60 000 Stück = **30,23 €**	509.360,00 / 20 000 Stück = **25,47 €**

Liquiditätsorientierte Preisuntergrenze

Die Ausrichtung der Verkaufspreise nach der kurzfristigen Preisuntergrenze kann ein Unternehmen in **Liquiditätsschwierigkeiten** bringen. Da in der kurzfristigen Preisuntergrenze nur die variablen Kosten erfasst werden, bleiben die fixen Kosten, **die kurzfristig zu Ausgaben führen,** unberücksichtigt; das sind insbesondere Mietaufwendungen, betriebliche Steuern, Gehälter, Zeitlöhne, Soziale Abgaben, Versicherungsbeiträge. Die liquiditätsorientierte Preisuntergrenze wird nach folgender Rechnung festgelegt:

$$\frac{\text{Variable Kosten + ausgabewirksame fixe Kosten}}{\text{Absatzmenge}}$$

Zusammenfassung

- Reichen die Umsatzerlöse insgesamt aus, um alle anfallenden Kosten zu decken, so hat der Verkaufspreis die **langfristige** Preisuntergrenze erreicht.
- Die **kurzfristige** oder absolute Preisuntergrenze ist erreicht, wenn der Nettoverkaufspreis **gerade** die **variablen** Stückkosten des Erzeugnisses deckt. Auf den Ersatz der ohnehin anfallenden fixen Kosten wird vorübergehend verzichtet.

AUFGABEN

289

1. *Definieren Sie die Begriffe kurzfristige, langfristige und liquiditätsorientierte Preisuntergrenze.*
2. *Begründen Sie, warum ein Industriebetrieb langfristig nicht existieren kann, wenn die Umsatzerlöse gerade die gesamten Kosten decken, er aber kurzfristig durchaus die liquiditätsorientierte Preisuntergrenze anstreben kann.* ■

290

In einem Industriebetrieb wird ein Erzeugnis zu variablen Stückkosten in Höhe von 45,00 € und fixen Kosten je Abrechnungsperiode in Höhe von 120.000,00 € produziert. Die monatliche Produktionsmenge beträgt 5 000 Stück.

Geben Sie die langfristige und kurzfristige Preisuntergrenze an. ■

291

Ein Mehrproduktunternehmen fertigt drei Erzeugnisse. Die BER liefert folgende Unterlagen:

	Erzeugnis I	Erzeugnis II	Erzeugnis III
Verkaufspreis	62,50 €	36,00 €	40,00 €
Variable Stückkosten	40,00 €	20,00 €	25,00 €
Erzeugnisfixe Kosten	50.000,00 €	80.000,00 €	110.000,00 €
Unternehmensfixe Kosten		220.000,00 €	
Produktions- und Absatzmenge	8 000 Stück	10 000 Stück	20 000 Stück

1. *Bestimmen Sie die Deckungsbeiträge I und II sowie das Betriebsergebnis.*
2. Beim Produkt II liegen Absatzschwierigkeiten vor. Der Preis dieses Erzeugnisses soll so weit gesenkt werden, dass dessen Erlöse gerade noch die variablen Kosten und die erzeugnisfixen Kosten decken. *Zu welchem Preis muss das Erzeugnis angeboten werden?*
3. Der Unternehmer strebt die langfristige Preisuntergrenze an, um den Absatz des Erzeugnisses II halten zu können. *Bei welchem Preis wird die langfristige Preisuntergrenze erreicht, wenn Preise und Kosten der übrigen Erzeugnisse unverändert bleiben?* ■

6.4 Annahme von Zusatzaufträgen

Zusatzaufträge

Alle Aufträge, die zu Preisen unterhalb der derzeitigen Verkaufspreise angenommen werden, heißen Zusatzaufträge. Durch Zusatzaufträge sollen

- die zurzeit nicht ausgelasteten Produktionsanlagen optimal genutzt und
- das Betriebsergebnis verbessert werden.

Auf dem Markt lässt sich diese Strategie nur durchsetzen, wenn sich die Abnehmer untereinander nicht kennen. Das ist auf den Gütermärkten in der Regel der Fall.

Situation

Im Unternehmen Berg liegt für das abgelaufene Geschäftsjahr folgende Produktions- und Absatzsituation vor (vgl. auch S. 266/298):

	Gehäuse G I	Gehäuse G II	Gehäuse G III	insgesamt
Verkaufspreis	75,82 €	62,39 €	46,39 €	
Variable Stückkosten	37,25 €	30,23 €	25,47 €	
Erzeugnisfixe Kosten	980.000,00 €	650.000,00 €	224.500,00 €	
Erz.-gruppenfixe Kosten	327.000,00 €		–	
Untern.-fixe Kosten				2.135.000,00 €
Absatzmenge	74 500 Stück	60 000 Stück	20 000 Stück	
Kapazität	90 000 Stück	80 000 Stück	35 000 Stück	

Im kommenden Geschäftsjahr rechnet Herr Berg mit einer **unveränderten Produktions- und Absatzsituation.** Es besteht allerdings die Möglichkeit, einen **Zusatzauftrag** von einem bisher nicht belieferten Kunden über **10 000 Gehäuse Typ G II** zu erhalten, wenn ein Verkaufspreis von **45,00 € je Gehäuse** akzeptiert wird.
Welche Erfolgssituation ergibt sich für das Unternehmen Berg a) ohne Berücksichtigung des Zusatzauftrags und b) einschließlich des Zusatzauftrags?

Die Annahme des Zusatzauftrags empfiehlt sich unbedingt: Der Zusatzauftrag erbringt einen **positiven Stückdeckungsbeitrag** von **45,00 € – 30,23 € = (+) 14,77 €.** Jedes zusätzlich produzierte und verkaufte Gehäuse hilft also bei der Deckung der fixen Kosten bzw. erhöht den Betriebsgewinn um 14,77 €.

❶ Ergebnisrechnung ohne Berücksichtigung des Zusatzauftrags (vgl. S. 298)

Ergebnisrechnung	Gehäuse Typ G I	Gehäuse Typ G II	Gehäuse Typ G III	Kostenträger insgesamt
Umsatzerlöse	5.648.900,00	3.743.300,00	927.800,00	10.320.000,00
– variable Kosten	2.775.420,00	1.813.720,00	509.360,00	5.098.500,00
= Deckungsbeitrag I	2.873.480,00	1.929.580,00	418.440,00	5.221.500,00
– erzeugnisfixe Kosten	980.000,00	650.000,00	224.500,00	1.854.500,00
= Deckungsbeitrag II	1.893.480,00	1.279.580,00	193.940,00	3.367.000,00
– erzeugnisgruppenfixe K.	327.000,00		–	327.000,00
= Deckungsbeitrag III	2.846.060,00		193.940,00	3.040.000,00
– unternehmensfixe Kosten				2.135.000,00
= Betriebsgewinn				**905.000,00**

Zusammenfassung

- Die Annahme eines Zusatzauftrags empfiehlt sich immer dann, wenn sein Preis **über den variablen Stückkosten liegt.**
- Zur **Arbeitsplatzerhaltung** ist ein Zusatzauftrag immer zu befürworten.

6458302

❷ Ergebnisrechnung einschließlich des Zusatzauftrags

Ergebnisrechnung	Gehäuse Typ G I	Gehäuse Typ G II	Gehäuse Typ G III	Kostenträger insgesamt
Umsatzerlöse aus laufender Produktion	5.648.900,00	3.743.300,00	927.800,00	10.320.000,00
+ **Umsatzerlöse** aus dem Zusatzauftrag	–	450.000,00	–	450.000,00
= **Umsatzerlöse** insgesamt	5.648.900,00	4.193.300,00	927.800,00	10.770.000,00
– **variable Kosten** der laufenden Produktion	2.775.420,00	1.813.720,00	509.360,00	5.098.500,00
– **variable Kosten** des Zusatzauftrags	–	302.300,00	–	302.300,00
= **Deckungsbeitrag I**	2.873.480,00	2.077.280,00	418.440,00	5.369.200,00
– **erzeugnisfixe Kosten**	980.000,00	650.000,00	224.500,00	1.854.500,00
= **Deckungsbeitrag II**	1.893.480,00	1.427.280,00	193.940,00	3.514.700,00
– **erzeugnisgruppenfixe K.**	327.000,00		–	327.000,00
= **Deckungsbeitrag III**	2.993.760,00		193.940,00	3.187.700,00
– **unternehmensfixe Kosten**	–		–	2.135.000,00
= **Betriebsgewinn**				**1.052.700,00**

Da die bisherige Produktion bereits einen Betriebsgewinn erbracht hat, **wird durch den Zusatzauftrag der Betriebsgewinn um 10 000 Stück · 14,77 € = 147.700,00 € erhöht.** Auch für den Fall eines vorher schon bestehenden **Betriebsverlustes** würde sich die Annahme dieses Zusatzauftrages lohnen, da der zusätzlich erzielbare Gewinn **zur Verringerung des Betriebsverlustes** beiträgt. Auswertung

AUFGABEN

292

Ein Unternehmen ist auf eine Kapazität von 10 000 Stück je Monat ausgelegt. Die Kostenrechnung schloss im Monat Juni mit folgenden Zahlen ab:

Produktion	variable Gesamtkosten	fixe Gesamtkosten
8 400 Stück	126.000,00 €	84.000,00 €

Es wird damit gerechnet, dass in Zukunft eine Produktion von 7 500 Stück zum Preis von 30,00 € je Stück abgesetzt werden kann.

1. *Errechnen Sie den Betriebserfolg bei der erwarteten Absatzlage.*
2. *Lohnt sich die Hereinnahme eines Zusatzauftrags über 1 500 Stück, der zum Preis von 22,00 € je Stück abgerechnet werden muss?*
3. *Zu welchem kostendeckenden Preis könnten 7 500 Stück angeboten werden?*
4. *Wie hoch ist die absolute Preisuntergrenze?* ■

293

Ein Uhrenhersteller produziert zwei Funkuhren, Typ A und Typ B, unter folgenden Bedingungen:

Typ	Monatliche Produktion	Kapazitätsgrenze	Variable Stückkosten	Erzeugnisfixe Kosten	Untern.-fixe Kosten	Verkaufspreis
A	6 000	8 000	35,00 €	50.000,00 €	210.000,00 €	75,00 €
B	4 000	5 000	56,00 €	80.000,00 €		120,00 €

1. *Errechnen Sie den Deckungsbeitrag I und II sowie den Betriebsgewinn.*
2. *Bestimmen Sie, ob sich die Annahme eines Zusatzauftrags über 500 Uhren vom Typ A zum Preis von 40,00 € je Uhr lohnt.*
3. Um Absatzeinbußen bei Typ B zu vermeiden, will der Unternehmer den Betriebsgewinn vorübergehend auf 50.000,00 € senken. *Ermitteln Sie den Verkaufspreis, zu dem eine Uhr unter dieser Bedingung angeboten werden kann.*

6.5 Optimales Produktionsprogramm

Zweck

Unter optimalem Produktionsprogramm versteht man die **Ausrichtung der Produktion** in einem Mehrproduktunternehmen **auf die rentabelsten Erzeugnisgruppen,** wobei sich die **Rangfolge,** in der die Erzeugnisse hergestellt werden, nach der Höhe der von ihnen erwirtschafteten **Deckungsbeiträge** richtet.

❶ Produktionsprogramm nach absoluten Deckungsbeiträgen

Unter der Voraussetzung ausreichender Produktionskapazität hängt die Produktionsrangfolge **von der Höhe der Deckungsbeiträge je Stück ab.**

Situation 1

Es wird angenommen, dass das Unternehmen Berg vier Gehäusetypen (G I, G II, G III, G IV) zu folgenden Bedingungen produziert (vgl. S. 302):

Gehäusetyp	Nettoverkaufspreis	Variable Stückkosten	Deckungsbeitrag je Stück
G I	75,82 €	37,25 €	**38,57 €**
G II	62,39 €	30,23 €	**32,16 €**
G III	46,39 €	25,47 €	**20,92 €**
G IV	54,50 €	27,80 €	**26,70 €**

Die Rangfolge, in der die einzelnen Gehäusetypen bei der Produktionsentscheidung berücksichtigt werden, lautet demnach:

G I – G II – G IV – G III

❷ Produktionsprogramm nach relativen Deckungsbeiträgen

In der Praxis wird es in jedem Industriebetrieb **Engpässe** geben, die die Produktionsmenge in einer bestimmten Abteilung beschränken. Die Produktionsrangfolge wird dann von den **Produktionsbedingungen dieses Engpasses** bestimmt.

Situation 2

Die vier Gehäusetypen G I, G II, G III und G IV durchlaufen die **gleiche Montageabteilung.** Diese Abteilung bildet mit **12 000 Stunden/Monat** den betrieblichen Engpass. Für die Montage der Gehäusetypen werden folgende Zeiten je Gehäuse aufgewendet:

	Typ G I	Typ G II	Typ G III	Typ G IV
Montagezeit in Minuten	5	3	6	4

Relativer Deckungsbeitrag

Im betrieblichen Engpass wird die Produktion vorrangig auf jene Produkte gelegt, die die **höchsten Ertragszuwächse** erbringen. Als Maßzahl für den Ertragszuwachs gelten die **Stückdeckungsbeiträge je Produktionsminute,** die auch relative Deckungsbeiträge genannt werden.

Beispiel

Das Gehäuse G I hat einen **Deckungsbeitrag** von **38,57 € je Stück** erzielt. Es erfordert eine **Montagezeit** von **5 Minuten je Stück.** Auf eine Minute umgerechnet ergibt das einen relativen Deckungsbeitrag von:

$$\textbf{Relativer Deckungsbeitrag} = \frac{\textbf{38,57 €}\text{ Stückdeckungsbeitrag}}{\textbf{5 Minuten}\text{ Montagezeit}} = \textbf{7,714 €/Min.}$$

Zusammenfassung

- Sofern die absetzbaren Mengen auch hergestellt werden können, richtet sich die **Rangfolge,** in der die Erzeugnisgruppen produziert werden, nach der Höhe der von ihnen erzielten **Deckungsbeiträge je Stück.**
- Der Stückdeckungsbeitrag je Minute heißt **relativer Deckungsbeitrag.**

In der folgenden Aufstellung sind für alle Gehäusetypen die relativen Deckungsbeiträge aufgeführt:

Gehäusetyp	Stückdeckungsbeitrag (db)	Montagezeit in Minuten	relativer Deckungsbeitrag
G I	38,57 €	5	**7,714 €/Min.**
G II	32,16 €	3	**10,720 €/Min.**
G III	20,92 €	6	**3,487 €/Min.**
G IV	26,70 €	4	**6,675 €/Min.**

Produktionsentscheidung

Die Produktionsentscheidung richtet sich nunmehr nach der **Höhe der relativen Deckungsbeiträge.** Die vier Gehäusetypen werden in der Rangfolge

G II – G I – G IV – G III

produziert. Von der **Kapazität des Engpasses** und der **Absatzsituation** hängt es ab, ob **alle Gehäusetypen in den absetzbaren Mengen hergestellt werden.**

Unter der Annahme **bestimmter monatlicher Absatzmengen** (vgl. nachfolgendes Beispiel und S. 266) wird folgende Produktionsentscheidung getroffen:

Rang	Gehäusetyp	absetzbare Menge	Montagezeit je Stück	Montagezeit insges. in Min.	Montagezeit in Stunden
I	G II	60 000 Stück ·	3 Minuten =	180 000 Min. ⟶	**3 000,0 Std.**
II	G I	74 500 Stück ·	5 Minuten =	372 500 Min. ⟶	**6 208,3 Std.**
III	G IV	25 000 Stück ·	4 Minuten =	100 000 Min. ⟶	**1 666,7 Std.**
					10 875,0 Std.
IV	G III	11 250 Stück ⟵	6 Minuten ⟵	**67 500 Min.** ⟵	**1 125,0 Std.**
					12 000,0 Std.

Auswertung

Die auf dem Rang I bis III stehenden Gehäusetypen G II, G I und G IV können im Umfang ihrer absetzbaren Mengen produziert werden. Im Engpass „Montage" werden hierfür insgesamt 10 875 Arbeitsstunden verbraucht. Für das im letzten Rang stehende Gehäuse Typ G III stehen noch 1 125 Montagestunden zur Verfügung. Diese Zeit reicht für eine Produktionsmenge von 11 250 Gehäusen. Damit können von diesem Gehäusetyp monatlich nur noch 56,3 % der absetzbaren Menge produziert werden.

Zusammenfassung

▶ Sofern ein betrieblicher Engpass vorliegt, richtet sich die Produktionsrangfolge der Kostenträger nach der **Höhe der relativen Deckungsbeiträge.**

AUFGABEN

294 *Errechnen Sie zu obigem Beispiel den gesamten Deckungsbeitrag und das Betriebsergebnis, wenn die fixen Kosten 4.316.500,00 € (vgl. S. 290) betragen.* ■

295 In einem Industrieunternehmen werden fünf unterschiedliche Erzeugnisse unter folgenden Bedingungen hergestellt:

Erzeugnisgruppe	Nettoumsatzerlöse je Stück	variable Stückkosten	fixe Gesamtkosten
A	3,50 €	1,90 €	
B	2,80 €	1,10 €	
C	5,20 €	3,10 €	52.200,00 €
D	7,40 €	3,80 €	
E	4,10 €	2,20 €	

AUFGABEN

In der gemeinsamen Engpassstufe können monatlich maximal 6 400 Fertigungsstunden geleistet werden.

Der Zeitbedarf in dieser Stufe beträgt je Stück:

A	B	C	D	E
10 Min.	5 Min.	12 Min.	15 Min.	10 Min.

Die absetzbare Stückzahl beträgt:

A	B	C	D	E
9 000	12 000	8 000	8 000	15 000

Ermitteln Sie das optimale Produktionsprogramm und berechnen Sie das Betriebsergebnis. ■

296 *Wie lautet die Lösung zu Aufgabe 295, wenn in der Engpassstufe nicht mit der maximalen Leistung von 6 400 Fertigungsstunden gearbeitet wird, sondern mit optimaler Leistung, die 90 % der maximalen Leistung beträgt?* ■

297 Ein Industrieunternehmen produziert drei verschiedenartige Erzeugnisse A, B und C unter folgenden Bedingungen:

Erzeugnisgruppe	variable Stückkosten	Nettoumsatzerlöse je Stück	fixe Gesamtkosten
A	124,00 €	165,00 €	
B	86,00 €	121,00 €	125.000,00 €
C	105,00 €	128,00 €	

1. *Wie hoch ist das Betriebsergebnis, wenn von jedem Produkt monatlich 2 000 Stück absetzbar sind und keine betrieblichen Engpässe vorliegen?*
2. *Ermitteln Sie das optimale Produktionsprogramm und das Betriebsergebnis, wenn auf einer gemeinsamen Fertigungsstufe ein Engpass mit monatlich 6 440 Fertigungsstunden vorliegt und die Fertigungszeiten in dieser Stufe bei Produkt A 1,5 Stunden, bei B 1,0 Stunde und bei C 1,2 Stunden betragen. Es sollen wiederum von jedem Produkt 2 000 Stück absetzbar sein.* ■

298 Die Montageabteilung eines Industriebetriebes soll die Fertigung eines neuen Gerätes Typ G übernehmen, obwohl sie bereits an der Kapazitätsgrenze arbeitet. Bisher werden in dieser Abteilung drei Geräte montiert:

Gerät	Fertigungszeit Min./Stück	Deckungsbeitrag
Typ C	12 Min./Stück	25,00 €
Typ D	15 Min./Stück	31,00 €
Typ E	10 Min./Stück	19,00 €

Das Gerät Typ G benötigt eine Montagezeit von 7,5 Minuten je Stück, es kann zu einem Nettoverkaufspreis von 41,00 € abgesetzt werden und verursacht variable Stückkosten von 26,00 €.

Lohnt es sich, vorübergehend die Fertigung eines Gerätes zugunsten des neuen Gerätes einzuschränken? Welches Gerät wird ggf. mit geringeren Stückzahlen produziert? ■

299
1. *Erklären Sie die Begriffe „absoluter Deckungsbeitrag" und „relativer Deckungsbeitrag".*
2. *Wovon hängt die Produktionsentscheidung beim Kalkulieren mit relativen Deckungsbeiträgen ab?* ■

Ein Unternehmen stellt u. a. Graugussteile her. Die Kapazität ist auf 10 000 Stück je Monat ausgelegt. 300

Für den Monat März lieferte die Kostenrechnung folgende Zahlen:

Produktion	variable Gesamtkosten	fixe Gesamtkosten	Umsatzerlöse
8 500 Stück	244.800,00 €	180.200,00 €	510.000,00 €

1. Die Absatzentwicklung der letzten Monate lässt für den kommenden Monat einen Rückgang des Absatzes auf 7 500 Stück befürchten.
   a) *Zu welchem Preis müsste die Produktion bei unveränderten fixen Kosten abgesetzt werden? (unveränderter Gewinnzuschlag: 20 %)*
   b) *Welche Preisfestsetzungen könnte die Unternehmensleitung kurzfristig beschließen, wenn sich der unter a) errechnete Preis nicht auf dem Markt durchsetzen lässt?*
2. Besondere absatzpolitische Maßnahmen haben die unter 1. befürchtete Entwicklung nicht eintreten lassen. Die Unternehmensleitung rechnet nun für den Folgemonat mit Aufträgen über 8 000 Stück, die zum gleichen Preis abgesetzt werden können. Zusätzlich kann die Unternehmung einen Auftrag über 1 000 Stück erhalten, wenn ein Stückpreis von 30,00 € akzeptiert wird.
   a) *Untersuchen Sie, ob sich die Annahme des Zusatzauftrags lohnt.*
   b) *Welche Auswirkung auf das Betriebsergebnis ergäbe sich, wenn der Auftrag angenommen wird?*
3. Langfristig rechnet die Unternehmensleitung mit einem Rückgang des Absatzes auf 5 000 Stück. Unter dieser Annahme wird geplant die Produktion der Graugussteile aus dem Produktionsprogramm zu streichen. Hierdurch könnten die Fixkosten um 40.000,00 € abgebaut werden. *Lohnt sich die Herausnahme des Produktes aus dem Produktionsprogramm?*
4. Wegen der schlechten Absatzlage bei Graugussteilen stellt das Unternehmen die Produktion auf Kunststoff-Spritzgussteile um. Drei Erzeugnisse werden unter folgenden Bedingungen produziert und angeboten:

Erzeugnis	variable Stückkosten	Nettoverkaufspreis	fixe Gesamtkosten (Monat)
A	2,40 €	2,70 €	
B	1,60 €	1,85 €	90.000,00 €
C	2,00 €	2,40 €	

   a) *Bestimmen Sie das Betriebsergebnis, wenn von A 150 000 Stück, von B 200 000 Stück und von C 120 000 Stück monatlich absetzbar sind und kein betrieblicher Engpass vorliegt.*
   b) Die Produkte werden in Serie auf getrennten Gussanlagen gefertigt; sie durchlaufen gemeinsam eine Kontroll-, Prüf- und Verpackungsabteilung, die mit 12 400 Stunden je Monat belastet werden kann. Für das Produkt A werden 2,4 Min./Stück, für B 1,5 Min./Stück und für C 1,8 Min./Stück verbraucht. *Bestimmen Sie unter den genannten Bedingungen das optimale Produktionsprogramm.* ■

Ein Betrieb hatte in der vergangenen Abrechnungsperiode 2 000 Stück eines Erzeugnisses hergestellt. Die Gesamtkosten beliefen sich auf 124.000,00 €. In der laufenden Abrechnungsperiode werden 2 250 Stück zu Gesamtkosten von 135.250,00 € produziert. 301

1. *Berechnen Sie bei proportionalem Verlauf der variablen Kosten die Fixkosten.*
2. *Mit welchen Gesamtkosten ist bei einer Produktion von 2 400 Stück zu rechnen? Stellen Sie den Kostenverlauf grafisch dar.* ■

6.6 Eigenfertigung oder Fremdbezug

Die Frage, ob ein Produkt **selbst hergestellt** oder **von Zulieferern bezogen** werden soll, stellt sich aus **vielfältigen Gründen,** z. B.

- Kosten der Eigenfertigung oder des Fremdbezugs,
- Beschäftigungsgrad der eigenen Anlagen,
- Qualität der eigenen oder fremdbezogenen Erzeugnisse,
- technisches Wissen und technisches Können,
- Abhängigkeit von Zulieferern.

In den folgenden Ausführungen wird von der Annahme ausgegangen, dass nur die Aspekte „Kosten" und „Beschäftigungsgrad" entscheidungsrelevant sind. Damit lassen sich die Überlegungen auf **zwei grundsätzliche Situationen** reduzieren:

❶ Das Unternehmen verfügt über freie Kapazitäten an Betriebsmitteln und Arbeitskräften und plant bisher fremdbezogene Erzeugnisse selbst herzustellen (vgl. **Situation 1**).

❷ Das Unternehmen möchte Kapazitäten für andere Erzeugnisse frei machen und plant selbst hergestellte Erzeugnisse in Zukunft von Zulieferern zu beziehen (vgl. **Situation 2**).

Situation 1

Das Unternehmen Berg kann von einem Zulieferer Blechgehäuse zu folgenden Bedingungen beziehen: Listeneinkaufspreis 45,00 € je Stück mit 10 % Rabatt. Zahlungsbedingungen: 10 Tage mit 2 % Skonto oder 30 Tage ohne Abzug. Die Bezugskosten werden mit 1 % des Bareinkaufspreises pauschal verrechnet.

Eigenfertigung: Rohstoffaufwendungen 5,50 €/Stück. Löhne für Stanzen, Pressen, Bohren, Lackieren und Montieren 18,00 €/Stück (die Facharbeiter sind bei **vollem Lohnausgleich** unterbeschäftigt).

An Gemeinkosten werden verrechnet:
Material 8 % (die Materialgemeinkosten sind **zu 25 % variabel),**
Fertigung 180 % (die Fertigungsgemeinkosten sind **zu 40 % variabel).**

Kalkulation des Fremdbezugs	
Listeneinkaufspreis	45,00 €
– 10 % Rabatt	4,50 €
Rechnungspreis	40,50 €
– 2 % Skonto	0,81 €
Bareinkaufspreis	39,69 €
+ 1 % Bezugskosten	0,40 €
Bezugspreis je Stück	**40,09 €**

Kalkulation der Eigenfertigung auf der Grundlage variabler Kosten	
Rohstoffaufwand	5,50 €
+ 2 % var. MGK (25 % von 8 %)	0,11 €
+ 72 % var. FGK (von 18,00 €)	12,96 €
variable Herstellkosten	**18,57 €**

Kalkulation der Eigenfertigung auf Vollkostenbasis	
Rohstoffaufwand	5,50 €
+ 8 % Materialgemeinkosten	0,44 €
+ Fertigungslöhne	18,00 €
+ 180 % Fertigungsgemeinkosten	32,40 €
Herstellkosten je Stück	**56,34 €**

Auf der Grundlage der **obigen** Vollkostenrechnung würde die Entscheidung **zugunsten des Fremdbezugs** ausfallen. Das ist **falsch,** weil in der Vollkostenkalkulation auch fixe Kosten angesetzt wurden, die durch die bisherige Beschäftigung bereits in voller Höhe erfasst waren. **Fixe Kosten bleiben unberücksichtigt.** Auch **Fertigungslöhne werden nicht eingerechnet;** sie sind in den bisherigen Fertigungskosten enthalten (vgl. Situation 1, voller Lohnausgleich).

Zusammenfassung

- Bei der Berechnung der Herstellkosten für die Eigenfertigung werden nur die **zusätzlich anfallenden variablen** (proportionalen) **Kosten** berücksichtigt. Die fixen Kosten bleiben außer Ansatz.

Eigenfertigung oder Fremdbezug

Situation 2

Das Unternehmen Berg stellt Stahlblech**gehäuse** Typ G IV selbst her, während es die Gehäuse**deckel** Typ G IV von einem Zulieferer zum Bezugspreis von 7,50 €/Stück bezieht. Die Geschäftsleitung plant die Deckel Typ G IV auf vorhandenen Stanzen und Pressen selbst herzustellen. Diese Maschinen sind derzeit mit der Produktion von Deckeln Typ G II ausgelastet. Die Deckel Typ G II haben einen (angenommenen) Verkaufspreis von 8,50 € je Stück.

Die **Fertigungsplanung** liefert folgende Zahlen:

Maschinenstundensätze:	Stanze (proportional)	25,00 €
	Presse (proportional)	31,00 €
einheitlicher **Lohnstundensatz** (proportional)		50,00 €
Fertigungsgemeinkostenzuschlag (proportional)		14 %
Deckel G IV:	Rohstoffaufwand je Stück	1,40 €
	Materialgemeinkosten (proportional)	3,5 %
	Bearbeitungszeit **je Stück und Maschine**	1,2 Minuten
Deckel G II:	Rohstoffaufwand je Stück	1,73 €
	Materialgemeinkosten (proportional)	3,5 %
	Bearbeitungszeit **je Stück und Maschine**	1,5 Minuten

Opportunitätskosten

In diesem Fall konkurrieren Deckel Typ G IV und Deckel Typ G II in der Produktion miteinander. Auf die Höhe der fixen Kosten hat dies keinen Einfluss; sie bleiben unberücksichtigt. Werden Deckel Typ G IV produziert, so entstehen zunächst die variablen (= proportionalen) Kosten dieser Produktion. **Zusätzlich** sind die durch diese Produktion **verdrängten „Vorteile der Deckelproduktion Typ G II"** (= Opportunitätskosten = **relativer Deckungsbeitrag**) einzurechnen.

Kosten der Eigenfertigung von Deckeln Typ G IV:

1. Varable Kosten:	Deckel Typ G IV	Deckel Typ G II
Rohstoffaufwand je Stück	1,40 €	1,73 €
+ 3,5 % Materialgemeinkosten	0,05 €	0,06 €
+ proportionale Maschinenkosten: Stanze	0,50 €	0,63 €
Presse	0,62 €	0,78 €
+ Fertigungslöhne je Stück	2,00 €	2,50 €
+ 14 % proportionale Fertigungsgemeinkosten	0,28 €	0,35 €
variable Herstellkosten je Stück	**4,85 €**	**6,05 €**
2. Opportunitätskosten:		
Verkaufspreis (fiktiv)		8,50 €
– variable Stückkosten		6,05 €
Deckungsbeitrag je Stück		**2,45 €**
Deckungsbeitrag je Minute (2,45 : 1,5 Min.)		**1,63 €**
Opportunitätskosten (1,63 · 1,2 Min.)	**1,96 €**	
3. Gesamtkosten je Stück	**6,81 €**	
4. Ergebnis der Entscheidung:		
Bezugspreis je Stück bei Fremdbezug	7,50 €	
– Kosten der Eigenfertigung je Stück	6,81 €	
Vorteil der Eigenfertigung je Stück	**0,69 €**	

Zusammenfassung

► Wenn **Produktionsalternativen bei ausgelasteter Kapazität** zu entscheiden sind, müssen neben den variablen Kosten der jeweiligen Produktion auch die **entgangenen Deckungsbeiträge** der jeweils anderen Produktion (= Opportunitätskosten) berücksichtigt werden. Die fixen Kosten bleiben außer Ansatz.

AUFGABEN

302 Ein Maschinenbauunternehmen hat bisher Messingventile, die in eigene Erzeugnisse eingebaut werden, zu folgenden Bedingungen fremdbezogen: Listeneinkaufspreis je Stück 52,00 €; bei Abnahme von mehr als 5 000 Stück werden 15 % Mengenrabatt gewährt. Zahlungsbedingungen: bei Zahlung innerhalb von 10 Tagen 2 % Skonto, innerhalb von 30 Tagen ohne Abzug. Die Bezugskosten (Fracht, Verpackung) werden mit 0,70 € je Stück kalkuliert.

Das Unternehmen hat freie Kapazitäten zur Verfügung, die es ihm gestatten, die Ventile unter folgenden Bedingungen selbst zu fertigen: Rohstoffaufwand je Stück 9,50 €; Löhne für Schneiden, Drehen, Fräsen, Bohren und Gewindeschneiden je Stück 35,50 € (die Arbeiter sind bei vollem Lohnausgleich unterbeschäftigt). An Gemeinkosten werden verrechnet: 12 % Materialgemeinkosten, davon gelten 30 % als variabel; 220 % Fertigungsgemeinkosten, davon gelten 45 % als variabel.

Entscheiden Sie, ob die Eigenfertigung günstiger ist als der Fremdbezug. ■

303 Ein Unternehmen, das Elektrogeräte herstellt, bezieht die Gehäuse für das Gerät „Maximus II" zum Bezugspreis von 64,50 € je Stück. Die technischen Einrichtungen des Unternehmens gestatten es, dieses Gehäuse selbst zu fertigen. Die Eigenfertigung würde folgende Kosten verursachen: Fertigungsmaterial je Gehäuse 17,20 €. Die Fertigungslöhne werden mit einem Stundensatz von 32,00 € verrechnet; die Fertigungszeit für ein Stück beträgt 24 Minuten. Da der Betrieb Kurzarbeit eingeführt hat, fallen bei Erhöhung des Beschäftigungsgrades die Fertigungslöhne als variable Kosten an. Die Materialgemeinkosten sind mit einem proportionalen Anteil von 4 %, die Fertigungsgemeinkosten mit einem proportionalen Anteil von 80 % zu berücksichtigen.

Lohnt sich die Eigenfertigung? ■

304 Ein Maschinenbauunternehmen bezieht einen stufenlosen elektronischen Regler von einem Zulieferer zum Bezugspreis von 104,00 € je Stück. Die Geschäftsleitung plant diesen Regler selbst herzustellen. Wegen der ausgelasteten Kapazität müsste aber die Produktion einer Schaltung eingestellt und diese Schaltung fremdbezogen werden. Die Schaltung hat einen (fiktiven) Verkaufspreis von 65,00 €.

Die Fertigungsplanung liefert folgende Zahlen:

Fertigungslöhne:	einheitlicher Lohnstundensatz (proportional)	34,00 €
	proportionale Fertigungsgemeinkosten	60 %
Regler:	Rohstoffaufwand	32,00 €
	proportionale Materialgemeinkosten	4 %
	Fertigungszeit je Regler	30 Minuten
Schaltung:	Rohstoffaufwand	18,00 €
	proportionale Materialgemeinkosten	4 %
	Fertigungszeit je Schaltung	20 Minuten

1. *Entscheiden Sie, ob die Reglerproduktion zugunsten der Schalterproduktion aufgenommen werden soll.*
2. *Wie wäre zu entscheiden, wenn der fiktive Verkaufspreis für einen Schalter 75,00 € beträgt? Argumentieren Sie in diesem Fall nicht nur unter Kostengesichtspunkten.* ■

305
1. *Welche Gesichtspunkte sind bei der Entscheidung „Eigenfertigung oder Fremdbezug" zu berücksichtigen?*
2. *Erläutern Sie den Begriff „Opportunitätskosten".* ■

7.1 Controlling ist etwas anderes als „Kontrolle"

Bedeutung des Controllings

Mit **„Controlling"** ist im Wesentlichen das gemeint, was der englische Wortstamm „to control" in der Übersetzung mit „Steuern" oder „Regeln" meint. Es geht um Kontrollen im Sinne von „Überprüfung des Istzustandes mit einem zuvor festgelegten Planzustand".

Der Controller hat im modern organisierten Unternehmen bildhaft gesprochen die Funktion eines Bergführers in einer Bergsteigergruppe: Er wird engagiert, weil er das Umfeld gut kennt; er wirkt bei der Festlegung der Ziele mit, arbeitet die optimale Route aus, begleitet die Gruppe, stellt Abweichungen vom Kurs fest und schlägt Kurskorrekturen vor; zur Not muss er dafür sorgen, dass die Expedition abgebrochen wird.

Der Controller liefert im Hinblick auf langfristige Unternehmensziele (z. B. Gewinnmaximierung) der Geschäftsführung das gesamte Instrumentarium an abgestimmten Plänen, Budgets, Abweichungsanalysen und -interpretationen sowie Vorschläge zur Korrektur, damit die Geschäftsführung in die Lage versetzt ist, die zuvor festgelegten Ziele ohne größere Störungen anzusteuern.

Arbeitsgebiete des Controllers

Das nachfolgende Bild verdeutlicht, in welchen monatlichen oder auch jährlichen Arbeitsrhythmus der Controller eingebunden ist.

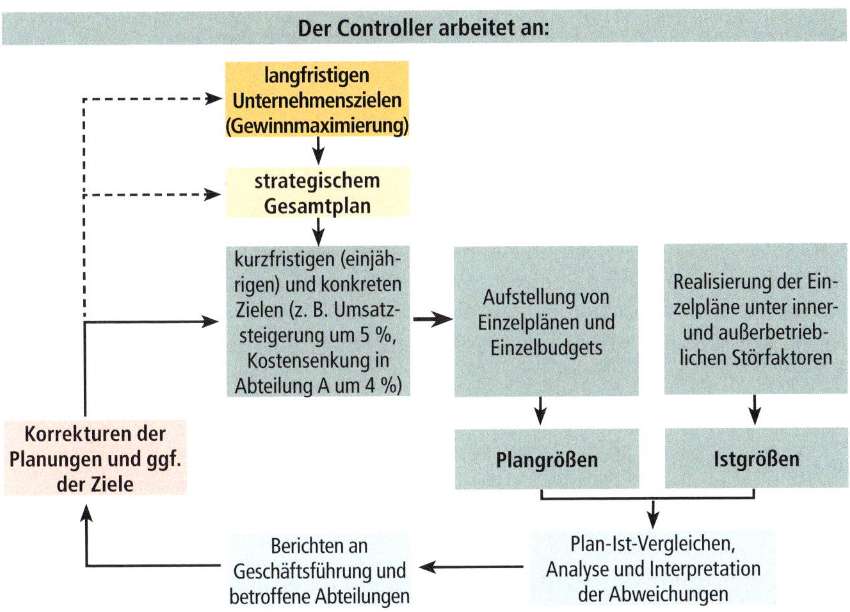

Aufgaben des Controllers

Das Bild verdeutlicht, dass es **übergeordnete Aufgaben** gibt, die nicht monatlich oder jährlich neu anfallen und an deren Erfüllung der Controller mitwirkt, ohne sie zu entscheiden; dazu gehören z. B. die Festlegung langfristiger und strategischer Unternehmensziele. Sein **Hauptarbeitsgebiet** liegt darin, Einzelpläne aufzustellen und mit den beteiligten Abteilungen abzustimmen, aufgrund der Einzelpläne Budgetvorgaben zu machen, diese mit den Istgrößen abzugleichen, Plan-Ist-Abweichungen zu analysieren und zu interpretieren, der Geschäftsführung darüber zu berichten und Korrekturmaßnahmen vorzuschlagen.

7.2 Controlling in die Aufbauorganisation des Unternehmens einpassen

Einordnung des Controllings

Für das Unternehmen Metallwerk Thomas Berg e. K. soll im **Verwaltungsbereich** das folgende, kurz gefasste Organigramm gelten. Der hier nicht aufgeführte technische Bereich mit den Abteilungen „Arbeitsvorbereitung", „Produktion", „Kontrolle/Fertiglager" wird von einem Diplomingenieur als Technischem Leiter geführt.

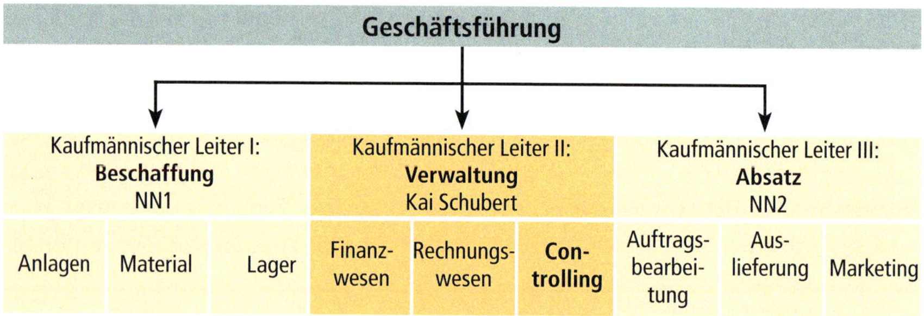

Aus der Übersicht geht hervor, dass die kaufmännischen Leitungen unmittelbar der Geschäftsführung unterstellt und als Linienstellen organisiert sind.

Befugnisse des Controllers

Damit hat der Kaufmännische Leiter II als Controller eine große Machtfülle: Er ist nicht nur Informator und Berater der über- und untergeordneten Stellen, sondern er hat gegenüber dem Finanzbereich und dem Betrieblichen Rechnungswesen Anweisungsbefugnis und er kann unmittelbar auf das Zahlenmaterial dieser Abteilungen zugreifen. Darüber hinaus wirkt er bei der Realisierung von Unternehmenszielen z. B. über die Erstellung von Absatz- und Beschaffungsplänen auch in die Beschaffungs- und Absatzbereiche hinein.

Eine solche Organisationsform erscheint für ein mittelständisches Unternehmen durchaus zweckmäßig, da sich ein solches Unternehmen nicht hoch qualifizierte Fachkräfte sowohl für den Finanzbereich als auch für das Rechnungswesen und das Controlling leisten kann. In diesem Fall hat sich Herr Berg entschlossen, bei der Stellenbesetzung das Schwergewicht auf die Controllertätigkeit zu legen. In den Fähigkeiten des Stelleninhabers werden die für den Finanzbereich und das Rechnungswesen erforderlichen Kompetenzen mit abgedeckt.

Möglichkeiten der Einordnung

Selbstverständlich sind je nach Unternehmensgröße, je nach gewachsenen Unternehmensstrukturen, je nach dem Aufgabenbereich des Controllers andere Organisationsformen denkbar, so kann z. B. das Controlling als **eigenständige Linienstelle** (Hauptabteilung) direkt der Geschäftsführung unterstellt sein oder das Controlling kann als **Stabsstelle** unmittelbar der Geschäftsführung zugeordnet sein. In größeren Unternehmen hat sich die letztgenannte Möglichkeit durchgesetzt, weil sich hier der Controller voll auf seine eigentlichen Tätigkeiten der Budgetierung, der Erstellung von Abweichungsanalysen und des Berichtswesens konzentrieren kann. Von Nachteil ist diese Konstruktion wegen der recht schwachen Stellung des Controllers gegenüber den Linienabteilungen im oberen Management. Für die Arbeit des Controllers kann es auch nachteilig sein, dass er keinen unmittelbaren Zugriff auf die Daten des Rechnungswesens hat. Es empfiehlt sich daher unbedingt, das betriebliche Rechnungswesen dem Controlling zuzuordnen.

Plankosten

Die Plankosten ermittelt der Controller auf **technischer Grundlage** unter Mitwirkung der REFA-Ingenieure, der Betriebstechniker, des Leiters der Arbeitsvorbereitung, der Kostenrechner und der Konstrukteure. Plankosten sind – soweit keine einschneidenden technischen Änderungen eintreten – **zukunftsorientiert.**

Beispiel

In der Dreherei des Metallwerks Berg werden u. a. Metallfüße für Gehäuse gefertigt.

1. Grundlage für die Planung der in dieser Kostenstelle anfallenden Fertigungslöhne sind Arbeitszeitstudien, aus denen hervorgeht, wie viel Zeit die Anfertigung eines Satzes (= 4 Stück) Metallfüße erfordert:

Umrüstzeit je Satz	0,25 Min.
Einrichtzeit je Satz	0,50 Min.
Bearbeitungszeit je Satz	3,25 Min.
Gesamtzeit je Satz	4,00 Min.

Wird ein Lohnfaktor von 30,00 € je Stunde zugrunde gelegt, so ergeben sich an dieser Maschine **Lohnkosten je Satz** in Höhe von

$$\frac{30{,}00\ €}{60\ \text{Min.}} \cdot 4\ \text{Minuten} = \mathbf{2{,}00\ €}$$

Bei einer monatlichen geplanten Produktion von 13000 Sätzen betragen die **Plankosten für Fertigungslöhne**

2,00 €/Satz · 13000 Sätze = **26.000,00 €.**

2. Grundlage für die Planung der Gemeinkosten „Hilfsstoffverbrauch" sind die aus den Konstruktionsunterlagen erstellten Stücklisten. Die in den Stücklisten aufgeführten Werkstoffe für die Produktionseinheit werden bewertet und ergeben so die Plankosten.

Ziele der Plankostenrechnung

Die Plankostenrechnung ist auf folgende **betriebliche Ziele** ausgerichtet:

❶ Ermittlung von Plankosten für jede Kostenstelle.
❷ Gegenüberstellung von **Plankosten bei Istbeschäftigung** und **Istkosten** einer Abrechnungsperiode.
❸ **Feststellung der Abweichungen** zwischen Plankosten bei Istbeschäftigung und Istkosten.
❹ **Aufdeckung der Ursachen** für die Abweichungen.

Damit wird deutlich,

- dass in der Plankostenrechnung nicht auf die exakte Erfassung der Istkosten verzichtet werden kann,
- dass von den Betriebsleitern nur solche Abweichungen zwischen Plan- und Istkosten zu verantworten sind, die reine **Verbrauchsabweichungen** sind (z. B. höherer Istverbrauch an Werkstoffen gegenüber dem geplanten Verbrauch; höhere Istlöhne gegenüber den geplanten Löhnen). **Abweichungen in den Beschaffungspreisen** oder **Schwankungen in der Beschäftigung** sind nicht den Betriebsleitern anzulasten; für die Zwecke der Kostenkontrolle sind diese Abweichungen in den Plankosten zu berücksichtigen.

Zusammenfassung

▶ Für die **Kostenkontrolle** dürfen nur **Verbrauchsabweichungen** maßgeblich sein; deshalb sind Preis- und Beschäftigungsabweichungen auszuschalten.

7.3.1 Die Einzel- und Gemeinkosten planen

Grundlage der flexiblen Plankostenrechnung

In der flexiblen Plankostenrechnung werden die Kostenbeträge aller Gemeinkostenarten durch eine **Kostenauflösung** in **fixe und variable (proportionale!) Bestandteile** zerlegt. Dadurch ist es möglich, jeder Kostenstelle sowohl nach Kostenarten unterteilte feste **Plankosten** vorzugeben als auch diese Kostenvorgaben entsprechend der jeweiligen Istbeschäftigung abzuwandeln.

Einzelkosten

Die Einzelkosten „Fertigungsmaterial", „Fertigungslöhne" und „Sondereinzelkosten" **gelten in voller Höhe als variabel;** bei ihnen entfällt das Problem der Kostenauflösung. Zum Teil werden sie um die Kostenstellen herumgeführt und den Kostenträgern direkt zugerechnet (z. B. Fertigungsmaterial, Sondereinzel-kosten); zum Teil können sie in die Kostenstellenrechnung eingehen (z. B. Fertigungslöhne als variable Gemeinkosten).

Aufbau der flexiblen Plankostenrechnung

Das Ziel der Plankostenrechnung – **Kostenkontrolle!** – wird durch folgenden Aufbau erreicht, der die wesentlichen Planungsgrößen beachtet:

❶ Festlegung der **Bezugsgröße** für jede Kostenstelle (z. B. Fertigungsstunden, Maschinenstunden, Ausbringungsmengen),
❷ Bestimmung der **Planbeschäftigung,**
❸ Festlegung der **Verbrauchsmengen und -zeiten** für jede Kostenart in Bezug auf die Planbeschäftigung (vgl. Beispiele S. 313),
❹ **Bewertung der Mengen oder Zeiten mit Festpreisen** und damit **Festlegung der Plankosten** für jede Kostenart innerhalb der Kostenstellen,
❺ **Auflösung der Gemeinkosten** in fixe und variable Kostenvorgaben.

Kostenpläne

Die Planungsarbeiten enden mit der Aufstellung von **Kostenplänen für alle Kostenstellen.** Diese Pläne enthalten die Kostenvorgaben für die Gesamtplankosten sowie für die variablen und fixen Plankosten.

Plankosten

Diese Kosten sind durch methodisches Vorgehen im Voraus bestimmter, wertmäßiger Güter- und Dienstleistungsverzehr mit Vorgabecharakter. Die **gesamten** Plankosten ergeben sich aus der Summe aller variablen und fixen Plankosten einer Kostenstelle.

Anwendung

Die Planeinzel- und -gemeinkosten bilden die Grundlage für die **Plankalkulation** (vgl. S. 317) und für den **Soll-Ist-Kostenvergleich** zur **Ausweisung der Verbrauchsabweichungen** (vgl. S. 321). Unter **Istkosten** sind hierbei die zu **Festpreisen bewerteten tatsächlichen Verbrauchsmengen oder -zeiten** zu verstehen. Die Festpreisbewertung schaltet **Preisschwankungen** aus.

Zusammenfassung

- Wesentliches Merkmal der flexiblen Plankostenrechnung ist die Auflösung der Gemeinkosten in **fixe und variable Kostenvorgaben.**
- Die Anwendung der Plankostenrechnung setzt eine sorgfältige **Kostenstellengliederung** des Betriebes und eine genaue **Festlegung der Planungsgrößen** voraus.
- Plankosten sind durch methodisches Vorgehen im Voraus bestimmte **Kosten mit Vorgabecharakter.**
- Durch die Planung der Einzel- und Gemeinkosten werden Grundlagen für die Ermittlung von **Verbrauchsabweichungen** und für die **Plankalkulation** geschaffen.

6458314

Die Planbeschäftigung festlegen 7.3.1.1

Situation

In der Dreherei des Metallwerks Berg werden u. a. verstellbare Metallfüße gefertigt. Die folgende Übersicht verdeutlicht, welche Abteilungen (= Kostenstellen) das Produkt durchlaufen muss, um zum fertigen Satz (= 4 Stück) zu werden, und wie hoch die monatlichen Produktionsmengen (= Beschäftigung) in den einzelnen Abteilungen sind:

Beschäftigung (Stück)	Kostenstellen			
	Abteilung Bohren	Abteilung Drehen	Abteilung Gewindeschneiden	Abteilung Montage
Maximalbeschäftigung	13600	13700	13200	**13000**
Normalbeschäftigung	13200	13500	12800	12500

Engpassorientierte Beschäftigung

Die Festlegung der Planbeschäftigung erfolgt nach den betrieblichen Erfordernissen. Hierbei kann sich die Geschäftsleitung von den **vorhandenen Kapazitäten,** den **Absatzerwartungen** oder den **zukünftig vermuteten Minimumsektoren** leiten lassen.

Die Ausrichtung der Planbeschäftigung auf den **derzeitigen Engpass** berücksichtigt die tatsächlichen Produktionsverhältnisse oder die bestehenden Schwierigkeiten im Finanzierungs- und Absatzbereich.

Im vorliegenden Beispiel könnte die **Planbeschäftigung auf 13000 Sätze je Monat** festgelegt werden. Damit wird der **geringen Kapazität in der Montageabteilung** Rechnung getragen.

Die Planeinzelkosten aufgrund fester Verrechnungspreise bestimmen 7.3.1.2

Beispiel

Die Unternehmung Berg bezieht die Rohlinge von einer Gießerei. Im laufenden Jahr sind vier Bestellungen erteilt worden, die zu folgenden Stückpreisen ausgeführt wurden:

Datum	Preis je Satz
..-02-05	2,20 €
..-04-05	2,60 €
..-05-12	2,40 €
..-07-24	2,70 €

Verrechnungspreis

Für die Berechnung der Plankosten stellen schwankende Beschaffungspreise ein Hindernis dar. Ihrer Aufgabe können Plankosten nur gerecht werden, wenn sie auf einer festen Basis ermittelt werden. Zu diesem Zweck verwendet man in der Plankostenrechnung **feste Verrechnungspreise.** Sie werden z. B. als arithmetisches Mittel aus den Einzelwerten berechnet.

Berechnung der Planeinzelkosten

In obigem Beispiel soll der Verrechnungspreis als Durchschnittspreis auf **2,50 €** je Satz festgesetzt werden. Die Planeinzelkosten für das monatlich zu verbrauchende Fertigungsmaterial betragen dann bei 13000 Sätzen (s. o.):

Planeinzelkosten je Monat = **Planbeschäftigung · Verrechnungspreis**
Planeinzelkosten für Fertigungsmaterial „Metallfüße“ = 13000 Sätze · 2,50 € = **32.500,00 €**

Zusammenfassung

- Als Planbeschäftigung eignet sich die **engpassorientierte Beschäftigung.**
- Planeinzelkosten werden aufgrund **fester Verrechnungspreise** ermittelt.

7.3.1.3 Die variablen und fixen Plangemeinkosten festlegen

Verfahren der Kostenauflösung

Durch die Kostenauflösung wird erreicht, dass bei Beschäftigungsschwankungen **nur die variablen Gemeinkosten der vom Plan abweichenden Beschäftigungslage angepasst werden,** während die unvermeidbaren fixen Kosten in voller Höhe bestehen bleiben.

Die folgende Übersicht zeigt **einige Verfahren** der Kostenauflösung. Auf die Darstellung der mathematischen und grafischen Kostenauflösung wird an dieser Stelle verzichtet.

Methoden der Kostenauflösung

- **direkte Methode** der Kostenauflösung
- **mathematische Methode** der Kostenauflösung
- **grafische Methode** der Kostenauflösung

Voraussetzungen

Die Methoden der Kostenauflösung gehen in der Regel von den Voraussetzungen aus, dass sich die variablen Kostenanteile bei Beschäftigungsänderungen **proportional** verhalten und dass die **fixen Kostenanteile** während des Planungszeitraums **keinen Veränderungen** unterliegen.

Direkte Methode

Die **direkte Methode** der Kostenauflösung beruht auf **Einzeluntersuchungen** innerhalb der Kostenstellen unter Zusammenarbeit der Abteilungen „Arbeitsvorbereitung" und „Kostenrechnung".

Beispiel

Aufgrund einer **Einzeluntersuchung** sind für die Kostenstelle „Dreherei" bei einer Beschäftigung von **1 400 Stunden/Monat** und einer entsprechenden Ausbringung von **12 000 Sätzen/Monat** folgende Gemeinkosten ermittelt worden:

Kostenart	Gesamtkosten	fixe Kosten	variable Kosten
Gemeinkostenmaterial	4.000,00	2.000,00	2.000,00
Fertigungslöhne	25.000,00	–	25.000,00
Hilfslöhne	5.000,00	4.000,00	1.000,00
Soziale Abgaben	6.000,00	1.000,00	5.000,00
Abschreibungen	29.000,00	25.000,00	4.000,00
Sonstige Gemeinkosten	17.500,00	5.500,00	12.000,00
Gemeinkosten	**86.500,00**	**37.500,00**	**49.000,00**

Die Plankosten (= PK) ergeben sich bei einer **angenommenen Planbeschäftigung** von **1 500 Stunden/Monat bzw. 13 000 Sätzen/Monat** nach folgender Rechnung:

Die **Planeinzelkosten** für das **Fertigungsmaterial** werden **um die Kostenstelle herumgeführt** und in der Kalkulation dem Kostenträger direkt zugerechnet (vgl. S. 315):	$13000 \cdot 2{,}5 =$	**32.500,00 €** var. PK
Die fixen Gemeinkosten gehen in voller Höhe in die Plangemeinkosten der Kostenstelle ein (siehe oben):		**37.500,00 €** fixe PK
Die variablen Gemeinkosten (einschließlich der Fertigungslöhne) sind auf die **Planbeschäftigung** umzurechnen (siehe oben):	$\frac{49.000 \cdot 1500}{1400} =$	**52.500,00 €** var. PK
Die gesamten Plangemeinkosten der Kostenstelle betragen		**90.000,00 €.**

Plankalkulation

Für viele Industriebetriebe ist die **Einzel- oder Serienfertigung** unterschiedlicher Erzeugnisse der maßgebliche Produktionstyp. Diese Betriebe wenden zur Berechnung der **Planselbstkosten** das Verfahren der **Zuschlagskalkulation** an. Die Plan-Zuschlagskalkulation basiert auf Planeinzelkosten (z. B. Fertigungsmaterial) und auf **Plankostenverrechnungssätzen,** die in den einzelnen Kostenbereichen oder Kostenstellen ermittelt werden.

Plankostenverrechnungssatz

Der Plankostenverrechnungssatz gibt an, **wie viel Euro Plangemeinkosten auf eine Planbeschäftigungseinheit** (z. B. 1 Stunde) entfallen. Mit diesem Satz wird die Planarbeitszeit für die Kostenträgereinheit (z. B. 1 Satz) multipliziert und es ergeben sich die **Planfertigungskosten,** mit denen die Kostenstellen den Kostenträger belasten.

Beispiel

Das Beispiel auf Seite 316 weist für die Kostenstelle „Dreherei" gesamte Plangemeinkosten in Höhe von 90.000,00 € bei einer Planbeschäftigung von 1 500 Stunden/Monat aus. Daraus ergibt sich folgender Plankostenverrechnungssatz:

$$\textbf{Plankostenverrechnungssatz} = \frac{\textbf{Plangemeinkosten}}{\textbf{Planbeschäftigung}} = \frac{90.000{,}00\ €}{1\,500\ \text{Std.}} = \textbf{60,00 €/Std.}$$

Beläuft sich die Arbeitszeit für 1 Satz auf 4 Minuten, so fallen folgende **Planfertigungskosten** an: $\frac{60{,}00\ € \cdot 4}{60} = \textbf{4,00 €}$

Planeinzelkosten

Die Planeinzelkosten für das **Fertigungsmaterial** werden dem Kostenträger direkt zugerechnet. Für die Stückkalkulation ist lediglich die Umrechnung der Planeinzelkosten auf eine Mengeneinheit erforderlich.

Beispiel

Die Planeinzelkosten für das Fertigungsmaterial betragen 32.500,00 € bei einer Planbeschäftigung von 13 000 Sätzen (vgl. S. 316).

Auf 1 Satz entfallen Einzelmaterialkosten von $\frac{32.500{,}00\ €}{13\,000\ \text{Sätze}} = \textbf{2,50 €}$

Zuschlagssätze

Für Material-, Verwaltungs- und Vertriebs**gemeinkosten** werden Planzuschlagssätze ermittelt und in die Kalkulation eingesetzt.

Beispiel einer Plankalkulation:

Fertigungsmaterial	**2,50 €** (s. o.)	
+ Materialgemeinkosten 6 %	0,15 €	
Planmaterialkosten		**2,65 €**
Planfertigungskosten „Bohren"	1,20 € (angenommen)	
+ Planfertigungskosten „Drehen"	**4,00 €** (s. o.)	
+ Planfertigungskosten „Schneiden"	1,05 € (angenommen)	
+ Planfertigungskosten „Montieren"	0,30 € (angenommen)	
gesamte **Planfertigungskosten**		**6,55 €**
Planherstellkosten		**9,20 €**
+ Verwaltungsgemeinkosten 15 % (angenommen)		1,38 €
+ Vertriebsgemeinkosten 5 % (angenommen)		0,46 €
Planselbstkosten		**11,04 €**

7.3.3 Mit Sollkosten rechnen

Plankostenverrechnungssatz bei unterschiedlichen Beschäftigungen

Der Plankostenverrechnungssatz ist ein **Vollkostensatz,** d. h., er enthält neben den variablen Kosten **anteilige fixe Kosten.** Durch die **Proportionalisierung** der fixen Kosten werden die **gesamten Plankosten** in Abhängigkeit zur Beschäftigung gebracht. Die **verrechneten Plangemeinkosten** werden somit eine Funktion der Beschäftigung:

Verrechnete Plangemeinkosten = Plankostenverrechnungssatz · Beschäftigung

Sollkosten

Richtigerweise dürfen sich aber **nur die variablen Kosten proportional zur Beschäftigung** verändern, während **die fixen Kosten in ihrer Höhe unverändert** bestehen bleiben müssen. Die Sollkosten berücksichtigen für unterschiedliche Beschäftigungsgrade diese Eigenschaft der Plangemeinkosten: Sie enthalten die variablen Plangemeinkosten im Verhältnis des tatsächlichen Beschäftigungsgrades zum geplanten Beschäftigungsgrad und die fixen Kosten in voller Höhe. Damit eignen sie sich für den **Soll-Ist-Kostenvergleich zur Ausweisung von Verbrauchsabweichungen.** Sie lassen sich nach folgender Gleichung berechnen:

$$\textbf{Sollkosten} = \frac{\textbf{variable Plangemeinkosten} \cdot \textbf{Istbeschäftigung}}{\textbf{Planbeschäftigung}} + \textbf{fixe Plangemeinkosten}$$

Beispiel

Bei einer Planbeschäftigung von 1 500 Stunden/Monat betragen die variablen Plangemeinkosten 52.500,00 €. Die fixen Plangemeinkosten werden mit 37.500,00 € ermittelt (vgl. S. 316). Der Plankostenverrechnungssatz beträgt 60,00 € (vgl. S. 317).

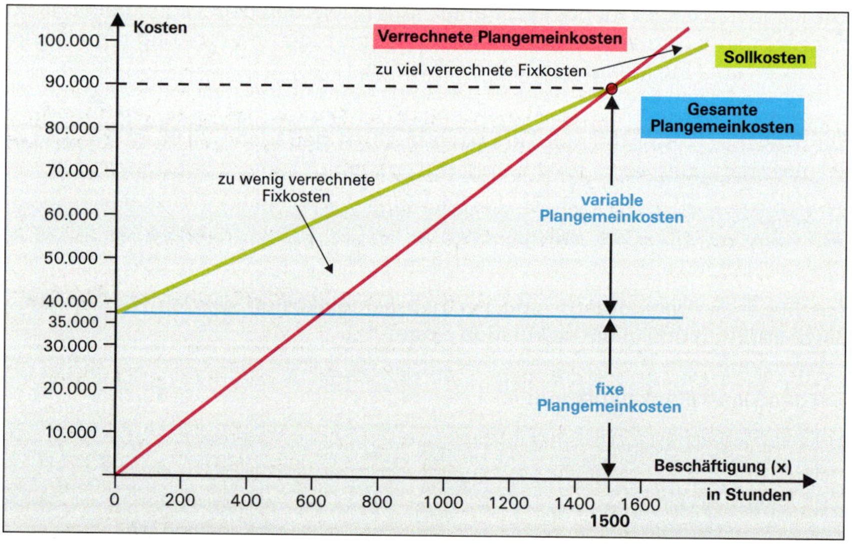

Zusammenfassung

▶ **Sollkosten** sind die auf einen bestimmten Beschäftigungsgrad umgerechneten gesamten Plangemeinkosten unter Berücksichtigung der vollen fixen Plangemeinkosten und der anteiligen variablen Plangemeinkosten. Sie sind Grundlage für den **Soll-Ist-Kostenvergleich.**

Erläuterung

Die verrechneten Plangemeinkosten werden nach der Vorschrift

Verrechnete Plangemeinkosten = 60 · x

ermittelt, wobei x die Variable für die Beschäftigung ist. Da über den Plankostenverrechnungssatz die **fixen Kosten proportionalisiert** werden, geht der Graph dieser Funktion durch den Ursprung; d. h., bei der **Beschäftigung 0 werden keine fixen Kosten** verrechnet.

Für die Sollkosten gilt folgende Rechenvorschrift:

$$\text{Sollkosten} = \frac{52.500}{1500} \cdot x + 37.500$$
$$= 35 \cdot x + 37.500$$

In dieser Vorschrift hängen nur die variablen Plangemeinkosten von der Beschäftigung ab. Bei allen Beschäftigungsgraden werden fixe Kosten in Höhe von 37.500,00 € ausgewiesen.

Die Plangemeinkosten bei Planbeschäftigung liegen **im Schnittpunkt von Sollkostenfunktion und Plangemeinkosten-Funktion.**

Auswertung

❶ **Istbeschäftigung = Planbeschäftigung:** In diesem Fall sind die verrechneten Plangemeinkosten **gleich** den Sollkosten.

❷ **Istbeschäftigung < Planbeschäftigung:** In diesem Fall liegen die verrechneten Plangemeinkosten **unter** den Sollkosten. Ein Teil der fixen Kosten wird dann nicht verrechnet.

❸ **Istbeschäftigung > Planbeschäftigung:** In diesem Fall liegen die verrechneten Plangemeinkosten **über** den Sollkosten. Es werden mehr fixe Kosten verrechnet als geplant.

AUFGABEN

306

Für die Kostenstelle „Dreherei" werden bei einer Planbeschäftigung von 1 200 Std./Monat gesamte Plangemeinkosten in Höhe von 75.000,00 € ermittelt. Davon sind 45.000,00 € variable Plangemeinkosten und 30.000,00 € fixe Plangemeinkosten.

1. *Berechnen Sie den Plankostenverrechnungssatz.*
2. *Bestimmen Sie die Sollkosten für eine Beschäftigungsabweichung auf 1350 Stunden/Monat.*
3. *Stellen Sie den Verlauf der verrechneten Plangemeinkosten und der Sollkosten grafisch dar.*

307

In einer Kostenstelle werden bei einer Beschäftigung von 2200 Stunden/Monat folgende Kosten ermittelt:

Kostenart	Gesamtkosten	Fixe Kosten	Variable Kosten
Gemeinkostenmaterial	7.000,00	2.500,00	4.500,00
Fertigungslöhne	65.000,00	–	65.000,00
Hilfslöhne	16.000,00	12.000,00	4.000,00
Soziale Abgaben	14.000,00	3.500,00	10.500,00
Abschreibungen	58.000,00	50.000,00	8.000,00
Sonstige Gemeinkosten	31.000,00	7.000,00	24.000,00

1. *Bestimmen Sie die gesamten Plankosten bei 2 400 Stunden Planbeschäftigung.*
2. *Berechnen Sie die Sollkosten für eine Abweichung um ± 10 %.*
3. *Berechnen Sie den Plankostenverrechnungssatz.*
4. *Stellen Sie den Verlauf der Sollkosten und der verrechneten Plangemeinkosten grafisch dar.*

7.3.4 Sollkosten mit Istkosten vergleichen

Ziel

Die kostenstellenweise durchgeführte Kostenkontrolle verfolgt das Ziel, Abweichungen von Kostenvorgaben sichtbar zu machen, um dadurch Unwirtschaftlichkeiten im Betrieb aufdecken und beseitigen zu können. Sie wird grundsätzlich **mindestens einmal im Monat** für **alle Kostenarten** und **alle Kostenstellen** über den **Soll-Ist-Kostenvergleich** durchgeführt. **Störende Einflüsse durch Preis- und Beschäftigungsabweichungen** sind vorher auszuschalten.

Ausschaltung von Preisabweichungen

Dadurch, dass den Istkosten der Abrechnungsperiode die **gleichen Verrechnungspreise** zugrunde gelegt werden wie den Sollkosten, können Lohnsatz- und Preisschwankungen aus dem Soll-Ist-Kostenvergleich fern gehalten werden (vgl. S. 315).

Ausschaltung von Beschäftigungsabweichungen

Während der Abrechnungsperiode wird auf der Basis der **Plankostenverrechnungssätze** kalkuliert (vgl. S. 317). Weicht die Istbeschäftigung von der dem Plankostenverrechnungssatz zugrunde liegenden Planbeschäftigung ab – was in der Regel der Fall ist –, so treten zwischen den **nach Plan vorgesehenen Gemeinkosten (Sollkosten)** und den **verrechneten Plangemeinkosten Beschäftigungsabweichungen** auf. Die Beschäftigungsabweichungen sind von den Betriebsleitern **nicht** zu verantworten. Durch den **Vergleich der verrechneten Plangemeinkosten** mit den **Sollkosten bei Istbeschäftigung** lassen sich die Beschäftigungsabweichungen ermitteln und aus der Kostenkontrolle heraushalten.

Beispiel

In der Kostenstelle „Dreherei" wird mit einem Plankostenverrechnungssatz von 60,00 € kalkuliert. Die gesamten Plangemeinkosten machen bei einer Beschäftigung von 1 500 Stunden/Monat 90.000,00 € aus (vgl. S. 317).

Im Monat Juli wird eine Istbeschäftigung von 1 200 Stunden erreicht.

Wie groß ist die Beschäftigungsabweichung?

Die Istbeschäftigung beträgt: $\frac{1200 \cdot 100\,\%}{1500} = \mathbf{80\,\%}$.
Die Planbeschäftigung wird also um **20 % unterschritten.**

Verrechnete Plangemeinkosten bei Istbeschäftigung	60,00 · 1200	=	72.000,00 €
– **Sollkosten** (vgl. S. 318) der Istbeschäftigung	$\frac{52.500}{1500} \cdot 1200 + 37.500$	=	79.500,00 €
Beschäftigungsabweichung		=	(–) **7.500,00 €**

Gegenüber den Sollkosten sind bei der Istbeschäftigung von 1 200 Stunden **7.500,00 € fixe Kosten zu wenig verrechnet worden.**

Zusammenfassung

- **Istkosten** sind die zu Planpreisen bewerteten tatsächlichen Verbrauchsmengen und -zeiten einer Abrechnungsperiode.
- Die **Beschäftigungsabweichung** ist der Kostenbetrag, der angibt, um wie viel Euro die verrechneten Plangemeinkosten die Sollkosten bei Istbeschäftigung übersteigen (+) oder unterschreiten (–).

Die Grafik auf Seite 321 verdeutlicht den Zusammenhang.

6458320

Beispiel

In der Kostenstelle „Dreherei“ fallen gesamte Plangemeinkosten in Höhe von 90.000,00 € an (Planbeschäftigung 1 500 Stunden/Monat, vgl. S. 316). Im Monat Juli wird eine Istbeschäftigung von 1 200 Stunden erreicht (vgl. S. 320). Die Istkosten werden mit **85.000,00 €** ermittelt.

Wie groß ist die Verbrauchsabweichung?

Sollkosten bei Istbeschäftigung	$\frac{52.500}{1500} \cdot 1200 + 37.500$	= 79.500,00 €
– **Istkosten**		= 85.000,00 €
Verbrauchsabweichung		= (–) **5.500,00 €**

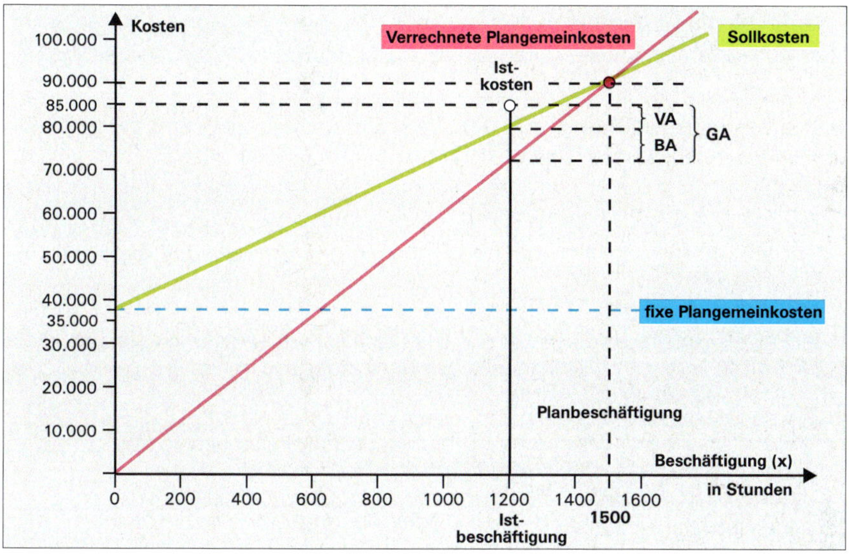

Erläuterung

Die obige Grafik zeigt den Verlauf der Sollkosten und der verrechneten Plangemeinkosten (vgl. auch S. 318) und weist bei einer Istbeschäftigung von 1 200 Stunden **Istkosten** in Höhe von **85.000,00 €** aus.

Die Abkürzungen bedeuten:
BA = Beschäftigungsabweichung (vgl. S. 320),
VA = Verbrauchsabweichung,
GA = Gesamtabweichung.

Verbrauchsabweichungen

Der eigentliche Zweck der flexiblen Plankostenrechnung besteht in der **Ermittlung der Verbrauchsabweichungen.** Verbrauchsabweichungen zeigen den wertmäßigen Mehr- und Minderverbrauch an Gütern und Diensten gegenüber den Sollkosten an. **Im Beispiel ist der Mehrverbrauch in Höhe von 5.500,00 € von den Kostenstellenleitern zu verantworten.** Verbrauchsabweichungen werden ausgewiesen durch den **Vergleich der Sollkosten bei Istbeschäftigung mit den Istkosten.**

Zusammenfassung

- Der eigentliche Zweck der flexiblen Plankostenrechnung besteht in der **Ermittlung von Verbrauchsabweichungen.**
- Die Verbrauchsabweichung ist der Kostenbetrag, der angibt, um wie viel Euro die **Sollkosten die Istkosten übersteigen** (+) oder **unterschreiten** (–).

Sollkosten mit Istkosten vergleichen

Gesamtabweichung

Fasst man die **Beschäftigungsabweichung und die Verbrauchsabweichung** zusammen, so erhält man die Gesamtabweichung. Sie ergibt sich auch aus dem **Unterschied zwischen den verrechneten Plangemeinkosten bei Istbeschäftigung** und den **Istkosten.** Im vorhergehenden Beispiel beträgt die Gesamtabweichung:

Verrechnete Plangemeinkosten (vgl. S. 320)		72.000,00 €
– **Istkosten**		85.000,00 €
Gesamtabweichung	=	(–) **13.000,00 €**

oder

Beschäftigungsabweichung (vgl. S. 320)		(–) 7.500,00 €
+ **Verbrauchsabweichung** (vgl. S. 321)		(–) 5.500,00 €
Gesamtabweichung	=	(–) **13.000,00 €**

Zusammenfassung

▶ Die **Gesamtabweichung** wird aus dem Unterschied zwischen verrechneten Plangemeinkosten bei Istbeschäftigung und Istkosten ermittelt.

AUFGABEN

308

1. *Welche Aufgaben hat die flexible Plankostenrechnung?*
2. *Wodurch ist die flexible Plankostenrechnung gekennzeichnet?*
3. *Wie werden Plangemeinkosten und Sollkosten definiert?*
4. *Wodurch unterscheiden sich Sollkosten und verrechnete Plangemeinkosten?*
5. *Wie ermittelt man den Plankostenverrechnungssatz und wozu dient er?*
6. *Welche Verfahren der Kostenauflösung sind Ihnen bekannt?*
7. *Erläutern Sie die Aussage: Bei Unterschreitung der Planbeschäftigung werden über den Plankostenverrechnungssatz zu wenig fixe Kosten verrechnet.*
8. *Wodurch unterscheiden sich Beschäftigungs- und Verbrauchsabweichungen?*
9. *Wie werden Beschäftigungsabweichungen ermittelt?*
10. *Wie gelingt es, Preisschwankungen aus der Kostenkontrolle herauszuhalten?*
11. *Welche Planungsgrößen sind bei der Kostenplanung zu beachten?*
12. *Die Beschäftigungsabweichung beträgt (+) 40.000,00 €, die Verbrauchsabweichung (–) 25.000,00 €. Wie groß ist die Gesamtabweichung?*
13. *Was bedeutet die Aussage: „Die Verbrauchsabweichung beträgt (+) 20.000,00 €"?*

309

Bestimmen Sie die Beschäftigungs- und Verbrauchsabweichungen (mit grafischer Darstellung):

Planbeschäftigung:	2 000 Stunden/Monat,
Istbeschäftigung:	1 200 Stunden/Monat,
gesamte Plangemeinkosten:	150.000,00 €, davon fix 60.000,00 €,
Istkosten:	122.000,00 €.

6458322

In einer Kostenstelle wird mit einem Plankostenverrechnungssatz von 35,00 € je Stunde kalkuliert. Die Planbeschäftigung beträgt 2400 Stunden/Monat. 70 % der Plangemeinkosten sind variabel. **310**

1. *Wie hoch sind die gesamten Plangemeinkosten, die variablen Plangemeinkosten und die fixen Plangemeinkosten?*
2. *Wie hoch sind die Beschäftigungs- und die Verbrauchsabweichungen bei einer Istbeschäftigung von 1920 Stunden/Monat und Istkosten von 65.400,00 €?*
3. *Wie hoch wären die Beschäftigungs- und Verbrauchsabweichung bei einer Istbeschäftigung von 2760 Std./Monat und Istkosten von 98.500,00 €?*
4. *Stellen Sie die Ergebnisse zu 2. und 3. grafisch dar.* ■

In einem Betrieb wird ein Maschinenteil nach folgenden Vorgaben kalkuliert: **311**

Einzelmaterial A 2,36 kg, Verrechnungspreis 2,15 €/kg
Einzelmaterial B 0,85 kg, Verrechnungspreis 6,40 €/kg
Materialgemeinkosten 5 %,

Fertigungsstelle I 0,25 Std./Stück, Plankostenverrechnungssatz 16,40 €,
Fertigungsstelle II 0,40 Std./Stück, Plankostenverrechnungssatz 24,60 €,
Fertigungsstelle III 0,35 Std./Stück, Plankostenverrechnungssatz 11,80 €.

Verwaltungs- und Vertriebsgemeinkosten 30 %.
Sondereinzelkosten des Vertriebs (Fracht, Provision) 1,80 €/Stück.

Berechnen Sie die Planselbstkosten für ein Stück. ■

In der Kostenstelle „Pflanzenschutz PI" mit fünf gleichartigen Produktionsapparaturen werden bei einer Einzeluntersuchung folgende Kosten ermittelt (es lag eine Beschäftigung von 3000 Stunden/Monat ≙ 5000 Stück zugrunde): **312**

Kostenart	Gesamtkosten	variable Kosten	fixe Kosten
Fertigungsmaterial	120.000,00 €	120.000,00 €	–
Gemeinkostenmaterial	46.000,00 €	30.000,00 €	16.000,00 €
Energie	32.000,00 €	24.000,00 €	8.000,00 €
Fertigungslöhne	184.000,00 €	184.000,00 €	–
Hilfslöhne	38.000,00 €	8.000,00 €	30.000,00 €
Soziale Abgaben	42.000,00 €	30.000,00 €	12.000,00 €
Abschreibungen	134.000,00 €	16.000,00 €	118.000,00 €
Sonstige Gemeinkosten	74.000,00 €	49.000,00 €	25.000,00 €

Das Fertigungsmaterial wird unmittelbar dem Kostenträger zugerechnet.

1. *Bestimmen Sie die Plangemeinkosten dieser Kostenstelle für eine Planbeschäftigung von 3300 Stunden/Monat.*
2. *Berechnen Sie den Plankostenverrechnungssatz.*
3. *Kalkulieren Sie die Planherstellkosten für eine Einheit, wenn 6 % Materialgemeinkosten anfallen, die Produktionsdauer 0,6 Stunden/Einheit beträgt und mit einer Planbeschäftigung von 5500 Stück/Monat gerechnet wird.*
4. *Stellen Sie die verrechneten Plangemeinkosten und die Sollkosten grafisch dar.*
5. *Bestimmen Sie die Beschäftigungs-, die Verbrauchs- und die Gesamtabweichung bei einer Istbeschäftigung von 85 % (Istkosten = 508.400,00 €).*
6. *Welche Sollkosten sind anzusetzen, wenn die Planbeschäftigung um 10 % überschritten würde? Wie groß wäre in diesem Fall die Beschäftigungsabweichung?*
7. *Stellen Sie die Ergebnisse zu 5. grafisch dar.* ■

7.3.5 Kostenabweichungen im Betriebsabrechnungsbogen feststellen

Situation

Mit der Plankostenrechnung verfolgt der Controller das Ziel, Plan- und Istkosten einer Abrechnungsperiode zu vergleichen. Zu diesem Zweck stellt er zunächst die Plangemeinkosten und den Anteil der darin enthaltenen variablen Kosten aller Kostenarten für alle Kostenstellen in einem so genannten **Vorgabeplan** zusammen. Dieser Vorgabeplan enthält also die **Budgetkosten** der einzelnen Kostenstellen. Am Ende jeder Rechnungsperiode rechnet er diese Budgetkosten auf der Grundlage der **Istbeschäftigung** in **Sollkosten** um und ermittelt und analysiert die Abweichungen zwischen Ist- und Sollkosten. Im nachfolgenden Vorgabeplan sind die Kostenarten aus dem BAB von Seite 246, die (angenommenen) Budgetkosten sowie der Anteil der variablen Kosten (vgl. S. 235) aufgeführt.

Vorgabeplan (Budgetkosten in T€)

Kostenarten	Kostenstellen							
	Material		Fertigung		Verwaltung		Vertrieb	
	Budgetkosten	davon variabel	Budgetkosten	davon variabel	Budgetkosten	davon variabel	Budgetkosten	davon variabel
Einzelkosten								
Fertigungsmaterial	2.040	100 %	–	–	–	–	–	–
Gemeinkosten								
Fertigungslöhne	–	–	3.000	60 %	–	–	–	–
Hilfsstoffe	–	–	600	100 %	–	–	45	100 %
Betriebsstoffe	–	–	65	100 %	14	100 %	2	100 %
Gehälter	58	0 %	151	0 %	341	0 %	48	0 %
Soziale Abgaben	11	35 %	580	40 %	180	20 %	12	40 %
Kalk. Abschreibg.	40	0 %	500	0 %	80	0 %	40	0 %
Bürokosten	12	40 %	28	40 %	78	40 %	32	40 %
Werbung	–	–	30	40 %	125	40 %	55	40 %
Betriebl. Steuern	20	60 %	100	60 %	30	60 %	25	60 %
Kalk. Zinsen	120	0 %	562	0 %	112	0 %	106	0 %
Unternehmerlohn	–	–	50	0 %	100	0 %	–	–

Der nebenstehende Betriebsabrechnungsbogen enthält die Istkosten, die Istbeschäftigung der einzelnen Kostenstellen sowie die aus den Budgetkosten des Vorgabeplans und der Istbeschäftigung errechneten Sollkosten (siehe nachfolgende Beispiele). Dieser BAB ist damit wichtige Berichtsgrundlage an die Entscheidungsträger im Unternehmen.

Beispiel 1

Die Kostenart **„Fertigungslöhne"** ist im Vorgabeplan in der Kostenstelle „Fertigung" mit 3.000.000,00 € zu 60 % variabel (und zu 40 % fix) geplant. Die Istbeschäftigung in dieser Kostenstelle beträgt 110 %; also belaufen sich die Sollkosten auf

Sollkosten = Budgetkosten · Besch.-Grad · var. Anteil + Budgetkosten · fixer Anteil
Sollkosten = 3.000.000 · 1,1 · 0,6 + 3.000.000 · 0,4 = **3.180.000,00 €.**
Diese Eintragung finden Sie im BAB.

Beispiel 2

Die Kostenart **„Hilfsstoffe"** ist im Vorgabeplan in der Kostenstelle „Vertrieb" mit 45.000,00 € zu 100 % variabel geplant. Die Istbeschäftigung beträgt in dieser Kostenstelle 90 %; also belaufen sich die Sollkosten im BAB auf

Sollkosten = 45.000,00 € · 0,9 = **40.500,00 €.**
Diese Eintragung finden Sie im BAB.

Kontrollieren Sie anhand des Vorgabeplans die übrigen Eintragungen im BAB und deuten Sie die Verbrauchsabweichungen.

6458324

Kostenabweichungen im Betriebsabrechnungsbogen feststellen

Kostenarten	Kostenstellen												Gesamtkosten		
	Material Beschäftigungs-Grad 100 %			Fertigung Beschäftigungs-Grad 110 %			Verwaltung Beschäftigungs-Grad 95 %			Vertrieb Beschäftigungs-Grad 90 %					
	Soll-kosten T€	Ist-kosten T€	Abwei-chung T€	Soll-kosten T€	Ist-kosten T€	Abwei-chung T€	Soll-kosten T€	Ist-kosten T€	Abwei-chung T€	Soll-kosten T€	Ist-kosten T€	Abwei-chung T€	Soll-kosten T€	Ist-kosten T€	Abwei-chung T€
Einzelkosten															
Fertigungsmaterial	2.040	2.040	0	–	–	–	–	–	–	–	–	–	2.040	2.040	0
Gemeinkosten															
Fertigungslöhne	–	–	–	3.180	3.200	–20	–	–	–	–	–	–	3.180	3.200	–20
Hilfsstoffe	–	–	–	660	680	–20	–	–	–	40,5	40	+ 0,5	700,5	720	–19,5
Betriebsstoffe	–	–	–	71,5	70	+ 1,5	13,3	13	+ 0,3	1,8	2	– 0,2	86,6	85	+ 1,6
Gehälter	58	60	– 2	151	150	+ 1	341	340	+ 1	48	50	– 2	598	600	– 2
Soziale Abgaben	11	10	+ 1	603,2	600	+ 3,2	178,2	180	– 1,8	11,5	10	+ 1,5	803,9	800	+ 3,9
Kalk. Abschreibg.	40	40	0	500	500	0	80	80	0	40	40	0	660	660	0
Bürokosten	12	15	– 3	29,1	30	– 0,9	76,4	75	+ 1,4	30,7	30	+ 0,7	148,2	150	– 1,8
Werbung	–	–	–	31,2	30	+ 1,2	122,5	122	+ 0,5	52,8	53	– 0,2	206,5	205	+ 1,5
Betriebl. Steuern	20	18	+ 2	106	108	– 2	29,1	30	– 0,9	23,5	24	– 0,5	178,6	180	– 1,4
Kalk. Zinsen	120	120	0	562	562	0	112	112	0	106	106	0	900	900	0
Unternehmerlohn	–	–	–	50	50	0	100	100	0	–	–	–	150	150	0
Gesamt	2.301	2.303	– 2	5.944	5.980	–36	1.052,5	1.052	+ 0,5	354,8	355	– 0,2	9.652,3	9.690	–37,7

7.4 Mit der Finanzplanung den Erfolg sichern

Situation

Herr Berg ist mit der Entwicklung, die sein Unternehmen in den beiden letzten Jahren genommen hat, sehr zufrieden. So hat sich z. B. die Umsatzrentabilität von 4,4 % im Vorjahr auf 10,9 % im laufenden Jahr verbessert (vgl. S. 413). Ähnlich günstig hat sich seine Eigenkapitalrentabilität von 5,5 % auf 15,8 % entwickelt (vgl. S. 413). Besonders stolz macht ihn, dass sich die Umsätze in den beiden Jahren von 7.500.000,00 € auf 10.320.000,00 € erhöht haben und dass sein Unternehmen zurzeit mit über 60 % Eigenkapital finanziert ist.

Diesen Wachstumsschub möchte Herr Berg auch in den nächsten Jahren nutzen; und genau da liegt sein Problem: Mit der derzeitigen Ausstattung seines Unternehmens an Arbeitskräften und Betriebsmitteln stößt er jetzt bereits an die Kapazitätsgrenze. Wenn er das Wachstum als Unternehmensziel verfolgen will, wird er sein Unternehmen erweitern müssen: Eine neue Fabrikationshalle auf einem benachbarten (noch zu erwerbenden) Grundstück muss errichtet und mit Maschinen ausgestattet werden, zusätzliche Arbeitskräfte sind anzuwerben und ein zusätzlicher Bedarf an Werkstoffen wird anfallen. Sofort fallen ihm dazu drei Fragen ein, die er mit seinem Controller klären will:

- **Wie viel Kapital wird er benötigen, um die einmaligen Ausgaben (Investitionen) und den laufenden Aufwand bestreiten zu können?**
- **Wie wird er dieses Kapital aufbringen können?**
- **Wie bleibt auch bei Durchführung dieses Vorhabens die Liquidität seines Unternehmens gesichert?**

Die letzte Frage ist ihm besonders wichtig, denn er will unbedingt vermeiden, dass der geplante Ausbau die Zahlungsfähigkeit seines Unternehmens gefährdet.

7.4.1 Den Kapitalbedarfsplan aufstellen

Im Gespräch mit seinem Controller erfährt Herr Berg,

- dass ein Kapitalbedarfsplan ein notwendiges MUSS nicht nur vor jeder Unternehmensgründung, sondern auch bei jeder Ersatz- und Erweiterungsinvestition ist,
- dass größere Investitionsvorhaben immer über Betriebsmittelkredite durch Kreditinstitute fremdfinanziert werden,
- dass der Kapitalbedarf eher großzügig berechnet werden soll, um finanzielle Engpässe zu vermeiden,
- dass der Kapitalbedarfsplan sowohl die einmaligen Ausgaben als auch die laufenden Ausgaben – bezogen auf einen bestimmten Zeitraum – erfassen muss.

Vor dem Hintergrund dieser Überlegungen erstellen Herr Berg und sein Mitarbeiter den folgenden **Kapitalbedarfsplan** für die Erweiterungsinvestition.

6458326

Kapitalbedarfsplan	
Position	**Betrag**
Einmaliger Aufwand	
Grundstück, einschließlich Nebenkosten	122.500,00 €
Bauliche Investition:	
Fabrikationshalle, einschließlich aller Installationen	386.500,00 €
Zufahrt	24.500,00 €
Produktionsanlagen:	
Technische Anlagen, Maschinen	214.000,00 €
Transporteinrichtungen	36.000,00 €
Büroeinrichtung, einschl. Computer, Telefonanlage, Kopierer	18.000,00 €
Mindestreserve im Roh-, Hilfs- und Betriebsstofflager	43.000,00 €
PR-Maßnahme: Einweihung mit Tag der offenen Tür	4.000,00 €
Gesamtbetrag des einmaligen Aufwands	**848.500,00 €**
Laufender Aufwand für drei Monate	
Roh-, Hilfs- und Betriebsstoffe	145.000,00 €
Personalkosten, einschließlich Sozialabgaben	220.000,00 €
Wartungs- und Reparaturkosten für technische Anlagen	8.000,00 €
Strom, Wasser, Abwassergebühren, Heizung	6.500,00 €
Versicherungen (Haftpflicht, Feuer, Wasser, Sturm)	2.600,00 €
Aufwendungen für Kommunikation	750,00 €
Reinigungskosten	1.450,00 €
Kapitaldienst: Zinsen und Tilgungen	31.500,00 €
Anteiliger kalkulatorischer Unternehmerlohn	7.500,00 €
Gesamtbetrag des laufenden Aufwands	**423.300,00 €**
Gesamter Kapitalbedarf der Erweiterungsinvestition	**1.271.800,00 €**

Situation

Herr Berg ist über die Höhe des gesamten Kapitalbedarfs erstaunt; er hatte mit weniger gerechnet. Ihn irritiert insbesondere die Höhe des laufenden Aufwands, den er dadurch deutlich auf ein Drittel (= 141.100,00 €) senken könnte, dass er diesen Aufwand nur für einen Monat berechnet. Das erscheint ihm allerdings wegen des damit verbundenen Liquiditätsrisikos zu gewagt, zumal er nicht weiß, ob die neue Produktion reibungslos anlaufen wird und wie lange es dauert, bis der neue Betrieb eingespielt ist. Ebenso unsicher ist, ob der Absatz der zusätzlichen Produkte (Gehäuse) nach Plan laufen wird.

Zusammenfassung

- Eine sorgfältige und differenzierte **Kapitalbedarfsplanung** ist notwendige Voraussetzung vor jeder **Veränderung der Unternehmensgröße** oder **des Produktionsvolumens;** sie wird sowohl bei der **Gründung eines Unternehmens** als auch bei **Ersatz- und Erweiterungsinvestitionen** durchgeführt.
- Der **Kapitalbedarfsplan** weist sowohl den **einmaligen Aufwand** als auch den **laufenden Aufwand** – bezogen auf eine bestimmte Zeitspanne – aus. Der einmalige Aufwand gibt den für die eigentliche Investition erforderlichen Kapitalbedarf an.

7.4.2 Investitionen anhand statischer Investitionsrechnungen vergleichen

Situation

Herr Berg weiß nun, dass er neben 423.300,00 € an laufendem Aufwand vor allem 848.500,00 € als Investitionsbedarf aufbringen muss. Bevor er sich darum kümmert, wie er das erforderliche Kapital aufbringen kann, geht er der Frage nach, **welche Investition er bei mehreren Alternativen durchführen wird.** Er beschränkt seine Überlegungen

- auf den Posten „Produktionsanlagen" im Wert von 250.000,00 €,
- auf die sog. statischen Verfahren der Investitionsrechnung.

Für die Investitionsrechnung stehen ihm vier Verfahren zur Verfügung:

- die Kostenvergleichsrechnung,
- die Gewinnvergleichsrechnung,
- die Rentabilitätsvergleichsrechnung,
- die Amortisationsrechnung.

Um sich nicht selbst zu verwirren, will er seine Investitionsentscheidung nur mithilfe der **Gewinnvergleichsrechnung** treffen. Er wählt dieses Verfahren, weil es neben den Kosten auch die Erlöse in die Entscheidung einbezieht. Die Kostenvergleichsrechnung untersucht die Investition nur unter dem Gesichtspunkt der Kostenminimierung. Die Rentabilitätsvergleichsrechnung kann bei unterschiedlichen Anschaffungskosten und unterschiedlicher Nutzungsdauer der Anlagen zu Fehlentscheidungen führen. Die Amortisationsvergleichsrechnung rückt den Aspekt der Liquidität in den Vordergrund und lässt z. B. die unterschiedliche Nutzungsdauer der Anlagen unberücksichtigt.

Beispiel

Für die Ausstattung der neuen Fabrikhalle mit technischen Anlagen, Maschinen und Transporteinrichtungen zur Herstellung der Gehäuse liegen Herrn Berg zwei Angebote von Industrieanlagenherstellern vor:

	Angebot (Investition) A	**Angebot** (Investition) B
Anschaffungskosten	250.000,00 €	280.000,00 €
Nutzungsdauer	15 Jahre	12 Jahre
Technische Kapazität	37 500 Gehäuse/Jahr	42 000 Gehäuse/Jahr
Wirtschaftliche Kapazität	35 000 Gehäuse/Jahr	35 000 Gehäuse/Jahr

Der Berechnung der günstigeren Investition legt Herr Berg folgende zusätzliche Angaben zugrunde:

Erlös je Gehäuse:		66,80 € (vgl. S. 290),
Variable Kosten je Gehäuse:	Investition A	34,00 €
Variable Kosten je Gehäuse:	Investition B	30,50 €
Fixe Kosten je Periode:	Investition A	695.000,00 €
Fixe Kosten je Periode:	Investition B	815.000,00 €

Die Berechnung soll auf der Vergleichsbasis der wirtschaftlichen Kapazität von 35 000 Gehäusen und unter Zugrundelegung eines kalkulatorischen Zinssatzes von 10 % durchgeführt werden.

Herr Berg sucht unter den beiden Investitionsalternativen diejenige, die den **größeren Gewinn innerhalb eines Jahres** bringt.

❶ Gewinnvergleichsrechnung

Der **Gewinn** wird wie folgt berechnet:	Gewinn = Erlöse – Kosten; $G = E - K$
Den **Erlös** ermittelt man wie folgt:	Erlös = Preis · Menge $E = p \cdot x$
Die **Kosten** enthalten folgende Bestandteile:	Fixe Kosten K_f Variable Kosten $K_v = k_v \cdot x$ Die variablen Kosten werden berechnet, indem man die variablen Stückkosten mit der Menge multipliziert. Kapitalkosten der Investition. Die Kapitalkosten enthalten: Tilgung T T = Anschaffungskosten : Nutzungszeit Zinsen Z Z = halbe Anschaffungskosten · 0,1 Üblicherweise legt man für die Zinsberechnung die halben Anschaffungskosten zugrunde. Dadurch werden die von Jahr zu Jahr durch Tilgung geringer werdenden Restwerte gemittelt.

Werden diese Rechenvorschriften auf die Investitionen A und B angewandt, ergeben sich folgende Zahlen:

Rechenschema	Investition A	Investition B
Erlös	2.338.000,00 €	2.338.000,00 €
– fixe Kosten	695.000,00 €	815.000,00 €
– variable Kosten	1.190.000,00 €	1.067.500,00 €
– Tilgung	16.667,00 €	23.333,00 €
– Zinsen	12.500,00 €	14.000,00 €
Gewinn	**423.833,00 €**	**418.167,00 €**

Nach dieser Rechnung wird sich Herr Berg für die Investition A entscheiden. Er kann dann mit einem jährlichen Gewinn von durchschnittlich 423.833,00 € rechnen, gegenüber 418.167,00 € Gewinn bei der Investition B. Die Investition A hat zudem die geringeren Anschaffungskosten und die längere Nutzungsdauer. Sie wird eine Umsatzrentabilität von 18,1 % erbringen.

Kritische Menge

Diese Überlegungen bedürfen einer wichtigen Ergänzung: Die obige Rechnung basiert auf der Annahme, dass die jeweilige wirtschaftliche Kapazität von 35 000 Gehäusen im Jahr voll genutzt werden kann. Wie aber stellt sich die Rechnung dar, wenn die angenommenen Absatzzahlen nicht eingehalten werden können? Es ist also zweckmäßig, die obige Rechnung um die Berechnung der sog. **kritischen Menge** zu ergänzen. Die kritische Menge gibt in diesem Beispiel diejenige Absatzmenge an, **ab der die Investition B gewinnbringender wird als die Investition A.**

❷ Bestimmung der kritischen Menge

Die Rechnung geht von der Überlegung aus, dass es eine bestimmte Absatzmenge **x** gibt, bei der der Gewinn der Investition A $G_A(x)$ gleich hoch ist wie der Gewinn der Investition B $G_B(x)$. Zu suchen ist also die **Menge x** unter der Bedingung $\mathbf{G_A(x) = G_B(x)}$.

$G_A(x) = p \cdot x - k_{vA} \cdot x - K_{fA} - T_A - Z_A$ und

$G_B(x) = p \cdot x - k_{vB} \cdot x - K_{fB} - T_B - Z_B$

$G_A(x) = 66{,}8 \cdot x - 34 \cdot x - 695.000 - 16.667 - 12.500$ und

$G_B(x) = 66{,}8 \cdot x - 30{,}5 \cdot x - 815.000 - 23.333 - 14.000$

Unter der obigen Bedingung, dass die Gewinne gleich hoch sein müssen, folgt

$66{,}8 \cdot x - 30{,}5 \cdot x - 852.333 = 66{,}8 \cdot x - 34 \cdot x - 724.167$

$3{,}5 \cdot x = 128\,166$

$\mathbf{x = 36\,619}$

Die Rechnung besagt, dass bei einer Absatzmenge von 36619 Gehäusen beide Investitionen den gleichen Gewinn erbringen.

Fällt die Absatzmenge unter diese Größe, also z. B. auf 35000 Gehäuse – wie im Beispiel angenommen –, erbringt die Investition A den größeren Gewinn gegenüber der Investition B.

Steigt die Absatzmenge auf längere Sicht über die Größe von 36619 Gehäusen – also z. B. auf 37000 Gehäuse –, dann wird die Investition B gewinnbringender.

Herr Berg muss nun überlegen, ob er langfristig mit einer Absatzmenge über 36619 Gehäusen rechnen kann. Dann muss er seine kurzfristige Entscheidung zugunsten der Investition A revidieren und die Investition B realisieren!

AUFGABEN

313 *Stellen Sie die obigen Gleichungen als Graphen im Koordinatensystem dar und markieren Sie die wirtschaftliche Kapazität sowie die kritische Menge.*

Bestimmen Sie auch die Mengen, bei denen die beiden Investitionen keinen Gewinn erbringen, also die Bedingung G(x) = 0 gilt. ■

314 Zwei alternative Investitionen können unter den folgenden Bedingungen realisiert werden:

	Investition A	Investition B
Kapazitäten	50000 Stück/Jahr	75000 Stück/Jahr
Erlöse	500,00 €/Stück	400,00 €/Stück
Fixe Kosten	750.000,00 €/Jahr	625.000,00 €/Jahr
Variable Kosten	300,00 €/Stück	330,00 €/Stück

Welche Investition erbringt unter den gegebenen Bedingungen den größeren Gewinn? Interpretieren Sie die Lösung. ■

6458330

Das Kapital aufbringen und den Kredit sichern 7.4.3

Situation

Herr Berg geht mit seinem Mitarbeiter anhand der folgenden Übersicht die Möglichkeiten der Kapitalaufbringung durch. Diese Übersicht ist auf die Möglichkeiten begrenzt, die für Herrn Berg als eingetragenen Kaufmann infrage kommen können.

Finanzierungsarten	
Eigenfinanzierung	**Fremdfinanzierung**
▶ Beteiligungsfinanzierung ▶ Selbstfinanzierung ▶ Leasing ▶ Factoring	▶ langfristige Fremdfinanzierung ▷ Darlehen ▶ kurzfristige Fremdfinanzierung ▷ Nutzung der Kreditlinie ▷ Lieferantenkredit

Eine Beteiligungsfinanzierung z. B. durch Aufnahme eines Gesellschafters scheidet für ihn aus. Dazu müsste er sein Unternehmen in eine Personengesellschaft umwandeln. Ebenso scheiden **Leasing** (= Finanzierung durch „Mieten" von Investitionsgütern) und **Factoring** (= Finanzierung durch Verkauf von Forderungen) aus.

Die **Selbstfinanzierung** aus erwirtschafteten Gewinnen und privaten Einlagen sowie aus Umschichtungen, z. B. aus der Finanzierung durch Abschreibungen (vgl. S. 217), betrachtet Herr Berg näher: In den vergangenen Jahren hat Herr Berg Vorsorge für die geplante Investition getroffen, indem er erwirtschaftete Gewinne weitgehend im Unternehmen belassen hat und selbst auch private Einlagen gemacht hat. Das hat dazu geführt, dass die Eigenkapitaldeckung des Vermögens mit 65 % ungewöhnlich hoch geworden ist und dass sich inzwischen ein Bankguthaben von fast 2.000.000,00 € angesammelt hat (vgl. S. 405). Hier eröffnet sich ihm eine ergiebige Finanzierungsquelle, über die er die laufenden Ausgaben der Investition, die Büroeinrichtung, die Mindestreserve an Roh-, Hilfs- und Betriebsstoffen sowie die PR-Maßnahme finanzieren will, insgesamt deckt er damit einen Kapitalbedarf von 488.300,00 € ab.
Den restlichen Kapitalbedarf für das Grundstück, das Gebäude und die Produktionsanlagen von insgesamt **783.500,00 €** will er über ein **Darlehen** von seiner Bank fremdfinanzieren lassen. Die Sicherung dieses Darlehens durch **Grundpfandrechte** an betriebseigenen Grundstücken ist gewährleistet.

Die Bedienung des Kredits anhand einer Cashflow-Planung absichern 7.4.3.1

Situation

Zur Vorbereitung des anstehenden Gesprächs mit dem Zweigstellenleiter seines Kreditinstituts legt Herr Berg nicht nur den Jahresabschluss (Bilanz, Gewinn- und Verlustrechnung) bereit, sondern erstellt auch die folgende **Cashflow-Rechnung,** mit der er sich selbst und der Bank nachweisen kann, dass er durch selbst erwirtschaftete Mittel in der Lage ist, Zinsen und Tilgungen für den Kredit pünktlich zu zahlen.

Cashflow-Rechnung		
Rechenschema		**Betrag**
Gewinn lt. Investitionsrechnung (vor Steuern)		423.833,00 €
+ Abschreibungen:		
Fabrikationshalle	4 % auf 411.000,00 €	16.440,00 €
Produktionsanlagen	10 % auf 250.000,00 €	25.000,00 €
Büroeinrichtungen	20 % auf 18.000,00 €	3.600,00 €
+ Erhöhung von Rückstellungen		0,00 €
– Auflösung von Rückstellungen		0,00 €
– Betriebssteuern		162.000,00 €
Verfügbarer Cashflow		**306.873,00 €**

Damit weist Herr Berg nach, dass er über genügend Finanzmittel aus der geplanten Investition verfügen wird, um Zinsen und Tilgungen für den Kredit zu erwirtschaften.

Zusammenfassung

- Bei der **Kapitalaufbringung** unterscheidet man zwischen der **Eigenfinanzierung,** also dem Mittelzufluss aus eigenen Quellen, und der **Fremdfinanzierung,** also z. B. der Nutzung von Betriebsmittelkrediten, die von Kreditinstituten zur Verfügung gestellt werden. Langfristige Bankkredite (Darlehen) werden durch Grundpfandrechte gesichert.
- Bei der Finanzierung ist die **„goldene Finanzierungsregel"** zu beachten: Langfristig gebundenes Vermögen (Anlagevermögen) ist aus Eigenkapital und/oder langfristigem Fremdkapital zu finanzieren.
- Der oberste Grundsatz bei der Finanzierung lautet: **Zu jedem Zeitpunkt** muss ein Unternehmen **in der Lage sein, fällige Zahlungen zu leisten.**

7.4.4 Die Liquidität über einen Liquiditätsplan sichern

Der zuletzt genannte Grundsatz kann nicht deutlich genug hervorgehoben werden. Viele neu gegründete Unternehmen werden nur deshalb bereits nach kurzer Zeit insolvent, weil sich die „Jungunternehmer" keinen genügenden finanziellen Spielraum für die ersten drei bis sechs Monate nach der Unternehmensgründung geschaffen haben. Hier bietet der **Liquiditätsplan** ein Instrument an, um finanzielle Engpässe sichtbar zu machen. Das versetzt den Unternehmer in die Lage, rechtzeitig korrigierende Maßnahmen zu ergreifen.

Situation

Herr Berg will sich nicht von den bisher so optimistischen Zahlen blenden lassen und alle Ausgaben und Einnahmen – also alle Geldabflüsse und Geldzuflüsse – für die Anlaufzeit der geplanten Investition zusammenstellen. Nur so kann er sicher sein, dass die Investition sein Unternehmen nicht in einen Liquiditätsengpass bringt. Für die ersten drei Monate nach Anlaufen der neuen Produktion erstellt er folgenden Liquiditätsplan, in den er die bisherigen Planungszahlen einarbeitet.

Annahmen für den Liquiditätsplan:

Absatz im ersten Produktionsmonat:	2 000 Stück,
Absatz im zweiten Produktionsmonat:	2 500 Stück,
Absatz im dritten Produktionsmonat:	3 500 Stück.

Der laufende Aufwand aus dem Kapitalbedarfsplan kann mit geringen Modifikationen (Kapitaldienst) übernommen werden.

Zu berücksichtigen sind anteilige Privatentnahmen von 3.000,00 € je Monat (anstelle des kalkulatorischen Unternehmerlohns).

Die anteiligen Betriebssteuern für drei Monate betragen 40.500,00 €.

Liquiditätsplan

Position	**Drei-Monats-Werte**
Umsatzerlöse	534.400,00 €
– Roh-, Hilfs- und Betriebsstoffaufwendungen	145.000,00 €
– Personalkosten, einschließlich Sozialabgaben	220.000,00 €
– Wartungs- und Reparaturkosten	8.000,00 €
– Strom, Wasser, Abwassergebühren, Heizung	6.500,00 €
– Versicherungen	2.600,00 €
– Aufwendungen für Kommunikation	750,00 €
– Reinigungskosten	1.450,00 €
– Kapitaldienst: Zinsen und Tilgung	24.800,00 €
– Privatentnahmen	9.000,00 €
– Anteilige Betriebssteuern	40.500,00 €
– PR-Maßnahme: Einweihung	4.000,00 €
– Mindestreserve Roh-, Hilfs- und Betriebsstoffe	43.000,00 €
Überschuss (frei verfügbare Mittel)	**28.800,00 €**

Situation

Herr Berg ist mit dieser Rechnung zufrieden. Der Überschuss lässt ihm genügend Spielraum für unerwartete zusätzliche Ausgaben; und bei der Festlegung der Absatzzahlen hat er vorsichtig geschätzt, also die erwarteten Absätze eher pessimistisch gesehen.

Zusammenfassung

- Der **Liquiditätsplan** ist eine **notwendige Ergänzung zum Kapitalbedarfsplan.** In ihm zeigt sich, ob das Unternehmen bei der Realisierung der Investition zahlungsfähig bleibt.
- Der Liquiditätsplan ist mit großer Sorgfalt und so ausführlich wie möglich aufzustellen. Die **Einnahmeposten** sind eher **pessimistisch** nach unten anzusetzen, die **Ausgabeposten** eher **optimistisch** nach oben.
- **Große Aufmerksamkeit ist** den Forderungen, genauer gesagt, **den pünktlichen Zahlungseingängen** der Kunden **zu widmen.** Verspätete Zahlungen gefährden schnell die Liquidität.

8 Grundlagen der Prozesskostenrechnung

8.1 Um welches Problem geht es?

Ausgangssituation

Herr Berg hat an einer Fortbildungsveranstaltung zum Thema „Moderne Kostenrechnungssysteme" teilgenommen. Dort haben ihn folgende Aussagen nachdenklich gemacht:

„Die traditionellen Kostenrechnungssysteme ‚Vollkostenrechnung auf Kostenstellenbasis' oder ‚Flexible Plankostenrechnung' werden den Anforderungen an eine Kosten verursachende Kalkulation der Kundenaufträge aus folgenden Gründen nicht mehr gerecht:

- *Die traditionellen Systeme sind zu stark auf den Produktionsbereich ausgerichtet und berücksichtigen nicht die steigende Bedeutung der sog.* ***„indirekten Bereiche"*** *(Forschung/Entwicklung, Produktionsplanung, Beschaffung, Vertrieb, Kundenservice, Logistik, Qualitätssicherung). Diese Entwicklung führt zu einer Kostenverschiebung von der Fertigung zu den vor- und nachgelagerten Bereichen.*
- *Die traditionellen Systeme legen die Gemeinkosten über Kostenstellenzuschlagssätze* ***proportional*** *auf die Einzelkosten um; das entspricht nicht der tatsächlichen Kostenverursachung eines Produktes oder einer Produktvariante; hier sind* ***neue Bezugsgrößen*** *– z. B. auftragsbezogene Tätigkeiten – notwendig.*
- *Verschärft wird dieses Problem noch durch eine veränderte* ***Kostenstruktur.*** *Die Gemeinkosten nehmen im Vergleich zu den Einzelkosten einen immer größer werdenden Anteil ein; inzwischen wird in der Wirtschaft – vor allem im Dienstleistungssektor – mit einem Anteil von 75 % der Gemeinkosten an den Gesamtkosten gerechnet. Die in den traditionellen Kostenrechnungssystemen vorherrschende Dominanz der Einzelkosten ist aufzugeben. An deren Stelle muss die Suche nach denjenigen* ***Prozessen*** *treten, die die Kostenverursachung aufdecken."*

Herr Berg findet diese Aussagen in seinem Unternehmen zum Teil bestätigt:

- Seine Kostenstellenrechnung (vgl. S. 252 f.) ist mit vier Fertigungshauptstellen deutlich **fertigungsorientiert,** während die vor- und nachgelagerten Kostenstellen (Fuhrpark, Material-, Verwaltungs-, Vertriebsstelle) keine Differenzierungen aufweisen.
- Selbstverständlich hat er die Gemeinkosten über Zuschlagssätze **proportional** den Einzelkosten eines Produktes zugerechnet (vgl. Kalkulation S. 278), ohne zu wissen, ob dadurch die einzelnen Produktvarianten (= Gehäuse G I, G II, G III) mit den Gemeinkosten belastet werden, die sie tatsächlich verursacht haben. Möglicherweise führt das dazu, dass Käufer eines bestimmten Gehäusetyps einen zu hohen Preis zahlen zugunsten von Käufern eines anderen Gehäusetyps. Angesichts der von ihm gewünschten Kundenorientierung macht ihn dieser Gedanke unruhig.
- Der Anteil der **Gemeinkosten** an den Gesamtkosten (= Selbstkosten des Umsatzes) hält sich in seinem Unternehmen mit ca. 47,3 % in Grenzen; das liegt wohl daran, dass er einen Fertigungs- und keinen Dienstleistungsbetrieb hat. Dennoch macht ihn der Betrag von 1.830.000,00 € Gemeinkosten in den Kostenstellen Fuhrpark, Material, Verwaltung und Vertrieb nachdenklich, zumal er nicht genau weiß, durch welche Tätigkeiten diese Kosten verursacht werden.

Lösungsansatz – Eine Prozesskostenrechnung aufbauen | 8.2

Situation

Herr Berg will seine Kostenrechnung so umgestalten, dass die **Gemeinkosten** verursachungsgerechter den Produkten zugerechnet werden können. Um sich und seine Mitarbeiterinnen und Mitarbeiter nicht zu überfordern, will er schrittweise vorgehen und dabei die Erkenntnisse, die er über die **Prozesskostenrechnung** gewonnen hat, nutzen:

- Er behält die Kostenstellenstruktur seiner bisherigen Kostenrechnung bei (vgl. **BAB S. 252**).
- Den Fertigungsbereich tastet er in seiner jetzigen Verrechnungsform über Zuschlagssätze nicht an.
- Er konzentriert sich auf die **Gemeinkosten** in den **indirekten Bereichen** (Fuhrpark, Material, Verwaltung, Vertrieb), da diese nicht von den traditionellen Bezugsgrößen (Fertigungslöhne, Maschinenstunden), sondern von anderen Größen beeinflusst werden (Anzahl der Anfragen, Anzahl der Angebote, Anzahl der Lagerbewegungen, Anzahl der Materialeingänge, Anzahl der Lieferungen an Kunden, Anzahl der Kundenbestellungen, Anzahl der Reklamationen usw.).
- Die Allgemeine Kostenstelle „Fuhrpark" lässt er mit der Umlage auch zunächst so bestehen.
- In einem ersten Versuch will er den **Materialbereich** nach den Vorstellungen der Prozesskostenrechnung umbauen. Dabei legt er sich die folgenden strukturierenden **Fragen** vor:
  1. *Welche **Teilprozesse** sind die Verursacher von Gemeinkosten im Materialbereich?*
  2. *Wie lassen sich die **Kosten eines jeden Teilprozesses** ermitteln?*
  3. *Welche **Maßgrößen** – auch Kostentreiber genannt – lassen sich passend zu den jeweiligen Teilprozessen festlegen?*
  4. *Wie lassen sich aus Prozesskosten und Maßgrößen verursachungsgerechte **Prozesskostensätze** errechnen?*
  5. *Wie kann eine **prozessorientierte Kalkulation** aufgebaut werden?*

Teilprozesse über eine Tätigkeitsanalyse ermitteln | 8.2.1

Tätigkeiten

Die Prozesskostenrechnung geht in ihrem Ansatz davon aus, dass die in den Kostenstellen ausgeübten **Tätigkeiten** (= Aktivitäten) ursächlich für die Entstehung der Gemeinkosten sind. Mit Tätigkeit ist jede ausgeführte Arbeit in einer Kostenstelle gemeint, mit der ein bestimmtes Arbeitsergebnis erzielt wird.

Teilprozesse

Bei der Vielzahl unterschiedlicher Tätigkeiten in einer Kostenstelle ist es nicht sinnvoll und zweckmäßig, jeder Tätigkeit eine Maßgröße zuordnen zu wollen, zumal sich in der Regel mehreren Tätigkeiten die gleiche Maßgröße zuordnen lässt. Zur Vereinfachung der Kostenrechnung werden deshalb alle Tätigkeiten,

- die zu einem **gemeinsamen Arbeitsergebnis** führen und
- für die eine **gemeinsame Maßgröße** gefunden werden kann,

zu einem **Teilprozess der Kostenstelle** zusammengefasst. In der Regel bilden mehrere unterschiedliche Teilprozesse **alle** Tätigkeiten in einer Kostenstelle ab.

Teilprozesse über eine Tätigkeitsanalyse ermitteln

Beispiel Thomas Berg erhebt die Tätigkeiten in der Kostenstelle „Material". Dies kann er auf der Basis der Unterlagen vornehmen, die ihm zur Verfügung stehen (Arbeitsplatzbeschreibungen, Ablaufdiagramme). Er kann auch vor Ort die Mitarbeiter interviewen. Seine Erhebung führt zu folgenden Tätigkeiten, die er zu **Teilprozessen** zusammenfasst:

Kostenstelle: Material	
Tätigkeiten	**Teilprozesse**
eingehende Werkstoffe in Empfang nehmen, Menge und Qualität anhand der Bestellkopien kontrollieren, Eingangsmeldungen an Einkaufsabteilung geben, beschädigte oder fehlerhafte Sendungen reklamieren, Unterlagen verwalten	**Werkstoffe annehmen**
Werkstoffeingänge auf Lagerkarte vermerken, Werkstoffe in Lager einsortieren, Werkstoffe pflegen, Lagerbestände kontrollieren	**Werkstoffe einlagern**
Werkstoffausgaben durch Materialentnahmescheine belegen, Werkstoffausgaben quittieren lassen, Materialentnahmescheine verwalten, Werkstoffausgaben auf Lagerkarten vermerken, auf Meldebestände achten und Einkaufsabteilung benachrichtigen	**Werkstoffe ausgeben**
disponieren, Engpässe aufspüren, Lagerhüter vermeiden, auf Wirtschaftlichkeit und Rentabilität achten, mit vor- und nachgelagerten Abteilungen zusammenarbeiten	**Materialstelle leiten**

Auf diese Weise ist es Herrn Berg gelungen, alle Aktivitäten der Kostenstelle Material auf vier Teilprozesse zu reduzieren. Für diese Teilprozesse muss er nun geeignete **Maßgrößen** festlegen.

Zusammenfassung

- Die **Prozesskostenrechnung** basiert auf der Überlegung, dass **Tätigkeiten** (= Aktivitäten) Gemeinkosten verursachen.
- **Tätigkeiten** als kleinste Arbeitseinheiten werden in den Kostenstellen erhoben und zu Teilprozessen zusammengefasst.
- **Teilprozesse** sind dadurch gekennzeichnet, dass sie solche Tätigkeiten zusammenfassen, die einen Arbeitsablauf strukturieren.

AUFGABE

315 *Erstellen Sie nach Ihren eigenen Erfahrungen und Ihrem Wissen für die Abteilung „Einkauf" innerhalb der Kostenstelle „Verwaltung" eine Liste der (möglichen) Tätigkeiten und der zweckmäßigen Teilprozesse.* ■

Gemeinkosten für jeden Teilprozess bestimmen | 8.2.2

Situation

Im ersten Schritt zum Umbau der Kostenstelle „Material" hat Herr Berg die Teilprozesse festgelegt. Als Nächstes berechnet er, wie viel Euro Gemeinkosten auf jeden Teilprozess entfallen. Hierzu verwendet er die Zahlen aus seinem bisherigen Betriebsabrechnungsbogen (vgl. S. 252) und gliedert sie um.

Auszug aus dem Betriebsabrechnungsbogen (vgl. S. 252)										
Gemeinkostenarten			**Materialstelle**							
Hilfsstoffe			–							
Betriebsstoffe			–							
Gehälter			40.000,00 €							
Soziale Abgaben			20.000,00 €							
Abschreibungen			35.000,00 €							
Bürokosten			10.000,00 €							
Werbung			–							
Steuern			18.000,00 €							
Kalkulatorische Zinsen			110.000,00 €							
Unternehmerlohn			–							
Summe der primären Gemeinkosten			**233.000,00 €**							
Umlage AKS Fuhrpark			30.000,00 €							
Stellengemeinkosten			**263.000,00 €**							

Für die Umgliederung der Gemeinkostenarten auf Teilprozesse verwendet Herr Berg Belege der Finanzbuchhaltung (Gehaltslisten, Rechnungen) oder Schätzzahlen:

- Gehälter, soziale Abgaben und Bürokosten lassen sich als sog. direkte Gemeinkosten genau den Personen zuordnen, die bestimmte Tätigkeiten ausführen.
- Die übrigen Gemeinkosten werden aufgrund der Anlagewerte (siehe kalkulatorische Abschreibungen), aufgrund des investierten Kapitals (siehe kalkulatorische Zinsen) oder auf der Basis der dort beschäftigten Arbeitnehmer (siehe Steuern) umgeschlüsselt.
- Bei der „Umlage AKS Fuhrpark" erfolgt die Zuordnung zu 40 % auf den Teilprozess „Werkstoffe einlagern" und zu 60 % auf den Teilprozess „Werkstoffe ausgeben".

Nach der Umgliederung ergeben sich folgende **teilprozessorientierte Stellengemeinkosten:**

Kostenstelle: Material		
Teilprozesse	**Teilprozesskosten**	
Werkstoffe annehmen	75.000,00 €	
Werkstoffe einlagern	44.500,00 €	
Werkstoffe ausgeben	90.000,00 €	
Materialstelle leiten	53.500,00 €	
Summe der Stellengemeinkosten	**263.000,00 €**	

8.2.3 Maßgrößen (= Kostentreiber) für Teilprozesse festlegen

Situation

Die Notwendigkeit, Maßgrößen für Teilprozesse festzulegen, begründet Herr Berg wie folgt:

- „Wenn ich weiß, dass z. B. die Ausgabe von Werkstoffen **ein** Verursacher von Gemeinkosten in der Kostenstelle „Material" ist,
- wenn ich weiterhin weiß, wie viel Euro an Gemeinkosten für diesen Teilprozess anfallen und
- wenn ich schließlich auch noch weiß, **wie viele Werkstoffausgaben** im Abrechnungszeitraum von den Mitarbeitern vorgenommen wurden,

dann kann ich ausrechnen, mit wie viel Euro ich **eine Werkstoffausgabe** für einen Kundenauftrag belasten muss."

Maßgröße

In der obigen Überlegung ist also die **Anzahl der Werkstoffausgaben** innerhalb eines Zeitraums eine geeignete **Maßgröße,** um einen Eurobetrag zu berechnen, mit dem **jede Werkstoffausgabe** in Kundenaufträge einkalkuliert wird. Dieser Eurobetrag, mit dem jeweils eine Werkstoffausgabe berechnet wird, heißt allgemein **Teilprozesskostensatz.** Werden z. B. für einen Kundenauftrag drei Werkstoffausgaben vorgenommen, so wird dieser Kundenauftrag mit dem Dreifachen dieses Teilprozesskostensatzes belastet.

Bedingungen für Maßgrößen

Maßgrößen müssen folgende Bedingungen erfüllen:

- Sie sind **Mengengrößen**, so wie wir sie auch aus der traditionellen Kostenrechnung z. B. in Form der Maschinenstunden kennen.
- Sie sind ein Maßstab für die **Kostenverursachung.**
- Sie sind ein Maßstab für die **Kostenzurechnung** auf die Kostenträger, also z. B. die Kundenaufträge oder die Selbstkosten der Produkte.

Beispiel

Herrn Bergs Aufgabe ist es nun, für jeden Teilprozess in der Materialstelle eine geeignete **Maßgröße** festzulegen und die jeweilige **Anzahl** der gezählten Aktivitäten (Teilprozessmenge) zu ermitteln. Er kommt zu folgendem Ergebnis:

Kostenstelle: Material			
Teilprozesse	**Teilprozesskosten**	**Maßgrößen je 1000 Erzeugniseinheiten**	**Teilprozess-menge**
Werkstoffe annehmen	75.000,00 €	Anzahl der Anlieferungen	500
Werkstoffe einlagern	44.500,00 €	Anzahl der Einlagerungen	400
Werkstoffe ausgeben	90.000,00 €	Anzahl der Ausgaben	720
Materialstelle leiten	53.500,00 €	–	–
Summe der Stellengemeinkosten	**263.000,00 €**	–	–

Beim letzten Teilprozess „Materialstelle leiten" zögert Herr Berg. Er weiß, dass er für diesen Teilprozess keine Maßgröße finden wird, die den obigen Bedingungen entspricht; also entscheidet er, für diesen Teilprozess keine Maßgröße festzulegen. Die Kosten dieses Teilprozesses wird er im **Umlageverfahren** den anderen Teilprozessen zurechnen (vgl. Seite 339).

Situation

In einem letzten Schritt errechnet Herr Berg für jeden Teilprozess einen zugehörigen **Teilprozesskostensatz,** mit dem er verursachungsgerechter als bisher eine kundenorientierte Kalkulation durchführen kann.

Teilprozesskostensatz

Für alle Teilprozesse, denen eine Maßgröße zugeordnet ist (es handelt sich um sog. **leistungsmengeninduzierte** Prozesse), benutzt er dafür die folgende Rechenvorschrift:

$$\textbf{Teilprozesskostensatz} = \frac{\textbf{Teilprozesskosten}}{\textbf{Teilprozessmenge}}$$

Umlagesatz

Für die Teilprozesse, denen keine Maßgröße zugeordnet ist (es handelt sich um sog. **leistungsmengenneutrale** Prozesse), benutzt er dafür einen **Umlagesatz** nach folgender Rechenvorschrift:

$$\textbf{Umlagesatz} = \frac{\textbf{Teilprozesskosten ohne Maßgrößen}}{\textbf{Summe der Teilprozesskosten mit Maßgröße}} \cdot \textbf{Teilprozesskostensatz}$$

Prozesskostensatz

Der **gesamte Prozesskostensatz** für einen Teilprozess setzt sich dann aus dem Teilprozesskostensatz und dem zugehörigen Umlagesatz zusammen:

Prozesskostensatz = Teilprozesskostensatz + Umlagesatz

Beispiel

Der Teilprozesskostensatz für den Teilprozess „Werkstoffe annehmen" errechnet sich wie folgt:

$$\textbf{Teilprozesskostensatz} = \frac{75.000,00\ €}{500\ \text{Anlieferungen}} = \textbf{150,00 €/Anlieferung}$$

Der zugehörige Umlagesatz wird wie folgt berechnet:

$$\textbf{Umlagesatz} = \frac{53.500,00\ €}{209.500,00\ €} \cdot 150,00\ € = \textbf{38,31 €/Anlieferung}$$

Der **Prozesskostensatz** für den Teilprozess „Werkstoffe annehmen" beträgt dann **188,31 € je Anlieferung,** berechnet auf der Basis von 1 000 Erzeugniseinheiten.

Kostenstelle: Material						
Teilprozesse	**Teilprozess-kosten**	**Maßgrößen je 1000 Erzeugniseinh.**	**Teilprozess-mengen**	**Teilprozess-kostensatz**	**Umlage-satz**	**Prozess-kostensatz**
Werkstoffe annehmen	75.000,00 €	Anzahl der Anlieferungen	500	150,00 €	38,31 €	188,31 €
Werkstoffe einlagern	44.500,00 €	Anzahl der Einlagerungen	400	111,25 €	28,41 €	139,66 €
Werkstoffe ausgeben	90.000,00 €	Anzahl der Ausgaben	720	125,00 €	31,92 €	156,92 €
Materialstelle leiten	53.500,00 €	–	–	–	–	–
Summe der Stellengemeinkosten	**263.000,00 €**	–	–	–	–	–

AUFGABE 316

Kontrollieren Sie die Eintragungen in der obigen Tabelle.

8.3 Hauptprozesskostensätze sind die Grundlage der Prozesskostenkalkulation

Situation

Die errechneten Prozesskostensätze kann Herr Berg nunmehr für Kalkulationszwecke verwenden. Zwei Fragen muss er zuvor aber noch klären:

1. Zum einen wird nicht jeder Prozesskostensatz in jede Kalkulation einfließen.
   a) Welcher Prozesskostensatz in einen Kundenauftrag eingerechnet wird, hängt davon ab, welche Leistungen der Kunde in Anspruch nimmt. Im obigen Kostenstellenplan (vgl. S. 339) ist z. B. die Anzahl der Einlagerungen deutlich geringer als die Zahl der Anlieferungen; d. h. dass Thomas Berg darauf achtet, die angelieferten Werkstoffe möglichst ohne Umweg über das Lager sofort in die Produktionsstätten zu geben (Just-in-time-Lieferung). Der Kunde kann in diesem Fall also auch nicht mit dem Prozesskostensatz für die Einlagerung belastet werden.
   b) Es kann auch sein, dass ein Teilprozess mehrfach für einen Auftrag in Anspruch genommen wird (z. B. mehrfache Werkstoffausgabe). Dann wird der Kunde auch mehrfach mit dem entsprechenden Prozesskostensatz belastet.
2. Zum anderen merkt Herr Berg an folgendem Beispiel sehr schnell, dass er für die Kalkulation eines Kundenauftrags die Teilprozesse (und deren Prozesskosten) **der anderen indirekten Kostenstellen** mit berücksichtigen muss.

Beispiel

Für die Bearbeitung eines Kundenauftrags ermittelt Herr Berg folgende Teilprozesse aus mehreren indirekten Kostenstellen:

Hauptprozess: Kundenauftrag – Inland – bearbeiten	
Teilprozesse	**Beteiligte indirekte Kostenstellen**
Auftragseingang bearbeiten	Verwaltungsstelle: Verkaufsabteilung
Werkstoffe einlagern/pflegen	Materialstelle
Werkstoffe ausgeben	Materialstelle
Fertigmeldung bearbeiten	Vertriebsstelle
Produkt zwischenlagern	Vertriebsstelle
Lieferschein erstellen	Verwaltungsstelle: Verkaufsabteilung
Produkt versandfertig machen	Vertriebsstelle: Versandabteilung
Spediteur beauftragen	Vertriebsstelle
Produkt übergeben/verladen	Vertriebsstelle

Es stellt sich für Herrn Berg die Aufgabe,

- alle Teilprozesse für alle indirekten Kostenstellen nach dem oben durchgeführten Verfahren zu erfassen und zu bewerten, sowie
- kostenstellenübergreifend alle Teilprozesse für **typische betriebliche Abläufe** zu sog. **Hauptprozessen** zusammenzufassen. Der obige betriebliche Ablauf „Kundenauftrag – Inland – bearbeiten" ist ein solcher typischer **Hauptprozess.** Weitere Hauptprozesse können sein:
  - Kundenauftrag – Ausland – bearbeiten,
  - Kundenreklamation bearbeiten,
  - Kunden betreuen,
  - Bestellung von Werkstoffen bearbeiten,
  - Bestellung von Betriebsmitteln bearbeiten,
  - Mangelhafte Lieferung bearbeiten, usw.

Hauptprozesskostensätze sind die Grundlage der Prozesskostenkalkulation

Zusammenfassung

- Die Anwendung der Prozesskostenrechnung erfordert, dass für **alle Kostenstellen Teilprozesse erfasst** und auf der Grundlage verursachungsgerechter Maßgrößen **bewertet** werden.
- Für jeden Teilprozess ist ein **Prozesskostensatz** zu ermitteln.
- Alle Teilprozesse, die sich zu einem typischen betrieblichen Ablauf verknüpfen lassen, bilden einen **Hauptprozess.**
- Das gesamte betriebliche Geschehen wird in möglichst **wenigen Hauptprozessen** erfasst.
- Die Summe der im Hauptprozess zusammengefassten Prozesskostensätze bildet den **Hauptprozesskostensatz.**
- Hauptprozesskostensätze bilden die Grundlage einer vereinfachten und kundenorientierten **Prozesskostenkalkulation.**

AUFGABE 317

Erstellen Sie auf der Grundlage des Betriebsabrechnungsbogens von Seite 252 für die indirekte Kostenstelle „Verwaltung" nach dem zuvor dargestellten Verfahren selbstständig Teilprozesse und führen Sie diese zu typischen Hauptprozessen zusammen. Beachten Sie dabei, dass der Bereich „Verwaltung" mehrere Abteilungen umfasst, z. B. Personal, Einkauf, Verkauf, Buchhaltung, Zentralkorrespondenz, Export. ■

8.3.1 Eine Prozesskostenkalkulation aufstellen

Situation

Herr Berg hat – so nehmen wir an – für den Hauptprozess **„Kundenauftrag – Inland – bearbeiten"** (vgl. S. 340) den Hauptprozesskostensatz wie folgt ermittelt. Er unterscheidet dabei zwischen solchen Teilprozessen, die **je Kundenauftrag nur einmal** anfallen (unabhängig von der Auftragsmenge), und denjenigen Teilprozessen, deren Prozesskosten **für jeweils 1 000 Erzeugniseinheiten** (= Gehäuse) berechnet werden.

Hauptprozess: Kundenauftrag – Inland – bearbeiten		
Teilprozesse	**Teilprozesskostensätze je Kundenauftrag**	**Teilprozesskostensätze je 1 000 Erzeugniseinheiten**
Auftragseingang bearbeiten	208,30 €	
Werkstoffe annehmen		188,31 €
Werkstoffe einlagern		139,66 €
Werkstoffe ausgeben		156,92 €
Fertigmeldung bearbeiten	138,20 €	
Produkt(serie) zwischenlagern		45,55 €
Lieferschein erstellen	22,72 €	
Produkt(serie) versandfertig machen		38,66 €
Spediteur beauftragen	14,38 €	
Produkt übergeben/verladen		47,30 €
Hauptprozesskostensatz	**383,60 €**	**616,40 €**

Eine Prozesskostenkalkulation aufstellen

Beispiel Die Anfrage eines Kunden kalkuliert Herr Berg alternativ für 100 und 1000 Gehäuse Typ G I. Er verwendet dafür die Kalkulationsangaben für das Fertigungsmaterial und die Fertigungskosten von Seite 278. Für die Abwicklung des Auftrags werden alle Teilprozesse des obigen Hauptprozesses in Anspruch genommen.

Kalkulation Gehäuse G I				
Kalkulationsschema	**100 Gehäuse**		**1 000 Gehäuse**	
Fertigungsmaterial 12,75 €/Geh. (s. S. 278)		**1.275,00**		**12.750,00**
Fertigungslöhne FHS I 5,60 €/Gehäuse	560,00		5.600,00	
+ 115 % Fertigungsgemeinkosten	644,00		6.440,00	
Fertigungskosten FHS I		**1.204,00**		**12.040,00**
Fertigungslöhne FHS II 4,50 €/Gehäuse	450,00		4.500,00	
+ 83 % Fertigungsgemeinkosten	373,50		3.735,00	
Fertigungskosten FHS II		**823,50**		**8.235,00**
Fertigungslöhne FHS III 6,80 €/Gehäuse	680,00		6.800,00	
+ 80 % Fertigungsgemeinkosten	544,00		5.440,00	
Fertigungskosten FHS III		**1.224,00**		**12.240,00**
Fertigungslöhne FHS IV 6,45 €/Gehäuse	645,00		6.450,00	
+ 70 % Fertigungsgemeinkosten	451,50		4.515,00	
Fertigungskosten FHS IV		**1.096,50**		**10.965,00**
+ Hauptprozesskostensatz je Kundenauftrag		**383,60**		**383,60**
+ Hauptprozesskostensatz (Basis: 1 000 Erzeugniseinheiten)		**61,64**		**616,40**
Selbstkosten insgesamt		**6.068,24**		**57.230,00**
Selbstkosten je Gehäuse		**60,68**		**57,23**

Erläuterungen Das Ergebnis dieser Prozesskostenkalkulation verdeutlicht zweierlei:

- Zum einen sind die Selbstkosten für ein Gehäuse deutlich niedriger als in der Kalkulation auf Seite 278, in der die Gemeinkosten über Zuschlagssätze (für Materialgemeinkosten, Verwaltungs- und Vertriebsgemeinkosten) **proportionalisiert** wurden. In der Prozesskostenkalkulation werden dem Kundenauftrag tatsächlich nur diejenigen Gemeinkosten angelastet, die dieser Auftrag **verursacht** hat. Sie ist somit eine Kalkulationsform, die die Gemeinkosten gerechter verteilt, als dies die Vollkostenkalkulation mit proportionalisierten Zuschlagssätzen vermag.
- Zum anderen wird im obigen Beispiel deutlich, dass sich mit Veränderung der Absatzmenge der Stückpreis verändert, was in der Selbstkostenkalkulation auf Seite 278 nicht der Fall ist, es sei denn, ein Kunde würde bei großer Absatzmenge einen Mengenrabatt aushandeln. Im obigen Beispiel ist die Verringerung des Stückpreises bei Abnahme von 1000 Gehäusen gegenüber 100 Gehäusen darauf zurückzuführen, dass bestimmte Gemeinkosten **auftragsbezogen nur einmal anfallen,** und zwar unabhängig von der Bestellmenge. So verursacht z. B. der Teilprozess „Auftragseingang bearbeiten" auftragsbezogene Gemeinkosten unabhängig davon, ob 100 Gehäuse, 1000 Gehäuse oder gar 10000 Gehäuse bestellt werden.

Zusammenfassung

- In die Prozesskostenkalkulation fließen außer Einzelkosten und traditionellen Kostenstellen-Zuschlagssätzen – z. B. für den Fertigungsbereich – vor allem **Hauptprozesskostensätze** ein. Diese Änderung der Kalkulationsform bedingt die kostenstellenübergreifende Betrachtung von Prozessen. Sie führt zur verursachungsgerechteren Verteilung der Gemeinkosten.

In der traditionell geführten Kostenstellenrechnung (BAB) des Metallwerkes Thomas Berg e. K. weist die Kostenstelle „Vertrieb" Kostenstellengemeinkosten in Höhe von 355.000,00 € aus (vgl. BAB S. 252). Nach Umgliederung dieser Gemeinkosten auf die in dieser Kostenstelle anfallenden Teilprozesse ergeben sich folgende teilprozessorientierte Stellengemeinkosten und Maßgrößen: **318**

Teilprozesse „Vertrieb"	Teilprozesskosten	Maßgrößen
Fertigerzeugnisse übernehmen und einlagern	88.430,00 €	400 Anlieferungen
Versandpapiere erstellen	36.320,00 €	760 Vorgänge
Erzeugnisse auf Paletten versandfertig machen	74.860,00 €	4000 Paletten
Zollpapiere für Auslandsaufträge erstellen	21.400,00 €	240 Vorgänge
Eigene Transportfahrzeuge ordern	42.760,00 €	650 Vorgänge
Spediteure beauftragen	33.230,00 €	280 Vorgänge
Abteilung leiten	58.000,00 €	–
Stellengemeinkosten	**355.000,00 €**	

Errechnen Sie die Teilprozesskostensätze, die Umlagesätze und die Gesamtprozesskostensätze für jeden Teilprozess. ■

Die obigen Teilprozesse „Vertrieb" sind in den Hauptprozess „Kundenauftrag – Ausland – bearbeiten" eingebettet. Dieser Hauptprozess umfasst folgende Teilprozesse aus mehreren Kostenstellen: **319**

Teilprozesse	Teilprozesskostensatz	Kostenstellen
Kundenbestellung bearbeiten	208,30 €	Verkauf
Fertigerzeugnisse übernehmen und einlagern	s. o.	Vertrieb
Erzeugnisse auf Paletten versandfertig machen	s. o.	Vertrieb
Versandpapiere erstellen	s. o.	Vertrieb
Zollpapiere erstellen	s. o.	Vertrieb
Spediteur beauftragen	s. o.	Vertrieb

1. *Kalkulieren Sie die Selbstkosten für den Kundenauftrag über 1000 Gehäuse G II aufgrund folgender zusätzlicher Angaben:*

Fertigungsmaterial je Gehäuse	9,45 €
Fertigungslöhne der FHS I je Gehäuse	3,60 €
Fertigungslöhne der FHS II je Gehäuse	2,80 €
Fertigungslöhne der FHS III je Gehäuse	4,05 €
Fertigungslöhne der FHS IV je Gehäuse	3,25 €
Die Normalzuschlagssätze sind dem BAB auf Seite 252 zu entnehmen. Die Teilprozesse – mit Ausnahme des 2. und 3. – sind auftragsbezogen. Der Teilprozesskostensatz des 2. Teilprozesses bezieht sich auf je 400 Gehäuse. Für den Kundenauftrag werden 20 Paletten benötigt (siehe 3. Teilprozess).	

2. *Wie würden sich die Selbstkosten je Stück bei einem Auftrag über 2000 Gehäuse G II verändern?* ■

D Der Jahresabschluss – Erstellung, Analyse und Auswertung (Lernfeld 8)

1 Erstellung des Jahresabschlusses

1.1 Abgleich zwischen Soll- und Istbeständen (Inventurdifferenzen)

Situation

Die **Erstellung des Jahresabschlusses** im Einzelunternehmen Thomas Berg **bedarf** einer sorgfältigen **Planung und Organisation,** denn die **Buchwerte** der Bestands- und Erfolgskonten dürfen nicht ohne **Prüfung und Inventur** in die **Schlussbilanz und Gewinn- und Verlustrechnung** übernommen werden.

Glieder des Jahresabschlusses

Zum Schluss des Geschäftsjahres ist der **Jahresabschluss** zu erstellen, der bei **Einzelunternehmen** (e. K.) und **Personengesellschaften** (OHG, KG) aus der **Jahresbilanz und Gewinn- und Verlustrechnung** besteht (§ 242 Abs. 3 HGB). Bei **Kapitalgesellschaften** (AG, GmbH) sind Jahresbilanz und GuV-Rechnung noch um einen **Anhang** (Erläuterungsbericht) und **Lagebericht** zu ergänzen (§ 264 HGB).

Aufgaben des Jahresabschlusses

Der Jahresabschluss soll die Unternehmenseigner und Behörden, Gläubiger u. a. **über die tatsächliche Vermögens-, Finanz- und Ertragslage informieren.** Der Jahresabschluss ist aber auch **Grundlage der Gewinnverwendung und Steuerermittlung** und soll durch **Dokumentation und Aufbewahrung** ein wichtiges **Beweismittel** für mögliche Interessenkonflikte sein.

Inventur

Die Inventur der Vermögensteile und Schulden ist die **wichtigste Voraussetzung** für die ordnungsmäßige **Erstellung des Jahresabschlusses** (siehe S. 17 f.). Sie muss durch **Sach-, Arbeits- und Terminpläne** organisiert werden, damit der Abschluss – wie üblich – **in den ersten drei Monaten des Folgejahres** erstellt ist.

Abgleich von Soll- und Istbeständen

Die Inventur dient vor allem dem **Abgleich** von **Sollbeständen der Finanzbuchhaltung** mit den **Istbeständen der körperlichen und buchmäßigen Inventur,** um **Inventurdifferenzen und deren Ursachen** in den **Bestandskonten** festzustellen:

- **Buchungsfehler** (falsche Konten und Beträge, ausgelassene Buchungen, Doppelbuchungen u. a.)
- **Nicht erfasste Mengenänderungen in den Werkstoff- und Erzeugnisbeständen** durch Schwund, Verderb, Diebstahl, nicht gebuchte Belege.
- **Nicht erfasste Wertminderungen:** Abschreibungen von Anlagen und Forderungen, Nichtbeachtung des Niederstwertprinzips bei Lagervorräten und des Höchstwertprinzips bei Währungsverbindlichkeiten[1].

Berichtigung der Inventurdifferenzen

Inventurdifferenzen, die sich in den Bestandskonten **nach** Buchung des Inventurschlussbestandes ergeben, **bedingen entsprechende Berichtigungsbuchungen. Buchungsfehler** werden u. a. durch Rückbuchung (Stornierung), Neu- oder Nachbuchung korrigiert. **Mengen- und Wertminderungen** sind auf den betreffenden Aufwands- und Bestandskonten zu erfassen. So sind Werkstoffminderungen im jeweiligen Werkstoffaufwands- und Werkstoffbestandskonto zu buchen. Nach den Berichtigungsbuchungen entsprechen die Bestandskonten der Inventur.

Beispiel

Das Kassenkonto des Metallwerks Berg weist zum 31. Dez. im Soll eine Summe von 5.850,00 € und im Haben 4.400,00 € aus. Der Sollbestand beträgt somit 1.450,00 €. Lt. Kassenprotokoll ergab die körperliche Inventur des Kasssenbestandes einen Istbestand von **1.** 1.360,00 € und **2.** 1.539,25 €.

1 **Zum Bilanzstichtag** ist das **Vorratsvermögen** zum **niedrigsten** Tageswert anzusetzen (Niederstwertprinzip). Die **Schulden** sind mit ihrem **höchsten** Wert auszuweisen (Höchstwertprinzip, s. a. S. 386 f.)

Abgleich zwischen Soll- und Istbeständen (Inventurdifferenzen)

Beispiel

1. Nach Buchung des Inventurbestandes von 1.360,00 € **(Fall 1)** ergibt sich im Kassenkonto ein **Fehlbetrag von 90,00 €,** der
   a) auf einen nicht aufgedeckten Diebstahl,
   b) auf eine nicht gebuchte Privatentnahme zurückzuführen ist.

Buchung des Inventurbestandes	Soll	Haben
8010 Schlussbilanzkonto	1.360,00	
an 2880 Kasse		1.360,00
Berichtigungsbuchungen	**Soll**	**Haben**
a) 6960 Verluste a. d. Abgang von Vermögensgegenst.	90,00	
an 2880 Kasse		90,00
b) 3001 Privatentnahmen	90,00	
an 2880 Kasse		90,00

2. Nach Buchung des Inventurbestandes von 1.539,25 € **(Fall 2)** ergibt sich im Kassenkonto ein **Überschuss von 89,25 €,** der
   a) nicht geklärt werden konnte,
   b) daraus resultiert, dass der Barverkauf eines Ersatzteils nicht gebucht wurde: 75,00 € netto + 14,25 € USt = 89,25 €.

Buchung des Inventurbestandes	Soll	Haben
8010 Schlussbilanzkonto	1.539,25	
an 2880 Kasse		1.539,25
Berichtigungsbuchungen	**Soll**	**Haben**
a) 2880 Kasse	89,25	
an 5430 Sonstige Erträge		89,25
b) 2880 Kasse	89,25	
an 5000 Umsatzerlöse für eigene Erzeug.		75,00
an 4800 Umsatzsteuer		14,25

Richten Sie für obige Beispiele die Konten ein und buchen Sie darauf.

Zusammenfassung

- Der **Jahresabschluss** bedarf einer sorgfältigen **Planung und Organisation** und sollte in der Regel in den ersten **drei Monaten** des Folgejahres erstellt werden.
- Der **Abgleich** zwischen den rechnerischen Sollwerten der Finanzbuchhaltung und den durch Inventur ermittelten Istwerten muss dazu führen, dass die **Ursachen der Abweichungen** aufgedeckt und buchmäßig berichtigt werden.

AUFGABEN

320

Das Kassenkonto weist zum 31. Dez. im Soll 22.850,00 € und im Haben 22.560,00 € aus. Die Inventur ergab einen Istbestand von a) 232,00 € und b) 406,00 €.

Richten Sie für die Fälle a) und b) jeweils die Konten 2880, 8010, 5430 bzw. 6960 ein. Buchen Sie nun den Schlussbestand lt. Inventur für die Fälle a) und b). Ermitteln und buchen Sie jetzt jeweils die Abweichungen, deren Ursache nicht geklärt werden konnte, auf den genannten Konten. Nennen Sie alle Buchungssätze.

321

1. Das Konto 2000 Rohstoffe weist zum 31. Dez. im Soll 400.000,00 € und im Haben 350.000,00 € aus. Die Inventur ergab einen Istbestand von a) 35.000,00 € und b) 60.000,00 €. *Richten Sie für beide Fälle die Konten 2000, 6000 und 8010 ein und für b) zusätzlich 2020.* Die Abweichung bei a) ist auf einen nicht gebuchten Materialentnahmeschein zurückzuführen. Im Fall b) handelt es sich um eine irrtümlich auf dem Konto 2020 gebuchte Rohstofflieferung (bestandsrechnerisches Verfahren).
2. *Nennen Sie mögliche Ursachen für Kassendifferenzen und Abweichungen in Lagerbeständen.* ■

1.2 Zeitliche Abgrenzung der Aufwendungen und Erträge

Situation

Das Metallwerk Thomas Berg erstellt regelmäßig zum 31. Dezember eines Geschäftsjahres den Jahresabschluss gemäß § 242 HGB (siehe Anhang), also die Bilanz und die Gewinn- und Verlustrechnung. Bevor jedoch die Bestands- und Ergebniskonten abgeschlossen werden können, sind zunächst wichtige Vorarbeiten zu leisten. So muss vorab von allen Vermögens- und Schuldenposten **Inventur** gemacht und ein **Inventar** erstellt werden. Sodann sind die **Buchwerte** der Bestandskonten **mit den Inventurwerten abzustimmen.** Schließlich sind die **Ergebniskonten** daraufhin zu **überprüfen,**

ob auch alle Aufwendungen und Erträge, die wirtschaftlich das abzuschließende Geschäftsjahr betreffen, bisher erfasst worden sind.

1.2.1 Sonstige Forderungen

Beispiel

Das Metallwerk Berg hat einem Kunden eine Lagerhalle für monatlich 2.000,00 € vermietet. Die Dezembermiete erscheint aber erst am 10. Januar nächsten Jahres als Gutschrift auf dem Bankkonto.

Wie ist zum 31. Dezember des Abschlussjahres zu buchen?

Periodengerechte Erfassung von Erträgen

Die Miete für Dezember ist ein **Ertrag des abzuschließenden Geschäftsjahres,** der **erst im neuen Jahr** zu einer **Einnahme** auf dem Bankkonto führt. Der Mieterertrag muss noch – **unabhängig von der Zahlung** – in der Gewinn- und Verlustrechnung des alten Jahres berücksichtigt werden, um den **Jahreserfolg zeitraumrichtig** (periodengerecht) ermitteln zu können. Die noch ausstehende Mieteinnahme ist zum Bilanzstichtag als „Sonstige Forderung“ auf dem gleichnamigen Konto zu erfassen:

2690 Sonstige Forderungen.

Buchungen zum 31. Dezember des alten Jahres	Soll	Haben
❶ 2690 Sonstige Forderungen	2.000,00	
an 5400 Mieterträge		2.000,00
❷ 5400 Mieterträge	2.000,00	
an 8020 Gewinn- und Verlustkonto		2.000,00
❸ 8010 Schlussbilanzkonto	2.000,00	
an 2690 Sonstige Forderungen		2.000,00

S	2690 Sonstige Forderungen		H
❶ 5400	2.000,00	❸ SBK	2.000,00

S	5400 Mieterträge		H
❷ GuV	2.000,00	❶ 2690	2.000,00

S	8010 Schlussbilanzkonto		H
❸ 2690	2.000,00		

S	8020 Gewinn- und Verlustkonto		H
		❷ 5400	2.000,00

Buchung bei Zahlungseingang der Miete am 10. Januar des neuen Jahres	Soll	Haben
2800 Bank	2.000,00	
an 2690 Sonstige Forderungen		2.000,00

S	2800 Bank		H
2690	2.000,00		

S	2690 Sonstige Forderungen		H
AB	2.000,00	2800	2.000,00

Beispiel

Das Metallwerk Berg hat am 1. Oktober ein Darlehen aufgenommen, für das am 30. September des nächsten Geschäftsjahres 1.200,00 € Zinsen zu zahlen sind.

Wie lautet die Buchung zum 31. Dezember des Abschlussjahres?

Periodengerechte Erfassung von Aufwendungen

Von den Jahreszinsen in Höhe von 1.200,00 €, die erst am 30. September des nächsten Jahres gezahlt werden müssen, entfallen **als Aufwand 300,00 € auf das alte** und 900,00 € auf das neue Jahr. Um das Ergebnis des abzuschließenden Geschäftsjahres periodengerecht ermitteln zu können, muss der **Zinsaufwand des alten Jahres** noch zum 31. Dezember gebucht werden. Die noch **ausstehende Zahlung** ist dann zugleich als Schuld auf dem folgenden Konto auszuweisen:

4890 Sonstige Verbindlichkeiten.

Buchungen zum 31. Dezember des alten Jahres	Soll	Haben
❶ **7510 Zinsaufwendungen**	300,00	
an **4890 Sonstige Verbindlichkeiten**		300,00
❷ **8020 Gewinn- und Verlustkonto**	300,00	
an **7510 Zinsaufwendungen**		300,00
❸ **4890 Sonstige Verbindlichkeiten**	300,00	
an **8010 Schlussbilanzkonto**		300,00

S	7510 Zinsaufwendungen		H
❶ 4890	300,00	❷ GuV	300,00

S	4890 Sonstige Verbindlichkeiten		H
❸ SBK	300,00	❶ 7510	300,00

S	8020 Gewinn- und Verlustkonto		H
❷ 7510	300,00		

S	8010 Schlussbilanzkonto		H
		❸ 4890	300,00

Buchung bei Zahlung der Jahreszinsen am 30. September des neuen Jahres	Soll	Haben
4890 Sonstige Verbindlichkeiten	300,00	
7510 Zinsaufwendungen	900,00	
an **2800 Bank**		1.200,00

S	4890 Sonstige Verbindlichkeiten		H
2800	300,00	AB	300,00

S	2800 Bank		H
AB	250.000,00	4890/7510	1.200,00

S	7510 Zinsaufwendungen		H
2800	900,00		

Zusammenfassung

- **Der Gewinn oder Verlust** eines Geschäftsjahres wird nur durch Gegenüberstellung der **Aufwendungen und Erträge** dieses Jahres ermittelt, und zwar **unabhängig von ihrer Zahlung,** also der Ausgabe bzw. Einnahme.
- Aufwendungen und Erträge sind stets **dem** Geschäftsjahr zuzurechnen, zu dem sie **wirtschaftlich** gehören. Nur so lässt sich das **Ergebnis** eines Geschäftsjahres **zeitraumrichtig** (periodengerecht) ermitteln.

(Fortsetzung s. folgende Seite)

Sonstige Forderungen – Sonstige Verbindlichkeiten

Zusammenfassung

- Aufwendungen des abzuschließenden Geschäftsjahres, die **erst im Folgejahr** zu einer **Ausgabe** führen, sind zugleich Schulden, die auf dem Konto **„4890 Sonstige Verbindlichkeiten"** ausgewiesen werden. **Zum Jahresschluss** wird der **Aufwand** gebucht:

  Aufwandskonto an **Sonstige Verbindlichkeiten**

  Beispiele: Noch zu zahlende Zinsen, Mieten, Provisionen, Betriebssteuern u. a.

  Im neuen Jahr wird die **Ausgabe gebucht:**

  Sonstige Verbindlichkeiten an **Bank**

- Erträge des Abschlussjahres, die **erst im neuen Jahr** zu einer **Einnahme** führen, stellen zugleich Forderungen dar, die auf dem Konto **„2690 Sonstige Forderungen"** gebucht werden. **Zum Bilanzstichtag** wird der **Ertrag** gebucht:

  Sonstige Forderungen an **Ertragskonto**

  Beispiele: Noch zu erhaltende Zinsen, Mieten, Provisionen u. a.

  Im neuen Jahr wird die **Einnahme gebucht:**

  Bank an **Sonstige Forderungen**

AUFGABEN

322 *Wie lauten die Buchungssätze zu folgenden Geschäftsfällen*

a) *zum Bilanzstichtag (31. Dezember),*

b) *nach Eröffnung der Konten bei Zahlungseingang bzw. -ausgang (Bank) im neuen Jahr?*

1. Die Dezembermiete für eine Lagerhalle in Höhe von 6.500,00 € überweisen wir erst Anfang Januar des Folgejahres.
2. Wir haben von unserem Kunden die fälligen Darlehenszinsen für die Zeit vom 1. Oktober bis 31. Dezember bis zum Bilanzstichtag noch nicht erhalten. Die Bankgutschrift erfolgt erst am 10. Januar des neuen Geschäftsjahres: 1.500,00 €.
3. Der Handelskammerbeitrag für das vierte Quartal wird erst am 2. Januar n. J. überwiesen: 890,00 €.
4. Die Dezembermiete für vermietete Garagen geht erst Anfang Januar n. J. ein: 150,00 €.
5. Die Telefonrechnung für Dezember wird erst am 2. Januar n. J. vom Bankkonto abgebucht: 860,00 € netto + 163,40 € USt.
6. Wir überweisen die Zinsen nachträglich jeweils für sechs Monate am 1. März und 1. September: 4.800,00 €.
7. Die Provision unseres Handelsvertreters für November und Dezember wird erst im Januar überwiesen. Die Rechnung weist aus: 5.600,00 € Nettoprovision + 1.064,00 € Umsatzsteuer = 6.664,00 €.
8. Die Zinsen für die Zeit vom 1. November bis 31. Januar n. J. in Höhe von 1.200,00 € werden von uns nachträglich am 31. Januar n. J. überwiesen.

323 *Was gehört Ihrer Meinung nach zusammen?*

Einnahme im neuen Jahr, Aufwand im alten Jahr, Sonstige Forderungen, Sonstige Verbindlichkeiten, Ertrag im alten Jahr, Ausgabe im neuen Jahr.

6458348

Beispiel

Das Metallwerk Berg hat am 1. Oktober die Kraftfahrzeugversicherung für die Lastkraftwagen in Höhe von 2.400,00 € für ein Jahr im Voraus durch Banküberweisung bezahlt.

❶ Buchung der geleisteten Vorauszahlung am 1. Oktober des Abschlussjahres	Soll	Haben
6900 Versicherungsbeiträge	2.400,00	
an **2800 Bank**		2.400,00

S	6900 Versicherungsbeiträge	H
❶ 2800	2.400,00	

S	2800 Bank	H
	❶ 6900	2.400,00

Periodengerechte Erfassung im Voraus gezahlter Aufwendungen

Die am 1. Oktober für ein Jahr **im Voraus gezahlte** Kfz-Versicherung **berührt zwei Geschäftsjahre.** Deshalb muss zum 31. Dezember des Abschlussjahres eine genaue **periodengerechte Abgrenzung** des auf dem Konto 6900 gebuchten gesamten Versicherungsaufwands von 2.400,00 € vorgenommen werden: **600,00 €** (= $^3/_{12}$ von 2.400,00 €) entfallen auf drei Monate des Abschlussjahres, **1.800,00 €** (= $^9/_{12}$ von 2.400,00 €) auf neun Monate des folgenden Geschäftsjahres. Der auf das neue Geschäftsjahr entfallende Anteil der Kfz-Versicherung muss aus dem Konto „6900 Versicherungsbeiträge" herausgebucht und **in die Ergebnisrechnung des neuen Jahres hinübergeführt** werden. Dazu benötigt man zum 31. Dezember das **Hilfskonto**

2900 Aktive Rechnungsabgrenzung (kurz: ARA).

❷ Buchung der zeitlichen Abgrenzung zum 31. Dezember des Abschlussjahres	Soll	Haben
2900 Aktive Rechnungsabgrenzung	1.800,00	
an **6900 Versicherungsbeiträge**		1.800,00

Abschluss des Kontos „2900 ARA"

Das Konto **„2900 Aktive Rechnungsabgrenzung"** beinhaltet in diesem Beispiel einen Anspruch auf Versicherungsschutz für neun Monate des neuen Jahres, also einen Vermögenswert in Form einer **Leistungsforderung,** da die Versicherung bereits im alten Jahr im Voraus für das neue Jahr gezahlt wurde. Es ist deshalb als **aktives Bestandskonto** zum Schlussbilanzkonto abzuschließen. Das Konto „6900 Versicherungsbeiträge" weist nun den periodengerechten Versicherungsaufwand des Abschlussjahres in Höhe von 600,00 € aus und ist zum Gewinn- und Verlustkonto abzuschließen.

Abschlussbuchungen zum 31. Dezember	Soll	Haben
8010 Schlussbilanzkonto	1.800,00	
an **2900 Aktive Rechnungsabgrenzung**		1.800,00
8020 Gewinn- und Verlustkonto	600,00	
an **6900 Versicherungsbeiträge**		600,00

S	6900 Versicherungsbeiträge		H
❶ 2800	2.400,00	❷ 2900	1.800,00
		GuV	600,00

→

S	2900 ARA		H
❷ 6900	1.800,00	SBK	1.800,00

S	8020 Gewinn- und Verlustkonto	H
6900	600,00	

S	8010 Schlussbilanzkonto	H
2900 ARA	1.800,00	

Aktive Rechnungsabgrenzung

Buchungen im neuen Jahr

Zu Beginn des neuen Jahres wird das Konto „2900 Aktive Rechnungsabgrenzung" mit dem Betrag von 1.800,00 € eröffnet. Danach wird dieser Betrag auf das Konto „6900 Versicherungsbeiträge" **umgebucht.** Damit hat das Konto „2900 Aktive Rechnungsabgrenzung" seine eigentliche Aufgabe erfüllt, die im alten Geschäftsjahr getätigten Ausgaben als Aufwand in die Ergebnisrechnung des neuen Geschäftsjahres hinüberzuführen. Die auf dem Konto 2900 gebuchten Beträge stellen somit „transitorische" Posten dar.

Eröffnungsbuchung	Soll	Haben
2900 Aktive Rechnungsabgrenzung	1.800,00	
an **8000 Eröffnungsbilanzkonto**		1.800,00

Umbuchung	Soll	Haben
6900 Versicherungsbeiträge	1.800,00	
an **2900 Aktive Rechnungsabgrenzung**		1.800,00

S	2900 ARA		H
EBK	1.800,00	6900	1.800,00

→

S	6900 Versicherungsbeiträge		H
2900 ARA	1.800,00		

Das Versicherungskonto weist nun **periodengerecht** den anteiligen Aufwand des neuen Jahres in Höhe von 1.800,00 € aus.

Sofortige aktive Rechnungsabgrenzung bei Zahlung

Die aktive Rechnungsabgrenzung kann auch sogleich bei Buchung der Ausgabe vorgenommen werden. Dadurch erübrigt sich zum Bilanzstichtag eine Überprüfung aller Ausgaben auf ihre Periodenzugehörigkeit. Im o. g. Beispiel soll nun die zeitliche Abgrenzung direkt bei Zahlung der Versicherungsprämie erfolgen:

Buchung bei Zahlung der Versicherungsprämie am 1. Oktober	Soll	Haben
6900 Versicherungsbeiträge	600,00	
2900 Aktive Rechnungsabgrenzung	1.800,00	
an **2800 Bank**		2.400,00

S	6900 Versicherungsbeiträge		H
2800	600,00		

S	2800 Bank		H
		6900/2900	2.400,00

S	2900 ARA		H
2800	1.800,00		

1.2.4 Passive Rechnungsabgrenzung

Beispiel

Für vermietete Büroräume erhält das Metallwerk Berg die Miete in Höhe von 6.000,00 € für die Zeit vom 1. November des laufenden Jahres bis zum 30. April des folgenden Jahres im Voraus. Die Bankgutschrift erfolgt zum 1. November.

❶ Buchung der Einnahme am 1. November des Abschlussjahres	Soll	Haben
2800 Bank	6.000,00	
an **5400 Mieterträge**		6.000,00

S	2800 Bank		H
❶ 5400	6.000,00		

S	5400 Mieterträge		H
		❶ 2800	6.000,00

Periodengerechte Erfassung im Voraus erhaltener Erträge

Die am 1. November für sechs Monate im Voraus erhaltene Miete **berührt zwei Geschäftsjahre.** Zum 31. Dezember des Abschlussjahres muss eine zeitliche **Abgrenzung** der auf dem Konto 5400 gebuchten Mieteinnahme von 6.000,00 € vorgenommen werden: **2.000,00 €** (= $\frac{2}{6}$ von 6.000,00 €) entfallen auf zwei Monate des Abschlussjahres, **4.000,00 €** (= $\frac{4}{6}$ von 6.000,00 €) auf vier Monate des Folgejahres. Der auf das neue Geschäftsjahr entfallende Mietanteil muss auf der Sollseite des Mietertragskontos korrigiert und **in die Ergebnisrechnung des neuen Jahres hinübergeführt** werden. Dazu benötigt man zum 31. Dezember das **Hilfskonto**

4900 Passive Rechnungsabgrenzung (kurz: PRA).

❷ Buchung der zeitlichen Abgrenzung zum 31. Dezember des Abschlussjahres	Soll	Haben
5400 Mieterträge	4.000,00	
an 4900 Passive Rechnungsabgrenzung		4.000,00

Abschluss des Kontos „4900 PRA"

Das Konto **„4900 Passive Rechnungsabgrenzung"** beinhaltet im vorliegenden Fall eine Verpflichtung zur Überlassung der Büroräume für vier Monate des neuen Jahres, also eine Schuld in Form einer **Leistungsverbindlichkeit,** da die Miete bereits im alten Jahr im Voraus für das neue Jahr vereinnahmt wurde. Es ist deshalb als **passives Bestandskonto** zum Schlussbilanzkonto abzuschließen. Das Konto „5400 Mieterträge", das den periodengerechten Mietertrag des Abschlussjahres in Höhe von 2.000,00 € ausweist, wird zum GuV-Konto abgeschlossen.

Abschlussbuchungen zum 31. Dezember	Soll	Haben
4900 Passive Rechnungsabgrenzung	4.000,00	
an 8010 Schlussbilanzkonto		4.000,00
5400 Mieterträge	2.000,00	
an 8020 Gewinn- und Verlustkonto		2.000,00

S 4900 Passive Rechnungsabgrenzung H

S		H	
SBK	4.000,00	❷ 5400	4.000,00

S 5400 Mieterträge H

S		H	
❷ 4900 PRA	4.000,00	❶ 2800	6.000,00
GuV	2.000,00		

S 8010 Schlussbilanzkonto H

S		H	
		4900 PRA	4.000,00

S 8020 Gewinn- und Verlustkonto H

S		H	
		5400	2.000,00

Buchungen im neuen Jahr

Zu Beginn des neuen Jahres wird das Konto „4900 Passive Rechnungsabgrenzung" mit dem Betrag von 4.000,00 € eröffnet. Anschließend wird dieser Betrag auf das Konto „5400 Mieterträge" **umgebucht.** Damit hat das Konto „4900 Passive Rechnungsabgrenzung" seine eigentliche Aufgabe erfüllt, die im alten Geschäftsjahr gebuchte Mieteinnahme als Ertrag in die Ergebnisrechnung des neuen Geschäftsjahres hinüberzuführen.

Eröffnungsbuchung	Soll	Haben
8000 Eröffnungsbilanzkonto	4.000,00	
an 4900 Passive Rechnungsabgrenzung		4.000,00

Umbuchung	Soll	Haben
4900 Passive Rechnungsabgrenzung	4.000,00	
an 5400 Mieterträge		4.000,00

S	5400 Mieterträge		H
		4900	4.000,00

S	4900 Passive Rechnungsabgrenzung		H
5400	4.000,00	EBK	4.000,00

Das Konto 5400 weist nun im neuen Jahr den anteiligen im Voraus erhaltenen Mietertrag aus.

Sofortige passive Rechnungsabgrenzung bei Zahlung

Auch die passive Rechnungsabgrenzung lässt sich direkt bei Buchung der Einnahme vornehmen.

Buchung bei Eingang der Mietvorauszahlung am 1. November	Soll	Haben
2800 Bank	6.000,00	
an **5400 Mieterträge**		2.000,00
an **4900 Passive Rechnungsabgrenzung**		4.000,00

S	2800 Bank		H
5400/4900	6.000,00		

S	5400 Mieterträge		H
		2800	2.000,00

S	4900 Passive Rechnungsabgrenzung		H
		2800	4.000,00

Zusammenfassung

- Das Konto **„2900 Aktive Rechnungsabgrenzung"** erfasst alle Ausgaben vor dem Abschluss-Stichtag, soweit sie Aufwand des Folgejahres darstellen (§ 250 HGB). Der Buchungssatz lautet
  - bei Abgrenzung zum 31. Dez.: **ARA** an **Aufwandskonto**
  - bei direkter Abgrenzung: **ARA** an **Zahlungsmittelkonto**
- Das Konto **„4900 Passive Rechnungsabgrenzung"** erfasst alle Einnahmen vor dem Abschluss-Stichtag, soweit sie Ertrag des Folgejahres darstellen (§ 250 HGB). Der Buchungssatz lautet
  - bei Abgrenzung zum 31. Dez.: **Ertragskonto** an **PRA**
  - bei direkter Abgrenzung: **Zahlungsmittelkonto** an **PRA**
- Aktive und passive **Rechnungsabgrenzungsposten werden zu Beginn des folgenden Geschäftsjahres aufgelöst,** indem sie auf das entsprechende Ergebniskonto **umgebucht** werden:
  - **Aufwandskonto** an **ARA**
  - **PRA** an **Ertragskonto**
- **Die zeitliche Abgrenzung** der Aufwendungen und Erträge **bezweckt** eine **periodengerechte Ermittlung des Jahresergebnisses.** Man unterscheidet **vier Fälle:**

Geschäftsfall	Vorgang im alten Jahr	Vorgang im neuen Jahr	Buchung zum 31. Dezember:
Von uns noch zu zahlender Aufwand	**Aufwand**	Ausgabe	**Aufwandskonto an Sonstige Verbindlichkeiten**
Noch zu vereinnahmender Ertrag	**Ertrag**	Einnahme	**Sonstige Forderungen an Ertragskonto**
Von uns im Voraus bezahlter Aufwand	Ausgabe	**Aufwand**	**Aktive Rechnungsabgrenzung an Aufwandskonto**
Im Voraus vereinnahmter Ertrag	Einnahme	**Ertrag**	**Ertragskonto an Passive Rechnungsabgrenzung**

324

a) *Buchen Sie den Zahlungsvorgang der folgenden Geschäftsfälle zunächst auf Konten oder im Grundbuch.*
b) *Buchen Sie die erforderliche zeitliche Abgrenzung zum Bilanzstichtag 31. Dezember ..*
c) *Buchen Sie die Auflösung der aktiven und passiven Rechnungsabgrenzung im neuen Jahr.*

1. Die Kraftfahrzeugsteuer für die Geschäftswagen wird am 1. Juli für ein Jahr im Voraus vom Bankkonto überwiesen: 600,00 €.
2. Am 1. Dezember erhalten wir die Miete für vermietete Geschäftsräume für Dezember, Januar und Februar im Voraus durch Banküberweisung: 4.500,00 €.
3. Für die EDV-Anlage besteht mit dem Lieferanten ein Wartungsvertrag. Am 2. Mai wird der Jahresbetrag lt. Rechnung ER 345 überwiesen: 1.200,00 € + 228,00 € Umsatzsteuer = 1.428,00 €.
4. Am 1. Oktober werden die Jahreszinsen für ein von uns gewährtes Darlehen im Voraus auf das Bankkonto überwiesen: 960,00 €.
5. Die Gebäudeversicherung für Geschäftsgebäude wird am 1. November durch die Bank für ein Jahr im Voraus überwiesen: 3.600,00 €.
6. Bankgutschrift der Januarmiete für vermietete Lagerräume am 22. Dezember: 2.500,00 €. ■

325

Bei den Geschäftsfällen 1 bis 6 der vorhergehenden Aufgabe soll die zeitliche Abgrenzung direkt bei Buchung der Zahlung vorgenommen werden.

Nennen Sie die Buchungssätze. ■

326

Bilden Sie zu den nachfolgenden Geschäftsfällen die Buchungssätze ***zum Bilanzstichtag:***

1. Die Dezembermiete für angemietete Garagen wird erst am 3. Januar des folgenden Geschäftsjahres durch Banküberweisung beglichen: 300,00 €.
2. Die Vierteljahreszinsen (November–Januar) für ein aufgenommenes Darlehen werden von uns vereinbarungsgemäß nachträglich Ende Januar gezahlt: 900,00 €.
3. Unser Darlehensnehmer hat die Zinsen für das erste Quartal des neuen Geschäftsjahres bereits am 15. Dezember des Abschlussjahres überwiesen: 850,00 €.
4. Wir haben am 1. Dezember für Dezember bis einschließlich Februar des nächsten Jahres eine Mietvorauszahlung von 3.600,00 € erhalten.
5. Am 1. November wurde die Kraftfahrzeugsteuer für den Lastkraftwagen für ein Jahr im Voraus überwiesen: 600,00 €.
6. Der Handelskammerbeitrag für das letzte Quartal des Abschlussjahres wird erst Anfang Januar überwiesen: 2.400,00 €.
7. Die Zinsgutschrift der Bank für die Zeit vom 1. Oktober bis 31. Dezember steht zum Bilanzstichtag noch aus: 450,00 €.
8. Die Halbjahresmiete (Oktober bis März) für eine vermietete Lagerhalle erhielten wir im Voraus: 9.000,00 €.
9. Die Haftpflichtversicherung für die Produktionshalle wurde am 1. November für ein Jahr im Voraus bezahlt: 2.400,00 €.
10. Unserem Handelsvertreter wird die Dezemberprovision erst Anfang Januar überwiesen. Die bereits erstellte Provisionsabrechnung weist aus: 4.000,00 € Provision + 760,00 € Umsatzsteuer = 4.760,00 €. ■

327 *Vervollständigen Sie folgende Aussagen:*

1. Sonstige Verbindlichkeiten werden für Aufwendungen des ••• Geschäftsjahres gebucht, die Ausgaben des ••• Geschäftsjahres darstellen.
2. Aktive Rechnungsabgrenzungsposten werden für Ausgaben im ••• Jahr gebildet, die Aufwand des ••• Geschäftsjahres darstellen.
3. Sonstige Forderungen werden für Erträge des ••• Jahres gebildet, die Einnahmen des ••• Jahres darstellen.
4. Passive Rechnungsabgrenzungsposten werden für Einnahmen des ••• Jahres gebildet, die Ertrag des ••• Geschäftsjahres darstellen. ■

328

1. *Begründen Sie die Notwendigkeit einer zeitlichen Abgrenzung der Aufwendungen und Erträge.*
2. *Nennen Sie die vier Möglichkeiten einer zeitlichen Abgrenzung.*
3. *Bei welcher Art der zeitlichen Abgrenzung liegt der Zahlungsvorgang a) im alten und b) im neuen Jahr?*
4. *Warum werden aktive und passive Rechnungsabgrenzungsposten auch als „Transitorische Posten" bezeichnet?* ■

329 Im Metallwerk Thomas Berg e. K. liegen Ihnen folgende Belege zur Buchung vor. Die zeitliche (periodengerechte) Abgrenzung ist mit der Buchung der Zahlung vorzunehmen.
Nennen Sie die Buchungssätze.

Beleg 1

Kontoauszug — Landesgirokasse Stuttgart

Konto-Nr.	Datum	Ausz.-Nr.	Blatt	Buchungstag	PN-Nr.	Wert	Umsatz
723 544 32	..-11-01	358	1				
GUTSCHRIFT				11-01	8364	11-01	4.500,00 H

ELEKTRO-VERTRIEBS-GMBH, STUTTGART
LAGERHALLENMIETE FÜR NOV., DEZ., JAN.

METALLWERK
THOMAS BERG E. K.
INDUSTRIESTRASSE 22 - 28
70565 STUTTGART

Konto | Soll | Haben
Gebucht:

Alter Saldo: H 237.650,00 EUR
Neuer Saldo: H 242.150,00 EUR

Beleg 2

Durchschrift für Kontoinhaber 600 501 01
Landesgirokasse Stuttgart

Begünstigter: Finanzamt Stuttgart
Konto-Nr. des Begünstigten: 644 520 80 — Bankleitzahl: 600 501 01
bei (Kreditinstitut): Landesgirokasse Stuttgart
EUR — Betrag: Euro, Cent: 2.400,00---------
Kunden-Referenznummer - noch Verwendungszweck, ggf. Name und Anschrift des Auftraggebers (nur für Empfänger):
Kfz-Steuer für LKW S-UM 500/PKW S-WN 367
1. Nov. .. - 31. Okt. ..
Kontoinhaber: Metallwerk Thomas Berg e. K., 70565 Stuttgart
Konto-Nr. des Kontoinhabers: 723 544 32

..-11-01 Thomas Berg
Datum, Unterschrift
■

330

Auszug aus der vorläufigen Summenbilanz zum 31. Dezember ..	Soll	Haben
2600 Vorsteuer	134.000,00	–
2690 Sonstige Forderungen	8.800,00	–
2900 Aktive Rechnungsabgrenzung	–	–
4800 Umsatzsteuer	–	124.600,00
4890 Sonstige Verbindlichkeiten	–	5.700,00
4900 Passive Rechnungsabgrenzung	–	–
5400 Mieterträge	–	22.800,00
5710 Zinserträge	–	1.600,00
6150 Vertriebsprovisionen	12.000,00	–
6700 Mietaufwendungen	26.400,00	–
6810 Zeitungen und Fachliteratur	2.100,00	–
6900 Versicherungsbeiträge	16.200,00	–
6920 Beiträge zu Wirtschaftsverbänden	12.600,00	–
7030 Kraftfahrzeugsteuer	7.600,00	–
7510 Zinsaufwendungen	14.700,00	–

Zum 31. Dezember .. (Bilanzstichtag) sind noch folgende zeitliche Abgrenzungen vorzunehmen:

1. Die Feuerversicherungsprämie (Gebäude) für das kommende Kalenderjahr wurde am 27. Dezember durch Banküberweisung beglichen: 850,00 €.
2. Die Bezugskosten für diverse Fachzeitschriften wurden am 28. Dezember mit 260,00 € netto im Voraus für das folgende Geschäftsjahr bezahlt.
3. Die Kraftfahrzeugsteuer für den LKW wurde am 1. Dezember für ein Jahr im Voraus durch Banküberweisung mit 660,00 € beglichen.
4. Der Handelskammerbeitrag für das letzte Quartal beträgt 750,00 €.
5. Vertreterprovision für Dezember über 1.700,00 € netto wird von uns erst im Januar bei Rechnungserteilung überwiesen.
6. Die Dezember-Lagermiete über 2.850,00 € überweisen wir erst Anfang Januar.
7. Unser Mieter begleicht die Miete für Büroräume in unserem Gebäude für Dezember in Höhe von 1.850,00 € erst im neuen Jahr.
8. Am 28. Dezember gingen 1.900,00 € Vierteljahresmiete in unserem Betrieb für das neue Kalenderjahr auf unserem Bankkonto ein.
9. Wir haben die fälligen Darlehenszinsen von 450,00 € für die Zeit vom 1. Oktober bis 31. Dezember am Jahresende noch nicht erhalten.
10. Hypothekenzinsen in Höhe von 12.000,00 € für das Halbjahr 1. Juli bis 31. Dezember werden von uns erst im Januar beglichen.

Bilden Sie die Buchungssätze für den Abschluss dieser Konten.

Ordnen Sie in Ihrem Arbeitsheft den vier Arten der zeitlichen Abgrenzung jeweils für das alte und das neue Geschäftsjahr die folgenden Begriffe entsprechend zu: 331

a) Aufwand, b) Ertrag,
c) Ausgabe und d) Einnahme.

Altes Jahr	Neues Jahr	Abgrenzungsposten
?	?	Sonstige Forderungen
?	?	Sonstige Verbindlichkeiten
?	?	Aktive Rechnungsabgrenzung
?	?	Passive Rechnungsabgrenzung

1.2.5 Rückstellungen

Situation

Eine Verpackungsanlage des Metallwerks Berg wurde am 20. Dezember des Abschlussjahres durch Brand stark beschädigt. Die Lieferfirma schätzt die Instandsetzungskosten lt. Kostenvoranschlag auf 36.000,00 €. Die Reparatur soll im Laufe des Monats Januar des nächsten Geschäftsjahres erfolgen.

Wie ist zum Bilanzstichtag zu buchen?

Die Instandsetzung der Verpackungsanlage ist **wirtschaftlich dem Abschlussjahr zuzuordnen,** da sie in diesem Zeitraum verursacht wurde. Für eine periodengerechte Ermittlung des Jahreserfolgs muss daher der **geschätzte Betrag** von 36.000,00 € noch als **Aufwand des alten Jahres** und **zugleich als Verbindlichkeit erfasst** werden. Diese Verbindlichkeit unterscheidet sich von den Verbindlichkeiten aus Lieferungen und Leistungen darin, dass ihre **Höhe und/oder ihr Fälligkeitstermin** am Bilanzstichtag **noch nicht feststehen.** Verbindlichkeiten dieser Art werden als **Rückstellungen** bezeichnet und auf einem besonderen Rückstellungskonto gebucht.

Arten von Rückstellungen

Der Kontenrahmen sieht für die Bildung von Rückstellungen **drei Konten vor:**

3700 Pensionsrückstellungen,
3800 Steuerrückstellungen,
3900 Sonstige Rückstellungen.

Beispiel

Zum 31. Dezember .. ist für die Instandsetzung der Verpackungsanlage eine Rückstellung in Höhe des geschätzten Betrages von 36.000,00 € zu bilden.

Buchung zur Bildung der Rückstellung zum Bilanzstichtag	Soll	Haben
❶ 6160 Fremdinstandhaltung	36.000,00	
an 3900 Sonstige Rückstellungen		36.000,00

Abschlussbuchungen	Soll	Haben
❷ 8020 Gewinn- und Verlustkonto	36.000,00	
an 6160 Fremdinstandhaltung		36.000,00
❸ 3900 Sonstige Rückstellungen	36.000,00	
an 8010 Schlussbilanzkonto		36.000,00

S 6160 Fremdinstandhaltung H

S		H	
❶ 3900	36.000,00	❷ GuV	36.000,00

S 3900 Sonstige Rückstellungen H

S		H	
❸ SBK	36.000,00	❶ 6160	36.000,00

S 8020 Gewinn- und Verlustkonto H

S		H	
Diverse Aufwend.	400.000,00	Diverse Erträge	500.000,00
❷ 6160	36.000,00		
Gewinn	?		

S 8010 Schlussbilanzkonto H

S		H	
		❸ 3900	36.000,00

Auswirkung von Rückstellungen auf die Erfolgsrechnung

Der Vorteil der Rückstellungen liegt darin, dass sie für **Aufwendungen** gebildet werden, die erst im nächsten Geschäftsjahr zu einer Ausgabe führen: Sie **mindern** somit noch im Abschlussjahr den **Gewinn** und zugleich die **Gewinnsteuern** (z. B. Einkommensteuer) sowie die **Gewinnausschüttung** (Dividende). **Die geringere Zahlung von Steuern und Dividende** hat außerdem positive Auswirkungen auf die **Zahlungsfähigkeit** (Liquidität) des Unternehmens. In der Erfolgsrechnung des Metallwerks Berg wird der Gewinn des Abschlussjahres durch die Bildung einer Rückstellung für die zu erwartenden Instandsetzungskosten um 36.000,00 € gemindert.

Auflösung der Rückstellung

Die Auflösung der Rückstellung erfolgt im Folgejahr bei Zahlung des endgültigen Betrages. Vorab ist aber zu Beginn des neuen Geschäftsjahres das Konto „3900

6458356

Sonstige Rückstellungen" mit der geschätzten Verbindlichkeit von 36.000,00 € zu eröffnen.

Eröffnungsbuchung zum 1. Januar des Folgejahres	Soll	Haben
8000 Eröffnungsbilanzkonto	36.000,00	
an **3900 Sonstige Rückstellungen**		36.000,00

Wie das folgende Beispiel zeigt, sind bei der **Auflösung** der Rückstellung **drei Fälle** zu unterscheiden. Nach Instandsetzung der o. g. Verpackungsanlage Ende Januar lautet die Rechnung:

1.		2.		3.	
	36.000,00 € netto		32.000,00 € netto		38.000,00 € netto
+	6.840,00 € USt	+	6.080,00 € USt	+	7.220,00 € USt
	42.840,00 €		38.080,00 €		45.220,00 €

Fall 1

Buchung: Rückstellung = Nettozahlung: 36.000,00 €	Soll	Haben
3900 Sonstige Rückstellungen	36.000,00	
2600 Vorsteuer	6.840,00	
an **2800 Bank**		42.840,00

S	3900 Sonstige Rückstellungen		H
2800	36.000,00	EBK	36.000,00

S	2800 Bank		H
		3900/2600	42.840,00

S	2600 Vorsteuer		H
2800	6.840,00		

Fall 2

Die **Rückstellung** (36.000,00 €) war im Vorjahr **zu hoch** gebildet worden. Deshalb entsteht nunmehr bei Zahlung von 32.000,00 € ein **Ertrag aus der Herabsetzung der Rückstellung** in Höhe von 4.000,00 €.

Buchung: Rückstellung > Nettozahlung: 32.000,00 €	Soll	Haben
❶ **3900 Sonstige Rückstellungen**	32.000,00	
2600 Vorsteuer	6.080,00	
an **2800 Bank**		38.080,00
❷ **3900 Sonstige Rückstellungen**	4.000,00	
an **5480 Erträge aus der Herabsetzung von Rückstellungen**		4.000,00

S	3900 Sonstige Rückstellungen		H
❶ 2800	32.000,00	EBK	36.000,00
❷ 5480	4.000,00		

S	2800 Bank		H
		❶ 3900/2600	38.080,00

S	2600 Vorsteuer		H
❶ 2800	6.080,00		

S	5480 Erträge a. d. Herabsetzung von Rückstellungen		H
		❷ 3900	4.000,00

Die beiden Buchungen können auch zusammengefasst werden. *Buchungssatz?*

Fall 3

Die **Rückstellung** (36.000,00 €) wurde im Vorjahr **zu niedrig** bemessen. Durch die Nettozahlung von 38.000,00 € im neuen Jahr entsteht ein **periodenfremder Aufwand** von 2.000,00 €.

Buchung: Rückstellung < Nettozahlung: 38.000,00 €	Soll	Haben
3900 Sonstige Rückstellungen	36.000,00	
6990 Periodenfremde Aufwendungen	2.000,00	
2600 Vorsteuer	7.220,00	
an **2800 Bank**		45.220,00

Rückstellungen

S	3900 Sonstige Rückstellungen		H
2800	36.000,00	EBK	36.000,00

S	6990 Periodenfremde Aufwendungen		H
2800	2.000,00		

S	2600 Vorsteuer		H
2800	7.220,00		

S	2800 Bank		H
		3900/6990/2600	45.220,00

Verpflichtung zur Bildung von Rückstellungen

Nach § 249 (1) HGB müssen Rückstellungen für bestimmte Fälle auf der Passivseite der Bilanz ausgewiesen werden. Diese **Passivierungspflicht** besteht für

- **ungewisse Verbindlichkeiten,** wie z. B. zu erwartende Steuernachzahlungen, Prozesskosten, Pensionsverpflichtungen u. a.,
- **drohende Verluste aus schwebenden Geschäften,** wenn z. B. der Einkaufspreis der bestellten (noch nicht gelieferten) Fertigteile (480,00 € je Stück) am Bilanzstichtag über dem aktuellen Preis (400,00 € je Stück) liegt,
- **im Abschlussjahr unterlassene Instandhaltungen,** die innerhalb der **ersten drei Monate** des neuen Geschäftsjahres nachgeholt werden,
- **Gewährleistungen,** die ohne rechtliche Verpflichtung **(aus Kulanz)** erbracht werden.

Nach § 253 (1) HGB sind Rückstellungen nur in **Höhe** des Betrages anzusetzen, der **nach vernünftiger kaufmännischer Beurteilung** erforderlich ist.

Zusammenfassung

- **Rückstellungen** sind **Verbindlichkeiten für Aufwendungen,** die zum Bilanzstichtag dem Grunde nach feststehen, deren **Höhe und/oder Fälligkeit** jedoch **noch ungewiss** sind **(= ungewisse Verbindlichkeiten).**
- **Für Rückstellungen** besteht nach § 249 (1) HGB in bestimmten Fällen **Passivierungspflicht.**
- Rückstellungen dienen der **periodengerechten Ermittlung des Jahresergebnisses.**

  Buchung: **Aufwandskonto** an **Rückstellungen**
- Die **Bildung** von Rückstellungen **mindert den Gewinn, die Gewinnsteuern** sowie die **Gewinnausschüttung** (Dividende) und **erhöht** somit die **Liquidität** des Unternehmens.
- **Rückstellungen** sind bei Zahlung der **endgültigen** Beträge **aufzulösen:**
  - Zahlung **>** Rückstellung = **Periodenfremder Aufwand** (Konto 6990)
  - Zahlung **<** Rückstellung = **Ertrag aus der Herabsetzung von Rückstellungen** (Konto 5480)
- **Rückstellungen sind aufzulösen, wenn der Grund dafür nicht mehr besteht (Konto 5480).**

AUFGABEN

332 Das Metallwerk Thomas Berg e. K. rechnet zum 31. Dezember des Abschlussjahres mit einer Gewerbesteuernachzahlung[1] von 12.000,00 €.

1. *Bilden Sie den Buchungssatz zum 31. Dezember.*
2. *Wie wirkt sich die Bildung der Rückstellung handelsrechtlich auf a) den Gewinn bzw. b) den Verlust des Unternehmens aus?*
3. *Wie ist zu buchen, wenn der Industriebetrieb am 15. März des Folgejahres an das städtische Steueramt folgende Beträge durch die Bank überweist?*
   a) 12.000,00 €, b) 10.000,00 €, c) 15.000,00 €.

1 Siehe Fußnote auf S. 77.

Eine erforderliche Gebäudereparatur konnte im Dezember nicht mehr durchgeführt werden. Der Kostenvoranschlag für die Instandsetzungsarbeiten, die im Laufe des Monats Januar des nächsten Jahres durchgeführt werden sollen, liegt zum 31. Dezember vor: 25.000,00 €. **333**

1. *Begründen Sie die Notwendigkeit einer Buchung und nennen Sie den Buchungssatz.*
2. *Nennen Sie die Abschlussbuchungen.*
3. *Nennen Sie für das Rückstellungskonto den Eröffnungsbuchungssatz zum 1. Januar.*
4. *Wie lautet der Buchungssatz, wenn Ende Januar n. J. nach erfolgter Instandsetzung des Gebäudes die folgende Rechnung durch Banküberweisung beglichen wird?*
   a) 28.000,00 € + Umsatzsteuer, b) 24.000,00 € + Umsatzsteuer. ■

Für einen schwebenden Prozess rechnen wir zum Bilanzstichtag mit Gerichtskosten in Höhe von 12.000,00 €. Der Gebührenbescheid des Gerichts am 20. April n. J. lautet über **334**

a) 12.000,00 €, b) 15.000,00 €, c) 10.000,00 €.

Die Zahlung erfolgt durch Postbanküberweisung.

Nennen Sie den Buchungssatz zum Bilanzstichtag und am 20. April. ■

Vervollständigen Sie in Ihrem Arbeitsheft folgende Sätze: **335**

1. Rückstellungen sind ••• die ihrem Grunde nach •••, nicht aber nach ••• und/oder •••.
2. Der Betrag der Rückstellung muss ••• werden.
3. Rückstellungen dienen der ••• Ermittlung des Jahreserfolgs. ■

Die Bau-GmbH bestellt am 2. Dezember 3000 t Zement XR 304 zu 60,00 € je t + Umsatzsteuer. Lieferungstermin 15. Februar n. J. Am Bilanzstichtag (31. Dezember) beträgt der Tagespreis 55,00 € je t. **336**

1. *Begründen Sie, dass es sich hierbei um ein schwebendes Geschäft handelt.*
2. *In welchem Fall sind schwebende Geschäfte im Jahresabschluss zu berücksichtigen?*
3. *Buchen Sie a) zum 31. Dez. und b) nach Rechnungseingang im Februar n. J.* ■

Zum Bilanzstichtag rechnen wir mit Steuerberatungskosten in Höhe von 3.200,00 € netto. Im April n. J. erhalten wir die Rechnung des Steuerberaters über a) 3.500,00 € + Umsatzsteuer und b) 2.900,00 € + Umsatzsteuer. **337**

1. *Buchen Sie zum Bilanzstichtag und geben Sie die Abschlussbuchungen an.*
2. *Nennen Sie die Eröffnungsbuchung für das Rückstellungskonto.*
3. *Wie lautet jeweils die Buchung nach Rechnungseingang?* ■

338

1. *Was ist unter dem Begriff „Rückstellungen" zu verstehen?*
2. *Worin unterscheiden sich Rückstellungen und Sonstige Verbindlichkeiten?*
3. *Haben Rückstellungen und Sonstige Verbindlichkeiten einen gemeinsamen Zweck?*
4. *Für welche Sachverhalte müssen nach § 249 (1) HGB Rückstellungen gebildet werden?*
5. *Kann man durch Bildung von Rückstellungen den Gewinn beeinflussen?*
6. *Zu welchem Zeitpunkt sind Rückstellungen aufzulösen?*
7. *Wozu führt a) eine zu hohe und b) eine zu niedrige Schätzung der Rückstellung bei Zahlung?* ■

AUFGABEN

339

Kontenplan und vorläufige Saldenbilanz	Soll	Haben
0700 Technische Anlagen und Maschinen	1.260.000,00	–
0800 Andere Anlagen/BGA	400.000,00	–
0891 GWG-Sammelposten[1]	8.600,00	–
2000 Rohstoffe	95.000,00	–
2400 Forderungen a. LL	190.760,00	–
2600 Vorsteuer	154.380,00	–
2800 Bank	339.200,00	–
2880 Kasse	7.400,00	–
3000 Eigenkapital	–	900.000,00
3001 Privat	88.700,00	–
3900 Sonstige Rückstellungen	–	10.000,00
4250 Darlehensschulden	–	133.600,00
4400 Verbindlichkeiten a. LL	–	170.000,00
4800 Umsatzsteuer	–	375.440,00
4890 Sonstige Verbindlichkeiten	–	110.000,00
5000 Umsatzerlöse für eigene Erzeugnisse	–	1.976.000,00
5710 Zinserträge	–	4.000,00
6000 Aufwendungen für Rohstoffe	626.000,00	–
6160 Fremdinstandhaltung	8.000,00	–
6700 Mietaufwendungen	145.300,00	–
6770 Rechts- und Beratungskosten	14.000,00	–
7510 Zinsaufwendungen	46.400,00	–
7600 Außerordentliche Aufwendungen	16.000,00	–
7800 Diverse Aufwendungen	279.300,00	–
Weitere Konten: 2900, 4900, 5420, 6520, 6540, 6550, 6960, 8010, 8020	3.679.040,00	3.679.040,00

Abschlussangaben zum Bilanzstichtag

1. Außerplanmäßige Abschreibung: Eine EDV-Anlage, Buchwert 8.500,00 €, hat nur noch einen Wert von 500,00 €.
2. Planmäßige Abschreibungen: TA und Maschinen: 20 % vom Buchwert[2]; BGA: 20 % linear von 500.000,00 € Anschaffungskosten; 20 % auf 0891 GWG-Sammelposten.[1]
3. Privatentnahme von Erzeugnissen im Wert von 1.200,00 € netto.
4. Bildung einer Prozesskostenrückstellung in Höhe von 32.800,00 € und einer Rückstellung für unterlassene Instandhaltungen über 68.000,00 €.
5. Wir zahlen die Dezembermiete für die Lagerhalle Anfang n. J.: 15.000,00 €.
6. Ein Kunde hatte uns für einen kurzfristigen Kredit die Halbjahreszinsen in Höhe von 600,00 € am 1. November im Voraus überwiesen.
7. Kassenfehlbetrag lt. Inventur 400,00 € (Ursache ungeklärt).
8. Am 1. Oktober zahlten wir 17.100,00 € Halbjahres-Darlehenszinsen im Voraus.
9. Der Tageswert des Inventurbestandes der Rohstoffe beträgt 92.000,00 €. Die durchschnittlichen Anschaffungskosten betragen 80.000,00 €.[3]

1. *Erstellen Sie den Jahresabschluss. Gliedern Sie die Bilanz nach § 266 HGB (s. Anhang).*
2. *Ermitteln Sie in % die Rentabilität des Eigenkapitals, indem Sie vom Jahresgewinn für die Arbeitsleistung des Geschäftsinhabers zunächst einen Unternehmerlohn von 96.000,00 € abziehen und den Restgewinn zum Eigenkapital vom 1. Januar des Geschäftsjahres in Beziehung setzen (siehe auch S. 412). Hat sich der Kapitaleinsatz gelohnt?*

1 Siehe S. 369.

2 Siehe Fußnote auf S. 366.

3 **Beachten Sie:** Nach dem **Prinzip der kaufmännischen Vorsicht** sind **Vermögensgegenstände** des Umlaufvermögens in der Jahresbilanz zum niedrigsten Wert **(Niederstwertprinzip)** auszuweisen (siehe auch S. 375 f.).

Zweck der handels- und steuerrechtlichen Bewertung 1.3.1

Situation

Das Metallwerk Berg hatte zu Beginn des Geschäftsjahres eine Verpackungsanlage erworben. Die Anschaffungskosten betrugen 200.000,00 €. Ohne Berücksichtigung der Abschreibung dieser Maschine, die eine Nutzungsdauer von 8 Jahren hat, beträgt der Unternehmensgewinn 240.000,00 €. Zum Schluss des ersten Geschäftsjahres ergibt sich für Herrn Berg das folgende Problem:

„Mit welchem Wert soll die Maschine in das Inventar und die Bilanz eingesetzt werden?"

Herr Berg möchte einen möglichst niedrigen Gewinn ausweisen, um weniger Steuern (z. B. Einkommensteuer) zahlen zu müssen. Er entscheidet sich deshalb nicht für die **lineare** Abschreibung der Maschine (= 12,5 %), sondern für die **degressive Abschreibung,** die das **Zweifache der linearen AfA, höchstens jedoch 20 %[1],** beträgt (siehe Seite 366). Das führt zugleich zu einem niedrigeren Wertansatz der Maschine in der Bilanz:

Ermittlung des Wertansatzes	bei linearer AfA	bei degressiver AfA
Anschaffungskosten	200.000,00 €	200.000,00 €
– Abschreibung	25.000,00 €	40.000,00 €
Bilanzansatz zum 31. Dezember	**175.000,00 €**	**160.000,00 €**

Der niedrigere Wertansatz der Maschine **bei degressiver Abschreibung** führt wegen des höheren Abschreibungsbetrags zu einer **zusätzlichen Gewinnminderung von 15.000,00 €.** Unterstellt man einen Einkommensteuersatz von 42 %, so beträgt die **Steuerersparnis** bei Wahl des niedrigeren Wertansatzes **6.300,00 €**:

Ermittlung der Gewinnsteuer (ESt)	bei linearer AfA	bei degressiver AfA
Vorläufiger Gewinn	240.000,00 €	240.000,00 €
– Abschreibung	25.000,00 €	40.000,00 €
Endgültiger Jahresgewinn	215.000,00 €	200.000,00 €
hiervon **42 % Einkommensteuer**	**90.300,00 €**	**84.000,00 €**

Den richtigen Wertansatz bestimmen

Die geschilderte Situation macht deutlich, dass die **Bestimmung des Wertansatzes** zugleich den **Gewinn und die Steuerlast** des Unternehmens **beeinflusst. Ein Mehr oder Weniger im Wertansatz** der einzelnen Vermögens- und Schuldposten hat ein **gleiches Mehr oder Weniger an Gewinn (Verlust)** zur Folge.

Falsche Bewertung, wie z. B. eine überhöhte, zu niedrige oder gar unterlassene Abschreibung oder Rückstellung u. a., **führt zu einer falschen Darstellung der Vermögens-, Schulden- und Erfolgslage des Unternehmens. Vor Täuschungen sind** aber insbesondere die **Gläubiger** des Unternehmens **zu schützen.** Deshalb hat der Gesetzgeber **Bewertungsvorschriften** erlassen, die eine willkürliche Über- und Unterbewertung der Vermögensteile und Schulden untersagen. Es gibt **handels- und besondere steuerrechtliche Bewertungsvorschriften,** die jedoch **unterschiedliche Zielsetzungen haben:**

- **Die handelsrechtliche Bewertung** richtet sich nach §§ 252–256 HGB. Die Vorschriften gelten **für alle Unternehmen,** gleich welcher Rechtsform. Sie dienen der **Erhaltung des Eigenkapitals** als Haftungssubstanz und damit insbesondere dem **Schutz der Gläubiger.** Deshalb müssen Vermögen, Schulden und Erfolg des Unternehmens **vorsichtig** ermittelt werden. So sind z. B. Vermögensteile stets zu ihrem niedrigsten Wert und nicht mit ihrem höheren Marktwert anzu-

1 Dieser AfA-Satz fand bis zum 31. Dezember 2005 Anwendung. Ab 2006 gelten differenzierte Regelungen (vgl. dazu S. 370 f.).

setzen. Das **Prinzip der Vorsicht** ist der **wichtigste Grundsatz** handelsrechtlicher Bewertung.

- **Die steuerliche Bewertung** richtet sich nach **§§ 5–7 Einkommensteuergesetz.** Die Vorschriften sollen die **Ermittlung des Gewinns nach einheitlichen Grundsätzen** sicherstellen und damit für mehr **Steuergerechtigkeit** sorgen. So weisen z. B. die **amtlichen AfA-Tabellen** die Nutzungsdauer der Sachanlagen mit den entsprechenden Abschreibungssätzen aus.

Die Handelsbilanz ist maßgeblich für die Steuerbilanz

Die nach den handelsrechtlichen Bewertungsvorschriften erstellte Bilanz heißt **„Handelsbilanz".** Ihre **Wertansätze** sind zugleich **verbindlich für** die dem Finanzamt einzureichende **„Steuerbilanz",** sofern die steuerlichen Bewertungsvorschriften keine andere Bewertung zwingend vorschreiben. Man spricht deshalb auch vom **„Grundsatz der Maßgeblichkeit der Handelsbilanz für die Steuerbilanz".** Wurde beispielsweise in der Handelsbilanz linear abgeschrieben, so gilt das zwangsläufig auch für die Steuerbilanz. Nur bei **Kapitalgesellschaften** (AG, GmbH) gibt es **getrennte** Bilanzen, da diese Unternehmen ihren handelsrechtlichen Jahresabschluss veröffentlichen müssen **(Publizitätspflicht). Einzelunternehmen** (e. K.) **und Personengesellschaften** (OHG, KG) stellen in der Regel nur **eine** Bilanz auf, die zugleich Handels- und Steuerbilanz ist.

1.3.2 Allgemeine Bewertungsgrundsätze

§ 252 Abs. 1 HGB enthält die folgenden allgemeinen Bewertungsgrundsätze:

- **Grundsatz der Bilanzidentität.** Die Wertansätze in der Eröffnungsbilanz eines Geschäftsjahres müssen mit denen der Schlussbilanz des vorangegangenen Geschäftsjahres übereinstimmen.
- **Grundsatz der Unternehmensfortführung.** Bei der Bewertung ist von der **Fortführung der Unternehmenstätigkeit** auszugehen und nicht von Werten, die bei der Auflösung des Unternehmens (Liquidation, Insolvenzverfahren) erzielt werden.
- **Grundsatz der Einzelbewertung.** Jeder Vermögens- und Schuldposten ist grundsätzlich **einzeln** zu bewerten. **Bewertungsvereinfachungsverfahren,** wie z. B. die Bewertung gleichartiger Waren nach Durchschnittswerten, sind nach § 240 Abs. 4 HGB **erlaubt** (siehe S. 375).
- **Grundsatz der Vorsicht.** Die Bewertung der Aktiv- und Passivposten muss vorsichtig erfolgen und **alle vorhersehbaren Risiken und Verluste,** die bis zum Abschluss-Stichtag entstanden sind, **berücksichtigen.** Gewinne aufgrund von Wertsteigerungen dürfen erst dann ausgewiesen werden, wenn sie tatsächlich, also z. B. durch Verkauf eines Vermögensgegenstandes, erzielt wurden **(Realisationsprinzip).** Drohende Verluste (z. B. aus einem schwebenden Geschäft, siehe S. 358) sind dagegen zu berücksichtigen, obwohl sie noch nicht tatsächlich entstanden sind. Das Prinzip der Vorsicht verhindert somit überhöhte Gewinnausschüttungen und trägt damit zur **Erhaltung des Eigenkapitals als Haftungssubstanz** gegenüber den Gläubigern bei **(Gläubigerschutz).**
- **Grundsatz der Periodenabgrenzung.** Aufwendungen und Erträge sind **unabhängig vom Zeitpunkt ihrer Ausgabe oder Einnahme** dem Geschäftsjahr zuzuordnen, in dem sie wirtschaftlich entstanden sind.
- **Grundsatz der Bewertungsstetigkeit.** Die einmal gewählte **Bewertungsmethode** (z. B. lineare oder degressive Abschreibungsmethode) **soll grundsätzlich beibehalten werden,** um die **Vergleichbarkeit** der Jahresabschlüsse zu ermöglichen.

Besondere Bewertungsgrundsätze 1.3.3

Prinzip der Vorsicht

Zum Bilanzstichtag sind im Rahmen der Inventur alle **Vermögens- und Schuldposten** nach § 252 HGB **einzeln und vorsichtig zu bewerten.** Bei der Bewertung jedes Einzelpostens müssen, wie bereits erwähnt, **vorhersehbare Risiken und Verluste** berücksichtigt werden. Dabei sind **Vermögensgegenstände** grundsätzlich zum niedrigsten Wert **(Niederstwertprinzip)** und **Schulden** jeweils mit ihrem höchsten Wert **(Höchstwertprinzip)** anzusetzen. Die Bewertungsgrundsätze sollen **Gläubiger** vor falschen Entscheidungen und damit Schaden bewahren.

Das Prinzip der Vorsicht findet Anwendung in speziellen Bewertungsprinzipien:

Anschaffungswertprinzip	Niederstwertprinzip	Höchstwertprinzip

Das Anschaffungswertprinzip 1.3.3.1

Die ursprünglichen **Anschaffungskosten** eines Vermögensgegenstandes **bilden die absolute Bewertungsobergrenze,** die **nicht überschritten werden darf.**

Beispiel

Der Wert eines vor 10 Jahren erworbenen Grundstücks ist inzwischen auf 300.000,00 € gestiegen. Das Konto „0500 Unbebaute Grundstücke" weist die Anschaffungskosten des Grundstücks in Höhe von 250.000,00 € aus.

Da das Grundstück noch nicht für 300.000,00 € verkauft worden ist, ist auch der Gewinn von 50.000,00 € **noch nicht tatsächlich entstanden (realisiert). Nicht realisierte Gewinne** sind lediglich **„stille Reserven".** Aus Gründen kaufmännischer Vorsicht **dürfen** sie **nicht ausgewiesen** und somit auch **nicht ausgeschüttet werden.** Das Eigenkapital soll in Höhe der stillen Reserve als **Haftungssubstanz** gegenüber den **Gläubigern** erhalten bleiben. Deshalb darf das Grundstück höchstens mit 250.000,00 € Anschaffungskosten in die Bilanz eingesetzt werden.

Das Niederstwertprinzip 1.3.3.2

Für die Bewertung der Güter **des Anlage- und Umlaufvermögens** gilt das **Niederstwertprinzip:** Von zwei möglichen Werten, nämlich dem **Tageswert** (Börsen- oder Marktwert) **am Bilanzstichtag** und den **Anschaffungskosten,** ist grundsätzlich der **niedrigste anzusetzen.**

Beispiel

Ein Grundstück, das vor 8 Jahren für 230.000,00 € Anschaffungskosten erworben wurde, hat wegen giftiger Ablagerungen lt. Gutachten nur noch einen Marktwert von 100.000,00 €.

Da eine **dauernde Wertminderung** vorliegt, ist das Grundstück mit dem **niedrigeren Wertansatz** von 100.000,00 € im Inventar und in der Bilanz anzusetzen. Dadurch ergibt sich ein **nicht realisierter Verlust** von 130.000,00 €, der durch eine entsprechende **außerplanmäßige Abschreibung** (= außerordentliche Abschreibung) erfasst und ausgewiesen werden muss (vgl. S. 365 f.).

Nennen Sie den Buchungssatz.

S	0500 Unbebaute Grundstücke		H
EBK	230.000,00	6550	130.000,00
		SBK	100.000,00

S	6550 Außerplanm. Abschreibg. a. SA		H
0500	130.000,00	GuV	130.000,00

S	8010 Schlussbilanzkonto		H
0500	100.000,00		

S	8020 Gewinn- und Verlustkonto		H
6550	130.000,00		

1.3.3.3 Das Höchstwertprinzip

Aus Gründen kaufmännischer Vorsicht (Gläubigerschutz) sind die **Schulden** des Unternehmens stets **zu ihrem höchsten Wert** in der Bilanz auszuweisen **(zu passivieren):** Von zwei möglichen Werten ist jeweils der höhere in die Bilanz einzusetzen.

Beispiel Eine Textilfabrik importierte am 15. Dezember .. Rohstoffe aus den USA für 10.000,00 USD[1] mit einem Zahlungsziel von 30 Tagen. Kurs am 15. Dezember: 1,3802 USD/1 EUR[2]. Zum 31. Dezember beträgt der Kurs 1,3607 USD/1 EUR[2].

Wie lauten die Buchungen zum 15. Dezember und zum 31. Dezember?

Die Eingangsrechnung lautet auf Dollar und ist zum **Tageskurs** umzurechnen.

Buchung der Eingangsrechnung zum 15. Dezember	Soll	Haben
6000 Aufwendungen für Rohstoffe	7.245,33	
an 4400 Verbindlichkeiten a. LL..................		7.245,33

S 6000 Aufwendungen für Rohstoffe		H
4400	7.245,33	

S 4400 Verbindlichkeiten a. LL		H
	6000	7.245,33

Zum Bilanzstichtag ist die Währungsverbindlichkeit **aus Gründen kaufmännischer Vorsicht** mit dem **höheren Kurswert** von 7.349,16 EUR zu bewerten und **in die Bilanz einzusetzen.** Das **Höchstwertprinzip** führt somit zum Ausweis eines **nicht realisierten Verlustes** von 103,83 EUR.

Buchung zum Bilanzstichtag 31. Dezember	Soll	Haben
6000 Aufwendungen für Rohstoffe	103,83	
an 4400 Verbindlichkeiten a. LL..................		103,83

S 6000 Aufwendungen für Rohstoffe		H
4400	7.245,33	
4400	103,83	

S 4400 Verbindlichkeiten a. LL		H
	6000	7.245,33
	6000	103,83

Würde sich der **Kurs** zum Bilanzstichtag **von 1,3802 USD/1 EUR auf 1,4167 USD/1 EUR ändern,** muss die Währungsverbindlichkeit **zum Anschaffungskurs von 1,3802 passiviert** werden, da sonst ein Gewinn von 186,67 EUR ausgewiesen würde, der jedoch noch **nicht durch Zahlung realisiert** ist. **Nicht realisierte Gewinne dürfen aus Vorsichtsgründen nicht ausgewiesen werden!**

Imparitätsprinzip als Ausdruck kaufmännischer Vorsicht

Anschaffungswert-, Niederstwert- und Höchstwertprinzip bewirken, dass im Jahresabschluss nicht realisierte Verluste ausgewiesen werden, nicht aber nicht realisierte Gewinne. Diese **ungleiche** Behandlung von nicht realisierten Gewinnen und Verlusten wird auch als

„Imparitätsprinzip"

bezeichnet. Es ist **Ausdruck kaufmännischer Vorsicht** als dem **wichtigsten allgemeinen Bewertungsgrundsatz.**

1 Es werden die internationalen Währungsbezeichnungen verwendet.
2 Währungskurse unterliegen ständigen und oft erheblichen Schwankungen. Entnehmen Sie aktuelle Kurse dem Wirtschaftsteil der Tageszeitungen, dem Internet oder erkundigen Sie sich bei Ihrer Bank danach.

Das Anlagevermögen gliedert sich in folgende **Gruppen:**[1]

Gliederung des Anlagevermögens

I. Immaterielle Vermögensgegenstände	II. Sachanlagen	III. Finanzanlagen
z. B. Konzessionen, Lizenzen, Geschäfts- oder Firmenwert u. a.	z. B. Grundstücke und Gebäude, BGA, Technische Anlagen/ Maschinen u. a.	z. B. Beteiligungen an Unternehmen, Wertpapiere des Anlagevermögens u. a.

Im Hinblick auf die Bewertung der Anlagegegenstände ist zwischen abnutzbaren und nicht abnutzbaren Anlagen zu unterscheiden. Während **abnutzbare** Sachanlagen **planmäßig nach ihrer betriebsgewöhnlichen Nutzungsdauer** abgeschrieben werden, können **nicht abnutzbare Anlagegüter** wegen fehlender Nutzungsdauer **nur außerplanmäßig** abgeschrieben werden, wenn sich eine Wertminderung einstellt.[2]

Planmäßige Abschreibung abnutzbarer Anlagegüter

Abnutzbare Anlagegüter sind zum Bilanzstichtag mit ihren **fortgeführten** Anschaffungskosten (Herstellungskosten) anzusetzen. Sie müssen nach § 253 (2) HGB **planmäßig abgeschrieben** werden, also **linear, degressiv** oder nach **Leistungseinheiten.**

Beispiel

Am 10. Januar .. wurde ein Stanzautomat angeschafft. Die Anschaffungskosten betragen 400.000,00 €. Die Anlage hat eine betriebsgewöhnliche Nutzungsdauer von 10 Jahren und soll linear abgeschrieben werden.

Wie hoch sind die fortgeführten Anschaffungskosten?

	Anschaffungskosten	400.000,00 €
–	planmäßige (lineare) Abschreibung	40.000,00 €
	fortgeführte Anschaffungskosten	**360.000,00 €**

Nennen Sie den Buchungssatz für die planmäßige Abschreibung der Anlage.

Außerplanmäßige Abschreibung

Sollte während der Nutzungsdauer des Anlagegutes eine **außerordentliche und dauerhafte Wertminderung** durch Schadensfall oder Unwirtschaftlichkeit der Anlage eintreten, muss nach § 253 (2) HGB neben der planmäßigen **zusätzlich** noch eine **außerplanmäßige Abschreibung** über das Konto **„6550 Außerplanmäßige Abschreibungen auf Sachanlagen"** im Sinne des § 277 HGB vorgenommen werden.

Abschreibung nicht abnutzbarer Anlagegüter

Nicht abnutzbare Anlagegüter (z. B. Grundstücke, als Daueranlage angeschaffte Wertpapiere u. a.) werden in der Regel zu **Anschaffungskosten** ausgewiesen. Im Falle einer **dauerhaften Wertminderung** muss allerdings eine **Abschreibung** auf den niedrigeren Tageswert erfolgen **(Strenges Niederstwertprinzip).**

Beispiel

Zur langfristigen Kapitalanlage erwarb das Metallwerk Berg am 10. Februar .. Aktien zum Anschaffungswert von 85.000,00 €. Zum 31. Dezember .. ist der Kurswert nachhaltig auf 80.000,00 € gesunken.

	Anschaffungskosten der Wertpapiere des Anlagevermögens	85.000,00 €
–	außerplanmäßige Abschreibung zum 31. Dezember	5.000,00 €
	Bilanzansatz zum 31. Dezember	**80.000,00 €**

Buchungssatz	**Soll**	**Haben**
7400 Abschreibungen auf Finanzanlagen und Wertpapiere des UV	5.000,00	
an **1500 Wertpapiere des AV**		5.000,00

1 siehe Bilanzgliederung gemäß § 266 HGB, S. 394 f., Anhang (Rückseite des Kontenrahmens)
2 siehe Kapitel B, 1.11 und D, 1.3.4.1

S	1500 Wertpapiere des AV		H
...	85.000,00	7400	5.000,00
		SBK	80.000,00

S	7400 Abschreibungen auf Finanzanlagen und Wertpapiere des UV		H
1500	5.000,00	GuV	5.000,00

S	8010 Schlussbilanzkonto		H
1500	80.000,00		

S	8020 Gewinn- und Verlustkonto		H
7400	5.000,00		

1.3.4.1 Exkurs: Methoden der planmäßigen Abschreibung

Für die planmäßige Abschreibung abnutzbarer Sachanlagen gibt es neben der bereits auf den Seiten 72 f. behandelten **linearen** auch noch die **degressive** Abschreibungsmethode sowie die **Abschreibung nach Leistungseinheiten.**[1]

Situation

Das Metallwerk Berg hatte am 5. Januar 2005 eine Verpackungsanlage erworben. Die Anschaffungskosten betragen 200.000,00 €. Die Maschine hat eine betriebsgewöhnliche Nutzungsdauer von 8 Jahren.

Welche Abschreibungsmethode würden Sie dem Unternehmen empfehlen, wenn auch in Zukunft hohe Jahresgewinne zu erwarten sind?

1.3.4.1.1 Lineare und degressive Abschreibung

Lineare Abschreibung

Bei linearer Abschreibung wird in allen Nutzungsjahren jeweils mit einem gleichen Abschreibungssatz (%) von den **Anschaffungskosten** abgeschrieben, wodurch der **Abschreibungsbetrag in jedem Jahr gleich** (linear) ist:

$$\text{Abschreibungsbetrag in €} = \frac{\text{Anschaffungskosten}}{\text{Nutzungsdauer}} = \frac{200.000,00\ €}{8\ \text{Jahre}} = 25.000,00\ €/\text{Jahr}$$

$$\text{Abschreibungssatz in \%} = \frac{100\ \%}{\text{Nutzungsdauer}} = \frac{100\ \%}{8\ \text{Jahre}} = 12,5\ \%$$

Am Ende der achtjährigen Nutzungsdauer wird bei linearer Abschreibung der **Nullwert** erreicht (siehe die nebenstehende Gegenüberstellung der linearen und degressiven Abschreibung der Verpackungsanlage). **In jedem Nutzungsjahr** wird der **Jahresgewinn um 25.000,00 € gemindert.**

Degressive Abschreibung

Bei degressiver Abschreibungsmethode wird die **Abschreibung** nur im ersten Jahr der Nutzung von den Anschaffungskosten des Anlagegutes vorgenommen, in den folgenden Jahren dagegen **vom jeweiligen Buch- oder Restwert.** Es ergeben sich dadurch jährlich **fallende (degressive) Abschreibungsbeträge.**

Bei degressiver Abschreibung kann der **Nullwert** am Ende der Nutzungsdauer zwangsläufig **nie erreicht** werden, da jeweils **vom Buchwert abgeschrieben** wird. Um aber nach Ablauf der Nutzungsdauer einen möglichst niedrigen Restwert zu erhalten, muss der Abschreibungssatz bei degressiver Abschreibung höher sein als bei linearer Abschreibung. Der verbleibende Restwert am Ende der Nutzungsdauer ist dann auf den Nullwert bzw. Erinnerungswert abzuschreiben.

1 siehe S. 368

Bestimmung des degressiven AfA-Satzes

Steuerrechtlich darf der degressive Abschreibungssatz das **Zweifache** des linearen Abschreibungssatzes betragen, jedoch **nicht höher als 20 % sein** (§ 7 Abs. 2 EStG).[1] Für die Bestimmung des degressiven Abschreibungssatzes in % sind zwei Überlegungen anzustellen:

a) Doppelter Satz der linearen Abschreibung = 2 · 12,5 % = ... **25 %**

b) Höchstsatz, der nicht überschritten werden darf = ... **20 %**

Also ist im obigen Beispiel mit 20 % degressiv abzuschreiben.

Gegenüberstellung der linearen und degressiven Abschreibung (AfA)

Ermittlung des Buchwertes	12,5 % lineare AfA v. Anschaffungskosten	20 % degressive AfA v. jeweiligen Buchwert
Anschaffungskosten	200.000,00 €	200.000,00 €
– **Abschreibung für das 1. Jahr**	**25.000,00 €**	**40.000,00 €**
Buchwert am Ende des 1. Jahres	175.000,00 €	160.000,00 €
– **Abschreibung für das 2. Jahr**	**25.000,00 €**	**32.000,00 €**
Buchwert am Ende des 2. Jahres	150.000,00 €	128.000,00 €
– **Abschreibung für das 3. Jahr**	**25.000,00 €**	**25.600,00 €**
Buchwert am Ende des 3. Jahres	125.000,00 €	102.400,00 €
– **Abschreibung für das 4. Jahr**	**25.000,00 €**	**20.480,00 €**
Buchwert am Ende des 4. Jahres	100.000,00 €	81.920,00 €
– **Abschreibung für das 5. Jahr**	**25.000,00 €**	**16.384,00 €**
Buchwert am Ende des 5. Jahres	75.000,00 €	65.536,00 €
– **Abschreibung für das 6. Jahr**	**25.000,00 €**	**13.107,20 €**
Buchwert am Ende des 6. Jahres	50.000,00 €	52.428,80 €
– **Abschreibung für das 7. Jahr**	**25.000,00 €**	**10.485,76 €**
Buchwert am Ende des 7. Jahres	25.000,00 €	41.943,04 €
– **Abschreibung für das 8. Jahr**	**25.000,00 €**	**8.388,61 €**
Buchwert am Ende des 8. Jahres	**0,00 €**	**33.554,43 €**

Vorteil der degressiven AfA

Wertminderungen ergeben sich bei Anlagegütern oft in den ersten Nutzungsjahren – verursacht durch **technischen Fortschritt** (Modellwechsel). Dieser Tatsache trägt die degressive Abschreibungsmethode Rechnung – sofern sie steuerlich zulässig ist –, da bei ihr **in den ersten Nutzungsjahren die Abschreibungsbeträge wesentlich höher** sind als bei linearer Abschreibung. Das bewirkt einen starken **Investitionsanreiz.** Außerdem **mindert** sich dadurch der **Gewinn** des Unternehmens bedeutend **stärker** und damit zugleich die Steuerbelastung.

Unternehmenssteuerreform 2008

Für **bewegliche** Wirtschaftsgüter des Anlagevermögens, die **nach dem 31. Dezember 2007** angeschafft oder hergestellt werden, darf die **degressive AfA** aus Gründen der Erhöhung des Steueraufkommens **steuerlich nicht mehr angewandt** werden, sondern **nur noch die lineare AfA** (Ausnahmen siehe Fußnoten 1 und 2). **Handelsrechtlich** sind selbstverständlich beide Abschreibungsmethoden zur Erstellung der **Handelsbilanz** erlaubt (siehe auch „Maßgeblichkeitsgrundsatz" S. 362).

Wie hoch ist der Gewinn bei linearer und degressiver AfA?

S	8020 GuV-Konto (bei linearer AfA)		H
...	300.000,00	...	400.000,00
AfA	**25.000,00**		
Gewinn	?		

S	8020 GuV-Konto (bei degressiver AfA)		H
...	300.000,00	...	400.000,00
AfA	**40.000,00**		
Gewinn	?		

1 Diese Regelung galt bis zum 31. Dezember 2005. Bei **beweglichen Anlagegütern,** die in den **Geschäftsjahren 2006 und 2007 angeschafft oder hergestellt wurden,** beträgt der **degressive AfA-Satz das Dreifache** des linearen AfA-Satzes, jedoch **höchstens 30 %. In 2008** angeschaffte oder hergestellte bewegliche Wirtschaftsgüter dürfen steuerlich **nur linear** abgeschrieben werden.

2 **Für die ab 1. Januar 2009 bis 31. Dezember 2010** angeschafften oder hergestellten **beweglichen Anlagegüter** wird aus **konjunkturellen** Gründen **die degressive AfA mit 25 % wieder eingeführt** (§ 7 Abs. 2 EStG).

1.3.4.1.2 Der Wechsel von der degressiven zur linearen Abschreibung

Der Restwert ist bei degressiver Abschreibung am Ende der Nutzungsdauer sehr hoch. Um auch bei dieser Abschreibungsmethode den Nullwert zu erreichen, erlaubt das Einkommensteuerrecht den Wechsel von der degressiven zur linearen Abschreibung, nicht aber umgekehrt (§ 7 Abs. 3 EStG). Der **Übergang** von der degressiven zur linearen Abschreibung ist bei einer Nutzungsdauer von 8 Jahren **im 5. Jahr** sinnvoll, weil dann der lineare **Abschreibungsbetrag/-satz der Restabschreibung höher** ist als **die degressive Abschreibung:**

$$\text{AfA-Betrag bei linearer AfA} = \frac{\text{Restbuchwert zum Zeitpunkt des Wechsels}}{\text{Restnutzungsdauer}} = \frac{81.920{,}00\ €}{4\ \text{Jahre}} = 20.480{,}00\ €$$

$$\text{Linearer AfA-Satz} = \frac{100\ \%}{\text{Restnutzungsdauer}} = \frac{100\ \%}{4\ \text{Jahre}} = 25\ \%$$

Übergang von der degressiven zur linearen Abschreibung im 5. Nutzungsjahr

Ermittlung des Buchwertes	20 %[1] degressive AfA	Übergang zur linearen AfA
Anschaffungskosten	200.000,00 €	
– **Abschreibung für das 1. Jahr**	**40.000,00 €**	
Buchwert am Ende des 1. Jahres	160.000,00 €	
– **Abschreibung für das 2. Jahr**	**32.000,00 €**	
Buchwert am Ende des 2. Jahres	128.000,00 €	
– **Abschreibung für das 3. Jahr**	**25.600,00 €**	
Buchwert am Ende des 3. Jahres	102.400,00 €	
– **Abschreibung für das 4. Jahr**	**20.480,00 €**	
Buchwert am Ende des 4. Jahres	81.920,00 € →	81.920,00 €
– **Abschreibung für das 5. Jahr**	**16.384,00 €**	**20.480,00 €**
Buchwert am Ende des 5. Jahres	65.536,00 €	61.440,00 €
– **Abschreibung für das 6. Jahr**	**13.107,20 €**	**20.480,00 €**
Buchwert am Ende des 6. Jahres	52.428,80 €	40.960,00 €
– **Abschreibung für das 7. Jahr**	**10.485,76 €**	**20.480,00 €**
Buchwert am Ende des 7. Jahres	41.943,04 €	20.480,00 €
– **Abschreibung für das 8. Jahr**	**8.388,61 €**	**20.480,00 €**
Buchwert am Ende des 8. Jahres	**33.554,43 €**	**0,00 €**

Übergang von der degressiven zur linearen AfA

Das obige Beispiel macht deutlich, dass sich der **Übergang von der degressiven zur linearen Abschreibung im 5. Nutzungsjahr** empfiehlt, da der **lineare Abschreibungsbetrag** dann **4.096,00 € größer** ist als bei degressiver Abschreibung. Von Vorteil ist auch, dass für die Restjahre die AfA-Aufwandsbelastung gleich hoch ist und am Ende des 8. Nutzungsjahres der Nullwert erreicht wird.

1.3.4.1.3 Die Abschreibung nach der Leistung des Anlagegutes

Situation

Betragen die Anschaffungskosten eines Lieferwagens 80.000,00 € und die voraussichtliche Gesamtleistung 200 000 km, so ergibt sich daraus ein Abschreibungsbetrag je Leistungseinheit (km) von: 80.000 : 200 000 = 0,40 €/km.

Leistungs-AfA bei unterschiedlicher Beanspruchung

Neben der linearen und degressiven Abschreibung kann ein Anlagegut auch nach der im Jahr **erbrachten Leistung** (Kilometer, Maschinenstunden, Produktionsmenge u. a.) abgeschrieben werden. Diese Abschreibungsmethode ist sinnvoll, wenn das betreffende Anlagegut (z. B. LKW) in den einzelnen Nutzungsjahren in seiner Leistung **sehr unterschiedlich beansprucht** wird, wodurch auch der technische Verschleiß zwangsläufig stark schwankt. Diese steuerlich zulässige Abschreibungsmethode **kommt der technisch bedingten Wertminderung am nächsten.** Die auf das einzelne Nutzungsjahr entfallende **Leistung muss** natürlich **nachweisbar sein.**

Den Jahresabschreibungsbetrag erhält man, indem man die jährliche Fahrtleistung, **nachzuweisen durch Fahrtenbuch,** mit dem AfA-Betrag von 0,40 € je km multipliziert:

1. Jahr: 40 000 km · 0,40 € = **16.000,00 € AfA**
2. Jahr: 60 000 km · 0,40 € = **24.000,00 € AfA**
3. Jahr: 35 000 km · 0,40 € = **14.000,00 € AfA**
4. Jahr: 65 000 km · 0,40 € = **26.000,00 € AfA**

Exkurs: Die Abschreibung Geringwertiger Wirtschaftsgüter 1.3.4.2

Bewegliche Wirtschaftsgüter des Anlagevermögens, die

- **selbstständig nutzbar,**
- **bewertbar** und
- **abnutzbar**

sind, werden **steuerlich** als **„Geringwertige Wirtschaftsgüter (GWG)"** bezeichnet, wenn ihre Anschaffungs- bzw. Herstellungskosten (AK bzw. HK) bestimmte Nettowerte nicht überschreiten. Hierbei unterscheidet die **Unternehmenssteuerreform ab 2008** die folgenden **drei Gruppen**[1]**:**

1. **GWG im Nettowert bis 60,00 €** werden **direkt als Betriebsausgabe** auf dem betreffenden **Aufwandskonto** gebucht. Eine vorherige Aktivierung findet also nicht statt.

Beispiel

Kauf eines Tischrechners gegen Banküberweisung: 55,00 € netto + 10,45 € USt.

Buchungen	Soll	Haben
6080 Büromaterial	55,00	
2600 Vorsteuer	10,45	
an 2080 Bank		65,45

2. **GWG im Nettowert von 61,00 € bis 150,00 €** werden zunächst auf dem Konto **„0890 GWG" aktiviert** und **danach sofort** über das Konto **„6540 Abschreibungen auf GWG" voll** abgeschrieben. Es besteht steuerlich eine **Sofortabschreibungspflicht.**

Beispiel

Kauf eines Aktenregals gegen Banküberweisung: 150,00 € netto + 28,50 € USt.

Buchungen bei Anschaffung	Soll	Haben
❶ 0890 Geringwertige Wirtschaftsgüter	150,00	
2600 Vorsteuer	28,50	
an 2800 Bank		178,50
❷ 6540 Abschreibungen auf GWG	150,00	
an 0890 GWG		150,00

3. **GWG im Nettowert von 151,00 € bis 1.000,00 €** werden in einem **jährlichen Sammelposten (Pool)** erfasst und in **fünf** Jahren **linear** mit je **20 % abgeschrieben.** Für **jedes Geschäftsjahr** ist ein **eigenes Sammelkonto 0891** zu bilden, das nur durch Zugänge und die Jahresabschreibung verändert werden darf, nicht aber durch Abgänge (Entnahmen und Verkäufe). Der Verkauf eines geringwertigen Wirtschaftsgutes würde dann lediglich als ertrag gebucht.

Beispiel

❶ Kauf eines Laptops gegen Banküberweisung: 1.000,00 € + 190,00 € USt.
❷ Das Konto 0891 weist zum Jahresabschluss einen Bestand von 10.000,00 € aus. 20 % AfA.

Buchungen bei Anschaffung	Soll	Haben
❶ 0891 GWG-Sammelposten	1.000,00	
2600 Vorsteuer	190,00	
an 2800 Bank		1.190,00
❷ 6540 Abschreibungen auf GWG	2.000,00	
an 0891 GWG-Sammelposten		2.000,00

1 Gesetzliche Grundlage: § 6 Abs. 2 EStG, § 52 Abs. 16 Satz 17 EStG, R 6.13 Abs. 2 EStR

Zusammenfassung der Methoden der planmäßigen Abschreibung

Zusammenfassung

- **Abnutzbare Anlagegüter** werden **planmäßig** nach ihrer **Nutzungsdauer** (linear bzw. degressiv) oder nach **Leistungseinheiten** abgeschrieben.
- Zu den **planmäßigen Abschreibungen** zählen folgende Methoden:

lineare Abschreibung → gleich bleibende Abschreibungsbeträge	degressive Abschreibung → fallende Abschreibungsbeträge	Leistungsabschreibung → schwankende Abschreibungsbeträge

- Die **lineare** AfA-Methode erreicht nach Ablauf der Nutzungsdauer den **Nullwert,** nicht aber die degressive. Deshalb ist ein **Wechsel** von der degressiven zur linearen Abschreibung steuerlich **möglich,** nicht aber umgekehrt.
- Bewegliche Wirtschaftsgüter des Anlagevermögens, die **ab 2008** angeschafft oder hergestellt werden, dürfen **steuerlich nur noch linear** abgeschrieben werden.[1]
- Die degressive AfA darf bei Wirtschaftsgütern, die **vor 2008** angeschafft bzw. hergestellt worden sind, **entsprechend ihrer Nutzungsdauer** weiter **fortgeführt** werden.
- **Handelsrechtlich** sind sowohl die lineare als auch die degressive AfA zulässig.
- Neben der planmäßigen Abschreibung ist bei **außergewöhnlichen Wertminderungen** auch eine **außerplanmäßige** Abschreibung möglich.
- **Die buchhalterische Erfassung der GWG** richtet sich nach der **Höhe der AK bzw. HK.**
- Der je Geschäftsjahr gebildete **GWG-Sammelposten** ist **linear** in fünf Jahren **abzuschreiben.**
- Der GWG-Sammelposten **darf nicht** durch Entnahmen und Verkäufe **verändert** werden.

Zusatzinformation

- **Bei Anschaffung** von Anlagegütern **während** des Geschäftsjahres wird die **Abschreibung zeitanteilig nach Monaten** berechnet, und zwar **ab dem Monat der Anschaffung.** Erfolgt der Zugang des Anlagegutes am 20. März, so ist es noch 10 Monate abzuschreiben.
- **Bei Abgang** von Anlagegütern durch Veräußerung wird die Abschreibung ebenfalls **zeitanteilig** vorgenommen, und zwar in der Regel **bis auf den vorhergehenden Monat.**
- **Für jedes Anlagegut** ist eine **Anlagenkarte** zu führen (siehe auch S. 19 und 74).
- **In der Anlagenkartei** werden alle Anlagenkarten **nach** den **Anlagekonten der Klasse 0 geordnet.** Die **Abschreibungen** aus allen Anlagenkarten werden addiert und dann **in einer Summe** auf dem Konto **6520 Abschreibungen auf Sachanlagen** gebucht. Die Anlagenkartei ist also eine **Nebenbuchhaltung,** die die **Anlagekonten erläutern** soll. Sie ist die Grundlage der Inventur.

AUFGABEN

340 Die Anschaffungskosten eines Tresors, der am 3. Januar 2005 für die Geschäftskasse u. a. angeschafft wurde (siehe S. 366 f.), belaufen sich auf 50.000,00 €. Die betriebsgewöhnliche Nutzungsdauer beträgt 10 Jahre.

1. *Ermitteln Sie für die lineare Abschreibung jeweils a) den Abschreibungsbetrag und b) den Abschreibungssatz.*
2. *Wie hoch ist der degressive Abschreibungssatz bei höchstmöglicher steuer-licher Abschreibung?*
3. *Stellen Sie in einer tabellarischen Übersicht die lineare und degressive Abschreibung mit dem steuerlich zulässigen Höchstsatz gegenüber.*

1 Siehe Fußnote 2 auf S. 367.

4. *Nennen Sie die Vorteile der a) linearen und b) degressiven Abschreibung.*
5. *Nennen Sie den Buchungssatz für die degressive AfA des Tresors im ersten Nutzungsjahr.*
6. *Zeichnen Sie in einem Koordinatenkreuz die lineare und die degressive Abschreibungskurve.* ■

341

1. *Worin liegt der Nachteil der degressiven Abschreibungsmethode gegenüber der linearen?*
2. *Inwiefern ist es von Vorteil, in einem bestimmten Nutzungsjahr von der de-gressiven zur linearen Abschreibung überzugehen?*
3. *In welchem Jahr sollte Ihrer Meinung nach ein Wechsel bei der degressiven Abschreibung der vorhergehenden Aufgabe stattfinden? Ermitteln und begründen Sie das Übergangsjahr.*
4. *Nennen Sie die linearen Abschreibungsbeträge für die restliche Nutzungsdauer.* ■

342

Ermitteln Sie den Abschreibungssatz für die lineare und höchstmögliche degressive[1] Abschreibung bei folgender Nutzungsdauer:

a) 5 Jahre, b) 8 Jahre, c) 10 Jahre, d) 12 Jahre und e) 15 Jahre. ■

343

Wie hoch sind die Höchstsätze der degressiven[1] Abschreibung bei den folgenden linearen Abschreibungssätzen:

a) 5 %, b) 8 %, c) 10 %, d) 12 %, e) 15 %, f) 20 % und g) 25 %? ■

344

Anschaffung einer EDV-Anlage für 11.880,00 € am 10. September eines Geschäftsjahres. Betriebsgewöhnliche Nutzungsdauer: 3 Jahre. Lineare AfA.

1. *Ermitteln Sie den jährlichen Abschreibungsbetrag bei linearer Abschreibung.*
2. *Nennen Sie den Abschreibungsbuchungssatz für das 1. Nutzungsjahr.* ■

345

Die Anschaffungskosten eines Lastkraftwagens in 2005[1] betragen 150.000,00 €. Betriebsgewöhnliche Nutzungsdauer: 8 Jahre.

1. *Ermitteln Sie den linearen AfA-Satz und den Höchstsatz der degressiven AfA.*
2. *Was bedeutet die Abkürzung „AfA"?*
3. *Erstellen Sie eine Abschreibungstabelle mit der linearen u. der degressiven AfA.*
4. *Wie lautet der Buchungssatz für die a) lineare und b) degressive AfA am Ende des ersten Nutzungsjahres?*
5. *Erstellen Sie das Fuhrparkkonto für das erste Nutzungsjahr zum 31. Dez.*
   a) bei linearer AfA und b) bei degressiver AfA.
6. *Wie lautet der Buchungssatz zur linearen AfA am Ende des achten Nutzungsjahres, wenn der Lkw weiterhin betrieblich genutzt wird?* ■

346

Ordnen Sie die folgenden Aussagen der linearen und der degressiven AfA zu:

1. Der Höchstsatz der AfA ist 30 %.[1]
2. Die AfA wird jedes Jahr von den Anschaffungskosten berechnet.
3. Am Ende der Nutzungsdauer ergibt sich stets ein Restwert.
4. Der Nullwert wird am Ende der Nutzungsdauer stets erreicht.
5. Die Abschreibung wird vom verminderten Buchwert berechnet.
6. Der Abschreibungsbetrag ist in jedem Nutzungsjahr gleich.
7. Es handelt sich um fallende Abschreibungsbeträge.
8. Die Abschreibungsmethode berücksichtigt den technischen Fortschritt. ■

---

1 Siehe Fußnoten 1 und 2 auf S. 367.

AUFGABEN

347 Die Anschaffungskosten eines Lastkraftwagens in einem Zementwerk betragen 120.000,00 €. Die Gesamtleistung wird auf 240 000 km geschätzt. Die betriebsgewöhnliche Nutzungsdauer beträgt acht Jahre.

1. *Worin sehen Sie den Vorteil einer Abschreibung nach Leistungseinheiten?*
2. *Ermitteln Sie die jährlichen AfA-Beträge bei linearer Abschreibung.*
3. *Berechnen Sie die Abschreibung nach der Leistung:*
   1. Jahr: 40 000 km, 2. Jahr: 25 000 km, 3. Jahr: 45 000 km, 4. Jahr: 22 000 km, 5. Jahr: 28 000 km, 6. Jahr: 36 000 km, 7. Jahr: 20 000 km, 8. Jahr: 24 000 km.
4. *Stellen Sie im Koordinatenkreuz den Verlauf der linearen und der Leistungsabschreibung dar.* ■

348 Die Anschaffungskosten eines Transportwagens betragen im Metallwerk Thomas Berg e. K. 75.000,00 €. Das Fahrzeug wurde am 1. April angeschafft und soll in sechs Jahren linear abgeschrieben werden.

1. *Ermitteln Sie für das erste Nutzungsjahr die genaue zeitanteilige Abschreibung.*
2. *Ermitteln Sie den Abschreibungsbetrag für das zweite Nutzungsjahr.*
3. *Wie hoch ist der Abschreibungsbetrag im 6. Nutzungsjahr und 7. Nutzungsjahr?* ■

349

1. Die Abschreibung nach der Nutzungsdauer wird auch als planmäßige Abschreibung bezeichnet. *Nennen Sie die planmäßigen AfA-Methoden.*
2. Neben der planmäßigen Abschreibung ist auch eine außerplanmäßige möglich. *Nennen Sie Beispiele für eine außerplanmäßige Abschreibung.* ■

350 Ein Grundstück wurde vor fünf Jahren für 200.000,00 € erworben. Aufgrund eines Gutachtens wurde festgestellt, dass das Grundstück mit Schadstoffen belastet ist und deshalb nur noch einen Verkehrswert von 120.000,00 € hat.

1. *Mit welchem Wert ist das Grundstück zum 31. Dezember zu bewerten?*
2. *Nennen Sie die Buchung zum 31. Dezember.* ■

351 *Begründen und entscheiden Sie, ob die folgenden Anlagegüter, die in diesem Geschäftsjahr angeschafft wurden, bei der Abschreibung als Geringwertige Wirtschaftsgüter behandelt werden dürfen. Die Preise stellen die Anschaffungskosten dar:*

a) Schreibtisch 390,00 €, b) Stuhl 270,00 €, c) PC-Drucker 400,00 €, d) Schreibtischlampe 150,00 €, e) Kugelschreiber 30,00 €, f) Software für Textverarbeitung 250,00 €, g) Büroschrank 990,00 €. ■

352 Das Metallwerk Thomas Berg e. K. erwirbt einen Schreibtischsessel für 390,00 € + Umsatzsteuer.

1. *Begründen Sie, dass es sich hierbei um ein Geringwertiges Wirtschaftsgut handelt.*
2. *Nennen und begründen Sie die Buchung bei Anschaffung des Sessels.*
3. *Welche Buchung ergibt sich zum 31. Dezember?* ■

353 Barkauf eines elektronischen Notizbuches für 50,00 € + USt und eines Tisches für 140,00 € + USt.
Begründen Sie Ihre Buchungen. ■

Anschaffung eines Aktenschranks für 375,00 € netto + Umsatzsteuer. Der Spediteur berechnet 32,50 € + Umsatzsteuer. Die Rechnung für den Aktenschrank wird unter Abzug von 2 % Skonto durch die Bank beglichen. 354

1. *Ermitteln Sie die Anschaffungskosten des Anlagegutes.*
2. *Nennen Sie die Buchungen bei Anschaffung des Anlagegutes.*
3. *Begründen Sie Ihre Abschreibungsentscheidung zum 31. Dezember.*
4. *Wie lautet die Buchung zum 31. Dezember?* ■

Welche Antwort ist a) falsch oder b) richtig? 355

1. Ein Übergang von der linearen zur degressiven Abschreibung ist ab 2008 steuerlich erlaubt.
2. Am Ende der Nutzungsdauer wird nur bei degressiver Abschreibung der Nullwert erreicht.
3. Abschreibungen vermindern als Aufwand den steuerpflichtigen Gewinn.
4. Die lineare AfA ist nur bei beweglichen Anlagegütern erlaubt.
5. Skonti mindern nicht die Anschaffungskosten.
6. Die Vorsteuer zählt zu den Anschaffungskosten eines Anlagegutes.
7. Die Abschreibungen werden als Kosten in die Verkaufspreise einkalkuliert.
8. Aus Abschreibungserlösen lassen sich keine Neuinvestitionen finanzieren.
9. Eine EDV-Tastatur im Anschaffungswert von 150,00 € ist ein GWG.
10. GWGs bis 60,00 € (netto) können sofort als Aufwand gebucht werden. ■

356

1. *Ordnen Sie die Begriffe „gleich bleibend“, „fallend“ und „schwankend“ den Ihnen bekannten Abschreibungsmethoden zu.*
2. *Welche Bedeutung hat die Anlagenkartei? Begründen Sie.* ■

357

Überprüfen Sie, ob folgende Aussagen falsch oder richtig sind:

1. Bei einem unbebauten Grundstück kann wegen des Wegfalls der Verkehrsanbindung eine außerplanmäßige Abschreibung vorgenommen werden.
2. Fortgeführte Anschaffungskosten ergeben sich nur nach degressiver AfA.
3. Nicht abnutzbare Anlagegüter dürfen nur außerplanmäßig abgeschrieben werden.
4. Bei Ausscheiden eines abnutzbaren Anlagegutes durch Verkauf oder Entnahme muss zur genauen Ermittlung des Buchwertes noch die zeitanteilige AfA berechnet und gebucht werden.
5. Für jeden einzelnen Sachanlagegegenstand ist eine Anlagenkarte zu führen.
6. Der spätere Übergang von der degressiven zur linearen Abschreibung ist steuerlich möglich.
7. Lastkraftwagen können nur linear oder degressiv abgeschrieben werden.
8. Ein nachträglich gewährter Preisnachlass darf bei der Ermittlung der Anschaffungskosten eines Anlagegutes nicht berücksichtigt werden.
9. Nicht realisierte Gewinne müssen buchhalterisch erfasst und ausgewiesen werden.
10. Verbindlichkeiten sind nach dem Niederstwertprinzip zu bewerten.
11. Die Bewertung des Anlagevermögens erfolgt nach dem Höchstwertprinzip.
12. Für die Bewertung aller Vermögensteile gilt das strenge Niederstwertprizip.
13. Zum Anlagevermögen zählen nicht nur Sachanlagen, sondern auch Finanzanlagen und immaterielle Anlagegüter.
14. Anzahlungen auf Sachanlagen müssen in der Bilanz im Sachanlagevermögen gesondert ausgewiesen werden. ■

AUFGABEN

358

Kontenplan und vorläufige Saldenbilanz	Soll	Haben
0500 Unbebaute Grundstücke	280.000,00	–
0510 Bebaute Grundstücke	200.000,00	–
0530 Betriebsgebäude	780.000,00	–
0700 Technische Anlagen und Maschinen	675.000,00	–
0800 Andere Anlagen/BGA	280.000,00	–
0891 GWG-Sammelposten	6.000,00	–
2000 Rohstoffe	155.600,00	–
2200 Fertige Erzeugnisse	33.325,00	–
2400 Forderungen a. LL	197.635,00	–
2600 Vorsteuer	101.580,00	–
2800 Bank	158.200,00	–
2880 Kasse	6.800,00	–
3000 Eigenkapital	–	1.300.000,00
3001 Privat	62.000,00	–
4250 Hypothekenschulden	–	568.475,00
4400 Verbindlichkeiten a. LL	–	230.200,00
4800 Umsatzsteuer	–	259.065,00
5000 Umsatzerlöse für eigene Erzeugnisse	–	1.350.000,00
5001 Erlösberichtigungen	12.000,00	–
5400 Mieterträge	–	22.600,00
5420 Entnahme v. G. u. s. L.	–	25.500,00
5430 Sonstige betriebliche Erträge	–	14.800,00
6000 Aufwendungen für Rohstoffe	420.000,00	–
6001 Bezugskosten	3.000,00	–
6002 Nachlässe	–	18.500,00
6900 Versicherungsbeiträge	22.000,00	–
7510 Zinsaufwendungen	36.000,00	–
7800 Diverse Aufwendungen	360.000,00	–
Zusatzkonten: 5200, 6520, 6540, 6550, 8010 und 8020.	3.789.140,00	3.789.140,00

Abschlussangaben zum Bilanzstichtag (31. Dezember)

1. Die Anschaffung einer Heftmaschine (GWG), Anschaffungskosten 400,00 €, wurde irrtümlich über das Konto „0700 TA und Maschinen" gebucht.
2. Die Steuerberichtigungen sind noch zu ermitteln und zu buchen:
   a) Liefererskonti, brutto: 952,00 €; b) Kundenskonti, brutto: 1.428,00 €.
3. Die Gutschriftsanzeige unseres Lieferers für fehlerhafte Rohstoffe ist noch zu buchen: 1.011,50 € brutto.
4. Ein Kunde erhält noch eine Bonus-Gutschriftsanzeige über 1.785,00 € brutto.
5. Kassenüberschuss lt. Inventur 300,00 € (Ursache ungeklärt).
6. Reparaturen im Haus des Unternehmers wurden durch eigenen Betrieb durchgeführt: netto 1.500,00 €.
7. Planmäßige Abschreibungen: Gebäude: 2 % von 900.000,00 € Herstellungskosten. TA u. Maschinen: 20 % degressiv[1]; Andere Anlagen/BGA: 10 % von 320.000,00 € Anschaffungskosten; 20 % auf 0891 GWG-Sammelposten.
8. Außerplanmäßige Abschreibung:
   Das mit 280.000,00 € bilanzierte unbebaute Grundstück hat lt. Gutachten nur noch einen Wert von 220.000,00 €.
9. Schlussbestände lt. Inventur: Rohstoffe .... 170.000,00 €
   Fertige Erzeugnisse .... 43.325,00 €

   Im Übrigen entsprechen die Buchwerte der Inventur.

Ermitteln Sie die Rentabilität des Eigenkapitals.

1 Siehe Fußnoten 1 und 2 auf S. 367.

Die Bewertung des Umlaufvermögens 1.3.5

Die Wirtschaftsgüter des Umlaufvermögens sind nach dem **strengen Niederstwertprinzip** zu bewerten. Von zwei Werten, nämlich den Anschaffungskosten (AK) und dem Tageswert (TW) am Bilanzstichtag, ist jeweils der niedrigere anzusetzen:

AK > TW → Bewertung zum Tageswert,
AK < TW → Bewertung zu Anschaffungskosten.

Die Bewertung der Vorratsbestände 1.3.5.1

Situation

Das Metallwerk Thomas Berg hat zum Bilanzstichtag lt. Inventur noch 2000 Schalter ZX23 auf Lager. Da diese Fertigteile zu unterschiedlichen Preisen und Zeitpunkten angeschafft wurden, ist nicht feststellbar, aus welcher Lieferung der Schlussbestand stammt. *Mit welchem Wert ist der Vorrat an Schaltern anzusetzen, wenn der Tageswert am 31. Dezember 7,50 € je Schalter beträgt?*

Einzel- und Sammelbewertung

Wie für alle Vermögensteile und Schulden gilt auch für die **Bewertung der Vorräte** an Werkstoffen, Fremdbauteilen, eigenen Erzeugnissen und Handelswaren der **Grundsatz der Einzelbewertung,** d. h., bei jedem Einzelposten sind jeweils die ursprünglichen **Anschaffungskosten** (Herstellungskosten) **mit dem Tageswert am Bilanzstichtag zu vergleichen,** wobei der **niedrigere** von beiden Werten anzusetzen ist. Die Einzelbewertung ist jedoch nicht möglich, wenn sich der zu bewertende Inventurbestand aus verschiedenen Lieferungen zu unterschiedlichen Preisen zusammensetzt. Deshalb erlaubt der Gesetzgeber bei **gleichartigen** Vorräten eine **Sammel- bzw. Gruppenbewertung** in Form einer

- **Durchschnittsbewertung (§ 240 Abs. 4 HGB) oder**
- **Verbrauchsfolgebewertung (§ 256 HGB).**

Durchschnittsbewertung 1.3.5.1.1

Hierbei werden die **durchschnittlichen Anschaffungskosten** aus Anfangsbestand und Zugängen ermittelt und mit dem **Tageswert am Bilanzstichtag** verglichen:

		Stückzahl	Anschaffungskosten je Stück	Anschaffungskosten insgesamt
Anfangsbestand	1. Jan.	1 400	6,00 €	8.400,00 €
Zugang	15. April	800	6,50 €	5.200,00 €
Zugang	12. Juli	1 050	6,50 €	6.825,00 €
Zugang	18. Okt.	1 200	6,80 €	8.160,00 €
Zugang	28. Nov.	1 600	7,00 €	11.200,00 €
Summe		**6 050**		**39.785,00 €**

Durchschnittliche Anschaffungskosten je Stück $= \frac{39.785,00}{6\,050} =$ **6,58 €**

Da der Tageswert am Bilanzstichtag (7,50 €) höher ist, muss der Endbestand von 2000 Schaltern nach dem strengen **Niederstwertprinzip** mit 6,58 € je Schalter bewertet werden, wodurch der **Ausweis eines nicht realisierten Gewinns verhindert** wird:

Inventurmenge	·	Wert je Stück	=	Bilanzansatz
2000	·	6,58	=	13.160,00 €

Buchung zum 31. Dezember	Soll	Haben
8010 Schlussbilanzkonto	13.160,00	
an **2010 Fremdbauteile**		13.160,00

1. *Wie lauten Bilanzansatz und Buchungen bei einem Tageswert von 6,20 € je Schalter?*
2. *Begründen Sie, dass ein nicht realisierter Verlust ausgewiesen werden muss.*

1.3.5.1.2 Verbrauchsfolgebewertung

Die Bewertung **gleichartiger** Vorratsbestände kann zum Bilanzstichtag auch auf der Grundlage einer bestimmten **Verbrauchsfolge** vorgenommen werden. Man unterscheidet im Wesentlichen zwischen **Fifo- und Lifo-Methode.**

Fifo-Methode

Diese Methode unterstellt, dass die zuerst beschafften oder hergestellten Güter auch zuerst verbraucht oder verkauft werden (**f**irst **i**n – **f**irst **o**ut), sodass der **Endbestand** stets **aus den letzten Zugängen** stammt und deshalb auch jeweils zu deren Anschaffungskosten zu bewerten ist.

Beispiel (siehe oben)		Menge	Anschaffungskosten je Einheit
Anfangsbestand	1. Jan.	1 400	6,00 €
Zugang	15. April	800	6,50 €
Zugang	12. Juli	1 050	6,50 €
Zugang	18. Okt.	1 200	6,80 €
Zugang	28. Nov.	1 600	7,00 €

Für den o. g. **Inventurbestand** von 2 000 Schaltern ergibt sich folgender **Fifo-Wertansatz:**

	1 600 Einheiten zu 7,00 €	11.200,00 €
+	400 Einheiten zu 6,80 €	2.720,00 €
	Fifo-Wertansatz für 2 000 Einheiten	**13.920,00 €**

Wegen des **strengen Niederstwertprinzips** ist der ermittelte Wertansatz jeweils mit dem Tageswert am Bilanzstichtag zu vergleichen. Bei einem Tageswert von 7,10 € (= 14.200,00 € Gesamttageswert) muss der Fifo-Wertansatz von 13.920,00 € in die Schlussbilanz übernommen werden. Beträgt der Tageswert am Bilanzstichtag 6,70 €, müsste **der Endbestand zum niedrigeren Tageswert** von 13.400,00 € bewertet werden.

Lifo-Methode

Diese Methode geht von der Annahme aus, dass die zuletzt erworbenen oder hergestellten Güter als Erste verbraucht oder verkauft werden (**l**ast **i**n – **f**irst **o**ut). Deshalb setzt sich der **Endbestand stets aus dem Anfangsbestand und den ersten Zugängen** zusammen und ist somit auch zu deren Anschaffungskosten zu bewerten.

Für den o. g. **Inventurbestand** von 2 000 Schaltern ergibt sich folgender **Lifo-Wertansatz:**

	1 400 Einheiten zu 6,00 €	8.400,00 €
+	600 Einheiten zu 6,50 €	3.900,00 €
	Lifo-Wertansatz für 2 000 Einheiten	**12.300,00 €**

Beträgt der Tageswert am Bilanzstichtag z. B. 6,80 €, kann der Lifo-Wertansatz von 12.300,00 € bilanziert werden. Bei einem Tageswert von 5,90 € ist dieser mit 2 000 · 5,90 € = 11.800,00 € anzusetzen.

Bei steigenden Preisen führt die **Lifo-Methode** zu einer möglichst niedrigen Bewertung des Endbestandes, während z. B. der Verbrauch an Werkstoffen zu hohen Preisen in die Kostenrechnung eingeht. **Bei fallenden Preisen** ist das Lifo-Verfahren **nicht anwendbar.**

Handelsrechtlich kann die Bewertung gleichartiger Vorratsbestände sowohl nach dem gewogenen Durchschnitt als auch nach der Verbrauchsfolge vorgenommen werden, sofern das strenge Niederstwertprinzip beachtet wird. **Steuerrechtlich** sind sowohl die Durchschnitts- als auch die Lifo-Methode zulässig. Wegen der einfachen Durchführung wird **in der Praxis überwiegend das Durchschnittsverfahren** angewandt.

Die Bewertung der Forderungen a. LL | 1.3.5.2

Einführung | 1.3.5.2.1

Bewertung zum Jahresabschluss

Zum Schluss des Geschäftsjahres sind die „Forderungen aus Lieferungen und Leistungen" hinsichtlich ihrer **Güte (Bonität)** zu überprüfen und zu **bewerten.** Dabei unterscheidet man **drei Gruppen:**

1. einwandfreie,
2. zweifelhafte und
3. uneinbringliche Forderungen.

Unterscheidung der Forderungen

Einwandfrei sind Forderungen, wenn mit **ihrem Zahlungseingang in voller Höhe** gerechnet werden kann.

Zweifelhaft ist eine Forderung, wenn der **Zahlungseingang unsicher** ist, also ein vollständiger oder teilweiser **Forderungsausfall zu erwarten** ist. Das ist beispielsweise der Fall, wenn der Kunde **trotz Mahnung nicht gezahlt** hat oder über sein Vermögen ein **Insolvenzverfahren**[1] beantragt oder eröffnet worden ist. **Zweifelhafte Forderungen** werden auch als **„Dubiose"** bezeichnet.

Uneinbringlich ist eine Forderung, wenn der **Forderungsausfall endgültig** feststeht. Das ist beispielsweise der Fall, wenn das Insolvenzverfahren mangels Masse eingestellt oder fruchtlos gepfändet worden ist oder bei Verjährung der Forderung.

Die Bewertung der Forderungen (§ 253 [3] HGB) entspricht dieser Einteilung:

- **einwandfreie** Forderungen sind mit dem **Nennbetrag** anzusetzen,
- **zweifelhafte** Forderungen sind mit ihrem **wahrscheinlichen Wert** zu bilanzieren,
- **uneinbringliche** Forderungen sind **voll abzuschreiben.**

Bewertungsverfahren

Für die Bewertung von Forderungen zum Bilanzstichtag gibt es **zwei Möglichkeiten:**

1. **Einzelbewertung** für das **spezielle Ausfallrisiko** (z. B. Insolvenz)
2. **Pauschalbewertung** für das **allgemeine Ausfallrisiko**

Abschreibung vom Nettowert der Forderung

Die Bewertung von Forderungen a. LL bedingt oft auch deren **Abschreibung.** Dabei ist zu beachten, dass die Abschreibung wegen eines zu erwartenden oder bereits eingetretenen Forderungsverlustes **stets nur vom Nettowert** der Forderung vorgenommen und somit als **Aufwand** gebucht werden kann. Die in der Forderung enthaltene **Umsatzsteuer** wird bei Ausfall der Forderung vom Finanzamt in entsprechender Höhe erstattet. Sie darf deshalb auch grundsätzlich **erst dann berichtigt** werden, **wenn der Ausfall (Verlust) der Forderung endgültig feststeht** und somit „das vereinbarte Entgelt für eine steuerpflichtige Lieferung oder sonstige Leistung **uneinbringlich** geworden ist" (§ 17 [2] Ziffer 1 UStG), wie beispielsweise nach Abschluss eines Insolvenzverfahrens über das Vermögen eines Kunden.

1 Der Antrag auf Eröffnung eines Insolvenzverfahrens wegen Zahlungsunfähigkeit kann vom Schuldner selbst oder vom jeweiligen Gläubiger beim zuständigen Insolvenzgericht (Amtsgericht) gestellt werden.

1.3.5.2.2 Einzelbewertung von Forderungen

Spezielles Ausfallrisiko

Zum Jahresende werden alle Forderungen aus Lieferungen und Leistungen einzeln auf ihre Bonität oder Einbringlichkeit überprüft. Die **Einzelbewertung** (§ 152 [1] Ziffer 3 HGB) berücksichtigt das **individuelle Ausfallrisiko** beim Kunden, wie z. B. die Eröffnung eines Insolvenzverfahrens.

Aus Gründen der Klarheit werden die ermittelten z**weifelhaften Forderungen** von den **einwandfreien** (vollwertigen) Forderungen buchhalterisch **getrennt.** Das geschieht durch **Umbuchung** der gefährdeten Einzelforderungen auf das Konto

2470 Zweifelhafte Forderungen.

1.3.5.2.2.1 Direkte Abschreibung von uneinbringlichen Forderungen

Situation 1

Über das Vermögen des Kunden Anton Pleite e. K. wurde am 10. Dezember der Antrag auf Eröffnung eines Insolvenzverfahrens gestellt. Unsere Forderung beträgt 2.380,00 € (2.000,00 € netto + 380,00 € USt). Vor Aufstellung der Bilanz zum 31. Dezember .. erfahren wir, dass das Insolvenzverfahren mangels Masse, also wegen fehlender Deckung der Verfahrenskosten, nicht eröffnet wurde.

Die gefährdete Forderung wird zunächst **kontenmäßig gesondert erfasst:**

Buchungssatz	Soll	Haben
❶ **2470 Zweifelhafte Forderungen**	2.380,00	
an **2400 Forderungen a. LL**		2.380,00

Werden zweifelhafte Forderungen teilweise oder vollständig **uneinbringlich,** wird der **Nettobetrag** des entsprechenden Forderungsausfalls **direkt abgeschrieben:**

6951 Abschreibungen auf Forderungen wegen Uneinbringlichkeit.[1]

Gleichzeitig ist die **Umsatzsteuer** im Soll des Kontos „4800 USt" zu **berichtigen,** da durch den Forderungsausfall eine Rückforderung an das Finanzamt entsteht.[1]

Buchungssatz	Soll	Haben
❷ **6951 Abschreibungen auf Forderungen**[1].........	2.000,00	
4800 Umsatzsteuer	380,00	
an **2470 Zweifelhafte Forderungen**		2.380,00

S	2470 Zweifelhafte Forderungen		H
❶	2.380,00	❷	2.380,00

S	6951 Abschreibungen a. Forderungen		H
❷	2.000,00		

S	2400 Forderungen a. LL		H
...	119.000,00	❶	2.380,00

S	4800 Umsatzsteuer		H
❷	380,00		

Situation 2

Auf eine im vorigen Jahr als uneinbringlich abgeschriebene Forderung erhält Thomas Berg am 30. Dezember unerwartet 357,00 € (300,00 € netto + 57,00 € USt) durch Banküberweisung. Damit lebt die Umsatzsteuer wieder auf.

Buchungssatz	Soll	Haben
2800 Bank	357,00	
an **5490 Periodenfremde Erträge**		300,00
an **4800 Umsatzsteuer**..........................		57,00

1 In der **EDV-Fibu** ist das **Konto 6951** stets ein **automatisches Konto.** Nach **Eingabe des Bruttobetrages** wird die anteilige **Umsatzsteuer automatisch** herausgerechnet und gebucht **(Umsatzsteuerverprobung!).**

Einzelwertberichtigung (EWB) zweifelhafter Forderungen | 1.3.5.2.2.2

Indirekte Abschreibung

Ist zum Bilanzstichtag bei einer Forderung ein Verlust zu erwarten, so muss in Höhe des **vermuteten (geschätzten) Ausfalls** eine entsprechende Abschreibung vorgenommen werden. Diese **Abschreibung** erfolgt aus Gründen der Klarheit und Übersichtlichkeit in der Regel nicht direkt über das Konto „Zweifelhafte Forderungen", sondern **indirekt** über ein **Wertberichtigungskonto:**

3670 Einzelwertberichtigungen zu Forderungen (EWB).

Das Wertberichtigungskonto, auch „Delkredere" genannt, ist ein **Passivkonto.** Die Zuführung zur EWB, also die Bildung der EWB, erfolgt über das **Aufwandskonto**

6952 Einstellung in EWB.

Situation

Der Kunde Wolfgang Kurz e. K. hat am 13. Dezember . . das Insolvenzverfahren beantragt. Die Forderung des Metallwerks Thomas Berg beträgt 11.900,00 € (= 10.000,00 € netto + 1.900,00 € USt). Zum 31. Dezember . . wird der Verlust auf 80 % von 10.000,00 € (= 8.000,00 €) geschätzt.

Umbuchung der zweifelhaft gewordenen Forderung zum 13. Dezember . .	Soll	Haben
❶ 2470 Zweifelhafte Forderungen	11.900,00	
an 2400 Forderungen a. LL		11.900,00

Indirekte Abschreibung des vermuteten Forderungsverlustes zum 31. Dezember . .	Soll	Haben
❷ 6952 Einstellung in EWB	8.000,00	
an 3670 EWB zu Forderungen		8.000,00

S	2400 Forderungen a. LL		H
...	238.000,00	❶ 2470	11.900,00
		SBK	226.100,00

S	2470 Zweifelhafte Forderungen		H
❶ 2400	11.900,00	SBK	11.900,00

S	6952 Einstellung in EWB		H
❷ 3670	8.000,00	GuV	8.000,00

S	3670 EWB zu Forderungen		H
SBK	8.000,00	❷ 6952	8.000,00

S	8010 Schlussbilanzkonto		H
2400 Forderungen a. LL	226.100,00	3670 EWB zu Forderungen	8.000,00
2470 Zweifelhafte Forderungen	11.900,00		

Nennen Sie den Abschlussbuchungssatz für die Bestandskonten 2400, 2470 und 3670.

Vorteile der indirekten Abschreibung

Der Bestand der zweifelhaften Forderungen wird zum Bilanzstichtag in voller Höhe ausgewiesen und stimmt mit dem Kontostand im Hauptbuch und im Kontokorrentbuch (Kundenkonten) überein, während die **„Wertberichtigungen"** zu den zweifelhaften Forderungen insgesamt die **Höhe des zu erwartenden Verlustes ausweisen.** Die indirekte Abschreibung auf Forderungen zum Bilanzstichtag entspricht somit dem **Grundsatz der Klarheit.** Zudem bewirkt sie eine **bessere Abstimmung der Kundenkonten mit den Sachkonten** „Forderungen a. LL" und „Zweifelhafte Forderungen".

Beachten Sie: In den zu **veröffentlichenden Bilanzen der Kapitalgesellschaften** dürfen **zweifelhafte Forderungen und Wertberichtigungen nicht ausgewiesen** werden. Sie sind **vorab** aktivisch **mit den Forderungen a. LL** zu **verrechnen** (siehe Bilanz nach § 266 HGB auf S. 394 f. und im Anhang).

Einzelwertberichtigung (EWB) zweifelhafter Forderungen

Direkte Abschreibung des tatsächlichen Forderungsausfalls

Zu Beginn des neuen Jahres werden die **Konten 2470 und 3670 über „8000 EBK"** eröffnet:

Buchungen	Soll	Haben
❶ **2470 Zweifelhafte Forderungen**	11.900,00	
an **8000 EBK**		11.900,00
❷ **8000 EBK**	8.000,00	
an **3670 EWB zu Forderungen**		8.000,00

Der sich im neuen Jahr ergebende tatsächliche Ausfall der zweifelhaften Forderung wird direkt abgeschrieben über das Konto

6951 Abschreibungen auf Forderungen wegen Uneinbringlichkeit,

obwohl für diese Forderung bereits eine Wertberichtigung besteht. Auf diese Weise werden alle Umsatzsteuer mindernden Forderungsausfälle lediglich auf dem Konto 6951 erfasst, das, versehen mit einer **Umsatzsteuerautomatik,** eine EDV-gerechte Umsatzsteuerverprobung ermöglicht. Die für die zweifelhafte Forderung gebildete **Einzelwertberichtigung** bleibt deshalb bis zum Jahresende **unberührt.**

Situation

Nach Abschluss des Insolvenzverfahrens gegen den Kunden Wolfgang Kurz e. K. überweist der Insolvenzverwalter 2.380,00 €. Die Restforderung in Höhe von 9.520,00 € (11.900,00 € – 2.380,00 €) ist endgültig verloren. Die darin enthaltene Umsatzsteuer über 1.520,00 € wird berichtigt.

Buchungssatz	Soll	Haben
2800 Bank	2.380,00	
6951 Abschreibungen auf Forderungen	8.000,00	
4800 Umsatzsteuer	1.520,00	
an **2470 Zweifelhafte Forderungen**		11.900,00

S	2470 Zweifelhafte Forderungen		H
...	11.900,00	Diverse	11.900,00

S	3670 EWB zu Forderungen		H
		EBK	8.000,00

S	2800 Bank		H
2470	2.380,00		

S	6951 Abschreibungen a. Forderungen		H
2470	8.000,00		

S	4800 Umsatzsteuer		H
2470	1.520,00		

Anpassung der Einzelwertberichtigung

Die **bisherige** EWB (8.000,00 €) wird zum 31. Dezember jeweils der **aktuellen** EWB zweifelhafter Forderungen **angepasst.**

Beispiele

EWB zum 31. Dezember: ❶ 5.000,00 €, ❷ 9.000,00 €

❶ **Neue EWB < bisherige EWB:** In Höhe des Differenzbetrages (8.000,00 € – 5.000,00 € = 3.000,00 €) erfolgt eine **Herabsetzung der EWB.**

Buchungssatz	Soll	Haben
3670 EWB zu Forderungen	3.000,00	
an **5450 Erträge aus der Auflösung oder Herabsetzung von WB auf Forderungen**		3.000,00

❷ **Neue EWB > bisherige EWB:** In Höhe des Differenzbetrages (9.000,00 € – 8.000,00 € = 1.000,00 €) erfolgt eine **Erhöhung der EWB.**

Buchungssatz	Soll	Haben
6952 Einstellung in EWB	1.000,00	
an **3670 EWB zu Forderungen**		1.000,00

Der Kunde Matthias Schneider e. K. hat am 8. Nov. beim zuständigen Amtsgericht das Insolvenzverfahren beantragt. Unsere Forderung beträgt einschließlich USt 5.950,00 €. Am 20. November erfahren wir, dass das Insolvenzverfahren mangels Masse abgelehnt wurde. Das Konto „2400 Forderungen a. LL" weist einen Bestand von 238.000,00 € aus, das Konto „4800 USt" 18.500,00 €. **359**

1. *Buchen Sie auf den entsprechenden Konten a) zum 8. Nov. u. b) zum 20. Nov.*
2. *Begründen Sie die Trennung der zweifelhaften von den einwandfreien Forderg.*
3. *Warum darf nur vom Nettowert der Forderung abgeschrieben werden?* ■

Der Kunde Hans Moog e. K. hat am 2. Dez. das Insolvenzverfahren beantragt. Unsere Forderung: 1.190,00 €. Das Verfahren kommt am 28. Dez. zum Abschluss. Die Erstattungsquote beträgt 50 % = 595,00 €. Die Bankgutschrift erfolgt noch zum 29. Dez. *Buchen Sie a) zum 2. Dez. und b) zum 29. Dez.* ■ **360**

Der Kunde Dirk Krämer e. K. hat am 10. November das Insolvenzverfahren beantragt. Unsere Forderung beträgt einschließlich Umsatzsteuer 4.760,00 €. Beim letzten Termin am 15. Dez. ergab sich eine Erstattungsquote von a) 50 % und b) 70 %. Die Zahlung erfolgte zum gleichen Zeitpunkt durch Banküberweisung. Bestand auf Konto 2400: 261.800,00 €, auf Konto 4800: 18.200,00 €. **361**

1. *Buchen Sie auf den erforderlichen Konten zum 10. November.*
2. *Wie lauten die Buchungen zum 15. Dezember a) bei 50 % und b) bei 70 % Erstattungsquote?*
3. *Inwiefern ergibt sich in den Fällen 2. a) und 2. b) eine Korrektur der USt?* ■

Im Vorjahr war eine uneinbringlich gewordene Forderung von 3.570,00 € direkt in voller Höhe abgeschrieben worden. Unerwartet erhalten wir am 15. Mai des laufenden Jahres 1.785,00 € einschl. USt auf unser Bankkonto überwiesen. *Buchen Sie und begründen Sie die Auswirkung des Falles auf die USt.* ■ **362**

Über das Vermögen unseres Kunden Martin Ohnesorg e. K. wird am 15. Dezember das Insolvenzverfahren eröffnet. Unsere Forderung beträgt 4.760,00 € (4.000,00 € netto + 760,00 € USt). Zum Bilanzstichtag wird mit einem Ausfall von 70 % der Forderung gerechnet. Das Konto „2400 Forderungen a. LL" weist einen Bestand von 357.000,00 € aus. **363**

1. *Wie lauten die Buchungen a) zum 15. Dezember und b) zum 31. Dezember?*
2. *Schließen Sie die Bestandskonten über das Schlussbilanzkonto ab und erläutern Sie den Aussagewert dieser Bilanzposten.*
3. *Wie wäre zum 31. Dezember bei einem EWB-Anfangsbestand von a) 0,00 €, b) 3.500,00 € und c) 1.000,00 € zu buchen?*
4. *Vergleichen Sie die Aussagefähigkeit der Kundenkonten bei direkter und bei indirekter Abschreibung der zweifelhaften Forderungen.*
5. *Warum darf in diesem Fall zum 31. Dez. noch keine USt-Korrektur erfolgen?* ■

Die Bestandskonten der Aufgabe 363 sind mit ihren Beständen zum 1. Januar .. zu eröffnen. Das Konto „4800 Umsatzsteuer" weist einen Bestand von 15.600,00 € aus. Am 15. Februar des laufenden Geschäftsjahres werden uns nach Abschluss des Insolvenzverfahrens folgende Beträge einschließlich Umsatzsteuer auf unser Bankkonto überwiesen: a) 1.904,00 €; b) 952,00 €. **364**

1. *Ermitteln Sie rechnerisch jeweils die Umsatzsteuerkorrektur.*
2. *Buchen Sie auf den entsprechenden Konten die Fälle a) und b).*
3. *Bei der Bewertung der Forderungen zum Bilanzstichtag gilt – wie bei allen Wirtschaftsgütern – der Grundsatz der Einzelbewertung. Begründen Sie das.* ■

1.3.5.2.3 Pauschalwertberichtigung (PWB) der Forderungen

Allgemeines Ausfallrisiko

Bei großem Kundenstamm ist eine Einzelbewertung aller Forderungen zum Bilanzstichtag zu zeitaufwendig. Erfahrungsgemäß ist aber auch bei einwandfreien Forderungen im Laufe des Geschäftsjahres mit Ausfällen zu rechnen. Kunden von an sich guter Bonität können durch nicht vorhergesehene Ereignisse in Zahlungsschwierigkeiten geraten. Ein Abschwächen der Konjunktur kann bei bisher zahlungsfähigen Kunden ebenfalls zu einem Liquiditätsengpass führen. Diesem nicht vorhersehbaren **allgemeinen Ausfall- bzw. Kreditrisiko** trägt man vorsorglich durch eine **Pauschalabschreibung der Forderungen** Rechnung.

Berechnung der Pauschalabschreibung

Aufgrund der betrieblichen **Erfahrungen** (Forderungsausfälle der letzten 3–5 Jahre) wird ein Prozentsatz ermittelt und auf den Bestand der Forderungen (Nettowert) angewandt. Dieser **Pauschalsatz** muss rechnerisch **nachweisbar** sein.

Indirekte Abschreibung

Die Pauschalabschreibung wird aus Gründen der Klarheit indirekt im Haben eines besonderen Wertberichtigungs- oder Korrekturkontos erfasst. Der Abschreibungsbetrag wird zunächst im Soll des Aufwandskontos

6953 Einstellung in Pauschalwertberichtigung

gebucht. Die entsprechende Habenbuchung erscheint auf dem Passivkonto

3680 Pauschalwertberichtigung zu Forderungen (PWB).

Zum Jahresabschluss wird das Konto 6953 zum GuV-Konto, das Konto 3680 zum Schlussbilanzkonto abgeschlossen. **Im Schlussbilanzkonto** bildet somit die auf der Passivseite der Bilanz ausgewiesene **„PWB zu Forderungen"** einen **Korrekturposten** zu den **„Forderungen a. LL"** auf der Aktivseite der Bilanz.

Beispiel

	Gesamtbetrag der Forderungen zum 31. Dezember . ., brutto	238.000,00 €
–	Umsatzsteueranteil	38.000,00 €
	Nettoforderungen, die der Pauschalbewertung unterliegen	200.000,00 €
	Hierauf 3 % Pauschalabschreibung	**6.000,00 €**

Buchungen zum 31. Dezember	Soll	Haben
❶ **6953 Einstellung in PWB**	6.000,00	
an **3680 PWB zu Forderungen**		6.000,00
❷ **8020 GuV-Konto**	6.000,00	
an **6953 Einstellung in PWB**		6.000,00
❸ **8010 Schlussbilanzkonto**	238.000,00	
an **2400 Forderungen a. LL**		238.000,00
❹ **3680 PWB zu Forderungen**	6.000,00	
an **8010 Schlussbilanzkonto**		6.000,00

S	6953 Einstellung in PWB		H
❶	6.000,00	❷	6.000,00

S	8020 GuV-Konto		H
❷	6.000,00		

S	2400 Forderungen a. LL		H
...	238.000,00	❸	238.000,00

S	3680 PWB zu Forderungen		H
❹	6.000,00	❶	6.000,00

S	8010 Schlussbilanzkonto		H
2400 Forderungen a. LL	238.000,00	3680 PWB zu Forderungen	6.000,00

Pauschalwertberichtigung (PWB) der Forderungen

Aussagewert der Bilanz

Das Schlussbilanzkonto weist nun im Soll den Gesamtbetrag der Forderungen a. LL aus, im Haben dagegen den vermuteten Forderungsausfall in Höhe der Pauschalwertberichtigung. In **Bilanzen von Kapitalgesellschaften,** die **veröffentlicht** werden sollen, muss die **Pauschalwertberichtigung** jedoch vorher von den Forderungen **aktivisch abgesetzt** werden (siehe Bilanz [§ 266 HGB] auf S. 394 f. und im Anhang).

Buchungen während des Geschäftsjahres

Bei **Ausfall** einer Forderung **während** des Geschäftsjahres wird die **Pauschalwertberichtigung nicht in Anspruch genommen.** Der **Ausfall** wird **direkt über** das **Konto 6951** (mit Steuerberichtigung) gebucht.

Beispiel

Im März des neuen Geschäftsjahres wird ein Kunde endgültig zahlungsunfähig, nachdem er trotz Mahnung nicht gezahlt hat. Die Forderung in Höhe von 1.071,00 € (900,00 € + 171,00 € USt) ist also uneinbringlich.

Buchungssatz	Soll	Haben
6951 Abschreibungen auf Forderungen	900,00	
4800 Umsatzsteuer	171,00	
an **2470 Zweifelhafte Forderungen**		1.071,00

Anpassung zum Bilanzstichtag

Die **Pauschalwertberichtigung** ist zum Jahresabschluss stets **dem neuen Forderungsbestand anzupassen.** Sie muss entweder **herauf- oder herabgesetzt** werden. Eine **Aufstockung** bedeutet eine **zusätzliche Neubildung** in Höhe des Unterschiedsbetrages zwischen dem Bestand der PWB und dem zu bildenden neuen Wert der Pauschalwertberichtigung. Eine **Herabsetzung** bedingt eine entsprechende Auflösung der PWB über das Konto

„5450 Erträge aus der Auflösung oder Herabsetzung von Wertberichtigungen (WB) auf Forderungen".

Beispiel

Die PWB hat im obigen Beispiel am 31. Dezember .. einen Bestand von 6.000,00 €. Aufgrund des relativ geringen Forderungsausfalls im letzten Jahr setzen wir den Pauschalsatz von 3 % auf 2 % herab. Zwei Fälle sind möglich:

❶ Forderungsbestand zum 31. Dez.: netto 350.000,00 €; Pauschalsatz 2 %

	2 % von 350.000,00 € Forderungsbestand zum 31. Dez.	7.000,00 €
–	Bestand der PWB des Vorjahres	6.000,00 €
	Heraufsetzung der PWB zum 31. Dezember	**1.000,00 €**

Buchungssatz	Soll	Haben
6953 Einstellung in PWB	1.000,00	
an **3680 PWB zu Forderungen**		1.000,00

❷ Forderungsbestand am 31. Dez.: netto 200.000,00 €; Pauschalsatz 2 %

	2 % von 200.000,00 € Forderungsbestand zum 31. Dez.	4.000,00 €
–	Bestand der PWB des Vorjahres	6.000,00 €
	Auflösung der PWB zum 31. Dezember	**2.000,00 €**

Buchungssatz	Soll	Haben
3680 PWB zu Forderungen	2.000,00	
an **5450 Erträge aus der Auflösung oder Herabsetzung von WB auf Forderungen** .		2.000,00

AUFGABEN

365 Die Netto-Forderungsbestände der letzten fünf Jahre betragen insgesamt 1.506.000,00 €, die entsprechenden Forderungsverluste 45.180,00 € netto.

1. *Ermitteln Sie den %-Satz für eine Pauschalwertberichtigung der Forderungen.*
2. *Bilden und buchen Sie die Pauschalwertberichtigung zum 31. Dezember des laufenden Jahres bei einem Forderungsbestand von 714.000,00 € und einem Anfangsbestand der PWB von a) 15.000,00 € und b) 25.000,00 €.*

366 Zum 31. Dezember betragen die Forderungen a. LL insgesamt 333.200,00 €. Die Forderung an den Kunden B. Trug OHG in Höhe von 29.750,00 € gilt wegen eines beantragten Insolvenzverfahrens als zweifelhaft. Wir rechnen mit einem Ausfall von 50 % unserer Forderung. Auf den Restbestand der Forderungen ist eine Pauschalwertberichtigung von 3 % zu bilden. Der Bestand auf dem Konto „3680 PWB zu Forderungen" beträgt a) 4.000,00 € und b) 10.650,00 €. Das Konto „3670 EWB z. F." weist einen Bestand von 7.000,00 € aus.
Führen Sie die notwendigen Berechnungen und Buchungen zum 31. Dez. durch.

367 Nach Abschluss des Insolvenzverfahrens (Aufgabe 366) gehen im nächsten Jahr auf unser Bankkonto ein: a) 14.875,00 €, b) 17.850,00 € und c) 11.900,00 €.
Auf die restlichen Forderungen wird verzichtet. *Wie lauten die Buchungen zu a), b) und c)?*

368 **Zum Jahresschluss** sind noch folgende Sachverhalte zu berücksichtigen:

Auszug aus der Saldenbilanz	Soll	Haben
2400 Forderungen a. LL	530.740,00	–
3670 Einzelwertberichtigung zu Forderungen	–	6.000,00
3680 Pauschalwertberichtigung zu Forderungen	–	24.000,00
3900 Sonstige Rückstellungen	–	35.000,00
4800 Umsatzsteuer	–	45.000,00
4890 Sonstige Verbindlichkeiten	–	26.000,00
5450 Erträge aus der Auflösung oder Herabsetzung von Wertberichtigungen auf Forderungen	–	5.000,00
5490 Periodenfremde Erträge	–	–
6700 Mieten	33.000,00	–
6951 Abschreibungen auf Forderungen	14.000,00	–
6952 Einstellung in Einzelwertberichtigung	–	–
7700 Gewerbesteuer	22.000,00	–
Weitere Konten: 2470, 3800, 5480, 8010, 8020.		

1. Totalausfall unserer Forderung an den Kunden Bach GmbH: 2.380,00 €.
2. Im Rahmen der Einzelbewertung sind folgende Forderungen wegen eines speziellen Ausfallrisikos als zweifelhaft anzusehen:
   Forderung an Kunden W. Rüger e. K.: 19.040,00 €; geschätzter Ausfall: 40 %
   Forderung an Kundin R. Abel e. Kffr.: 14.280,00 €; geschätzter Ausfall: 50 %
3. Eine Rückstellung für Prozesskosten von 8.600,00 € hat sich erübrigt.
4. Auf eine Forderung, die zu Beginn des Geschäftsjahres wegen Uneinbringlichkeit völlig abgeschrieben wurde, gehen unerwartet 2.142,00 € auf unser Bankkonto ein.
5. Die Dezembermiete für Lagerräume wird von uns erst Anfang Januar des nächsten Jahres überwiesen: 3.000,00 €.
6. Für die Gewerbesteuerabschlusszahlung[1] schätzen wir den Betrag auf 24.000,00 €.
7. Auf den verbleibenden Forderungsbestand ist eine PWB von 3 % zu bilden.

Bilden Sie die Buchungssätze, buchen Sie auf den genannten Konten und schließen Sie diese ab.

1 Siehe Fußnote auf S. 77.

Bewertung der Forderungen in ausländischer Währung (Valutaforderungen) 1.3.5.2.4

Situation

Das Metallwerk Thomas Berg konnte den Geschäftsbereich mithilfe des Internets auf die USA ausdehnen und verkaufte an die Boston Ltd., Chicago, aufgrund eines Fax-Angebotes vom 20. Dezember .. 5 000 Stahlblechgehäuse G III zum Stückpreis von 65,20 USD[1]. Seinem Angebot legte Thomas Berg den aktuellen Kurs von 1,3614 USD[2] für 1 EUR zugrunde. Boston Ltd. und Thomas Berg vereinbaren die Rechnungslegung auf Basis US-Dollar (USD). Da die Ausfuhr von Erzeugnissen umsatzsteuerfrei ist (§ 4 UStG), erstellt Thomas Berg am 20. Dezember eine Ausgangsrechnung über

Artikel	Stückpreis in USD	Gesamtpreis in USD
5 000 Gehäuse G III, Standardausführung	65,20	**326.000,00**

Am 20. Dezember .. bucht Thomas Berg diese Rechnung, nachdem er den entsprechenden Euro-Betrag auf der Basis des aktuellen Kurses ermittelt hat:

1,3614 USD ~ 1 EUR
326.000,00 USD ~ x EUR

$$x \text{ EUR} = \frac{326.000,00}{1,3614} = \mathbf{239.459,38\ EUR}$$

Buchungssatz	Soll	Haben
2400 Forderungen a. LL	239.459,38	
an **5000 Umsatzerlöse für eigene Erzeugnisse**		239.459,38

Bewertung zum Jahresende

Zum Jahresende hat Thomas Berg diese Valutaforderungen zu bewerten. Er lässt sich den **Tageskurs** vom 31. Dezember von seiner Bank als Devisen-Mittelkurs in Höhe von **1,3825** geben und erfährt, dass an der Devisenbörse für Anfang Januar mit einer Kursänderung auf **1,3480** gerechnet wird. Sein Interesse wäre es, sein Unternehmen auch in der Bilanz möglichst günstig darzustellen und demnach die Forderung so hoch wie möglich zu bewerten. Das könnte er, wenn er den **niedrigsten Kurs** (1,3480) wählt und dadurch die Forderung auf (326.000,00 : 1,348 =) **241.839,76 EUR** festlegt.

Seine derzeitigen Gläubiger und auch seine Kreditgeber werden diese optimistische (und unsichere) Betrachtung nicht teilen und eine vorsichtigere Einschätzung der Forderung erwarten, also vom **höchsten Kurs** (1,3825) ausgehen. Die Forderung hätte danach einen Wert von **235.804,70 EUR.** Diesen Interessenkonflikt klärt der Gesetzgeber in § 253 (3) HGB folgendermaßen auf:

Bei Forderungen sind Abschreibungen vorzunehmen, um diese mit einem niedrigeren Wert anzusetzen, der sich am Abschluss-Stichtag ergibt.

Für die Bewertung von Valutaforderungen am Bilanzstichtag leitet sich daraus folgende **Entscheidungsregel** ab, die dem strengen **Niederstwertprinzip** folgt:

- Für die Bewertung dürfen nur der Kurs zum Zeitpunkt der Rechnungslegung oder der Kurs am Bilanzstichtag herangezogen werden.
- Liegt der Stichtagskurs **oberhalb** des bei der Rechnungslegung gültigen Kurses, so ist der aktuelle **Stichtagskurs** zu wählen.
- Liegt der Stichtagskurs **unterhalb** des bei der Rechnungslegung gültigen Kurses, so ist der **Kurs zum Zeitpunkt der Rechnungslegung** zu wählen.

---

1 In diesem Abschnitt verwenden wir die internationalen Währungsbezeichnungen.
2 Währungskurse unterliegen ständigen und oft erheblichen Schwankungen. Entnehmen Sie aktuelle Kurse dem Wirtschaftsteil der Tageszeitungen, dem Internet oder erkundigen Sie sich bei Ihrer Bank danach.

Bewertung der Forderungen in ausländischer Währung (Valutaforderungen)

Um dem Niederstwertprinzip zu folgen, muss Thomas Berg den höheren Stichtagskurs (1,3825) der Bewertung zugrunde legen und seine Forderung in der Bilanz mit **235.804,70 EUR** ansetzen. Damit ergibt sich für ihn gegenüber der Buchung vom 20. Dezember ein um **3.654,68 EUR** niedrigerer Wertansatz. Dieser **Kursverlust** wird als „Sonstiger Aufwand" gebucht:

Buchungen	Soll	Haben
6940 Sonstige Aufwendungen	3.654,68	
an **2400 Forderungen a. LL**		3.654,68
8010 Schlussbilanzkonto	235.804,70	
an **2400 Forderungen a. LL**		235.804,70

Mit dieser Buchung wird das Konto „2400 Forderungen a. LL" im Hauptbuch dem Wertansatz der Valutaforderung in der Bilanz angepasst.

Wäre der Devisenkurs am Bilanzstichtag niedriger gewesen als der Kurs zum Zeitpunkt der Rechnungserstellung, also z. B. 1,3480, dann hätte Thomas Berg den ursprünglichen Forderungsbetrag als Wertansatz in die Bilanz einbringen müssen.

Ausgleich der Rechnung

Beim Ausgleich einer auf Fremdwährung lautenden Rechnung rechnet der Zahlungsempfänger den auf ausländische Währung lautenden Überweisungsbetrag in Euro um. Je nach Tageskurs können sich hierbei **Währungsgewinne** (Tageskurs niedriger als Kurs bei Rechnungslegung) oder **Währungsverluste** (Tageskurs höher als Kurs bei Rechnungslegung) einstellen. Währungsgewinne sind als Erträge in der Kontengruppe 54, Währungsverluste als Aufwendungen in der Kontengruppe 69 zu buchen.

AUFGABE

369 Die Papierfabrik Landers GmbH, Reutlingen, verkaufte Feinpapiere im Wert von 50.000,00 CHF (Schweizer Franken) an ein Schweizer Unternehmen. Zum Zeitpunkt des Verkaufs (8. Dezember ..) wird die Schweizer Währung mit 1,5700 CHF für 1 EUR notiert. Am 31. Dezember lautet der Kurs 1,5620. Das Schweizer Unternehmen begleicht die Rechnung in CHF am 8. Januar des nächsten Jahres. An diesem Tag steht der Kurs auf 1,5564.

1. *Buchen Sie den Verkauf am 8. Dezember in Euro.*
2. *Bewerten Sie die Valutaforderung zum 31. Dezember und passen Sie das Konto „Forderungen a. LL" dem Bilanzansatz an.*
3. *Buchen Sie den Zahlungseingang (die Bank schreibt den zum Tageskurs umgerechneten CHF-Betrag in Euro gut).*

1.3.6 Die Bewertung der Schulden

Verbindlichkeiten sind gemäß § 253 (1) HGB zu ihrem **höheren Rückzahlungsbetrag** zu passivieren. Dieses **Höchstwertprinzip** kommt wegen der Kursschwankungen meist bei Verbindlichkeiten in ausländischer Währung zur Anwendung **(siehe S. 364)**.

Rückstellungen sind Verbindlichkeiten, die dem Grunde nach feststehen, jedoch nicht nach Höhe und/oder Fälligkeit. Sie sind nach § 253 (1) HGB nur der **Höhe** nach anzusetzen, die **nach vernünftiger kaufmännischer Beurteilung** erforderlich ist **(siehe auch Seite 358)**.

Zusammenfassung

- **Zum Schluss des Geschäftsjahres** ist für jeden einzelnen Vermögens- und Schuldposten der richtige **Wertansatz in Inventar und Bilanz** zu ermitteln.
- **Abnutzbare Anlagegüter** werden **planmäßig** (z. B. linear) abgeschrieben. Außergewöhnliche Wertminderungen bedingen bei **allen** Anlagegütern **außerplanmäßige** Abschreibungen.
- Bei der Bewertung von **gleichartigen Vorräten** an Roh-, Hilfs- und Betriebsstoffen, Fertigteilen und Handelswaren darf ein **Durchschnittswert** angesetzt werden, der mit dem Tageswert zum Bilanzstichtag zu vergleichen ist (Strenges Niederstwertprinzip).
- **Forderungen** sind mit ihrem **wahrscheinlichen Wert** anzusetzen. Bei **zweifelhaften** Forderungen ist der **Verlust** der Nettoforderung zu **schätzen** und zu buchen. Uneinbringliche Forderungen sind **abzuschreiben.** Die **Umsatzsteuer** darf nur bei **tatsächlichem** Forderungsausfall **berichtigt** werden.
- **Schulden** sind in Inventar und Bilanz mit ihrem **höchsten Wert** anzusetzen.
- **Handelsrechtliche Bewertungsvorschriften** bewirken **zum Schutz der Unternehmenseigner und Gläubiger** eine **vorsichtige Bewertung** des Vermögens und der Schulden. Sie tragen zur **Erhaltung des Eigenkapitals als Haftungssubstanz** gegenüber den Gläubigern bei.
- Das **Prinzip der Vorsicht** findet seinen **Ausdruck im Anschaffungswert-, Niederstwert- und Höchstwertprinzip.** Diese Bewertungsgrundsätze sorgen dafür, dass einerseits **nicht realisierte Gewinne** nicht ausgewiesen werden und somit im Unternehmen als **stille Reserven** verbleiben, andererseits aber **nicht realisierte Verluste** ausgewiesen werden müssen.
- Die **ungleiche** Behandlung von nicht realisierten Gewinnen und Verlusten wird auch als **Imparitätsprinzip** bezeichnet.
- Die **steuerrechtlichen Bewertungsvorschriften** sollen eine **einheitliche Gewinnermittlung** sicherstellen.
- Der **Grundsatz der Maßgeblichkeit** besagt, dass die **handelsrechtliche** Bewertung **für** die **steuerliche** Gewinnermittlung **maßgebend (verbindlich)** ist, sofern das Steuerrecht nicht zwingend eine andere Bewertung vorschreibt.

Prinzip der Vorsicht
als oberster handelsrechtlicher Bewertungsgrundsatz

bezweckt

Ausweis nicht realisierter Verluste
Nichtausweis von nicht realisierten Gewinnen
= Imparitätsprinzip

bewirkt durch

Anschaffungswertprinzip	**Niederstwertprinzip**	**Höchstwertprinzip**
Bei Bewertung der Vermögensposten dürfen die Anschaffungskosten **nicht** überschritten werden.	Bei Bewertung der Vermögensposten ist jeweils der **niedrigere** Wert anzusetzen: AK > TW = TW AK < TW = AK	Bei Bewertung der Vermögensposten ist jeweils der **höchste** Wert anzusetzen: AK > TW = AK AK < TW = TW

1.3.7 Diverse Übungen zur Bewertung in der Jahresbilanz

370 Die Anschaffungskosten von im Oktober gekauften Fertigteilen betrugen 150,00 € je Stück. Am Bilanzstichtag beträgt der Markt- bzw. Tageswert 170,00 €. Der Lagerbestand beträgt zum 31. Dezember 100 Stück.

1. *Ermitteln Sie den Wertansatz des Lagerbestandes im Inventar und in der Bilanz.*
2. *Begründen Sie Ihre Bewertung.* ■

371 Die Anschaffungskosten einer Handelsware betragen 220,00 € je Stück. Am Bilanzstichtag beträgt der Wiederbeschaffungswert 180,00 €. Von dieser Ware sind am 31. Dezember lt. Inventur noch 150 Stück vorhanden.

1. *Ermitteln Sie zum Bilanzstichtag den Wertansatz für Inventar und Bilanz.*
2. *Begründen Sie Ihre Bewertungsentscheidung.* ■

372 Die Textilfabrik L. Lang OHG erwarb ein Grundstück im Wert von 120.000,00 € gegen Bankscheck. An das Finanzamt wurden 3,5 % Grunderwerbsteuer durch Bank überwiesen. Die Rechnung des Notars lautet über 1.500,00 € + Umsatzsteuer und wird durch Banküberweisung beglichen. Die Kosten für die Eintragung in das Grundbuch betragen 800,00 €. Die Zahlung erfolgt durch Banküberweisung.

Fünf Jahre nach Anschaffung hat das Grundstück einen Marktwert von 150.000,00 €.

1. *Ermitteln Sie die Anschaffungskosten (s. S. 72 f.) des Grundstücks.*
2. *Wie lautet Ihre Bewertungsentscheidung im fünften Jahr nach Anschaffung des Grundstücks? Begründen Sie diese.* ■

373 Das Elektrowerk Blitz KG erwarb vor 10 Jahren ein Grundstück zu 180.000,00 € Anschaffungskosten. Wegen Schadstoffbelastung hat das Grundstück lt. Gutachten heute nur noch einen Verkehrswert von 120.000,00 €.

Entscheiden Sie über die Bewertung des Grundstücks und begründen Sie diese. ■

374 Das Metallwerk Thomas Berg e. K. hat am 10. Januar .. einen Lkw erworben. Die Anschaffungskosten betragen 100.000,00 €. Betriebsgewöhnliche Nutzungsdauer: acht Jahre. Der Lkw wird zum 31. Dezember linear abgeschrieben.

Wie hoch sind die fortgeführten Anschaffungskosten am Ende des dritten Nutzungsjahres? ■

375 Am 15. Jan. des vierten Nutzungsjahres hat der Lkw (siehe vorhergehende Aufgabe) durch Unfall einen Totalschaden. Der Schrottwert beträgt 6.000,00 €.

1. *Begründen Sie Ihre Bewertung zum 15. Januar.*
2. *Nennen Sie den Buchungssatz.* ■

376 Ein Industriebetrieb importiert am 10. Dezember .. Rohstoffe aus den USA. Die Rechnung lautet über 15.000,00 US-$. Zahlungsziel vier Wochen. Der Kurs beträgt am 10. Dezember 1,3580 US-$/1 €. Am Bilanzstichtag ist der Umrechnungskurs 1,3450 US-$/1 €.

1. *Nennen und begründen Sie den Wertansatz der Währungsverbindlichkeit zum 31. Dezember.*
2. *Nennen Sie die erforderliche Buchung zum 31. Dezember.* ■

In einem Industrieunternehmen beträgt der Lagerbestand einer bestimmten Handelsware 400 Stück. Die Anschaffungskosten wurden mit 60,00 €/Stück ermittelt. Zum Bilanzstichtag lautet der Wiederbeschaffungswert 70,00 €/Stück. Der Buchhalter bewertet den Schlussbestand mit 400 · 70,00 = 28.000,00 € Bilanzansatz. 377

1. *Nehmen Sie zur Bewertungsentscheidung des Buchhalters Stellung.*
2. *Ermitteln Sie den Bilanzansatz.* ■

In einem Möbelwerk ergab die körperliche Inventur der Hilfsstoffgruppe Kleber f 12 einen Bestand von 2 000 kg zum Bilanzstichtag. Da der Bestand aus verschiedenen Lieferungen mit unterschiedlichen Preisen stammt, müssen für die Bewertung die durchschnittlichen Anschaffungskosten ermittelt werden: 378

1. Januar	Anfangsbestand	800 kg zu je 8,00 €
10. April	Zugang	500 kg zu je 7,50 €
15. August	Zugang	900 kg zu je 7,30 €
12. Oktober	Zugang	1 200 kg zu je 7,00 €

1. *Ermitteln Sie die durchschnittlichen Anschaffungskosten des Endbestandes.*
2. *Bewerten Sie den Schlussbestand, wenn der Wiederbeschaffungswert am 31. Dezember a) 8,20 € je kg und b) 6,00 € je kg beträgt.*
3. *Begründen Sie Ihre Bewertungsentscheidung in den Fällen 2. a) und 2. b).*
4. *Ermitteln Sie den Wertansatz nach der a) Fifo- und b) Lifo-Methode.* ■

Zur kurzfristigen Anlage wurden am 20. Februar .. 20 Ulrica-Aktien zu je 390,00 € Anschaffungskosten erworben. Zum 31. Dezember beträgt der Stückkurs der Aktien a) 325,00 € und b) 420,00 €. 379

Begründen Sie Ihre Bewertungsentscheidung zum 31. Dezember. ■

Die Textilwerke-GmbH hat zu Beginn des Geschäftsjahres eine Maschine zu 200.000,00 € Anschaffungskosten erworben. In ihrer Handelsbilanz zum 31. Dezember wurde die Maschine linear mit 10 % abgeschrieben. In der dem Finanzamt eingereichten Steuerbilanz wurde die Maschine mit dem steuerlichen Höchstsatz degressiv abgeschrieben.[1] 380

1. *Ermitteln Sie den Wertansatz der Maschine für die Handelsbilanz und die Steuerbilanz.*
2. *Begründen Sie, warum das Finanzamt den niedrigeren Wertansatz der Maschine in der Steuerbilanz nicht anerkennt, obwohl er steuerrechtlich zulässig ist.* ■

Im Konto „4400 Verbindlichkeiten a. LL" ist eine Währungsverbindlichkeit von 20.000,00 US-$ zum Anschaffungskurs von 1,3550 US-$/1 € enthalten. Zum Bilanzstichtag beträgt der Tageskurs a) 1,3725 und b) 1,3495. 381

1. *Ermitteln und begründen Sie den Bilanzansatz in den Fällen a) und b).*
2. *Nennen Sie gegebenenfalls auch die Buchung zum 31. Dezember und die Auswirkung auf den Jahresgewinn.* ■

Vervollständigen Sie folgende Aussagen: 382

1. Nicht durch Umsatz realisierte Gewinne entstehen, wenn der ••• am Bilanzstichtag ••• ist als die Anschaffungskosten.
2. Nicht durch Umsatz realisierte Verluste ergeben sich, wenn der Tageswert am Bilanzstichtag ••• ist als die •••.
3. Die handelsrechtlichen Bewertungsprinzipien sorgen dafür, dass keine nicht realisierten ••• ausgewiesen werden, wohl aber nicht realisierte •••.

1 Siehe Fußnoten 1 und 2 auf S. 367.

AUFGABEN

4. Wenn keine nicht realisierten Gewinne gebucht werden dürfen, können sie auch nicht an die Unternehmenseigner ••• werden. Dadurch bleibt das Eigenkapital zum Schutz der ••• •••.
5. Die handelsrechtlichen Bewertungsvorschriften bezwecken also eine ••• Bewertung der Vermögens- und Schuldposten. Man spricht deshalb auch vom Prinzip der •••.
6. Die handelsrechtliche Bewertung ist •••für die steuerliche Gewinnermittlung, es sei denn, dass steuerliche Vorschriften etwas anderes •••.
7. Die steuerlichen Bewertungsvorschriften sollen aus Gründen der Steuer••• eine ••• Gewinnermittlung sicherstellen.
8. Die ungleiche Behandlung von nicht realisierten Gewinnen und Verlusten wird auch als •••prinzip bezeichnet. ■

383 Kauf eines Betriebsgrundstücks für 300.000,00 €. Die Grunderwerbsteuer beträgt 3,5 %. Der Makler stellt 9.000,00 € + USt in Rechnung. Für ein Entwässerungsgutachten für das Grundstück wurden 2.000,00 € + USt gezahlt. Der Anschluss des Grundstücks an den Kanal verursachte Kosten in Höhe von 3.000,00 € + USt.

Der Notar berechnet 1.500,00 € + USt. Die Grundbuchkosten betragen 450,00 €.

Alle Zahlungen erfolgen durch Banküberweisung.

Zur Finanzierung des Grundstücks musste bei der Sparkasse eine Hypothek über 200.000,00 € bei 100%iger Auszahlung und 6 % Zinsen aufgenommen werden. Die Zinsen sind halbjährlich im Voraus zu zahlen.

1. *Ermitteln Sie die Anschaffungskosten des Grundstücks.*
2. *Begründen Sie, welche Kosten im vorliegenden Fall nicht zu den Anschaffungskosten rechnen.*
3. *Buchen Sie die Anschaffung des Grundstücks aufgrund der o. g. Rechnungen.*
4. *Nennen Sie den Buchungssatz zur Aufnahme der Hypothek.*
5. *Buchen Sie die Hypothekenzinsen bei Zahlung am 1. Oktober. Welche Buchung ist zum 31. Dezember erforderlich?*
6. *Zu welchem Wert dürfen nicht abnutzbare Anlagegüter zum Bilanzstichtag höchstens angesetzt werden?* ■

384 Die Anschaffungskosten einer Maschine betrugen im Februar 50.000,00 €. Nutzungsdauer 10 Jahre; Jahres-AfA linear 5.000,00 €. Somit beträgt der Buchwert der Maschine zum 31. Dezember des zweiten Nutzungsjahres 40.000,00 €. Durch technischen Fortschritt ist der Wert der Maschine am Ende des dritten Jahres nachhaltig auf 30.000,00 € gesunken.

1. *Ermitteln und begründen Sie den Wertansatz der Maschine zum 31. Dezember des dritten Jahres.*
2. *Wie errechnet sich die Abschreibung für die Restnutzungsdauer?* ■

385
1. *Nennen Sie die Zielsetzung der handels- und steuerrechtlichen Bewertung.*
2. *Was beinhaltet das Prinzip der Einzelbewertung?*
3. *In welchen Bewertungsprinzipien findet das Prinzip der Vorsicht Anwendung?*
4. § 252 HGB (siehe Anhang) enthält die allgemeinen Bewertungsgrundsätze. *Welcher Grundsatz ist Ihrer Meinung nach der wichtigste? Begründen Sie.*
5. Der Forderungsbestand beträgt zum Jahresschluss brutto 357.000,00 €.
   a) *Berechnen und buchen Sie eine Pauschalwertberichtigung von 3 %.*
   b) *Schließen Sie die Konten 2400 und 3680 zum Schlussbilanzkonto ab.*
   c) *Wie lauten die Buchungen, wenn im Folgeabschluss die Pauschalwertberichtigung ca) 7.500,00 € und cb) 11.000,00 € beträgt?* ■

Am 10. Februar .. wird über das Vermögen unseres Kunden Jörg Käfer e. K. das Insolvenzverfahren beantragt. Unsere Forderung beträgt 9.520,00 € (8.000,00 € netto + 1.520,00 € USt). Am 12. März .. wird der Antrag auf Eröffnung des Insolvenzverfahrens mangels Masse, also wegen fehlender Deckung der Verfahrenskosten, abgelehnt. **386**

1. *Wie lautet die Buchung zum 10. Februar ..?*
2. *Nennen und begründen Sie die Buchung zum 12. März ..* ■

Am 24. Mai .. erfahren wir, dass unsere Kundin Christiane Schmelz e. Kffr. den Antrag auf Eröffnung des Insolvenzverfahrens beim zuständigen Amtsgericht gestellt hat. Unsere Forderung beträgt einschließlich Umsatzsteuer 26.775,00 €. Am 20. Juni .. wurde der Insolvenzantrag mangels Masse abgelehnt. **387**

1. *Nennen Sie die Buchung zum 24. Mai .. Begründen Sie Ihre Buchung.*
2. *Ermitteln Sie die im Bruttoforderungsbetrag enthaltene Umsatzsteuer.*
3. *Wie lautet die Buchung zum 20. Juni ..?* ■

Am 18. Juni .. wird über das Vermögen unseres Kunden Andreas Heider e. K. das Insolvenzverfahren beantragt. Unsere Forderung beträgt 19.040,00 € einschließlich Umsatzsteuer. In der Gläubigerversammlung wird am 28. Juli .. eine Erstattungsquote von 65 % vereinbart. Die Zahlung erfolgt durch Banküberweisung am 20. August .. **388**

1. *Buchen Sie zum 18. Juni ..*
2. *Ermitteln Sie a) den Überweisungsbetrag, b) den endgültigen Forderungsausfall und c) die Umsatzsteuerberichtigung.*
3. *Buchen Sie den Teilausfall der Forderung.* ■

Unser Kunde Paul Ehrlich e. K. zahlt auf eine im Vorjahr voll abgeschriebene Forderung unerwartet 3.808,00 € durch Banküberweisung. **389**

Nennen und begründen Sie die Buchung. ■

Nennen Sie die Buchungssätze zu folgenden Geschäftsfällen: **390**

1. Über das Vermögen unseres Kunden Dreilich GmbH wird das Insolvenzverfahren eröffnet. Unsere Forderung beträgt einschließlich Umsatzsteuer 33.796,00 €.
2. Die Erstattungsquote im Fall 1 beträgt nach Abschluss des Insolvenzverfahrens 20 %. Die Zahlung erfolgt durch Banküberweisung.
3. Auf eine im Vorjahr voll abgeschriebene Forderung gehen wider Erwarten 690,20 € ein.
4. Bei den Jahresabschlussarbeiten wird festgestellt, dass die Forderung an den Kunden Rainer Dirksen e. K. in Höhe von 11.900,00 € brutto voraussichtlich zu 50 % als verloren anzusehen ist.
5. Eine zweifelhafte Forderung in Höhe von 17.850,00 € ist uneinbringlich. ■

391

1. *Die Forderungen lassen sich in drei Gruppen einteilen. Nennen Sie diese.*
2. *Begründen Sie die Notwendigkeit einer buchhalterischen Trennung der zweifelhaften von den einwandfreien Forderungen.*
3. *Warum darf bei einem geschätzten Forderungsausfall zum 31. Dezember die Umsatzsteuer noch nicht berichtigt werden? Begründen Sie.*
4. *Wann gilt eine Forderung als uneinbringlich?*
5. *Was versteht man unter einem „speziellen Ausfall- bzw. Kreditrisiko"?*
6. *Was versteht man unter Einzelbewertung und Pauschalbewertung der Forderungen aus Lieferungen und Leistungen zum Jahresschluss?* ■

AUFGABEN

392 Kauf eines Geschäfts-Pkws am 1. Oktober. Die Lieferfirma stellt in Rechnung:

Listenpreis 30.000,00 €, 5 % Sonderrabatt auf den Listenpreis, Sonderzubehör 800,00 €, Überführungskosten 500,00 €, Nummernschilder 40,00 €, Zulassungskosten 60,00 €, 19 % Umsatzsteuer.

Außerdem werden gezahlt: Kfz-Steuer für ein Jahr 240,00 €,
Kfz-Versicherung für sechs Monate 360,00 €.

Alle Zahlungen erfolgen durch Banküberweisung.

1. *Ermitteln Sie die Anschaffungskosten.*
2. *Erstellen Sie die Rechnung der Lieferfirma.*
3. *Buchen Sie aufgrund der Eingangsrechnung.*
4. *Buchen Sie den Rechnungsausgleich und die Überweisung der Kfz-Steuer und der Kfz-Versicherung zum 1. Oktober.*
5. *Die Nutzungsdauer des Pkws beträgt sechs Jahre (lineare Abschreibung). Wie hoch ist der AfA-Betrag zum 31. Dezember? Beachten Sie den Anschaffungszeitpunkt.*
6. *Ermitteln Sie den Wertansatz zum 31. Dezember. Wie bezeichnet man den Wert, der sich bei abnutzbaren Anlagegütern nach Vornahme der Abschreibungen ergibt?*
7. *Wie lauten die Buchungen zum Jahresabschluss*
   a) *für die planmäßige Abschreibung und*
   b) *für die zeitliche Abgrenzung der Kfz-Steuer und Kfz-Versicherung?* ■

393 Die Baustoff-GmbH hat am 15. Januar 2005 eine Förderanlage erworben. Der Listenpreis beträgt 80.000,00 €. Die Lieferfirma gewährt hierauf 10 % Rabatt.

In Rechnung gestellt werden ferner: Transportkosten 2.000,00 €, Fundamentierungskosten 2.500,00 €, Montagekosten 3.500,00 €, + Umsatzsteuer.

Der Rechnungsbetrag wird mit 2 % Skonto durch Banküberweisung beglichen.

Zur Finanzierung der Anlage wurde ein Darlehen von 60.000,00 € aufgenommen. Die Zinsen für das laufende Geschäftsjahr wurden mit 3.600,00 € im Voraus überwiesen.

1. *Ermitteln Sie die Anschaffungskosten der Förderanlage.*
2. *Erstellen Sie die Rechnung der Lieferfirma.*
3. *Buchen Sie den Eingang der Rechnung.*
4. *Nennen Sie die Buchung für den Rechnungsausgleich.*
5. *Die Förderanlage hat eine Nutzungsdauer von 10 Jahren. Ermitteln Sie a) den niedrigsten und b) den höchstmöglichen Abschreibungsbetrag zum 31. Dezember 2005.*[1]
6. *Nennen Sie den Wertansatz für den Fall 5. a) und 5. b).*
7. *Für welchen Wertansatz würden Sie sich entscheiden, wenn das Unternehmen zum 31. Dezember 2005 a) mit Verlust und b) mit hohem Gewinn abschließt? Begründen Sie.* ■

394 Das Metallwerk Thomas Berg e. K. verkauft am 10. Oktober einen Geschäftswagen, der betrieblich nicht mehr genutzt wird, gegen Bankscheck für

a) 30.464,00 € (25.600,00 € netto + 4.864,00 € Umsatzsteuer),
b) 23.800,00 € (20.000,00 € netto + 3.800,00 € Umsatzsteuer),
c) 35.700,00 € (30.000,00 € netto + 5.700,00 € Umsatzsteuer).

Der Buchwert dieses Wagens betrug am 1. Januar des Veräußerungsjahres 38.400,00 €. Er wird linear mit jährlich 19.200,00 € abgeschrieben.

Ermitteln Sie die zeitanteilige AfA.[2] *Wie lauten die Buchungen?* ■

1 Siehe Fußnoten 1 und 2 auf S. 371.
2 Bei **Veräußerung eines Anlagegutes** wird die **Abschreibung zeitanteilig bis auf den vorhergehenden Monat** vorgenommen.

Publizitäts- und Prüfungspflicht 1.4.1

Bestandteile des Jahresabschlusses

Der Jahresabschluss der Kapitalgesellschaften (GmbH, AG, KGaA) besteht aus **drei Teilen,** die nach § 264 HGB eine **Einheit** bilden (→ Faltblatt im Anhang):

- **Bilanz** (§ 266 HGB)
- **Gewinn- und Verlustrechnung** (§ 275 HGB)
- **Anhang** (§ 284 HGB)

Der Anhang ist gleichwertiger **Bestandteil des Jahresabschlusses** und soll die **Bilanz und die Gewinn- und Verlustrechnung** in den einzelnen Positionen **näher erläutern.** Die **Bewertungs- und Abschreibungsmethoden** sind dabei ebenso darzustellen wie die **Beteiligungen** an anderen Unternehmen, die **Verbindlichkeiten** mit einer **Restlaufzeit von über fünf Jahren,** die Bezüge der Geschäftsführer und Mitglieder des Vorstandes sowie des Aufsichtsrates, die **Zahl der Arbeitnehmer** u. a. m.

Lagebericht. Außer dem Jahresabschluss ist auch noch ein Lagebericht gemäß § 289 HGB zu erstellen. Der Lagebericht ist **kein Bestandteil** des Jahresabschlusses. Er soll lediglich zusätzliche **Informationen über den Geschäftsverlauf** im Abschlussjahr und die wirtschaftliche und finanzielle Lage der Gesellschaft am Bilanzstichtag darstellen, wie z. B. **Höhe des Absatzes** im Inland und Ausland, **Personalentwicklung, Liquiditätslage** u. a. Außerdem muss die **voraussichtliche Entwicklung** des Unternehmens erörtert werden.

Veröffentlichung und Prüfung des Jahresabschlusses

Kapitalgesellschaften sind grundsätzlich verpflichtet, den Jahresabschluss und den Lagebericht zu veröffentlichen und vorher durch **unabhängige Abschlussprüfer** prüfen zu lassen. Zum Schutz kleiner und mittelständischer Unternehmen vor Konkurrenzeinblick richten sich jedoch **Art und Umfang der Veröffentlichung** sowie die **Prüfungspflicht** nach der **Größe der Kapitalgesellschaft. Für die Zuordnung** der Unternehmen zu einer Größenklasse **müssen zwei der drei Schwellenwerte**[1] an zwei aufeinander folgenden Bilanzstichtagen **zutreffen:**[2]

Schwellenwerte § 267 HGB	Kleine Gesellschaften	Mittelgroße Gesellschaften	Große Gesellschaften
❶ Bilanzsumme	bis 4.840.000,00 €	bis 19.250.000,00 €	über 19.250.000,00 €
❷ Umsatz	bis 9.680.000,00 €	bis 38.500.000,00 €	über 38.500.000,00 €
❸ Beschäftigte	bis 50	bis 250	über 250

Veröffentlichung und Prüfung des Jahresabschlusses und des Lageberichts ergeben sich aus der nachfolgenden Tabelle. Sie zeigt, was und an welcher Stelle (HR: Einreichung beim Handelsregister; BA: Vollständige Veröffentlichung im Bundesanzeiger) offen zu legen ist und ob eine Prüfungspflicht besteht.

Kapitalgesellschaften	Offenlegung (§ 325 HGB)					Prüfung (§ 316 HGB)
	Jahresabschluss			Lagebericht	Publizität	
	Bilanz	GuV	Anhang			
kleine	x	–	x	–	HR[3]	–
mittelgroße	x	x	x	x	HR[3]	x
große	x	x	x	x	HR + BA	x

1 **Die Schwellenwerte** entsprechen der **Neufassung des § 267 HGB ab 1. Januar 2009** aufgrund des **Bilanzmodernisierungsgesetzes.**
2 AG mit **börsengängigen** Aktien gilt stets als **große** Kapitalgesellschaft (§ 267 [3] HGB).
3 Im Bundesanzeiger wird lediglich auf die erfolgte Einreichung beim HR hingewiesen.

1.4.2 Gliederung der Bilanz nach § 266 HGB

Umfang der Bilanzgliederung

Kapitalgesellschaften haben die Jahresbilanz, die veröffentlicht wird, nach § 266 HGB zu gliedern. Zum Schutz kleiner und mittelgroßer Unternehmen richtet sich jedoch der **Umfang der Gliederung nach der Größe** der Kapitalgesellschaft.

- **Große Kapitalgesellschaften** müssen ihre Bilanzen unter Berücksichtigung des in § 266 Abs. 2 und 3 HGB ausgewiesenen **vollständigen Gliederungsschemas** aufstellen und veröffentlichen (siehe nebenstehende Seite und im Anhang auf der Rückseite des Kontenrahmens). Die Bilanz wird hierbei in ihren Einzelpositionen sehr detailliert dargestellt und ermöglicht somit einen **tiefen Einblick in die Vermögens- und Finanzlage** eines Unternehmens.
- **Kleine Kapitalgesellschaften** brauchen nur eine **verkürzte Bilanz** (siehe unten) zu veröffentlichen, in der die mit **Buchstaben und römischen Zahlen** bezeichneten Posten des vollständigen Gliederungsschemas aufgeführt sind (§ 266 [1] HGB). Durch die starke Straffung der Bilanzpositionen sind diese Bilanzen natürlich für Außenstehende nur **von geringem Aussagewert.**
- **Mittelgroße Kapitalgesellschaften** müssen ihre Bilanzen zwar **nach dem vollständigen Gliederungsschema erstellen,** brauchen sie aber nur in der für kleine Kapitalgesellschaften vorgeschriebenen **Kurzform** zu **veröffentlichen.** Sie müssen dann allerdings wahlweise in der Bilanz oder im Anhang bestimmte Posten zusätzlich gesondert angeben, wie z. B. Gebäude, Technische Anlagen und Maschinen, Beteiligungen, Verbindlichkeiten gegenüber Kreditinstituten u. a. m. (§ 327 HGB).

Aktiva	Bilanzschema kleiner Kapitalgesellschaften Passiva
A. Anlagevermögen	**A. Eigenkapital**
I. Immaterielle Vermögensgegenstände	I. Gezeichnetes Kapital
II. Sachanlagen	II. Kapitalrücklage
III. Finanzanlagen	III. Gewinnrücklagen
	IV. Gewinn-/Verlustvortrag
B. Umlaufvermögen	V. Jahresüberschuss/Jahresfehlbetrag
I. Vorräte	
II. Forderungen und sonstige Vermögensgegenstände	**B. Rückstellungen**
III. Wertpapiere	**C. Verbindlichkeiten**
IV. Flüssige Mittel	**D. Rechnungsabgrenzungsposten**
C. Rechnungsabgrenzungsposten	

Zusätzliche Angaben bei zu veröffentlichenden Bilanzen

Zur Erhöhung der Bilanzklarheit ist bei Bilanzen, die **veröffentlicht** werden, zusätzlich noch Folgendes zu beachten:

- Zu jedem Bilanzposten ist der entsprechende **Vorjahresbetrag** anzugeben.
- In der Bilanz oder im Anhang ist die Entwicklung des Anlagevermögens durch einen Anlagenspiegel darzustellen (siehe Seite 402).
- In der Bilanz muss der Betrag der **Forderungen mit einer Restlaufzeit** von **über einem Jahr** sowie der **Verbindlichkeiten** mit einer Restlaufzeit **bis zu einem Jahr** angegeben werden. Das verschafft Außenstehenden mehr **Einblick in die Liquiditätslage** des Unternehmens.
- Unter der Bilanz oder im Anhang sind **Eventualverbindlichkeiten** aus weitergegebenen Wechseln sowie aus Bürgschaftsverpflichtungen und aus Gewährleistungsverträgen anzugeben. Sie dürfen in einem Betrag angegeben werden (§ 251 HGB)[1].

1 Auch Bilanzen **nicht** offenlegungspflichtiger Unternehmen müssen diesen Vermerk nach § 251 HGB enthalten.

Gliederung der Bilanz nach § 266 HGB

Gliederung der Jahresbilanz nach § 266 Abs. 2 und 3 Handelsgesetzbuch

Aktiva

A. Anlagevermögen

I. Immaterielle Vermögensgegenstände

1. Konzessionen, gewerbliche Schutzrechte und ähnliche Rechte und Werte sowie Lizenzen an solchen Rechten und Werten
2. Geschäfts- oder Firmenwert
3. geleistete Anzahlungen

II. Sachanlagen

1. Grundstücke, grundstücksgleiche Rechte und Bauten einschließlich der Bauten auf fremden Grundstücken
2. technische Anlagen und Maschinen
3. andere Anlagen, Betriebs- und Geschäftsausstattung
4. geleistete Anzahlungen und Anlagen im Bau

III. Finanzanlagen

1. Anteile an verbundenen Unternehmen
2. Ausleihungen an verbundene Unternehmen
3. Beteiligungen
4. Ausleihungen an Unternehmen, mit denen ein Beteiligungsverhältnis besteht
5. Wertpapiere des Anlagevermögens
6. sonstige Ausleihungen

B. Umlaufvermögen

I. Vorräte

1. Roh-, Hilfs- und Betriebsstoffe
2. unfertige Erzeugnisse
3. fertige Erzeugnisse und Waren
4. geleistete Anzahlungen

II. Forderungen und sonstige Vermögensgegenstände

1. Forderungen aus Lieferungen und Leistungen
2. Forderungen gegen verbundene Unternehmen
3. Forderungen gegen Unternehmen, mit denen ein Beteiligungsverhältnis besteht
4. sonstige Vermögensgegenstände

III. Wertpapiere

1. Anteile an verbundenen Unternehmen
2. eigene Anteile
3. sonstige Wertpapiere

IV. Schecks, Kassenbestand, Bundesbank- und Postbankguthaben, Guthaben bei Kreditinstituten

C. Rechnungsabgrenzungsposten

Passiva

A. Eigenkapital

I. Gezeichnetes Kapital

II. Kapitalrücklage

III. Gewinnrücklagen

1. gesetzliche Rücklage
2. Rücklage für eigene Anteile
3. satzungsmäßige Rücklagen
4. andere Gewinnrücklagen

IV. Gewinnvortrag/Verlustvortrag

V. Jahresüberschuss/Jahresfehlbetrag

B. Rückstellungen

1. Rückstellungen für Pensionen und ähnliche Verpflichtungen
2. Steuerrückstellungen
3. sonstige Rückstellungen

C. Verbindlichkeiten

1. Anleihen, davon konvertibel
2. Verbindlichkeiten gegenüber Kreditinstituten
3. erhaltene Anzahlungen auf Bestellungen
4. Verbindlichkeiten aus Lieferungen und Leistungen
5. Verbindlichkeiten aus der Annahme gezogener Wechsel und der Ausstellung eigener Wechsel
6. Verbindlichkeiten gegenüber verbundenen Unternehmen
7. Verbindlichkeiten gegenüber Unternehmen, mit denen ein Beteiligungsverhältnis besteht
8. sonstige Verbindlichkeiten, davon aus Steuern

D. Rechnungsabgrenzungsposten

1.4.3 Ausweis des Eigenkapitals in der Bilanz

Alle Posten des Eigenkapitals einer Kapitalgesellschaft werden in der Bilanz zu einer Gruppe **„A. Eigenkapital"** zusammengefasst.

Beispiel

Darstellung des Eigenkapitals in der Bilanz der X-GmbH für das
Berichtsjahr: Verlustvortrag und Jahres**überschuss** (Jahresgewinn)
Vorjahr: Gewinnvortrag und Jahres**fehlbetrag** (Jahresverlust)

Bilanz X-GmbH				**Passiva**
A. Eigenkapital	**Berichtsjahr**		**Vorjahr**	
I. Gezeichnetes Kapital	800.000,00		800.000,00	
II. Kapitalrücklage	100.000,00		100.000,00	
III. Gewinnrücklage	250.000,00		250.000,00	
IV. **Verlust**-/Gewinnvortrag	**150.000,00**[1]		50.000,00	
V. Jahresüberschuss/-**fehlbetrag** ..	300.000,00	1.300.000,00	**200.000,00**	1.000.000,00

Gezeichnetes Kapital

Es handelt sich um das im Handelsregister eingetragene Kapital, auf das die **Haftung der Gesellschafter** beschränkt ist. Bei der **GmbH** ist es das **Stammkapital** (mindestens 25.000,00 €), bei der **AG** das **Grundkapital** (mindestens 50.000,00 €). Es ist auf der **Passivseite** der Bilanz **stets zum Nennwert** auszuweisen. **Ausstehende Einlagen** auf das gezeichnete Kapital werden **in der Regel auf der Aktivseite** vor dem Anlagevermögen als Forderung des Unternehmens an die Gesellschafter und somit als Korrekturposten zum „Gezeichneten Kapital" ausgewiesen. Sie dürfen nach § 272 (1) HGB auch auf der Passivseite offen vom „Gezeichneten Kapital" abgesetzt werden.

Beispiel

Bilanzausweis der „Ausstehenden Einlagen" **(Regelfall)**

Aktiva	**Bilanz der Y-GmbH**		**Passiva**
A. Ausstehende Einlagen auf das gezeichnete Kapital	400.000,00[2]	A. Eigenkapital I. Gezeichnetes Kapital	2.000.000,00
B. Anlagevermögen			

Der Gewinn-/Verlustvortrag ist der Gewinn- bzw. Verlust**rest des Vorjahres.**

Der Jahresüberschuss/Jahresfehlbetrag ist das in der Gewinn- und Verlustrechnung ermittelte **Ergebnis des Geschäftsjahres,** das in die Jahresbilanz einzustellen ist, sofern die Bilanz vor Verwendung des Jahresergebnisses (Gewinnverwendung bzw. Verlustdeckung) aufgestellt wird, was bei der GmbH die Regel ist.[3]

Rücklagen sind getrennt ausgewiesenes Eigenkapital, die es in der Regel nur bei Kapitalgesellschaften wegen des **konstanten** „Gezeichneten Kapitals" gibt. Nach § 272 Abs. 2 und 3 HGB unterscheidet man **Kapital- und Gewinnrücklagen.**

Kapitalrücklagen entstehen durch ein **Aufgeld (Agio),** das bei der Ausgabe von Anteilen (Stammanteile, Aktien) über den Nennwert erzielt wird oder durch **Zuzahlungen** von Gesellschaftern für die Gewährung einer Vorzugsdividende.

Beispiel

Eine Aktiengesellschaft erhöht ihr „Gezeichnetes Kapital" durch Ausgabe junger Aktien: Nennwert 10.000.000,00 €, Ausgabekurs 150 % = 15.000.000,00 € (Bank). Das Agio ist der Kapitalrücklage zuzuführen.

Buchung	**Soll**	**Haben**
2800 Bank	15.000.000,00	
an **3000 Gezeichnetes Kapital**		10.000.000,00
an **3100 Kapitalrücklagen**		5.000.000,00

1 200.000,00 € Jahresfehlbetrag des Vorjahres – 50.000,00 € Gewinnvortrag des Vorjahres = **150.000,00 € Verlustvortrag des Berichtsjahres**
2 Davon bereits eingeforderte Beträge sind in ( ) zu vermerken.
3 Die Bilanz kann auch nach teilweiser oder vollständiger Verwendung des Jahresergebnisses gemäß § 268 (1) HGB aufgestellt werden.

Gewinnrücklagen

Gewinnrücklagen werden **aus dem bereits versteuerten Jahresgewinn** (15 % Körperschaftsteuer) durch Einbehaltung bzw. Nichtausschüttung von Gewinnanteilen gebildet (§ 272 [3] HGB). Man unterscheidet vor allem zwischen **gesetzlichen, satzungsmäßigen und anderen (freien) Gewinnrücklagen:**

- Gesetzliche Rücklagen müssen **Aktiengesellschaften zur Deckung von Verlusten** bilden. Nach § 150 AktG sind jährlich 5 % des um einen Verlustvortrag geminderten Jahresüberschusses in die gesetzliche Rücklage einzustellen, bis die **gesetzliche Rücklage und die Kapitalrücklage zusammen mindestens 10 %** oder den in der Satzung bestimmten höheren Anteil **des Grundkapitals** erreichen. Solange die gesetzliche und die Kapitalrücklage die **Mindesthöhe** nicht übersteigen, müssen ein Gewinnvortrag aus dem Vorjahr und freie Rücklagen zur Verlustdeckung herangezogen werden. Bei der GmbH gibt es keine gesetzlich vorgeschriebenen, sondern nur freie (freiwillige) Rücklagen.
- Satzungsmäßige oder auf Gesellschaftsvertrag beruhende Rücklagen.
- Andere Gewinnrücklagen (Freie Rücklagen). Über die gesetzliche Verpflichtung hinaus können bei Aktiengesellschaften **bis zur Hälfte des Jahresüberschusses** in die andere (freie) Gewinnrücklage eingestellt werden (§ 58 AktG). **Freie Rücklagen** können **für beliebige Zwecke verwendet** werden, z. B. zur Finanzierung von Ersatz- und Erweiterungsinvestitionen. Da Rücklagen aus nicht ausgeschütteten Gewinnen gebildet werden, dienen sie zugleich der **Selbstfinanzierung** des Unternehmens und ganz allgemein der **Stärkung der Eigenkapitalbasis** der Unternehmen.

Beispiel

In einer Aktiengesellschaft werden aus dem Jahresüberschuss u. a. 60.000,00 € der gesetzlichen und 140.000,00 € der freien Rücklage zugeführt.

Buchung (vereinfacht)	**Soll**	**Haben**
8020 Gewinn- und Verlustkonto	200.000,00	
an **3210 Gesetzliche Rücklage**		60.000,00
an **3240 Andere Gewinnrücklagen**		140.000,00

Offene Rücklagen

Kapital- und Gewinnrücklagen werden in der Bilanz **offen** als **gesonderte** Eigenkapitalposten **ausgewiesen.** Man spricht von „offenen" Rücklagen.

Stille Rücklagen

Stille Rücklagen (stille Reserven) sind im Gegensatz zu den offenen Rücklagen aus der Bilanz nicht zu ersehen. Sie **entstehen** in der Regel **durch Unterbewertung der Vermögenswerte** (z. B. durch überhöhte Abschreibungen) oder durch **Überbewertung von Rückstellungen.** Stille Reserven sind auch stets in den Erinnerungswerten von 1,00 € enthalten. Die gesetzlichen Bewertungsvorschriften engen allerdings den Spielraum zur Bildung stiller Reserven ein. Die **Vollabschreibung geringwertiger Wirtschaftsgüter** im Jahr ihrer Anschaffung oder Herstellung ist z. B. eine gesetzlich erlaubte Möglichkeit zur Bildung von stillen Reserven. Da Wirtschaftsgüter höchstens zu ihren Anschaffungs- bzw. Herstellungskosten aktiviert werden dürfen, entstehen zwangsläufig stille Reserven, wenn die **Preise am Markt (Tageswert) steigen.** Beträgt z. B. der Wiederbeschaffungspreis eines Grundstücks 280,00 € je m^2, das 1950 mit umgerechnet 10,00 € je m^2 angeschafft und bilanziert worden ist, so ist die stille Reserve 270,00 € je m^2. Auch **Währungsverbindlichkeiten** enthalten oft stille Reserven.

1.4.4 Gliederung der Gewinn- und Verlustrechnung nach § 275 HGB

Veröffentlichung der GuV-Rechnung

Nur mittelgroße und große Kapitalgesellschaften müssen ihre Gewinn- und Verlustrechnung **veröffentlichen,** und zwar nach § 275 HGB in **Staffelform.** Wie bei der Bilanz ist auch hier zu jedem Posten der **Vorjahresbetrag** anzugeben. Die Staffelform ermöglicht auch dem Buchführungslaien einen schnellen **Überblick über Entstehung und Zusammensetzung des Jahresergebnisses.**

Für ein Industrieunternehmen ergibt sich aus dem nebenstehenden Gliederungsschema des § 275 (2) HGB folgender kurz gefasster Aufbau der Erfolgsrechnung:

1	Umsatzerlöse
2	± Bestandsveränderungen
3	+ Aktivierte Eigenleistungen
4	+ sonstige betriebliche Erträge
5	– Materialaufwand
	= **Rohergebnis**
6-8	– übrige betriebliche Aufwendungen
9-11	+ Erträge aus dem Finanzbereich
12-13	– Aufwendungen aus dem Finanzbereich
14	= **Ergebnis der gewöhnlichen Geschäftstätigkeit**
15	+ außerordentliche Erträge
16	– außerordentliche Aufwendungen
17	± **außerordentliches Ergebnis**
18-19	– Personen- und Betriebssteuern
20	= **Jahresüberschuss/Jahresfehlbetrag**

Mittelgroße Kapitalgesellschaften dürfen in der zu veröffentlichenden Erfolgsrechnung die **Posten 1 bis 5 als Rohergebnis zusammenfassen.** Damit bleibt der Konkurrenz die **Umsatzhöhe verborgen.**

Zusammenfassung

- Der **Jahresabschluss einer Kapitalgesellschaft** besteht aus **drei Teilen,** nämlich der **Bilanz,** der **Gewinn- und Verlustrechnung** und dem **Anhang. Zusätzlich** ist ein **Lagebericht** zu erstellen.
- Art und Umfang der **Prüfung, Gliederung und Offenlegung** des Jahresabschlusses **richten sich nach der Größe** des Unternehmens. Nur **große und mittelgroße** Kapitalgesellschaften müssen ihre Gewinn- und Verlustrechnung in **Staffelform** veröffentlichen.
- Kapitalgesellschaften müssen das **gezeichnete Kapital** in der Bilanz zum **Nennwert** ausweisen. **Rücklagen, Gewinne und Verluste** sind in der Bilanz **offen** auszuweisen.
- **Kapitalrücklagen** entstehen durch Zuzahlungen der Gesellschafter bzw. Aktionäre. **Gewinnrücklagen** werden aus dem versteuerten Gewinn gebildet.
- **Stille Rücklagen** (Reserven) entstehen durch Unterbewertung von Aktivposten und Überbewertung bestimmter Passivposten. Sie sind aus der Bilanz nicht zu ersehen.
- **Rücklagen** stellen **Eigenkapital** dar, **Rückstellungen** dagegen **Fremdkapital.**

Gliederung der Gewinn- und Verlustrechnung nach § 275 HGB

Gliederung der Gewinn- und Verlustrechnung in Staffelform (§ 275 [2] HGB)

1. Umsatzerlöse
2. Erhöhung oder Verminderung des Bestandes an fertigen und unfertigen Erzeugnissen
3. Andere aktivierte Eigenleistungen (z. B. selbst erstellte Anlagen)
4. Sonstige betriebliche Erträge (z. B. Mieterträge, Buchgewinne u. a.)
5. Materialaufwand
   a) Aufwendungen für Roh-, Hilfs- und Betriebsstoffe und für bezogene Waren
   b) Aufwendungen für bezogene Leistungen
6. Personalaufwand
   a) Löhne und Gehälter
   b) Soziale Abgaben und Aufwendungen für Altersversorgung und für Unterstützung
7. Abschreibungen
   a) auf immaterielle Anlagewerte und Sachanlagen
   b) auf Vermögensgegenstände des Umlaufvermögens, soweit diese die in der Kapitalgesellschaft üblichen Abschreibungen überschreiten
8. Sonstige betriebliche Aufwendungen (z. B. Raumkosten, Buchverluste u. a.)
9. Erträge aus Beteiligungen[1]
10. Erträge aus anderen Wertpapieren und Ausleihungen des Finanzanlagevermögens[1]
11. Sonstige Zinsen und ähnliche Erträge[1]
12. Abschreibungen auf Finanzanlagen und auf Wertpapiere des Umlaufvermögens
13. Zinsen und ähnliche Aufwendungen[1]
14. **Ergebnis der gewöhnlichen Geschäftstätigkeit** (= Saldo aus 1–13)
15. Außerordentliche Erträge
16. Außerordentliche Aufwendungen
17. **Außerordentliches Ergebnis** (= Saldo)
18. Steuern vom Einkommen und vom Ertrag (Körperschaft-, Gewerbesteuer[2])
19. Sonstige Steuern (z. B. Grund-, Kfz-Steuer u. a.)
20. **Jahresüberschuss/Jahresfehlbetrag**

Erläuterungen (siehe auch Rückseite des Kontenrahmens):

Die Posten **1–4** stellen **betriebsgewöhnliche Erträge** und die Posten **5–8 betriebsgewöhnliche Aufwendungen** der Kapitalgesellschaft dar.

Die Posten **4/8** sind **Sammelposten** für alle nicht im Gliederungsschema gesondert auszuweisenden Erträge und Aufwendungen aus der gewöhnlichen Geschäftstätigkeit (siehe nebenstehende Beispiele).

Die Posten **9–13** sind Erträge und Aufwendungen des **Finanzbereiches.**

Die Posten **15–16** erfassen lediglich **ungewöhnliche (seltene) Aufwendungen** (z. B. Verluste aus sehr großen Schadensfällen und Enteignungen, Verlust aus dem Verkauf eines Teilbetriebs u. a.) und **Erträge** (z. B. Steuererlass, Gewinne aus dem Verkauf eines Teilbetriebs, Erträge aus Gläubigerverzicht u. a.).

In der Regel weisen Bilanz und Gewinn- und Verlustrechnung als Jahresergebnis einen Jahresüberschuss oder Jahresfehlbetrag aus. Die Verwendung des Jahresergebnisses erfolgt dann im nächsten Geschäftsjahr. Wird jedoch die **Bilanz nach teilweiser Verwendung des Jahresüberschusses** durch Einstellung in die Gewinnrücklagen aufgestellt, so tritt an die Stelle der Posten „Jahresüberschuss" und „Gewinn-/Verlustvortrag" der Posten **„Bilanzgewinn"**:

Beispiel

Jahresüberschuss	420.000,00 €
+ Gewinnvortrag des Vorjahres	30.000,00 €
− Einstellung in Gewinnrücklage	300.000,00 €
Bilanzgewinn	150.000,00 €

1 In der **Vorspalte** ist jeweils anzugeben: … davon aus (an) verbundene(n) Unternehmen …

2 Siehe Fußnote auf S. 77.

395 Das Schlussbilanzkonto der mittelgroßen Stahlbau GmbH (über 50 Arbeitnehmer) weist zum 31. Dez. folgende Zahlen aus:

Soll	8010 Schlussbilanzkonto		Haben
0510 Bebaute Grundstücke	210.000,00	3000 Gezeichnetes Kapital	2.800.000,00
0530 Betriebsgebäude	2.200.000,00	3200 Gewinnrücklagen	250.000,00
0700 Technische Anlagen und Maschinen	1.280.000,00	3400 Jahresüberschuss	360.000,00
0870 Geschäftsausstattung	290.000,00	3900 Sonst. Rückstellungen	70.000,00
1500 Wertpapiere des Anlagevermögens	120.000,00	4250 Langfristige Bankverbindlichkeiten	1.730.000,00
2000 Rohstoffe	360.000,00	4400 Verbindlichkeiten a. LL	230.000,00
2020 Hilfsstoffe	130.000,00	4800 Umsatzsteuer	50.000,00
2200 Fertige Erzeugnisse	310.000,00	4900 Pass. Rechnungsabgrenzung	10.000,00
2400 Forderungen a. LL	207.000,00		
2800 Bankguthaben	243.000,00		
2850 Postbankguthaben	90.000,00		
2880 Kasse	45.000,00		
2900 Akt. Rechnungsabgrenzung	15.000,00		
	5.500.000,00		5.500.000,00

1. *Erstellen Sie die Bilanz nach dem Gliederungsschema auf Seite 395.*
2. *Wie hoch ist das Eigenkapital zum 31. Dezember?*
3. *Inwieweit deckt das Eigenkapital das Anlagevermögen?*

396 Das Gewinn- und Verlustkonto der o. g. Stahlbau GmbH weist zum 31. Dez. folgende Zahlen aus:

Soll	8020 Gewinn- und Verlustkonto		Haben
6000 Aufw. für Rohstoffe	2.100.000,00	5000 Umsatzerlöse	4.800.000,00
6020 Aufw. für Hilfsstoffe	260.000,00	5200 Bestandsveränderungen	450.000,00
6160 Fremdinstandhaltung	140.000,00	5400 Mieterträge	116.000,00
6200 Löhne	940.000,00	5710 Zinserträge	78.000,00
6300 Gehälter	456.000,00		
6400 Arbeitgeberanteil zur SV	224.000,00		
6520 Abschreibungen auf SA	184.000,00		
6700 Mieten	16.000,00		
6800 Büromaterial, Telekommunikation, Porto	84.000,00		
6870 Werbung	126.000,00		
7000 Betriebliche Steuern	174.000,00		
7510 Zinsaufwendungen	86.000,00		
7710 Körperschaftsteuer	294.000,00		
3400 Jahresüberschuss	360.000,00		
	5.444.000,00		5.444.000,00

1. *Erstellen Sie die Gewinn- und Verlustrechnung in Staffelform nach dem Schema auf Seite 398 und ermitteln Sie das Rohergebnis, das Ergebnis der gewöhnlichen Geschäftstätigkeit und den Jahresüberschuss.*
2. *Richten Sie für den Abschluss des Gewinn- und Verlustkontos das Konto „3400 Jahresüberschuss/Jahresfehlbetrag“ ein. Wie lautet im vorliegenden Fall die Abschlussbuchung des Gewinn- und Verlustkontos?*
3. *Nennen Sie die Abschlussbuchung für das Konto „3400“.*
4. *Ermitteln Sie die Rentabilität des Anfangseigenkapitals.*

Die Druckpapier GmbH weist zum 31. Dezember folgende Daten aus: 397

Saldenbilanz zum 31. Dez. ..	Soll	Haben
0700 Technische Anlagen und Maschinen	720.000,00	–
0840 Fuhrpark	65.000,00	–
0870 Geschäftsausstattung	70.000,00	–
1500 Wertpapiere des Anlagevermögens	145.000,00	–
2000 Rohstoffe	950.000,00	–
2020 Hilfsstoffe	280.000,00	–
2030 Betriebsstoffe	68.000,00	–
2200 Fertige Erzeugnisse	352.000,00	–
2400 Forderungen a. LL	360.000,00	–
2800 Bankguthaben	250.000,00	–
2880 Kasse	28.000,00	–
2900 Aktive Rechnungsabgrenzung	12.000,00	–
3000 Gezeichnetes Kapital	–	1.300.000,00
3200 Gewinnrücklagen	–	350.000,00
3390 Gewinnvortrag	–	10.000,00
3400 Jahresüberschuss	–	330.000,00
3900 Sonstige Rückstellungen	–	50.000,00
4250 Langfristige Bankverbindlichkeiten	–	670.000,00
4400 Verbindlichkeiten a. LL	–	575.000,00
4900 Passive Rechnungsabgrenzung	–	15.000,00
5000 Umsatzerlöse für eigene Erzeugnisse	–	8.000.000,00
5200 Bestandsveränderungen	–	160.000,00
5400 Mieterträge	–	10.000,00
5710 Zinserträge	–	30.000,00
5800 Außerordentliche Erträge	–	70.000,00
6000 Aufwendungen für Rohstoffe	5.570.000,00	–
6020 Aufwendungen für Hilfsstoffe	540.000,00	–
6030 Aufwendungen für Betriebsstoffe	110.000,00	–
6200 Löhne	540.000,00	–
6300 Gehälter	190.000,00	–
6400 Arbeitgeberanteil zur Sozialversicherung	90.000,00	–
6500 Abschreibungen auf Anlagevermögen	290.000,00	–
6800 Bürokosten	180.000,00	–
6870 Werbung	65.000,00	–
7000 Betriebliche Steuern	80.000,00	–
7510 Zinsaufwendungen	75.000,00	–
7600 Außerordentliche Aufwendungen	60.000,00	–
7700 Steuern vom Einkommen und Ertrag	150.000,00	–
8020 GuV-Konto (Saldo = Jahresüberschuss)	330.000,00	–
	11.570.000,00	11.570.000,00

1. *Erstellen Sie die Bilanz gemäß § 266 HGB.*
2. *Erstellen Sie die Gewinn- und Verlustrechnung in Staffelform nach dem Muster auf Seite 398, indem Sie bestimmte Aufwands- und Ertragsposten zusammenfassen und folgende Zwischenergebnisse ausweisen:*
   a) *Rohergebnis,*
   b) *Ergebnis der gewöhnlichen Geschäftstätigkeit,*
   c) *außerordentliches Ergebnis und*
   d) *Jahresüberschuss.*
3. *Wie hoch ist das gesamte Eigenkapital des Unternehmens zum 31. Dez.?*
4. *Beurteilen Sie die Kapitalausstattung des Unternehmens, indem Sie das Verhältnis zwischen Eigen- und Fremdkapital ermitteln.* ■

1.4.5 Der Anlagenspiegel (Anlagengitter) als Bestandteil des Jahresabschlusses der Kapitalgesellschaften

§ 268 Abs. 2 HGB

In der Bilanz oder im Anhang ist die Entwicklung der einzelnen Posten des Anlagevermögens ... darzustellen. Dabei sind, ausgehend von den gesamten Anschaffungs- und Herstellungskosten, die Zugänge, Abgänge, Umbuchungen und Zuschreibungen des Geschäftsjahres sowie die Abschreibungen in ihrer gesamten Höhe gesondert aufzuführen. Die Abschreibungen des Geschäftsjahres sind entweder in der Bilanz bei dem betreffenden Posten zu vermerken oder im Anhang in einer der Gliederung des Anlagevermögens entsprechenden Aufgliederung anzugeben.

Diese Vorschrift gilt nur für den **Jahresabschluss der Kapitalgesellschaften** (Aktiengesellschaften, Gesellschaften mit beschränkter Haftung)[1]. Die geforderte „Gliederung des Anlagevermögens mit der entsprechenden Aufgliederung" erfolgt in der Regel aus Gründen der Übersicht nicht in der Bilanz, sondern in Form des **Anlagenspiegels,** auch **Anlagengitter** genannt, **im Anhang des Jahresabschlusses der Kapitalgesellschaft.**

Situation Die Anlagenkartei der Metallbau GmbH weist in der Bilanzposition „Technische Anlagen und Maschinen" im Geschäftsjahr .. folgende Zahlen aus:

Anschaffungskosten aller technischen Anlagen und Maschinen zum 1. Jan. ..	4.000 T€
Anschaffung einer CNC-Drehmaschine im 1. Halbjahr .. : Anschaffungskosten	300 T€
Kumulierte (angesammelte) Abschreibungen bis zum 31. Dez. des Vorjahres	2.400 T€
Abschreibungen des Berichtsjahres zum 31. Dez. ..	430 T€
Buchwert zum 31. Dez. des Vorjahres	1.600 T€

Anlagenspiegel in T€ zum 31. Dezember ..

Anlage-posten	Anschaffungs- bzw. Herstellungskosten AK/HK	Zugänge zu AK/HK	Abgänge zu AK/HK	Umbuchungen zu AK/HK +/–	Zuschreibungen	Kumulierte Abschreibungen	Buchwert am 31. Dez. des Berichtsjahres	Buchwert am 31. Dez. des Vorjahres	Abschreibungen des Berichtsjahres
0	1	2	3	4	5	6	7	8	9
TA u. Masch.	4.000	300	–	–	–	2.830	1.470	1.600	430

Spalten	Erläuterung der Spalten des Anlagenspiegels
1 Anschaffungs-/Herstellungskosten (AK/HK)	Hier werden die ursprünglichen (historischen) Anschaffungs- bzw. Herstellungskosten aller zum 1. Jan. vorhandenen Anlagegüter der entsprechenden Bilanzposition ausgewiesen.
2 Zugänge zu AK/HK	Hier werden die AK/HK der im Berichtsjahr angeschafften bzw. hergestellten Anlagegüter eingetragen. Um diesen Wert erhöhen sich im nächsten Geschäftsjahr die gesamten Anschaffungs-/Herstellungskosten der Spalte 1.
3 Abgänge zu AK/HK	Anlagenabgänge durch Verkauf, Entnahmen oder Verschrottung sind hier mit den entsprechenden Anschaffungs- bzw. Herstellungskosten anzusetzen. Um diesen Wert vermindern sich im folgenden Jahr die AK/HK der Spalte 1.
4 Umbuchungen zu AK/HK	Ein im Bau befindliches Gebäude des Kontos „Anlagen im Bau" wird z. B. nach Fertigstellung auf das Konto „Gebäude" umgebucht.
5 Zuschreibungen	Zuschreibungen erfolgen aufgrund von Wertaufholungen (§ 280 HGB), wenn z. B. eine außerplanmäßige Abschreibung korrigiert wird.
6 Kumulierte Abschreibungen	Sie bestehen aus Abschreibungen der Vorjahre zuzüglich der Abschreibungen des Berichtsjahres und abzüglich der Zuschreibungen sowie der auf Anlagenabgänge entfallenden kumulierten Abschreibungen.
7 Buchwert zum Schluss des Berichtsjahres	Anschaffungs-/Herstellungskosten (Spalte 1) ... 4.000 T€ + Zugänge ... 300 T€ – Abgänge ... – + Umbuchungen ... – + Zuschreibungen ... – – Kumulierte Abschreibungen (2.400 T€ + 430 T€) ... 2.830 T€ **Buchwert zum 31. Dez. des Berichtsjahres ... 1.470 T€**
8 Buchwert zum Schluss des Vorjahres	Er wird als Vergleichswert dem Anlagenspiegel des Vorjahres entnommen und hier eingetragen.
9 Abschreibungen des Berichtsjahres	Sie werden der Anlagenkartei entnommen und hier rein nachrichtlich ausgewiesen, da sie in den kumulierten Abschreibungen enthalten sind.

1 siehe S. 393 f.

Der Anlagenspiegel (Anlagengitter) als Bestandteil des Jahresabschlusses der Kapitalgesellschaften

Auswertung des Anlagenspiegels

Der Anlagenspiegel der Metallbau GmbH enthält wichtige Daten zur Beurteilung des Unternehmens. Er weist nicht nur die Investitionen des Berichtsjahres aus (300 T€), sondern auch die Jahresabschreibungen (430 T€). Die Anlageninvestitionen wurden mehr als voll durch Abschreibungen finanziert, wenn man unterstellt, dass die in die Verkaufspreise der Erzeugnisse einkalkulierten Abschreibungen über die Umsatzerlöse in das Unternehmen zurückgeflossen sind:

$$\textbf{Investitionsfinanzierung durch Abschreibungen} = \frac{\textbf{Jahresabschreibungen} \cdot 100\,\%}{\textbf{Anlageninvestitionen}} = 143{,}33\,\%$$

Zusammenfassung

- Der **Anlagenspiegel zeigt** die **Entwicklung der Bilanzposten des Anlagevermögens,** und zwar von den ursprünglichen Anschaffungs-/Herstellungskosten über die Zu- und Abgänge, Zuschreibungen sowie kumulierten Abschreibungen bis zum Buchwert am Schluss des Geschäftsjahres. **Kapitalgesellschaften** müssen ihn **in der Bilanz oder im Anhang** ausweisen (§ 268 Abs. 2 HGB).
- Der Anlagenspiegel **gewährt Einblick in die Abschreibungs- und Investitionspolitik** des Unternehmens. Das Verhältnis Anschaffungs-/Herstellungskosten : Buchwert der Anlagen deutet auf Alter und technischen Standard hin.

AUFGABEN

398

1. Die o. g. Metallbau GmbH besteht im siebten Jahr. Im Gründungsjahr wurden die „TA und Maschinen" für 4.000 T€ AK/HK erworben. Die kumulierten linearen Abschreibungen betragen am Schluss des 6. Geschäftsjahres 2.400 T€. *Wie hoch waren die jährlichen Abschreibungen?*
2. Zu Beginn des 7. Geschäftsjahres wurden in der Metallbau GmbH für 300 T€ Maschinen angeschafft. *Mit welchem Betrag werden im Anlagenspiegel des 8. Jahres die gesamten AK/HK in Spalte 1 ausgewiesen?* ■

399

Erstellen Sie den Anlagenspiegel der Metallbau GmbH für das 8. Jahr:

1. Übernahme aus dem Vorjahr in Spalte 1: 4.000 T€ + ? = ?
2. Übernahme in Spalte 8: Buchwert des Vorjahres: ? T€.
3. Abschreibungen im 8. Geschäftsjahr: 410 T€.
4. Verkauf einer Maschine. Der Anschaffungswert betrug 200 T€. Der Buchwert zum Zeitpunkt des Verkaufs beträgt 60 T€. *Wie hoch sind die bis zum Verkauf entstandenen (kumulierten) Abschreibungen der Maschine?*
5. *Ermitteln Sie die kumulierten Abschreibungen zum 31. Dez. des 8. Jahres. Siehe dazu auch die Erläuterungen der Spalte 6 auf der vorhergehenden Seite.*
6. *Ermitteln Sie den Buchwert der „TA und Maschinen" zum 31. Dez. des 8. Jahres.*
7. *Um welchen Wert vermindern sich die AK/HK des folgenden 9. Jahres?* ■

400

Die Anlagenkartei der Textilwerke GmbH weist zu „TA und Maschinen" aus:

1. Anschaffungskosten zu Beginn des Geschäftsjahres .... 850 T€
2. Kumulierte Abschreibungen zum Schluss des Vorjahres .... 340 T€
3. Buchwert des Vorjahres .... 510 T€
4. Anschaffung einer Maschine im Geschäftsjahr, netto .... 250 T€
5. Abschreibungen (AfA) des Geschäftsjahres .... 95 T€

Erstellen Sie den Anlagenspiegel. Finanziert die AfA die Investition? ■

401

Erstellen Sie für die o. g. Textilwerke den Anlagenspiegel für das Folgejahr:

1. Eine nicht mehr benötigte Stoffzuschneidemaschine wird für netto 30 T€ verkauft. Anschaffungskosten: 200 T€. Bisherige AfA: 180 T€.
2. Die Abschreibungen des Geschäftsjahres betragen 85 T€. ■

2 Analyse und Auswertung des Jahresabschlusses

Betriebswirtschaftliche Auswertung des Jahresabschlusses

Aus dem Jahresabschluss lassen sich wertvolle **Erkenntnisse über die Vermögens-, Finanz- und Erfolgslage** des Unternehmens gewinnen, wenn man die Abschlusszahlen entsprechend auswertet. Ein Vergleich mit den Jahresabschlüssen der Vorjahre **(Zeitvergleich)** gibt außerdem Auskunft über die betriebseigene **Entwicklung.** Wie das Unternehmen innerhalb seiner Branche zu beurteilen ist, zeigt ein Vergleich mit den Zahlen branchengleicher Unternehmen **(Betriebsvergleich).**

Die betriebswirtschaftliche Auswertung des Jahresabschlusses umfasst die

- **Aufbereitung (Analyse)** und die
- **Beurteilung (Kritik)** des Zahlenmaterials.

Allgemein spricht man auch von **„Bilanzanalyse und Bilanzkritik".**

2.1 Die Auswertung der Bilanz

2.1.1 Die Aufbereitung der Bilanz (Bilanzanalyse)

Umgliederung der Bilanzposten

Die Bilanzen müssen zunächst für eine kritische Beurteilung entsprechend aufbereitet werden. Die zahlreichen Bilanzposten sind daher nach bestimmten Gesichtspunkten umzugliedern und gruppenmäßig zusammenzufassen. Die Vermögensseite umfasst die beiden Hauptgruppen **„Anlagevermögen"** und **„Umlaufvermögen"**, die Kapitalseite **„Eigenkapital"** und **„Fremdkapital".** Das Umlaufvermögen ist nach der **Flüssigkeit** in die Gruppen **„Vorräte", „Forderungen"** und **„Flüssige Mittel"** zu gliedern. Die Positionen des Fremdkapitals sind nach der **Fälligkeit** in **„Langfristiges Fremdkapital"** und **„Kurzfristiges Fremdkapital"** zu ordnen. Wertberichtigungen sind vorab mit dem entsprechenden Aktivposten zu saldieren. Aktive Rechnungsabgrenzungssammelposten werden den Forderungen, passive Rechnungsabgrenzungsposten den kurzfristigen Verbindlichkeiten zugeordnet.

Bilanzstruktur

Die Bilanzstruktur ist das **Ergebnis der Aufbereitung** der Bilanzposten. Sie lässt bereits deutlich den **Vermögens- und Kapitalaufbau** des Unternehmens erkennen:

BILANZSTRUKTUR

Vermögen		Kapital	
I. Anlagevermögen		**I. Eigenkapital**	
II. Umlaufvermögen	1. Vorräte 2. Forderungen 3. Flüssige Mittel	**II. Fremdkapital**	1. langfristig 2. kurzfristig
Wie ist das Kapital angelegt?		Woher stammt das Kapital?	

Zur besseren Vergleichbarkeit und Überschaubarkeit stellt man die **Bilanzstruktur** nicht nur in absoluten Zahlen, sondern auch in **Prozentzahlen** dar, wobei die **Bilanzsumme die Basis (≙ 100 %)** bildet. Damit wird auf einen Blick erkennbar, welches Gewicht die einzelnen Hauptgruppen innerhalb des Gesamtvermögens (Aktiva) und Gesamtkapitals (Passiva) haben. Vermögens- und Kapitalstruktur werden dadurch noch anschaulicher dargestellt.

Die Aufbereitung der Bilanz (Bilanzanalyse)

Situation

Die Bilanzen des Metallwerks Thomas Berg, Stuttgart, lauten für die beiden letzten Geschäftsjahre:

Aktiva	Berichtsjahr T€	Vorjahr T€
Grundst. und Bauten	4.025	3.500
TA und Maschinen	2.130	1.600
BuG-Ausstattung	665	560
Roh-, Hilfs- und Betriebsstoffe	650	520
Unfertige Erzeugnisse	586	760
Fertige Erzeugnisse	979	1.100
Forderungen a. LL	1.380	850
Kassenbestand	29	30
Bankguthaben	1.956	1.250
	12.400	10.170

Passiva	Berichtsjahr T€	Vorjahr T€
Eigenkapital 1. Jan.	6.130	5.800
– Entnahmen	160	120
	5.970	5.680
+ Einlagen	850	–
	6.820	5.680
+ Jahresgewinn	1.240	450
Eigenkapital 31. Dez.	8.060	6.130
Pensionsrückstellungen	410	320
Langfristige Bankverbindlichkeiten	2.378	1.175
Verbindlichkeiten a. LL	1.552	1.035
Sonstige kurzfristige Verbindlichkeiten	–	1.510
	12.400	10.170

Anmerkung: Der Gewinn verbleibt zur Stärkung der Eigenkapitalbasis im Unternehmen.

Die Aufbereitung der Bilanzen erfolgt nach folgendem Schema:

AKTIVA	Berichtsjahr (B) T€	%	Vorjahr (V) T€	%	Zu- oder Abnahme T€
Anlagevermögen	**6.820**	**55**	**5.660**	**56**	**+ 1.160**
Vorräte	2.215	18	2.380	23	– 165
Forderungen a. LL	1.380	11	850	8	+ 530
Flüssige Mittel	1.985	16	1.280	13	+ 705
Umlaufvermögen	**5.580**	**45**	**4.510**	**44**	**+ 1.070**
Gesamtvermögen	**12.400**	**100**	**10.170**	**100**	**+ 2.230**

PASSIVA	Berichtsjahr (B) T€	%	Vorjahr (V) T€	%	Zu- oder Abnahme T€
Eigenkapital	**8.060**	**65**	**6.130**	**60**	**+ 1.930**
Pensionsrückstellungen	410	3	320	3	+ 90
Langfr. Bankverbindlichk.	2.378	19	1.175	12	+ 1.203
Langfr. Fremdkapital	**2.788**	**22**	**1.495**	**15**	**+ 1.293**
Verbindlichkeiten a. LL	1.552	13	1.035	10	+ 517
Sonstige Verbindlichkeiten	–	–	1.510	15	– 1.510
Kurzfr. Fremdkapital	**1.552**	**13**	**2.545**	**25**	**– 993**
Gesamtkapital	**12.400**	**100**	**10.170**	**100**	**+ 2.230**

siehe Prozentrechnung ➤ Kap. E, 1.3

Die Beurteilung der Bilanz (Bilanzkritik) 2.1.2

Die aufbereiteten Bilanzen enthalten bereits die wichtigsten Kennzahlen und Angaben zur **Beurteilung** der

- **Kapitalausstattung,**
- **Anlagenfinanzierung,**
- **Zahlungsfähigkeit und des**
- **Vermögensaufbaus**

des Unternehmens. Die nun einsetzende Bilanzbeurteilung stellt zwischen den durch die Aufbereitung gewonnenen Verhältniszahlen sinnvolle **Beziehungen** her und wertet diese im Hinblick auf die **Lage und Entwicklung** des Unternehmens.

2.1.2.1 Beurteilung der Kapitalausstattung (Finanzierung)

Grad der Unabhängigkeit

Bei der Beurteilung der **Kapitalausstattung oder Finanzierung** geht es vor allem um die Frage, ob das Unternehmen überwiegend mit **eigenem oder fremdem Kapital** arbeitet. In der Regel kann die Finanzierung eines Unternehmens als günstig bezeichnet werden, wenn das **Eigenkapital als Haftungs- bzw. Schutzkapital** das Fremdkapital überwiegt; denn je höher der Anteil des Eigenkapitals am Gesamtkapital, umso **sicherer** ist die Lage des Unternehmens in Krisenzeiten und umso **unabhängiger** ist das Unternehmen **gegenüber** seinen **Gläubigern.** Der Anteil des Eigenkapitals am Gesamtkapital ist daher zugleich Ausdruck des Grades der finanziellen Unabhängigkeit des Unternehmens.

Grad der Verschuldung

Dieser kommt durch den Anteil des Fremdkapitals am Gesamtkapital zum Ausdruck. Ein im Verhältnis zum Eigenkapital zu hohes Fremdkapital bedeutet eine erhebliche **Einengung der Selbstständigkeit des Unternehmens,** da mit jeder weiteren Kreditaufnahme stets der Nachweis der Kreditverwendung und ständige Kontrollen durch Gläubiger verbunden sind. Ist der Anteil an kurzfristigen Schulden sehr hoch, so wird die **Liquidität (Zahlungsfähigkeit)** des Unternehmens stark eingeschränkt. Die **Zusammensetzung des Fremdkapitals** (lang- und kurzfristig) ist daher eine wichtige Frage bei der Beurteilung der Finanzierung eines Unternehmens.

Kennzahlen der Finanzierung (Kapitalstruktur)	B	V
❶ Grad der finanziellen Unabhängigkeit = $\frac{\text{Eigenkapital} \cdot 100\,\%}{\text{Gesamtkapital}}$	65 %	60 %
❷ Grad der Verschuldung = $\frac{\text{Fremdkapital} \cdot 100\,\%}{\text{Gesamtkapital}}$	35 %	40 %
❸ Anteil des langfristigen Fremdkapitals = $\frac{\text{lgfr. Fremdkapital} \cdot 100\,\%}{\text{Gesamtkapital}}$	22 %	15 %
❹ Anteil des kurzfristigen Fremdkapitals = $\frac{\text{kfr. Fremdkapital} \cdot 100\,\%}{\text{Gesamtkapital}}$	13 %	25 %

Beurteilung

Die Kennzahlen zeigen deutlich, dass sich im Berichtsjahr der **Grad der finanziellen Unabhängigkeit von 60 % auf 65 %** und damit entsprechend der **Grad der Verschuldung von 40 % auf 35 %** verbessert haben. Die beachtliche Steigerung des Eigenkapitals ist auf eine **Kapitaleinlage** des Unternehmers in Höhe von **850 T€** sowie auf den im Berichtsjahr erwirtschafteten hohen **Jahresgewinn von 1.240 T€** zurückzuführen. Erfreulicherweise konnte dadurch der Anteil des Fremdkapitals und somit der Einfluss der Gläubiger erheblich vermindert werden. Der **Rückgang des kurzfristigen Fremdkapitals von 25 % auf 13 %** ist im Hinblick auf die Liquidität des Unternehmens besonders positiv zu beurteilen. Der hohe Abbau der kurzfristigen Fremdmittel ist vor allem auf eine **Umschuldung** zurückzuführen, also auf eine Umwandlung kurzfristiger in langfristige Schulden. So steht einer Abnahme an kurzfristigen Fremdmitteln in Höhe von 993 T€ eine Zunahme der langfristigen Schulden in Höhe von 1.203 T€ gegenüber (vgl. aufbereitete Bilanzen auf Seite 405).

Die Unternehmensleitung hat im Berichtsjahr sinnvolle Maßnahmen durchgeführt, um die Finanzierung des Unternehmens noch krisenfester zu gestalten.

Zusammenfassung

► **Je größer das Eigenkapital** im Verhältnis zum Fremdkapital ist, desto solider und **krisenfester ist die Finanzierung** und desto geringer sind die Zinsbelastung und die Abhängigkeit gegenüber Gläubigern.

Beurteilung der Anlagendeckung (Investierung) | 2.1.2.2

Deckungsgrad I und II

Die Finanzierung (Deckung) des Anlagevermögens durch

- **Eigenkapital → Deckungsgrad I**

  und durch

- **langfristiges Kapital** (Eigenkapital und langfristiges Fremdkapital) **→ Deckungsgrad II**

ist zugleich ein wichtiger **Maßstab zur Beurteilung der Kapitalausstattung** des Unternehmens schlechthin. Da **Anlagegegenstände** in der Regel langfristig gebundenes Vermögen darstellen, müssen sie durch **entsprechend langfristiges Kapital** finanziert werden. Damit wird sichergestellt, dass im Krisenfalle keine Anlagegüter veräußert werden müssen, um den Tilgungsverpflichtungen termingerecht nachzukommen. Deshalb sollen Wirtschaftsgüter des Anlagevermögens grundsätzlich **nicht kurzfristig** finanziert werden. Die Anlagenfinanzierung kann somit als sehr gut bezeichnet werden, wenn das Anlagevermögen voll durch Eigenkapital **(Deckungsgrad I)** gedeckt ist. Reicht das Eigenkapital jedoch nicht zur Finanzierung des Anlagevermögens aus, so darf zusätzlich nur langfristiges Fremdkapital herangezogen werden. Der **Deckungsgrad II** muss mindestens 100 % betragen, wenn eine volle Deckung durch langfristiges Kapital gegeben sein soll.

Kennzahlen der Anlagendeckung (Investierung)	Berichtsjahr	Vorjahr
Deckungsgrad I = $\frac{\text{Eigenkapital} \cdot 100\,\%}{\text{Anlagevermögen}}$	118 %	108 %
Deckungsgrad II = $\frac{\text{Langfristiges Kapital} \cdot 100\,\%}{\text{Anlagevermögen}}$	159 %	135 %

Beurteilung

Die Anlagendeckung durch Eigenkapital (Deckungsgrad I) war bereits im Vorjahr gut. Sie konnte im Berichtsjahr durch die bereits erwähnte **Erhöhung des Eigenkapitals** noch wesentlich verbessert werden. **Nicht nur das Anlagevermögen, sondern auch über die Hälfte des Vorratsvermögens werden** nunmehr **durch eigene Mittel finanziert.** Besonders erfreulich ist auch die Tatsache, dass die erheblichen **Anschaffungen (Investitionen)** im Anlagevermögen in Höhe von 1.160 T€ **ebenfalls** in vollem Umfang **durch Eigenkapital finanziert** wurden.

Die Anlagendeckung durch langfristiges Kapital (Deckungsgrad II) ist in den beiden Vergleichsjahren ausgezeichnet. Besonders im Berichtsjahr wird der größte Teil des Umlaufvermögens **langfristig** finanziert, was sich auf die Liquidität des Unternehmens zwangsläufig günstig auswirken muss. Die für das Berichtsjahr als **sehr gut beurteilte Finanzierung wird durch die Anlagendeckung I und II voll bestätigt.**

Zusammenfassung

- Die Anlagendeckung ist zugleich **Maßstab** zur Beurteilung der Finanzierung (Kapitalausstattung) des Unternehmens.
- Das Anlagevermögen und der eiserne Bestand an Vorräten sollten stets durch entsprechend **langfristiges** Kapital (Eigen- und langfristiges Fremdkapital) finanziert sein.

2.1.2.3 Beurteilung der Zahlungsfähigkeit (Liquidität)

Ermittlung der Liquidität

Liquidität ist die Zahlungsfähigkeit eines Unternehmens, die sich aus dem **Verhältnis der flüssigen (liquiden) Mittel zu den fälligen kurzfristigen Verbindlichkeiten** erkennen lässt. Es muss deshalb untersucht werden, ob das Unternehmen in der Lage sein wird, die **fälligen** Verbindlichkeiten **fristgerecht** zu begleichen.

Aufgrund der Bilanzzahlen kann die **Liquidität** eines Unternehmens natürlich **nur überschlägig** ermittelt werden, da wichtige Angaben aus den Bilanzen nicht hervorgehen, wie **Fälligkeiten** der Verbindlichkeiten und Forderungen, **laufende Zahlungen** für Steuern, Mieten u. a. m. Dennoch lassen sich verschiedene Stufen oder Grade der Zahlungsfähigkeit des Unternehmens aus den Abschlusszahlen errechnen.

Kennzahlen der Liquidität

Diese Kennzahlen berücksichtigen jeweils den Grad der Zahlungsfähigkeit. Die **Liquidität I (1. Grades),** auch **Barliquidität** genannt, setzt die flüssigen Mittel (Kasse, Bank- und Postbankguthaben, börsenfähige Wertpapiere des Umlaufvermögens) ins Verhältnis zu den kurzfristigen Fremdmitteln. Die **Liquidität II,** auch **einzugsbedingte Liquidität** genannt, berücksichtigt zusätzlich die Forderungen. Die **umsatzbedingte Liquidität III** setzt schließlich das gesamte Umlaufvermögen zum kurzfristigen Fremdkapital in Beziehung. Nach einer **Erfahrungsregel** sollte mindestens die **Liquidität II** bereits eine **volle Deckung der kurzfristigen Schulden** bringen. Die **Liquidität III** müsste nach einer amerikanischen Faustregel zu einer **zweifachen Deckung (200 %)** führen.

Liquiditätskennzahlen	Berichtsjahr	Vorjahr
Liquidität I $= \frac{\text{flüssige Mittel} \cdot 100\,\%}{\text{kurzfristiges Fremdkapital}}$	128 %	50 %
Liquidität II $= \frac{(\text{flüssige Mittel} + \text{Forderungen}) \cdot 100\,\%}{\text{kurzfristiges Fremdkapital}}$	217 %	84 %
Liquidität III $= \frac{\text{Umlaufvermögen} \cdot 100\,\%}{\text{kurzfristiges Fremdkapital}}$	360 %	177 %

Beurteilung

Die Liquiditätslage des Unternehmens hat sich im Berichtsjahr gegenüber dem Vorjahr ganz entschieden verbessert. Selbst unter Berücksichtigung der Forderungen konnte im Vorjahr keine volle Deckung der kurzfristigen Verbindlichkeiten erreicht werden. Im Berichtsjahr führte dagegen die Liquidität II bereits zu einer erheblichen Überdeckung. Die Liquidität 3. Grades zeigt im Berichtsjahr deutlich die ausgezeichnete finanzielle Lage des Unternehmens. Das Umlaufvermögen ist über dreimal so groß wie die kurzfristigen Fremdmittel. Diese äußerst positive Entwicklung der Zahlungsfähigkeit ist einerseits auf die bereits erwähnte Kapitalerhöhung sowie Umschuldung und andererseits vor allem auch auf die erhebliche Absatzsteigerung zurückzuführen. Diese von der Unternehmensleitung getroffenen **Maßnahmen dienten** nicht zuletzt der **Stärkung der Liquidität.**

Zusammenfassung

- Je mehr die flüssigen Mittel 1., 2. und 3. Grades die kurzfristigen Verbindlichkeiten decken, desto **liquider** und damit **sicherer** ist das Unternehmen.
- Für die fälligen **Schulden** müssen stets **Zahlungsmittel bereitstehen,** denn **Zahlungsunfähigkeit** bedeutet in der Regel die zwangsweise **Auflösung des Unternehmens** im Rahmen eines Insolvenzverfahrens.
- Nach einer **Erfahrungsregel** gilt die Zahlungsfähigkeit als gesichert, wenn das Umlaufvermögen doppelt so groß ist wie das kurzfristige Fremdkapital.

 6458408

Beurteilung der Vermögensstruktur (Konstitution) 2.1.2.4

Kennzahlen der Vermögensstruktur

Die Vermögensstruktur zeigt sich im **Verhältnis zwischen Anlage- und Umlaufvermögen.** Dieses Verhältnis ist weitgehend abhängig von der Branche, der das Unternehmen angehört, sowie vom **Ausmaß der Ausstattung und Automatisierung.** So sind beispielsweise Unternehmen der Grundstoff- und Schwerindustrie mit einem Anlagenanteil von 60–70 % besonders anlagenintensiv, im Gegensatz zu Handelsunternehmen, in denen in der Regel das Umlaufvermögen deutlich überwiegt.

Das Anlagevermögen verursacht erhebliche **fixe (feste) Kosten** wie Abschreibungen, Instandhaltungen u. a., **die unabhängig von der Beschäftigungs- und Absatzlage,** also **auch in Krisenzeiten, anfallen** und ständig die Erfolgsrechnung als Aufwand belasten. Je niedriger das Anlagevermögen im Verhältnis zum Umlaufvermögen ist, desto geringer ist die Belastung mit festen Kosten und desto besser kann sich ein Unternehmen **den veränderten Marktverhältnissen anpassen.**

Das Umlaufvermögen besteht in der Regel aus Vorräten an Roh-, Hilfs- und Betriebsstoffen sowie Fremdbauteilen, unfertigen und fertigen Erzeugnissen und Forderungen sowie flüssigen Mitteln. Vergleicht man die Posten mit den **Umsatzerlösen,** lassen sich wertvolle **Erkenntnisse über die Absatzlage** des Unternehmens erzielen. Ein erhöhter Bestand an Forderungen bedeutet Absatzsteigerung, wenn zugleich die Umsatzerlöse entsprechend gestiegen sind. Eine Veränderung der Vorräte und flüssigen Mittel sollte daher auch im Zusammenhang mit den Umsatzerlösen gesehen werden.

Kennzahlen der Vermögensstruktur		Berichtsjahr	Vorjahr
❶ Anteil des Anlagevermögens	$= \frac{\text{AV} \cdot 100\,\%}{\text{Gesamtvermögen}}$	55 %	56 %
❷ Anteil des Umlaufvermögens	$= \frac{\text{UV} \cdot 100\,\%}{\text{Gesamtvermögen}}$	45 %	44 %
❸ Anteil der Vorräte	$= \frac{\text{Vorräte} \cdot 100\,\%}{\text{Gesamtvermögen}}$	18 %	23 %
❹ Anteil der Forderungen	$= \frac{\text{Forderungen} \cdot 100\,\%}{\text{Gesamtvermögen}}$	11 %	8 %
❺ Anteil der flüssigen Mittel	$= \frac{\text{Flüssige Mittel} \cdot 100\,\%}{\text{Gesamtvermögen}}$	16 %	13 %

Angaben lt. GuV-Rechnung:	Berichtsjahr	Vorjahr
Umsatzerlöse	10.320 T€	7.500 T€

Beurteilung

Die Kennzahlen der Vermögensstruktur zeigen deutlich die positive Entwicklung des Unternehmens im Vergleichszeitraum. Die Steigerung des Anlagevermögens ist auf **Neuanschaffungen** in Höhe von 1.160 T€ zurückzuführen, die zu einer **Kapazitätserweiterung** führten, worauf auch die gestiegenen Umsatzerlöse hinweisen. Auch der **Abbau der Vorräte** und die **Erhöhung der Forderungen** sowie der **flüssigen Mittel** stehen offensichtlich im Zusammenhang mit einer **erheblichen Absatzsteigerung.**

Zusammenfassung

- ▶ Das **Verhältnis zwischen Anlage- und Umlaufvermögen** wird weitgehend von der **Branche** und dem **Grad der Ausstattung** des Unternehmens bestimmt.
- ▶ **Vorräte** und **Forderungen** sind mit den **Umsatzerlösen zu vergleichen.**

AUFGABEN

402

1. *Welche Möglichkeiten hat der Unternehmer, die Finanzierung (Kapitalausstattung des Unternehmens) zu verbessern?*
2. Ein Unternehmer hat einen sehr großen Teil des Anlagevermögens mit einem kurzfristigen Bankkredit finanziert. *Wie beurteilen Sie das?*
3. *Wodurch wird die Vermögensstruktur (AV : UV) bestimmt?*
4. *Welche Gefahr liegt in einem a) zu geringen und b) zu großen Anlagevermögen?*
5. *Welche Gefahr liegt in einem a) zu geringen und b) zu hohen Umlaufvermögen?*

403

1. *Welche Möglichkeiten hat der Unternehmer, die Liquidität zu verbessern?*
2. Der Bestand an sofort greifbaren flüssigen Mitteln ist im Verhältnis zu hoch. *Was empfehlen Sie dem Unternehmen?*
3. *Vermittelt die Bilanz ein eindeutiges Bild der Zahlungsfähigkeit?*
4. *Beurteilen Sie die folgenden Bilanzstrukturen:*

Bilanz 1	
Anlagevermögen 40 %	Eigenkapital 50 %
Umlaufvermögen 60 %	Fremdkapital 50 %

Bilanz 2	
Anlagevermögen 40 %	Eigenkapital 30 %
Umlaufvermögen 60 %	langfristiges Fremdkapital 10 % kurzfristiges Fremdkapital 60 %

404 Nach der Aufbereitung zeigt die Bilanz eines Industrieunternehmens die folgende Vermögens- und Kapitalstruktur:

Vermögen	Aufbereitete Bilanz				Kapital
	T€	**%**		**T€**	**%**
I. Anlagevermögen	2.400	**30**	**I. Eigenkapital**	4.800	**60**
II. Umlaufvermögen			**II. Fremdkapital**		
1. **nicht** flüssig (Vorräte)	3.300		1. **langfristig** (Hypotheken u. Darlehen)	2.000	
2. **bedingt** flüssig (Forderungen a. LL)	1.700	**70**	2. **kurzfristig** (Verbindlichk. a. LL u. a.)	1.200	**40**
3. **sofort** flüssig (Kasse, Postbank, Bankguthaben)	600				
	8.000	**100**		8.000	**100**

1. *Beurteilen Sie auch unter Berücksichtigung von* ***Branchen-Richtwerten ( )***
   a) *die Finanzierung oder Kapitalausstattung (35 : 65),*
   b) *den Vermögensaufbau (25 : 75),*
   c) *die Anlagenfinanzierung bzw. -deckung (Deckung I: 80 %; II: 120 %) sowie*
   d) *die Zahlungsfähigkeit (Liquidität) des Unternehmens.*
2. *Inwiefern erübrigt sich im vorliegenden Fall die Ermittlung des Deckungsgrades II im Rahmen der Beurteilung der Anlagenfinanzierung?*
3. *Welchen entscheidenden Vorteil bietet die Auswertung bei einem Bilanzvergleich (Zeit- oder Betriebsvergleich)?*

405

Aktiva	Berichtsjahr	Vorjahr	Passiva	Berichtsjahr	Vorjahr
	T€	T€		T€	T€
I. Anlagevermögen			**I. Eigenkapital**	30.000	16.000
1. Gebäude	9.800	10.000	**II. Fremdkapital**		
2. TA u. Maschinen .	11.200	5.000	1. Hypotheken-		
3. And. Anl./BGA ..	1.600	2.000	schulden	6.500	6.800
II. Umlaufvermögen			2. Darlehens-		
1. Vorräte	14.000	12.500	schulden	8.800	5.200
2. Forderungen	9.000	7.500	3. Lieferer-		
3. Kasse	200	100	schulden	4.700	12.000
4. Postbank	300	400			
5. Bankguthaben ...	3.900	2.500			
	50.000	40.000		50.000	40.000

1. *Bereiten Sie obige Bilanzen der Textilfabrik M. Hein e. K. entsprechend dem Aufbereitungsschema auf Seite 405 auf und stellen Sie jeweils die Veränderungen der Vermögens- und Kapitalposten fest.*
2. *Ermitteln Sie die Kennzahlen zur Beurteilung der a) Finanzierung, b) Anlagendeckung, c) Liquidität, d) Vermögensstruktur.*
3. *Beurteilen Sie die Entwicklung des Unternehmens in den Vergleichsjahren aufgrund der Kennzahlen und versuchen Sie die Ursachen der Veränderungen offen zu legen. Stellen Sie sich dabei stets* ***folgende Fragen:***

- ▶ Wie ist die Entwicklung in absoluten und relativen Zahlen?
- ▶ Worauf könnte die positive oder negative Entwicklung zurückzuführen sein?
- ▶ Welche Maßnahmen zur Verbesserung der Finanzierung, Anlagendeckung, Liquidität und Vermögensstruktur würden Sie der Unternehmensleitung gegebenenfalls empfehlen?

406

Aktiva	Berichtsjahr	Vorjahr	Passiva	Berichtsjahr	Vorjahr
	T€	T€		T€	T€
Gebäude	814	830	Eigenkapital 1. Jan.	1.260	1.130
TA u. Maschinen	890	610	– Entnahmen	80	60
And. Anl./BGA	216	180		1.180	1.070
Roh- u. Hilfsstoffe	650	560	+ Einlagen	300	–
Unfertige Erzeugnisse ..	160	340		1.480	1.070
Fertige Erzeugnisse	390	650	+ Gewinn	320	190
Forderungen a. LL	600	310	Eigenkapital 31. Dez. ...	1.800	1.260
Kasse	20	15	Rückstellungen	80	60
Bank	260	105	Hypothekenschulden ...	670	480
			Darlehensschulden	930	750
			Verbindlichkeiten a. LL .	520	1.050
	4.000	3.600		4.000	3.600

Anmerkungen: Der Jahresgewinn soll nicht entnommen werden. Die Rückstellungen sind je zur Hälfte lang- und kurzfristig. Die Umsatzerlöse betrugen im Berichtsjahr 7.800 T€, im Vorjahr 5.800 T€.

1. *Bereiten Sie die oben stehenden Bilanzen der Elektromotorenfabrik Werner Baumann e. K. entsprechend dem Aufbereitungsschema auf.*
2. *Ermitteln und beurteilen Sie die Kennzahlen a) der Finanzierung, b) der Anlagendeckung, c) der Vermögensstruktur und d) der Liquidität.*
3. *Worauf führen Sie die hohen Vorräte im Vorjahr zurück?*
4. *Fassen Sie in einem Kurzbericht das Ergebnis Ihrer Auswertung zusammen.* ■

2.2 Die Auswertung der Gewinn- und Verlustrechnung

2.2.1 Beurteilung der Rentabilität

Rentabilität als Erfolgsmaßstab

Die Rentabilität ist Maßstab für den Erfolg eines Unternehmens. Sie wird ermittelt, indem man den Gewinn zum **Eigenkapital** oder **Umsatz** in Beziehung setzt. Bei **Einzelunternehmen und Personengesellschaften** muss der Jahresgewinn vorab noch um einen **Unternehmerlohn** für den **mitarbeitenden Inhaber (Gesellschafter)** gekürzt werden. Nur so ist ein **Vergleich mit einer Kapitalgesellschaft** der gleichen Branche (z. B. GmbH) möglich, in der die Gehälter der geschäftsführenden Gesellschafter Aufwand (Betriebsausgabe) darstellen und somit den Gewinn schmälern. Die Höhe des Unternehmerlohns bemisst sich nach dem Gehalt eines leitenden Angestellten in vergleichbarer Position.

Beispiel

Metallwerk Thomas Berg e. K.	Berichtsjahr	Vorjahr
Jahresgewinn (vgl. Bilanzen S. 405)[1]	1.240 T€	450 T€
– Unternehmerlohn	120 T€	120 T€
Unternehmergewinn	**1.120 T€**	**330 T€**

2.2.1.1 Eigenkapitalrentabilität (Unternehmerrentabilität)

siehe Prozentrechnung ➤ Kap. E, 1.3

Die Rentabilität des Eigenkapitals wird ermittelt, indem man den Unternehmergewinn (UG) zum Eigenkapital (Ø aus AB + SB: s. Bilanzen, S. 405) ins Verhältnis setzt.

Beispiel

Metallwerk Thomas Berg e. K.	Berichtsjahr	Vorjahr
Eigenkapitalrentabilität $= \frac{\text{UG} \cdot 100\ \%}{\text{Eigenkapital}}$	$\frac{1.120 \cdot 100\ \%}{7.095} =$ **15,8 %**	$\frac{330 \cdot 100\ \%}{5.965} =$ **5,5 %**

Risikoprämie

Vergleicht man die Eigenkapitalrentabilität mit dem landesüblichen Zinssatz für langfristig angelegte Gelder (im Beispiel 5 %), so ist der **Überschuss** der Eigenkapitalverzinsung eine Prämie für das allgemeine Risiko des Unternehmers.

Beispiel

Metallwerk Thomas Berg e. K.	Berichtsjahr	Vorjahr
Eigenkapitalrentabilität	15,8 %	5,5 %
– landesüblicher Zinssatz für langfr. Kapital	5,0 %	5,0 %
Risikoprämie für Unternehmerwagnis	**10,8 %**	**0,5 %**

Beurteilung der Erfolgslage

Der Jahresgewinn des Metallwerks Thomas Berg ist von absolut 450 T€ im Vorjahr auf 1.240 T€ im Berichtsjahr, also um 790 T€ oder 176 %, gestiegen. Diese beachtliche Gewinnsteigerung bewirkte eine erfreuliche Steigerung der Rentabilität des Eigenkapitals von 5,5 % auf 15,8 %. Im Berichtsjahr wurde außer der landesüblichen Verzinsung eine hohe Risikoprämie von 10,8 % erwirtschaftet.

Zusammenfassung

▶ Der **Jahresgewinn** eines Personenunternehmens sollte Folgendes entgelten:
1. einen angemessenen **Unternehmerlohn,**
2. eine landesübliche **Verzinsung des Eigenkapitals** und
3. zusätzlich eine branchenübliche **Prämie für das Unternehmerrisiko.**

1 Der Jahresgewinn enthält keine außerordentlichen Aufwendungen und Erträge.

Gesamtkapitalrentabilität (Unternehmungsrentabilität) 2.2.1.2

Unternehmungsrentabilität

Der Gewinn wird mit dem Gesamtkapital der Unternehmung erzielt. Will man die Rentabilität des Gesamtkapitals **(Eigen- und Fremdkapital)** ermitteln, muss man die für das Fremdkapital gezahlten **Zinsen** dem Unternehmergewinn wieder hinzurechnen, da diese als **Aufwand** den Gewinn gemindert haben.

$$\textbf{Gesamtkapitalrentabilität} = \frac{\textbf{(Unternehmergewinn + Zinsen)} \cdot 100\,\%}{\textbf{Gesamtkapital}}$$

Beispiel

Metallwerk Thomas Berg e. K.	Berichtsjahr	Vorjahr
Gesamtkapital am 1. Januar	10.170 T€	9.800 T€[1]
Gesamtkapital am 31. Dezember	12.400 T€	10.170 T€
Durchschnittliches Gesamtkapital (GK)	11.285 T€	9.985 T€
Unternehmergewinn (UG)	1.120 T€	330 T€
Zinsen lt. GuV-Rechnung (Z)	144 T€	71 T€[2]
Gesamtkapitalrentabilität $= \frac{(UG + Z) \cdot 100\,\%}{GK}$	$\frac{(1.120 + 144) \cdot 100\,\%}{11.285}$ **= 11,2 %**	$\frac{(330 + 71) \cdot 100\,\%}{9.985}$ **= 4,0 %**
Eigenkapitalrentabilität	**15,8 %**	**5,5 %**

Beurteilung

Die Gesamtkapitalrentabilität gibt Aufschluss darüber, ob sich die Aufnahme von Fremdkapital gelohnt hat. Das ist stets der Fall, wenn der **Fremdkapitalzins niedriger ist als die Gesamtkapitalrentabilität** oder – anders ausgedrückt –, wenn die **Rentabilität des Eigenkapitals größer ist als die des Gesamtkapitals.** Das Unternehmen muss daher bestrebt sein **möglichst zinsniedriges Fremdkapital aufzunehmen.** In beiden Vergleichsjahren übersteigt die Eigenkapitalrentabilität die Gesamtkapitalrentabilität, wobei sich das Ergebnis im Berichtsjahr deutlich verbessert hat.

Umsatzrentabilität (Umsatzverdienstrate) 2.2.1.3

Umsatzverdienstrate

Setzt man den Unternehmergewinn zu den Umsatzerlösen in Beziehung, erfährt man, wie viel Prozent der Umsatzerlöse als Gewinn dem Unternehmen zugeflossen sind. Oder: wie viel Euro je 100,00 € Umsatz verdient wurden.

Beispiel

Metallwerk Thomas Berg e. K.	Berichtsjahr	Vorjahr
Umsatzrentabilität $= \frac{\textbf{Unternehmergewinn} \cdot 100\,\%}{\textbf{Umsatzerlöse}}$	$\frac{1.120 \cdot 100\,\%}{10.320}$ **= 10,9 %**	$\frac{330 \cdot 100\,\%}{7.500}$ **= 4,4 %**

Beurteilung

Die sehr positive Entwicklung des Unternehmens zeigt sich auch deutlich in der Umsatzrentabilität, die sich im Vergleichszeitraum mehr als verdoppelt hat. Im Berichtsjahr wurden somit 10,90 € je 100,00 € Umsatz gegenüber 4,40 € im Vorjahr verdient. Das bedeutete eine erhebliche Steigerung der Ertragskraft des Unternehmens.

Zusammenfassung

▶ Aus Gründen der besseren Vergleichbarkeit der Ergebnisse sollte der Jahresgewinn vorab um einmalige und zufällige Posten bereinigt werden:	Jahresgewinn + außergewöhnliche Aufwendungen – außergewöhnliche Erträge **Bereinigter Jahresgewinn**

1 Bestand vom 1. Januar des Vorjahres.
2 angenommene Zinsen im Vorjahr.

407

Zahlen (T€) der Chemiewerke Lang KG	Berichtsjahr	Vorjahr
Eigenkapital zum 1. Januar	1.260	1.130
Eigenkapital zum 31. Dezember	1.800	1.260
Bereinigter Jahresgewinn	320	190
Unternehmerlohn	60	60
Umsatzerlöse	7.800	5.800

1. *Ermitteln Sie a) das durchschnittliche Eigenkapital und*
   b) den Unternehmergewinn.
2. *Berechnen Sie a) die Rentabilität des Eigenkapitals und*
   b) die Risikoprämie bei landesüblichen Zinsen von 4,5 %.
3. *Berechnen Sie die Umsatzrentabilität in Prozent.*
4. *Beurteilen Sie die Erfolgslage des Unternehmens im Vergleichszeitraum.*

408

Zahlen (T€) der Textilwerke Hay OHG	1. Jahr	2. Jahr	3. Jahr
Eigenkapital zum 1. Januar	2.400	2.600	3.400
Eigenkapital zum 31. Dezember	2.600	3.400	4.600
Jahresgewinn	520	660	790
außergewöhnliche Aufwendungen	20	10	30
außergewöhnliche Erträge	50	30	–
Unternehmerlohn	72	72	72
Umsatzerlöse	12.880	15.200	18.100

1. *Ermitteln Sie den bereinigten Jahresgewinn.*
2. *Ermitteln Sie a) das Durchschnittskapital und b) den Unternehmergewinn.*
3. *Berechnen Sie a) die Eigenkapitalrendite und b) die Risikoprämie bei einer unterstellten landesüblichen Verzinsung von 5,5 %.*
4. *Wie viel Euro je 100,00 € Umsatz wurden jeweils verdient?*
5. *Fassen Sie die Ergebnisse Ihrer Auswertung in einem Kurzbericht zusammen.*

409 Den Jahresabschlüssen eines Industrieunternehmens entnehmen wir folgende Zahlen:

Jahresabschlusszahlen (T€)	1. Jahr	2. Jahr	3. Jahr
Durchschnittliches Eigenkapital	2.500	3.000	4.000
Durchschnittliches Gesamtkapital	4.000	6.000	6.500
Jahresgewinn	550	750	880
außergewöhnliche Aufwendungen	40	60	120
außergewöhnliche Erträge	30	70	80
Unternehmerlohn	100	100	100
Zinsaufwendungen	90	200	180
Umsatzerlöse	13.860	16.200	19.100

1. *Ermitteln Sie den bereinigten Unternehmergewinn.*
2. *Berechnen Sie die Rentabilität des*
   a) Eigenkapitals, b) Gesamtkapitals, c) Umsatzes.
3. *Beurteilen Sie die Entwicklung der Rentabilitätskennzahlen.*
4. *Worüber gibt die Gesamtkapitalrentabilität Auskunft?*
5. *Inwiefern ist bei Rentabilitätsberechnungen vom bereinigten Jahresgewinn auszugehen?*
6. *Was sollte der Jahresgewinn eines Personenunternehmens im Einzelnen abdecken?*
7. *Welcher Zusammenhang besteht zwischen Wirtschaftszweig und Risikoprämie?*

Ermittlung des Cashflows

Messziffer für die Selbstfinanzierungskraft des Unternehmens ist der **Cashflow (Kassenzufluss).** Er gibt an, welche im Geschäftsjahr **selbst erwirtschafteten** Mittel dem Unternehmen frei **zur Verfügung stehen für**

- **die Finanzierung von Investitionen,**
- **die Schuldentilgung** und
- **die Gewinnausschüttung (Dividende).**

	Jahresgewinn
+	Abschreibungen
+	Zuführungen zu Pensionsrückstellungen
	Cashflow

Zum Cashflow zählen außer dem Jahresgewinn auch alle **nicht ausgabewirksamen Aufwendungen des Geschäftsjahres,** wie z. B. insbesondere die Abschreibungen und Zuführungen zu Pensionsrückstellungen.

Aussagefähigkeit

Der Cashflow lässt somit erkennen, in welchem Umfang sich ein Unternehmen **aus eigener Kraft finanziert.** Setzt man die selbst erwirtschafteten Mittel zu den Umsatzerlösen in Beziehung, wird erkennbar, wie viel Prozent der Umsatzerlöse frei für Investitionszwecke, Schuldentilgung und Gewinnausschüttung zur Verfügung stehen:

$$\textbf{Cashflow-Umsatzverdienstrate} = \frac{\textbf{Cashflow} \cdot \textbf{100 \%}}{\textbf{Umsatzerlöse}}$$

Beispiel

Metallwerk Thomas Berg e. K.	**Berichtsjahr**	**Vorjahr**
Unternehmergewinn	1.120 T€	330 T€
+ Abschreibungen auf Anlagen lt. GuV	550 T€	380 T€
+ Zuführungen zu Pensionsrückstellungen	90 T€	60 T€
Cashflow	1.760 T€	770 T€
Umsatzerlöse lt. GuV-Rechnung	**10.320 T€**	**7.500 T€**
Cashflow-Umsatzverdienstrate	$\frac{1.760 \cdot 100\,\%}{10.320} = \textbf{17 \%}$	$\frac{770 \cdot 100\,\%}{7.500} = \textbf{10,3 \%}$

Beurteilung

Im Berichtsjahr stehen somit dem Metallwerk Thomas Berg 17 % der Umsatzerlöse gegenüber 10,3 % im Vorjahr an selbst erwirtschafteten Finanzierungsmitteln frei zur Verfügung. Oder: 17,00 € bzw. 10,30 € je 100,00 € Umsatz. Das ist vor allem auf den Anstieg des Gewinns und der Abschreibungen zurückzuführen.

Zusammenfassung

▶ Die **Cashflow-Umsatzverdienstrate** gibt an, wie viel Prozent der Umsatzerlöse dem Unternehmen zur Investitionsfinanzierung, Schuldentilgung und Gewinnausschüttung frei zur Verfügung stehen. Sie ist **Maßstab für die Ertrags- und Selbstfinanzierungskraft** des Unternehmens.

AUFGABE 410

Die Sani GmbH, Arzneimittelwerk, stellt folgende Zahlen zur Verfügung:

Jahresabschlusszahlen in T€	**1. Jahr**	**2. Jahr**	**3. Jahr**
Jahresgewinn	560	620	680
Abschreibungen	150	180	200
Umsatzerlöse	8.400	9.300	10.500

1. *Ermitteln Sie den Cashflow und die Cashflow-Umsatzverdienstrate.*
2. *Inwiefern ist der Cashflow aussagefähiger als Rentabilitätskennzahlen?*
3. *Worauf führen Sie die Erhöhung der Abschreibungen zurück?* ■

2.2.3 Beurteilung der Umschlagskennzahlen

Maßstab der Wirtschaftlichkeit

Umschlagskennzahlen sind ein Maßstab zur Beurteilung und Kontrolle der Wirtschaftlichkeit des Betriebsprozesses, also des **Verhältnisses der betriebsbedingten Aufwendungen** (= Kosten) zu den **betriebsbedingten Erträgen** (= Leistungen). Sie werden ermittelt, indem man bestimmte Posten der Bilanz **(Werkstoffbestände, Forderungen a. LL, Kapital)** zum **Materialaufwand** bzw. zu den **Umsatzerlösen** in Beziehung setzt.

2.2.3.1 Lagerumschlag der Werkstoffbestände

Lagerumschlagshäufigkeit

Die Lagerumschlagshäufigkeit der Werkstoffbestände errechnet sich aus dem Verhältnis von **Materialaufwand** zum **Durchschnittsbestand der Roh-, Hilfs- und Betriebsstoffe (RHB).** Sie gibt an, **wie oft** in einem Jahr der durchschnittliche Lagerbestand umgesetzt, d. h. verarbeitet (verbraucht) und ersetzt wurde:

$$\text{Lagerumschlagshäufigkeit} = \frac{\text{Materialaufwand}}{\text{ø Lagerbestand an RHB}}$$

Durchschnittliche Lagerdauer

Die durchschnittliche Lagerdauer ergibt sich, indem man das Jahr mit 360 Tagen ansetzt und durch die Umschlagshäufigkeit dividiert:

$$\text{Durchschnittliche Lagerdauer} = \frac{360}{\text{Lagerumschlagshäufigkeit}}$$

Aus den Angaben des Metallwerks Thomas Berg ergeben sich folgende Ergebnisse. Für das Vorjahr wurde das entsprechende Vergleichsjahr vorgeschaltet:

Beispiel

Metallwerk Thomas Berg e. K.	Berichtsjahr	Vorjahr
RHB-Bestand zum 1. Januar	520 T€	470 T€[1]
RHB-Bestand zum 31. Dezember	650 T€	520 T€
Materialaufwand lt. GuV-Rechnung..........	5.265 T€	2.970 T€[2]
Durchschn. Lagerbestand an RHB.........	$\frac{520 + 650}{2}$ = **585**	$\frac{470 + 520}{2}$ = **495**
Lagerumschlagshäufigkeit..............	$\frac{5.265}{585}$ = **9-mal**	$\frac{2.970}{495}$ = **6-mal**
Durchschnittliche Lagerdauer...........	$\frac{360}{9}$ = **40 Tage**	$\frac{360}{6}$ = **60 Tage**

Beurteilung

Lagerumschlagshäufigkeit und -dauer haben sich im Berichtsjahr ganz entscheidend verbessert. Die **hohe** Umschlagshäufigkeit trägt dazu bei, dass der **Kapitaleinsatz geringer** wird, da **in kürzeren Abständen** (40 statt 60 Tage) immer wieder **Kapital zurückfließt.** Dadurch werden **Zinsen und Lagerkosten geringer,** was sich positiv auf die Wirtschaftlichkeit, den Gewinn und die Rentabilität auswirkt.

Zusammenfassung

▶ **Je höher** die **Umschlagshäufigkeit des Lagerbestandes** ist, **desto**
- kürzer ist die Lagerdauer,
- geringer sind der Kapitaleinsatz und das Lagerrisiko,
- geringer sind die Kosten für die Lagerhaltung (Zinsen, Schwund, Verwaltungskosten),
- höher ist die Wirtschaftlichkeit und desto
- höher ist letztlich der Gewinn und damit die Rentabilität.

1 Bestand vom 1. Januar des Vorjahres
2 angenommener Materialaufwand im Vorjahr

Umschlag der Forderungen a. LL 2.2.3.2

Umschlagshäufigkeit der Foderungen

Die Kennzahlen des Forderungsumschlags sind zugleich ein Maßstab zur Beurteilung der Liquidität eines Unternehmens:

$$\text{Umschlagshäufigkeit der Forderungen} = \frac{\text{Umsatzerlöse}}{\text{ø Forderungsbestand}}$$

Durchschnittliche Kreditdauer

Daraus ergibt sich die **Laufzeit** der Forderungen, d. h. die von den Kunden durchschnittlich in Anspruch genommene **Kreditdauer (Zahlungsziel):**

$$\text{Durchschnittliche Kreditdauer} = \frac{360}{\text{Umschlagshäufigkeit der Forderungen}}$$

Beispiel

Metallwerk Thomas Berg e. K.	Berichtsjahr	Vorjahr
Forderungsbestand zum 1. Januar	850 T€	1.100 T€[1]
Forderungsbestand zum 31. Dezember	1.380 T€	850 T€
Durchschnittl. Forderungsbestand........	$\frac{850 + 1.380}{2}$ = **1.115**	$\frac{1.100 + 850}{2}$ = **975**
Umsatzerlöse lt. GuV-Rechnung	10.320	7.500
Umschlagshäufigkeit....................	10.320 : 1.115 = **9,3-mal**	7.500 : 975 = **7,7-mal**
Durchschnittliche Kreditdauer...........	360 : 9,3 = **39 Tage**	360 : 7,7 = **47 Tage**

Beurteilung

Im Berichtsjahr nahmen die Kunden durchschnittlich ein Zahlungsziel von 39 Tagen gegenüber 47 Tagen im Vorjahr in Anspruch. Unterstellt man ein übliches Zahlungsziel von 30 Tagen, so wird es weder im Vor- noch im Berichtsjahr erreicht.

Unterbreiten Sie der Unternehmensleitung entsprechende Verbesserungsvorschläge.

Zusammenfassung

▶ **Je rascher** der **Forderungsumschlag, desto**
- kürzer ist die durchschnittliche Kreditdauer,
- besser ist die eigene Liquidität,
- geringer sind Zinsbelastung und Wagnis (Kosten),
- höher sind Wirtschaftlichkeit und Rentabilität.

Umschlag des Eigen- und Gesamtkapitals 2.2.3.3

Kapitalumschlagszahlen

Zur Ermittlung der Kapitalumschlagshäufigkeit wird der Umsatz mit dem Eigen- oder Gesamtkapital (Eigen- und Fremdkapital) in Beziehung gesetzt:

$$\text{Umschlagshäufigkeit des Eigenkapitals} = \frac{\text{Umsatzerlöse}}{\text{Eigenkapital}}$$

$$\text{Umschlagshäufigkeit des Gesamtkapitals} = \frac{\text{Umsatzerlöse}}{\text{Gesamtkapital}}$$

$$\text{Durchschnittliche Kapitalumschlagsdauer} = \frac{360}{\text{Kapitalumschlagshäufigkeit}}$$

Die Kapitalumschlagshäufigkeit gibt an, **wie oft** das **eingesetzte Kapital** in Form von Erlösen **zurückgeflossen** ist. Je rascher der Umschlagsprozess vor sich geht, desto geringer ist der erforderliche Kapitaleinsatz. **Bei hoher Kapitalumschlagshäufigkeit** kann man deshalb mit einem verhältnismäßig **niedrigen Kapitaleinsatz** zu einer entsprechend **hohen Rendite** und infolge des raschen Kapitalrückflusses zu einer **günstigen Liquidität** gelangen.

1 Bestand vom 1. Januar des Vorjahres

Umschlag des Eigen- und Gesamtkapitals

Beispiel

Metallwerk Thomas Berg e. K.	Berichtsjahr	Vorjahr
Durchschnittliches Eigenkapital	7.095 T€	5.965 T€
Umsatzerlöse lt. GuV-Rechnung	10.320 T€	7.500 T€
EK-Umschlagshäufigkeit	10.320 : 7.095 = **1,45-mal**	7.500 : 5.965 = **1,26-mal**
EK-Umschlagsdauer	360 : 1,45 = **248 Tage**	360 : 1,26 = **286 Tage**

Beurteilung Die Kapitalumschlagszahlen des Metallwerks Thomas Berg kennzeichnen ebenfalls die positive Entwicklung des Unternehmens im Berichtsjahr.

Zusammenfassung

▶ **Je höher** die **Kapitalumschlagshäufigkeit** ist, **desto**
- rascher fließt das Kapital über die Erlöse zurück,
- geringer ist der erforderliche Kapitaleinsatz,
- höher ist die Rentabilität,
- günstiger ist die Liquidität des Unternehmens.

AUFGABEN

411 Die Jahresabschlüsse eines Industriebetriebs weisen folgende Zahlen aus:

	1. Jahr	2. Jahr	3. Jahr
Werkstoffbestand zum 1. Januar	160.000,00	240.000,00	280.000,00
Werkstoffbestand zum 31. Dezember	240.000,00	280.000,00	200.000,00
Materialaufwand	1.600.000,00	2.340.000,00	2.880.000,00

1. *Berechnen Sie jeweils a) den Durchschnittsbestand, b) die Lagerumschlagshäufigkeit und c) die Lagerdauer. Beurteilen Sie die Entwicklung.*
2. *Begründen Sie, inwiefern die Lagerumschlagshäufigkeit Kapitalbedarf, Kosten und damit die Rentabilität des Unternehmens beeinflusst.*

412 Die Jahresabschlüsse eines Industriebetriebs weisen folgende Zahlen aus:

Forderungen	1. Jahr	2. Jahr	3. Jahr
Anfangsbestand	450.000,00	580.000,00	800.000,00
Schlussbestand	580.000,00	800.000,00	1.200.000,00
Umsatzerlöse........................	5.150.000,00	8.280.000,00	12.000.000,00

1. *Berechnen Sie für die einzelnen Jahre a) den durchschnittlichen Forderungsbestand, b) die Umschlagshäufigkeit der Forderungen, c) die durchschnittliche Laufzeit (Kreditdauer) der Außenstände.*
2. *Erklären Sie den Zusammenhang zwischen der Umschlagshäufigkeit der Außenstände und der Liquidität, Wirtschaftlichkeit und Rentabilität.*
3. *Wie beurteilen Sie die Entwicklung? Welche Schlüsse ziehen Sie daraus?*

413 Kapitalstruktur eines Industrieunternehmens (Durchschnittswerte):

Kapital (Mittelwerte)	1. Jahr	2. Jahr	3. Jahr
Eigenkapital..........................	2.000.000,00	2.500.000,00	2.500.000,00
Fremdkapital..........................	1.000.000,00	1.500.000,00	600.000,00
Umsatzerlöse..........................	15.000.000,00	16.400.000,00	13.200.000,00

1. *Ermitteln Sie a) die Kapitalumschlagshäufigkeit des Eigen- und Gesamtkapitals und b) die Kapitalumschlagsdauer des Eigen- und Gesamtkapitals.*
2. *Wie beurteilen Sie die Entwicklung im Beispiel?*

Über die **Rendite des eingesetzten Eigen- bzw. Gesamtkapitals** erfolgt jeweils der **Rückfluss des investierten Kapitals.** Erweitert man beispielsweise die Formel der Eigenkapitalrentabilität des Metallwerks Thomas Berg e. K. (s. S. 412)

$$\textbf{Eigenkapitalrentabilität} = \frac{\text{Unternehmergewinn} \cdot 100\,\%}{\text{Eigenkapital}} = \frac{1.120 \cdot 100\,\%}{7.095} = \textbf{15,8 \%}$$

jeweils im Zähler und Nenner um die **Umsatzerlöse** (10.320 T€), erhält man eine besonders aussagekräftige Kennzahl, den **„Return on Investment (ROI)"**, der nicht nur die **gleiche** Kapitalrendite als **Rückfluss** des investierten Eigenkapitals ausweist, sondern zugleich auch die **Ursachen für eine Verbesserung oder Verschlechterung dieser Rendite,** nämlich die **Umsatzrentabilität** (s. S. 413) und/oder die **Kapitalumschlagshäufigkeit** (s. S. 417 f.):

$$\textbf{ROI} = \frac{\text{Unternehmergewinn} \cdot 100\,\%}{\text{Umsatzerlöse}} \cdot \frac{\text{Umsatzerlöse}}{\text{Eigenkapital}} = \frac{1.120 \cdot 100\,\%}{10.320} \cdot \frac{10.320}{7.095} = \textbf{15,8 \%}$$

ROI = Umsatzrentabilität · Kapitalumschlagshäufigkeit = 10,9 % · 1,45 = 15,8 %

Ermittlung der ROI-Kennzahl

Die Umsatzrentabilität und die Umschlagshäufigkeit des Kapitals sind **beeinflussbare Steuerungskomponenten** für die Kapitalrendite, wie die ROI-Ermittlung anhand der Zahlen des Metallwerks Thomas Berg e. K. (S. 412 f.) deutlich macht:

Jahr	Unternehmergewinn (UG)	Eigenkapital (EK)	EK-Rendite
Berichtsjahr	1.120 T€	7.095 T€	15,8 %
Vorjahr	330 T€	5.965 T€	5,5 %

Jahr	Umsatzerlöse	UG	EK	Umsatzrentabilität · EK-Umschlag = ROI
Berichtsjahr	10.320 T€	1.120 T€	7.095 T€	10,9 % · 1,45 = **15,8 %**
Vorjahr	7.500 T€	330 T€	5.965 T€	4,4 % · 1,26 = **5,5 %**

Beurteilung

Das Beispiel zeigt, dass **Eigenkapitalrentabilität und ROI** im Ergebnis in beiden Vergleichsjahren **zahlenmäßig übereinstimmen.** Beide Kennzahlen haben sich im Berichtsjahr um 10,3 Prozentpunkte verbessert. Die Ermittlung des ROI macht deutlich, dass die Steigerung der Rendite insbesondere auf den Anstieg der Umsatzrentabilität von 4,4 % im Vorjahr auf 10,9 % im Berichtsjahr, also um 6,5 %, zurückzuführen ist. Die Kapitalumschlagshäufigkeit war an dem guten Ergebnis nur geringfügig beteiligt.

Zusammenfassung

- Der **Rückfluss des investierten Kapitals** (Eigen- bzw. Gesamtkapital) erfolgt **über die** entsprechende **Kapitalrentabilität.**
- **Umsatzrentabilität** und **Kapitalumschlag beeinflussen** die Höhe der **Kapitalrendite.**
- Die **ROI-Kennzahl** ist das **Produkt aus Umsatzrentabilität und Kapitalumschlagshäufigkeit** und **legt** damit die **Ursachen einer Steigerung bzw. Verschlechterung der Kapitalrendite** (Eigen- bzw. Gesamtkapitalrentabilität) **offen.**

AUFGABE

414

1. *Ermitteln Sie anhand der Zahlen im Lehrbuch (S. 413) den Gesamtgewinn des Metallwerks Berg, die Gesamtkapitalrendite, die Umsatzrendite sowie den Gesamtkapitalumschlag und den ROI für das investierte Gesamtkapital. Beurteilen Sie die Entwicklung in den Vergleichsjahren.*
2. *Wie lassen sich a) Umsatzrentabilität und b) Kapitalumschlagshäufigkeit erhöhen?* ■

2.3 Zusammenfassende Aufgaben zur betriebswirtschaftlichen Auswertung des Jahresabschlusses

415 Die bereits teilweise aufbereiteten **Bilanzen der Textilwerke GmbH** lauten:

Aktiva	Berichtsjahr T€	Vorjahr T€	Passiva	Berichtsjahr T€	Vorjahr T€
Sachanlagen	1.660	1.420	Gezeichn. Kapital	1.400	1.000
Finanzanlagen	260	200	Gewinnrücklagen	400	260
Vorräte	1.200	1.550	Bilanzgewinn	110	30
Forderungen a. LL	600	310	Rückstellungen	80	60
Flüssige Mittel	280	120	langfr. Verbindlichk.	1.600	1.230
			kurzfr. Verbindlichk.	410	1.020
	4.000	3.600		4.000	3.600

Anmerkungen zur Bilanzaufbereitung: Der Jahresabschluss wurde unter Berücksichtigung einer teilweisen Verwendung des Jahresüberschusses durch Zuführung zu der Gewinnrücklage aufgestellt:

Jahresüberschuss – Einstellung in die Gewinnrücklage = Bilanzgewinn

Der Bilanzgewinn soll in voller Höhe als Dividende an die Gesellschafter ausgeschüttet werden. Die Rückstellungen sind je zur Hälfte kurz- und langfristig.

Erfolgsrechnungen der Textilwerke GmbH	Berichtsjahr T€	Berichtsjahr T€	Vorjahr T€	Vorjahr T€
1. Umsatzerlöse		8.200		5.500
2. Bestandserhöhung an Erzeugnissen		+ 280		+ 20
3. Sonstige betriebliche Erträge		+ 25		+ 23
4. Materialaufwand	5.168		3.036	
5. Personalaufwand	2.550		1.892	
6. Abschreibungen	260		170	
7. Sonstige betriebliche Aufwendungen	120	– 8.098	120	– 5.218
8. Zinserträge	12		4	
9. Zinsaufwendungen	130	– 118	180	– 176
10. **Ergebnis d. gewöhnl. Geschäftstätigkeit**		**289**		**149**
11. a. o. Erträge	50		30	
12. a. o. Aufwendungen	– 60		– 40	
13. **a. o. Ergebnis**		– **10**		– **10**
14. Steuern		– 29		– 19
15. **Jahresüberschuss**		**250**		**120**
16. Einstellung in andere Gewinnrücklage		140		90
17. **Bilanzgewinn**		**110**		**30**

1. *Bereiten Sie die Bilanzen nach dem Schema auf Seite 405 auf.*
2. *Ermitteln Sie die Kennzahlen der a) Finanzierung, b) Investierung, c) Vermögensstruktur und d) Liquidität und beurteilen Sie diese vor allem im Hinblick auf die Entwicklung des Unternehmens.*
3. *Ermitteln Sie den bereinigten Jahresgewinn (siehe Seite 413), ermitteln und beurteilen Sie a) die Rentabilität des Eigenkapitals (Durchschnittswert) und b) die Umsatzrentabilität. Eigenkapital zu Beginn des Vorjahres: 1.120 T€.*
4. *Ermitteln Sie a) die Umschlagshäufigkeit und b) die Umschlagsdauer des durchschnittlichen Werkstoffvorrats (Berichtsjahr: 110 T€, Vorjahr: 740 T€).*
5. *Ermitteln Sie a) den Cashflow und b) die Cashflow-Umsatzverdienstrate. Die Zuführungen zu den langfristigen Rückstellungen betragen im Berichtsjahr 10 T€ und im Vorjahr 8 T€. Ermitteln und beurteilen Sie die ROI-Kennzahl.*
6. *Erstellen Sie einen kurzen Auswertungsbericht, der die Entwicklung des Unternehmens in den beiden Vergleichsjahren deutlich macht.*

Zusammenfassende Aufgaben zur betriebswirtschaftlichen Auswertung des Jahresabschlusses

Die bereits teilweise aufbereiteten **Bilanzen der Maschinenbau AG** lauten: 416

Aktiva	Berichtsjahr T€	Vorjahr T€	Passiva	Berichtsjahr T€	Vorjahr T€
Anlagevermögen			**Eigenkapital**		
Sachanlagen	4.190	3.977	Gezeichn. Kapital	2.000	2.000
Finanzanlagen	162	153	Gesetzl. Rücklage	400	400
Umlaufvermögen			And. Gewinnrücklagen .	880	980
Vorräte			Bilanzgewinn	230	410
Roh-, Hilfsstoffe	2.270	1.920	**Rückstellungen**		
Unfertige Erzeugnisse	1.780	1.810	Pensionsrückstellungen	970	790
Fertige Erzeugnisse ..	1.208	391	Sonst. Rückstellungen ..	580	610
Forderungen a. LL ...	1.355	1.570	**Langfr. Verbindl.**	1.320	1.360
Sonst. Forderungen ..	100	280	**Kurzfr. Verbindl.**		
Flüssige Mittel	110	102	Verbindlichkeiten a. LL .	2.800	2.390
ARA	15	17	Bankschulden	1.060	450
			Sonst. Verbindlichkeiten	940	810
			PRA	10	20
	11.190	10.220		11.190	10.220

Anmerkungen zur Aufbereitung der Bilanzen: Pensionsrückstellungen gelten als langfristig. Sonstige Rückstellungen sind je zur Hälfte als lang- und kurzfristig anzusehen. Im Vorjahr wurde eine Dividende von 15 %, im Berichtsjahr von 11 % vom Aktienkapital ausgeschüttet. Die aktive und passive Rechnungsabgrenzung wird den Forderungen bzw. den kurzfristigen Verbindlichkeiten zugeordnet.

Angaben lt. GuV-Rechnung	Berichtsjahr	Vorjahr
Umsatzerlöse	17.210 T€	18.720 T€
Abschreibungen	390 T€	468 T€
Zuführungen zu langfristigen Rückstellungen	180 T€	150 T€
Jahresüberschuss	**20 T€**	**320 T€**
+ Gewinnvortrag	110 T€	90 T€
	130 T€	410 T€
+ Entnahmen aus Rücklagen	100 T€	–
Bilanzgewinn	**230 T€**	**410 T€**

1. *Bereiten Sie die Bilanzen auf und beurteilen Sie die Entwicklung des Unternehmens aufgrund der Kennzahlen der*

   a) *Finanzierung,* b) *Investierung,* c) *Konstitution und* d) *Liquidität.*

2. *Die im Jahresüberschuss verrechneten a. o. Aufwendungen betragen im Berichtsjahr 50 T€ (70 T€ im Vorjahr) und die a. o. Erträge 40 T€ (50 T€ im Vorjahr). Ermitteln Sie den bereinigten Jahresüberschuss und berechnen Sie*

   a) *die Rentabilität des Eigenkapitals sowie* b) *die Umsatzrentabilität.*
   Zu Beginn des Vorjahres hatte das Unternehmen ein Eigenkapital von 3.680 T€.

3. *Ermitteln Sie*

   a) *den Cashflow,* b) *die Cashflow-Umsatzverdienstrate,* c) *die ROI-Kennzahl.*

4. *Die Nettoinvestitionen (= Zugänge – Abgänge) im Sachanlagevermögen betragen im Berichtsjahr 603 T€ und im Vorjahr 325 T€. Beurteilen Sie die Finanzierung der Nettoinvestitionen durch Abschreibungen.*

5. *Weshalb ist die Dividendenausschüttung im Berichtsjahr wirtschaftlich nicht vertretbar?* ■

Zusammenfassende Aufgaben zur betriebswirtschaftlichen Auswertung des Jahresabschlusses

417 Der Geschäftsbericht eines Chemieunternehmens enthält folgende Fünfjahresübersicht:

Zahlen in Millionen €	1. Jahr	2. Jahr	3. Jahr	4. Jahr	5. Jahr
Vermögen					
Sachanlagen	2.390	2.270	2.373	2.559	2.608
Finanzanlagen	2.028	2.421	2.524	2.503	2.713
Anlagevermögen	4.418	4.691	4.897	5.062	**5.321**
Vorräte	860	818	861	1.365	1.212
Forderungen	1.270	1.156	1.528	1.727	1.481
Flüssige Mittel	569	599	686	678	413
Umlaufvermögen	2.699	2.573	3.075	3.770	**3.106**
Summe	7.117	7.264	7.972	8.832	**8.427**
Kapital					
Gezeichnetes Kapital	1.513	1.526	1.541	1.641	1.723
Rücklagen	1.809	1.836	1.929	1.991	2.081
Einbehaltener Gewinn	2	50	55	80	40
Eigenkapital	3.324	3.412	3.525	3.712	**3.844**
Rückstellungen	608	799	872	1.481	1.554
Langfristige Verbindlichkeiten	2.184	1.963	1.740	1.377	1.334
Kurzfristige Verbindlichkeiten	774	861	1.589	1.983	1.462
Bilanzgewinn (Dividende)	227	229	246	279	233
Fremdkapital	3.793	3.852	4.447	5.120	**4.583**
Summe	7.117	7.264	7.972	8.832	**8.427**
Umsatzerlöse	5.200	5.921	6.905	10.157	**8.394**
Jahresüberschuss	229	277	301	359	**273**
Sachanlageninvestitionen (netto)	315	385	620	784	**625**
Abschreibungen	525	505	517	597	**576**

1. *Stellen Sie die Bilanzstruktur in Prozent für jedes Jahr dar. Die Rückstellungen sind je zur Hälfte lang- bzw. kurzfristig.*
2. *Beurteilen Sie im Rahmen der Fünfjahresübersicht die Entwicklung der Finanzierung, Investierung und Vermögensstruktur. Worauf führen Sie die einschneidenden Veränderungen zurück?*
3. *Beurteilen Sie die Finanzierung der Sachanlageninvestitionen durch Abschreibungen.*
4. *Worauf führen Sie die im Verhältnis sehr hohen Finanzanlagen des zu beurteilenden Chemieunternehmens zurück?*
5. *Nehmen Sie Stellung zur Entwicklung der Umsatzerlöse im Vergleichszeitraum. Hat sich die Steigerung der Erlöse auf den Gewinn ausgewirkt?*
   Ermitteln Sie hierzu die Umsatzrentabilität in den einzelnen Jahren.
6. *Ermitteln Sie den Cashflow für jedes Jahr und erläutern Sie die Entwicklung. Berechnen Sie auch die Cashflow-Umsatzverdienstrate (ohne Zuführungen zu langfristigen Rückstellungen).*
7. *Wie beurteilen Sie den Grad der Selbstfinanzierung (Verhältnis der Rücklagen zum Gezeichneten Kapital)?*
8. *Berechnen Sie die Dividende in Prozent vom Aktienkapital.* ■

Empfehlung *Besorgen Sie sich von bekannten Aktiengesellschaften jeweils den aktuellen Geschäftsbericht, der auch oft in Klassensätzen abgegeben wird. Bereiten Sie die Bilanzen und Gewinn- und Verlustrechnungen für das Berichts- und Vorjahr auf und werten Sie diese – wie im vorliegenden Lehrbuch beschrieben – betriebswirtschaftlich aus.*

6458422

In der **Finanzbuchhaltung** der **Büromöbelwerke Werner Peters e. K.,** Stauffenbergallee 22–30, 01099 Dresden, werden folgende **Bücher** geführt: 418

- **Grundbuch** (Journal) für die laufenden Buchungen, die vorbereitenden Abschlussbuchungen und die Abschlussbuchungen.
- **Hauptbuch** für die Sachkonten: Bestandskonten, Erfolgskonten, Abschlusskonten.
- **Kontokorrentbuch** für die Personenkonten: Kundenkonten, Liefererkonten.
- **Bilanzbuch** für die Aufnahme des ordnungsmäßig gegliederten Jahresabschlusses: Jahresbilanz und Gewinn- und Verlustrechnung mit Unterschrift.

Bankverbindungen: Sparkasse Dresden, Konto-Nr. 218 305 081, BLZ 850 551 42
Deutsche Bank AG Dresden, Konto-Nr. 81 234, BLZ 870 700 00

Die Sachkonten weisen zum 27. Dezember .. folgende Salden aus:

Kontenplan und vorläufige Saldenbilanz	Soll	Haben
0700 Technische Anlagen und Maschinen	912.280,00	–
0800 Andere Anlagen/Betriebs- und Geschäftsausstattung	230.000,00	–
2000 Rohstoffe	85.000,00	–
2020 Hilfsstoffe	12.000,00	–
2100 Unfertige Erzeugnisse	25.000,00	–
2200 Fertige Erzeugnisse	30.000,00	–
2400 Forderungen a. LL	119.000,00	–
2600 Vorsteuer	71.460,00	–
2640 SV-Vorauszahlung	–	–
2650 Forderungen an Mitarbeiter	5.800,00	–
2800 Bank	221.600,00	–
2880 Kasse	18.540,00	–
2900 Aktive Rechnungsabgrenzung	–	–
3000 Eigenkapital	–	720.000,00
3001 Privat	93.400,00	–
3900 Sonstige Rückstellungen	–	45.400,00
4250 Darlehensschulden	–	283.200,00
4400 Verbindlichkeiten a. LL	–	160.412,00
4800 Umsatzsteuer	–	259.768,00
4830 FB-Verbindlichkeiten	–	–
4890 Sonstige Verbindlichkeiten	–	45.600,00
5000 Umsatzerlöse für eigene Erzeugnisse	–	1.385.000,00
5001 Erlösberichtigungen	22.600,00	–
5200 Bestandsveränderungen	–	–
5420 Entnahme v. G. u. s. L.	–	4.800,00
6000 Aufwendungen für Rohstoffe	364.800,00	–
6001 Bezugskosten	12.400,00	–
6002 Nachlässe	–	8.700,00
6020 Aufwendungen für Hilfsstoffe	78.000,00	–
6160 Fremdinstandhaltung	16.600,00	–
6200 Löhne	152.000,00	–
6300 Gehälter	90.400,00	–
6400 Soziale Abgaben	44.600,00	–
6520 Abschreibungen auf Sachanlagen	–	–
6700 Mietaufwendungen	260.000,00	–
6750 Kosten des Geldverkehrs	300,00	–
6800 Büromaterial	5.500,00	–
6820 Portokosten	3.400,00	–
6830 Kosten der Telekommunikation	6.200,00	–
7510 Zinsaufwendungen	32.000,00	–
Abschlusskonten: 8010 SBK und 8020 GuV	2.912.880,00	2.912.880,00

Beleggeschäftsgang 2

Offene Posten-Listen

Die Personenkonten weisen zum 27. Dezember .. im Einzelnen die unten stehenden **offenen Posten** (= unbezahlte Rechnungen) und **Salden** aus:

Kundenkonten (Debitoren)		Offene Posten – Kunden			
Konto-Nr.	**Kunden**	**Datum**	**Rechnungs-Nr.**	**Betrag**	**Salden**
10 001	Karlsmann AG Sandstraße 4–10 70199 Stuttgart	..-12-10 ..-12-16 ..-12-18	1298 1305 1313	14.875,00 833,00 8.092,00	**23.800,00**
10 002	Gruppe OHG Amselweg 14 76149 Karlsruhe	..-12-21 ..-12-23	1315[1] 1317[1]	11.900,00 41.650,00	**53.550,00**
10 003	Heinrichs OHG Hohe Straße 44–46 21073 Hamburg	..-12-21 ..-12-23	1316[1] 1318[1]	5.950,00 11.900,00	**17.850,00**
10 004	Hilgendorf KG Kölner Straße 50–54 51379 Leverkusen	..-12-12 ..-12-21	1301 1314	2.380,00 11.900,00	**14.280,00**
10 005	Busch OHG Nibelungenring 10–12 04279 Leipzig	..-12-10 ..-12-17	1299 1312	2.142,00 7.378,00	**9.520,00**
Saldensumme der Kundenkonten (Abstimmung mit Konto 2400)					**119.000,00**

1 Den Firmen Gruppe OHG und Heinrichs OHG werden 2 % Skonto gewährt.

Liefererkonten (Kreditoren)		Offene Posten – Lieferer			
Konto-Nr.	**Lieferer**	**Datum**	**Rechnungs-Nr.**	**Betrag**	**Salden**
60 001	Chromstahl GmbH Hüttenstraße 2–16 45143 Essen	..-12-23	4567	29.750,00	**29.750,00**
60 002	Chem. Werke GmbH Grüner Weg 44–50 51375 Leverkusen	..-12-09 ..-12-21	5500 5567	21.420,00 20.230,00	**41.650,00**
60 003	Schneider KG Neue Landstraße 10–16 30655 Hannover	..-12-15	8765	38.080,00	**38.080,00**
60 004	Holzwerke GmbH Postfach 12 15 01662 Meißen	..-12-20 ..-12-23	7654[1] 7660[1]	17.850,00 33.082,00	**50.932,00**
60 005	Jutta Kolberg e. Kffr. Feldstraße 48 01109 Dresden	–	–	–	–
Saldensumme der Liefererkonten (Abstimmung mit Konto 4400)					**160.412,00**

1 Rechnungen der Holzwerke GmbH werden mit 2 % Skonto beglichen.

Beleggeschäftsfälle

Die Belege auf den folgenden Seiten stellen die Geschäftsfälle der Büromöbelwerke Werner Peters e. K. vom 27. Dezember .. bis zum 31. Dezember .. dar. Die **Werkstoffeinkäufe** werden **direkt als Aufwand** gebucht (Just-in-time-Verfahren).

Abschlussangaben

1. **Abschreibungen** auf
   - Technische Anlagen und Maschinen .... 85.000,00 €
   - Andere Anlagen/Betriebs- und Geschäftsausstattung .... 35.000,00 €

2. **Bestandsveränderungen lt. Inventur**
   - Mehrbestand an Rohstoffen .... 25.000,00 €
   - Minderbestand an Hilfsstoffen .... 2.000,00 €
   - Minderbestand an unfertigen Erzeugnissen................ 5.000,00 €
   - Mehrbestand an fertigen Erzeugnissen .... 25.000,00 €

3. **Zeitliche Abgrenzungen**
   - Die Geschäftsmiete für Januar n. J. in Höhe von 20.000,00 € wurde bereits am 23. Dezember .. von den Büromöbelwerken überwiesen.
   - Die Darlehenszinsen für das zweite Halbjahr in Höhe von 12.000,00 € werden erst Anfang Januar n. J. bezahlt.
   - Die Furnierpresse muss im Januar n. J. dringend überholt werden. Der Kostenvoranschlag beträgt 15.000,00 €.

4. Im Übrigen entsprechen die Buchwerte der Inventur zum 31. Dezember ..

AUFGABEN

1. *Führen Sie die Vorkontierung der Belege zunächst nach folgendem Erfassungsschema durch. Das erleichtert die EDV-mäßige Eingabe der Buchungsdaten:*

Soll-konto	Beleg-nummer	Beleg-datum	Haben-konto	Betrag	Steuerart V bzw. M	%-Satz	OP-Nr.	B-Text

2. *Installieren Sie das entsprechende Finanzbuchhaltungsprogramm (z. B. Sage KHK, Lexware u. a.) auf die Festplatte.*
3. *Geben Sie die Stammdaten ein und buchen Sie die Salden der Sach- und Personenkonten über das Hilfs- bzw. Gegenkonto „8050 Saldenvorträge".*
4. *Geben Sie nun die Buchungsdaten der Aufgabe 1 in den Computer ein.*
5. *Erstellen Sie das Journal, die Bilanz und die Gewinn- und Verlustrechnung.*
6. *Ermitteln und beurteilen Sie die Rendite des Eigenkapitals, indem Sie vom Jahresgewinn für die Tätigkeit des Unternehmers Werner Peters zunächst einen Unternehmerlohn von 120.000,00 € abziehen und danach den Restgewinn zum Anfangseigenkapital ins Verhältnis setzen.* ■

Beleggeschäftsgang 2

Beleg 1

EBERHARD ZACK
Bezirks-Schornsteinfegermeister
01127 Dresden
Heidestr. 84 – Telefon 051 52809

QUITTUNG
RECHNUNG

Firma/Herrn/Frau Büromöbelwerke Werner Peters e. K.

Rauchgasanalyse	35,00
Reinigung der Zentralheizung	115,00
Nettobetrag	150,00
+ 19 % Umsatzsteuer	28,50
Bruttobetrag	178,50

Konto | Soll | Haben
Gebucht:

Dresden 27. Dez. ..

Betrag erhalten:

Zack
Bezirks-Schornsteinfegermeister

KB 284

Fachgerechte Reinigung spart Heizkosten.

Anlage: Bescheinigung über das Messergebnis Steuer-Nr. 065 312 26587
Bankkonto: Deutsche Bank, Dresden Konto-Nr. 104 000 700, BLZ 870 700 00

Beleg 2

Deutsche Post AG
01307 Dresden
72052590 ..-12-29

KB 285

8152
Postwertzeichen ohne Zuschlag
*380,00 EUR A

Bruttoumsatz *380,00 EUR
mehrwertsteuerbefreit A
Nettoumsatz A *380,00 EUR

Konto | Soll | Haben
Gebucht:

Vielen Dank für Ihren Besuch.
Ihre Deutsche Post AG

Beleg 3

Büromöbelwerke Werner Peters e. K.

Stauffenbergallee 22–30
01099 Dresden
Telefon 051 4401-0
Telefax 051 441012
E-Mail bueromoebelwerke@peters-wvd.de
Internet www.peters-wvd.de
USt-IdNr. DE 245 344 789
Steuer-Nr. 065 216 33685

Büromöbelwerke W. Peters e. K., Postfach 10 15 26, 01097 Dresden

Büroausstattungsgroßhandel
Heinrichs OHG
Hohe Straße 44 - 46
21073 Hamburg

Bitte bei Zahlung angeben:

Rechnung-Nr.:	Kunden-Nr.:	Datum
1 319	10 003	..-12-27

Rechnung

Die Lieferung erfolgte am: 21. Dez. ..

Wir danken für Ihren Auftrag und berechnen Ihnen wie folgt:

Menge	Bezeichnung	Einzelpreis	Betrag in €
30	Schreibtisch ST 4 501	375,00	11.250,00
30	Anstelltisch ST 4 502	140,00	4.200,00
20	Aktenschrank SL 4 432	225,00	4.500,00
	Warenwert		19.950,00
	Umsatzsteuer 19 %		3.790,50
	Rechnungsbetrag		23.740,50

Konto | Soll | Haben
Gebucht:

Bankverbindungen:
Sparkasse Dresden, Konto-Nr. 218 305 081, BLZ 850 551 42
Deutsche Bank AG, Dresden, Konto-Nr. 81 234, BLZ 870 700 00

Beleg 4

Vereinigte Holzwerke GmbH Meißen

Holzwerke GmbH · Postfach 12 15 · 01662 Meißen

Eingang: ..-12-28

Büromöbelwerke
Werner Peters e. K.
Postfach 10 15 26
01097 Dresden

Ihre Bestellung Nr./ Tag/Zeich.	Unsere Auftrags-Nr./Zeich.	Zeit der Leistung/ Liefertag	Datum
..-12-23	RS 4 500 y	..-12-26	..-12-27

Rechnung Nr.

7 668

USt-IdNr. DE 156 387 298
Steuer-Nr. 065 213 45678

Wir sandten für Ihre Rechnung und auf Ihre Gefahr:

Artikel-Nr.	Gegenstand	Menge und Einheit	Preis je Einheit €	Betrag €
SP 521	Spanplatten, natur	300	40,00	12.000,00
SP 522	Spanplatten, Nussbaum	240	80,00	19.200,00
SP 528	Spanplatten, weiß	400	25,00	10.000,00
	Warenwert			41.200,00
	+ 19 % Umsatzsteuer			7.828,00
				49.028,00

Konto | Soll | Haben
Gebucht:

Zahlungsbedingungen: 10 Tage 2 % Skonto
30 Tage rein netto

Telefon 03521 54234
Telefax 03521 55238

E-Mail vertrieb@holzwerke-wvd.de
Internet www.holzwerke-wvd.de

Bankverbindung: Deutsche Bank Meißen, Konto-Nr. 100 869 752, BLZ 870 700 00

Beleg 5

Kontoauszug — Sparkasse Dresden

Konto-Nr.	Datum	Ausz.-Nr.	Blatt	Buchungstag	PN-Nr.	Wert	Umsatz
218 305 081	..-12-27	69	1				
GUTSCHRIFT				12-27	3659	12-27	5.831,00 H

HEINRICHS OHG, HAMBURG
RE 1 316 VOM 21. DEZ. .. 5.950,00
– 2 % SKONTO 119,00
(KONTO 10 003)

Konto	Soll	Haben

Gebucht:

BÜROMÖBELWERKE
WERNER PETERS E. K.
STAUFFENBERGALLEE 22 – 30
01099 DRESDEN

Alter Saldo: H 221.600,00 EUR
Neuer Saldo: H 227.431,00 EUR

Beleg 6

J. Kolberg e. Kffr. · Feldstraße 48 · 01109 Dresden

Jutta Kolberg e. Kffr.
Büroausstattung

Büromöbelwerke
Werner Peters e. K.
Stauffenbergallee 22 – 30
01099 Dresden

Eingang: ..-12-28

Rechnung

Liefervermerke	Liefertag	Rechnungsdatum	Rechnungsnummer	Kunden-Nr.
Ihr Auftrag v. 23. Dez. ..	..-12-27	..-12-27	5 689	12 005

Artikel	Menge	Einzelpreis €	Betrag €
EDV-Endlospapier XZ 40	60	16,00	960,00
Ordner, gelb	100	2,40	240,00

Konto	Soll	Haben

Gebucht:

Telefon 051 14583
Telefax 051 18296
E-Mail service@buero-kolberg-wvd.de
Internet www.buero-kolberg-wvd.de
Steuer-Nr. 065 336 22781
USt-IdNr. DE 222 867 551

Bankverbindung:
Dresdner Bank
Konto-Nr. 215 343 571
BLZ 850 800 00

Summe	1.200,00
19 % USt	228,00
Rechnungsbetrag	1.428,00

Beleg 7

Quittung

Nr. KB 286

Netto	€ —	ct —
+ — % USt	€ —	ct —
Gesamt	€ 600	ct 00

Gesamtbetrag € in Worten
sechshundert — Cent wie oben

(Im Gesamtbetrag sind — % Umsatzsteuer enthalten)

von Geschäftskasse

für private Zwecke

richtig erhalten zu haben, bestätigt

Ort Dresden Datum 29. Dez. ..

Buchungsvermerke

Stempel/Unterschrift des Empfängers
Werner Peters

Konto | Soll | Haben
Gebucht:

Beleg 8

Büromöbelwerke Werner Peters e. K.

Büromöbelwerke W. Peters e. K., Postfach 10 15 26, 01097 Dresden

Büroausstattungsgroßhandel
Heinrichs OHG
Hohe Straße 44 - 46
21073 Hamburg

Stauffenbergallee 22–30
01099 Dresden
Telefon 051 4401-0
Telefax 051 441012
E-Mail bueromoebelwerke@peters-wvd.de
Internet www.peters-wvd.de
USt-IdNr. DE 245 344 789
Steuer-Nr. 065 216 33685

Ihre Nachricht vom	Unser Zeichen	Rechnung-Nr.:	Kunden-Nr.:	Datum
..-12-27	B/K	1 318	10 003	..-12-30

Ihre Mängelrüge

Sehr geehrte Damen und Herren,

auf die von Ihnen zu Recht beanstandete Lieferung vom 23. Dez. .. (Rechnung-Nr. 1 318) erhalten Sie nachträglich einen

Preisnachlass von netto	800,00 €
+ 19 % Umsatzsteuer	152,00 €
	952,00 €

Wir bitten um gleich lautende Buchung.

Mit freundlichen Grüßen

Büromöbelwerke
Werner Peters e. K.

ppa. W. Leyhausen

Konto | Soll | Haben
Gebucht:

Beleggeschäftsgang 2

Beleg 9

Deutsche Telekom AG
53171 Bonn

DV 01 0,55

Büromöbelwerke
Werner Peters e. K.
Stauffenbergallee 22 - 30
01099 Dresden

Datum	..-12-22
Seite	1 von 4
Kundennummer	398 100 6796
Rechnungsnummer	913 685 3071
Buchungskonto	476 020 3775
Haben Sie noch Fragen zu Ihrer Rechnung?	www.telekom.de/ rechnungshilfe
Telefon	0800 33 01000

Ihre Rechnung für Dezember 20..

Die Leistungen im Überblick (Summen)		**Beträge (Euro)**
Monatliche Beträge		33,36
Nutzungsabhängige Beträge		937,40
Beträge anderer Anbieter		4,24
Summe der oben angeführten Beträge		975,00
Umsatzsteuer 19 % auf ...	975,00 Euro	185,25
Rechnungsbetrag		1.160,25

Der Rechnungsbetrag wird nicht vor dem 7. Tag nach Zugang der Rechnung von Ihrem Konto 218305081, BLZ 85055142 abgebucht.

Auf einen Blick alles Wichtige -
mehr Details sehen Sie auf der Rückseite dieser Rechnung.

Kontoauszug zu den Belegen 9–11

Kontoauszug — Sparkasse Dresden

Konto-Nr.	Datum	Ausz.-Nr.	Blatt	Buchungstag	PN-Nr.	Wert	Umsatz
218 305 081	..-12-30	70	1				
ABBUCHUNG TELEKOM DEZ. ..				12-30	3211	12-28	1.160,25 S
ÜBERWEISUNG CHEMISCHE WERKE, LEVERKUSEN **(Belegbuchung 10)** RE 5500 VOM 9. DEZ. .. (KONTO 60 002)				12-30	3659	12-30	21.420,00 S
ÜBERWEISUNG DR. MED. K. SEIBOLDT, DRESDEN **(Belegbuchung 11)** RE VOM 18. DEZ. ..				12-30	3426	12-30	450,00 S

Konto	Soll	Haben

Gebucht:

Konto	Soll	Haben

Gebucht:

Konto	Soll	Haben

Gebucht:

BÜROMÖBELWERKE
WERNER PETERS E. K.
STAUFFENBERGALLEE 22 - 30
01099 DRESDEN

Alter Saldo: H 227.431,00 EUR
Neuer Saldo: H 204.400,75 EUR

6458430

zu Beleg 11

Durchschrift für Kontoinhaber 850 551 42

Sparkasse Dresden

Begünstigter
Dr. med. K. Seiboldt, 01309 Dresden

Konto-Nr. des Begünstigten
121 245 416

Bankleitzahl
870 700 00

bei (Kreditinstitut)
Deutsche Bank, Dresden

Betrag: Euro, Cent
EUR 450,00--------------

Kunden-Referenznummer - noch Verwendungszweck, ggf. Name und Anschrift des Auftraggebers (nur für Empfänger)
Behandlung meiner Tochter Stefanie
Rechnung vom 18. Dez. ..

Kontoinhaber
Büromöbelwerke Werner Peters e. K., 01099 Dresden

Konto-Nr. des Kontoinhabers
218 305 081

..-12-28 Werner Peters
Datum, Unterschrift

Beleg 12

Chemische Werke GmbH

Chemische Werke GmbH, Grüner Weg 44 - 50, 51375 Leverkusen

Büromöbelwerke
Werner Peters e. K.
Stauffenbergallee 22 - 30
01099 Dresden

Eingang: ..-12-28

Konto	Soll	Haben

Gebucht:

Auftrag vom	Lieferdatum	Rechnungsdatum	Rechnungsnummer	Kundennummer
..-12-20	..-12-22	..-12-27	5 582	14 009

Artikelbezeichnung	Menge	Einzelpreis €	Betrag €
Kleber KZ 4 000	40	110,00	4.400,00
Farbe FL 3 800	30	40,00	1.200,00
			5.600,00
		+ 19 % USt	1.064,00
		Rechnungsbetrag	6.664,00

Telefon: 0214 22867-0
Telefax: 0214 22867-35
E-Mail: vertrieb@chemiwe-wvd.de
Internet: www.chemiwe-wvd.de

Bankverbindung:
Postbank Köln
Konto-Nr. 2638 45-578
BLZ 370 100 50

USt-IdNr. DE 223 459 886
Steuer-Nr. 065 321 41138

Beleggeschäftsgang 2

Beleg 13

Jutta Kolberg e. Kffr.
Büroausstattung

J. Kolberg e. Kffr. · Feldstraße 48 · 01109 Dresden

Büromöbelwerke
Werner Peters e. K.
Stauffenbergallee 22 – 30
01099 Dresden

Eingang: ..-12-30

Rechnung

Liefervermerke	Liefertag	Rechnungsdatum	Rechnungsnummer	Kunden-Nr.
Ihr Auftrag v. 22. Dez. ..	..-12-28	..-12-29	6 001	12 005

Artikel	Menge	Einzelpreis €	Betrag €
Epson Tower PP 200	4	1.200,00	4.800,00
Tastatur	4	125,00	500,00
Farbmonitor C 11	4	475,00	1.900,00

Summe	7.200,00
19 % USt	1.368,00
Rechnungsbetrag	8.568,00

Konto | Soll | Haben
Gebucht:

Telefon 051 14583
Telefax 051 18296
E-Mail service@buero-kolberg-wvd.de
Internet www.buero-kolberg-wvd.de
Steuer-Nr. 065 336 22781
USt-IdNr. DE 222 867 551

Bankverbindung:
Dresdner Bank
Konto-Nr. 215 343 571
BLZ 850 800 00

Beleg 14

Entnahmebeleg

Nr. PE 34

	€	ct
Netto	550	00
+ 19 % USt	104	50
Gesamt	654	50

Gesamtbetrag € in Worten: sechshundertvierundfünfzig — Cent wie oben

(Im Gesamtbetrag sind 19 % Umsatzsteuer enthalten)

von Büromöbelwerke Peters

für Entnahme einer Schreibtischkombination für priv. Zwecke

Konto | Soll | Haben
Gebucht:

Ort Dresden — Datum 30. Dez. ..

Buchungsvermerke

Stempel/Unterschrift des Empfängers: Werner Peters

6458432

Belege 15 und 16

Buchungsanweisung	Datum: ..-12-31	Beleg-Nr.
Betreff: Gehaltsabrechnung	Gebucht: ..-12-30 Datum: Dezember	

Buchungstext	Soll		Haben	
	Konto	Betrag	Konto	Betrag
15 SV-Bankeinzug........ 6.646,00 Bruttogehälter....... 20.203,00 Abzüge: Lohn- und Kirchenst. 3.203,00 SV-Beiträge......... 3.338,00 Vorschüsse.......... 2.300,00 Auszahlung (Bank).... 11.362,00				
16 Arbeitgeberanteil.... 3.308,00				

Kontoauszug zu den Belegen 15–18 (siehe Fußnoten)

Kontoauszug — Sparkasse Dresden

Konto-Nr.	Datum	Ausz.-Nr.	Blatt	Buchungstag	PN-Nr.	Wert	Umsatz
218 305 081	..-12-30	71	1				
ABBUCHUNG AOK DRESDEN SV-BEITRÄGE DEZ. ..				12-30	3245	12-27	6.646,00 S
GEHÄLTER DEZ. ..				12-30	3269	12-29	11.362,00 S
DA MIETE[1]				12-30	3315	12-30	1.200,00 S
DA DARLEHEN[2]				12-30	3269	12-30	18.500,00 S

BÜROMÖBELWERKE
WERNER PETERS E. K.
STAUFFENBERGALLEE 22 - 30
01099 DRESDEN

Alter Saldo: H 204.400,75 EUR
Neuer Saldo: H 166.692,75 EUR

1 Beleg 17: DA = Dauerauftrag für die Wohnungsmiete des Geschäftsinhabers
2 Beleg 18: DA = Dauerauftrag für Darlehenstilgung

Beleg 19

Büromöbelwerke Werner Peters e. K.

Stauffenbergallee 22–30
01099 Dresden
Telefon 051 4401-0
Telefax 051 441012
E-Mail bueromoebelwerke@peters-wvd.de
Internet www.peters-wvd.de
USt-IdNr. DE 245 344 789
Steuer-Nr. 065 316 33685

Büromöbelwerke W. Peters e. K., Postfach 10 15 26, 01097 Dresden

Möbelgroßhandel
Hilgendorf KG
Kölner Str. 50 - 54
51379 Leverkusen

Bitte bei Zahlung angeben:

Rechnung-Nr.:	Kunden-Nr.:	Datum
1 320	10 004	..-12-29

Rechnung

Die Lieferung erfolgte am: 27. Dez. ..

Wir danken für Ihren Auftrag und berechnen Ihnen wie folgt:

Menge	Bezeichnung	Einzelpreis	Betrag in €
2	Chefzimmer SL 405	18.200,00	36.400,00
8	Konferenztisch KS 380	1.200,00	9.600,00
64	Stuhl St 602	112,50	7.200,00
	Warenwert		53.200,00
	Umsatzsteuer 19 %		10.108,00
	Rechnungsbetrag		63.308,00

Konto	Soll	Haben

Gebucht:

Bankverbindungen:
Sparkasse Dresden, Konto-Nr. 218 305 081, BLZ 850 551 42
Deutsche Bank AG, Dresden, Konto-Nr. 81 234, BLZ 870 700 00

Beleg 20

Kontoauszug

Sparkasse Dresden

Konto-Nr.	Datum	Ausz.-Nr.	Blatt	Buchungstag	PN-Nr.	Wert	Umsatz
218 305 081	..-12-31	72	1				
GUTSCHRIFT				12-31	3315	12-31	11.662,00 H

GUTSCHRIFT
GRUPPE OHG, KARLSRUHE
RE 1 315 VOM 21. DEZ. .. 11.900,00
- 2 % SKONTO 238,00
(KONTO 10 002)

Konto	Soll	Haben

Gebucht:

BÜROMÖBELWERKE
WERNER PETERS E. K.
STAUFFENBERGALLEE 22 - 30
01099 DRESDEN

Alter Saldo
H 166.692,75 EUR

Neuer Saldo
H 178.354,75 EUR

Belege 21, 22 und 23

Kontoauszug

Sparkasse Dresden

Konto-Nr.	Datum	Ausz.-Nr.	Blatt	Buchungstag	PN-Nr.	Wert	Umsatz
218 305 081	..-12-31	73	1				

```
ÜBERWEISUNG                         12-31  3269  12-31  17.493,00 S
VEREINIGTE HOLZWERKE GMBH, MEISSEN (Belegbuchung 21)
RE 7 654 VOM 20. DEZ. .. 17.850,00
- 2 % SKONTO               357,00
(KONTO 60 004)
EINZAHLUNG (Belegbuchung 22)        12-31  3311  12-31   1.500,00 H
KONTOGEBÜHREN (Belegbuchung 23)     12-31  3315  12-31      72,00 S
```

BÜROMÖBELWERKE
WERNER PETERS E. K.
STAUFFENBERGALLEE 22 - 30
01099 DRESDEN

Alter Saldo: H 178.354,75 EUR

Neuer Saldo: H 162.289,75 EUR

zu Beleg 22

Sparkasse Dresden

Empfangsbescheinigung

über Bar-Einzahlung auf eigenes Konto

Kontonummer	Kontoinhaber
218 305 081	Büromöbelwerke Werner Peters e. K.

Betrag: Euro, Cent: 1.500,00------

..-12-31 1.500,00

Sparkasse Dresden

Für den Einzahlungstag und den Betrag ist der Maschinendruck maßgebend.

Beleggeschäftsgang 2

Beleg 24

Buchungsanweisung Datum: ..-12-31 Beleg-Nr.

Betreff: Abschreibungen auf Sachanlagen lt. Anlagenkartei

Gebucht:
Datum:

Buchungstext	Soll		Haben	
	Konto	Betrag	Konto	Betrag
Abschreibungen auf SA				
– TA und Maschinen				
– Andere Anlagen/BGA				

Belege 25–33

Buchungsanweisung Datum: ..-12-31 Beleg-Nr.

Betreff: Umbuchungen/Vorbereitende Abschlussbuchungen

Gebucht:
Datum:

	Buchungstext	Soll		Haben	
		Konto	Betrag	Konto	Betrag
25	2600 Vorsteuerübertragung........				
26	3001 Privatentnahmen.............				
27	5001 Erlösberichtigungen.........				
28	6001 Bezugskosten für Rohstoffe..				
29	6002 Nachlässe für Rohstoffe.....				
30	2000 Mehrbestand an Rohstoffen...				
31	2020 Minderbestand an Hilfsst....				
32	2100 Minderbestand an unf. Erz...				
33	2200 Mehrbestand an fert. Erz....				

Belege 34–36

Buchungsanweisung Datum: ..-12-31 Beleg-Nr.

Betreff: Zeitliche Abgrenzungen

Gebucht:
Datum:

	Buchungstext	Soll		Haben	
		Konto	Betrag	Konto	Betrag
34	Rückstellung für Reparatur der Furnierpresse lt. Kostenvoranschlag: 15.000,00 €				
35	Unsere Mietvorauszahlung für Januar n. J.: 20.000,00 €				
36	Fällige Darlehenszinsen werden im Januar n. J. gezahlt: 12.000,00 €				

Wirtschaftsrechnen und Statistik | E

Grundlagen des Wirtschaftsrechnens | 1

Hinweise für den Einsatz der Rechengebiete

In diesem Lehr- und Lernbuch haben wir bewusst die wesentlichen Kapitel des kaufmännischen Rechnens zu einem eigenständigen Kapitel – am Ende des Buches – zusammengefasst. Wir wollen damit nicht der lehrgangsmäßigen Behandlung dieses Kapitels im Unterricht Vorschub leisten, sondern sehen den Sinn darin, Handreichungen für die Aufarbeitung von Vergessenem und für die Einarbeitung in Neues zu geben, und zwar immer dann, wenn im Rahmen der Buchführung oder der Kostenrechnung rechnerische Probleme auftreten, für deren Lösung eine didaktische Hilfe zweckmäßig ist. Wir sind uns sicher, dass die einfache, fachlich klar und gut strukturierte Darstellung ein Selbststudium ermöglicht, zumal wir darauf geachtet haben, dass mathematische Zusammenhänge auch sprachlich und grafisch erläutert werden.

Zusätzlich haben wir in jene Kapitel der Buchführung und der Kostenrechnung eigene Rechenabschnitte eingefügt, die ein spezielles, auf diesen Grundlagen aufbauendes Rechnen erforderlich machen (z. B. Währungsrechnen, Kalkulation, Effektivverzinsung). Dadurch wollen wir gewährleisten, dass Ihnen insbesondere der Zusammenhang zwischen Rechnen und Buchen im Rahmen komplexer Situationen erfahrbar wird.

Dreisatzrechnung | 1.1

Einfacher Dreisatz | 1.1.1

Schlussrechnung

Die Dreisatz- oder Schlussrechnung findet dort Anwendung, wo **zwei Größen in Beziehung** (= in einem Verhältnis) zueinander stehen und wo auf **eine andere Menge einer der beiden Größen** geschlossen werden soll. Im Beispiel auf der nachfolgenden Seite stehen die beiden Größen **„5 t“** und **„280,00 €“** in der Beziehung **„verursachen Frachtkosten“**:

„5 t Stahlblech verursachen 280,00 € Frachtkosten“;

und es wird nach den Frachtkosten für eine **andere Menge** der Größe „Tonnen“, nämlich **„7 t“**, gesucht.

Anwendungsbereiche

Anwendungsbereiche der Dreisatzrechnung sind u. a.:

- Preisberechnungen in Abhängigkeit von unterschiedlichen Erzeugnismengen,
- Berechnung des Arbeits- oder Maschineneinsatzes in Abhängigkeit von unterschiedlichen Arbeitszeiten,
- Berechnung von Verbrauchsmengen in Abhängigkeit von Flächen- oder Raumgrößen,
- Umrechnung von Euro-Beträgen in ausländische Währungsbeträge (und umgekehrt) in Abhängigkeit von Währungskursen (vgl. S. 445 f.).

1.1.1.1 Einfacher Dreisatz mit direkten Verhältnissen

Beispiel In der Preisberechnung (Kalkulation) für einen Kundenauftrag A wurden u. a. für 5 t Stahlblech 280,00 € Frachtkosten angesetzt. Ein Kundenauftrag B über 7 t Stahlblech soll kalkuliert werden.

Für diesen Auftrag sind die entsprechenden Frachtkosten zu berechnen.

Entwicklung der Lösung über den Schluss auf die Einheit (hier „€/t")

❶ **Bedingungssatz:**	**5 t** verursachen	**280,00 €** Frachtkosten
❷ **Schluss auf Einheit:** (Wert je Einheit)	**1 t** verursacht	$\frac{280{,}00\ €}{5\ t}$ = **56,00 €/t** Frachtkosten
❸ **Fragesatz:**	**7 t** verursachen	$\frac{280{,}00\ €}{5\ t} \cdot 7\ t = 56{,}00\ €/t \cdot 7\ t$
❹ **Antwortsatz:**	**7 t** verursachen	**392,00 €** Frachtkosten.

Verkürzte Darstellung der Lösung durch „Ansatz" und „Lösungsgleichung":

Lösungsschema	Lösung zur deutlichen Herausstellung des Schlusses auf die Einheit	Herkömmliche Lösung
Ansatz:	Frage: x € ~ 7 t Bedingung: 280,00€ ~ 5 t	Bedingung: 5 t ~ 280,00€ Frage: 7 t ~ x €
Lösungsgleichung:	$x\ € = \frac{280{,}00\ €}{5\ t} \cdot 7\ t = 392{,}00\ €$	$x\ € = \frac{280{,}00\ €}{5\ t} \cdot 7\ t = 392{,}00\ €$

Anmerkungen zur obigen Lösung:

❶ Für den Ansatz ist es zweckmäßig, wenn gleiche Größen (= gleich benannte Zahlen; hier „... €" und „... t") untereinander stehen.

❷ Die gesuchte Größe („x €") kann dabei am Anfang des Ansatzes stehen. Das geschieht hier, um im Ansatz und in der Lösungsgleichung den **Schluss auf die Einheit** als entscheidendes Lösungsmerkmal hervorzuheben.

❸ Zwischen den beiden Größen im Ansatz (hier „... €" und „... t") besteht eine Beziehung, die durch das Zeichen „~" (= „... verhält sich zu ...") ausgedrückt wird.

Direkte Verhältnisse

Aus dem obigen Beispiel wird deutlich, dass ein **„Mehr"** an Tonnen auch ein **„Mehr"** an Frachtkosten bedingt, und zwar gilt:

- Werden **mehr** als die im Auftrag A genannten 5 t geliefert, so entstehen **höhere (mehr)** Frachtkosten und
- werden **weniger** als die im Auftrag A genannten 5 t geliefert, so entstehen **niedrigere (weniger)** Frachtkosten.

je **mehr**	$\wedge$	**5 t**	umso **mehr**	$\wedge$	**280,00 €**
Tonnen		**7 t**	Frachtkosten		**392,00 €**

Eine solche „gleichsinnige" Beziehung zwischen zwei Größen heißt **direktes Verhältnis;** es wird mathematisch durch das Zeichen „~" ausgedrückt.

Einfacher Dreisatz mit direkten Verhältnissen

Prüfschema

Die Lösung von Dreisatzaufgaben mit direkten Verhältnissen lässt sich nach folgendem Prüfschema durchführen:

❶ Stellen Sie den Ansatz in Form von Frage- und Bedingungssatz aus dem Text der Aufgabe auf:

x €~7 t
280,00 €~5 t

❷ Prüfen Sie durch die Frage: „Verursacht die Menge im Fragesatz mehr oder weniger Kosten als die Menge im Bedingungssatz?", ob ein **direktes Verhältnis** vorliegt. Wenn ja, können Sie durch **Division** der Zahlen des Bedingungssatzes den **Wert je Einheit** bestimmen. **Multiplizieren** Sie diesen Wert mit der Menge im Fragesatz und Sie erhalten den Wert der gesuchten Größe.

$$x\text{ €} = \frac{280{,}00\text{ €}}{5\text{ t}} \cdot 7\text{ t}$$

$$x\text{ €} = 392{,}00\text{ €}$$

Verhältnisfaktor

In der obigen Lösung ist der auf **1 t** entfallende Frachtanteil (280,00 € : 5 t = **56,00 €/t**) Grundlage zur Bestimmung der Frachtkosten für 7 t.

Auf dieser Grundlage lassen sich auch die Frachtkosten für beliebige andere Mengen (z. B. 3 t, 11 t usw.) berechnen. Diese Grundlage heißt **Verhältnisfaktor.** Mit dem Verhältnisfaktor lässt sich der Zusammenhang zwischen Größen mit direktem Verhältnis tabellarisch und grafisch gut veranschaulichen:

Berechnungstabelle für Frachtkosten

Verhältnisfaktor „€/t"	„mal"	Menge in t	„ist gleich"	Gesuchte Frachtkosten in €
280,00 € / 5 t = 56,00 €/t	•	1	=	56,00 €
		2		112,00 €
		3		168,00 €
		4		224,00 €
		5		280,00 €
		6		336,00 €
		7		392,00 €
		.		.
		.		.
		.		.

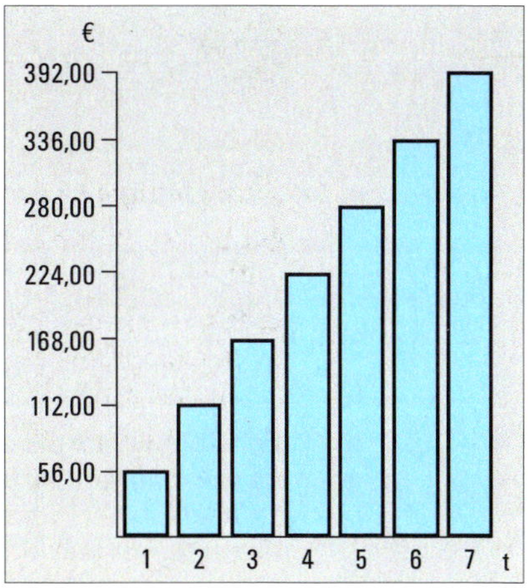

Zusammenfassung

- ▶ Die Dreisatzrechnung ist eine Schlussrechnung, bei der – ausgehend von der bekannten Beziehung zwischen zwei Größen – auf die entsprechende Beziehung einer veränderten Größe „geschlossen" wird.
- ▶ Bei einem Dreisatz mit direkten Verhältnissen sind die Beziehungen zwischen den beiden Größen „gleichgerichtet": **Mehr – Mehr** oder **Weniger – Weniger.**
- ▶ Für die Lösung von Dreisatzaufgaben mit direkten Verhältnissen ist der Schluss **auf die Einheit** der entscheidende Lösungsschritt.
- ▶ Bei einer solchen Dreisatzaufgabe werden zunächst die Zahlen des Bedingungssatzes **dividiert** und es ergibt sich der Wert je Einheit. Um an das gesuchte Ergebnis zu gelangen, wird dieser Wert danach mit der Größe im Fragesatz **multipliziert.**

1.1.1.2 Einfacher Dreisatz mit umgekehrten Verhältnissen

Beispiel Ein Bauunternehmer rechnet für das Ausheben und Abfahren des Erdreiches aus einer Baugrube beim Einsatz von 5 gleichartigen Fahrzeugen mit einer Arbeitszeit von 140 Arbeitsstunden. Der Auftraggeber möchte den Aushub beschleunigt durchführen lassen. Daraufhin sagt der Bauunternehmer den Einsatz von 7 Fahrzeugen zu.

Wie viel Arbeitsstunden sind nunmehr anzusetzen?

Entwicklung der Lösung über den Schluss auf die Gesamtleistung („Std. · Fahrz."):

❶ **Bedingungssatz:**	**5 F** benötigen	**140** Arbeitsstunden	
❷ **Schluss auf Gesamtleistung:**	**1 F** benötigt	**140 Std. · 5 Fahrz.** =	**700** Arbeitsstunden
❸ **Fragesatz:**	**7 F** benötigen	$\frac{\textbf{140 Std.} \cdot \textbf{5 Fahrz.}}{\textbf{7 Fahrz.}}$ =	$\frac{\text{700 Arbeitsstunden}}{\text{7 Fahrz.}}$
❹ **Antwortsatz:**	**7 F** benötigen		**100 Arbeitsstunden**

Verkürzte Darstellung der Lösung durch „Ansatz" und „Lösungsgleichung":

Lösungsschema	Lösung zur deutlichen Herausstellung des Schlusses auf die Gesamtleistung	Herkömmliche Lösung
Ansatz:	Frage: x Arb.-Std. ~ 7 Fahrz. Bedingung: 140 Arb.-Std. ~ 5 Fahrz.	Bedingung: 5 Fahrz. ~ 140 Arb.-Std. Frage: 7 Fahrz. ~ x Arb.-Std.
Lösungsgleichung:	$x\ \text{Std.} = \frac{140\ \text{Std.} \cdot 5\ \text{F}}{7\ \text{F}} = 100\ \text{Arb.-Std.}$	$x\ \text{Std.} = \frac{140\ \text{Std.} \cdot 5\ \text{F}}{7\ \text{F}} = 100\ \text{Arb.-Std.}$

Umgekehrte Verhältnisse

Das obige Beispiel verdeutlicht, dass zwischen den Größen „Anzahl der Fahrzeuge" und „Anzahl der Arbeitsstunden" nicht die gleiche Beziehung herzustellen ist wie im vorhergehenden Abschnitt zwischen den Größen „Anzahl der Tonnen" und „Höhe der Frachtkosten" (vgl. Beispiel S. 438). Hier ist nicht der „Wert je Einheit" der entscheidende Lösungsschritt, sondern das **Erbringen einer Gesamtmenge oder Gesamtleistung.** Im obigen Beispiel wird eine Gesamtleistung an Arbeitsstunden von 5 Fahrzeugen zu je 140 Stunden, also 5 · 140 = **700 Arbeitsstunden,** erbracht. Verteilt sich diese Gesamtleistung auf 5 Fahrzeuge, so sind zur Bewältigung des Auftrags 140 Stunden erforderlich. Verteilt sich die Gesamtleistung auf mehr als 5 Fahrzeuge, so lässt sich der Auftrag in weniger Zeit erledigen. Also gilt:

- Werden **mehr** als die im Auftrag vorgesehenen Fahrzeuge eingesetzt, so werden **weniger** Arbeitsstunden verbraucht und
- werden **weniger** als die zunächst vorgesehenen Fahrzeuge eingesetzt, so werden **mehr** Arbeitsstunden benötigt.

je **mehr** Fahrzeuge	∧	**5 Fahrzeuge** **7 Fahrzeuge**	umso **weniger** Arbeitsstunden	∨	**140 Std.** **100 Std.**

Eine solche „gegenläufige" Beziehung zwischen zwei Größen heißt **umgekehrtes Verhältnis.**

6458440

Einfacher Dreisatz mit umgekehrten Verhältnissen

Prüfschema

Die Lösung von Dreisatzaufgaben mit umgekehrten Verhältnissen lässt sich nach folgendem Prüfschema durchführen:

❶ Stellen Sie den Ansatz in Form von Frage- und Bedingungssatz aus dem Text der Aufgabe auf:	x Arb.-Stunden ~ 7 Fahrz. 140 Arb.-Stunden ~ 5 Fahrz.
❷ Prüfen Sie durch die Frage: „Verursacht die Menge im Fragesatz mehr oder weniger Stunden als die Menge im Bedingungssatz?", ob ein **umgekehrtes Verhältnis** vorliegt. Wenn ja, können Sie durch **Multiplikation** der Zahlen des Bedingungssatzes den **Gesamtwert** bestimmen. **Dividieren** Sie diesen Gesamtwert durch die Menge im Fragesatz und Sie erhalten den Wert der gesuchten Größe.	$\text{x Std.} = \frac{\text{140 Std.} \cdot \text{5 Fahrzeuge}}{\text{7 Fahrzeuge}}$ x Std. = 100 Arb.-Stunden

Verhältnisdividend

In der obigen Lösung sind die insgesamt für den Auftrag aufzuwendenden Arbeitsstunden (140 Std. · 5 Fahrz. = **700 Arbeitsstunden**) die Grundlage zur Berechnung der Arbeitsstunden beim Einsatz von 7 Fahrzeugen. Auf dieser Grundlage (= Verhältnisdividend) lassen sich die Arbeitsstunden für einen beliebigen Fahrzeugeinsatz berechnen. Die nachfolgende Tabelle gibt einen Ausschnitt aus der Berechnung wieder; die Grafik veranschaulicht, wie mit zunehmendem Fahrzeugeinsatz der Arbeitsaufwand je Fahrzeug in Stunden geringer wird.

Berechnungstabelle für Arbeitsstunden

Verhältnisdividend „Std. · F"	„geteilt"	Fahrzeugeinsatz (Anzahl LKW)	„ist gleich"	Gesuchte Arbeitsstunden
140 Std. · 5 F = **700 Std.**	:	1	=	700 Std.
		2		350 Std.
		3		233 Std.
		4		175 Std.
		5		140 Std.
		6		117 Std.
		7		100 Std.
		.		.
		.		.
		.		.

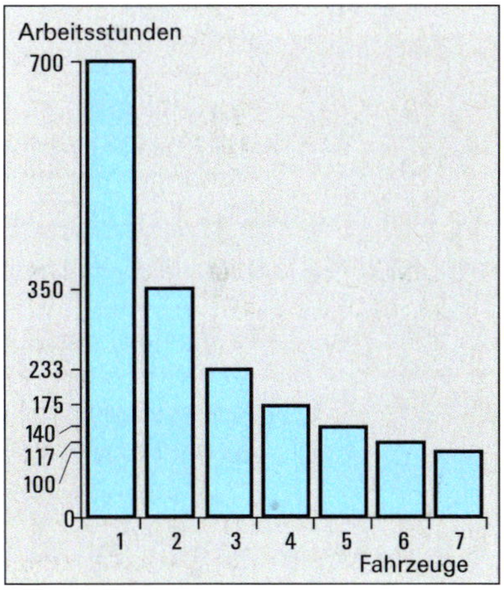

Zusammenfassung

- Bei einem Dreisatz mit umgekehrten Verhältnissen sind die Beziehungen zwischen den beiden Größen „gegenläufig": **Mehr – Weniger** oder **Weniger – Mehr.**
- Für die Lösung von Dreisatzaufgaben mit umgekehrten Verhältnissen ist die **Berechnung des Gesamtwertes** der entscheidende Lösungsschritt.
- Bei einer solchen Dreisatzaufgabe werden zunächst die Zahlen des Bedingungssatzes **multipliziert** und es ergibt sich der Gesamtwert. Um an das gesuchte Ergebnis zu gelangen, wird dieser Wert danach durch die Größe im Fragesatz **dividiert.**

AUFGABEN

419 Im Unternehmen Berg werden die Mietkosten als Bestandteil der Preiskalkulation berücksichtigt. Für das Lager mit 700 m^2 setzt Herr Berg 2.625,00 € an.

Wie viel Euro Mietkosten sind für die Verwaltung mit 240 m^2 anzusetzen? ■

420 Ein Papierhersteller versendet an einen Großkunden mehrere Paletten Kopierpapier 80 g/m^2 im Gesamtgewicht von 3 250 kg und belastet den Kunden mit einem Frachtkostenanteil von 156,00 €.

Mit welchem Frachtkostenanteil müsste ein anderer Kunde belastet werden, der Kopierpapier im Gesamtgewicht von 1 775 kg bezieht? ■

421 Ein Verpackungsautomat kann je nach Bedarf in zwei Geschwindigkeitsstufen arbeiten. In der niedrigeren Stufe schafft die Maschine 3 200 Verpackungen in der Stunde, in der höheren Stufe 4 000 Verpackungen in der Stunde.

Für einen Kundenauftrag würde die Maschine in der niedrigeren Stufe 15 Stunden benötigen.

In wie viel Stunden könnte der Auftrag in der höheren Stufe erledigt werden? ■

422 In einer Teppichfabrik reicht der Lagervorrat an einer bestimmten Sorte Teppichboden in der Breite von 450 cm bei einem Verkauf von durchschnittlich 175 m täglich für insgesamt 12 Verkaufstage.

Wie lange würde der Vorrat reichen, wenn nach einer Werbeaktion mit einem Verkauf von 210 m je Tag gerechnet wird? ■

423 Ein Unternehmer zahlt für die gemieteten Büro- und Lagerräume mit einer Fläche von 440 m^2 monatlich insgesamt 3.190,00 € Miete. Für die betriebsinterne Kostenrechnung möchte er die Gesamtmiete anteilig auf Büro- und Lagerräume aufteilen.

Wie viel Euro Miete entfallen auf die Büroräume mit 150 m^2 Fläche? ■

424 In der Verkaufsabteilung eines Unternehmens steigt die Anzahl der Kopiervorgänge proportional zur Anzahl der Auftragsabwicklungen. Im vergangenen Monat wurden für 750 Auftragsabwicklungen 360 Kopiervorgänge gezählt. Im laufenden Monat rechnet der Unternehmer mit 800 Auftragsabwicklungen.

1. *Wie viele Kopiervorgänge werden voraussichtlich anfallen?*
2. Jeder Kopiervorgang erfordert Kopierkosten in Höhe von 0,25 €.
   Mit wie viel Euro Kostensteigerung ist zu rechnen? ■

425 Für eine Sendung von 300 000 Blatt (= 150 Kartons) Tabellierpapier zahlt ein Unternehmer einschließlich Fracht und Verpackung 4.170,00 €. In dieser Sendung waren versehentlich 14 Kartons einer schlechteren Qualität enthalten. Diese Kartons sollen vereinbarungsgemäß zurückgeschickt werden.

Mit welcher Gutschrift kann der Unternehmer rechnen? ■

426 Durch Tarifvereinbarung wird eine Verkürzung der wöchentlichen Arbeitszeit, die derzeit 38,5 Stunden beträgt, vereinbart. Aufgrund dieser Vereinbarung steigt der Stundenlohn eines Arbeiters von 11,50 € auf 11,90 €.

Um wie viel Minuten je Woche wurde die Arbeitszeit verkürzt? ■

Verknüpfung mehrerer Größen

In der Praxis sind die Situationen in der Regel so kompliziert, dass eine Größe zugleich von mehreren anderen abhängt. Um hier zu Lösungen zu gelangen, ist der aufgestellte Ansatz schrittweise „abzuarbeiten".

Beispiel

Ein Bauunternehmer kalkuliert für einen Auftrag zum Abfahren von 3 150 m³ Erdaushub zur Deponie A mit 5 Fahrzeugen bei täglich 9 Fahrten je Fahrzeug eine Dauer von 7 Arbeitstagen.

Nachträglich wird der Auftrag dahin gehend geändert, dass 4 800 m³ abzufahren sind. Der Unternehmer möchte den Auftrag dennoch kurzfristig ausführen und will 8 Fahrzeuge einsetzen, die eine näher gelegene Deponie B anfahren, sodass je Fahrzeug pro Tag 10 Fahrten durchgeführt werden können.

In welcher Zeit ist der Auftrag durchführbar?

Ansatz:

x Tage ~	**4 800** m³ ~	**8** Fahrz. ~	**10** Fahrten/Tag
7 Tage ~	**3 150** m³ ~	**5** Fahrz. ~	**9** Fahrten/Tag
	❶ dir. Verhältn.	❷ umgekehrtes Verhältn.	❸ umgekehrtes Verhältnis

Lösungsgleichung: $\textbf{x Tage} = \dfrac{\text{7 Tage} \cdot \textbf{4800 m}^3 \cdot \textbf{5 Fahrz.} \cdot \textbf{9 Fahrten}}{\textbf{3150 m}^3 \cdot \textbf{8 Fahrz.} \cdot \textbf{10 Fahrten}} = \textbf{6 Tage}$

(❶ ❷ ❸ über den Faktoren 4 800 m³, 5 Fahrz., 9 Fahrten)

Erläuterung zur Lösung:

Der Ansatz wird aus den Größen des Beispiels nach den zuvor aufgestellten Regeln (vgl. S. 438) übersichtlich gebildet.

Die Aufstellung der Lösungsgleichung erfolgt hier in 3 Schritten, wobei jeweils die **Beziehung der gesuchten Größe zu je einer anderen** untersucht wird:

❶ Zwischen den Größen „m³" und „Tage" besteht ein **direktes Verhältnis; je mehr** Erdreich abgefahren wird, **umso mehr** Zeit ist dafür erforderlich. Der Zeitbedarf für **1 m³** beträgt also **7 Tage : 3 150 m³.** Für 4 800 m³ ist dann der Zeitbedarf **4 800-mal so hoch.**

❷ Danach wird die Beziehung zwischen den Größen „Fahrzeuge" und „Tage" bestimmt, von der die Lösung ja auch abhängt. Zwischen diesen beiden Größen besteht ein **umgekehrtes Verhältnis; je mehr** Fahrzeuge im Einsatz sind, **umso weniger** Arbeitszeit je Fahrzeug ist erforderlich. Der gesamte Zeitbedarf (= Gesamtleistung) beträgt also **7 Tage · 5 Fahrzeuge**; und der Einsatz von 8 Fahrzeugen verringert den Zeitbedarf auf den **8. Teil.**

❸ Auch die Beziehung zwischen den Größen „Fahrten/Tag" und „Tage" ist ein **umgekehrtes Verhältnis; je mehr** Fahrten/Tag erfolgen, **umso weniger** Arbeitstage sind erforderlich. Der gesamte Zeitbedarf beträgt also **7 Tage · 9 Fahrten/Tag;** entsprechend sinkt der Zeitbedarf bei 10 Fahrten/Tag auf den **10. Teil.**

Zusammenfassung

▶ Bei zusammengesetzten Dreisätzen hängt die gesuchte Größe gleichzeitig von **mehreren anderen Größen** ab. **Schrittweise** wird die gesuchte Größe mit jeder anderen Größe auf direkte oder umgekehrte Verhältnisse untersucht und danach die Lösungsgleichung aufgestellt.

AUFGABEN

427 In einem Getränkeabfüllbetrieb wird ein Erfrischungsgetränk auf 5 Abfüllanlagen in Flaschen gefüllt. Bei einer täglichen Arbeitszeit von 8 Stunden beträgt die Kapazität 60 000 Flaschen. Wegen steigender Nachfrage möchte das Unternehmen die Kapazität auf 80 000 Flaschen erhöhen. Zugleich wird aufgrund einer Tarifvereinbarung die tägliche Arbeitszeit auf 7,5 Stunden gekürzt.

Wie viele Abfüllautomaten müssten zusätzlich angeschafft werden, um die Bedingungen zu erfüllen? ■

428 Für die Montage von Computern stehen in einem Unternehmen 8 Arbeitskräfte zur Verfügung, die bei einer täglichen Arbeitszeit von 8 Stunden einen Auftrag über 60 Computer in 4 Tagen bearbeiten können. Kurzfristig wird der Auftrag auf 80 Computer erhöht; die Auslieferung soll nach 5 Tagen erfolgen.

Lässt sich der Auftrag ohne zusätzliche Arbeitskräfte oder ohne Überstunden durchführen? ■

429 Bei 8-stündiger Arbeitszeit je Arbeitstag benötigen 6 Näherinnen für einen Auftrag über die Anfertigung von 500 Oberhemden 5 Arbeitstage.

In welcher Zeit lässt sich ein ähnlicher Auftrag über 750 Hemden ausführen, wenn eine Näherin wegen Erkrankung ausfällt und die übrigen dafür eine Überstunde pro Tag leisten? ■

430 Ein Unternehmen stellt Pressteile aus Blech her. Insgesamt stehen 8 Pressen zur Verfügung. Die Tagesleistung hängt von der Größe der Pressteile ab. Für einen Auftrag über 20 000 Pressteile setzt der Unternehmer 5 Pressen bei einer täglichen Laufzeit von 7,5 Stunden ein. Der Auftrag kann so in 5 Tagen erledigt werden. Ein ähnlicher Auftrag über 30 000 Pressteile soll in 6 Tagen ausgeführt werden.

Kann dieser Auftrag in der Zeit erledigt werden, wenn alle Pressen zum Einsatz kommen, die tägliche Laufzeit auf 8 Stunden erhöht wird, die Leistungsfähig- keit der Pressen wegen veränderter Form und Größe der Pressteile nur 9/10 gegenüber dem vorhergehenden Auftrag beträgt? ■

431 Für die Elektroinstallation in einer Lagerhalle würden nach den Berechnungen des Unternehmers 6 Handwerker bei einer Arbeitszeit von täglich 8 Stunden insgesamt 12 Tage benötigen. Der Kunde wünscht eine schnellere Erledigung.

In wie viel Tagen kann die Installation beendet sein, wenn die Arbeitszeit um 1 Stunde je Tag verlängert und 2 Handwerker zusätzlich eingesetzt werden? ■

432 Die Entladung von Tankschiffen kann an dem Anleger eines Chemiewerkes wahlweise an zwei Anlegestellen A und B erfolgen. An der Anlegestelle A würde die Entladung mit 5 Pumpen bei einer Stundenleistung von 220 t je Pumpe in 18 Stunden erfolgen, an der Anlegestelle B in 22 Stunden, da die Pumpen hier nur eine Leistung von 150 t je Pumpe haben.

Wie viele Pumpen sind an der Anlegestelle B im Einsatz? ■

433 Für die Füllung eines Löschwasserbeckens stehen insgesamt 5 Zuflüsse zur Verfügung, die folgendermaßen geschaltet werden können:
3 Zuflüsse zu je 4 000 l/Std. oder 2 Zuflüsse zu je 7 500 l/Std. Wird das Becken nur über 3 Zuflüsse zu je 4 000 l gefüllt, dauert das Füllen 30 Stunden.

Wie viele Stunden dauert die Füllung über die 2 Zuflüsse zu je 7 500 l? ■

6458444

Grundlagen der Währungsrechnung 1.2.1

Anwendung

Moderne Volkswirtschaften können nur in enger gegenseitiger Verflechtung existieren: Fehlende Rohstoffe und fertige Erzeugnisse werden importiert, landwirtschaftliche, hochwertige industrielle Erzeugnisse und Dienstleistungen werden exportiert. Die Freizügigkeit führt zu zahlreichen grenzüberschreitenden Reisen. Arbeitsmärkte sind auch für ausländische Arbeitnehmer vielfach offen.

Diese vielfältigen Beziehungen bedingen Zahlungsvorgänge zwischen inländischen und ausländischen Partnern, also den Umtausch des inländischen Geldes in ausländisches Geld und umgekehrt. Bei allen diesen Vorgängen treten die Banken als „Mittler" auf:

Wer ausländisches Geld benötigt,

- weil er Einfuhrwaren in ausländischem Geld bezahlen muss,
- weil er eine Auslandsreise antreten und ausländisches Geld mitnehmen will,
- weil er als ausländischer Arbeitnehmer einen Teil seines Lohnes nach Hause überweisen will,

tritt als **Nachfrager** von ausländischem Geld bei den Banken auf. Die Banken „verkaufen" also das ausländische Geld und nehmen inländisches Geld an.

Wer ausländisches Geld in inländisches umtauschen will,

- weil er aus einem Ausfuhrgeschäft ausländisches Geld erhalten hat,
- weil er von einer Auslandsreise ausländisches Geld mitgebracht hat,

tritt als **Anbieter** von ausländischem Geld bei den Banken auf. Die Banken „kaufen" also das ausländische Geld und geben inländisches Geld ab.

Europäische Wirtschafts- und Währungsunion (EWU, Euro-Land)

Seit dem 1. Januar 2002 haben zwölf der damals noch fünfzehn Länder der Europäischen Union (EU) – Belgien, Deutschland, Finnland, Frankreich, Griechenland, Irland, Italien, Luxemburg, Niederlande, Österreich, Portugal und Spanien – den **Euro** (international abgekürzt **EUR**; Symbol „**€**") als gemeinsame Währung eingeführt. Sie sind damit als Euro-Land währungspolitisch „Inland"; die dem Euro-Land nicht angehörenden Staaten sind währungspolitisch „Ausland". Dänemark, Großbritannien (mit Nordirland) und Schweden haben ihre bisherige Währung beibehalten. In den zwölf neuen Mitgliedsländern der EU (seit dem 1. Mai 2004) wird der Euro erst später eingeführt.[2]

Den „Euro" als neue Währungseinheit gab es innerhalb einer Übergangszeit vom 1. Januar 1999 bis zum 1. Januar 2002 nur als **Rechengröße,** d. h., die Banken rechneten schon untereinander in Euro ab, Kurse (Sorten-, Devisen-, Aktienkurse) wurden schon in Euro notiert, der bargeldlose Zahlungsverkehr im gewerblichen Bereich in Euro abgewickelt. Seit dem 1. Januar 2002 ist der Euro als alleiniges gesetzliches Zahlungsmittel mit Scheinen und Münzen eingeführt.

1 Dieses Kapitel berücksichtigt durchgehend die **internationalen** Abkürzungen der Währungen.
2 Slowenien hat den Euro seit 1. Januar 2007, Malta und Zypern haben ihn seit 1. Januar 2008, die Slowakei seit 1. Januar 2009.

Grundlagen der Währungsrechnung

Für die Unternehmen folgte daraus, dass sie bis zum Ende des Jahres 2001 ihre Buchhaltungen auf Euro umgestellt haben mussten. Ab 1. Januar 2002 wird im „Euro-Land" **einheitlich nach Euro** (€) gerechnet.

Während also in der Europäischen Wirtschafts- und Währungsunion eine einheitliche Währung gilt, müssen im Reise- und Geschäftsverkehr mit dem **Währungsausland** (z. B. Australien, Dänemark, Großbritannien, Japan, Kanada, Neuseeland, Schweden, Schweiz, Südafrika, USA) **Währungsumrechnungen** vorgenommen werden.

Beispiel

Grundlage dieser Umrechnungen sind die an den Währungsbörsen täglich festgestellten **Währungskurse.** In der Tageszeitung können Sie z. B. die Kursnotierungen des Euro für die Landeswährung USD (US-Dollar) mit 1,3603 (24. März 2009) lesen. Dieser Kurs bedeutet, dass

1 EUR den Gegenwert von 1,3603 USD repräsentiert.

Kurse für Sorten und Devisen

Die Kurse zum Währungsausland bilden sich aufgrund von Angebot und Nachfrage. Als angebotene oder nachgefragte „Ware" gilt hierbei immer **„1 EUR",** auf den sich der „Preis" in ausländischen Währungseinheiten bezieht. Aus der Sicht der Banken, die die Ware „1 EUR" entweder nachfragen (= ankaufen) oder anbieten (= verkaufen) und daraus für sich auch einen Gewinn (= Kursgewinn) erzielen wollen, gibt es also **zwei Kurse:** einen **Ankaufskurs** (= Geld), der beim Ankauf von 1 EUR zugrunde gelegt wird, und einen **Verkaufskurs** (= Brief), der beim Verkauf von 1 EUR gilt.

Beispiel

❶ Der Kunde Sander möchte für eine Reise in die USA bei seiner inländischen Bank die ausländische Währung (USD) erwerben. Die inländische Bank kauft also Euro an und verkauft dafür US-Dollar. Sie legt der Umrechnung den **Ankaufskurs** für 1 EUR zugrunde.

❷ Der Kunde Sander bringt von seiner USA-Reise einen Restbetrag an USD zurück, den er seiner Bank übergibt. Die Bank verkauft also Euro gegen die ausländische Währung USD und legt diesem Geschäft den **Verkaufskurs** zugrunde.

Damit die Bank bei diesem Handel mit dem Euro einen Gewinn erzielen kann, liegen die **Verkaufskurse für einen Euro immer höher als die Ankaufskurse.**

Sofern die Bank nicht ausländische Banknoten und Münzen **(= Sorten)** verkauft bzw. ankauft, sondern ausländische Zahlungsmittel in Form von **Buchgeld** (Zahlungsanweisungen, Schecks, Wechseln) vermittelt, sprechen wir von **Devisen** und entsprechend von **Geldkurs,** wenn wir den Ankauf von Euro meinen, bzw. von **Briefkurs,** wenn wir den Verkauf von Euro meinen. Entsprechend gilt, dass im Devisenhandel die **Briefkurse** (= Verkaufskurse) **immer höher liegen als die Geldkurse** (= Ankaufskurse). Für die wirtschaftlich bedeutenden Länder außerhalb der Europäischen Währungsunion werden amtliche Devisenkurse (Geld- und Briefkurse) täglich festgelegt.

Die nachfolgende Tabelle gibt die Devisen- und Sortenkurse für einige bedeutende Handelsländer außerhalb der Europäischen Währungsunion auf der Grundlage von 1 EUR wieder. Die Kurse sind einer Tageszeitung entnommen.[1]

Basis: 1 EUR	intern.	Devisenkurse		Sortenkurse	
Land	**Abkürz.**	**Geldkurs**	**Briefkurs**	**Ankaufskurs**	**Verkaufskurs**
Australien (austr. $)	AUD	1,7665	1,7865	1,6700	1,8500
Großbritannien (GB £)	GBP	0,7064	0,7104	0,6835	0,7285
Japan (Yen)	JPY	132,5100	132,9900	128,6500	135,2500
Kanada (kan. $)	CAD	1,5736	1,5856	1,5120	1,6620
Schweiz (sfrs)	CHF	1,5081	1,5121	1,4800	1,5450
Südafrika (Rand)	ZAR	8,8610	9,1010	8,6850	9,3050
USA (US-$)	USD	1,3441	1,3501	1,3130	1,3830

In der folgenden Übersicht finden Sie die Zusammenhänge aus der Sicht der Bank und aus der Sicht des Bankkunden am Beispiel der Devisenkurse für den USD dargestellt. Beachten Sie, dass wir hier strikt den heute üblichen Bezugspunkt „1 EUR" einnehmen:

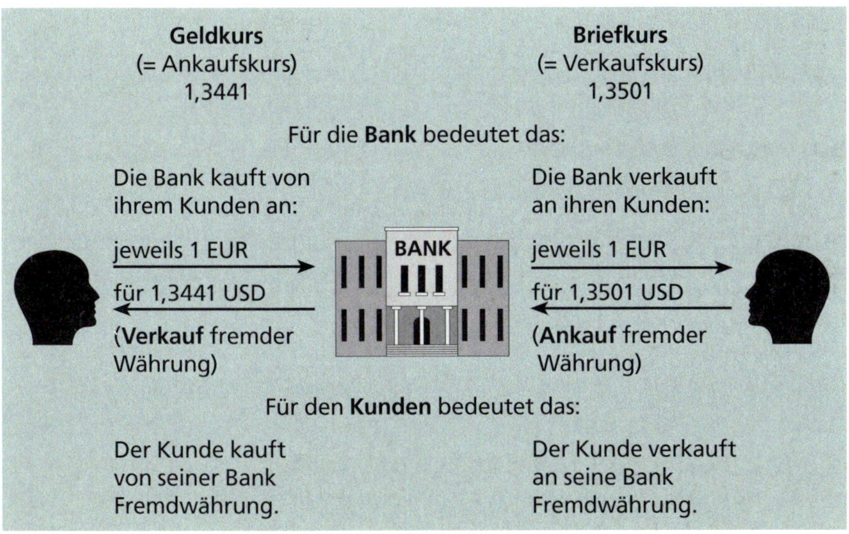

1 Währungskurse unterliegen ständigen und oft erheblichen Schwankungen. Entnehmen Sie aktuelle Kurse dem Wirtschaftsteil der Tageszeitungen, dem Internet oder erkundigen Sie sich bei Ihrer Bank danach.

1.2.2 An- und Verkauf ausländischen Geldes

1.2.2.1 Der Handel mit Sorten

Bürger der Europäischen Wirtschafts- und Währungsunion können

- für private und geschäftliche Zwecke über ihre Geldinstitute ausländisches Geld (= Sorten) erwerben oder
- ausländisches Geld in ihre Inlandswährung zurücktauschen lassen.

Die Umrechnung erfolgt dabei auf der Basis von **1 EUR.**

Im ersten Fall bedeutet das aus der Sicht des Geldinstituts:

Verkauf einer ausländischen Währung = Ankauf von Euro.

Im zweiten Fall bedeutet der Vorgang aus der Sicht des Geldinstituts:

Ankauf einer ausländischen Währung = Verkauf von Euro.

Entsprechend legt das Geldinstitut entweder den Ankaufs- oder den (höheren) Verkaufskurs für je 1 EUR zugrunde.

Beispiel 1

Für den Besuch der Modemesse in London will ein deutscher Geschäftsmann 3.000,00 EUR in englische Pfund umtauschen. Die Tageskurse für engl. Pfund auf der Basis von 1 EUR lauten:

Ankauf: 0,6835; Verkauf: 0,7285.

Wie viel GBP bekommt er am Bankschalter?

Umrechnung des Euro-Betrages in GBP:

Der Verkauf von engl. Pfund bedeutet für die Bank Ankauf von Euro, also legt sie bei der Umrechnung den **Ankaufskurs** zugrunde:

$$\begin{array}{rcl} 1{,}00\ \text{EUR} & \sim & 0{,}6835\ \text{GBP} \\ 3.000{,}00\ \text{EUR} & \sim & x\ \text{GBP} \end{array} \qquad x = 0{,}6835 \cdot 3.000{,}00 = \mathbf{2.050{,}50\ GBP}$$

Zusammenfassung

Allgemein gilt beim **Ankauf** einer ausländischen Währung:

ausländischer Währungsbetrag = Ankaufskurs · EUR-Betrag

AUFGABE

434 *Überlegen Sie, wie zu rechnen wäre, wenn der Geschäftsmann den Betrag von 1.200,00 GBP eintauschen will und er wissen möchte, mit wie viel EUR sein Konto belastet wird.*

Beispiel 2

Von einer Geschäftsreise in die Vereinigten Staaten von Amerika bringt ein Fabrikant einen Restbetrag von 380,00 USD mit, die er seinem Konto bei der Stadtsparkasse gutschreiben lassen will. Die Kursnotierungen für 1 EUR lauten: Ankauf 1,3130; Verkauf 1,3830.

Wie viel EUR schreibt die Bank gut?

Umtausch von USD in EUR:

In diesem Fall kauft die Bank ausländisches Geld an und verkauft Euro; sie legt den **Verkaufskurs** zugrunde.

1,3830 USD ~ 1 EUR
380,00 USD ~ x EUR

x = 380,00 : 1,3830 = **274,77 EUR**

Zusammenfassung

Allgemein gilt beim **Verkauf** von ausländischen Währungen:

ausländischer Währungsbetrag : Verkaufskurs = EUR-Betrag

Beachten Sie, dass wir die Kurse hier immer auf der Grundlage von 1 EUR betrachtet haben. Es ist auch möglich – und wird von den Geldinstituten z. T. auch so praktiziert –, die Kursnotierungen bei Sorten als Euro-Preise für z. B. 1 USD anzugeben.

AUFGABEN

Die nachfolgenden Aufgaben sind jeweils ohne Bankgebühren auf der Grundlage der Kurstabelle von Seite 447 zu lösen.

435 Anlässlich der Tourismus-Messe in Genf tauscht ein deutscher Reiseveranstalter bei seiner Bank 3.000,00 EUR in CHF um.

Wie viel CHF erhält er? ■

436 Für eine Geschäftsreise nach Kanada benötigt ein deutscher Unternehmer CAD. Bei seiner Bank tauscht er 2.500,00 EUR in CAD um.

Berechnen Sie den Dollarbetrag, den er für den EUR-Betrag erhält. ■

437 Von einer Geschäftsreise nach Australien bringt ein Handelsvertreter einen Restbetrag von 1.240,00 AUD nach Deutschland mit. Diesen Betrag tauscht er bei seiner Bank in EUR um.

Berechnen Sie den EUR-Betrag, den ihm die Bank gutschreibt. ■

438 Nach der Rückkehr von einem längeren Aufenthalt in der Republik Südafrika tauscht ein Urlauber einen Restbetrag von 840,00 ZAR bei seiner Bank in EUR um.

Wie viel EUR schreibt ihm die Bank gut? ■

1.2.2.2 Der Handel mit Devisen

Für die Länder der Europäischen Wirtschafts- und Währungsunion erübrigt sich die Angabe von Devisenkursen.

Im Devisenverkehr zwischen Euro-Ländern und Nicht-Euro-Ländern werden amtliche Devisenkurse an den Devisenbörsen notiert und bei der Umrechnung in Euro zugrunde gelegt. Wichtig ist hierbei, dass die **Kursangaben immer für 1 EUR** gelten!

Beispiel 1 Ein deutsches Maschinenbauunternehmen liefert eine Kunststoffpresse an einen Kunden in Großbritannien. Vereinbart ist, dass die Rechnung auf englische Pfund ausgestellt werden soll.

Welchen Euro-Betrag schreibt die deutsche Bank dem Unternehmen gut, wenn die Rechnung auf einen Nettobetrag von 63.000,00 GBP ausgestellt ist?

Auf der Grundlage der Devisenkurse von Seite 447 und ohne Berücksichtigung von Bankgebühren ist zu rechnen:

0,7104 GBP ~ 1 EUR
63.000,00 GBP ~ x EUR

x = 63.000,00 : 0,7104 = **88.682,43 EUR**

Beispiel 2 Ein deutscher Unternehmer importiert aus der Schweiz eine Fräsmaschine zum Preis von netto 46.500,00 CHF.

Mit welchem Euro-Betrag belastet die deutsche Bank das Konto des Unternehmers beim Rechnungsausgleich (ohne Bankgebühren)?

1,5081 CHF ~ 1 EUR
46.500,00 CHF ~ x EUR

x = 46.500,00 : 1,5081 = **30.833,50 EUR**

AUFGABEN

439 *Berechnen Sie den Bezugspreis in EUR aus folgendem Angebot:*

Auf der Grundlage einer Mindestabnahme von 20 Geräten bietet ein amerikanischer Hersteller Tischkopierer zum Stückpreis von 1.650,00 USD an. Er gewährt 5 % Rabatt und bei Zahlung innerhalb von 20 Tagen 2 % Skonto. Als Frachtpauschale berechnet er für die Sendung 420,00 USD. ■

440 Ein deutscher Exporteur liefert an einen Kunden in Japan eine automatische Schweißanlage. Vereinbarungsgemäß erfolgt die Rechnungsausstellung in japanischer Währung. Der Kunde überweist den Nettobetrag von 5.800.000 JPY.

Welchen Euro-Betrag schreibt die deutsche Bank dem Exporteur gut? ■

Grundlagen der Prozentrechnung 1.3.1

Die Prozentrechnung ist eine **angewandte Bruchrechnung mit Dezimalbrüchen.**

Beispiel

Die Zahlungsbedingungen auf einer Eingangsrechnung lauten: „Der Rechnungsbetrag ist zahlbar innerhalb von 10 Tagen mit **3 % Skonto** oder nach spätestens 30 Tagen ohne Abzug."

Diese Aussage bedeutet, dass bei Zahlung innerhalb der ersten 10 Tage nach Rechnungseingang ein **Bruchteil** von **3 % = $^{3}/_{100}$ = 0,03 des Rechnungsbetrages** abgezogen werden kann.

Vergleichsrechnung

Die Prozentrechnung macht **Aussagen über Zahlengrößen** (z. B. über Geldbeträge, Gewichts- oder Längenmaße) **vergleichbar,** indem sie die Zahlengrößen **in Beziehung zur Zahl 100 % (= 1)** setzt.

Beispiel

Im vergangenen Monat kaufte das Metallwerk Berg u. a. **Feinblech 0,6 mm** im Gesamtwert von **125.000,00 €** ein. Hierauf entfielen **Rücksendungen** in Höhe von **17.500,00 €.** Beim **Feinblech 0,8 mm** betrugen die Einkäufe **184.000,00 €** und die Rücksendungen **20.240,00 €.**

Bei welchem Rohstoff waren die Rücksendungen in Prozent höher?

Feinblech 0,6 mm	Feinblech 0,8 mm	Begriffe der Prozentrechnung
17.500,00 € Rücksendungen	20.240,00 € Rücksendungen	→ Prozentwert
125.000,00 € Einkaufswert	184.000,00 € Einkaufswert	→ Grundwert
umgerechnet auf → 100 % (= 1) ← beträgt der Anteil der Rücksendungen		→ Vergleichszahl 100 % = 1
$\frac{17.500,00\ €}{125.000,00\ €}$	$\frac{20.240,00\ €}{184.000,00\ €}$	$\frac{\text{Prozentwert}}{\text{Grundwert}}$
= 0,14 = **14 %**	= 0,11 = **11 %**	→ Prozentsatz

Erläuterung

Aus den Geldbeträgen des obigen Beispiels kann zunächst nur festgestellt werden, dass die Rücksendungen bei Feinblech 0,8 mm **höher sind** als bei Feinblech 0,6 mm. Erst der Schluss auf 100 % (= 1,00 € Einkaufswert) zeigt, dass die Rücksendungen **prozentual bei Feinblech 0,6 mm höher ausfallen als bei Feinblech 0,8 mm.**

Zusammenfassung

- Prozentaufgaben werden mithilfe der Bruchrechnung gelöst.
- Das Zeichen „%" steht für den Bruchteil $^{1}/_{100}$.
- Die Prozentrechnung ist eine **Vergleichsrechnung,** mit deren Hilfe unübersichtliche Zahlengrößen durch den **Bezug zur Zahl 100 %** (= 1) vergleichbar gemacht werden.
- Die Prozentrechnung verwendet die Begriffe:
  „Grundwert" für die Zahlengröße, **von** der ein Bruchteil zu bestimmen ist,
  „Prozentwert" für die Zahlengröße, die **Teilgröße** des Grundwertes ist,
  „Prozentsatz" für die Zahl, die den **Bruchteil** (von 100 %) darstellt.

Grundlagen der Prozentrechnung

Direkte Verhältnisse

Zwischen den Größen „Grundwert" und „Prozentwert" einerseits sowie den Zahlen „100 %" und „Prozentsatz" andererseits bestehen **direkte Verhältnisse** (vgl. S. 438), die sich folgendermaßen darstellen lassen:

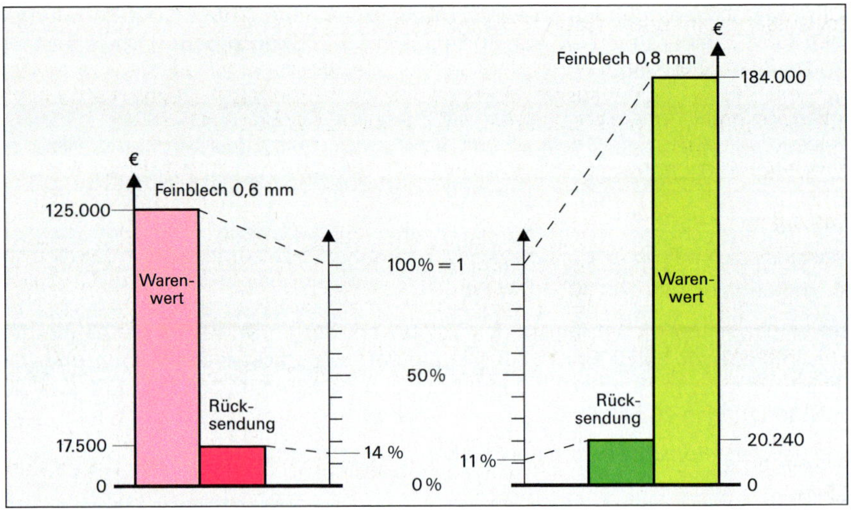

Die grafische Darstellung verdeutlicht, dass die (unterschiedlichen) Anschaffungspreise der Rohstoffe „Feinblech 0,6 mm" und „Feinblech 0,8 mm" jeweils 100 % entsprechen. Der Anteil der Rücksendungen steht dann in direktem Verhältnis zum Prozentsatz und es gilt:

Je **höher** die Rücksendungen **im Verhältnis** zu den Anschaffungspreisen, umso **höher** ist der Prozentsatz **im Verhältnis** zu 100 %.

Promillerechnung

In den Fällen, in denen der Prozentsatz nur einen sehr kleinen Dezimalbruch darstellt, verwendet man statt der Prozentangabe die **Promilleangabe:**

100 % = 1 000 ‰

Anwendungen des Promillesatzes finden sich häufig in naturwissenschaftlichen Aufgaben (z. B. schwache Konzentrationen in Flüssigkeiten), kommen aber auch im kaufmännischen Rechnen vor.

Beispiel

Für einen bestimmten Warentransport berechnet die Versicherungsgesellschaft eine Versicherungsprämie von **0,75 % = 7,5 ‰** des Versicherungswertes.

Abkürzungen in der Prozentrechnung

In den nachstehenden Ausführungen werden für die Zahlengrößen der Prozentrechnung folgende Abkürzungen verwendet:

- Grundwert = **G,**
- Prozentwert = **P,**
- Prozentsatz = **p % = p/100.**

Zusammenfassung

- Die in der Prozentrechnung vorkommenden Größen G und P bzw. 100 % und p % stehen in **direktem Verhältnis** zueinander.
- 100 % = 1 000 ‰ = 1; 1 % = 0,01; 1 ‰ = 0,001
- Die Abkürzung „p" steht nur für den Ausdruck „Prozentsatz · 100".

Anwendungsbereiche

Bei der Prozentsatzberechnung wird eine **Teilgröße** in eine prozentuale Beziehung zu einer **Gesamtgröße** gesetzt. Dies ist **im Rechnungswesen bei Auswertungsfragen** der Fall, z. B. bei der Aufbereitung der Bilanz, bei der Berechnung von Bilanz- und Erfolgskennzahlen, bei der Berechnung von Kalkulationszuschlagssätzen im Betriebsabrechnungsbogen.

Beispiel 1

In der Bilanz des Metallwerks Berg zum 31. Dezember . . ist das Gesamtvermögen mit 5.000.000,00 € ausgewiesen; es teilt sich auf in das Anlagevermögen mit 1.750.000,00 € und in das Umlaufvermögen mit 3.250.000,00 €.

Wie hoch ist der Prozentanteil des Anlagevermögens am Gesamtvermögen?

Lösung mithilfe des Dreisatzes

Ansatz:

$$p\,\% \sim 1.750.000{,}00\ €$$
$$100\,\% \sim 5.000.000{,}00\ €$$

Lösungsgleichung: $$p\,\% = \frac{100\,\% \cdot 1.750.000{,}00\ €}{5.000.000{,}00\ €} = \frac{1.750.000}{5.000.000} = 0{,}35 = \mathbf{35\,\%}$$

Der Prozentanteil des Anlagevermögens am Gesamtvermögen beträgt **35 %,** der Prozentanteil des Umlaufvermögens am Gesamtvermögen dementsprechend **65 %.**

Über eine entsprechende Branchenvergleichszahl oder über Vergleichszahlen aus zurückliegenden Bilanzen lässt sich eine Aussage treffen, ob dieses Verhältnis angemessen ist.

Die Vergleichszahl 100 % (= 1) bleibt im Zähler des obigen Bruches unberücksichtigt (sie beträgt ja 1). Der sich ergebende Dezimalbruch (im Beispiel **0,35**) wird um 100 erweitert **und** mit der Bezeichnung % versehen **(0,35 = 35 %).**

Beispiel 2

Für einen Transport im Wert von 145.000,00 € berechnet die Versicherungsgesellschaft eine Versicherungsprämie von 1.087,50 €.

Wie viel Promille beträgt der Prämiensatz?

$$p\,‰ = \frac{1.087{,}50\ €}{145.000{,}00\ €} = 0{,}0075 = \mathbf{7{,}5\,‰}$$

In diesem Fall wird der Dezimalbruch 0,0075 mit 1 000 multipliziert und ergibt den Promillesatz von 7,5 ‰.

Zusammenfassung

- Die Vergleichszahl 100 % (= 1) bleibt bei der Berechnung des Prozentsatzes unberücksichtigt.
- Der **Prozentsatz** wird mithilfe folgender Gleichung bestimmt:

$$p\,\% = \frac{P}{G}$$

- Für die Promillerechnung gelten die gleichen Rechenregeln wie für die Prozentrechnung.

AUFGABEN

441 Im Industriebetrieb wird der in der Kalkulation anzusetzende Gewinnzuschlagssatz aus folgender Division berechnet:

$$\frac{\textbf{Gewinn der Periode}}{\textbf{Selbstkosten der Periode}} = \textbf{Gewinnzuschlagssatz in \%.}$$

Für die vergangenen Monate hat ein Unternehmer folgende Zahlen ermittelt:

(in €)	Mai	Juni	Juli	August	September
Gewinn des Monats	45.000,00	52.000,00	39.000,00	63.000,00	58.000,00
Selbstkosten des Monats	310.345,00	342.105,00	309.524,00	360.000,00	350.000,00

1. *Berechnen Sie die Gewinnzuschlagssätze für die jeweiligen Monate.*
2. *Bestimmen Sie den durchschnittlichen Gewinnzuschlagssatz.* ■

442 Ein Schmuck- und Uhrenhersteller fertigt in den beiden Zweigwerken München und Düsseldorf folgende Artikel und erzielte die folgenden Umsätze:

Artikel	Werk München	Werk Düsseldorf
Goldschmuck	2.840.000,00 €	3.350.000,00 €
Silberschmuck	1.220.000,00 €	1.450.000,00 €
Bestecke	1.360.000,00 €	1.520.000,00 €
Armbanduhren	1.245.000,00 €	1.564.000,00 €

1. *Berechnen Sie für jedes Zweigwerk den prozentualen Umsatzanteil der Erzeugnisgruppen am Umsatz des Zweigwerkes.*
2. *Mit wie viel Prozent sind die einzelnen Zweigwerke am Gesamtumsatz beteiligt?* ■

443 In einer Weinkellerei werden beim Abfüllen des Weins auf 0,75-l-Flaschen Stichproben gemacht, um festzustellen, ob die Abfüllanlage fehlerfrei arbeitet. Eine Abweichung bis zu 5 ‰ soll als fehlerfrei gelten. Die Stichproben erbrachten folgende Ergebnisse:

Flaschen-Nr.	I	II	III	IV	V	VI	VII	VIII	IX
Füllmenge in ml	748	742	751	750	744	745	746	749	743

1. *Wie hoch ist die Abweichung von der Sollgröße 750 ml in den einzelnen Stichproben in ‰?*
2. *Wie groß sind die jeweiligen Abweichungen von der Richtmarke 5 ‰?* ■

444 Ein Unternehmer vergleicht Rohstoffeinkäufe und Skontoabzüge des letzten Vierteljahres: Rohstoffeinkäufe 2.345.000,00 €; Skontoabzüge 55.107,50 €.

Wie viel Prozent Skonto wurden durchschnittlich in Anspruch genommen? ■

445 Ein Industriebetrieb erstellt folgende verkürzte Bilanz:

Aktiva	Bilanz der Holthoff KG		Passiva
Anlagevermögen	6.200.000,00	Eigenkapital	8.354.500,00
Umlaufvermögen	8.990.000,00	Fremdkapital	6.835.500,00
	15.190.000,00		15.190.000,00

1. *Wie hoch ist der Prozentanteil der Vermögens- und Kapitalposten an der Bilanzsumme?*
2. Als Branchendurchschnitt gilt, dass das Umlaufvermögen das Anlagevermögen um 40 % übersteigt. *Erreicht der Industriebetrieb diesen Durchschnitt?* ■

Berechnung des Prozentwertes | 1.3.3

Anwendung

Bei der Prozentwertberechnung wird aus dem vorgegebenen Grundwert und dem vorgegebenen Prozentsatz der Prozentwert als **Teilgröße des Grundwertes** berechnet. Diese Rechnung findet bei einer Vielzahl kaufmännischer Tätigkeiten Anwendung, z. B. sind bei der Erstellung von Ausgangsrechnungen Rabattabzüge und Umsatzsteuerbeträge zu berechnen, beim Ausgleich von Rechnungen sind Skonti in Abzug zu bringen, bei der Kalkulation sind Kalkulationszuschläge zu bestimmen.

Berechnung des Prozentwertes vom Grundwert | 1.3.3.1

Beispiel 1

Unternehmer Berg hat von einem seiner Lieferanten Feinbleche bezogen. Die Rechnung lautet über 21.420,00 €. Folgende Zahlungsbedingung ist vereinbart: „Zahlbar innerhalb von 10 Tagen mit 3 % Skonto oder nach spätestens 30 Tagen ohne Abzug."

Welchen Betrag überweist Herr Berg, wenn er Skonto in Anspruch nimmt?

Lösung mithilfe des Dreisatzes

Ansatz:

P € ~ 3%
21.420,00 € ~ 100 %

Lösungsgleichung: $P\text{ €} = \frac{21.420,00\text{ €} \cdot 3\text{ \%}}{100\text{ \%}}$,

da **100 % = 1** und **3 % = 0,03** folgt

P € = 21.420,00 € · 0,03 = **642,60 €**

Der Skontoabzug beträgt 642,60 €; es sind also **20.777,40 €** zu überweisen.

Beispiel 2

In seiner Kalkulation berücksichtigt Herr Berg unter anderem einen Zuschlag für die Transportversicherung in Höhe von 8 ‰ des Warenwertes.

Wie hoch ist dieser Zuschlag bei einer Warenlieferung im Wert von 14.500,00 €?

P € = 14.500,00 € · 0,008 = **116,00 €** Transportversicherung

Zusammenfassung

► Bei gegebenem Grundwert G und gegebenem Prozentsatz p % (oder Promillesatz p ‰) wird der Prozent-/Promillewert P durch Multiplikation berechnet:

P = G · p % oder **P = G · p ‰**

AUGABEN

446 Ein Unternehmer kauft am 15. Jan. einen Gabelstapler zum Preis von 85.000,00 €. Die Maschine wird mit 12,5 %/Jahr linear vom Anschaffungspreis abgeschrieben.

Wie hoch sind Abschreibungsbetrag und Restwert am Ende des ersten Jahres? ■

447 Ein Hersteller von Damenbekleidung erhöht die Angebotspreise einheitlich um 4,5 %.

Wie hoch ist der neue Angebotspreis für ein Kleid, das zuvor 188,00 € kostete? ■

AUFGABEN

448 Hersteller Hartmann GmbH liefert 65 Handbohrmaschinen unter folgenden Bedingungen an den Großhändler Hans Klein e. K.: Der Angebotspreis für eine Bohrmaschine beträgt 250,00 €; auf diesen Preis erhält Klein bei der Abnahme von 65 Stück einen Mengenrabatt von 20 %. Die vereinbarten Zahlungsbedingungen lauten: „Die Rechnung ist innerhalb von 10 Tagen mit 2,5 % Skonto oder nach spätestens 45 Tagen ohne Abzug zahlbar."

1. *Über welchen Betrag ist die Rechnung unter Berücksichtigung des Rabattes und der Umsatzsteuer (19 %) auszustellen?*
2. *Welchen Betrag hat Klein zu überweisen, wenn er den Skontoabzug ausnutzt?* ■

449 Der Hersteller Graumann KG lässt den Transport hochwertiger elektronischer Geräte versichern und zahlt dafür eine Prämie von 9,5 ‰ des Warenwertes.
Wie hoch ist die Versicherungsprämie bei einem Warenwert von 48.250,00 €? ■

450 Nach statistischen Untersuchungen stiegen die durchschnittlichen Arbeitnehmerverdienste von 1980 bis 2008 um 303,5 %. 1980 betrug der durchschnittliche Verdienst monatlich 620,00 € brutto.

1. *Wie hoch waren die durchschnittlichen Bruttoverdienste 2008?*

Aufgrund der Preissteigerung konnte man für den gleichen €-Betrag 2008 deutlich weniger kaufen als 1980. Die Kaufkraft der Nettoverdienste stieg von 1980 bis 2008 nur um 130,2 %; sie betrug 455,00 € im Jahr 1980.

2. *Wie hoch ist im Vergleich dazu die Kaufkraft 2008 gewesen?* ■

451 Ein Steuerpflichtiger (ledig, Steuerklasse I) unterliegt der Lohnsteuer mit einem Steuersatz von 18 %. Zusätzlich zahlt er 9 % Kirchensteuer und 5,5 % Solidaritätszuschlag von seiner Lohnsteuer.

1. *Wie hoch ist sein Steuersatz aus Lohnsteuer, Solidaritätszuschlag und Kirchensteuer insgesamt?*
2. *Wie hoch sind die von ihm zu zahlende Lohnsteuer, Kirchensteuer und sein Solidaritätszuschlag bei einem Brutto-Monatseinkommen von 2.720,90 €?* ■

452 In einer Maschinenfabrik wurde der Bezugspreis für eine als Handelsware geführte Bohrausrüstung mit 364,00 € kalkuliert. Auf diesen Preis rechnet der Hersteller einen Zuschlag für eigene Kosten und Gewinn von 53,5 %, um den Verkaufspreis zu erhalten. Aufgrund von Lohnerhöhungen und Preissteigerungen beim Material verteuert sich der Bezugspreis auf 373,10 €.

1. *Zu welchem Verkaufspreis hat der Hersteller die Bohrausrüstung zunächst anbieten können?*
2. *Wie hoch wird der Verkaufspreis in Zukunft sein, wenn der Hersteller seinen Zuschlag nicht verändert?*
3. *Aus Konkurrenzgründen kann der Verkaufspreis nicht erhöht werden. Um wie viel Prozent müsste der Hersteller seinen Zuschlag herabsetzen?* ■

453 Aufgrund eines Angebotes bestellt ein Kunde:
100 000 Blatt Kopierpapier zu 0,70 € je 100 Blatt,
200 000 Blatt Tabellierpapier zu 9,20 € je 1 000 Blatt.
Auf den ersten Artikel wird ein Mengenrabatt von 8 % gewährt, auf den zweiten Artikel ein Rabatt von 12 %.

1. *Erstellen Sie die Rechnung einschließlich 19 % Umsatzsteuer.*
2. *Welchen Betrag überweist der Kunde, wenn er aufgrund der vereinbarten Zahlungsbedingungen 1,5 % Skonto abzieht?* ■

6458456

Berechnung des Prozentwertes vom vermehrten Grundwert | 1.3.3.2

Anwendung

Eine besondere Form der Prozentwertberechnung liegt vor, wenn nicht der Grundwert gegeben ist, sondern der um den **Prozentwert erhöhte Grundwert** und es soll von diesem „vermehrten Grundwert" mithilfe des Prozentsatzes der Prozentwert (oder der Grundwert) berechnet werden. Im kaufmännischen Rechnen sind solche Aufgaben in Verbindung mit der Umsatzsteuer und der Kalkulation zu lösen.

Beispiel

Herr Berg kauft beim Schreibwareneinzelhandel Büromaterial. Er erhält einen Kassenbeleg über 95,20 €. Auf dem Kassenbeleg ist vermerkt: „Im Endpreis sind 19 % Umsatzsteuer enthalten." Beim Buchen muss Herr Berg die Umsatzsteuer und den Wert des Büromaterials jeweils gesondert ausweisen.

*Wie viel Euro betragen die **Umsatzsteuer** und der **Warenwert**?*

Lösungsschema

Wert des Büromaterials	(80,00 €) ~ **100 %**	↑
(+) **19 % Umsatzsteuer**	(15,20 €) ~ **19 %**	
Betrag des Kassenbelegs	**95,20 € ~ 119 %**	

Aus dem Lösungsschema werden die Beziehungen zwischen den Geldbeträgen und den Prozentzahlen deutlich, die zum Lösungsansatz führen.

Lösung mithilfe des Dreisatzes

a) Gesucht ist der **Prozentwert** (Umsatzsteuer):

Ansatz:

P € ~ 19 %
95,20 € ~ 119 %

Lösungsgleichung:

$$P\,€ = \frac{95{,}20\,€ \cdot 19\,\%}{119\,\%}$$

$$P\,€ = \frac{95{,}20\,€ \cdot 0{,}19}{1{,}19} = \textbf{15,20 € Umsatzsteuer}$$

Der Grundwert ergibt sich dann aus der Rechnung:

Betrag des Kassenbelegs	95,20 €
− Umsatzsteuer	15,20 €
Büromaterial	80,00 €

b) Gesucht ist der **Grundwert** (Warenwert):

Ansatz:

G € ~ 100 %
95,20 € ~ 119 %

Lösungsgleichung:

$$G\,€ = \frac{95{,}20\,€ \cdot 100\,\%}{119\,\%}$$

$$G\,€ = \frac{95{,}20\,€}{1{,}19} = \textbf{80,00 € Warenwert}$$

Zusammenfassung

- Sind der vermehrte Grundwert und der Prozentsatz gegeben und es wird nach dem **Prozentwert** gesucht, so ist zu rechnen:

$$P = \frac{\text{Vermehrter Grundwert} \cdot p\,\%}{(1 + p\,\%)}$$

- Ist nach dem **Grundwert** gefragt, so wird gerechnet:

$$G = \frac{\text{Vermehrter Grundwert}}{(1 + p\,\%)}$$

1.3.3.3 Berechnung des Prozentwertes vom verminderten Grundwert

Anwendung Bei der Prozentwertberechnung vom verminderten Grundwert ist der um den **Prozentwert verringerte Grundwert** gegeben und es soll von diesem „verminderten Grundwert" mithilfe des Prozentsatzes der Prozentwert (oder der Grundwert) berechnet werden. In der Kalkulation kommen Aufgaben dieser Art vor.

Beispiel Herr Berg erhält von einem Lieferanten einen Restposten Verpackungsfolie zu folgenden Konditionen: „Nach Abzug von 30 % Sonderrabatt erhalten Sie den Restposten für 875,00 € netto."

*Wie hoch waren der **Rabattabzug** und der **reguläre Verkaufspreis** dieser Ware?*

Lösungsschema

	Regulärer Verkaufspreis	(1.250,00 €) ~ **100 %**	↑
(–)	**30 % Sonderrabatt**	(375,00 €) ~ **30 %**	
	Sonderpreis	**875,00 € ~ 70 %**	

Aus dem Lösungsschema werden die Beziehungen zwischen den Geldbeträgen und den Prozentzahlen deutlich, die zum Lösungsansatz führen.

Lösung mithilfe des Dreisatzes

a) Gesucht ist der **Prozentwert** (Rabattabzug):

Ansatz:

P € ~ 30 %
875,00 € ~ 70 %

Lösungsgleichung: $$P\,€ = \frac{875{,}00\,€ \cdot 30\,\%}{70\,\%}$$

$$P\,€ = \frac{875{,}00\,€ \cdot 0{,}3}{0{,}7} = \mathbf{375{,}00\,€\ Rabatt}$$

Der Grundwert ergibt sich dann aus der Rechnung:

	Sonderpreis	875,00 €
+	Sonderrabatt	375,00 €
	Regulärer Verkaufspreis	1.250,00 €

b) Gesucht ist der **Grundwert** (regulärer Verkaufspreis):

Ansatz:

G € ~ 100 %
875,00 € ~ 70 %

Lösungsgleichung: $$G\,€ = \frac{875{,}00\,€ \cdot 100\,\%}{70\,\%}$$

$$G\,€ = \frac{875{,}00\,€}{0{,}7} = \mathbf{1.250{,}00\,€\ Verkaufspreis}$$

Zusammenfassung

- Sind der verminderte Grundwert und der Prozentsatz gegeben und es wird nach dem **Prozentwert** gesucht, so ist zu rechnen:

$$P = \frac{\text{Verminderter Grundwert} \cdot p\,\%}{(1 - p\,\%)}$$

- Ist nach dem **Grundwert** gefragt, so wird gerechnet:

$$G = \frac{\text{Verminderter Grundwert}}{(1 - p\,\%)}$$

Nach einer Gehaltserhöhung um 5,4 % erhält ein Angestellter ein Bruttogehalt von 2.880,00 €. 454

Wie viel € betrug sein ursprüngliches Gehalt? ■

Im Schlussverkauf wird eine Lederjacke 15 % billiger angeboten und kostet nun 726,75 €. 455

Wie viel € beträgt der Preisnachlass? ■

Ein Unternehmen hat in seinem letzten Jahresabschluss einen Verlust von 15,4 % des Eigenkapitals ausgewiesen. Nach Abzug des Verlustes betrug das Eigenkapital 3.570.120,00 €. 456

Mit wie viel € stand das Eigenkapital zu Beginn des Geschäftsjahres in der Bilanz? ■

Ein Büromaschinenhersteller setzt den Preis eines auslaufenden Kopiergerätes um 35 % auf nunmehr 1.470,00 € herab. 457

Um wie viel € sinkt dadurch der Umsatzerlös für dieses Gerät? ■

Von einem Kunden erhalten wir die Zahlung zum Ausgleich unserer Rechnung Nr. 4432 durch Banküberweisung. Der Kunde überweist nach Abzug von 2,5 % Skonto 7.889,70 €. 458

Über welchen Betrag war die Rechnung ausgestellt? ■

Durch Verbesserung der Wärmedämmung an den Außenwänden und am Dach einer Lagerhalle gelingt es, die Heizkosten um 27 % zu senken. Die Heizkosten belaufen sich in der darauf folgenden Periode auf 4.526,00 €. 459

Wie hoch waren die Heizkosten zuvor? ■

In einem Industriebetrieb hat die Umsatzentwicklung in den letzten drei Jahren folgende Entwicklung genommen: Ende des 2. Geschäftsjahres lag der Umsatz um 8,3 % über dem des 1. Geschäftsjahres, Ende des 3. Geschäftsjahres lag der Umsatz mit 6.443.850,00 € um 4,8 % unter dem des 2. Jahres. 460

Wie hoch war der Umsatz Ende des 1. Geschäftsjahres? ■

Beim Barkauf eines Taschenrechners erhalten wir folgenden Kassenzettel: 461

Bürobedarf Hallberger GmbH,
40215 Düsseldorf

1 Taschenrechner „Ticitron plus“ . . . . 30,94 €

Im Rechnungspreis sind 19 % Umsatzsteuer enthalten.

Für die buchungsmäßige Erfassung sind Warenwert und Umsatzsteuer zu berechnen. ■

Wie viel € betrug der Angebotspreis, wenn ein Kunde beim Einkauf eines Artikels nach Abzug von 8 % Rabatt 2.231,00 € (ohne Umsatzsteuer) zu zahlen hatte? ■ 462

1.3.4 Berechnung des Grundwertes

Anwendung Sind in einer Prozentaufgabe der Prozentwert und der Prozentsatz gegeben, so kann der **Grundwert** berechnet werden. Aufgaben dieser Art kommen in Verbindung mit der Umsatzsteuer und in der Kalkulation vor.

Beispiel 1 Herr Berg hat für den Monat April auf dem Umsatzsteuerkonto eine Umsatzsteuer von 92.150,00 € gebucht (19 % Umsatzsteuer).

Wie hoch waren die steuerpflichtigen Umsätze im Monat April?

Lösung mithilfe des Dreisatzes

Ansatz:

G € ~ 100 %

92.150,00 € ~ 19 %

Lösungsgleichung:

$$G\ € = \frac{92.150{,}00\ € \cdot 100\ \%}{19\ \%} = \frac{92.150{,}00\ €}{0{,}19}$$

$$= \mathbf{485.000{,}00\ €\ Umsatz}$$

Ist nach dem **Bruttoumsatz** (einschließlich Umsatzsteuer) gefragt, so wird gerechnet:

$$G\ € = \frac{92.150{,}00\ € \cdot 119\ \%}{19\ \%}$$

$$G\ € = \frac{92.150{,}00\ € \cdot 1{,}19}{0{,}19} = \mathbf{577.150{,}00\ €}$$

Beispiel 2 Im Januar .. wurde eine Verpackungsmaschine angeschafft. Zum Jahresende ist die Abschreibung für diese Maschine auf dem Abschreibungskonto mit einem Betrag von 15.625,00 € gebucht worden. Aus dem Anlagenverzeichnis geht hervor, dass die Maschine linear mit 12,5 %/Jahr abgeschrieben wird.

Wie hoch ist der Buchwert dieser Maschine zum Jahresende?

Ansatz:

x € ~ 87,5 %

15.625,00 € ~ 12,5 %

Lösungsgleichung:

$$x\ € = \frac{15.625{,}00\ € \cdot 87{,}5\ \%}{12{,}5\ \%} = \frac{15.625{,}00\ € \cdot 0{,}875}{0{,}125}$$

$$= \mathbf{109.375{,}00\ €\ Buchwert}$$

Zusammenfassung

- Sind in einer Prozentaufgabe Prozentwert und Prozentsatz gegeben und es wird nach dem **Grundwert** gesucht, so ist zu rechnen:

$$\mathbf{G = \frac{Prozentwert \cdot 100\ \%}{p\ \%}}$$

- Sind Prozentwert und Prozentsatz gegeben und es wird nach dem **vermehrten Grundwert** gefragt, so ist zu rechnen:

$$\mathbf{Vermehrter\ Grundwert = \frac{Prozentwert \cdot (1 + p\ \%)}{p\ \%}}$$

- Sind Prozentwert und Prozentsatz gegeben und es wird nach dem **verminderten Grundwert** gefragt, so ist zu rechnen:

$$\mathbf{Verminderter\ Grundwert = \frac{Prozentwert \cdot (1 - p\ \%)}{p\ \%}}$$

In einem Insolvenzverfahren werden die Forderungen aus Rohstofflieferungen mit einer Erstattungsquote von 24,5 % bedient. Der Lieferer Acker KG erhält eine Abschlusszahlung in Höhe von 2.366,70 €. **463**

Wie viel € betrug seine ursprüngliche Forderung und wie hoch ist der Forderungsausfall? ■

Beim Ausgleich einer Rechnung zieht der Kunde 2,5 % Skonto, das sind 166,60 €, ab. **464**

Über welchen Betrag wurde die Rechnung ausgestellt? ■

Ein Handelsvertreter erhält ein monatliches Fixum (= Gehalt) von 1.500,00 € und zusätzlich 2,5 % der von ihm vermittelten Umsätze als Provision. Er strebt ein monatliches Einkommen von 4.500,00 € an. **465**

Wie viel € Umsatz muss der Vertreter monatlich tätigen, um das gewünschte Einkommen zu erzielen? ■

Auf dem Konto „Umsatzsteuer" hat der Unternehmer Uwe Mergler e. K. im Monat Mai 35.435,00 € Umsatzsteuer zu einem Steuersatz von 19 % gebucht. **466**

Wie hoch ist sein Umsatz im Monat Mai? ■

Für eine Glasbruchversicherung zahlt ein Unternehmer eine Prämie von 64,50 €/Jahr, das entspricht einem Prämiensatz von 12 ‰. **467**

Mit welchem Versicherungswert sind die Glasscheiben versichert? ■

Beim Rösten von Kaffee entsteht ein Röstverlust von 28 %. Es soll eine Charge von 25 000 kg Röstkaffee produziert werden. **468**

Wie viel Rohkaffee ist hierfür einzusetzen? ■

Vier Kaufleute beschließen für die Durchführung eines Gelegenheitsgeschäftes eine BGB-Gesellschaft zu gründen. Sie vereinbaren folgendes Beteiligungsverhältnis für ihre Kapitaleinlagen: **469**

A beteiligt sich mit 20 %, B mit 30 %, C mit 35 % und D mit 42.600,00 €.

1. *Wie hoch sind die Kapitaleinlagen der übrigen Gesellschafter und wie hoch ist das insgesamt eingebrachte Eigenkapital?*

Der erwirtschaftete Überschuss soll im Verhältnis der Kapitaleinlagen verteilt werden, wobei zu berücksichtigen ist, dass C für die Geschäftsführung eine Sondervergütung von 25.000,00 € erhält; insgesamt erhält C damit einen Anteil von 41.725,00 €.

2. *Wie hoch sind die Überschussanteile der anderen Gesellschafter und der Überschuss insgesamt?* ■

Die Bilanz eines Industriebetriebes weist die flüssigen Mittel mit 845.500,00 € aus. Sie haben damit einen Anteil am gesamten Vermögen von 9,5 % und im Verhältnis zu den kurzfristigen Verbindlichkeiten machen sie 95 % aus. **470**

1. *Wie hoch ist das in der Bilanz ausgewiesene Vermögen?*
2. *Wie hoch sind die kurzfristigen Schulden?* ■

Eine Abfüllanlage wurde zwei Jahre lang mit 20 % vom Buchwert abgeschrieben. Sie hat nach Ablauf von zwei Jahren einen Buchwert von 51.200,00 €. **471**

Wie hoch waren die Anschaffungskosten der Anlage? ■

1.4 Zinsrechnung

1.4.1 Grundlagen der Zinsrechnung

Kreditgewährung

In modernen Volkswirtschaften treten aufgrund der Arbeitsteilung vielfältige **Zahlungsverpflichtungen** auf, die nicht immer „Zug um Zug" – Geld im Tausch gegen Ware oder Dienstleistung – erfüllt werden, also die Inanspruchnahme eines **Zahlungszieles** erforderlich machen. Es kann auch sein, dass der Zahlungspflichtige zur sofortigen Zahlung **fremdes Geld** in Anspruch nimmt. In diesen Fällen

- stellen die Kreditinstitute (Banken, Sparkassen) das für die Zahlung erforderliche Geld in Form eines **Kredits** zur Verfügung,
- gewähren Lieferanten durch Einräumung eines Zahlungszieles einen **Zahlungsaufschub.**

Zins

Der Schuldner hat für die Inanspruchnahme des Kredits oder des Zahlungsaufschubs ein Entgelt zu zahlen. Nimmt er **Kredit** bei der Bank auf, so zahlt er **Zinsen.** Gewährt ihm der Lieferant **Zahlungsaufschub,** so zahlt er einen **Skontoaufschlag.**

Zinssatz

Der Zins wird mithilfe eines Zinssatzes aus dem Kreditbetrag berechnet. **Der Zinssatz ist ein Prozentsatz, der für jeweils 1 Jahr** (oder 1 Monat) **festgesetzt ist.**

Beispiel

In einer Mitteilung eines Kreditinstituts an einen Kunden heißt es: „Unser derzeitiger Zinssatz für Dispositionskredite beträgt 10,8 %."

Diese Aussage bedeutet, dass der Kunde bei Beanspruchung des Kredits

– für 1 Jahr 10,8 %,
– für ½ Jahr 5,4 %,
– für 1 Monat 0,9 % des Kreditbetrages als Zins zahlen muss.

Höhe des Zinssatzes

Die Höhe des Zinssatzes ist abhängig von der **Art und Laufzeit des Kredits** (langfristiger oder kurzfristiger Kredit, Dispositionskredit, Anschaffungsdarlehen).

Geldanlage

Neben dem Kreditgeschäft stellt das Anlagegeschäft einen wesentlichen Aufgabenbereich der Geldinstitute dar. Hierbei „deponiert" der Bankkunde nicht benötigte Geldbeträge bei seiner Bank, die ihm für die Überlassung des Geldes einen Zins zahlt, der sich aufgrund eines Zinssatzes berechnen lässt. Die Höhe dieses „Guthaben"-Zinssatzes hängt von der **Art und der Dauer der Geldanlage** ab.

Aufgabe:

Informieren Sie sich bei „Ihrem" Geldinstitut über die Höhe der Zinssätze für die gebräuchlichsten Kredit- und Geldanlageformen.

Abkürzungen in der Zinsrechnung

Die Ähnlichkeit von Zinsrechnung und Prozentrechnung kommt in den verwendeten Abkürzungen zum Ausdruck:

Begriffe der Prozentrechnung	Abkürzungen	Begriffe der Zinsrechnung	Abkürzungen
Prozentwert	P	Zinsen	Z
Grundwert	G	Kapital	K
Prozentsatz	p %	Zinssatz	p % für 1 Jahr

6458462

Zusammenfassung

- Zins ist der **Preis,** den der Schuldner dem Gläubiger für die zeitweilige Überlassung von Kredit zu zahlen hat.
- Der Zinssatz ist ein **Prozentsatz,** der in der Regel für eine Kreditlaufzeit von **1 Jahr** angegeben wird (p % für 1 Jahr).
- Die Zinsrechnung ist eine **angewandte Prozentrechnung.**

1.4.2 Berechnung der Zinsen

Anwendung

Zinsberechnungen kommen in folgenden Aufgabenstellungen vor:

- Berechnung der Guthaben- und Kreditzinsen bei Banken,
- Berechnung des Diskonts bei Wechselgeschäften,
- Berechnung der Skonti bei Lieferantenkrediten.

1.4.2.1 Festlegung der Zeit in der Zinsrechnung

Kaufmännische Zinsrechnung

In der **kaufmännischen Zinsrechnung** wird die Zeit nach unterschiedlichen Methoden berechnet. Bei Spareinlagen, Kontokorrentkrediten, Termineinlagen wird die sog. „deutsche Methode“ zugrunde gelegt. Bei Tagesgeld, Wechseldiskont, Bundesanleihen rechnen die Geldinstitute nach der „französischen Methode“ (= EU-Methode).

Zinstageberechnung nach „deutscher Methode“	Zinstageberechnung nach „EU-Methode“
▶ **1 Zinsjahr = 12 Zinsmonate = 360 Zinstage** ▶ Jeder volle Zinsmonat **= 30 Zinstage** **Ausnahme:** Endet die Verzinsung „Ende Februar“, so wird der Februar mit 28 Zinstagen (Schaltjahr 29 Zinstage) berechnet.	▶ **1 Zinsjahr = 12 Zinsmonate = 360 Zinstage** ▶ Jeder Zinsmonat wird **nach dem Kalender genau** berechnet. – Der **Febr.** hat also – Schaltjahre ausgenommen – **28 Zinstage.** – Die Monate **Jan., März, Mai, Juli, Aug., Okt. und Dez.** werden mit **31 Zinstagen** gerechnet. – Die Monate **April, Juni, Sept. und Nov.** gehen mit **30 Zinstagen** in die Zinsrechnung ein.

▶ Der **erste Tag** einer in Kalenderdaten angegebenen Zinszeit gilt **nicht als Zinstag,** der **letzte Kalendertag ist ein voller Zinstag.**

Beispiel 1

Aufgrund der obigen Festlegungen ergeben sich für folgende Zinszeiten die angegebenen Zinstage:

Zinszeit in Kalenderdaten	„deutsche Methode“	„EU-Methode“
31. März–30. September	180 Zinstage	183 Zinstage
28. Februar–31. Mai	90 Zinstage	92 Zinstage
1. Januar–31. Januar	29 Zinstage	30 Zinstage
1. Februar–Ende Februar	27 Zinstage	27 Zinstage
1. Februar–Ende Februar (Schaltjahr)	28 Zinstage	28 Zinstage
28. Februar–1. März	3 Zinstage	1 Zinstag
1. Februar–1. März (kein Schaltjahr)	30 Zinstage	28 Zinstage

Anmerkung: Im Folgenden verwenden wir nur die „deutsche Methode“ zur Zeitberechnung.

Festlegung der Zeit in der Zinsrechnung

Beispiel 2 Ein Unternehmer beansprucht einen Kredit für die Zeit vom 25. Januar bis zum 12. April.

Zinszeit in Kalenderdaten	Zinstage
❶ Zinstage vom 25. Jan. bis 31. Jan. (30 – 25) =	5
❷ zwei volle Zinsmonate =	60
❸ Zinstage vom 1. April bis 12. April (1. April und 12. April sind Zinstage!) =	12
	77 Tage

1.4.2.2 Berechnung der Zinsen in Abhängigkeit von der Zeit

Bei der Berechnung von Zinsen sind folgende Grundsätze zu beachten:

- Die Zinsrechnung ist eine angewandte Prozentrechnung.
- Der Zinssatz wird in der Regel für eine Zinszeit von einem Jahr angegeben.

1.4.2.2.1 Berechnung der Zinsen für mehrere Jahre

Beispiel Vereinbarungsgemäß soll ein privat gegebenes Darlehen in Höhe von 150.000,00 € nach Ablauf von vier Jahren einschließlich 8,5 %/Jahr Zinsen (ohne Zinseszins) zurückgezahlt werden.

Wie viel Euro Zinsen fallen insgesamt an?

❶ **Zinsen für 1 Jahr[1] (= 360 Tage):** $Z\,€ = \frac{150.000 \cdot 8,5\,\%}{100\,\%} = 12.750,00\,€$

❷ **Zinsen für 4 Jahre** $Z\,€ = \frac{150.000 \cdot 8,5\,\% \cdot 4}{100\,\%} = \mathbf{51.000,00\,€}$

1.4.2.2.2 Berechnung der Tageszinsen

Beispiel Herr Berg bezahlt eine Rechnung über 24.500,00 €, fällig am 20. Juli, indem er sein Kontokorrentkonto überzieht. Erst mit einer Kundenzahlung am 8. September ist sein Konto wieder ausgeglichen.

Wie viel Euro Zinsen hat er für den beanspruchten Kredit bei einem Zinssatz von 10,5 % zahlen müssen?

❶ **Zinstage** vom 20. Juli bis 8. September = **48 Tage**

im Einzelnen
- vom 20. Juli bis 31. Juli = 10 Tage
- August voller Zinsmonat = 30 Tage
- vom 1. September bis 8. September = 8 Tage

48 Tage

❷ **Zinsen für 1 Jahr[1] (= 360 Tage):** $Z\,€ = \frac{24.500 \cdot 10,5\,\%}{100\,\%} = 2.572,50\,€$

❸ **Zinsen für 1 Tag** $Z\,€ = \frac{24.500 \cdot 10,5\,\%}{100\,\% \cdot 360} = 7,15\,€$

❹ **Zinsen für 48 Tage** $Z\,€ = \frac{24.500 \cdot 10,5\,\% \cdot 48}{100\,\% \cdot 360} = \mathbf{343,00\,€}$

1 vgl. Kapitel Prozentrechnung, S. 451 f.

Zusammenfassung

- Es gibt unterschiedliche Methoden zur Berechnung der Zinstage. In **Europa** sind die **„deutsche Methode"** und die **„EU-Methode"** verbreitet.
- In den **USA** und in **Großbritannien** werden die Zinstage nach dem Kalender **genau** berechnet.
- Zinsen für **n Jahre** (ohne Zinseszins) werden wie folgt berechnet:

$$Z_n = \frac{K \cdot p \cdot n}{100} \quad \text{mit } \mathbf{p}\ \% = \frac{p}{100} \text{ und } \mathbf{n} = \text{Anzahl der Jahre}$$

- In der Zinsrechnung wird die Zeit in Form eines Faktors berücksichtigt; bei n Jahren beträgt dieser Faktor **n**.
- Die Zinsen für **t Tage** werden wie folgt berechnet:

$$Z_t = \frac{K \cdot p \cdot t}{100 \cdot 360} \quad \text{mit } \mathbf{p}\ \% = \frac{p}{100} \text{ und } \mathbf{t} = \text{Anzahl der Zinstage}$$

- In der Zinsrechnung wird die Zeit in Form eines **Faktors** berücksichtigt; bei t Zinstagen beträgt dieser Faktor $\frac{t}{360}$.

AUFGABEN

472

Berechnen Sie die Zinstage für folgende Verzinsungszeiträume:

	Erster Zinstag	Letzter Zinstag
1.	25. April	16. August
2.	1. Januar	31. Mai
3.	23. November	5. Januar n. J.
4.	31. Mai	12. September
5.	11. März	30. Juni
6.	4. Februar	31. Juli
7.	8. Oktober	31. Dezember
8.	15. Januar	Ende Februar n. J.
9.	27. April	8. August

473

Eine Rechnung, ausgestellt auf den 13. Juni, über 7.192,00 € ist zahlbar innerhalb von 10 Tagen mit 3 % Skonto oder nach spätestens 30 Tagen ohne Abzug.

1. *Bis zu welchem Tag wird die Skontofrist gewahrt?*
2. Die Zahlung erfolgt verspätet am 27. August einschließlich 8 %/Jahr Verzugszinsen. *Wie viel € Verzugszinsen sind fällig?*

474

Die Zahlungsbedingungen auf einer Rechnung lauten: „Zahlbar innerhalb von 15 Tagen mit 2 % Skonto oder nach spätestens 45 Tagen ohne Abzug."

Welchem Jahreszinssatz entspricht dieser Skontoabzug, wenn die Zeit ab dem 15. Tag bis zum 45. Tag als Kreditzeit zu betrachten ist?

AUFGABEN

475 Ein Unternehmer nimmt einen Kontokorrentkredit zu 10,5 %/Jahr in Höhe von 145.000,00 € für 150 Tage in Anspruch.

Wie viel € Zinsen berechnet die Bank? ■

476 Für ein Darlehen in Höhe von 55.000,00 € berechnet die Bank 7,5 % Zinsen/Jahr.

Wie viel € Zinsen fallen an, wenn der Kreditnehmer das Darlehen für drei Jahre in Anspruch nimmt? ■

477 Ein Darlehen wird für die Zeit vom 1. März bis 16. August zu einem Jahreszinssatz von 6,5 % aufgenommen.

1. *Wie hoch ist der Zeitprozentsatz?*
2. *Wie viel Zinsen fallen an, wenn das Darlehen über 18.500,00 € lautet?* ■

478 Ein Unternehmer will einen Teil des vorübergehend nicht benötigten Bankguthabens als Festgeld anlegen. Die Bank bietet ihm folgende Konditionen:

a) Festgeld mindestens 10.000,00 € bis 20.000,00 € zu 1,5 %/Jahr bei 30 Tagen Kündigungsfrist,
b) Festgeld mindestens 10.000,00 € bis 20.000,00 € zu 2,5 %/Jahr bei 90 Tagen Kündigungsfrist,
c) Festgeld mindestens 50.000,00 € zu 2,75 % bei 30 Tagen Kündigungsfrist.

1. *Wie hoch ist der Zinsgewinn bei der Kondition b) gegenüber a), wenn der Unternehmer 15.000,00 € für 90 Tage anlegt?*
2. *Wie viel € Zinsen erhält der Unternehmer, wenn er 54.000,00 € entsprechend der Kondition c) für 120 Tage anlegt?* ■

479 Der Verkaufspreis für ein Fernsehgerät beträgt 1.240,00 €. Ein Kunde wünscht Ratenzahlung; es werden folgende Zahlungsvereinbarungen getroffen: 200,00 € Anzahlung am Kauftag 16. Mai, der Rest soll in vier gleichen Raten am 16. Juni, 16. Juli, 16. August und 16. September beglichen werden.

1. *Wie viel € Zinsen hat der Kunde zu zahlen, wenn die* ***jeweilige Restschuld*** *mit 9 % verzinst wird?*
2. *Um wie viel Prozent übersteigt der Teilzahlungspreis den Barzahlungspreis?* ■

480 Ein Unternehmer nimmt einen Kredit über 25.000,00 € am 1. April zu 9,5 %/Jahr auf, den er einschließlich der Zinsen am 16. September zurückzahlt.
Wie hoch ist der Gesamtbetrag, der zurückzuzahlen ist? ■

481 Die Erstellung eines Wohnhauses mit acht baugleichen Wohnungen kostet 620.000,00 €. 30 % werden vom Eigentümer durch Eigenkapital, 70 % durch Hypotheken finanziert. Die Hypothekenzinsen betragen 6,5 %/Jahr. Weiterhin fallen folgende Aufwendungen an: 2 % Abschreibungen, 1.320,00 € monatliche Gebäudeunterhaltung, 1.540,00 € Steuern und Abgaben im Vierteljahr.

Wie hoch muss die zu fordernde (kostendeckende) Miete für eine Wohnung sein, wenn der Eigentümer eine Verzinsung von 8 % für sein Eigenkapital anstrebt? ■

482 Ein Sparer eröffnet am 21. März bei der Stadtsparkasse ein Sparkonto und zahlt 12.400,00 € ein. Das Guthaben wird mit 1,5 %/Jahr verzinst.

Wie viel € Zinsen hätte das Guthaben bis zum Jahresende mehr erbracht, wenn der Sparer es mit monatlicher Kündigung als Festgeld zu 2,25 % angelegt hätte? ■

6458466

Summarische Zinsrechnung 1.4.3

Anwendung

In der kaufmännischen Praxis kommt es häufig vor, dass mehrere Geldbeträge mit unterschiedlichen Fälligkeiten zu einheitlichem Zinssatz auf einen gemeinsamen Abschlusstag verzinst werden:

- Mehrere Rechnungen mit unterschiedlichen Fälligkeiten werden einschließlich Verzugszinsen in einem Betrag an einem vereinbarten Termin bezahlt.
- Ein Kaufmann reicht bei seiner Bank an einem bestimmten Tag mehrere Wechsel mit unterschiedlichen Fälligkeiten zum Diskont ein.
- Ein Sparer zahlt auf sein Sparkonto zu unterschiedlichen Terminen Geldbeträge ein. Die Guthabenzinsen zum 30. Juni oder 31. Dez. sind zu berechnen.

Beispiel

Herr Berg hat einem Lieferanten vier Rechnungen noch nicht bezahlt:

Rechnung Nr. 467 über 2.875,40 €, fällig am 19. April,
Rechnung Nr. 492 über 3.680,00 €, fällig am 11. Mai,
Rechnung Nr. 533 über 4.968,00 €, fällig am 26. Mai,
Rechnung Nr. 608 über 4.186,00 €, fällig am 8. Juni.

Vereinbarungsgemäß soll Herr Berg den Gesamtbetrag der Rechnungen einschließlich 9 % Verzugszinsen am 8. Juni begleichen.

Wie viel € Zinsen fallen an und welchen Gesamtbetrag muss Herr Berg zahlen?

Lösung

Rechnung	Betrag	Fälligkeit	Zinstage	Zinsen
Nr. 467	2.875,40 €	19. April	49	$\frac{2.875,40 \cdot 49 \cdot 9}{100 \cdot 360} = 35,22$ €
Nr. 492	3.680,00 €	11. Mai	27	$\frac{3.680,00 \cdot 27 \cdot 9}{100 \cdot 360} = 24,84$ €
Nr. 533	4.968,00 €	26. Mai	12	$\frac{4.968,00 \cdot 12 \cdot 9}{100 \cdot 360} = 14,90$ €
Nr. 608	4.186,00 €	8. Juni	0	0
gesamt + Zinsen	15.709,40 € 74,96 €			**74,96 €**
Zahlung	**15.784,36 € am 8. Juni**			

Vereinfachung der Zinsberechnung

Im Beispiel sind **drei einzelne Zinsberechnungen** durchzuführen und die Zinsen anschließend zu addieren. Diese aufwändige Rechenarbeit lässt sich wie folgt **vereinfachen** (vgl. S. 468):

❶ Der in allen Berechnungen **gleiche Bruch** $^9/_{360}$ wird zunächst aus den Berechnungen **ausgeklammert** und zu einem **Stammbruch gekürzt:**

$$\frac{9}{360} = \frac{1}{40}$$

Der **Nenner** dieses Stammbruches heißt **Zinsdivisor** (oder **Zinsteiler**). Im Beispiel lautet der Zinsdivisor **40.** Vereinfacht lässt er sich aus dem Kehrbruch $^{360}/_9 = 40$ berechnen.

❷ Die in der Zinsberechnung darüber hinaus vorkommenden Zahlen – und zwar die veränderlichen Zahlen für das **Kapital** und die **Zinstage** sowie die Zahl **100** – werden zu der für **jede Zinsberechnung typischen Zinszahl** (= #) zusammengefasst. So ergibt sich z. B. für die **1. Rechnung** die Zinszahl

$$\# = \frac{2.875,4 \cdot 49}{100} = \mathbf{1\,408,95}\text{, aufgerundet } \mathbf{1\,409.}$$

❸ Die insgesamt anfallenden Zinsen werden berechnet, indem man die **Summe der Zinszahlen** aus allen Positionen **einmal durch den Zinsdivisor teilt.**

Summarische Zinsrechnung

Beispiel Aus den Zahlen des Beispiels von Seite 467 wird die vereinfachte kaufmännische Zinsberechnung erstellt.

Rechnung	Betrag	Fälligkeit	Zinstage	❷ $\# = \frac{K \cdot t}{100}$
Nr. 467	2.875,40 €	19. April	49	1 409 (aufgerundet)
Nr. 492	3.680,00 €	11. Mai	27	994 (aufgerundet)
Nr. 533	4.968,00 €	26. Mai	12	596 (abgerundet)
Nr. 608	4.186,00 €	8. Juni	0	0
gesamt	15.709,40 €	❶ Zinsdivisor = $\frac{360}{9}$ = **40**		❸ **2 999 : 40 = 74,98 €**
+ Zinsen	**74,98 €**			
Zahlung	**15.784,38 €**			

Beachten Sie bei der Anwendung dieser vereinfachten Rechnung, dass die **Zinszahlen kaufmännisch gerundet** werden.

Zusammenfassung

- In der **summarischen Zinsrechnung** wird die **Summe der Zinsen** wie folgt berechnet:

$$\text{Zinsen} = \frac{\text{Summe der Zinszahlen}}{\text{Zinsdivisor}}$$

- Die **Zinszahlen** (= #) ergeben sich aus:

$$\# = \frac{K \cdot t}{100}$$

- Die Zinszahlen werden **kaufmännisch gerundet,** sind also immer ganze Zahlen.
- Der **Zinsdivisor** ist der **Nenner des Stammbruches** aus $^{p}/_{360}$ und wird berechnet:

$$\text{Zinsdivisor} = 360 : p$$

AUFGABEN

483 *Berechnen Sie das Bankguthaben zum 30. Juni bei 2,5 % Zinsen und folgenden Gutschriften:*

1.850,00 €, Gutschrift am 27. Febr.,
760,00 €, Gutschrift am 24. April,
1.220,00 €, Gutschrift am 18. Mai,
550,00 €, Gutschrift am 20. Juni.

484 Ein Unternehmer schuldet seinem Lieferer folgende Beträge:

3.220,00 €, Fälligkeit der Rechnung 26. April,
4.370,00 €, Fälligkeit der Rechnung 12. Mai,
3.565,00 €, Fälligkeit der Rechnung 23. Mai.

Vereinbarungsgemäß soll der Gesamtbetrag einschließlich 8,5 % Verzugszinsen am 15. Juni ausgeglichen werden.

Welchen Betrag hat der Schuldner zu überweisen?

6458468

Ein Bankkredit über 50.000,00 € – aufgenommen am 1. Mai .. zu 8,5 % Zinsen/ Jahr – wird in folgenden Teilbeträgen zurückgezahlt: **485**

1. Rückzahlung über 15.000,00 € am 1. August ..,
2. Rückzahlung über 15.000,00 € am 1. Oktober ..,
3. Rückzahlung über 20.000,00 € am 1. Dezember ..

Wie viel € Zinsen hat der Kreditnehmer insgesamt zu zahlen? ■

Unternehmer Berg hat im letzten Vierteljahr an einen langjährigen Kunden drei Lieferungen ausgeführt und darüber folgende Rechnungen erstellt: **486**

1. Rechnung über 11.500,00 €, fällig am 20. April ..,
2. Rechnung über 18.400,00 €, fällig am 16. Mai ..,
3. Rechnung über 13.800,00 €, fällig am 22. Juni ..

Der Kunde bittet um Verlängerung des Zahlungszieles und bietet an, alle drei Rechnungen in einem Betrag einschließlich 7,5 % Verzugszinsen am 15. Juli .. zu begleichen.

Welchen Betrag hat der Kunde zu überweisen? ■

Im Laufe des Jahres .. nimmt ein Sparer folgende Einzahlungen auf sein Sparkonto vor. Diese Einzahlungen werden zu 2 %/Jahr verzinst. **487**

1. Einzahlung am 3. April .. über 2.250,00 €,
2. Einzahlung am 18. Juni .. über 1.700,00 €,
3. Einzahlung am 25. August .. über 2.400,00 €,
4. Einzahlung am 8. Oktober .. über 3.150,00 €.

Wie hoch ist das auf dem Sparkonto angesammelte Guthaben zum 31. Dezember ..? ■

Ein Großhändler hat folgende Rechnungen seines Lieferanten Berg noch nicht beglichen: **488**

1. Rechnung über 8.050,00 €, ausgestellt am 20. März .., Ziel 40 Tage,
2. Rechnung über 4.600,00 €, ausgestellt am 4. Mai .., Ziel 30 Tage,
3. Rechnung über 2.875,00 €, ausgestellt am 31. Mai .., Ziel 30 Tage.

Vereinbarungsgemäß soll der Gesamtbetrag der Rechnungen einschließlich 6 % Verzugszinsen am 30. Juni .. beglichen werden.

Welchen Betrag hat der Großhändler an Berg zu überweisen? ■

Eine Bank gewährt am 1. April .. einem Unternehmer ein Darlehen in Höhe von 50.000,00 € zu 9 % Zinsen pro Jahr. Statt der vertraglich vorgesehenen Tilgung in 5 Raten zu je 10.000,00 € in Monatsabständen – beginnend am 1. Juni – nutzt der Unternehmer die Möglichkeit zur vorzeitigen Ablösung des Darlehens durch folgende Tilgungen: **489**

1. Tilgung am 1. Mai .. über 15.000,00 €,
2. Tilgung am 1. Juni .. über 12.000,00 €,
3. Tilgung am 12. Juli .. über 14.000,00 €,
4. Tilgung am 15. September .. über 9.000,00 €.

1. *Wie hoch wären die Zinsen aufgrund der vertraglichen Regelung gewesen?*
2. *Wie viel € Zinsen zahlt der Unternehmer tatsächlich?* ■

1.4.4 Berechnung des Zinssatzes

Anwendung Die Berechnung des Zinssatzes kann sinnvoll sein, wenn die Bank in der (vierteljährlichen) Abrechnung eines Kontokorrentkontos die **Soll-Zinszahl** und die **belasteten** Zinsen angibt und der Kaufmann wissen will, wie viel Prozent Sollzinsen die Bank berechnet hat. Auch bei der Aufnahme eines Kredites interessiert den Bankkunden u. a. der so genannte „effektive Zinssatz", der einen Vergleich unterschiedlicher Kreditangebote ermöglicht. Schließlich kann jeder Kaufmann mit dieser Rechnung den effektiven Zinssatz beim Skontoabzug bestimmen und damit Zahlungsbedingungen der Lieferanten vergleichbar machen (vgl. S. 173). Der Berechnung des Zinssatzes liegt die allgemeine Zinsformel zugrunde (vgl. S. 465).

Beispiel Aufgrund fälliger Steuer- und Lohnzahlungen hat Herr Berg sein Kontokorrentkonto für die Zeit vom 28. März bis 22. April mit 245.000,00 € überzogen. Hierfür berechnet die Bank 1.960,00 € Zinsen.

Wie hoch ist der Soll-Zinssatz, den die Bank zugrunde legt?

Lösung über den Dreisatz

❶ Der Kredit hat eine Laufzeit von 24 Tagen.

❷ Für diese Zeit verlangt die Bank bei einem Kredit von 245.000,00 € Zinsen in Höhe von 1.960,00 €.

❸ Aus der Frage: „Wie viel Euro Zinsen verlangt die Bank für 100,00 € Kredit in einem Jahr?" ergibt sich folgender **Lösungsansatz** (zusammengesetzter Dreisatz):

x €Z ~	100,00 €K ~	360 Tage
1.960,00 €Z ~	245.000,00 €K ~	24 Tage

$$x\,€ = \frac{1.960,00\,€ \cdot 100,00\,€ \cdot 360\text{ Tage}}{245.000,00\,€ \cdot 24\text{ Tage}} = 12,00\,€$$

❹ Die Umrechnung auf die Zinsen für 100,00 € Kredit im Jahr kann interpretiert werden als **12 %**.

Die Bank legt also einen Zinssatz von 12 % zugrunde.

AUFGABEN

490 Auf ein Sparkonto wurden folgende Beträge eingezahlt:

1.200,00 € am 18. Juli,
1.450,00 € am 22. August,
750,00 € am 26. September,
1.100,00 € am 5. November.

Am 31. Dezember schreibt die Bank insgesamt 35,49 € Zinsen gut.

Mit wie viel Prozent wurden die Guthaben verzinst?

491 Ein Kredit wurde von der Bank am 1. März in Höhe von 12.000,00 € eingeräumt und nach 90 Tagen einschließlich Zinsen mit 12.285,00 € zurückgezahlt.

Wie viel Prozent Zinsen berechnete die Bank?

Berechnung der Zinszeit 1.4.5

Beispiel

Für ein Darlehen in Höhe von 240.000,00 €, das Herr Berg zu 10,5 %/Jahr bei seiner Bank aufgenommen hat, zahlt er insgesamt 8.750,00 € Zinsen.

Für wie viele Zinstage hatte er das Darlehen beansprucht?

Lösung durch Äquivalenzumformung

Aus der Gleichung für die Zinsberechnung $Z = \frac{K \cdot p \cdot t}{100 \cdot 360}$ (vgl. S. 465)

folgt durch Umformung nach t: $t = \frac{Z \cdot 100 \cdot 360}{K \cdot p}$

Auf das Beispiel übertragen ergibt sich: $t = \frac{8.750{,}00\ € \cdot 100 \cdot 360}{240.000{,}00\ € \cdot 10{,}5}$

$= \mathbf{125\ Zinstage}$

Zusammenfassung

▶ Die Berechnung der **Zinstage** erfolgt nach der Gleichung:

$$t = \frac{Z \cdot 100 \cdot 360}{K \cdot p}$$

Hierfür müssen die Größen Kapital, Zinsen und Zinssatz gegeben sein.

Berechnung des Kapitals 1.4.6

Beispiel

Aus der Vermietung eines Lagerhauses erzielt Herr Berg aufgrund der 90-tägigen Abrechnung einen Reinertrag von 10.125,00 €; dies entspricht einer Verzinsung des im Lagerhaus investierten Eigenkapitals von 9 %.

Wie viel Euro Eigenkapital wurden in dem Lagerhaus investiert?

Lösung durch Äquivalenzumformung

Aus der Gleichung für die Zinsberechnung $Z = \frac{K \cdot p \cdot t}{100 \cdot 360}$

folgt durch Umformung nach K: $K = \frac{Z \cdot 100 \cdot 360}{p \cdot t}$

Auf das Beispiel übertragen ergibt sich: $K = \frac{10.125{,}00\ € \cdot 100 \cdot 360}{90\ \text{Tage} \cdot 9}$

$= \mathbf{450.000{,}00\ €\ Eigenkapital}$

Zusammenfassung

▶ Zur Berechnung des **Kapitals** müssen Zinssatz, Zinsen und Zinstage bekannt sein. Die Ausrechnung erfolgt nach der Gleichung:

$$K = \frac{Z \cdot 100 \cdot 360}{p \cdot t}$$

AUFGABEN

492 Für einen Kontokorrentkredit zahlt ein Unternehmer 11,8 % Zinsen im Jahr. In der letzten Bankabrechnung wurden ihm für die Zeit vom 15. April bis 30. Juni Zinsen in Höhe von 860,42 € belastet.

Wie hoch war der in Anspruch genommene Kredit? ■

493 Wir lieferten mit Rechnung vom 13. April an einen Kunden Erzeugnisse im Wert von 5.474,00 € (einschließlich 19 % Umsatzsteuer). Die Zahlungsbedingungen lauteten: „Zahlbar innerhalb 20 Tagen mit 1,5 % Skonto oder nach spätestens 40 Tagen ohne Abzug." Die Überweisung des Kunden lautet über 5.527,45 €. Auf dem Überweisungsträger hat der Kunde vermerkt: „Ausgleich der Rechnung vom 13. April, zuzüglich 9,5 % Verzugszinsen."

Für welche Zeit wurden Verzugszinsen berechnet? ■

494 Unser Kunde Schneider hat die Rechnung Nr. 3556, fällig am 27. Juni, über 3.332,00 € noch nicht beglichen. Vereinbarungsgemäß leistet der Kunde eine Zahlung über 3.369,02 € einschließlich 10 % Verzugszinsen.

Für wie viele Tage wurden Verzugszinsen berechnet? ■

495 Ein Kunde ist in Zahlungsverzug geraten. Für die Zeit vom 18. März (Fälligkeit der Rechnung) bis zum 24. Mai belasten wir ihn mit Verzugszinsen und senden ihm folgende Lastschrift:

Lastschrift über Verzugszinsen:
Für die Zeit vom 18. März bis 24. Mai belasten
wir Sie mit 11,5 % Verzugszinsen .... 121,23 €

Über welchen Betrag lautet die Rechnung? ■

496 Zur Finanzierung eines Autokaufs nimmt ein Bankkunde am 24. November einen kurzfristigen Kredit auf, den er vereinbarungsgemäß am 30. April nächsten Jahres einschließlich 12 %/Jahr Zinsen mit 12.098,00 € zurückzahlt.

Wie hoch war der Kredit? ■

497 Ein Sparer nimmt eine Einzahlung in Höhe von 3.500,00 € auf sein Sparkonto vor. Am Jahresende ist dieses Guthaben nach Einrechnung von 1,5 % Zinsen auf 3.532,08 € angewachsen.

Wann wurde die Einzahlung vorgenommen? ■

498 Für den Ausbau der Geschäftsräume nimmt die Impex GmbH bei einer Bank-einen Kredit auf. Nach Abzug von 8 %/Jahr Zinsen für die Zeit von 180 Tagen und 1 % des Darlehens für die Bearbeitung zahlt die Bank 23.750,00 € aus.

Wie hoch sind das Darlehen, die Zinsen und die Bearbeitungsgebühr? ■

499 *Wann wurde ein Sparbetrag von 3.820,00 € auf ein Sparkonto eingezahlt, wenn er bis zum 31. Dezember einschließlich der Zinsen von 1,5 % auf 3.845,47 € angewachsen war?* ■

500 Zur Modernisierung der Geschäftsräume nimmt ein Unternehmer am 29. Juli bei seiner Bank einen Kredit zu 8,5 %/Jahr auf. Am Jahresende erhält er eine Zinsabrechnung über 1.782,64 €.

Wie hoch war der Kreditbetrag? ■

Grundlagen der Statistik 2.1

Vorbemerkung

Im vorliegenden Lehrbuch **werden sachlich zusammengehörende Kapitel** geschlossen behandelt. Aus diesem Grunde wurden wesentliche Gebiete der Betriebsstatistik bereits in den vorhergehenden Kapiteln dargestellt. So finden sich z. B. die Kennzahlen zur Rentabilität und Wirtschaftlichkeit im Kapitel „C, 4 Kostenartenrechnung" auf S. 229 f. Die Aufbereitung und Auswertung von Bilanzen sowie Gewinn- und Verlustrechnungen sind im Kapitel „D, 2 Analyse und Auswertung des Jahresabschlusses", S. 404 f., enthalten. Die Grundzüge der Kostenstatistik sind in das Kapitel „C Kosten- und Leistungsrechnung", S.197 f., eingearbeitet.

In den folgenden Abschnitten werden **Aufgaben, Grundlagen** und **Sachgebiete** der Betriebsstatistik kurz dargestellt.

Aufgaben der Statistik

Die Statistik im Industriebetrieb befasst sich mit dem **Sammeln, Aufbereiten** und **Auswerten von Größen** (= benannten Zahlen), die für die **Überwachung des Betriebsgeschehens** sowie für die **Vorbereitung unternehmerischer Entscheidungen** wichtig sind. Hierzu

- stellt die Statistik aus den Istzahlen der Vergangenheit Ergebnisse fest und wertet sie aus. Sie ist damit die **Grundlage für Dispositionen.**
- vergleicht die Statistik die ermittelten Istzahlen mit vorgegebenen Soll- oder Planzahlen. Sie ist damit die **Grundlage der Betriebskontrolle.**

Grundlagen der Statistik

Grundlagen der Statistik sind innerbetrieblich und außerbetrieblich anfallende Größen, die aufgrund einer vorgegebenen Zielsetzung nach bestimmten Merkmalen geordnet und mithilfe statistischer Methoden aufbereitet werden. Gegenstand statistischer Betrachtungen sind nicht Einzelerscheinungen, sondern **häufig wiederkehrende Ereignisse,** die sich entweder auf einen bestimmten Zeitpunkt oder einen bestimmten Zeitraum beziehen:

Sachgebiete der Statistik

Zeitpunktbezogene Statistik (Bestandsrechnung)	**Zeitraumbezogene Statistik** (Bewegungsrechnung)
▶ Bilanzanalyse ▶ Analyse der GuV-Rechnung ▶ Lagerstatistik	▶ Beschaffungsstatistik ▶ Absatzstatistik ▶ Kostenstatistik

Die wesentlichen Sachgebiete der Statistik sind in der obigen Aufstellung genannt. Sie können je nach der Zielsetzung auf andere Bereiche ausgedehnt werden, z. B. Personalstatistik, Werbeanalyse, Investitionsanalyse u. a.

Zusammenfassung

- Die **Betriebsstatistik** ist eine Vergleichsrechnung. Sie stellt Zahlenwerte des Rechnungswesens für die **Überwachung des Betriebsgeschehens** und für die **Vorbereitung unternehmerischer Entscheidungen** zur Verfügung.
- Die Statistik geht von innerbetrieblich und außerbetrieblich anfallenden Größen aus. **Sie fasst gleichartige Größen zusammen** und **ordnet sie nach bestimmten Merkmalen.**

Grundlagen der Statistik

Die Vorgehensweise der Statistik wird in folgender Übersicht verdeutlicht:

❶ Sammeln und Ordnen der Größen

aus innerbetrieblichen Quellen		aus außerbetrieblichen Quellen	
Interne Erhebung	**Aufbereitung vorhandener Zahlen**	**Betriebswirtschaftliche Statistik**	**Volkswirtschaftliche Statistik**
Ausnahmsweise können betriebsinterne Erhebungen durch Beobachtung und Befragung für statistische Zwecke durchgeführt werden.	In der Regel werden die für andere Zwecke gesammelten Größen der Betriebsstatistik zugeführt. Quellen sind: – Buchführung, – Kosten- und Leistungsrechnung, – Betriebsabteilungen.	Das für überbetriebliche Statistiken erstellte Material wird für Betriebszwecke verwendet: – Statistik der Fachverbände, – Statistik der IHK, – Statistik der Fachzeitungen.	Volkswirtschaftliche Statistiken werden für betriebsinterne Vergleiche herangezogen: – Statistische Jahrbücher, – Monatsberichte der Deutschen Bundesbank, – Statistische Beihefte der Deutschen Bundesbank.

❷ Aufbereiten der Größen

durch Mittelwerte (= repräsentativer Wert einer Zahlenreihe)		durch Verhältniszahlen (= Beziehung zwischen zwei Größen)			durch Trend (= dynamischer Mittelwert)
Arithmetisches Mittel	**Gewogenes arithmetisches Mittel**	**Gliederungszahlen**	**Beziehungszahlen**	**Indexzahlen**	
Einfacher Durchschnitt Beispiele: – durchschnittl. Kapital, – durchschnittl. Lagerbestand.	Gewogener Durchschnitt Beispiele: – Verteilung der Handlungskosten im BAB, – Verrechnungspreise.	= Verhältnis einer Teilgröße zur Gesamtgröße. Beispiele: – Kennzahlen zur Finanzierung, – Kennzahlen zum Vermögensaufbau.	= Verhältniszahlen zwischen unterschiedlichen Größen. Beispiele: – Kennzahlen zur Investierung, Liquidität, Rentabilität, – Zuschlagssätze für Handlungskosten und Gewinn.	= Verhältniszahlen zwischen gleichen Größen im Zeitablauf. Beispiele: – Kennzahlen zur Preis- und Absatzentwicklung.	Positive oder negative Entwicklungsrichtung von Zahlenreihen im Zeitablauf. Beispiel: – Umsatzentwicklung.

❸ Veranschaulichen der Größen

tabellarisch	grafisch		
Statistische Tabelle (z. B. BAB, Bilanz)	**Kurvendiagramm** (vgl. Kostenverläufe)	**Histogramm** = Darstellung in Balkenform	**Sonstige Diagramme:** Block-, Kreisdiagramm

❹ Auswerten der Größen

durch zeitpunktbezogene Analyse (= inner- und zwischenbetrieblicher Vergleich)	durch zeitraumbezogene Analyse (= Vergleich der Größen im Zeitablauf)	
– Bilanzanalyse – Analyse der Gewinn- und Verlustrechnung	– Bewegungsbilanz – Absatzanalyse	– Kostenanalyse – Personalanalyse

6458474

Sammeln und Ordnen statistischer Zahlen

Die Buchführung sowie die Kosten- und Leistungsrechnung stellen die wichtigsten innerbetrieblichen Quellen dar, aus denen die Betriebsstatistik ihre Zahlen gewinnt. Die dort erfassten Größen, z. B. die in der Kontenklasse 5 gebuchten Einzelumsätze, eignen sich in der Regel nicht für Auswertungen zur Betriebskontrolle und zur Vorbereitung unternehmerischer Entscheidungen, da sie in **großer Häufigkeit** auftreten und deswegen **unübersichtlich** sind.

Typische und markante Erscheinungen lassen sich erst durch **Zusammenfassung gleichartiger Größen** (z. B. Umsätze je Monat) und durch **Ordnung nach bestimmten Merkmalen** (z. B. Umsätze nach Artikelgruppen) erkennen. Das Ergebnis der so zusammengefassten und geordneten Zahlen ist die **statistische Tabelle.**

Beispiel

Das Metallwerk Berg hat im Jahr .. bei den einzelnen Gehäusetypen folgende auf 1.000,00 € gerundete Monatsumsätze erzielt.

Tabelle: Umsätze nach Gehäusetypen und Monaten für das Jahr ..

Monate	Gehäuse				Summe
	Typ G I	Typ G II	Typ G III	Typ G IV	
Januar	710.000	642.000	430.000	640.000	2.422.000
Februar	740.000	636.000	415.000	560.000	2.351.000
März	635.000	612.000	440.000	530.000	2.217.000
April	648.000	603.000	480.000	510.000	2.241.000
Mai	630.000	584.000	545.000	475.000	2.234.000
Juni	680.000	618.000	624.000	460.000	2.382.000
Juli	620.000	615.000	650.000	480.000	2.365.000
August	570.000	590.000	683.000	510.000	2.353.000
September	604.000	628.000	702.000	558.000	2.492.000
Oktober	610.000	645.000	648.000	540.000	2.443.000
November	633.000	683.000	535.000	580.000	2.431.000
Dezember	785.000	714.000	490.000	620.000	2.609.000
Summe je Gehäusetyp	**7.865.000**	**7.570.000**	**6.642.000**	**6.463.000**	**28.540.000**

Statistische Tabellen

Eine statistische Tabelle ist durch die Zahlenanordnung in Spalten und Zeilen gekennzeichnet. Der Inhalt der Spalten (im Beispiel: Umsätze der einzelnen Gehäusetypen in den jeweiligen Monaten) wird durch den sog. **Tabellenkopf** erläutert. Der Inhalt der Zeilen (im Beispiel: monatliche Umsätze der einzelnen Gehäusetypen) wird durch die sog. **Vorspalte** benannt. Der Platz, der für die einzelne Tabelleneintragung (im Beispiel: Monatsumsatz) vorgesehen ist, heißt **Tabellenfach** oder **Tabellenfeld.**

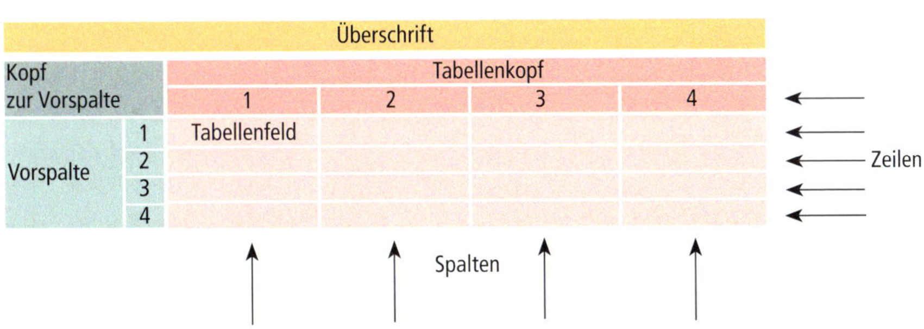

Statistische Tabellen

Anforderungen an statistische Tabellen

Ihre Aufgabe erfüllen Tabellen nur dann, wenn bei ihrer Erstellung die folgenden wesentlichen Gesichtspunkte beachtet werden:

- klare Überschriften im Tabellenkopf und in der Vorspalte,
- möglichst wenige Einteilungsmerkmale, damit die Übersichtlichkeit gewahrt bleibt,
- zweckmäßiger Aufbau, damit das Lesen der Tabelle erleichtert wird.

Auswertung statistischer Tabellen

Anhand der Tabelle im Beispiel auf Seite 475 lassen sich zwei grundsätzliche Auswertungen vornehmen:

Dynamische Betrachtung (zeitraumbezogen). Hierbei wird die Umsatzentwicklung der einzelnen Erzeugnisgruppen im Ablauf der Monate Januar bis Dezember analysiert.

Beispiel

Beim Gehäusetyp IV ist der Umsatz in den Sommermonaten rückläufig und in den Wintermonaten ansteigend. Dies kann – sofern Vergleichszahlen aus den Vorjahren herangezogen werden – auf eine **saisonale Schwankung** hindeuten.

Statische Betrachtung (zeitpunktbezogen). Hierbei steht der Umsatzvergleich einzelner Erzeugnisgruppen in bestimmten Monaten im Vordergrund.

Beispiel

Im Monat Januar ist die Umsatzhöhe der einzelnen Gehäusetypen im Vergleich zueinander sehr verschieden von der Umsatzhöhe im Monat Juli, obwohl der Gesamtumsatz nahezu gleich hoch ist. Der Anteil eines Typs am Gesamtumsatz ist u. a. ein Hinweis auf seine Bedeutung für das Sortiment.

Zusammenfassung

- Grundlage statistischen Arbeitens bildet das sog. **Urmaterial,** das zunächst nach bestimmten Gesichtspunkten zusammengefasst, geordnet und zu einer **statistischen Tabelle** verdichtet wird.
- Statistische Tabellen sind nach **Tabellenkopf** und **Vorspalte** übersichtlich gestaltet.

AUFGABE

501 Der mengenmäßige Lagerumschlag für fünf Baustoffe belief sich bei einem Baustoffhersteller in zwei aufeinander folgenden Jahren auf:

	Vorjahr	Berichtsjahr
Zement	38 000 t	50 500 t
Kalk	22 200 t	18 700 t
Fertigputz	14 500 t	20 400 t
Fertigmörtel	9 700 t	12 300 t
Fugenmörtel	3 600 t	4 600 t

1. *Stellen Sie eine Tabelle mit den Umschlagszahlen der beiden Jahre und den Abweichungen bei den einzelnen Baustoffen auf.*
2. *Erläutern Sie die Veränderungen bei den einzelnen Baustoffen.*

6458476

2.3 Statistische Zahlen

Aufbereitung statistischer Größen

Statistische Tabellen geben das Urmaterial in verdichteter Form wieder. Sie schaffen Ordnung und Übersicht, lassen aber keine gezielte und vertiefte Auswertung zu. Erst durch die **Verknüpfung statistischer Größen** gewinnt man aussagefähige Zahlen. Solche Verknüpfungen lassen sich nach der jeweiligen **Zielsetzung der Auswertung** recht unterschiedlich vornehmen:

- Steht der **Vergleich** einzelner Größen mit einem „Repräsentanten" im Vordergrund der Betrachtung, so werden **Mittelwerte** als statistische Zahlen herangezogen.
- Steht die **Beziehung** zweier Größen zueinander im Vordergrund der Betrachtung, so eignen sich **Verhältniszahlen** als statistische Zahlen.
- Soll mithilfe der Statistik die **Entwicklung** abgeschätzt werden, so eignet sich der **Trend** als statistische Zahl.

Beispiel

❶ Der Betriebsabrechnungsbogen (vgl. S. 243 f.) gibt zunächst nur die auf die einzelnen Kostenstellen verteilten Gemeinkosten an. Die für die Kalkulation wichtigen Zuschlagssätze sind statistische Zahlen, die aus der Verknüpfung von jeweils zwei unterschiedlichen statistischen Größen berechnet werden.

❷ Der Unternehmer ist nicht nur an einer Umsatzstatistik (vgl. S. 475) interessiert. Er möchte auch etwas über die durchschnittlichen Umsätze, die Prozentanteile der einzelnen Gehäusetypen am Gesamtumsatz, die Umsatzentwicklung u. Ä. wissen.

Diese Zusatzinformationen gewinnt man aus statistischen Zahlen.

2.3.1 Mittelwerte

Eine wichtige Gruppe statistischer Zahlen stellen die **Mittelwerte** dar. Mittelwerte werden als **charakteristische Stellvertreter** für viele gleiche Einzelerscheinungen verwendet.

Beispiel

Soll eine Aussage über die monatliche Umsatzhöhe eines Gehäusetyps getroffen werden, so ist es in der Regel nicht erforderlich, die einzelnen Monatsumsätze aufzuzählen. Es genügt, stellvertretend für 12 Einzelumsätze den „mittleren" Umsatz zu bestimmen.

2.3.1.1 Arithmetisches Mittel (Einfacher Durchschnitt)

Beispiel

Um den Lagerumschlag der Fertigerzeugnisse beurteilen zu können, benötigt man u. a. den durchschnittlichen Lagerbestand. Die Lagerkartei weist folgende Lagerbestände aus:

Datum	Lagerbestand in €	Datum	Lagerbestand in €
1. Jan.	1.940.000,00	30. Juni	1.710.000,00
31. Jan.	2.050.000,00	31. Juli	1.380.000,00
28. Febr.	2.030.000,00	31. Aug.	1.450.000,00
31. März	1.960.000,00	30. Sept.	1.520.000,00
30. April	1.850.000,00	31. Okt.	1.280.000,00
31. Mai	1.620.000,00	30. Nov.	1.490.000,00
		31. Dez.	1.300.000,00

Arithmetisches Mittel (Einfacher Durchschnitt)

❶ Ein Mittelwert, der die Schwankungen des Lagerbestandes während des ganzen Jahres berücksichtigt, ergibt sich, wenn der Inventurbestand vom 1. Januar und die 12 Monatsendbestände addiert und durch die Anzahl der Posten (= 13) dividiert werden:

$$\textbf{durchschnittlicher Lagerbestand}\quad \bar{x} = \frac{1.940.000\ € + 2.050.000\ € + \ldots + 1.300.000\ €}{13}$$

$$\bar{x} = \frac{21.580.000\ €}{13} = \mathbf{1.660.000{,}00\ €}$$

❷ Sofern nur die Inventurwerte am 1. Januar und am 31. Dezember vorliegen, lässt sich der durchschnittliche Lagerbestand vereinfacht so berechnen:

$$\textbf{durchschnittlicher Lagerbestand}\quad \bar{x} = \frac{1.940.000\ € + 1.300.000\ €}{2} = \frac{3.240.000\ €}{2} = \mathbf{1.620.000{,}00\ €}$$

In diesem Mittelwert sind die während des Jahres auftretenden Schwankungen der Lagerbestände nicht berücksichtigt. Er weicht deshalb vom zuvor berechneten Wert ab.

2.3.1.2 Gewogenes arithmetisches Mittel (Gewogener Durchschnitt)

Beispiel

Der Lagerbestand an Platinen beträgt am 1. Januar .. 50 000 Stück zu 4,90 € je Stück (Bezugspreis). Am 15. März .. werden 20 000 Stück zum Bezugspreis von 5,40 € je Stück auf Lager genommen.

Für die Kalkulation ist der durchschnittliche Bezugspreis der gelagerten Platinen zu berechnen.

Bestand in Stück		Wert in €
50 000 Stück zu je 4,90 €		245.000,00
+ 20 000 Stück zu je 5,40 €		108.000,00
70 000 Stück	~	353.000,00
1 Stück	~	$\frac{353.000{,}00}{70\,000\ \text{Stück}}$ = **5,04 €/Stück**

Zusammenfassung

- **Statistische Zahlen** ergeben sich aus der mathematischen Verknüpfung geeigneter statistischer Größen. Sie sind die Grundlage für Auswertungen.
- **Mittelwerte** sind charakteristische Stellvertreter für mehrere gleichartige statistische Größen.
- Das **arithmetische Mittel** (einfacher Durchschnitt) ergibt sich aus der Gleichung

$$\bar{x} = \frac{\text{Summe der Einzelgrößen}}{\text{Anzahl der Einzelgrößen}} \quad \text{oder} \quad \bar{x} = \frac{a_1 + a_2 + a_3 + \ldots + a_n}{n}$$

- Das **gewogene arithmetische Mittel** (gewogener Durchschnitt) ergibt sich aus der Gleichung

$$\bar{x} = \frac{\text{gewogene Summe der Einzelgrößen}}{\text{Anzahl der Einzelgrößen}} \quad \text{oder}$$

$$\bar{x} = \frac{a_1 \cdot b_1 + a_2 \cdot b_2 + \ldots + a_n \cdot b_n}{a_1 + a_2 + \ldots + a_n}$$

502

1. *Welche Anforderungen werden an eine statistische Tabelle gestellt?*
2. *Nennen Sie die wichtigsten Aufgaben der Betriebsstatistik.*
3. *Unterscheiden Sie Gliederungszahlen, Beziehungszahlen und Indexzahlen voneinander.* ■

503

Ein kleines Industrieunternehmen hat in den ersten 6 Monaten des vergangenen Jahres folgenden Personalbestand in den Bereichen Verwaltung, Produktion und Verkauf/Lager gehabt:

	Verwaltung	Produktion	Verkauf/Lager
Januar	12	40	8
Februar	12	38	8
März	10	35	7
April	10	36	7
Mai	14	41	8
Juni	14	44	10

1. *Erstellen Sie eine aussagefähige Tabelle.*
2. *Berechnen Sie, wie viel Arbeitnehmer durchschnittlich in den einzelnen Abteilungen und insgesamt beschäftigt waren.* ■

504

Nachstehend sind die durchschnittlichen Bruttomonatsverdienste von Arbeitnehmern in ausgewählten Wirtschaftsbereichen dargestellt:

Wirtschaftsbereiche	Durchschnittlicher Bruttoverdienst
Energiewirtschaft	3.041,00 €
Bergbau	3.033,00 €
Produktionsgüterindustrie	3.004,00 €
Baugewerbe	2.630,00 €
Banken/Versicherungen	2.555,00 €
Handel	2.054,00 €
Land- und Forstwirtschaft	1.879,00 €

1. *Berechnen Sie den Durchschnittsverdienst der Arbeitnehmer.*
2. *Wie viel Prozent liegt der Verdienst im Handel unter dem Durchschnitt?* ■

505

Ein Textilhersteller will seinen Kunden folgende Restposten zu einem einheitlichen Preis anbieten:

2 500 Damenblusen, bisheriger Verkaufspreis 22,00 € je Bluse,
3 000 Damenblusen, bisheriger Verkaufspreis 26,00 € je Bluse,
1 800 Damenblusen, bisheriger Verkaufspreis 28,00 € je Bluse,
1 200 Damenblusen, bisheriger Verkaufspreis 32,00 € je Bluse.

Berechnen Sie den einheitlichen Verkaufspreis. ■

506

Ein Baustoffhersteller belieferte im 1. Halbjahr .. einen Großabnehmer mit Zement:

Januar: 3 500 t zu 14,80 €/100 kg,
März: 3 800 t zu 14,90 €/100 kg,
April: 4 200 t zu 14,60 €/100 kg,
Mai: 3 200 t zu 15,10 €/100 kg.

Berechnen Sie den durchschnittlichen Verkaufspreis je 100 kg. ■

2.3.2 Verhältniszahlen

Verhältniszahlen entstehen, wenn zwei **gleich benannte** oder **ungleiche Größen** zu **Quotienten** verbunden werden. Vielfach drückt man die Quotienten als **Prozentzahlen** aus. Durch dieses Vorgehen werden statistische Größen **vergleichbar** gemacht. Sie lassen somit **Entwicklungen erkennen** und **ermöglichen Beurteilungen.**

Beispiele

❶ Die auf den Seiten 404 f. dargestellten **Bilanzkennzahlen** sind Verhältniszahlen, durch die die Struktur der Bilanz verdeutlicht wird **(= Gliederungszahlen).**

❷ Auf der Seite 225 werden **Kennzahlen zur Rentabilität und Wirtschaftlichkeit** aufgeführt. Durch sie lässt sich der Betriebsprozess kontrollieren. Sie entstehen aus dem Verhältnis von jeweils zwei unterschiedlichen Größen **(= Beziehungszahlen).**

❸ Soll die **Umsatzentwicklung** über mehrere Jahre verdeutlicht werden, so bildet man Verhältniszahlen aus den Umsätzen der einzelnen Jahre in Bezug auf den Umsatz des ersten Jahres (= **Indexzahlen,** vgl. S. 483).

Zusammenfassung

- Durch **Verhältniszahlen** werden statistische Größen aufgegliedert, zueinander in Beziehung gesetzt oder in ihrer Entwicklung durchschaubar gemacht.
- Die in der **Analyse und Kritik des Jahresabschlusses** verwendeten **Kennzahlen** sind üblicherweise Verhältniszahlen.

2.3.2.1 Gliederungszahlen

Gliederungszahlen sind **Bruchzahlen aus gleichartigen Größen.** Die Aufteilung einer Gesamtgröße in mehrere Teilgrößen ist in der Regel wenig aussagekräftig. Erst durch die Berechnung der Brüche, die die Teilgrößen mit der Gesamtgröße bilden, werden die Größen vergleichbar. Es ist üblich, die Gliederungszahlen als **Prozentzahlen** anzugeben.

Beispiel

Aus den Zahlen der Tabelle (vgl. S. 475) soll berechnet werden, mit wie viel Prozent die Umsätze der einzelnen Gehäusetypen am gesamten Jahresumsatz (= 100 %) beteiligt sind.

Gehäusetypen	Prozentanteil am Jahresumsatz
Typ G I	$\frac{7.865.000,00\,€ \cdot 100\,\%}{28.540.000,00\,€} = 27,6\,\%$
Typ G II	$\frac{7.570.000,00\,€ \cdot 100\,\%}{28.540.000,00\,€} = 26,5\,\%$
Typ G III	$\frac{6.642.000,00\,€ \cdot 100\,\%}{28.540.000,00\,€} = 23,3\,\%$
Typ G IV	$\frac{6.463.000,00\,€ \cdot 100\,\%}{28.540.000,00\,€} = 22,6\,\%$

Statische Betrachtung

Die ermittelten Prozentzahlen zeigen, dass zum Jahresende die Umsatzanteile der einzelnen Gehäusetypen in einem bestimmten Umfang voneinander abweichen. So liegen z. B. zwischen dem umsatzschwächsten und dem umsatzstärksten Gehäusetyp 5 Prozentpunkte Unterschied.

Prozentanteile in dynamischer Betrachtung

Aus der Tabelle (S. 475) lässt sich zusätzlich zu der vorherigen statischen Betrachtung der Umsatzanteile einzelner Gehäusetypen am Gesamtumsatz auch eine dynamische Betrachtung ableiten, wenn man die **Umsatzanteile einzelner Monate am Jahresumsatz** berechnet. Dies kann sowohl für einzelne Gehäusetypen als auch für den Gesamtumsatz geschehen. Weiterhin lassen sich die **Prozentanteile von Monat zu Monat „fortschreiben"**, d. h., man summiert die Prozentanteile von Monat zu Monat.

Beispiel

Für die beiden Gehäusetypen G III und G IV werden die Prozentanteile der Monatsumsätze am jeweiligen Jahresumsatz und die summierten Prozentanteile berechnet:

Prozentanteile der Monatsumsätze am Jahresumsatz bei Gehäusetyp G III

	Jan.	Febr.	März	April	Mai	Juni	Juli	Aug.	Sept.	Okt.	Nov.	Dez.	Summe
%-Anteile	6,5	6,3	6,6	7,2	8,2	9,4	9,8	10,3	10,6	9,6	8,1	7,4	100
Summierte %-Anteile	6,5	12,8	19,4	26,6	34,8	44,2	54,0	64,3	74,9	84,5	92,6	100	–

Prozentanteile der Monatsumsätze am Jahresumsatz bei Gehäusetyp G IV

	Jan.	Febr.	März	April	Mai	Juni	Juli	Aug.	Sept.	Okt.	Nov.	Dez.	Summe
%-Anteile	9,9	8,7	8,2	7,9	7,3	7,1	7,4	7,9	8,6	8,4	9,0	9,6	100
Summierte %-Anteile	9,9	18,6	26,8	34,7	42,0	49,1	56,5	64,4	73,0	81,4	90,4	100	–

Auswertung

Die dynamische Betrachtung zeigt, wie stark sich die Umsatzanteile von Monat zu Monat verändern. Sie weist auf umsatzstarke und umsatzschwache Monate hin. Die summierten Prozentanteile lassen erkennen, ob z. B. bereits innerhalb der ersten 6 Monate die Hälfte (= 50 %) des Jahresumsatzes erzielt wird. Der Gehäusetyp G III ist in den ersten 3 Monaten mit 19,4 % und in den ersten 6 Monaten mit 44,2 % recht umsatzschwach, hat aber innerhalb der ersten 9 Monate mit 74,9 % genau ³⁄₄ des Jahresumsatzes erreicht.

Zusammenfassung

▶ **Gliederungszahlen** sind Bruchzahlen. Sie geben die Anteile mehrerer Teilgrößen an einer Gesamtgröße an und werden vielfach als Prozentzahlen geschrieben.

$$\text{Gliederungszahl} = \frac{\text{Teilgröße}}{\text{Gesamtgröße}} \qquad \text{Gliederungszahl} = \frac{\text{Teilgröße} \cdot 100\,\%}{\text{Gesamtgröße}}$$

AUFGABE 507

Aktiva			Aufbereitete Bilanz		Passiva
Anlagevermögen	24.500.000,00	? %	Eigenkapital	29.200.000,00	? %
Umlaufvermögen	39.400.000,00	? %	Fremdkapital	34.700.000,00	? %
Gesamtvermögen	63.900.000,00	100 %	Gesamtkapital	63.900.000,00	100 %

1. *Wie hoch sind die prozentualen Anteile des Anlage- und Umlaufvermögens am Gesamtvermögen und des Eigen- und Fremdkapitals am Gesamtkapital?*
2. *Welche Schlussfolgerungen ziehen Sie daraus?* ■

2.3.2.2 Beziehungszahlen

Beziehungszahlen sind Bruchzahlen, die aus der **sinnvollen Verknüpfung unterschiedlicher Größen** entstehen. Beziehungszahlen helfen Betriebsabläufe und Arbeitsweisen zu kontrollieren und die Ergebnisse betrieblicher Tätigkeiten zu vergleichen. Typische Beispiele für Beziehungszahlen sind Kennzahlen zur Wirtschaftlichkeit und Produktivität (vgl. S. 225) sowie **Kalkulationszuschlagssätze.**

Beispiel In einem Industrieunternehmen wird über mehrere Jahre die Produktivität der Mitarbeiter einer Abteilung anhand folgender Zahlen kontrolliert:

	1. Jahr	2. Jahr	3. Jahr	4. Jahr
Produktionswert (HK) in T€	4.620	4.850	4.980	5.190
Anzahl der Mitarbeiter	20	20	19	21

	1. Jahr	2. Jahr	3. Jahr	4. Jahr
Produktionswert in € je Mitarbeiter	$\frac{4.620.000,00}{20}$ **= 231.000,00**	$\frac{4.850.000,00}{20}$ **= 242.500,00**	$\frac{4.980.000,00}{19}$ **≈ 262.105,00**	$\frac{5.190.000,00}{21}$ **≈ 247.143,00**

Auswertung Die Produktivität nimmt in den ersten drei Jahren stetig zu. Es gelingt dem Unternehmen sogar, im 3. Jahr bei verringertem Personalbestand den Umsatz zu erhöhen. Im 4. Jahr wird die Einstellung von 2 weiteren Mitarbeitern erforderlich, was im Vergleich mit dem 3. Jahr zu einem (vorübergehenden) Rückgang der Produktivität führt. Verglichen mit dem 2. Jahr ist dennoch eine Steigerung der Produktivität feststellbar.

Zusammenfassung

- **Beziehungszahlen** sind Bruchzahlen, die aus der sinnvollen Verknüpfung unterschiedlicher wirtschaftlicher Größen entstehen.
- Beziehungszahlen finden insbesondere als **betriebliche Kennzahlen** Verwendung.

AUFGABEN

508 In einem Industrieunternehmen werden für drei Erzeugnisgruppen folgende Zahlen ermittelt:

	Erz.-Gr. I	Erz.-Gr. II	Erz.-Gr. III	gesamt
Einzelkosten in €	2.400.000,00	3.550.000,00	1.600.000,00	?
Gemeinkosten in €	1.020.000,00	1.633.000,00	816.000,00	?
Umsatzerlöse in €	3.847.500,00	5.908.620,00	2.319.360,00	?
Personalbestand	–	–	–	45

Bestimmen Sie folgende Kennzahlen: Umsatzrentabilität der einzelnen Erzeugnisgruppen und insgesamt, Wirtschaftlichkeit der einzelnen Erzeugnisgruppen und insgesamt sowie die Produktivität. Erläutern Sie die Ergebnisse. ■

509 In einem Industrieunternehmen wird die Wirtschaftlichkeit von Kleinaufträgen unter 5.000,00 € untersucht. Folgende Zahlen liegen vor:

	1. Quartal	2. Quartal	3. Quartal	4. Quartal	gesamt
Kosten	420.000,00	445.000,00	470.000,00	430.000,00	?
Umsatzerlöse	430.500,00	456.125,00	441.800,00	421.400,00	?

Berechnen Sie die Wirtschaftlichkeit in den einzelnen Quartalen und insgesamt. Erläutern Sie die Ergebnisse. ■

6458482

Vergangenheitsorientierte Entwicklung

Die Veränderung einer Größe im Verlauf mehrerer Monate oder Jahre wird durch Indexzahlen ausgedrückt.

Eine Möglichkeit, die Entwicklung einer Größe zu veranschaulichen, geht von der Überlegung aus, **das erste Jahr als Basisjahr** (≙ 100 %) **zu setzen** und die Größen der folgenden Jahre auf das Basisjahr zu beziehen.

Indexzahlen erleichtern die **Interpretation,** z. B. der Umsatzentwicklung: Ein Index **größer als 100 %** bedeutet immer eine **Umsatzsteigerung,** ein Index **kleiner als 100 %** einen **Umsatzrückgang** – jeweils bezogen auf das Basisjahr. Zudem gibt der Index eine vergleichbare Zahl für die Umsatzsteigerung oder den Umsatzrückgang an. Der Index **150 % nach 7 Jahren** (vgl. Beispiel) lässt auf eine **Umsatzsteigerung um 50 % innerhalb von 7 Jahren** schließen.

Indexzahlen finden in **volkswirtschaftlichen Statistiken** sehr häufig Anwendung, so z. B. als Index der Lebenshaltungskosten, als Index der industriellen Erzeugerpreise, der Großhandelsverkaufspreise, als Index der Wertpapierkurse u. a.

Beispiel

Aus den nachfolgenden Umsatzzahlen ist die Entwicklung des Gesamtumsatzes über 7 Jahre mithilfe von Indexzahlen darzustellen.

Indexzahlen zur Umsatzentwicklung für die Jahre .. bis ..

Jahr	Jahresumsatz in €	Indexzahlen (1. Jahr = Basisjahr)	Berechnung der Indexzahlen
1.	19.020.000,00	**100,0 %**	
2.	18.790.000,00	**98,8 %**	
3.	20.020.000,00	**105,3 %**	
4.	22.260.000,00	**117,0 %**	$\frac{\text{Umsatz des jeweiligen Jahres} \cdot 100\,\%}{\text{Umsatz des Basisjahres}}$
5.	24.450.000,00	**128,5 %**	
6.	26.415.000,00	**138,9 %**	
7.	28.540.000,00	**150,0 %**	

Auswertung

Gegenüber dem Basisjahr zeigt sich nach anfänglicher Schwankung eine von Jahr zu Jahr recht gleichmäßige Umsatzzunahme.

Beachten Sie, dass die hier gezeigte Indexberechnung stark vereinfacht wurde; sie berücksichtigt keine Preis- und Mengenänderungen.

Zusammenfassung

▶ **Indexzahlen** geben die Entwicklung von Preisen, Mengen, Umsätzen u. a. im Zeitablauf bezüglich eines Basisjahres an.

AUFGABE 510

Stellen Sie für vier Geschäftsjahre die Indexzahlen der Umsatzentwicklung in den drei Zweigbetrieben fest (Basisjahr 01; auf volle Zahlen runden).

Umsätze der Zweigbetriebe in €

Jahr	Köln	Bonn	Düsseldorf
01	3.400.000,00	3.200.000,00	1.900.000,00
02	3.600.000,00	2.900.000,00	2.100.000,00
03	3.900.000,00	3.000.000,00	2.300.000,00
04	3.750.000,00	3.050.000,00	2.420.000,00

2.4 Darstellungsformen für statistische Zahlen

Statistische Größen und Zahlen lassen sich darstellen in
- statistischen Tabellen (vgl. S. 475),
- statistischen Diagrammen.

Statistisches Diagramm

Das statistische Diagramm hat gegenüber der statistischen Tabelle den Vorteil, anschaulich und schnell zu informieren. Der Nachteil gegenüber der Tabelle besteht darin, dass die genauen Daten nicht abgelesen werden können.

Diagrammformen

Unter den verschiedenen Diagrammformen kommen in der Statistik häufig vor:
- das **Kurvendiagramm,**
- das **Balkendiagramm** (Histogramm),
- das **Kreisdiagramm.**

Zusammenfassung

- Statistische Diagramme dienen der **anschaulichen** und **schnellen** Information.

2.4.1 Kurvendiagramm

Beispiel

Die Umsatzentwicklung für den Gehäusetyp G III und den Gehäusetyp G IV soll in je einem Kurvendiagramm dargestellt werden. Aus den Zahlen der Tabelle (S. 475) ergibt sich das folgende Bild:

Kurvendiagramm

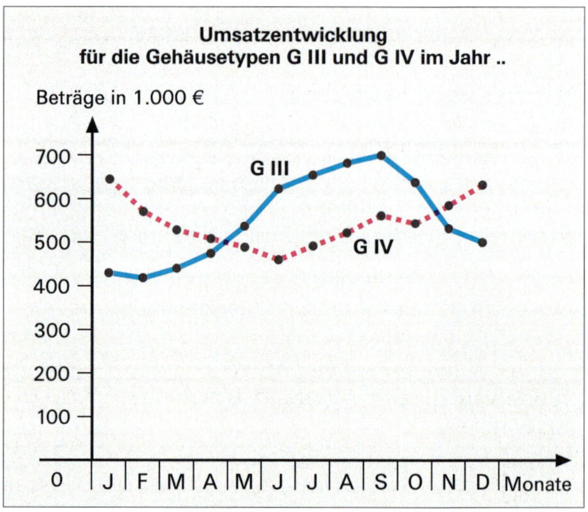

Solche Diagramme werden aus zwei senkrecht zueinander stehenden Achsen (= Koordinatensystem) entwickelt. Üblicherweise teilt man die waagerechte Achse in Zeitabschnitte ein (hier: Monate des Jahres), die senkrechte Achse in passende Mengen- oder Werteinheiten (hier: Umsätze in Euro). In den Schnittpunkten der senkrechtverlängerten Zeitabstände mit den jeweils zugehörigen waagerecht verlängerten Werteinheiten liegen die Punkte der zu entwickelnden Kurve. Bei der Festlegung der Punkte ist zu beachten, dass die Monatsumsätze jeweils **über die Mitte der ihnen zugeordneten Zeitintervalle** zu zeichnen sind: Der Januarumsatz bei Gehäusetyp G IV in Höhe von 640.000,00 € ist also in die Mitte des für den Monat Januar festgelegten Abschnittes bei „640.000" zu zeichnen. Im Kurvendiagramm ist es üblich, die einzelnen Punkte **geradlinig** zu verbinden.

Die jahreszeitliche Umsatzschwankung wird im Kurvendiagramm besonders deutlich.

Bewegen sich die auf der senkrechten Achse abzutragenden Zahlen auf einem hohen Niveau und/oder in einer begrenzten Streuungsbreite, so kann die senkrechte Achse in ihrem **unteren Bereich** verkürzt werden.

Beispiel

Die auf Seite 483 berechneten Indexzahlen sind in einem Kurvendiagramm darzustellen.

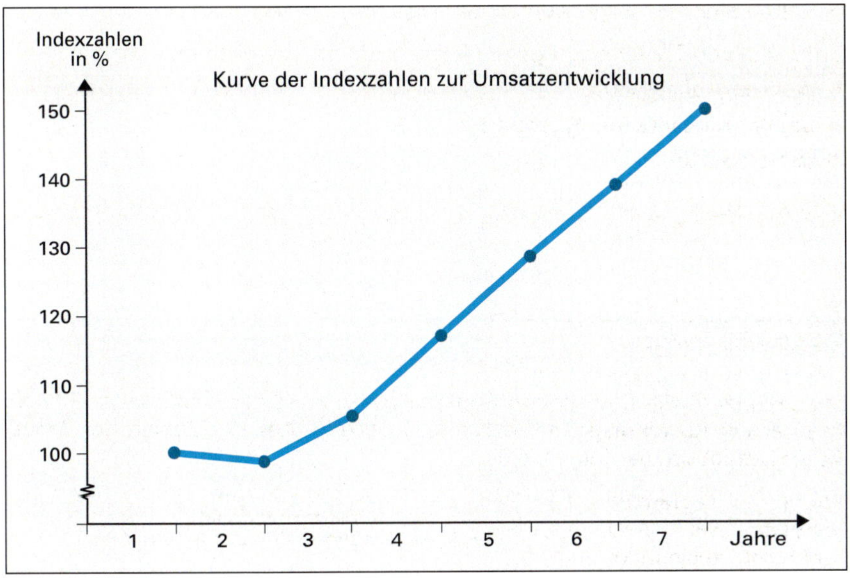

AUFGABEN

511

In den vergangenen 6 Jahren konnten von einem Erzeugnis folgende Mengen abgesetzt werden:

Jahr	01	02	03	04	05	06
Stück	50 000	70 000	82 000	80 000	75 000	85 000

Die Entwicklung des Absatzes ist in einem Kurvendiagramm darzustellen.

512

Für die einzelnen Monate des abgelaufenen Geschäftsjahres liegen für ein Erzeugnis folgende Umsätze in € vor:

Januar	1.100.000,00	Mai	1.160.000,00	September	1.110.000,00
Februar	980.000,00	Juni	1.180.000,00	Oktober	890.000,00
März	1.120.000,00	Juli	1.150.000,00	November	870.000,00
April	1.140.000,00	August	1.150.000,00	Dezember	980.000,00

Stellen Sie ein Kurvendiagramm auf, aus dem der Umsatzverlauf deutlich wird.

2.4.2 Balkendiagramm (Histogramm)

Beispiel Die Umsatzentwicklung für den Gehäusetyp G IV soll in einem Balkendiagramm (Histogramm) dargestellt werden. Grundlage hierfür sind die Umsatzzahlen aus der Tabelle von Seite 475.

Balkendiagramm

Die Umsatzentwicklung lässt sich außer im Kurvendiagramm auch in einem aus Rechtecken gebildeten Balkendiagramm darstellen. Ein Balkendiagramm wird **Histogramm** genannt, wenn die einzelnen Rechtecke **unmittelbar aneinander anschließen** und die Rechteckflächen **proportional** zu den darzustellenden Größen (hier: Monatsumsätze in Euro) stehen. Hierzu wird die Balkenbreite gleich 1 gesetzt. Die Balkenhöhe entspricht der darzustellenden Größe.

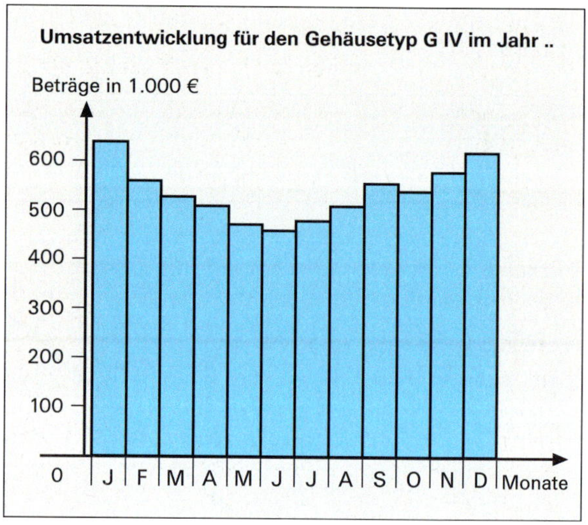

AUFGABEN

513 1. *Erstellen Sie ein Histogramm für die Umsatzentwicklung des Gehäusetyps G I aus der Tabelle von Seite 475.*

2. *Stellen Sie die Monatsumsätze der Gehäusetypen G II und G III für das Jahr .. jeweils in Histogrammen dar und interpretieren Sie die Umsatzentwicklung (vgl. Tabelle S. 475).*

514 Aus der Ergebnistabelle einer Unternehmung sind für das zweite Halbjahr .. die Kosten und die Nettoumsatzerlöse für ein Erzeugnis entnommen worden:

	Kosten	Nettoumsatzerlöse
Juli	1.500.000,00 €	1.567.500,00 €
August	1.650.000,00 €	1.725.900,00 €
September	1.500.000,00 €	1.575.000,00 €
Oktober	1.700.000,00 €	1.759.500,00 €
November	1.750.000,00 €	1.855.000,00 €
Dezember	1.600.000,00 €	1.680.000,00 €

1. *Stellen Sie die Kosten und die Umsatzerlöse in einem gemeinsamen Histogramm dar und interpretieren Sie die Ergebnisse.*
2. *Errechnen Sie die prozentualen Veränderungen der Kosten und der Umsatzerlöse und stellen Sie beide Zahlenreihen in getrennten Histogrammen dar.*
3. *Berechnen Sie die Wirtschaftlichkeitskennzahlen.*

Kreisdiagramm

Diese Diagrammform wird zur Darstellung von **Gliederungszahlen** eingesetzt. Jede Teilgröße wird durch einen Kreissektor (Kreisausschnitt) dargestellt. Die gesamte Kreisfläche (≙ 360°) entspricht der Gesamtgröße. Für die Teilgrößen sind über die Winkelgrade die entsprechenden **Kreissektoren** zu ermitteln. Grundsätzlich werden die statistischen Zahlen in die jeweiligen Sektoren eingetragen.

Beispiel

Ein Industrieunternehmen hat folgende Kundenstruktur:

Großhandel	1 000 Kunden,	Handwerk	300 Kunden,
Industrie	500 Kunden,	Sonstige	200 Kunden.

Das Kreisdiagramm ist zu erstellen.

Kundenstruktur

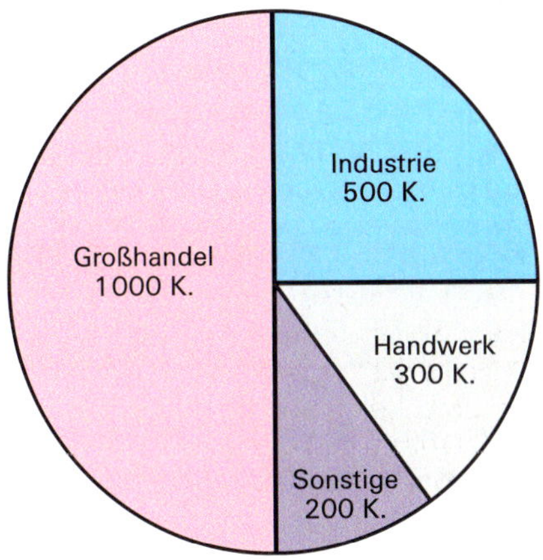

Berechnung der Winkelgrade:

2 000 Kunden ≙ 360°
1 Kunde ≙ 360° : 2 000 = 0,18°

1 000 Kunden ≙ 0,18° · 1 000 = **180°**
500 Kunden ≙ 0,18° · 500 = **90°**
300 Kunden ≙ 0,18° · 300 = **54°**
200 Kunden ≙ 0,18° · 200 = **36°**

AUFGABEN

515

Der Gesamtumsatz von 20 Mio. € setzte sich im letzten Geschäftsjahr wie folgt zusammen: Erzeugnisgruppe I: 4 Mio. €, Erzeugnisgruppe II: 6 Mio. €, Erzeugnisgruppe III: 3 Mio. €, Erzeugnisgruppe IV: 7 Mio. €.

Stellen Sie das Kreisdiagramm auf. ■

516

Im Monat Dezember hat ein Industriebetrieb in den fünf Erzeugnisgruppen A bis E folgende Umsatzerlöse erzielt:

Erzeugnisgruppe A:	1.440.000,00 €
Erzeugnisgruppe B:	1.080.000,00 €
Erzeugnisgruppe C:	2.160.000,00 €
Erzeugnisgruppe D:	900.000,00 €
Erzeugnisgruppe E:	1.620.000,00 €
insgesamt	7.200.000,00 €

1. *Rechnen Sie die Umsatzzahlen in Prozentzahlen um (Gesamtumsatz ≙ 100 %).*
2. *Erstellen Sie mithilfe der Prozentzahlen ein Kreisdiagramm. Es gilt die Beziehung 360° ≙ 100 %.*
3. *Stellen Sie die Umsätze in einem Histogramm dar. (Maßstab für die senkrechte Achse: 1 cm ≙ 100.000,00 €.)*
4. *Erläutern Sie, warum das Kreisdiagramm in diesem Fall eine höhere Aussagekraft besitzt als das Histogramm.* ■

AUFGABEN

517 In einem Industriebetrieb werden für mehrere Jahre die Kosten und die Umsatzerlöse ermittelt und statistisch ausgewertet:

	Kosten	Umsatzerlöse
1. Jahr	26.500.000,00 €	27.560.000,00 €
2. Jahr	29.000.000,00 €	30.015.000,00 €
3. Jahr	27.500.000,00 €	26.675.000,00 €
4. Jahr	31.000.000,00 €	37.200.000,00 €
5. Jahr	34.000.000,00 €	40.120.000,00 €
6. Jahr	32.500.000,00 €	33.475.000,00 €
7. Jahr	36.000.000,00 €	36.900.000,00 €

1. *Stellen Sie die Kosten und die Umsatzerlöse in einem gemeinsamen Kurvendiagramm dar und interpretieren Sie den Verlauf der Kurven.*
2. *Errechnen Sie die prozentualen Veränderungen der Kosten und der Umsatzerlöse und stellen Sie beide Zahlenreihen in getrennten Kurvendiagrammen dar.*
3. *Berechnen Sie die Wirtschaftlichkeitskennzahlen nach der Gleichung*

$$\textbf{Wirtschaftlichkeit} = \frac{\textbf{Umsatzerlöse}}{\textbf{Handlungskosten}}$$

und stellen Sie diese in einem Kurvendiagramm dar. ■

518 In einem Industriebetrieb haben sich die Kosten und die Umsätze in den vergangenen Monaten wie folgt entwickelt:

	Erzeugnisgruppe A		Erzeugnisgruppe B		insgesamt	
	Kosten	Umsätze	Kosten	Umsätze	Kosten	Umsätze
März	560.000,00	575.000,00	200.000,00	210.000,00	760.000,00	785.000,00
April	550.000,00	570.000,00	226.000,00	240.000,00	776.000,00	810.000,00
Mai	510.000,00	525.000,00	167.000,00	175.000,00	677.000,00	700.000,00
Juni	451.000,00	465.000,00	132.000,00	140.000,00	583.000,00	605.000,00
Juli	580.000,00	595.000,00	200.000,00	210.000,00	780.000,00	805.000,00
August	600.000,00	625.000,00	260.000,00	270.000,00	860.000,00	895.000,00
Sept.	670.000,00	700.000,00	270.000,00	290.000,00	940.000,00	990.000,00
Okt.	625.000,00	650.000,00	305.000,00	320.000,00	930.000,00	970.000,00

1. *Stellen Sie die Kosten und die Umsätze jeder Warengruppe in Histogrammen dar.*
2. *Errechnen Sie die Prozentveränderungen der Kosten und der Umsätze und stellen Sie diese Zahlenreihen in Kurvendiagrammen dar.*
3. *Berechnen Sie die Indexzahlen zur Entwicklung der Kosten und der Umsätze und stellen Sie diese Zahlenreihen in Kurvendiagrammen dar.* ■

519
1. *Erstellen Sie aus den Jahresumsätzen der vier Gehäusetypen von Tabelle Seite 475 ein Kreisdiagramm.*
2. *Stellen Sie die Umsätze auch in einem geeigneten Histogramm dar.*
3. *Vergleichen Sie beide Darstellungen hinsichtlich ihres Aussagewertes.* ■

Rechnungslegungsvorschriften nach HGB[1] | F

Erster Abschnitt: Vorschriften für alle Kaufleute | 1

§ 238 Buchführungspflicht

(1) Jeder Kaufmann ist verpflichtet Bücher zu führen und in diesen seine Handelsgeschäfte und die Lage seines Vermögens nach den Grundsätzen ordnungsmäßiger Buchführung ersichtlich zu machen. Die Buchführung muss so beschaffen sein, dass sie einem sachverständigen Dritten innerhalb angemessener Zeit einen Überblick über die Geschäftsvorfälle und über die Lage des Unternehmens vermitteln kann. Die Geschäftsvorfälle müssen sich in ihrer Entstehung und Abwicklung verfolgen lassen.

(2) Der Kaufmann ist verpflichtet eine mit der Urschrift übereinstimmende Wiedergabe der abgesandten Handelsbriefe (Kopie, Abdruck, Abschrift oder sonstige Wiedergabe des Wortlauts auf einem Schrift-, Bild- oder anderen Datenträger) zurückzubehalten.

§ 239 Führung der Handelsbücher

(1) Bei der Führung der Handelsbücher und bei den sonst erforderlichen Aufzeichnungen hat sich der Kaufmann einer lebenden Sprache zu bedienen. Werden Abkürzungen, Ziffern, Buchstaben oder Symbole verwendet, muss deren Bedeutung eindeutig festliegen.

(2) Die Eintragungen in Büchern und die sonst erforderlichen Aufzeichnungen müssen vollständig, richtig, zeitgerecht und geordnet vorgenommen werden.

(3) Eine Eintragung oder eine Aufzeichnung darf nicht in einer Weise verändert werden, dass der ursprüngliche Inhalt nicht mehr feststellbar ist.

(4) Die Handelsbücher und die sonst erforderlichen Aufzeichnungen können auch in der geordneten Ablage von Belegen bestehen oder auf Datenträgern geführt werden. Es muss sichergestellt sein, dass die Daten während der Dauer der Aufbewahrungsfrist verfügbar sind und jederzeit innerhalb angemessener Frist lesbar gemacht werden können.

§ 240 Inventar

(1) Jeder Kaufmann hat zu Beginn seines Handelsgewerbes seine Grundstücke, seine Forderungen und Schulden, den Betrag seines baren Geldes sowie seine sonstigen Vermögensgegenstände genau zu verzeichnen und dabei den Wert der einzelnen Vermögensgegenstände und Schulden anzugeben.

(2) Er hat demnächst für den Schluss eines jeden Geschäftsjahrs ein solches Inventar aufzustellen. Die Dauer des Geschäftsjahrs darf zwölf Monate nicht überschreiten.

(4) Gleichartige Vermögensgegenstände des Vorratsvermögens sowie andere gleichartige oder annähernd gleichwertige bewegliche Vermögensgegenstände können jeweils zu einer Gruppe zusammengefasst und mit dem gewogenen Durchschnittswert angesetzt werden.

§ 241 Inventurvereinfachungsverfahren

(1) Bei der Aufstellung des Inventars darf der Bestand der Vermögensgegenstände nach Art, Menge und Wert auch mithilfe anerkannter mathematisch-statistischer Methoden aufgrund von Stichproben ermittelt werden.

(2) Bei der Aufstellung des Inventars für den Schluss eines Geschäftsjahrs bedarf es einer körperlichen Bestandsaufnahme der Vermögensgegenstände für diesen Zeitpunkt nicht, soweit durch Anwendung eines den Grundsätzen ordnungsmäßiger Buchführung entsprechenden anderen Verfahrens gesichert ist, dass der Bestand der Vermögensgegenstände nach Art, Menge und Wert auch ohne die körperliche Bestandsaufnahme für diesen Zeitpunkt festgestellt werden kann.

(3) In dem Inventar für den Schluss eines Geschäftsjahrs brauchen Vermögensgegenstände nicht verzeichnet zu werden, wenn

1. der Kaufmann ihren Bestand aufgrund einer körperlichen Bestandsaufnahme oder aufgrund eines nach Absatz 2 zulässigen anderen Verfahrens nach Art, Menge und Wert in einem besonderen Inventar verzeichnet hat, das für einen Tag innerhalb der letzten drei Monate vor oder der beiden ersten Monate nach dem Schluss des Geschäftsjahrs aufgestellt ist, und

1 Einige Vorschriften können aus Platzgründen nur gekürzt wiedergegeben werden.

2. aufgrund des besonderen Inventars durch Anwendung eines den Grundsätzen ordnungsmäßiger Buchführung entsprechenden Fortschreibungs- oder Rückrechnungsverfahrens gesichert ist, dass der am Schluss des Geschäftsjahrs vorhandene Bestand der Vermögensgegenstände für diesen Zeitpunkt ordnungsgemäß bewertet werden kann.

§ 242 Pflicht zur Aufstellung der Eröffnungsbilanz und des Jahresabschlusses

(1) Der Kaufmann hat zu Beginn seines Handelsgewerbes und für den Schluss eines jeden Geschäftsjahrs einen das Verhältnis seines Vermögens und seiner Schulden darstellenden Abschluss (Eröffnungsbilanz, Bilanz) aufzustellen.

(2) Er hat für den Schluss eines jeden Geschäftsjahrs eine Gegenüberstellung der Aufwendungen und Erträge des Geschäftsjahrs (Gewinn- und Verlustrechnung) aufzustellen.

(3) Die Bilanz und die Gewinn- und Verlustrechnung bilden den Jahresabschluss.

§ 243 Aufstellungsgrundsatz

(1) Der Jahresabschluss ist nach den Grundsätzen ordnungsmäßiger Buchführung aufzustellen.

(2) Er muss klar und übersichtlich sein.

(3) Der Jahresabschluss ist innerhalb der einem ordnungsmäßigen Geschäftsgang entsprechenden Zeit aufzustellen.

§ 244 Sprache. Währungseinheit

Der Jahresabschluss ist in deutscher Sprache und in Euro aufzustellen.

§ 245 Unterzeichnung

Der Jahresabschluss ist vom Kaufmann unter Angabe des Datums zu unterzeichnen. Sind mehrere persönlich haftende Gesellschafter vorhanden, so haben sie alle zu unterzeichnen.

§ 246 Vollständigkeit. Verrechnungsverbot

(1) Der Jahresabschluss hat sämtliche Vermögensgegenstände, Schulden, Rechnungsabgrenzungsposten, Aufwendungen und Erträge zu enthalten.

(2) Posten der Aktivseite dürfen nicht mit Posten der Passivseite, Aufwendungen dürfen nicht mit Erträgen verrechnet werden.

§ 247 Inhalt der Bilanz

(1) In der Bilanz sind das Anlage- und das Umlaufvermögen, das Eigenkapital, die Schulden sowie die Rechnungsabgrenzungsposten gesondert auszuweisen und hinreichend aufzugliedern.

(2) Beim Anlagevermögen sind nur die Gegenstände auszuweisen, die bestimmt sind, dauernd dem Geschäftsbetrieb zu dienen.

§ 249 Rückstellungen

(1) Rückstellungen sind für ungewisse Verbindlichkeiten und für drohende Verluste aus schwebenden Geschäften zu bilden. Ferner sind Rückstellungen zu bilden für

1. im Geschäftsjahr unterlassene Aufwendungen für Instandhaltung, die im folgenden Geschäftsjahr innerhalb von drei Monaten nachgeholt werden,
2. Gewährleistungen, die ohne rechtliche Verpflichtung erbracht werden.

(2) Rückstellungen dürfen außerdem für ihrer Eigenart nach genau umschriebene, dem Geschäftsjahr oder einem früheren Geschäftsjahr zuzuordnende Aufwendungen gebildet werden, die am Abschluss-Stichtag wahrscheinlich oder sicher, aber hinsichtlich ihrer Höhe oder des Zeitpunkts ihres Eintritts unbestimmt sind.

§ 250 Rechnungsabgrenzungsposten

(1) Als Rechnungsabgrenzungsposten sind auf der Aktivseite Ausgaben vor dem Abschluss-Stichtag auszuweisen, soweit sie Aufwand für eine bestimmte Zeit nach diesem Tag darstellen.

(2) Auf der Passivseite sind als Rechnungsabgrenzungsposten Einnahmen vor dem Abschluss-Stichtag auszuweisen, soweit sie Ertrag für eine bestimmte Zeit nach diesem Tag darstellen.

§ 251 Haftungsverhältnisse

Unter der Bilanz sind, sofern sie nicht auf der Passivseite auszuweisen sind, Verbindlichkeiten aus der Begebung und Übertragung von Wechseln, aus Bürgschaften, Wechsel- und Scheckbürgschaften und aus Gewährleistungsverträgen sowie Haftungsverhältnisse aus der Bestellung von Sicherheiten für fremde Verbindlichkeiten zu vermerken; sie dürfen in einem Betrag angegeben werden. Haftungsverhältnisse sind auch anzugeben, wenn ihnen gleichwertige Rückgriffsforderungen gegenüberstehen.

6458490

§ 252 Allgemeine Bewertungsgrundsätze

(1) Bei der Bewertung der im Jahresabschluss ausgewiesenen Vermögensgegenstände und Schulden gilt insbesondere Folgendes:

1. Die Wertansätze in der Eröffnungsbilanz des Geschäftsjahrs müssen mit denen der Schlussbilanz des vorhergehenden Geschäftsjahrs übereinstimmen.
2. Bei der Bewertung ist von der Fortführung der Unternehmenstätigkeit auszugehen, sofern dem nicht tatsächliche oder rechtliche Gegebenheiten entgegenstehen.
3. Die Vermögensgegenstände und Schulden sind zum Abschluss-Stichtag einzeln zu bewerten.
4. Es ist vorsichtig zu bewerten, namentlich sind alle vorhersehbaren Risiken und Verluste, die bis zum Abschluss-Stichtag entstanden sind, zu berücksichtigen, selbst wenn diese erst zwischen dem Abschluss-Stichtag und dem Tag der Aufstellung des Jahresabschlusses bekannt geworden sind; Gewinne sind nur zu berücksichtigen, wenn sie am Abschluss-Stichtag realisiert sind.
5. Aufwendungen und Erträge des Geschäftsjahrs sind unabhängig von den Zeitpunkten der entsprechenden Zahlungen im Jahresabschluss zu berücksichtigen.
6. Die auf den vorhergehenden Jahresabschluss angewandten Bewertungsmethoden sollen beibehalten werden.

(2) Von den Grundsätzen des Absatzes 1 darf nur in begründeten Ausnahmefällen abgewichen werden.

§ 253 Wertansätze der Vermögensgegenstände und Schulden

(1) Vermögensgegenstände sind höchstens mit den Anschaffungs- oder Herstellungskosten, vermindert um Abschreibungen nach den Absätzen 2 und 3, anzusetzen. Verbindlichkeiten sind zu ihrem Rückzahlungsbetrag und Rückstellungen nur in Höhe des Betrages anzusetzen, der nach vernünftiger kaufmännischer Beurteilung notwendig ist.

(2) Bei Vermögensgegenständen des Anlagevermögens, deren Nutzung zeitlich begrenzt ist, sind die Anschaffungs- oder Herstellungskosten um planmäßige Abschreibungen zu vermindern. Der Plan muss die Anschaffungs- oder Herstellungskosten auf die Geschäftsjahre verteilen, in denen der Vermögensgegenstand voraussichtlich genutzt werden kann. Ohne Rücksicht darauf, ob ihre Nutzung zeitlich begrenzt ist, können bei Vermögensgegenständen des Anlagevermögens außerplanmäßige Abschreibungen vorgenommen werden, um die Vermögensgegenstände mit dem niedrigeren Wert anzusetzen, der ihnen am Abschluss-Stichtag beizulegen ist; sie sind vorzunehmen bei einer voraussichtlich dauernden Wertminderung.

(3) Bei Vermögensgegenständen des Umlaufvermögens sind Abschreibungen vorzunehmen, um diese mit dem niedrigeren Wert anzusetzen, der sich aus einem Börsen- oder Marktpreis am Abschluss-Stichtag ergibt. Ist ein Börsen- oder Marktpreis nicht festzustellen und übersteigen die Anschaffungs- oder Herstellungskosten den Wert, der den Vermögensgegenständen am Abschluss-Stichtag beizulegen ist, so ist auf diesen Wert abzuschreiben. Außerdem dürfen Abschreibungen vorgenommen werden, soweit diese nach vernünftiger kaufmännischer Beurteilung notwendig sind, um zu verhindern, dass in der nächsten Zukunft der Wertansatz dieser Vermögensgegenstände aufgrund von Wertschwankungen geändert werden muss.

(4) Abschreibungen sind im Rahmen vernünftiger kaufmännischer Beurteilung zulässig.

(5) Ein niedrigerer Wertansatz nach Absatz 2 Satz 3, Absatz 3 oder 4 darf (in Einzelunternehmen und Personengesellschaften) beibehalten werden, auch wenn die Gründe dafür nicht mehr bestehen.

§ 255 Anschaffungs- und Herstellungskosten

(1) Anschaffungskosten sind die Aufwendungen, die geleistet werden, um einen Vermögensgegenstand zu erwerben und ihn in einen betriebsbereiten Zustand zu versetzen, soweit sie dem Vermögensgegenstand einzeln zugeordnet werden können. Zu den Anschaffungskosten gehören auch die Nebenkosten sowie die nachträglichen Anschaffungskosten. Anschaffungspreisminderungen sind abzusetzen.

(2) Herstellungskosten sind die Aufwendungen, die durch den Verbrauch von Gütern und die Inanspruchnahme von Diensten für die Herstellung eines Vermögensgegenstandes, seine Erweiterung

oder für eine über seinen ursprünglichen Zustand hinausgehende wesentliche Verbesserung entstehen. Dazu gehören die Materialkosten, die Fertigungskosten und die Sonderkosten der Fertigung. Bei der Berechnung der Herstellungskosten dürfen auch angemessene Teile der notwendigen Materialgemeinkosten, der notwendigen Fertigungsgemeinkosten und des Wertverzehrs des Anlagevermögens eingerechnet werden. Kosten der allgemeinen Verwaltung brauchen nicht eingerechnet zu werden. Vertriebskosten dürfen nicht in die Herstellungskosten einbezogen werden.

(3) Zinsen für Fremdkapital gehören nicht zu den Herstellungskosten.

§ 256 Bewertungsvereinfachungsverfahren

Soweit es den Grundsätzen ordnungsmäßiger Buchführung entspricht, kann für den Wertansatz gleichartiger Vermögensgegenstände des Vorratsvermögens unterstellt werden, dass die zuerst oder dass die zuletzt angeschafften oder hergestellten Vermögensgegenstände zuerst oder in einer sonstigen bestimmten Folge verbraucht oder veräußert worden sind.

§ 257 Aufbewahrung von Unterlagen. Aufbewahrungsfristen

(1) Jeder Kaufmann ist verpflichtet die folgenden Unterlagen geordnet aufzubewahren:

1. Handelsbücher, Inventare, Eröffnungsbilanzen, Jahresabschlüsse, Lageberichte, Konzernabschlüsse, Konzernlageberichte sowie die zu ihrem Verständnis erforderlichen Arbeitsanweisungen undsonstigenOrganisationsunterlagen,
2. die empfangenen Handelsbriefe,
3. Wiedergaben der abgesandten Handelsbriefe,
4. Belege für Buchungen in den von ihm nach § 238 Abs. 1 zu führenden Büchern.

(2) Handelsbriefe sind nur Schriftstücke, die ein Handelsgeschäft betreffen.

(3) Mit Ausnahme der Eröffnungsbilanzen, Jahresabschlüsse und der Konzernabschlüsse können die in Absatz 1 aufgeführten Unterlagen auch als Wiedergabe auf einem Bildträger oder auf anderen Datenträgern aufbewahrt werden, wenn sichergestellt ist, dass die Wiedergabe oder die Daten jederzeit lesbar gemacht werden können.

(4) Die in Absatz 1 Nr. 1 und 4 aufgeführten Unterlagen sind zehn Jahre und die sonstigen in Absatz 1 aufgeführten Unterlagen sechs Jahre aufzubewahren.

(5) Die Aufbewahrungsfrist beginnt mit dem Schluss des Kalenderjahrs, in dem die letzte Eintragung in das Handelsbuch gemacht, das Inventar aufgestellt, die Eröffnungsbilanz oder der Jahresabschluss festgestellt, der Konzernabschluss aufgestellt, der Handelsbrief empfangen oder abgesandt worden oder der Buchungsbeleg entstanden ist.

§ 258 Vorlegung im Rechtsstreit

(1) Im Laufe eines Rechtsstreits kann das Gericht die Vorlegung der Handelsbücher einer Partei anordnen.

2 Zweiter Abschnitt: Ergänzende Vorschriften für Kapitalgesellschaften

§ 264 Pflicht zur Aufstellung des Jahresabschlusses und des Lageberichtes

(1) Die gesetzlichen Vertreter einer Kapitalgesellschaft haben den Jahresabschluss (§ 242) um einen Anhang zu erweitern, der mit der Bilanz und der Gewinn- und Verlustrechnung eine Einheit bildet, sowie einen Lagebericht aufzustellen. Der Jahresabschluss und der Lagebericht sind von den gesetzlichen Vertretern in den ersten drei Monaten des Geschäftsjahrs für das vergangene Geschäftsjahr aufzustellen.

(2) Der Jahresabschluss der Kapitalgesellschaft hat unter Beachtung der Grundsätze ordnungsmäßiger Buchführung ein den tatsächlichen Verhältnissen entsprechendes Bild der Vermögens-, Finanz- und Ertragslage der Kapitalgesellschaft zu vermitteln.

§ 265 Allgemeine Grundsätze für die Gliederung

(2) In der Bilanz sowie in der Gewinn- und Verlustrechnung ist zu jedem Posten der entsprechende Betrag des vorhergehenden Geschäftsjahrs anzugeben.

§ 266 Gliederung der Bilanz

(1) Die Bilanz ist in Kontoform aufzustellen. Dabei haben große und mittelgroße Kapitalgesellschaften auf der Aktivseite die in Absatz 2 und auf der Passivseite die in Absatz 3 bezeichneten Posten gesondert und in der vorgeschriebenen Reihenfolge auszuweisen.

Kleine Kapitalgesellschaften brauchen nur eine verkürzte Bilanz aufzustellen, in die nur die in den Absätzen 2 und 3 mit Buchstaben und römischen Zahlen bezeichneten Posten in der vorgeschriebenen Reihenfolge aufgenommen werden.

(2) Gliederung der **Aktivseite**

(3) Gliederung der **Passivseite**

siehe Rückseite des Kontenrahmens.

§ 268 Vorschriften zu einzelnen Posten der Bilanz. Bilanzvermerke

(1) Die Bilanz darf auch unter Berücksichtigung der vollständigen oder teilweisen Verwendung des Jahresergebnisses aufgestellt werden. Wird die Bilanz nach teilweiser Verwendung des Jahresergebnisses aufgestellt, so tritt an die Stelle des Postens „Jahresüberschuss/Jahresfehlbetrag" und „Gewinnvortrag/Verlustvortrag" der Posten „Bilanzgewinn/Bilanzverlust"; ein vorhandener Gewinn- oder Verlustvortrag ist in den Posten „Bilanzgewinn/Bilanzverlust" einzubeziehen und in der Bilanz oder im Anhang gesondert anzugeben.

(2) In der Bilanz oder im Anhang ist die Entwicklung der einzelnen Posten des Anlagevermögens darzustellen.

(4) Der Betrag der Forderungen mit einer Restlaufzeit von mehr als einem Jahr ist bei jedem Posten zu vermerken.

(5) Der Betrag der Verbindlichkeiten mit einer Restlaufzeit bis zu einem Jahr ist bei jedem Posten zu vermerken.

§ 272 Eigenkapital

(1) Gezeichnetes Kapital ist das Kapital, auf das die Haftung der Gesellschafter für die Verbindlichkeiten der Kapitalgesellschaft gegenüber den Gläubigern be-schränkt ist. Die ausstehenden Einlagen auf das gezeichnete Kapital sind auf der Aktivseite vor dem Anlagevermögen gesondert auszuweisen und entsprechend zu bezeichnen; die davon eingeforderten Einlagen sind zu vermerken.

(2) Als Kapitalrücklage sind auszuweisen

1. der Betrag, der bei der Ausgabe von Anteilen über den Nennbetrag hinaus erzielt wird;
2. der Betrag von Zuzahlungen gegen Gewährung eines Vorzugs.

(3) Als Gewinnrücklagen dürfen nur Beträge ausgewiesen werden, die aus dem Ergebnis gebildet worden sind. Dazu gehören aus dem Ergebnis zu bildende gesetzliche oder auf Gesellschaftsvertrag oder Satzung beruhende Rücklagen und andere Gewinnrücklagen.

§ 275 Gliederung der Gewinn- und Verlustrechnung

(1) Die Gewinn- und Verlustrechnung ist in Staffelform nach dem Gesamtkostenverfahren oder dem Umsatzkostenverfahren aufzustellen.

Siehe Rückseite des Kontenrahmens.

§ 283 Wertansatz des Eigenkapitals

Das gezeichnete Kapital ist zum Nennbetrag anzusetzen.

§ 284 Anhang: Erläuterung der Bilanz und der Gewinn- und Verlustrechnung

(1) In den Anhang sind diejenigen Angaben aufzunehmen, die zu den einzelnen Posten der Bilanz oder der Gewinn- und Verlustrechnung vorgeschrieben oder die im Anhang zu machen sind, weil sie in Ausübung eines Wahlrechts nicht in die Bilanz oder in die Gewinn- und Verlustrechnung aufgenommen wurden.

§ 289 Lagebericht

(1) Im Lagebericht sind zumindest der Geschäftsverlauf und die Lage der Kapitalgesellschaft so darzustellen, dass ein den tatsächlichen Verhältnissen entsprechendes Bild vermittelt wird.

§ 316 Pflicht zur Prüfung

(1) Der Jahresabschluss und der Lagebericht von großen und mittelgroßen Kapitalgesellschaften sind durch einen Abschlussprüfer zu prüfen.

§ 325 Offenlegung

(1) Die gesetzlichen Vertreter von Kapitalgesellschaften haben den Jahresabschluss unverzüglich nach seiner Vorlage an die Gesellschafter, jedoch spätestens vor Ablauf des neunten Monats des dem Abschluss-Stichtag nachfolgenden Ge-schäftsjahrs, mit dem Bestätigungsvermerk oder dem Vermerk über dessen Versagung zum Handelsregister des Sitzes der Kapitalgesellschaft einzureichen; gleichzeitig sind der Lagebericht, der Bericht des Aufsichtsrats und der Vorschlag für die Verwendung des Ergebnisses und der Beschluss über seine Verwendung unter Angabe des Jahresüberschusses oder Jahresfehlbetrags einzureichen. Die gesetzlichen Vertreter haben im Bundesanzeiger bekannt zu machen, bei welchem Handelsregister und unter welcher Nummer diese Unterlagen eingereicht worden sind.

A

Abgrenzung
- unternehmensbezogene 207
- zeitliche 346 f.

Abgrenzungsrechnung 206 f.
Abhängigkeit der Kosten 231
Absatzbereich 151 f.
Abschluss
- der Bestandskonten 38 f., 56
- der Erfolgskonten 55 f.
- der Warenkonten 160 f.

Abschreibungen
- auf Anlagen 72 f., 365 f.
- auf Forderungen 377 f.
- außerplanmäßige 365 f.
- Berechnungsmethoden 73 f., 366 f.
- bilanzmäßige 215 f.
- kalkulatorische 215 f.
- planmäßige 73 f.

Abschreibungskreislauf 75, 217
Abzugskapital 218
AfA 73
Aktivkonten 38 f.
Aktiv-Passivmehrung/-minderung 34 f.
Aktivtausch 34
Anderskosten 218, 223
Anlagegüter
- Abgänge Anhang
- Anschaffung 72
- Bewertung 365

Anlagendeckung 407
Anlagenkartei 19, 74
Anlagenspiegel 402 f., Anhang
Anschaffungskosten 72, 363 f.
Äquivalenzziffernkalkulation 285
Arithmetisches Mittel 477 f.
Aufbereitung von Bilanzen 404 f.
Aufgaben des Rechnungswesens 9 f., 85
Aufwendungen 53 f., 197 f.
- außerordentliche 202
- betriebliche 201
- betriebsfremde 202
- neutrale 202

Ausfuhr von Erzeugnissen 445 f.
Ausgaben 200
Auswertung
- der Bilanz 404 f.
- der Ergebnisrechnung 412 f.

B

BAB 243 f.
- bei Maschinenstundensatzrechnung 258
- erweiterter 252
- mehrstufiger 252

Balkendiagramm 486
Beleg 14 f., 96 f.
Beleggeschäftsgang 114 f., 423 f.
Bericht (i. R. v. Controlling) 311 f.
Beschäftigung
- Abhängigkeit der Kosten 231

Beschäftigungsabweichung 268, 283, 320 f.
Beschäftigungsgrad 231
Bestandskonten 40, 56
Bestandsveränderungen 145 f., 166 f.
Betriebliche
- Aufwendungen 201
- Erträge 202

Betriebsabrechnungsbogen 243 f.
Betriebsergebnis 206 f.
Betriebsergebnisrechnung 206 f., 225
Betriebsnotwendiges Kapital 218
Betriebsstoffe 12
Bewertung
- des Anlagevermögens 365
- der Forderungen 377 f.
- der Schulden 364, 386
- der Vorräte 375 f.

Bewertungsgrundsätze 362 f.
Beziehungszahlen 482
Bezugskalkulation 127 f.
Bezugskosten 127 f.
Bezugspreis 127 f.
Bilanz 30 f., 394 f., Anhang
Bilanzanalyse 404 f.
Bilanzgewinn 399, Anhang
Bilanzgliederung 30 f., 394 f., Anhang
Bilanzkritik 405 f.
Bilanzstruktur 31, 404 f.
Boni 139 f., 157 f.
Break-even-Point 290 f.
Buchungssätze 43 f.
Buchwert-AfA 366
Budgetkosten 324

C

Cashflow 415
Computer 105 f.
Controlling 11, 311 f.
- Aufgaben 311
- Grundlagen 311
- als Plankostenrechnung 313

D

Daten, Datenträger 105 f.
Debitoren 100 f.
Deckungsbeitrag 290
- absoluter 304
- DB I, II, III 297 f.
- relativer 304 f.

Deckungsbeitragsrechnung 289 f.
- Grundzüge der 290 f.
- als Periodenrechnung 292 f.
- als Stückrechnung 290 f.

Deckungsgrad 407
Degressive Abschreibung 366 f.
Dialogbuchung 105
Divisionskalkulation 287
Dreisatzrechnung 437 f.
Durchschnitt
- einfacher 477 f.
- gewogener 478

Durchschnittsbewertung 375

E

EDV: Elektronische Datenverarbeitung 105 f.
Eigenfertigung 308
Eigenkapital 22, 28, 53 f., 404 f.
Einfuhr von Waren 445 f.
Einkommensteuer 361, Anhang
Einnahmen 200
Einzelbewertung 363, 377 f.
Einzelkosten 229, 239 f.
Entnahmen 78 f.
Erfolgsrechnung
- Auswertung der 412 f., Anhang

Ergebnisermittlung
- durch Erfolgskonten 53 f.
- durch Eigenkapitalvergleich 28 f.

Ergebnistabelle 206 f.
Ergebnisverwendung 396 f., Anhang
Erinnerungswert 73
Eröffnungsbilanz 49
Eröffnungsbilanzkonto 49
Erträge 53 f., 197 f.
- außerordentliche 203
- betriebliche 202 f.
- betriebsfremde 203
- neutrale 202 f.

Erzeugnisfixe Kosten 297
Erzeugnisgruppenfixe Kosten 298
Euro 445 f.

F

Fertigungsgemeinkosten 242 f.
Fertigungsverfahren 230
- Kostenträger in Abhängigkeit von 230

Fifo-Methode 376
Finanzanlagen 365, Anhang
Finanzbuchhaltung 9 f., 98 f.

Finanzierung 31, 406 f.
Finanzplanung 326 f.
Fixe Kosten 233 f., 290, 316
Forderungen
- Bewertung von 377 f.
- Sonstige 346 f.
- Umschlag von 417
Fremdbezug 308

G
Gehälter 183 f.
Gemeinkosten 229, 239 f., 244
Geringwertige Wirtschaftsgüter 369
Gesamtergebnisrechnung 206 f.
Gewichtsspesen 128 f.
Gewinnschwellenmenge 290 f.
Gewinnzuschlagssatz 278 f.
Gliederungszahlen 480 f.
Grundbuch 43 f., 98 f.
Grundkosten 223
Grundlagen der KLR 198 f.
Grundsätze ordnungsmäßiger Buchführung 87 f., 106
Gutschriften 136 f., 154 f.

H
Handelsbilanz 361 f.
Handelswaren 160 f.
Hauptbuch 43, 99
Hauptprozesskostensatz 340 f.
Hauptspeicher 105
Herstellkosten
- der Erzeugung 247 f.
- des Umsatzes 247 f.
Hilfsstoffe 12
Höchstwertprinzip 364, 386

I
Imparitätsprinzip 364
Indexzahlen 483
Inventur, Inventar 17 f.
Inventurdifferenzen 344 f.
Investierung 31, 326 f., 407
Istkosten 246 f., 266 f.
Istzuschläge 246 f., 253 f.

J
Jahresabschluss 32, 344 f., 393 f., Anhang
Journal 43, 98
Just-in-time-Fertigung 145 f.

K
Kalkulation
- Angebotskalkulation 278 f.
- Äquivalenzziffernkalkulation 285
- des Bezugspreises 127 f.
- Divisionskalkulation 287
- Nachkalkulation 282
- des Verkaufspreises bei Handelswaren 163
- Zuschlagskalkulation 277
Kalkulatorische Kosten 213 f.
Kapitalausstattung 31, 406 f.
Kapitalbedarfsplan 326 f.
Kapitalrücklage 396 f., Anhang
Kapitalumschlag 417
KHK-Fibu 109 f.
Konstitution 409
Kontenrahmen 89 f.
Kontokorrentbuchhaltung 100 f.
Kosten 201 f.
- Einzelkosten 229, 240
- fixe 233, 290, 316
- Gemeinkosten 229, 240
- kalkulatorische 213 f.
- variable 232, 290, 316
Kostenartenrechnung 229 f.
Kostenauflösung 316
Kostenkontrolle 268, 320 f.
Kostenplanung
- in Abhängigkeit von der Beschäftigung 235, 314 Kostenrechnerische Korrekturen
- durch kalk. Kosten 213 f.
- durch Verrechnungspreise 222
Kostenstellen 239 f.
Kostenstellenrechnung 240 f.
Kostenträger 230, 239
Kostenträgerblatt (BAB II) 266 f.
Kostenträgerrechnung
- als Stückrechnung 277 f., 290
- als Zeitrechnung 266 f., 292
Kostentreiber 338
Kosten- und Leistungsrechnung 197 f.
Kostenüberdeckung/-unterdeckung 270 f.
Kostenverläufe, lineare 231 f.
Kreditoren 100 f.
Kreisdiagramm 487
Kundenkonten 100 f.
Kundenrabatt 279
Kundenskonti 177 f., 279
Kurvendiagramm 484 f.

L
Lagebericht 393, Anhang
Lagerbuch
- Kartei 22
Lagerumschlagskennzahlen 416
Leistungen 202 f.
Leistungs-AfA 368
Lexware-Fibu 107 f.
Liefererskonti 173 f.
Lifo-Methode 376
Lineare Abschreibung 72 f., 366 f.
Liquidität 408
Liquiditätsplan 332 f.
Löhne 183 f.
Lohnsteuer 184 f.

M
Magnetband 105 f.
Maschinenabhängige FGK 259
Maschinenplatz 258, 260 f.
Maschinenstundensatz 259
Maschinenstundensatzrechnung 258 f.
Maßgeblichkeitsprinzip 362 f.
Materialbereich 127 f.
Materialbeschaffung
- aufwandsorientiert 145 f.
- bestandsorientiert 132 f.
Mehrwertsteuer 66
Mischkosten 234
Mittelherkunft 31
Mittelverwendung 31
Mittelwerte 477 f.

N
Nachkalkulation 282
Nachlässe 138 f., 156 f.
Nebenbücher 100 f.
Neutrale Aufwendungen 201 f.
Neutrale Erträge 202 f.
Neutrales Ergebnis 206 f.
Niederstwertprinzip 20, 24, 363 f.
Normalkosten 268 f.
Normalzuschläge 268 f.

O
Offene Posten 102, 107 f., 115 f., 424 f.
Offene Rücklagen 396 f., Anhang
Offenlegungspflicht 393, Anhang
Optimales Produktionsprogramm 304
Opportunitätskosten 309
Ordnungsmäßige Buchführung 87, 106

P
Passivkonten 38 f.
Passivtausch 34 f.

Permanente Inventur 22, 24
Personalkosten 183 f.
Personalbereich 183 f.
Personenkonten 100 f.
Plankostenrechnung 313 f.
Preisabweichung 268, 283, 320 f.
Preisuntergrenze 300
Privateinlagen 78 f.
Privatentnahmen 78 f.
Privatkonto 78 f.
Produktionsbereich 127 f.
Prozentrechnung 451 f.
Prozesskostenkalkulation 341 f.
Prozesskostenrechnung 334 f.
Prüfungspflicht 393, Anhang
Publizitätspflicht 393, Anhang

R

Rabatt 128 f., 279
Rechenwerk 105
Rechnungsabgrenzungsposten 349 f.
Rechnungskreis I/II 89, 197 f.
Rechnungslegungsvorschriften 85 f., 489 f.
Rentabilität 29, 225, 412 f.
Restgemeinkosten 260
Return on Investment 419
Rohstoffe 12
ROI 419
Rücklagen 396 f., Anhang
Rücksendungen 136 f., 154 f.
Rückstellungen 356 f.

S

Sachanlagen 72 f., 365 f., Anhang
Schlussbilanzkonto 49
Schulden, Bewertung 364, 386
Schwebende Geschäfte 358
Selbstkosten 249
Skonti 173 f., 177 f., 279
Soll-Ist-Kostenvergleich 11, 320
Sollkosten 318
Sonstige Forderungen 346 f.
- Verbindlichkeiten 347 f.
Stammdaten 105 f.
Stapelbuchung 105
Statistik 473 f.
- Darstellungsformen 484 f.
- Tabellen 475 f.
- Zahlen 477 f.
Steuerbilanz 361 f.
Steuern Kontenrahmen, Anhang
Steuerwerk 105
Stichtagsinventur 21
Stille Reserven 397
Stückdeckungsbeitrag 290 f.
Stückkosten 277 f.
- fixe 233
- variable 232

T

Tätigkeitsanalyse 335 f.
Tageswert 363 f.
Teilkostenrechnung 289 f.
Teilprozesse 335 f.
Teilprozesskostensatz 339

U

Umbuchungen 98, 133 f.
Umsatzrentabilität 413
Umsatzsteuer 63 f.
Umsatzsteuer-Zahllast 65 f.
Umschlagskennzahlen 416 f.
Unternehmerlohn
- kalkulatorischer 220, 412
Unternehmensbezogene Abgrenzungen 207
Unternehmensfixe Kosten 298

V

Valutaforderungen 385
Variable Kosten 232, 290, 316
Verbindlichkeiten
- Bewertung 364, 386
- Sonstige 347 f.
Verbrauchsabweichung 268, 283, 321
Verbrauchsfolgebewertung 376
Verkaufskalkulation 163, 278 f.
Verlegte Inventur 21
Vermögensstruktur 31, 409
Verpackungskosten 128 f.
Verrechnungspreis 222
Verteilungsrechnung 128 f.
Vertriebsprovision 279
Vollkostenrechnung 239 f.
Vorkalkulation 278 f.
Vorratsvermögen
- Bewertung 375
- Inventur 21 f.
Vorschüsse 192
Vorsteuer 64 f.

W

Währungsrechnung 445 f.
Währungsverbindlichkeiten 364 f.
Warenkonten 160 f.
Werkstoffbereich 127 f.
Werkstoffbeschaffung
- aufwandsorientiert 145 f.
- bestandsorientiert 132 f.
Wertberichtigungen auf Forderungen 377 f., Kontenrahmen
Wertspesen 128 f.
Wirtschaftlichkeit 225, 416 f.
Wirtschaftsgüter
- geringwertige 369

Z

Zahllast, Bilanzierung 65 f.
Zahlungsfähigkeit 408 f.
Zahlungsverkehr 173 f.
Zeitliche Abgrenzungen 346 f.
Ziel der KLR 199
Zinsen, kalkulatorische 218 f.
Zinsrechnung 173, 462 f.
Zusatzaufträge 302
Zusatzkosten 223
Zuschlagskalkulation 277 f., 317
Zuschlagssätze 246, 317
Zweikreissystem 206 f.

6458496 B —